国家出版基金项目
NATIONAL PUBLICATION FOUNDATION

现代农业科技专著大系

# 中国养兔学

ZHONGGUO YANGTU XUE

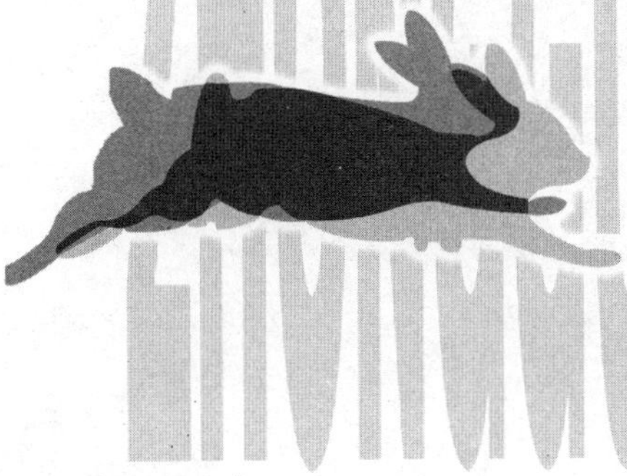

谷子林　秦应和　任克良　主编

中 国 农 业 出 版 社

# 编写委员会

**主　编**　谷子林　秦应和　任克良

**副主编**　刘汉中　武拉平　吴中红　李洪军　李福昌　薛家宾
薛帮群　吴信生　阎英凯　鲍国连　吴占福　吴淑琴
张宗才　赖松家　陈宝江　谢晓红　吴英杰　姜文学
赵辉玲　郭东新　索　勋

**参　编**（按姓名笔画排序）

王　芳　王丽焕　王春阳　王圆圆　王雪鹏　韦　强
文　斌　白秀娟　任东坡　任战军　刘　宁　刘　鹏
刘　燕　刘亚娟　刘贤勇　齐大胜　孙展英　杜　丹
李　明　李明勇　李建涛　李爱民　李海利　杨翠军
吴治晴　肖琛闻　余志菊　汪　平　宋艳华　张　凯
张潇月　陈丹丹　陈赛娟　范志宇　尚永彪　季权安
胡　波　贺稚非　夏杨毅　唐　静　黄玉亭　麻建雄
彭　荣　傅祥超　靳　薇　管相妹　潘雨来

# 前　　言

为适应我国家兔养殖业发展的新形势，受中国农业出版社的邀请，我们组织了以国家兔产业技术体系专家为主，吸纳部分体系外优秀养兔专家，组成了精湛的队伍，编写《中国养兔学》。为了圆满地完成这一艰巨任务，我们对作者队伍和编写内容进行了优化组合，每一章委任牵头人，其中第一章概述和第六章家兔的繁殖由秦应和教授牵头，第二章家兔的解剖与组织由薛帮群教授牵头，第三章家兔的生物学特性及其在生产中的应用、第八章家兔饲料资源与饲料生产由谷子林教授牵头，第四章兔舍建筑与环境控制由吴中红教授牵头，第五章家兔的遗传资源由刘汉中研究员牵头，第七章家兔的遗传与育种由吴信生教授牵头，第九章家兔的营养需要和饲养标准由李福昌教授牵头，第十章家兔的饲养管理由任克良研究员牵头，第十一章工厂化养兔由阎英凯总监牵头，第十二章兔群保健与疾病控制由薛家宾研究员牵头，第十三章兔产品初加工与储藏由李洪军教授牵头，第十四章家兔产业化与经营管理由武拉平教授牵头。各章又组成编写小组，分头撰写，牵头人初审，最后由谷子林教授、秦应和教授和任克良研究员统稿。

本书具有如下特点：**第一，系统性强。**家兔产业的产前、产中和产后各环节——涉及，不仅强化养殖的“硬技术”，包括饲养管理、繁殖育种、营养饲料、环境控制、疾病防控、产品加工等，同时强化了养兔企业的管理与经营的“软技术”。**第二，理论与实践密切结合。**本书不同于以往的理论专著，更有异于一般的科普读物，其理论与实践密切结合，针对中国特色的养兔业，为广大读者提供养兔新理论、新技术、新经验、新做法、新模式、新理念，做到雅俗共赏，普及与提高的有机结合。**第三，专家权威性强。**本书作者包括国家兔产业技术体系的全部岗位科学家、部分试验站站长，吸纳了全国部分高等院校的相关教师，近 70 名专家参加编写，涉及二十多个大专院校、科研单位和现代家兔养殖企业。可谓阵容庞大，实力雄厚。**第四，技术鲜活，实用性强。**本书所涉及的关键技术内容主要来自于编著者近年来承担国家兔产业技术体系和国家行业科技项目取得的新技术和新成果，而这些成果均在生产中得到示范或推广，经过实践检验，实用性强，效果良好。同时，吸纳了国内同行的科技创新成果及国外先进的技术和理论成果。

为了给读者提供更多的与家兔相关的信息，本书搜集了近年来（主要是 2000 年以来）我国取得的省部级以上科技成果 46 项，科技著作 302 部，国家审定的家兔品种（配套系、遗传资源）10 个，专利 608 项（其中发明专利 379 项，实用新型专利 189 项，外观设计专利 40 项）。由于时间仓促，编著者掌握的资源有限，还有一些相关资料没有搜集完整，有待以后补充。

本书写作过程中，得到全国众多养兔专家

的大力支持，特别是国家兔产业技术体系顾问、四川省畜牧兽医研究院唐良美研究员，提出很多建设性的意见，同时提供很多资料。还要特别感谢国家兔产业技术体系的全体岗位科学家、试验站站长及团队成员，为本书的出版给予的无私帮助。本书的顺利出版，中国农业出版社刘伟主任付出了艰辛的劳动，不仅进行本书的策划和基本框架的制定，还深入全国重点养兔省市进行调研，根据生产需要调整相关章节的内容安排，并亲自参加编写委员会的相关会议，给予技术性指导，提出了重要的意见和建议。在本书成稿之际，谨代表本书的全体编著者对本书出版付出辛勤劳动和热情帮助的各位专家和朋友，致以衷心的感谢。

我们希望给读者提供一部渴望获得的、在中国家兔产业发展过程中发挥应有作用的、影响力较大的著作。但是，限于我们知识、经验、文字水平和组织能力，书中不足之处难免，恳请读者提出宝贵意见和建议。

编著者

2013年10月

# 目　　录

# 第一章

# 概　　述

## 第一节　国际养兔生产回顾

### 一、家兔起源与驯化利用

家兔由欧洲野生穴兔驯化而成，有关其祖先野生穴兔之史前自然分布状态知之甚少。因为兔骨小、质轻，在自然界很难存留，何况经肉食兽的咀嚼吞食，使得其化石少有发现。据报道，迄今仅在西班牙半岛地层中发掘到冰川末期野生兔的化石，在亚洲尚未发现野生穴兔及其化石。

野兔的真正驯化是从 16 世纪开始，由法国修道院修士们完成。野生穴兔驯养成家兔之后，养兔业首先在已养成食兔肉的国家和民族中盛行起来，逐步形成了以食兔肉为主要形式的初级阶段养兔业。饲养方式以围栏、栅养、圈养、散养等为主，也有简单的兔笼或兔舍。

随着人们对家兔使用价值的认识，其性状及改进逐渐受到人们的重视。16 世纪开始出现几个品种兔的记载。到 1700 年以前，法国、比利时、德国、英国、荷兰等国利用毛色突变，已育成了白色兔、淡蓝灰色兔、褐色兔、荷兰斑兔、非刺鼠毛型兔和黄色兔等 6 个突变种；在 1700—1850 年期间，育成了英国兔、喜马拉雅兔和安哥拉长毛兔。在 1850—1900 年，又育成杂色、钢灰色和棕黄色 3 种不同毛色兔。1900—1950 年出现的毛色突变兔有：带蓝色眼斑的白兔、深色和淡色的青紫蓝兔、力克斯兔、亮兔、波纹毛兔和宽带型兔。20 世纪初许多学者开始了有计划、有预见的育种，当时兔的笼养方式也导致了养兔业的迅猛发展。目前生产中广泛应用的很多优秀兔种，如青紫蓝兔、力克斯兔、哈瓦那兔、蝶斑兔、亮兔、新西兰兔、加利福尼亚兔等，都是在 20 世纪育成的。

1532—1554 年荷兰人把兔带到日本，1872—1874 年是从欧洲输入种兔的狂热时代。随后欧洲移民把家兔带到了一些新的国家和地区，如 1859 年，把兔带到澳大利亚，以后又引入新西兰和美洲等地。从 19 世纪开始，在西欧城郊和农村普遍采用了笼养兔的方法，使欧洲的养兔业有了很大的发展。据记载，在 1800 年前后，伦敦附近就有饲养皮肉型种兔的大型兔场。至于兔毛生产，直到 19 世纪末，安哥拉兔才在手工纺织业兴旺的法国发展起来。

### 二、国际兔业生产回顾

第一次世界大战期间，由于肉食供应紧张，使肉兔生产得到很大发展，也出现了很多肉兔新品种。第二次世界大战后，生产不景气，肉品类匮乏，欧洲一些国家和日本对养兔生产的开发产生了很大的兴趣；特别是欧洲一些有养兔传统的国家，如法国、意大利、西班牙等国，养兔业发展更为迅速，大型集约化养兔场纷纷建立，养兔由副业生产转变成一种重要的产业，养兔水平也有很大提高。欧洲是兔肉的主要产区，生产量最多的是意大利、法国和西班牙等；欧洲国家生产兔肉占世界总产量的近50%。此外，从事兔肉生产的还有中美洲、非洲少数地区以及中国和朝鲜。阿拉伯多数国家不养兔。由表1-1可见世界不同地区历年来家兔存栏数量的变化情况。

**表1-1 世界不同地区历年来家兔存栏数量的变化**

| 年份 | 世界（亿只） | 发达国家（亿只） | 发展中国家（亿只） | 中国（亿只） |
|---|---|---|---|---|
| 1961 | 1.010 | 0.796 | 0.214 | 0.161 |
| 1965 | 1.114 | 0.827 | 0.287 | 0.231 |
| 1970 | 1.366 | 0.988 | 0.378 | 0.321 |
| 1975 | 1.801 | 1.318 | 0.484 | 0.411 |
| 1980 | 1.943 | 1.337 | 0.606 | 0.521 |
| 1985 | 2.133 | 1.317 | 0.816 | 0.691 |
| 1990 | 3.871 | 2.156 | 1.715 | 1.552 |
| 1995 | 4.615 | 2.956 | 1.659 | 1.495 |
| 2000 | 4.740 | 2.660 | 2.080 | 1.851 |
| 2005 | 5.354 | 2.994 | 2.360 | 1.950 |

（资料来源：FAOSTAT，2006年统计数据）

据统计，世界养兔的国家约有186个，但主要集中于欧洲和亚洲的12个国家。兔肉生产国主要为中国、意大利、西班牙和法国，兔肉总产量占世界总产量的79.17%。世界各国的肉兔生产方式仍是多种多样，既有简单的放养，也有工厂化集约生产。据统计，约有60%的母兔处于传统粗放饲养方式，这是肉兔生产的主要形式，其兔肉产量占世界总产量的40%；有10%左右的母兔以商业化、集约化饲养方式生产兔肉，是欧洲肉兔生产的主要形式，其兔肉产量占世界兔肉总量的27%。各地区饲养的肉兔品种差异不大，但生产水平有很大差别。以母兔年产肉能力来看，西欧为36kg，东欧为27.5kg，亚洲及远东地区为25.kg，北非为14kg，显然西欧是肉兔生产水平最高的地区。

在欧洲，法国、意大利和西班牙的兔产量占欧洲总产量的76%，法国、意大利和西班牙分别占欧洲总养兔生产的15.4%，40.2%和20.8%。在这三个欧洲国家，养兔产业多为集约化饲养。然而，仍有大量家庭规模的养兔生产，在西班牙尤为明显。养兔产业在欧洲国家中次之重要的国家有：捷克（7%）和德国（6.1%），其余欧洲国家的生产量则每个占据比例都小于3%。

法国、意大利和西班牙的生产水平发展趋势截然不同（图1-1）。从1961年到1998年，法国的养兔量减少了将近50%，有一段时间稳定在10万t左右，目前约5万t；而在意大利和西班牙，1998年前的养兔量持续增长（约增加了4倍），到2003年，意大利呈现稳定趋势，目前约每年生产 24 万 t，而西班牙则略有下降，现在年产约 7 万 t。匈牙利和波兰的统计数据也很有意思。在这些国家中，20 世纪 80 年代是养兔的一个高峰期，这可能与具有 10 000～15 000 只母兔的大型养兔场的建立有关。由于这种规模的兔场当时在管理方面的困难，尤其是在疾病控制和人工授精管理方面，这种规模的企业不能被匈牙利、波兰普遍接受。

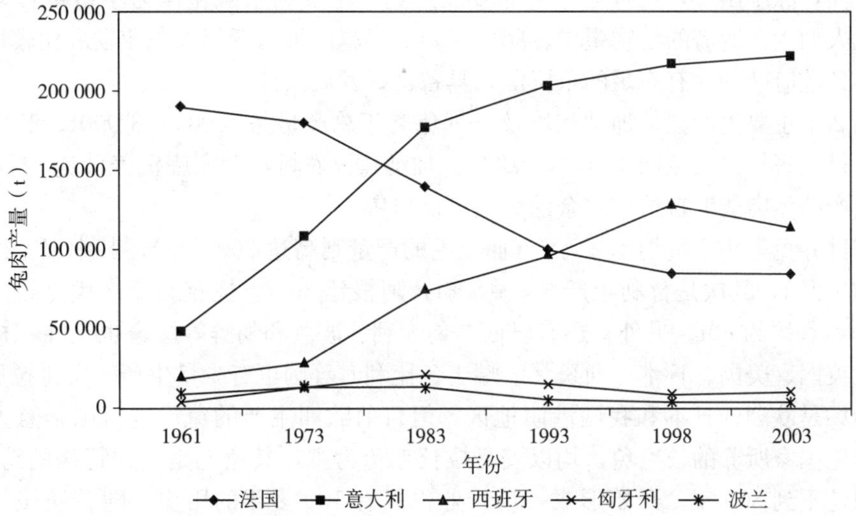


图 1-1 欧洲主要国家 1961 年至 2003 年期间肉兔产业的发展趋势

20 世纪 70 年代至 80 年代期间，法国养兔产业的减少是由于小型养兔生产者的数量快速减少所致，这些小型养兔生产主要供家庭消费，同时也向当地市场提供很大一部分。在法国，目前约有 66%～70%的兔产量主要来自位于法国北部的工业化兔养殖体系中，如卢瓦尔河地区（Pays de la Loire）、布列塔尼（Bretagne）、诺曼底（Normandie）和皮卡（Picardie）。

意大利肉兔产业在 20 世纪 70 年代实行了由传统家庭生产向大型商业化生产的转型，目前市场需求仍然很大，尤其意大利南部和北部的烹饪对肉兔的需求强劲。大型农场通常位于北部意大利（文托 Vento，伦巴第大区 Lombardia，艾米利亚-罗马涅大区 Emilia-Romagna和皮埃蒙特大区 Piemonte），而相对传统型的较小农场则位于意大利南部。

目前，西班牙已经从 1961 年相对较小的兔生产国家成长为欧洲第二大肉兔生产国家。绝大部分兔场位于西班牙东北部和西北部，其中，1/3 位于加泰罗尼亚，而在阿拉贡，加利西亚和巴伦西亚也具有相当数量的农场。源自于工业化的兔生产量约占兔生产总量的 60%～70%，传统的农场生产仍在该产业中占有一定水平。

在东欧，匈牙利曾是新兴的养兔生产大国，其人均生产兔肉量超过法国，政府鼓励农户从事兔肉生产，用私人和集体两种体制，配套生产肥育青年兔，主要向西欧市场出口冰鲜兔肉，但近年来生产和出口减少很多。

在美国，养兔以业余爱好为主，但数量庞大，每年注册会员近 2.4 万名，甚至有不少海外会员，多饲养宠物兔，参加不同级别的比赛。这种比赛组织严密，活动频繁，很有群众基础和活力，比赛和活动组织已经十分专业化。美国仅有少量一定规模的商业兔场，每年进口少量兔产品供国内消费，无论是专业化的肉兔育种还是业余宠物兔育种，都表现出很高的专业水准。

墨西哥正在引导和促进农村养兔生产；兔肉总产量超过 7 000t，其中有农户生产，亦有和商业单位联合生产的，其规模较小，一般饲养母兔 20～100 只，几乎不用全价配合饲料；农家养兔主要依靠紫花苜蓿、玉米和高粱茎秆以及厨房废弃物。

在亚洲，除中国外，朝鲜近年兔业发展迅速，主要利用家兔作为小型草食动物的特性，转化人们生活所需的动物蛋白。印度尼西亚、越南等国近年来兔业发展比较快，尤其越南，得到政府鼓励，有充足的草资源，具备良好发展条件。

非洲 2 个主要生产国是加纳和埃及，其兔肉年总产量是 7 000～8 000t。其次阿尔及利亚和苏丹，每年共产兔肉 1 000～2 000t。加纳建议农村每个家庭饲养种兔 3～6 只，这样，他们产的兔肉能够自给，多余的兔肉可供出售。

目前世界兔毛年产量约 1.2 万 t（而羊毛的产量则高达 300 万 t），其中以中国产量为最多，约 1 万 t，其次是智利年产 300～500t，阿根廷 300t，捷克和斯洛伐克约 150t，法国约 100t，德国约 50t。另外，还有巴西、匈牙利、波兰和朝鲜等国家也正在积极发展毛兔生产。英国、美国、日本、西班牙、瑞士、比利时等国也有少量生产。安哥拉兔毛的主要销售市场是欧洲、日本和我国港澳地区。但目前欧洲主要的兔毛进口国是意大利和德国。各养兔国家所养的长毛兔，均以安哥拉长毛兔为主，其兔毛是一种特殊的纺织原料，用于纺织还不到 300 年，开始形成一项产业也只有 100 多年的历史。随着纺织工业的发展，到 20 世纪 40 年代，英国安哥拉兔毛年产量曾超过 100t，法国超过 140t，日本高达 210t，美国最高时年产量达 450t。但由于工业的发展，这些国家兔毛产量逐年下降，到 20 世纪 60 年代一些劳动力低廉的发展中国家，着手发展这项产业，使安哥拉兔毛的年产量有了大幅度的增长。

皮兔生产正在形成重要产业，最有代表性的皮兔品种是分布广泛的獭兔（又称力克斯兔）。世界上饲养獭兔最早、曾经饲养数量最多的国家是法国，德国是继法国之后培育出褐色獭兔的国家。英国、日本、新西兰和澳大利亚也相继引进獭兔饲养，并育成了哈瓦那獭兔（英国）和帝王獭兔（新西兰）等著名品系。20 世纪 90 年代法国研究培育出一种全身无枪毛、毛密短细、皮张柔软且厚度一致的海狸色獭兔新品系 Orylag 獭兔，用这种毛皮加工的裘皮大衣价值 3 万～4 万法郎，打开了獭兔皮时装市场。美国自 1929 年开始从欧洲和新西兰引种饲养，目前各种类型的獭兔场有 1 500 余个，其中商业性兔场 200 余个。

## 第二节　中国养兔生产发展历史

我国早在 2000 年前的先秦时代已开始养兔，但仅供宫廷内观赏享用。新中国成立之前，农村地区饲养的主要是地方品种，大多供自己消费，江浙和上海附近地区从国外引进少量长毛兔开始饲养，也是观赏为主，商品化程度较低。新中国的成立后，中国兔业有了长足发展，随着经济发展和国内外市场变化，我国兔业经历了不同的发展阶段。

在新中国成立初期，我国养兔主要用于创汇，早在 1954 年我国兔毛仅出口 120.4t，占当时兔毛国际贸易量的 0.3%，1969 年出口激增至 1 250t，占兔毛国际贸易量的 78%，从此我国兔毛生产在世界占绝对优势。1976 年原联邦德国研究成功“核心纺织”新技术，这种革新又一次推动了毛兔业的扩大再生产，我国兔毛出口激增，1979 年出口兔毛 2 675t，占国际兔毛贸易的 92%，1984 年出口增至 7 726t（年创汇 1.9 亿美元），1988—1989 年又增至年出口 8 022t，1994 年又猛增至 10 677t，创出口以来最高纪录，自 1979 年以来我国兔毛出口占国际兔毛贸易 90%以上，年均出口 5 000t 左右，成为兔毛出口最多的国家。50 年来累计出口 12.58 万 t，创汇 24.49 亿美元。出口刺激了我国毛兔养殖的发展，同时，这种过度依赖外贸的生产和销售模式，也必然使得毛兔生产和兔毛外贸受国际市场变化而起伏不定，近年来毛兔生产和外贸稳中有降，但即便如此，年均生产兔毛仍达 1 万 t 以上，而智利、阿根廷、捷克、法国、德国等合计年产毛仅 1 000t 左右，因此我国仍然是世界产兔毛和出口最多的国家（图 1-2）。

图 1-2　1980—2011 年我国兔毛出口数量与金额

1949 年后，我国的肉兔养殖也是从满足出口创汇始，国家责成经贸部、农业部等有关部门加强领导，落实发展，创汇增收，经贸部累计投资亿元以上，引进兔种，发放贷款，建舍造笼，培训人才，建冷冻厂，回收出口，为国创汇。早在 1957 年，出口 221t，1970 年增至 1.9 万 t，1979 年出口高达 4.35 万 t，占世界兔肉贸易量（7 万～8 万 t）的 60%，跃居世界第一位。1987 年开始，由于外贸体制改革，原来的对外出口由外贸部统一经营，改为各省独立经营，原有的产业政策、技术和资金支持、生产协调、外贸价格谈判协调机制都不复存在，这种改变也许在短期内活跃了外贸形势，部分省份的出口量有较大增长，但从长远看，对兔产品这种规模不大的品种来说，也带来不利后果。一方面各省为保出口量竞相压价，使得农户和出口企业的经济效益受到不利影响；另一方面由于缺少了原有的全国一盘棋各方协调机制，各省和地方各自为政，使得养兔和出口形势受到更多因素影响，从而导致生产不稳定，反过来又影响兔肉出口，近几年我国兔肉出口滑落到 1 万 t 左右，虽仍居世界之首，但与高峰期不可同日而语。50 年来累计出口 80.21 万 t，创汇 11.26 亿美元。

表 1-2　中国 2001—2011 年兔肉出口量

| 年份 | 2001 | 2002 | 2003 | 2004 | 2005 | 2006 | 2007 | 2008 | 2009 | 2010 | 2011 |
|---|---|---|---|---|---|---|---|---|---|---|---|
| 出口（t） | 32 998 | 9 081 | 4 426 | 6 396 | 8 925 | 10 251 | 9 204 | 8 538 | 10 375 | 10 328 | 8 996 |

我国獭兔饲养业起步较晚，20 世纪 80 年代初在浙江一带有少量引进和试养，到 90 年代前期，由于饲养技术和市场开发力量不足，致使獭兔产业发展相对缓慢。从 90 年代后期，随着国内企业开拓国际市场的不断努力，香港及国外獭兔皮加工技术的引进消化，再加上国内獭兔饲养与品种繁育技术的进步，使得獭兔逐渐进入稳定发展轨道，并逐渐打开国际市场，在 2000—2001 年间引发行业内第一次发展高峰，但随后进入了几年的低谷期和波动期，在此期间，种兔选育、养殖技术和加工技术、产品设计和研发都有长足的进步，到 2010 年，到第二个行业高峰，也是迄今热度最高的一次。经过这两次高峰和随后的调整，养殖户和企业逐渐变得理性和成熟，对市场和行业变化更加适应和客观。

在技术支持和行业交流方面，在农业部等领导下 20 世纪 70 年代末成立了以全国家兔育种委员会为代表的各类兔业社团组织，在困难条件下宣传落实国家政策，指导家兔生产，组织协作交流，研讨兔业生产，举办赛兔会，制定品种标准、赛兔办法、鉴定方法等多项技术文件，提出多项合理建议，倡导深加工综合利用，组织种兔场及企业研讨交流如何提高经营水平和活力，进行广泛的咨询服务，办杂志、出报纸，如中国养兔杂志已出版 170 多期，并被评为全国畜牧类核心期刊、全国畜牧兽医优秀期刊。80 年代开始，杭州养兔技术中心与全委会合作共出《养兔信息》82 期，东北出版了《龙江兔业》等，讲求时效、求实，既报喜又报忧，传播面广，作用大，促进了我国兔业健康发展。2002 年开始由中国畜牧业协会兔业分会组织的每年一次的全国兔业交易会和兔肉节，以及近年来组织的年度兔业发展大会，均有力促进了科技与生产的结合，促进了我国兔业的发展。

## 第三节　中国养兔生产特点

### 一、养兔区域化特点明显

在中国虽然各地基本都饲养家兔，但 80%以上的饲养量集中在华北黄淮海、华东和西南三个大区。其中华北黄淮海地区主要分布在山西、河北、山东和河南 4 省；华东地区主要分布在江苏、浙江、安徽和福建 4 省；西南地区分布在四川省和重庆市。主产省兔存栏一般在 200 万只以上，出栏在 400 万只以上，兔肉产量在 5 万 t 以上。而且各地饲养的品种有所差异，北方的黑龙江、吉林、辽宁、内蒙古和山西等地主要饲养獭兔为主；西南的四川、重庆肉兔饲养占主导地位，南方的浙江、江苏和安徽以长毛兔养殖占有重要地位，兼养獭兔；山东则是三兔并举。

2010 年，全国十个主产省兔存栏数量为 19 118.9 万只，占全国总量的 88.9%。养兔主产省中四川、山东两省兔出栏量最高，2010 年四川省兔出栏达到 18 156.3 万只，比 2000 年兔出栏增长了 2.82 倍；山东省兔出栏达到 7 723.1 万只，比 2000 年增长了 1.132 倍；其次是江苏、河南和重庆三省（直辖市），2010 年兔出栏分别为 3 883.1 万只、

3 750.9 万只和 3 014.5 万只，分别比 2000 年增长 55.9%、79.7%和 321%倍（表 1-3）。

表 1-3　主产省家兔出栏数量

| NO. | 出栏 | | 存栏 | | 兔肉 | |
|---|---|---|---|---|---|---|
| | 数量（万只） | 占比（%） | 数量（万只） | 占比（%） | 数量（万只） | 占比（%） |
| 全国总计 | 46 452.5 | 100 | 21 500.7 | 100 | 69.0 | 100 |
| 1　四川 | 18 156.3 | 39.1 | 7 398.0 | 34.4 | 23.9 | 34.6 |
| 2　山东 | 7 723.1 | 16.6 | 3 472.1 | 16.1 | 9.0 | 13.0 |
| 3　江苏 | 3 883.1 | 8.4 | 1 597.2 | 7.4 | 6.7 | 9.7 |
| 4　河南 | 3 750.9 | 8.1 | 2 455.6 | 11.4 | 8.4 | 12.2 |
| 5　重庆 | 3 014.5 | 6.5 | 1 168.4 | 5.4 | 4.5 | 6.5 |
| 上述前五位合计 | 36 527.9 | 78.6 | 16 091.3 | 74.8 | 52.5 | 76.1 |
| 6　河北 | 2 879.2 | 6.2 | 1 342.4 | 6.2 | 4.9 | 7.1 |
| 7　福建 | 1 825.4 | 3.9 | 909.2 | 4.2 | 2.6 | 3.8 |
| 8　内蒙古 | 573.1 | 1.2 | 175.7 | 0.8 | 1.2 | 1.7 |
| 9　湖南 | 527.5 | 1.1 | 244.4 | 1.1 | 0.4 | 0.6 |
| 10　浙江 | 474.8 | 1.0 | 355.9 | 1.7 | 0.9 | 1.3 |
| 上述前十位合计 | 42 807.9 | 92.2 | 19 118.9 | 88.9 | 62.5 | 90.6 |

注：第一列为按照年出栏量的排序。资料来源于农业部畜牧兽医总站。

## 二、养殖模式与产业格局迅速变化

改革开放前，养兔在中国广大农村只是作为一项副业进行分散户养，一家一户多则养十几只母兔，少的养几只，养兔的收入基本解决了家庭的油盐酱醋问题。随着畜牧业的快速发展，特别是畜牧产业化和规模化迅速推进，养兔业的生产模式随之发生了较大变化。据统计，2008 年四川省 181 个县中，年出栏 300 万只以上的养兔大县有 14 个；河南省兔业产值达到 35 亿元，位居全国第三；全国最大规模养殖场年存栏超过 10 万只。总之，中国养兔业已经从小户散养发展到集约化规模生产、从产品初级生产到精深加工、从内销市场到外贸出口，无论是数量还是质量都有了显著的进步，养兔业由原来的副业逐步转变为主产区畜牧的支柱产业，为农民增收、农村经济、农业发展作出了重要贡献。

中国兔业生产模式概括起来有 3 种类型：

**1. 集约化规模生产模式**　集约化规模养殖场，一般饲养基础母兔 300 只以上，年出栏商品兔万余只。如 2010 年山西省长治、晋城两市年出栏万只以上的肉兔养殖场达到 36 个，临汾、运城两市年出栏万只以上的獭兔养殖场有 82 个，规模最大的达到 20 万只。

**2. 合作组织生产模式**　在农村以乡或村为单位，成立养兔合作社或养兔协会等组织，建立兔源生产基地，提高生产组织化程度。各地推广了不同形式的组织生产方式，如“企业＋园区＋农户”、“协会＋企业＋农户”、“企业＋养殖小区＋农户”、“企业＋农村专业合作社＋农户”、“联合社＋养殖场户”等多种形式。通过统一供应良种、统一供应饲料、统一技术指导、统一疫病防治、统一销售产品，带动千万农户，向集中连片大规模发展，实现农户与大市场对接，提高抵御市场风险能力，使养殖效益最大化。2009 年山东省临沂、济宁、枣庄等 9 个市，家兔存栏均超过 200 万只，临沂、济宁、青岛等 10 个市家兔出栏超过 400 万只，其中济宁、临沂、青岛、淄博 4 个市家兔出栏超过 1 000 万只；2008 年四川富顺县、荣县、仁寿县和仪陇四县家兔出栏超过 500 万只；合作组织生产模式养兔在河南省占到 30%～40%。

**3. 农户庭院生产模式** 主要根据当地市场的需求，兔产品的销量等情况，利用自家的庭院和房前屋后空闲地建造兔舍，一般饲养基础母兔 10 只左右。农户庭院生产模式养兔在全国约占 40%～50%，也是现阶段养兔业的主要生产形式。与此同时农户庭院养兔还探索了“养兔—种藕—养鱼—种草”、“养兔—种树—种草”、“兔—沼—菜（果）—草”等循环养殖模式，这对生态环境保护，提高养殖经济效益，起到良好的示范推动作用。

## 三、肉兔、獭兔、毛兔全面发展

中国作为世界养兔大国，不仅在于家兔饲养总量多，年出栏数量多，而且，中国与其他养兔大国相比，一个突出的特点是中国不仅肉兔饲养量大，而且毛兔和獭兔也同样饲养数量巨大，呈现一种肉兔、毛兔、獭兔全面发展的局面。

中国以外的世界主要养兔大国，如意大利、西班牙、法国、埃及等，都是以饲养肉兔为主，毛兔和獭兔的饲养量很少或几乎没有，尤其是意大利和西班牙，基本上只饲养肉兔，而不饲养毛兔或獭兔。法国虽然也饲养毛兔和獭兔，但数量很少。法国饲养的长毛兔主要以粗毛型长毛兔为主，偏重科研和育种。法国獭兔饲养以专门化品系 orylag 为主，形成了专业合作社，实行订单生产，每年的皮张产量只有 20 万张左右，主要供应特定客户。南美国家阿根廷、智利等，则饲养少量长毛兔，肉兔和獭兔则很少。

随着时间的推移，中国不同经济型的家兔业养殖格局虽有变化，但这种格局逐年趋向稳定。在 20 世纪 90 年代以前，獭兔的生产才刚刚起步，因此饲养总量很少，经过近 20 年的发展，中国獭兔的饲养量已经超过毛兔饲养量，在 3 种家兔类型中居第二位。据国家兔产业技术体系的定点抽样调查，2012 年中国肉兔、獭兔、毛兔的饲养量比例保持在 60%∶30%∶10%。随形势发展，这个比例或许会有所消长，但某个经济类型完全消失或极少的局面恐不会出现。

三种类型的家兔在不同省份也有不同侧重，如四川和重庆，肉兔同样占主导地位，福建更是如此，而江苏、浙江，则獭兔、毛兔所占比例高于肉兔，这不仅有历史的原因，也有饲养比较效益和消费市场的原因。

## 四、外贸出口仍占有重要地位

中国养兔最初是以外贸换汇为主要目的逐渐发展起来的。例如肉兔出口高峰时期的 1979 年，当年兔肉产量的 79%用于出口，毛兔和獭兔在很长一段时间内，产量的 90%以上都是出口国外。近几年随着外国经济形势的变化和国内市场的开拓，肉兔的出口比例已经很少，但据业内人士估计，兔毛和獭兔皮产量的仍然有50%左右的产品用于出口，所以，国际市场兔产品的行情和需求量仍然对我国养兔形势发生着重大影响。兔肉虽然出口比例很少，但由于出口主要集中在少数几个大型企业，且出口效益好于国内销售，加之国内市场上生产和消费比较平衡，所以，一量出口形势顺利，会带动国内兔产品价格上扬，从而拉升国内兔产品的收购价格。因此，兔产品的对外贸易现阶段仍占有不可忽视的重要作用。

### 五、投资主体逐渐多元化

由于兔产业是一个相对小的产业，不容易受到特别关注。一般情况下，养兔主体是广大养兔户和部分有历史基础的养兔企业。但所谓的养兔企业，全国知名的几乎没有，规模都比较小，从自身经济实力上说，还不够强大。因此，兔业长期是在充分面对市场经济环境中自然发展，也是自生自灭。随着时间的推移，在其他行业获得较好业绩的企业家通过考察比较发现养兔业进入门槛相对低，与其他种类畜禽产业相比，投资总量不是很大，竞争不是很激烈，因而市场开拓潜力大。同时，兔产品也有比较鲜明的特点，符合人们消费趋势，因而这些外来资本逐渐投入到兔业中来，使得兔业的投资主体逐渐多元化，很多投资方都在其他产业中积累了利润，但继续投资本行业的发展前景难以预测而转投兔业，一般一次投资都比较大，设施设备也相对完善。他们的加入，促进了兔业规模化发展和技术进步。

## 第四节 中国兔业取得的成绩与存在的问题

### 一、中国兔业取得的成绩

#### (一) 名副其实的养兔大国

经过多年的不断发展，到今天我国已是世界兔肉产量最多，兔肉出口最多，兔毛产量最多、兔毛出口最多，獭兔皮产量最多、獭兔皮及制品出口最多的国家——即取得六项世界第一，成为名副其实的养兔大国。

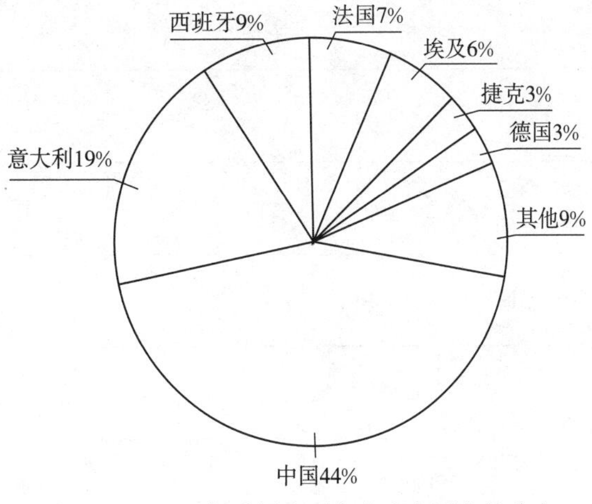

图1-3 2010年世界主要兔肉生产国产量分布

这种养兔大国地位的取得，是我国兔业不断发展最直接见证，也是广大养殖户、养殖企业、政府、科技人员共同努力的结果。在毛兔和獭兔业，我国更是具有绝对优势，因为在很长一段时间内，我国的兔毛产量、出口量，獭兔皮产量和獭兔皮及制品均占世界总量的90%以上，从1994年开始我国肉兔产量超越西欧肉兔生产大国意大利，一举成为世界第一肉兔生产大国，并一直保持到现在。依照目前的发展形势，这种地位将会长期保持下去，因为世界主要肉兔生产国，如意大利，法国、西班牙、委内瑞拉、埃及和朝鲜，要么产量趋于稳定或者略有下降，要么虽有增长，但增长不够稳定或增长速度低于我国，因此我国的肉兔养殖第一大国的地位短期内无可撼动（图 1－3）。

### （二）形成了全产业链基本格局

经过多年的发展，我国兔业基本形成了育种、饲料生产、环境控制、养殖、疫病防治、产品加工销售的各环节紧密相连的完整产业链格局，这说明，与以前相比，兔业各相关环节的生产和研发力量均有不同程度的增强，弥补了曾经存在的环节短板，另一方面，也说明国内市场的容量和从事人员的规模，决定了我国兔业经济已是一支不可忽视的力量，因而才能承受如此众多的产业环节存在和吸纳大量从业人员的就业，并且，肉兔、獭兔、毛兔本身作为进一步细分的产业也是有完整的产业链，且具备良好的适应能力。不同经济类型家兔的完整产业链的维持和运转，从客观上保证了从业人员和企业选择的巨大空间，理论上增强了兔业发展的总体稳定性，因为一种类型兔产业链的发展会收受到另外两种类型兔业产业链发展的支持或影响，增加彼此之间的竞争性，由于从业人员的自由择业，有经营差的企业会细分产业流向经营好的企业或细分产业，自然地促进总体兔业的良性发展。

### （三）养殖技术水平大幅提高

20 世纪 60 年代，我国毛兔的平均成体重仅 2.5kg，年产毛 200g/只，由于科技含量不断提高，目前发达毛兔养殖地区，毛兔平均成体重达 4kg 左右，年产毛上升到只均 800～1 000g，早在 90 年代初在浙江、上海、江苏、安徽、山东等地培育出一些体大高产的新品系、类群，有的已超过世界先进水平（表 1－4）。

**表 1－4　国内外毛兔产毛测定结果**

| 所属 | 测定年份 | 送测只数 | 测定只数 | 性别 | 测定始重（g） | 测定末重（g） | 年产毛量（g/只） |
|---|---|---|---|---|---|---|---|
| 浙江新昌 | 1991 | | 54 | 公 | — | 4 458 | 1 316 |
| | | | 98 | 母 | — | 5 130 | 1 542 |
| 浙江嵊县华兴兔场 | 1991 | | 150 | 公 | — | — | 1 293 |
| | | | 150 | 母 | | — | 1 520 |
| 浙江镇海 | 1991 | | 150 | 公 | — | — | 1 283 |
| | | | 150 | 母 | — | — | 1 683 |
| 德国黑森畜牧所 | 1992 第 40 批 | 78 | 74 | 公 | 3 280 | 3 630 | 1 237 |
| | | 58 | 55 | 母 | 3 460 | 3 850 | 1 487 |
| | 1992 第 41 批 | 94 | 87 | 公 | 3 160 | 3 690 | 1 269 |
| | | 58 | 56 | 母 | 3 080 | 3 910 | 1 508 |

我国高产群体1991年的只均产毛达到并超过同期世界先进水平（只均年产毛1 300～1 500g）。1999年新昌再创高产好成绩，只均产毛高达1 700～2 000g，近几年还出现了一次剪毛1 000g以上的个体，这标志着我国毛兔生产已由低产进入了高产的新阶段（表1-5）。

**表1-5　浙江新昌1999年1月14～21日测定结果**

| 测定项目＼性别 | 公 | 母 |
| --- | --- | --- |
| 测定只数 | 119 | 165 |
| 平均体重（g） | 5 310 | 5 720 |
| 年产毛量（g） | 1 774 | 2 022 |

新中国成立初期，我国的肉兔生产水平极低，平均体重仅2～2.5kg，饲养周期为120～180d，全净膛屠宰率为40%～43%，月增重仅0.5kg，饲料报酬5～6∶1。经过多年的发展，现在总体水平明显提高了，近几年，肉兔饲养周期缩至90d以下，饲料报酬提高到4∶1（先进地区已达3∶1），尤其是商品肉兔配套系，大群生产条件下，75d平均活重可达2.5kg以上。每只母兔年产商品肉兔由原来的不足30只提高到35只以上。

从出栏率来看，从1985年至今，兔出栏率在逐年增加，呈直线上升，由1985年的0.714上升到2010年的2.161，这充分反映了我国兔业生产水平的快速提高。

### （四）兔产品加工开发全面发展

以前我国兔肉主要以鲜食为主，即便加工，也大多是传统加工方法。近年来，随着加工技术的不断进步，兔产品开发得到了发展，产品门类更加齐全。初步统计可以分为6个大类，30多种产品。如：

腌腊制品：腊兔、缠丝兔、烟熏板兔、风兔、咸兔等。

干燥制品：兔肉干、兔肉松、兔肉脯、金丝兔肉。

酱卤制品：麻辣兔肉、卤兔、红板兔、酱兔块、酱兔肉、糟兔等。

烧烤制品：烤全兔、烤仔兔、烤兔腿、红焖兔肉等。

香肠制品：兔肉灌肠、火腿肠、色拉米香肠。

罐头制品：清蒸兔肉、原汁兔肉、红烧兔肉、咖喱兔肉等。

最近几年，兔肉熟制品还开发有风味茶兔肉、什锦休闲兔肉、板栗兔肉、孜然兔肉、香辣兔丝、兔肉卷等。

在兔毛创新加工研制方面，分别研制成功纯兔毛的兔毛衫、兔绒绸，填补了我国不能生产的空白，其特点是不缩水、不起球、不掉毛。同时还研制出兔毛袜、围巾、披肩等20多个新品种。还研制出兔毛薄呢，轻柔华贵。

### （五）科技成就

**1. 品种培育**　我国在家兔育种方面，围绕着提高质量增加效益进行了广泛研究，各省先后已鉴定验收的家兔品种、品系有中系长毛兔、安阳灰兔、塞北兔、哈尔滨大白兔、太行山兔、华东长毛兔、成齐兴肉兔、四川白獭兔、荥经长毛兔、天府黑兔等。

1996 年 1 月，农业部成立了“国家畜禽品种审定委员会”，主要任务是审定全国选育培育的畜禽新品种（配套系）。

2009 年，浙系长毛兔成为《畜牧法》实施以来审定通过的第一个家兔品种。该品种平均体重达 5kg 左右，年产毛 1 500g 以上，只均年产毛已达到并超过国际先进水平。

2010 年，皖系长毛兔正式通过国家畜禽遗传资源委员会的审定。

2011 年，康大配套系 1 号、2 号、3 号正式通过国家畜禽遗传资源委员会的审定。

**2. 兔瘟育苗研制** 在兔病研究方面，被世人视为灾难的兔瘟病，由江苏省农业科学院、农学院科技工作者攻克，搞清了病原，研制出疫苗。处国际领先地位，对世界兔业作出了贡献。医务工作者们还围绕常见病、疑难病进行了广泛研究，提高了我国兔业保健与治疗水平，提高了成活率、生产效率和效益。还成功地研制了巴氏杆菌苗、魏氏梭菌苗、大肠杆菌苗等。他们的成就促进了我国兔业的健康发展。

**3. 发表文章、出版著作** 随着我国兔业的发展，我国的科技工作者撰写和编译了多种书籍。据统计建国前仅有 11 种，其中最早的是齐雅堂编著的《养兔法》，由商务印书馆出版（计 5.9 万字，1931 年 3 月出版），同期冯焕文先生著有《盎古拉毛用兔》（1936 年出版）、《养兔十三讲》和《皮用兔》等五本。1949 年后共计正式出版几百种。根据国家兔产业技术体系 2013 年 6 月的不完全统计，仅 2000 年以来，出版养兔著作 278 部，总篇幅达到几千万字。

**4. 研究人才队伍建设** 我国在兔业发展的同时，造就了一批从事兔业工作的各层次的科技人才，近 20 年来《养兔学》被列为农业高校牧医专业的专业课，不少中专、职业技校也开设了养兔学。随着我国兔业的发展还造就了一批有经验、有理论、热爱兔业的民间专家，他们不畏艰苦，在风浪中为中国兔业征战，立下汗马功劳。可谓事业造就人才，人才促进事业。尤其是农业行业专项的支持和国家兔产业技术体系的建立，使得一大批具有博士、硕士学位的高层次专业人才加入养兔研究队伍，使得我国的兔业研究后备力量不断壮大。

## 二、我国兔业存在的主要问题

### （一）市场波动大

由于信息的缺失，加上决策工作失误，以及其他人为因素干扰，使得我国兔业发展起伏变化大，毛兔、肉兔、皮兔均被涉及，以毛兔最典型，先后已出现过 6 次大起大落，1980 年以前每隔 5～6 年出现 1 次波峰，1980 年以后每隔 4 年左右出现 1 次，仅维持 1 年左右，其余时间是收购出口的低潮期。自 1957 年开始出口兔肉以来，1979 年出口最多，达 4.35 万 t，低潮时仅出口 1 万多吨。獭兔皮的收购价高低可差 1 倍。

多次产期的生产与市场波动，损害了养兔效益，打击了养殖积极性，浪费了资源，抑制了产品的市场开发，阻碍了我国兔业的健康发展。

### （二）良种体系尚未完全建立

良种是兔业增产增效的关键因素，是现代兔业生产的基础性资源。据测算，家兔品种对兔产业的贡献率在40%以上。随着兔业生产格局的变化，我国家兔良繁体系薄弱环节日趋明显。真正合格的种兔场数量不仅少，且规模小，供种能力有限，具有高生产性能的优良品种少之又少。现有家兔良种场供种不能满足生产发展的需要，良繁体系与兔业产区生产不配套，因而生产中种兔以低代高、以次充好的现象屡有发生。一方面多数企业对选种选育意识不强，忽视引进品种的进一步选育提高，已培育的兔品种，退化严重，在生产过程中不进行生产性能测定，选种留种没有繁殖档案和日常生产记录数据，种兔品质无据可查；另一方面养殖户引种存在盲目性和随意性，一些养殖户不按照科学程序进行引种，兔种血缘不清，有的农户直接购买商品兔作为种兔，造成兔只生长慢、成活率低、品种杂、效益差。

### （三）优质粗饲料短缺、养殖成本增高

多年以来，家兔饲料原料和成品饲料价格都有不同程度的增长，尤其是玉米和草粉的价格升高较为突出，优质苜蓿甚至超过了玉米的价格。因原油价格上涨导致运输成本的上升，许多地区到场的饲料价格较以往提高了几成，人工费用更是一年比一年贵，致使养殖成本升高，对养兔效益产生重大影响。

在生产中商品饲料质量不稳定问题尤为突出，自配饲料质量难以保证，生产兔全价饲料的厂家很少能保证质量一致，同时存在许多成品饲料营养水平达不到饲养标准的现象。长期饲喂营养不平衡或营养不全的饲料，造成营养水平低，导致家兔生长周期长、死亡率高、养殖效益差。

规模化兔场尽管是粗、精搭配，并配制成颗粒饲料，多采用麦秸粉、玉米秸粉、豆秸粉、稻壳粉、花生壳粉，这些壳粉饲料蛋白含量低、粗纤维和木质素高，易发霉变质，还含有泥土和其他杂质。目前，摆在我们面前的最大难题是优质粗饲料资源匮乏，多数采用花生壳、谷草、豆秸秆等作为粗纤维饲料，严重影响了兔业的健康发展。

### （四）主要疾病依然制约兔业健康发展

当前养殖企业、养殖户遇到的最大问题是疾病流行，尤其是以大肠杆菌病、魏氏梭菌病和流行性腹胀病为主的消化道疾病，以巴氏杆菌病和波氏杆菌病为主的呼吸道疾病，以饲料霉菌毒素中毒为主的普通病，以小孢子皮肤真菌病和附红细胞体病为主的疑难杂病。同时，繁殖障碍性疾病（发情率低、受胎率低、产仔率低和围产期死亡综合征）日益严重，球虫病、棘球蚴和囊尾蚴等寄生虫病在各地区发生均比较普遍。

养兔户在兔病防治方面存在重治轻防的思想，普遍存在着无病不防、有病治疗的做法，对兔病的预防与扑灭还没有一套切实可行的方法，当疾病来临时不知所措，治疗不科学不得当，尤其在疫苗和药物的使用上基本处于无序状态，忽视对寄生虫的防治，使用低剂量的抗球虫药，从而导致兔瘟、巴氏杆菌病、波氏杆菌病、魏氏杆菌病、大肠杆菌病等传染病、寄生虫病的发病率较高，造成很大的经济和精神负担。

规模兔场对疫病防控过分依赖药物治疗，认为注射了疫苗兔群就不发病、就放心了。一些养殖场（户）往往打了疫苗兔群还发病，不但增加了饲养成本，有的甚至损失巨大。实践证明，有些家兔疾病是可以通过加强管理来预防的，优良的环境、合理的饲料营养、

精细的管理可提高兔的免疫力和抗病力，降低发病率和死亡率。

另外，缺乏兽医实验室诊断兔病及疾病监控体系。目前，除个别大型兔场具有兔病诊断室外，生产中一般诊断不出真正病因，同时多数兔场均不注意监测，所以也谈不上有“科学有效”的防疫措施，因而导致一些不该发生疫病的发生和传播。

### （五）产品加工与开发滞后

近年来，相比以前，我国在兔肉、兔皮、兔毛的加工方面取得了长足的进步。但是，相对兔业发展需要，仍然差距巨大。在兔肉加工上，只有少数专门从事兔产业综合开发的企业进行了尝试研究开发，而许多高等院校、科研院所都是以畜禽肉制品研究开发为主，很少专门涉及兔肉产品的研发。专门针对兔肉产品加工技术研究开发严重滞后，已成为制约我国现代兔产业综合开发进一步提升的“瓶颈”；在兔皮加工企业中，除了少数大型企业的科技含量较高以外，多数没有摆脱传统的作坊式或半作坊式操作，技改任务相当艰巨，兔毛的加工技术到工业应用还需不断投入，才能见成效。

### （六）技术力量不足，管理方式落后

随着规模化、集约化养兔的发展，现代兔产业是将饲养管理、繁殖选育、营养调控、疫病防治和环境控制融为一体的产业，其对技术的要求越来越高。

而且目前国内的养兔技术服务工作主要依靠高校和科研院所，但由于专业从业人员相对较少，照顾面有限，养兔户发生问题有时不能得到及时有效的解决。

多数企业兔场对技术重视不够，以临时工进行简单的饲养为主，很少招聘专业人才进行技术把关，导致问题不断，企业难以长期生存发展。许多种兔经营企业对新养殖户的入门培训不到位，买种兔前承诺周到，卖完种兔什么都不管。“新养兔户层出不穷，老养兔户不断消失”，主要是缺乏专业技术培训的结果。农户在准备养兔时，预算得出的收益可观，但生产中存在饲料原料品质难保障、常年零星死亡等一系列问题，经验不足的养兔户收益总是可望而不可即，长期小额亏损。在管理方式上，很多投资者管理理念缺失。仍把兔产业看作简单的饲养，投资者就是管理者，团队成员就是妻儿老小、亲戚朋友，没有一支优秀的管理团队，不能科学有效地组织兔业生产，无法把企业做大做强。

### （七）缺乏规模化养殖企业，产业化程度较低

随着现代畜牧业的建设，我国生猪、家禽规模化养殖、产业化发展迅速，有相当比例企业实现了标准化、模式化和集约化的生产方式，建立了从生产、加工、销售到配套服务的完善体系，而兔产业与其相差甚远。

小规模养兔户仍以家庭养殖为主，属于庭院经济。养殖设施粗放简单，个别养殖户甚至露天养殖，标准化程度较低，规模较小，市场销售价格和养殖效益低。专业化的养兔公司和合作社较少，使养兔业产销不能形成规模化优势。

规模兔场产业化程度较低，生产设施标准化程度低。兔舍以开放式和半开放式为主，兔笼以水泥预制结构为主，建造形式多样，笼器具制作和兔舍设计没有统一标准，环境控制设备简陋或者根本就没有，极大地影响了兔产业的壮大。由于我国家兔产业化程度低，

产业链条短，产品附加值低。养、加、销各环节连接不紧密，企业或合作社与基地农户之间尚未形成“利益共享、风险共担”的产业化机制，企业或农户养殖规模小，经济实力较弱，运转不力，带动能力差。

# 第五节 中国养兔的发展趋势

## 一、整体养殖规模化发展趋势

综观世界畜禽养殖业发展过程，尤其是发达国家的畜禽养殖业，均是由小规模向中等规模和大规模发展，在此过程中同时实现标准化和集约化、工厂化生产，畜牧业发达国家已基本完成此过程，表现在养殖农户或小企业数量在不断减少，而单个农户的或企业的养殖规模则在不断扩大。例如 2000 年到 2007 年，在一个调查区域内法国养兔农户的数量减少了 18.1%，但养殖规模则增加了 8.1%，意大利、西班牙也是同样的发展趋势。这一方面是由于新技术的采用，养殖设施设备的改进，劳动生产率的提高，使得规模养殖成为可能；另一方面也是竞争形势的发展，养殖户和企业必须通过扩大养殖规模来降低成本，提高竞争力和收入水平。

中国兔业作为世界兔也的一部分，同时受到国内其他畜种养殖业的规模化发展趋势影响，我国兔业同样表现出规模化发展趋势。我国养兔传统上是以广大养殖户小规模分散养殖为特点的，养殖几只、几十只母兔，利用房前屋后的空地或闲置房屋作为饲养舍，利用空闲时间来养兔，虽然也有专业养殖户，但所占比例低。有所谓“家养几只兔，不愁油盐醋”的说法，表明当时农户是以副业形式，通过养兔来解决日常生活的小额费用所需，还没有成为主导职业或谋生手段，因此谈不上专业化和规模化。经过几十年的发展，专业化养殖户越来越多，单个农户养殖规模的普遍提高已是不争的事实，日前，养殖 100 只母兔以上的养殖户已经逐渐成为主体，尤其在发达养兔地区，如山东大部分养殖户的存栏繁殖母兔都在 200～300 只以上；浙江宁波地区，10 000 多个笼位的养殖企业就有十几家，过去，一个养兔户年出栏 1 万只以上，一个企业年出栏 10 万只以上都觉得已经是很大规模，而现在，一个养殖户年出栏 1 万只以上则比较常见，全国年出栏百万只以上的养兔企业已有十几家。山东省由于出口企业众多，养殖规模一直比较大。四川、重庆以前是小规模分散养殖的典型代表，但近年来，农户的养殖规模都在普遍扩大，并具大型养殖企业也不断涌现，这说明我国养兔的规模化趋势日趋明显。

农户和企业养殖规模化的趋势，不仅是现实的潮流，也是客观的需要。因为，过去的养兔多为副业形式，只是生产活动的补充，其收入也是作为农业收入的辅助来源，而现在，越来越多养殖户将养兔作为主业和谋生的主要手段，开展专业养殖。因为，副业形式的小规模养殖在经济上和技术上有很多不利的地方，如小规模养殖因为一次购入饲料数量少，使饲料购置成本高，规模化养殖则有利于企业或农户通过集中采购原料节约采购成本，降低每只高品兔的生产成本。而产品出售时，同样由于一次出售产品少，产品中间商考虑到每次上户收购的数量和分摊成本，自然会压低收购价格以保证自已的利润。小规模个体养殖户自己去市场出售产品，也同样有销售成本的问题，与大养殖户或企业比较，在产品销售环节的价格上处于劣势。

另外，规模化养殖有利于提高生产效率和新技术的应用。在规模化养殖条件下，可以采用人工授精，实现同期配种，同期产仔、断奶，同期产品上市，产品的供应能够实现计划性。规模农户也可以通过与龙头企业相联系，采用流动人工授精，实现批次生产，与小规模养殖条件下的自然配种相比，人工授精可以提高配种效率5倍以上。虽然我国规模化养殖企业也存在综合成本高的现象，但完全可以通过改进生产和企业管理，减少虚职人员，真正实现通过提高生产效率来降低生产成本的目的。

## 二、大型企业的综合发展趋势

我国的很多大型养兔企业都是从收购农户养殖的高品兔，然后集中屠宰加工后出口，或供应国内市场而逐渐发展起来的，这些企业原来经营模式比较简单，主要通过与周边农户建立生产联系，保证有订单时，能有兔源收购，虽有少部分屠宰企业建立了自己养殖基地作为调节兔源，但与屠宰加工能力比，自备养殖规模不大。与养殖相关的种兔繁育，饲料加工和下游的产品开发营销环节，基本依托外部商业机构。因此生产模式简单，利润来源单一，收入则完全决于外部环境。

这种状况已在逐渐变化，尤其是国内外兔产品消费市场的此起彼长，使大型兔业企业的综合型发展趋势越来越明显。无论是传统的山东、重庆、四川肉兔企业，还是浙江等省的獭兔企业，均在原有专业养殖或专门屠宰加工的基础上，转向育种、饲料生产、养殖、产品加工销售一条龙或全产业链模式经营，这是大型企业阶段性发展要求的必然结果，也是养兔形势发展的现实要求。无论是对外出口还是对内销售，大型企业要开拓市场，必经重视产品研发和营销，从而保证稳定的销售市场，因此，产品研发成为重点。要生产合格产品，饲养过程的可控是必然的要求，与之相适应的饲料质量保证、种兔质量和及时稳定供应也必须一并考虑。从具体生产过程来看，育种、饲料生产、养殖、产品加工销售各个环节的技术难易程度和利润水平是有比较大的差别的。大型企业从稳定生产、稳定市场供应、保证原料质量的角度考虑，必须建立自备养殖基地，随之自备饲料厂必不可少，这样，几个基本环节都统一到企业的管理之下，才能保证最终产品的可靠质量。从经营的角度来看，综合经营模式有利于企业在不同生产环节之间调整和平衡利润，保证企业整体利润水平和平稳发展。随着养兔业的发展和国内市场的开拓，这种一体化经营的模式会越来越常见，最终行程几个大型综合型企业共同分享的局面。

## 三、国内市场的开拓趋势

中国兔业的发展，无论是肉兔、毛兔还是獭兔，最初都是以满足国际市场需要，出口创汇为主要目的，并且，也确实占领当年国际贸易的绝大部分，但是随着国外市场形势的变化，如西欧兔肉消费国法国、西班牙的生产和消费呈下降趋势，对我国兔肉出口造成直接影响，而兔毛出口市场，则主要是由于传统进口国兔毛纺织工业竞争力下降，减少对兔毛原料的需求，而从2008年开始的经济危机，一直到现在影响着我国獭兔产品的出品和消费，凡此种种，都直接或间接地影响了国际市场消费在我国兔产品出口中所占比例。但出口市场的萎缩，相应地促进了国内兔产品生产企业加强对国内市场的开拓，经过几年努力，已取得了成效，并增强了企业对国内市场的重视和进一步开发拓展的信心。兔肉、兔毛和兔皮产品都在不断推陈出新，由局部向全国推进，逐渐占领不同地区、不同层级的市场。

就兔肉产品来说，在出口为主的时代，多数企业是生产冻肉或分割后冷冻，然后出口，而对国内市场，开发了冰碎兔肉，调理食品，烧烤食品，尤其是小包装的开袋即食的休闲食品，越来越为国内消费群体所接受，成为不少加工企业的主打产品。

兔毛加工产品，在改进传统加工方法导致的起球、缩水、变形等不足之处方面，取得了长远进步。起球和变形的缺点已基本不存在，缩水已低于1%以下，并且针对高端消费人群，开发了纯兔绒的时装化产品，在主要大城市销售，越来越为人们接受，表现出良好的前景。

兔皮产品，尤其是獭兔皮产品，在鞣制加工技术和产品设计和工艺改进方面大有改观，针对国内市场，特别是年轻人追求新奇，但消费能力相对不高的特点，开发了针对性产品，在重点地区开设直营点或连锁网络，大力促进兔皮产品在国内市场的点有率。

### 四、研发与生产的结合趋势

养兔生产的发展，离不开研发工作的支持，无论是育种、饲料、养殖，还是疫病防治，环境控制和产品加工，每个环节技术的进步，均得益于研发工作最终结果的应用和不断改进，不管这种研发工作是由政府科研机构还是企业及私营机构所开展的，只要是满足了生产的需要，这必然推动兔业生产的发展。

但实事求是地说，因为兔业是畜牧产业中一个相对较小的产业，在相当长的时间内，国家及地方政府对兔业研发工作支持的力度与兔业发展对技术研发工作的需求之间，一直存在相当的差距，至使很长一段时间内，生产中表现优异的品种基本都是国外的品种，兔饲料营养参数多年来一直沿用和参考其他畜禽的参数，或根据经验适当改进后在兔业生产中应用，很多生产中急需的标准和操作规程，远没有达到系统化，产品加工多数还是沿用传统加工方法或借用其他畜禽产品加工方法。真正针对家兔产品本身的特点，开发出有特色的产品或工艺的成功案例明显不足。这些均表明，研发工作与生产的结合日趋急迫和重要。令人欣慰的是，这种不利状况在近年来有比较大的改观，研发与生产的结合已成为趋势，不断深入人心，不仅在研发领域，特别在生产领域，很多技术用户更加明确了技术来源和咨询的方向。

## 第六节 中国养兔可持续发展的思考

### 一、中国养兔可持续发展的必要性

自新中国成立以来，我国兔业经过60多年的发展，取得了巨大成就，不仅养殖规模和产量居世界第一，而且，兔业早已成为畜牧业中一个有特色的组成部分，为农村经济发展和农民增收发挥了应有的作用。但是，也应该看到养兔业发展到现在，环境保护呼声越来越高，例如很多大城市已经提出，要将养殖业安置在远郊区，而且，必须有与养殖规模相适应的农作物种植规模用于吸纳养殖业的粪尿排放。饲料原料价格日趋高涨，年轻人择业越来越自由的，面对凡此种种的挑战，兔业的下一步将如何发展，以应对这些挑战，值得每个兔业从业人员足够重视和思考，从而探索兔业发展发展和可持续之路。

从生产实际来看，兔业可持续发展是环境的客观要求。任何产业从本质上说，都必须是可持续的，否则不可能有长远的健康稳定发展。虽然在人的心中，兔业可能还不是污染影响很大的产业，但仔细分析，养兔过程的粪尿对环境的影响，产品加工过程中废弃物对环境的影响是客观存在，仍然不容忽视，也许排放量比较低，但不是完全不排放。既然对环境有影响，就必须认真对待，通过深入研究，以便将这种不利影响降到最低，为兔业的可持续发展创造前提条件。

另外，无论是从发展农村经济，还是满足人的生活需要，都应该考虑兔业的可持续发展问题。兔业虽然是小产业，但在农村地区，特别是偏远农村和欠发达地区，由于养兔投资少，见效快，不需要主要劳动力，投资规模可大可小，对场地要求相对不那么严格，使得兔业在部分农村地区具有不可替代的作用。从我国兔业近 20 年来的发展，也可以看出兔业产量不仅在逐年增长，而且兔肉在所在肉类中的比例也逐年升高，说明兔业发展规模在逐年扩大，有相当一部农民生活来源都依靠兔业，为农民的就业提供了必要的保障。如果兔业的发展因为这样那样的原因受到了影响，这部分养殖户的生活和就业就必然受到严重影响，也不利于农村经济的发展。

兔业规模的扩大，根本原因是兔产品满足了人们生活的需要。兔产品有鲜明的特点，随着生活水平的提高，居民消费能力的增强，特别是兔产品加工能力的进步，会有越来越多的人喜欢并使用或消费兔产品。为此兔业的可持续发展具有现实的客观的经济必要性。

## 二、中国养兔可持续发展的可行性

如果兔业发展既有现实的必要性又有环境的客观要求，兔业的发展就必然思考可持续发展的可行性。只有具备可行性，发展的必要性才能实现。

一直以来，我国人均占地少，饲料粮不足，这在一定程度上制约着畜牧业的发展。但对于兔业来说，这种状况也许更能实现出其稳定和优势。家兔是小型草食动物，粗饲料占其饲料组成的 40%以上，而且，家兔对植物饲料中蛋白和能量的利用效率要高于许多畜禽，因此，在相同数量精饮料的情况下，利用家兔来生产蛋白和肉类具有比较优势，这就是常说的，草食家畜不与人争粮的道理。

在我国耕地总量日趋减少的大格局下，发展包括家兔在内的草食畜牧业，或许应该优先考虑。兔业在场地需求和建设方面，远没有其他畜禽业那样严格。因为养兔规模可大可小，尤其是我国养兔仍然以大量分散养殖户为主体，集中大规模养殖还是少数，因此，对土地资源的利用比较灵活，一些不能为其他畜禽利用的土地，稍加改造，也能建场开始饲养家兔。

兔业的实际发展也有力表明，消费者对兔产品有不断增长的需求，直接地支持了兔业的可持续发展，这在肉兔方面表现尤其明显（图 1-4）。

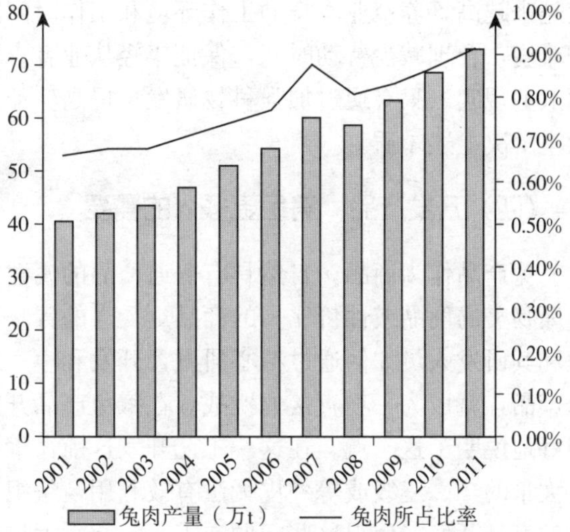


图 1-4　2001—2011 年我国兔肉产量及占肉类总产量的比率变化

## 三、发展建议

### （一）切实重视环境排放问题

随着人们对健康的重视，不仅食品安全受到越来越多的重视，居住和生活环境也同样受到越来越密切的关注，比较来说，兔业虽然还不是污染严重的行业，但养殖和加工过程中的粪尿排放和废弃物处理，必须谨慎面对，尽可能采取环境友好对策。在实际操作过程中，对要充分调研，做好项目规划和设计，充分考虑现行法规要求，及时更新环境处理设施设备，努力减少生产和加工对环境的不利影响。对于新建场，在综合规划设计阶段，不仅要考虑兔场或生产本身的环境要求，设置相应的处理措施，还应该从长远的角度考虑当地经济的发展和人文的要求，从而减少重复建设，不然的话，因为考虑不周或过于追求眼前利益，从而使得新建场建成开始就显得落伍，以至于受到越来越大的环境压力，从而骑虎难下或得不偿失。

### （二）进一步展示兔产品的优良特性

为了保持兔业的可持续发展，充分明确和展示兔产品的优良特点，大力推进兔产品的消费，是保持兔业可持续发展的重要举措。迄今兔产品的很多优良特性还没有被许多消费者所了解。例如兔肉的“三高三低”特点，特别适合 21 世纪人们对肉类食品的营养期望，兔肉的低脂肪特性，使得很多以促进脂肪利用或分配的无良添加剂没有利用价值，间接地保证了兔肉的安全特性。从市场经济角度来看，任何一个产业，只有不断的消费增长，本能保证产业的持续发展。虽然我国兔产品的消费一直在增长，但与发达国家相比，尚有很大增长空间，国内主要兔肉消费地区较高的兔肉消费量，也给其他省份很大消费增长希望。

### （三）发展兔业科技，提高效益和效率

兔业要持续发展，还必须面对农村中日益变化的用工和收入增长现状，一方面是年轻人择业多元化趋向，另一方面是行业比较效益问题。从行业比较收益来看，兔业作为一个产业，它提供给从业人员的实际收入必须与其他行业人员的从业收入有一定的可比性，才能稳定从业队伍。如果兔业从业人员的收入长期处于低位，就会导致进入兔业从业人员的减少，从而出现招工难，或招入后流失快，不利于兔业的稳定。另外，年轻人择业的自由

度越来越高，养殖业本身的工作环境和工作时间问题，也是不可忽视的现实，如何减轻劳动难度，合理减少劳动时间，保证年轻从业者有可比性的收入，成为兔业可持续发展不可回避的现实。只有通过加强科技研发，提高劳动生产效率，进而提高劳动效益，或许能从根本解决上述矛盾。

### （四）开发产品，满足更多人的需要

兔产品作为商品，自然具有普通商品的属性，其消费也遵从商品的消费规律，那就是价廉物美的商品或性价比高的商品更受人的青睐，因此，兔业从业者，特别是产品加工企业和其研发人员如何通过精心研发，开发和生产出为更多消费者愿意消费也能消费得起的兔产品，就成为一项直接的挑战。在獭兔产品开发中，编织工艺及其衍生产品的开发，就很好地说明了这一点。在这一工艺开发这前，獭兔产品不仅品种较少，消费总量不高，而且大量的二、三级或等外皮无法有效利用，编织工艺研发以后，随着一系列以此工艺为基础的产品开发，使得这些问题迎刃而解，大大扩展和推进了獭兔产品的消费和獭兔产业的发展。因此，要促进兔产业可持续发展，按经济规律办事，以市场的方法通过全方位深度开发产品或工艺改进，推动兔产品的消费是最直接的选择。

# 第二章

# 家兔解剖与组织

## 第一节　家兔的外形及被皮系统

### 一、外形

家兔是两侧对称的，以内部骨骼为基础，体表可分为头、躯干和四肢三部分（图 2-1）。

#### （一）头

头位于兔体最前方，可分为颅部和面部。

**1. 颅部**　包括枕部、顶部、额部、颞部、耳郭部和眼部。

**2. 面部**　包括鼻部、唇部、颊部、咬肌部和下颌间隙部。

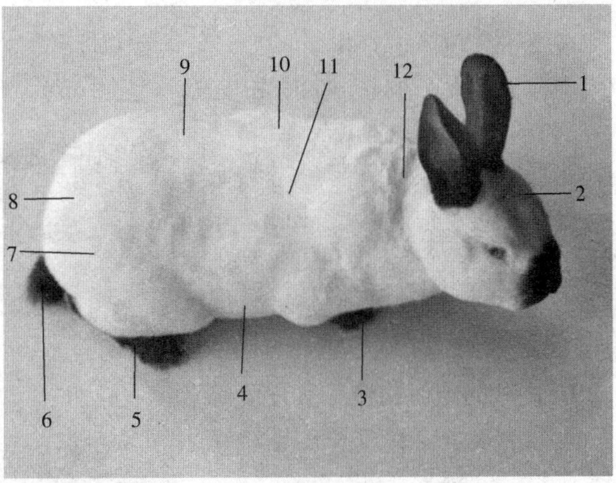


图 2-1　家兔外观各部位名称

1. 耳郭　2. 头部　3. 前脚　4. 腹部　5. 后脚　6. 尾巴　7. 大腿部　8. 臀部　9. 腰部　10. 背部　11. 胸部　12. 颈部

#### （二）躯干

除头和四肢以外的部分，称为躯干。包括颈部、背胸部、腰腹部、荐臀部和尾部。

#### （三）四肢

四肢包括前肢和后肢。

**1. 前肢**　自上而下可分为肩胛部、臂部、前臂部和前脚部。前脚都又包括腕部、掌部和指部。

**2. 后肢**　在臀部之下，依次为大腿部、小腿部和后脚部。后脚部又包括跗部、跖部和趾部。

兔为跖趾行动物，前肢的腕部、掌部和指部，后肢的跗部、跖部和趾部全着地。大体型兔长期在竹箅上活动，易发生脚皮炎（脚掌炎）。

### （四）家兔外形结构特点

1. 上唇中央有纵裂（俗称豁嘴），门齿外露，口边着生有长而硬的触毛。

2. 兔眼球甚大，几乎呈圆形，白色兔眼球为红色，杂色兔眼球有灰色、蓝色等。单眼的视野角度超过180°。上眼睑睫毛集中靠近后眼角，下眼睑睫毛集中靠近前眼角。

3. 兔耳郭长大，是其他动物所不及。

4. 兔颈部较短，颈背侧部皮下组织疏松，是皮下注射药物的理想部位。有的母兔的颈腹侧有肉髯。

5. 家兔的胸腔较小，其容积为腹腔的1/8～1/7。躯干与前肢之间的凹陷部为腋窝。

6. 母兔胸、腹部正中线两侧有4对乳头（个别兔有5对）。

7. 尾根下方为会阴部，靠上方的孔为肛门，靠下方的孔为泄殖孔。断奶兔鉴别公母要注意分清。3月龄以上公兔在两大腿之间的腹壁耻骨区有一对阴囊。

8. 背部有明显的腰弯曲，尾巴短，奔跑时尾向上翘起。

## 二、被皮系统

被覆于家兔体表，相当坚实，且具有弹性和韧性的隔着被毛与外界接触的一层天然屏障膜，称为被皮。被皮由皮肤和皮肤衍生物构成。

### （一）皮肤

皮肤厚度为1.2～1.5mm，重量为体重的8%～12%，但二者均随年龄、季节有一定的差异（图2-2）。

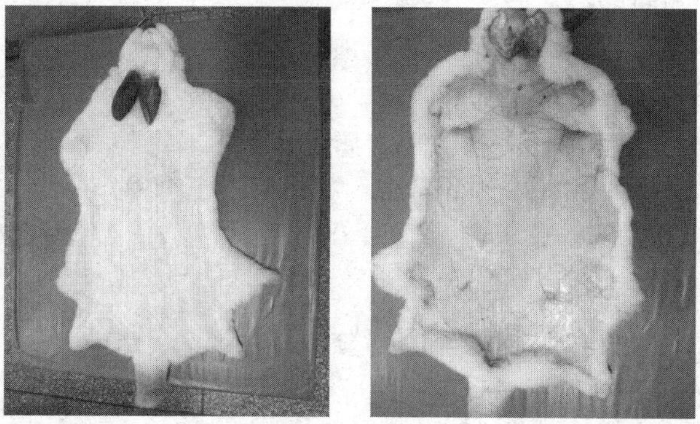

被　毛　　　　　　皮　板

图2-2　獭兔皮肤

**1. 皮肤的组织构造**　生皮除毛外，可分为表皮、真皮和皮下组织3层。

（1）**表皮**（epidermis）　是皮肤的最外层，由复层扁平上皮构成，无血管和淋巴管分布，但有丰富的神经末梢分布，故感觉灵敏。表皮又可分为角质层、透明层、颗粒层和生发层。

（2）**真皮**（corium）　位于表皮深层，是皮肤最厚的一层，由致密结缔组织构成，内含大量的胶原纤维和少量的弹性纤维与网状纤维，坚韧且富有弹性。日常生活中使用的兔裘皮和皮革制品就是由真皮鞣制而成。真皮可分为乳头层和网状层。

（3）**皮下组织**（subcutaneous tissue）　位于真皮网状层深部，由疏松结缔组织构成，是皮肤与肌肉之间的联系组织，内有比较大的血管、神经和少量脂肪。老龄长毛兔易在皮下形成脓肿或坏死病灶。

### （二）皮肤衍生物

由皮肤演化而成的特殊器官，称为皮肤衍生物。包括毛、皮肤腺和爪等。

**1. 毛**（hair）　是着生在兔皮肤表面的，坚实而有弹性的角质丝状物。

(1) **毛纤维类型**　按毛的形态可分为枪毛、绒毛和触毛；按毛纤维细度可分为粗毛型和细毛型。

(2) **毛纤维的构造**　毛由毛干、毛根两部分构成。露在皮肤外面的部分为毛干，埋在皮肤内的部分为毛根。毛根外面由上皮组织和结缔组织构成的套，叫毛囊。毛根末端膨大呈球状，叫毛球。毛球细胞有分裂能力，是毛的生长点。毛球底部凹陷呈杯状，并有真皮结缔组织伸入其内形成毛乳头，毛乳头内有丰富的血管和神经，毛可通过毛乳头获得营养，使毛得以生长。毛有一定的寿命，生长到一定时期，就会衰老脱落，为新毛所代替，这一过程称为换毛。兔为季节性换毛，每年的春秋两季各进行一次换毛。

**2. 皮肤腺**（cutis gland）　包括汗腺、皮脂腺和乳腺。

(1) **汗腺**（Sweat gland）　位于真皮内，是盘曲的单管状腺。家兔的汗腺很不发达，仅在唇部及腹股沟部有（紧挨着白色鼠鼷腺旁边还有一对较大、呈卵圆形的褐色鼠鼷腺，由汗腺变化而来）。所以兔怕热，在饲养管理上特别注意夏季防暑降温工作。

(2) **皮脂腺**（sebaceous gland）　遍布全身，位于真皮内，在毛囊和竖毛肌之间，为分支泡状腺，其导管开口于毛囊，分泌皮脂，有保护被毛和使皮肤柔润，防止干燥和浸湿的作用。兔外阴部有白色鼠鼷腺，属皮脂腺，分泌带有异臭味的黄色分泌物。位于直肠末端侧壁有直肠腺，也属皮脂腺，分泌物带有特殊异臭味。

(3) **乳腺**（mammary gland）　由汗腺演变而来。乳腺是构成乳房的主要组织，分泌乳汁，是仔兔的营养佳品。兔的乳房不及其他家畜明显发达，但乳头明显。母兔有 4～5 对乳头，多是 4 对（图 2-3），位于腹白线两侧，最前一对在胸部，与前肢在同一水平线上。选种时应选 4 对以上发育良好乳头的母兔。

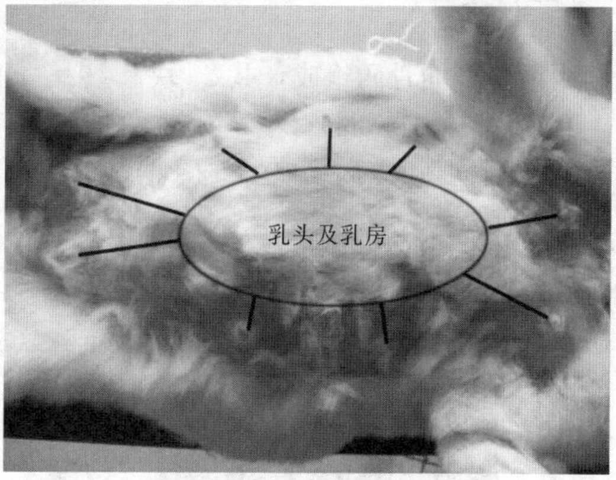

图 2-3　兔乳头及乳房

**3. 爪**　附着于兔的每个指（趾）端，其构造与人的指甲基本相同，由背腹两片构成，背面的一片称为爪体，腹面的一片称为爪下体。爪非常锋利，在饲养管理上防止兔抓伤饲养员。

## 第二节　运动系统

兔的运动系统由骨、骨连结和肌肉三部分组成。

## 一、骨

骨（bone）是指一块骨而言；骨骼是指全身骨之间借韧带、软骨和骨组织相互连接在一起的整体而言。兔全身有276块骨，每一块骨就是一个器官，主要由骨组织构成（图2-4）。兔全身骨可分为头骨、躯干骨和四肢骨。

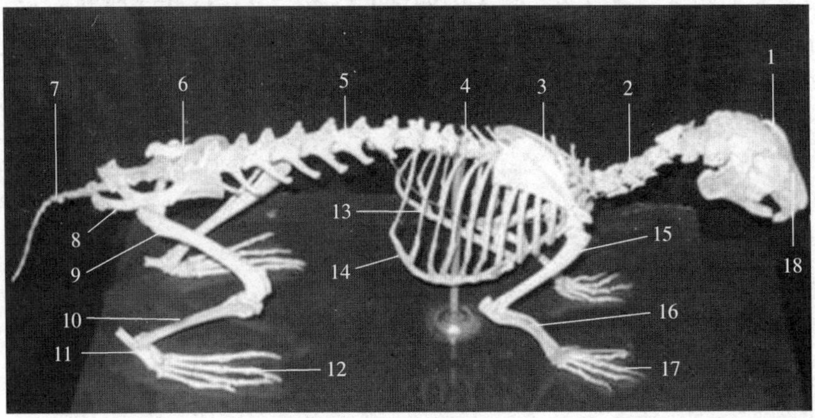


图2-4 兔的骨骼

1. 颅骨 2. 颈椎 3. 肩胛骨 4. 胸椎 5. 腰椎 6. 荐椎 7. 尾椎 8. 坐骨 9. 股骨 10. 小腿骨 11. 跗骨 12. 趾骨 13. 肋骨 14. 肋软骨 15. 臂骨 16. 前臂骨 17. 指骨 18. 面骨

### （一）头骨

由颅骨和面骨两组成，共29块。

**1. 颅骨**（cranium） 围成颅腔的骨称为颅骨，包括枕骨、顶间骨、顶骨、额骨、蝶骨、颞骨和筛骨（图2-5，图2-6）。

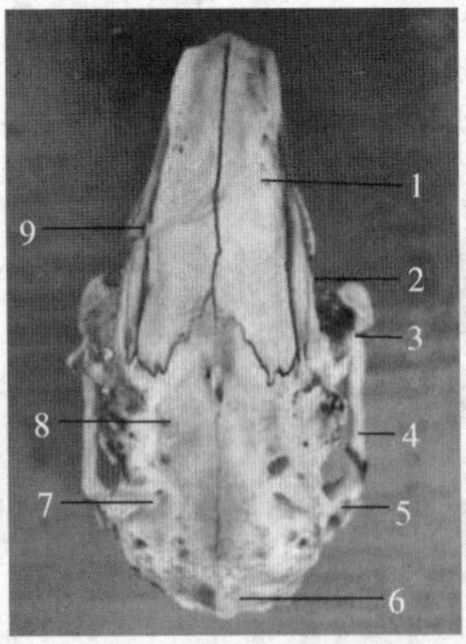


图2-5 头骨背侧面

1. 鼻骨 2. 上颌骨 3. 颧骨 4. 颧弓 5. 颞骨 6. 顶骨 7. 眶上孔 8. 额骨 9. 切齿骨

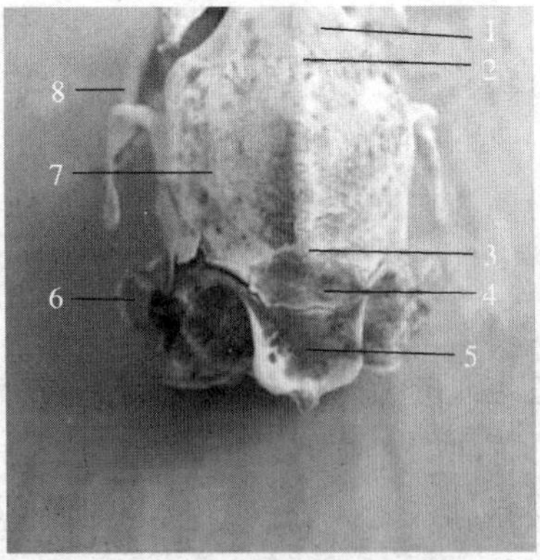


图2-6 头骨后背侧面

1. 额骨 2. 前囟（Bregma） 3. 人字缝 4. 顶间骨 5. 枕骨 6. 外耳道 7. 顶骨 8. 颧骨

**2. 面骨**（facial bone）　围成口腔，鼻腔和眼眶的一些骨，称为面骨。包括鼻骨、泪骨、颧骨、上颌骨、腭骨、颌前骨、犁骨、鼻甲骨、下颌骨和舌骨（图 2－7，图 2－8，图 2－9）。

**3. 兔头骨的特点**

（1）顶间骨终生存在，不与周围骨愈合，其骨缝清晰可见。

（2）兔额骨与鼻骨、顶间骨的骨缝较其他家畜的清晰，前卤和人字缝为兔脑的立体定位标志。

（3）蝶骨体腹侧面正中有一海绵孔，为脑垂体定位标志。

（4）颞窝小，远不及其他家畜的大。

（5）鼻骨前端平直，无鼻突，故与颌前骨之间不形成鼻颌切迹。

（6）上颌骨的骨体外表呈海绵状结构，眶面呈泡状结构，称为齿槽突起。

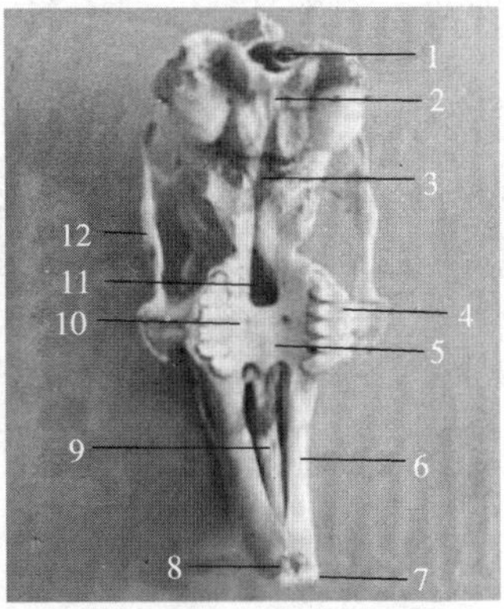


图 2－7　头骨腹侧面

1. 枕骨大孔　2. 枕骨　3. 蝶骨　4. 臼齿　5. 颚骨　6. 切齿骨　7. 大门齿　8. 小门齿　9. 犁骨　10. 颚前孔　11. 鼻后孔　12. 颧弓

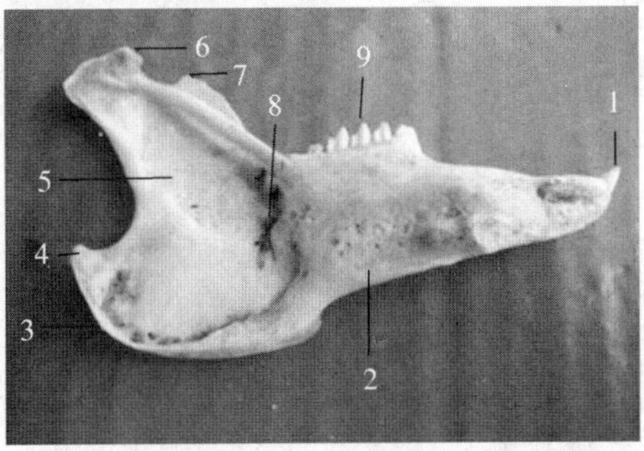


图 2－8　下颌骨内侧面

1. 切齿　2. 下颌体　3. 下颌角　4. 隅突　5. 下颌支　6. 髁状突　7. 冠状突　8. 下颌孔　9. 臼齿

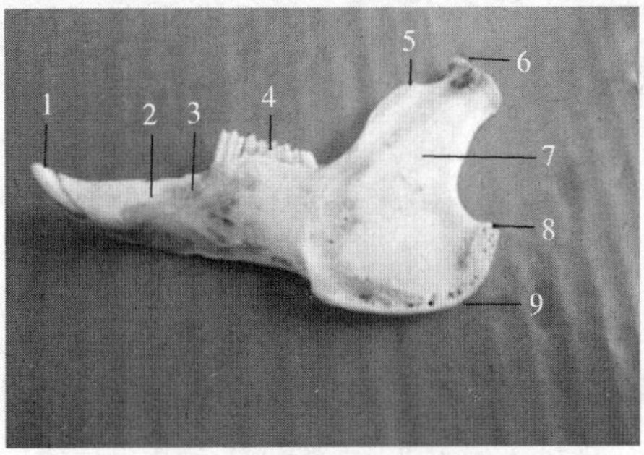


图 2－9　下颌骨外侧面

1. 门齿　2. 下颌体　3. 颏孔　4. 臼齿　5. 冠状突　6. 髁状突　7. 下颌支　8. 隅突　9. 下颌角

（7）颌前骨的骨体上具有前后两列门齿齿槽，前一列为 2 个大门齿，后一列为 2 个小门齿，形成了特殊的双门齿动物，区别于啮齿类单门齿型动物。

（8）下颌骨的冠状突比髁状突低得多，呈弯曲向内的骨片；下颌角背侧有一明显的突出部分，称为隅突。

**4. 鼻旁窦**　鼻腔周围头骨内的含气空腔，称为鼻旁窦。包括上颌窦、额窦、蝶腭窦和筛窦。

## （二）躯干骨

除去头骨和四肢骨以外的骨，称为躯干骨。由脊柱和胸廓两部分构成。

**1. 脊柱**（vertebral column）　构成兔体中轴，由一系列椎骨借软骨、关节与韧带连结而成。组成脊柱的椎骨按其所在部位分颈椎、胸椎、腰椎、荐椎和尾椎。

(1) **椎骨的基本构造** 椎骨都是由椎体、椎弓和突起三部分组成（图 2－10）。椎体位于椎骨腹侧，呈圆柱状，前有椎头，后有椎窝；椎弓是椎体背侧的弓形骨板，与椎体间围成的孔叫椎孔，所有椎孔在脊柱内连结起来的管道，称为椎管，容纳脊髓；突起有三种，均由椎弓发出：从椎弓背侧向上伸出的突起，称为棘突；从椎弓基部向两侧伸出的突起，称为横突；从椎弓背侧的前缘和后缘各伸出一对突起，叫关节突，在前的叫前关节突，在后的叫后关节突；在椎弓的前缘与后缘各有一对切迹，分别称为椎前切迹和椎后切迹，相邻椎骨的切迹吻合成椎间孔，供脊神经和血管出入。

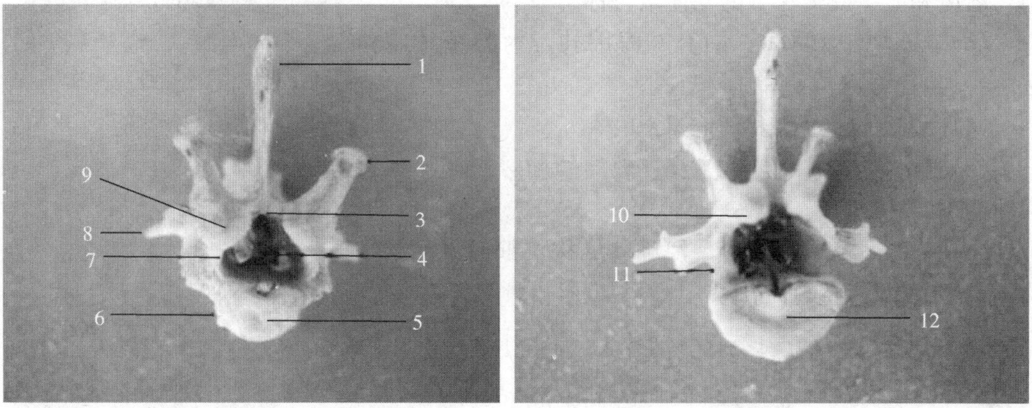


图 2－10 椎骨的基本构造

1. 棘突 2. 乳状突 3. 椎弓 4. 椎孔 5. 椎头 6. 椎体 7. 椎前切迹 8. 横突 9. 前关节突 10. 后关节突 11. 椎后切迹 12. 椎窝

(2) **各段椎骨的构造特点**

①颈椎。由 7 块组成，第 1 颈椎叫寰椎（图 2－11）。第 2 颈椎叫枢椎（图 2－12），3～6 颈椎大致相同，横突分三支，分别为前、后支和外侧支（图 2－13），横突基部有横突孔，所有颈椎横突孔相连的管道叫横突管，关节突发达。第 7 颈椎椎窝两侧有肋凹，与第一肋骨头成关节。

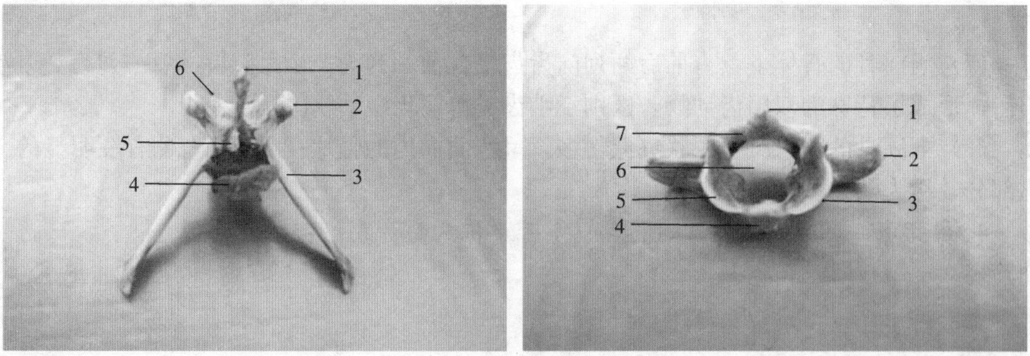


图 2－11 寰椎（第一颈椎）

1. 背结节 2. 寰椎翼 3. 腹侧弓 4. 腹结节 5. 关节窝 6. 椎孔 7. 背侧弓

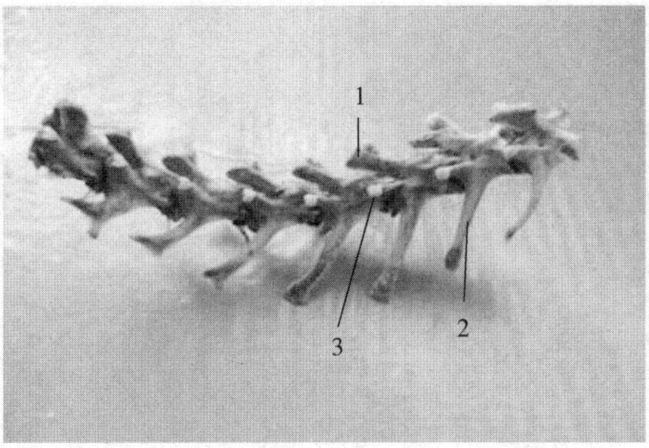

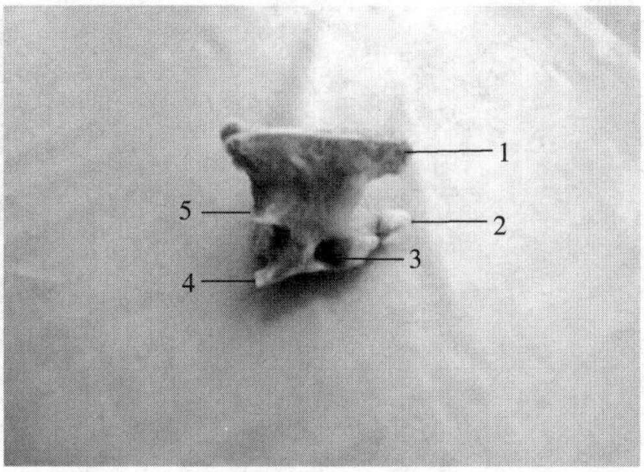


图 2-12　枢椎（第二颈椎）

1. 棘突　2. 齿突　3. 横突孔　4. 横突　5. 后关节突

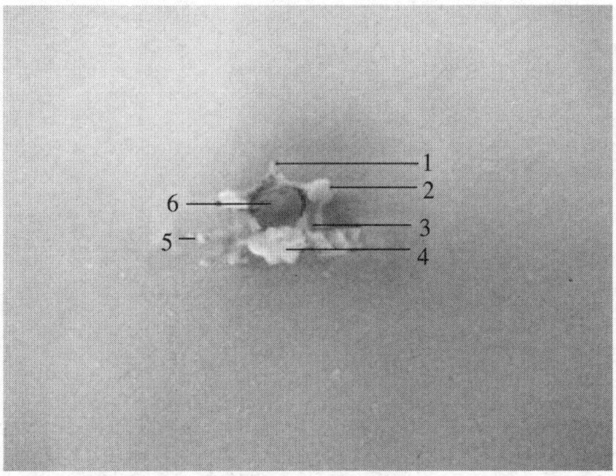


图 2-13　3～6 颈椎

1. 棘突　2. 后关节突　3. 横突孔　4. 椎窝
5. 横突　6. 椎孔

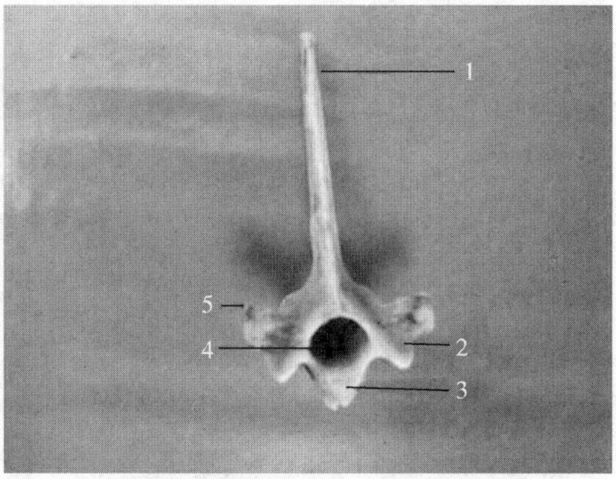


图 2-14　胸　椎

1. 棘突　2. 前关节突　3. 椎头　4. 椎孔　5. 横突

②胸椎。由 12 块组成（偶有 13 块）。棘突发达，4～9 胸椎棘突向后的倾斜度大（图 2-14），第 10 胸椎棘突直立，椎头与椎窝两侧有肋凹，相邻胸椎的肋凹合成一窝叫肋窝，与肋骨头成关节，横突短小，腹外侧有肋凹，与肋结节成关节，最后胸椎椎窝两侧无肋凹。

③腰椎。由 7 块组成，占脊柱全长 1/3 多一点。其构造特点是：椎体最长，棘突宽板，横突长而伸向前外方（图 2-15，图 2-16），乳状突明显，与棘突等高。

④荐椎。由 4 块组成，成年兔的 4 个荐椎愈合为一体，称为荐骨（图 2-17，图 2-18)）。荐骨前部宽，称为荐骨翼，翼的外侧有耳状关节面，与髂骨的耳状关节面形成荐髂关节。荐骨背侧正中有 4 个棘突，每一棘突后面的孔叫荐中孔。第一、二荐椎相接处有一对背侧荐孔（在荐中孔的两侧），后面的背侧荐孔小。4 对腹侧荐孔明显。

⑤尾椎。由 16 块组成。前 7 块尾椎有椎体、椎弓和椎管，以后仅有椎体，最后尾椎呈锥形。

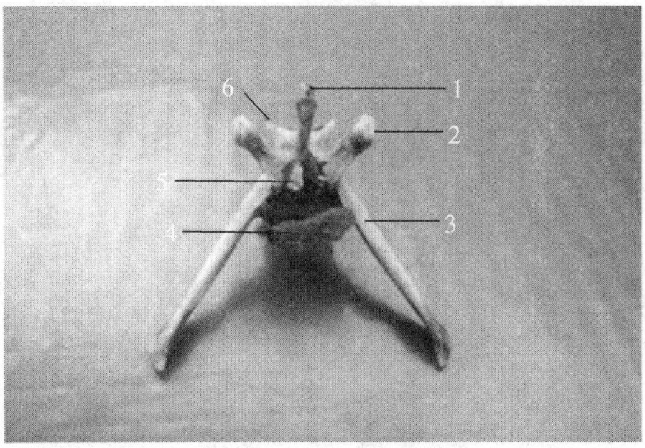


图 2－15　腰　椎

1. 棘突　2. 乳状突　3. 横突　4. 椎体
5. 前关节突　6. 后关节突

图 2－16　腰椎（连体）

1. 棘突　2. 横突　3. 乳状突

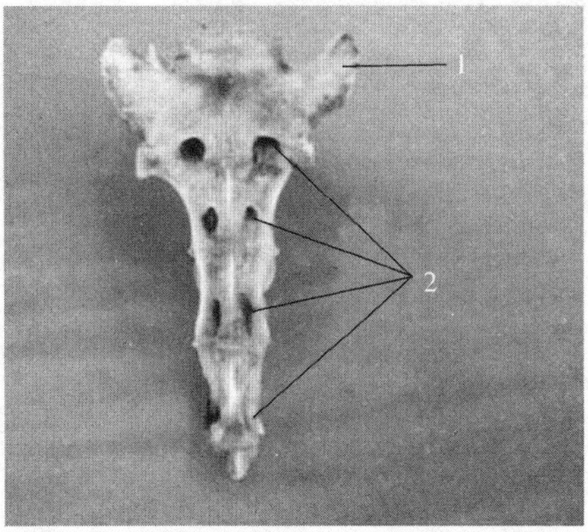


图 2－17　荐骨（侧面）

1. 棘突　2. 耳状关节面　3. 荐骨翼　4. 荐中孔

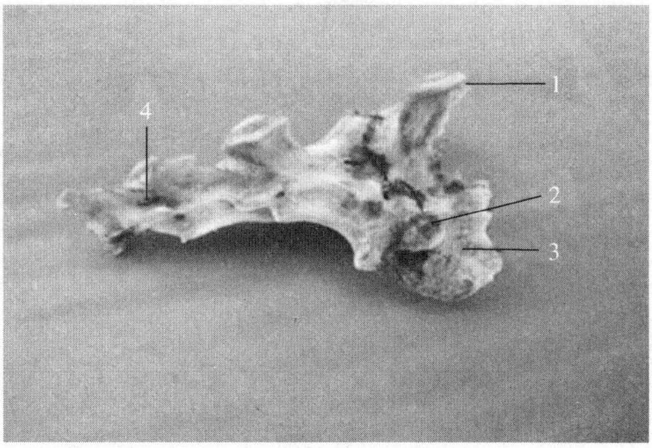


图 2－18　荐骨（腹侧面）

1. 荐骨翼　2. 腹侧荐孔

**2. 胸廓**（thorax）　由胸椎、肋骨、肋软骨和胸骨围成的胸腔支架，称为胸廓。

（1）***肋骨***（costal bone）　呈弓形，与肋软骨一起构成胸廓侧壁，有 12 对。肋骨分椎骨端、肋骨体和胸骨端。椎骨端有肋骨小头和肋结节，与肋窝和横突肋凹成关节。前 9 对肋骨的肋结节明显，后 3 对肋骨的肋结节退化，留有一痕迹。肋骨头与肋骨体之间的缩细部分为肋骨颈。胸骨端接肋软骨。

（2）***肋软骨***（costal cartilage）　呈棒状，附着于每一肋骨下端。前 7 对肋软骨与胸骨成关节，这种肋叫真肋。第 8、9 对肋软骨不与胸骨成关节，被结缔组织顺次相连，这种肋叫假肋。后 3 对肋软骨末端游离，这种肋称为浮肋。

（3）***胸骨***（sternum）　位于胸底部，由 6 节胸骨节片组成。第 1 节向前的突叫胸骨柄，最后 1 节为剑突，活体游离端附着有剑状软骨。其余部分构成胸骨体。整个胸骨呈一棒状，两侧有肋窝，与真肋肋软骨成关节。

## （三）四肢骨

包括前肢骨和后肢骨。

**1. 前肢骨**　包括肩胛骨、臂骨、前臂骨和前脚骨。

（1）*肩胛骨*（scapula）　为三角形扁骨（图 2－19，图 2－20），前缘略凸，后缘略凹，背侧缘在活体附有肩胛软骨，外侧面的纵形隆起，为肩胛冈，冈的远端有明显的肩峰，肩峰游离端有向后伸出的突起，叫后肩峰突，为兔所特有的结构。冈前方的窝，为冈上窝，后方的窝，为冈下窝，分别供冈上肌和冈下肌附着。肩胛骨内侧面有肩胛下窝，供肩胛下肌附着。肩胛骨远端为关节角，其端部后方有肩臼，与臂骨头成关节。肩臼的前部为突出的肩胛结节，其内侧有向内突出的喙突，是退化的乌喙骨遗迹。

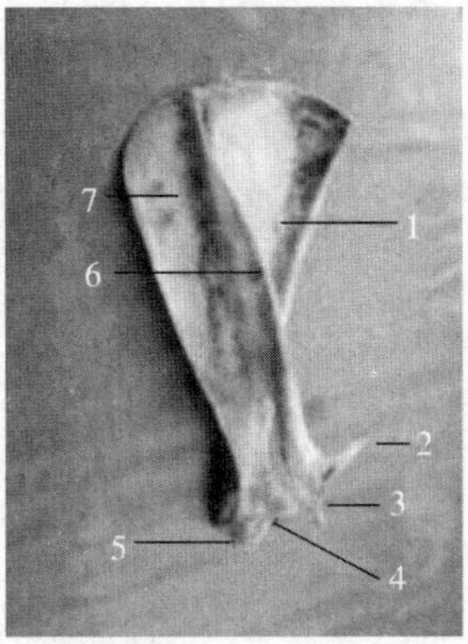


图 2－19　肩胛骨（外侧面）

1. 冈下窝　2. 后肩峰突　3. 肩峰　4. 肩臼
5. 肩胛结节　6. 肩胛冈　7. 冈上窝

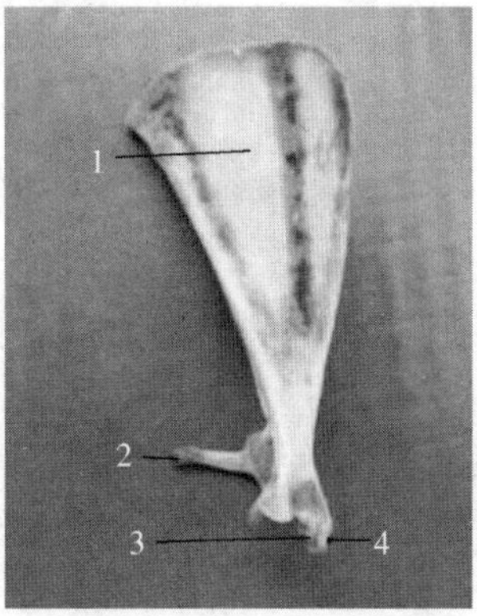


图 2－20　肩胛骨（内侧面）

1. 肩胛下窝　2. 后肩峰突　3. 肩臼
4. 肩胛结节

（2）*臂骨*（brachialis bone）　由骨体和两端构成（图 2－21）。骨体呈柱状，近端前部外侧为大结节，内侧为小结节，两者之间的深沟为臂二头肌沟，近端后部为臂骨头，与肩臼成关节。远端为横的滑车关节面，与前臂骨成关节，后面的深窝为肘窝，容纳尺骨钩突。

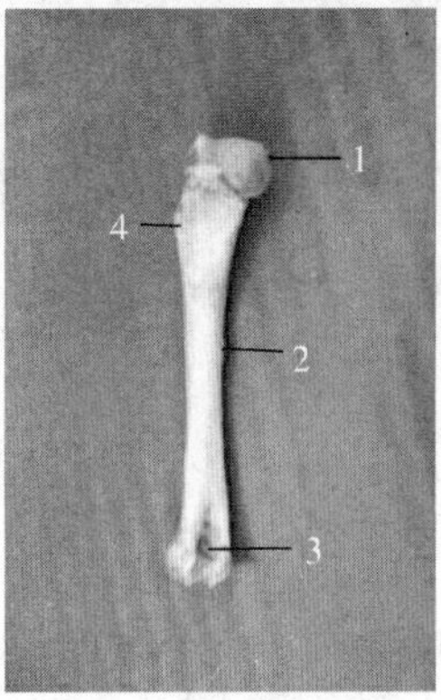


图 2－21　臂骨（后面）

1. 臂骨头　2. 臂骨体
3. 肘窝　4. 三角肌结节

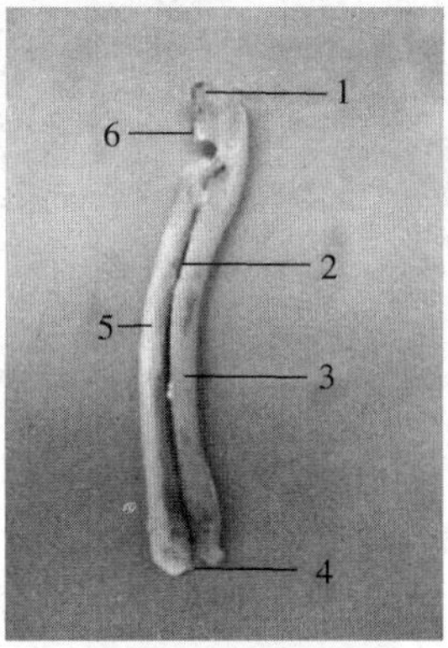


图 2－22　前臂骨

1. 肘突　2. 前臂间隙
3. 尺骨　4. 前臂远端
5. 桡骨　6. 钩突

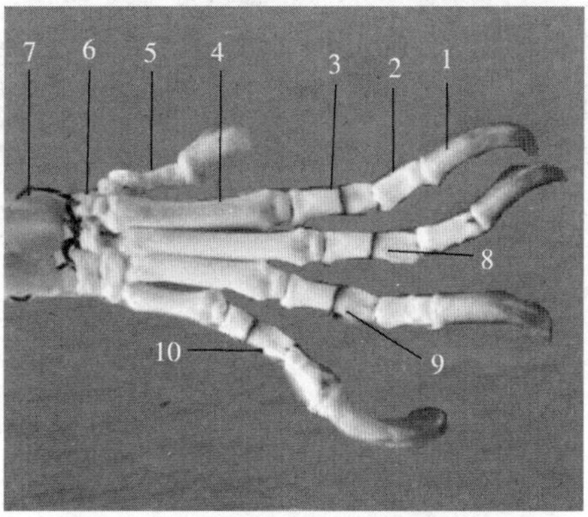


图 2－23　前脚骨

1. 第二指的第 3 指节骨及爪　2. 第 2 指节骨
3. 第 1 指节骨　4. 掌骨　5. 第一指指骨
6. 腕骨　7. 前臂骨远端　8. 第三指指骨
9. 第四指指骨　10. 第五指指骨

(3) **前臂骨**(forearm bone) 由桡骨和尺骨构成。前内侧的为桡骨，后外侧的为尺骨，两骨间有前臂间隙（图 2-22）。尺骨近端为发达的肘突，其顶端粗糙的部分叫肘结节，体表可摸到，肘突前缘中部有一呈钩状的钩突，活体安放于肘窝内。

(4) **前脚骨** 由腕骨、掌骨、指骨和籽骨构成（图 2-23）。

①腕骨（brachidium）：有 3 列 9 块。近侧列 4 块，从内向外依次为桡腕骨、中间腕骨、尺腕骨和副腕骨。中间列为中心腕骨。远侧列也是 4 块，从内向外依次为 1、2、3、4 腕骨。

②掌骨（metacarpal bone）：有 5 块，由内向外依次为第 1、2、3、4、5 掌骨，其中第 1 掌骨最短，第 3 掌骨最长，第 2、4 掌骨等长，第 5 掌骨是第 2、4 掌骨的 2/3 长。每一块掌骨近端与远侧列腕骨形成关节，远端与第 1 指节骨近端形成关节。

③指骨（digital bone）：有 5 个指。第 1 指由 2 块指节骨，第 2、3、4、5 指均有 3 块指节骨组成。末端指节骨呈锥形，活体皆附有锋利的爪。

④籽骨（sesamoid bone）：为脚掌侧的一些小骨，每个指的掌指关节（系关节）掌侧附有 2 块籽骨，共 10 块。在第 2、3 指节骨间各具有 2 块纵形排列的籽骨。

**2. 后肢骨** 包括髋骨、股骨、髌骨、小腿骨和后脚骨。

(1) **髋骨**(hip bone) 由髂骨、坐骨和耻骨结合而成（图 2-24，图 2-25），三骨结合处形成髋臼。左右侧髋骨在腹正中线以耻骨和坐骨借软骨相连，形成骨盆联合。左右髋骨与背侧的荐骨和前几块尾椎及活体的荐坐韧带共同围成骨盆。

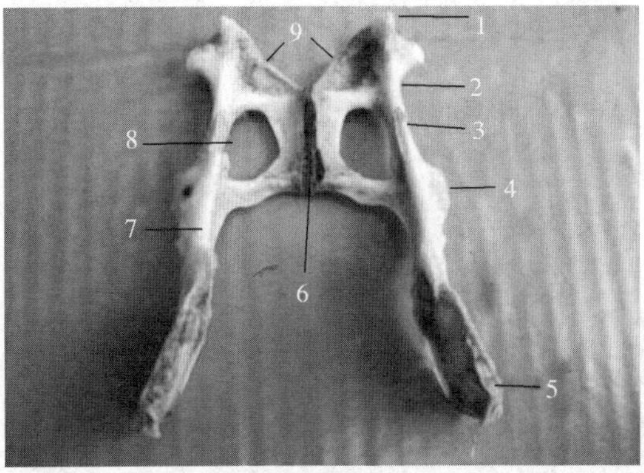


图 2-24 髋骨（右侧）

1. 坐骨结节 2. 坐骨小切迹 3. 坐骨棘
4. 髋臼 5. 髂骨翼 6. 骨盆联合
7. 坐骨大切迹 8. 闭孔 9. 坐骨弓

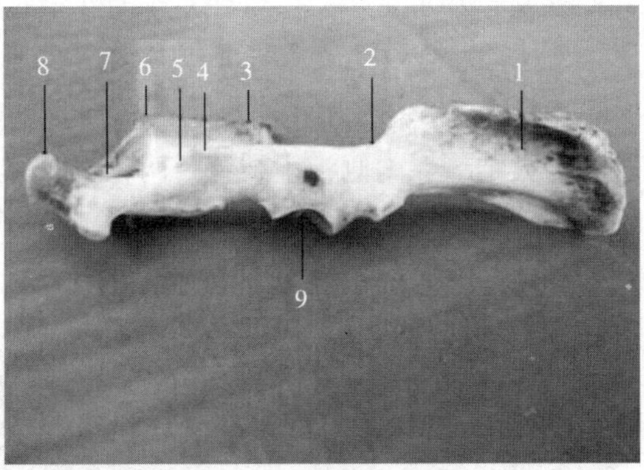


图 2-25 髋骨（双侧）

1. 髂骨翼 2. 坐骨大切迹 3. 耻骨联合
4. 坐骨棘 5. 闭孔 6. 坐骨联合
7. 坐骨小切迹 8. 坐骨结节 9. 髋臼

(2) **股骨**(femur) 又称大腿骨，由骨体和两端构成（图 2-26）。骨体呈圆柱状，光滑，第 3 转子和小转子明显。近端内侧为球形的股骨头，与髋臼成关节，股骨颈明显。近端外侧的突为大转子，大转子外下方的突起为第三转子，与此相对的内侧突起为小转子。大转子后方的深窝为转子窝。远端前面为滑车关节面，与膝盖骨成关节，后面为两个髁状关节面，与胫骨的相应关节面成关节。

(3) **髌骨**(patella) 又称膝盖骨，是大腿骨的一块小籽骨，呈楔状，似枣核，后面的关节面与股骨滑车关节面成关节，股四头肌通过膝盖骨可以转变力的方向。

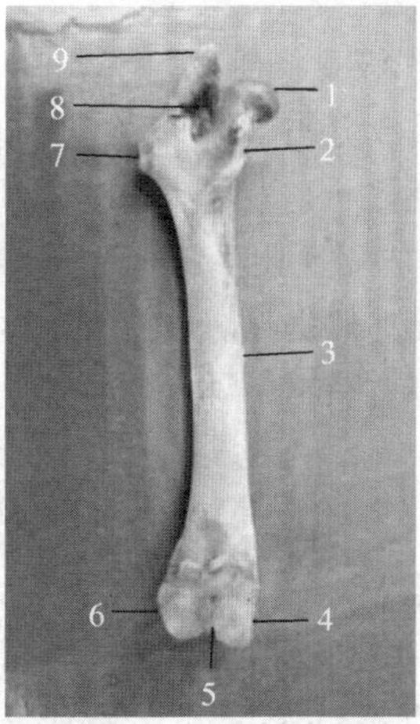


图 2-26　股骨（后面观）
1. 股骨头　2. 小转子　3. 股骨体　4. 内髁　5. 髁间窝
6. 外髁　7. 第三转子　8. 转子窝　9. 大转子

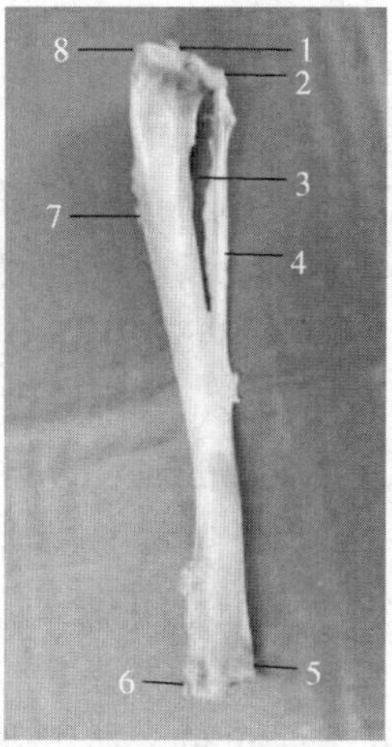


图 2-27　小腿骨（后面观）
1. 髁间隆起　2. 外髁　3. 小腿间隙　4. 腓骨
5. 外踝　6. 内踝　7. 胫骨　8. 内髁

(4) **小腿骨**（ossa cruris）　包括胫骨和腓骨（图 2-27）。

①胫骨（tibia）：骨干上部呈三棱柱状，下部呈柱状。近端粗大，有内、外髁，两髁间的隆起为髁间隆起，与股骨远端的髁间窝相对应。外髁外面下方有关节面，与腓骨相连结。远端有蜗状关节面，与跗骨的跟、距骨成关节，两侧的突出部分别称为内踝和外踝。

②腓骨（fibula）：呈三棱棒状，与胫骨间形成小腿间隙。

(5) **后脚骨**　由跗骨、跖骨、趾骨和籽骨组成（图 2-28）。

①跗骨（tarsal bone）：有 3 列 6 块组成。

②跖骨（metatarsal bone）：有 4 块，第 1 跖骨退化，只有 2～5 跖骨。

③趾骨（phalanges of toes）：有 4 趾，第 1 趾退化，其余的每个趾有 3 个趾节骨，末端趾节骨附着有爪，共 12 块趾骨。

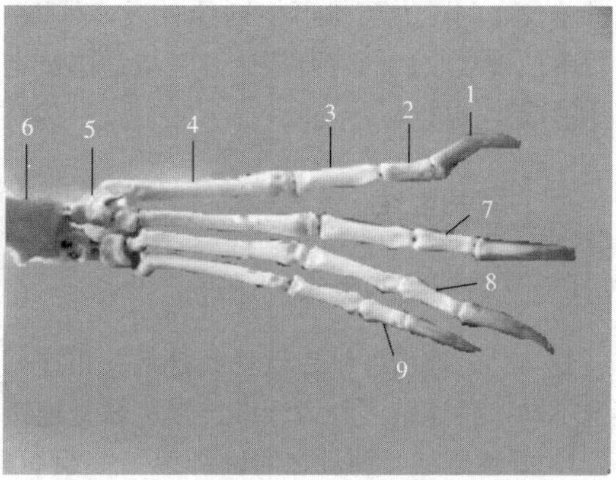


图 2-28　后脚骨
1. 第二趾的第 3 趾节骨及爪　2. 第 2 趾节骨
3. 第 1 趾节骨　4. 跖骨　5. 跗骨　6. 胫骨远端
7. 第三趾　8. 第四趾　9. 第五趾

④籽骨（sesamoid bone）：每个趾的跖趾关节各有 2 块籽骨，第 2、3 趾节骨间各具有 2 块纵行的籽骨。

### (四) 骨的组织构造

骨是由骨膜、骨质、骨髓及分布在骨上的血管神经构成，骨质就是骨组织，由几种细胞和大量钙化的细胞间质（骨基质）组成。

**1. 骨组织细胞**　包括骨原细胞、成骨细胞、骨细胞和破骨细胞

**2. 骨基质**（bone matrix）　骨基质呈固体状，其有机成分占35%，无机成分占65%。骨基质呈板层状，称为骨板。同一骨板内的骨胶纤维相互平行，相邻骨板的骨胶纤维则相互垂直或形成夹角，以适应机械力的要求。以骨板排列的松密程度不同，可分为两种：

（1）**骨松质**（spongy bone）　分布在长骨骨端的骺及其他类型骨的内部。数层骨板构成粗细不同的骨小梁，骨小梁纵横交错成网，网孔中充满红骨髓。

（2）**骨密质**（compact bone）　分布在长骨的骨干及其他类型骨的表面，结构复杂。以长骨为例，横断面上可见：①外环骨板和内环骨板：是环绕骨干外表和骨髓腔的骨板（图2－29）；②骨单位：夹于外环骨板与内环骨板之间，由多层同心圆排列的纵长骨板构成，同心圆中央形成的纵长管称中央管，中央管与横行排列的穿通管相通，与内、外骨板相连，还与骨小管（骨板之间的缝隙）相通，使每一骨单位中的骨细胞通过骨小管获取营养，进行物质交换；③间骨板：填充于骨单位之间，为形状不规则的骨板，是旧的骨单位被吸收后的残留部分，它与骨单位之间有一条黏合腺。黏合腺由含较多骨盐的骨基质形成。

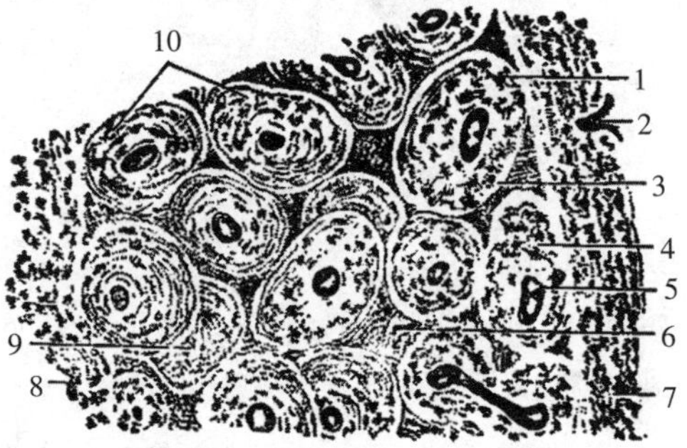

图2－29　长骨骨干结构模式图
1. 骨陷窝　2. 弗克曼氏管　3. 黏合线
4、10. 哈氏骨板　5. 哈氏管　6、9. 间骨板
7. 外环骨板　8. 内环骨板

## 二、骨连接

### （一）骨连结的概述

骨与骨之间借纤维、软骨或骨组织相连，形成骨连结。由于骨间的连结方式及其运动情况不同，骨连结可分为纤维连接、软骨连接和滑膜连接。

**1. 纤维连结**　两骨之间以纤维结缔组织相连结。这种连结比较牢固，无活动性，大多是暂时性的，老龄时常发生骨性结合，如头骨间的缝等。

**2. 软骨连结**　两骨间借软骨相连，如蝶枕连接和骨盆联合为透明软骨连接，椎间盘为纤维软骨连接。软骨连接基本上也不活动。随年龄的增长也会发生骨化。

**3. 滑膜连结**　也就是关节。关节的构造包括基本构造和辅助结构。

（1）**关节的基本结构**　包括关节面、关节软骨、关节囊、关节腔及分布于关节上的血管和神经。

①关节面：是骨与骨相对的光滑面，多为一凸一凹，以适应关节的运动。

②关节软骨：是覆盖在关节面上的一层透明软骨，有减少关节摩擦和缓冲震动的作用。

③关节囊：是包围在关节周围的结缔组织膜，它附着于关节面的周缘及其附近的骨面

上，有两层结构：外层为纤维层，由致密结缔组织构成，厚而致密，有保护作用；内层为滑膜层，由疏松结缔组织构成，薄而柔软，常形成皱襞突入关节腔内，滑膜层上有许多滑膜细胞，能分泌透明黏稠的滑液。

④关节腔：由关节囊的滑膜层和关节软骨共同围成的密闭腔隙，内有少量滑液，具有营养关节软骨、润滑和缓冲震动的作用。

⑤血管和神经：来自关节附近的血管和神经的分支分布于关节。

(2) **节的辅助结构**　为适应关节的功能，在某些关节上形成一些特殊的结构。主要包括韧带、关节盘和关节唇。

(3) **节的类型**　根据构成关节骨的数目可分为单关节和复关节两种。根据关节运动轴的数目可分为单轴关节、双轴关节和多轴关节。

(4) **节的运动**　关节的运动主要是根据运动的 3 个轴分为伸与屈、内收与外展和旋转 3 组颉抗性运动。

### (二) 全身骨连结

包括头骨连结、躯干骨连结、前肢骨连结和后肢骨连结（图 2-30）。

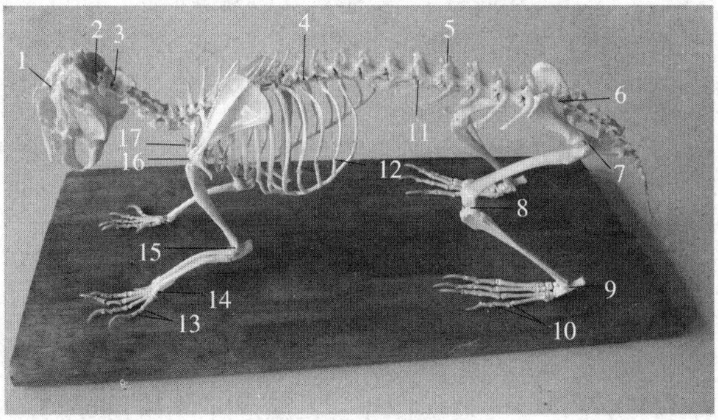

图 2-30　兔全身关节

1. 颞下颌关节　2. 寰枕关节　3. 寰枢关节　4. 肋椎关节　5. 椎体间连结　6. 荐髂关节　7. 髋关节　8. 膝关节　9. 跗关节　10. 趾关节　11. 椎弓间连结　12. 肋骨与肋软骨连结　13. 指关节　14. 腕关节　15. 肘关节　16. 肩关节　17. 肋胸关节

**1. 头骨的连结**　包括头骨缝和颞下颌关节。颞下颌关节是颞骨颧突根部的下颌窝与下颌骨的髁状突及其间的关节盘构成的关节。

**2. 躯干骨连结**　包括脊柱连结和胸廓连结。

(1) **脊柱连结**　包括椎体间连结、椎弓间连结、寰枕关节、寰枢关节和脊柱总韧带。

(2) **胸廓连结**　包括肋椎关节和肋胸关节。

**3. 前肢骨连结**　由上向下依次为肩关节、肘关节、腕关节和指关节。

**4. 后肢骨连结**　包括荐髂关节、髋关节、膝关节、跗关节和趾关节。

## 三、肌肉

### (一) 概述

**1. 肌肉的分类**　兔体内有体壁肌、内脏肌和心肌。体壁肌附着在骨骼上，称为骨骼肌，肌纤维在显微镜下看有许多明暗相间的横纹，故又称为横纹肌。内脏肌分布于内脏器官，肌纤维在显微镜下看无横纹，故又称为平滑肌。心肌是分布在心脏上的肌肉，包括心房肌和心室肌。肌纤维在显微镜下看有横纹（不及骨骼肌显著），有闰盘。本节仅讲述骨骼肌。

**2. 肌肉的构造** 兔全身有许多块骨骼肌，每一块肌肉就是一个复杂的器官，可分为肌腹和肌腱两部分。在每一块肌肉的外面都包着一层由致密结缔组织构成的膜叫肌外膜，肌外膜向肌肉内伸入，包裹着各级肌束，叫肌束膜，肌束膜再行伸入，包着每一条肌纤维的称为肌内膜，横断面呈大理石状花纹。

**3. 肌肉的形态** 一般可分为板状肌、多裂肌、纺锤形肌和环行肌 4 种。

**4. 肌肉的颜色** 兔肌肉的颜色比较特殊，大部分肌肉呈白色，称为白肌，小部分肌肉呈红色，称为红肌。在很多动物，从肉眼观察并不能分清白肌或红肌，但在兔体，特别是新屠宰的兔肉尸，可以分得很清楚。最典型是大腿内侧的内收肌为发达的白肌，其内包裹着一根红色的肌肉柱是半腱肌，从横断面看，就好像白色木质铅笔裹着红色笔芯一样（图 2－31）。

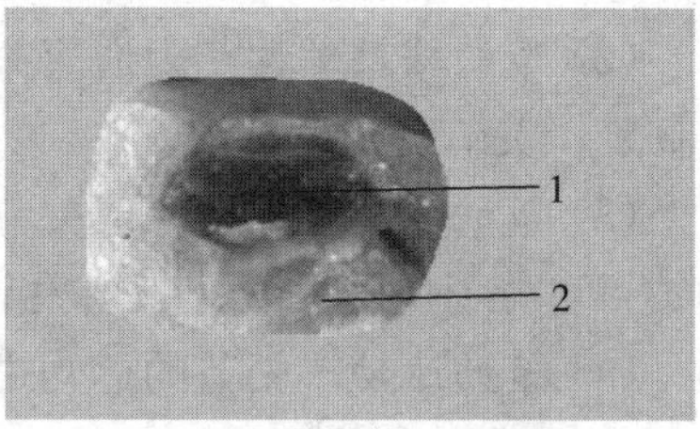


图 2－31 典型的红白肌

1. 红肌 2. 白肌

**5. 肌肉的起止点** 肌肉都以两端附着于骨或软骨上，中间要跨越一个或多个关节。当肌肉收缩时，固定不动的一端称为起点，活动的一端称为止点。

**6. 肌肉的作用** 肌肉的机能在于收缩，肌肉的收缩可牵动骨及关节，而产生各种运动，故肌肉在运动系统中起动力器官的作用。根据肌肉收缩时关节的作用，可分为伸肌、屈肌、内收肌和外展肌等。当肌肉收缩时，能使关节角度变大的称为伸肌；能使关节角度变小的，称为屈肌；能使肢体向正中矢面移动的，称为内收肌；能使肢体远离正中矢面移动的，称为外展肌。兔在运动时，每个动作并不是单独一块肌肉起作用，而是许多肌肉相互配合的结果。每个动作中，起主要作用的肌肉称为主动肌；起协同作用的肌肉称为协同肌；而产生相反作用的肌肉则称为对抗肌；起固定作用的肌肉称为固定肌。

**7. 肌肉的辅助器官** 包括筋膜、黏液囊、腱鞘、滑车和籽骨等。

（1）**筋膜**（fascia） 是被覆在肌肉表面的结缔组织膜，可分为浅筋膜和深筋膜。

①浅筋膜：位于皮下，又称皮下筋膜，由疏松结缔组织构成，覆盖于整个肌肉的表面。

②深筋膜：位于浅筋膜之下，由致密结缔组织构成，包在肌群表面，并伸入各肌肉之间，附着于骨上，形成肌间隔。

（2）**黏液囊**（bursa） 是密闭的结缔组织囊，囊壁薄，内衬滑膜，囊内有少量黏液。黏液囊多位于肌、腱、韧带、皮肤与骨突之间，久经摩擦而形成的。

（3）**腱鞘**（tendinous sheath） 多位于腱通过活动范围较大的关节处，为黏液囊卷裹于腱的外面形成的双筒状鞘，内有少量滑液，可减少腱活动时的摩擦。

（4）**滑车与籽骨** 滑车是指骨端具有滑车状关节面，运动时两关节面进行滑动。籽骨有副腕骨、膝盖骨、近侧籽骨等。

## （二）兔全身肌肉

兔全身肌肉包括皮肌、头部肌、脊柱肌、胸壁肌、腹壁肌、前肢肌和后肢肌（图 2－32）。

**1. 皮肌**　皮肌是分布于浅筋膜中的薄板状肌，在剥离皮肤时往往随皮剥下。包括面皮肌、颈皮肌、肩臂皮肌和胸腹皮肌。皮肌收缩，有颤动皮肤，驱除蚊蝇及抖掉灰尘和水滴的作用。

**2. 头部肌**　头部肌包括面部肌、咀嚼肌和舌骨部肌。

(1) **面部肌**　大多是板状肌和环形肌，集中在头部各孔的周围。面部肌有10块，分别为口轮匝肌、颊肌、颧肌、鼻唇提肌、上唇提肌、下唇降肌、颏肌、眼轮匝肌、上睑提肌和下睑降肌。

(2) **咀嚼肌**　分闭口肌和开口肌。闭口肌包括咬肌、翼肌和颞肌；开口肌只有二腹肌。

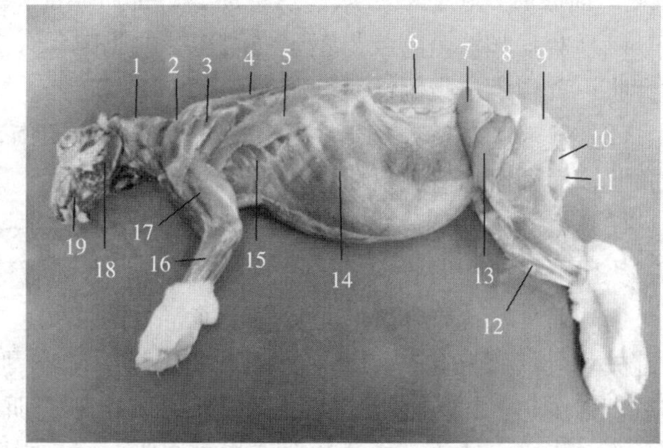


图2-32　兔全身体表肌

1. 颈部肌　2. 冈上肌　3. 冈下肌　4. 斜方肌　5. 背阔肌　6. 背腰最长肌　7. 阔筋膜张肌　8. 臀肌　9. 股二头肌　10. 半腱肌　11. 半膜肌　12. 小腿及后脚肌　13. 股四头肌　14. 腹壁肌　15. 腹侧锯肌　16. 前臂及前脚肌　17. 臂部肌　18. 咬肌　19. 口轮匝肌

(3) **舌骨部肌**　有10块，分别为颌舌骨肌、茎舌骨大肌、茎舌骨小肌、颏舌骨肌、茎舌骨肌、舌骨舌肌、颏舌肌、舌肌、胸骨舌骨肌和甲状舌骨肌。

**3. 颈喉部肌**　揭去颈部皮肤后，在喉部肌肉表面显现出颈外静脉、颌下腺，颈外静脉与颌下腺常用来寻找颈喉部肌肉的标志。解剖时留心分离之。颈喉部肌肉有6块，分别为耳蜗降肌、胸骨乳突肌（胸头肌）、锁乳突肌及枕锁肌（两肌合称臂头肌）、胸骨舌骨肌、胸骨甲状肌和甲状舌骨肌。

**4. 脊柱肌**　可分为脊柱背侧肌和脊柱腹侧肌。兔的脊柱肌，尤其是腰部的肌肉特别发达。

(1) **脊柱背侧肌**　有12块，分别为背腰最长肌、髂肋肌、背多裂肌、背半棘肌、棘突间肌、横突间肌、夹肌、颈最长肌、头寰最长肌、头半棘肌、颈半棘肌和荐尾背侧肌。

(2) **脊柱腹侧肌**　有5块，分别为腰方肌、腰大肌、腰小肌、髂肌和荐尾腹侧肌。

**5. 胸壁肌**　是分布于胸腔侧壁和后壁的肌肉。包括肋间外肌、肋间内肌、前背侧锯肌、后背侧锯肌、斜角肌和膈。

膈（diaphragm）是位于胸腔与腹腔之间的一块阔肌，凸向胸腔。周围为肉质，中央是腱质组成。膈上有3个裂孔，分别为主动脉裂孔、食管裂孔和后腔静脉裂孔，供它们通过。膈肌收缩时，扩大胸腔，引起吸气。

**6. 腹壁肌**　是形成腹腔侧壁和底壁的片状阔肌。在腹底壁正中有一条白线，称为腹白线。腹壁肌包括腹外斜肌、腹内斜肌、腹横肌和腹直肌。

腹股沟管（inguinal canal）是腹外斜肌与腹内斜肌在腹股沟部形成的一斜行管。与腹膜腔相通的口叫腹环，另一口通向腹壁的外面（公兔通向阴囊的鞘膜腔）称皮下环。腹股沟管是睾丸和附睾从腹腔下降到阴囊的一条通路。兔的腹股沟管宽松，睾丸和附睾可自由的下降到阴囊和缩回腹腔内。

**7. 前肢肌** 包括肩带肌、肩部肌、臂部肌和前臂及前脚肌四部分。

（1）*肩带肌* 是前肢与躯干之间连结的肌肉，有7块，分别为斜方肌、菱形肌、肩胛横突肌、背阔肌、腹侧锯肌、胸肌和臂头肌。

（2）*肩部肌* 是分布于肩胛骨内、外侧面的肌肉，有7块，分别为冈上肌、冈下肌、三角肌、大圆肌、肩胛下肌、小圆肌和喙臂骨。

（3）*臂部肌* 是分布于臂骨周围的肌肉，有5块，分别为臂三头肌、前臂筋膜张肌、臂二头肌、臂肌和肘肌。

（4）*前臂及前脚部肌* 是分布于前臂骨的背侧、外侧和掌侧的肌肉，多为纺锤形肌，于腕关节上部变为腱。前臂及前脚部肌有15块，分别为腕桡侧伸肌、腕尺侧伸肌、腕斜伸肌，第1、第2指伸肌，腕尺侧屈肌、腕桡侧屈肌、掌肌、指总伸肌、第4指固有伸肌、第5指固有伸肌、指浅屈肌、指深屈肌、第5指屈肌、骨间肌和蚓状肌。

**8. 后肢肌** 发达，是推动兔体前进的主要动力，包括臀部肌、股部肌、小腿和脚部肌。

（1）*臀部肌* 分布于臀部，包括臀浅肌、臀中肌和臀深肌。

（2）*股部肌* 分布于股骨周围，有13块，分别为股二头肌、半腱肌、半膜肌、股方肌、阔筋膜张肌、股薄肌、内收肌、缝匠肌、耻骨肌、孖肌、闭孔内肌、闭孔外肌和股四头肌。

（3）*小腿及后脚肌* 是位于小腿部周围的肌肉，有10块，分别为趾长伸肌、拇长伸肌、胫骨前肌、腓骨肌（腓骨长肌、腓骨短肌、第三腓骨肌、第四腓骨肌）、腓肠肌、比目鱼肌、趾浅屈肌、趾深屈肌、骨间肌和蚓状肌。

## （三）骨骼肌的组织构造

附着于骨骼上的肌肉叫骨骼肌，肌纤维在显微镜下观察有明暗相间的横纹，所以也叫横纹肌。前面我们所讲的每块肌肉都是由若干肌纤维借结缔组织连在一起所致。每个肌纤维就是一个肌细胞，由于肌细胞呈长纤维状结构，故称为肌纤维。肌纤维是肌组织的形态功能单位。肌细胞膜又称肌纤维膜或肌膜，细胞质又称肌浆，其内的滑面内质网又称肌浆网。微丝又称肌丝或肌原纤维，肌原纤维是肌纤维舒缩的物质基础。每条肌纤维含有很多细胞核，属多核细胞，核一般位于肌纤维边缘。肌浆内含有许多平行排列的肌原纤维，每条肌原纤维上可见到折光性不同的明带和暗带。明、暗带相间排列，在同一根肌纤维内的肌原纤维，明带和暗带分别排在一平面上，因此显现出横纹（图2-33）。用铁苏木精染色，明带（I带）着色较浅，暗带（A带）着色较深，因此，横纹更为明显。A带中央有一条浅带，称为H带，在H带正中有一条深线，称M线。I带中央也有一条深

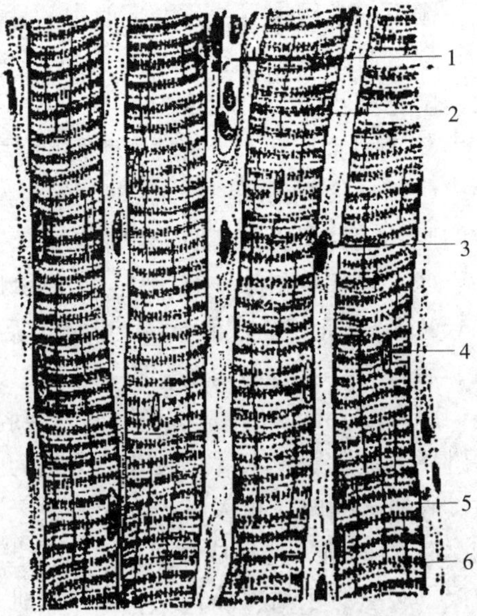


图2-33 骨骼肌纤维

1. 毛细血管 2. 肌纤维膜 3. 成纤维细胞 4. 肌细胞核 5. 明带（I带） 6. 暗带（A带）

（马仲华．家畜解剖学与组织胚胎学．2002）

线，称Z线。两Z线之间的一段肌原纤维，称为肌节。肌节是肌原纤维结构和功能的单位。

电镜下肌原纤维由许多肌微丝组成，肌微丝有两种，一种为粗微丝，直径10～20nm，长度约1.5μm，由肌球蛋白分子构成，故又称肌球蛋白微丝；另一种为细微丝，直径约5nm，长度约2μm，主要由肌动蛋白分子构成，故又称肌动蛋白微丝。这些肌微丝在肌原纤维中有规律的平行排列，粗微丝位于暗带，细微丝位于明带，粗、细微丝重叠于H带以外的其他暗带（图2-34）。因此，暗带中的H带只有粗微丝，暗带中的其他部分则有粗、细两种微丝。明带中只有细微丝。M线是由每条粗微丝中心伸出的一些更细微的丝突而成；Z线是由细微丝分出的细支构成。肌肉收缩是由于交错穿插的两组肌微丝彼此滑动而引起。

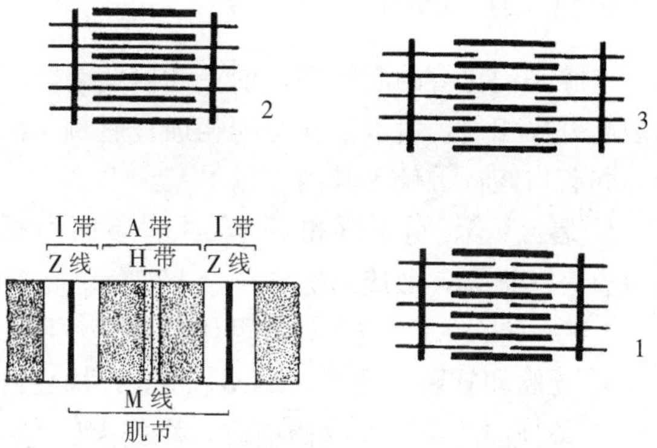


图2-34　不同收缩状态肌微丝滑动简图

1. 静止状态　2. 收缩状态　3. 舒张状态

（马仲华．家畜解剖学与组织胚胎学．2002）

# 第三节　消化系统

消化系统包括消化管和消化腺。

## 一、消化管

食物及糟粕通过的管道，称为消化管。包括口腔、咽、食管、胃、小肠、大肠和肛门（图2-35，图2-36）。

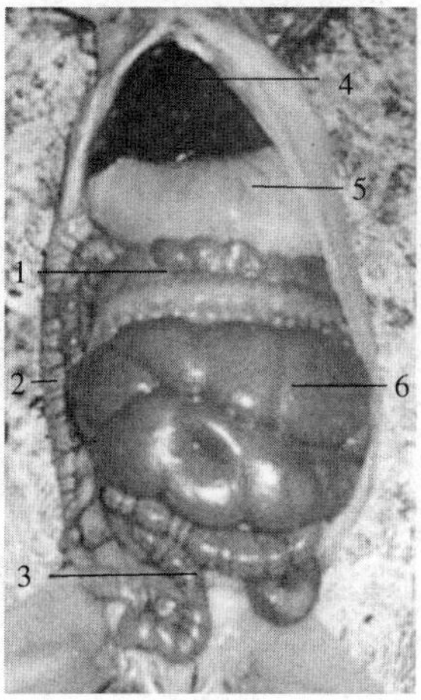


图2-35　兔腹腔内器官

1. 结肠　2. 十二指肠　3. 空肠　4. 肝　5. 胃　6. 盲肠

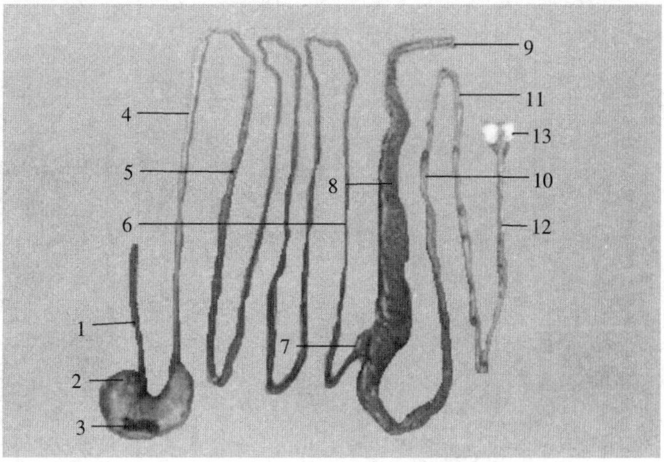


图2-36　兔肠管剖开结构

1. 食管　2. 胃　3. 脾　4. 十二指肠　5. 空肠　6. 回肠　7. 圆小囊　8. 盲肠　9. 蚓突　10. 结肠狭窄部　11. 结肠　12. 直肠　13. 肛门

### (一) 口腔 (mouth cavity)

口腔是消化管的起始部，前壁和侧壁为唇和颊，顶壁为硬腭，底为下颌骨和舌。前以口裂与外界相通，后以咽峡与咽相通。唇颊与齿弓之间的空隙为口腔前庭，齿弓以内的部分为固有口腔，舌位于其内。

**1. 唇** (lip) 分上唇和下唇。上、下唇围成的裂为口裂，口裂两端会合成口角。兔上唇中央有一纵裂，形成豁嘴（图 2-37）。

**2. 颊** (cheek) 位于口腔两侧，外是皮肤，中是颊肌，内衬黏膜。

**3. 硬腭和软腭** 硬腭 (hard palate) 构成口腔顶壁，后延续为软腭。硬腭黏膜上形成16～17 条横向腭褶，在腭褶前方，小门齿后方约 1mm 处有一对小孔，称为鼻腭管孔，另一端开口于鼻腔。软腭前接硬腭，后端为一凹的游离缘（腭弓），构成口腔后界。

**4. 舌** (tongue) 位于固有口腔内，分舌根、舌体和舌尖。舌尖是游离的，其腹侧以黏膜褶（舌系带）与口腔底相连。在舌系带与下颌门齿之间有一对小孔，为颌下腺管的开口。舌背侧面前部软而表面粗糙，后部硬而表面光滑且隆起，称为舌隆起，舌黏膜上有 4 种乳头，即丝状乳头、菌状乳头、轮廓乳头和叶状乳头。舌根的支架为舌骨体，借大角与喉的甲状软骨相连，借小角与枕髁两侧的颈突相连。

**5. 齿** (dentes) 兔齿包括门齿、前臼齿和后臼齿，门齿和臼齿之间有宽的齿槽间缘（图 2-38）。兔齿的独特之处在于颌前骨齿槽内镶嵌着前、后两排门齿，前一排为大门齿，后一排为小门齿。每个大门齿长 3～3.5cm，表面有一明显纵沟，活体上很容易误认为是 2 个门齿。小门齿长 1～1.3cm，呈扁圆柱状，表面无纵沟。

兔的恒齿齿式：$2\left(\frac{1+1 \quad 0 \quad 3 \quad 3}{1 \quad 0 \quad 2 \quad 3}\right)=28$

兔的乳齿齿式：$2\left(\frac{1+1 \quad 0 \quad 3 \quad 0}{1 \quad 0 \quad 2 \quad 0}\right)=16$

幼兔臼齿在 21～22 日龄，乳齿换为恒齿。所以，22 日龄以后兔才开始进入吃料阶段，16～22 日龄期间为试吃饲料阶段。

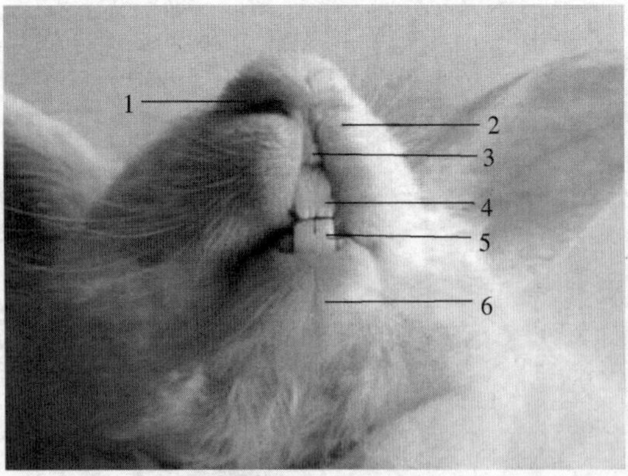


图 2-37 口 腔

1. 鼻孔 2. 上唇 3. 上唇纵裂 4. 上切齿 5. 下切齿 6. 下唇

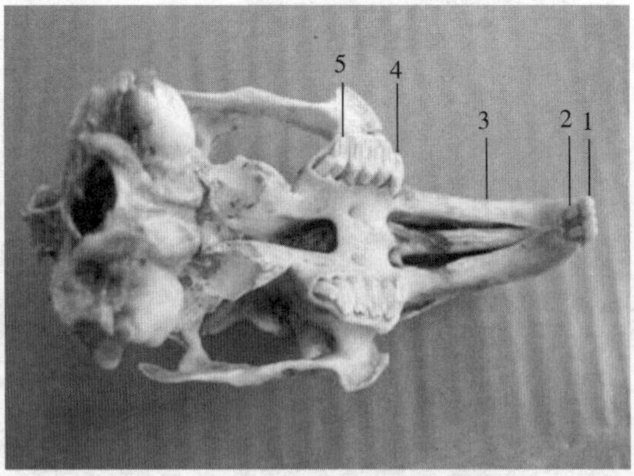


图 2-38 兔齿结构

1. 大门齿 2. 小门齿 3. 齿槽间缘 4. 前臼齿 5. 后臼齿

### （二）咽（pharynx）

咽位于口腔和鼻腔的后方，喉的前上方，是消化道和呼吸道的共同通道。有 7 个口与邻近器官相通，前上方以 2 个鼻后孔与鼻腔相通；在鼻后孔前部两侧各有一耳咽管口经耳咽管与中耳相通；前下方以咽峡与口腔相通；后上方以食管口与食管相通；后下方以喉口与喉腔相通。

### （三）食管（esophagus）

食管是连接咽与胃之间的管道。分颈段、胸段和腹段。颈段长，位于喉和气管背侧，经胸前口进入胸腔，在纵隔内后行穿过膈的食管裂孔进入腹腔与胃的贲门相接。

### （四）胃（stomach）

兔胃是单室腺型胃，呈袋状，横位于腹前部。入口为贲门，与食管相接，出口为幽门，与十二指肠相接。前缘凹，为胃小弯。后缘凸，为胃大弯，沿胃大弯到左侧有一狭长形暗红色的脾脏（图 2-39）。

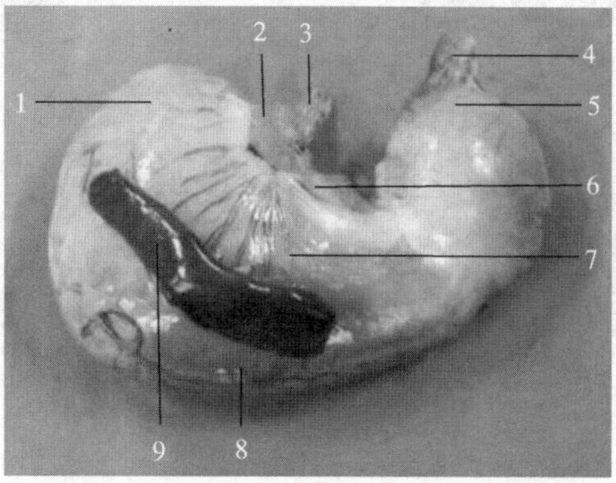


图 2-39　兔的胃和脾

1. 胃底　2. 贲门　3. 食管　4. 十二指肠　5. 幽门　6. 胃小弯　7. 胃体　8. 胃大弯　9. 脾

### （五）小肠（small intestine）

小肠约 3m，分十二指肠、空肠和回肠三段。

**1. 十二指肠**（duodenum）　从出幽门至十二指肠空肠曲，全长约 50cm，呈 U 形袢，袢内的十二指肠系膜内有散漫状的胰腺。

**2. 空肠**（jejunum）　从十二指肠空肠曲至回盲韧带游离缘，长约 230cm，以空肠系膜悬吊于腹腔左侧。

**3. 回肠**（ileum）　从回盲韧带游离缘至回盲口，长约 40cm，其末端膨大，为圆小囊。

### （六）大肠（large intestine）

大肠包括盲肠、结肠和直肠三段。

**1. 盲肠**（cecum）　从盲结口至盲肠盲端。兔的盲肠特别发达，长约 50cm，与兔体长相等，呈长而粗的袋状，占消化道总容积的 49%，壁薄，外表面可见一系列（约 25 个）沟纹，与沟纹相对应的壁内面形成 25 个螺旋状皱襞，称为螺旋瓣。盲肠的游离端变细，且壁厚，约 10cm 的似蚯蚓状结构，称为蚓突（图 2-40）。

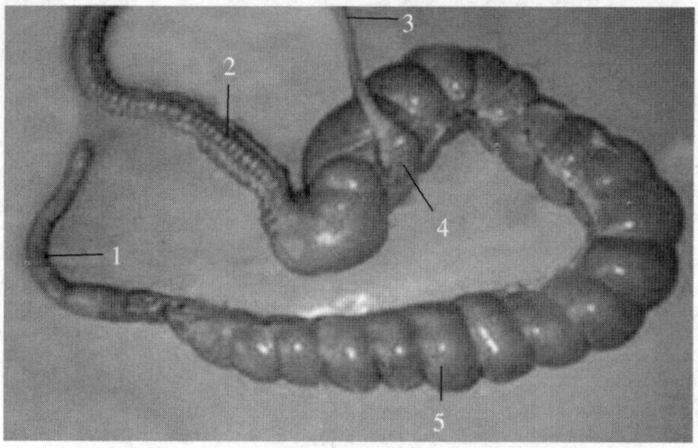


图 2-40　回肠、盲肠、结肠有关结构

1. 蚓突　2. 结肠（显示纵肌带和肠袋）　3. 回肠　4. 回盲口（圆小囊）　5. 盲肠

**2. 结肠**（colon） 从盲结口至骨盆腔前口，长100cm左右，分升结肠、横结肠和降结肠。升结肠较长，沿腹腔右侧前行，反复盘曲达胃幽门部的腹侧，从右侧横过体正中线到左侧的一段肠管为横结肠。后行至骨盆腔前口的一段肠管为降结肠。升结肠前部管径较粗，有三条纵肌带和三列肠袋。距盲结口约35cm处有3～4cm长的管壁甚厚，管腔较窄，为结肠狭窄部（图2-41），内壁有8～9条纵行皱褶，软内容物通过该部就变成了粪球。

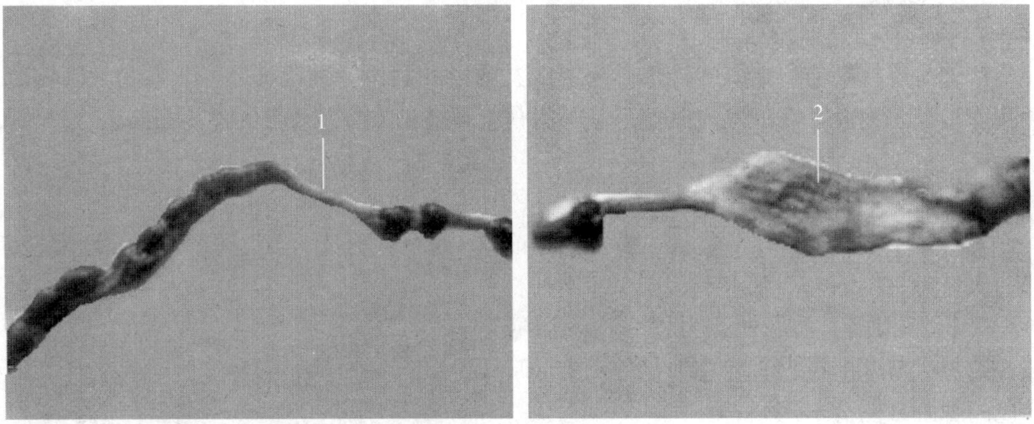


图2-41 结肠狭窄部

1. 结肠狭窄部外形 2. 结肠狭窄部剖面，显示黏膜纵褶

**3. 直肠**（rectum） 从骨盆腔前口至肛门，位于骨盆腔内长8cm左右。直肠末端侧壁上有一对直肠腺（图2-42，图2～43），长1～1.5cm，分泌油脂，带有特异臭味。

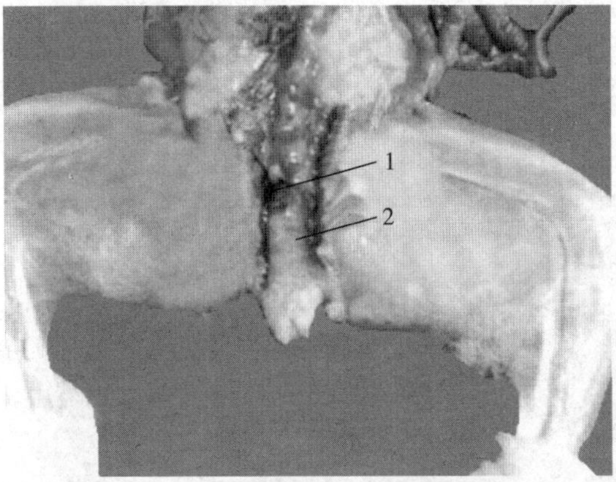


图2-42 直肠正面观

1. 骨盆腔前口 2. 直肠

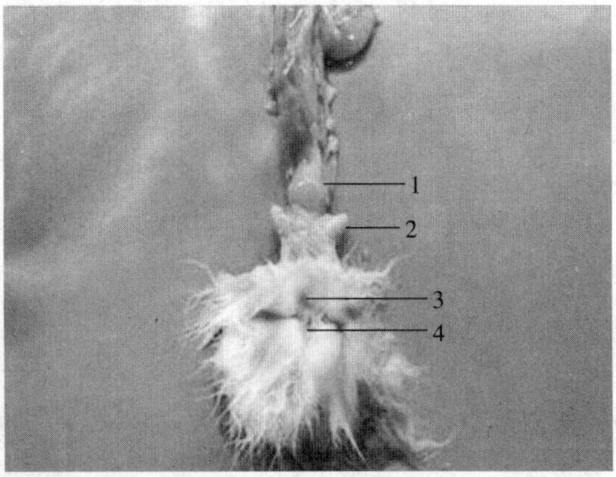


图2-43 直肠背侧观

1. 直肠 2. 直肠腺 3. 肛门 4. 阴门

## （七）肛门（anus）

肛门为消化管的末端，突出于尾根之下。

## 二、消化腺

能分泌消化液的腺体，称为消化腺（digestant gland）。消化腺分壁内腺和壁外腺，壁内腺有胃腺、肠腺等；壁外腺有唾液腺、肝、胰等。

### （一）唾液腺（salivary glands）

是分泌唾液的腺体。包括腮腺、颌下腺、舌下腺和眶下腺。

**1. 腮腺**（parotid gland） 位于耳根腹侧，咬肌后缘。呈不规则三角形，其导管开口于上颌第二前臼齿相对的黏膜上。

**2. 颌下腺**（submandibular gland） 位于下颌后部的腹侧内面，呈卵圆形。其导管开口于舌系带两侧的口腔底黏膜上。

**3. 舌下腺**（sublingual gland） 位于舌的腹侧，有许多导管开口于舌下部黏膜。

**4. 眶下腺**（suborbital gland） 是兔所特有的，位于眼窝底的前下部，其导管穿过面颊开口于上颌第3臼齿相对的黏膜上。

### （二）肝（liver）

肝是体内最大的消化腺，重100g左右，占体重3.7%左右，呈红褐色，位于腹前部，前面隆凸为膈面，后面凹为脏面。兔肝分叶明显，共分6叶，即左外叶、左内叶、右内叶、右外叶、尾叶和方叶（图2-44，图2-45）。其中左外叶和右内叶最大，尾叶最小，方叶形状不规则，是位于左内叶与右内叶之间一个小叶。肝门位于肝的脏面，是门静脉、肝动脉、肝管、淋巴管、神经等出入的门户。右内叶的脏面有胆囊，自胆囊发出胆囊管伸延到肝门，与来自各肝叶的肝管汇合共同形成胆总管，后行开口于十二指肠起始部。

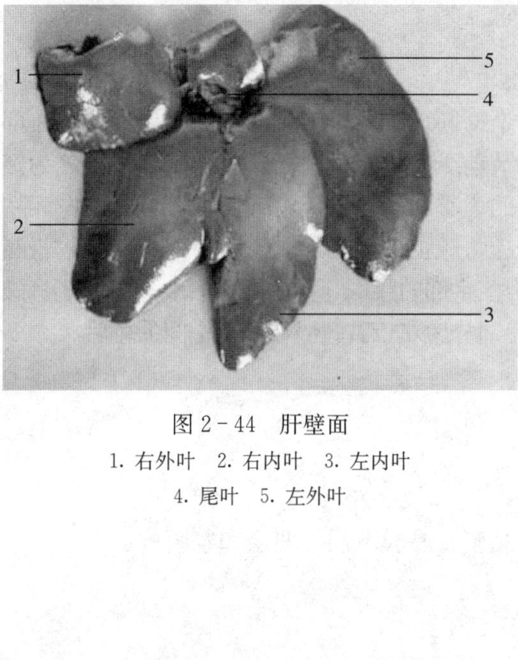


图2-44 肝壁面

1. 右外叶 2. 右内叶 3. 左内叶
4. 尾叶 5. 左外叶

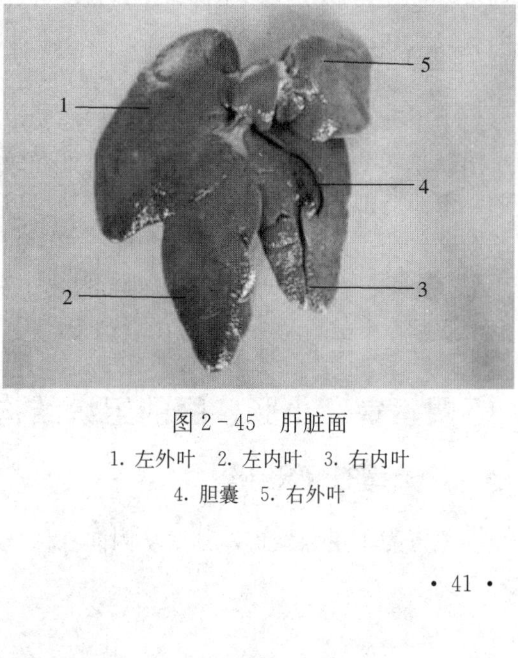


图2-45 肝脏面

1. 左外叶 2. 左内叶 3. 右内叶
4. 胆囊 5. 右外叶

### （三）胰腺（pancreas）

胰腺弥散于十二指肠系膜内，兔胰仅有一条胰管开口于十二指肠升支起始5～7cm处，与胆总管开口处相距很远，这一结构特点是兔所特有的。胰内还有胰岛，是散在胰腺泡之间的细胞团，分泌胰岛素，调节糖的代谢（图2-46）。

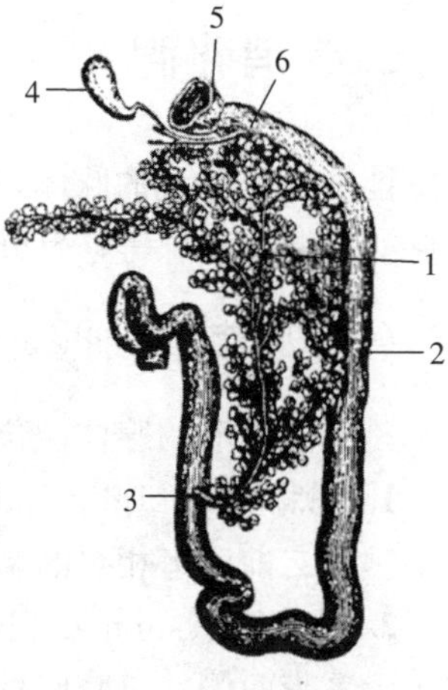

图2-46　胰腺与胰管
1. 胰腺　2. 十二指肠　3. 胰管
4. 胆囊　5. 幽门　6. 胆总管
（杨安峰. 兔的解剖. 1979）

## 三、腹腔、骨盆腔与腹膜腔

### （一）腹腔（addominal cavity）

腹腔是体腔中最大者，位于胸腔之后。其体积是胸腔的8～10倍，所占比例比其他家畜大。腹腔内有胃、肠、肝、脾、胰、肾、输尿管、卵巢、输卵管、部分子宫和神经、血管等。

### （二）骨盆腔（pelvic cavity）

可视为腹腔向后的延续部分，以骨盆腔前口通腹腔，是体腔中最小者。骨盆腔内有直肠、输尿管、膀胱、子宫、阴道、尿生殖前庭、输精管、副性腺、尿生殖道等。

### （三）腹膜腔（peritoneal cavity）

衬于腹腔和骨盆腔内表面和折转覆盖于腹腔、骨盆腔内器官外表面的浆膜，称为腹膜（peritoneum）。腹膜分壁层和脏层，两层之间的空隙为腹膜腔。腹膜壁层与脏层的折转部位在肠系膜、网膜、各器官之间等。腹膜壁层折转移行到器官，或从某一器官移行到另一器官的双层褶，称为腹膜褶（襞），长的褶叫系膜（前、后肠系膜）、短的褶叫韧带（回盲韧带、胃脾韧带等），呈网状的叫网膜（大网膜）。

### （四）腹腔的分区

为了确定腹腔内各器官的位置，通常以两个横断面和两个矢状面将腹腔划分为三大部十小区。两个横断面是最后肋骨最突处和髋结节前缘各作一横断面，这样就将腹腔分为腹前、中、后部。腹前部以肋弓为界，肋弓以上的为季肋区，以正中矢面为界又分为左、右季肋区，肋弓以下的为剑状软骨区。腹中部通过两侧腰椎横突顶端作两个侧矢状面，将腹中部分为左、右髂区和中间区，中间区又可分为上半部的腰区（肾区）和下半部的脐区。腹后部通过腹中部的两个侧矢面向后延续，将腹后部分为左、右腹股沟区和中间的耻骨区。

## 四、胃、小肠、肝的组织结构

### （一）胃的组织结构

兔胃为单室腺型胃，其壁从内向外依次为黏膜、黏膜下层、肌层和浆膜构成。

**1. 黏膜**（mucous membrane） 黏膜形成许多皱褶，黏膜表面有许多凹陷，为胃小凹，是胃腺的开口处，黏膜由上皮、固有层和黏膜肌层构成。

（1）*上皮* 胃的黏膜上皮为单层柱状上皮。

（2）*固有层* 固有层发达，布满密集的胃腺（胃腺可分为胃底腺、贲门腺和幽门腺）。胃底腺有 4 种细胞，即主细胞、壁细胞、颈黏液细胞和内分泌细胞。

（3）*黏膜肌层* 为薄层平滑肌构成。

**2. 黏膜下层**（submucosa） 由疏松结缔组织构成，含有较大的血管、淋巴管和神经丛等。

**3. 肌层**（tunica adventitia） 由内斜行、中环行和外纵行肌构成。

**4. 浆膜**（serous membrane） 除胃与脾、大网膜胃膈韧带处是外膜，其余部分是浆膜。

## （二）小肠的组织结构

小肠壁由黏膜、黏膜下层、肌层和浆膜构成（图 2－47）。

**1. 黏膜** 形成许多环形皱襞和伸出指状突起的绒毛。被覆于绒毛和绒毛间黏膜表面的上皮是单层柱状上皮，电镜下每个柱状细胞的游离面伸出许多微细的突起，称为微绒毛。光镜下呈淡红色带条状，称纹状缘。夹杂在柱状细胞间的有杯状细胞和内分泌细胞，小肠黏膜的皱襞、绒毛、微绒毛大大增加了食糜的接触面积，有利于对物质的吸收。固有膜由疏松结缔组织构成，并伸入到绒毛中轴及肠腺之间。其内被肠腺占据，小肠腺是绒毛间的黏膜上皮下陷到固有膜形成的单管状腺，小肠腺有 5 种腺细胞，即柱状细胞、杯状细胞、潘氏细胞、未分化细胞和内分泌细胞。主要分泌消化液和黏液。黏膜肌层由平滑肌构成，且有肌纤维伸入到绒毛中轴，收缩时有助于肠腺分泌物排出和绒毛的运动。

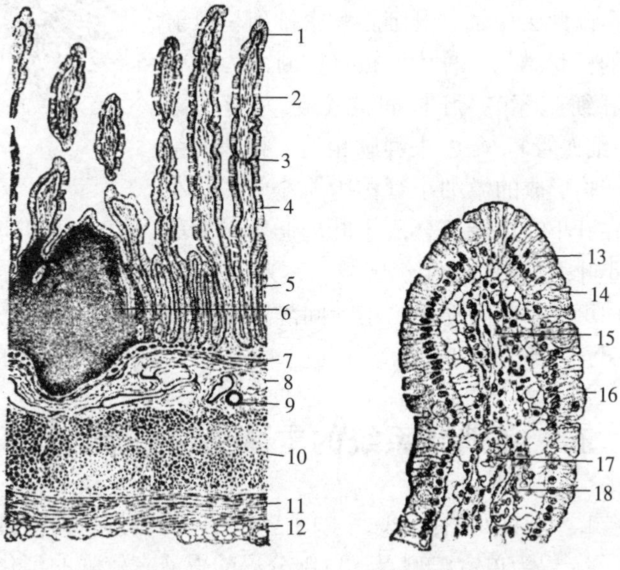


A 肠壁(低倍)　　B 绒毛(高倍)

图 2－47 空肠纵切

1. 纹状缘 2. 绒毛 3. 固有层 4. 杯状细胞 5. 肠腺 6. 淋巴小结 7. 黏膜肌层 8. 黏膜下层 9. 血管 10. 内环行肌 11. 外纵行肌 12. 浆膜 13. 黏膜上皮 14. 杯状细胞 15. 中央乳糜管 16. 纹状缘 17. 毛细血管 18. 结缔组织

（马仲华．家畜解剖学与组织胚胎学．2002）

**2. 黏膜下层** 由疏松结缔组织构成。

**3. 肌层** 由内环、外纵两层平滑肌构成，收缩时有助于肠管运动，推送食糜和物质吸收。

**4. 浆膜** 是小肠表面一层光滑膜。在空肠和回肠的固有膜内有集合淋巴结，透过浆膜能清楚地看到有 6～8 个集合淋巴结，排列于肠系膜附着缘对侧，呈卵圆形隆起，长径

1～1.2cm，短径0.6～0.8cm，最初一个在十二指肠末端不远处，最后一个较大，伸到圆小囊与盲肠相接处。

### （三）肝的组织构造

肝表面被覆浆膜，在肝门处浆膜下结缔组织随血管和肝管的分支伸入肝实质，将肝实质分隔成许多呈多边棱柱状肝小叶，肝小叶之间的组织为小叶间结缔组织（图2-48）。肝小叶是肝的基本结构和功能单位。在每个肝小叶中央有一条中央静脉，以此为中轴，肝细胞紧密排列呈放射状的板状结构，称为肝板（横断面为索状—肝细胞索）。肝板间的空隙为窦状隙（毛细血管），与中央静脉相通。相邻肝细胞凹陷形成的微细小管称为胆小管，胆小管在肝小叶边缘汇合成小叶内胆管。相邻肝小叶之间的结缔组织区域，称为门管区，其内可见小叶间动脉，小叶间静脉和小叶间胆管。壁厚腔小的为动脉，壁薄腔大的为静脉，壁由单层立方上皮细胞围成的为胆管。

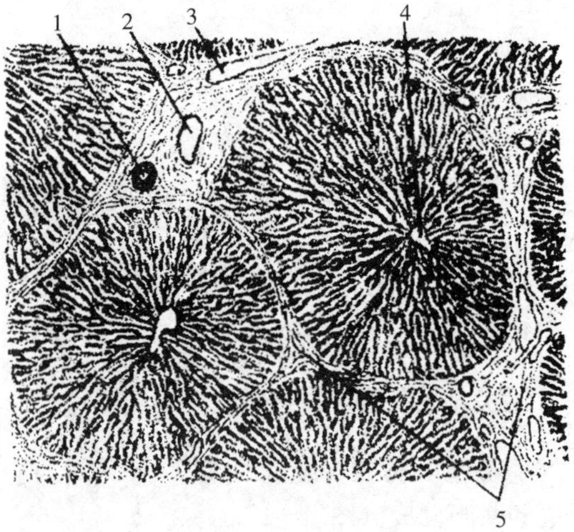


图2-48　肝组织

1. 小叶间胆管　2. 小叶间动脉　3. 小叶间静脉
4. 中央静脉　5. 小叶间结缔组织

（马仲华．家畜解剖学与组织胚胎学．2002）

## 五、兔消化系统的主要结构特点

1. 上唇中央有纵裂；上门齿是前、后两排，前一排为大门齿，后一排为小门齿。

2. 胃为单室腺型胃，胃腺分泌的胃液有较强的消化能力。

3. 肠管很长，小肠和大肠的总长度达5m左右，青年兔为体长的14.4倍，成年兔为体长的10倍。十二指肠袢呈U形，透过空肠和回肠壁能很清楚地看到有6～8个集合淋巴结。回肠末端的膨大部为圆小囊。盲肠壁内面有螺旋瓣，末端为蚓突。升结肠前部有纵肌带和肠袋，结肠狭窄部明显，直肠末端有一对直肠腺。

4. 圆小囊和蚓突是兔所特有的结构，其壁较厚，由发达的肌组织和丰富的淋巴组织构成，是兔的重要免疫器官。

5. 兔的盲肠特别发达，经小肠消化、吸收后的剩余食糜和原封不动的纤维素进入盲肠，这里面有大量细菌对其进行发酵分解。盲肠和升结肠有明显的蠕动和逆蠕动现象。盲肠的蠕动把食糜推入结肠，结肠的逆蠕动又把食糜返回到盲肠，这样，食糜在盲肠和结肠间反复移动，保证了微生物对纤维素的充分分解。纤维素经过微生物消化后，分解为可以被吸收的简单物质，由盲肠和结肠壁吸收入血液和淋巴。其糟粕在结肠后段（横、降结肠）和直肠内形成粪球，经肛门排出体外。

6. 唾液腺有4对，较其他家畜多一对眶下腺。胰管与胆总管的开口相距较其他家畜远得多。

# 第四节　呼吸系统

呼吸系统包括呼吸器官和辅助装置两部分。呼吸器官包括鼻、咽、喉、气管、支气管和肺；辅助装置包括胸腔和胸膜腔。

## 一、呼吸器官

### （一）鼻（nasus）

鼻包括鼻孔、鼻腔和鼻旁窦。

**1. 鼻孔**（nares）　为鼻腔的入口，呈裂缝状。

**2. 鼻腔**（nasal cavity）　位于面部的上半部，腹侧以硬腭与口腔隔开，前经鼻孔与外界相通，后经鼻后孔与咽相通。鼻腔正中有鼻中隔，将鼻腔分为左右互不相通的两半。每半鼻腔侧壁上附着有上、下鼻甲，将鼻腔分为上、中、下三个鼻道。

**3. 鼻旁窦**（paransal sinus）　是鼻腔周围头骨内的含气空腔，共4对，即上颌窦、额窦、蝶腭窦和筛窦。

### （二）喉（larynx）

喉既位于下颌间隙后方，头颈交界处腹侧，悬于两舌骨大角之间，前端以喉口与咽相通，后端与气管相接。喉由喉软骨、喉肌和喉黏膜构成。

**1. 喉软骨**（laryngeal cartilages）　有4种5块，即甲状软骨、环状软骨、会厌软骨和成对的勺状软骨。

**2. 喉肌**（muscle of larynx）　是喉软骨周围的肌肉，包括胸骨甲状肌、甲状舌骨肌、环甲肌、环勺背侧肌、环勺外侧肌、甲勺肌、勺横肌等。

**3. 喉黏膜及喉腔**　喉腔内面的黏膜，为喉黏膜，与咽黏膜相连续。由喉软骨、喉肌和喉黏膜共同围成的腔，称为喉腔。以喉口与咽相通，后口与气管相通。喉腔两侧有两对黏膜褶，前一对为假声带，后一对为真声带，随气流的通过，引起声带的震动而发出声音。喉腔以声带为界，声带之前的空隙为喉前庭，声带之后的空隙为候后腔，喉前庭的黏膜上皮为复层扁平上皮，喉后腔的黏膜上皮为假复层柱状纤毛上皮。

### （三）气管和支气管（Trachea and Bronchus）

气管（trachea）由48～50个背面不衔接的软骨环借结缔组织连成圆筒状管道。前端接喉，经胸前口进入胸腔，在心基背侧，4～5肋间隙处分出左右支气管，由肺门入肺。气管和支气管的黏膜上皮为假复层柱状纤毛上皮。黏膜下层有气管腺，能分泌黏液，可滑润黏膜，并能黏住一些尘粒和微生物，借纤毛的摆动向喉移动并清除之。

### （四）肺（lung）

肺位于胸腔内，左右各一，右肺比左肺大。左肺分2叶，分别为尖叶和心膈叶；右肺分4叶，分别为尖叶、心叶、膈叶和副叶（图2-49，图2-50）。

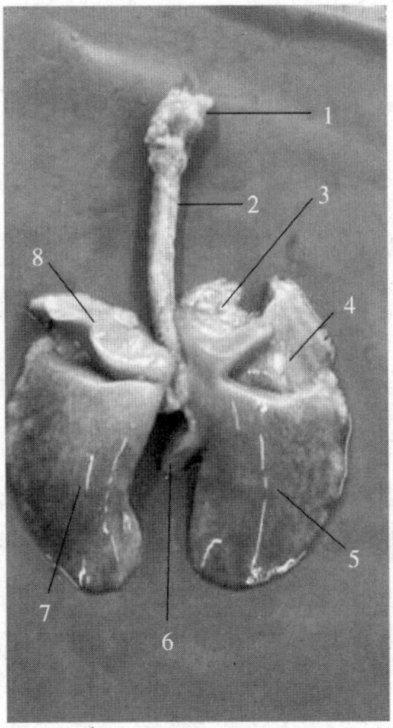


图2-49　肺的背侧面

1. 喉　2. 气管　3. 右肺尖叶　4. 右肺心叶　5. 右肺膈叶　6. 副叶　7. 左肺心膈叶　8. 左肺尖叶

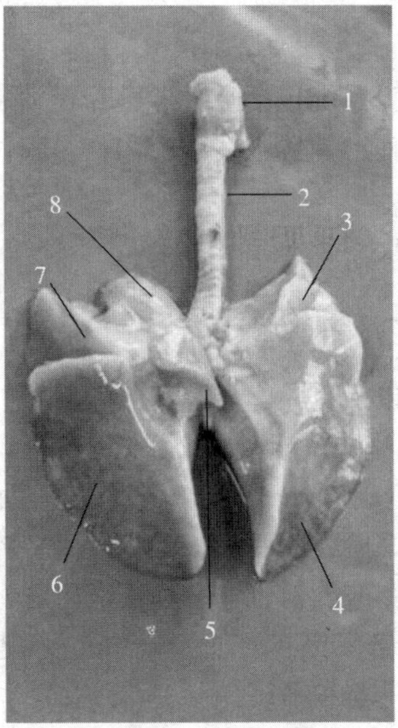


图2-50　肺的腹侧面

1. 喉　2. 气管　3. 左肺尖叶　4. 左肺心膈叶　5. 副叶　6. 右肺膈叶　7. 右肺心叶　8. 右肺尖叶

## 二、辅助装置

包括胸腔和胸膜腔。

### （一）胸腔（thoracic cavity）

以胸廓为骨质基础，外覆肌肉、筋膜和皮肤，内衬胸膜，共同围成的腔，称为胸腔。胸腔内有心脏、大血管、肺、气管、食管和神经等。

### （二）胸膜腔（pleural cavity）

衬于胸腔壁内表面和折转覆盖于胸腔内器官外表面的浆膜，称为胸膜。胸膜分壁层和脏层，两层之间的空隙为胸膜腔。

## 三、肺的组织构造

肺的表面被覆一层浆膜（肺胸膜）。肺胸膜下的结缔组织伸入肺的实质，构成肺的间质，将肺分割成许多呈锥体形的肺小叶，每个肺小叶的底部朝向肺的表面，顶部对向肺门。肺小叶是肺的结构和功能的基本单位，是一个细支气管下属的肺组织。肺的实质就是由反复分支的各级支气管和肺泡构成。支气管经肺门进入肺后反复分支，形似树枝状，称为支气管树。支气管在肺内的分支统称为小支气管。小支气管继续分支依次为细支气管、终末细支气管、呼吸性细支气管、肺泡管、肺泡囊和肺泡。在显微镜下观察：小支气管能看到软骨片和气管腺；细支气管无软骨片，黏膜皱襞明显；终末细支气管的黏膜皱襞甚明显，环层平滑肌薄；呼吸性细支气管是管壁某处鼓出有肺泡；肺泡管是肺泡隔末端有结节状膨大，肺泡囊是由3～4个肺泡围成，肺泡隔末端无结节状膨大。肺泡为半球状泡，肺泡壁极薄，由单层扁平上皮构成。构成肺泡壁的上皮有两种细胞，一种叫扁平细胞，核圆形，稍突入肺泡；另一种叫分泌细胞，数量少，夹于扁平细胞之间，胞质呈泡沫状，核圆形，偏于一侧。相邻肺泡壁之间有薄层结缔组织，属肺间质，其内可见血管（动脉和静脉）和尘细胞。尘细胞是肺的巨噬细胞，有吞噬异物和细菌的作用（图2-51）。

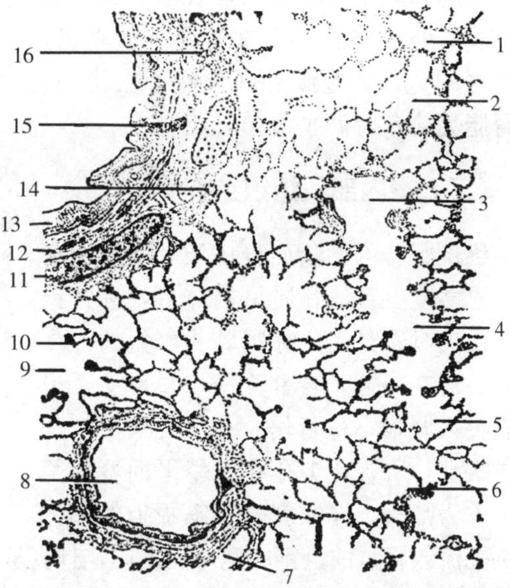

图2-51 肺组织构造

1. 肺静脉 2. 肺泡囊 3. 呼吸性细支气管 4. 肺泡管 5. 肺泡 6. 尘细胞 7. 肺动脉 8. 细支气管 9. 肺泡管 10. 平滑肌 11. 软骨片 12. 平滑肌 13. 上皮 14. 支气管动脉 15. 小支气管 16. 气管腺

氧从肺泡到血液和二氧化碳从血液到肺泡所通过的膜叫气血屏障（呼吸膜）。其结构有6层：肺泡表面活性物质（液体层）、单层扁平细胞及基膜、薄层结缔组织、毛细血管基膜及内皮细胞。

兔肺不发达，这与兔的活动少，运动强度低有关。成年兔呼吸次数为20～40次/min，幼兔40～60次/min。肺在剖检诊断兔病时，是重要观察器官之一。根据肺的颜色、质地、有无充血、出血、水肿、结节、脓肿和与胸膜有无粘连等来诊断兔病。

## 第五节 泌尿系统

泌尿系统由肾、输尿管、膀胱和尿道组成（图2-52）。

### 一、肾（kidney）

#### （一）肾的位置及外部结构

肾位于腰下部，左右各一，呈卵圆形，右肾略前，在最后肋骨椎骨端和腰椎横突腹侧，左肾略后，在第2、3、4腰椎横突腹侧。色暗红，外缘凸，内缘凹陷部叫肾门，为输尿管、肾动脉、静脉、淋巴管及神经出入的门户。肾门向内凹入的空隙为肾窦，其内有肾盂及其周围脂肪所填充。肾表面被覆一层纤维膜，叫肾包膜，正常情况下易剥离，营养好的兔，肾包膜外面包着一层脂肪，叫肾脂囊。兔肾属平滑单乳头肾。

### （二）肾内部及组织结构

纵剖肾，可见断面分皮质和髓质两部分。显微镜下看，髓质呈锥体形，称肾锥体。锥尖对着肾盂，称肾乳头。兔的许多肾乳头连在一起，合并为一个总乳头，呈嵴状突入肾盂，称肾嵴。每个乳头上有一个乳头孔，所有乳头孔在肾嵴平面看似筛状，称为筛板，终尿就是从筛板上的那些乳头孔流入肾盂的。锥底宽对向皮质，且有从髓质呈放射状条纹伸到皮质内，这一结构称为髓放线，髓放线之间的皮质部分，称为皮质迷路。每个髓放线及两边 1/2 的皮质迷路就构成了一个肾小叶，肾小叶内有若干个肾单位，肾单位是肾的结构和功能单位，由肾小体和肾小管构成。由皮质伸入髓质的部分称为肾柱，以肾柱为界，肾锥体及其外部的皮质构成了一个肾叶，肾就是由若干个肾叶联合在一起构成的。

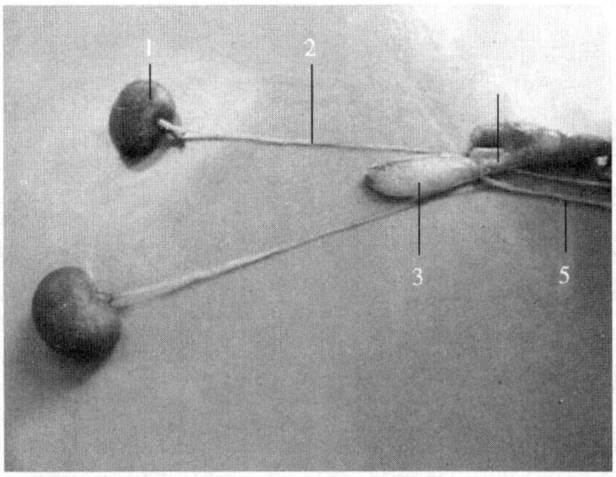


图 2-52　泌尿器官

1. 肾　2. 输尿管　3. 膀胱　4. 尿道　5. 输精管

**1. 肾小体**（renal corpuscle）　位于皮质迷路内，由肾小球（血管球）和肾小囊组成（图 2-53）。肾小球是一团盘曲的毛细血管，被肾小囊包围。肾动脉经肾门入肾后，在锥体间为叶间动脉，在皮质和髓质交界处为弓形动脉，分出小叶间动脉，从小叶间动脉上分出入球小动脉，自血管极进入肾小囊，分出数条小支且吻合成毛细血管袢（即血管球），最后汇成一支出球小动脉从血管极离开肾小囊。肾小球有滤过作用，滤入到肾小囊的物质称为原尿。肾小囊是肾小管起始膨大凹陷形成的双层杯状囊，囊壁分两层，两层之间的空隙为肾小囊腔。外层为单层扁平上皮，在尿极与近曲小管相接，在血管极折转为内层，内层为一层足细胞构成。足细胞与血管球毛细血管内皮细胞基膜紧贴。血管球内物质滤入肾小囊所通过的膜，称为滤过屏障。该屏障有 3 层结构：毛细血管内皮、基膜、裂孔膜。如果这一屏障受损，则引起血尿或蛋白尿。

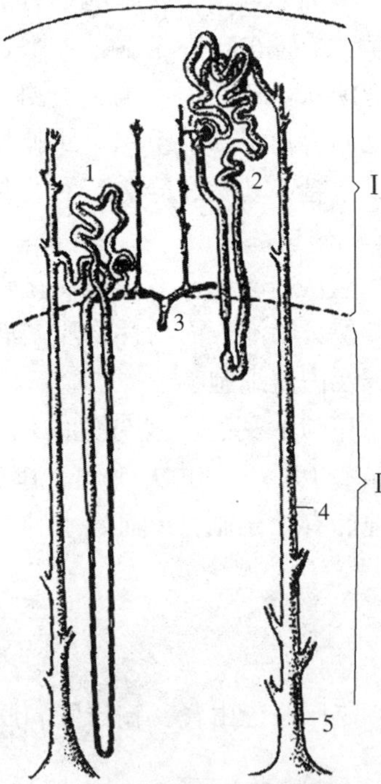


图 2-53　肾单位和肾小管

Ⅰ. 皮质　Ⅱ. 髓质

1. 髓旁肾单位　2. 皮质肾单位

3. 弓形动脉及小叶间动脉

4. 集合小管　5. 乳头管

（马仲华．家畜解剖学与组织胚胎学．2002）

肾小管为上皮性小管，包括近曲小管、髓袢和远曲小管。远曲小管曲部末端接弓状集合管向下进入髓质为直集合管，其管壁为单层立方或低柱状上皮围成。直集合管达乳头处汇集成乳头管，以乳头孔把尿液流入肾盂。

## 二、输尿管（ureter）

输送尿液的管道为输尿管。起于肾盂，止于膀胱。

## 三、膀胱（urinary bladder）

膀胱是暂时贮存尿液的器官，呈梨形，无尿时位于骨盆腔，尿液充满时突入腹腔。膀胱分顶、体、颈三部分。连接膀胱的韧带有膀胱中韧带和膀胱侧韧带。

## 四、尿道（urethra）

尿道是将尿液从膀胱排出到体外的通道。膀胱颈内的管为膀胱颈管，为真正的尿道，一端通向膀胱体的口，叫尿道内口，另一端母兔通向尿生殖前庭，公兔通向尿生殖道骨盆部，称为尿道外口。母兔以阴门，公兔再经过尿生殖道阴茎部以尿生殖道外口把尿液排出体外。

# 第六节　生殖系统

生殖系统是兔繁殖后代、保证物种延续的系统，它能产生生殖细胞（精子和卵子），并分泌性激素。生殖系统分雄性生殖器官和雌性生殖器官。

## 一、雄性生殖器官

雄性生殖器官由睾丸、附睾、输精管、尿生殖道、副性腺、阴茎、阴囊、精索和包皮构成（图 2－54，图 2－55）。

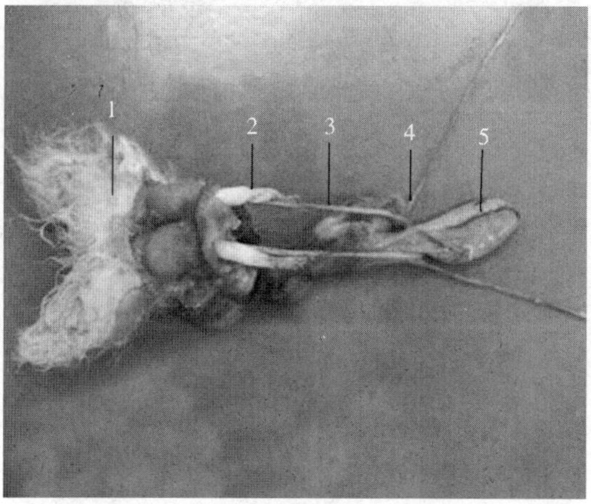


图 2－54　公兔生殖器官

1. 阴囊及睾丸　2. 精索　3. 输精管　4. 输尿管　5. 膀胱

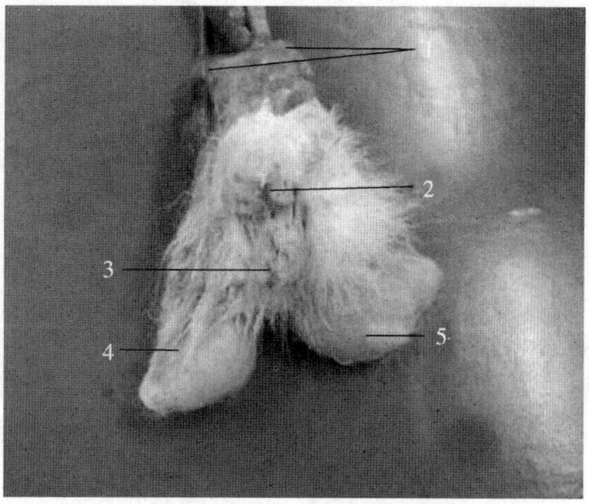


图 2－55　阴囊及睾丸

1. 直肠腺　2. 肛门　3. 阴茎　4、5. 阴囊及睾丸

## （一）睾丸（testis）

睾丸是产生精子和分泌雄性激素的器官。左右各一，呈卵圆形，成年兔基本上位于阴囊内。胚胎时期睾丸位于腹腔内，出生后 1～2 月龄兔睾丸下降到腹股沟管内，3 月龄后下降到阴囊内。兔的腹股沟管宽而短，终生不封闭，因此，睾丸和附睾可自由地下降到阴囊或缩回到腹腔内。

## （二）附睾（epididymis）

附睾位于睾丸背侧，分附睾头、体、尾三部分，附睾内的管为附睾管。附睾尾末端连接输精管。

## （三）输精管（ductus deferens）

输精管为输送精子的管道，起于附睾尾，止于尿生殖道骨盆部。

## （四）尿生殖道（urogenital tract）

尿生殖道是精液和尿液排出的共同通道，前端的腹侧口为尿道外口，背侧口为输精管和精囊腺的开口。沿骨盆底壁向后伸延至坐骨弓的一段为尿生殖道骨盆部，绕过坐骨弓，沿阴茎腹侧向前伸延的一段为尿生殖道阴茎部，至阴茎头以尿生殖道外口与外界相通。

## （五）副性腺（accessory gonad）

副性腺包括精囊与精囊腺、前列腺、旁前列腺和尿道球腺 4 对（图 2－56），副性腺的分泌物进入尿生殖道骨盆部与精子混合形成精液。副性腺的分泌物对精子有营养和保护作用。

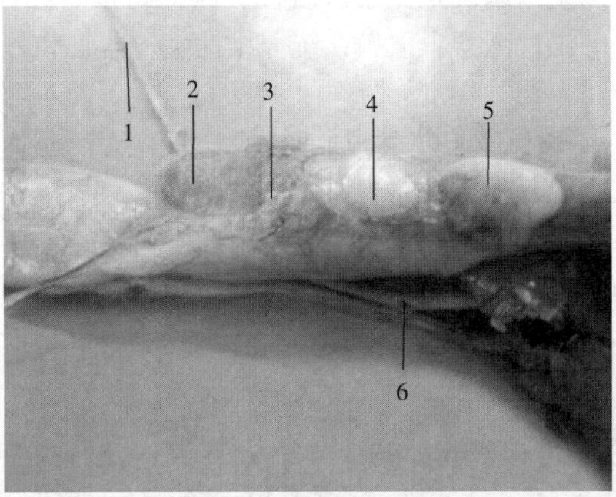

图 2－56 兔副性腺
1. 输尿管 2. 精囊及精囊腺 3. 旁前列腺 4. 前列腺 5. 尿道球腺 6. 输精管

## （六）阴茎（penis）

阴茎为公兔的交配器官。呈圆柱状，前端游离部稍有弯曲。阴茎包括阴茎根、体、头 3 部分。阴茎根由两个阴茎脚附着于坐骨弓腹侧，表面覆盖有坐骨海绵体肌，构成了阴茎脚的外鞘。两阴茎脚前行合并为阴茎体。阴茎体末端为阴茎头，在包皮内。阴茎头稍弯曲，其上的开口为尿生殖道外口。

## （七）阴囊（scrotum）

成年公兔有一对阴囊，为容纳睾丸、附睾和输精管起始部的皮肤囊，位于股部后方，肛门两侧，呈“八”字状。阴囊由皮肤、筋膜和鞘膜组成。

### （八）精索与包皮（spermatic cord and preputium）

**1. 精索**（spermatic cord）　睾丸和附睾从腹腔经腹股沟管下降到阴囊时所带来的一些结构，呈索状，称为精索。其内含有血管、神经、淋巴管、睾内提肌和输精管等。

**2. 包皮**（preputium）　阴茎头外面的皮肤套，称为包皮，有容纳和保护阴茎头的作用，包皮开口处有包皮腺。

## 二、雌性生殖器官

雌性生殖器官由卵巢、输卵管、子宫、阴道、尿生殖前庭和阴门组成（图 2－57，图 2－58）。

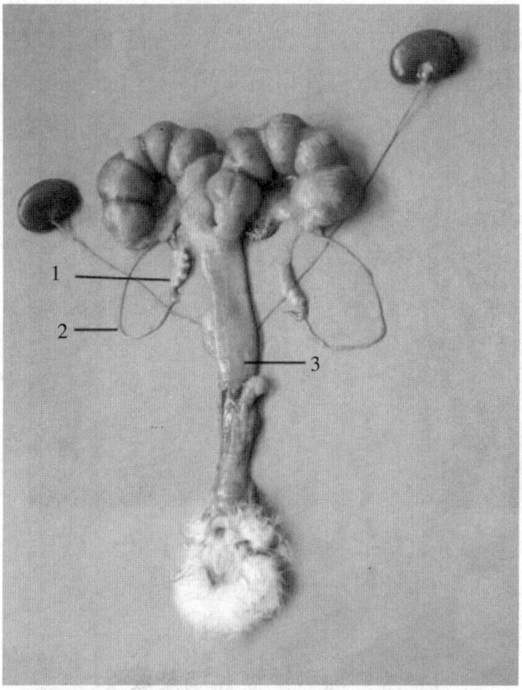


图 2－57　母兔生殖器官（背面观）

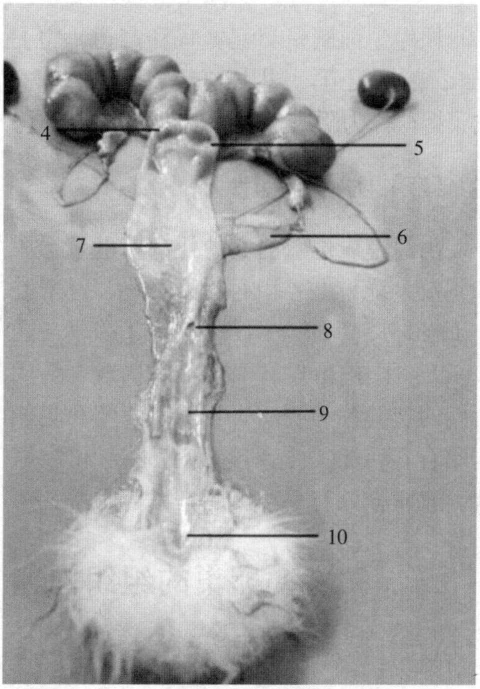


图 2－58　母兔生殖器官（剖面观）

1. 卵巢　2. 输卵管　3. 阴道　4. 子宫阴道部　5. 阴道穹窿　6. 膀胱　7. 阴道　8. 尿道外口　9. 尿生殖前庭　10. 阴门裂

### （一）卵巢（ovary）

卵巢是产生卵子和雌性激素的器官，左右各一，呈卵圆形，淡红色。位于肾后方，以短的卵巢系膜悬于第 5 腰椎横突腹侧。

### （二）输卵管（oviduct uterine tube）

为输送卵子和受精的管道，借输卵管系膜悬挂于腰下部。输卵管可分为漏斗部、壶腹部、峡部。其后端的开口，为输卵管子宫口。

### （三）子宫（uterus）

兔是双子宫，借子宫阔韧带悬挂于腰下部，后端以两个子宫颈口开口于道前部，子宫颈阴道部明显。

### （四）阴道（vagina）

阴道位于骨盆腔内，背侧为直肠，腹侧是膀胱。兔阴道较长，7～8cm，前接子宫颈，可见有两个子宫颈口，子宫颈阴道部周围的凹陷为阴道穹隆。人工授精时就是把精液输入此处，有利于受精。

### （五）尿生殖前庭（urogenital vestibulum）

尿生殖前庭是交配器官和产道，也是尿液排出体外的通道，故称尿生殖前庭，长约6cm。前接阴道，与阴道交界处可见一开口，为尿道外口，尿道外口前背侧有一不很明显的黏膜褶，称为阴瓣。后达阴门与外界相通。

### （六）阴门（vulva）

阴门是尿生殖前庭的外口，也是泌尿和生殖系统与外界相通的天然孔，位于肛门下方，以短的会阴部与肛门隔开（图2-59）。阴门由左右两片阴唇构成，两阴唇间的裂缝称为阴门裂。阴唇背侧和腹侧均联合在一起，分别称为背联合和腹联合。腹联合处有一小突起，称为阴蒂。

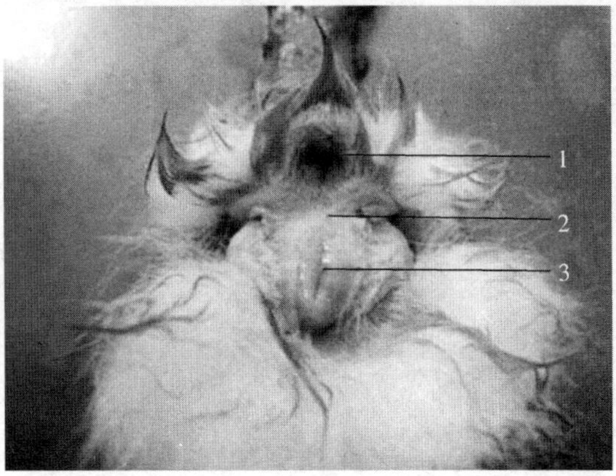


图2-59　兔肛门与阴门

1. 肛门　2. 会阴　3. 阴门

## 三、睾丸、卵巢的组织构造

### （一）睾丸的组织构造

睾丸具有产生精子和雄性激素的功能，其结构由被膜和实质两部分构成（图2-60）。

**1. 被膜**　睾丸表面被覆一层浆膜，叫固有鞘膜，鞘膜深部为致密结缔组织构成的白膜。白膜自睾丸头伸入睾丸实质，贯穿于睾丸纵轴，称为睾丸纵隔，自睾丸纵隔发出呈放射状的睾丸小隔，睾丸小隔把睾丸实质分隔成许多睾丸小叶。

**2. 实质**　睾丸实质由曲精细管、直精细管、睾丸网和间质组织构成。每个睾丸小叶

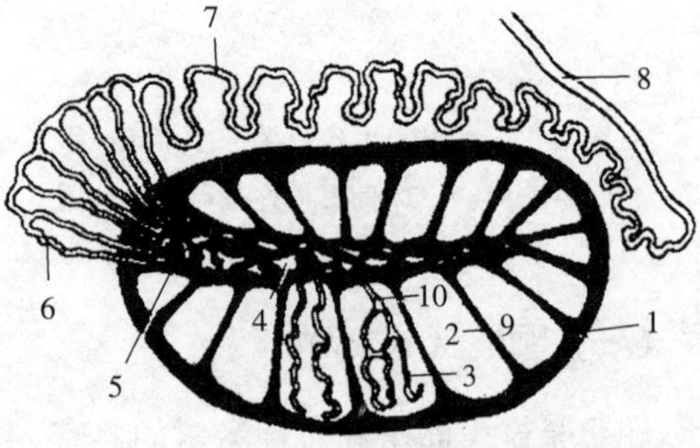


图2-60　睾丸和附睾结构模式图

1. 白膜　2. 睾丸间隔　3. 曲精细管　4. 睾丸网　5. 睾丸纵隔　6. 睾丸输出小管　7. 附睾管　8. 输精管　9. 睾丸小叶　10. 直精细管

（马仲华．家畜解剖学与组织胚胎学．2002）

的边缘有 2～3 条曲精细管，近纵隔处变直，为直精细管，曲精细管和直精细管之间的组织为间质组织。直精细管进入纵隔内相互吻合成网状，称为睾丸网，于睾丸头汇合成 14～15 条睾丸输出管，穿出睾丸头形成附睾头。

（1）*曲精细管*　为产生精子的地方。管壁由基膜和多层上皮细胞组成（图 2-61)。上皮包括两种类型的细胞：一种是产生精子的生精细胞，另一种是支持细胞，具有支持和营养生精细胞的作用。上皮外有一薄层基膜，基膜外为一层类肌样细胞，收缩时有助于精子的排出。

成熟兔睾丸曲精细管内的生精细胞可分为精原细胞，初级精母细胞、次级精母细胞、精子细胞和精子几个发育阶段。

支持细胞是曲精细管壁上体积最大的一种细胞，胞体呈高柱状或圆锥状，底部附着于基膜，顶端伸向管腔，常有数个精子的头顶着。

图 2-61　曲精细管及间质

1. 毛细血管　2. 间质组织　3. 初级精母细胞　4. 足细胞　5. 精子细胞　6. 次级精母细胞　7. 精子　8. 基膜　9. 间质细胞　10. 精原细胞

（马仲华．家畜解剖学与组织胚胎学．2002）

（2）*直精细管*　是曲精细管末端变直的一段，末端接睾丸网。管壁为单层立方或扁平上皮。

（3）*睾丸网*　是直精细管进入睾丸纵隔内互相吻合而成的网状，管壁为单层立方上皮。

（4）*间质组织*　是曲精细管和直精细管间的结缔组织，其中含有血管、淋巴管、神经纤维和间质细胞。间质细胞分泌雄性激素。

## （二）卵巢的组织构造

卵巢具有产生卵子和雌性激素的作用，其结构由被膜和实质两部分构成。

**1. 被膜**　由生殖上皮和白膜组成。卵巢表面是一层由单层低柱状或扁平状生殖上皮，其深面为致密结缔组织构成的白膜，且有分支伸入到实质形成间质。

**2. 实质**　由皮质和髓质构成。皮质在外围，髓质在中央（图 2-62)。皮质由基质、卵泡和黄体组成。基质是卵巢间质。在皮质有许多处于不同发育阶段的卵泡，每个卵泡都是由中央的卵母细胞和周围的卵泡细胞构成。根据卵泡发育程度可分为原始卵泡、生长卵泡和成熟卵泡。原始卵泡位于皮质浅层，体积小，数量多，由中央的初级卵母细胞和周围一层呈立方的卵泡细胞构成。兔的原始卵泡内有 2 个以上初级卵母细胞，区别其他单胎动物。生长卵泡包括初级卵泡和次级卵泡。初级卵泡较原始卵泡体积大，卵泡细胞是多层立方状，卵母细胞表面出现了透明带，卵泡细胞周围出现了基膜。次级卵泡体积更大，透明带和基膜更清楚。卵泡细胞间出现了卵泡腔。随着卵泡腔的扩大，卵泡液的增多，使得初级卵母细胞及其周围的卵泡细胞被挤到卵泡腔的一侧，形成了以各突入腔内的隆起，称为卵丘。靠近透明带的一层卵泡细胞呈放射状排列，称为放射冠。卵泡腔周围的卵泡细胞为颗粒层。此时，卵泡周围的结缔组织进一步分化增殖，形成了卵泡膜。卵泡膜分内、外两层，内膜为细胞性膜，可分泌雌激素，外膜为结缔组织性膜，与周围的结缔组织无明显的界限。成熟卵泡是卵泡发育的最后阶段，体积剧增，卵泡更大，卵泡液增多，颗粒层变薄，卵泡突出于卵巢表面。此时，卵泡内膜细胞分泌动情素，引起兔发情，寻求配偶。兔的成熟卵泡解剖时肉眼可见。只有经公兔交配或人工授精后的刺激，隔一定的时间才能排卵。次级卵母细胞连同透明带、放射冠和卵泡液一起从卵泡中排出的过程，称为排卵。排卵时，由于毛细血管受损，卵泡腔内充满了血液，此时叫红体。继而残留在卵泡内的颗粒层细胞和卵泡内膜细胞随血管一起向卵泡腔内塌陷，在垂体黄体生成素的作用下，上述细胞就变成了腺样细胞，新鲜状态呈黄色，故称为黄体。黄体形成后发育迅速，如果卵未受精，黄体迅速退化，这种黄体称为假黄体，如果卵受精，黄体存在的时间较长，这种黄体叫妊娠黄体。无论哪种黄体完成功能后都自行退化，被结缔组织瘢痕代替，称为白体。髓质由富有弹性纤维的疏松结缔组织构成，可见血管和少量类似平滑肌纤维。

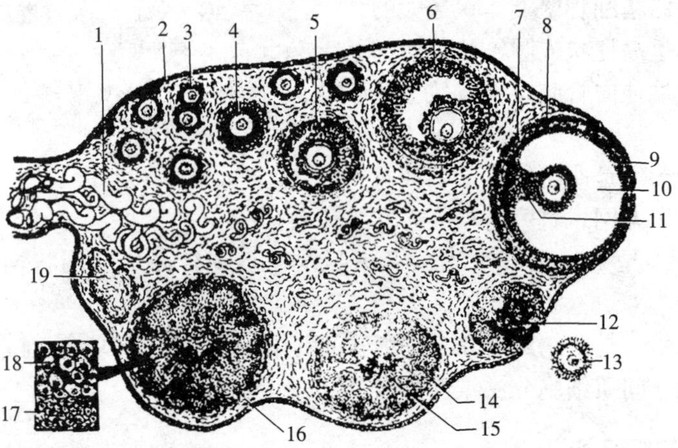


图 2-62 卵巢结构模式图

1. 血管 2. 生殖上皮 3. 原始卵泡 4. 早期生长卵泡（初级卵泡）
5、6. 晚期生长卵泡（次级卵泡） 7. 卵泡外膜 8. 卵泡内膜 9. 颗粒膜 10. 卵泡腔
11. 卵丘 12. 血体 13. 排出的卵 14. 正在形成中的黄体 15. 黄体中残留的凝血
16. 黄体 17. 腺黄体细胞 18. 颗粒黄体细胞 19. 白体
（马仲华．家畜解剖学与组织胚胎学．2002）

## 第七节 心血管系统

心血管系统包括心脏、血管和血液。

### 一、心脏（heart）

心脏是血液循环的动力器官，在神经体液的调节下，进行有节律性的收缩和舒张，使其中的血液按一定的方向循环流动。

## （一）心脏的位置、外形及外部结构

心脏位于胸腔纵隔内，夹于两肺之间，略偏左侧，长轴斜向后下方，呈前、后略扁的圆锥形。心基朝上，有进出心脏的大血管，心尖朝下，是游离的。心脏外面包有心包，取掉心包可见心脏外表面近心基处有环形的冠状沟，腹侧面有自冠状沟向后伸延纵沟为腹纵沟（右纵沟），背侧面也有一纵行沟，为背纵沟（左纵沟）。冠状沟、腹纵沟和背纵沟内为冠状血管和脂肪所填充（图 2－63）。

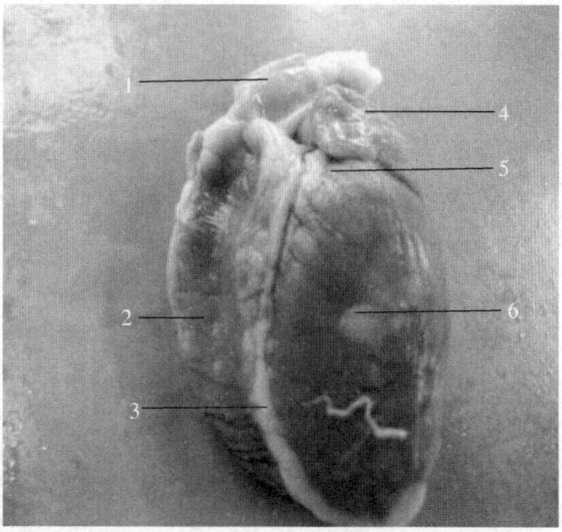


图 2－63　兔心脏

1. 右心耳　2. 右心室　3. 左纵沟　4. 左心耳　5. 冠状沟　6. 左心室

## （二）心脏内部结构

心脏内部是空腔，称为心腔，以纵走的房中隔和室中隔把心腔分成两半，每半又以房室口分为心房和心室，故有 4 个腔，即右心房、右心室、左心房、左心室。

**1. 右心房**（right atrium）　位于心脏前面上部，由右心耳和静脉窦构成。背侧有前腔静脉、后腔静脉和静脉窦（心静脉）进入。

**2. 右心室**（right ventricle）　位于心脏前面下部，其入口为右房室口，由纤维环围绕而成，其上附着有三尖瓣。出口为肺动脉口，也由纤维环围绕而成，其上附着有叫肺动脉瓣。

**3. 左心房**（left atrium）　位于心脏后面上部，由左心耳构成，背侧有几条肺静脉注入。

**4. 左心室**（left ventricle）　位于心脏后面下部，入口为左房室口，左房室口纤维环上附着有二尖瓣。出口为主动脉口，纤维环上附着有主动脉瓣。

三尖瓣、二尖瓣、肺动脉瓣和主动脉瓣的作用是防止血液倒流。

## （三）心壁的构造

心壁由心外膜、心肌和心内膜构成。心外膜为心包浆膜脏层，紧贴在心肌表面。心肌为心壁最厚的一层。以房室口的纤维环为界，分为心房肌和心室肌两个独立肌系。所以心房和心室可分别交替收缩和舒张。心房肌薄，心室肌厚，左心室肌层最厚。

## （四）心脏的血管

心脏的血管是分布在心脏本身的血管。由冠状动脉、毛细血管、心静脉组成。

## （五）心脏的传导系统和神经

心脏能进行有节律的收缩和舒张是由心脏本身的传导系统与神经支配来实现的。心脏的传导系统是由特殊心肌纤维组成，包括窦房结、房室结、房室束和浦肯野氏纤维。

心脏受交感神经和副交感神经支配，交感神经使心跳加快，副交感神经使心跳减慢。

### （六）心包

心包是包在心脏外面包膜，包壁从外向内由心包胸膜、纤维层和心包浆膜壁层构成。心包浆膜壁层于心基处折转覆盖于心脏表面的为心包浆膜脏层（心外膜），两层之间的空隙为心包腔，腔内有少量滑液，起润滑作用。

## 二、血管

输送血液的管道，称为血管。根据其结构和功能可分为动脉、毛细血管和静脉。动脉是将血液由心脏送到兔体各部的血管，管壁厚，富有弹性和收缩性。由心脏发出，向周围行走并分支，越走越细，在组织器官内成为毛细血管；毛细血管是动脉的末端，静脉的开端，位于组织内呈现密网的微细血管，是物质交换的部位；静脉是将血液由兔体各部运回到心脏的血管。

### （一）肺循环的血管

血液从右心室出来经肺动脉→肺毛细血管→肺静脉→左心房，血液的这一运行途径，称为肺循环（小循环）。

### （二）体循环的血管

血液从左心室流出，经主动脉及其分支到达兔体各部，形成体毛细血管，然后汇集成各级静脉，最后经前腔静脉、后腔静脉、冠状静脉注入右心房，血液的这一运行过程，称为体循环（大循环）。

**1. 体循环的动脉**　主动脉为全身的动脉主干，起始于左心室。第一段为升主动脉，第二段为主动脉弓，第三段为胸主动脉，第四段为腹主动脉。主动脉分出的主要分支有：

（1）*左、右冠状动脉*　自升主动脉基部发出左、右冠状动脉，分布于心脏。

（2）*臂头动脉和左锁骨下动脉*　自主动脉弓前缘发出两条动脉干，左侧的一支叫左锁骨下动脉，右侧的一支为臂头动脉（图 2-64，图 2-65）。

臂头动脉很短，立即分为 3 条，从左向右依次为左颈总动脉、右颈总动脉和右锁骨下动脉。左、右颈总动脉是头颈部的血管主干，位于气管两侧，前伸延到下颌角处，分出颈内动脉和颈外动脉。颈内动脉细，经破裂孔进入颅腔，分布于脑。外动脉粗，分布于耳郭、颜面、眼和舌部等。颈总动脉在颈部与迷走神经、心抑神经和交感神经相伴行。

左、右锁骨下动脉是左、右前肢的血管主干，经胸前口绕第 1 肋骨处胸腔，入腋窝为腋动脉，下行至臂部的为臂动脉，前臂部的为正中动脉，在前臂中部分出桡动脉和尺动脉，他们的分支分布到前肢各部。

（3）*胸主动脉*　沿胸椎腹侧至膈的一段动脉，分出壁支和脏支两部分。

①壁支。肋间动脉，分布于肋间肌及胸壁各处。

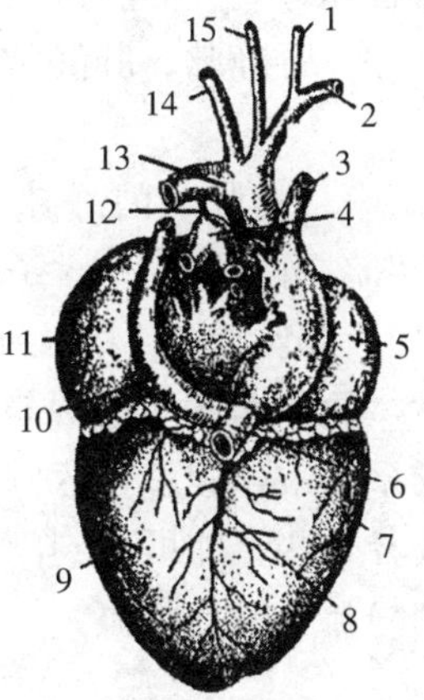


图 2－64　心脏及血管主干（背侧观）

1. 右颈总动脉　2. 右锁骨下动脉　3. 右前腔动脉
4. 肺动脉　5. 右心房　6. 后腔静脉　7. 右心室
8. 背纵沟　9. 左心室　10. 左前腔静脉
11. 左心房　12. 动脉韧带　13. 主动脉弓
14. 左锁骨下动脉　15. 左颈总动脉

（杨安峰．兔的解剖．1979）

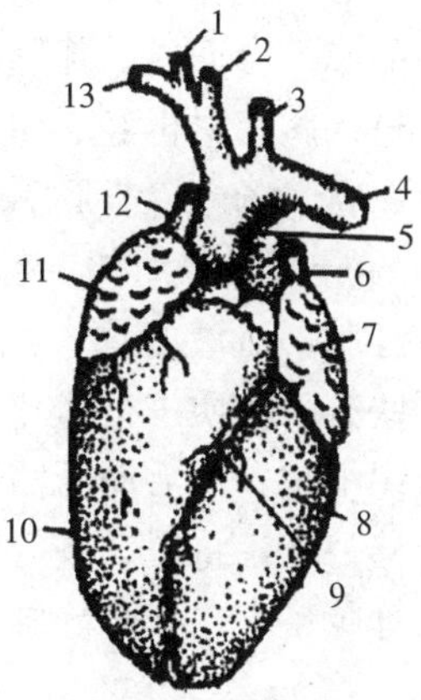


图 2－65　心脏及血管主干（腹侧观）

1. 右颈总动脉　2. 左颈总动脉　3. 左锁骨下动脉
4. 胸主动脉　5. 主动脉弓　6. 左前腔静脉
7. 左心房　8. 左心室　9. 腹纵向　10. 右心室
11. 右心房　12. 右前腔动脉　13. 右锁骨下动脉

（杨安峰．兔的解剖．1979）

②脏支。支气管食管动脉，分布于支气管、肺和胸部食管等。

(4) **腹主动脉**　为胸主动脉穿过膈的主动脉裂孔进入腹腔的一段动脉。沿腰椎腹侧向后伸延，于第 7 腰椎腹侧分出左、右髂总动脉。髂总动脉后行不远处分出一条髂内动脉和一条髂外动脉。腹主动脉也分出壁支和脏支两部分。

①壁支。即腰动脉，从腹主动脉背侧分出，分布于腰部和腹壁各肌；

②脏支。从腹主动脉腹侧分出，从前向后顺次为腹腔动脉、肠系膜前动脉、肾动脉、肠系膜后动脉和生殖动脉，分布于腹腔内器官。

(5) **髂总动脉**　是腹主动脉行至第 7 腰椎腹侧分出的左右两支动脉。向后移行不远分出一支髂内动脉和一支髂外动脉。另在其腹侧分出一对脐动脉。

①髂内动脉。沿骨盆两侧壁向后伸延，其上分出侧支有闭孔动脉、直肠后动脉和阴部内动脉，分别分布于臀部肌肉、直肠后部和肛门附近。

②髂外动脉。是后肢动脉主干，沿骨盆腔前口向下方伸延到股部的为股动脉，达膝关节后方的为腘动脉，到小腿部为胫前动脉，下行分布到后脚各部。

③脐动脉。是髂总动脉腹侧分出的一支。是胎儿时期脐动脉的遗迹，在基部分出一支子宫中动脉，分布于兔的子宫。公兔分出一支输精管动脉，分布于睾丸和膀胱。

(6) **荐中动脉**　是腹主动脉末端发出的一条动脉（有时从最后一条腰动脉上分出），沿荐骨腹侧后行至尾部为尾中动脉与两髂内动脉伴行，一直伸延到尾椎末端。

**2. 体循环的静脉**　兔体循环静脉分前腔静脉系和后腔静脉系。

(1) **前腔静脉系**　是收集头、颈部、前肢、胸壁及胸腔内部分器官的静脉血。前腔静脉由锁骨下静脉、颈总静脉、胸内静脉、椎静脉、肋间浅静脉、右奇静脉汇集而成。兔的前腔静脉有左、右两条，在心室的背侧面纵隔处合为一条，然后注入右心房。

(2) **后腔静脉系** 是收集后肢、骨盆腔、腹腔内各器官和体壁的静脉血。由左右髂外静脉和髂内静脉汇合而成。伴随腹主动脉，沿途接受腰静脉、肾静脉、肝静脉，穿过隔的后腔静脉孔进入胸腔，再经心包腔注入右心房。

门静脉：胃、肠（除直肠后部）、脾、胰的静脉先汇集一条静脉叫门静脉（图2-66，图2-67），经肝门与肝动脉一起进入肝内，经肝窦状隙，陆续汇集成4～5条肝静脉，直接注入后腔静脉，血液的这一循环途径，称为肝门脉循环。肠吸收的物质经门静脉进肝脏，肝对那些有害物质进行净化，经肝静脉进入后腔静脉，随血液循环把营养物质运送到兔体的各组织细胞，供活动所需要。门静脉位于十二指肠系膜中，胆总管背侧。观察时将肝略往前推移一点，将胃、肠等脏器翻向左侧，使胃和肝分开些，即可看到门静脉。它收集肠系膜前静脉、十二指肠静脉、肠系膜后静脉和胃、脾静脉等的静脉血。

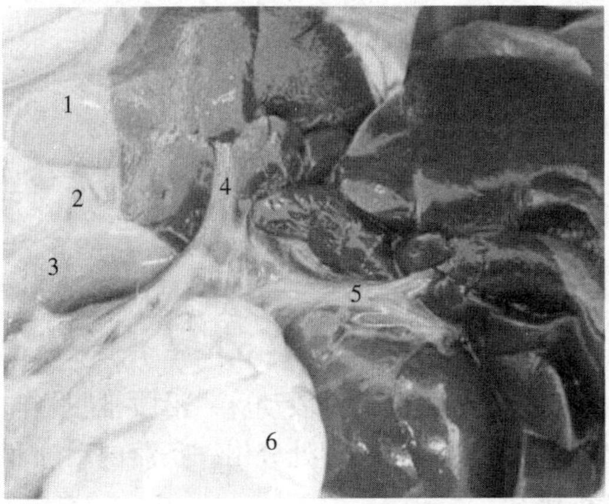


图2-66 肝门静脉

1. 肾 2. 肾静脉 3. 后腔静脉 4. 肝右叶门静脉 5. 肝其他叶门静脉 6. 胃

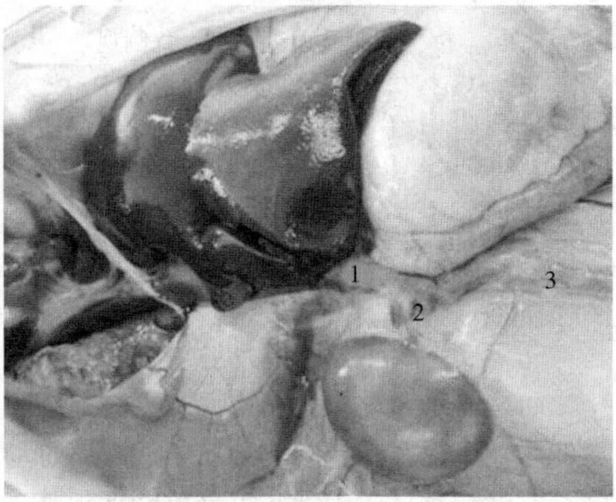


图2-67 后腔静脉与肝静脉

1. 肝静脉 2. 肾静脉 3. 后腔静脉

## 三、血液

环流在心血管内和贮存在血库内的液态结缔组织，称为血液。动脉血为鲜红色，静脉血为暗红色。兔血液总量占体重的7.8%左右。正常情况下只有54%血液在循环流动，46%的血液贮存在血库内（肝20%，脾16%，皮肤10%）。当兔体剧烈运动时，血库内的血液参与循环。血液由血浆和血细胞（图2-68）构成。

### （一）血浆（Plasma）

血浆由血浆蛋白和血清组成。血浆蛋白包括纤维蛋白原、白蛋白、球蛋白等。血清是血液流出血管外，血浆中的纤维蛋白原很快变成不溶性纤维蛋白，血液凝结成血块，血块周围析出来的淡黄色透明清亮液体就是血清。血浆占血液总量的55%，其中水分占91%，其余成分占9%，包括血浆蛋白、脂质、葡萄糖、酶、激素、无机盐、代谢产物等。

### (二) 血细胞 (Blood cells)

血细胞包括红细胞和白细胞。

**1. 红细胞**　呈两面中心凹入的圆盘状结构，无细胞核，显微镜下看红细胞数量极多，周围厚着色深，中央薄着色浅。红细胞在血液中执行运送氧气和二氧化碳的载体，每立方毫米有红细胞 500 万～740 万个。

**2. 白细胞**　呈球形，体积比红细胞大，有核，数量比红细胞少得多，每立方毫米血液中有 1 万个左右。根据胞质内有无特殊颗粒，可分为有粒白细胞和无粒白细胞两类。

(1) **有粒白细胞**　有中性、嗜酸性和嗜碱性粒细胞。

(2) **无粒白细胞**　有单核细胞和淋巴细胞。

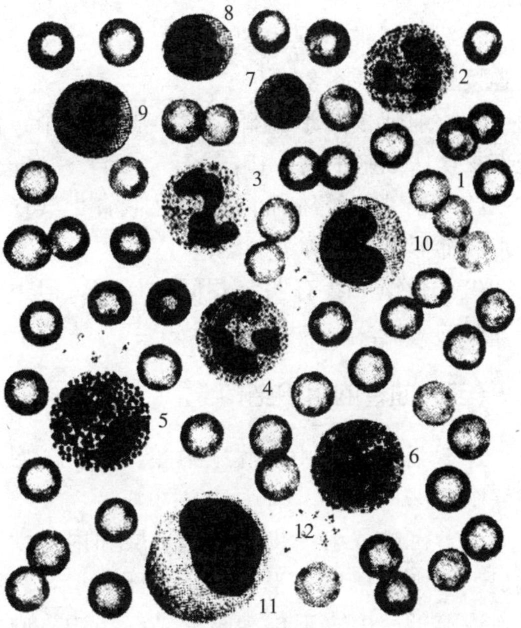


图 2-68　兔的血细胞

1. 红细胞　2、3、4. 假嗜酸性粒细胞　5. 嗜酸性粒细胞　6. 嗜碱性粒细胞　7、8、9. 淋巴细胞　10、11. 单核细胞　12. 血小板

## 四、血液循环的运输功能

兔摄取的食物和喝的水经消化道的机械、化学、微生物的消化作用，分解成可被吸收的简单物质吸收入血液和淋巴，随血液循环运输到兔体各部，营养物质供组织细胞活动所用，组织细胞在代谢过程中产生的代谢产物随血液循环运输到兔体的排泄器官排泄出体外。从外界吸入的氧气或组织细胞氧化过程中产生的二氧化碳进入血液，也随血液循环进行运输，以保证兔体正常的新陈代谢。同时也运输激素到靶器官或靶组织细胞发挥作用。

## 五、心血管系统的组织结构

### (一) 心壁的组织结构

心壁由心外膜（心包浆膜脏层）、心肌和心内膜 3 层构成。

**1. 心外膜** (epicardium)　是被覆于心脏表面的一层膜，由间皮和结缔组织构成。

**2. 心内膜** (endocardium)　薄而光滑，紧贴于心肌内表面，并与血管的内膜相连续。心室内的瓣膜是由心内膜包在中间致密结缔组织表面构成。

**3. 心肌** (cardiac muscle)　为心壁最厚的一层，主要由特殊的心肌纤维构成。心肌以房室口纤维环为界分为心房肌和心室肌两个独立肌系。所以，心房肌和心室肌可分别交替收缩和舒张，心房肌较薄，心室肌较厚，左心室肌最厚。心肌纤维的组织构造特点：

（1）肌纤维呈现短圆柱状，且有分支并相互连接成网状（图2-69）。

（2）细胞核圆形或椭圆形，多是一个，偶见双核，居细胞中央。

（3）相邻肌纤维的端部相互嵌合，其连接处形成梯形结构，称为闰盘。

（4）光镜下看有明暗相间的横纹，但不及骨骼肌的明显。

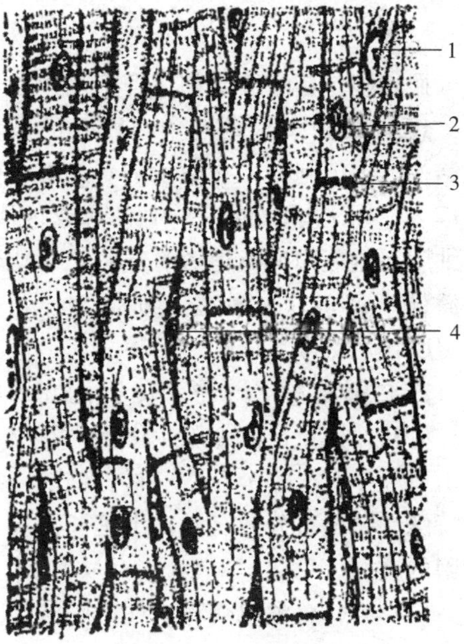

图2-69　心肌纤维纵切

1. 毛细血管　2. 心肌细胞核　3. 闰盘　4. 结缔组织

（马仲华. 家畜解剖学与组织胚胎学. 2002）

### （二）血管的组织结构

**1. 动脉管壁**　由内膜、中膜、外膜3层组成（图2-70）。

（1）**内膜**　由内皮、内皮下层和内弹性膜构成。内皮为单层扁平上皮，表面光滑，有利于血液流动。内皮下层为疏松结缔组织。内弹性膜由弹性蛋白组成。

（2）**中膜**　较厚，由多层环行平滑肌组成。

（3）**外膜**　主要由疏松结缔组织构成，在外膜与中膜交界处有一层外弹性膜。

**2. 静脉管壁**　也由内膜、中膜、外膜3层组成，其结构特点：

（1）比动脉的数量多，分支也多。

（2）3层结构均比动脉薄，无弹性组织。

（3）四肢的中小静脉内膜形成成对的静脉瓣。

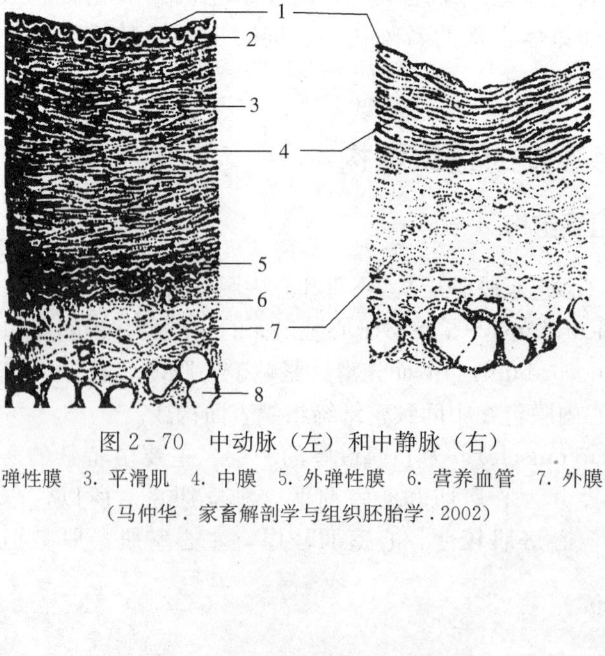

图2-70　中动脉（左）和中静脉（右）

1. 内膜　2. 内弹性膜　3. 平滑肌　4. 中膜　5. 外弹性膜　6. 营养血管　7. 外膜　8. 脂肪细胞

（马仲华. 家畜解剖学与组织胚胎学. 2002）

**3. 毛细血管**　毛细血管的管径为 6～8μm，结构简单，管壁仅由一层内皮细胞和基膜构成。内皮细胞为扁平梭形或不规则形，胞核略向管腔突出，细胞呈叠瓦状结构，具有一定的通透性，是物质交换的场所。内皮外有很薄一层基膜，厚 20～60nm，基膜之外有少量结缔组织。

# 第八节　淋巴系统

淋巴系统由淋巴、淋巴管、淋巴器官和淋巴组织构成。是兔体担负免疫功能的物质基础，是心血管系统的辅助组成部分。

## 一、淋巴

淋巴（lymphatic）为流动在淋巴管内的液态结缔组织。它是由组织液渗入毛细淋巴管而形成的（图 2-71）。

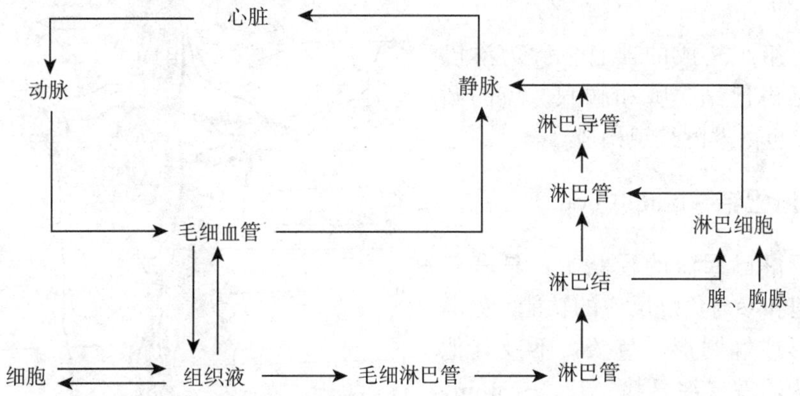


图 2-71　淋巴回流径路及其与心血管系统的关系

## 二、淋巴管

输送淋巴的管道，称为淋巴管。包括毛细淋巴管、淋巴管、淋巴干和淋巴导管。

### （一）毛细淋巴管（lymphatic capillary）

为淋巴管的起始部，以盲端起于组织间隙，与毛细血管相邻，其结构与毛细血管相似，管壁也是由一层内皮细胞构成。通透性比毛细血管大。因此，组织液中的一些不能渗入毛细血管静脉端的大分子物质（如蛋白质、细菌等）则可进入毛细淋巴管内。进入毛细淋巴管内的组织液就是淋巴。

### （二）淋巴管（lymphatic vesse）

由毛细淋巴管汇集而成，管径粗细不均，呈串珠状，瓣膜较多。在行程中，要通过一个或多个淋巴结。

### (三) 淋巴干 (lymphatic trunks)

是兔体各区域内的淋巴集合管，包括颈淋巴干、锁骨下淋巴干、腰淋巴干、肠淋巴干等。

### (四) 淋巴导管 (lymphatic ducts)

由淋巴干汇集而成，包括右淋巴导管和胸导管。

**1. 右淋巴导管** 由右颈淋巴干、右锁骨下淋巴干和右侧胸壁的淋巴管汇集而成，短小，约 1cm 左右，注入右前腔静脉。

**2. 胸导管** 由乳糜池前方引出，穿过膈的主动脉裂孔进入胸腔，沿胸主动脉与右奇静脉之间前行，经主动脉弓背面，斜过食管与气管的左侧达胸前口，与左侧颈淋巴干、锁骨下淋巴干汇合，注入左前腔静脉。

## 三、淋巴器官

由淋巴组织构成的器官，称为淋巴器官。包括淋巴结、脾和胸腺。兔的圆小囊和蚓突也由淋巴组织构成。

### (一) 淋巴结 (lymph node)

是位于淋巴回流的径路上，具有产生淋巴细胞和参与免疫反应的功能。兔淋巴结呈圆形或椭圆形，色淡，不及其他家畜的发达，需仔细寻找。长 2～5mm，一侧凸，有数条输入淋巴管进入淋巴结，另一侧凹，为淋巴结门，有 1～2 条输出淋巴管出淋巴结。

**1. 淋巴结的分布与命名** (图 2-72)

(1) **下颌淋巴结** 有 1～3 个，位于下颌间隙皮下。

(2) **颈浅淋巴结** 有 1～3 个，位于颈外静脉起始处附近。

(3) **颈深淋巴结** 有 1 个，位于喉侧面。在颈总动脉分出颈内、外动脉的分叉处。

(4) **腋淋巴结** 有 5～6 个，位于腋窝附近。

(5) **第 1 肋淋巴结** 有 1 个，位于

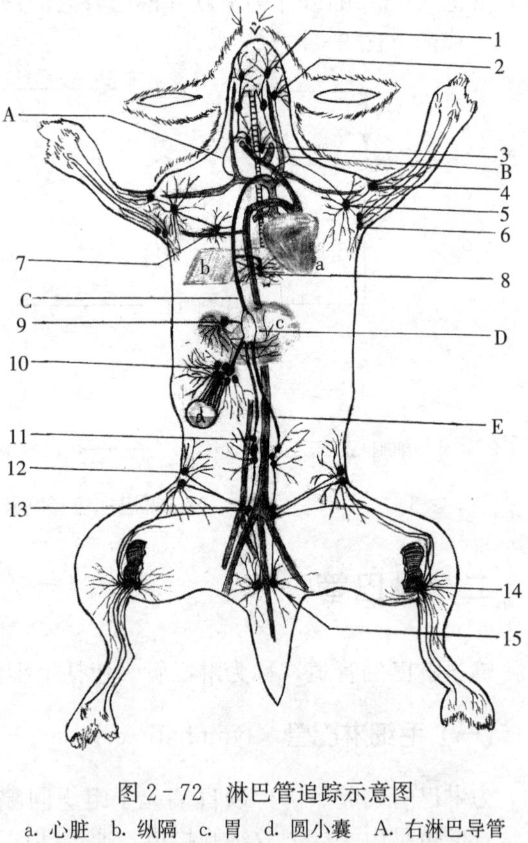


图 2-72 淋巴管追踪示意图

a. 心脏 b. 纵隔 c. 胃 d. 圆小囊 A. 右淋巴导管 B. 左颈淋巴干 C. 胸导管 D. 乳糜池 E. 腰淋巴干 1. 下颌淋巴结 2. 颈浅淋巴结 3. 颈深淋巴结 4. 腋浅前淋巴结 5. 腋深淋巴结 6. 腋浅后淋巴结 7. 第一肋淋巴结 8. 纵隔淋巴结 9. 胃淋巴结 10. 肠系膜淋巴结 11. 腰淋巴结 12. 腹股沟浅淋巴结 13. 髂淋巴结 14. 腘淋巴结 15. 荐淋巴结

左侧第1肋骨胸骨端。

(6) **纵隔淋巴结**　有2～5个，沿气管和胸主动脉分布。

(7) **胃淋巴结**　有2个，位于胃小弯。

(8) **肠系膜淋巴结**　有4～8个。位于肠系膜根部附近。

(9) **腹股沟浅淋巴结**　有2个，位于腹股沟皮肤皱褶下。

(10) **髂淋巴结**　有1～2个，位于左右髂总动脉起始处两侧。

(11) **荐淋巴结**　有1～3个，位于荐中动脉起始处腹侧。

(12) **腰淋巴结**　有2～4个，位于腹主动脉末端。

(13) **腘淋巴结**　有1～3个，位于膝关节后面的腘窝内。

**2. 淋巴结的组织结构**　分被膜与小梁和实质两部分。

(1) **被膜与小梁**　淋巴结外面包着一层膜，叫被膜。被膜深入实质，形成小梁。

(2) **实质**　位于被膜深部，分皮质和髓质。皮质在外围，由淋巴小结、皮质淋巴窦和副皮质区组成（图2-73）。

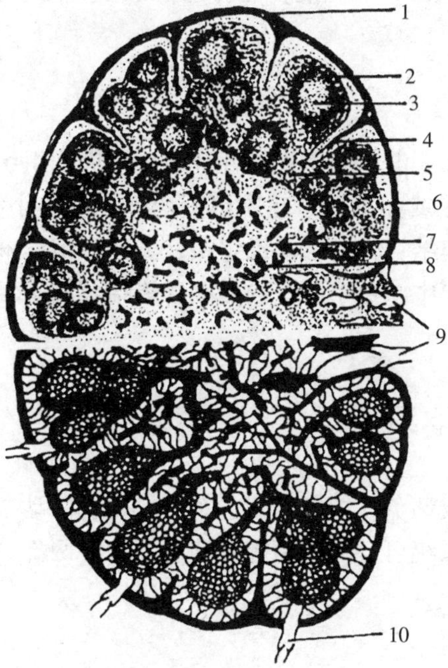


图2-73　淋巴结组织结构

1. 被膜　2. 淋巴小结　3. 发生中心　4. 小梁　5. 副皮质区　6. 皮质　7. 髓质　8. 髓索　9. 输出淋巴管　10. 输入淋巴管

（马仲华．家畜解剖学与组织胚胎学．2002）

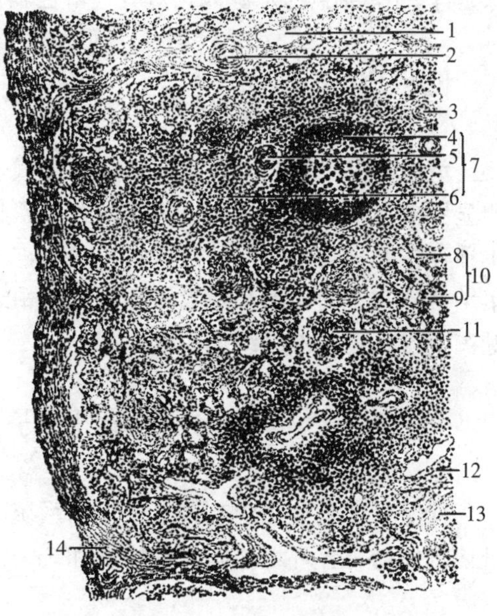


图2-74　脾的组织结构

1. 小梁静脉　2. 小梁动脉　3. 鞘动脉　4. 淋巴小结　5. 中央动脉　6. 淋巴鞘　7. 白髓　8. 脾窦　9. 脾索　10. 红髓　11. 鞘动脉　12. 平滑肌纤维　13. 小梁　14. 被膜

（马仲华．家畜解剖学与组织胚胎学．2002）

## （二）脾（spleen）

**1. 脾的位置及形态**　是兔体较大的淋巴器官，位于胃大弯左侧面，以胃脾韧带与胃壁相连。呈带状，长4～5cm，宽1～2cm（仔兔的小）。脾具有造血、滤血、储血、破血和参与免疫的作用。

**2. 脾的组织构造** 由被膜与小梁、实质构成。

（1）**被膜与小梁** 脾表面的一层膜，称为被膜，被膜结缔组织深入脾的实质，形成了许多小梁，并相互吻合成网架，构成脾实质的支架。

（2）**实质** 脾的实质也叫脾髓，分白髓、边缘区和红髓。

白髓由淋巴小结（脾小结）和动脉周围淋巴组织鞘构成。

在脾小结旁边，由一中央动脉和其周围的淋巴组织包围成鞘状结构，称为动脉周围淋巴组织鞘。

边缘区位于白髓与红髓的交界处，由弥散淋巴组织构成；

红髓由脾索和脾窦构成。

### （三）胸腺（thymus）

位于心脏腹侧前面，胸前口处，呈粉红色，幼兔发达，随年龄的增长而逐渐变小。胸腺是T淋巴细胞的发源地，对其他淋巴器官的生长发育和免疫功能的建立起着重要作用。

## 四、淋巴组织

兔体内淋巴组织分布很广，存在形式多种多样。淋巴细胞弥散性分布，与周围组织无明显界限，称为弥散性淋巴组织。有的密集成球形或卵圆形，轮廓清晰，称为淋巴小结。单独存在的称为淋巴孤结，成群存在的称为淋巴集结。弥散性淋巴组织、淋巴孤结、淋巴集结常分布于消化道、呼吸道和泌尿生殖道的黏膜中，兔小肠壁内的淋巴集结，圆小囊和蚓突壁内就是由淋巴组织构成。

# 第九节　神经系统

神经系统是兔体内起调节作用的系统，它不仅调兔体内各器官、系统的功能活动，而且使机体与外界环境之间保持协调和统一。神经系统可分为中枢神经和周围神经两部分。

## 一、中枢神经

中枢神经包括脑和脊髓。

### （一）脑（brain）

脑位于颅腔内，在枕骨大孔处与脊髓相连。可分为大脑、小脑和脑干3部分。

**1. 脑干** 位于脑的腹侧，由后向前依次为延髓、脑桥、中脑和间脑4部分。

（1）**延髓**（medulla） 是脑干的末端，在枕骨大孔处与脊髓相连。延髓腹侧正中有腹正中裂，在裂的两侧各有一条纵行隆起，称为锥体，锥体在延髓与脊髓交界处形成锥体交叉。延髓腹侧有第Ⅵ～Ⅻ对脑神经根。延髓背侧面为凹陷状态，为第4脑室底，其正中央有一浅沟，为背正中沟。第 4 脑室后半部的两侧各有一纵行隆起，叫绳状体（小脑后臂），进入小脑。延髓内部有第Ⅵ～Ⅻ对脑神经核、凝核、泪分泌核、前后唾核、孤束核、薄束核、楔束核、上下行传导束、网状结构和生命中枢等（图 2－75，图 2－76）。

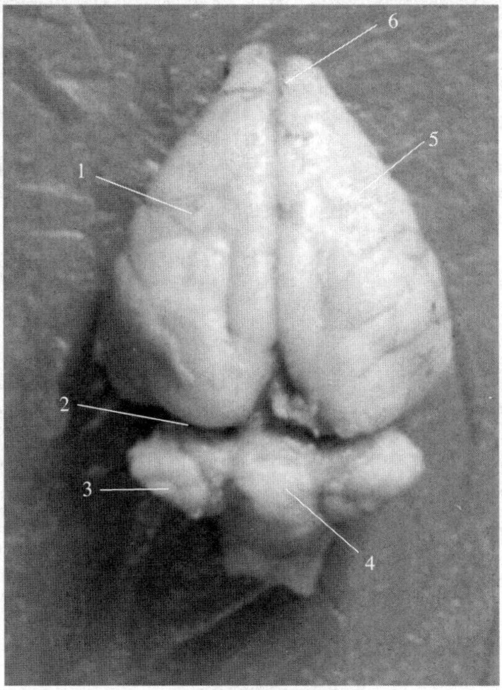


图 2－75　兔脑背侧面

1. 左大脑半球　2. 大脑横列　3. 小脑半球　4. 小脑蚓部　5. 右大脑半球　6. 大脑纵裂

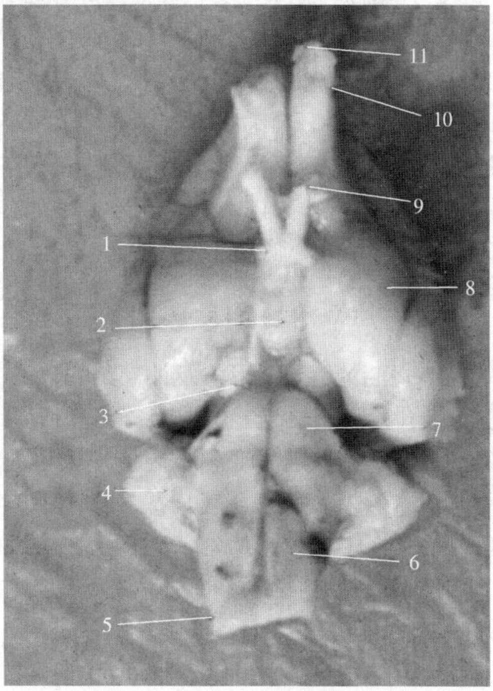


图 2－76　兔脑腹侧面

1. 视交叉　2. 乳头体　3. 大脑脚　4. 小脑半球　5. 脊髓　6. 延髓　7. 脑桥　8. 梨状叶　9. 视神经　10. 嗅束　11. 嗅脑

（2）**脑桥**（pons）　位于延髓之前，小脑腹侧，腹侧面呈横行隆起，其两侧向背侧伸入小脑，形成小脑中臂。腹侧部与小脑中臂交界处有粗大的第Ⅴ对脑神经根。背侧面凹，构成第 4 脑室底壁前部，前端两侧有联系小脑和中脑的小脑前臂。脑桥内部有三叉神经核、脑桥核、外侧丘系核等。

（3）**中脑**（mesencephalon）　位于脑桥前方，其内有一中脑导水管，后通第 4 脑室，前通第 3 脑室。以此为界，将中脑分为腹侧的大脑脚和背侧的四叠体。大脑脚是中脑腹侧的一对纵行隆起，两脚之间的窝为脚间窝，被脑垂体所占据。四叠体由前丘和后丘构成，前丘较大，是视觉发射中枢，后丘较小，是听觉反射中枢。中脑内部有红核、黑质、第Ⅲ、Ⅳ对脑神经核等。

（4）**间脑**（diencephalon）　位于中脑与大脑之间，被两侧大脑半球所遮盖。主要由丘脑和丘脑下部构成。丘脑下部包括视交叉、视束、灰结节、漏斗、乳头体和垂体。

**2. 大脑**（cerebrum）　位于脑干前上方，小脑前方，被正中矢面的大脑纵裂分为左、右两大脑半球。纵裂的底是连接两半球的横行纤维板，称为胼胝体。大脑后方以大脑横裂与小脑隔开。大脑半球包括大脑皮质、大脑白质、嗅脑、基底神经核和侧脑室等结构。

**3. 小脑**（cerebellum） 位于大脑之后，脑干背侧。以大脑横裂与大脑分开，大脑横裂内有小脑幕。小脑表面有两条纵沟，将小脑分为中间的蚓部和两侧的小脑半球。

**4. 脑膜、脑室和脑脊液**

（1）*脑膜* 在脑的表面包有3层结缔组织膜，称为脑膜，从外向内依次为脑硬膜、脑蛛网膜和脑软膜。

（2）*脑室和脑脊液* 脑内的空腔称为脑室，包括侧脑室、第3脑室、中脑导水管和第4脑室。侧脑室、第3脑室、第4脑室均有脉络丛（毛细血管丛）。脉络丛产生的无色透明液体，称为脑脊液。脑脊液经侧脑室→室间孔→第3脑室→中脑导水管→第4脑室，流向脊髓中央管和蛛网膜下腔，再经蛛网膜粒渗透入静脉窦，随血液循环将脑的代谢产物运走。这一途径称为脑脊液循环。

### （二）脊髓（spinal cord）

**1. 脊髓的位置、形态及外部结构** 脊髓位于椎管内，呈上下略扁的圆柱状。前端在枕骨大孔处移行为延髓。根据脊髓所在的部位，可分为颈髓、胸髓、腰髓、荐髓和尾髓5部位，在颈髓后部和胸髓前部较粗大，称为颈膨大；在第3～5腰椎椎管处，也较粗大，称为腰膨大。分别是臂神经丛和腰神经丛发出的部位。脊髓外面也包有3层结缔组织膜，称为脊膜。从外向内依次为脊硬膜、脊蛛网膜和脊软膜。剥去硬膜和蛛网膜，保留软膜，可见脊髓表面有6条沟，即背正中沟和2个背外侧沟，腹正中裂和2个腹外侧沟。

**2. 脊髓的内部结构** 脊髓横切面显示，中央为灰质，周围是白质（图2-77）。灰质呈蝶形结构，有灰质联合、脊髓中央管、背侧角（柱）、腹侧角（柱）和外侧角（柱）。背侧柱内有各类中间神经元胞体，腹侧柱内有运动神经元胞体，外侧柱内是交感神经的节前神经元胞体。白质可显示3个索，即背侧索、腹侧索和外侧索。背侧索内有薄束和楔束。外侧索内有髓小脑背侧束、脊髓小脑腹侧束、脊髓丘脑束、脊髓顶盖束、皮质脊髓束、红核脊髓束和前庭脊髓束等。腹侧索内又有皮质脊髓束、前庭脊髓束、脊髓丘脑侧束等。

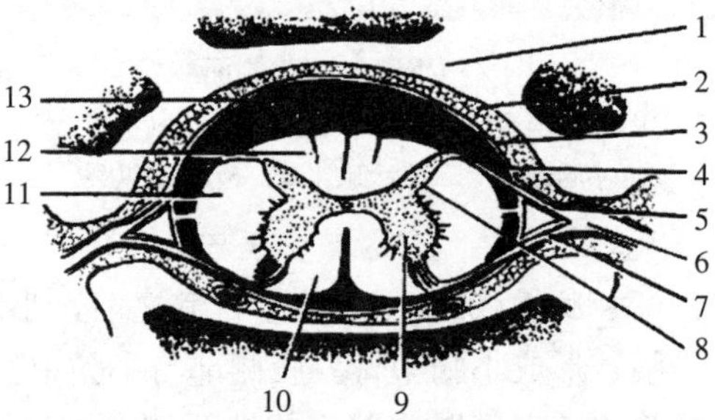


图2-77 脊髓结构模式图

1. 椎弓 2. 硬膜外腔 3. 脊硬膜 4. 硬膜下腔 5. 背侧根 6. 脊神经节 7. 腹侧根 8. 背侧柱 9. 腹侧柱 10. 腹侧索 11. 外侧索 12. 背侧索 13. 蛛网膜下腔

（马仲华．家畜解剖学与组织胚胎学．2002）

**3. 脊髓的功能** 脊髓具有传导和反射功能。

## 二、周围神经

周围神经包括躯体神经和植物性神经。躯体神经包括脑神经和脊神经。植物性神经包括交感神经和副交感神经。

### (一) 脑神经（nn. craniales）

与脑联系的神经称为脑神经。共12对，即Ⅰ嗅神经、Ⅱ视神经、Ⅲ动眼神经、Ⅳ滑车神经、Ⅴ三叉神经、Ⅵ外展神经、Ⅶ面神经、Ⅷ前庭耳蜗神经、Ⅸ舌咽神经、Ⅹ迷走神经、Ⅺ副神经和Ⅻ舌下神经。

### (二) 脊神经（nervi spinales）

与脊髓连系的神经称为脊神经。兔有38对脊神经，根据脊神经所在的部位可分为颈神经8对，胸神经12～13对、腰神经7～8对、荐神经4对和尾神经6对。脊神经出椎间孔后立即分为背侧支和腹侧支，背侧支无名称，分布于脊柱背侧部的肌肉和皮肤，腹侧支有一些特殊的名称。

**1. 耳大神经**（n. auricularis magnus） 是第3颈神经的腹侧支，分布于耳廓及枕部。

**2. 颈横神经**（n. transverus colli） 是第4颈神经的腹侧支，分布于颈部皮下。

**3. 膈神经**（n. phrenicus） 由第4、5、6颈神经腹侧支合并形成。经胸前口入胸腔，沿纵隔向后伸延分布于膈。

**4. 臂神经丛**（brachial plexus） 由第5、6、7、8颈神经和第1胸神经腹侧支的分支合并形成，由该丛上发出8条神经，即肩胛上神经、肩胛下神经、胸肌神经、腋神经、桡神经、尺神经、肌皮神经和正中神经，分布于胸壁和前肢。

**5. 胸神经**（thoracic nerve） 第1对胸神经腹侧支参与形成臂神经丛，最后一对胸神经腹侧支叫肋腹神经。其余的胸神经腹侧支均称为肋间神经。沿肋骨后缘与肋间动脉、静脉伴行，分布于肋间肌及胸壁的下锯肌、背阔肌和腹外斜肌等处。

**6. 腰神经**（lumbar nerve） 有7对，兔的第1、2腰神经腹侧支无名称或直接叫第1、2腰神经，第3腰神经腹侧支叫髂下腰神经，第4腰神经腹侧支分出髂腹股沟神经、生殖股神经、股外侧皮神经，并有分支加入腰荐神经丛，主要分布于腹壁和生殖器官等处。第4～7腰神经和第1～2荐神经腹侧支合并形成腰荐神经丛。

**7. 腰荐神经丛** 由第4～7对腰神经和第1、2荐神经腹侧支合并形成。由此发出5条神经，分别为股神经、闭孔神经、臀前神经、臀后神经和坐骨神经，分布于臀部和后肢。

**8. 荐神经**（sacral nerve） 有4对，第1、2荐神经腹侧支参与形成腰荐神经丛。第3、4荐神经腹侧支构成阴部神经、直肠神经等。分布于盆腔器官和阴部等处。

**9. 尾神经** 分布于尾部。

### (三) 植物性神经（systema nervosum vegetatiium）

分布到内脏器官、血管、皮肤平滑肌、心肌和腺体的运动神经，称为植物性神经。包括交感神经和副交感神经。

**1. 交感神经** 交感神经的节前神经元胞体位于胸髓和前3～4节腰髓灰质外侧柱内，由它发出的轴突（节前神经纤维）并入脊髓腹根至脊神经，出椎间孔后立即与脊神经分开，以白交通支到相应部位的椎旁神经节（其内有节后神经元），部分节前纤维在此交换神经元，发出的轴突（节后神经纤维）以灰交通支返回到脊神经，随脊神经的分支分布到躯体的血管、汗腺和竖毛肌等处。还有一部分节前纤维在此不交换神经元（只是通过），却沿椎体两侧向前、向后伸延，所有椎旁神经节出来的这部分节前神经纤维都向前、向后伸延，相互重叠，就在椎体两侧形成了两条明显可见的交感神经干。前至头部，后达尾部。根据交感神经干所在的位置，可分为颈、胸、腰、荐尾部交感神经干。

（1）**颈部交感神经干** 兔颈部交感神经干与迷走神经各自独立，沿气管两侧，颈总动脉及颈内静脉的背侧向前伸延至颈前神经节，由此发出的节后神经纤维分布到头部的血管、腺体、瞳孔开大肌等处。颈部交感神经干在胸前口处，第1肋骨椎骨端附近有一星状神经节，由此发出的节后纤维呈星芝状分布于心脏、气管、前肢、胸壁、颈部，到颈部的是椎神经，行于横突管内至头部。

（2）**胸部交感神经干** 在胸椎椎体两侧，每个肋骨头处都有一个胸神经节，且见灰、白交通支连于脊神经的情形。胸部交感神经干有分支到心脏和肺。在其后段于第8～11胸神经节分出内脏大神经，于第11胸神经节分出内脏小神经。内脏大神经和内脏小神经连于腹腔肠系膜前神经节，在此更换核神经元，其节后纤维形成腹腔神经丛，分支分布到胃、肠、脾、胰、肾等器官。

（3）**腰部交感神经干** 有7个腰神经节。腰部交感干上发出腰内脏支，连于肠系膜后神经节，在此更换神经元，发出的节后纤维分布于结肠、膀胱、子宫、卵巢等器官。

（4）**荐尾部交感神经干** 荐尾部交感神经干的行径上有4个荐神经节和2个尾神经节。荐尾部交感神经干上发出数支纤维到盆神经节，盆神经节还接受肠系膜后神经节的2支腹下神经，在盆神经节更换神经元后的节后神经纤维分布于骨盆腔器官。

**2. 副交感神经** 副交感神经的节前神经元胞体位于脑干和荐部脊髓，因此，分脑部和荐部副交感神经。节后神经元胞体分别位于睫状神经节、蝶腭神经节、舌神经节、耳神经节和终末神经节内。

（1）**脑部副交感神经** 其节前神经元发出轴突随第3、7、9、10对脑神经出颅腔，其行程分别为：①起于中脑内动眼神经旁核的节前神经纤维随动眼神经出颅腔达睫状神经节，在此更换神经元，其节后神经纤维分布于瞳孔括约肌和睫状肌，其机能是缩小瞳孔。②起于延髓内的泪分泌核和前唾核的节前神经纤维，随面神经出颅腔，前者经岩浅大神经达蝶腭神经节（位于蝶腭孔附近），在此更换神经元，其节后神经纤维分布于泪腺。后者经鼓索神经达舌神经节，在此更换神经元，其节后神经纤维分布于舌下腺和颌下腺。③起于延髓内的后唾液核的节前神经纤维随舌咽神经出颅腔经鼓索神经达耳神经节，在此更换神经元，其节后神经纤维分布于腮腺。④起于延髓内迷走神经背核的节前神经纤维随迷走神经出颅腔。后行于颈部，沿气管两侧向后伸延，沿途中发出咽神经、喉前神经、心抑制神经、返神经，经胸前口进入胸腔，分出侧支到肺、心、食管，其主干沿食管两侧后行穿过膈的食管裂孔进入腹腔，左侧迷走神经横跨食管腹侧面斜行向右，分支分布于胃、十二指肠、肝、胰等处。右迷走神经横跨食管背侧面斜向左行，分支分布于胃、肠、肝、脾、胰、肾等器官。

（2）**荐部副交感神经** 起于2～4荐节脊髓，与荐神经一起出腹侧荐孔，分出1～2支盆神经，到盆神经节，其节后纤维分布于盆腔器官。

## 三、神经组织

由神经细胞和神经胶质细胞为主组成的一种组织叫神经组织。神经细胞是神经系统的结构和功能单位，又称神经元。具有接受刺激，传导冲动和支配、调节器官活动的作用，某些神经细胞还有内分泌功能。神经胶质细胞对神经细胞起支持、营养、保护和修复等作用。

### （一）神经元的结构

神经元是神经组织的主要成分，由胞体和突起构成。胞体是神经元的代谢和营养中心，由胞膜、胞质和胞核组成。胞质内除含有一般细胞器外，尚有尼氏体的神经元纤维。尼氏体由粗面内质网的核糖体构成，是神经元合成蛋白质的主要场所。神经元纤维是由微丝聚集而成，相互交错成网，为神经元的骨架，有支持和参与代谢产物与离子运输的的作用。突起包括树突和轴突（图 2－78），自胞体发出呈树枝状的多个短突起，称为树突，具有接受刺激、并将刺激传向胞体的功能。自胞体发出只有一条长突起，称为轴突，具有传导冲动的功能。

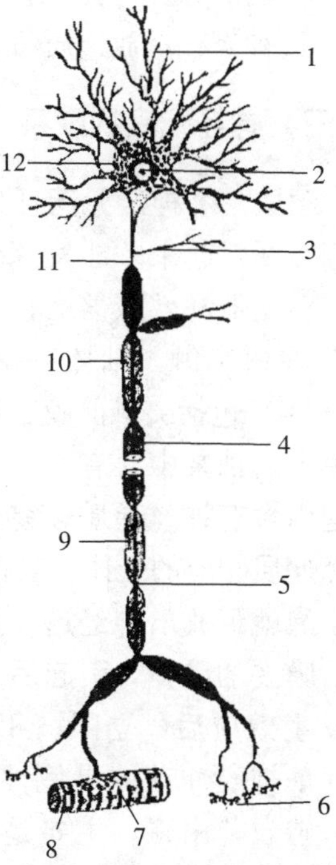


图 2－78　运动神经元模式图

1. 树突　2. 神经细胞核　3. 侧枝　4. 雪旺氏鞘　5. 朗飞氏结　6. 神经末梢　7. 运动终板　8. 肌纤维　9. 雪旺氏细胞　10. 髓鞘　11. 轴突　12. 尼氏体

（马仲华．家畜解剖学与组织胚胎学．2002）

### （二）神经元的类型

1. 按胞突数目可分为假单极神经元、双极神经元和多极神经元（图 2－79）。

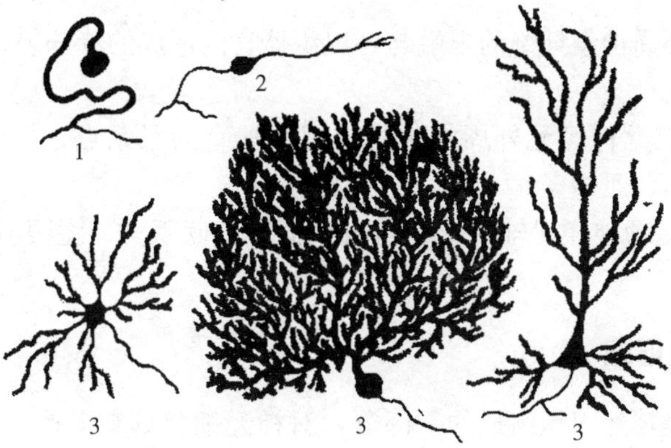


图 2－79　神经元的类型

1. 假单极神经元　2. 双极神经元　3. 多极神经元

（马仲华．家畜解剖学与组织胚胎学．2002）

2. 按功能分类可分为感觉神经元、中间神经元和运动神经元。

3. 按神经元释放递质可分为胆碱能神经元、肾上腺素能神经元和肽能神经元。

### （三）神经元间的联系

单独的一个神经元无任何作用，只有神经元与神经元相互联系起来才能发挥作用。神经元之间或神经末梢与感受器和效应器的接触点，称为突触。常见的突触有轴树突触，轴体突触等。突触的电镜下结构（图 2－80）包括突触前膜、突触后膜和突触间隙。突触前膜内的轴浆中含有许多突触小泡和线粒体等，突触小泡内含有神经递质。突触后膜表面分布有与小泡内神经递质相应的受体。当神经冲动传至突触前膜时，突触小泡就释放出神经递质进入突触间隙，并作用于突触后膜上的受体，引起后膜发生兴奋或抑制。神经递质发生效应后，立即被相应的酶分解，失去活性，从而保证神经冲动的灵敏性，否则就处于病理状态。如有机磷农药中毒，主要是抑制了胆碱酯酶的活性，而导致乙酰胆碱在突触内蓄积，极度地兴奋这些部位的 M-样和 N-样作用，临床上表现为恶心、呕吐、腹痛、流涎、腹泻、发抖、烦躁不安、肌肉抽搐、全身无力等症状。

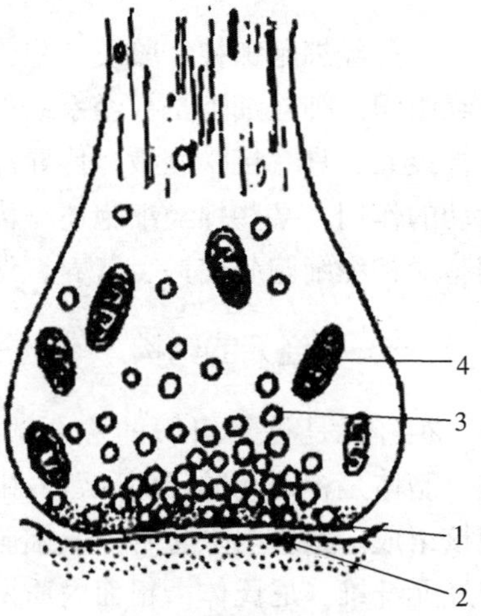


图 2－80　突触电镜结构模式图
1. 突触前膜　2. 突触后膜
3. 突触小泡　4. 线粒体
（马仲华．家畜解剖学与组织胚胎学．2002）

### （四）神经纤维

神经纤维由轴突和包裹在外表的雪旺氏细胞膜形成的板层状鞘构成。若干个神经纤维聚集成束，在中枢为白质，在外周为神经。神经纤维可分有髓和无髓神经纤维两种。

### （五）神经末梢

神经末梢是指外周神经纤维的末端与各组织器官内形成的特殊装置。按功能可分为感受器和效应器两类。

**1. 感受器**　是感觉神经元外周突末梢与组织器官的联系点。主要有游离神经末梢、环层小体、触觉小体、肌梭。

**2. 效应器**　是运动神经元轴突末梢与组织器官的联系点。主要有运动终板、内脏运动神经末梢。

### （六）神经胶质细胞

神经胶质细胞是神经组织组成的一部分，对神经细胞具有支持、营养和保护等作用。比神经细胞的数量多 10～20 倍，夹杂在神经细胞之间。细胞有突起，但无树突和轴突之分，胞浆内无尼氏体和神经元纤维。神经胶质细胞包括室管膜细胞，星状胶质细胞，少突胶质细胞、小胶质细胞、卫星（被囊）细胞和雪旺氏细胞。

### （七）大脑组织结构

兔的大脑皮质分为6层，由外向内依次为分子层、外颗粒层、外锥体层、内颗粒层、内锥体层和多形细胞层（图2-81）。神经细胞的形态主要分为3种：锥体细胞、颗粒细胞和梭形细胞。

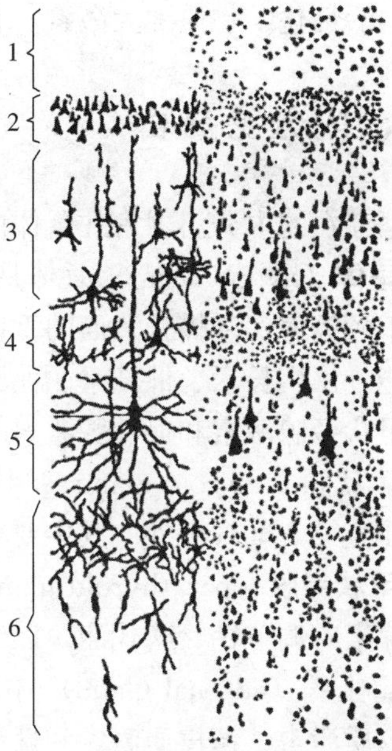


图2-81　大脑皮质结构模式图

1. 分子层　2. 外颗粒层　3. 外锥体细胞层　4. 内颗粒层　5. 内锥体细胞层　6. 多形细胞层

（马仲华．家畜解剖学与组织胚胎学．2002）

### （八）小脑组织结构

小脑由皮质和白质组成。

**1. 小脑皮质**　小脑皮质的组织结构在各部位基本是一致的，由外向内依次分为3层，即分子层、浦肯野氏细胞层和颗粒层（图2-82）。

**2. 小脑白质**　含有3种有髓纤维，即浦肯野氏细胞轴突、苔藓纤维和攀登纤维。

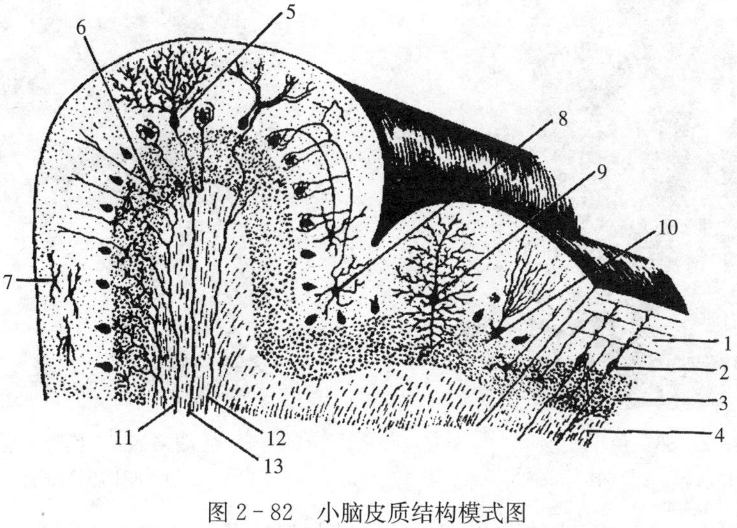


图2-82　小脑皮质结构模式图

1. 分子层　2. 浦肯野氏细胞层　3. 颗粒层　4. 白质　5. 浦肯野氏细胞　6. 颗粒细胞　7. 星形细胞　8. 篮状细胞　9. 高尔基Ⅱ型细胞　10. 神经胶质细胞　11. 苔藓纤维　12. 攀登纤维　13. 蒲氏细胞轴突

（马仲华．家畜解剖学与组织胚胎学．2002）

## 第十节　内分泌系统

内分泌系统是兔体内的一个重要的功能调节系统。包括内分泌器官和内分泌组织，它们分泌的活性化学物质称为激素，有调节兔体新陈代谢、生长发育和性功能活动等作用。

## 一、内分泌器官

独立存在的内分泌器官在兔体内有垂体、甲状腺、甲状旁腺、肾上腺和松果体等。

**1. 垂体**（hypophysis） 垂体是兔体内重要的内分泌腺，位于间脑底视神经交叉的后方，嵌于颅腔底部基蝶骨背面的垂体窝内，借漏斗与丘脑下部相连，表面被覆一层结缔组织膜。能分泌生长素、催乳素、促卵泡激素、促黄体激素、促甲状腺素、促肾上腺皮质激素、促甲状旁腺激素和促性腺激素等。

**2. 甲状腺**（thyroid gland） 甲状腺 位于气管腹侧前端，紧贴甲状软骨（图 2－83），向后延伸至第 9 气管环处。其主要功能是分泌甲状腺素和甲状腺降钙素。

**3. 甲状旁腺**（parathyroid gland） 位于甲状腺两侧的背面，或埋在甲状腺组织内。甲状旁腺素有调节钙、磷代谢，以维持兔体内一定的血钙、血磷水平的作用。

**4. 肾上腺**（adrenal gland） 位于肾的内侧前方，左右各一（图 2－84）。肾上腺皮质分泌盐皮质激素、糖皮质激素和性激素 3 类。肾上腺髓质分泌肾上腺素和去甲肾上腺素。其功能依次为调节兔体内水盐代谢、促进糖和蛋白质代谢、促进性欲、提高心肌兴奋性、使心跳加快加强、促进肝糖原分解和升高血压以及能使呼吸、消化道的平滑肌松弛。

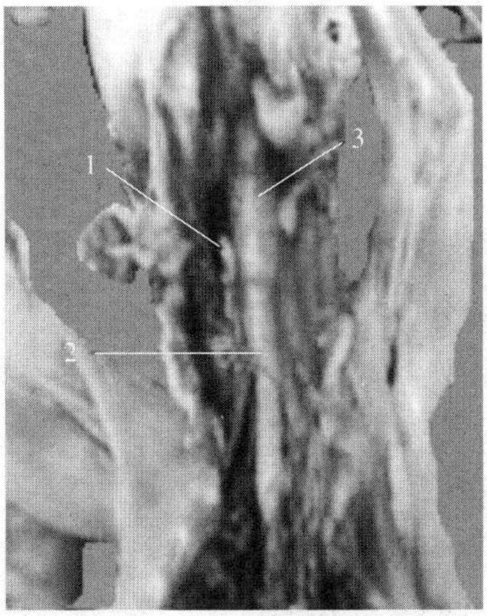


图 2－83 兔甲状腺

1. 甲状腺 2. 气管 3. 喉

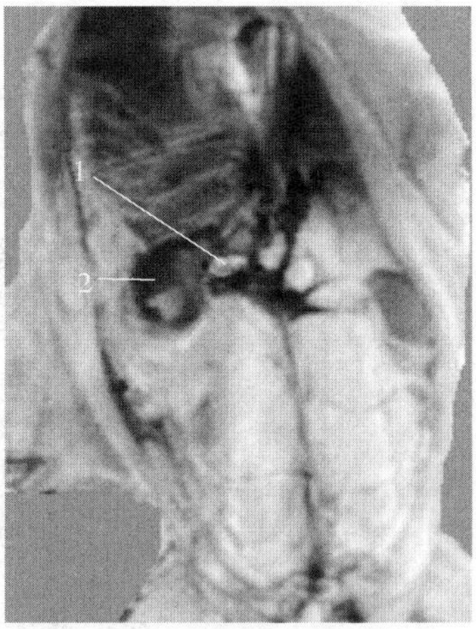


图 2－84 兔肾上腺

1. 肾上腺 2. 肾

**5. 松果体**（pineal gland） 位于两大脑半球与间脑背侧的交界处，有一柄连于第 3 脑室顶的后端。可分泌褪黑激素，与垂体中间部分泌的促黑色素细胞激素相拮抗。还有抑制促性腺激素释放，抑制性腺活动，防止早熟等作用。

## 二、内分泌组织和内分泌细胞

**1. 胰岛** 在胰腺的外分泌部腺泡之间分布，呈不规则的团索状结构，主要分泌胰岛素和胰高血糖素。胰岛素有促进糖元合成、降低血糖的作用，胰高血糖素可促进糖元分解，升高血糖的作用。

**2. 睾丸间质细胞**　是分布于睾丸曲精小管之间的一种细胞，有分泌雄性激素，促进雄性生殖器官发育和第二性征的出现。

**3. 卵泡膜内层细胞**　具有分泌雌性激素的作用，以促进雌性生殖器官和乳腺的发育。

**4. 黄体**　有分泌孕酮和雌激素，有保证胎儿正常发育和乳腺发育的作用。

**5. 球旁复合体**　是位于肾小体附近的一些特殊结构的总称，包括球旁细胞、致密斑和球外系膜细胞。分泌肾素，可引起血管收缩而使血压升高，并对肾的血流量和肾小球滤过起调节作用。

**6. 散在的内分泌细胞**

(1) 消化道、呼吸道的管壁内有内分泌细胞。

(2) 神经系统内散在有内分泌细胞。

(3) 心肌细胞兼有内分泌功能（分泌心纳素）。

## 第十一节　感觉器官

由感受器及其辅助装置构成的器官，称为感觉器官。感受器是感觉神经末梢的特殊装置，可分为外、内、本体感受器三大类。外感受器是指接受外界环境的各种刺激的感受器，如分皮肤上的游离神经末梢，司痛觉和温觉；环层小体，司压觉；触觉小体，司触觉；舌黏膜上的味觉，鼻黏膜上的嗅觉以及接受光波感觉的眼、声波感觉的耳。内感受器是接受内脏器官、心血管来的刺激，如压力、渗透压、温度、离子浓度等。本体感受器分布于肌腱、关节和内耳，能感受运动器官所处状况及身体位置的刺激。本章重点叙述眼和耳的结构。

### 一、眼

眼是兔体内重要的感觉器官，位于眶窝及眶窝周围。由眼球、辅助装置及神经血管构成。

#### (一) 眼球（Eyeball）

眼球是视觉器官的主要部分，位于眶窝内，后端有视神经与脑相连（图 2－85）。眼球有眼球壁和内容物构成。眼球壁包括纤维膜、血管膜和视网膜；内容物包括眼房水、晶状体和玻璃体。

#### (二) 辅助装置

眼的辅助装置有眼睑、泪器、眼球肌和眶骨膜等。

#### (三) 眼上的血管神经

**1. 血管**　分布于眼上的动脉有眼外动脉和眼内动脉。

**2. 神经** 支配眼的神经有第2、3、4、5、6对脑神经。

## 二、耳

耳为兔的听觉和平衡感受器，分外耳（图2-86）、中耳和内耳。外耳和中耳是收集和传导声波的装置，内耳有听觉和平衡觉感受器。

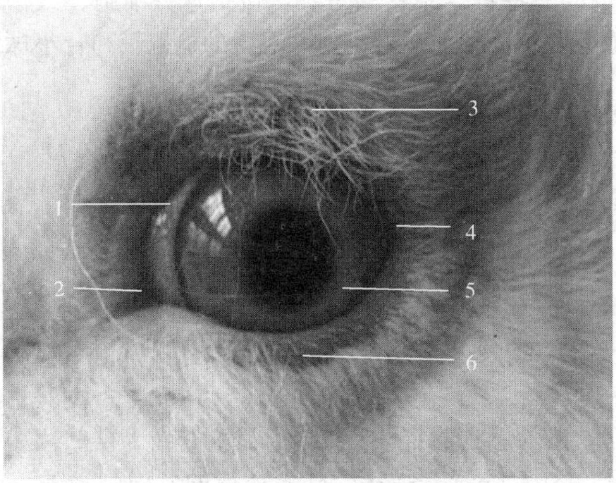


图2-85 兔 眼

1. 第三眼睑 2. 内侧眼角 3. 上眼睑
4. 外侧眼角 5. 眼球 6. 下眼睑

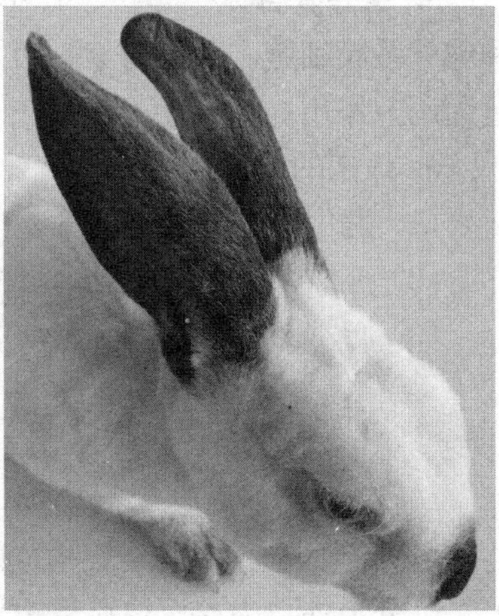

图2-86 兔 耳

# 第三章

# 家兔的生物学特性及其在生产中的应用

## 第一节 家兔的起源及其在动物分类学上的地位

### 一、动物分类学上地位

根据家兔的起源、形态、身体内部构造、胚胎发育的特点、生理习性、生活的地理环境等特征，其在动物学分类被列在如下的地位：

动物界（Animalia）
　脊索动物门（Chordata）
　　脊椎动物亚门（Vertebrata）
　　　哺乳纲（Mammalia）
　　　　兔形目（Lagomorpha）
　　　　　兔科（Leporidae）
　　　　　　兔亚科（Leporinae）
　　　　　　　穴兔属（*Oryctolagus*）
　　　　　　　　穴兔种（*Oryctolagus cuniculus* Linnaeus）
　　　　　　　　　家兔变种（*Oryctolagus cuniculus* var. *domesticus*）

应当指出的是：在兔形目中，共有2个科，即兔科与鼠兔科。在鼠兔科的鼠兔属中，全世界约有24个种，分布在我国有15个种。而在兔科中，共有9个属，其中只有兔属一个属是兔类（hares），又称旷兔，全世界约有30个种，除澳大利亚、新西兰、乌干达、加什岛外，几乎分布于全世界。其余8个属是穴兔类（rabbits），共有23个种，其中棉尾兔属（*Sylvilagus*）中，有13个种，分布在美洲各地；红兔属（*Pronolagus*）中有4个种，分布在非洲各地；穴兔属（*Oryctolagus*）有1个种，分布在地中海周围环境；粗毛兔属（*Canrolagus*）有1个种，分布在喜马拉雅山南麓；苏门答腊兔属（*Nesolagus*）有1个种，分布在印度尼西亚；矮兔属（*Brachylagus*）有1个种，分布在乌干达；火山兔属（*Komevolgus*）有1个种，分布在墨西哥；琉球兔属（*Pentalagus*）有1个种，分布在琉球群岛（图3-1）。

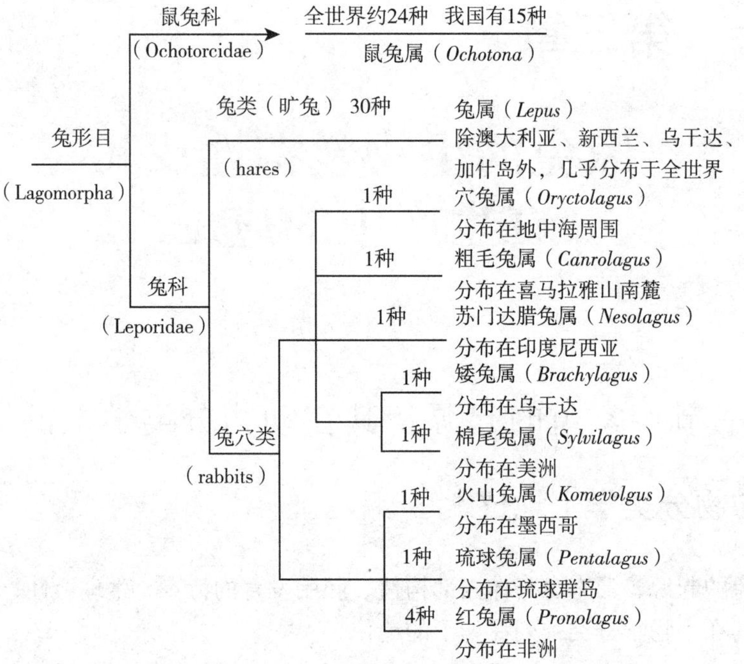


图 3-1 兔科动物亲缘关系及其分布状况示意图解

经考证，分布在我国各地的 9 种野兔，全属兔类，即旷兔。其种类和地理分布状况如表 3-1。

**表 3-1 我国野兔的种类及其地理分布**

| 种类 | 蒙新区 | 东北区 | 华北区 | 青藏区 | 西南区 | 华中区 | 华南区 |
|---|---|---|---|---|---|---|---|
| 雪兔 *Lepus timidus* Linnadus，1758 | + | + | | | | | |
| 东北兔 *Lepus mandshuricus* Radde，1861 | | + | | | | | |
| 东北黑兔 *Lepus melainus* Li et Luo，1979 | | + | | | | | |
| 华南兔 *Lepus sinensis* Gray，1832 | | ? | | | | + | + |
| 草兔 *Lepus capensis* Linnaeus，1758 | + | + | + | | + | + | |
| 塔里木兔 *Lepus yarkandensis* Gunther，1875 | + | | | | | | |
| 高原兔 *Lepus oiostolus* Hodgson，1840 | | | | + | | | |
| 西南兔 *Lepus comus* G. Allen，1927 | | | | | + | | |
| 海南兔 *Lepus hainanus* Swinhoe，1870 | | | | | | | + |

## 二、家兔起源

据考证，世界上所有的家兔品种都起源于欧洲的野生穴兔。达尔文曾说过，所有的博物学家都相信兔的几个家养品种，全是从普通的野生种中传下来的，并且欧洲只有一个野生种。达尔文所说的野生种就是我们现在所说的欧洲野生穴兔。动物分类学将野兔分为两类：一类为穴兔（rabbits）；另一类为旷兔，或称兔类（hares）。

关于野生穴兔史前自然分布的状态，人们知道得很少，这是因为兔骨细、质轻，自然界中很难留存，加之兔类是食物链中的弱小者，经肉食动物的阻嚼、吞食，很难找到它的化石。迄今为止，人们仅在西班牙半岛的地层中发掘到冰川末期野生穴兔的化石，在亚洲尚未发现野生穴兔及其化石。

有关穴兔最古老的记载可以追溯到公元前1100年，当时的腓尼基人向北非和南欧前进，到达西班牙半岛，意外地发现一种野生穴兔。以后，野生穴兔逐渐从西班牙扩散到北非和南欧。直到公元前2世纪，希腊史学家波力比阿称这种善于挖洞穴的野生穴兔为“挖坑道的能手”。因此，古代学者认为，穴兔最早出现在西班牙，以后逐渐分布到欧洲各地，这个观点得到了化石和文字记载两方面的证实。首先，在西班牙曾发掘到冰川末期野生穴兔的化石；其次，据文字记载，穴兔的种名（拉丁文）来源于古代西班牙语“Cuniculus”，意为矿山的坑道，以此形容穴兔在地面下所挖掘的彼此联通的洞道。

欧洲野生穴兔演变成家兔，经历了一个漫长的驯化过程。但家兔驯化的时间和地点很难进行确切地判断。穴兔分布很广，在家养条件下易于繁殖，而且有特殊的生物学特性，从这一点来看，家兔驯化的历史，应比人们获得的文字记载早得多，而且不同地区驯化的历史有所不同。文献中所说的家兔的驯化，主要是指欧洲兔的驯化。据德国动物学家汉斯·纳茨海（Hans Nachtshain）的考证，欧洲家兔的驯化最早是在法国，时间是16世纪。汉斯认为，欧洲驯养穴兔并且能在家养条件下进行繁殖，最早是在修道院中进行的，第一次报道兔在家养条件下繁殖成功是16世纪。中古时代的修士对兔的驯化曾起过很大作用。因为天主教规定在复活节前的40d“封斋节”期间，修士们必须守斋（所谓斋戒是少量摄食），不得吃肉（可以鱼代肉），但允许吃兔胎和初生仔兔。为了获得兔胎和初生仔兔，修士们先是依靠捕捉孕兔，继而在围栏中饲养，以后又逐渐改进，使兔在兔笼中饲养和繁殖，从而大大促进了野生穴兔的驯化。同时，航海家对兔的驯化和传播也起了一定的作用。中世纪，一些航海家为解决航海途中的肉食供应，常常在船上带一些活的兔子进行饲养，也常常把兔散放到一些途经的岛屿上，以供来回取食。

野生穴兔在人工环境下经过长期的驯化，变成了家兔。同样，家兔放到野外自然繁衍，可以恢复其自然的野性，变成野兔。澳大利亚的野兔就是一个非常典型的例子。

在辽阔的澳大利亚大陆上，原本并没有兔子。1788年1月27日，由阿瑟·菲利普船长率领的英国皇家海军第一舰队在悉尼港登陆，揭开了澳大利亚历史的新篇章。作为大洋洲兔子祖先的欧洲兔子，就是搭乘第一舰队的舰船，从英格兰来到这片肥沃土地上的。由于这些兔子主要是供刚刚来到澳大利亚的欧洲定居者食用，因此多为圈养，流落到外面的野生种群极为罕见。

1859年，一位名叫托马斯·奥斯汀的英格兰农场主来到了澳大利亚。在他携带的大批行礼物品中，还包括24只欧洲兔子。作为一名标准的英国绅士，奥斯汀对打猎有着特殊的兴趣，于是他就把这些兔子放养到他位于季隆附近的领地上。这样到了第二年，他就可以在空闲时间和其他农场主一起享受骑马打兔子的乐趣了。在当时，没有任何人能够预计到兔子的繁殖速度有多快。由于澳大利亚没有鹰、狐狸和狼这些天敌，来到这里的欧洲兔子发现自己简直来到了天堂：这里气候宜人，遍地是可口的青草，四周看不到天敌的踪影。于是，一场几乎不受任何限制的扩张开始了。

这些兔子从奥斯汀的领地出发，开始向北向西扩展。这些兔子的后代以平均一年130km的速度，向四面八方扩散。到1896年时，兔子们的势力范围已经向北扩展到了昆士兰，向南遍及南澳大利亚，并横越澳洲大陆，来到了西澳大利亚。到1907年，兔子已扩散到澳大利亚的东西两岸，遍布整块大陆。整个兔子种群的数量也呈几何级数递增。1890年，仅新南威尔士州的兔子数量据估计就有3 600万只。到1926年，全澳洲的兔子数量已经增长到了创纪录的100亿只。

从以上野生穴兔的人工驯化成为家兔，家兔经过野外放养恢复其野生状态的事实，其过程可以这样表示：

野生兔 ==驯化==> 家兔 ==野化==> 野化兔

中国养兔历史悠久，但是在中国家兔的起源问题上存在着两种观点：一种观点是欧源说，即所有的家兔品种均起源于欧洲野生穴兔，中国自古不产穴兔，所产的野兔全是兔类。虽然中国早在先秦时代即已养兔，但所养的是引入的野生穴兔，而非驯化后的家兔；另一种观点则认为，家兔很可能有多个起源中心，我国是世界上最早养兔的地区之一，不能排除中国家兔是由古代生活在中国的、现今已经灭绝的野生穴兔传下来的可能性（可称亚源说）。

欧源说的依据是：

首先，家兔是由野兔驯化而成。现在的野兔共分两大类：一类是穴兔类（rabbits）；一类是兔类（hares）。所有家兔品种均是由野生穴兔驯化而成，现在的兔类只有一个兔属。我国所有的野兔（也称旷兔，共9种），均属兔类，虽然其外形与穴兔十分相似，但不是家兔的祖先，两者在许多方面存在着差异（表3-2）。

**表3-2　穴兔与旷兔的区别**

| | 穴　兔 | 旷　兔 |
|---|---|---|
| 生物学分类地位 | 穴兔属 | 兔属 |
| 生活习性 | 昼伏夜出、穴居、群居等特点 | 早晚活动，无穴居、群居 |
| 被毛颜色 | 四季无变化 | 部分野兔随季节变化而变化 |
| 妊娠期 | 31d | 40～42d |
| 产仔数 | 每窝4～10只，较多 | 每窝1～4只，较少 |
| 繁殖季节 | 无季节性，四季繁殖 | 春、秋两季繁殖 |
| 初生仔兔特征 | 身体全裸、无毛，闭眼，无站立、运动能力，听不见声音 | 身上有毛、睁眼、能自由运动，能听到声音 |
| 头骨 | 顶尖骨与上枕骨终生不愈合，翼内窝窄，其两侧壁向内侧弯曲呈弧形，腭桥较宽 | 顶尖骨与上枕骨愈合，翼内窝宽，其两侧壁平直，腭桥较窄 |
| 四肢骨 | 后肢骨明显较短，不善奔跑 | 后肢骨明显较长，善于奔跑 |
| 染色体数 | 穴兔类　2n=44 | 旷兔类　2n=48 |
| 饲养特点 | 易于驯化饲养，家养条件下易存活 | 不易驯化，家养条件下较难存活与繁殖 |

资料来源：杨正．现代养兔．中国农业出版社．1999。

其次，只有穴兔才能驯化成家兔。迄今为止，在我国尚没有发现关于野生穴兔类的正式记载，也没有发现过野生穴兔的化石，更没有在野外发现过现在生存的穴兔，由此可见，中国的家兔是引种驯化而成的。有不少人认为《战国策》中所记述的“狡兔三窟”，可能是“穴兔”的记载，这其实是一种误解。从我国至今尚未发现野生穴兔的情况估计，我国引入野生穴兔后，一直采取笼养，而没有散放。穴兔的繁殖力极强，每年能产仔5～7窝。每窝平均产仔7只（4～10只），倘若散放饲养，数量必然会迅速增多而扩散。

相关研究证明，中国历史上的气候变化对野生穴兔的繁殖也并无大影响，更不足以造成穴兔的大量死亡。由此可见，自先秦引入野兔以来，人们可能一直采用笼养而不散放的饲养方式。同时，野兔的引入可能是作为一种比较罕见的动物，供有地位和身份的人玩赏，难以流传民间，故长期以来多采用笼养形式。

亚源说的主要的论据如下：

中国早在公元前1300年左右的商代，甲骨文中就有兔的记载，在《甲骨文编》中收集的兔象形字，就有“”等4种刻法。同时，1997年在河南安阳殷墟出土的公元前12世纪前半叶殷王武丁的配偶妣辛的墓葬中，也发现了马、兔等玉石塑像，说明了我国早在距今3 200多年前的殷商时代，就已有兔的记录；西安汉武帝茂陵出土了陶兔；湖南长沙马王堆汉墓出土的一幅显示古代神话的帛画，左边是太阳、扶桑和乌鸦，右边是月亮、蛤蟆和白兔，月亮下面是飞向月宫的嫦娥。

《礼记》和《诗经》中都提到了兔，这是家兔，还是野生穴兔，抑或非家兔祖先的野兔？这很难断定。但达尔文在有关家兔起源的文章里写道：“孔丘认为兔在动物中可以列为向神贡献的祭品，因为他规定了它的繁殖法，所以中国大概在这样古老的时期已经饲养兔了。”

古代文献中有关兔的记载还有很多。《战国策》记述的是公元前460至前220年间的事，其中冯谖向孟尝君说的寓言故事中有“狡兔有三窟”的话。既有三窟，说明它是穴居的，这就是说在春秋战国时，我国可能有家兔的野生种穴兔存在。《后汉书》记有“兔产于床下”。野兔不可能进入人家的卧室，只有家兔才有这个可能。晋代崔豹《古今注》还指出：汉哀帝建平元年（公元前6年）“山阳得白兔，目赤。”这些古代文献都说明了我国养兔的历史应早于欧洲。至于“丝绸之路”的开辟历史是在西汉以后1 000余年，著名的《木兰辞》是1 400年前北魏的故事，其中“雄兔脚扑朔，雌兔眼迷离。双兔傍地走，安能辨我是雌雄?”的句子表明，要不是对驯化家兔有细致的观察，是不可能对家兔的两性行为描述得如此逼真的。野生白兔在很多古诗中也有反映，如欧阳修的咏《白兔》诗：“白兔捣药嫦娥宫，玉关金锁夜不闭，窜入滁山千万重……滁人遇之丰山道，网罗百计偶得之……”。梅尧臣的咏《永叔白兔》诗：“可笑嫦娥不了事，却走白兔来人间……霜毛丰茸目睛殷，红绦金练相系擐，弛献旧守作异玩……”，形象地描绘了野生的白兔，被捕获后驯养上献供玩赏的情景。这种白毛、红眼睛的野生白兔可以联想到它就是中国白兔的祖先。

我国围园养兔早在先秦时代已开始，西汉梁孝王（约公元前150余年）筑兔园史书已有明确的记载，发展到东汉梁冀（公元150年左右）时已有大规模的兔苑。野兔放养在带有围栏的园中，在人类的保护下，生活与繁衍后代，开始了野兔驯化的进程。

历史上，我国一直把家兔作为玩赏动物豢养，处于无足轻重的地位，因此，对家兔饲养与繁殖在技术的研究和记载甚少。古农书从北魏的《齐民要术》到清朝的《授时通考》，都未见养兔列入。

1986年，南京农业大学谢成侠教授发表过一篇题为《中国家兔是起源于欧洲的吗?》的文章，他的看法是：中国养兔的历史应早于欧洲，在欧洲驯化成家兔以前，我国已有了家兔或其野生种。欧洲驯化家兔的历史比较短，在“丝绸之路”开辟以后，即西汉以后的1 000余年间，欧洲各国还没有驯化家兔，怎么可能远道向中国输入呢？再说，古代根本不可能克服远途运输中的饲养困难。如果是用骆驼或马驴万里迢迢运来这种小动物，作为一种珍贵的礼物或贡品，史书上决不会没有记载。总之，中国家兔从欧洲传入的说法，是不可信的。在我国广大国土的地层里还有未发掘的动物骨骸，恐怕不应就此下结论。

1987年，古脊椎动物与古人类研究所的黄学诗在《兔类的起源及中国兔目化石》一文中写道：“从化石记录看，除了亚洲外，其他所有大陆兔形类的出现似乎都是很突然的。”“亚洲总是兔类进化的主要舞台。真正的目前各家公认的最早的兔子，是卢氏兔，标本发现在我国河南卢氏。”“兔类的最早化石及其尚有争议的类群均发现在我国，所以亚洲大陆无疑是兔形类的起源地区。”“我国不仅是最早最原始兔形类的产地，也是兔类化石相当丰富的一个国家，几乎各个地质时期均有代表。”

综上所述，“欧源说”列举的均为事实，而“亚源说”旁征博引，亦不无道理，因此，现在对我国家兔起源做出结论为时尚早，有待进一步考证。

## 第二节 家兔的生物学特性及其在生产中的应用

家兔是由野生穴兔驯化而来的。穴兔是食草性小型动物，个体小、没有御敌能力，野生时常常成为其他食肉动物的食物。“适者生存”是自然选择规律，为了种族的延续，长期自然选择使穴兔具有适应环境的某些生活习性和特点，如适于逃跑的体型结构，打洞穴居及夜行性的生活习性，食草性的特点，以及短期内能够大量繁殖后代的繁殖特性等，从而能在进化过程中被保留下来。现代家兔虽然生活环境发生了很大变化，但还不同程度地保留着其原始祖先的这些生活习性和生物学特性。家兔的生物学特征与家兔的繁殖、饲养管理、兔舍建筑以及兔产品利用等关系密切，了解家兔生物学特性，掌握家兔自身的生物学规律，尽可能创造适合其习性的饲养管理条件，并运用科学的饲养管理方法，更好地促进家兔的生产和利用。

### 一、家兔生活习性及其在生产中的应用

#### (一) 夜行性

夜行性系指家兔昼伏夜行的习性，这种习性是在野生时期形成的。野生穴兔体格弱小，御敌能力差，野生条件下被迫白天穴居于洞中，以避开天敌，夜间外出活动与觅食，从而形成了昼伏夜行的习性。而夜行性的形成也是一种物竞天择的结果。起初不同的穴兔

习性不同，有的喜欢夜间活动，而也有的善于白天外出。事实上，那些白天喜欢外出的穴兔成为天敌的美食，偶尔逃脱的穴兔不敢在白天出洞活动。这样，夜间活动由被迫变成“自觉”，久而久之习惯成自然。在人工饲养条件下尽管家兔在白天没有任何危险性信号，但至今仍保留其祖先野生穴兔的这一生活习性，表现为夜间非常活跃，而白天较为安静，除觅食时间外，常常在笼子内闭目睡眠或休息，采食和饮水也是夜间多于白天。据测定，自由采食情况下，家兔晚上的采食量和饮水量占全日量的65%以上。据统计，家兔夜间产仔的比例也远远高于白天，它们选择有利于它们生存繁衍的时间分娩。根据家兔这一习性，合理安排饲养管理日程，晚上供给足够的饲草和饲料，并保证饮水，保证环境的安静。

生产中的一些现象告诉我们，违反家兔生活习性的管理程序，会造成不良后果。比如，生产调查出现如下规律或趋势：个人养兔效果往往好于“公家”，老人养兔优于年轻人。深入分析发现，过去“公家”养兔，往往是8h工作制，早晨8时上班，12时下班。下午2时上班，6时下班。在整个上班期间，饲养员不停地在兔舍内活动，包括喂料、上水、打扫卫生、检查兔群、注射免疫、放产箱、打耳号、断奶等。而白天正是家兔休息的时间。人们在其身边不停地活动，是对兔子的一种刺激，干扰了其正常的生活习性，也打破了其固有的生活规律。因此，影响其生长发育和生产性能。而老年人养兔，一方面在于精细管理，另一方面经常起早贪黑，而这一早一晚的管理，与家兔的生活习性相吻合。相反，一些年轻人的性格比较懒惰，早晨睡懒觉，晚上玩牌。这种不规律的生活习惯与老年人形成巨大反差。

根据家兔昼伏夜行的习性，我们在日常生产中应该注意以下几点：

第一，合理安排作息时间，把饲喂时间安排在家兔食欲旺盛的早晨和晚上。中午尽量不喂料，尤其是高温季节的中午，喂料也是无益的。合理分配喂料比例，夜间一定要加足饲料，满足其夜间采食的需求。

第二，在家兔善于休息的白天，尽量减少饲养人员在兔舍的人为活动，尤其是动作较大、产生声音明显的活动。创造条件，保证家兔的休息和睡眠。

### （二）嗜眠性

嗜眠性是指家兔白天在一定条件下很容易进入睡眠状态。在此状态的家兔，除听觉外，其他刺激不易引起兴奋，如视觉消失，痛觉迟钝或消失。家兔的嗜眠性也与其在野生状态下的昼伏夜行性有关。

人工催眠的具体方法：将兔腹部朝上、背部向下仰卧保定在“V”固架上或者其他适当的器具上，然后顺毛方向抚摸其胸、腹部，同时用食指和拇指按摩头部的太阳穴部位，家兔很快就进入完全睡眠状态。兔只进入睡眠状态的标志是：①眼睛半闭斜视；②全身肌肉松弛，头后仰；③出现均匀的深呼吸。此时即可顺利进行短时间的手术等操作，不会出现疼痛引起尖叫等现象。若手术中间家兔苏醒，可按上述方法重复进行催眠，一旦进入睡眠状态，继续进行手禾。手术完毕后，将兔恢复正常站立姿势，兔即可完全苏醒。

了解家兔这一习性，对养兔生产具有重要意义。首先，日常管理工作中，白天要保持兔舍及其周围环境的安静，避免由于环境变化影响家兔的睡眠；其次，可以进行人工催眠，完成一些饲养管理操作，如刺耳号、去势、投药、注射、创伤处理等，不必使用麻醉剂，免除药物引起的副作用，既经济又安全。

### （三）穴居性

穴居性是指家兔具有打挖洞穴、在洞内产仔生活的本能行为。家兔的这一习性，是其祖先——野生穴兔长期自然选择的结果，并将其习性传给后代。只要不人为限制，家兔一接触土地，就要挖洞穴居。尤其是妊娠后期的母兔为甚。

家兔打洞这一习性在放养情况下，会造成放养场地的破坏。当现代笼养条件下，偶尔跑出笼具的家兔，也有可能寻找适当的地方挖穴打洞，甚至从洞中逃逸。因此，现代兔舍地面应具有防打洞功能。

家兔打洞尽管给管理带来不便，但是，既然兔子选择洞穴作为它们的产仔场所，必由其道理。研究发现，地下洞穴具有光线黯淡、温度恒定，环境安静之优点，是任何人工产仔箱都无法相比的。但同时也存在一些缺点，如自然条件下，地下洞穴潮湿，通风不良，管理不便等。利用其优点，避其缺点，为我所用。比如，近年来河北农业大学开展了仿生地下繁育技术研究，采取笼养和地下洞穴相结合。笼内饲养，洞穴产仔育仔。在洞穴的建造上，重点做好防潮处理和便于管理，收到良好效果。实践表明，利用地下洞穴，大大提高了母兔的分娩成功率、母性、泌乳力、仔兔成活率和断乳重。

**表 3-3　不同产巢对母兔繁殖性能和繁殖效果的影响**

| 项目 | 统计胎数 | 胎均产仔数 | 断乳仔数 | 断奶个体重 | 断奶成活率 | 窝外产仔胎数 | 窝外产仔胎率 | 食仔胎数 | 食仔率 |
|---|---|---|---|---|---|---|---|---|---|
| 地下洞 | 7 268 | 7.85 | 7.58 | 542.4 | 96.31 | 0 | 0 | 0 | 0 |
| 产仔箱 | 14 466 | 7.86 | 6.98 | 453.0 | 88.8 0 | 810 | 5.6 | 51 | 0.35 |

资料来源：谷子林等“山区生态养兔技术集成与应用”成果技术报告。

**表 3-4　不同季节仿生产仔洞（地下窝）及兔舍内外环境温度的变化**

单位:℃

| 季节 | 测定时间 | 室外温度 | 室内温度 | 空产仔洞温度 | 有兔产仔洞温度 |
|---|---|---|---|---|---|
| 春季（3～5月） | 早晨 | 17.33±2.41 | 19.21±1.3 | 20.55±1.91 | 24.64±1.54 |
| | 中午 | 23.54±5.72 | 24.83±3.7 | 20.79±1.26 | 24.21±0.31 |
| | 晚上 | 17.71±3.18 | 20.38±3.2 | 20.81±2.41 | 24.83±1.09 |
| 夏季（6～8月） | 早晨 | 23.11±0.99B | 25.72±1.31Bb | 24.91±0.17 | 28.21±0.18 |
| | 中午 | 30.05±0.59A | 29.71±0.84Aa | 24.97±0.05 | 28.12±0.38 |
| | 晚上 | 24.81±1.22FB | 27.37±1.14Ab | 25.07±0.13 | 28.30±0.26 |
| 秋季（9～11月） | 早晨 | 15.27±4.79B | 17.83±4.65b | 20.41±3.43 | 25.71±1.76 |
| | 中午 | 26.39±4.46A | 23.72±3.95a | 21.49±2.91 | 25.90±1.80 |
| | 晚上 | 17.77±4.29B | 20.31±4.25ab | 21.10±2.94 | 26.09±1.58 |

（续）

| 季节 | 测定时间 | 室外温度 | 室内温度 | 空产仔洞温度 | 有兔产仔洞温度 |
|---|---|---|---|---|---|
| 冬季（12月至翌年2月） | 早晨 | －3.33±4.19 | 4.47±1.21 | 9.78±0.38 | 17.38±0.39 |
| | 中午 | 5.56±6.19 | 6.00±2.65 | 10.06±0.82 | 17.50±0.87 |
| | 晚上 | －1.60 4.28 | 5.54±1.09 | 10.36±1.80 | 17.69±1.66 |

注：

1. 同列不同小写字母表示差异显著（$P<0.05$）；不同大写字母表示差异极显著（$P<0.01$）；相同字母表示差异不显著（$P>0.05$）。

2. 地下窝设在保定郊区，深度55～60cm；春夏秋冬4个季节每天3个时间段测定，分别在：6：00，13：00和24：00，数据为该季节每天同一时间段的平均数。

资料来源：谷子林等"山区生态养兔技术集成与应用"成果技术报告。

地下洞穴尽管有得天独厚的优势，但是，其建造和管理总有不便之处，适合中小规模兔场采用。现代大型兔场难以仿效。尽管如此，我们应该根据地下洞穴的特点和原理，在设计和制作产仔箱时，从造型到选材，从尺寸规格到放置位置，都要借鉴地下洞穴，体现"光线黯淡、温度恒定、环境安静"三大原则，为家兔繁衍后代，培育后代创造最理想条件。

## （四）胆小怕惊

野生穴兔是一种弱小的动物，对于其他任何动物均没用侵袭能力，而且常常是人类和其他野兽、猛禽捕猎的对象。在弱肉强食的大自然条件下，野生穴兔之所以能够保存下来并驯化成家兔，一方面由于它们具有在短期内繁殖大量后代的能力、打洞穴居的本领和昼伏夜行的习性；另一方面，依靠其发达的听觉器官和迅速逃逸的能力，逃避猛禽和肉食兽的追捕。兔耳长大，听觉灵敏，竖起并能灵活转动以便收集各方的声响，以便逃避敌害。一旦发现异常情况便会精神高度紧张，用后足拍击地面向同伴报警，并迅速躲避。家兔尽管在长期的人工条件下生活，但其胆小怕惊的特性依然保留。生产中经常发现，动物（狗、猫、鼠、鸡、鸟等）的闯入、闪电的掠过、陌生人的接近、突然的噪声（如鞭炮的爆炸声、雨天的雷声、动物的狂叫声、物体的撞击声、人员的喧哗声）等，都会使兔群发生惊场现象：精神高度紧张，在笼内狂奔乱窜，呼吸急促，心跳加快。如果这种应激强度过大，不能很快恢复正常的生理活动，将产生严重后果。妊娠母兔可发生流产、早产；分娩期母兔停产、难产、死产；哺乳母兔拒绝哺喂仔兔，泌乳量急剧下降，甚至将仔兔咬死、踏死或吃掉（神经紊乱所致）；幼兔出现消化不良、腹泻、胀肚，并影响生长发育，也容易诱发其他疾病。故有"一次惊场，三天不长"之说。国内外也有家兔在燃放鞭炮后暴死的报道。

了解家兔胆小怕惊的习性，对于养好家兔是非常重要的。根据这一特点，生产中应该注意以下问题：一是新建兔场一定要远离噪声源，尤其是公路、铁路、机场、石子厂、打靶场、集市和村庄等容易产生噪声的场所附近。二是平时谢绝参观，防止动物闯入。一般情况下，兔场不宜养狗和其他动物。三是逢年过节不可在兔场附近燃放鞭炮。四是在日常管理中动作要轻，饲养人员在兔舍内不可大声喧哗，不可匆匆跑动，不可敲击工具，不可粗暴对待家兔。经常保持环境的安静与稳定。饲养管理要定人、定时，严格遵守作息时间。

### （五）喜清洁、爱干燥

家兔喜爱清洁干燥的生活环境。平时注意观察不难发现，家兔休息时总是善于卧在较为干燥和较高的地方。清洁干燥的环境有利于保持兔体健康，而潮湿污秽的环境，是诱发家兔疾病的重要原因之一。这是因为潮湿的环境有利于各种病原微生物及寄生虫滋生繁衍，易使家兔感染疾病，特别是真菌性皮肤病、疥鲜病、脚皮炎、腹泻和幼兔的球虫病，往往给兔场造成重大损失。此外，生产中还发现，潮湿是传染性鼻炎的重要因素。

生产中发现，凡是潮湿的兔舍，疾病的发生率升高，死亡率居高不下。人们往往看到疾病的发生和药物的使用，却忽视了引起疾病的重要原因。因为高湿度会影响家兔的体温调节和新陈代谢，影响兔舍的空气质量、影响环境的微生物生存和家兔体表健康，影响兔舍内饲料和饮水的质量等。因此，生产中总结出“潮湿是万恶之源”的佳句。因此，只有保持干燥，才能保持卫生。只有保持卫生，才有可能保障健康。

兔舍内小气候中湿度的来源有：①室外高湿度空气通过门窗等进入；②兔子代谢过程中产生的水，比如排粪、排尿、呼气等；③饮水和饲料的蒸发水；④地面蒸发水；⑤饮水系统的管理不善造成的滴水；⑥冲洗粪沟和地面、液体消毒、喷水降温、清洗用具和洗涤物品等人为增加的水。而这些水的来源，除了前 3 项难以控制之外，第 4 项在兔舍建筑时予以防渗设计，后面 2 种必须严格限制。

根据家兔喜清洁、爱干燥的特性，生产中我们应该注意以下几点：①在选择兔场场址时要注意地下水位的高低，选择地势高燥和地下水位较低的地方，禁止在低洼处建筑兔场。在兔舍建筑设计时，要充分考虑地面的蒸发因素，地面和墙体进行防潮处理。粪尿沟要有一定坡度，表面平滑，没有死坑，使尿液顺利流出。②及时清理粪尿是降低兔舍湿度的有效措施。平时保证每天一次清理粪尿，冬季和夏季适当增加清粪次数。③粪尿不仅增加了兔舍湿度，而且其分解物向兔舍释放有害气体。在保持干燥的情况下，兔粪基本没有什么异味，当粪尿混合时，两者的分解物大量释放，尤其是尿液的分解产生的氨气数量巨大，对家兔的呼吸系统产生重大破坏作用。采用粪尿分离技术，是降低尿氨的非常有效的措施。④事实上，兔舍内的湿度少部分来自排泄的粪尿，呼出的水汽和饲料水分的蒸发，主要来源于饮水系统滴水和人为冲洗粪沟，乱倒污水所致。目前国产自动饮水系统的滴漏水比较普遍，不解决这一问题难以控制兔舍内高湿度的恶劣环境，应该引起人们的高度重视。

### （六）群居性较差

与旷兔比较，家兔有一定的群居性。但是，这种群居性并不强。家兔的早龄期（仔兔和幼兔）有较强的群居性。而这种群居性是一种社会性表现，以便相互依靠（如气温低时相互保温，遭遇天敌时相互通报信息和壮胆）。但是，伴随着日龄的增长，性成熟期的到来，这种群居性会越来越差。尤其是性成熟之后的公兔，“敌视”同性现象比较严重。特别是有过配种经历的种公兔，相互见面，分外眼红，一场恶斗在所难免。而公兔之间的相互咬斗异常激烈，往往咬关键部位，如睾丸、眼睛等。一旦一只公兔“服输”，任其咬斗，战争宣告结束。这种咬斗现象是动物界领域行为的普遍现象。所有的公兔都想获得最多的繁衍后代的机会。

母兔之间的相互咬斗也偶尔发生，远比公兔轻得多。家兔群养条件下，有一种“先入为主”现象，将一只兔子放入已经组群的圈舍内，而后加入的兔子往往会遭到其他兔子的攻击，直到形成新的等级序列。此外，“胜者王侯，败者寇，拳头硬的是大哥”规律也存在于群养家兔中，最厉害的个体统制群体，其占有优先位置。

根据家兔群居性较差的习性，在日常工作中应该注意以下几点：①小兔断奶之后，利用其群居性的优点，保证小兔的群居。但必须是同窝小兔同笼饲养，以减少断奶应激，顺利度过断乳危险期。②性成熟之后的公兔要单笼饲养，避免公兔与公兔直接相遇，更不允许与有配种经历的种公兔并笼。正如习语所言“一个槽里不能拴两个叫驴，一个笼内不能养两只公兔”。③利用母兔性情温顺，不善于打斗和群居性略强的特点，在笼具紧张的情况下，对于空怀期和妊娠早期的母兔，可以实行小群饲养。④肉兔育肥期时间较短，2 个多月出栏。其出栏时尚未性成熟。因此，商品肉兔小群育肥，以提高笼具的利用率，降低饲养成本。⑤商品獭兔育肥时间长，断乳之后小群饲养，但在 2.5 月龄以后一定要单笼饲养，否则，严重影响生长发育和皮张质量；长毛兔一定要单笼饲养，以防止相互吃毛和影响产毛量及毛的质量。

### （七）嗅觉、味觉和听觉灵敏，视觉相对较差

家兔鼻腔黏膜上分布众多的嗅觉细胞，对于不同的气味反应灵敏。在野生条件下，穴兔是通过嗅觉判断周围环境是否安全。日常观察不难发现，家兔识别性别首先是通过嗅觉判断，而不是通过视觉。比如：采取双重配中时，如果一只母兔与一只公兔交配后立即移到另一只公兔笼中，发生的情况往往不是立即配种，而是公兔扑过去啃咬母兔。这是因为这只母兔带有前一只公兔的气味，使这只公兔误认为公兔闯入了它的领域的缘故；同样，母兔识别是否自己的仔兔，不是通过眼睛观察，而是通过鼻子闻嗅。因此，人们可以利用这一点，在寄养仔兔时，可以将不同毛色的品种相互寄养，以防止血统混乱，同时，为了防止被寄养的仔兔被保姆母兔发现，给予仔兔在气味上做些工作；兔子采食饲料，第一反应是通过鼻子闻，当气味正常后，才开口采食。通常情况下，公兔标记领域使用尿液。

家兔的味觉同样发达。在其舌头表面分布数以千计的味蕾细胞，以辨别饲料或饮水的不同味道。其味蕾细胞分布有区域分工，不同区域感受不同的味道。生产中发现，家兔喜欢采食带有甜味的饲料，以及微酸、微辣、植物苦味的饲料，而不喜欢药物苦味的饲料。当饲料中添加了家兔不喜欢采食的饲料时（如添加药物），需要对饲料的味道进行校正。因此，一些饲料厂为了提高家兔的食欲，同时为了更多地占领市场，往往在商品饲料中添加一定的甜味剂。欧美国家也常常在饲料中添加一定的蜂蜜或糖浆，不仅增加饲料的甜度诱导兔子采食，同时增加饲料的黏合度，使饲料成型，减少粉尘率。

家兔的听觉非常发达。长大直立的双耳恰似声波的收集器，转动灵活，随时转向声音发出的方向，同时，可以判断声音的远近和声波的大小。这是家兔的祖先野外生存的一种结构与机能的适应表现。只有那些对外界不良环境反应敏感的动物，才能及时躲避天敌的

突然袭击。尽管家兔的生存环境非常“安全”，但其发达的听觉系统对于我们平时的饲养管理带来不少的麻烦。略有响动便引起家兔的警觉，甚至出现局部乃至全群的骚动，即我们所说的“惊场”，并由此而产生的对生产造成的一系列不良影响。其胆小怕惊特点与发达的听觉系统相辅相成。现代的垂耳兔，长大的双耳下垂，盖堵耳穴，对声音的敏感度大大降低。因此，凡是垂耳的家兔对外界反应不太敏感，很少由于噪声而发生惊场现象。

为了降低家兔对外界噪声的敏感度，减少噪声应激行为，人们想出了很多有效办法。比如，山东省蒙阴鑫华种兔场公为迎发明了在长毛兔耳朵上打孔的办法，收到良好效果。即仔兔阶段对其两耳中间各打一小孔，随着年龄的增加，耳朵的生长，其孔越来越大。由于耳郭上的大孔而产生“漏风”现象，兔子对声音的搜集率大大降低，因而，在同样噪声环境中，打孔的兔子受到惊吓的程度较小。同样，一些养兔爱好者，在节假日期间，为了防止鞭炮噪声带来的负面影响，在妊娠和泌乳母兔耳孔中堵塞棉塞效果也不错。

与嗅觉、味觉或听觉相比，家兔的视觉要差一些。关于兔子的视力研究资料较少，现将前人的资料归纳如下：

**1. 视力范围** 兔子眼睛的位置位于脸颊两侧上方，有助于扩大的视力范围和远视的能力，以避开四周猛兽的袭击。兔子的视力范围是有差不多360°，因此在后方发生的事，他们也可以看见。兔子可以看很远的东西，包括人类肉眼看不见的东西。

兔子每只眼睛向着前方的位置，也有一个小盲点。这盲点阻碍了他们看到立体的影像。因此兔子是看不清楚在其正前方、近距离的东西。在兔子鼻子前方的大约10°和兔子下巴对下的大约10°，也是兔子的盲点。兔子只有向着前方大约30°范围，兔子用其嗅觉去感觉在正前方靠近的东西。

**2. 颜色分辨能力** 有脊椎动物有两种的视觉感受细胞，包括锥状细胞及视杆细胞。视杆细胞主要是靠光线辨物。锥状细胞有比较高的敏锐度，专门接收辨识红、蓝、绿（光学三原色），而其他颜色是在脑中再混合而成的。如果多于一种的锥状细胞存在，动物能够辨识光线的波长（颜色）的能力越高。

据研究，大多数哺乳动物是色盲，与鸟类对颜色的分辨能力相差甚远。兔子眼睛只有两种感应颜色的锥状细胞，而人类却有三种感应颜色的锥状细胞。因此兔子只能够分辨某一些光线的波长，分辨有限的颜色，即是色盲。有证据指出，兔子能够明显分辨得到绿色和蓝色。

**3. 清晰度** 兔子的视网膜分布了锥状细胞和视杆细胞，而锥状细胞比视杆细胞多。可是兔子所拥有的锥状细胞是比人类所有的少很多。因此兔子看到的影像是相对模糊。兔子能够辨认主人，主要是要依靠有限的影像、声音、动静和气味。

**4. 视觉敏锐度** 视觉敏锐度是兔子的对焦认知对象的能力。由于兔子眼部用来对焦的肌肉很弱，因此兔子对于近距离对象对焦的能力很弱。兔子对远的对象，由于对焦能力比较好，所以他们看远物是比较清楚。

**5. 距离感** 兔子具有广大的视力范围，因此他们两只眼睛看到的影像只有很少重叠的地方，这样令兔子大多只接收平面的影像。兔子其实大多不能看清楚对象的距离，他们只是依赖估计去判断对象的距离。兔子会利用对象的大小和对象的模糊度去判断对象的距离。因为这原因，兔子和很多不同的动物一样，都会有视差。

**6. 夜视能力**　很多人也对兔子的夜视能力有所误解。其实兔子的夜视力不是那么高。兔子本身是黄昏出没的动物，而非夜行性，即是他们是在黄昏和日出时最为活跃。因此兔子的眼睛与生俱来是习惯在暗光下看东西，在暗光下看东西是最清楚。在光线充足或黑暗时间，他们的视力也不是很好。

总之，兔子的视力范围很广，但视力不太好。兔子是色盲，只能够分辨有限的颜色。而他们看到的影像是模糊的。兔子远视能力较好，对于近距离的东西是看不到或看不清楚。兔子在暗光的情况下看东西最为清楚。了解这些对于日常的饲养管理是有帮助的。

总之，了解家兔的“四觉”特性，对于我们日常的饲养管理是非常重要的，要用其利，避其弊，为养兔生产服务。

### （八）啮齿性

家兔的门齿是恒齿，出生时就有，永不脱换，且终生生长。如果处于完全生长状态，上颌门齿每年生长可达 10cm，下颌门齿每年生长 12cm，家兔必须借助采食和啃咬硬物，不断磨损，才能保持其上下门齿的正常咬合。这种借助啃咬硬物磨牙的习性，称为啮齿行为，这与鼠类相似。

正常情况下，只要饲料配合适当，粗纤维含量比例合理，饲料硬度正常，家兔牙齿得到足够的摩擦，其牙齿不会出现徒长现象，也就是说上下门齿可以保持适度的长度。但有时候发现兔子乱啃乱咬笼具现象，提示我们：饲料中粗纤维含量不足，或硬度不够。在这种情况下，应该采取必要的措施：经常给兔提供磨牙的条件，如把配合饲料压制成具有一定硬度的颗粒饲料，或者在兔笼内投放一些树枝等。有人在设置一个“磨牙棒”（一段圆木）悬挂在笼内，任其自由啃咬，可以预防乱啃笼具现象。

生产中发现，一些个体的上下门齿畸形发展，即上下门齿不能准确咬合，或往外徒长，露出口腔，或往里徒长，刺伤口腔。由于上下门齿不能叼食和切割饲料，严重影响采食。

研究表明，这是一种遗传性疾病，被称作牙齿错位，是由于上下颌颌突畸形所致。这是由染色体上的一个隐性基因（*mp*）控制，出生时难以发现，3 周后的仔兔逐渐暴露。根据笔者调查，多年没有引种的小规模群体的发病率较高，可见，近亲交配，会使这种有害基因得以纯合而使这种性状得以暴露。

对于牙齿畸形的家兔，当牙齿长到一定长度而影响采食时，及时用金属钳子将长牙剪断。此后继续生长，再次剪断。直到该兔达到出栏标准作为商品兔出栏即可。这样的兔子不可留作种用。同时，其父母也要淘汰。

## 二、家兔的食性

### （一）草食性

家兔属于单胃食草动物，以植物性饲料为主，主要采食植物的根、茎、叶和种子。家兔消化系统的解剖特点决定了家兔食性的草食性。兔的上唇纵向裂开，门齿裸露，适于采食地面的矮草，亦便于啃咬树枝、树皮和村叶；兔的门齿有 6 枚，呈凿形咬合，便于切断和磨碎食物；兔臼齿咀嚼面宽，且有横脊，适于研磨草料；兔的盲肠极为发达，其中含有大量微生物，起着牛、羊等反刍动物瘤胃的作用。

草等粗饲料不仅仅给家兔提供营养，同时也是家兔日粮结构的最重要组成部分，同时还是维持家兔消化系统机能正常的最重要因素。粗饲料的作用是任何其他饲料不可取代的。

家兔的草食性决定了家兔是一种天然的节粮型动物，不与人争粮食，不与猪、鸡争饲料，因此发展养兔业，可减缓人、畜争粮矛盾，适合在我国大力发展。

### （二）素食性

家兔喜欢采食植物性饲料，而不喜欢采食动物性饲料。只要是没有异味和霉变的植物性饲料，家兔基本全部采食。相反，一般的动物性饲料多不采食，或不喜欢采食。比如，当饲料中添加了较多的鱼粉，可能会遭到兔子的拒食。

家兔为什么不喜欢吃动物性饲料？笔者进行了试验。如果将动物饲料如猪肉直接添加到饲料中，家兔多不吃。但是，如果将同样的猪肉经过烹饪过素油炒熟后再饲喂家兔，家兔吃的很有兴趣。如果连续几次饲喂这种饲料，以后再饲喂单纯的植物性饲料，可能出现拒食或采食不积极现象。由此可见，家兔不喜欢动物性饲料是由于不喜欢动物性饲料的腥味。当对动物性饲料进行脱腥处理之后，就会改善家兔对动物性饲料的采食性。

事实上，动物性饲料的蛋白含量更高，氨基酸更平衡，营养更全面，生物学价值更理想，家兔特殊生理阶段补充一定的动物性饲料是非常必要的。比如，母兔的泌乳期添加一定的动物性饲料，可以明显提高泌乳能力。在兔子的换毛期添加动物性饲料，可以加速被毛的脱换。在长毛兔的被毛快速生长期添加动物性饲料，可提高毛产量和质量。同样，在商品獭兔的育肥早期添加一定的优质动物性饲料，会促进毛囊分化，提高被毛密度和被毛质量。

生产中曾经发生一件特殊事例。20世纪80年代初期，有人试图通过添加海带预防家兔球虫病，按照1%添加到饲料中之后，家兔出现拒食。无论将海带整喂、切碎喂、煮熟喂还是焙炒喂，兔子均拒食。海带尽管不是动物性饲料，但其有较浓厚的海腥味。当加入调味剂之后，解决了这一问题。

生产中关于动物性饲料在家兔生产中的应用需要解决几个问题：一是廉价动物性饲料资源开发。二是适口性问题，即脱腥技术研发。三是适宜的添加量。由于家兔的胃肠适应了植物性饲料，对于动物性饲料的消化需要有一个适应过程，适宜的添加量需要在实践中探索。四是动物性饲料的质量问题。生产中发现，质量不好的鱼粉饲喂家兔，不仅没有发挥营养作用，往往诱发了肠炎发生。因为家兔的消化系统的脆弱性，对饲料质量提出更高的要求。

### （三）择食性

家兔对不同的饲料的亲和度或喜欢程度是不同的。比如，在植物性饲料和一般的动物性饲料中间选择，其更喜欢采食植物性饲料；在饲草中，家兔喜欢吃豆科、十字花科、菊科等多汁多叶性植物，不喜欢吃禾本科、直叶脉的植物，如稻草之类；喜欢吃植株的幼嫩部分，不喜欢吃粗劣的茎秆；喜欢植物幼苗期，而不喜欢植物的枯黄期。据报道，草地放养家兔的日增重在20g以上，而同类草采割回来饲喂，生长速度则较慢，日增重仅为10g左右。

家兔喜欢吃粒料，不喜欢吃粉料。相关试验证明，饲料配方相同的情况下，颗粒饲料的饲喂效果明显好于湿拌粉料。饲喂颗粒饲料，生长速度快，消化道疾病发病率降低，饲料浪费也大大减少。相关研究表明，家兔对颗粒饲料中的干物质、能量、粗蛋白质、粗脂肪的消化率都比粉料高。颗粒饲料加工过程中，由于受到适温、高压的综合作用，使淀粉糊化，蛋白质的三级、四级分子结构断裂，更利于酶的消化和肠胃的吸收，可使肉兔的增长速度提高18%～20%。因此，在生产上提倡应用颗粒饲料。

在不同味道的饲料中，家兔更喜欢吃带有甜味的饲料。国外的商品饲料中多添加2%～3%糖蜜，以增加家兔的食欲。国内可以开发糖厂下脚料作为廉价饲料资源，既可提高适口性，又可降低饲料成本。而商品饲料可添加0.02%～0.03%的糖精。

家兔喜欢采食含有植物油的饲料。植物油是一种香味剂，可以吸引兔采食，同时植物油中含有家兔需要的必需脂肪酸，有助于脂溶性维生素的补充与吸收。国外家兔生产中，一般在配合饲料中补加2%～5%的玉米油，以改善日粮的适口性，提高家兔的采食量和增重速度。据调查，我国家兔商品饲料的消化能含量多数不足，若补充一定的植物性油脂，既可以提高适口性，又可以满足家兔对饲料能量的需要量。目前的难点在于一般的植物性油脂价格昂贵，开发廉价植物油脂是我们今后的研究课题之一。

### （四）嗅食性

家兔具有鼻闻习性，通过鼻子敏感的嗅觉判断饲料的优劣。生产中经常看到，添加到饲料槽中的饲料先用鼻子闻，然后决定是否采食或采食的亲疏。由于其在采食的时候一边呼吸一边采食，如果饲料中带有粉末，很容易将粉状饲料吸入鼻腔，诱发粉尘性鼻炎。因此，家兔不喜欢采食粉状饲料。20世纪80年代以前，我国饲养养兔多采用混合粉料。为了防止出现粉尘性鼻炎，常常在饲料中添加一定水搅拌均匀，将饲料粉末黏合在一起。

### （五）啃食性

家兔发达的门齿终身生长，通过啃咬较坚硬的物体磨损牙齿，以便保持牙齿保持适宜的长度。通过锐利的门齿啃咬，切断食物（如牧草、块根块茎），将食物摄入口中。但生产中发现一些异食现象，比如，啃毛、啃脚、啃木、啃墙等，多属于营养代谢性疾病。

### （六）扒食性

家兔发达的前肢长有五爪（后肢四爪），是获得饲料营养的辅助工具。在野生条件下，通过锐利的前爪，扒挖地下的植物根茎获取营养物质。家兔自己建造地下洞穴，也是以前肢为主，后肢辅助，两者配合完成。家兔的爪与门齿一样，不断生长。野生条件下，通过挖掘扒食来磨损脚爪，保持适宜的长度。但是，笼养条件下，其失去了活动的自由，脚爪得不到应有的磨损而长得越来越长，影响行走，诱发脚皮炎。因而，经常发现笼养的兔子在笼内乱扒笼具现象，是其欲磨损脚爪的行为。但有时会发现家兔扒食现象，将饲料槽中的饲料刨出，造成饲料的污染和浪费。在一些兔场，这种扒食现象相当严重，应该分析原因，及时控制。

根据笔者研究，扒食现象原因多种：一是饲料的适口性不佳，特别是有异味和霉变，兔子不喜欢采食，通过扒食表示对饲料的厌恶。二是饲料搅拌不匀，通过扒食，寻找自己爱吃的食物。三是母兔妊娠反应。在妊娠中期，一些母兔由于体内激素的异常导致情绪的波动出现厌食和性情急躁，常常出现扒食现象。不过这种现象待激素平衡后很快消失。四是扒食癖。也就是说，无论是哪一种原因引起的扒食，特别是从扒食中得到利益（如饲料搅拌不匀，通过扒食获得自己的理想食物），一旦形成习惯，采食饲料之前，先扒刨一番。

针对扒食现象，要分析原因，及时采取措施。对于扒食癖，需要矫正。一是采取饥饿法（少喂）；二是通过限制行动法（饲料槽放在笼门外侧，在笼门留有一个仅仅能以伸出头的口，限制其前肢伸出）；三是在饲料槽的内侧（兔子采食侧）上口往里内卷 0.8cm 左右的沿，阻挡外扒饲料。

### （七）食粪性

家兔的食粪特性是指家兔具有采食自己部分粪便的本能行为。与其他动物的食粪癖不同，家兔的这种行为是正常的生理现象，是对家兔本身有益的习性。只有健康的家兔才具有这种行为，患病家兔，尤其是患消化系统疾病的家兔，失去这种行为。这种行为最早于 1882 年由莫洛特（Morot）首次发现并报道，以后又有过一些研究，但直到今天仍有一些问题没有搞清。

通常家兔排出两种粪便，一种是粒状的硬粪，量大、较干燥、表面粗糙，依草料种类而呈现深、浅不同的褐色；另一种是团状的软粪，多呈念珠状一个连着一个，大小似绿豆粒，多少不一，少则几个至十几个，多的有四十多个。软粪质地柔软，表面细腻，如涂油状，通常呈浅黑色，内容物呈半流体状。相关研究发现，成年家兔每天排出软粪 50g 左右，约占总粪量的 10%。正常情况下，家兔排出软粪时会自然弓腰用嘴从肛门处吃掉，稍加咀嚼便吞咽，所以一般情况下，人们很少发现软粪的存在，只有当家兔生病时才停止食粪。家兔出生后开始吃饲料后就有食粪行为，而无菌兔和摘除盲肠的兔只，没有食粪行为。

一般认为，家兔仅采食自己的软粪，不吃硬粪。但研究发现，家兔不仅吃软粪，也吃硬粪。夜间吃软粪，白天吃硬粪。

关于兔粪形成的机制，目前研究很多，有两种学说。一种是吸收学说，是德国人吉姆博格（G. Jombag）于 1973 年提出的，他认为软粪和硬粪都是盲肠内容物，其形成是由于通过盲肠的速度不同所致，当快速通过时，食糜的成分未发生变化，形成软粪；当慢速通过时，水分和营养物质被吸收，则形成硬粪。另一种是分离学说，英国人林格（E. Leng）1974 年提出。他认为软粪的形成是由于大结肠的逆蠕动和选择作用，在肠道中分布着许多食糜微粒，这些微粒粗细不一，粗的食糜微粒，由于大结肠的正蠕动和选择作用，进入小结肠，形成硬粪；而细的食糜微粒由于大结肠的逆蠕动或选择作用，返回盲肠，继续发酵，形成软粪。粪球表面包上一层由细菌蛋白和黏液膜组成的薄膜，防止水分、维生素的吸收。

以上两种说法，难以解释家兔软粪的形成和排出机制。为什么软粪在夜间形成和排出？软粪是怎样形成的？目前尚不清楚。我们知道，粪便的形成是结肠运动而产生。家兔的硬粪之所以呈现球状，是结肠的分节运动，将盲肠排入结肠内的残渣通过结肠壁肌肉的分段收缩，分隔成一段一段的，再经过有规律地运动和向后推进，吸收多余的水分和无机盐，最后形成球状的粪便（而粪便为条状的猪等动物的粪便的形成是结肠的整体推进，而非分节运动）。经研究，软粪与盲肠内容物的成分几乎相等，也就是说，软粪是盲肠内容物直接通过结肠，而没有发生营养物质的被吸收问题。其形成机制与排出机制有待研究。

家兔的食粪行为具有重要的生理意义：

**1. 家兔通过吞食软粪得到附加的大量微生物菌体蛋白**　这些蛋白质在生物学上是全价的。此外，微生物合成B族维生素和维生素K并随着软粪进入家兔体内，并在小肠内被吸收。据报道，通过食粪，1只家兔每天可以多获得2g蛋白质，相当于需要量的1/10。家兔食粪与不食粪相比，食粪兔每天可以多获得83%的烟酸（维生素PP)、100%的核黄素（维生素$B_2$)、165%的泛酸（维生素$B_3$）和42%的维生素$B_{12}$。家兔吞食软粪，延长了具有生物学活性的矿物质磷、钾、钠在家兔体内滞留时间。同时，在微生物酶的作用下，对饲料中的营养物质特别是纤维素进行了二次消化。

**2. 家兔的食粪习性延长了饲料通过消化道的时间，提高了饲料的消化吸收效率**　试验表明，早晨8时随饲料被家兔食入的染色微粒，食粪的情况下，基本上经过7.3h排出，而16时食入的饲料，则经13.6h排出；在禁止食粪的家兔，上述指标为6.6h和10.8h。另据测定，家兔食粪与不食粪时，营养物质的总消化率分别是64.6%和59.5%。

**3. 家兔食粪还有助于维持消化道正常微生物区系**　在饲喂不足的情况下，食粪还可以减少饥饿感。在断水断料的情况下，可以延缓生命达1周。这一点对野生条件下的兔的生存意义重大。正常情况下，禁止家兔食粪30d，其消化器官的容积和重量均减少。

**4. 缓解一些营养缺乏性疾病**　无论是软粪还是硬粪，其营养含量比较特殊（表3-5、表3-6、表3-7)，而且对于家兔的营养补充是非常有益的。家兔的不同生理阶段对于各种营养素的需求量不同。当家兔处于泌乳期、妊娠期和快速生长期，对于营养的需要量增加。如果饲料中补充不足，轻则影响生产性能，重则导致营养代谢性疾病。比如，维生素缺乏症、必需氨基酸失衡所发生的一系列负效应。同样，日粮中粗纤维含量不足时，通过吃粪，尤其是通过大量的采食硬粪，使纤维物质得到补充，缓解了由于粗纤维的不足诱发的肠炎发生。

**表3-5　硬粪和软粪中主要营养含量（%）**

| 类别 | 能量MJ/kg | 干物质 | 粗蛋白 | 粗脂肪 | 粗纤维 | 灰分 | 无氮浸出物 |
|---|---|---|---|---|---|---|---|
| 硬粪 | 18.2 | 52.7 | 15.4 | 3.0 | 30.0 | 13.7 | 37.9 |
| 软粪 | 19.0 | 38.6 | 34.0 | 5.3 | 17.8 | 15.0 | 27.7 |

**表3-6　硬粪和软粪干物质中主要矿物质含量（%）**

| 类别 | 钙 | 磷 | 硫 | 钾 | 钠 |
|---|---|---|---|---|---|
| 硬粪 | 1.01 | 0.88 | 0.32 | 0.56 | 0.12 |
| 软粪 | 0.61 | 1.40 | 0.49 | 1.49 | 0.54 |

表 3-7 硬粪和软粪干物质中 B 族维生素含量（μg/g）

| 粪别 | 烟酸 | 核黄素 | 泛酸 | 维生素 $B_{12}$ |
|---|---|---|---|---|
| 硬粪 | 39.7 | 9.4 | 8.4 | 0.9 |
| 软粪 | 139.1 | 30.2 | 51.6 | 2.9 |

资料来源：谷子林，肉兔健康养殖技术问答，金盾出版社，2010。

表 3-8 家兔软粪和硬粪主要氨基酸含量（%）

| 氨基酸种类 | 软粪 | 硬粪 |
|---|---|---|
| 赖氨酸 | 1.24～1.22 | 0.66～0.42 |
| 亮氨酸 | 1.29～1.35 | 0.85～0.53 |
| 组氨酸 | 0.47～0.51 | 0.29～0.19 |
| 精氨酸 | 0.82～0.91 | 0.39～0.27 |
| 天门冬氨酸 | 1.91～2.08 | 0.93～0.59 |
| 苏氨酸 | 0.82～0.85 | 0.44～0.27 |
| 丝氨酸 | 0.73～0.72 | 0.44～0.28 |
| 谷氨酸 | 2.27～2.34 | 1.42～0.90 |
| 脯氨酸 | 0.71～0.69 | 0.66～0.46 |
| 甘氨酸 | 0.96～1.02 | 0.57～0.40 |
| 丙氨酸 | 0.99～1.06 | 0.54～0.34 |
| 缬氨酸 | 1.17～1.23 | 0.59～0.38 |
| 异亮氨酸 | 0.91～0.94 | 0.45～0.29 |
| 酪氨酸 | 0.84～0.88 | 0.28～0.19 |
| 苯丙氨酸 | 0.98 | 0.52～0.36 |
| 蛋氨酸 | 0.47 | 0.13 |

资料来源：陈桂银，周韬．兔的食粪性及其研究进展．中国养兔杂志，2004（2）：27-30。

禁止家兔食粪时，营养物质的消化率降低。据试验，当家兔处于正常状态食粪时，对颗粒饲料营养物质的消化率为 64.6%，粗蛋白消化率为 66.7%，粗脂肪为 73.9%，粗纤维为 15%，无氮浸出物为 73.3%，灰分为 57.6%；而禁止家兔食粪时，其营养物质的消化率则有所下降，营养物质为 59.5%，粗蛋白为 56.2%，粗脂肪为 73%，粗纤维为 6.3%，无氮浸出物为 71.3%，灰分为 51.8%。同时，禁止家兔食粪，其软粪的损失对物质代谢产生不利影响，已为相应的试验所证实，还会导致消化道内微生物区系的变化，使菌群减少，使生长家兔的增重减少，使成年家兔消瘦，妊娠母兔胎儿发育不良等等。

## 三、家兔繁殖特点

### （一）独立的双子宫

母兔有两个完全分离的子宫，两个子宫有各自的子宫颈，共同开口于阴道后部，而且无子宫角和子宫体之分。两子宫颈间有间膜隔开，不会发生像其他家畜那样在受精后受精卵由一个子宫角向另一个子宫角移行。

在生产上偶有妊娠期复妊的现象发生，即母兔妊娠后，又接受交配再妊娠，前后妊娠的胎儿分别在两侧子宫内着床，胎儿发育正常，分娩时分期产仔。

独立双子宫的意义在于当一侧卵巢、输卵管或子宫出现障碍，不会影响另一侧的功能，母兔照样繁殖。母兔的双子宫也为我们从事生物试验提供了难得的材料。

### （二）卵子直径大

家兔的卵子是目前已知哺乳动物中最大的卵子，直径达 160μm，同时，也是发育最快、卵裂阶段最容易在体外培养的哺乳动物的卵子。因此，家兔是很好的实验材料，广泛用于生物学、遗传学、家畜繁殖学等学科研究上。

### （三）繁殖力高

家兔性成熟早，妊娠期短，窝产仔数多，产后可发情配种，一年四季均可繁殖，是目前家养哺乳动物中繁殖力最高的。以中型肉兔为例，仔兔生后 5～6 个月龄就可配种，妊娠期 1 个月，一年内可繁殖两代。集约化生产条件下，每只繁殖母兔可年产 8 窝左右，每窝可成活 6～8 只，一年内可育成 50～60 只兔。

### （四）刺激性排卵

哺乳动物的排卵类型有 3 种：一种是自发排卵，自动形成功能性黄体，如马、牛、羊、猪属于此类；另一种是自发排卵交配后形成功能黄体，老鼠属于这种类型；第三种是刺激性排卵，家兔就属此类型。

家兔卵巢内发育成熟的卵泡，必须经过交配刺激的诱导之后，才能排出。一般排卵的时间在交配后 10～12h，若在发情期内未进行交配，母兔就不排卵，其成熟的卵泡就会老化衰退，经 10～16d 逐渐被吸收。

现代家兔集约化生产，采用人工授精技术，母兔的诱导排卵不是使用公兔的扒跨交配刺激，而是注射诱排激素，如，注射人绒毛膜促性腺激素（HCG）、促黄体素释放激素 A3（促排卵 3 号）等，效果良好。

### （五）发情周期不规律

性成熟之后的母兔，总是处于发情—休情—发情—休情……这种周而复始的变化状态。两次发情的间隔时间称作发情周期。母兔的发情周期不同于一般的家畜，有其特殊性。

**1. 发情周期的不固定性**　关于母兔的发情周期，人们有不同的认识。有人认为，母兔发情不存在周期性，卵巢上经常有数量不等的成熟卵泡，因此，任何时候配种均可受胎（在无外在发情表现的情况下，实行强制配种，也可受胎，但受胎率低，产仔数较少）；也有人认为，母兔发情有周期性，6～5d，只不过规律性差而已。母兔的发情受到环境的影响较大。比如，营养、光照、温度、天气、公兔效应（公兔的气味、公兔的活动、公兔的爬跨等）、人为因素（如捕捉、按摩、疫苗注射、药物投喂）、哺乳、疾病等，都会使母兔的发情期提前或错后。比如，在阳光充足、气候温暖的春季，母兔发情周期很短，持续期较长。相反，在日照时间短、气温低而风雪交加的冬季，母兔长期不发情。长期营养不良的母兔久不发情，而对于体况良好的母兔，发情正常。如果饲料中增加一些维生素 E、胡萝卜、麦芽等营养物质，即可促使其早发情；合理的按摩可使母兔发情，而惊吓、捕捉、疫苗注射等应激因素，会抑制母兔的发情。

**2. 发情不完全性** 完全发情包括三大生理变化：母兔的精神变化和交配欲、卵巢变化和生殖道变化。当发情时缺乏某方面的变化称作不完全发情。如有的母兔虽然外阴黏膜具有典型的发情征照，但没有交配欲，与公兔放在一起时匍伏不动；有的母兔发情时食欲正常；有的发情母兔外阴黏膜不红不肿等。一般而言，不完全发情出现的概率冬季高于春季，营养不佳高于营养良好，老龄和青年高于壮龄，泌乳期高于空怀期，公母分养时高于母兔单养，体型过大高于中等和小型个体。

**3. 发情无季节性** 家兔具有多胎高产的特性，其繁殖没有严格的季节性，只要提供理想的环境，四季均可繁殖，效果没有大的区别。但是，在自然条件下，由于四季的更替，气候的变化，日照时间变化，温度的高低及其他因素的影响，春季的繁殖力高于其他季节。

**4. 产后发情** 母兔分娩后即刻发情，远远早于其他家畜。此时配种受胎率很高。母兔产后发情也受到其他一些因素的影响。比如，营养状况良好的母兔产后发情的比例高，配种受胎率和产仔数高；而那些营养不良的母兔产后多无明显的发情表现，即便配种，受胎率和产仔数也不高；中型品种母兔产后发情率和配种受胎率均较高，而体型较大的母兔远远较中小体型母兔低。

**5. 断乳后普遍发情** 母兔在泌乳期间发情多不明显，即经常出现不完全发情，而且越是在泌乳高峰期，越不容易出现发情。也就是说，泌乳对于卵巢活动具有一定的抑制作用。当仔兔断奶后，这种抑制作用被解除，3d 后普遍出现发情。

### （六）假孕

母兔经诱导刺激排卵后可能并没有受精，但形成的黄体开始分泌孕酮，刺激生殖系统的其他部分，使乳腺激活，子宫增大，状似妊娠但没有胎儿，此种现象称为假妊娠或假孕。假妊娠的比率高是家兔生殖生理方面的一个重要特点。假妊娠的表现与真妊娠一样，如不接受公兔交配，乳腺有一定程度的发育，子宫肥厚。如果是正常妊娠，妊娠 16d 后黄体得到胎盘分泌的激素的支持而继续存在下去。而假妊娠时，由于母体没有胎盘，妊娠 16d 后黄体退化，于是母兔表现临产行为，衔草、拉毛做巢，甚至乳腺分泌出一点乳汁。假妊娠的持续期为 16～18d。假妊娠过后立即配种极易受胎。

假妊娠给生产造成一定损失，应该尽量避免假孕的发生。研究表明，公兔精液品质不良、母兔生殖系统炎症、母兔混养、断奶过晚和管理不善等是引起假妊娠的主要原因。尤其是夏季热应激对公兔睾丸的破坏作用，使我国华北以南地区秋季配种受胎率低，假孕比例增高，有的群假妊娠的比率可能高达 30%以上。为了降低假孕率，生产中常用复配和双重配的方法。发现假孕结束，马上配种，以降低假孕损失。

### （七）胚胎附植前后的损失率高

据报道，附植前的损失率为11.4%，附植后的损失率为18.3%，胚胎在附植前后的损失率为29.7%。对附植后胚胎损失率影响最大的因素是肥胖。哈蒙德在1965年观察了交配后9日龄胚胎的存活情况，发现肥胖者胚胎死亡率达44%，中等体况者胚胎死亡率为18%；从分娩只数看，肥胖体况者，窝均产仔3～8只，中等体况者，窝均产仔6只。母体过于肥胖时，体内沉积大量脂肪，压迫生殖器官，使卵巢、输卵管容积变小，卵子或受精卵不能很好发育，以致降低了受胎率和使胎儿早期死亡。

根据笔者研究，在我国养兔条件下，家兔胚胎早期的损失率比国外报道的要低很多。尤其是在农村家庭小规模饲养条件下，胚胎的损失率更低。其主要原因在于饲喂方式和饲料类型。20世纪80年代以来，笔者在屠宰场多年的调研，发现被屠宰的怀孕母兔，立即计数其胎儿数量，检查两侧卵巢的黄体数量。理论上，如果所排出的卵子全部受精，黄体数量应该等于胚胎数量。如果早期胚胎死亡，则黄体数量大于胚胎数量。调研表明，在20世纪中国农村养兔，胚胎的损失率在5%左右；进入21世纪以来，中国养兔方式发生了根本性的变化，全价颗粒饲料普遍采用，青草和青干草的用量越来越少，胚胎的损失率有一定的升高。根据笔者研究，损失率在10%左右，不同兔场有一定差异。

根据笔者研究和国内外前人的资料，引起胚胎早期死亡的主要原因为：

**1. 母兔膘情**　过肥过瘦都不会增加胚胎损失，但以过肥影响最大。

**2. 妊娠前期的营养水平**　尤其是能量水平过高，会造成胚胎的早期损失。

**3. 高温**　在妊娠早期，如果环境温度过高，会导致胚胎的早期死亡。据报道，外界温度为30℃时，受精后6d胚胎的死亡率高达24%～45%。但根据笔者观察，似乎低于此比率。

**4. 毒素**　无论是饲料中的毒素，还是代谢过程中产生的毒素，都将影响胚胎的发育而造成胚胎死亡。

**5. 子宫内环境**　子宫内环境是胚胎着床和发育的重要条件。子宫内环境的任何变化，都将影响胚胎的生存。尤其是酸碱度的变化、炎症等。

**6. 药物使用**　母兔在妊娠早期大量用药或使用的药物有胚胎毒性，会使胚胎发育终止。

**7. 应激**　对母兔的任何应激，都可能影响胚胎的发育。

## 四、家兔生长发育特点

研究表明，家兔胚胎期的生长发育以妊娠后期为最快。在妊娠期的前2/3时间内，胚胎的绝对增长速度很慢，妊娠16d时，胎儿仅重1g左右，21d时胎儿的重量仅为初生重的10.82%，在妊娠后1/3的时间内，胎儿生长很快，而且生长速度不受性别影响，但受胎儿数量、母兔营养水平和胎儿在子宫内排列位置的影响。一般胎儿数多，则胎儿体重小；母兔营养水平低时，则胎儿发育慢。

初生仔兔生长发育速度很快。家兔仔兔出生时全身无毛，两眼紧闭，耳朵闭塞无孔，各系统发育很差，前后肢的趾间相互连接在一起；生后 3d 体表被毛明显可见，4 日龄时前肢的 5 趾分开，8 日龄时后肢的 4 趾分开，6～8 日龄时耳朵的基部中央向内凹陷，出现小孔与外界相通，9 日龄时开始在巢内跳窜，10～12 日龄时开始睁眼，17 日龄后开始吃饲料，30 日龄时全身被毛基本形成。仔兔出生后体重增长很快，一般品种兔初生时只有 50～60g，1 周龄时体重增加 1 倍，4 周龄时为初生重的 10 倍，达到成年兔的 12%，8 周龄时的体重为成年兔的 40%。中型肉用品种家兔，8 周龄时体重可达 2kg 左右，即达到屠宰体重。如新西兰白兔初生重为 60g，3 周龄即达到 450g，3～8 周龄期间每天增重 30～55g，不仅早期生长速度快，饲料利用率高，耗料量低。但生长高峰期过后，生长速度骤然下降，饲料的利用率也大大降低。

**表 3-9　新西兰白兔早期增重与饲料报酬比较**

| 周龄 | 体重（kg） | 日增重（g/d） | 料重比 | 备　注 |
|---|---|---|---|---|
| 3 | 0.45 | 18.57 | 2 : 1 | 哺　乳 |
| 8 | 1.90 | 41.43 | 3 : 1 | 全价颗粒饲料 |
| 10 | 2.40 | 35.71 | 4 : 1 | 全价颗粒饲料 |
| 12 | 2.50 | 7.14 | 5 : 1 | 全价颗粒饲料 |

资料来源：全国高等职业教育“十二五”规划教材《家兔生产与疾病防治》。

仔兔断奶前的生长速度，除受品种因素的影响外，主要取决于获得母乳的多少，即母兔的泌乳力和同窝仔兔的数量。泌乳力越高，同窝仔兔越少，仔兔生长越快。这种规律在仔兔断奶后并不明显，因为断奶后的仔兔在生长方面有补偿作用。断奶前由于母兔泌乳力和同窝仔兔数量造成的体重差距，会在断奶后逐渐缩小，但最终难以达到营养始终良好的个体。断奶后幼兔的生长速度，还取决于饲养管理条件的好坏。

断奶后幼兔的日增重有一个高峰期，在幼兔营养条件满足情况下，中型兔的高峰期出现在第 8 周龄时，大型兔品种则稍晚，在第 10 周龄时。

公兔和母兔的生长发育速度有所差异。一般来说，公兔在性成熟之前生长速度快于母兔，但此后小母兔的生长发育优于公兔。母兔的生长期更长一些，因此，同品种并在相同条件下育成的母兔，总是比公兔的体重大些。

## 五、家兔被毛生长与脱换

被毛是皮肤的衍生物和附属物。兔毛生要由毛干、毛根和毛球构成。毛干露在皮肤外面；毛根斜插在真皮的毛囊内；毛球直接位于表皮之下，是兔毛纤维基部的膨大部分。包围着毛球头，是兔毛纤维的生长点。毛球中细胞的不断增殖造成了兔毛纤维的连续生长。

家兔的毛有一定的生长期，当兔毛生长到成熟的末期，因毛囊底部未分化的细胞分生逐渐缓慢，最后停止生长，毛根底部逐渐变细，从下部生长的毛根内鞘也停止分生，遮盖毛乳头顶面的细胞变成角化棒形体，而毛球和毛乳头逐渐分离，毛成为棒形，毛根上升，移到毛囊部而脱下，同时剩下来的毛乳头变小，有时收缩而消失。在旧毛脱落或脱落之前，上皮组织的细胞开始增生，新毛即在毛囊生长，毛囊下部开始变厚变长，毛乳头变大并进入毛囊底部的上皮细胞内，毛乳头以上的囊腔即充满新生的皮上块质。块质内有一层角质细胞，能看出含有透明蛋白。这层形如空锥体而口向乳头，是新生的内根鞘，此层以内的细胞形成毛的本部。家兔毛的这种生长、老化和脱落，并被新毛替换的过程，叫做换毛。家兔换毛的形式主要有年龄性换毛、季节性换毛、不定期换毛、病理换毛等。

### （一）年龄性换毛

所谓年龄性换毛，是指小兔生长到一定时期脱换毛被，而换成新毛的现象。这种随年龄进行换毛，在兔的一生中共有两次：第一次换毛约在生后 30 日龄开始到 100 日龄结束；第二次换毛约在 130 日龄开始至 190 日龄结束。

观察皮用兔的年龄性换毛，对于确定屠宰日龄和提高兔皮的毛皮质量有着重要意义。良好饲养管理条件下，力克斯兔的第一次换毛可于 3～3.5 个月龄时结束。此时若能形成完好的毛被，也不失为理想的屠宰时期，其被毛质量较好，经济效益高。但是，此时尽管换毛结束，但由于皮板不成熟，比较薄嫩，抗拉耐磨性差，因此，不是理想的裘皮原料。因此，优质兔皮是第二次年龄性换毛结束，即在生后 5～6 月时取皮。尽管消耗的饲料较多，饲养周期较长，但可以获得最理想的皮张。

年龄性换毛也受到非年龄性因素的一定影响。比如营养水平。如果营养状况良好，提供足够的兔毛生长所需要的营养素，如蛋白质、必需氨基酸，特别是含硫氨基酸和维生素等，年龄性换毛持续的时间短，换毛迅速。反之，营养不良，不仅换毛开始的时间较晚，而且持续的时间长。

### （二）季节性换毛

所谓季节性换毛，是指成年家兔（肉兔和獭兔）春、秋两季的两次换毛。当幼兔完成两次年龄性换毛之后，即进入成年的行列，以后的换毛就要按季节进行。春季换毛期在 3～4 月份，秋季换毛期在 8～9 月份。换毛的早晚和换毛持续时间的长短受多种因素影响。如不同地区的气候差异，家兔的年龄、性别和健康状况，以及营养水平等，都会影响家兔的季节性换毛。家兔的季节性换毛早晚受日照长短的影响很大，当春季到来时，日照渐长，天气渐暖，家兔便脱去“冬装”，换上枪毛较多、被毛稀疏、便于散热的“夏装”，完成春季换毛；而秋季日照渐短，天气渐凉，家兔便脱去“夏装”，换上绒毛较多、被毛浓密、有利保温的“冬装”，完成秋季换毛。家兔换毛的顺序，秋季是由颈部的背面先开始，接着是躯干的背面，再延向两侧及臀部，春季换毛情况相似，但颈部毛在夏季继续不断的脱换。

应当指出的是，家兔的季节性换毛期正是家兔繁殖的最佳时期，换毛和繁殖都需要营养，此时是气温的不稳定期，气候的变化导致家兔的抗病力降低。由于被毛的脱换容易感染疾病，特别是感冒和皮肤性疾病。处理好营养、繁殖和防病的关系，对于生产管理而言是非常重要的。

### （三）不定期换毛与病理换毛

家兔的不定期换毛是不受季节影响，能全年任何时候都出现的换毛现象，主要因为家兔的被毛有一定生长期。不同家兔兔毛生长期是不同的，标准毛家兔的兔毛生长期只有6周，6周后毛纤维就停止生长，并有明显的换毛现象，其中既有年龄性换毛，又有明显的季节性换毛。安哥拉兔的兔毛生长期为一年，所以只有年龄性换毛，没有明显的季节性换毛。皮用兔的兔毛生长期为10～12周，与标准毛兔一样，既有年龄性换毛，又有明显的季节性换毛。老年兔比幼年兔表现较强。

病理换毛是兔子患病或较长时间内营养不足或不全，以致新陈代谢紊乱、皮肤代谢失调时发生全身或局部的脱毛现象。

家兔的换毛是复杂的新陈代谢过程，换毛期间，为保证换毛过程的营养需要，家兔需要更丰富的营养物质，应给以丰富的蛋白质饲料和优质饲草，加强饲养管理，保证换毛的顺利进行。否则，换毛期延长，严重影响繁殖率。

## 六、家兔体温调节特点

家兔是恒温哺乳动物，具有相对恒定的体温。这种体温的相对恒定是依赖自身产热和散热两个对立过程的动态平衡来实现的。

家兔的体温调节方式既有行为性体温调节，也有自主性体温调节。所谓行为性体温调节是指动物通过其行为使体温不致过高或过低的调节过程。如冷的时候到阳光下温度高的地方，身体卷曲，减少散热面积，增加运动产热等。热的时候到躲到阴凉处，身体舒展，扩大散热面积等。由于家兔采取笼养，这种行为性体温调节作用很弱；而自主性体温调节即动在体温调节中枢的控制下，通过增减皮肤血流量、出汗（家兔的此种方式忽略不计）、寒战等生理调节反应，调节机体的产热和散热过程，使体温保持相对恒定的调节方式，这是体温调节的基础。

体温调节机制：机体代谢过程中释放的能量，只有不足1/3用于做功，其余都以热能形式发散体外。产热最多的器官是内脏（尤其是肝脏）和骨骼肌。冷环境刺激可引起骨骼肌的寒战反应，使产热量增加4～5倍。产热过程主要受交感—肾上腺系统及甲状腺激素等因子的控制。因热能来自物质代谢的化学反应，所以产热过程又叫化学性体温调节。

体表皮肤可通过辐射、传导和对流以及蒸发（对兔子而言忽略不计）等物理方式散热，所以散热过程又叫物理性体温调节。辐射是将热能以热射线（红外线）的形式传递给外界较冷的物体；传导是将热能直接传递给与身体接触的较冷物体；对流是将热能传递给同体表接触的较冷空气层使其受热膨胀而上升，与周围的较冷空气相对流动而散热。空气流速越快则散热越多。这三种形式发散的热量约占总散热量的75%，其中以辐射散热最多，占总散热量的60%。散热的速度主要取决于皮肤与环境之间的温度差。皮肤温度越高或环境温度越低，则散热越快。当环境温度与皮肤温度接近或相等时，上述三种散热方式便无效。如环境温度高于皮肤温度，则机体反而要从环境中吸热。

皮肤温度决定于皮肤的血流量和血液温度。皮肤血流量主要受交感—肾上腺系统的调节。交感神经兴奋使皮肤血管收缩、血流量减少，皮肤温度因而降低。反之，则皮肤血管舒张，皮肤温度即行升高。所以说皮肤血管的舒张、收缩是重要的体温调节形式。对于家兔来说，耳朵是重要的散热器官，其表面极大，血管分布丰富，对于体温调节起到一定作用。而公兔的阴囊是不可忽视的散热器官，其表面积大，伸缩性强，散热效率高，对于夏季保护睾丸免受热应激发挥积极作用。

家兔体内的一切生命活动都会产生热量，其中以肌肉、内脏和各种腺体的活动产热最多，饲料在消化道中发酵所产生的热量也是家兔热量来源；由于家兔汗腺退化，散热方式以辐射、传导和对流为主，包括体表皮肤散热、呼出气体散热、吸入的冷空气和进入体内的饮水及食物提高温度而散失的热量，以及排泄粪尿散失热量等。

家兔体表面有很厚的被毛形成热保护层，依靠皮肤散热很困难，所以，呼吸散热成为家兔散热的主要途径。当外界温度升高时，家兔依靠增加呼吸次数，呼出气体、蒸发水分的方法来散热，借以维持体温的恒定。相关研究表明，当外界温度由20℃上升到35℃时，呼吸次数由每分钟42次增加到282次。但是，家兔依靠增加呼吸次数来维护体温的能力毕竟是有限度的，长时间的高温环境会使家兔喘息不止，体温升高，进而出现热应激反应，所以高温对家兔的危害极大。外界温度长期维持在32℃以上时，家兔会出现生长发育速度和繁殖效果均显著下降的现象；长期处于35℃以上高温条件下，家兔常常发生死亡。

不同年龄家兔的热调节机能不同，当环境温度由25℃升高到30℃时，45～75日龄的幼兔的体温为39.7℃，而老龄家兔为40.7℃；当气温由30℃升高到35℃时，45日龄家兔体温为39.9℃，而成年家兔高达43.3℃。所以，成年家兔比较不耐高温。

家兔的热调节特点还表现仔兔初生后体温由不恒定到逐渐恒定的过程中。实验测定，初生10d内仔兔体温依赖于环境温度，10d以后才逐渐达到恒定温度，仔兔30日龄毛被基本形成时，对外界环境才有一定的适应能力。初生仔兔窝内最适温度为30～32℃，而环境温度须在25℃以上才能达到。仔兔耐热不耐冷，是因为仔兔初生时没有被毛，缺少保温层，产热量不敷支出，故体温随气温的变化而波动。初生仔兔体温调节能力差，体温不稳定，外界环境温度对仔兔影响很大。如将仔兔从窝中取出，置于低温下，半小时内仔兔体温下降至20.5℃，所以，寒冷的冬季常常造成死亡。为提高仔兔的成活率，应根据仔兔体温调节特点，为仔兔提供较高的环境温度，保证仔兔正常的生长发育和成活率。

成年兔的正常体温为38.5～39.5℃，个体间体温差异为0.5～1.2℃。成年兔体温夜间比白天高0.2～0.4℃，说明家兔夜间活动比白天频繁；夏季比冬季高0.5～1℃。

家兔的体温调节决定于临界温度。所谓临界温度，是指家兔体内的各种机能活动所产生的热，大致能维持正常体温，家兔处于热平衡的适意状态的温度。在一定的外界温度条件下，家兔处于安静状态，机体的各种物质代谢过程协调一致地进行，使体温保持在一定水平上，即家兔机体所产生的热量，相当于向外界散发的热量，达到热平衡状态。

家兔适应的环境温度范围为5～30℃，处于该温度范围内的家兔，代谢率低，热能消耗少；高于或低于该范围温度，均能使热能损耗增加。气温在15～25℃的范围内，家兔的基础产热量不发生改变，是家兔最适宜的温度。当气温降至15℃以下时，其产热量提高；当气温提高到25～35℃范围时，产热量则下降；当气温过高时，家兔除改变新陈代谢外，还要通过呼吸散热方式来维持其体热平衡。

除仔兔和幼兔需要较高的环境温度外，家兔一般惧怕高温环境，但比较耐寒。在防风、防雨雪条件下，家兔能长期忍受0℃以下的气温。但这种低温环境会影响家兔的生长发育和正常繁殖，并增加饲料的消耗。

总之，应根据家兔体温调节特点，不论是用于生产的商品兔，或是用于生殖的公母兔，以及初生的仔兔，都需创造一个适宜的温度条件，以保证家兔繁殖与生产顺利进行。

## 七、家兔主要行为学特征

利用家畜行为学原理研究不同饲养管理状态下家兔的行为及其相互关系，了解家兔的生活模式，创造适合于家兔习性的饲养管理条件，以提高养兔生产的效率与效益。

### （一）领域行为

领域行为是指动物在一段时间内有选择地占领一定的空间范围，排斥其他同种动物个体的进入，被占领的这一空间被称为领域。领域行为又被称作护域行为，是指保卫领域的有关行为，占领一个空间的可以是一个个体，一对配偶，一个“家庭”，或一个动物群体。一般的动物均或多或少地存在这种现象，尤其是野生肉食性动物，有明显的领域行为。

动物在保卫领域时有 3 道防线：

**1. 警告** 靠发出的特种声音向可能入侵者发出信号警告，这对远距离的潜在入侵者有了提醒后驱赶使用。家兔一般很少发出声音，但见到入侵者之后心跳和呼吸加快，鼻孔发出较短促的气流。

**2. 特定的行为显示** 当侵犯者不顾警告非法到领域边界时，便采取各种特定的行为炫耀来维护自己的领域，即做出各种动作给对方，一边驱赶中距离的范围内的实际入侵者。家兔的炫耀行为强烈的顿足，发出有强有力的“啪啪”声。

**3. 驱赶和反击** 如果入侵者仍然坚持侵犯领域的话，领域主人便采取驱赶和攻击的行为。家兔只有向入侵自己领域的同类（一般为公兔）进行撕咬和挠斗。

领域行为类型大致分为摄食领域、繁殖领域、配偶领域和群体领域。

野生穴兔在野外以定居方式生活，其领域范围取决于周围环境中食物的供应状况，利用腺体分泌物或排泄物来标记它们的领域。家养条件下，人们要给家兔提供永久性住处与有保护设施的安静环境。被突然的喧闹声、惊吓以及异味等惊动的第一只兔，会以顿后肢的方式通知伙伴。为使家兔不受惊吓，工作人员在舍内操作时动作要轻，同时切忌聚众围观和防止其他动物进入，给家兔创造一个安静的环境。

当给家兔更换笼具时，它首先以嗅觉不断探测新环境，竭力将新环境中的气味铭记下来。公兔的领域行为比较特殊，如将其放入母兔笼中，它首先四处嗅闻，用嗅觉来标记这新的环境，经过一番嗅闻后，公兔才开始追逐爬跨母兔，若母兔未发情或发情未到旺期，则母兔就会试图赶走这个“入侵者”，交配不易成功。如将发情母兔放入公兔笼中，公兔和母兔都会很快产生性反应，配种容易获得成功。

尽管家兔的领域行为远远弱于野生的穴兔，但在生产中还是经常看到的。其领域行为不仅仅发生在兔子之间，有时候对于人也有一定的敌对表现。比如，当有人进入笼养家兔的旁边，尤其是公兔的笼子附近时，兔子对于闯入自己身边的陌生人表现出敌对的态度，先用双眼紧紧盯住对方，尔后双脚拍击踏板，以示抗议，随后对准人排尿。其排尿的准确性很强，以前肢为支点，后肢用力，转动后躯，将尿液甩到人的脸上。

### （二）争斗行为

家兔具有同性好斗的特点，与性行为联系时更为突出。两只公兔相遇，都会发生争斗。争斗不仅仅发生在为了争夺配偶的情况下，也发生在不为争夺配偶而相遇的情况。二者首先通过相互嗅闻，辨别对方的“身份”，如果确实为雄性，便发生争斗。如双方力量悬殊，则弱者逃，强者追；如双方力量相当，则争斗异常激烈，往往咬得头破血流，皮开肉绽。争斗时，双方都企图攻击对方的要害部位，如睾丸、阴茎，或者咬对方的头部、大腿、臀部。为了占据有利位置，双方都试图迂回到对方前后躯。经过争斗的试探，弱者往往选择逃逸，或认输，钻到对方的腹下任其处置。决出高低之后，战争平息。

两只母兔相遇偶尔也会发生斗殴，但远不如公兔那样激烈。

同性（主要指雄性）好斗是动物界的普遍现象。在野生条件下是建立动物序列的手段，也是保护领域的手段。但在家养条件下，这种行为会对动物本身造成伤害，对生产造成影响。因此，应该避免家兔之间的咬斗现象。

### （三）采食行为

家兔具有啮齿行为，常通过啃咬坚硬的物体（如兔笼、产仔箱以及食槽等）磨牙，以保持牙齿的适当长度和形状。喂料前，饲养员走近兔笼时，这种行为表现更为激烈。

家兔食草时，是一根一根从草架内拉出，对饲草进行选择性地采食。首先选择幼嫩多汁的叶片，尔后再吃茎及根部，但吃完草叶所剩下部分连同拖出的草，往往落到承粪板上造成浪费。家兔采食短草时，下颌运动很快，每分钟可达170～200次。家兔有扒槽习性，常用前肢将饲料扒出草架或食槽，有的甚至将食槽掀翻。家兔对料型、质地等有明显的选择性，喜欢吃有甜味的饲料和多叶鲜嫩青饲料，喜欢吃颗粒饲料。自由采食情况下，家兔的采食次数夜间多于白天。

### （四）饮水行为

家兔体内含水约70%，幼兔还要高些。水对饲料的消化、可消化物质的吸收、代谢产物的排泄以及体温的调节过程起很大的作用。

家兔是夜行性动物，夜间饮水量约为全天的60%以上。家兔通常在采食干饲料后饮水，每日饮水量约为干物质消耗量的2～2.5倍，青饲料供应充足时，饮水量相对较小。寒冷的冬季饮水量明显减少，而炎热的夏季，饮水量可达采食量的4～5倍之多。如果喂饲干料而不供给充足的饮水，采食量会随之下降，生长发育也受到明显影响。哺乳期的母兔、仔兔和生长兔，供水不足时，明显影响泌乳和生长发育，尤其在环境温度较高的情况下更是如此。

家兔饮水是通过吮吸方式，间断性进行，一日多次。但当口渴严重时，一次的饮水量也很大。因此，乳头式饮水器安装要适当高一些，使之仰头喝水，防止水滴外流；如果使用其他容器具，应该安装的低一些，使其低头喝水，以方便吮吸动作的完成。

通常人们把一些全群性预防性药物（或营养添加剂）投放在饮水中，为了保证兔子在短时内喝掉应该获得的药物，防止药物长时间在饮水中的分解，应该在饮水之前停水 2h（夏季宜短，冬季宜长，其他季节酌情）。

使用自动饮水器有时候会出现水管堵塞现象，偶尔也会忘记补充水源。当兔子得不到饮水之后，往往用力啃咬饮水器乳头。当发现兔子啃咬饮水器时，应该考虑是否饮水系统出现故障。

### （五）食粪行为

家兔具有吃自己粪的特性，包括软粪和硬粪。吃粪时，其头通过两前肢中间或一肢的外侧转向后躯，嘴对准肛门，协助直肠蠕动排便，粪便一排出肛门即被摄入口中，然后抬起头开始咀嚼。其实兔子咀嚼并非将粪便咬碎，而是通过这种咀嚼运动，刺激唾液的分泌，以便于将粪便吞咽下去。一般来说，家兔不吃落到地板上的粪便。家兔吞食软粪的动作非常娴熟，很少将软粪落到外面。但偶尔也会发生散落在踏板上的现象。家兔患有疾病时一般停止食粪。

### （六）性行为

有配种能力的公兔和母兔相遇，不论母兔是否发情，公兔都有求偶的表现。相遇时，公兔先嗅闻母兔的体侧，再嗅闻母兔的臀部和外阴部，若母兔此时已发情并达旺期，经公兔追逐后略逃数步，即蹲伏让公兔爬跨；若母兔发情不足或未发情，则拒绝公兔爬跨，这时会出现母兔逃跑、公兔紧追或超前拦住母兔、将头伸至母兔腹部并拱母兔的乳房等情况，如母兔蹲伏不动，公兔又会很快跑到母兔后面企图爬跨交配，或爬跨母兔头部以刺激母兔。有的母兔未发情，不仅拒绝爬跨，还会与公兔咬斗。

公兔和母兔在求偶过程结束后即进入交配阶段。交配时，母兔蹲伏，待公兔爬跨时后躯稍抬起，表示迎合；接着公兔以两前肢紧紧扒住母兔腹部，后躯不断移动调整成最佳姿势；公兔阴茎插入并抽动数次，臀部不断抖动，随之猛地向前一挺，接着后肢卷缩，倒向母兔一侧，发出“咕咕”叫声，表示射精结束，并随即爬起离开母兔。

母兔配合不好或阴毛过长，会影响公兔的爬跨和抽动，这时公兔会跳下并再度爬跨和抽动，如反复多次仍交配不上，公兔会将再次搓弄母兔，拱母兔的乳房甚至推动母兔，接着再爬跨，直至达成交配。交配结束，公兔在离开母兔之前用头拱一下母兔；交配顺利，公兔再三顿足，与母兔并排站立或蹲坐在一旁，舔身上或四肢毛，对母兔不再理睬。交配结束后的母兔同样有舐毛行为。

公兔的性恢复能力很强，第一次交配结束之后，再次交配仅仅需要几分钟到十几分钟。其这种性机能恢复能力是家养哺乳动物中唯一的。在放养条件下，性欲旺盛的公兔一天可以交配 5～10 次甚至更多，但连续几天便体力不支而衰竭。在笼养条件下，公兔一天的交配次数一般控制在 2 次以内。

母兔在发情旺盛期表现极大的交配欲望。将其放入公兔笼中而公兔没有反应或反应不强烈，会导致母兔出现“反客为主”的“急躁”情绪，反过来爬跨公兔，并作出高频率的交配动作，以刺激公兔。

### （七）妊娠和分娩行为

母兔妊娠以后，性情温顺，行动稳重，食欲增加，采食以后即伏卧休息，腹部日渐膨大。临产母兔食欲下降，但仍愿采食青绿饲料，同时出现啃咬笼壁和拱食槽现象。移入产房或产仔箱后，母兔表现更为兴奋，将草拱来拱去，四肢作打洞姿势，在产前 2～3d 开始衔草做窝，并将胸部毛拉下铺在窝内。这种行为持续到临产，大量拉毛出现在产前 3～5h。拉毛或衔草时，常常抬头环顾四周，遇有响声即竖耳静听，确认无事后再继续营巢。母兔产前尤其需要安静的环境。

母兔拉毛是一种正常的生理现象。其拉毛的诱发是体内促乳素的释放和乳腺的分泌。当乳腺细胞有较多的乳汁分泌，使乳房胀满时，母兔有“痛痒”之感。因此，用嘴去拉乳房周围的被毛。其拉毛与否和拉毛多少是判断母兔乳腺分泌是否的标志，也是以后产奶量高低的判断依据之一。母兔拉毛的生理意义在于：①刺激乳腺分泌和催产素的释放；②暴露乳头便于仔兔捕捉乳头吮乳；③拉下的被毛是仔兔御寒的最佳“毛被”，对于不具备体温调节机能的仔兔早期存活具有重大意义。因此，当有些母兔在产前没有拉毛时，可以在产后进行人工辅助拉毛。

母兔妊娠期间是否出现“发情”？是否接受交配？经观察，母兔在妊娠期间外阴会出现短暂的红肿现象，有的母兔也会接受交配。这是体内雌激素分泌的缘故。但多数母兔拒绝交配，并发出低沉的“咕咕”呻吟声，以示拒绝或哀求。如果强行交配，有发生早期流产现象，应引起重视。因此，生产中不宜采用“试情法”进行妊娠诊断。

母兔在妊娠期间，由于激素的大量释放而出现短暂的异常现象：狂躁不安，采食不定，扒食，甚至掀翻饲槽。这属于一种“妊娠反应”。一般来说此现象时间不长便消失，也不会引起大的不良后果。

母兔在临产时，母兔静卧在窝的一侧，前肢撑起，后肢分开，弯腰弓背，不时回头观望，同时不断舔舐外阴，努责引起尾根抽动，这是即将产仔的征兆。当尾根抽动和舐外阴频率加快时，很快就产出第一只仔兔，这时母兔将仔兔连同胎衣拉到胸前，咬破胎衣，咬断脐带，并将胎衣胎盘吃掉，舔去仔兔身上的黏液，再舔外阴。后来产出的仔兔则重复上述动作。如果产仔间隔短，母兔来不及舔净每个仔兔，待全部产完后再舔。产仔间隔长的，除有充分时间舔净已出生的仔兔外，还可将外阴周围及大腿的血污舔净，有时还吃掉带血的毛。

母兔产仔时，往往第一个出生的仔兔需要的时间最长，尤其是怀胎儿数量较少的时候，第一个胎儿可达半小时之久。一旦第一个胎儿产出，此后产仔便非常顺利，一般间隔为 40～60s，短的十几秒，长的可达 1～3min。整个分娩持续时间为十几分钟到半小时，个别的可超过半小时，甚至更长。

当母兔在分娩期间受到强烈应激，会导致分娩的暂停现象。而这种暂定时间长短不一，有的 1～2h，有的可达半天到一天。因此，母兔分娩时要保持环境安静，防止母兔受到干扰。

母兔分娩一般顺利，不需要人的助产。因为它本身是一名最好的助产师。其分娩期间头伸向后躯，配合子宫肌肉的收缩，嘴对准阴门按压和啃舔，帮助胎儿顺利产出。有时发现仔兔头部有暗红色淤血现象，这是母兔自己助产所致，一般没有大碍。

### （八）哺乳行为

仔兔出生后即寻找乳头吮乳，母兔则边产仔边哺乳，有的仔兔在母兔产仔结束时已经吃饱。12 日龄以内的仔兔除了吃奶就是睡觉。这个阶段母兔哺乳行为是主动的，哺乳时跳入窝内并将仔兔拱醒，仔兔醒来即寻找乳头，仔兔吸吮时多呈仰卧姿势，亦有侧卧或伏卧的。母兔弓腰收腹，四肢微曲，调整腹部高度，以方便仔兔吃奶。仔兔吸吮时除发出“喷喷”响声外，后肢还不停移动以寻找适当的支点便于吸吮。仔兔吃奶并不像仔猪那样有固定的奶头，而是一个奶头吸几口再换一个。吸吮时总是将奶头衔得很紧。哺乳结束时，有的仔兔因未吃饱而被母兔带到窝外（即吊乳现象），如发现不及时常被冻死，产生吊乳的主要原因是母奶不足和母兔受到惊吓。4 日龄以内的仔兔吃饱时，皮肤红润，腹部绷紧，隔着肚皮可见乳汁充盈，这说明母乳充足。

在自然状态下，母兔产仔后的哺乳次数一般 1d 1 次，多在黎明前后。一些泌乳量高的母兔 1d 哺乳 2 次，早、晚各 1 次，相隔 12h 左右。仔兔开眼之后，由于仔兔可以看到母兔，因此，母兔的喂奶多为被动，被仔兔“逼迫”喂奶，其喂奶次数明显增多，一般 3～4 次，有的次数更多，直至断奶。

# 第四章

# 兔舍建筑与环境控制

## 第一节　家兔对环境的基本要求

### 一、家兔对环境温度的要求

家兔的平均体温为38.5～39.0℃，在不同的环境温度下，家兔通过一系列生理活动进行体热的调节，保持体温的相对恒定。家兔在新陈代谢的生命活动和生产过程中伴随物质和能量的转化，随时在产热，而体内产生的这些热量又通过辐射、对流、传导和蒸发等方式散失到环境中。在低温条件下，家兔通过提高代谢水平来增加自身产热和减少热量的散失来保持体温恒定；在高温环境下，则控制自身产热量减少和增加散热量来维持体温恒定。

蒸发散热是指家畜的皮肤和呼吸道表面水分从液态转化为气态而带走的汽化热。家兔是恒温动物，全身被毛，汗腺很不发达，仅在唇边有少量汗腺，因此，家兔体表的蒸发散热量较少，主要依赖上呼吸道的蒸发散热。家兔通过呼吸频率和咽喉煽动的调节，来增加或减少通气量和水分蒸发量，达到调节散热的目的。尤其在高温条件下，体表与环境之间的温差变小，体表非蒸发散热减少，更多依靠呼吸道的蒸发散热。表4-1是家兔在不同环境温度条件下蒸发散热的变化。

**表4-1　家兔在不同环境温度下体热散发的变化**

| 环境温度（℃） | 总散热（W/kg） | 蒸发散热量（W/kg） |
|---|---|---|
| 5 | 5.3±0.93 | 0.54±0.16 |
| 10 | 4.5±0.84 | 0.57±0.15 |
| 15 | 3.7±0.78 | 0.58+0.17 |
| 20 | 3.5±0.76 | 0.79±0.22 |
| 25 | 3.2±0.32 | 1.01±0.23 |
| 30 | 3.1±0.35 | 1.26±0.38 |
| 35 | 3.7±0.35 | 2.00±0.38 |

资料来源：Gonzales等，1971。

传导散热是兔体将热量传递给与它相接触的物体的过程。传递热量的多少取决于兔体与接触物体间的温度差、接触面积及所接触物体的导热性能等。由于现代家兔养殖多采用笼养，不接触地面，直接接触兔笼底网及侧网片，所以这种方式对家兔散热影响较小。

对流散热是畜体在与空气接触时，由于空气的流动而引起畜体与空气之间的传热，不仅发生于动物的体表，也可发生于动物呼吸道表面。外界空气温度和气流会对家兔的对流散热有较大影响。气温越低，越有利于增加对流散热，当气温接近家兔体温时，会严重影响到对流散热；较大的风速可以促进对流散热，气温越低，风速的作用越显著。

辐射散热是兔体表以辐射电磁波的形式散热的方式，散热量跟环境温度相关，环境温度越低，散热量越大。

在低温环境家兔主要通过辐射、对流、传导等非蒸发散热方式散热，家兔通过改变耳部温度、躯体姿势、被毛形态等来调节对流和辐射散热量。当温度较低时（低于10℃），家兔蜷缩身体，耳朵贴于背部上，以缩小身体散热面积；同时，被毛竖立，增加被毛内空气缓冲层的厚度，从而减少辐射和对流散热量。当环境温度较高时（25～30℃），家兔舒展身体，耳朵竖立，被毛伸展，增大皮肤与空气的接触面，促进对流和辐射散热。此外，由于家兔耳朵面积大，通过调节耳部温度，改变耳朵表面与环境之间的温差，可以减少或增加热量的散失。例如冬季气温低时，耳部毛细血管收缩，血流减缓，耳部温度下降，耳部散热量减少；在夏季气温高时，耳部毛细血管扩张，血流加速，耳部温度升高，增加耳部热量的散失。表4-2是家兔耳缘温度和体温随外界气温的变化。

**表4-2　在不同环境温度下家兔体温和耳缘温度的变化**

| 环境温度（℃） | 体温（℃） | 耳缘温度（℃） |
|---|---|---|
| 5 | 39.3±0.3 | 9.6±1.0 |
| 10 | 39.2±0.2 | 14.1±0.8 |
| 15 | 39.1±0.1 | 18.7±0.6 |
| 20 | 39.0±0.3 | 23.2±0.9 |
| 25 | 39.1±0.4 | 30.2±2.5 |
| 30 | 39.1±0.3 | 37.2±0.7 |
| 35 | 40.5±0.8 | 39.4±0.47 |

资料来源：Gonzales等，1971。

当环境温度高于家兔体表温度时，辐射、对流、传导等非蒸发散热方式失效，家兔只能通过蒸发散热（主要是呼吸道蒸发）来维持体温恒定。家兔散热的特点使其能够适应寒冷的环境，但对炎热环境的耐受力较差。对于成年家兔，适宜的环境温度为13～20℃，临界温度（等热区）为5～30℃，超出这个范围就会引起家兔的热应激或者冷应激。高温条件下家兔会出现不同程度的热应激反应，表现为采食量下降，饲料转化率降低，繁殖性能下降，生长增重减缓，体质下降，抗病能力减弱，发病率和死亡率升高。当环境温度超过24℃时，家兔的流涎和流涕的发生率增加；当环境温度超过27℃，而且相对湿度较高时，家兔容易因为散热困难出现中暑；环境温度35℃以上时，家兔无法有效调节自身的散热，体内积热，体温开始升高，表现为食欲减退，发育缓慢，繁殖性能下降，开始出现中暑死亡的现象；气温达到 40℃时，会出现严重的喘气和流涎；致死温度为 42.8℃。

繁殖公兔对于温度的要求更为苛刻，在温度达到 28℃以上时，繁殖机能受损，表现为性欲下降，精液量下降，精子密度和活力降低，死精率升高。公兔持续处于高温环境下会造成暂时性的不育，处于 30℃以上的环境温度 5d 以上，公兔睾丸曲细精管上皮变性，生精细胞凋亡，暂时失去繁殖能力，加上兔正常精子生成周期为 51d，精子在附睾贮存的时间为 8～13d，因此，这种高温造成的暂时性不育会持续 45～70d。这也就是家兔秋天繁殖困难的原因，是夏季高温对繁殖性能不良影响的滞后表现。

繁殖母兔在高温条件下采食量和饲料转化率降低，受胎率、产仔数、初生窝重、泌乳量和断奶成活率会降低。繁殖母兔的受胎率在夏季和秋季显著低于冬季和春季，高温主要会造成受精失败，或者早期胚胎死亡，从而造成受胎率的降低。妊娠期间，胎儿代谢的产热给妊娠母兔散热带来更大的负担，导致母兔采食量下降，营养供给不足，开始动用自身储备的营养满足胎儿的需要，会使体内积累大量酮体，所以母兔在高温条件下会中暑死亡或者产后出现酮病死亡。对于哺乳母兔，泌乳量在夏季显著降低，无法为仔兔提供足够的营养。在 30℃下的泌乳量显著低于 5℃的低温条件。由于高温造成的妊娠期和哺乳期的营养供给不足，胎儿会出现严重的发育不良，初生体重、断奶体重、断奶成活率会显著降低。

育肥兔所需的适宜温度为 10～20℃。高温会使育肥兔采食量下降，饲料利用率降低，直接影响育肥兔的增重。育肥兔的增重在夏季高温条件下是最低的。

高温环境下，家兔为了增加散热，会调节自身被毛的生长状况，被毛的生长和毛囊的发育变缓。表现为被毛稀疏，生长缓慢，绒毛数量减少，密度降低，所以冬季皮毛质量好于夏季。长毛兔在 12～25℃环境下，产毛状况最佳，超过 28℃会显著影响产毛。

对于仔兔，由于体表的被毛少，自身的保温能力差，体温调节能力不健全，所以需要较高的环境温度，初生仔兔的适宜环境温度为 30～32℃，低于 28℃就会显著影响仔兔的存活，一般要求舍内温度 20℃以上。幼兔在温度为 18～21℃的条件下生长最快。在冬季，保温对于提高仔兔成活率非常重要，要求产仔箱有良好的保温效果，可以使用稻草、刨花等作为垫料，有利于保温和保持产仔箱干燥。

家兔虽然耐寒，但持续的低温环境会对其生产造成影响。当温度降到临界温度以下时，家兔主要依靠增加体内营养物质的氧化产热，饲料转化率降低，维持需要明显增加；家兔会蜷缩在一起，呼吸变缓，减少热量的损失。幼兔表现为生长缓慢，发病率高；育肥兔表现为日增重下降，饲料转化率降低；种兔表现为性欲低下，受胎率降低。

## 二、家兔对环境相对湿度的要求

野生兔为穴居，适应洞穴中的高湿环境，家兔也具有这一特点，对高湿环境有一定的耐受能力，对于低湿环境较为敏感。家兔适宜的环境相对湿度为 60%～75%。空气湿度影响家兔的高低温时的体热调节，也是诱发一些疾病的主要因素。

### （一）高湿度对家兔体热调节和健康的影响

通常在适宜的温度条件下，高湿度（>80%）不会直接对家兔造成危害，但是在高温条件下高湿度会阻碍家兔的散热。在高温条件下，家兔的体温与周围空气温度差减小，对流和辐射散热大幅降低，更多地需要通过呼吸道蒸发散热来弥补体表散热量的减少，但是高湿度会抑制呼吸道水分蒸发，导致散热困难，体内积聚热量，体温升高，到一定程度就会出现中暑虚脱，所以控制环境湿度在合理的范围内有助于缓解热家兔的热应激。

评价环境温湿度对家兔的影响时，单纯考虑温度和湿度都是片面的，需要将两者综合分析，才能准确评价环境的舒适度。温湿指数（Temperature humidity index，THI）是将气温和气湿两者相结合来评价炎热程度的指标，原为美国气象局用于评价人类在夏季炎热天气条件下感到不舒适程度的一种方法，后来被应用于畜禽。Marai 等（2001）修改并用于家兔的温湿度指数公式可用于评价兔舍内局部热环境状况。公式为

$$THI = Td - [(0.31 - 0.31RH)(Td - 14.4)]$$

式中，$Td$ 为干球温度（℃），$RH$ 为相对湿度（%）。

家兔的温湿指数评价热环境的标准为：$THI \leqslant 27.8$ 为无明显热应激的环境；$27.8 < THI \leqslant 28.9$ 时为中等程度热应激环境；$28.9 < THI \leqslant 30$ 为严重热应激环境；$THI > 30.0$ 为非常严重的热应激环境。

冬季低温高湿环境会使家兔的体感温度降低，潮湿空气的导热性高，吸热能力远高于干燥空气，因此，潮湿环境中家兔的辐射和对流散热增加，热损耗增加，会使家兔感觉更冷。低温高湿度环境易引起感冒和各类呼吸道疾病，而且低温高湿环境有利于病原菌和寄生虫的滋生，容易引起家兔的癣、疥等皮肤病高发，以及球虫病的流行。

### （二）低湿度对家兔体热调节和健康的影响

当周围空气湿度过低时（<40%），空气过于干燥，易使家兔皮肤干裂、黏膜干燥，引起皮肤病、呼吸道疾病。此时若环境温度很高，不仅会引起呼吸道黏液的分泌紊乱，而且会因为呼吸道过度蒸发使含有病原微生物的液滴浓缩，促使它们更容易穿过呼吸系统，引发呼吸道疾病。

## 三、家兔对空气质量和通风换气的要求

### （一）家兔对空气质量的要求

家兔呼吸和粪尿的分解会改变舍内的空气组成，不仅仅是氮气、氧气和二氧化碳比例的变化，粪尿分解还会产生氨气、硫化氢等恶臭气体，加上兔舍外围护结构的隔离作用，若舍内与舍外的空气流通不足，这些气体就会在室内积累，直接危害舍内人畜的健康。兔舍中常见有害气体有氨气、硫化氢和二氧化碳，其中以氨气的危害最大。

**1. 氨气** 氨气为无色有刺激性的气味，极易溶于水，水溶液呈弱碱性。氨气比空气轻，所以舍内氨气的浓度呈现上层浓度高，下层浓度低的分布，但在兔舍潮湿的地面（粪尿）附近氨气浓度也较高。

兔舍中氨气主要来自于微生物对尿液的分解，其含量主要受养殖密度、通风排水状况、清粪工艺的影响。养殖密度大，通风排水不良，粪尿清理不及时都会造成舍内氨气浓度过高。舍内空气湿度高时，潮湿的地面和墙壁易吸附氨气，通风时不易排出。所以保持

舍内干燥，及时排出尿液对减少氨气的产生非常重要。

氨气是兔舍中对家兔健康危害的最大的有害气体。家兔对氨气很敏感，要求舍内浓度低于 15.2mg/m$^3$。当舍内氨气浓度达到 15.2～22.8mg/m$^3$ 时，会使家兔的免疫力显著下降，损伤家兔的上呼吸道，容易造成细菌如巴氏杆菌、布鲁氏菌的感染，使呼吸道疾病的发病率升高；当氨气浓度大于 22.8mg/m$^3$ 时，可直接引起呼吸道的碱灼伤，引起支气管炎、肺炎，甚至因呼吸中枢麻痹而死亡。家兔长期处于低浓度的氨气环境中，其健康也会受到影响，抵抗力和免疫力低下，易感染各种疾病。在我国北方地区，尤其东北地区的兔舍，冬季由于保温需要，多数兔舍氨气超标，家兔呼吸道疾病频发，严重威胁家兔安全生产。

**2. 二氧化碳**　二氧化碳为无色、无臭、略带有酸味的气体，比空气重。兔舍越靠近家兔和地面，二氧化碳浓度越高。

二氧化碳本身无毒性，但长期处于高浓度二氧化碳环境下，家兔会出现慢性缺氧，造成生产力下降，体质衰弱，免疫力低下等。兔舍中的二氧化碳一般不会达到造成危害的程度，其浓度的主要的意义是作为指示舍内空气污浊程度和通风换气状况的指标，当二氧化碳的浓度升高时，表明其他有害气体的浓度也相应处于较高水平，空气污浊，需要加强通风换气。一般情况下，建议兔舍中二氧化碳浓度不高于 0.15～0.20%。

**3. 硫化氢**　硫化氢是一种无色、臭鸡蛋气味的刺激性气体，易溶于水，可感受的阈浓度为 0.92mg/m$^3$。

兔舍内的硫化氢由粪便中含硫有机物经微生物分解产生。硫化氢易被呼吸道黏膜吸收，对黏膜产生强烈刺激，引起呼吸道和眼部炎症。经肺泡进入血液的硫化氢部分被氧化成无毒的硫酸盐排出体外，而游离于血液中未被氧化的硫化氢可以与氧化性细胞色素酶结合，使酶失去活性，影响细胞的氧化过程，表现为全身中毒。高浓度的硫化氢能使呼吸道中枢麻痹，造成动物窒息死亡。在低浓度下，长期处于其中，动物也会出现植物性神经功能紊乱，造成体质下降，体重减轻，免疫力下降、生产力下降等。要求兔舍空气中的硫化氢浓度低于 10mg/m$^3$。据笔者在生产中的实际测定，一般情况下兔舍硫化氢含量不会超标。

**4. 尘埃**　粉尘、灰尘对家兔的健康和毛皮的品质都有影响。灰尘落在家兔体表，与皮脂分泌物、兔毛、皮屑等混合附着在皮肤上，影响皮肤的正常代谢，降低兔毛的品质；尘埃又是微生物的繁殖和传播媒介，病源微生物可以附着在尘埃上传播，引起疾病的流行。

### （二）家兔对通风换气的要求

家兔养殖越来越多的用到有窗密闭式或无窗密闭式兔舍，通风换气对于这类兔舍尤为重要，一方面关系到舍内的空气质量，可控制有害气体浓度在允许范围内；另一方面通风影响舍内的温度和家兔的体热调节，对家兔的健康非常重要。通风产生的气流能够促进家兔的散热，有利于夏季减缓家兔热应激；在冬季低温气流会加剧机体失热，使家兔感受更冷，引起生产力下降和发病率升高，所以夏季需要适当增加通风量，产生较快的气流，冬季一方面要满足通风需要同时需尽量减少舍内气流速度。

表 4 - 3 为法国的兔舍通风换气标准。意大利家兔育种协会（ANCI）推荐，兔舍夏季的通风要求为每千克体重的通风量为 5～6$m^3$/h，冬季的通风量要求为每千克体重 1.5～3$m^3$/h，春秋季要求每千克体重的通风量为 1～4$m^3$/h，兔舍内的风速以 0.1～0.2m/s 为宜，冬季要求不超过 0.2m/s，夏季不超过 0.5m/s（表 4 - 4）。

**表 4 - 3　法国封闭式兔舍通风标准**

| 温度（℃） | 湿度（%） | 风速（m/s） | 空气流量（$m^3$/h/kg 活体重） |
|---|---|---|---|
| 12～15 | 60～65 | 0.10～0.15 | 1～1.5 |
| 16～18 | 70～75 | 0.15～0.20 | 2～2.5 |
| 19～22 | 75～80 | 0.20～0.30 | 3～3.5 |
| 23～25 | 80 | 0.30～0.40 | 3.5～4 |

资料来源：Morisse，1981。

**表 4 - 4　意大利家兔育种协会（ANCI）推荐的兔舍环境指标**

| 项目 | | 雄兔、母兔（不带仔兔） | 母兔和断奶仔兔 | 育肥兔 |
|---|---|---|---|---|
| 温度（℃） | | 12～15 | 15～22 | 12～15 |
| 湿度（%） | | 65～75 | 65～75 | 65～75 |
| 通风量 | 夏季（$m^3$/kg） | 5～6 | 5～6 | 5～6 |
| | 冬季（$m^3$/kg） | 1.5～3 | 1.5～3 | 1.5～3 |
| | 春秋季（$m^3$/kg） | 1～4 | 1～4 | 1～4 |
| 风速 | 最大（m/s） | 0.3 | 0.3 | 0.3 |
| | 适宜（m/s） | 0.2 | 0.2 | 0.2 |
| 容积（针对房间总容量）（$m^3$/只） | | 1.8 | 1.8 | 1.8 |
| 饲养密度（笼养） | | 0.35$m^2$/只 | 0.35$m^2$＋0.15$m^2$ 笼外产仔箱 | 16～18 只/$m^2$ |
| 每笼饲养只数 | | 1 | 1 | 1～2 |
| 采食位最低限（cm） | | 10 | 24 | 8 |
| 食槽数目 | | 1 | 1 | 1/（8～10 只兔子） |
| 光程序 | | 1 盏/10$m^2$ | | |
| 光照时间（强度为 3～4W/$m^2$） | | 8～17 周龄：12h<br>＞18 周龄：16h | 16h | 10～12h |
| 光照强度 | | 4W/$m^2$ | 4W/$m^2$ | 2～3W/$m^2$ |

资料来源：National Association of Rabbit Breeders，Italian（ANCI）。

## 四、家兔对光照的要求

太阳光按波长长短不同分为红外线（760～3×$10^5$nm）、可见光（400～760nm）、紫外线（4～400nm）。可见光由视网膜经神经传导至大脑皮层的视觉中枢，然后由大脑皮层将兴奋传至下丘脑，使下丘脑分泌一系列内分泌激素释放因子，这些激素释放因子经下丘脑—垂体门脉循环达到垂体前叶，促使垂体前叶分泌生长激素、促甲状腺激素、促卵泡素、促黄体素、促乳素等发生变化，进而影响家兔的生长、发育和繁殖机能。

适当的光照强度和光照时间（可见光），可以增强机体的代谢和氧化过程，加速蛋白质和矿物沉积，促进生长发育，并可提高抗病力。紫外线可使皮肤内的7-脱氢胆固醇转化为维生素 $D_3$，可以促进肠道对钙磷的吸收，参与钙和磷的代谢，促进骨骼和牙齿发育，并且能够提高机体的抗病力。仔兔若长期缺乏光照会引发钙、磷沉积障碍，表现食欲不振、生长缓慢、四肢无力等症状。但较强的或者长时间的光照会增加甲状腺激素的分泌，引起动物精神兴奋，代谢率提高，增重和饲料转化率下降。

可见光对动物繁殖机能有很大的影响，光照的季节性变化引起动物生殖活动的周期性变化。短光照尤其是持续黑暗，抑制生殖系统发育，性成熟延迟；延长光照促进生殖器官发育，性成熟提早。光照的这种影响通过松果腺起作用，光线通过视网膜刺激神经系统，抑制了颈上神经节交感神经节后纤维释放去甲肾上腺素（去甲肾上腺素能提高合成褪黑激素过程中关键酶的活性），并进一步抑制松果腺分泌的褪黑激素（MLT）合成。MLT 主要是在黑暗下合成，它通过下丘脑，进而作用于垂体，可抑制垂体合成和释放促性腺激素；延长光照可减少 MLT 的产生，减少其对促性腺激素分泌的抑制作用，从而促进繁殖机能。

光照有利于卵泡的发育和排卵，排卵数目也相应增加，从而提高母兔受胎率和产仔数，可获得最佳的繁殖效果。较强的照度和较长的光照时间有利于促进母兔发情、排卵和提高受胎率；缺乏光照会导致母兔发情异常和受胎率降低。欧洲家兔养殖中推荐繁殖母兔采用 60lx、16h 的光照制度。要满足该照度要求，若采用荧光灯（日光灯），需要舍内达到 $4W/m^2$ 的光源；若采用白炽灯泡，需要舍内达到 $12 \sim 20W/m^2$ 的光源。

对于种公兔，每日适宜的光照时间为 16h，长光照有助于提高精液的产生量和精液的质量，也能促进繁殖行为的发生。有研究表明，先提供短时间的光照（8h），再提供长时间的光照（16h），公兔睾丸重量增加；反过来处理，光照时间由长（16h）变短（8h），会使兔睾丸的重量减小。光照时间过长会导致公兔睾丸缩小，精液品质恶化，受精能力下降。

仔兔不需要提供光照，过多的光照反而会引起机体的功能紊乱，例如腹泻等。仔兔耐受的强度为每日 15～16h、5～10lx 的光照；育肥阶段家兔每日提供 8h 强度为 30～45lx 的光照即可。过强的光照会使育肥兔活动增加，影响采食和生长，饲料转化率降低；减少光照可以抑制育肥兔性腺的发育，促进生长，减少相互咬斗造成的伤害。

光照可刺激皮肤的新陈代谢，有助于被毛的生长，毛兔每日适宜光照时间控制在 15h，光照强度控制在 60lx（采用日光灯 $4W/m^2$，白炽灯 $12 \sim 20W/m^2$）。光照调节家兔的季节性换毛，当春季到来，光照延长，便进行春季换毛，其特点是被毛生长较快，换毛期较短，粗毛多、绒毛少，被毛疏松，便于散热。秋季光照渐短，便开始秋季换毛，其特点是被毛生长较慢，换毛时间拖长，被毛浓密，绒毛多、粗毛少，有利于保温御寒。

太阳光对兔舍环境还具有消毒杀菌和保持兔舍干燥的作用，为家兔提供了舒适的环境。一些寄生虫病（如疥癣病、球虫病）和真菌病（如皮肤霉菌病，尤其是小孢子真菌皮肤病），与兔舍内的采光、湿度和温度有直接关系，充足的采光有助于减少这些疾病的发生和传染。

## 五、噪声对家兔的影响

随着畜牧业机械化自动化程度的提高，以及畜牧场规模的日益扩大，噪声对畜禽的影响越来越显著，成为影响到畜禽健康的重要因素。兔舍内的噪声主要来源于舍外传入的噪声或舍内家兔活动产生的声音、舍内饲养操作或设备运行产生的噪声。由于家兔生性胆小，怕惊扰，特别容易受到噪声的影响。噪声会使家兔处于紧张状态，尤其是妊娠期和哺乳期的母兔，容易被噪声惊扰，突然的噪声可造成妊娠母兔流产，分娩母兔难产，哺乳母兔泌乳量减少或拒绝哺乳，甚至引起食仔等严重后果。对于育肥兔，噪声会导致其采食量减少，消化机能下降，生长迟缓。建议兔舍的噪声强度小于 70dB。表 4－5 是噪声对家兔的生理的影响。

**表 4－5　噪声对家兔生理的影响**

| 噪声类型 | 生理的变化 |
| --- | --- |
| 白噪声 107～112dB（Nayfield 等，1967） | 肾上腺重量加大，脾脏和胸腺重量减少 |
| 白噪声 102～114dB（Friedman 等，1967） | 下丘脑发生变化，血液中胆固醇含量和甘油三酯含量增加 |
| 电铃声 95～100dB（Zondek and Isacher，1964） | 卵巢肿大，并持续发情 |

防止噪声首先要注意选址，兔舍的选址要远离主要道路、工矿企业、大型工厂等噪声区；其次在舍内设备选型时注意其噪声指标，安装时做好防震、隔音和消音措施。兔舍四周的绿化也可以起到一定的减小噪声的作用。

家兔具夜行性和嗜眠性，胆小，怕惊扰。除了在兔场合理的选址和控制场区内噪声的产生外，还需要注意饲养人员的操作，应该选择每日早间和晚上进行喂料、清粪等操作，在白天尽量避免在舍内的活动，以免影响家兔的休息，或使其受到惊吓造成应激。

## 六、兔场水质的要求

兔场的需水量很大，主要包括兔场生活用水、家兔饮水、舍内清洗消毒用水。要保证兔场水源充足，水质良好，没有污染源，取用方便，便于防护。井水或自来水最好，这种水源受污染的机会较少。地面水易受污染，一般不建议使用。死水中含有较多的致病微生物和寄生虫，不能作为兔场的水源。

兔场的水源水质应该符合畜禽饮用水的标准，详见表 4－6。水质不合格的，需进行消毒处理。

兔场除了需要有优质清洁的水源外，还要注意水源不被兔场的粪污污染。兔场自身产生的粪尿必须有合理的收集处理系统，否则容易渗透至地下水，污染兔场的水源，引起疾病的高发。

**表 4-6　畜牧场饮用水水质安全标准**（NY 5027—2008）

| | 项　　目 | 标准值 |
|---|---|---|
| 感官性状和一般化学指标 | 色 | ≤30° |
| | 浑浊度 | ≤20° |
| | 臭和味 | 不得有异臭、异味 |
| | 总硬度（以 $CaCO_3$ 计），mg/L | ≤1 500 |
| | pH | 5.5～9 |
| | 溶解性总固体，mg/L | ≤4 000 |
| | 硫酸盐（以 $SO_4^{2-}$ 计），mg/L | ≤500 |
| 细菌学指标 | 总大肠菌群，MPN/100mL | ≤成年畜 100，幼畜 10 |
| 毒理学指标 | 氟化物（以 $F^-$ 计），mg/L | ≤2.0 |
| | 氰化物，mg/L | ≤0.20 |
| | 砷，mg/L | ≤0.20 |
| | 汞，mg/L | ≤0.01 |
| | 铅，mg/L | ≤0.10 |
| | 铬（六价），mg/L | ≤0.10 |
| | 镉，mg/L | ≤0.05 |
| | 硝酸盐（以 N 计），mg/L | ≤10.0 |

## 七、家兔对空间的需求及动物福利

家兔的养殖普遍采用笼养的方式，养殖密度通常比较大，控制合理的养殖密度，能够将空间的利用效率最大化，与此同时，又能避免因养殖密度过大造成兔舍内空气环境污浊，从而诱发疾病和死亡，以及个体之间的争斗造成体表的损伤。过高的养殖密度也不符合动物福利的要求。

动物福利制度已在世界范围内迅速发展起来，作为一种动物保护理念已经被普遍接受并有着相应的法律体系。所谓动物福利（Animal welfare），就是让动物在无任何疾病、无行为异常、无心理紧张压抑和痛苦的状态下繁殖和生长发育。动物福利的基本原则是"五大自由"原则，即动物享有不受饥渴的自由，享有生活舒适的自由，享有不受痛苦、伤害和疾病的自由，享有生活无恐惧和悲伤感的自由，享有表达天性的自由。动物的需求分为三个方面：维持生命需要（生存权）、维持健康需要（健康权）、维持舒适需要（康乐权），保证动物康乐是动物福利的重点。

欧洲兔业生产已从单纯的提高生产效率转为满足家兔福利的要求，其家兔生产需满足两类人群对兔产品的需求：一类是关注动物福利的高消费群体，他们愿意高价购买养殖福利条件好的兔场提供的产品；另一类是中低收入人群，他们愿意购买价格便宜的集约化养殖的兔场提供的产品。欧洲兔业发达国家家兔养殖中兔舍环境条件较好，环境调控技术相对完善，目前主要侧重通过养殖工艺的改善满足家兔的康乐权。有些国家（如德国、荷兰等）已通过福利立法来约束家兔生产，要求满足家兔福利条件：如采用富集笼（有露台、磨牙物等），兔笼有较大的可用空间（包括笼底板面积、露台面积、产箱），以及舒适的兔舍小环境（采食饮水条件、光照、有害气体最高限量等）。

我国兔业目前整体水平低，存在的主要问题仍是家兔成活率低、发病率高等问题，因此，改善兔舍环境条件，满足家兔的生存权、健康权，是我国兔业目前需解决的关键问题。

# 第二节 兔场规划

规模化兔场建设的合理性与养兔企业（场、户）未来的经济效益密切相关。因此，在兔场建设之初首先要做好规划工作，要充分考虑家兔的生活习性，建场地点的自然与社会条件，以及生产经营长远发展的需要，因地制宜，量力而行，配套先进工艺、技术和适用装配。切忌单纯追求低投资，而应从长期运行成本和回报等方面统筹规划。

## 一、兔场规划要点

### （一）饲养品种

在选择家兔饲养品种时需针对各品种生产性能特点、国内外市场行情、当地的区域规划和资源条件以及传统的饲养习惯进行分析，结合已定的经营方向和饲养方式，就经济效益进行总体比较后，再作决定。按经济用途，家兔品种可分为三类，即肉用品种、毛用品种和皮用品种。如山东省有饲养肉兔的传统习惯，并具有一批兔肉加工出口龙头企业作为依靠，当地政府也比较重视肉兔产业的发展，因此肉兔在此地有较好的发展前景；四川省是我国肉兔消费第一大省，已形成了一种饮食习惯，各种兔肉菜肴和产品市场上随处可见，饲养肉兔可就地消费，受国外市场行情波动的影响较小，减少投资风险；浙江省多年来一直采取群选群育的方式选育长毛兔，毛兔品质提高显著，并形成了区域优势和品牌效应；宁波地区借助皮毛加工优势，獭兔生产稳中有进；江苏省的盐城、宜兴等地以饲养长毛兔为主，徐州等地以饲养肉兔为主，区域特色明显。因此，选择家兔饲养品种时要因地制宜，考虑技术因素和当地的自然条件，并且要树立商品观，学会分析市场，把握行情，适时调整。

### （二）生产规模

选定拟饲养品种后，合理定位兔场的性质，如种兔场、商品兔场或两者兼而有之，从而确定合理的生产规模。我国兔产品的销售正向“稳定国际市场，开拓国内市场”的新经营模式转变。与其他畜种相比，兔产品的社会产量、价格波动幅度较大，极易导致市场生产不稳定，因此做好生产规模规划尤为重要。生产规模主要取决于投资实力和疫病防控与环境承载能力，遵循“先做好，再做大”的原则，逐步扩大生产规模。

兔场规模，除种兔场外，至今没有严格意义的区分，通常依据兔场定位、饲养品种、存栏繁殖母兔数量和年提供商品兔数量界定。此外，我国兔场大多种兔生产和商品兔生产同时进行，也增加了兔场规模界定的难度。

唯一明确的是，国家《种畜禽生产经营许可证管理办法》中规定了种兔场的生产群体规模，单品种一级基础母兔500只。参照山东省《种兔场建设标准（DB 37/T 309—2002）》和江苏省《种兔场建设规范（DB 32/T 816—2005）》等地方标准，建议一只基础母兔规划占地6～12m$^2$，建筑面积1.2～2.4m$^2$。由此根据不同品种的种兔确定种兔场适宜的用地规模。

生产中，通常将繁殖母兔100只以下的称作小型兔场，1 000只以上称作大型兔场，介于两者间的称为中型兔场。山东省《种兔场建设标准（DB 37/T 309—2002）》中提出了种兔场的建设规模，以年出栏兔或存栏基础母兔的数量表示时，小型兔场年出栏商品兔不超过 5 000 只，年存栏基础母兔不超过 200 只；中型兔场年出栏商品兔 5 000～20 000 只，年存栏基础母兔 200～800 只；大型兔场年出栏商品兔不低于 20 000 只，年存栏基础母兔不低于 800 只。

生产中，商品兔场的规模可综合上述数据确定。肉兔、獭兔：小型兔场年存栏基础母兔不超过 200 只，中型兔场年存栏基础母兔 200～1 000 只。长毛兔：小型兔场年存栏基础母兔不超过 100 只，中型兔场年存栏基础母兔 500 只。

为降低疾病风险，建议同一场地家兔的饲养规模不宜太大。兔场配套足够的土地和环境空间来容纳兔场排放的粪尿、处理污水及可能需要的家兔青饲料用地。

对于生产规模的大小，因人因地综合考虑，在市场经济的指导下，权衡市场需求和资金投入进行效益分析，根据技术水平、管理水平、生产设备等实际情况而定。有时，从养兔企业（场、户）的自身条件出发，能获得最佳经济效益的规模，便是家兔商品生产的适宜规模。多数情况下，获得相同的效益，肉兔和獭兔所要求的规模数量要大于毛兔；但在同样规模数量的情况下，毛兔场和獭兔场的管理难度要大于肉兔养殖场。

当然，生产规模大小并非固定不变，应随着社会的发展，科技的进步，技术和管理水平的提高，服务体系的完善等，适时加以调整。

### （三）生产模式

目前，我国家兔生长正由传统的单农户生产方式向规模化、专业化、集约化方向转变。常见的生产模式有以下几种：

**1. 传统生产模式**　其特点是生产规模小，兔舍及设备简陋，基本采用手工操作，以青粗饲料为主，适当搭配精料或全价颗粒饲料。这种方式生产力水平低，效益不高，适合农民小规模经营。

**2. 半集约化生产模式**　其特点是半开放式兔舍，兔舍内环境可部分控制，采用自动饮水、全价颗粒饲料饲喂，有一定的技术力量，生产水平较高。这适合大、中型兔场，也是目前具有一定规模兔场采用较多的一种饲养形式。

**3. 集约化生产模式**　其特点是公司技术力量雄厚，兔舍建造科学，设备齐全，机械化程度高，有些配有自动喂料，自动清粪系统。兔舍环境人工控制，生产力水平高，产品质量好。但投资高，适宜于经济发达地区。集约化生产方式利于统一供料、统一饲养、统一防疫、统一上市，便于统一管理和控制产品质量和安全。随着养兔技术的完善和人工授精技术的推广，新型笼器具及相关设备的开发，兔舍设计更加合理，集约化生产形式必将成为被大家共同接受的生产模式。

### （四）生产工艺流程

生产工艺的合理性决定了生产效率和经济效益，是兔场建设的设计依据。

我国兔场大多采用自繁自养，种兔生产和商品兔生产同时进行。生产中通常按照繁殖过程安排生产工艺。包括母兔配种、妊娠、分娩、仔兔哺乳和商品生产几个阶段。按照这个过程，通常兔群可分为种公兔群、繁殖母兔群、幼兔群、后备兔群和商品兔群。其中繁殖母兔群包括待配母兔、妊娠母兔、哺育母兔和后备母兔。因此，根据兔群可建设种兔舍、繁殖兔舍、育成兔舍。种母兔和种公兔可饲养在同一幢种兔舍，亦可分舍饲养。种母兔配种前进入繁殖兔舍，采用自由交配或人工授精方式繁殖，直至仔兔断奶。仔兔断奶后一段时间，进入育成兔舍，经性能测定，一部分成为后备兔，回到种兔舍；另一部分作商品生产。不同兔舍其兔笼位的大小不一。

综合考虑气候因素的影响，肉兔和獭兔应做好繁殖计划、兔群周转计划，保证全年有计划地均衡生产，全进全出。长毛兔视市场行情合理安排生产计划。

## （五）平面规划

兔场分区布局，既要做到土地利用经济合理，布局整齐紧凑，又要遵守卫生防疫规范。一个结构完整的规模化兔场，可分为管理区、生活区、生产区、隔离及粪便尸体处理区和辅助区五部分，各部分具体布局，本着利于生产和防疫、方便工作及管理的原则，合理安排。

江苏省农业科学院种兔场平面布局如下：

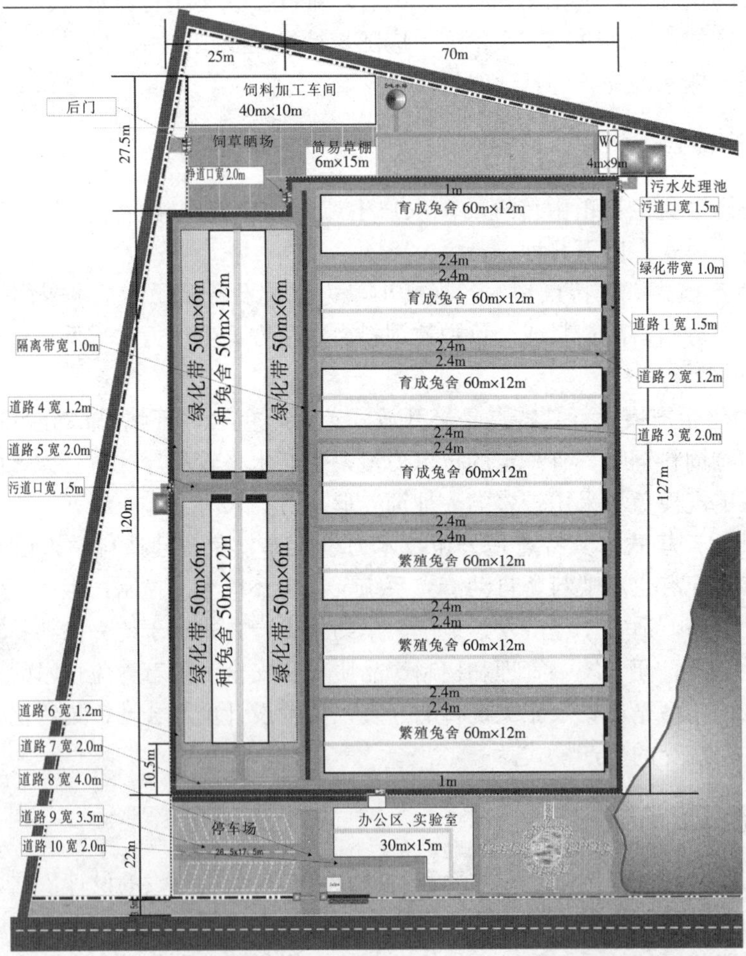

图 4－1　江苏省农业科学院种兔场平面图

图 4－2　实景图

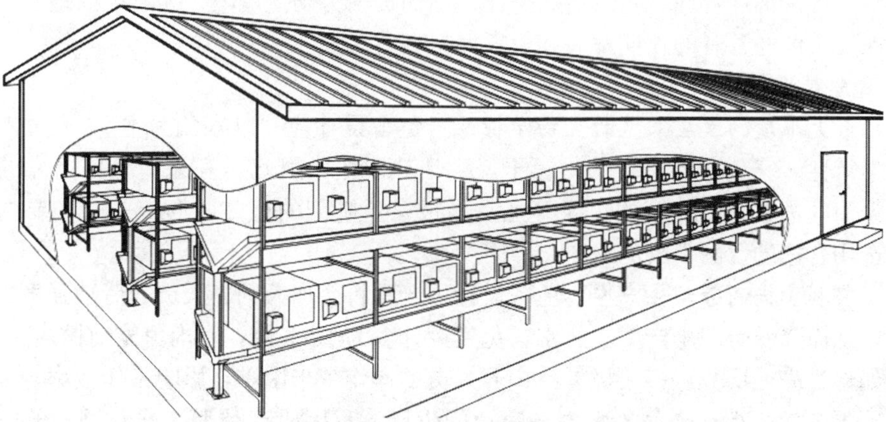

图 4－3　兔舍内部结构

**1. 生产区**　兔场的核心部分，其朝向应面对兔场所在地区的主风向。生产区内部应按核心群种兔舍→繁殖兔舍→育成兔舍→幼兔舍的顺序排列，并尽可能避免净道和污道交叉。整个生产区应由围墙隔离，并视情况设门 1～2 个，门口必须设有消毒池。消毒池上必须有防雨篷，以防雨水冲淡消毒液。为了防止生产区的气味影响生活区，生产区应与生活区并排，处偏下风位置。

**2. 管理区**　办公和接待来往人员的区域，一般由办公室、接待室、陈列室和培训教室等组成。其位置应尽可能安排在靠近大门口，便于对外交流，也减少对生产区的直接干扰和污染。外来人员及车辆只能在管理区活动，不准进入生产区。

**3. 生活区**　主要包括职工宿舍、食堂等生活设施。其位置可以与生产区平行，靠近管理区，但必须处在生产区的上风口。

**4. 辅助区** 内分两小区，一区包括饲料仓库、饲料加工车间、干草库、水电房等；另一区包括兽医诊断室、病兔隔离室、死兔化尸池等。由于饲料加工有粉尘污染，兽医诊断室、病兔隔离室经常接触病原体，因此，辅助区必须设在生产区、管理区和生活区的下风，以保证整个兔场的安全。

总体布局确定之后，在场区平面布置方面应注意以下几个问题：

第一，一般建筑物应按南北向布局，长轴与地形等高线平行，以利减少土方工程。

第二，为加强兔舍自然通风，以降低舍温和湿度，纵墙应与夏季主导风向垂直。

第三，生产区四周应加设围墙，凡需进入生产区的人员和车辆均需严格消毒。

第四，合理确定建筑物间距，自然通风和自然采光的兔舍，兔舍间距以檐高的3～5倍为宜。

第五，场区四周及各个区域之间应设置较好的绿化地带，有条件的地方可设防风林。

### （六）兔舍规划设计

**1. 兔舍建造的目的** 兔舍建造的合理与否，直接影响家兔的健康、生产力的发挥和饲养人员劳动效率的高低。兔舍建造的目的主要有：①从家兔的生物学特性出发，满足家兔对环境的要求，以保证家兔健康地生长和繁殖，有效提高其产品的数量和质量。②便于饲养人员的日常饲养管理、防疫治病操作，从而提高劳动生产率。③着眼因地制宜、因陋就简，保证生产经营者的长期发展和投资回报。

**2. 兔舍建造的要求**

（1）*最大限度的适应家兔的生物学特性* 兔舍设计应“以家兔为本”，充分考虑家兔的生物学特性。家兔有啮齿行为，喜干燥、怕热耐寒，因此，应选择地势高燥的地方建场。兔笼门的边框、产仔箱的边缘等凡是能被家兔啃到的地方，都应采取必要的加固措施，如选用合适的、耐啃咬的材料。

（2）*有利于提高劳动生产率* 兔舍设计不合理将会加大饲养人员的劳动强度，影响工作情绪，从而降低劳动生产率。通常，兔笼设计多为1～3层，室内兔笼前檐高45～50cm左右，如果过高或层数过多，极易给饲养人员的操作带来困难，影响工作效率。

（3）*满足家兔生产流程的需要* 家兔的生产流程因生产类型、饲养目的的不同而不同。兔舍设计应满足相应的生产流程的需要，不能违背生产流程进行盲目设计，要避免生产流程中各环节在设计上的脱节或不协调、不配套。如种兔场，以生产种兔为目的，应按种兔生产流程设计建造相应的种兔舍、测定兔舍、后备兔舍等；商品兔场则应设计种兔舍、商品兔舍等。各种类型兔舍、兔笼的结构要合理，数量要配套。

（4）*综合考虑多种因素，力求经济实用* 设计兔舍时，应综合考虑饲养规模、饲养目的、家兔品种等因素，并从自身的经济承受力出发，因地制宜、因陋就简，不要盲目追求兔舍的现代化，要讲究实效，注重整体合理、协调。同时，兔舍设计还应结合生产经营者的发展规划和设想，为以后的长期发展留有余地。

**3. 兔舍类型** 兔舍类型主要依饲养目的、方式、饲养规模和经济承受能力而定。我国地域辽阔，气候条件各异，养兔历史悠久，饲养方式和经济基础各异，因而先后出现了各种不同的兔舍类型。建筑材料除常用的砖、水泥外，彩钢板已得到逐步应用。目前随着我国规模化养兔业的发展，家兔养殖已摈弃过去的散养或圈养等粗放饲养模式，改用笼养。笼养具有便于控制家兔的生活环境，便于饲养管理、配种繁殖及疫病防治等优点，是值得推广的一种饲养模式。这里介绍几种以笼养为前提的兔舍建筑。

（1）**室外单列式兔舍**　兔笼正面朝南，利用三个叠层兔笼的后壁作为北墙。采用砖混结构，单坡式屋顶，前高后低，屋檐前长后短，屋顶、承粪板采用水泥预制板或石棉瓦，屋顶可配挂钩，便于冬季悬挂草帘保暖。为适应露天条件，兔舍地基要高，最好前后有树木遮阴。这种兔舍的优点是结构简单，造价低廉，通风良好，管理方便，夏季易于散热，有利于幼兔生长发育和防止疾病发生。缺点是舍饲密度较低，单笼造价较高，不易挡风雨，冬季繁殖仔兔有困难。

图 4-4　室外单列式

（2）**室外双列式兔舍**　中间为工作通道，通道两侧为相向的两列兔笼。兔舍的南墙和北墙即为兔笼的后壁，屋架直接搁在兔笼后壁上，墙外有清粪沟，屋顶为人字形或钟楼式，配有挂钩，便于冬季悬挂草帘保暖。这类兔舍的优点是单位面积内笼位数多，造价低廉，室内有害气体少，湿度低，管理方便，夏季能通风，冬季也较容易保温。缺点是易遭兽害，缺少光照。

图 4-5　室外双列式

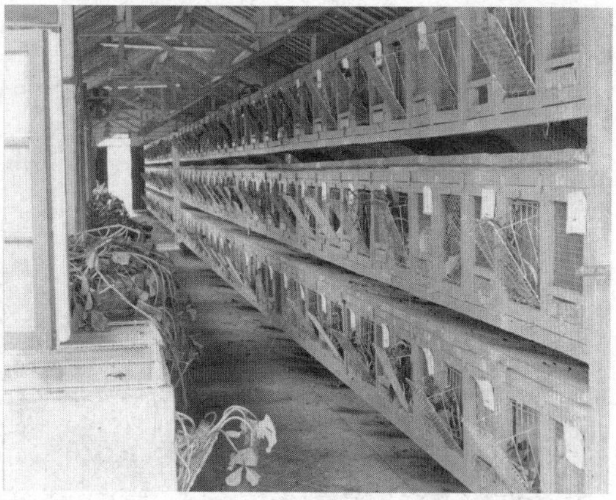

图 4-6　室内单列式

（3）**室内单列式兔舍**　兔笼列于兔舍内的北面，笼门朝南，兔笼与南墙之间为工作走道，与北墙之间为清粪道。这类兔舍的优点是通风良好，管理方便，有利于保温和隔热，光线充足，缺点是兔舍利用率低。

（4）**室内双列式兔舍**　有两种类型，即“面对面”和“背靠背”。“面对面”的两列兔笼之间为工作走道，靠近南北墙各有一条粪沟；“背靠背”的两列兔笼之间为粪沟，靠近南北墙各有一条工作走道。这类兔舍的优点是通风透光良好，管理方便，温度易于控制，但朝北的一列兔笼光照、保暖条件较差。同时由于空间利用率高，饲养密度大，在冬季门窗紧闭时有害气体的浓度也较大。

图 4-7　室内“面对面”双列式

（5）**室内多列式兔舍**　结构与室内双列式兔舍类似，但跨度加大，一般为 8～12m。这类兔舍的特点是空间利用率大。安装通风、供暖和给排水等设施后，可组织集约化生产，一年四季皆可配种繁殖，有利于提高兔舍的利用率和劳动生产率。缺点是兔舍内湿度较大，有害气体浓度较高，家兔易感染呼吸道疾病。在没有通风设备和供电不稳定的情况下，不宜采用这类兔舍。

图 4-8　室内多列式

## 二、场址的选择

选择兔场场址，除应注意有适宜、充足的饲料基地外，还要考虑家兔的生活习性及建场地点的自然和社会条件。一个比较理想的场址应具备以下几方面条件。

**1. 地势高燥平坦**　兴建兔场应选择地势高燥、平坦，背风向阳，地下水位低（2m以下），排水良好的地方，最好以沙质土壤为宜，因为沙质土壤透水、透气性好，易保持兔场干燥，可防止病原菌和寄生虫卵等的生存、繁殖。为便于排水，兔场地面要平坦或稍有坡度（以1%～3%为宜）。

**2. 水源充足卫生**　在选择兔场场址时，应将水源作为重要因素考虑。兔场水源的水量要充足，水质良好，便于保护和取用。水源周围没有工业和化学污染以及生活污染等，并在水源周围划定保护区。保护区内禁止一切破坏水环境生态平衡的活动以及破坏水源林、护岸林、与水源保护相关植被的活动；严禁向保护区内倾倒工业废渣、城市垃圾、粪便及其他废弃物；运输有毒有害物质、油类、粪便的船舶和车辆一般不准进入保护区；保护区内禁止使用剧毒和高残留农药，不得滥用化肥，不得使用炸药、毒品捕杀鱼类。

一般兔场的需水量比较大，包括饮水、粪尿的冲刷、用具与笼舍的消毒和洗涤以及生活用水等。因此，选址时必须优先考虑要有充足的水源，同时注意水质状况，符合饮用水标准，如《无公害食品 畜禽饮用水水质（NY 5027—2008）》、《生活饮用水卫生标准（GB 5749—2006）》。较理想的水源是自来水和卫生达标的深井水；江河湖泊中的流动活水，未受生活污水及工业废水的污染，稍作净化和消毒处理，也可作为生产生活用水。

**3. 交通方便，配套完善**　家兔生产过程中形成的有害气体及排泄物会对大气和地下水产生污染，因此兔场不宜建在人烟密集和繁华地带，而应选择相对偏僻的地方，有天然屏障（如河塘、山坡等）作隔离则更好，但要求交通方便，尤其是大型兔场。兔场不能靠近公路、铁路、港口、车站、采石场等，也应远离屠宰场、牲畜市场、畜产品加工厂及有污染的工厂。为做好卫生防疫，兔场应距离村镇或其他畜禽场不少于3 000m，以形成卫生缓冲带，并且处在居民区的下风口，尽量避免兔场成为周围居民区的污染源。在南方土地资源紧缺地区，兔场与村镇距离不少于300m，离交通干线200m，离一般道路100m以外，以便形成卫生缓冲带，兔舍间距至少50m。

**4. 杜绝污染周围环境**　家兔生产过程中形成的有害气体及排泄物会对大气和地下水产生污染，因此兔场不宜建在人烟密集和繁华地带。

**5. 重视电力供应**　规模兔场，特别是集约化程度较高的兔场，用电设备比较多，对电力条件依赖性强，因此，兔场所在地的电力供应应有保障，且需离输电线路较近，以便节省通电费用。

规模兔场的选址很重要，是养兔生产成败的关键因素之一，应以便于生产经营管理、利于疾病防疫和保证兔群健康为原则。要充分考虑家兔的生活习性、建场地点的自然与社会条件，以及生产经营长远发展的需要。若采用“颗粒料＋青饲料”饲喂方式，须充分考虑配套适宜、充足的饲料基地。如有地方标准，可以参照实施。

## 三、环境规划设计

环境规划设计包括监控系统和环保设施等。

**1. 监控系统** 监控系统在国外畜牧养殖业中已普遍采用。该系统主要包括监视和控制两部分。监视部分的功能是让管理者能够随时观察了解生产现场情况，及时处理可能发生的事件，同时具有防盗作用；控制部分的功能是完成生产过程中的传递、输送、开关等任务。监视系统主要由摄像头、信号分配器和监视器组成。对兔场而言，低分辨率的黑白摄像头和普通监视器即可。

**2. 环保设施** 随着人们环保意识的加强，养兔场必须注重环保设施的配套，尽量避免粪尿、垃圾、尸体及医用废弃物对周围环境的污染，特别避免对水资源的污染。

# 第三节　兔场建设

## 一、兔场用地面积

兔场用地一要考虑未来发展，二要若采用“颗粒料＋青饲料”的日粮结构，应配备足够的饲料用地。参照山东省《种兔场建设标准（DB37/T 309—2002）》和江苏省《种兔场建设规范（DB32/T 816—2005）》等地方标准，建议一只基础母兔规划占地 6～12$m^2$，建筑面积 1.2～2.4$m^2$。由此根据不同品种的种兔确定种兔场适宜的用地规模。南方土地资源缺乏地区，通常以每只基础母兔及其仔兔占 0.6$m^2$ 建筑面积计算，兔场建筑系数为 15%。生产区内，建筑面积约占 50%。

养殖场（户）选好规模化兔场用地后，应及时向相关部门提出用地申请，确认该地是否可以用作养殖生产。获批后，根据规模用地管理办法兴建兔场。

## 二、兔舍设计与建筑的一般要求

为了充分发挥家兔的生产潜力，提高养兔经济效益，兔舍设计必须符合家兔的生活习性，有利于其生长发育、配种繁殖及提高产品品质；有利于保持清洁卫生和防止疫病传播；便于饲养管理，有利于提高饲养人员的工作效率，有利于实现机械化操作。固定式多层兔笼总高度不宜过高，为便于清扫和消毒，双列式兔舍工作走道宽以 1.5m 左右为宜，粪水沟宽应不小于 0.3m。

**1. 建筑材料** 要因地制宜，就地取材，尽量降低造价，以节省投资。由于家兔有啮齿行为和刨地打洞的特殊本领，因此建筑材料应具有防腐、保温、坚固耐用等特点，宜选用砖、石、水泥、竹片及耐腐蚀处理的金属网片等。

**2. 设施要求** 兔舍应配备防雨、防潮、防风、防寒、防暑和防兽害的设施，以保证兔舍通风、干燥，光线充足，冬暖夏凉。屋顶有覆盖物，具有隔热功能；室内墙壁、水泥预制板兔笼的内壁、承粪板的承粪面应坚固、平滑，便于除垢、消毒；地面应坚实、平整，防潮，一般应高出兔舍外地面 20～25cm。兔舍窗户的采光面积为地面面积的 15%，阳光的入射角度不低于 25°～30°。兔舍门要求结实、保温、防兽害，门的大小以方便饲料车和清粪车的出入为宜。

**3. 兔舍容量** 一般大、中型兔场，每幢兔舍以饲养成年兔 1 000 只为宜，同时根据具体情况分隔成小区，每区 250～300 只左右。兔舍规模应与生产责任制相适应。据生产实践经验，一般每个饲养间以 100 个笼位较为适宜。

**4. 兔舍的排水要求**　在兔舍内设置排水系统，对保持舍内清洁，干燥和应有的卫生状况，均有重要的意义。如果兔舍内没有排水设施或排水不良，将会产生大量的氨、硫化氢和其他有害气体，污染环境。排水系统主要由排水沟、沉淀池、地下排水道、关闭器和粪水池组成。

（1）**排水沟**　主要用于排除兔粪、尿液、污水。排水沟的位置设在墙脚内外，或设在每排兔笼的前后。各地可根据便于管理和利于保持兔舍内干燥、清洁原则酌情决定。排水沟必须不透水，表面光滑，便于清洁，有一定斜度便于尿液顺利流走。

（2）**沉淀池**　是一个四方小井，以作尿液和污水中固体物质沉淀之用，它既与排水沟相连，也与地下水道相接。为防止排水系统被残草、污料和粪便等堵塞，应在污水等流入沉淀池的入口处设置金属滤隔网，降口上加盖。

（3）**地下排水道**　是沉淀池通向粪水贮集池的管道。其通向粪水池的一端，最好开口于池的下部，以防臭气回流，管道要呈直线，并有 3%～5%的斜度。

（4）**关闭器**　用以防止分解出的不良气体由粪水池流入兔舍内。关闭器要求密封、耐用。

（5）**粪水贮集池**　用于贮集舍内流出的尿液和污水。应设在舍外 5m 远的地方，池底和周壁应坚固耐用，不透水。除池面上保留有 80cm×80cm 的池口外，其他部分应密封，池口加盖。池的上部应高出地面 5～10cm 以上，以防地面水流入池内。

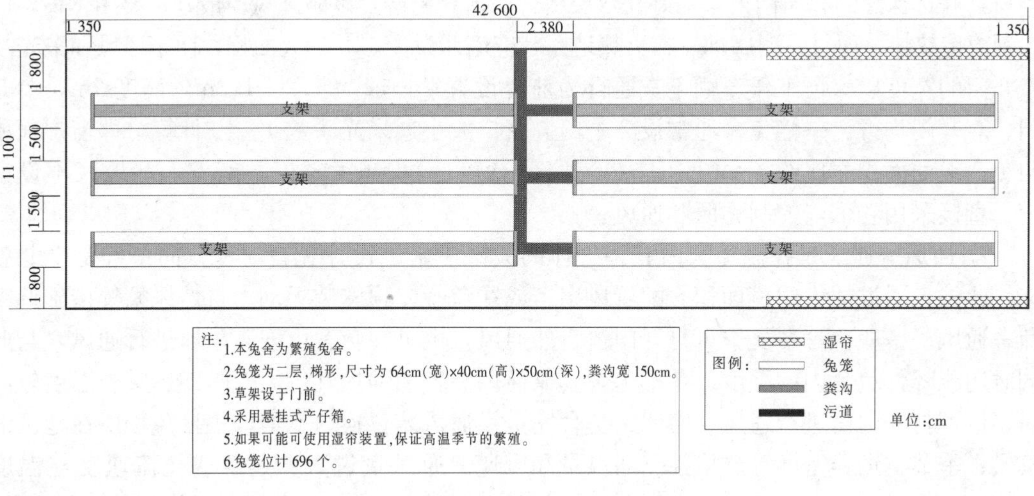


图 4－9　某繁殖兔舍平面图

## 三、兔舍内照明、道路和粪沟设计

**1. 照明**　家兔是夜行性动物，不需要强烈的光照，同时光照时间也不易过长。光照对家兔的生理机能有着重要的调节作用，适宜的光照有助于提高家兔的新陈代谢，增进食欲，促进钙、磷代谢；光照还具有杀菌，保持兔舍干燥，有助于预防疾病等作用。兔舍采光以自然光照为主，人工光照为辅集约化兔场多采用人工光照或人工补充光照，兔舍光照强度以每平方米4W为宜。

**2. 道路设计** 兔舍道路地面要求平整无缝、光滑，抗消毒剂腐蚀。“面对面”两列兔笼间地面呈中间高，两边略低状，宽度1.5m左右；“背靠背”式兔舍地面向粪沟一侧倾斜，宽度以保证工作车辆正常通过为宜。

**3. 粪沟设计** 目前兔舍清粪方式有两种：一是人工式；二是机械式，即自动刮粪板装置。人工式粪沟位置：室外兔舍设在兔笼后壁外；室内兔舍，“面对面”的两列兔笼之间为工作走道，靠近南北墙各有一条粪沟；“背靠背”的两列兔笼之间为粪沟，靠近南北墙各有一条工作走道。宽度：以清粪工具宽度为宜，如用铁锹，宽度约20cm，并向排粪沟一侧倾斜。

机械式粪沟位置：通常可用于“背靠背”双列式兔笼，位于两列兔笼之间。宽度：垂直式兔笼宽度综合考虑自动刮粪板装置经济性和兔舍跨度统筹确定。阶梯式兔笼粪沟宽度大于底部兔笼外沿左右各约15cm，同时向排粪沟一侧倾斜。

各地可根据便于管理和利于保持兔舍内干燥、清洁原则酌情决定。排水沟必须耐腐蚀、不透水，表面光滑，便于清洁，有一定斜度便于尿液顺利流走。

## 四、兔舍的窗户、门和通风设施设计

**1. 门窗** 在建造兔舍时，要注意门窗的设置。在寒冷地区，兔舍北侧、西侧应少设门窗，并选保温的轻质门窗，最好安双层窗，门窗要密合，以防漏风；最好不要用钢窗，因为钢窗传热快，而且不耐腐蚀。在炎热地区，应南北设窗，并加大面积，便于通风和采光。

门的宽度以保证工作车辆正常通行为前提设置，一般为1.2～1.6m，高度2m，单开门、双开门均可。一幢兔舍通常设2个门。窗户大小近采光系数1∶10计算，即窗户面积与兔舍地面面积之比约1∶10。非寒冷地区，窗户面积越大越好。南方一些地区不设窗户，直接采用卷帘，控制光照和通风。

**2. 通风** 通风是控制兔舍内有害气体的关键措施。设计兔舍时，方向最好是坐北朝南。此外，通过加大门窗面积、配置风扇，或在兔舍屋顶安装无动力自然风帽等措施调整兔舍通风。一般兔舍在夏季可打开门窗自然通风，也可在兔舍内安装吊扇进行通风，与此同时还能降低兔舍内的湿度。冬季兔舍要靠通风装置加强换气，天气晴朗、室外温度较高时，也可打开门窗进行通风；密闭式兔舍完全靠通风装置换气，但应根据兔场所在地区的气候、季节、饲养密度等严格控制通风量和风速。通风量过大、过急或气流速度与温度之间不平衡等，同样可诱发兔的呼吸道病和腹泻等。如有条件，也可使用控氨仪来控制通风装置进行通风换气。这种控氨仪，有一个对氨气浓度变化特别敏感的探头，当氨气浓度超标时，会发出信号。如舍内氨的浓度超过$30cm^3/m^3$时，通风装置即自行开动。有的控氨仪与控温仪连接，使舍内氨气的浓度在不超过允许水平时，保持较适宜的温度范围。

通风方式分自然通风和动力通风两种。为保障自然通风畅通，兔舍不宜建得过宽，以不大于8m为好，空气入口处除气候炎热地区应低些外，一般要高些。在墙上对称设窗，

图 4-10　自然通风和无动力风帽

排气孔的面积为舍内地面面积的 2%～3%，进气孔为 3%～5%，育肥商品兔舍每平方米饲养活重不超过 20～30kg。动力通风多采用鼓风机进行正压或负压通风。负压通风指的是将舍内空气抽出，半鼓风机安在兔舍两侧或前后墙，是目前较多用的方法，投入较少，舍内气流速度弱，又能排除有害气体，由于进入的冷空气需先经过舍内空间再与兔体接触，避免了直接刺激，但易发生疾病交叉感染；正压通风指的是将新鲜空气吹入，将舍内原有空气压向排气孔排出。先进的养兔国家装设鼓风加热器，即先预热空气，避免冷风刺激。无条件装设鼓风加热器的兔场，可选用负压力方式通风。

## 第四节　兔笼与设备

家兔的饲养方式较多，主要有笼养、窖养、地面平养及户外散养等方式。

地窖养兔是我国早期传统养兔方式，目前生产中采用的地窝养殖也是一种类似窖养的方式，适应家兔穴居的生活习性，节省土地，无需投资，但窖内比较潮湿，空气不流通且不易消毒，家兔易患病，同时饲养管理操作不便，作为小户养殖尚可，不宜在规模兔场使用，现代养兔逐渐淘汰。

笼养为一种较为理想的饲养方式，也是目前家兔养殖采用的主要方式，占地面积小，给笼具配套相应的饮水、饲喂、产仔箱等设备，饲养管理方便。笼养又有传统笼养和福利条件好的富集型笼养。传统笼养采用商业型笼具，尺寸偏小，仅配套饮水、采食、产仔等必要设备，满足家兔生理需求。富集型笼养属于福利养殖，采用富集型笼具，尺寸大，并设置露台、啃咬棒、塑料垫片（供母兔休息、躺卧）、母兔搁脚物等提高环境丰富度的设施，满足家兔生理和行为需要。

网床平养、厚垫料地面平养和户外散养的群养模式也属于福利养殖，以最大限度满足家兔的生理和行为需求为出发点，目前受到欧洲兔业发达国家的提倡，也受到高端消费者的追捧，但因防疫困难、争斗损伤、高发病率、高死亡率、饲养管理不便等因素，实际并不一定能真正提高动物福利。目前这种饲养方式在我国仅在传统养殖农户中或为满足欧洲福利要求的出口型企业中存在少许。

中国家兔产业发展较晚，目前普遍采用传统笼养方式，生产中涉及的养殖设备主要是笼具、饲喂系统、饮水系统、清粪系统等。在养殖设备选择中，首先要尽可能满足家兔的生物学特性和生理需求；其次要便于饲养员生产管理操作、提高劳动效率，并利于疫病防控。

## 一、笼具

兔笼一般有水泥板兔笼和金属兔笼。水泥板兔笼在我国山东、江苏、浙江、四川、重庆等地区的开放式商品兔舍广泛使用。水泥板兔笼较坚固，但仅适合在开放式兔舍内使用，如果在密闭舍或者半开放舍内使用，将影响舍内通风。金属兔笼具有通风透光，易消毒，使用方便等优点，更适合密闭式兔舍使用。目前我国兔场使用的金属笼多为冷镀锌冷拔钢丝焊接而成，耐腐蚀性较差，一般使用2～3年，均已锈迹斑斑。热浸锌冷拔钢丝兔笼抗腐蚀性强，不易生锈，使用年限长，但价格也高。对于打算长期养殖的规模化兔场建议采用热浸锌兔笼，对于有较强实力的投资者，也可以考虑采用更保值的不锈钢兔笼。

### （一）笼具尺寸与结构

目前生产中使用的笼具有种兔笼、商品兔笼和母仔共用的兔笼（有一大一小两笼相连，中间有门相通，平时门关闭，便于母兔休息）。兔笼大小根据家兔的品种、类型、年龄的不同而定，一般以家兔能在笼内自由活动为原则，种兔笼比商品兔笼大些。表4－7至表4－11分别列出了法国、英国、澳大利亚、德国等国家和地区不同组织给出的兔笼推荐值。笼底板网孔、钢丝直径及兔笼尺寸大小等参数，应与不同年龄阶段兔子的生理特点相适应。欧洲福利性兔笼一般要求母兔笼的最低高度为40cm，中间有平台的笼具最低高度为60cm，中间的平台在25cm的高度需要有1 000$cm^2$的空间；产仔箱需要800$cm^2$高度30cm；养殖密度控制在40$kg/m^2$，少于5只一笼饲养时，每只的空间要求700$cm^2$，超过5只一笼每只空间600$cm^2$；育肥兔笼的最低高度为35cm；金属丝的直径最低为3mm，笼底板间隙在10～16mm。

**表4－7　法国种兔笼尺寸标准**

| | 宽度（cm） | 纵深（cm） | 高度（cm） |
|---|---|---|---|
| 内置产仔箱母兔笼 | 65～70 | 50 | 30 |
| 外挂产仔箱母兔笼 | 50～60 | 50 | 30 |
| 公兔笼 | 40 | 50 | 30 |
| 后备种兔笼 | 30 | 50 | 30 |

资料来源：Fort and Martin，1981，转引自Lebas等，1986。

**表 4-8　英国与澳大利亚动物福利兔笼标准**

| 笼　养 | 最小空间 | |
|---|---|---|
| | 英国[1] | 澳大利亚[2] |
| 成年种公兔和母兔 | 0.56$m^2$/只 | 0.56$m^2$/只 |
| 母兔+断奶前（5周龄前）仔兔 | 0.56$m^2$（总面积） | 0.56$m^2$（总面积） |
| 母兔+5～8周龄仔兔 | 0.74$m^2$（总面积） | 0.74$m^2$（总面积） |
| 5～12周龄育肥兔 | 0.07$m^2$/只 | 0.07$m^2$/只 |
| 12周龄以上育肥兔* | 0.18$m^2$/只 | 0.18$m^2$/只 |

资料来源：[1]Department for Environment，Food & Rural Affairs（DEFRA），1999。

[2]Home 等，1995。

*　不同于配种笼（多用途笼）或每笼养几只兔子的兔笼，笼高>45cm（澳大利亚）。

**表 4-9　WRSA**（World Rabbit Science Association）**德国分会推荐的繁殖母兔和育肥兔最小空间需要**（2000 年）

| | | 每只兔子的空间（$cm^2$） | 最低高度（cm） |
|---|---|---|---|
| 繁殖母兔 | <4.0kg | 2 000*/2 400 | 40/60* |
| | 4.0～5.5kg | 3 000*/3 600 | 40/60* |
| | >5.5kg | 4 000*/4 800 | 40/60* |
| | 露台 | 1 000 | 25 |
| | 产箱 | 800 | 30 |
| 育肥兔** | <1.2kg | 每只至少 700$cm^2$ | |
| | >1.2kg 每笼≤5 只 | 每只至少 700$cm^2$ | 35 |
| | >1.2kg 每笼>5 只 | 每只至少 600$cm^2$ | 35 |
| | 育肥兔 | 最大 40kg/10 000$cm^2$ | |
| | 铁丝直径 | 最小 3mm | |
| | 最小铁丝间距 | 10mm | |
| | 最大铁丝间距 | 16mm | |

资料来源：Hoy St.，2008。

*　如果笼内设露台，有效空间=笼底面积+露台面积+产箱。**　与荷兰的规定相同。

**表 4-10　欧洲普遍使用的母兔笼尺寸以及 EFSA**（European Food Safety Authority）**推荐尺寸**

| 国家 | 兔笼类型 | 宽度（cm） | 深度（cm） | 高度（cm） | 有效面积（$cm^2$） |
|---|---|---|---|---|---|
| 法国/比利时 | 后备母兔/空怀母兔 | 26～30 | 45～50 | 29～30 | 1 200～1 500 |
| | 带仔哺乳母兔 | 40 | 90～100 | 29～30 | 3 600～4 000 |
| 意大利/匈牙利 | 后备母兔/空怀母兔 | 38 | 43 | 35 | 1 600 |
| | 带仔哺乳母兔 | 38 | 95 | 35 | 3 600 |
| 西班牙 | 后备母兔/空怀母兔 | 30 | 40 | 33 | 1 200 |
| | 带仔哺乳母兔 | 4 | 85 | 33 | 3 400 |
| EFSA | 种公兔和母兔（不含产箱） | 38 | 65～75 | 38～40 | 3 500 |

资料来源：Trocino 等，2006。

**表 4-11 欧洲普遍使用的育肥兔笼尺寸以及 EFSA 的推荐尺寸**

| 国家 | 笼具类型 | 宽度（cm） | 深度（cm） | 高度（cm） | 总面积（$cm^2$） | 每笼只数 | 每只面积（$cm^2$） | 养殖密度（只/$m^2$） | 养殖密度（kg/$m^2$） |
|---|---|---|---|---|---|---|---|---|---|
| 法国/比利时 | 多功能笼* | 40 | 90～100 | 29～30 | 3 600～4 000 | 6～7 | 515～570 | 17.5～19.4 | 40.3～56.6 |
| 意大利/匈牙利 | 育肥笼（每笼 2 只） | 28 | 53 | 35 | 1 200 | 2 | 600 | 16.7 | 41.8～41.5 |
| | 多功能笼 | 38 | 95 | 35 | 3 600 | 5～6 | 720～600 | 13.9～16.71 | 34.8～45.0 |
| 西班牙 | 多功能笼 | 40 | 85 | 33 | 3 400 | 7～8 | 485～425 | 20.6～23.5 | 45.3～51.7 |
| EFSA | 多功能笼 | 35～40 | 75～70 | 38～40 | | | 625 | | 40 |

资料来源：Trocino 等，2006。

平均的出栏体重：法国 2.3～2.4kg，匈牙利 2.5～2.7kg，意大利 2.5～2.7kg，西班牙 2.2kg。

* 兼做母兔笼和商品兔笼。

兔笼主要由笼壁、笼底板、承粪板和笼门等构成。

依据笼具样式，笼壁可用砖块或水泥板砌成，也可用竹片、钢丝网或铁皮等钉成。采用砖砌或水泥预制件，必须留承粪板和笼底板搁肩，搁肩宽度以 3.5cm 为宜；采用竹、木栅条或金属板条，栅条宽以 15～30mm、间距 10～15mm 为宜。

笼底板是兔笼最重要的部分，若制作不好，如间距太大、表面有毛刺等，极易造成家兔腿脚损伤、脚皮炎发生等。笼底板要便于家兔行走，便于定期清洗、消毒。笼底板一般采用竹片、镀锌钢丝制成或采用塑料网片。若使用竹片笼底板，要求竹片光滑，竹片宽 2.2～2.5cm、厚 0.7～0.8cm，竹片间距 1～1.2cm。竹片钉制方向应与笼门垂直，以防家兔脚形成向两侧划水的姿势。竹片底板一般是养殖者根据经验人工制作的，存在表面凹凸不平、板条间缝隙间距不等、规格不统一等问题，同时由于竹片材料本身的特性，又存在表面过于光滑、长期使用板条潮湿易存留霉菌、背侧及连接处不易彻底消毒清洗的问题。用镀锌钢丝制成的兔笼底网，缝宽 13～15mm，小兔底网缝宽不超过 13mm，垂直网网眼规格为 50mm×13mm 或 75mm×13mm，钢丝直径不得低于 2.5mm，最好在 2.5mm 甚至 3.0mm 以上。另外可以参考鸡、猪养殖所采用的塑料漏缝地板，以没有毒性且强度可靠的工程塑料为材料，一次压制成型，笼底为整体一块或几块拼接而成。该笼底板标准化制作，保证底板表面平整，并有突起状防滑设计，家兔处于上面时获得更好的平衡感，避免家兔特别是幼兔在行走时扭伤；整体轻便且符合承重要求，便于清洗消毒。塑料笼地

图 4-11 注塑笼底板

板只要安装平整，连接处没有突起，一般就可以避免被家兔啃咬。

在多层兔笼中，在上下层笼具之间有承粪板。市面销售的承粪板材料多样，以光滑、不挂粪、不易吸附氨气、便于清理消毒等为宜。在多层兔笼中，上层承粪板即为下层兔笼的笼顶，为避免上层兔笼中兔的粪尿、污水溅污下层兔笼，承粪板应向笼体前面伸出 3～5cm，后面伸出 5～10cm。在设计、安装时还需要有足够的倾斜度，呈前高后低斜坡状，角度为 25°～30°，以便粪尿经承粪板面自动落入粪沟，利于清扫。在目前生产中，承粪板要达到 45°角才能使粪便自动落入粪沟，但是角度过大，上下兔笼间间距就要变大，兔笼太高不便于上层兔笼人工喂料、管理等。

笼门一般安装于多层兔笼的前面或单层兔笼的上方，要求内侧光滑，启闭方便，能防御兽害。食槽、草架、饮水装置最好安装在笼门外，尽量做到不开门喂食，以节省劳动时间。

为便于操作管理和维修，兔笼总高度应控制在 2m 以下，笼底板与承粪板之间及底层涂料与地面之间都应有适当的空间，便于清洁、管理和通风透光。通常，笼底板与承粪板之间的距离：前面为 5～10cm，后面为 20～25cm，底层兔笼与地面间的距离为 30～35cm，以利于通风、防潮，使底层家兔有较好的生活环境。

### （二）种兔笼与产仔箱类型

产仔箱是兔产仔、哺乳的场所，也是 3 周龄前仔兔的主要生活场所。通常在母兔产仔前放入笼内或悬挂在笼门外。产仔箱多用木板、纤维板、硬质塑料或镀锌板制成。主要有以下样式：

**1. 内置产仔箱**　多为 1～1.5cm 厚，尺寸 40cm×26cm×13cm 的长方形箱。箱底有粗糙锯纹，并留有间隙或小洞，使仔兔不易滑倒并有利于排出尿液。产仔箱上口周围平滑，以免划伤仔兔和母兔。内置式产仔箱放置在母兔笼内，占用笼内空间，母兔活动空间减少，并且不便于饲养人员看护仔兔，如若实现母仔分离，需要每次哺乳搬运产箱，生产管理繁琐、费工费时。

图 4－12　内置式产仔箱

图 4－13　外挂式产仔箱

**2. 悬挂式产仔箱**　多用保温性能好的发泡塑料或轻质金属等材料制作，悬挂于母兔笼门的外侧，在与兔笼连接的一侧留有一个大小适中的洞口与母兔笼相通，产仔箱上方加盖一块活动盖板。这类产仔箱不占笼内面积、管理方便；但是采用挂钩与母兔笼连接，要求笼壁承重能力好，同时由于挂在母兔笼外面，开启笼门需拿掉产仔箱，影响饲养员管理操作。外挂式产箱稳定平衡性差，易造成母兔不安全感。

**3. 母仔一体笼** 一种是将产仔箱与母兔笼左右并列布置，适用于养殖户；另一种为欧洲兔场普遍采用的母仔一体笼，类似于悬挂式产箱，但产仔箱和母兔笼底网为一体设计，产仔箱设在母兔笼前方，方便对仔兔的照料。产仔箱和母兔笼上盖设可开启的门，一般在仔兔断奶后，母兔转走，抽离母兔笼和产仔箱之间的隔板，仔兔原地育肥，可以减小仔兔转群和断奶应激，适用于规模化家兔养殖场。母仔一体笼操作方便，可以简化仔兔保育管理，提高劳动效率，同时便于种兔舍做到“全进全出”，便于兔舍防疫消毒。

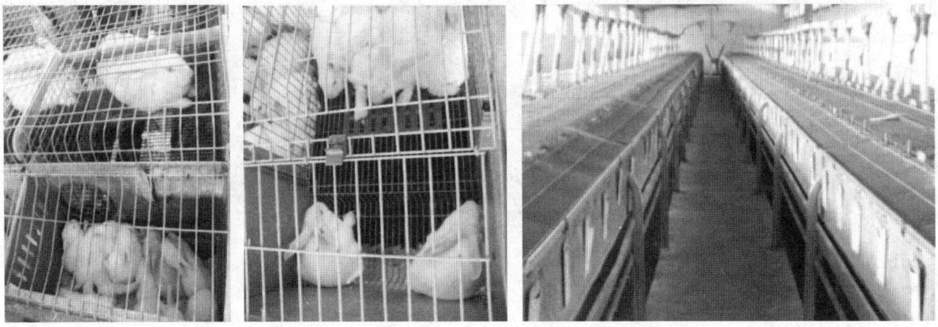

图 4-14 母仔一体笼

## 二、饲喂设备

家兔喂料方式有人工喂料、半自动喂料和全自动喂料（机械喂料）等方式。目前中国绝大多数兔场采用人工喂料，个别规模化兔场采用机械喂料。在欧洲普遍采用半自动和全自动喂料方式。

### （一）人工和半自动喂料方式

**1. 效率较低的人工喂料方式** 我国家兔养殖最常见的喂料方式为在每个兔笼前网片悬挂一个料盒，料盒与兔笼门左右并排安置，喂料时人工用小铲将兔颗粒饲料逐一加入每个料盒。基本可以做到定量饲喂，但喂料耗时耗人工，同时将饲料逐一加入每个料盒的过程中，频繁的取料加料很容易将饲料撒到料盒外面，饲料浪费严重。这种人工饲喂方式消耗大量劳动力，管理仔兔和母兔的时间减少。

**2. 效率较高的人工喂料方式或半自动喂料方式** 欧洲采用人工喂料的兔场，种兔笼采用单层排布，母兔笼前端为产仔箱，产仔箱与母兔笼为一体笼，母兔笼后上方采用通长食槽，其喂料效率高（图 4-15）。商品兔笼采用和笼养蛋鸡养殖中类似的通长料槽，即在每列兔笼前端设有一个通长饲料槽，通过配套笼具的设计，给每个家兔隔出采食位。将原来的每次饲喂仅对应一个笼位改造为对应一列笼位，可人工撒喂饲料（图 4-16）。这两种人工喂料的兔笼可以采用人力推动式给料车或轨道式给料车等半自动或全自动喂料形式。与前面提到的单个料盒人工喂料方式相比，这种人工和半自动式喂料工艺加快了喂料的速度，减轻了劳动强度；同时避免了饲料撒到料盒外面，降低了饲料浪费量，而且在余料处理上较传统的料盒式更为方便，并且这种半自动喂料方式对饲料颗粒硬度要求不高，设备投入也小，从目前我国家兔养殖的现状来看，对于养殖户推广提高喂料效率的人工喂料工艺和配套笼具从经济上更为可行。

图 4-15　种兔笼通长食槽

图 4-16　商品兔笼通长食槽

## （二）自动喂料系统

家兔饲喂方式与肉鸡喂料方式基本相同，欧洲一些兔场完全采用肉鸡喂料系统，只是末端料盒（料盘）有些差别。将家禽养殖中的搅龙式喂料设备根据兔笼布列改造，使一条料线供给两列（或四列）兔笼。机械喂料系统由贮料塔、输料机、喂料机、输料管、搅龙和料盒（料盘）等组成。贮料塔由镀锌钢板或玻璃钢制成，容积可根据兔舍饲养规模设计，上部为圆柱形，下部为圆锥形，角度一般大于 60°，同时塔内需安装破拱装置，以便于下料。贮料塔使用散装饲料车从塔顶向塔内装料，喂料时由输料机将饲料送往各兔舍的喂料机，再由喂料机通过输料管将饲料送至各笼位的料盒（料盘）。种兔笼一般采用料盒，背对

图 4-17　料　塔

背两个笼位共用一个料盒；而商品兔笼多采用料盘，背对背 4 个笼位共用一个料盘。

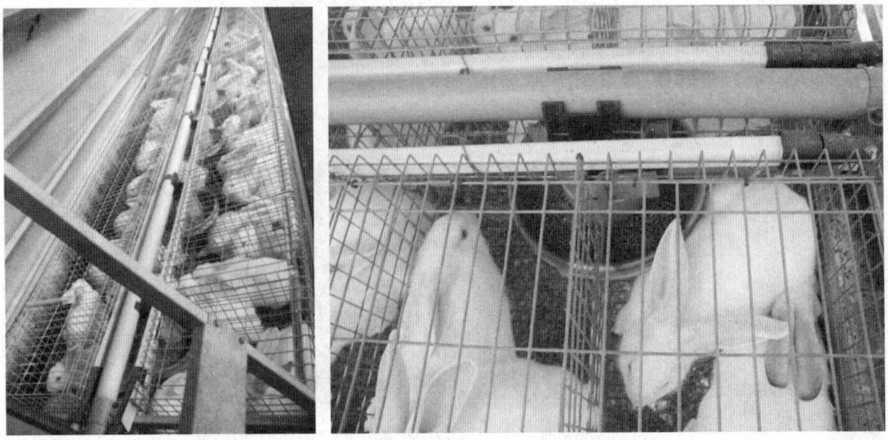

图 4-18 搅龙自动喂料系统

搅龙式自动喂料系统对饲料颗粒硬度要求较高，而我国加工后的兔颗粒饲料质地相对较软，用此方式喂料，饲料的破损率很高，影响家兔采食和呼吸道健康。需要饲料厂和养殖企业通过改进饲料加工工艺，调整饲料组成，添加饲料黏结剂，提高饲料强度等措施，来适应搅龙式自动喂料系统。

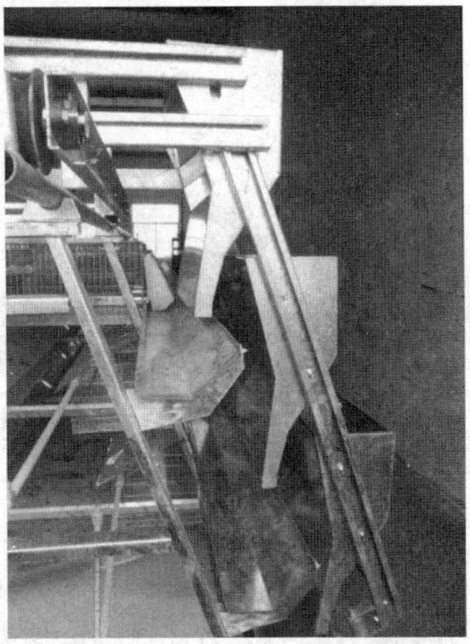

图 4-19 行车自动喂料

针对目前我国兔颗粒饲料强度普遍不够的现状，也可以改变自动喂料方式，开发适合我国现阶段家兔养殖的自动喂料系统。国家兔产业技术体系养殖设施与环境调控岗位，参考养鸡业行车喂料系统，研制开发了适合中国现阶段低强度颗粒饲料的行车自动喂料系统及配套的新型种兔笼、商品兔笼。行车自动喂料系统由喂料行车、轨道、牵引绳、头尾架等配件组成，料车在行进的过程中饲料靠重力落入下方的料槽，完成自动喂料，降低了饲料的破损率。

机械化自动喂料系统造价高，一次性投入大，但在劳动力缺乏、人力成本高的经济发达地区，饲喂工艺由人工喂料过渡到自动喂料势在必行。

## 三、饮水设备

目前我国兔场采用的饮水方式一般有两种：简易饮水槽和乳头式饮水器。

简易饮水槽即在每个笼位内安放一个水碗，或将盛水玻璃瓶或塑料瓶倒置固定在笼壁，瓶口接一橡皮管通过前网伸入笼门，利用压力控制水从瓶内流出，供兔自由饮用。这种形式增加了工人的劳动量，水质容易污染，且较为费水。

规模兔场一般采用乳头式自动饮水器，具有饮水方便、卫生、节水等优点，国内外规模化兔场普遍采用。乳头式饮水器一种是弹簧式结构，由外壳、阀套、触流阀杆、复位弹簧和复位顶珠构成（图 4－20），靠其中弹簧的压力保持密封，其密封程度和使用年限主要取决于弹簧的质量。我国部分兔场采用弹簧式自动饮水器，使用寿命短，弹簧易变形而使饮水器密封不严，严重漏水，易导致舍内潮湿，空气质量下降，通风压力加大，粪污总量加大及后期处理困难等一系列问题。另外一种为钢球阀结构的乳头式饮水器，由外壳、阀套、阀杆、阀球组成（图 4－21），球阀芯体为不锈钢材质，可直接装在水管上，利用芯体重力下垂密封，兔需水时，触动阀杆，水即流出。该类饮水器依靠水压及钢球、阀芯的自重力保障系统的密闭性，从而大大延长使用年限。相对于弹簧式乳头饮水器，自重力乳头饮水器的投入成本高，但在使用年限上却远高于弹簧式乳头饮水器，平均投入并不比弹簧式乳头饮水器高，而其的环境效益却十分显著，从长远看仍是合算的。

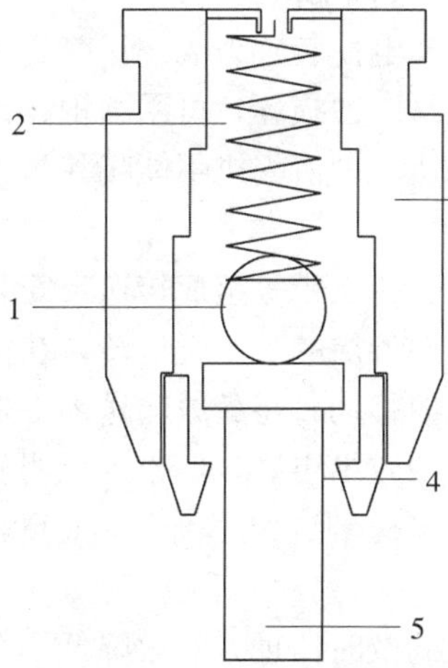


图 4－20　弹簧式乳头饮水器

1. 复位顶珠　2. 复位弹簧　3. 外壳　4. 阀套　5. 触流阀杆

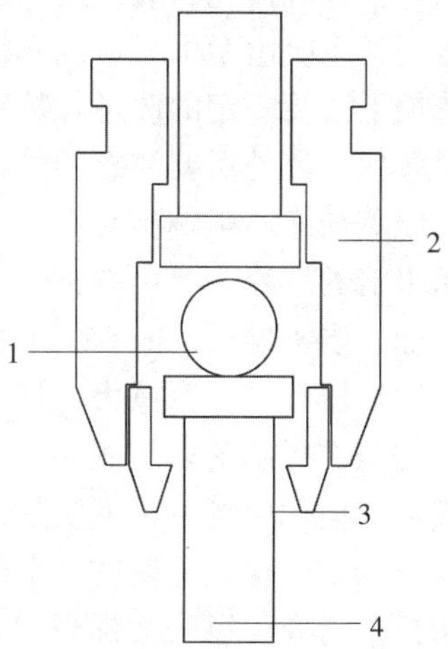


图 4－21　自重力乳头饮水器

1. 阀珠　2. 外壳　3. 阀套　4. 触流阀杆

乳头饮水器可以大大降低劳动强度，提高工作效率。但是其对水质要求高，输水管道内容易滋生苔藓和微生物，造成水管堵塞，并且容易诱发消化道疾病，要定期对饮水器和输水管进行检查清理。乳头式饮水器通常安装在兔笼的前网或者后网上，安装的高度 20～25cm 为宜。也可以安装在后面的顶网上。如果安装在顶网上，一定要靠近后网，距离后网壁 3～5cm。饮水器不可以直接接在高压水管上，必须经过一次减压，发现漏水滴水，及时修理和更换。

兔场可以对进舍前的地下水进行集中消毒，也可以在每栋舍的储水箱内进行消毒，确保家兔的饮用水安全卫生。如果兔场粪污处理不当，污水贮存与排放沟的防渗处理不够，粪污直接排放，长时间可能使地下水资源受到污染。一般建场时间越长，地下水受污染的可能越大，对生产的影响也更大，因此，这类兔场对于饮用地下水必须进行消毒，以保障家兔的健康。

## 四、清粪设备

目前，养兔生产中主要采用人工清粪、水冲清粪和机械清粪等方式。

人工清粪设备简单，成本较低，粪尿分离，粪便收集率高，用水量很小，粪污排放量小，劳动强度大，适用于我国劳动力资源较为丰富地区规模较小的兔场。

水冲清粪中，粪沟倾向粪水池的坡度为0.5%～1%，仅需在粪沟一端设水管，需要清粪时，将水管打开。水冲清粪操作方便，劳动强度小，但用水量大，舍内潮湿，粪便收集率低、氮磷等养分流失严重，兔场排污总量大幅提高，给后期粪污处理造成很大压力，易造成严重的环境污染，同时可能威胁地下水安全，且在寒冷地区冬季出粪口易冻结。家兔粪便含水率低，适合采用固态粪处理办法，一般情况下不建议兔场使用水冲清粪方式。

机械清粪节约工人劳动力，用水量少，在国外应用十分普遍，但设备一次性投入及维护费用高，推荐规模化兔场采用。机械清粪有刮板清粪和传送带清粪。

刮板清粪系统由牵引机、刮粪板、钢丝绳、转角滑轮及电控装置组成。目前刮板清粪在材料选用上需要一定的改进，特别是拖动刮板的钢丝绳易腐蚀损坏，可用圆钢、钢链或纤维材料替代。另外需要注意的是，华北和东北地区冬季寒冷，清粪机不能将粪污直接刮到室外，以免结冻，影响整套设备的效果。

传送带清粪系统主要由电机装置、链传动、主被动辊、传送带等组成传送带安装在每层笼具下面，当机器启动时，由电机、减速器通过链条带动各层的主动辊运转，在被动辊与主动辊的挤压下产生摩擦力，带动承粪带沿笼组长度方向移动，将粪尿输送到一端，被端部设置的刮粪板刮落，从而完成清粪作业。传送带清粪的效果更好，但投入也明显高于刮板清粪，规模化兔场可根据实际情况选用。重叠式兔笼传送带清粪设备投入太高，不建议使用，可以在阶梯式兔笼的最下层设传送带清粪。

采用机械清粪可以大大提高饲养员的工作效率，粪尿的及时清理，有效降低了舍内氨气含量和舍内湿度。从形式上，人工清粪和机械清粪属于干清粪，可以在粪便收集阶段实现干湿分离，能够为舍内提供相对干燥的环境，同时使排污减量，对后期粪污处理比较有

图4-22 刮板清粪

利。从我国生产应用情况来看，大多数兔场采用人工清粪或者水冲清粪的形式，机械清粪形式在山东、江苏、浙江、四川和重庆地区的部分规模化兔场有应用。人工清粪作业占用了饲养员近 50%的工作时间，在劳动力成本高的地区规模化兔场可采用机械清粪，以提高工作效率和生产效率。

图 4－23 传送带清粪

## 五、笼具排布与工艺配套

一般金属笼的摆放有单层平列式、阶梯式、重叠式等多种方式。在实际生产中，应考虑兔场规模、养殖工艺、兔舍尺寸和兔子的生理阶段等具体生产需求来选择恰当的舍内笼具布置，做到兔笼与清粪、喂料、饮水系统等的配套，满足家兔的生理需要，同时便于饲养管理，提高养殖效率。

**1. 单层平列式布置** 单层平列式兔笼饲养密度低，主要用于饲养繁殖母兔（图 4－24），商品兔笼不建议采用两列式单层兔笼，可以采用四列并排的单层兔笼以提高养殖密度（图 4－25）。这种布置方式便于使用自动饲喂设备，也可采用通长料槽的人工饲喂方式，提高喂料效率，也方便对仔兔、母兔的管理，宜采用机械清粪，欧洲兔场繁殖母兔养殖多采用这种形式。

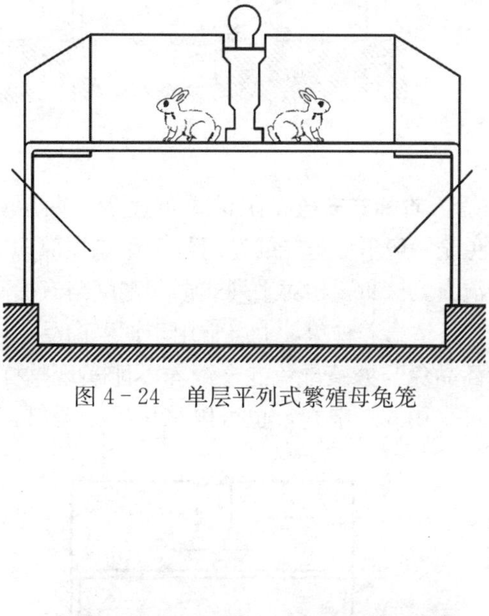

图 4－24 单层平列式繁殖母兔笼

**2. 重叠式布置** 重叠式兔笼（图 4－26）相互叠加，粪便落在承粪板上，自动滚

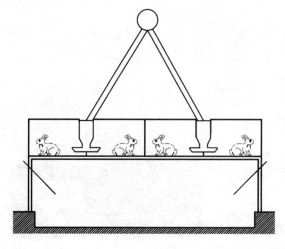

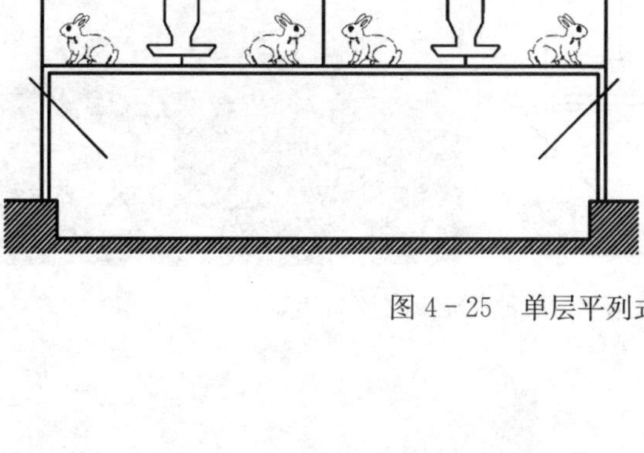

图 4－25 单层平列式商品兔笼

落到粪沟里，再由刮板、人工或传送带等方式清理。这种形式饲养密度较高，下层可饲养种兔；上层太高，不易管理，不适合作种兔笼，可用于饲养商品兔。通过改进笼具设计可以实现饲喂自动化，种兔笼采用多层重叠式不便于实现“全进全出”制周转，小规模兔场可以选用。

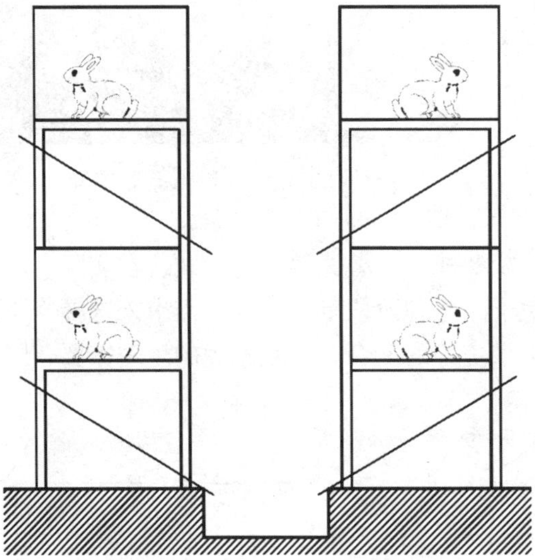

图 4－26　重叠式兔笼

**3. 阶梯式布置**　阶梯式布置多为两层兔笼，上下兔笼间部分交错部分重叠。阶梯式种兔笼一般下层兔笼的笼门位于兔笼顶部，上层笼具的笼门位于前面，可采用机械喂料和机械清粪。该布置相对平列式饲养密度略有提高，下层可饲养繁殖母兔，上层笼太高，不易管理，不适合养种兔，上层常用于饲养商品兔，但也可用于非哺乳期母兔的周转（图 4－27），但商品兔与繁殖母兔混合饲养不能实现整栋兔舍的“全进全出”周转。这种布置方式喂料既可采用人工喂料，也可以采用机械喂料，但无法实现人工清粪，需采用机械等自动清粪

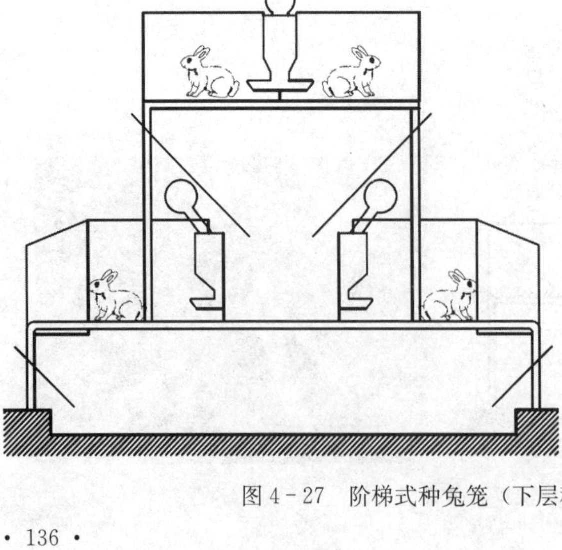

图 4－27　阶梯式种兔笼（下层种兔笼上层商品兔笼）

方式。阶梯式商品兔笼（图 4-28），可以显著提高饲养密度，但需配合机械化的喂料和清粪设备，同时由于饲养密度大，对兔舍环境的要求高，需加强舍内的通风换气调控。

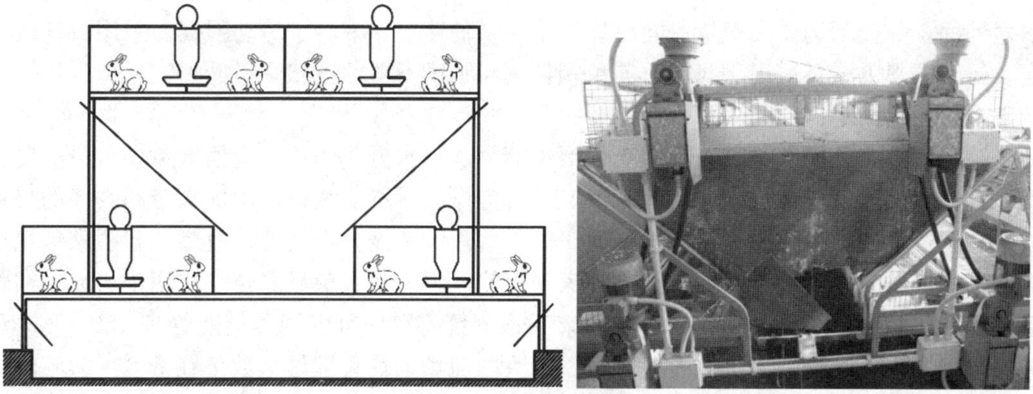

图 4-28　阶梯式商品兔笼

根据目前我国兔场的实际情况和饲料状况，推荐采用阶梯式种兔笼（图 4-29）和商品兔笼（图 4-30）。种兔笼与欧洲一样采用仔、母兔一体笼，笼底相连，产箱（仔兔笼）置于前方，靠近管理走道，方便饲养员对仔兔的照料，但考虑到饲料清理等问题，料盒置于产箱后方、母兔笼前部，不影响母兔采食的同时也方便人工喂料和清理料槽（料盒），料盒上方设有通长的料槽，槽底开孔与料盒相接，通长的料槽便于行车行进中自动喂料，也方便于人工撒喂。仔兔笼顶网片和母兔笼顶网片为兔笼门，均可整体掀起，方便抓取兔子。

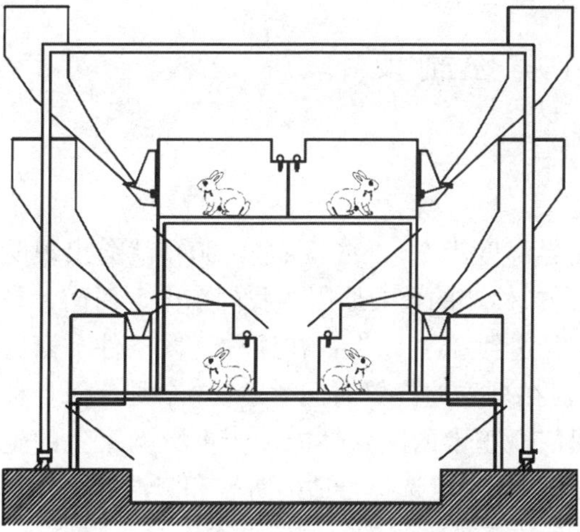

图 4-29　阶梯式行车自动喂料种兔笼
（下层种兔笼，上层商品兔笼）

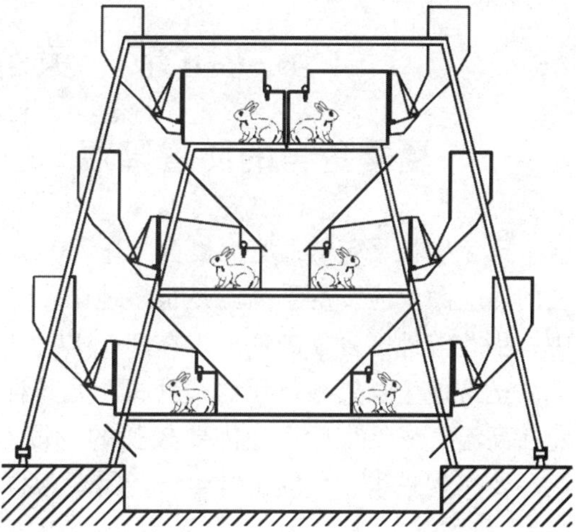

图 4-30　阶梯式行车自动喂料商品兔笼

阶梯式商品兔笼可以为两层或三层，设有整体可掀起的前网片和通长的倒梯形料槽，兔笼前网片跨于料槽中间，约 1/3 料槽在网片外侧，2/3 料槽在网片内侧。网片内侧的料槽设有分隔板隔开每个采食位，避免家兔采食时的相互影响，同时避免兔进入料槽排粪便污染饲料；网片外侧的料槽没有隔板和网片阻挡，通长的料槽方便于人工撒喂，或便于行车行进中自动撒喂饲料。前网片为整体可掀起的，不用在前网片单设笼门，方便转群时抓取兔子。改单个料盒的人工喂料方式为通常料槽的人工撒喂或机械撒喂，减少了饲料撒到料盒外面，降低了饲料浪费量；同时加快了喂料的速度，减轻了劳动强度。采用自动或半自动行车喂料方式，适用于我国目前兔颗粒饲料强度不够的现状，降低了饲料传送过程中的破损率，提高了饲料利用率。

综上所述，舍内兔笼布置及配套饲喂、清粪、饮水方式的选择应根据兔场自身的资金实力、技术实力、养殖规模、劳动力情况综合考虑，尽可能考虑采用提高劳动效率的喂料方式和清粪方式，减少用工量，选择便于饲养管理的兔笼，提高劳动效率。我国家兔笼具多种多样，兔笼样式决定了养殖工艺和家兔周转，目前多数兔场养殖工艺用工量大，饲养管理繁琐，不利于提高劳动效率。我国家兔养殖目前平均每个饲养员能管理 150～200 只繁殖母兔，而在欧洲采用机械喂料、机械清粪的兔场人均管理母兔数量在 800～1 000 只，采用人工喂料、机械清粪的兔场人均管理繁殖母兔 500 只左右。这种劳动效率的巨大差异，一方面是由于欧洲这些兔场采用同期发情、人工授精技术，使家兔生长和繁殖阶段同期化，工人每天的管理工作单一化，大大提高了劳动效率；另一方面，欧洲目前采用的兔笼样式，在仔母兔的管理、人工喂料方面均节省劳动力，也方便周转，这也是其劳动效率高的另一个主要原因。

我国家兔养殖普遍缺乏高技术饲养人员，这是我国母兔繁殖力和仔兔成活率低的主要原因之一。改变笼具样式、喂料和清粪方式，将养殖技术人员从高体力消耗的清粪、喂料工作中解脱出来，专注于种兔繁殖、仔兔管理等技术工作，能提高养殖人员技术水平，同时也能吸引更多有技术的人员到生产一线，是我国家兔养殖高效、健康发展的需要。

## 第五节　兔舍环境控制技术

### 一、夏季兔舍的防暑降温

家兔生长繁殖的适宜温度为 13～20℃，临界温度为 5～30℃，高于 30℃就会出现明显的热应激反应。夏季高温是很多地区家兔减产或停产的重要原因。我国东南、西南、华中、华北等地区夏季的气温多在 30℃以上，高温达到 35℃以上，在这种气候条件下家兔无法正常地生长繁殖，死亡率升高，尤其种兔，在夏季的停繁时间达 2～3 个月，而且种兔在高温气候结束后，还需要较长的一段时间恢复正常的繁殖性能，严重影响家兔的生产。要实现夏季家兔的正常生产，需要根据当地气候特点选择合适的防暑和降温方法。

#### （一）兔舍建筑防暑

**1. 兔舍围护结构的隔热性能**　兔舍的墙体、屋顶、门窗、地面等称为兔舍的外围护结构。兔舍建筑要重视并提高兔舍外围护结构的隔热性能，这是改善舍内环境，降低运行成本，实现节能减排的根本措施，也是兔舍夏季防暑降温的前提。目前在民用建筑中已非常重视建筑物的节能设计，但在畜舍建筑上围护结构的节能设计尚未提上日程。

兔舍的防暑首先要求兔舍外围护结构具有良好的隔热性能，需要外围护结构具有一定的热阻，兔舍屋顶、墙体可选择传热系数小的材料或增加材料的厚度，以减少通过屋顶、墙体传入的热量。通过屋顶传入舍内的热量占总传入热量的40%，屋面在夏季太阳辐射下可以达到60～70℃，屋顶内外的温差大于墙体内外的温差，所以屋顶的保温隔热作用相对于墙更重要。墙体占舍建筑总重的40%～65%，墙体在防暑方面需要有足够的厚度，并且使用隔热性能好的材料，以达到所需的热阻值。

舍的围护结构的隔热指标，是以夏季低限热阻值控制围护结构内表面昼夜平均温度不超过允许值，防止舍内过热；以低限总衰减度控制围护结构内表面温度的峰值不至于过高，防止较强的热辐射和温度剧烈波动对人畜引起的不适；以总延迟时间控制内表面温度峰值出现的时间，总延迟时间足够长，可以使内表面温度的峰值出现在气温较低的夜间，减缓家兔的热应激。

开放兔舍没有纵墙，结构简单，造价低廉，在南方温暖地区使用较为广泛。开放兔舍主要起到避雨、遮阳的作用，保温隔热性能差，舍内受外界气候的影响很大，较难进行有效的环境调控，可饲养育肥商品兔。屋顶部分由于受到大量的太阳辐射，对舍内的温度影响很大，所以屋顶需要具有良好的保温隔热性能。开放式兔舍夏季防暑的措施主要是采用加长的屋顶出檐或者设置遮阳网，减少太阳辐射，能够使通过外围护结构传入舍内的热量减少17%～35%。有窗密闭兔舍密闭程度高，受外界环境的影响小，便于人工控制舍内的环境条件，其防暑效果也首先取决于屋顶、墙体的保温隔热性能。无窗密闭兔舍内的环境条件完全由人工调控。有窗密闭兔舍和无窗密闭兔舍对建筑的外围护结构的保温隔热性能的要求更高，因为舍内温度依赖人工的环境调控，所以需要减少通过兔舍外围护结构与舍外之间的热量交换，否则大量的热量通过外围护结构传入舍内，影响舍内的降温效果。

**2. 其他建筑防暑措施**　在自然通风的兔舍设置地窗、天窗，采用通风屋脊或钟楼式屋顶等，可以加强舍内的通风，促进家兔体表的对流和蒸发散热，缓解热环境对家兔的影响。

**3. 绿化防暑**　绿化不仅起到一定的遮阳作用，还能降低局部气温。树木能够遮挡50%～90%的太阳辐射，可以降低兔舍和地面的温度，蒸腾作用和光合作用也可以降低兔舍周围的气温。因此，绿化树木可以减少兔舍所受太阳辐射和降低兔舍周围气温，对于夏季防暑起到一定的辅助作用。

## （二）兔舍的降温方式

在夏季炎热的气候条件下，在建筑防暑措施无法满足家兔生产要求的温度时，需要配合相应的降温方式对舍内温度进行调控，以避免热应激造成的家兔生产力下降和死亡。主要介绍以下几种适合兔舍使用的降温方式。

**1. 湿帘—风机负压通风降温系统**

（1）**湿帘—风机负压通风降温系统的原理和使用条件**　湿帘结合负压通风的降温系统是目前应用最为普遍的畜舍降温方式，由湿帘、风机和水循环系统组成，以湿帘—纵向负压通风系统最常见。湿帘降温利用的是蒸发降温的原理，如图4-31由安装在兔舍一端的轴流风机驱动纵向的负压通风，以舍另一端的湿帘作为进风口，当室外热空气经过被水浸润的湿帘时，湿帘上的水分蒸发，以汽化热的形式吸收空气的热量，使经过湿帘的空气的干球温度降低，相对湿度升高，达到降低舍内气温的目的。图 4-32 为兔舍中湿帘降温结合纵向通风的应用实例。

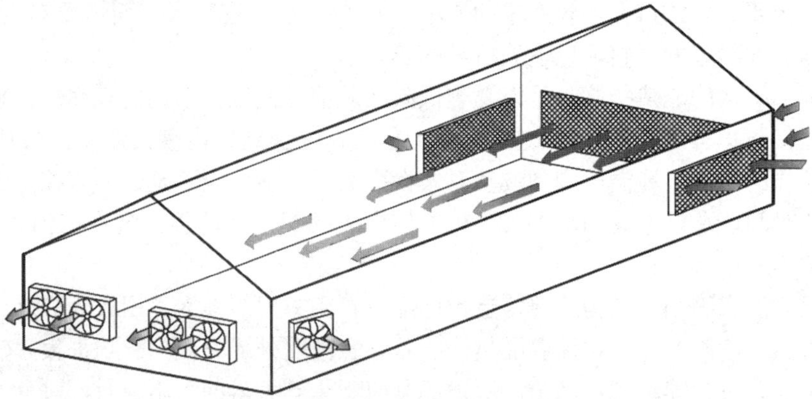

图 4-31 湿帘降温结合纵向通风的示意图

图 4-32 湿帘降温在兔舍中的应用

湿帘降温在气候干热地区的使用效果好于湿热地区。空气的相对湿度越低，降温幅度越大，这一规律可以作为判断使用湿帘的最佳时间段的依据。夏季夜间和早晨气温较低，相对湿度较高，在这个时间段不适宜使用湿帘降温，不仅降温幅度低，还会增加舍内的相对湿度，阻碍家兔的散热，此时需要关闭湿帘供水，保持风机开启，利用纵向通风增加家兔的对流散热，对于缓解高温对家兔的影响有重要的作用。当气温上升，空气相对湿度逐渐下降，到中午和下午属于气温高、相对湿度低的时段，这个时段是使用湿帘降温的最佳时段，可以达到最好的降温效果，同时也是舍内最需要降温的时段。在我国华北、华中、西南、东北地区都适宜使用这种降温方式，东南地区地处沿海，夏季相对湿度较高，部分地区使用的效果较差。

湿帘降温理论的最大降温幅度为 $\Delta T=T_d-T_w$（$T_d$ 和 $T_w$ 分别是进风的干球温度和湿球温度）。降温幅度受到空气的温度和相对湿度的影响，空气温度越高，相对湿度越低，降温幅度越大。判断湿帘的降温效果有如下划分，在降温幅度达到 3℃以上时，才适合使用。

$$\begin{cases}\Delta T \geqslant 7℃\ \text{（很理想）} \\ 5℃ \leqslant \Delta T < 7℃\ \text{（很适合）} \\ 3℃ \leqslant \Delta T < 5℃\ \text{（适合）} \\ \Delta T < 3℃\ \text{（不适合）}\end{cases}$$

湿帘降温实际只能将干球温度为 $T_d$ 的空气降到接近湿球温度 $T_w$ 的温度，而达不到 $T_w$，实际的降温幅度与理论的最大降温幅度之间的比值称为降温效率，即：

$$\varepsilon = (T_d - T) / (T_d - T_w)$$

$T_d$ 和 $T_w$ 分别为进风的干球温度和湿球温度，$T$ 为进风出湿帘的干球温度。

湿帘降温系统的降温效率一般为 50%～85%，高湿地区的降温效率一般只有干燥地区的 60%～80%。建议适宜使用湿帘降温的室外条件为气温大于 27℃，且相对湿度小于 70%。

使用湿帘降温需要兔舍具有较高程度的密闭性，适合在有窗密闭兔舍和无窗密闭兔舍中使用。对于这个降温系统，设计湿帘作为唯一的进风口，这样可以保证空气都是经过降温后进入舍内。由于湿帘降温结合的是负压通风，如果舍的密闭性低，存在漏风点时，一方面舍外的高温空气不经过降温直接进入舍内，直接影响降温效果，另外还会降低舍内的风速，同样影响家兔的散热。湿帘降温通常无法将温度降到家兔生长繁殖的最适宜温度，只是将舍内的温度降低到 25～30℃，且相对湿度会随之升高（温度每上升 1℃相对湿度上升 4.5%）。假设进风的温度为 35℃，相对湿度为 50%，当进风温度降至 27℃时，相对湿度会上升至 86%，加上舍内家兔呼吸和粪尿蒸发本身产生的湿气，舍内的相对湿度会达到 90%以上，这时家兔的蒸发散热受到严重的抑制。从这个角度看单纯的湿帘降温不足以缓解家兔的热应激。这并不意味这个降温系统不适用，配合负压纵向通风可以解决这个问题。负压纵向通风在舍内形成一定的风速，一方面可以产生风冷效果，增加家兔体表的对流散热；另一方面，纵向通风可以排出舍内的湿气，降低舍内的相对湿度，缓解高湿度对呼吸道蒸发散热的抑制，这样就解决了单纯蒸发降温存在的问题。

对于湿帘—风机系统，其作用不仅仅是降温，还在于增加家兔的散热。利用湿帘—风机系统，我们所需的降温效果不是为了将温度由 35℃降到 25℃以下，这是实际状况下做不到的，也是没有必要的。如果室外气温为 35℃，湿帘降温系统的降温能力可以达到 7℃，纵向通风的风冷效果相当于降温 6℃，这样实际感受到的有效温度就是 22℃，这是一个合理的湿帘降温系统需要达到的效果。

（2）***湿帘—风机负压通风降温系统运行注意事项***　要保证湿帘降温的效果，在使用中还需要注意一些问题。

①充足的供水。如果湿帘供水不足的话，直接影响降温的效果。当湿帘没有被水充分浸润时，会出现局部干燥区域，通过这部分湿帘的空气就没有经过降温直接进入舍内，影响降温效果。足量的供水可以减少水垢和灰尘在湿帘上的积累，否则湿帘容易发生阻塞，影响降温效果，缩短了湿帘的使用寿命。湿帘根据厚度要求的供水量不同，对于 15cm 厚的湿帘，每平方米的湿帘每分钟需要的水量为 0.52L；对于 10cm 厚的湿帘，每平方米的湿帘每分钟需要的水量为 0.34L。

②水温的影响。需要防止水温的升高。水温的升高会导致降温效率下降，使用时需要避免阳光对储水罐的直射。降低水温能够一定程度上降低出风的温度，但对于整栋舍的降温效果的提高没有显著的作用，通常没有必要通过加冰块等方法降低水温来提高降温效果。

③风机与湿帘的配比。设备的配比是保证湿帘系统降温效果的重要因素，主要是风机

与湿帘的配比，以及水泵与湿帘的配比。

风机与湿帘的配套是风机风量与湿帘面积的配比。配比湿帘面积的计算方法：先确定兔舍通风量，可以根据养殖密度确定兔舍总的通风量（家兔夏季每千克体重每小时的通风量为 5～6$m^3$），或根据兔舍空间大小确定兔舍总的通风量（按兔舍夏季每分钟换气 1 次来确定总通风量），或者根据“通风量＝舍的截面积×纵向风速”确定通风量。然后再根据通风量和过帘风速来确定湿帘面积，匹配的湿帘面积＝总通风量/过帘风速。过帘风速是进风经过湿帘的速度，过帘风速小有利于降温效率的提高，过帘风速一般不宜超过 2m/s，否则，过帘风速太大，降低了湿帘降温效率，但在通风量一定的情况下，过帘风速小则需要更大的湿帘面积，成本上不合算。综合以上各方面考虑，最佳的过帘风速为 1.2～1.8m/s。表 4－12 是不同的类型的湿帘对应的过帘风速和最佳的湿帘面积。

**表 4－12　12m×150m 的兔舍不同规格的湿帘对应的参数***

| 湿帘类型 | 设计过帘风速 | 室内静压/Pa | 降温效率 | 设计湿帘面积/$m^2$ |
|---|---|---|---|---|
| 15cm 厚小凹槽循环式湿帘 | 1.70～1.78m/s | 14.9～22.4 | 72%～74% | 50～53 |
| 15cm 厚大凹槽循环式湿帘 | 1.70～1.78m/s | 12.4～14.9 | 54%～62% | 50～53 |
| 10cm 厚循环式湿帘 | 1.27～1.52m/s | 19.9～24.9 | 68%～74% | 59～71 |
| 5cm 厚喷雾式湿帘 | 1.42～1.57m/s | 12.4～17.4 | 55%～66% | 57～63 |

资料来源：Donald. J 等，2000。

* 参数基于多个生产厂家，在 12m×150m 的兔舍，总通风量 320 000$m^3$/h 情况下测定。

设备的保养维护可以延长使用寿命，防止设备老化影响降温和通风的效果。在夜间不使用湿帘时，停止湿帘的供水，保证湿帘每日可以彻底干燥 1 次；湿帘的供水系统必须安装过滤器，每周对过滤器和储水罐清理 1 次，防止管道的堵塞和水质对湿帘的影响；定期清理风机上的灰尘和兔毛，风机上灰尘的积累严重影响风机的风量，大约会造成 20%～30%风量的损失；风机的皮带和皮带轮在磨损后需要及时更换，皮带和皮带轮的磨损会造成约 10%的风量损失，皮带的松动会造成约 25%的风量损失。

湿帘—风机负压通风降温方式除采用纵向通风外，也可以采用湿帘和风机分别在两侧纵墙上的横向通风方式，或采用湿帘在屋顶，风机在两侧纵墙的负压通风方式，后两种方式虽然降温和通风效率低于纵向通风方式，但该通风系统也适合冬季使用。

**2. 湿帘冷风机降温**　湿帘冷风机是湿帘和风机组合成一体的降温设备，由湿帘、风机、送风管道和水循环系统几部分组成，其降温原理与湿帘—风机负压通风降温系统相同，但两者在结构、适用条件及降温效率上存在不同。湿帘冷风机的结构如图 4－33，湿帘冷风机的风机和湿帘是一体的，当风机运行时，冷风机腔内产生负压，进风通过多孔湿润的湿帘表面进入腔内，湿帘上的水蒸发，带走空气中的热量，使过帘空气的干球温度降低。同样空气温度越高，相对湿度越低，降温幅度越大。湿帘冷风机从出风口出来的冷风以正压送风的方式送入舍内。在降温的同时，室外新鲜的空气吹入室内，起到了通风换气的作用。图 4－34 为湿帘冷风机在兔舍中的应用。

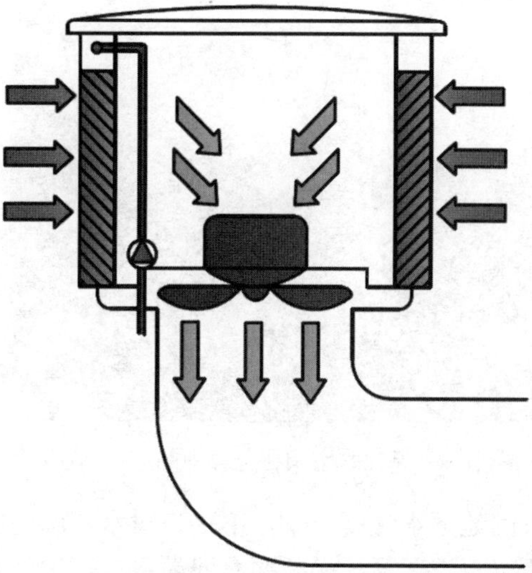

图 4-33　湿帘冷风机原理示例图

图 4-34　湿帘冷风机在兔舍中的应用

在送风方式上，风机将经过湿帘降温后的冷空气，以正压送风的方式送入室内。这种送风方式优点是对兔舍的密闭性要求低，可以在开放、半开放舍及其他密闭性能不好的兔舍中使用；并且可以使用管道送风，进行局部的降温，可以配置相应的风管或排气扇，使冷风分配均匀；而且具有通风换气的功能，有利于保持舍内良好的空气质量。湿帘冷风机设备投入和运行费用仅为制冷空调的1/5～1/10，降温效率50%～80%，不污染环境，是一种环保节能型的降温设备，适用于各种类型的兔舍。但与湿帘—风机负压通风降温系统相比，湿帘冷风机风量较小，所需的冷风机台数较多，设备的投入较大；在降温的均匀度，风冷效果以及通风换气效果上不如湿帘—风机负压通风降温系统，湿帘冷风机出风的初始速度较大，在兔舍内受笼具和管道的阻力的影响较大，会使出风口的远端风速较低，风冷效果不佳，降温不均匀。

在夏季潮湿的地区湿帘冷风机的降温效率也受到限制，同样建议在中午和下午温度高、湿度低的时间段使用。

**3. 水冷空调降温**　水冷空调的工作原理是利用地下15m左右的低温浅层地下水作为冷源，末端热交换器为风机盘管。由水泵将地下水送进空调器内金属盘管中，使盘管具有较低的表面温度，同时空调器内的风机将热空气吹过盘管，两者发生热量交换，将盘管中冷源的冷量转移到空气中，并由风机以正压送风的方式把降温后的空气吹入舍内，地下水经回水管道流入回流井。机组内不断地再循环所在房间的空气，使空气通过冷水盘管后被冷却，如此往复循环，实现舍内降温的目的。天然冷源大多用的是井水，我国大部分地区地下水的水温在20℃以下，而且地下水位较高，较易取得。

水冷空调主要由风机盘管、水泵、管道构成。风机一般采用轴流风机或小型离心式风机，盘管是铜质材料，一般会在铜管之间加上铝质翅片来增加交换面积，提高热传递的效果。

水空调降温由于利用空气与冷水介质间的热交换来降温，与湿帘等蒸发类降温方式相比，水空调降温的优点在于降低气温时不会增加空气的相对湿度，有利于畜体的散热。与压缩机空调制冷相比，具有设备投入低、能耗小、结构简单、安装维护方便等优点。设备不仅能够用于夏季的降温，循环水换成热水还可以用于冬季供暖；采用正压通风，结合管道送风方式，可以在开放、半开放兔舍中使用。降温的幅度在2.5～3.3℃，适用于夏季气候较为温和的地区。这种降温方式要求兔场附近地下水资源丰富，在应用上有一定的局限性，适合于小规模兔场。

图4-35 水空调在兔舍中的应用

水空调的优点是设备投入低，节省电能，运行成本也较低，但耗水量很大，由此造成的地下水过度开采，不仅是对水资源的巨大浪费，还会造成地下水位下降，地表沉降。所以水空调系统必须要有回灌系统，也就是抽取的地下水在使用了其携带的冷量后，要将这一部分水回灌到同一含水层中。直接利用地下水降温而不利用地下水供暖时，多年之后，可能会出现地下水温度逐年上升，还可能导致地下水污染。开采利用地下水必须征得当地水务部门的批准。目前，在对地能等绿色能源的开发利用方面，我国限制使用直接利用地下水的简易的水空调技术，在冬夏季能保持地能平衡的地区鼓励使用地源热泵技术，能同时实现夏季降温、冬季供暖。

**4. 压缩机空调降温** 压缩机空调制冷是以压缩的制冷剂作为介质来冷却进入室内的空气。优点是降温幅度较大，容易根据需要进行控制。这种降温方式对兔舍密闭性和隔热性能要求较高，过多的热量传入舍内会严重影响降温效果。由于兔舍空气中兔毛和灰尘较多，需要定期清理空调的过滤器，保证降温效果不受影响，以每月清理1次较为适宜。这种降温方式设备的投入成本高，而且运行成本很高。由于压缩机空调制冷的高投入和高运行成本，在生产中应用较少，可以在蒸发降温效果很差的湿热地区的繁殖兔舍使用，保证种兔在夏季的正常繁殖，尤其是公兔，高温对其繁殖性能的影响更大，可以仅在公兔舍中使用。由于空调本身的风量小，通风换气量不够，且为节能多使用内循环模式，所以舍内容易积累有害气体，造成空气污浊，需要与相应的通风方式结合。白天开窗通风会使舍内

图4-36 压缩机制冷空调在兔舍中的应用

气温升高，影响降温效果，增加耗电量，可以在夜晚到清晨温度较低的时段开启窗户或风机进行通风换气。

**5. 屋顶喷淋降温**　屋顶喷淋降温也是利用蒸发降温原理。在屋顶上安装喷淋系统，喷淋器喷出水在屋面蒸发，带走热量达到降温的目的，还能形成水膜，阻挡部分太阳辐射。形成的水膜可吸收投射到屋面的太阳辐射8%左右，连同水分蒸发带走汽化热，可以使室温可降低2～4℃，降温幅度较小，适用于夏季气候较为温和的地区。特点是设备简易，成本低廉，适用于小规模的兔场。缺点是容易形成水垢沉积，且用水量大。这种降温方式适合屋顶较低的兔舍。

**6. 喷雾降温**　喷雾降温是用气流喷孔向兔舍喷射细雾滴，雾滴降落的过程中汽化吸热达到降低舍温、增加散热的目的，同时可结合风机排风产生气流，排出舍内多余水汽。喷雾降温系统主要由供水系统（水箱、水泵、过滤器）、输水管和喷头组成，根据雾滴大小的不同分为高压喷雾系统和低压喷雾系统。喷雾降温方式在鸡、猪等畜种上应用较多，降温效果有限，一般在1～3℃，且会增大室内湿度，降温的效果可能会被湿度的增大抵消，所以适用于干热地区。由于这种降温方式容易有未蒸发的雾滴落到家兔体表，污染皮毛，所以在兔舍降温中较少使用。

喷雾系统在兔舍的另一个主要用途是对兔舍进行喷雾消毒（带兔消毒）。

## 二、冬季兔舍的防寒与供暖

家兔是耐寒的动物，对于成年家兔，冬季舍内温度维持在10～15℃即可，低于5℃会产生明显的冷应激。初生仔兔体表被毛少，保温能力差，需要保持舍内20℃以上，才能保证产仔箱内达到适宜的温度。我国北方大部分地区冬季寒冷，需要有供暖才能达到家兔生产的适宜温度。其他主产区的家兔养殖在冬季只需做好相应的防寒工作即可，一般不供暖也可达到适宜的温度。

### （一）兔舍建筑防寒

**1. 兔舍围护结构的保温性能**　在寒冷地区，兔舍墙体、屋顶、门窗等外围护结构应选择热阻值高的保温材料，并保证足够的厚度，提高围护结构的保温性能，满足围护结构冬季低热限阻值要求，最低保证围护结构内表面温度高于露点温度，亦即保证围护结构内表面不结露。兔舍围护结构保温性能差时，兔舍普遍存在舍内潮湿（湿度90%以上，甚至达到100%）、舍内气温低、空气污浊，兔舍的供暖、通风换气等末端环境调控措施不能有效地发挥作用，同时家兔呼吸道疾病频发。冬季通过墙体损失的热量占总热量损失的35%～40%，通过屋顶散失的热量占总散热量的40%。提高兔舍围护结构的保温性能是改善兔舍冬季热环境和空气质量环境，降低供暖运行成本，实现节能减排的根本措施，也是兔舍防寒供暖的前提。

**2. 其他建筑防寒措施**　寒冷地区兔舍适宜选择朝南向，南偏东或南偏西15°～30°，有利于南墙接受更多的太阳辐射，并使纵墙与冬季主风向呈0°～45°角，减小冷风渗透。适当降低兔舍的高度，减小墙体面积；在满足通风和采光的前提下，加大跨度也有利于冬季保温。北墙是对着冬季的迎风面，容易产生冷风渗透，所以应减小北窗的面积，在确定总的窗面积后，南、北窗面积按照 2∶1～3∶1 来设计。

控制气流防止贼风。在冬季，舍内气流由 0.1m/s 上升到 0.8m/s 时，相当于舍内温度降低 6℃，要求冬季舍内风速不超过 0.2m/s。所以需要防止冷风的渗透，对于密闭舍，需要关紧门窗；对于开放兔舍，需要用塑料布将两侧漏风的位置封闭，减少冷风的侵入，增加保温的效果。

控制合理的养殖密度。种公兔 0.4～0.5$m^3$/只，繁殖母兔 0.35～0.45$m^3$/只，后背母兔 0.23$m^3$/只，育肥兔 12～20 只/$m^2$。

保持舍内的干燥是间接保温的有效方法，潮湿会增加兔舍的结构散热。另外，通风排湿时也会增加舍内散热。冬季通风散失的热量在畜舍总散热量占很大比重，不采暖的舍占 40%以上，采暖舍占 80%以上。除湿需要注意及时的清除舍内的尿液，更换漏水的饮水器等。

### （二）兔舍的供暖

在冬季寒冷的地区，单纯的建筑防寒措施无法达到所需的温度时，就需要采取供暖对舍内的温度进行调节。主要介绍几种适合兔舍使用的供暖方式。

**1. 锅炉—暖气片供暖、锅炉—风机盘管（水暖空调）供暖** 供暖系统是由锅炉提供热水，热水在舍内的暖气片或风机盘管中循环并散热，为舍内提供热量。锅炉供暖方式可以采用大中型锅炉对大型兔场进行集中供暖，也可以每栋兔舍采用小型锅炉独立供暖。集中供暖的好处在于能够减小烧锅炉的工作量，节省人力，设备使用寿命较长，供暖效率较高。主要的难点是输送热水管道的铺设，热水管道需要有良好的保温效果，表面要加保温层，并保证足够的铺设深度，否则输送热水过程中热量损失严重，造成供暖效率低下。这就给管道的铺设、维修增加了难度，而且设备、管道和建设的一次性投入较高。每栋兔舍采用小型锅炉独立供暖可根据供暖需要灵活控制供暖时间，但管理繁琐，增加了管理锅炉的工作量，供暖效果取决于每栋舍管理锅炉的工人的责任心和经验，供暖效果不能保证，能耗也较高。在一些小型的兔场使用炉腔中空的煤炉替代锅炉，水在炉腔中加热后，由管道循环至舍内的暖气片。这种方式投资少，煤炉既可作为兔舍的取暖的热源，能持续为兔舍供暖，还可以作为饲养员日常生活用，但供热的速度较慢。

供暖的末端散热器可采用暖气片，也可以采用风机盘管，如上述水空调降温系统也可用于冬季供暖。锅炉供暖的末端散热器可以采用风机盘管，锅炉提供的热水在铜质盘管中循环，热量传递给其上的轻质铝翅片，风机强制使空气经过盘管和翅片表面时进行热交换，产生热空气，送到舍内起到供暖的作用。风机盘管由于强化了散热器与空气间的对流换热作用，能够快速提升舍内温度，散热效率比暖气片高，但由于增加了风机，增加了设备投资和运行成本。该供暖方式目前在畜舍供暖中使用较多。锅炉—暖气片供暖本身不具有通风换气的功能，需要有合适的通风系统与之协调使用。水空调（风机盘管）可以加设空气外循环系统，在供暖的同时带有通风换气效果，有利于改善舍内空气质量。

图 4-37 是锅炉—风机盘管（水暖空调）在兔舍中的应用。

图 4-37　锅炉—风机盘管（水暖空调）在兔舍中的应用

此外，供暖的末端散热也可采用地暖方式，即在畜舍地面下铺设地暖管，热水在地暖管循环由地面散热，其供暖效率高，在使用地面养殖的畜舍（如猪舍）有较多使用。家兔养殖主要采用笼养形式，虽然家兔没有直接与地面接触，但在考虑提高采暖效率时也可以考虑采用地暖方式。

**2. 热风炉供暖**　热风炉供暖是燃烧煤、天然气等燃料产生热量，风机驱动产生气流，低温洁净的空气经过红热的炉膛时，被加热到 60～80℃，通过管道送入舍内供暖。图 4-38 是热风炉在兔舍中的应用。热风炉的供暖的能力较强，通过调节炉底风门的开启程度控制炉温，从而调节热风的温度。热风炉在为兔舍提供热量的同时也能起到一定的通风换气的作用，能够很好地解决冬季供暖与通风之间的矛盾，保证舍内温度基本恒定的情况下，进行通风换气，排出水汽和有害气体，有利于改善空气质量。配备电气温控系统，可以实现对舍内温度的自动控制，根据舍内温度自动开启送风或关闭送风。但这种方式直接加热空气供暖，在停止供暖时，舍内温度下降较快，所以舍内的温度波动较大。采用这种供暖方式时兔舍不宜过长，因为在送风过程中随着热量的衰减，远端的送风温度会大幅降低，影响远端的供暖效果。一台额定发热量 58kW 的 GRF 型热风炉可以为 600$m^2$ 的兔舍供暖。热风炉供暖设备的成本较高，使用寿命较短，炉膛通常使用 2～3 年会出现损坏。燃料的消耗量较大，在东北地区正常的养殖密度条件下，使用一台热风炉日平均的耗煤量约为 0.16kg/$m^2$，运行成本很高。燃烧过程产生的烟尘对环境的污染较为严重。

图 4-38　热风炉供暖在兔舍中的应用

热风炉在使用时需要注意几点：

①热风炉在供暖的同时，也需要起到通风换气的作用，如果炉温太高，供暖没有问题，但换气量会减少，会使舍内空气污浊。可以适当调低炉温，增大通风量，这样在供暖

的同时不影响通风换气的效果，而且也能减少耗煤量，需要根据舍内家兔的日龄和生产的节拍合理调整供暖与换气之间的关系。

②需要保证热风炉新风入口位置空气的清洁。热风炉间里的空气会因为煤的燃烧，或者因为兔舍中空气的流入而容易变得污浊，热风炉将这样的空气送入舍内，不利于改善舍内的空气质量，所以需要注意热风炉间开窗通风，减少与兔舍之间的空气流通，保证进入热风炉的空气的都是来自室外的新鲜空气。

**3. 地源热泵供暖** 地源热泵技术是一种利用地下浅层地热资源（也称地能，包括地下水、土壤或地表水等）的既可供热又可制冷的高效节能的空调技术。地源热泵空调系统主要分 3 部分：室外地能换热系统、地源热泵机组和室内空调末端系统。地源热泵系统按照室外换热方式不同可分为 3 类：土壤埋盘管系统、地下水系统和地表水系统。地源热泵通过输入少量的高品位能源（如电能），实现低温位热能向高温位转移。由于全年地温波动小，冬暖夏凉，地能在冬季作为热泵供暖的热源，把地能中的热量取出来，提高温度后，供给室内采暖；在夏季作为空调降温的冷源，把舍内的热量换出来，释放到地能中去，实现舍内降温。通常地源热泵消耗 1kW 的能量，用户可以得到 4kW 以上的热量或冷量。

地源热泵的冷热源以浅层热能为主，包括地表水、地下水和土壤。需要注意取热与排热之间的平衡。例如在夏季取得的总冷量大于冬季采暖所需的热量，亦即夏季向土壤排放的热量大于冬季采暖取得的热量，会使土壤的温度逐年升高，影响到夏季冷量的取得，从长期使用的角度看，使用地源热泵需要达到取热与排热之间的平衡。地能作为清洁、可再生能源，可以替代煤炭，节约采暖能耗，减少温室气体排放，因此，地源热泵技术具有节能、环保的优势。但地源热泵技术因前期投资很高，其在畜牧场的使用受到限制，在我国有少数规模化猪场已应用此技术。

**4. 火炕、火墙、烟道供暖** 在农户和小型兔场，冬季可采用设施设备投入较低的火炕、火墙或烟道供暖。寒冷地区养殖户在仔兔保育时，可采用火炕供暖，也可在兔舍纵墙内侧或兔舍隔墙上设火墙、烟道供暖，烟道也可设在地面，除燃烧煤炭取暖外，也可利用农户秸秆、树叶及其他各种形式的燃料资源。

## 三、兔舍的通风换气

通风可以排出舍中的水汽、有害气体、微生物和尘埃，防止舍内潮湿，保证舍内良好的空气质量，是改善兔舍小气候的重要措施。通风在任何季节都是必要的。对于理想的通风换气，一方面要求排出舍内有害气体、灰尘、微生物和多余的水汽，保证良好的空气质量；另一方面要能够维持舍内适合的温度，不会造成舍内温度的剧烈变化，且气流稳定均匀，无死角。

### （一）自然通风

自然通风是以风压和热压为动力，产生空气流动，通过舍的进风口和出风口形成的空气交换。

**1. 风压通风** 当舍外有风时，舍的迎风面的气压会大于大气压，背风面气压小于大气压，由此形成迎风面与背风面的压力差，空气就会从迎风面的进风口进入，从背风面的出风口流出，由此形成通风。通风效率和气流分布受到风速、进风角度、进风口和出风口形状、位置等的影响。从冬季保温和通风的角度考虑，在舍的背风面侧墙的上部设少量的窗户，这种窗户不作为采光用，只作为兔舍冬季自然通风的通风口。

**2. 热压通风** 舍内的空气被畜体和加热设备加热上升，使得热空气聚集在舍的顶部，舍的上部的气压大于舍外，形成正压区，下部气压小于舍外，形成负压区，这样上部的空气就可以通过出风口排出，舍外的空气通过进风口进入舍内，形成自然通风。受到舍内外温差、进风口出风口面积的影响，气流分布受到排风口和进风口的位置、形状和分布的影响。根据这个原理，冬季兔舍自然通风时，进入舍内的冷风以斜向上的角度吹入较好，冷空气从舍的上层流到下层的过程中逐渐与热空气混合，既降低了兔舍下层气流的速度，又减少了通风对兔舍下层空气温度的影响。

自然通风适用于跨度小于 8m 的兔舍，采用自然通风的大跨度（9～12m）兔舍可以在屋顶安装无动力风帽作为出风口，改善兔舍中央的通风效果，但屋顶风管内应设可调控启闭程度的风阀，便于冬季调整通风量。跨度更大时（>12m）就必须辅助机械通风了。

### （二）机械通风

机械通风按照舍内气压变化可以分为正压通风和负压通风；负压通风中按照气流的方向又分为纵向通风和横向通风。

正压通风由风机将舍外空气送入舍内，使舍内气压高于舍外，舍内空气由排风口自然排出的通风换气方式。正压通风优点是可以在空气进入舍内前进行加热、降温、净化等预处理，可以用于密闭舍，也可以用于开放半开放舍。缺点是会有通风死角，设备投入费用高。在兔舍供暖和降温方式中提到的湿帘冷风机、热风炉和水冷空调都是结合正压送风的方式。

负压通风是风机将舍内的空气排出，使舍内的气压低于舍外，舍外空气由进风口流入舍内。负压通风在兔舍通风中应用较多，优点是通风效率高，无死角，设备简单，造价低廉。但对舍的密闭程度要求高，例如在兔舍降温中介绍的湿帘—风机降温系统，如果舍的密闭性低，会影响通风和降温效果。负压通风根据排风口的位置，可以分为横向负压通风、纵向负压通风等形式。在负压通风中气流与舍长轴垂直的机械通风为横向通风，气流与舍长轴方向平行的机械通风称为纵向通风（图 4－39、图 4－40）。

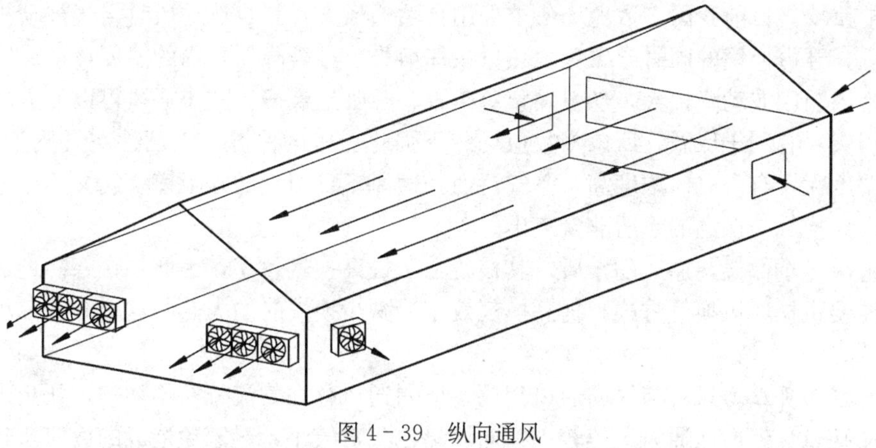

图 4－39 纵向通风

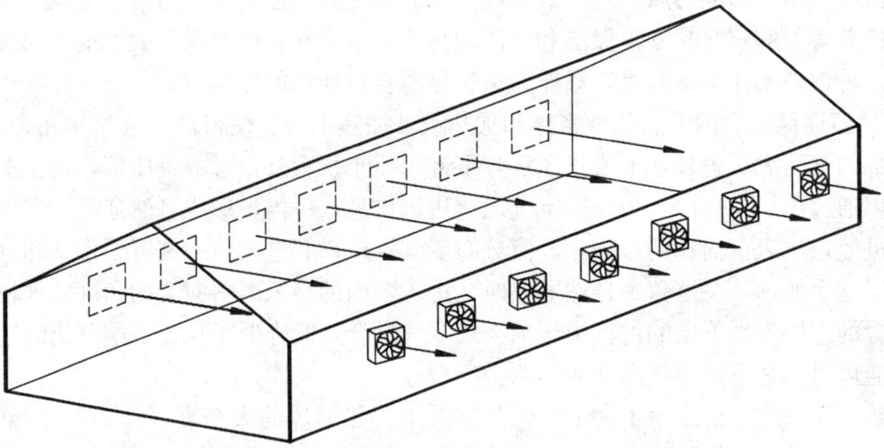

图 4-40　横向通风

对于密闭兔舍，通风既排出湿气和有害气体，改善舍内的空气质量，也引入或带走舍内的热量，造成舍内气温的变化。冬季要求舍内气流速度尽量低，减少通风带走的热量，夏季则要求较高的气流速度，尽量多地带走热量。夏季的通风量作为在通风设计时畜舍需要的最大通风量，冬季的通风量作为最小通风量。

**1. 适合兔舍夏季通风的机械通风方式**　畜牧生产中目前畜舍普遍采用纵向负压通风技术，具有风量大，风速快等特点，与湿帘降温相结合，能有效促进畜体的对流散热，增加风冷的效果，适用于夏季通风，并有利于舍内夏季的降温散热。

但在冬季如果使用纵向通风，则存在风速太大、进风端温度低等问题，进风端与舍内温差太大，对处于进风端的动物影响大，在冬季无法运行。因此，一些环境调控好的畜舍一般均采用两套通风系统，夏季采用纵向负压通风，冬季采用自然通风或横向机械通风，环境调控设备投入高。

**2. 适合冬季使用的机械通风类型**　畜舍冬季热量的损失主要是围护结构的对流散热和通风散热两部分组成。通风是主要的热损失方式，损失的热量由通风量和舍外温度决定，通常占总散热量的40%～80%。通风有利于保持舍内良好的空气质量，对保持家兔健康非常重要。目前我国多数兔场冬季采用自然通风方式。自然通风时空气被动扩散，通风效率低，开窗换气的同时导致兔舍热量快速散失，显著降低舍内的温度，造成家兔的冷应激。舍内温度波动降幅大，易引发家兔感冒、呼吸道疾病。减小通风可以显著减小舍内热量的损失，有利于保温，所以多数兔场冬季强化兔舍的保温，以牺牲空气质量为代价，但兔舍湿度大，有害气体浓度高，空气污浊，通风不良引发的呼吸道疾病又不可避免，所以冬季通风换气与保温的矛盾非常突出。

要解决冬季保温与通风的矛盾，其核心在于提高换气效率，因此，在寒冷地区，越是冬季越需要机械通风换气方式，提高换气效率，减少换气时的失热。这里介绍几种适合冬季通风的方法。

（1）**横向负压通风**　与纵向通风相比，横向通风存在气流分布不均匀，死角多，换气效率低的缺点，但横向通风风速较小，通风量也相对较小，对家兔造成的冷应激较小，适用于冬季通风。当兔舍的跨度在 8～12m 时，可以使用横向负压通风。当跨度大于 12m 时，通风距离过长，容易造成通风不均匀、温差大的问题，可以采用两侧排风屋顶进风的负压通风，或屋顶排风两侧进风的负压通风方式。

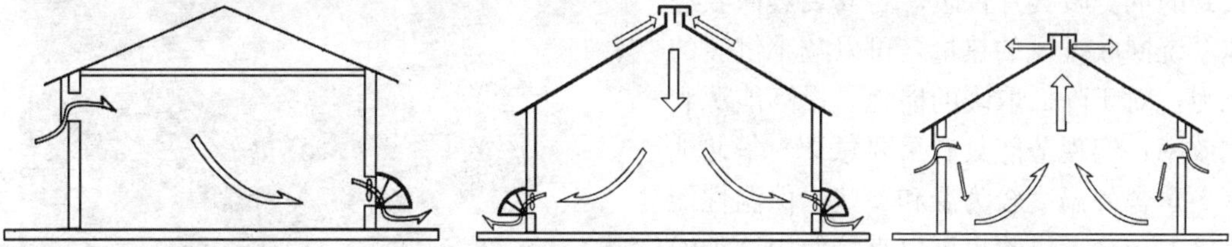


图 4-41　横向负压通风舍内气流组织形式

（2）**正压送风**　在冬季将正压通风与供暖相结合，如在寒冷地区冬季使用的水空调或热风炉供暖系统，均可以设供暖间（或热交换间），将冷空气加热后送入兔舍，可以解决风速大、进风温度低等问题。

（3）**变频风机负压纵向通风**　上面提到纵向通风技术在冬季存在风速太大、进风端温度低、进风端与舍内温差太大等问题，影响动物健康，在冬季无法运行。但如果在纵向通风的风机上安装变频器，即纵向通风时采用变频风机，控制风机的转速，将通风量减至所需的最小通风量。由于风量小，舍内的气流速度不会像夏季纵向通风那样快，不会明显增加家兔的冷应激，也不会显著降低舍内温度，在冬季气候温和或者气候寒冷但有供暖的兔舍可以使用。

使用这种通风方式需要注意以下问题：一是为避免冷风直接吹向家兔，进风口需要加导向板，让气流沿斜上方的方向进入，这样冷空气进入后先与上部的热空气混合后再下降，减少冷空气对下部气温的影响。二是由于风机的风量小，普通风机的百叶无法正常开启，会严重降低风机的通风效率，需要将百叶支撑起来。

（4）**热回收通风**　如何有效解决冬季通风与保温的矛盾，减小通风的热量损失，降低能耗，是畜舍冬季环境调控的主要难题。采用热回收通风（热交换通风）技术可以在一定程度上缓解通风与保温的矛盾。热交换通风的原理如图 4-42，舍内温暖的污风与舍外寒冷的新风进入热交换芯体后发生热量交换，同时两者之间不接触，将欲排出的污风的热量回收用于新风的预热，但不污染新风，这样就缓解了通风换气对舍内气温的影响，同时改善舍内空气质量。对于热交换通风，在民用和工业建筑中应用较为常见，主要特点是节能环保。合理的通风方式是减少畜舍供暖燃料消耗的最重要的途径，在畜舍这种高耗能的场所，热交换通风有着很高的应用价值。

热交换通风使用空气—空气能量回收装置，使用这种通风方式需要室内与室外存在一定的温度差，室内外温差在 8℃ 以上的地区适用，如我国冬季较为寒冷的北方大

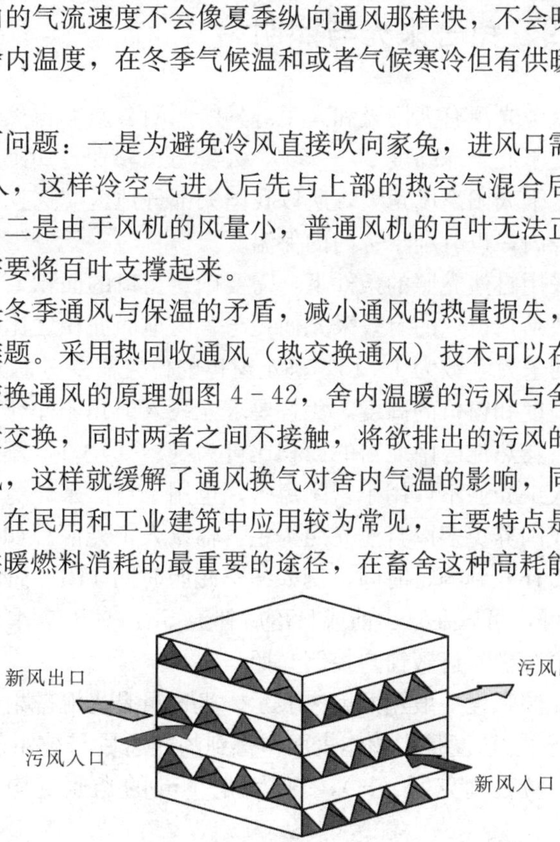


图 4-42　热回收通风原理

部分地区。东北地区舍外温度极低，单纯利用这种通风方式会导致舍内温度大幅下降，所以需要有供暖系统，如兔舍供暖中提到的锅炉暖气片供暖，若安装热回收通风系统回收排风的热量，可以减小供暖的压力，对于降低取暖的能耗，提高能源利用效率，实现节能具有重要意义。华北地区冬季舍外温度较为温和一些，保温性能良好的兔舍不供暖也可以直接使用这种通风方式，不会造成舍内温度的显著降低。图 4－43 是热交换通风在兔舍中的应用。

图 4－43　热交换通风在兔舍中的应用

总之，在通风方式上，需要根据地域的气候特点来选择。例如在东南、西南地区冬季较为温暖，主要是考虑夏季的防暑，所以适合选用负压纵向通风的方式，笼具适合纵向排布；在东北地区主要考虑冬季的防寒保暖，所以适合选择横向通风或者热交换通风，减小风速对舍内有效温度的影响，减少通风的热量损失。

## 四、兔舍采光与照明

兔舍光源有太阳光和人工灯具的照明。影响自然光照的因素主要是畜舍朝向和窗口。我国处于北半球纬度 20°～50°，大部分区域处于北回归线以北，特点是冬季太阳高度角小，夏季太阳高度角大，所以我国大部分地区应选择朝南的方向，这样冬季有较多的光照进入舍内，也有利于舍内的保温。

采用自然光照的条件下，需要确定窗口的面积，可以用采光系数（窗地比）计算。采光系数是指窗户的有效采光面积与舍内地面面积之比。种兔舍的采光系数为 1∶10，育肥兔舍的采光系数为 1∶15。确定窗口的位置需要考虑光线的入射角与透光角，能够确定窗沿的高度和窗口的高度。兔舍要求光线入射角不小于 25°，透光角不小于 5°。在窗口的布置上，炎热地区南北窗的面积比可为（1～2）∶1，寒冷地区可为（2～4）∶1。

人工光照不仅用于密闭兔舍，也用于自然采光兔舍补充光照。

我国养兔多以自然光照为主，辅以人工光照。如果当地日照时间过短，需要将不足部分人工补充到额定时间。例如冬季光照时间 11h，而母兔繁殖需要 16h，那么，人工补充 5h 即可，可以在日出前或日落后补充 5h。对于夏季光照时间较长，需要缩短光照时间，可用窗帘黑布遮蔽窗户控制光照。

光照强度一般用照度来表示，光通量是光源辐射的光能与辐射时间的比值，单位是流明（lm）。照度是指物体表面所得到的光通量与被照射面积的比值，反映物体被照明的程度，单位是勒克斯（lx），1lx 就是 1lm 的光通量均匀照射在 $1m^2$ 的面积上产生的光照强度。

人工灯具常见的有白炽灯、荧光灯（日光灯）。白炽灯光线约 1/3 为可见光，其余

2/3 为红外线，主要以热的的形式散失到环境中，因此，白炽灯发光强度仅为荧光灯的 1/3。在悬挂高度 2m 左右时，1W 的白炽灯光源在每平方米舍内面积可提供 3.2～5.0lx 的照度，1W 的荧光灯光源在每平方米舍内面积可提供 12.0～17.0lx 的照度。

灯的悬挂高度影响照度，灯越高，照度越小，一般灯具的高度在 2.0～2.4m。灯的分布上，为使舍内的光照尽量均匀，需要适当减小每盏灯的瓦数，增加灯的盏数，一般在 40～60W 为宜。兔舍常用的是 25～40W 的白炽灯或 40W 的荧光灯。由于家兔是笼养，需要注意底层的光照，灯的位置可以安在粪道中间，高度调节到兔笼中层的位置。灯与灯之间的距离应为灯高度的 1.5 倍或 2～3m 的灯距。

人工照明的选择可按以下步骤进行：选择灯具的种类，根据兔舍光照标准和 $1m^2$ 地面 1W 光源提供的照度，计算所需光源的总瓦数。

光源的总瓦数＝需要的照度/1W 光源在 $1m^2$ 地面提供的照度×兔舍总面积

确定灯具数量：按照要求的行距布置灯具，算出所需灯具的总数。根据总瓦数和灯具盏数，计算每盏灯的瓦数。

**表 4－13　不同形式光源的照度**

| 光源 | 电功率（W） | 照度（lx） |
|---|---|---|
| 白炽灯 | 25 | 250 |
| | 40 | 490 |
| | 60 | 829 |
| 荧光灯 | 20/32 | 750 |
| | 25/32 | 1 140 |
| | 40/32 | 1 880 |

资料来源：Yamani，1992。

## 五、兔舍的清粪管理

兔舍内的有害气体主要来自粪便的微生物分解，还会提高舍内的湿度，所以粪尿的及时清理，有利于降低舍内有害气体的浓度和空气湿度，同时减轻兔舍的通风压力，降低兔的呼吸道等疾病的发病率。

小型的兔场多采用人工清粪的方式，这种清粪方式容易做到粪尿分离，便于粪污的后续处理，但耗费人力。舍内环境状况取决于粪便能否及时清理，与饲养人员的责任心密切相关。

水冲清粪操作方便，劳动强度低。但水冲清粪兔舍潮湿，加大兔舍通风换气难度。同时水冲清理降低兔粪的肥效，耗水量大，增大粪污处理压力，产生的污水处理难度大，容易污染兔场的地下水源。

刮板和传送带清粪方式能及时清理粪便，便于兔舍环境管理。刮板清粪是目前兔舍最常用的机械清粪方式，结构简单，安装使用方便。但是刮粪板和牵拉钢丝绳（或尼龙绳索）容易受粪尿的腐蚀损坏，使用寿命短，需定期维修。传送带清粪在兔场的使用渐渐增多，这种清粪方式简单方便，清洁卫生，但设备投资较大，对设备要求较高，设备选择不当容易出现噪声大，传送带打滑等问题。

# 第六节　兔场粪污的处理和利用

## 一、兔场粪污处理和利用的基本原则

畜牧业生产的废弃物主要为家畜的粪尿，产量大，主要成分为有机物，同时含有多种病原微生物、寄生虫卵等，若不进行处理直接排放，会造成严重的环境污染，同时也是对宝贵资源的浪费。养殖业属于利润低、风险大的行业，在粪污处理利用时不能简单依靠末端治理的手段解决环境污染的问题，需要在整个饲养管理工艺及最终粪便处理利用方式的选择上综合考虑，遵循减量化、资源化、生态化等原则。

### （一）减量化原则

随着畜牧业快速规模化发展，粪污集中大量排放，在粪便收集、处理和利用时首先强调减量化原则。畜牧场污水处理费用昂贵，只有环境效益，没有经济效益，多数畜牧场没有建设污水处理设施，有配套污水处理设施的也因运行成本高而常常处于停用状态，其产生的污水或者进入附近农田以液体肥料的形式被利用，或者进入环境造成污染。因此，选择污水排放少的生产工艺是防治畜牧场环境污染的关键。通过合理规划设计畜牧场，保证畜牧场雨水和污水分离，选择干清粪工艺，采用粪污干湿分离技术，从源头减少畜牧养殖用水量，降低养殖场的粪污排放量。应尽量避免采用水冲清粪、水泡粪等增加粪污排放量的清粪工艺。近几年随着我国劳动力成本的快速提升，畜牧场雇工难问题凸显，越来越多的新建畜牧场为节省用工量清粪工艺又转为水冲清粪或水泡粪工艺，但在人多地少的中国，绝大多数的畜牧场没有耕地配套来消纳粪污，而粪污后处理的配套设施设备投资和运行成本太高，多数的畜牧场水冲或水泡粪污直接偷排，导致严重的环境污染。即使有些配套了沼气工程处理粪便的畜牧场，也需要配套土地消纳沼渣、沼液，同样面临着环境污染压力大的问题。因此，选择合适的清粪工艺从源头上减少粪污量是防治畜牧场环境污染的关键。

### （二）资源化、生态化原则

畜牧场粪污资源化利用是保障畜牧业发展与环境保护统筹兼顾的有效手段。兔粪是很好的肥料，可用于蔬菜、果树或其他大田作物有机栽培，也可作为培养料、燃料等进行有效利用。将畜牧业与种植业紧密结合，实现“以农养牧，以牧促农，实现生态系统良性循环”，是养殖业粪污最为理想的利用方向，是解决畜禽生产粪污污染问题的根本途径，也是农业实现可持续发展的必由之路。坚持粪污资源化利用和发展种养有机结合的生态循环农业是解决养殖粪污污染的根本途径。

## 二、兔场粪污减排方法及粪污处理技术简介

在畜禽粪污处理过程中，由于生产工艺和管理方式影响后期粪污处理，生产工艺与粪

污处理利用技术共同组成了畜牧场完整的粪污处置技术流程。本节重点介绍干清粪工艺以及雨污分离管理两项减排措施，好氧堆肥和沼气发酵两种粪便处理技术，氧化塘污水处理方式。

### （一）兔场粪污减排方法

**1. 雨水污水分离管理**　在兔场规划设计中做到雨水污水分离是减少养殖污水产生量的一个基本前提。如果兔场规划设计不合理或兔场粪污管理不当，雨水直接混入兔场污水中，同样会加大粪污后处理难度，兔场排污量也会显著增加。

我国南方地区雨量充沛，所有养殖场都面临如何解决雨污混合问题。许多兔场或多或少对雨污分离管理问题不够重视，使得雨污混合问题普遍存在。兔场雨污混合的主要原因包括场区排水设计不合理，场区内排雨水和兔舍排污水管道共用，场区污水排水采用明沟，雨水与污水无法分流，场区雨水直接流入污水池，粪便及污水贮存缺乏防淋措施等。在我国许多地区普遍采用的水泥笼开放式兔舍，粪尿直接落入舍外粪沟，舍外粪沟同时也是雨水沟，雨污混合，污水直接排放，严重威胁兔场周边环境。如果排水沟无防渗处理，更直接污染本场地下水，通过水源进一步影响家兔健康。

因此，通过兔场场区和兔舍的合理设计，兔场排水规划，粪便和污水贮存处理的严格管理，可以做到雨污分离，减少污水排放量。

**2. 采用干清粪工艺**　干清粪工艺是指家兔粪便经人工或机械收集运走，尿液及冲洗污水经排水管道进入污水池的清粪工艺。我国当前规模化养殖场主要的清粪工艺有水冲清粪、水泡粪和干清粪。与干清粪工艺相比，水冲粪或水泡粪耗水量大，污水与粪尿混合，粪便后期好氧堆肥及厌氧发酵均难以达到理想效果，并且在运输、贮存及使用上均不方便。水冲或水泡清粪后，污水排放量大大增加，好氧堆肥或沼气发酵均不能完全处理污水，需要配有昂贵的固液分离设施设备和污水处理系统。同时，固液分离后干物质肥效大大降低，粪便中大部分可溶有机物进入污水中，使液体部分浓度很高，极大增加了粪便和污水处理难度和成本。水泡粪工艺会导致粪便长时间停留在畜舍中，形成厌氧发酵，产生有害气体，影响畜舍空气质量，也增加了畜舍内环境调控的难度和成本。

因此，在家兔养殖中尽量采用人工干清粪、刮粪板或传送带清粪方式，减少清洗用水，便于后期粪尿分离和粪便处理。推广干清粪工艺对减少粪污排放总量，降低环境污染具有重大的意义。我们调查发现，我国南方地区母兔存栏量在50只以下且自己有耕地的家庭养殖户，如果以人工干清粪为主，水冲清粪为辅，粪污基本可以通过沼气发酵后还田利用。母兔存栏量在100只左右小规模养殖场，如果采用水冲清粪，并且缺乏必要的管理，周边农田不能完全消纳粪污，存在污染环境的风险。存栏量在10 000只以上规模化养殖场，如果在生产中不能采用干清粪工艺，控制污水产生量，则周边农田不能消纳全部污水。而养殖场不能承受污水贮存和远距离运输的费用，会直接排放污染周边环境。

与污染物末端治理需要高额的资金投入不同，雨污分离和干清粪工艺属于畜牧场污染源头控制的两种手段，各类养殖场均可以实现，如果雨污分离与干清粪工艺在整个畜牧行业内得以推广，养殖粪污排放量将会显著减少，大大降低防治畜禽养殖污染的压力。

## （二）兔场粪污处理技术

兔场粪便有用作肥料、制作沼气等利用方式，污水处理主要有氧化塘处理后还田等方式。

**1. 堆肥技术** 兔粪是很好的有机肥，作为肥料还田是兔场粪便处理的最好出路。一些畜牧业发达国家，通过立法规定了畜牧场畜禽养殖量与耕地面积的配比、化肥施用量限额以及粪污施用卫生标准等，鼓励畜禽粪便作为肥料还田。在一般情况下农田不宜直接施用生粪，畜禽粪虽是很好的有机肥，但其中的营养分必须经微生物降解，才能被植物利用。粪便中还有病原微生物和寄生虫，如果农田直接施用鲜粪尿，方法虽然简单，但粪便有机质降解过程中产生的热量对植物根系不利，还可能存在病原菌污染风险，故必须经过腐熟和无害化处理后施用。但在播种前作为基肥（底肥）施用生粪，并使其有足够时间在土壤中自然降解和净化，还是可行的。我国人均耕地少，土地缺乏休耕轮作期，更适合采用粪便堆肥处理后还田的方式。

（1）*堆肥技术原理* 堆肥化处理是依靠自然界的微生物对粪便有机物有控制地进行生物降解，使各种复杂的有机物转化为可溶性养分和腐殖质，同时利用堆积时所产生的高温杀死粪便中病菌、虫卵和杂草种子，使之矿质化、腐殖化和无害化的生物处理技术。在微生物分解有机物的过程中，不断生成大量可被植物利用的有效氮、磷、钾养分，同时又合成腐殖质。腐殖质是构成堆肥肥力的重要活性物质。根据堆肥处理过程中起作用的微生物对氧气的不同需求，将堆肥分为好氧堆肥和厌氧堆肥。好氧堆肥堆体温度高，一般在50～60℃，故亦称为高温好氧堆肥。

高温好氧堆肥具有耗时短，异味少的优点，可以最大限度地消灭病原菌，同时较充分地降解有机物，所以高温好氧堆肥已成为目前主要的堆肥方式。在高温堆肥中涉及的微生物数目巨大，种类繁多。微生物的活动主要分为糖分解期、纤维素分解期和木质素分解期3个时期。堆制初期主要是氨化细菌、糖分解菌等无芽孢细菌为主，对粗有机质、糖分等水溶性有机物以及蛋白质类进行分解，称为糖分解期。当堆内温度升高到50～70℃的高温阶段，高温性纤维素分解菌占优势，除继续分解易分解的有机物质外，主要分解半纤维素、纤维素等复杂有机物，同时也开始了腐殖化过程，这一阶段称为纤维素分解期。当堆肥温度降至50℃以下时，高温分解菌的活动受到抑制，中温微生物显著增加，主要分解残留下来的纤维素、半纤维素、木质素等物质，称为木质素分解期。

（2）*堆肥的条件* 堆肥时间长短及堆肥效果主要受到粪便含水量、通风状况、碳氮比、温度和pH值等因素影响。粪便物料含水率以50%～60%为宜，过高会造成厌氧腐解而产生恶臭；堆肥物料适宜的碳氮比为（25～30）∶1，粪便C/N较低，可添加秸秆、树叶等调节C/N和含水率；堆肥需要好氧的环境，可通过通风供氧以保持有氧环境并控制物料温度不致过高；堆肥过程需控制适宜的温度，通过强制通风或翻堆使堆肥温度控制在50～60℃，不超过70℃，如高于75～80℃则导致“过熟”，降低肥效。

堆肥技术操作简单，经济投入较低，处理量大。堆肥过程中的高温能杀死粪便内的病原微生物，形成较为理想的有机肥，是规模化畜牧场最常见的粪便处理技术。自然堆肥技术占地面积大，粪便需要在腐熟后使用，周期较长，受农业用肥的季节性影响大，需有一定面积的农田消纳。在堆放过程中须提供适宜的条件，否则会影响效果和腐熟时间，如果露天堆放必需形成有效的管理。在堆肥过程中可能对周围空气和水体造成不利影响，在堆肥阶段特别需要预防雨水的侵袭。该方式不能处理养殖产生的污水，如果前期使用水冲清粪，堆肥前必须经过固液分离处理，否则会严重影响堆肥效果。

**2. 厌氧发酵技术**（沼气工程）

（1）**厌氧发酵技术（沼气工程）原理**　厌氧发酵技术是在一定的温度、湿度和酸碱度等条件下利用微生物将粪便中的有机物进行厌氧分解产生沼气的过程。沼气发酵技术可以一次性处理养殖生产的粪便和污水两种粪污。厌氧发酵形成的沼气是以甲烷和二氧化碳为主的混合气体，是较为清洁的可再生能源，可以用作燃料、照明和发电；沼渣沼液是优质有机肥；厌氧发酵可以杀灭粪便中病菌、虫卵等危害人们健康的病原菌。

厌氧发酵分为液化阶段、产酸阶段和产甲烷阶段。粪便、秸秆中有机物主要化学成分为多糖、蛋白质和脂类，必须在微生物分泌的胞外酶（如纤维素酶、肽酶和脂肪酶等）的作用下水解为可溶性糖、肽、氨基酸和脂肪酸后，才能被微生物所吸收利用，这个过程称为液化。液化完毕后，不产甲烷微生物群将上述可溶性物质吸收，转化成简单的有机酸（如甲酸、乙酸、丙酸和乳酸等）、醇（如甲醇、乙醇等）以及二氧化碳、氢气、氨气和硫化氢等，由于其主要的产物是挥发性的有机酸，故此阶段称为产酸阶段。产酸阶段完成后，这些有机酸、醇等物质又被产甲烷微生物群（又称产甲烷细菌）分解成甲烷和二氧化碳，或通过氢还原二氧化碳形成甲烷，这个过程称为产甲烷阶段。

（2）**沼气发酵条件**　沼气发酵是一个复杂的生物学和生物化学过程，需要培养和积累厌氧消化细菌，为细菌提供适宜的生活条件，才能获得较好的沼气产量和粪便污水处理效率。沼气发酵的条件包括厌氧环境、发酵温度、pH、发酵原料碳氮比、物料浓度、优质菌种及其分布、有害物质的控制等。

①厌氧环境。首先沼气发酵需要严格的厌氧环境。沼气发酵微生物包括产酸菌和产甲烷菌两大类。其中产酸阶段的微生物，有好氧菌和兼性厌氧菌，但大多数还是厌氧菌，而产生甲烷的甲烷菌是严格的厌氧菌，他们不能在有氧的环境中生存。因此，建造一个不漏水、不漏气的密闭沼气池（罐），是生产沼气的关键。这既是收集沼气和贮存沼气发酵原料的需要，也是保证沼气池正常产气的需要。

②发酵温度。温度是沼气发酵的重要条件。温度适宜则细菌繁殖旺盛，厌氧分解和生成甲烷的速度就快，产气就多。沼气发酵微生物繁殖适宜温度为10～60℃，在10～40℃范围内，温度越高，产气速率越大。40～50℃是沼气微生物高温菌和中温菌活动的过度区间，此时产气速率会下降。当温度增高到50～55℃时，由于沼气微生物中的高温菌活跃，产气速率最快。沼气生产中根据发酵温度不同通常分为高温发酵（50～55℃）、中温发酵（30～35℃）和常温发酵（10～30℃）。目前实际生产中使用沼气工程的养殖户和一些规模兔场绝大多数使用常温发酵。常温发酵时发酵料液的温度随外界温度变化而变化，其优点是无需加温，设备简单；其缺点是产气率低，产气量变化大，夏季产气多，冬季由于温度过低产气量少或不产气。

③适宜的酸碱度。发酵原料的酸碱度保持中性或微偏碱性有利于沼气微生物的生长、繁殖，过酸、过碱都会影产气。pH 6.5～7.5 时产气量最高，pH 低于 6 或高于 9 时均不

产气。在正常发酵过程中，沼气池内的酸碱度可以自然调解，只有在配料和管理不当，使正常发酵过程受到破坏的情况下，才可能出现有机酸大量积累，发酵料液过酸的现象。

④发酵原料的碳氮比和浓度。发酵原料是沼气微生物生长繁殖和产生沼气的营养物质。沼气发酵细菌消耗碳和消耗氮的适宜比例为（25～30）∶1，因此，发酵原料适宜的碳氮比［(25～30)∶1］有利于保证适宜的发酵速度。兔粪的碳氮比一般都低于上述最佳值，故应加入秸秆等调节剂，使之调到30∶1以下。沼气发酵原料浓度适宜的干物质浓度为6%～10%。浓度过高，发酵原料不易分解，并容易积累大量酸性物质，不利于沼气菌的生长繁殖，影响正常产气；浓度过低，单位容积里的有机物含量少，产气量也会减少，不利于沼气池的充分利用。

⑤优质菌种及其分布。沼气发酵的前提条件是发酵料液中含量丰富的菌种。沼气发酵微生物都来自自然界，而沼气发酵的核心微生物菌落是产甲烷菌群，其来源广泛。给新建沼气池加入沼气微生物群落，能快速启动发酵，并能在新环境中繁殖增生，保证大量产气。静态发酵沼气池原料加水混合与接种物一起投进沼气池后，物料沉降后会分层分布，物料和微生物分布不均匀，不利于产气。因此，动态发酵对发酵池采取搅拌措施（如机械搅拌、气体搅拌和液体搅拌），有利于物料和菌种均匀分布和提高产气效率。

（3）沼气发酵模式处理粪污的现状及可行性分析

①农村养殖户。近些年我国通过多种形式大力推广沼气发酵技术，在一些地区无论是农户还是大规模养殖场采用沼气发酵处理粪污的十分普遍。比如四川的一些区域几乎每个农户均建有沼气池，用于处理家庭生活垃圾和畜禽粪污，产生的沼气用于炊事和照明，沼渣和沼液还田利用。

据调查，在四川省一个容积为8～10$m^3$的沼气池能满足普通农村家庭的能源需要。建设这样一个沼气池，用于沼气设备的施工建设费用2 000～3 000元。多数家庭养殖户将这种沼气池用于畜禽粪便处理。以饲养200只家兔的专业养殖农户为例，家兔每日产生的总粪尿量约为5kg，农户原有的沼气池无需扩建基本可以处理养殖产生的粪尿。据估算，一个8～10$m^3$沼气池产气率为0.15～0.2$m^3$/（$m^3$·d），年产气量约为500$m^3$，1$m^3$沼气发热量相当于1kg煤，年节约煤炭0.5t，折0.35t标煤，减少化肥的使用量。农村养殖户一般周围都有一定面积的耕地，产生的沼渣、沼液可以直接还田，二次污染小。在这种模式下，既可以得到一定的经济回报，也可达到粪污处理及生态能源循环利用的目的。无论从能源、经济还是环境效益来考虑，利用沼气发酵的方式处理养殖过程中产生的粪污对农村家庭养殖户是个较为理想的选择。

②规模化养殖场。从理论上和经济上分析，使用沼气发酵处理规模化养殖场产生的粪污具有可行性，但根据在全国各地沼气发酵技术应用的情况，规模化养殖场采用这种模式在实际生产中存在一定局限性。

首先，发酵产生的沼气仅仅能够作为燃料或照明加以使用，不易贮存，对于很多养殖场，小容量沼气池产生的沼气已经完全可以满足养殖场员工的生活需要。常温发酵的沼气池往往存在夏季产气过量，沼气不能够完全利用而直接排放，人为增加温室气体排放量；而在高耗能的冬季又温度太低导致产气不足或不产气。如果采用沼气进行发电，在实际生产中存在投入巨大，成本回收周期长，技术尚不够成熟，发电效率较低，四季发电量不稳定，发电并网难度大等问题。沼气发电目前仅仅作为一种生态农业示范，尚不适用于规模化养殖场大面积推广。如果一个规模化养殖场所有的粪污用于沼气发酵，其产生的沼气必须在更大范围内予以利用，例如对周围居民集中供气，但用于管道建设或罐装沼气的费用很高，养殖场无力承受。

其次，沼气发酵残留的沼渣沼液必须合理利用，否则会对环境造成二次污染，沼气发酵同样面临必须要有与之配套面积的土地去消纳沼渣沼液的问题。在"公司＋农户"经营模式较为普遍的地区，一个大型养殖场往往会带动周边农户共同发展养殖。尽管一些养殖场周围有一定面积的耕地，但有限的耕地无法完全消纳养殖场和周围所有农户养殖产生的全部粪污，这就要求养殖场先对沼渣沼液进行固液分离，再用专门的工具把沼渣和沼液远距离运输到其他地区。沼气池在建成之初已经确定其处理能力，缺乏可伸缩性。农业用肥量受季节性影响很大，沼气池在作物生长淡季处于过饱和状态，会增加养殖场粪污处理的成本。

另外，畜禽养殖业属低利润行业，如果完全通过沼气发酵处理粪污，其经济投入以及后期运行维护费用相对较高。大中型沼气工程经济效益不突出，如果养殖企业完全运用自有资金建设沼气工程，从经济承受能力上较为困难，若没有其他来源的配套资金支持，企业积极性不高。并且沼气池运行需要有专人管理，操作较为复杂，年运行成本较高。

综上所述，尽管利用沼气发酵技术能同时处理畜牧场粪便和污水，但规模化养殖场如果只通过沼气发酵来处理养殖产生的全部粪污，无论从经济还是环境效益考虑，都不能取得令人满意的效果。

**表 4-14　畜牧场沼气工程投资实例调查**

| 工程 | 沼气池类型 | 容量（$m^3$） | 工程费用（元） | 应用主体 | 产物产品 |
|---|---|---|---|---|---|
| 户用沼气池 | 常温沼气池 | 8～10 | 2 000～3 000 | 家庭养殖户 | 沼气、沼液、沼渣 |
| 小型沼气池 | 常温沼气池 | 100$m^3$ 以下 | 20 万以下 | 中小规模饲养场 | 沼气、沼液、沼渣 |
| 大型沼气或沼气发电工程 | 中温沼气池 | 100$m^3$ 以上 | 100 万至数千万不等 | 大型养殖场 | 电、热水、沼气、沼液、沼渣 |

**表 4-15　畜牧场沼气发电工程实例投资和运行情况调查**

| 项　目 | 沼气池类型 | 容量（$m^3$） | 投资（万元） | 沼气发电效率（$kWh/m^3$） | 日产电量（kWh） | 电能利用途径 |
|---|---|---|---|---|---|---|
| 四川某畜牧场沼气发电工程 | 地下沼气池 | 300 | 130 | 1.25 | 250 | 本场利用 |
| 江苏某畜牧场沼气发电工程 | 地上发酵罐 | 600 | 500 | 2 | 700 | 本场利用 |
| 山东某畜牧场沼气发电工程 | 地上发酵罐 | 25 600 | ＞7 000 | 2.1～2.2 | 60 000 | 并网 |

**3. 污水处理**　氧化塘处理畜牧场污水是污水处理常用的方法。氧化塘处理污水实质上是一个水体自净的过程。污水进入塘内被塘水的稀释，随后，污水中的有机物在塘内菌类、藻类、水生动物和植物作用下逐渐分解。由于水生生物的生长受到周围环境的影响，氧化塘处理效果受温度、光照等因素影响较大。氧化塘分为好氧塘、厌氧塘和兼性塘。多级氧化塘污水处理系统一般有二级和三级两种形式。三级氧化塘由一级厌氧塘，二级厌氧

塘或兼性塘，三级好氧塘构成，每级氧化塘之间一般有沉淀池。好氧塘的深度约为0.5m，阳光能透射塘底，光合作用旺盛，好氧生物活跃。兼性塘深度较深，为1.2～2.5m，塘内上层为好氧区，下层主要为厌氧区。厌氧塘最深，全塘几乎全部为厌氧区，厌氧塘一般用来处理浓度高的有机废水。养殖废水经过三级氧化塘处理后，一般也难达到直接排放标准，因此，处理后的污水主要用于灌溉或流入湿地内，通过自然处理得以净化。多级氧化塘污水处理工艺由于建设投资和运行成本较低，管理简单，成为普通畜牧场能够承受的污水处理方式。

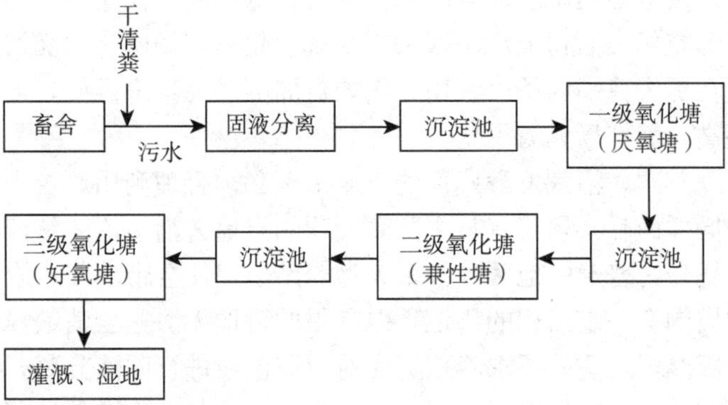


图4-44　多级氧化塘污水处理示意图

## 三、兔场选择粪污处理利用模式建议

堆肥和沼气生产两种畜禽粪污处理模式适应于不同规模的养殖场。与堆肥相比，利用沼气发酵处理粪便污水需要一定的前期经济投入和后期维护费用；发酵产生的沼气、沼渣、沼液3种资源必须加以综合利用，否则会形成浪费并对环境造成二次污染。从经济实用性和生态资源利用角度分析，沼气发酵形式适合用于小规模和家庭养殖户的粪污处理。对于大规模畜牧场，由于每天产生大量粪污，粪污处理要求及时、快捷地实现无害化，更适合采用高效经济、管理简单、产物易于集散的处理方式，因此，好氧堆肥的处理模式更适合于规模化畜牧场。自然好氧堆肥模式处理粪便腐熟时间长、周转周期长、对环境要求高等问题，可以通过加强管理，适当补贴投入堆肥设施设备，选择运用发酵菌剂和添加发酵辅料以及高温堆肥辅助技术予以改善解决。规模化养殖场可以打破单一处理模式，将现有的资源化技术在一定程度上进行组合，综合治理，多层次的循环利用畜禽粪尿。

规模化兔场选择粪污处理技术时，应综合考虑经济效益和生态效益。从实际情况出发，充分考虑生产中的粪尿产生量、周边耕地承载量和经济承受能力等，选择适用本场的经济可行的处理方式。大规模养殖场具有一定的产业带动作用和地区辐射效应，在一定程度上影响着当地畜牧业总体发展。其粪污处理方式的选择要充分考虑其潜在的产业效应和当地畜牧业的发展布局规划。特别是一些地处养殖“特区”的大规模养殖场，由于当地畜牧产业可能是一种或多种畜种集中大规模养殖，就需要这些规模化畜牧场在选择粪污处理模式的时候，根据粪污综合利用方向和地区畜牧业养分管理计划，建立适合自身经营发展和地区畜牧业可持续发展的粪污处理模式。基于以上几点基本原则，结合中国地区畜牧业发展的一般情况，推荐以下几种适合不同养殖规模兔场的粪污处理利用模式。

### （一）养殖户

有耕地的农户养殖可推广沼气发酵模式。在这种模式下，养殖户仅需较少的投入即可形成“农—畜—沼气—肥”生态小循环模式，同时解决农户的能源问题。加强农户对沼气沼渣沼液综合利用，这种模式可以实现能量循环多级利用，养殖与环境保护相协调的可持续性生产的目的。

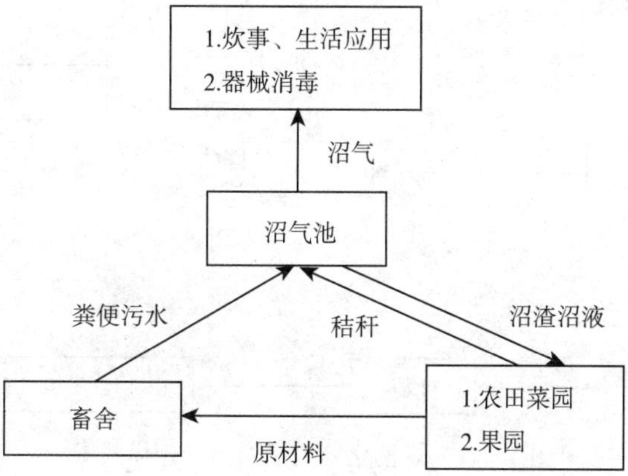


图 4-45　养殖户粪污处理模式图

### （二）中小规模养殖场

据我们调查，在我国南方不同规模的兔场一般都建有容积较小的沼气池，用于处理养殖产生的部分粪便和污水，但大部分粪便仍然通过堆肥的方式进行处理，这种方式更可行。推荐中小规模兔场采用处理能力稍强的“沼气发酵＋堆肥处理”的模式，这种模式可以将两者投入运行费用较少等优点相结合，所产生有限的沼气可以被养殖场完全利用。如果周边有一定面积土地消纳处理产物，配有合理的工艺设计和有效的粪污管理办法，这种模式下可以最大限度解决小规模养殖场粪污污染问题。

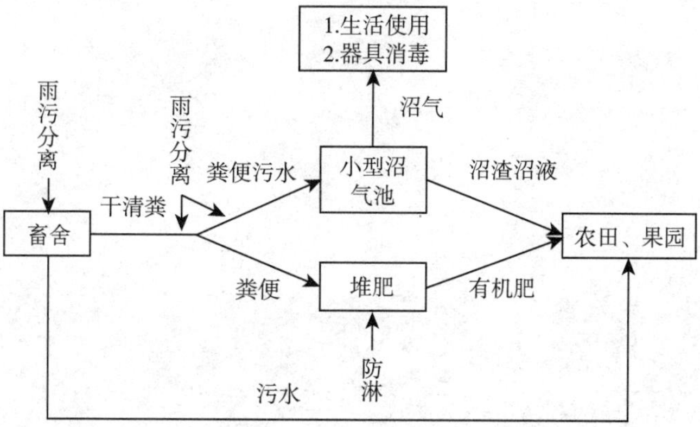


图 4-46　小规模养殖场粪污处理模式图

## （三）大规模养殖场

大规模养殖场建议选用好氧堆肥。这种粪便处理模式投入较少、运行成本低、处理规模大、产物运输便利，同时要建设一套污水处理设施，通过从饲养到粪污处理整套完善合理的工艺设计，实现“雨污分离、干湿分离”，达到粪污无害化、减量化和资源化处理的目的。这是当前解决规模化养殖场污染的更为有效的方法。

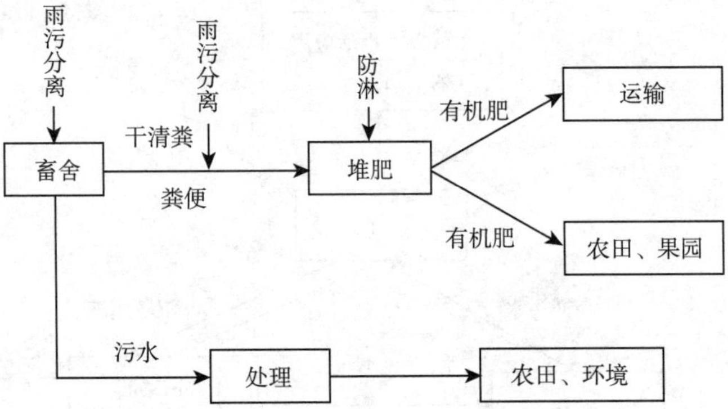


图 4－47　规模化养殖场粪污处理模式图

大规模养殖场集中地区或“公司＋农户”等地区可以考虑在周围建设专门的污水处理和粪便处理厂，集中处理整个地区产生的养殖污水，可以将固体粪便进行深加工，促进粪污多元化利用，通过畜牧场粪污迅速集散来解决养分分布不平衡、局部地区环境压力过大等问题。

# 第五章

# 家兔的遗传资源

## 第一节　品种的概念

### 一、种和品种

#### （一）物种（简称种，species）

种是具有一定形态、生理特征和自然分布区域的生物类群，是生物分类系统的基本单位。在自然条件下，物种之间相互生殖隔离，即一个种中的个体一般不与其他种中的个体交配，即使交配也不能产生有生殖能力的后代。种是生物进化过程中由量变到质变的结果，是自然选择的历史产物。由于种内部分群体的迁移、长期的地理隔离和基因突变等因素，会导致种的基因库发生遗传漂变，从而形成亚种或变种。

#### （二）品种（breed）

品种是畜牧学上的一个概念，它不同于生物学分类单位中的种。品种是指具有一定的经济价值，主要性状的遗传性比较一致的一种栽培植物或家养动物群体，能适应一定的自然环境以及栽培或饲养条件，在产量和品质上比较符合人类的要求，是人类的农业生产资料。在自然条件下，野生动物只有种和变种，它们是自然选择的产物。而品种则是经过长期的人工选育，将家养动物培育成各具特色的类型。因此，在有些家畜的品种中，还有称为品系的类群，它是品种内的结构形式。有些品种是从某一品系开始，逐渐发展形成的。一个历史很久，分布很广，群体很大的品种，也会由于迁移、引种和隔离等，形成区域性的地方品系。

#### （三）品系（strain，line）

如上所述，品系属品种内的一种结构形式，它是指起源于共同祖先的一个群体。它们可以是经自交或近亲繁殖若干代以后所获得的在某些性状上具有相当的遗传一致性的后代，也可以是源于同一头种畜（通常为公畜，称为系祖）的畜群，具有与系祖类似的特征和特性，并且符合该品种的标准。具有不同特点的几个品系还可以根据生产需要合成为一个新的品系，称为合成系。

## 二、家兔品种应具备的条件

作为一个家畜品种应具备较高的经济或种用价值，来源相同、性状相似、遗传性稳定，而且有一定的结构和足够的数量，家兔品种也不例外，家兔品种应具备以下条件：

**1. 来源相同** 凡属同一个品种的家畜，绝不是一群杂乱无章的动物，而是有着基本相同的血统来源，个体彼此间有着血统上的联系，故其遗传基础也非常相似。这是构成一个“基因库”的基本条件。因此，在一个家兔品种群体中，每一个个体都应具有共同的来源。

**2. 性状及适应性相似** 由于血统来源、培育条件、选育目标和选育方法相同，同一品种的家兔，在体型结构、生理机能、重要经济性状，以及对自然条件的适应性都很相似。没有这些共同特征，就不能称为一个家兔品种。

**3. 遗传性稳定** 品种必须具有稳定的遗传性，才能将其典型的特征遗传给后代，使得品种得以保持下去，作为一个家兔品种必须具有稳定的遗传性，才能将其典型的优良性状遗传给后代。这不仅使这个家兔品种得以保持，而且当它同其他家兔品种杂交时，能起到改良其他家兔品种的作用，即具有较高的种用价值。这也是品种与杂种的根本区别。

**4. 一定的结构** 在一个品种内应由若干各具特点的类群所构成，而不是由一些家兔简单地汇集而成。这些类群可以是自然隔离形成的，也可以是育种者有意识地培育而成的，它们构成了品种内的遗传异质性，这种异质性为品种的遗传改良和提供丰富多样的畜产品提供了条件。对于家兔品种而言，一个家兔品种内应由3个以上的品系所组成，这些品系就是品种的异质性。这些异质性可以使一个家兔品种通过纯繁后继续提高改良。这些类群大致可分为以下几种：

（1）**地方类型** 一个家兔品种由于分布地区等各方面条件的不同，形成了若干个具有差异的类型。例如安哥拉兔分为德系安哥拉兔、法系安哥拉兔和中系安哥拉兔等。

（2）**育种场类型** 同一家兔品种由于所在牧场的饲养管理条件和选配方法不同，而形成不同的类型。例如，同是中国粗毛型长毛兔新品系，江苏省农业科学院畜牧研究所、安徽省农业科学院畜牧研究所和浙江省农业科学院畜牧兽医研究所各自培育的粗毛型长毛兔之间就存在一定的差异。

（3）**品系类型** 一个品种内必须具备不同的品系。品系是品种内的二级分类单位，是一个品种内一群有突出优点并能将这些突出优点相对稳定地遗传下去的种兔群。例如，齐卡肉兔配套系就是由齐卡巨型白兔（G）、齐卡大型新西兰白兔（N）和齐卡白兔（Z）3个品系组成。

**5. 足够的数量** 数量是质量的保证，数量是决定能否维持品种结构、保持品种特性、不断提高品种质量的重要条件，个数不足不能成为一个品种。只有当个体数量足够多时，才能避免过早和过高的近亲交配，才能保持个体的足够的适应性、生命力和繁殖力，并保持品种内的异质性和广泛的利用价值，否则难以保证质量。我国规定，地方品种家兔的种群不少于3 000只，培育品种家兔的种群不少于2 000只，核心群母兔不少于350只，生产群母兔不少于3 000只。

由上可见，家兔品种是人类劳动的产物，是家兔产业生产的工具。它是一个具有较高经济价值和种用价值，又有一定结构的较大的群体，由于共同的血统来源和遗传基础，其成员都有相似的生产性能、形态特征和适应性，并能够将其重要的特征稳定地遗传给后代。

## 三、家兔品种分类方法

家兔的品种很多，全世界有 60 多个品种和 200 多个品系。根据家兔的生物学特性和经济用途等，通常有以下几种分类方法。

### （一）按家兔被毛的生物学特性分类

**1. 长毛型**　毛长在 5cm 以上，被毛生长速度快，每年可采毛 4～5 次，属于这种类型的兔是毛用兔，如安哥拉兔。

**2. 标准毛型**（或普通毛型）　毛长在 3cm 左右，粗毛比例高且突出于绒毛之上。属于这种类型的兔主要有肉用兔、皮肉兼用兔；毛的利用价值不高，如新西兰兔、加利福尼亚兔、青紫蓝兔等。

**3. 短毛型**　主要特点是毛纤维短、密度大、直立，一般毛长不超过 2.2cm，不短于 1.3cm，平均毛长 1.6cm 左右，粗毛和细毛的长度几乎一样长，被毛平整，粗毛率低，绒毛比例非常高。属于这种类型的兔主要是皮用兔，如力克斯兔（我国多称獭兔）。

### （二）按家兔的经济用途分类

**1. 毛用兔**　其经济特性以产毛为主。毛长在 5cm 以上，毛密度大，产毛量高；毛品质好，毛纤维生长速度快，70d 毛长可达 5cm 以上，每年可采毛 4～5 次；绒毛多，粗毛少，细毛型兔粗毛率在 5%以下，粗毛型兔粗毛率在 15%以上。如安哥拉兔。

**2. 肉用兔**　其经济特性以产肉为主。现代肉用品种兔体躯较宽，肌肉丰满，骨细皮薄，肉质鲜美，繁殖力强，早期生长速度快，一般 3 个月可达 2kg 以上；成熟早，屠宰率高，全净膛屠宰率在 50%以上；饲料报酬高。如新西兰兔、加利福尼亚兔等。

**3. 皮用兔**　其经济特性以产皮为主（制裘皮衣服等）。被毛具有短、细、密、平、美、牢等特点，粗毛分布均匀，理想毛长为 1.6cm（1.3～2.2cm），被毛平整、光泽鲜艳；皮肤组织致密。如力克斯兔。

**4. 实验用兔**　其特性为被毛白色，耳大且血管明显，便于注射、采血用，在试验研究中日本大耳兔最为理想，其次为新西兰白兔，但目前应用数量多的是新西兰白兔。

**5. 观赏用兔**　有些品种外貌奇特，或毛色珍稀，或体格微型适于观赏用，如法国公羊兔（垂耳兔）、彩色兔、小型荷兰兔等。

**6. 兼用兔**　其经济特性具有两种或两种以上利用价值的家兔。如青紫蓝兔既适于皮用也适于肉用；日本大耳兔既可作为实验用兔，也可作为肉用和皮用兔。

### （三）按家兔的体型大小分类

**1. 大型兔**　成年兔体重在 6kg 或 6kg 以上，体格硕大，成熟较晚，增重速度快。如哈尔滨白兔、比利时的弗朗德巨兔、德国蝶斑兔。

**2. 中型兔** 成年兔体重4～5kg，体型中等，结构匀称，体躯发育良好。如新西兰兔、德系安哥拉兔。

**3. 小型兔** 成年兔体重2～3kg，性成熟早，繁殖力高。如俄罗斯兔、四川白兔。

**4. 微型兔** 成年兔体重在2kg以下，体型微小。如小型荷兰兔。

### （四）按培育程度分类

**1. 地方品种** 由于社会经济条件和科学技术水平的限制，家兔在品种形成过程中，受自然因素影响很大，由此形成的品种，虽然生产性能不高，但适应性强和抗病力较高，耐粗饲，繁殖力高。如中国白兔。

**2. 培育品种** 又称育成品种，是经过人们有明确目标的选择，创造优良的环境条件，精心培育出的品种，具有专门经济用途，且生产效率较高。如新西兰兔。

## 四、家兔品种的选择

家兔品种的选择，实际上就是选择什么生产类型的家兔品种，即饲养肉用型的家兔，还是饲养毛用型或皮用型的家兔。在选择所要饲养的家兔品种时，要从我国目前市场需求、饲料资源、饲养技术等作为选择品种的出发点，主要应考虑以下几个方面的因素。

**1. 应立足在商品兔生产的基础上，分析不同生产类型兔的国内外市场情景以及当地的区域经济特点** 从市场需求预测出发，分析家兔产品在预测期内的市场销售量、市场占有能力、产品发展能力、销售方式和各种制约因素，确定所要饲养的家兔生产类型。所选择的家兔品种的生产性能特性必须与生产目的相符，与生产地的家兔产品销售方式或消费习惯相符。如山东省有饲养肉兔的传统习惯，并具有一批兔肉加工出口龙头企业作为依靠，当地政府也比较重视肉兔业的发展，因此，肉兔在此地有较好的发展前景；四川省是我国肉兔消费第一大省，已形成了一种饮食习惯，各种兔肉菜肴和产品在市场上随处可见，此地饲养肉兔可就地消费，免受国外市场行情的影响，减少投资风险；近年来，浙江省一直采取群选群育的方式饲养长毛兔，使长毛兔品质有很大的提高，并形成了区域优势和一定的品牌效应，具有良好的发展前景。

**2. 所选择的家兔品种要能适应当地生产环境** 对所选择的家兔品种产地饲养方式、气候和环境条件进行分析，并与饲养地进行比较，同时考察该品种在不同环境条件下的适应能力，从中选出生活力、抗病力强和成活率高，适于当地饲养的优良品种。如南方从北方引种，是否适应湿热气候；北方从南方引种则是否能安全过冬等。

**3. 要看当地的生态条件和草料条件** 若当地四季温差小，草料丰富，工厂少，这种大环境是理想的养兔地区，而四季温差大、草料贫乏地区虽可养兔，势必增加饲养成本，应科学决策。

**4. 应考虑饲养所选择的家兔品种的经济效益** 要讲求投入产出比，算经济账。

**5. 要看技术条件，结合当地的传统饲养类型** 有一定经验的可养高产品种，而经验不足的可先养耐粗、低产品种，逐步过渡到高产品种的饲养。养兔切忌盲目上马，盲目扩养。

**6. 所选择的家兔品种生产性能要稳定**　根据不同的生产目的，对同一家兔生产类型的品种的生产特性进行正确比较。如从肉兔生产角度出发，既要考虑其生长速度和饲料报酬，缩短饲养周期，提高出栏体重，尽可能增加肉兔生产的经济效益，又要考虑其产仔数和仔兔成活率，降低仔兔的单位生产成本，有的情况下，还应考虑肉质，同时要求各种性状能保持稳定和统一。

## 五、家兔品种的引进

引种是家兔生产和育种工作的一项重要技术措施。准备发展养兔生产的养殖场需要引种，养兔场为了扩大养兔规模、改良现有家兔品种的生产性能或进行新品种（品系）培育也需要引种。生产实践表明，引进的家兔品种生产性能好坏，不仅直接影响家兔产品的数量和质量，而且影响到我国养兔业的发展。我国先后从国外引进了不少不同类型的家兔品种，国内的良种调运也很频繁，这对我国家兔育种工作和家兔生产发挥了重要的作用。为了确保引进种兔的质量，切实解决引种中的具体问题，在引种时应注意以下几个方面的问题。

### （一）引种前的准备

**1. 做好引进兔种的规划**　引什么类型的兔种，从何处引种，何时引种等，应根据当地的自然条件、市场需求和育种目标，了解不同家兔品种的生产性能和特性，对引入品种的生产性能、饲料营养、适应性等要求有足够的了解，掌握其外貌特征；遗传稳定性、饲养管理特点和抗病力等资料，做到有目的、有计划、有准备地引进家兔品种，这样才会符合经济发展的需要，适宜家兔的生态条件，发挥引进品种的最大经济价值。避免引种的盲目性，减少不必要的经济损失。

**2. 确定好引种的种兔场**　引种前必须有引入品种的技术资料，要详细了解种兔场的情况，如是否有当地畜禽品种生产许可证，饲养规模、种兔来源、生产水平、系谱是否清楚，育种记录是否完整，是否发生过疫情，所提供的种兔月龄、体重、性别比例、价格等。严禁到疫区或饲养管理很差的兔场引种。一般大、中型种兔场的人员素质高，饲养设备好，经营管理规范，所提供的种兔质量有保证，供种有信誉，在确定引种的种兔场时，最好选择大、中型种兔场。

**3. 准备好饲养引进家兔品种的笼舍、饲料等**　引种之前，要进行兔舍、兔笼和器具的消毒，并放置15d以上才能放进种兔。如果兔场已经饲养了一些家兔，所准备的兔舍要远离目前所饲养的兔舍，以便对引进种兔的隔离饲养，防止疾病的传播。同时，准备充足的饲料、饲草和清洁的饮水以及常用药品等，安排好有责任心、事业心和一定技术知识和实践经验的管理人员和饲养人员，如果是新手应做好上岗前的培训。

**4. 安排好引种季节和种兔的运输**　最好在两地气候差异较小的季节进行引种，使引入品种能逐渐适应气候的变化。一般从寒冷地区向温热地区引种以秋季为好，而从温热地区向寒冷地区引种则以春末夏初为宜。要根据引进种兔的月龄、数量、性别比例、路程远近等安排好运输工具，准备好运输途中的需用物资等。

**5. 安排好引进种兔的隔离检疫、防疫工作** 事先安排好业务强的技术员对引进种兔进行隔离检疫和防疫，尤其是对重要疫病的检测，以便及时发现问题，及时处理，减少引种损失。

**6.** 成立引种领导班子，统一领导，分工明确，责任到人。

### （二）引种时应掌握的技术

**1. 选择优良个体** 同一品种不同个体的生产性能也有明显的差别。在对个体进行挑选时，应注意所选种兔要符合该品种特性、体质外形以及健康、生长发育良好，年龄不可过大，必须仔细鉴别每只种兔性别，检查生殖器发育是否正常，有无炎症。公兔阴茎要正常，阴囊不可过分松弛下垂；母兔奶头应在4对以上，饱满均匀。此外，还应特别注重对系谱的审查，每只种兔要有耳号，要求系谱档案齐全，注意亲代或同胞的生产性能的高低，有无遗传性疾病发生史，防止带人有害基因和遗传疾病。引进个体间不宜有亲缘关系。公兔最好来自不同品系（或家系）。从引种角度考虑，种兔年龄与生产性能、繁殖性能等均有密切关系，一般种兔的利用年限只有2～3年。因为青年兔可塑性大，对新的环境条件有较强的适应能力，引种成功率高，而且利用年限长、种用价值高，能获得较高的经济效益，因此在引种时最好引进健康、高产、适应性强的良种青年兔，引种时切忌选购老年兔、病兔、杂种兔和低产兔。如果运输路程短，以3～4月龄的青年兔为好，运输路程长以8～10月龄的成年兔为好。最好不要引进刚断奶的小兔，因为此时的小兔适应性和抗病力低，对运输的应激反应较大。

**2. 严格执行检疫制度，切实加强种兔的检疫** 引种时必须符合国家法规规定的检疫要求，认真检疫，办齐一切检疫手续和出场动物检疫合格证明。严禁进入疫区引种。

### （三）种兔运输

家兔神经敏锐，胆小怕惊，应激反应明显。如果种兔运输不当，轻则掉膘，身体变弱、发病，重则在运输途中就有死亡，造成不应有的损失，因此，必须做好种兔的安全运输工作。

运输之前，要安排好运输组织工作，选择合理的运输途径、运输工具和装载物品，所有运输种兔工具必须彻底消毒，缩短运输时间，减少途中损失。夏季引种尽量选择在傍晚或清晨凉爽时运输，冬春季节尽量安排在中午风和日丽时运输。

装笼前所引种不要饲喂过饱，装笼时应公母兔分开。运输种兔的笼子，可以用木制、竹制、铁丝笼或特制塑料笼，笼子应坚实牢固，通风好，便于搬动。最好采用分格笼，笼底应能漏粪尿。如果是堆层的，在两层间应有接兔粪尿的薄膜间隔，以防上层兔粪尿漏下，污染下层兔箱，在两层间还应保持一定的空间，以便空气流通。空运或火车运输时，笼底应设粪盘，以防污染。同时注意种兔装载密度，以能在运输途中方便观察喂养为原则。平均密度为每只兔占用0.02～0.04$m^3$。运输时间达1d以上的，要饲喂适量的饲料，以防掉膘。饲料应用原来兔场饲喂的饲料；应同时带运同批种兔到达目的地后能满足7～10d的饲料，以保证饲料稳定和逐步转换当地饲料。

长途运输时应加强途中检查，尤其注意过热或过冷和通风等环节。天热时运输种兔，应加强降温措施。运输车箱应盖上遮阳顶盖，但不应密封，一定要保持空气流通，最好安排在夜晚起运。天冷时运输种兔，要注意防寒保暖，特别要防行车速度很快时的过边风和狭隙中的冷风，可将车门关紧。在运输途中要注意饮水，在饮水中放进食盐，以帮助消化。

种兔到达目的地之后，要将粪便进行深埋或无害化处理，运输所用的笼具进行彻底消毒，以防疾病的发生和传播。

### （四）引种后的饲养管理

新引回来的种兔，要放入事先消毒好的笼舍内，笼舍应远离原兔群。一般隔离饲养 1 个月，防止带来当地原先没有的传染病，给生产带来损失。经观察确认无病后，才能转入兔舍与原有饲养兔群合群饲养。隔离种兔的饲养人员不能与原兔场内的饲养人员往来，以免传播疾病。

种兔运到目的地后，应及时分开，单笼饲养。先让其饮水，稍后再喂草料，适量少喂，由于受运输、环境条件改变等应激因素的影响，种兔消化机能会有所下降，因此，每天饲喂次数宜多不宜少，每次喂量宜少不宜多，一般每次喂七八成饱。切忌暴饮暴食。几天后增至正常喂量。开始喂的饲料最好从引种场购回，以后再逐渐更换为本场饲料。此外，还要给每只种兔建立档案，为以后选种选配提供依据。同时，饲养制度、饲料种类应尽量与原供种场保持一致，如需要改变，应逐步进行。

种兔引进回来后，每天早晚应检查引进种兔的食欲、粪便和精神状态等各 1 次，发现问题及时采取措施。新引进种兔一般在引回来 1 周后易暴发疾病，主要是消化系统和呼吸系统的疾病。

对于新引进的家兔品种，尤其是从国外引进的新兔种时，引入后的第一年是关键性的一年，应当集中饲养于以繁殖该品种为主要任务的良种场，有利于对该品种的生产性能和适应性进行观察，掌握该品种的特性和饲养管理特点，创造有利于引入品种性能发挥的良好饲养管理条件和科学饲养管理方法，增强对当地条件适应性，有利于提高引进品种的利用率，并逐渐推广到生产单位饲养。

总之，引种是一项看似简单却又十分重要的工作，引种时一定要做好周密细致的安排，掌握引种的技术措施，确保引种工作的顺利进行。

## 六、品种的鉴定

### （一）新品种鉴定的步骤

**1. 认真研究育种计划**　通过对育种计划的研究，深入了解该品种的培育目的、育种目标、育种方法、育种措施和育种指标间的关系和问题。

**2. 全面了解培育过程**　培育过程和培育质量是关键。了解品种的培育过程，如培育时间、地点、条件、目的、方法、人员等，可对该品种有一个全面的认识。在此基础上再去做具体鉴定工作，较有把握。

**3. 全面鉴定品种特征**　各个品种须有自己的特征和特性，根据它们的特征和特性以区别于其他品种。品种特征和特性及其生产性能等一般在育种计划中有明确规定，可参照进行验收。

**4. 分析判断遗传性能** 作为一个品种，应该有较纯的遗传基础或稳定的遗传性能，主要性状应该基本一致。它既是品种特征的表现，也是遗传纯合程度的反映。如果一个品种的毛色特征、体型结构、适应能力、产品数量、产品质量都比较一致，那么其成员的遗传基础也就有可能比较近似。这些特征和特性的个体间差异较大，就很难说明它的遗传基础是稳定的。分析数量性状的遗传稳定性可根据变异系数来鉴定，一般说来，数量性状的变异系数小、厂则群体的遗传整齐度较高。另一方面，还可以根据上下代间的资料分析，严格来讲，这是最好的鉴定方法之一，通过其子代与亲代的相似程度，即可发现其遗传稳定程度。

### （二）群体数量鉴定

一个品种必须拥有相当数量的合格个体。鉴定和验收品种时，不仅要注意其品质和性能是否已经合格，而且要切实估计合乎要求的个体数，以考虑是否在数量上已达到一个品种所要求的标准。

一般通过以上5个方面的验收，对培育的新品种是否可以成立，是不难做出正确判断的。鉴定委员会或鉴定专家小组应根据验收结果写成鉴定意见，专家签名，上报国家品种委员会审批，只有审批后才能作为正式品种。

具体鉴定条件与办法见附件1、附件2。

## 附件1 家兔新品种、配套系审定和遗传资源鉴定条件（试行）

本条件适用于家兔新品种、配套系审定和家兔遗传资源鉴定。

**1. 新品种审定条件**

**1.1 基本条件**

**1.1.1** 血统来源基本相同，有明确的育种方案，至少经过4个世代的连续选育，核心群有4个世代以上的系谱记录。

**1.1.2** 体型、外貌基本一致，遗传性比较一致和稳定，主要生产性状变异系数应在15%以下，无明显遗传缺陷。

**1.1.3** 经中间试验增产效果明显或品质、繁殖力和抗病力等方面有一项或多项突出性状。

**1.1.4** 提供由具有法定资质的畜禽质量检验机构最近两年内出具的检测结果。

**1.1.5** 健康水平符合有关规定。

**1.2 数量条件**

种群不少于2 000只，核心群母兔不少于350只，生产群母兔不少于3 000只。

**1.3 应提供的外貌特征和性能指标**

**1.3.1 外貌特征描述**

毛色，毛型，眼球颜色，体型，头型，耳型以及作为本品种特殊标志的特征。

**1.3.2　性能指标**

**1.3.2.1　肉兔**

母兔胎产仔数（前3胎平均），3周龄窝重，母兔年产活仔数，母兔年育成断奶仔兔数，4周龄断奶体重，12周龄体重，断奶至12周龄料重比、成活率，12周龄屠宰率（全净膛），肉品质，10月龄成年兔体重等。

**1.3.2.2　长毛兔**

母兔胎产仔数（前3胎平均），3周龄窝重，8周龄体重及首次剪毛量，公母兔年产毛量（以5～8月龄期中的91d养毛期一次剪毛量乘以4估测），产毛率，粗毛率，松毛率，兔毛品质（长度、细度、强度、伸度），10月龄公、母兔体重等。

**1.3.2.3　皮兔**

母兔胎产仔数（前3胎平均），3周龄窝重，5周龄断奶体重，13周龄体重，23周龄体重、体尺（体长、胸围），断奶至23周龄成活率及被毛品质（被毛密度、绒毛长度、枪毛长度、枪毛比例），10月龄公、母兔体重等。

**2. 配套系审定条件**

**2.1　基本条件**

除具备新品种审定的基本条件外，还要求具有固定的杂交模式，该模式应由配合力测定结果筛选产生。

**2.2　数量条件**

至少具有3个专门化品系，每系基础母兔不少于150只，明确其性能特点及用途（用作父系或母系）。

**3. 遗传资源鉴定条件**

**3.1**　血统来源基本相同，分布区域相对连续，与所在地自然及生态环境、文化及历史渊源有较为密切的联系。

**3.2**　未与其他品种杂交，外貌特征相对一致，主要经济性状遗传稳定。

**3.3**　具有一定的数量和群体结构。

繁殖母兔数量1 200只以上，公兔150只以上，家系数量不少于15个。

# 附件2　畜禽新品种配套系审定和畜禽遗传资源鉴定办法

## 第一章　总　　则

**第一条**　为了规范畜禽新品种、配套系审定和畜禽遗传资源鉴定工作，促进优良畜禽品种选育与推广，根据《中华人民共和国畜牧法》的有关规定，制定本办法。

**第二条**　本办法所称畜禽新品种是指通过人工选育，主要遗传性状具备一致性和稳定性，并具有一定经济价值的畜禽群体；配套系是指利用不同品种或种群之间杂种优势，用于生产商品群体的品种或种群的特定组合；畜禽遗传资源是指未列入《中国畜禽遗传资源目录》，通过调查新发现的畜禽遗传资源。

**第三条** 培育的畜禽新品种、配套系和畜禽遗传资源在推广前，应当通过国家畜禽遗传资源委员会审定或者鉴定，并由农业部公告。

**第四条** 农业部主管全国畜禽新品种、配套系审定和畜禽遗传资源鉴定工作。

农业部国家畜禽遗传资源委员会负责畜禽新品种、配套系审定和畜禽遗传资源鉴定。国家畜禽遗传资源委员会办公室设在全国畜牧总站。

**第五条** 国家畜禽遗传资源委员会由科研、教学、生产、推广、管理等方面的专业人员组成，并设立牛、羊、家禽、猪、蜜蜂和其他动物等专业委员会，负责畜禽新品种、配套系审定和畜禽遗传资源鉴定的初审工作。

## 第二章 申请与受理

**第六条** 申请审定和鉴定的畜禽新品种、配套系和畜禽遗传资源，应当具备下列条件，并符合相关技术规范要求：

（一）主要特征一致、特性明显，遗传性稳定；

（二）与其他品种、配套系、畜禽遗传资源有明显区别；

（三）具有适当的名称。

畜禽新品种、配套系审定和畜禽遗传资源鉴定技术规范由农业部另行制定。

**第七条** 申请畜禽新品种、配套系审定的，由该品种或配套系的培育单位或者个人向所在地省级人民政府畜牧行政主管部门提出，省级人民政府畜牧行政主管部门应当在20个工作日内完成审核，并将审核意见和相关材料报送国家畜禽遗传资源委员会。申请畜禽遗传资源鉴定的，由该资源所在地省级人民政府畜牧行政主管部门向国家畜禽遗传资源委员会提出。在中国没有经常住所或者营业场所的外国人、外国企业或者其他组织在中国申请畜禽新品种、配套系审定的，应当委托具有法人资格的中国育种科研、生产、经营单位代理。

**第八条** 申请畜禽新品种、配套系审定的，应当向省级人民政府畜牧行政主管部门提交下列材料：

（一）畜禽新品种、配套系审定申请表；

（二）育种技术工作报告；

（三）新品种、配套系标准；

（四）具有法定资质的畜禽质量检验机构最近两年内出具的检测结果；

（五）中试报告或者试验单位的证明材料；

（六）声像、画册资料及必要的实物。

**第九条** 申请畜禽遗传资源鉴定的，应当向国家畜禽遗传资源委员会提交下列材料：

（一）畜禽遗传资源鉴定申请表；

（二）遗传资源介绍；

（三）遗传资源标准；

（四）声像、画册资料及必要的实物。

**第十条** 国家畜禽遗传资源委员会自收到申请材料之日起15个工作日内作出是否受理的决定，并书面通知申请人。不予受理的，应当说明理由。

## 第三章　审定、鉴定与公告

**第十一条**　国家畜禽遗传资源委员会受理申请后，应当组织专业委员会进行初审。初审专家不少于5人。

**第十二条**　初审可以采取下列方式：

（一）书面审查；

（二）现场考察、测试或者演示；

（三）答辩；

（四）会议讨论。

**第十三条**　初审结论应当经三分之二以上专家通过，不同意见应当载明。

**第十四条**　国家畜禽遗传资源委员会每半年召开一次专门会议，对初审结论进行讨论和表决。出席会议的委员不少于全体委员的三分之二。表决采取无记名投票方式。同意票数超过到会委员半数的，通过审定或者鉴定。

**第十五条**　通过审定或者鉴定的畜禽新品种、配套系或者畜禽遗传资源，由国家畜禽遗传资源委员会在中国农业信息网（www.agri.gov.cn）公示，公示期为1个月。公示期满无异议的，由国家畜禽遗传资源委员会颁发证书并报农业部公告。

**第十六条**　未通过审定或鉴定的，国家畜禽遗传资源委员会办公室应当在30个工作日内书面通知申请人。申请人有异议的，应当在接到通知后30个工作日内申请复审。国家畜禽遗传资源委员会应当在6个月内作出复审决定，并通知申请人。

## 第四章　中间试验

**第十七条**　畜禽新品种、配套系申请审定前，培育者可以进行中间试验，对品种、配套系的生产性能、适应性、抗逆性等进行验证。

**第十八条**　中间试验应当经试验所在地省级人民政府畜牧行政主管部门批准，培育者应当提交下列材料：

（一）新品种、配套系暂定名；

（二）新品种、配套系特征、特性；

（三）拟进行中间试验的地点、期限和规模等。

**第十九条**　省级人民政府畜牧行政主管部门应当自收到申请之日起15个工作日内做出是否批准的决定。决定批准的，应当明确中间试验的地点、期限、规模及培育者应承担的责任；不予批准的，书面通知申请人并说明理由。培育者不得改变中间试验的地点、期限和规模。确需改变的，应当报原批准机关批准。中间试验结束后，培育者应当向批准机关提交书面报告。

## 第五章　监督管理

**第二十条**　申请人隐瞒有关情况或者提供虚假材料的，不予受理，并给予警告，一年之内不得再次申请审定或者鉴定。已通过审定或者鉴定的，收回并注销证书，申请人3年之内不得再次申请审定或者鉴定。

**第二十一条** 已审定通过的新品种、配套系在生产推广过程中发现有重大缺陷的，经国家畜禽遗传资源委员会论证，由农业部作出停止生产、推广的决定，并予以公告，国家畜禽遗传资源委员会收回证书。

**第二十二条** 审定或者鉴定专家及其工作人员应当保守秘密，违反规定的，依照国家保密法有关规定处罚。

**第二十三条** 其他违反本办法的行为，依照《中华人民共和国畜牧法》的有关规定处罚。

### 第六章 附 则

**第二十四条** 审定或者鉴定所需的试验、检测等费用由申请人承担，具体标准按照国家有关规定执行。

**第二十五条** 转基因畜禽品种的培育、试验、审定，还应当符合国家有关农业转基因生物安全管理的规定。

**第二十六条** 本办法自2006年7月1日起施行。本办法施行前，省级人民政府畜牧行政主管部门审定通过的畜禽新品种、配套系，需要跨省推广的，应当依照本办法申请审定。

## 第二节 中国地方兔品种资源

### 一、闽西南黑兔

闽西南黑兔，原名福建黑兔，俗名黑毛福建兔，属小型皮肉兼用兔。

#### （一）主产区的自然生态条件

产区地处东经116°16′～116°57′，北纬24°46′～25°27′。境内群山绵延，丘陵起伏，河流交错，地势从东北向西南倾斜，属高丘低山类型，以高丘为主的地貌，千米以上山峰有113座，最高峰石门山海拔1 823m，为汀江和九龙江分水岭。年最高气温：最热月7～8月，最高气温36.9℃；年最低气温：最冷月1～2月，最低气温－1.7℃；年平均气温：16～20.3℃；年均降水量：1 560～1 920mm；无霜期：277d。中亚热带季风气候区，日照：1 555～1 801h，具有汀江、九龙江两水源。饲草种类主要为水稻、地瓜、豆类、马铃薯、花生等。

#### （二）品种来源及分布

**1. 品种来源** 地方品种。

**2. 品种数量及分布** 闽西南黑兔成年公、母兔存栏6万多只。闽西南黑兔主产区在上杭、屏南，德化等，福建省多数山区县市有分布，主要分布漳平、大田、古田等地。

**3. 品种形成** 福建地处亚热带、半亚热带地区，全省土地面积80%以上为山地丘陵，山多地少，素有“八山一水一分田”之称，新中国成立之前交通闭塞，各区域相对独立，形成了丰富多样的本地兔遗传资源。据 1985 年出版的《福建省家畜家禽品种志和图谱》的记载，福建兔有黄色毛、黑色毛、白色毛和灰色毛 4 个地方类群。

福建不同地域的消费者对活兔的毛色有着不同的消费习惯。闽西地区的多数客家人喜欢黑色毛的本地兔，习惯称为乌兔，有食用满月仔兔，或用成年兔、老年兔白斩食用或炖酒食用的习惯。闽南地区多数群众喜欢饲养和消费黑色畜禽，黑色毛的本地兔是民间酒席的上等佳肴，配合中药炖食认为可以治病。这些消费习惯促使当地农民在自繁自养本地兔的过程中，长期进行简单的、有意识的选留，形成了以黑色毛为主要特征的本地黑兔资源，主要分布于福建的西南部地区，如上杭、武平、长汀、漳平、德化、大田、屏南、古田等县市，这些县均是山区县，境内群山绵延，山多田少，交通闭塞，为形成和保存本地黑兔资源提供了得天独厚的自然地理条件。

福建不同地域的养兔户对黑兔曾经有着不同的名称或叫法，一些地方习惯统称它们为黑毛福建兔，如在闽西地区，叫本地乌兔、通贤乌兔，在德化、大田、屏南县分别习惯叫德化黑兔、大田黑兔、屏南黑兔等，这些黑兔的不同地域种群其毛色相同、外貌相近，生产性能有所差异，血统相对独立，来源记载不明确，但都具有地方兔资源的共同特性，即适应性广、抗病力强、耐粗饲、肉质好、生长速度缓慢。

2010 年 8 月农业部组织国家畜禽遗传资源委员会的有关专家，深入福建省上杭和德化县的黑兔养殖企业、专业户和农户，进行福建本地黑兔资源的考察、调查、测定、查阅历史及各种记载资料等，定名为闽西南黑兔，2010 年 11 月通过国家畜禽遗传资源委员会鉴定，农业部第 1493 号公告，闽西南黑兔列入国家级畜禽遗传资源目录。

2002 年龙岩市通贤兔业发展有限公司投资建立通贤乌兔保种场，2007 年德化县建立国宝黑毛福建兔保种繁育场，使得闽西南黑兔得到保存、提纯复壮和推广利用。

## （三）品种特征和生产性能

**1. 品种外貌特征**

（1）**被毛**　全身披深黑色粗短毛，紧贴体躯，具有光泽，乌黑发亮。

（2）**头颈部**　呈三角形，大小适中，清秀。耳：两耳直立厚短。眼：眼大圆睁有神，眼睛虹膜为黑色。颈：颈颔下无肉髯。

（3）**体躯**　身体结构紧凑，小巧灵活，胸部宽深，背平直，腰部宽，腹部结实钝圆，后躯发达丰满。

（4）**四肢**　四肢健壮有力。

**2. 生产性能**

（1）**生长发育**

①体长：成年公兔（40.3±2.78）cm，成年母兔（41.6±3.87）cm。

②胸围：成年公兔（29.0±2.0）cm，成年母兔（28.5±1.7）cm。

③体重：成年公兔（2.241±0.161）kg，成年母兔（2.192±0.199）kg。

④个体重：初生 40.0～52.5g，30 日龄断奶 380.5～410.5g，3 月龄 1 230.83～1 580.20g，6 月龄 2 000.0～2 250g。

（2）**产肉性能（3 月龄屠宰）**

①胴体重：全净膛重 770～1 000.0g。

②全净膛屠宰率：39.5%～50.0%。

③日增重：断奶后至 70 日龄的平均日增重 15～18g，断奶后至 90 日龄的平均日增重 13.2～14.1g。

④料肉比：断奶至 90 日龄料肉比（2.64∶1）～（3.14∶1）。

(3) 繁殖性能

①性成熟期：公兔 4.5 月龄，母兔 3.5 月龄。

②适配年龄：公兔 5 月龄，母兔 4.5 月龄。

③妊娠期：29～31d。

④窝重：初生窝重 240～312g，21 日龄窝重 1 045～1 288g，断奶窝重（30 日龄）1 671～2 010g。

⑤窝产仔数：5～7 只。

⑥窝产活仔数 ：5～6 只。

⑦断奶仔兔数：5～6 只。

⑧仔兔成活率：90%～95.0%。

### (四) 饲养管理

闽西南黑兔耐粗饲、适应性广，能适应多种饲养方式，当地农户以青草料为主、混合精料为辅的粗放、家庭副业型的饲养方式，如地瓜藤、花生叶、菜叶、米糠等；专业户、小型兔场多采用混合精料或全价颗粒饲料为主、青草料为辅的饲养方式；专业化、集约化的规模场亦可采用完全颗粒饲料的饲养方式。

### (五) 品种的评价与利用

**1. 闽西南品种特点** 闽西南黑兔具有耐粗饲、适应性广、早熟，胴体品质好，屠宰率高，肉质营养价值高等优点，缺点是生长速度相对较慢。

**2. 闽西南黑兔的研究、开发和利用价值** 闽西南黑兔是福建省地方优良品种，首先要作好保种工作，避免混杂、退化，并要规划和建立保护区。同时针对闽西南黑兔生长速度相对较慢的不足，在保持本品种的优良性状的前提下，加快进行本品种的选育提高，提高其生产性能。此外，该品种是培育优良新品种的良好素材，根据市场的需求，培育专门化品系、配套系、新品种（系），不断创新开发利用，以促进提高闽西南黑兔肉兔业的生存和发展。

闽西南黑兔肉质营养价值高，可开发为保健食品、加工成旅游休闲食品。

## 二、福建黄兔

福建黄兔，俗名闽黄兔，属小型肉用型兔

### (一) 主产区的自然生态条件

产区主要位于东经 118°08′～120°31′，北纬 25°15′～26°29′，地势：背山面海，内陆地形复杂，水系发达，沿海岸线曲折漫长，滩涂广阔，岛屿星罗棋布，复杂的地形地貌与气候条件形成了多样的生态环境。年最高气温：最热月7～8月，平均气温为24～29℃；年最低气温：最冷月1～2月，平均气温达6～10℃；年平均气温：16～20℃；无霜期：326d；降水量：900～2 100mm；气候类型：亚热带海洋性季风气候；日照：1 700～1 980h；水源：闽江、敖江；饲草种类：水稻、甘薯、黄豆、马铃薯、花生等。

## （二）品种来源及分布

**1. 品种来源**　本地品种。

**2. 群体数量及分布**　品种数量约8.0万只。主要分布在福州地区的连江、福清、长乐、罗源、闽清、闽侯、古田、连城、漳平等县市。

**3. 品种形成**　福建黄兔由福州地区农民长期自繁自养形成。20世纪50～90年代初，福建黄兔被外来大型品种兔冲击，除了在边远山区仅存少量纯种外，几近灭种境地。1992年福建省农业科学院牧医所从闽侯、古田等县的边远山村，按《福建省家畜家禽品种志和图谱》所记载的品种特点，挑选收集70只母兔、30只公兔组建基础群，通过群体继代选育法进行了7个世代选育，2001年通过省级鉴定，1995年福州玉华山种兔场建立保种场，使得福建黄兔得到保存、提纯复壮和推广利用。

## （三）品种特征和生产性能

**1. 体形外貌特征**

（1）*被毛特征*　全身披深黄或米黄色粗短毛，紧贴体躯，具有光泽，下颌沿腹部至跨部呈白色毛带。

（2）*头颈部*　呈三角形，大小适中，清秀。

（3）*耳*　双耳小而稍厚、纯圆，呈V形，稍向前倾。

（4）*眼*　眼大圆睁有神，虹膜呈棕褐色或黑褐色

（5）*体躯*　身体结构紧凑，小巧灵活，胸部宽深，背平直，腰部宽，腹部结实钝圆，后躯发达丰满。

（6）*四肢*　四肢健壮有力，后脚粗且稍长。

**2. 生产性能**

（1）*生长发育*

①体长：成年公兔（44.67±3.06）cm，成年母兔（39.54±2.00）cm。

②胸围：成年公兔（30.86±1.40）cm，成年母兔（30.10±1.50）cm。

③体重：初生重45.0～56.5g，30日龄断奶重356.49～508.77g，3月龄858.10～1 023.76g，6月龄2 817.50～2 947.50g。

（2）*产肉性能（4月龄屠宰）*

①胴体重：全净膛重825.5～1 215.0g，半净膛重940.0～1 225g。

②全净膛屠宰率：40.5%～49.4%。

③日增重：断奶后至70日龄的平均日增重17～20g，断奶后至90日龄的平均日增重15～17.5g。

④料肉比：断奶至70日龄料肉比（2.48～2.83）∶1，断奶至90日龄料肉比2.77∶1～3.15∶1。

（3）繁殖性能

①性成熟期：公兔5月龄，母兔4月龄。

②适配年龄：公兔6月龄，母兔5月龄。

③妊娠期：29～31d。

④窝重：初生窝重283.5～355.9g，21日龄窝重1 120～1 350g，断奶窝重（30日龄）1 935.5～2 011.7g。

⑤窝产仔数：7～9只。

⑥窝产活仔数 ：6～8只。

⑦断奶仔兔数：6～7只。

⑧仔兔成活率：89.5%～93.0%。

## （四）饲养管理

福建黄兔耐粗饲、适应性广，能适应多种饲养方式，当地农户以青草料为主、混合精料为辅的粗放、家庭副业型的饲养方式，如地瓜藤、花生叶、菜叶、米糠等，专业户；小型兔场多采用混合精料或全价颗粒饲料为主、青草料为辅的饲养方式；专业化、集约化的规模场亦可采用完全颗粒饲料的饲养方式。

## （五）品种的评价与利用

**1. 福建黄兔的优缺点**

（1）**早熟**　90日龄即有求偶表现，105～120日龄即可初配，比其他品种兔一般要早30～60d。

（2）**泌乳高峰出现早**　其他品种兔泌乳高峰期出现于产后18d，且于次日即急剧下降，而本品种兔的高峰期在产后9d出现维持到16d，后才开始缓慢下降，因而仔兔成活率高，达95%以上。

（3）**肉质营养价值高，具有特殊药用功能**　据《食物成分表》记载兔肉蛋白质含量为20.1%，而本品种兔的蛋白质含量22.0%，且富含钙、铁、锌、硒等对人有益的微量元素。福建民俗认为福建黄兔肉对胃病、风湿病、肝炎、糖尿病等有独特的疗效。

（4）**胴体品质好，屠宰率高**　本品种兔经宰后正确水温褪毛后体表洁白皮肤紧贴肌肉，下锅煮熟后皮肉仍不分离，全净膛屠宰率48.5%～51.5%。

（5）**生长速度相对较慢**　30～60、60～90、90～120、30～120日龄的日增重、料肉比分别为14.0g、1.73∶1，13.6g、2.48∶1，12.3g、3.23∶1，13.6g、2.51∶1，是本品种的主要缺点，制约其发展的主要因素。

**2. 福建黄兔的研究和利用价值**　福建黄兔是我国地方优良品种，已列入国家级畜禽遗传资源保护品种名录。首先要作好保种工作，避免混杂、退化，并要规划和建立保护区，使保种工作能持久长远。同时针对福建黄兔生长速度相对较慢的不足，在保持本品种的优良性状的前提下，加快进行本品种的选育提高，提高其生产性能，实现优质高效。此外，该品种是培育优良新品种的良好素材，根据市场的需求，培育专门化品系、配套系、新品种（系），不断创新开发利用，以促进提高福建黄兔肉兔业的生存和发展。

福建黄兔肉质营养价值高，具有药膳的功能，对胃病、风湿病、肝炎、糖尿病等有独特的疗效，可开发为保健食品。

## 三、四川白兔

四川白兔，俗称菜兔，属小型皮肉兼用兔。

### （一）产区自然生态条件

四川肉兔生产区地处长江上游的四川盆地，地形西高东低，大致西部为高原、山地，海拔多在 4 000m 以上；东部为盆地、丘陵，海拔多在 1 000～3 000m。四川盆地以浅丘和平原为主，是我国四大盆地之一，面积 16.5 万 $km^2$，盆地内海拔 200～750m，由北向南倾斜，为中亚热带湿润气候区。全年最高温度 40℃，最低温度－4℃，年均温 16～18℃。无霜期 230～340d；盆地云量多，晴天少，日照时间较短，全年为 1 000～1 400h；雨量充沛，年降水量达 1 000～1 200mm。

四川平原地区土壤肥沃，饲草资源丰富，零星饲养的农户多用田间地头的野草、玉米秸秆、豆秆；专业户自己种植黑麦草、苏丹草、三叶草、菊苣、紫花苜蓿，能量饲料多用玉米、小麦、麦麸、米糠等；蛋白饲料用豆粕。

### （二）品种来源及分布

**1. 品种来源**　本地品种。

**2. 群体数量及分布**　四川白兔是由古老的中国白兔从中原进入四川后，在优越的自然生态条件和因交通不畅而较封闭的环境下，经过长期风土驯化及产区百姓长时间自繁自养而形成的地方品种，俗称为菜兔。

据四川省畜禽品种资源调查统计，1985 年全省饲养四川白兔约 145 万只，在广汉等肉兔生产比较先进的平坝丘区，四川白兔占同期肉兔存栏量的 1.6%，在以丘陵为主的地区如内江县郭北区，四川白兔约占 15%左右。到 1995 年，全省四川白兔的饲养量下降到 50.5 万只，减少了近 65%；到 2005 年进一步减少到 3.2 万只左右。目前主要分布区已由广大平坝、丘陵区退缩到交通不便、远离大中城镇、养兔较少的深丘低山地区，且均为农户零星饲养，成为濒危的品种资源。

### （三）品种特征和生产性能

**1. 体形外貌特征**　四川白兔体型小，被毛纯白色，头清秀，嘴较尖，无肉髯，两耳较短、厚度中等而直立，眼为红色，腰背平直、较窄，腹部紧凑有弹性，臀部欠丰满，四肢肌肉发达。

**2. 生产性能**

（1）**生长发育**　体尺（12 月龄）、体重见表 5－1。

表 5-1 四川白兔成年体尺和体重

| 性别 | 体长 (cm) | 胸围 (cm) | 初生窝重 (g) | 断奶重 (g) | 3 月龄重 (g) | 6 月龄重 (g) | 8 月龄重 (g) | 12 月龄重 (g) |
|---|---|---|---|---|---|---|---|---|
| 公 | 39.8 | 27.6 | — | 475 | 1 650 | 2 050 | 2 350 | 2 750 |
| 母 | 39.4 | 27.2 | 332.6 | 490 | 1 690 | 2 080 | 2 370 | 2 760 |

(2) 产肉性能(90 日龄屠宰)

①胴体重:全净膛重 833.7g,半净膛重 898.4g。

②屠宰率:49.92%。

③日增重:21.6g。

④料肉比:3.63∶1。

(3) 繁殖性能

①性成熟期:3.5~4 月龄。

②适配年龄:4.5~5 月龄。

③妊娠期 :30.6d。

④窝重:初生窝重 332.6g,21 日龄窝重 1 141.7g,断奶窝重 3 136g。

⑤窝产仔数:7.2 只。

⑥窝产活仔数:6.8 只。

⑦断奶仔兔数:6.5 只。

⑧仔兔成活率:95.6%。

### (四) 饲养管理

四川白兔适宜小规模农家饲养。采用开放式或封闭式兔舍,单笼饲养,日粮组成宜以青饲料为主,搭配少量精料补充料的饲喂方式,也可采用以全价颗粒料为主的饲喂方式,定时定量,限量饲喂,日喂 2~3 次,自由饮水,加强疫病防治。青饲料以野杂草、人工种植牧草为主,粗饲料以干杂草和豆秸、花生秸等农作物蒿秆为主。

### (五) 品种的评价与利用

四川白兔具有性成熟早、配血窝能力强、繁殖率高、适应性广、容易饲养、体型小、肉质鲜嫩等特点,是提高家兔繁殖率,开展抗病育种和培育观赏兔的优良育种材料,其利用价值及开发前景将日益显现。利用四川白兔种质资源生产优质兔肉,开发风味兔肉食品亦具有一定的发展潜力。

当前,鉴于四川白兔遗传资源已近濒危,仅在边远山区零星存在少量个体和杂种群体,从中选择种性较好的个体集中饲养,开展抢救性保种选育十分必要。

## 四、九嶷山兔

九嶷山兔,俗称宁远白兔,属小型肉用型兔,兼观赏与皮用。

### （一）产区的自然生态条件

九嶷山兔主产区宁远县地处湖南南部南岭中段萌渚岭北端的九嶷山区地带，其地理坐标为东经 111°43′25″～112°15′10″，北纬 25°11′39″～26°08′23″，平均海拔 1 062.1m。境内四面环山，中部为丘岗平地，形成一周高中低、南北狭长的舟型山间盆地，其地势起伏大，海拔相对高差大地貌类型复杂多样，山冈丘平一应俱全。属中亚热带气候向南亚热带气候过渡地带，兼有大陆和海洋气候特征。年平均气温 18.4℃，最热月平均气温 26.5℃，最冷月平均气温 5.4℃。年降水量 1 400～1 500mm，4～6 月为雨季，平均相对湿度 79%，一般月份干燥度 0.5 以上；夏季多偏南风，其他季多偏北风，年平均风速为 2.1m/s。年平均日照数为 1 644h，年日照百分比为 37%，年均太阳辐射总量为 468 160J/cm$^2$，无霜期 297d，很少见雪，素有“湘南天然温室”之称。农作物以水稻为主，其他是甘薯、玉米、大豆、花生、高粱、小麦、蔬菜、瓜类等。天然禾本科牧草甚多，有雀麦、游草、白草、狗尾草、梗梗草、细柄草、雀稗等。此外，尚有大量的米糠、豆渣、粉渣等农副产品及生菜、莴笋叶、苦荬菜、胡萝卜等青绿饲料，稻草、大豆梗、花生藤、红薯藤等稿秕饲料和秸秆类饲料也相当丰富，为兔业生产提供了丰富的饲料资源。

### （二）品种来源及分布

**1. 品种来源**　九嶷山兔属地方品种，因产于驰名中外的九嶷山而得名。长期以来，宁远县农村特别是九嶷山区农民素有养兔习惯。据 1942 年的《民国县志》记载：“兔有褐、白、黑诸色及黑白相间者。”《宁远县畜牧水产志》记载：“宁远有养兔习惯、明清县志均有记载”。宁远人民自古就有食用兔肉的习惯，所谓“飞禽莫如鸪，走兽莫如兔”。养兔历来就是宁远农民的经济来源之一，民间流传“家养三只兔、不愁油盐醋；家养十只兔，不愁衣和裤”。但宁远养兔究竟始于何时，尚无资料考证。近 20 年来，九嶷山仔兔在广东市场畅销，价格持续走高，导致人们在选留种兔时特别注重繁殖性能，选择产仔多、成活率高、母性强的兔种，并进行频密繁殖，从而使九嶷山兔的繁殖性能有了很大的改进。同时，通过选育，保存了九嶷山兔的原种特性，同时也提高了九嶷山兔的生产性能，在成年体重、抗逆性能、生长速度、饲料报酬等各个方面都有较大程度的提高。特别是随着营养水平和饲养管理条件的不断改善，兔的初生重、日增重、成年体重等性能也有了一定的提高，成为具有九嶷山区特色的优良地方兔种。白毛、灰毛两类兔除毛色等外观有差异外，在生产性能方面无明显差异。

**2. 群体数量及分布**　据 2006 年调查，宁远县 2005 年出笼兔 380.5 万只，年末存笼兔 104 万只，种兔 11 万只（繁殖母兔 10 万只，公兔 1 万只），其中九嶷山纯种 3.09 万只（母兔 27 900 只，纯种公兔 3 000 只），占存笼种兔 28.1%。为搞好九嶷山兔的保种与选育，2003 年宁远县建立了九嶷山兔原种场，划定了 7 个保种村。原种场现有核心群种兔 600 只（公兔 70 只，母兔 530 只）。7 个保种村有种兔 0.8 万只（公兔 0.1 万只，母兔 0.7 万只）。全县生产群种兔 10.14 万只，公兔 0.9 万只，母兔 9.24 万只。在生产群种兔中，纯种九嶷山兔 2.23 万只（公兔 0.2 万只、母兔 2.03 万只），杂交种兔或外来品种 7.91 万只（其中外来品种公兔 0.5 万只，杂交公兔 0.2 万只，杂交母兔 7.21 万只）。

九嶷山兔主产于湖南省宁远县的禾亭、仁和、舜陵、九嶷山、太平、中和、冷水、保安等乡镇，其中禾亭、仁和、舜陵为中心产区，全县其他各乡镇均有分布。与宁远县毗邻的蓝山、嘉禾、道县、新田、江永、江华、双牌、桂阳等县以及广东、广西等地也先后引进了九嶷山兔，尤以广东为最，已形成一定规模。

**3. 品种形成** 九嶷山兔是在产区特定的生态环境和饲养管理条件下经过人们长期选择而形成的具有体型中等、体质健壮、抗逆性强、耐粗放饲养、繁殖性能好、肉质细嫩等特点的优良地方兔种。2004 年 12 月，通过湖南省畜禽品种审定委员会鉴定，正式命名为九嶷山兔。

## （三）品种特征和生产性能

**1. 体形外貌特征**

（1）**被毛特征** 九嶷山兔被毛短而密，以纯白毛、纯灰毛居多，纯白毛占存笼总数73%，纯灰毛占 25%，其他毛色（黑、黄、花）占 2%。

（2）**头颈部** 头型清秀，呈纺锤形；颈短面粗；眼球中等，白毛兔眼珠为红色，灰毛兔和其他毛色兔的眼珠为黑色；耳直立，厚薄长短适中，成年兔平均耳长为 10.0～11.5cm，宽 5.8～5.9cm。

（3）**体躯** 结构紧凑，背腰宽平，稍弯曲，肌肉丰满；腹部紧凑而有弹性，乳头 4～5 对，以 4 对居多；前后躯骨骼粗壮结实，发育良好，肌肉丰满。

（4）**四肢** 四肢端正，强壮有力，行动敏捷，足底毛发达；臀部较窄，肌肉欠发达，尾较短。

**2. 生产性能**

（1）**生长发育**

①成年九嶷山兔的体重和体尺指标（每个数据均为 100 只兔的平均值）见表 5-2。

**表 5-2 成年九嶷山兔体重和体尺指标的平均数和变化范围**

| 性别 | 白色九嶷山兔 | | | 灰色九嶷山兔 | | |
|---|---|---|---|---|---|---|
| | 体重（g） | 体长（cm） | 胸围（cm） | 体重（g） | 体长（cm） | 胸围（cm） |
| 公 | 2.68±0.33<br>（2.1～3.3） | 47.29±2.89<br>（42.0～51.8） | 29.78±1.76<br>（23.0～32.0） | 2.70±0.31<br>（2.1～3.3） | 48.08±2.27<br>（43.0～53.0） | 29.78±1.76<br>（23.0～32.0） |
| 母 | 2.96±0.34<br>（2.2～3.4） | 47.76±2.43<br>（42.6～55.0） | 29.40±1.94<br>（25.3～32.5） | 2.99±0.27<br>（2.3～3.5） | 47.56±2.32<br>（42.2～56.0） | 29.76±2.34<br>（24.0～33.0） |

②对农家一般饲养管理条件下的 20 窝共 162 只九嶷山兔仔兔生长发育性能进行了测定，结果见表 5-3。商品肉兔一般在 17 周龄、体重达到 2kg 左右出笼上市。

**表 5-3 九嶷山兔各阶段的体重及成活率**

| 测定时间 | 初生 | 3 周龄 | 4 周龄 | 10 周龄 | 13 周龄 | 15 周龄 | 17 周龄 |
|---|---|---|---|---|---|---|---|
| 个体重（g） | 43.1±3.14 | 231±28.73 | 348±21.34 | 970±60.8 | 1 498±15.19 | 1 711±5.92 | 1 923±20.91 |
| 成活数（%） | 162 | 157 | 154 | 148 | 141 | 136 | 134 |
| 成活率（%） | 100 | 96.9 | 95.1 | 91.4 | 87.0 | 84.0 | 82.7 |

（2）**产肉性能**　九嶷山兔的产肉性能（每个数据均为25只兔的平均值）见表5-4、表5-5、表5-6。

**表5-4　28～90日龄九嶷山兔生长及屠宰性能**

| 类别 | 项目 | 屠宰前体重（g） | 半净膛重（g） | 全净膛重（g） | 断奶至70日龄日增重（g/d） | 断奶至90日龄日增重（g/d） | 断奶至70日龄料重比 | 断奶至90日龄料重比 | 90日龄屠宰率（%） |
|---|---|---|---|---|---|---|---|---|---|
| 母兔 | 平均值 | 1 587.20 | 851.42 | 779.76 | 14.30 | 18.65 | 2.11 | 2.18 | 49.14 |
| | 标准差 | 83.33 | 46.83 | 42.58 | 0.64 | 1.26 | 0.07 | 0.07 | 1.20 |
| 公兔 | 平均值 | 1 622.28 | 886.28 | 813.72 | 14.97 | 18.99 | 2.07 | 2.15 | 50.30 |
| | 标准差 | 65.56 | 46.50 | 45.91 | 0.69 | 0.88 | 0.04 | 0.06 | 1.58 |

注：表中料重比指精料料重比，青料料重比另外统计。该试验期间所喂青料为桂牧1号和黑麦草。

**表5-5　4月龄九嶷山兔的屠宰性能**

| 性别 | 宰前体重（g） | 半净膛重（g） | 全净膛重（g） | 屠宰率（%） |
|---|---|---|---|---|
| 公 | 2 089.20±41.22 | 1 177.71±27.17 | 1 091.03±25.38 | 52.22±2.58 |
| 母 | 2 113.81±69.88 | 1 178.28±45.47 | 1 095.07±40.33 | 51.80±3.13 |

**表5-6　7～8月龄九嶷山兔的屠宰性能**

| 性别 | 宰前体重（g） | 半净膛重（g） | 全净膛重（g） | 屠宰率（%） | 肝重（g） | 肾重（g） | 心重（g） |
|---|---|---|---|---|---|---|---|
| 公 | 2 571.82±159.23 | 1 460.80±163.23 | 1 372.72±164.03 | 53.38±6.70 | 70.50±13.70 | 12.25±1.40 | 5.35±0.70 |
| 母 | 2 647.01±166.89 | 1 387.00±173.50 | 1 281.15±164.60 | 48.40±4.13 | 75.23±9.35 | 11.65±0.86 | 5.82±0.82 |
| 平均 | 2 608.60±165.60 | 1 437.00±172.60 | 1 356.47±164.33 | 52.00±7.80 | 72.79±8.60 | 11.96±1.15 | 5.59±0.84 |

（3）**毛皮品质**　九嶷山兔以肉用为主，且当地人喜食带皮兔肉，故少有皮用。九嶷山兔原种兔场对30只6月龄左右的成年兔进行毛皮品质检测，结果见表5-7。

**表5-7　6月龄九嶷山兔被毛品质**

| 样本数 | 被毛长度（cm） | 被毛密度（根/$cm^2$） | 皮板面积（$cm^2$） | 皮板厚度（mm） |
|---|---|---|---|---|
| 30 | 3.19±0.05 | 2 460.90±65.90 | 991.13±9.75 | 23.93±0.83 |

（4）**繁殖性能**

①性成熟期：在良好的饲养管理条件下，母兔13周龄（3月龄）、公兔15～15周龄（3.5月龄）可达到性成熟。在传统粗放的饲养管理条件下，母兔15周龄（3.5月龄）、公兔16～17周龄（4月龄）可达到性成熟。

②适配年龄：一般情况下，母兔满21周龄（5月龄）、体重在2.2kg以上，公兔满22周龄（5月龄）、体重在2.3kg以上可以配种繁殖。

③妊娠期：妊娠期多为30d，少数为31d。

④产仔性能：在良好饲养管理条件下，母兔以繁殖15胎、最高繁殖年龄为30月龄为合适，其繁殖利用期为25个月。在这25个月内，可繁殖断奶仔兔102.89（91～113）只，年均产仔7.2胎，年均繁殖断奶仔兔49.39只。在传统粗放的饲养水平下，母兔以繁殖12胎、最高繁殖年龄为（25～26）月龄较宜，其繁殖利用期为（20～21）个月，可繁殖断奶仔兔84.01（75～96）只，年均产仔7.02胎，年均繁殖断奶仔兔47.06只。九嶷山兔原种场对100只九嶷山母兔前3胎的产仔性能进行调查汇总，其结果如表5－8所示。

**表5－8　100只九嶷山母兔前3胎产仔性能汇总表**

| | 胎　次 | 第一胎 | 第二胎 | 第三胎 | 三胎平均值 |
|---|---|---|---|---|---|
| 初生 | 窝产仔数 | 7.14±1.54 | 7.84±1.44 | 8.21±1.46 | 7.73±1.65 |
| | 每窝活仔数 | 7.09±1.53 | 7.81±1.44 | 8.20±1.46 | 7.70±1.65 |
| | 平均窝重（g） | 321.89±18.61 | 398.33±21.40 | 400.15±20.60 | 373.45±16.21 |
| | 个体重（g） | 45.40 | 51.00 | 48.80 | 48.50 |
| 3周龄 | 每窝活仔数 | 6.92±1.49 | 7.67±1.35 | 8.06±1.30 | 7.55±1.63 |
| | 平均窝重（g） | 1 874.11±196.07 | 2 065.45±227.03 | 2 172.14±199.07 | 2 037.09±211.26 |
| | 个体重（g） | 270.83 | 3 269.30 | 269.50 | 269.81 |
| | 成活率 | 97.60% | 98.20% | 98.29% | 98.05% |
| 4周龄 | 每窝活仔数 | 6.84±1.48 | 7.62±1.34 | 8.05±1.29 | 7.45±1.64 |
| | 平均窝重（g） | 2 962.11±306.13 | 3 261.22±360.19 | 3 245.33±293.42 | 3 261.67±413.71 |
| | 个体重（g） | 433.06 | 427.98 | 403.15 | 437.81 |
| | 成活率 | 96.47% | 97.57% | 98.17% | 96.75% |

## （四）饲养管理

宁远县养兔数量多，养兔农户多，养兔的方式多，养兔水平参差不齐。6年前全县农户绝大部分采用传统粗放的养兔方式，“回家带把草，兔子遍地跑，养兔规模小。”每户饲养种兔3～5只，多的不过20只，实行地面散养，自由交配，有的甚至还让其打洞穴居。在饲养方式上，以草料为主（主要是野生杂草，其次甘薯藤、花生藤、豆秸等农副产品和菜叶），适当补饲少量糠潲（米饭或熟甘薯加混合糠加水搅拌成团，干湿适度），哺乳母兔每天加喂几粒黄豆，有的农户还饲喂少量的稻谷、高粱、玉米等其他杂粮，有啥喂啥，饲料种类、成分、喂量随时变化，饲养管理粗放，球虫病、传染性腹泻、兔瘟、兔疥癣等疫病危害严重，肉兔成活率低（50%左右）。近几年来，养兔大户增多，养殖规模、养殖水平都有了很大的提高，随着水泥笼具和金属笼具的推广普及，养兔方式逐步由地面散养过渡到舍饲笼养，种兔实行单笼饲养，肉兔实行小群笼养，兔笼上安装自动饮水器。在饲喂方式上实行精料补充料加草料的养兔方法，即按营养需要和饲养标准用预混料、玉米、豆粕、草粉等原料配制精料补充料，制成颗粒，青料以人工种植的桂牧1号、苏丹草、高丹草、菊苣、苦荬菜、黑麦草等优质牧草为主，每只成年种兔每天饲喂青料300～500g，精料补充料75～100g，根据季节和生产阶段（配种期、哺乳期、怀孕期）适当调整精料的成分和喂量。同时，建立了一整套的九嶷山兔免疫程序和疫病防治措施，一些危害兔业生产的主要疫病得到了有效地控制，肉兔成活率达到 90%以上。近来，一些规模兔场为减轻劳动强度，开始实行全价颗粒饲料养兔，免去种植或投喂青料的环节，也便于兔场打扫卫生。若采用全价配合饲料，成年种兔每天喂量 120～150g。

### （五）品种的评价与利用

九嶷山兔是在九嶷山区特定的生态环境下经过长期的自然选择和人工选择而形成的地方兔种，具有三大基本特征：①适应性、抗病性强，体质健壮，耐粗放饲养，成活率高。②繁殖性能好，性成熟早，年产胎数多，死胎畸形少，仔兔成活率高。③肉品质量优。九嶷山兔肉质细嫩，肉味鲜美，是高蛋白质、高赖氨酸、高动物钙、高维生素、高消化率及低脂肪、低胆固醇的优质肉食。但九嶷山兔与引进的国外肉兔品种相比，其生长速度和饲料报酬相对较低。

九嶷山兔是一个遗传同质性和遗传稳定性能保存较好、有一定规模的古老地方品种，具有较高的经济价值和开发前景。为保存品种的优良特性，进一步提高品种生产性能，应在建立规范化饲养标准和绿色无公害饲养体系、确保产品质量、树立优质品牌的同时，一方面有计划地开展品种选育，确保保种区建立原种繁殖群和保种场建立核心群，扩大原种规模，提高原种质量；另一方面筛选九嶷山兔的最优杂交组合，实行商品兔生产杂交化，提高养殖经济效益，从而形成品种选育与开发利用相结合，传统生产与现代技术相结合的产、加、销一条龙的九嶷山兔产业化生产经营模式。

## 五、云南花兔

云南花兔（云南黑兔、云南白兔），属小型肉皮兼用兔。

### （一）产区的自然生态条件

云南位于北纬 21°8′32″～29°15′8″，东经 97°31′39″～106°11′47″，北回归线横贯南部。云南花兔主要分布在滇东、滇中和滇西，地形为高原起伏和缓的低山和浑圆丘陵，江河纵横、湖泊棋布，平均海拔 2 000m（主要分布在 1 100～2 800m，700～3 500m 的范围内均曾有饲养）；为北纬亚热带的低纬度高原山地季风气候，受印度洋西南暖湿气流的影响；日照长、霜期短、年平均气温 15.0℃。最热月（7 月）平均气温 19.7℃，最冷月（1 月）平均气温 7.5℃，年温差 12～13℃。全年降水量约 1 031mm，相对湿度为 74%，全年无霜期 240d 以上。全年晴天较多，日照数年均 2 445.6h，日照率 56%。终年太阳投射角度大，年均总辐射量达 $543kJ/cm^2$，其中雨季 $262.7kJ/cm^2$，干季 $280.3kJ/cm^2$，两季之间变化不大。

全年降水量在时间上分为干、湿两季。5～10 月为雨季，降水量占全年的 85%左右；11 月至次年 4 月为旱季，降水量仅占全年的 15%左右。4 月、5 月与 10 月、11 月降水量变化很大。

多数地区使用山泉水，少数地区使用地下水，水质为一类和二类。

早年，零星饲养的农户多用田间地头的“埂子草”、熟地草、秸秆；近年来，部分用蚕豆秆糠、苕子糠；有的兔场使用紫花苜蓿、紫花苕、黑麦草、东非狼尾草、白三叶、荞糠、蚕豆杆糠、谷壳糠、米糠。能量饲料多用玉米、大麦、小麦；蛋白饲料以豆粕为主。

## （二）品种来源及分布

**1. 品种来源** 地方品种。

**2. 群体数量及分布** 1981 年调查时，仅有 5 000 只左右。2009 年，云南农业职业技术学院在全省搜寻，典型的云南花兔只找到 66 只；体形、毛色与云南花兔相似的地方兔，现存数量估计有 1 万多只。早年在曲靖数量最多，近年来曲靖成为云南獭兔的主产区，肉兔数量减少，典型的云南花兔在沾益县还存在；现在的云南花兔主要分布在丽江、文山、临沧、德宏、昆明、大理、玉溪、红河、曲靖。

**3. 品种形成** 云南地处亚热带和温带的县份，少数农户历来有养兔的习惯。关于云南花兔的来源和形成，无史料考证；历史上，未曾成为地方主要的经济动物；在农贸市场也有交易，但数量很少，为部分农户自给自足的肉食来源之一。自从 1958 年引进青紫兰后，日本大耳兔、比利时、新西兰、齐卡新西兰、艾哥、加利福尼亚等兔种相继来到云南，本地兔的数量逐渐减少。

日前，在云南找到的本地兔中，白色约占 75%，黑色约占 20%，少数为黑、白花，也有黑毛中间杂白毛，以及褐白花的个体，总共约占 5%；黑白花主要表现为整块的黑毛与整块的白毛相间，面积、比例、部位不定，部分仅表现为额、爪、鼻端有数量不等的白毛，如爪部，有四爪白毛、单爪白毛，有的仅一个爪尖有白毛。有原始云南花兔的毛色和体形，成年体重已经由原来的近 2.0kg 提高到 2.7kg 左右，认为是自然、人工选育，环境、饲料、饲养条件改善的结果。据了解，引入云南的兔种中，除“八点黑”有深棕色偏黑的毛外，仅比利时的尾内侧有深褐色的毛（未引进过黑色的比利时兔）。目前在云南，养兔户所饲养的褐色比利时，其后代中有少数黑兔。

云南农业职业技术学院已经开始进行云南花兔的反向选育，希望能选育出有地方特色的白兔、黑兔和花兔等三个群体。

## （三）品种特征和生产性能

**1. 体形外貌特征** 云南花兔多为白色，其次是黑色，还有黑白花、黑白混杂，也有仅鼻端、额部、爪有白毛的黑兔。外观全为粗毛，约 3cm 长，光亮顺滑；在腹股沟、前臂部内侧可直接观察到绒毛。头、颈、腰、背结构紧凑，腹部稍大，全身肌肉结实，后躯发达，四肢粗壮、端正，强劲有力。耳的长、宽变化范围大，但均为直立，转动灵活。白毛兔的眼为红色或蓝色，其他毛色兔的眼为黑色，明亮有神。鼻、嘴较尖而长，部分兔成年后也有垂髯。

**2. 生产性能**

（1）**生长发育** 体尺（12 月龄）、体重见表 5 - 9。

表 5-9　云南花兔体尺和体重表

| 性别 | 体长 (cm) | 胸围 (cm) | 初生重 (g) | 断奶重（32d）(g) | 3 月龄重 (g) | 6 月龄重 (g) | 8 月龄重 (g) | 12 月龄重 (g) |
|---|---|---|---|---|---|---|---|---|
| 公 | 38.9 | 29.5 | 49.8 | 546.6 | 1 693.7 | 2 369.3 | 2 640.3 | 2 710.5 |
| 母 | 39.2 | 29.3 | | | 1 667.3 | 2 467.5 | 2 699.2 | 2 810.3 |

（2）产肉性能

①胴体重：3 月龄活重，公 1 689.8g，母 1 658.9g；半净膛重，公 954.7g，母 937.3；全净膛重，公 863.5g，母 839.4g。

②屠宰率：全净膛屠宰率，公 51.1%，母 50.6%。半净膛屠宰率，公 56.7%，母 56.5%。

③日增重：断奶至 70 日龄平均日增重，公 22.4g，母 21.0g；断奶至 90 日龄的平均日增重为公 19.1g，母 18.5g。

（3）繁殖性能

①性成熟期：母兔 15 周龄，公兔 16～18 周龄。

②适配年龄：母兔 18 周龄，体重达 2.1kg 以上；公兔 21 周月龄，体重达 2.0kg 以上。

③妊娠期：30～32d。

④窝重：初生窝重 393.6g，21 日龄窝重 2 681.0g，断奶窝重（第 4 胎，32d）3 680.3g。

⑤窝产仔数：6～10 只。

⑥窝产活仔数：7.7 只。

⑦断奶仔兔数：6.7 只（第 4 胎）。

⑧仔兔成活率：96.5%。

## （四）饲养管理

棚舍 3 层笼养，限制饲料，自由饮水。饲料为颗粒饲料加青饲料，每天早晨和傍晚各喂 1 次，颗粒料的数量以吃干净为度，青饲料坚持每天添加。颗粒饲料由玉米、蚕豆糠、草粉、豆粕、麦麸为主，青饲料以紫花苜蓿、紫花苕、白三叶、多花黑麦草、东非狼尾草为主。

## （五）品种的评价与利用

**1. 云南花兔的特点**　云南花兔体型像野兔，嘴尖象鼠嘴；毛密；皮厚且弹性好；冬春与夏秋季的皮毛质量差异不大；肥壮的个体皮下有脂肪层；饲养期长的个体，肾脏周围、肠系膜、浆膜上有较丰富的脂肪。看着小，抱着很沉；头小骨架小，净肉率高。最突出的特点是肉香、鲜、细，味道好，是当地最喜欢吃的家兔肉，尤其是云南人做药膳，特定黑兔。云南花兔可在海拔 800m 的河谷到 3 000m 的高寒山区饲养，对云南年温差小，日温差大（海拔高的地方可达 15℃以上）的气候非常适应，抗病能力强。能耐受粗放饲养，使用田边地头的青草饲养，效果均很好。外观个体小，但很结实，屠宰率高。其缺点是毛色多，色型杂。个体小，生长速度慢，繁殖力差异大。

**2. 云南花兔的研究和利用** 目前未查到培育云南花兔的资料，认为属自然形成的地方品种。2009年在全省范围搜寻，典型的云南花兔只找到66只，但分布在云南的本地兔依然存在，给提纯保种留有机会。云南农业职业技术学院已经开始进行反向选育，希望能获得较理想的地方品种。

据历史资料描述和调查的结果认为，云南花兔应分为云南白兔、云南黑兔和云南花兔3个品种。云南花兔的毛色不是简单的显性和隐性关系，呈多基因遗传，有必要通过生物技术查找黑毛基因，确认云南地方兔的毛色关系，培育出具有稳定遗传的云南花兔种群。

云南花兔适应性广，抗病力强，耐粗饲，繁殖性能强，仔兔的成活率高，屠宰率高，是难得的育种材料。云南花兔为肉皮兼用型品种，其肉特别好吃，可作为地方特色的兔肉产品进行开发。其皮张毛密度高、皮板厚、弹性好、保暖性强，尤其是夏、秋季的皮张质量好，保暖性优越，可专门开发应用，也可导入獭兔基因，改善裘皮质量。

## 六、万载兔

万载兔，属小型肉用型兔。

### （一）产区得自然生态条件

万载地处赣西边陲，锦江上游。东连上高，北靠铜鼓、宜丰，南邻宜春、新余，西接湖南浏阳。地处亚热带气候区中部，东经113.59°～114.36°，北纬27.59°～28.27°，具有气候湿润、雨量充沛、阳光充足、无霜期长。年平均气温17.4℃（极端平均高温39℃，极端平均低温5.3℃），年平均湿度82%，年降水量1 600～1 800mm，年平均日照1 693h，无霜期257d。全县以丘陵为主，总面积1 719.16$km^2$。耕地面积2.37万$hm^2$，农作物以水稻为主，还有大豆、花生、百合、芝麻、甘薯等。森林面积11万$hm^2$，森林覆盖率63.1%。万载肉兔具有适应性强、耐粗饲，抗逆性强、合群性好等特点，适宜笼养。

### （二）品种来源及分布

**1. 品种来源** 本地品种。

**2. 群体数量及分布** 2006年出笼70.396 3万只，存笼57.039 3万只。

**3. 品种形成** 万载兔的饲养历史很长，据清代同治《万载县志》记载，兔“人家间畜之”，表明农村已饲养有家兔。1957年国家有关部门曾定点万载县为医学实验兔生产基地。对万载肉兔的选育多在民间进行，农民注意选择繁殖能力强、生长快的后代留种。

### （三）品种特征和生产性能

**1. 体形外貌特征**

(1) 被毛特征 万载肉兔分为两种，一种称为火兔，又称为月兔，体型偏小，毛色以黑色为主；另一种称为木兔，又名四季兔，体型较大，以麻色为主。兔毛粗而短，着生紧密，少数还有灰色、白色。

（2）**头颈部**　头清秀，大小适中。耳小而竖立，有耳毛。眼小，眼球蓝色（白毛兔为红色）。

（3）**体躯**　背腰下直，肌肉丰满。前后躯紧凑而且发达，腹部紧凑而有弹性。

（4）**四肢**　前肢短，后肢长。

**2. 生产性能**

（1）**生长发育**

①体长：公兔 40.76cm，母兔 39.48cm。

②胸围：公兔 25.84cm，母兔 25.04cm。

③体重：公兔 2 146.27g，母兔 2 033.71g。

（2）**产肉性能**

①胴体重：公兔，全净膛重 953.03g，半净膛重 1 043.25g；母兔，全净膛重 883.58g，半净膛重 959.23g。

②屠宰率：公兔 44.67%，母兔 43.69%。

（3）**繁殖性能**

①性成熟期：3～7 月龄。

②适配年龄：一般初配年龄为 4.5～5.5 月龄。母兔有乳头 4 对，少数为 5 对。母兔每月可发情 2 次，发情持续期 3d。

③妊娠期：妊娠期 30～31d，哺乳期 40～45d，断奶后 10～15d 再次配种，每年可繁殖 5～6 胎。

④窝产仔数：平均窝产仔数 8 只。

⑤断奶仔兔数：89.7%。

### （四）饲养管理

万载兔以家家户户的分散笼养为主，以青绿饲料为主，也有的适当补喂精饲料。万载兔适应性强，一般很少有疾病发生。

### （五）品种的评价与利用

本品种遗传性能稳定，具有肉质好、适应性广、耐粗饲、繁殖率高、抗病能力强等优点，但万载火兔体型小，生长慢，饲料报酬低。今后要形成完善的良种选育和亲交相结合的繁育体系，本品种选育要在保持繁殖力高、适应性强的前提下，加大体型，提高生长速度。也可引进大型优良肉兔进行二元或三元杂交，以提高生产性能。

本品种以肉用开发为主，能适应广东、浙江等省的市场需求，并以肉兔加工为主方向。

## 七、太行山兔

太行山兔，又名虎皮黄兔，属中型皮肉兼用型兔。

### （一）产区的自然生态条件

井陉县地处太行山东麓东段中山区，河北省西陲，北邻平山县，东部和东南部与获鹿、元氏、赞皇3县毗连，西部和西南部同山西省盂县、平定、昔阳3县接壤。全县地势由西南向东北倾斜，沟谷纵横，坡度陡峻。海拔最高1 273m，最低158m。位于北纬37°42′～38°13′，东经113°48′～114°18′，属暖温带半湿润大陆季风气候，降水主要源于东南季风，每年随季风到来的迟早与强弱，呈现年际和季节降水量变化。境内气温年际变化不大。井陉气象站观测显示，1985—2004年，多年平均气温13.1℃，年均气温最高的1998年达14.1℃，年均气温最低的1985年为12.1℃，年均最高最低气温相差2℃。极端气温最高42.8℃，极端最低气温－17.9℃。无霜期204d，年日照2 611.5h，年均降雨量568.8mm。

井陉县位于暖温带东部，地带性植被为次生落叶阔叶林（夏绿林）。主要树种有杨、槐、柳、桑、椿、柿、核桃和人造松林等。目前广大山区主要植被是灌草丛，主要有菊科、禾本科、蔷薇科的一些种属在植被组成中占有重要地位；其次毛茛科、藜科、鼠藜科、堇菜科、伞形科、萝科、马鞭草科、唇形科、茄科、忍冬科、玄参科、莎草科、百合科等也比较重要。此外，柿、臭椿、酸枣、牛耳草、黄北草、白羊菜等在境内也广泛分布。当地的主要作物有小麦、玉米、豆类、甘薯、高粱和谷子等。年可产干饲草0.5亿多kg，作物秸秆7.5亿kg。典型的山区气候多样性和饲草饲料的多样性，深山区农民勤劳的性格，为太行山兔的培育和养殖创造了有利条件。

### （二）品种来源及分布

**1. 品种来源** 地方品种。

**2. 群体数量及分布** 太行山兔原产地以井陉县为主的北边地区，包括鹿泉县和平山县。其具有明显的地方品种特色，容易饲养，因此，在20世纪80～90年代饲养量很大。特别是河北农业大学等单位对该地方品种进行较系统选育之后，该兔种在品种生产性能和外貌特征的一致性上有了较大幅度的提高。由于新闻媒体的作用，引起社会的关注。因此，全国20多个省份相继引种，除了在本省多数地市饲养以外，其他省份如河南、山西、陕西、山东、辽宁、安徽、内蒙古、吉林、甘肃、湖南、湖北、浙江、福建、北京、天津等也在饲养。据不完全统计，在20世纪80～90年代，太行山兔饲养量达到100多万只，其中井陉县年饲养量在50万只以上。但是，我国外贸体制改革，当地肉兔收购加工处于停滞状态，对于群众养兔积极性给予很大的打击，太行山兔的养殖逐渐萎缩。2008年到2009年统计，井陉县太行山兔饲养量已经很少，仅有个别农户小规模饲养，全县不足万只。尽管全国一些地方仍有饲养，但具体饲养量难以统计。

**3. 品种形成** 太行山兔是从1979年至1986年由河北农业大学、河北省粮油食品进出口公司、石家庄地区粮油食品进出口公司，以及井陉县和平山县的科委、外贸局和畜牧局共同合作，对虎皮黄兔进行选育。经过3年多的工作，于1985年2月通过河北省科委组织的技术鉴定。外经贸部于1987年1月对项目进行了鉴定验收。鉴定委员会建议将虎皮黄兔更名为“太行山兔”。

## （三）品种特征和生产性能

**1. 体形外貌特征**　分标准型和中型两种。标准型：全身被毛栗黄色，单根毛纤维根部为白色，中部黄色，尖部为红棕色，眼球棕褐色，眼圈白色，腹毛白色；头清秀，耳较短厚直立，体型紧凑，背腰宽平，四肢健壮，体质结实。成年体重公兔平均 3.87kg，母兔 3.54kg；中型：全身毛色深黄色，在黄色毛的基础上，背部、后躯、两耳上缘、鼻端及尾背部毛尖为黑色。这种黑色毛梢，在 4 月龄前不明显，随年龄增长而加深。后躯两侧和后背稍带黑毛尖，头粗壮，脑门宽圆，耳长直立，背腰宽长，后躯发达。成年体重公兔平均 4.31kg，母兔平均 4.37kg。

**2. 生产性能**

（1）**生长发育**　对该品种两个类型的 80 只成年（10 月龄至 2.5 岁，公兔 16 只，母兔 64 只）家兔进行测定（其中标准型 40 只，中型 40 只），体重和主要体尺见表 5－10。

**表 5－10　太行山兔成年体重和主要体尺统计表**

| 类型 | 测定数量 | 体重（g） | 体长（cm） | 胸围（cm） | 耳长（cm） |
|---|---|---|---|---|---|
| 标准型 | 40 | 3 860.8±443.2 | 44.81±2.25 | 33.62±1.15 | 13.91±0.84 |
| 中　型 | 40 | 4 262.4±511.48 | 45.04±2.16 | 34.84±132 | 14.20±0.76 |

（2）**产肉性能**　对 6 个以粗放型饲养的家庭兔场进行现场测定，并抽样 15 只 3 月龄兔进行屠宰。

①体重：30d 断乳体重，标准型（545.6±48）g，中型（641.18±52）g；90 日龄体重，标准型（2 042±157）g，中型（2 204.4±189）g。

②日增重：26～27g。

③料重比：3.45∶1。

④屠宰率：90 日龄全净膛屠宰率 48.5%。

（3）**繁殖性能**

①性成熟期：一般 4 月龄左右。

②适配年龄：初配月龄一般 5～5.5 月龄。

③妊娠期 ：30.5d。

④窝重：初生窝重 460～500g，30d 断奶窝重 4 600～4 800g。

⑤窝产仔数：8 只左右，最高的达到 16 只。年产仔一般 6～7 胎。

⑥仔兔成活率：95%左右。

## （四）饲养管理条件

太行山兔主要在山区农村家庭小型兔场饲养。饲料以青粗饲料为主，精料为辅。但也少数兔场采用全价颗粒饲料。由于其适应性和抗病力很强，因此，很少发生疾病。

## （五）品种的评价与利用

该品种属于地方中型肉用品种，具有典型的地方品种特色：适应性强、抗病力强，耐粗饲粗放，繁殖力高，母性好。但是，由于在粗放的饲养管理条件下培育，早期生长发育速度的性能没有得到挖掘。

从前期研究资料看，该品种对于饲料有较高的利用率。河北农业大学谷子林教授对饲养于井陉县境内的成年太行山兔屠宰实验中发现，该品种的肠道较长，肠体比达到 15∶1，而一般品种的肠体比为 10∶1 左右。又据赵国先报道（1995），太行山兔对饲料干物质的消化率达到 63％～68％，对饲料有机物质的消化率达到 64％～69％，摄入氮沉积率高达 43.67％，可消化氮沉积率高达 54.29％。

目前，该品种数量急剧下降，质量也不同程度的退化。没有对太行山兔进行系统的品种选育。

鉴于该品种目前数量大大降低和分布分散的状况，急需组建太行山兔的育种场，集中优良个体形成核心群，进行系统选育，以恢复生产性能，完善遗传结构，并有计划地示范推广。20 世纪 90 年代初期，谷子林教授曾经利用太行山兔与引入的几个肉兔品种进行杂交试验，表明该品种是良好的杂交母本。但是缺乏系统的研究。继续深入进行杂交组合研究，对于挖掘地方品种的遗传潜力很有必要。

## 八、大耳黄兔

大耳黄兔，属肉用型兔。

### （一）产区的自然生态条件

广宗县位于河北省中南部，属于黑龙港流域，全境为冲积平原，地势平坦，自南向北微倾斜。地理位置东经 115°06′～115°17′，北纬 36°51′～37°18′，海拔 29～35m。全县大陆行季风气候明显，冬季寒冷干燥，夏季炎热多雨，春季风沙较多，年平均气温 13℃，极端最低气温－19.1℃，极端最高气温为 42.4℃。年平均降雨量 522.1mm，多集中在 6～9 月份，降雨量为 489.6mm。年平均日照时数为 2 501.9h，无霜期 194d。

全县为典型的农业县，主要农作物有小麦、玉米、谷子、棉花、豆类等，主要树种有柳、杨、榆、槐及果树。野生草主要有谷绣、茅草、蔓根草等。丰富的饲草资源为本品种的培育和养殖提供了优越的物质条件，复杂的气候和地质生态环境，培育了大耳黄兔的适应性和抗病力。

### （二）品种来源及分布

**1. 品种来源** 地方品种。

**2. 群体数量及分布** 河北大耳黄兔以其优良的生产性能受到养殖者的喜爱。尤其是在河北省邢台地区多数县区均有饲养。同时，山西、河南、山东、陕西、辽宁、福建、浙江等省先后引进饲养。据不完全统计，在 20 世纪 90 年代，大耳黄兔饲养量达到 30 多万只。但是，由于前些年肉兔出口受阻，外贸体制改革，很多外贸冷冻加工厂停业，极大地影响了肉兔的养殖，使大耳黄兔饲养量大幅度下降。同时，河北省獭兔养殖业的兴起，对肉兔的养殖造成较大的冲击。2007 年 7 月调查，当地总存栏数 3 520 只，其中公兔 1 135

只，母兔 2 385 只。基础母兔 1 326 只，基础公兔 162 只。目前该品种分布比较分散，多为农家小规模养殖，当时的保种育种场不复存在，缺乏专业型养殖场，在全国的具体饲养量难以统计。

**3. 品种形成**　原产地河北邢台广宗县、巨鹿县一带。

20 世纪 80 年代初期，河北省开展了大规模的太行山区开发研究工作，以养兔作为突破口，帮助农民脱贫致富，在河北省太行山区的 24 县全面展开。当时在邢台县推广大型肉兔用品种比利时兔（即弗朗德兔）。其主体毛色为野兔色，或褐麻色。在繁育过程中，出现少量黄色分化个体，表现良好。

这些黄色的分化个体被邢台广宗县的一些农户收买，开始闭锁繁育，1988 年基础群的数量达到 148 只。此时，时任该县畜牧局局长的高级畜牧师罗朋山组成课题组，对该兔进行系统选育，同年列入河北省科技厅攻关计划（课题编号：88200201）。从 1984 年开始到 1993 年，共计选育了 10 个世代，基础群达到 1 000 多只。

## （三）品种特征和生产性能

**1. 体形外貌特征**　大耳黄兔从被毛和体型两个方面可以分为两个类型。A 系被毛橘黄色，耳朵和臀部有黑毛尖；B 系全身被毛杏黄色，色淡而较一致，没有黑色毛尖。两系腹部均为乳白色。四肢内侧、眼圈、腹下渐浅。头大小适中，多为长方形，两耳长大直立，耳壳较薄，耳端钝圆，眼球黑色或深蓝色，背腰长而较宽平，肌肉发育良好，腹大有弹性，后躯发达，臀部丰满，四肢端正，步态轻快敏捷。

**2. 生产性能**

（1）**生长发育**　对该品种的 205 只成年（8 月龄至 3 岁）家兔进行测定（其中公兔 51 只，母兔 154 只），体重和主要体尺见表 5－11。

**表 5－11　大耳黄兔体重和主要体尺统计表**

| 性别 | 测定数量 | 体重（g） | 体长（cm） | 胸围（cm） | 耳长（cm） |
|---|---|---|---|---|---|
| 公兔 | 51 | 4 975.8±526.13 | 58.54±4.96 | 36.86±2.04 | 17.35±2.06 |
| 母兔 | 154 | 5 128.45±615.41 | 59.51±5.15 | 36.12±2.35 | 17.83±2.24 |

（2）**产肉性能**　对 5 个兔场生长家兔进行现场测定，并抽样 12 只 3 月龄兔进行屠宰。

①体重：30d 断奶体重（620.40±45）g，3 月龄体重（2 956.25±265）g。

②胴体重：全净膛胴体重 1 430.54g，半净膛胴体重 1 596.24g。

③屠宰率：半净膛屠宰率 54%，全净膛屠宰率 48.39%。

④日增重：38.93g

⑤料肉比：在以配合精料为主，青饲料为辅的饲养条件下，每增加 1kg 体重消耗混合精料 3.43kg。

（3）**繁殖性能**

①性成熟期：4.5 月龄。

②适配年龄：母兔 5.5～6 月龄，公兔 6.5～7 月龄。年产仔 5～6 胎，利用年限 2～2.5 年。

③妊娠期 ：31d。

④窝重：初生窝重 488.75g，30d 断奶窝重 4 715.04g。

⑤窝产仔数：8.5 只。

⑥窝产活仔数：8 只。

⑦断奶仔兔数：7.6 只。

⑧仔兔成活率：95%。

### （四）饲养管理条件

大耳黄兔主要在农村家庭中小型兔场饲养。根据对 5 个兔场配合饲料成分的分析，主要营养如下：粗蛋白质 14%～15%、粗纤维 14%～18%、钙 0.5%～0.8%、磷 0.3%～0.4%。在很多家庭兔场饲养非常粗放，夏秋季节以青草为主，配合精料为辅。其中，在配合精料中，玉米和麸皮占总量的 30%～35%，蛋白饲料占总量的 8%～10%，矿物质及添加剂占 1.5%左右，其余全部为草粉。当地粗饲料主要有花生秧粉、大豆秧粉和谷草粉等，其中以谷草粉为主。每只兔每天喂精料 75～85g，每日喂 1～2 次，以晚上为主。青草或干草自由采食。

当地养兔以室外架式兔笼为主，水泥预制件或砖砌，多为 3 层，在母兔的隔壁设有产仔间，其宽度 35～40cm，与母兔间设有进出口，在外墙设有观察口。兔笼冬季建造塑料大棚保温，夏季简单遮阴。兔笼规格大体为：长 80～90cm，宽 60cm，高 40～45cm。踏板以竹片为主，竹片宽 3～4cm，间隙 1.2～1.5cm。承粪板多为水泥制品，前高后低，门窗多为金属网制作，门上悬挂草架。食槽多为镀锌铁皮制作，饮水器有水盆，也有乳头式自动饮水器。

当地一些兔场建造地下窝，与下层兔舍相通。效果良好。

### （五）品种的评价和利用

大耳黄兔是一个大型肉用品种，具有生长速度快，繁殖力较强，适应性广，耐粗饲粗放、产肉性能较高等优点。其被毛为黄色，与白色家兔相比，其皮张制裘不用染色，因此，不仅节约了染色费用，更主要的是避免化学燃料染色的污染，其发展空间较大。

该品种为大型肉兔弗朗德为基础培育而成，继承了其一些优点，同时带有其一些缺点，比如：容易的脚皮炎，不耐频密繁殖等。

与刚刚培育时相比，其一些生产指标有一定的降低。其主要原因是缺乏系统选育，农家兔场在较低的营养条件下饲养。

鉴于该品种目前数量大大降低和分布分散的状况，急需组建大耳黄兔的育种场，集中优良个体形成核心群，进行系统选育，以恢复生产性能，完善遗传结构，并有计划地示范推广。同时，对其的营养水平、肌肉品质和黄色被毛的遗传规律等开展研究很有必要。

# 第三节　中国培育的兔品种（配套系）资源

## 一、中系安哥拉兔

中系安哥拉兔又名全耳毛兔，属小型毛用兔。

### （一）产区的自然生态条件

中系安哥拉兔生产区地处东经116°18′～121°57′，北纬30°45′～35°20′，海拔50m以下；自然条件优越、气候温和，常年平均气温15～17℃，年无霜期220～240d；雨量充沛，年平均降水量1 000～1 200mm，年平均相对湿度80%，雨季为5～6月份；农作物以水稻为主，农牧业结合较好，牧草丰盛、四季青饲料均有供应。

### （二）品种来源及分布

**1. 品种来源**　培育品种。

**2. 群体数量及分布**　迄今仅在江苏、四川、重庆等少数经济较落后、交通不便的乡镇有零星饲养。江苏省2007年家兔品种资源调查报告显示，现中系安哥拉兔仅在该省盐城、南通、徐州等地区有少量饲养，2006年全省饲养量16 015只。

**3. 品种形成**　1926年从国外引入的英系安哥拉兔、法系安哥拉兔散布到农村，与中国白兔杂交，其后代产毛量较高，繁殖性能好，外形美观，有些兔出现了全耳毛、狮子头、五毛俱全的特征。饲养者喜爱这些特征，并有目的地对这些杂交兔进行选育，使其性能逐步稳定。后经科技人员进一步的选育，于1959年由江、浙、沪“两省一市”申报的中系安哥拉兔正式通过科技鉴定。

### （三）品种特征和生产性能

**1. 品种外貌特征**　由于中系安哥拉兔是由多个品种杂交，在群众自发选择的条件下育成的，故其类群较多，主要反映在头部差别较大。根据头形，特别是耳毛的着生状况，中系安哥拉兔可分为4个类型：全耳毛型、半耳毛型、一束毛型和枪毛型。全耳毛型，其耳端、耳背及耳边缘都密生绒毛，头方或长方，额颊毛丰盛，俗称“狮子头”；被毛浓密，枪毛较少，易缠结，四肢及趾间绒毛密生；在4个类型中其体形较大，产毛量较高。半耳毛型指在耳背1/2以上密生绒毛，飘出耳外，1/2以下无绒毛。一束毛型耳背、耳边缘均无毛，仅在耳尖有一束长绒毛。枪毛型耳厚且大，全耳无长绒毛，俗称“大耳光板”，其体形最小，被毛稀，产毛少。

但从总体上看，中系安哥拉兔体形外貌基本一致。体形较小，头轻，耳中等长、直立、稍向两侧张开，眼红色，体较短，后躯欠丰满，全身覆盖白色长毛、被毛较稀、粗毛较少、长到一定长度后从背中线分开披于左右两侧、被毛纤细柔软易结块。

**2. 生产性能**

（1）生长发育

①体长：成年公兔（44.50±3.95）cm，成年母兔（46.86±3.13）cm

②胸围：成年公兔（26.20±2.29）cm，成年母兔（28.48±2.89）cm

③体重：初生仔兔平均体重47.6g，1月龄平均体重574.2g，3月龄平均体重1 764g，6月龄平均体重2 454.5g，8月龄平均体重2 785g；成年公兔平均体重2 691g，母兔平均体重2 880g。

（2）产毛性能

①产毛量：年产毛量200～500g，平均370g左右。

②毛长：被毛平均长度4.99cm。

③细度：细毛纤维直径11～12μm，粗毛直径30μm以上。

④毛密度：8 000～10 000（根/$cm^2$）。

⑤粗毛率：12.5%。

⑥强伸度：公兔的细毛强度为3.2g，粗毛强度为9.31g；母兔的细毛强度为3.1g，粗毛强度为13.04g；公兔的细毛伸度为38.6%，粗毛伸度为38.6%；母兔的细毛伸度为35.3%，粗毛伸度为33.7%。

（3）繁殖性能

①性成熟期：在一般饲养条件下4月龄左右达到性成熟。

②适配年龄：适宜初配年龄为5～6月龄。

③妊娠期：29～33d；母兔产仔前善于拉毛做巢，产后哺育性能好。

④窝重：初生窝重378g，21日龄窝1 596.5g，40日龄断奶窝重3 970g。

⑤窝产仔数：平均窝产仔数为6.2只。

⑥窝产活仔数：平均窝产活仔数6.0只。

⑦仔兔成活率：达80%以上。

### （四）饲养管理

精料每天饲喂量为120～180g/只，青料每天饲喂量为300～500g/只。精料日粮组成为：草粉35%，玉米17%，麸皮18%，小麦10%，豆粒14.8%，食盐0.5%，酵母粉2%，磷酸氢钙2%，矿物质添加剂0.5%，蛋氨酸0.2%。

### （五）品种的评价与利用

全耳毛兔是群选群育培育形成的，具有繁殖力高、母性强、适应性好、耐粗饲的优点，同时存在被毛密度小、产毛量低、毛纤维过细、易缠结的缺点。因此，为提高全耳毛兔遗传资源的利用价值，今后的选育，在侧重提高产毛性能、改善毛品质的同时，应注意提高品种的同一性，首先应考虑制定一个科学的保种计划。

## 二、苏系长毛兔

苏系长毛兔，又名苏Ⅰ系粗毛型长毛兔，属毛用型兔。

### （一）产区的自然生态条件

同中系安哥拉兔。

### （二）品种来源及分布

**1. 品种来源** 培育品种。

**2. 群体种数量及分布** 主产区在江苏的泰州、常州、徐州、南通和盐城等地，其中徐州市饲养量最多。截至 2006 年年底，全省存栏 11 833 只（公兔 4 050 只，母兔 7 783 只），其中种兔 2 327 只（种公兔 372 只，种母兔 2 000 只）。

**3. 品种形成** 选用含粗毛率高的法系安哥拉兔、新西兰白兔、SAB 兔（肉兔）与产毛量高的德系安哥拉兔进行品种（系）间杂交，选出理想个体进行横交，继代选育，育成苏Ⅰ系粗毛型长毛兔。技术路线如图 5－1。

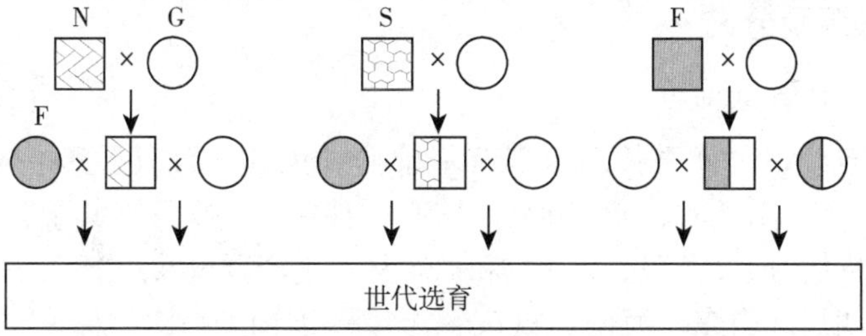


注：N 为新西兰白兔，S 为 SAB 兔，F 为法系安哥拉兔，G 为德系安哥拉兔。

图 5－1 苏系长毛兔选育技术路线图

## （三）品种特征和生产性能

**1. 体形外貌特征** 体形较大，头部圆形稍长；耳中等大小、直立，耳尖有一撮毛；眼睛红色；面部被毛较短，额毛、颊毛量少；背腰宽厚，腹部紧凑有弹性，臀部宽圆，四肢强健；全身被毛较密，毛色洁白。

**2. 生产性能**

（1）**生长发育** 3 月龄体重 2 155g，6 月龄体重 3 405g，8 月龄体重 4 145g；成年兔体长 42～44cm，胸围 33～35cm。成年公兔体重 4 300g 左右，成年母兔体重 4500g 左右。

（2）**产毛性能** 成年兔粗毛率 17.72％，平均年产毛量 850～870g，产毛率 25％；被毛长度：粗毛 8.25cm，细毛 5.16cm；被毛细度：粗毛 40.49μm，细毛 12.80μm；被毛密度：14 000 根/$cm^2$ 左右；细毛强度 2.81g、伸度 50.41％。

（3）**繁殖性能** 性成熟期 5～6 月龄，公兔适配年龄 5.5～6.5 月龄，母兔适配年龄 5～6 月龄；母兔发情周期 8～15d，发情持续期 3～5d，妊娠期为 29～32d；年产仔 4～5 窝，平均窝产仔数 7.1 只，窝产活仔数 6.8 只；初生窝重 358g，21 日龄窝重为 2 082g，42 日龄断奶窝重为 6 134.4g；断奶活仔数 5.7 只，断奶个体重 1 080g。

## （四）饲养管理

对饲养条件的要求较高。日粮为全价配合饲料或全价配合饲料配合青饲料。产毛期营养需要（参照《我国家兔的建议营养供给量，1988》）：消化能 10.03～10.87MJ/kg，粗蛋白 14％～16％，粗纤维 10％～14％，粗脂肪 2％～3％，钙 0.5％～0.7％，磷 0.3％～0.5％。青年兔日喂精料 150g 左右。日粮由玉米、小麦、麸皮、豆粕、草粉、食盐、添加剂等组成。青饲料饲喂量为每只 50～100g/d。

## （五）品种的评价与利用

苏Ⅰ系粗毛型长毛兔具有产毛量中等，粗毛率高，适应性好，抗病力强，繁殖性能佳等特点。在本品种选育的同时，可利用其繁殖性能好的特点，在商品兔生产中用作母本。

## 三、浙系长毛兔

浙系长毛兔，属大型长毛兔。

### （一）品种来源及分布

**1. 品种来源** 培育品种。

**2. 群体数量与分布** 浙系长毛兔现有基础群种兔3.2万只，其中嵊州系、镇海系、平阳系分别为1.2万、1.2万、0.8万只；核心群种兔2 520只（其中公兔420只，母兔2 100只），依次分别为1 050只、750只和720只；生产群兔共约18万只。浙江长毛兔至2008年年底，在四川、山东、河南、重庆、天津等国内20多个省（自治区、直辖市），累计中试推广种兔约300万只。

**3. 品种形成** 浙系长毛兔是我国杂交育成经国家审定的第一个长毛兔新品种，属大型毛用兔，具有体形大、产毛量高、毛品质优等遗传特性。由浙江嵊州市畜产品有限公司、宁波市巨高兔业发展有限公司、平阳县全盛兔业有限公司从20世纪80年代中后期开始，利用新引进的德系安哥拉兔（西德长毛兔）与本地长毛兔（导入过日本大耳白兔血缘的中系安哥拉兔）杂交，经长时间群选群育和新品系系统培育，曾以镇海巨高长毛兔（镇海系）、平阳粗高长毛兔（平阳系）和嵊州白中王长毛兔（嵊州系）为名，于2000—2006年先后通过了浙江省品种审定委员会的新品种（系）审定。2009年5月，嵊州市畜产品有限公司、宁波市巨高兔业发展有限公司、平阳县全盛兔业有限公司联合向农业部提出浙江长毛兔新品种审定申请。2009年9月12日—12月11日，通过国家畜禽遗传资源委员会其他畜禽专业委员会组织的产毛性能现场测定和新品种预审后，于2010年3月15日正式通过了国家畜禽遗传资源委员会的新品种审定，命名为浙系长毛兔。2010年4月，农业部正式发布新品种公告。

### （二）培育过程

**1. 育种素材及来源** 育种基础群选自本地长毛兔与德系安哥拉兔（西德长毛兔）的杂交兔。

**2. 育种过程** 从20世纪80年代中后期起，嵊州、镇海、平阳三家公司种兔繁殖场，利用德系安哥拉兔对本地长毛兔开展杂交、回交、不断地进行选种选配，逐步形成了产毛量较高、体形较大、绒毛质量较好的杂种兔群体。从90年代初起，镇海、平阳、嵊州先后根据其育种目标和选育指标（体形、产毛量、粗毛率等），从杂交群中共挑选出2 340只（公兔390只，母兔1 950只）理想型个体组建零世代的基础群，其中镇海675只（公兔125只，母兔550只），平阳668只（公兔118只，母兔550只），嵊州997只（公兔147只，母兔850只）系统开展品系选育。

（1）**育种目标** 总体要求是体形大、产毛量高、兔毛品质优、适应性强。具体指标是：

①体重：6月龄公、母兔平均达3 000g以上，8.5月龄公、母兔平均达4 000g以上，11月龄（成年）公兔4 800g以上、母兔5 000g以上。

②年产毛量：以8.5月龄后的一次剪毛量估测年产毛量，公兔1 800g以上，母兔1 850g以上。

③粗毛率：以6月龄后73d养毛期测定，嵊州系公兔5%以下、母兔7%以下；镇海系公母兔粗毛率在7%～10%；平阳系（采用拔毛）公兔21%以上、母兔23%以上。粗毛长度最短达6.0cm，绒毛毛丛长度在4.0cm以上，绒毛细度在15μm以下，松毛率达95%以上。

④胎均产仔数：（前3胎平均）6.5只，3周龄窝重1 950g以上，6周龄体重900g以上。

（2）**技术路线** 品系选育的重点是体重、体尺、产毛量、外貌特征、松毛率等性状，同时结合产仔数、3周龄窝重、6周龄体重、兔毛长度、粗毛率等性状进行选留。前期选种重在生长发育和被毛密度，最后根据产毛性能并结合繁殖成绩决定选留，淘汰率一般不低于50%，公兔大于70%，同时允许从生产群中吸纳特别优秀个体补充到核心群。

**3. 新品系、新品种审定** 经过4个世代的选育，浙江长毛兔的体形外貌、主要生产性能基本达到选育目标，遗传性能稳定。2001年、2004年、2006年镇海系、平阳系、嵊州系先后通过浙江省畜禽新品种（系）审定；新品系通过审定后，新品种选育进入稳定提高阶段，重点是产毛量、体重、粗毛率及繁殖性能。同时，开展了与产毛量、兔毛品质性状有关的分子生物学研究。2010年3月15日浙江长毛兔通过了国家畜禽遗传资源委员会的新品种审定。

## （三）品种特征与性能

**1. 体形外貌** 浙江长毛兔体形长大，肩宽、背长、胸深、臀部圆大，四肢强健，颈部肉髯明显；头部大小适中，呈鼠头或狮子头形，眼红色，耳型有半耳毛、全耳毛和一撮毛三个类型；全身被毛洁白、有光泽，绒毛厚、密，有明显的毛丛结构，颈后、腹部及脚毛浓密。

**2. 成年兔体尺、体重** 成年公兔平均体长54.2cm，胸围36.5cm，体重5 282g；成年母兔平均体长55.5cm，胸围37.2cm，体重5 459g。2010年国家畜禽遗传资源委员会其他畜禽专业委员会组织的和现场测定的结果为：150只10月龄兔平均体重公兔（51只）为3 789g，母兔（99只）3 892g；成年公兔（30只）平均体重5 005g，母兔（60只）平均体重为5 261g。

**3. 产毛性能**

①11月龄估测年产毛量：公兔1 957g、母兔2 178g。其中嵊州系公兔2 102g、母兔2 355g；镇海系公兔1 963g、母兔2 185g；平阳系公兔1 815g、母兔1 996g；平均产毛率公兔37.1%、母兔39.9%。2010年秋季新品种预审现场测定，10月龄兔90d养毛期年估测产毛量公兔平均为1 864g，母兔平均为1 832g。

②兔毛品质：对180～253日龄73d养毛期的兔毛进行品质测定，结果：松毛率公兔98.7%、母兔99.2%；绒毛长度公兔4.6cm、母兔4.8cm；绒毛细度公兔13.1μm、母兔

13.9μm；绒毛强度公兔 4.2cN、母兔 4.3 cN；绒毛伸度公兔 42.2%、母兔 42.2%；

③粗毛率：嵊州系公、母兔分别为 4.3%和 5.0%，镇海系分别为 7.3%和 8.1%，平阳系（采用手拔毛方式采毛）分别为 24.8%和 26.3%。2010 年预审抽测嵊州系公、母兔分别为 3.2%和 3.1%，镇海系分别为 6.4%和 11.8%，平阳系分别为 24.6%和 27.2%。

**4. 繁殖性能** 胎平均产仔数（6.8±1.7）只，3 周龄窝重（2 511±165）g，6 周龄体重（1 579±78）g。

### （四）推广利用情况

浙江长毛兔在培育过程中，每隔 1～3 年举行 1 次“长毛兔产毛性能擂台赛”，俗称“赛兔会”，不仅推动了群选群育工作，使良种兔群迅速扩繁，同时为在浙江省内外的应用推广搭建了平台。

至 2008 年，浙江长毛兔已在国内 20 多个省（自治区、直辖市）中应用示范推广，累计达 300 多万只，主要用于生产兔的杂交改良，以提高其商品毛兔的产毛量和兔毛品质。同时为河南省西平长毛兔、四川省荥经长毛兔、重庆市石柱长毛兔及山东省部分长毛兔新品系的选育提供了育种素材。

### （五）品种的评价与利用

浙系长毛兔是在群选群育的基础上，在政府业务主管部门和相关的科技人员的参与下，由养兔企业历经 20 年选育而成的我国第一个长毛兔新品种。该品种现有三个各具一定特点的品系，有核心群种兔 1 050 只，基础群种兔 3.2 万只，生产群种兔达 18 万余只，为下一步开展品种遗传资源保护与开发利用奠定了良好的基础；浙系长毛兔体形大、产毛量高、兔毛品质优良、适应性较强、遗传性能稳定，与国内外同类长毛兔（安哥拉兔）比较具有鲜明的特点和较强的市场竞争力。

浙系长毛兔的育成，为我国摆脱对外来长毛兔品种的依赖和提高我国长毛兔生产水平作出重大贡献，在进一步推动我国长毛兔生产持续、稳定发展方面将发挥积极作用。由于浙系长毛兔属大型品种，产毛量达国际先进或领先水平，因此保种的难度不可忽视；根据市场需求进一步改善兔毛品质和产毛率等经济性状，是今后选育的重点。

## 四、皖系长毛兔

皖系长毛兔，原名皖江长毛兔，属中型粗毛型毛用兔。

### （一）产区的自然生态条件

主产区安徽省阜阳地区，位于淮北平原西部，东经 114°52′～116°37′，北纬 32°24′～34°5′。

属暖温带向北亚热带渐变的气候过渡带，气候温和，四季分明，雨量适中，无霜期长。

适宜各类农作物和动植物的生长繁育，盛产小麦、水稻、红薯、棉花、玉米、大豆和水果、蔬菜、薄荷、中药材等，是国家重要的农副产品基地，为兔业生产提供了丰富的饲料资源。

## (二) 品种来源及分布

**1. 品种来源**　为培育品种，是安徽省农科院畜牧兽医研究所协同有关单位，采用杂交育种的方法，通过德系安哥拉兔、新西兰白兔两品种间杂交以及 20 余年的系统选育后，成功地培育而成的粗毛型长毛兔。2010 年 7 月 2 日通过了国家畜禽遗传资源委员会的审定，正式命名为皖系长毛兔，并于 2010 年 12 月 5 日由国家畜禽遗传资源委员会正式公告发布。品种审定号为：(农 07) 新品种证字第 3 号。是我国第二个国家级长毛兔新品种。

**2. 品种数量及分布**　在皖系长毛兔的培育过程中，采用了边选育边推广的措施，1992—2008 年期间，培育单位累计直接推广皖系长毛兔 38 460 只，二级良种繁育场（基地）推广皖系长毛兔 228 万只，建立专业户 2 792 户（户均规模 50 只以上），农户扩繁 1 156 万只。目前，皖系长毛兔核心群 480 只，其中公兔 80 只，母兔 400 只；种群规模达 3 000 只；生产群 4 500 只，其中公兔 1 000 只，母兔 3 500 只。由于皖系长毛兔的性能优良，遗传性能稳定，该品种已推广到全国各地，产生了巨大的社会经济效益。

**3. 品种形成**　皖系长毛兔是经历了杂交创新、横交定型、扩群提高（稳定和提高粗毛率、产毛量）多阶段的系统选育后而形成的。

①杂交创新阶段：针对德系安哥拉兔产毛量高而粗毛比例低，抗病力差的特点，利用粗毛比例高、生长发育快、适应性和抗病力强的新西兰白兔进行杂交，以提高德系兔的粗毛比例，并保留它的高产性状。即首先在德系安哥拉兔与新西兰白兔两品种间进行正、反交，然后再与德系安哥拉兔回交二代，群体中开始出现产毛量和粗毛率均较高的理想个体。

②横交定型阶段：在 $F_2$ 和 $F_3$ 代中选择理想型个体组建自群繁育基础群，通过杂种间互相选配，历经了三个世代的横交定型，使群体中的理想性状逐渐稳定下来。

③扩群提高阶段：通过大量繁殖，增加数量，提高质量。同时，实行繁育与推广相结合，积极推广优良种兔，在生产中检验其育种价值。逐步扩大品种群的数量和分布地区，使育成的品种具有广泛的适应性。在此阶段，主要包括稳定和提高粗毛率、稳定和提高产毛量两个阶段。

稳定和提高粗毛率：选择育种兔群中粗毛率较高的个体，组建选育基础群，以提高和稳定粗毛率为主要目标，兼顾产毛量的提高。此阶段主要采用 5 月龄早选早配法、实验室与目测相结合的种质评定法、综合选择指数及个体与家系相结合等选种方法。历经五个世代的选育后，使兔群生产性能，尤其是粗毛率显著提高，并逐趋稳定。

稳定和提高产毛量：选择育种兔群中较为优秀的个体，重建基础群，采用新的选择指数并结合约束选择指数法，突出产毛量的提高，运用阶段选择和指数同质选配法，又进行了九个世代的系统选育后，使兔群各项性能得到了进一步的提高和改善，尤其是产毛量提高幅度较大。

## (三) 品种特征和生产性能

**1. 品种外貌特征**　全身被毛洁白，浓密而不缠结，柔软，富有弹性和光泽，毛长 7～

12cm，粗毛密布而突出于毛被；头圆，中等；眼球中等，眼珠红色，大而光亮；两耳直立，耳尖梢毛或一小撮毛；体躯匀称，结构紧凑，体型中等；胸宽深，背腰宽而平直，臀部钝圆；腹有弹性，不松弛，乳头 5－5 对，以 4 对居多；骨骼粗壮结实；四肢强健，行动敏捷，足底毛发达。尾毛丰富。

**2. 生长发育**（表 5－12 和表 5－13）

**表 5－12　皖系长毛兔成年公、母兔体重、体尺**

| 性别 | 体重（g） | 体长（cm） | 胸围（cm） |
|---|---|---|---|
| 公 | 4 150～4 250 | 48～52 | 30～33 |
| 母 | 4 250～4 400 | 51～56 | 33～37 |

**表 5－13　皖系长毛兔各阶段的体重**

| 年　龄 | 体重（g） | |
|---|---|---|
| | 公 | 母 |
| 2 月龄 | 1 450～1 600 | 1 550～1 700 |
| 5 月龄 | 2 900～3 050 | 3 000～3 150 |
| 8 月龄 | 3 950～4 100 | 4 050～4 200 |
| 11 月龄 | 4 150～4 250 | 4 250～4 400 |

**3. 产毛性能和兔毛纤维物理性能**（表 5－14 和表 5－15）

**表 5－14　皖系长毛兔产毛性能**

| 指　　标 | 公 | 母 |
|---|---|---|
| 8 周龄产毛量（g） | 80～110 | 90～130 |
| 年产毛量（以 5～8 月龄产毛量折算）（g） | 1 050～1 200 | 1 150～1 300 |
| 成年兔 91d 刀剪毛产量（g） | 290～330 | 300～350 |
| 粗毛率（%） | 15～20 | |
| 产毛率（%） | 28～32 | |
| 料毛比 | 38：1 | |
| 松毛率（%） | 94～98 | |

**表 5－15　皖系长毛兔成年兔毛纤维物理性能**

| 指　标 | 粗毛 | 细毛 |
|---|---|---|
| 长度（cm） | 8～12 | 6～9 |
| 细度（μm） | 40～50 | 10～18 |
| 强力（CN） | 20～30 | 4～6 |
| 伸度（%） | 35～45 | 40～50 |

**4. 繁殖性能**

①性成熟期（月龄）。在良好的饲养管理条件下，母兔 5～6 月龄、公兔 6～7 月龄可

达到性成熟（表 5-16）。

②适配年龄（月龄）。一般情况下，母兔满 6～7 月龄、体重在 2.75kg 以上，公兔满 7～8 月龄、体重在 3kg 以上可以配种繁殖。

③妊娠期。妊娠期多为 30d，变化范围为 28～31d。

**表 5-16　皖系长毛兔繁殖性能**

| | |
|---|---|
| 产仔数（只/窝） | 5～9 |
| 产活仔数（只/窝） | 5～7 |
| 年产窝数（窝） | 4～7 |
| 初生窝重（g） | 340～380 |
| 哺育仔数（只/窝） | 5～7 |
| 21 日龄窝重（g） | 2 100～2 400 |
| 42 日龄断奶窝重（g） | 4 850～5 100 |
| 断奶成活率（%） | 88～92 |
| 情期受胎率（%） | 75～85 |
| 公母配比（只） | 1∶10 |
| 种兔使用年限（年） | 3～4 |
| 性成熟年龄（月龄） | 母兔：5～6；公兔：6～7 |
| 初配年龄（月龄） | 母兔：6～7；公兔：7～8 |
| 妊娠期（d） | 28～31 |

## (四) 饲养管理

饲养方式采用笼养，种公、母兔，青年兔，产毛兔一笼一兔。

采用多种饲料配合，饲料原料中至少含有蛋白饲料（豆粕）、能量饲料（玉米）和粗纤维含量较高的纤维饲料（草粉）等。在蛋白质中，要补充 0.2%～0.3%的含硫氨基酸——蛋氨酸和赖氨酸。青、粗、精合理搭配，坚持以青饲料为主，并适当补充精饲料（每只 150g/d）。坚持“三定一投”的饲喂制度，即定时、定量、定料，投喂夜草。不要突然改变饲料品种，饲料成分要相对稳定，更换饲料时，要逐步过渡。

在管理上要保持兔笼的清洁干燥。兔笼内不能有任何粪尿积压，首先在笼底构造上，一定要使粪球漏下。另外，产仔箱内的垫草要经常更换，尤其当仔兔开眼以后粪尿开始增多，母兔哺育时易将兔毛污染。注意饮水卫生，保证饮水充足，尤其气温高时。注意夏季防暑降温、冬季防寒保温。

坚持自繁自养，加强检疫。养兔场的种兔必须自繁自养，有自己健康的仔兔。购兔时，进或出均要检疫，进行全身系统检查。购进兔子要隔离观察一个月，由专人管理，才能与健康兔合群饲养，如果发生传染病，应立即采取措施，在当地迅速处理。

搞好清洁卫生。建立消毒制度，定期对场区和舍内消毒，防疫器械在防疫前后应消毒处理。消灭传染来源散布在周围的病原体，切断传播途径，防止疫病流行、蔓延。及时清扫兔笼粪便，保持兔舍卫生。

### (五) 品种的评价与利用

该品种的育成，结束了我国没有自己的高产毛兔品种的历史，缓解了国内粗毛型种兔的供需矛盾，丰富了我国畜禽品种资源，满足了广大农户对高产优质高效粗毛型种兔的需求，节省了大量引种外汇，对我国出口创汇和发展国内毛纺工业都具有重大的意义，社会经济效益十分显著。同时，标志着我国安哥拉兔育种上了一个新台阶，促进了世界各国对安哥拉兔的育种研究，在毛兔育种理论上具有重要的学术价值，提高了我国毛兔业在国际同行业中的地位。

皖系长毛兔是我国培育起步时间最早、选育持续时间最长、获科技成果最多的中型粗毛型长毛兔新品种。主要生产性能与近期引进的同类型的现代世界著名的法系安哥拉兔接近，而且适应性强更适合我国粗毛型长毛兔生产。皖系长毛兔年产毛量、粗毛率较高，品质优，繁殖力强，遗传性稳定，种群较大，已成为我国生产家兔粗长毛产品的"当家"品种。其遗传资源具有较大的开发利用潜力，可以充分地用于我国长毛兔品种的改良和品种结构的改善，提高兔毛单产和改善兔毛品质，有效提高我国长毛兔的综合生产性能和经济效益。

## 五、西平长毛兔

西平长毛兔，属毛用型兔。

### (一) 产区的自然生态条件

中心产区在河南省驻马店市西平县。地理坐标为东经114°，北纬33°23′。海拔平均59.5m。西平县四季较为分明，年平均气温14.7℃，无霜期222d，丰富的饲草资源为本品种的培育和养殖提供了优越的物质条件，适宜的气候和地质生态环境，培育了西平长毛兔的适应性和抗病力。

### (二) 品种来源及分布

**1. 品种来源** 地方培育品种。

**2. 种群数量及分布** 西平长毛兔的中心产区在河南省驻马店市西平县。1984年立项选育，1990年通过省级鉴定，1991年获河南省科技进步三等奖，1997年通过全国家兔育种委员会评审鉴定，2002年9月注册了西平"953"巨型高产长毛兔商标。该品种分布于西平县20多个乡镇，其中的出山、吕店、权寨、盆尧、柏亭、焦庄、重渠、人和等乡镇为中心产区，毛兔存栏量在80%以上。西平县周边的漯河、舞阳、舞钢、周口等县市也分布有西平长毛兔，存栏量在20%左右。该品种推广到河北、安徽、山东、山西、陕西、内蒙古、新疆等16个省（自治区、直辖市）。2006年年底统计该品种的中心产区西平县存栏120万只。其中，核心种兔场2个，存栏保种群公兔5 000只，繁殖种母兔15 000只。生产利用群种公兔5万只，繁殖母兔15万只。向河南省及全国各地推广种兔约700万只。

## (三) 品种特征和生产性能

**1. 体形外貌特征**　西平长毛兔全身被毛洁白，毛长而密，粗毛含量较高，粗毛率11.7%，足底毛发达。头大，为虎头型，前额扁平，颌下无肉髯；两眼大，红亮有神；耳大直立，较宽厚，耳端钝圆，半耳毛或一撮毛。身体结构紧凑，前后躯发育匀称，肌肉发达，背腰长宽，腹部有弹性，臀部丰满，宽而圆，四肢健壮有力，姿势端正。

**2. 生产性能**

(1) *生长发育*　2006年通过对六个调查点，随机抽样60只成年兔（公母各30只）进行实地测量，西平长毛兔体尺、体重详细数据见表5-17和表5-18。

**表5-17　西平长毛兔体尺和12月龄体重测量统计表**

| 测量只数 | 体长（cm） | 胸围（cm） | 12月龄体重（g） |
|---|---|---|---|
| 60 | 51.0±0.51 | 37.7±0.61 | 5 386.0±0.61 |

**表5-18　西平长毛兔各年龄段体重测量统计表**

| 只数 | 出生重（g） | 1月龄 | 3月龄 | 6月龄 | 8月龄 |
|---|---|---|---|---|---|
| 60 | 55.0±2.49 | 747.0±36.87 | 2 449.0±113.87 | 7 105.0±61.47 | 5 068.0±82.39 |

(2) *产毛性能*　西平长毛兔产毛量高，产毛率高，料毛比低，毛品质好。通过对60只兔8月龄、12月龄时的产毛量进行测定，年平均产毛量达（1 487±92.89）g，单次产毛量平均为（361±18.2）g，产毛率为（7.66±0.3）%，料毛比为43∶1。粗毛率为（11.74±0.02）%，粗毛强度23.7±0.78，绒毛强度4.38±0.37，粗毛伸度46.5±0.47，绒毛伸度45.9±0.46，结块率为（1.06±0.01）%。毛长（9.6±0.07）cm，粗毛细度（44.8±1.16）$\mu$m，细毛细度（14.7±1.56）$\mu$m，毛的密度（12 173±514.48）根/$cm^2$。

(3) *产肉性能*　全净膛屠宰率平均为44.2%，半净膛屠宰率为47.9%。

(4) *繁殖性能*

①性成熟期：公兔（150±20）日龄，母兔（130±20）日龄。

②初配年龄：公兔为（250±20）日龄，母兔（225±20）日龄。

③妊娠期：(31±1) d。

④窝重：初生窝重（417.0±142）g，泌乳力（3 164.0±592）g，断奶窝重（6 850.0±1631）g。

⑤ 窝产仔数：(7.7±3.0) 只。

⑥断奶仔兔数：(6.7±1.5) 只。

⑦仔兔成活率：87%。

该品种兔发情症状明显，受胎率较高，母性好，产前拉毛率达到90%以上。年产仔5～6胎，利用年限2～2.5年。

## (四) 饲养管理条件

西平长毛兔耐粗饲，好管理，可利用饲料广泛，操作按以下原则：

**1. 青、粗、精饲料搭配** 青粗饲料比例为50%～70%，每只成年兔日供给青粗饲料500～800g，精料100～150g。

**2. 科学配料** 西平长毛兔的饲料配方与其他品种长毛兔基本一致，选用各种优质原料，合理配合，营养优质全面，达到各年龄段的营养需要，且日粮养分趋于平衡稳定。

**3. 饲喂定时定量** 每天早晚各供料1次，晚上适当补草。喂料时间一定要固定，切记不能忽早忽晚，预防消化道疾病。

**4. 保持安静，注意卫生** 采取一切措施，保持兔舍及兔舍周围环境安静，防止有害动物和陌生人进入兔舍骚扰。经常打扫卫生和定期消毒，保持兔舍清洁干燥，防止发生各类疾病。

### （五）品种的评价及建议

西平长毛兔具有遗传性能稳定，产毛量高，适应性强，抗病力高，耐粗饲，好饲养等优点，是一个优良的地方品种，各项生产指标均达到或超过全国家兔育种委员会指定的德系长毛兔种兔鉴定标准，其中年产毛量达到国际先进水平。

鉴于该品种目前数量大大降低和分布分散的状况，急需组建西平长毛兔的育种场，集中优良个体形成核心群，进行系统选育，以恢复生产性能，完善遗传结构，并有计划地示范推广。开展西平长毛兔营养水平和疫病防控技术研究，进一步提高该品种的生产水平和抗病能力。政府主管部门和有技术力量的科研院所密切合作，加大资金投入，加强对该品种深入研究，进一步提纯复壮，繁殖扩群，优化品质，提高市场竞争力。同时，加强品种管理，加强对该品种养殖的调控和指导，加大宣传推广力度，确保西平长毛兔稳步持续发展。

## 六、豫丰黄兔

豫丰黄兔，属中型肉用型兔。

### （一）产区的自然生态条件

中心产区在河南省濮阳市清丰县。地理坐标为东经115°07′，北纬35°54′。海拔48～58m。

年平均气温13.3℃，年平均降水量500～600mm，无霜期205d，丰富的饲草资源为本品种的培育和养殖提供了优越的物质条件，复杂的气候和地质生态环境，培育了豫丰黄兔的较强适应性和抗病力。

### （二）品种来源及分布

**1. 品种来源** 地方品种。

**2. 群体数量及分布** 豫丰黄兔的中心产区在河南省濮阳市清丰县，1986年前主要分布于阳邵、韩村、固城、仙庄、古城、马村等十多个乡镇，经选育推广后，分布于城关镇、纸房乡、瓦屋头镇等十七个乡镇400多个行政村以及濮阳市的其他县乡。该品种

1986年立项选育，1994年通过省级鉴定，目前，除主产区外，已推广到全国各地。据2006年统计，清丰县存栏15万余只，其中，核心种兔场3个，存栏保种群公兔700只，繁殖母兔1 200只。生产利用群种公兔400只，繁殖种母兔2 000只，向全国推广种兔2.6万只。目前该品种分布比较分散，多为农家小规模养殖，当时的保种育种场不复存在，缺乏专业型养殖场，在全国的具体饲养量难以统计。

## （三）品种特征和生产性能

**1. 体形外貌特征**　豫丰黄兔全身被毛呈黄色，腹部呈漂白色，毛短平光亮，皮板薄厚适中，靠皮板有一层茂盛密实的短绒，不易脱落，毛细、密、短，毛绒品质优。头小清秀，椭圆形，齐嘴头，成年母兔颌下肉髯明显；两耳长大直立，个别兔有向一侧下垂，耳郭薄，耳端钝；眼大有神，眼球黑色。背腰平直而长，臀部丰满，四肢强健有力，腹部较平坦。体躯正视似圆筒，侧视似长方形。

**2. 生产性能**

（1）**生长发育**　通过对五个调查点，随机抽样30只成年兔（公母各15只）进行实地测量，其详细数据见表5－19和表5－20。

**表5－19　豫丰黄兔体尺测量统计表**

| 测量只数（只） | 体长（cm） | 胸围（cm） | 头长（cm） | 耳长（cm） | 耳宽（cm） |
|---|---|---|---|---|---|
| 30 | 62±2.5 | 37±2.0 | 14.4±0.5 | 14.5±1.0 | 7.5±0.05 |

**表5－20　豫丰黄兔各年龄段体重测量统计表**

| 只数（只） | 出生重（g） | 1月龄（g） | 3月龄（g） | 6月龄（g） | 8月龄（g） | 12月龄（g） |
|---|---|---|---|---|---|---|
| 30 | 51.3±8.5 | 656±70 | 2 533.3±275 | 3 676±250 | 4 489.3±450 | 4 756±700 |

（2）**产肉性能**　对五个兔场抽样30只3月龄兔进行屠宰，宰前体重（2 675.2±467）g，半净膛重（1 482.7±308）g，半净膛屠宰率为（55.64±4.6）%；全净膛重（1 355.1±243）g，全净膛屠宰率为（50.98±3.1）%。豫丰黄兔30d断奶体重（656±70）g，3月龄体重（2 533±275）g，断奶到3月龄平均日增重（31.3±4.6）g。在以配合精料为主，青饲料为辅的饲养条件下，每增加1kg体重消耗混合精料3.11kg，料肉比为3.11∶1。

（3）**毛皮品质**　选取3月龄兔30只，（公母各半），现场剪取1cm$^2$肩十字部兔的皮毛，经测定，毛长（2.01±0.1）cm；毛细度：粗毛（23.0±1.34）$\mu$m，绒毛（4.60±1.43）$\mu$m；毛密度为（15 429±1 005）根/cm$^2$；粗毛率为（23.09±1.43）%。皮板面积2 003.58cm$^2$，皮板厚度为0.16mm。

（4）**繁殖性能**

①性成熟期：公兔（75±7.5）日龄，母兔（90±15）日龄。

②初配年龄：公兔（180±15）日龄，母兔（180±15）日龄。

③妊娠期：（31±0.5）d。

④窝重：初生窝重为（513.0±85）g，泌乳力（3 009.6±500）g，30d断奶窝重（5 806±1 000）g。

⑤窝产仔数：(9.81±2.0) 只。

⑥断奶仔兔数：(9.52±2.0) 只。

⑦仔兔成活率：(96.9±1.0)%。

该品种发情症状明显，受胎率较高，母性好，产前拉毛率达到90%以上。年产仔5～6胎，利用年限2～2.5年。

### (四) 饲养管理条件

豫丰黄兔主要在农村家庭中小型兔场饲养。根据对五个兔场配合饲料成分的分析，主要营养如下：粗蛋白质14%～15%、粗纤维14%～18%、钙0.5%～0.8%、磷0.3%～0.4%。很多家庭兔场饲养非常粗放，夏秋季节以青草为主，配合精料为辅。其中，在配合精料中，玉米和麸皮占总量的30%～35%，蛋白饲料占总量的8%～10%，矿物质及添加剂占1.5%左右，其余全部为草粉。当地粗饲料主要有花生秧粉、大豆秸粉和稻草粉等，其中以花生秧粉为主。每只兔每天喂精料50～150g，每日喂1～2次，以晚上为主，青草或干草自由采食。

### (五) 品种的评价及建议

从该品种育成鉴定时的主要生产性能，到目前生产状况可以看出，豫丰黄兔是一个中型皮肉兼用的品种，具有生长速度快、繁殖力较强、适应性广、耐粗饲、产肉性能较高等优点。其被毛为黄色，与白色家兔相比，其皮张制裘不用染色，因此，不仅节约了染色费用，更重要的是避免了化学燃料染色的污染，发展空间较大。

从本次调研看，与刚刚培育时相比，其一些生产指标有一定的降低。主要原因是缺乏系统选育，农家兔场在较低的营养条件下饲养。

鉴于该品种目前数量大大降低和分布分散的状况，急需组建豫丰黄兔的育种场，集中优良个体形成核心群，进行系统选育，以恢复其生产性能，完善遗传结构，并有计划地示范推广。

开展豫丰黄兔营养水平和肌肉品质研究。由于豫丰黄兔属于中型皮肉兼用兔，目前没有对其营养水平开展研究，而农村家庭兔场多以高纤维日粮饲喂，其适宜的营养水平如何，尚需深入探讨。同时，也缺乏豫丰黄兔肌肉品质的研究数据。开展这些研究工作，为更好地开发利用豫丰黄兔提供理论依据。

政府主管部门和有技术力量的科研院所密切合作，加大资金投入，加强对该品种的深入研究，进一步提纯复壮，繁殖扩群，优化品质，提高市场竞争力。同时，加强品种管理，加强对该品种养殖的调控和指导，加大宣传推广力度，确保豫丰黄兔稳步持续发展。

## 七、哈尔滨大白兔

哈尔滨大白兔，简称哈白兔，属大型皮肉兼用型兔。

### (一) 产区自然生态条件

四川省畜牧科学研究院种兔场，位于成都市东郊，地理位置在东经103.01°～104.56°

和北纬 30.09°～30.26°，海拔 550m，土质为黄褐色黏土，结构良好。属亚热带季风气候，终年温暖湿润，四季分明，年平均温度 15.5～16.5℃，最冷的一月均温在 4.6～6.0℃，最热的七月均温在 24.5～27.0℃。全年无霜期 270d，降水量 900～1 300mm，日照数 1 238.6h，具有发展农业及养兔业的良好气候条件。饲草资源丰富，零星饲养的农户多用田间地头的野草、玉米秸秆、豆秆；专业户自己种植黑麦草、苏丹草、三叶草、菊苣、紫花苜蓿；能量饲料多用玉米、小麦、麦麸、米糠等；蛋白饲料用豆粕。

### （二）品种来源及发展

**1. 品种来源**　培育品种。

**2. 群体数量及分布**　2000 年，由于哈白兔育种场的撤除，核心群流失而缺乏系统选育，目前在黑龙江、吉林、四川、山东、河南等省的部分种兔场均保留有哈北兔的纯繁群，并在局部地区推广。四川省畜牧科学研究院种兔场于 1987 年引进后，现拥有核心群 120 只，其中公兔 20 只，母兔 100 只。并推广到四川省肉兔主产区，如成都市、乐山市、眉山市、自贡市、井研县等地。

**3. 品种形成**　在张军飞高级畜牧师主持下，由中国农业科学院哈尔滨畜牧兽医研究所从 1976 年开始，用哈尔滨本地白兔、上海大耳白兔作母本，比利时兔、德国花巨兔、加利福尼亚兔、荷系青紫兰兔作父本，历经十余年开展复杂杂交和 4 个世代的综合选育育成的。1986 年哈尔滨白兔育种科研项目通过了技术鉴定，该成果先后荣获农业部科技进步二等奖和中国农业科学院科技开发新产品一等奖。

### （三）品种特征和生产性能

**1. 体形外貌特征**　哈尔滨白兔全身被毛纯白；头部大小适中，耳大直立略向两侧倾斜，眼大呈红色；背腰宽而平直，腹部紧凑有弹性，臀部宽圆，四肢强健，体躯结构匀称，肌肉丰满。

**2. 生产性能**

（1）*生长发育*　体尺（12 月龄）、体重见表 5－21。

**表 5－21　哈尔滨白兔体尺、体重表**

| 性别 | 体长（cm） | 胸围（cm） | 初生窝重（g） | 断奶重（g） | 3 月龄重（g） | 6 月龄重（g） | 8 月龄重（g） | 12 月龄重（g） |
|---|---|---|---|---|---|---|---|---|
| 公 | 55.3 | 32.8 | — | 810 | 2 460 | 3 580 | 4 090 | 4 490 |
| 母 | 55.2 | 32.7 | 405.5 | 820 | 2 580 | 3 660 | 4 120 | 4 620 |

（2）*产肉性能（70 日龄屠宰）*

①胴体重：全净膛重 1 068.6g，半净膛重 1 151.5g

②屠宰率：53.5％

③日增重：33.8g

④料肉比：3.26∶1

(3) 繁殖性能

①性成熟期：6～6.5月龄。

②适配年龄：7～7.5月龄。

③妊娠期：30.9d。

④窝重：初生窝重405.5g，21日龄窝重1 937.2g，断奶窝重5 297.0g。

⑤窝产仔数：7.4只。

⑥窝产活仔数：7.0只。

⑦断奶仔兔数：6.5只。

⑧仔兔成活率：92.9%。

### (四) 饲养管理

采用开放式或封闭式兔舍、三层兔笼，单笼饲养，日粮组成宜采用以全价颗粒料为主的饲喂方式，也可采用以青饲料为主，搭配少量精料补充料的饲喂方式，定时定量，限量饲喂，日喂2～3次，自由饮水，加强疫病防治。

### (五) 品种的评价和利用

哈尔滨白兔具有早期生长快，繁殖性能好，适应性强，体形大等突出优点和遗传特性；在20世纪80年代后期至90年代中期，被广泛用作杂交亲本应用于农村商品肉兔生产。2000年后由于核心群散失，缺乏系统选育，哈白兔生产性能尤其是成年兔的体尺、体重有所下降，但其繁殖性能和产肉性能仍优于当前我国农村广泛使用的杂优兔，仍可与地方品种或其他中型肉用品种杂交生产商品兔，杂交优势明显，因而仍然在广大农村进行推广应用。

## 八、塞北兔

塞北兔，属大型皮肉兼用型兔。

### (一) 产区的自然生态条件

张家口市位于东经113°50′～116°30′、北纬39°30′～42°10′。全市地势西北高、东南低，阴山山脉横贯中部，将全市划分为坝上坝下两个自然地理区域。坝上高原区，海拔1 300～1 600m，南高北低，地势较平坦，草原广阔，多内陆湖泊（淖），岗梁、湖泊、滩地和草坡、草滩相间分布，是典型的波状高原景观。南部坝下4区9县，地处华北平原和内蒙古高原的过渡带，海拔500～1 200米，该区域地形复杂，山峦起伏。特殊的地理位置和气候环境，丰富的饲草资源，欠发达的经济发展区域，塑造了塞北兔的特有优良性状，也为该品种的发展奠定了基础。

### (二) 品种来源及分布

**1. 品种来源** 地方品种。

**2. 群体数量及分布**　据不完全统计，从 1983 年到 20 世纪末，由张家口塞北兔养殖基地向外调出种兔 14 万只，分布于全国的 28 个省（自治区、直辖市），其中以河北、河南、山东、福建、黑龙江等省份较多，社会饲养量达到 1 000 万只以上。

**3. 品种形成**　由河北北方学院（原河北省张家口农业专科学校）杨正教授为主的课题组经过多年的选育而成。20 世纪 80 年代初期，河北省的肉兔养殖活动十分活跃，主要饲养品种为中国本地兔、丹麦白兔、新西兰兔、日本大耳白兔、加利福尼亚兔、青紫蓝兔、德国花巨兔、法系公羊兔和比利时兔（实际为弗朗德兔）等。由于当地农村经济条件较差，饲养方式粗放，农民喜欢体形较大、生长速度较快，耐粗饲粗放、抗病力强的品种。据此，杨正教授从不同品种杂交组合筛选入手，以人工授精为手段，开展不同品种间的杂交对比实验。经过对照比较，法系公羊兔与弗朗德巨兔的杂交后代表现最好，受到众多养兔者的青睐。当时暂定名为"法比兔"。1983 年河北省科委正式立项研究（课题号：8300504），从开始选育至 1988 年 8 月 28 日品种鉴定验收，历时 10 年之久，繁衍了 12 个世代，被正式定名为"塞北兔"，按照被毛颜色的不同分为 A 系（黄褐色）、B 系（白色）、C 系（橘黄色）、D 系（青紫蓝色）和 E 系（黑色）5 个品系。

## （三）品种特征和生产性能

**1. 体形外貌特征**　塞北兔体形大，呈长方形；头大小适中，眼大有神，耳宽大，一耳直立，一耳下垂，兼有直立耳型和垂耳型。下颌宽大，嘴方正，鼻梁上有一黑色山峰线。颈稍短，颈下有肉髯。四肢粗短而健壮，结构匀称，体质结实，肌肉丰满。全身被毛丰厚有光泽，为标准毛类型，毛纤维长 3～3.5cm，被毛颜色有属于刺鼠毛类型的野兔色（平常所说的黄褐色）和红黄色（平时所说的黄色）以及白化类型的纯白色，以黄褐色为主体。20 世纪 90 年代初，在野兔色塞北兔与纯白色塞北兔的杂交繁育过程中又出现了一种毛色变异类型为青紫蓝毛色。其毛色特点为每根枪毛分 3 个不同的颜色段，毛纤维根部为浅灰色、中段为灰白色、稍部为黑褐色或深褐色，其内的绒毛多为浅灰色。20 世纪 90 年代中后期，在塞北兔三系选育过程中又出现了一种毛色变异类型为黑色。黑色塞北兔的外貌特征除毛色不同外，其他性状如耳型、体形外貌、生产性能、抗病力、适应性、生长速度、繁殖力等都基本相似，只是体型稍偏小，成年兔平均体重为 4.5～5.5kg。其数量较少，尚未形成主流毛色。

**2. 生产性能**

（1）**生长发育**　塞北兔属于大型品种，体重较大。但是由于饲养环境不同，选育程度不同，不同地区或兔场所饲养的塞北兔有较大差异，据对 5 个兔场 120 只成年塞北兔的测定，体重和主要体尺如下：体重（4 728±0.48）g，体长（49.43±4.2）cm，胸围（36.9±3.3）cm，耳长（16.02±1.3）cm，耳宽（8.8±0.85）cm。

由于塞北兔在不同地区或兔场间存在很大的差异，饲养条件不同，因此生长发育速度和产肉性能有较大的差异。根据对 5 个兔场的调查和测试，断奶（30d）到 90 日龄的日增重，一般为 29g 左右，低的 24g，高的平均可达到 36g。料重比高的 4.5∶1，优秀群体可控制在 3∶1 左右。

(2) **毛皮品质** 吴淑琴等曾经对塞北兔被毛特征进行研究。其被毛密度冬季平均为13 400～18 100根/cm²，平均15 300根/cm²，夏季为9 300～13 000根/cm²，平均10 880根/cm²；被毛细度冬季为14.13～16.14μm，平均15.1μm。夏季为15.14～19.57μm，平均17.56μm；粗毛率冬季为15.93%～21.14%，平均为18.8%；夏季为20.07%～27.53%，平均为23.8%。

(3) **产肉性能** 对15只90日龄塞北兔屠宰测定，半净膛屠宰率为54.2%，全净膛屠宰率为50.4%。

(4) **繁殖性能** 对5个兔场塞北兔繁殖性能进行统计，胎均产仔数（7.6±1.2）只，胎均产活仔数（7.2±0.86）只，初生窝重（523.4±112）g，21d泌乳力平均（5 016±752）g。30d断乳仔兔数（6.8±0.74）只，断乳成活率94.4%，断乳窝重（4 773.5±743）g，断乳个体重平均（7 01.99±98.29）g。母兔的母性较强，产前拉毛率达到94%。

### （四）饲养管理

塞北兔以农村家庭中小规模兔场养殖为主。饲料多以青粗饲料为主，精料为辅，该品种在这样的粗放饲养条件下表现良好。根据张家口赛雪兔场反映，若将塞北兔与獭兔给予同样营养水平的饲料饲养，塞北兔出现不同程度的腹泻。如果在此基础上每天补充一把青草或适量干草，可以控制腹泻的发生。多数兔场反映，塞北兔以全价颗粒饲料饲喂容易发生消化道疾病，而采取半草半料饲养方法，长势良好。可见该品种是一种适应粗饲的品种，因而，针对该品种的特点，笔者制定了塞北兔饲料营养含量：粗蛋白16.0%～16.5%，粗纤维15%～16%，钙0.6%～0.8%，磷0.35%～0.45%，赖氨酸0.75%～0.85%，蛋氨酸＋胱氨酸0.53%～0.55%，消化能9.5～10.05MJ/kg。

### （五）品种的评价与利用

塞北兔是一个特色鲜明的地方皮肉兼用的品种，体形大，生长速度快，耐粗饲，皮毛质量较好。其在一定程度上继承了其祖先之一法系公羊兔的皮肤疏松的特点，因而，相同体重时，该品种的皮张面积大于其他肉兔品种。其天然带色被毛，适应目前和未来裘皮发展方向，具有较大的发展空间。

根据调查情况，目前塞北兔的饲养量较20世纪90年代下滑严重。目前该品种分布在全国各地，但是缺乏规范的种兔场，每个兔场的饲养规模不大，从生长发育到繁殖性能各个方面，均有一定的退化现象。就该品种的选育和利用问题，提出几点建议：

第一，加强本品种选育。目前张家口地区（包括原张家口农业专科学校）有几个中小规模的塞北兔养殖场，由于缺乏资金支持，近些年来，仅仅是以保种为主。建议以这些兔场为基础，搜集全国优秀个体，重新组群，开展塞北兔的本品种选育和提高。重点在品种外貌的一致性上、产肉性能、产皮性能和繁殖性能方面，进一步提高。

第二，开展塞北兔商品杂交测试研究。20世纪90年代初期，谷子林曾经利用塞北兔、弗朗德兔、新西兰兔、加利福尼亚兔、太行山兔等进行品种间的杂交对比实验。结果表明，塞北兔和弗朗德兔作为父本与其他几个品种的杂交效果最好。吴淑琴（2004）运用血液蛋白多态性这一性状对塞北兔与其他家兔品种的遗传相似性和遗传距离进行了估计，并对杂交效果进行了预测。结果表明，塞北兔与比利时兔遗传相似性最高，遗传距离最近，与新西兰白兔和法系安哥拉兔次之，与德系安哥拉兔和丹麦兔遗传相似性较低，遗传距离较远，而与加利福尼亚兔遗传相似性最低，遗传距离最远。由此预测，塞北兔与加利福尼亚兔、德系安哥拉兔和丹麦兔进行杂交，可望取得较好的杂交效果。2000—2002年，山东烟台的长毛兔养殖户利用塞北兔与珍珠长毛兔进行杂交，不论是正交还是反交都取得了很好的效果，商品代的生长速度和产肉性能都有显著提高。因此，利用该品种的遗传优势，系统研究其配合力，对于利用该遗传资源，促进我国商品肉兔的快速发展，具有现实意义。

第三，加强塞北兔营养需要研究。塞北兔是一个大型肉皮兼用品种，其营养需要不同于一般的中型肉兔和多数引入品种。生产实践表明，其适合粗饲料。而这一营养需要特点与我国农村养殖条件相吻合。应根据其自身的生长发育规律和生产性能表现，研究其在不同生长发育阶段和生理状态对各种营养物质的需要量，并制定相应的饲养标准。

## 九、吉戎兔

吉戎兔，又名吉戎獭兔，Vc獭兔，属皮用型兔。

### （一）产区的自然生态条件

该区地处东经124°18′～127°02′，北纬43°05′～45°15′，海拔250～350m，年平均气温4.8℃（极端平均高温39.5℃，极端平均低温－39.8℃），年平均湿度30％，年平均降水量571.6mm。

### （二）品种来源及分布

**1. 品种来源**　培育品种。

**2. 种群数量及分布**　吉林大学有两系吉戎兔总共约500只，另外吉戎兔在东北三省、河北、山东等地有分布，数量不详。

**3. 品种形成**　公系加利福尼亚色獭兔和日本大耳白兔进行杂交，杂种后代的母兔与加利福尼亚色公獭兔回交；形成了含25％日本大耳白血液和75％加利福尼亚色獭兔的杂交兔，淘汰粗毛兔，再测交分离出“八黑”兔中杂合体与纯合体。“八黑”纯合体作为吉戎Ⅰ系，“八黑”兔中杂合体进行自交，分离出白色纯合体，作为Ⅱ系。最后组建Ⅰ、Ⅱ系兔基础群，进行闭锁群继代选育而成。

### （三）品种特征和生产性能

**1. 体形外貌特征**

（1）吉戎Ⅰ系　体形中等且较短，结构匀称，眼红色，耳中等、直立且较厚，全身被毛洁白，双耳、鼻端、四肢末端和尾部呈黑色。四肢坚实、粗壮，脚底毛浓密。

（2）**吉戎Ⅱ系**　全身皆为白色。体形中等且较短，结构匀称，眼红色，耳中等直立。四肢坚实、粗壮，脚底毛浓密。

**2. 生产性能**

（1）**生长发育**

①吉戎Ⅰ系獭兔：成年体重3 300～3 800g，体长51cm，胸围28cm。母兔窝产仔数7.22只，初生窝重351.23g，初生个体重51.92g，21日龄泌乳力为1 881.29g，40日龄断乳平均个体重861.33g，断乳成活率94.50%。5月龄体重达2 890g，体长48.0cm，胸围26.50cm，屠宰率为55.9%。

②吉戎Ⅱ系獭兔：成年兔体重3 500～4 000g，体长53cm，胸围29cm；母兔窝产仔数6.95只，初生窝重368.15g，初生个体重52.9g，21日龄泌乳力1 897g，断乳个体重894.14g，断乳成活率95.13%。5月龄体重3 087g，体长50.4cm，胸围27.5cm；屠宰率55.94%。

（2）**产肉性能**　吉戎兔具有较快的生长速度，5月龄体重达2 868g，屠宰率55.94%，明显优于纯种力克斯兔。吉戎Ⅰ、Ⅱ系兔肌肉pH、失水率、熟肉率、粗水分、粗蛋白、粗脂肪、粗灰分分别为6.133、30.12%、61.42%、73.81%、22.08%、1.15%、1.13%。

（3）**毛皮品质**　5月龄剥獭兔皮分析皮毛品质，测定结果：Ⅰ系獭兔皮张面积900～1 100$cm^2$，被毛密度10 000～16 000根/$cm^2$，毛纤维细度、长度、强度、枪毛率和伸长率分别为16～17$\mu$m，1.6～1.7cm，1.38kg/$cm^2$，4.45%和38.75%。Ⅱ系獭兔皮张面积1 000～1 200cm，被毛密度为8 000～15 000根/$cm^2$，毛纤维细度、长度、强度、枪毛率和伸长率分别为16～17$\mu$m，1.6～1.7cm，1.42kg/$cm^2$，5.68%和38.44%。

（4）**繁殖性能**　吉戎兔性成熟为3.5月龄，适配年龄为5月龄，妊娠期30d。Ⅰ系獭兔窝产仔数、初生窝重、断乳个体重、断乳成活率分别为7.32只、351.23g、861.33g、94.5%，而Ⅱ系獭兔为6.95只，368.15g、894.14g、95.13%。

## （四）饲养管理

详见表5-22、表5-23。

**表5-22　吉戎兔饲料配方**

单位：%

| | 空怀妊娠母兔 | 哺乳期母兔 | 生长兔 | 种公兔 |
|---|---|---|---|---|
| 玉米秸秆 | 25 | 19 | 20 | 20 |
| 玉米 | 52 | 50 | 50 | 50 |
| 麸皮 | 4 | 5 | 8 | 3 |
| 豆粕 | 17 | 23 | 20 | 24 |
| 骨粉 | 1.5 | 2.5 | 1.5 | 1.5 |
| 食盐 | 0.5 | 0.5 | 0.5 | 0.5 |

表 5－23　吉戎兔饲料营养成分含量

| | 空怀妊娠母兔 | 哺乳期母兔 | 生长兔 | 种公兔 |
|---|---|---|---|---|
| 消化能（兆焦/kg） | 10 456.26 | 10 683.55 | 10 447.89 | 10 662.62 |
| 粗蛋白（%） | 13.93 | 16.6 | 15.5 | 17.5 |
| 粗脂肪（%） | 2.93 | 2.91 | 3.22 | 3.05 |
| 粗纤维（%） | 10.14 | 8.4 | 9.18 | 9.08 |
| Ca（%） | 1 | 1.24 | 0.96 | 0.72 |
| P（%） | 0.4 | 0.8 | 0.62 | 0.50 |

## 十、康大肉兔配套系

康大肉兔配套系，学名分别为康大 1 号肉兔配套系、康大 2 号肉兔配套系、康大 3 号肉兔配套系，属肉用型配套系。

### （一）产区的自然生态条件

**产区经纬度、地势**　主产区山东省胶南市地区，地理坐标为北纬 35°35′～36°08′，东经 119°30′～120°11′，为海洋性季风气候，气温较低，年降水量适中，夏季凉爽而潮湿，冬季寒冷而湿润，四季分明，无霜期 202d，年日照 2 447.1h，年降水量 750～900mm。

### （二）配套系来源及分布

**1. 配套系来源**　康大 1 号配套系是培育品种，由青岛康大兔业发展有限公司和山东农业大学培育的康大肉兔Ⅰ系、Ⅱ系和Ⅵ系 3 个专门化品系构成。

康大 2 号配套系由康大肉兔Ⅰ系、Ⅱ系和Ⅶ系 3 个专门化品系构成。

康大 3 号配套系由康大肉兔Ⅰ系、Ⅱ系、Ⅴ系和Ⅵ系 4 个专门化品系构成。

康大肉兔Ⅰ系以法国伊普吕（Hyplus）肉兔 GD14 和 PS19 作为主要育种材料，经合成杂交和定向选育而来。

康大肉兔Ⅱ系以法国伊普吕（Hyplus）肉兔 GD24 和 PS19 作为主要育种材料，经合成杂交和定向选育而来。

康大肉兔Ⅴ系以法国伊普吕（Hyplus）肉兔 GD54，GD64 和 PS59 作为主要育种材料，经多代合成杂交和定向选育而来。

康大肉兔Ⅵ系以泰山肉兔为主要育种材料，连续多世代定向选育而来。

康大肉兔Ⅶ系以香槟兔作为主要育种材料，经多代定向选育而来。

**2. 配套系数量及分布**　在康大肉兔配套系的培育过程中，采用了边选育边推广的措施，2008—2011 年期间，培育单位累计直接推广种兔数量 47 500 只，繁育后代数量 2 385 000 只。目前，康大肉兔配套系核心群 2 000 只，其中公兔 190 只，母兔 1 810 只；种群规模达 12 000 只。

**3. 配套系形成**　根据育种方案和技术路线，从国内外搜集引进最优秀的育种素材，采用常规技术、分子技术、信息技术相结合的育种新技术，进行了 4 代以上的定向选育和提纯，培育出康大肉兔配套系7个专门化品系。通过对30个杂交组合的繁殖性能、肥育性能、屠宰性能和肉质配合力测定，历经6年时间筛选出2个三系配套系，即康大1号肉兔配套系和康大2号肉兔配套系；筛选出1个四系配套系即康大3号肉兔配套系。具体育种模式见图5-2。

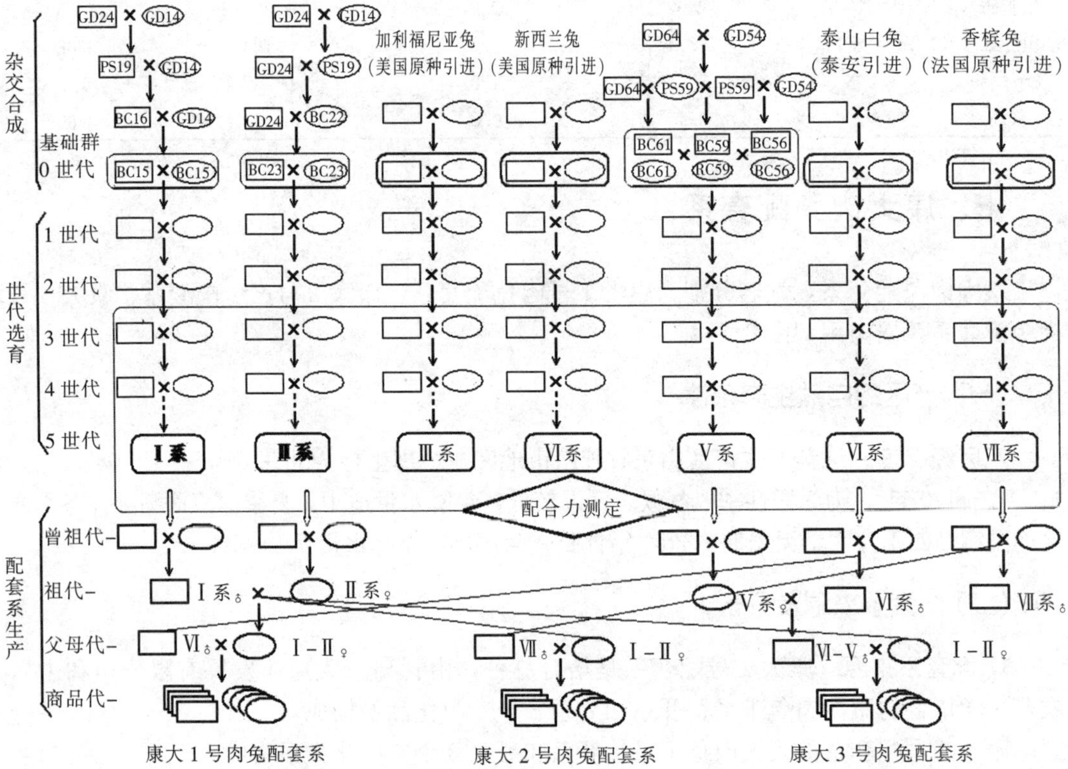


图5-2 康大肉兔配套系育种模式图

## (三) 品系特征和生产性能

### 1. 体形外貌特征

(1) 康大1号配套系体形外貌特征

①曾祖代和祖代。

康大肉兔Ⅱ系：被毛为末端黑毛色，即两耳、鼻黑色或灰色，尾端和四肢末端浅灰色，其余部位纯白色；眼球粉红色，耳中等大，直立，头型清秀，体质结实，四肢健壮，脚毛丰厚。体躯结构匀称，前中后躯发育良好；有效乳头4～5对。性情温顺，母性好，泌乳力强。

康大肉兔Ⅰ系：被毛纯白色，眼球粉红色，耳中等大，直立，头型清秀，体质结实，结构匀称。四肢健壮，背腰长，中后躯发育良好；有效乳头4～5对。母性好，性情温顺。

康大肉兔Ⅵ系：被毛为纯白色，眼球粉红色，耳宽大，直立或略微前倾，头大额宽。四肢粗壮，脚毛丰厚，体质结实，胸宽深，被腰平直，腿臀肌肉发达，体形呈典型的肉用体形。有效乳头4对。

②父母代。

Ⅵ系♂：特征同上。性成熟 20～22 周龄，26～28 周龄配种繁殖。

Ⅰ/Ⅱ系♀：被毛体躯呈纯白色，末端呈黑灰色；耳中等大，直立，头型清秀；体质结实，结构匀称；有效乳头 4～5 对。性情温顺，母性好，泌乳力强。平均胎产活仔数 10.0～10.5 只，35 日龄平均断奶个体重 920g 以上。成年母兔体长 40～45cm，胸围 35～39cm，体重 4.5～5.0kg。

③商品代。体躯被毛白色或末端灰色，体质结实，四肢健壮，结构匀称，全身肌肉丰满，中后躯发育良好。10 周龄出栏体重 2 400g，料重比低于 3∶1；12 周出栏体重 2 900g，料重比（3.2～3.4）∶1，屠宰率 53%～55%。

**（2）康大 2 号配套系体形外貌特征**

①曾祖代和祖代。

康大肉兔Ⅱ系、Ⅰ系（同上）。

康大肉兔Ⅶ系：被毛黑色，部分深灰色或棕色，被毛较短，平均（2.32±0.35）cm；眼球黑色，耳中等大，直立，头型圆大；四肢粗壮，体质结实，胸宽深，被腰平直，腿臀肌肉发达，体形呈典型的肉用体形；有效乳头 4 对。

②父母代。

Ⅶ系♂：特征同上。性成熟 20～22 周龄，26～28 周龄配种繁殖。

Ⅰ/Ⅱ系♀：体躯被毛呈纯白色，末端呈黑灰色；耳中等大，直立，头型清秀；体质结实，结构匀称；有效乳头 4～5 对。性情温顺，母性好，泌乳力强。平均胎产活仔数 9.7～10.2 只，35 日龄平均断奶个体重 950g 以上。成年兔体长 40～45cm，胸围 35～39cm。母兔成年体重 4.5～5.0kg。全净膛屠宰率为 50%～52%。

③商品代。毛色为黑色，部分深灰色或棕色，被毛较短；眼球黑色，耳中等大，直立，头型圆大；四肢粗壮，体质结实，胸宽深，被腰平直，腿臀肌肉发达，体形呈典型的肉用体形。10 周龄出栏体重 2 300～2 500g，料重比（2.8～3.1）∶1；12 周出栏体重 2 800～3 000g，料重比（3.2～3.4）∶1。屠宰率 53%～55%。

**（3）康大 3 号配套系**

①曾祖代和祖代。

康大肉兔Ⅱ系、Ⅰ系、Ⅵ系（同上）。

康大肉兔Ⅴ系：纯白色；眼球粉红色，耳大宽厚直立，平均耳长（13.50±0.66）cm，平均耳宽（7.80±0.56）cm，头大额宽；四肢粗壮，脚毛丰厚，体质结实，胸宽深，被腰平直，腿臀肌肉发达，体形呈典型的肉用体形；有效乳头 4 对。

②父母代。

Ⅵ/Ⅴ♂：纯白色；眼球粉红色，耳大宽厚直立，头大额宽；四肢粗壮，脚毛丰厚，体质结实，胸宽深，被腰平直，腿臀肌肉发达，体形呈典型的肉用体形。有效乳头 4 对。平均胎产活仔数 8.4～9.5 只，公兔的成年体重 5.3～5.9kg。20～22 周龄达到性成熟，26～28 周龄可以配种繁殖。

Ⅰ/Ⅱ♀：体躯被毛呈纯白色；末端呈黑灰色，耳中等大，直立，头型清秀；体质结实，结构匀称；有效乳头 4～5 对。性情温顺，母性好，泌乳力强。平均胎产活仔数

9.8～10.3只，35日龄平均断奶个体重930g以上。成年兔体长40～45cm，胸围35～39cm。母兔成年体重4.5～5.0kg。全净膛屠宰率为50%～52%。

③商品代。被毛白色，末端黑色；体质结实，四肢健壮，结构匀称，全身肌肉丰满，中后躯发育良好。10周龄出栏体重2 400～2 600g，料重比低于3.0∶1；12周出栏体重2 900～3 100g，料重比（3.2～3.4）∶1，屠宰率53%～55%。

**2. 生产性能**

（1）产肉性能

①康大肉兔Ⅰ系的全净膛屠宰率为48%～50%。

②康大肉兔Ⅱ系的全净膛屠宰率为50%～52%。

③康大肉兔Ⅴ系的全净膛屠宰率为53%～55%。

④康大肉兔Ⅵ系的全净膛屠宰率为53%～55%。

⑤康大肉兔Ⅶ系的全净膛屠宰率为53%～55%。

（2）繁殖性能

① 康大肉兔Ⅰ系16～18周龄达到性成熟，20～22周龄可以配种繁殖。康大肉兔Ⅰ系平均胎产活仔数9.2～9.6只，28日龄平均断奶个体重650g以上，35日龄平均断奶个体重900g以上。

②康大肉兔Ⅱ系16～18周龄达到性成熟，20～22周龄可以配种繁殖。康大肉兔Ⅱ系平均胎产活仔数9.3～9.8只，28日龄平均断奶个体重650g以上，35日龄平均断奶个体重900g以上。

③康大肉兔Ⅴ系20～22周龄达到性成熟，26～28周龄可以配种繁殖。

平均胎产活仔数8.5～9.0只，28日龄平均断奶个体重700g以上，35日龄平均断奶个体重950g以上。

④康大肉兔Ⅵ系20～22周龄达到性成熟，26～28周龄可以配种繁殖。康大肉兔Ⅵ系平均胎产活仔数8.0～8.6只，28日龄平均断奶个体重700g以上，35日龄平均断奶个体重950g以上。

⑤康大肉兔Ⅶ系20～22周龄达到性成熟，26～28周龄可以配种繁殖。康大肉兔Ⅶ系平均胎产活仔数8.5～9.0只，28日龄平均断奶个体重700g以上，35日龄平均断奶个体重950g以上。

（3）官方性能测定　项目严格按照《畜禽遗传资源保护法律法规》，于2010年1月至2010年6月在山东省种畜禽测定站进行性能测定，结果见表5-24。

## （四）饲养管理

饲养方式采用笼养，种公、母兔，青年兔，一笼一兔。

采用多种饲料配合，饲料原料中至少含有蛋白饲料（豆粕）、能量饲料（玉米）和粗纤维含量较高的纤维饲料（草粉）等。饲喂全价配合颗粒饲料，坚持“三定”的饲喂制度，即定时、定量、定料。不要突然改变饲料品种，饲料成分要相对稳定，更换饲料时，要逐步过渡。

在管理上要保持兔笼的清洁干燥。兔笼内不能有任何粪尿积压，首先在笼底构造上，

**表 5-24　三个康大肉兔配套系测定结果**

| | 性能指标 | 康大 1 号 | 康大 2 号 | 康大 3 号 |
|---|---|---|---|---|
| 父母代繁殖性能 | 总产仔数（只） | 10.89±2.08 | 10.3±1.96 | 10.34±1.87 |
| | 产活仔数（只） | 10.57±1.78 | 9.76±1.66 | 9.83±1.57 |
| | 21 日龄窝重（g） | 3 069.3±252.50 | 3 020.8±299.02 | 2 901.17±413.46 |
| | 断奶成活率（%） | 89.41 | 88.31 | 93.01 |
| | 母兔年产活仔数（%） | 70 | 64 | 65 |
| | 母兔年断奶仔数（%） | 63 | 58 | 59 |
| | 4 周断奶个体重（g） | 682.59±75.73 | 676.38±66.36 | 703.77±49.80 |
| 商品代肥育性能 | 10 周龄体重（g） | 2 428.75 | 2 336.46 | 2 582.73 |
| | 12 周龄体重（g） | 2 966.00±236.17 | 2 845.10±219.25 | 3 134.00±234.24 |
| | 4～10 周料重比 | 2.98 | 3.06 | 3.00 |
| | 4～12 周料重比 | 3.38 | 3.59 | 3.41 |
| | 肥育期日增重（g） | 40.15 | 38.59 | 43.20 |
| | 肥育期成活率（%） | 95.33 | 91.67 | 95.71 |
| 胴体品质 | 半净膛屠宰率（%） | 57.92±2.17 | 56.77±1.76 | 56.46±1.78 |
| | 全净膛屠宰率（%） | 54.70±2.17 | 53.41±1.81 | 52.98±1.97 |
| | 优质分割肉率（%） | 86.11±0.99 | 86.68±0.93 | 85.00±1.33 |
| | 熟肉率（%） | 61.35±1.94 | 60.53±2.15 | 59.35±0.97 |
| | 粗蛋白含量（%） | 22.95±0.60 | 21.97±0.38 | 23.05±0.71 |
| | 粗脂肪含量（%） | 1.93±0.17 | 1.76±0.43 | 1.94±0.08 |
| 商品代外貌特征 | | 白色或末端灰色 | 黑色或深灰色 | 白色或末端灰色 |

一定要使粪球漏下。另外，产仔箱内的垫草要经常更换。注意饮水卫生，保证饮水充足，尤其气温高时。注意夏季防暑降温、冬季防寒保温。

坚持自繁自养，加强检疫。养兔场的种兔必须自繁自养，有自己健康的仔兔。购兔时，进或出均要检疫，进行全身系统检查。购进兔子要隔离观察一个月，由专人管理，才能与健康兔合群饲养，如果发生传染病，应立即采取措施，在当地迅速处理。

搞好清洁卫生。建立消毒制度，定期对场区和舍内消毒，防疫器械在防疫前后应消毒处理。消灭传染来源散布在周围的病原体，切断传播途径，防止疫病流行、蔓延。

## （五）品种的评价与利用

康大系列肉兔配套系是我国肉兔业首个以规模化、集约化生产和兔肉出口为背景，通过产学研结合培育的自主知识产权肉兔配套系。康大配套系综合性能优良，提供了适宜中国养殖多种条件的多元化品种，表现出更为均衡稳定的生产性能。

其一是具有极其出色的繁殖性能：父母代平均胎产仔数 10.30～10.89 只，产活仔数 9.76～10.57 只，情期受胎率 80%以上，断奶成活率 92%～95%，采取适当降温措施可以做到夏季不休繁，显著优于引进的国外配套系。

其二康大肉兔配套系适应性、抗病抗逆性好：表现为对饲料变换产生的应激反应较小、对饲料品质要求较低，生产中发病少，成活率高；经中试证明，不仅适应山东和华北、华东地区饲养，而且在东北严寒、四川夏季湿热的情况下表现良好，优于国外引进配套系。

项目成功实施了大规模的肉兔育种，通过多项专题研究，集成创新了肉兔育种与管理技术体系，建立了国内最大的肉兔基因库，锻炼培养了育种技术团队，创建了与国际接轨的现代家兔育种技术平台，育种材料、育种方法、育种管理达到同期国际先进水平，具备长期持续创新能力，标志着我国肉兔产业从依赖引种走向自主创新的新阶段。对于打破进口配套系的垄断局面，促进我国肉兔产业升级、提升竞争力有重要意义。

三个肉兔配套系最终于 2011 年 10 月正式通过国家畜禽遗传资源委员会审定（证书编号：农 07 新品种证字第 4 号、第 5 号、第 6 号）。

康大配套系的育成结束了我国肉兔良种长期完全依赖进口的历史，填补了国内肉兔育种的空白，对提升我国肉兔企业核心竞争力，增加肉兔养殖效益，具有十分重要的意义。

## 第四节　引进的国外品种（配套系）资源

### 一、日本大耳白兔

日本大耳白兔（Japanese Large-ear white rabbit），属皮肉兼用型兔。

#### （一）产区自然生态条件

日本大耳白兔产区东经 116°18′～121°57′，北纬 30°45′～35°20′，海拔 50m 以下；自然条件优越、气候温和，常年平均气温 13～17℃，年无霜期 220d；雨量充沛，年平均降水量 724～1 210mm，年平均相对湿度 80%，雨季为 5～6 月份；农作物以水稻为主，农牧业结合较好，牧草丰盛、四季青饲料均有供应。

#### （二）品种来源及分布

**1. 品种来源**　引进品种。

**2. 群体数量及分布**　分布全国。

**3. 品种形成**　是利用中国白兔和日本本地兔杂交选育而成。

#### （三）品种特征和生产性能

**1. 体形外貌特征**　体形中等；头尖，耳长直立，耳根细，耳端尖，光耳眼睛红色；胸部深宽，背腰宽厚，腹部宽大紧致，臀部宽圆；结构匀称，躯体较长，肌肉不够发达；

全身被毛较密，毛色洁白。

**2. 生产性能**

(1) **生长发育** 成年兔体长 49～54cm，胸围 28～35cm，体重 4 000～5 000g。

(2) **产肉性能** 10 周龄体重 1 428g，13 周龄体重 1 676g。

(3) **繁殖性能**

①性成熟期。5～6 月龄。

②适配年龄。公兔 5.5～6.5 月龄，母兔 5～6 月龄；母兔发情周期 8～15d，发情持续期 3～5d。

③妊娠期。29～31d。

④窝重。初生平均窝重 472g，21 日龄平均窝重为 2 082g。

⑤窝产仔数。平均 8.53 只，年产仔 5～6 窝。

⑥窝产活仔数。平均 8.25 只。

⑦断奶活仔数。7.12 只，35 日龄断奶个体重 615.5g。

⑧断奶成活率。86.3%。

### (四) 饲养管理

日本大耳白兔对饲养条件的要求不高。日粮为全价配合饲料或全价配合饲料配合青饲料。生长期营养需要（参照《我国家兔的建议营养供给量，1988》）：消化能 10.03～10.87MJ/kg，粗蛋白 14%～16%，粗纤维 10%～14%，粗脂肪 2%～3%，钙 0.5%～0.7%，磷 0.3%～0.5%。青年兔日喂精料 150g 左右。日粮由玉米、小麦、麸皮、豆粕、草粉、食盐、添加剂等组成。青饲料饲喂量约为每只 200～300g/d。

### (五) 品种的评价与利用

日本大耳白兔耳郭薄，血管清晰，适于注射和采血，是理想的实验用兔。适应性强，耐粗饲，抗病力强，繁殖性能佳，但早期生长速度慢，产肉性能一般，适于粗放饲养。日本大耳白兔在我国各地均有饲养，由于缺乏系统选育，退化较严重，应加强选育。

## 二、法系安哥拉兔

法系安哥拉兔（France Angora rabbit），又名法系粗毛型长毛兔，属中型毛用型兔。

### (一) 品种来源及分布

法系粗毛型长毛兔原产于法国，2007 年 5 月经国家农业部等相关部门核准首次批量引入我国，数量 210 只，其中公兔 51 只，母兔 159 只。该批兔饲养于浙江省新昌县万盛源兔业有限公司种兔场。经 2 年多的驯养、扩繁，现已发展到 2 500 多只，并已向部分省市推广纯种 500 多只。与此同时，我们对该品系兔进行了系统的生产性能测定，开展了与德系兔间的杂交试验，取得了初步结果。

## （二）品种特征和生产性能

**1. 体形外貌特征** 法系粗毛型长毛兔全身白色长毛，毛质较粗硬。头型偏尖削，为鼠头型。耳朵宽长且较薄，耳背无长毛或仅在耳尖部有一小撮长毛，俗称“光板”兔。前额、面颊部以及四肢下部为短毛。身体匀称，肌肉发达，皮稍薄，体质健壮。母兔的乳头数平均9.03只。

**2. 生产性能**

（1）**生长发育** 法系粗毛型长毛兔不仅产仔多，而且初生仔兔发育良好，个头大而匀，哺乳母兔的奶水充足且护仔性强。

① 体重。平均初生重59.2g，6周龄的断奶个体均重1 119g，3月龄体重2 578g，6月龄育成期体重3 667g，成年公兔体重4 350g，母兔4 865g。

②体尺。6月龄平均体长49.7cm，成年兔平均体长55.2cm。

③胸围。6月龄平均胸围29.4cm；成年兔34.6cm。

（2）**产毛性能**

①产毛量。法系粗毛型长毛兔适合拉毛，不适于剪毛，在采用剪毛方式的情况下易产生“鬼剪毛”或“斑秃”现象，如在腿部、腹部等部位出现不长毛的症状，产毛量也相应地受到影响，尤其是处在换毛的秋季阶段，而拉毛就很少发生此现象。拉一次毛的毛量在300g左右，平均年产毛量为1 174.9g。

②产毛率。平均产毛率26%左右。

③粗毛率。以第4次毛十字部取样分析，该品系的平均粗毛率达到31.1%。由于粗毛含量高，且粗毛的品质较好（其中的两型毛比重相对较低），因而粗纺的利用价值较高。

④毛的生长速度。拉毛后20d左右毛尖露出皮表，之后随养毛期的延长兔毛基本上呈线性生长，直至常规拉毛期（90d左右）。据10公10母的第4次毛十字部定期取样分析统计，其粗毛、绒毛30～90d的各期平均长度如表5-25所示。

**表5-25 法系粗毛型长毛兔粗毛、绒毛各期平均长度**

单位：cm

| 性别 | 类型 | 30d | 40d | 50d | 60d | 70d | 80d | 90d |
|---|---|---|---|---|---|---|---|---|
| 公 | 粗毛 | 1.39 | 3.30 | 4.68 | 6.00 | 7.05 | 8.53 | 9.75 |
| 公 | 绒毛 | 1.24 | 2.41 | 3.34 | 4.08 | 4.69 | 5.40 | 5.75 |
| 母 | 粗毛 | 1.05 | 2.55 | 4.25 | 5.19 | 6.55 | 8.07 | 9.67 |
| 母 | 绒毛 | 0.94 | 2.11 | 2.95 | 3.56 | 4.39 | 5.02 | 5.68 |

⑤毛密度。以第4次毛十字部取样分析，被毛密度为13 500根/cm。

⑥毛细度。法系粗毛型长毛兔十字部绒毛平均细度为13.5μm，粗毛平均细度为36.6μm。

⑦毛的强、伸度。用YG001纤维强力测定仪分析，粗毛的平均断裂强度为20.4g，平均伸度为46.6%；绒毛的平均断裂强度为4.3g，平均伸度为45.8%。

⑧饲料报酬。商品兔在无青饲料的日粮结构中（粗蛋白16%左右，粗纤维17%～18%），每产1kg兔毛约需60kg的饲料。

(3) 繁殖性能

①性成熟期。4月龄左右时小公兔就能爬跨，小母兔也会出现发情表现，至5月龄左右时进入性成熟期。

②适配年龄。母兔5.5～6月龄时可作为初配年龄，公兔以1周岁左右时作为初配年龄较为适宜。受胎率较高，平均一次配种受胎率（人工授精方式）为67.7%。

③妊娠期。31d左右。

④窝重。平均初生窝重402.3g，断奶窝重5 685g，3周龄仔兔窝重1 790g。

⑤窝产仔数。平均7.49只。

⑥窝产活仔数。平均6.79只。

⑦仔兔成活率。法系兔母性较好，多数母兔有产前拉毛营巢做窝行为，产仔时会自动舔干初生仔兔身上的血污，产后即能自动哺乳，因而仔兔比较好饲养。每窝留养5～6只（平均带仔5.38只），6周龄断奶平均成活率94.4%。

### (三) 品种的评价与利用

法系粗毛型长毛兔有粗毛率高、繁殖力高、抗病力强等优点，而德系兔具有产毛量高的优势。用法公德母（正交）、德公法母（反交）分别进行杂交测试，产生的结果是两个组合都有一定的杂交优势：一是产毛量略高于双亲均值，正交组合的杂一代第4次毛平均日产毛量为3.667g，反交为3.585g，其成年后的估测年产毛量均在1 600g以上，双亲均值是1 500g左右；二是粗毛率较高，达到25.4%，已符合优质粗毛原料的要求；三是繁殖力、抗病力、适应性等接近于法系兔，而远高于德系兔，耐粗饲，好饲养。另外，其杂交后代的饲养效益也较好，料毛比为50∶1，推广性较好，尤其适合于饲养条件相对较差的地区推广。

## 三、德系安哥拉兔

德系安哥拉兔（German Angora rabbit），属中型毛用型兔。

### (一) 产区的自然生态条件

德系安哥拉兔国内主产区位于滇东北寻甸县城西部，距昆明80km，距寻甸县城7km，东经103°11′24″，北纬25°40′44″；年平均气温13.5℃，年降水量1 034mm，蒸发量2 034mm，日照1 846h，大于10℃的年积温4 356℃，相对湿度69%，平均海拔2 040m，无霜期229d。地处小江断裂带，属北亚热带季风气候，夏秋高温多雨，冬季低温干旱。使用地下水，达国家二类水标准。饲料主要以紫花苜蓿、紫花苕与黑麦草混合，每日喂量500～1 200g，在清晨和傍晚饲喂；在给青饲料后半小时补充精料，每只40～100g/d；夏季也用部分红三叶、熟地草、蚊子草。

### (二) 品种来源及分布

**1. 品种来源**　原联邦德国引进。

**2. 种群数量及分布** 两次共引进393只，保种期间一直保持4 000只左右，现在有1 200只母兔，集中在云南省种兔场，继续进行保种选育。

**3. 品种形成** 1985年11月和1986年7月，云南省种羊场分两次从原联邦德国共引进393只德系安哥拉兔，成立云南省种兔场。1988年扩繁到4 000只左右的种群，一直保持4 000只左右进行纯种繁育，到2005年3月，存栏基础母兔1 427只，公兔1 418只，幼兔1 069只，共计3 914只。经长期驯化、选育、提高，已形成生产性能良好、适应性强、耐粗饲，在低饲养水平下也能达到较高生产性能的群体。但因长期未引入新种源，多方面明显退化。2005年，由云南农业职业技术学院与云南省种兔场联合，进行该种群的提纯复壮，至2008年9月，建立了320只基础母兔和64只公兔组成的核心群，继续进行纯种繁育，现有繁殖母兔1 200只，公兔300只。进一步扩繁，有望形成纯种地方品系。

### （三）品种特征和生产性能

**1. 品种外貌特征**

（1）**被毛特征** 全身绒毛厚密，洁白、光亮。被毛有毛丛结构，但不缠结，有明显波浪形弯曲。多有额毛，部分有颊毛，耳背有稀疏短毛，耳尖有一撮长毛。四肢、腹部密生绒毛；体毛细长柔软，排列整齐。全身枪毛稀少。

（2）**头颈部** 头部清秀，额部与鼻端稍突起，头型偏尖而长，呈马头型；颈部伸缩自如，转动灵活；头颈大小与体躯协调。

（3）**耳、眼、鼻、嘴** 耳直立，稍宽而长，转动灵活。眼睛圆睁，明亮有神；眼球红色。鼻唇上部稍隆起，鼻翼宽大，鼻端中央有无毛的缝。嘴稍秃，上唇裂两侧往外突出，腮宽；下颌细、小、短。门牙排列整齐，上、下门牙均有齿痕。

（4）**体躯** 胸部宽而深，背腰宽广，背线平直而长。臀部丰满、宽圆。腹部容积大，腹肌富有弹性，不松弛。

（5）**四肢** 强健有力，站立端正，行动灵活。

**2. 生产性能**

（1）**生长发育** 见表5-26。

**表5-26 德系安哥拉兔体重、体尺表**

| 性别 | 体长（cm） | 胸围（cm） | 初生重（g） | 42日龄断奶重（g） | 3月龄体重（g） | 6月龄体重（g） | 8月龄体重（g） | 12月龄体重（g） |
|---|---|---|---|---|---|---|---|---|
| 公 | 48.1 | 31.7 | 52.9 | 560.2 | 1 709.1 | 3 557.2 | 3 792.7 | 3 896.1 |
| 母 | 49.8 | 32.3 | | | 1 818.2 | 3 725.6 | 3 899.0 | 4 003.0 |

（2）**产毛性能**

①产毛量。年产毛量公兔897.22g、母兔1010.23g；单次产毛量公兔223.61g、母兔248.53g。

②产毛率。公兔6.06%，母兔6.37%。

③毛料比。公兔49.77∶1，母兔47.50∶1。

④毛品质。73d养毛期，见表5-27。

**表 5-27　毛品质统计表**

| 项　目 | 体　侧 |
|---|---|
| 毛长（cm） | 5.46～5.79 和 8.68～8.87 |
| 细度（μm） | 12.46～ 13.03 和 42.66～43.07 |
| 毛密度（根/$cm^2$） | 15 900～18 000 |
| 粗毛率（%） | 5.4～6.1 |
| 强伸度（%） | 48.70～54.79 和 49.48～55.19 |
| 强度（牛顿） | 23.28～31.20 和 88.33～101.62 |
| 结块率（%） | 0 |

（3）繁殖性能

①性成熟期。母兔 4～5 月龄，公兔约 5 月龄。

②适配年龄。母兔 7～8 月龄，公兔 8～9 月龄。

③妊娠期。30～31d。

④窝重。平均初生窝重 308.6g、21 日龄窝重 2 210.2g、断奶（42 日龄）窝重 4 801.2g。

⑤窝产仔数。7～8 只，最高可达 10～11 只。

⑥窝产活仔数。7～8 只。

⑦断奶仔兔数。断奶时平均成活的仔兔数 7（7～8 只）。

⑧仔兔成活率。90.89%

⑨年产窝数。在云南寻甸，7～8 窝/年。

⑩乳头。4 对，配种受胎率为 93.2%。

### （四）饲养管理

**1. 饲养方式**　混砖四联兔舍，室内三层笼养，自由饮水。

**2. 饲料与配方**　玉米 40%、大麦 10%、紫花苕粉 40%、豆粕 10%、食盐 0.5%、添加剂 1%。

### （五）品种的评价与利用

德系安哥拉兔的主要优点是产毛量高，被毛密度大，细长柔软，有毛丛结构，排列整齐，不缠结。

在寻甸县经 23 年饲养和选育，繁殖性能显著提高（受胎率、产仔数、初生重、断奶重、断奶成活率），公、母兔均四季繁殖，母兔的母性改善，无食仔现象。已形成生产性能良好，适应性强，耐粗饲，在低饲养水平下也能达到较高生产性能的群体。

德系安哥拉兔目前最需的是保种选育，制订适宜我国的饲养标准，进一步提其高耐热性，泌乳力，抗球虫、抗真菌的能力。

德系安哥拉兔枪毛极少，产毛量高，适应性强，生产性能稳定，是较为理想的细毛型长毛兔品系。随着兔毛加工工艺的改进，长毛兔细毛的价值将会大幅提升。该种群在国内已经成为培育细毛型长毛兔品系的最佳材料。同时，其面部清秀，耳、头、颈、体结构匀称，体型美，被毛长且可塑性强，体形适中，性情温顺，爱清洁，容易训练，是伴侣动物的理想选择，也可向观赏方向发展。

## 四、新西兰白兔

新西兰白兔（New Zealand White rabbit），属中型肉用型兔。

### （一）产区的自然生态条件

新西兰白兔主产区山东省，位于黄河下游，地处北半球中纬度地带，北纬 34.25°～38.23°，东经 114.36°～122.43°。气候属暖温带季风气候类型。降水集中，雨热同季，春秋短暂，冬夏较长。年平均气温 11～14℃，全省气温地区差异东西大于南北。年平均降水量一般在 550～950mm，由东南向西北递减。全省光照资源充足，平均光照时数为 2 300～2 890h，可满足农作物一年两作的需要。饲草以农作物秸秆为主，主要有花生秧、地瓜秧、玉米秸秆等，规模生产需要从外地调入。

### （二）品种来源及分布

**1. 品种来源** 引进品种。

**2. 种群数量及分布** 新西兰兔引入我国后，经过几十年的繁育推广，现已遍布全国，尤以山东、江苏两地饲养量最大。

**3. 品种形成** 由弗朗德兔、美国白兔和安哥拉兔等杂交选育而成，有白色、红色和黑色 3 个变种，生产性能以白色兔为最高。

### （三）品种特征和生产性能

**1. 体形外貌特征**

（1）被毛特征 被毛纯白，毛稍长，手感柔软，回弹性差。

（2）头颈部 头粗重，嘴钝圆，额宽；两耳中等长，宽厚，略向前倾或直立，耳毛较丰厚，血管不清晰；颈部粗短，颈肩结合良好，公兔颌下无肉髯，母兔有较小的肉髯。

（3）体躯 呈圆筒型，胸部宽深，背部宽平，胸肋肌肉丰满，后躯发达，臀部宽圆，具有典型的肉用兔体形。

（4）四肢 四肢稍短，健壮有力，脚底毛粗而浓密，可有效预防脚皮炎，适合笼养。

**2. 生产性能**

（1）生长发育

①体长：成年母兔平均体长为（46±1.8）cm，成年公兔平均体长为（46±1.3）cm。

②胸围：成年母兔平均胸围为（37±1.2）cm，成年公兔平均胸围为（38±0.9）cm。

③体重：平均初生重为（51.5±7.0）g，断奶重为（749±147.4）g；3 月龄平均体重母兔（2 493±135）g，公兔（2 613±136）g；6 月龄平均体重母兔（3 714±175）g，公兔（3 736±160）g；12 月龄平均体重母兔（4 429±336）g，公兔（4 266±244）g。

（2）产肉性能

①胴体重：84 日龄母兔平均半净膛重（1 410±87）g、全净膛重（1 164±62）g；84 日龄公兔平均半净膛重（1 366±59）g、全净膛重为（1 125±77）g。

②屠宰率：84 日龄平均屠宰率母兔（49.9±0.89）%、公兔（49.6±0.85）%。

③日增重：断奶后至 70 日龄平均日增重母兔（27.7±4.34）g、公兔（27.4±3.16）g。

④料肉比：断奶后至 70 日龄料肉比母兔（3.34±0.12）：1、公兔（3.35±0.13）：1。

（3）繁殖性能

①性成熟期：5 月龄。

②适配年龄：适配年龄为 5.5 月龄。

③妊娠期：妊娠期为 30d 左右。

④窝重：平均初生窝重（409.5±37.6）g、21 日龄窝重（2 229±191）g、断奶窝重（35 日龄）（5 206±765）g。

⑤窝产仔数：（8.07±1.10）只。

⑥窝产活仔数：（7.93±1.03）只。

⑦断奶仔兔数：（7.07±0.96）只。

⑧仔兔成活率：89.1%。

## （四）饲养管理

新西兰兔适应性和抗病力较强，性情温顺，易于饲养，早期生长发育快，但对饲养条件要求较高，不耐粗饲。在低水平营养条件下，难以发挥其早期生长发育快的优势，在高营养条件下有较大的生产潜力。一般营养要求为：代谢能 12.20MJ/kg、粗蛋白 18.0%、粗纤维 11.0%、钙 0.7%、磷 0.5%、蛋氨酸 0.7%。管理要求较精细，适于集约化笼养。适宜初配年龄 5 月龄以上，初配体重 3.0kg 以上。

## （五）品种的评价与利用

**1. 新西兰白兔主要遗传特点和优缺点**　新西兰白兔是工厂化、规模化商品肉兔生产的理想品种，具有早期生长发育快、饲料报酬高、屠宰率高的特点。在良好的饲养管理条件下，年可繁殖 7～8 胎，胎产仔 7～9 只，初生个体重 50g 左右，遗传性能稳定。适应规模化笼养，是良好的杂交亲本。缺点是被毛稍长，针毛含量低，回弹性差，皮板较薄，皮张质量一般；不耐粗饲，对饲养管理条件要求较高，在粗放的饲养条件下很难发挥其早期生长发育较快的优势。

新西兰白兔引入我国较早，与其他品种杂交优势明显，因此各地普遍进行杂交利用，造成品种混杂，加之管理粗放，生产性能下降，品种退化。对新引进的新西兰白兔，应加强保种，进行本品种选育；充分利用其早期生长发育快、屠宰率高、饲料报酬好的性能特点，培育适应当地生产条件的肉兔配套系，改善皮张质量。

**2. 可供研究、开发和利用的主要方向**　新西兰白兔是国际公认的标准实验动物，常用作免疫学研究、眼科研究及皮肤反应试验等，广泛应用于药品、生物制品等各类制剂的热源检测，其脾脏、淋巴等亦可用作生物制品原料。

生产中要充分利用新西兰白兔良好的杂交优势，既可用作母本与大型兔（比利时兔、德国大白兔等）杂交，又可作为父本与中小型肉兔（加利福尼亚兔、日本大耳兔、青紫蓝兔等）杂交，杂交后代的生长速度、饲料利用率、屠宰率、毛皮质量等均有良好表现。

## 五、力克斯兔

力克斯兔（Rex rabbit），是世界著名的皮用兔品种，因其毛被形状与水獭相似，又称为獭兔或天鹅绒兔。由于獭兔育成历史较短，1924 年才得到世界的承认，目前有 20 多个不同色型的獭兔，美国承认的有 14 种标准色型、德国承认的有 15 种色型。我国饲养的獭兔主要从苏联、美国、德国、法国引进，但目前主要饲养的是业界公认的“三系獭兔”美系、德系、法系獭兔和国内正在选育的獭兔新品种（系）。由于美系、德系、法系獭兔，在生产性能和体形外貌有较大差异，在该品种中作分别介绍。

### （一）美系獭兔

美系獭兔，由于引进历史较早，分为原美系獭兔、新美系獭兔和最早育成的海狸色獭兔三种类型作介绍。

**1. 原美系獭兔**

（1）品种来源及分布

70 年代后期起我国相继从美国引进数次，数量达 4 000 余只，分布在北京、浙江、天津、河北、山西、辽宁、吉林、江西、山东、江苏、河南、安徽、陕西等地。

1979 年，港商包起昌为支援家乡建设，以补偿贸易形式从美国引进种兔 200 只，1980 年，中国土畜产进出口总公司从美国引进獭兔 2 000 余只，1984 年，农业部也从美国引进獭兔 800 只，1986 年，中国土畜产进出口总公司又接受美国国泰裘皮公司赠送的獭兔 300 只。

（2）品种特征和生产性能

①体形外貌特征　据调查，我国美系獭兔由于引进的年代和地区不同，特别是国内不同兔场选育手段和饲养管理的不同，个体差异较大，一般小型兔场、养殖户的美系獭兔体型小、退化严重；而一些大型兔场和一些养兔组织（如兔业协会等）及经常开展群众性比赛的区域美系獭兔体形较大、被毛质量高。

其基本特征如下：全身被毛呈白色，母兔被毛长度 1.69～2.2cm、臀部密度为 16 277 根/$cm^2$；公兔被毛长度 1.83～2.21cm、臀部密度最高，为 19 492 根/$cm^2$。头型稍尖，眼大而圆，耳长（11.37±0.75）cm、耳宽（6.76±0.43）cm，直立、转动灵活；颈部稍长，肉髯明显；胸部较窄，腹腔发达，背腰略呈弓形，臀部发达，肌肉丰满。

②生产性能

生长发育：成年母兔体重（3 537.00±259.40）g，成年公兔体重（3 592.10±242.70）g，5 周龄体重（835.89±126.68）g，3 月龄体重（2 185.66±243.96）g，5 月龄体重（2 925.00±381.32）g；成年母兔体长（45.10±1.45）cm、胸围（34.20±

1.03）cm，成年公兔体长（45.32±1.6）cm、胸围（33.91±1.01）cm。35～90 日龄日增重（23.78±2.16）g，35～150 日龄日增重（17.40±2.74）g。

毛皮性能：5 月龄对皮毛密度、平整度、粗毛含量等指标进行综合评定，结果如下：一级皮张可占 50%，二级占 43.33%，三级以下 6.67%。

成年兔被毛质量：母兔被毛长度腹部为（1.69±0.15）cm，肩胛部（1.99±0.08）cm，臀部（2.2±0.11）cm。密度臀部为 16 277 根/$cm^2$，肩胛部 13 200 根/$cm^2$，腹部 9 600 根/$cm^2$。公兔被毛长度腹部为（1.83±0.16）cm，肩胛部（1.98±0.10）cm，臀部（2.21±0.10）cm。密度臀部为 19 492 根/$cm^2$，肩胛部 13 530 根/$cm^2$，腹部 10 560 根/$cm^2$。

产肉性能：5 月龄半净膛屠宰率（57.29±2.72）%，全净膛屠宰率（53.27±2.90）%；料肉比 4.34。

繁殖性能：乳头数（8.71±0.73）个，窝产仔数（7.41±1.92）只，窝产活仔数（7.17±1.97）只，初生窝重（436.90±103.94）g，21d 泌乳力（1 547.41±435.73）g，35d 断奶窝重（3 326.72±827.60）g。

（3）**品种的评价与利用**　美系獭兔被毛质量好，繁殖性能优良，引入我国时间最长，适应性好，抗病力强。以美系獭兔为育种材料，已育成我国优良獭兔新品系如四川白獭兔等。美系獭兔作为珍贵的育种材料一定会对我国獭兔新品种的育成起重要的的作用。同时通过对美系獭兔进行选育提高，可以作为我国重要的品系进行商品獭兔的生产。

**2. 新美系獭兔**

（1）**品种来源及分布**　山西省灵石县泉洲兔业发展有限公司于 2002 年从美国分两批引进 224 只白色獭兔，这是我国最近从美国引进数量最多的一次。据测定：该批獭兔体形较大，密度大，尤其是平整度好，与原美系獭兔差别较大，暂称为新美系獭兔。

（2）**品种特征和生产性能**

①体形外貌特征　被毛纯白，质量优良，表现为密度大，平整度好。头型中等，嘴较大，眼大，粉红色，耳长 9.67cm，耳宽 6.47cm。胸深，臀圆。

②生产性能

生长发育：成年母兔体重 3.88kg、公兔 3.79kg；体长 50.27cm，胸围 30.11cm；42 日龄的体重为 762.8g，60 日龄 1051.5g，90 日龄 1 898.4g，120 日龄 2 598.6g，150 日龄 2 963.4g。42～150 日龄期间日增重为 20.38g。

毛皮质量：被毛细度（1.42±0.17）$\mu$m，毛长（2.10±0.10）cm，密度大，平整度好。

繁殖性能：窝产仔数（6.63±1.42）只，窝产活仔数（6.58±1.46）只，初生窝重（335.8±67.4）g，21 日龄窝重（485.80±248.70）g，断奶个体重（748.50±150.30）g，断奶活仔数（5.79±1.03）只，断奶成活率 92.5%。

（3）**品种的利用与评价**　新美系獭兔体形大、被毛质量好，尤其是平整度甚好，引进后正值我国獭兔业进入大发展时期，对我国北方地区影响较大，对提高我国的獭兔质量起了重大的作用。该批獭兔具有被毛质量优良的特点，但群体一致性不太好，有待于进一步选育。作为育种材料可以充分利用其密度大、平整度好等特点，与体形大的品系进行杂交，形成体形和被毛质量同时兼顾的优良群体。

**3. 海狸色獭兔**

**(1) 品种来源及分布**

海狸色獭兔是世界上最早育成的獭兔色型之一。引进我国时间较长，适应性较强。山西省农业科学院畜牧兽医研究所 2008 年 11 月至 2009 年 8 月对我国主要饲养区进行调研的结果表明：海狸色獭兔是目前我国彩色獭兔中饲养量最多，分布较广，色型比较纯正，毛色遗传性相对稳定的一种。目前在我国山西、浙江、河北、山东、河南、四川、东北等地均有饲养。

**(2) 品种特征和生产性能**

①体形外貌特征　海狸色獭兔头型中等大小，耳朵长 12cm，宽 7cm，眼睛为棕色。脚为暗色。被毛呈暗褐色或者红棕色、黑栗色，背部毛色较深，腹部毛为黄褐色或白色（我国现饲养的多为白色）。毛纤维的基部呈瓦蓝色，中段呈浓橙色或黑褐色，毛尖略带黑色。据观察海狸色獭兔毛色随年龄的增长逐渐加深。有的个体毛色带灰色，毛尖太黑或带白色，带胡椒色，前肢、后肢外侧有杂色斑纹（多为灰色），均属缺陷。

②生产性能

生长发育：成年母兔体重（3 485.98±390.91）g、公兔（3 471.22±357.19）g；成年母兔体长（42.85±1.82）cm、公兔（41.85±1.44）cm，成年母兔胸围（32.04±1.75）cm、公兔（31.80±1.47）cm；营养中等的条件下，35d 体重（584.90±313.00）g，23 周龄体重（2 501.60±228.16）g，体长（41.00±1.30）cm，胸围（33.00±2.70）cm。

毛皮质量：毛皮绒密柔软，粗毛含量较低，但随日龄的增大而又提高的趋势。被毛长度 1.83～2.21cm，臀部密度高达 18 000 根/$cm^2$。23 周龄臀部被毛长度（1.93±0.15）cm、密度 19 000 根/$cm^2$。6 月龄皮张面积为（1 145±315.65）$cm^2$。

产肉性能：170 日龄半净膛屠宰率（54.67±3.53）%，全净膛屠宰率（50.91±3.62）%。

③繁殖性能　母兔乳头数为（8.31±0.62）个，第一胎窝产仔数（6.90±1.95）只，初生窝重（347.00±87.00）g。第二胎窝产仔数（7.28±2.74）只，初生窝重（358.20±118.50）g，平均个体重（51.12±8.29）g，21d 泌乳力（1 380±417.20）g，35d 窝重（2 426±126.50）g。

**(3) 品种的评价与利用**　随着人类对环境保护的重视和对时尚天然色泽服饰的追求，海狸色獭兔成为一种十分具有潜力的色型之一。海狸色獭兔颜色遗传性稳定，皮毛质量优良，因此发展海狸色獭兔养殖前景广阔。

据报道法国国立农科院研究中心自 20 世纪 90 年代开始，经 10 多年选育而成的新獭兔品种。色型有海狸色、青紫蓝色，该品种全身无枪毛、毛密、短、细（细度为 15mm）、毛长 2.0cm、皮张厚薄均匀、软而轻，不易损坏。Orylag 獭兔已申请专利保护，并禁止售给其他国家，鉴于此，利用我国海狸色獭兔现有资源，采用现代育种手段，采取联合攻关的方式，培育适宜我国条件的优良海狸色等彩色獭兔迫在眉睫。

## （二）法系獭兔

**1. 产区的自然生态条件**　同新西兰白兔。

**2. 品种来源及分布**

（1）*品种来源*　法系獭兔原产于法国。1998年山东省荣成市玉兔牧业有限公司从法国引进300余只，以白色兔为主，少量的为黑色、蓝色。

（2）*种群数量及分布*　法系獭兔引入后，经过系统选育，已向全国推广，但引入各地后，大多与其他品系獭兔进行过不同程度的杂交改良。

（3）*品种形成*　獭兔原名力克斯（Rex）兔，是由法国普通灰色兔的突变个体培育而成的。我国由法国引进的獭兔习惯上称为法系獭兔。

**3. 品种特征和生产性能**

（1）*体形外貌特征*

被毛特征：全身被毛白色，毛纤维长1.6～1.8cm，浓密整齐，粗毛率低，皮毛质量较好。

头颈部：耳朵短，耳郭厚，呈V形上举；眼球红色，眉须弯曲；头圆颈粗，嘴钝圆，无明显肉髯。

体躯：体形较大，胸宽深，胸部发育良好，背宽平。

四肢：四肢粗壮，发育较好，脚底毛浓密，可预防脚皮炎。

（2）*生产性能*

①生长发育：5.5月龄平均体长（47.5±3.0）cm、胸围（39.1±2.6）cm；平均初生重为（48.3±5.1）g，断奶重为（588.0±35.5）g；3月龄平均体重母兔为（2 271±35.9）g、公兔为（2 417±48.4）g；6月龄平均体重母兔为（3 623±40.0）g，公兔为（3 669±22.9）g。

②毛皮品质（5.5月龄）：母兔十字部、臂部、体侧和腹部毛的平均长度分别为（1.85±0.05）cm、（1.91±0.05）cm、（1.82±0.04）cm和（1.73±0.06）cm，公兔的分别为（1.99±0.07）cm、（2.01±0.07）cm、（1.90±0.04）cm和（1.81±0.04）cm；被毛平整，有少量粗毛突出被毛表面；母兔平均皮板面积为（1 492.9±109.0）$cm^2$，公兔平均皮板面积为（1 499.3±104.4）$cm^2$；母兔十字部、臂部、体侧和腹部的平均皮板厚度为（1.76±0.09）mm、（1.93±0.09）mm、（1.69±0.07）mm和（1.65±0.04）mm，公兔的分别为（1.93±0.04）mm、（2.10±0.04）mm、（1.80±0.04）mm和（1.74±0.04）mm。

③繁殖性能：性成熟期为4月龄左右；适配年龄为6月龄；妊娠期平均为（30.8±0.8）d；平均初生窝重为（369±26.7）g、21日龄窝重（2 154±237.2）g、断奶窝重（35日龄）（4 254±401.3）g；平均窝产仔数为（7.73±1.00）只，窝产活仔数（7.53±1.10）只，断奶仔兔数（7.27±0.90）只，平均仔兔成活率为96.5%。

**4. 饲养管理**　法系獭兔的毛皮质量与饲养管理密切相关。因此，法系獭兔的饲养管理应着重以下几点：

（1）根据其不同的生长发育阶段，合理配制全价饲料，尤其应注意氨基酸特别是含硫氨基酸的额外补充，满足妊娠母兔的营养需要，以确保胎儿毛囊的分化；满足仔兔及3月龄前的商品兔的营养需要量，保证其早期体重增长和毛囊分化的需要。蛋氨酸的添加量以全价料的0.2%～0.5%为宜。

(2) 断奶仔兔每笼饲养2～3只为宜，3月龄后单笼单兔饲养。

(3) 法系獭兔一般在5～6月龄时，皮板和被毛均已成熟，是屠宰取皮的最佳时机。而淘汰种兔应避免在春秋换毛季节取皮。

**5. 品种的评价与利用** 法系獭兔的体形较大，生长发育快，饲料报酬高；母兔的母性良好，护仔能力强，泌乳量大；窝产仔数、出生窝重、断奶仔兔数、断乳成活率高于德系，低于美系；被毛密度位于美系与德系之间。商品獭兔被毛质量好，95%以上达到一级标准。法系獭兔的缺点是对饲料营养要求较高。

可进一步开展法系獭兔营养需要量的研究，以制定适合我国饲养环境下的营养标准；加强本品系选育，保持母性较好的遗传特点，进一步提高毛皮质量；也可以利用其他品系的獭兔进行杂交选育，培育适合我国自然条件的、毛皮质量优良的獭兔新品系。利用法系獭兔生长发育快、母性好等特点，可以开展与美系、德系獭兔间杂交利用，以期获得优良的商品兔，提高经济效益。

### （三）德系獭兔

**1. 产区的自然生态条件** 四川省草原科学研究院獭兔研究所位于四川省新津县，该县位于东经103°48′，北纬30°26′，年平均气温16.5℃；降水量963mm；无霜期297d；相对湿度84%，亚热带湿润季风气候。该区主产水稻、小麦、玉米、油菜、花生、豆类、土豆、红薯及粮食、油料加工副产品等。人工种植牧草苜蓿、黑麦草、菊苣、紫云英、光叶紫花苕、苦荬菜等；野生牧草有蒲公英、车前草、稗草、野豌豆、葛藤等；蔬菜下脚料有各类蔬菜叶、胡萝卜叶、胡萝卜、红薯藤、南瓜等。

**2. 品种来源及分布**

(1) *品种来源* 四川省草原科学研究院、北京万山獭兔开发有限公司，于1997年9月、12月从德国引进100余只，有海狸色、白色、黑色和蓝色四种色泽。

(2) *种群数量及分布* 引进后主要与其他品系獭兔进行了杂交，目前有少量德系獭兔分布在四川的新津、江油、青川、叙永、仪陇，重庆的涪陵，河北的承德，北京的房山等地。

**3. 品种特征和生产性能**

(1) *体形外貌特征*

①被毛特征：全身被毛短、平、绒。海狸色獭兔全身被毛呈红棕色，背部毛色较深，体侧毛色较浅，腹部为深蓝色或白色。毛的基部为瓦蓝色，毛干呈深橙色或黑褐色，毛尖略带黑色。黑色獭兔全身被毛乌黑发亮，毛基部颜色较浅，毛尖部颜色较深。白色獭兔全身被毛为纯白色。蓝色獭兔全身被毛为纯蓝色，从毛尖到毛基部色泽纯一。

②头颈部：头呈方楔型，头型中等，大小适中，公兔头型较母兔大，头颈结合匀称；两耳直立呈V字形，耳郭较厚，厚薄适中，中等偏大；白色獭兔眼睛呈粉红色，海狸色獭兔眼睛为棕色，蓝色獭兔眼睛为蓝色或瓦灰色，黑色獭兔眼睛为黑褐色。

③体躯：身体结构紧凑，肌肉丰满，胸部宽深，背腰平直，臀部发达丰满，腹部结实

钝圆，从臀部到肩胛逐渐变细，须眉触毛卷曲，成年母兔颈部肉髯明显下垂，公兔外貌雄健，母兔外貌清秀；腿短健壮有力。

(2) 生产性能

①生长发育：德系獭兔生长发育性能见表 5-28。

**表 5-28　德系獭兔生长发育性能表**

| 项目＼年龄 | 初生 | 8 周龄 | 13 周龄 | 22 周龄 | 成年 | |
|---|---|---|---|---|---|---|
| | | | | | 母兔 | 公兔 |
| 体重（g） | 51.79±2.78 | 1 683.03±132.02 | 2 460.23±198.34 | 3 309.39±205.25 | 3 986.46±394.31 | 3 856.52±248.32 |
| 体长（cm） | | | 41.46±1.72 | 46.76±2.65 | 52.57±2.74 | 49.65±2.12 |
| 胸围（cm） | | | 26.47±1.78 | 28.81±1.42 | 36.12±2.63 | 35.46±2.49 |

②被毛品质：被毛平整，长（17.52±0.94）mm，直径（18.00±0.62）$\mu$m，密度（19 311±2 309）根/$cm^2$，被毛粗毛率 8.36%（被毛 25$\mu$m 以上），皮厚（1.73±0.46）mm，生皮面积（231.02±105.20）$cm^2$。

③产肉性能：6～8 周龄日增重（29.92±3.59）g，8～13 周龄日增重（27.56±1.46）g，13～22 周龄日增重（18.46±1.32）g，22～26 周龄日增重（11.92±1.63）g；胴体重（2 547.36±182.46）g（21 周龄）；屠宰率（51.92±1.39）%（21 周龄）；料肉比 3.87∶1。

④繁殖性能：性成熟期母兔 3 月龄、公兔 3.5 月龄；初配年龄母兔 6 月龄、公兔 7 月龄；妊娠期 29～32d。繁殖性状见表 5-29。

**表 5-29　德系獭兔繁殖性状表**

| 受胎率（%） | 窝产仔数（只） | 产活仔数（只） | 初生窝重（g） | 3 周龄窝重（g） | 6 周龄活仔数（只） | 6 周龄窝重（g） | 断奶成活率（%） |
|---|---|---|---|---|---|---|---|
| 45.82±4.35 | 7.12±0.73 | 6.55±0.79 | 391.60±61.24 | 2 061.40±688.73 | 4.08±0.15 | 3 906.18±276.42 | 63.36±10.30 |

**4. 饲养管理**　仔兔出生后 10h 内吃饱初乳，窝内温度保持 30～32℃，18 日龄补饲，35～40 日龄实现逐渐断奶。到 3 月龄分笼饲养，每笼 2～3 只，青年兔一兔一笼。采用同色相配，避免近亲交配，建议种兔生产母兔产后 21d 左右配种，商品兔生产母兔产后 12d 配种，也可交叉进行。按照免疫程序注射兔瘟、兔瘟巴氏杆菌、魏氏梭菌疫苗，并从仔獭兔补饲起作好兔球虫病的预防。

**5. 品种的评价与利用**　德系獭兔体形大、生长速度快，利用这一优点，开展与其他品系獭兔杂交育种，可获得新的獭兔品系，同时可用于杂交改良，提高獭兔的生长速度，提前出栏，增加收益。

## 六、加利福尼亚兔

加利福尼亚兔，俗名八点黑，属中型肉用型兔。

### (一) 产区的自然生态条件

同新西兰白兔。

## （二）品种来源及分布

**1. 品种来源** 加利福尼亚兔原产于美国加利福尼亚州，又称加州兔。我国多次由美国和其他国家引进，2007 年青岛康大兔业有限公司从美国引进 119 只种兔。

**2. 种群数量及分布** 加利福尼亚兔引入我国后，经过几十年的繁育推广，全国各地均有饲养，但有部分是伊拉配套系的杂交后代。

**3. 品种形成** 加利福尼亚兔是由喜马拉雅兔、标准青紫蓝兔和新西兰白兔杂交选育而成的。先用喜马拉雅兔和标准青紫蓝兔杂交，从杂交后代中选择具有青紫蓝毛色的公兔与新西兰白色母兔杂交，进行选育而成。

## （三）品种特征和生产性能

**1. 体形外貌特征**

（1）被毛特征 被毛短而密，整体为白色，鼻端、两耳、四肢下端和尾部为黑褐色，具有与喜马拉雅兔相似的“八点黑”特征。黑褐色的深浅随年龄、季节和营养等因素的改变而呈现有规律的变化。

（2）头颈部 头短额宽，两耳小而直立，颈部粗短，颈肩结合良好，公、母兔均有较小的肉髯。

（3）体躯 体躯中等长度，胸部、部和后躯发育良好，肌肉丰满，具有肉用型品种的体形特征。

（4）四肢 四肢稍短，强壮有力，脚底毛粗而浓密，可有效预防脚皮炎，适合笼养。

**2. 生产性能**

（1）生长发育

①体长：成年母兔平均体长为（45±1.4）cm，成年公兔为（45±1.2）cm。

②胸围：成年母兔平均胸围为（35±1.1）cm，成年公兔为（35±0.8）cm。

③体重：平均初生重（51.5±5.7）g；平均断奶重（707.6±75.9）g；3 月龄平均体重母兔（2 318±151.4）g、公兔（2 401±158.8）g，6 月龄平均体重母兔（3 615±136.8）g、公兔（3 605±209.6）g，12 月龄平均体重母兔（4 357±318.2）g、公兔（4 047±252.1）g。

（2）产肉性能

①胴体重：84 日龄母兔平均半净膛重为（1 373±70.7）g、全净膛重为（1 140±69.8）g；84 日龄公兔平均半净膛重为（1 345±92.5）g、全净膛重为（1 109±94.2）g。

②屠宰率：84 日龄平均屠宰率母兔（49.9±2.1）%、公兔（50.0±2.5）%。

③日增重：断奶后至 70 日龄平均日增重母兔（26.1±3.0）g、公兔（26.5±2.0）g，

④料肉比：断奶后至 70 日龄母兔料肉比为（3.37±0.15）：1，公兔料肉比为（3.34±0.12）：1。

（3）繁殖性能

①性成熟期：5 月龄。

②适配年龄：5.5 月龄。

③妊娠期：30d 左右。

④窝重：平均初生窝重为（435±61.4）g、21 日龄窝重（2 405±244.7）g、断奶窝重（35 日龄）（5 184±254.6）g。

⑤窝产仔数：（8.47±0.99）只。

⑥窝产活仔数：（8.33±0.90）只。

⑦断奶仔兔数：（7.4±0.83）只。

⑧仔兔成活率：88.8%。

### （四）饲养管理

加利福尼亚兔适应性、抗病力较强，易于饲养。一般采用笼养方式，断奶后每笼可饲养 3～4 只，饲喂全价颗粒料可达到良好的生产效果。

### （五）品种的评价与利用

加利福尼亚兔母性好，繁殖性能优良，泌乳能力强，有保姆兔之称；早期生长发育较快；毛皮品质较好，其毛短而密、富有光泽、回弹性较好；但与新西兰兔相比，其早期生长速度方面略显不足。

加利福尼亚兔是工厂化、规模化生产的理想品种，可与新西兰白兔等进行杂交生产商品兔，具有明显的杂交优势；对加利福尼亚兔加强本品种选育，建立生产性能优良的核心群体；可作为育种素材。

## 七、青紫蓝兔

青紫蓝兔，属皮肉兼用型兔。

### （一）产区的自然生态条件

同新西兰白兔。

### （二）品种来源及分布

**1. 品种来源**　青紫蓝兔原产于法国，引入我国已有半个多世纪。

**2. 种群数量及分布**　主要在山东潍坊、临沂等地区饲养，以标准型、美国型的杂交后代为主。

**3. 品种形成**　青紫蓝兔是采用复杂的杂交方法选育而成的。其亲本有喜马拉雅兔、灰色嘎伦兔和蓝色贝韦伦兔等。首先育成的是标准型（小型），后来由美国引进后进一步选育成中型（美国型），巨型青紫蓝兔是由弗朗德巨兔与标准型青紫蓝兔杂交选育而成。

### （三）品种特征和生产性能

**1. 体形外貌特征**

（1）*被毛特征*　被毛整体为蓝灰色，常夹带全黑或全白的枪毛，单根纤维可分为五段不同的颜色，从毛纤维基部至毛梢依次为深灰色—乳白色—珠灰色—白色—黑色。耳尖和尾面为黑色，眼圈、尾底、腹下和额后三角区的毛色较淡呈灰白色。标准型毛色较深，有黑的相间的波浪纹；中型和巨型毛色较淡且无黑白相间的波浪纹。

（2）**头颈部** 外貌匀称，头适中，颜面较长，嘴钝圆，耳长中等或偏长、厚而直立，眼圆大，眼球呈黑褐色。

（3）**体躯** 体形中等，体质结实。

（4）**四肢** 粗壮有力。

**2. 生产性能**

（1）**生长发育**

①体长：6.5 月龄母兔体长（41.9±0.96）cm、公兔（42.3±0.93）cm。

②胸围：6.5 月龄母兔胸围（39.1±1.50）cm、公兔（40.6±1.14）cm。

③体重：平均初生重（52.8±7.3）g，断奶重（762.0±40.6）g；3 月龄母兔平均体重（2 213±117.2）g、公兔（2 280±106.6）g，6.5 月龄母兔平均体重（4 080±147.5）g、公兔（4 187±196.2）g。

（2）**产肉性能**

①胴体重：84 日龄半净膛重（1 207±64.4）g，全净膛（1 063±72.2）g。

②屠宰率：84 日龄屠宰率（50±0.91）%。

（3）**繁殖性能**

①性成熟期：4 月龄左右。

②适配年龄：5.5 月龄。

③妊娠期：30d 左右。

④窝重：初生窝重（336±29.7）g。

⑤窝产仔数：（8.6±1.96）只。

⑥窝产活仔数：（8.1±1.60）只。

⑦断奶仔兔数：（6.5±0.92）只。

⑧仔兔成活率：81.6%。

### （四）饲养管理

青紫蓝兔比较耐粗饲，抗病力、适应性强，适合广大农村饲养。

### （五）品种的评价与利用

青紫蓝兔耐粗饲，抗病力强，皮板厚实，毛色华丽，属皮肉兼用的品种。母兔繁殖力强，泌乳力好。但是就肉用性能来说，其生长速度比其他品种低；现存的群体，多是几种类型青紫蓝兔的杂交后代，因此群体整齐度问题较为突出，生产性能不稳定；有时还会出现被毛颜色遗传不够稳定的现象。

应选育出具有整齐的表型和遗传性能稳定的核心群体，进一步提高其生产性能。可利用其繁殖力强、耐粗饲的优点，在肉兔配套系选育中作为育种素材之一。标准型青紫蓝体重较小，只有 2.5～3.6kg，又因其美观的外表，可以向观赏兔的方向选育。加强皮张的开发利用研究。

## 八、德国花巨兔

德国花巨兔，又称熊猫兔、花斑兔、花巨兔，属皮肉兼用型兔。

### （一）品种来源及分布

德国花巨兔是引进品种，原产于德国，由比利时兔和弗朗德兔等品种杂交育成，引入我国的是黑色花巨兔。在我国养兔的地区均饲养有该品种，但一般占当地养兔数量的比例较低，不足1%。

### （二）品种特征和生产性能

**1. 体形外貌特征**　德国花巨兔被毛以白色为基本色，嘴的四周、鼻端、眼圈和两耳为黑色，从颈部沿脊椎至尾部有一条边缘不整齐的黑色背线，体躯左右两侧有对称的不规则黑色毛斑。体格健壮高大，体躯长而宽深，呈弓形，骨骼粗重，腹部离地较高，行动敏捷。

**2. 生产性能**

（1）**生长发育**　德国花巨兔初生重73g，30d断奶重850g。各年龄段的体尺、体重见表5-30。

**表5-30　德国花巨兔体重、体尺表**

| 年龄 | 性别 | 体重（g） | 体长（cm） | 胸围（cm） |
|---|---|---|---|---|
| 3月龄 | 公 | 2 620 | 44.5 | 28.3 |
| | 母 | 2 670 | 45.7 | 29.2 |
| 6月龄 | 公 | 3 890 | 49.6 | 30.1 |
| | 母 | 4 120 | 50.7 | 31.4 |
| 成年兔 | 公 | 5 230 | 55.2 | 33.6 |
| | 母 | 5 680 | 57.8 | 34.3 |

（2）**产肉性能**　德国花巨兔30日龄断奶，育肥到70日龄和90日龄，其生产性能指标见表5-31。

**表5-31　德国花巨兔产肉性能测定表**

| 性别 | 断奶至70日龄 | | | | 断奶至90日龄 | |
|---|---|---|---|---|---|---|
| | 日增重（g） | 料肉比 | 胴体重（g） | 屠宰率（%） | 日增重（g） | 料肉比 |
| 公兔 | 36.2 | 3.15∶1 | 1 327 | 52.7 | 29.7 | 3.51∶1 |
| 母兔 | 38.7 | 3.26∶1 | 1 286 | 51.8 | 30.3 | 3.60∶1 |
| 平均 | 37.5 | 3.20∶1 | 1 307 | 52.3 | 30.3 | 3.55∶1 |

(3) 繁殖性能

①性成熟期：公兔 4.5 月龄、公兔 3.9 月龄。

②适配年龄：6.0～6.5 月龄。

③妊娠期：29～31d。

④窝重：初生窝重 591.3g，21 日龄窝重 4 456.0g，断奶窝重 5 695g（30 日龄断奶）。

⑤窝产仔数：8.6 只。

⑥窝产活仔数：8.1 只。

⑦断奶仔兔数：6.7 只。

⑧仔兔成活率：77.9%。

## （三）饲养管理

**1. 繁殖技术** 在产后 8～15d 配种，采用人工辅助交配。

**2. 饲养技术**

(1) 仔兔饲养 17 日龄开始补饲，采用全价颗粒饲料，自由采食。要求日粮中含粗蛋白 17%～19%、粗纤维 12%、能量 10MJ/kg、钙 0.9%、磷 0.35%，添加抗球虫药物、助消化的药物、微量元素添加剂。30～35 日龄断奶。

(2) 种兔饲养 每天每只兔饲喂颗粒饲料 120～175g，分早晚 2 次供给，青草 750～1 000g；或者采用全价颗粒饲料饲喂，每天每只兔饲喂 200--250g；保证清洁饮水。要求配合饲料中含粗蛋白 17%～18%、粗纤维 12%、能量 10.5MJ/kg、钙 0.9%～1.1%、磷 0.45%，添加微量元素添加剂。

(3) 育肥 采用全价颗粒饲料饲喂，60 日龄以前每天饲喂 3 次，60 日龄以后每天饲喂 2 次或自由采食。随着年龄的增长，饲喂全价颗粒饲料每只 50～150g/d。日粮中含粗蛋白 17%～18%、粗纤维 12%、能量 10MJ/kg、钙 0.9%～1.0%、磷 0.4%～0.45%，添加抗球虫、助消化的药物、微量元素添加剂和氨基酸。

**3. 免疫程序** 25～28 日龄注射大肠杆菌疫苗，32～33 日龄注射兔瘟、兔巴氏杆菌二联疫苗，40～45 日龄注射魏氏梭菌疫苗，60 日龄注射兔瘟、兔巴氏杆菌二联疫苗；以后每 4 个月注射一次兔瘟、兔巴氏杆菌二联疫苗，每半年注射一次魏氏梭菌、波氏杆菌疫苗。

## （四）品种的评价与利用

该品种具有繁殖力强，早期生长速度快，抗病力强的特点；缺点是母性差，仔兔死亡率高，饲料营养水平要求高。

在研究方面，本品种选育上注意提高泌乳力和耐粗饲能力。在产品开发方面，由于该品种体形大，特别适合于生产冰鲜兔肉和分割兔肉；兔皮可做服装装饰和裘皮。在品种利用方面，可作为大型肉兔品种培育的育种素材，可与其他毛色的兔种杂交生产彩色兔作为观赏兔。杂交利用上可作为父本，新西兰兔、加利福尼亚兔、比利时兔为母本，杂交效果较好。

## 九、弗朗德兔

弗朗德兔（Flemish giant rabbit），属大型肉用型兔。

### （一）品种来源及分布

**1. 品种来源**　引进品种。

**2. 种群数量及分布**　弗朗德兔是目前在我国分布最广的品种之一，在我国的绝大多数省份均有饲养，河北、山东、江苏、河南、安徽、山西、东北三省等较多。20 世纪 80 年代初期到后期，该品种存养量约占河北省肉兔总量的 30%，达到一千万只以上。由于前些年肉兔出口受阻，外贸体制改革，很多外贸冷冻加工厂停业，极大地影响了肉兔的养殖，使弗朗德兔的饲养量大幅度下降。同时，也由于獭兔养殖业的兴起，对肉兔的养殖造成较大的冲击。就目前而言，该品种仍然为河北省广大农村家庭兔场的当家品种之一。保守估计，仅河北省目前的存栏量在 300 万只以上，但在全国的具体饲养量难以统计。

**3. 品种形成**　弗朗德兔起源于比利时北部弗朗德一带，是最早、最著名、体形最大的肉用型品种。但培育历史不详。

我国在 20 世纪 60 年代由原外贸部土畜产进出口公司从欧洲引进。以黄褐色为主体，颜色深浅不一。当时误称为比利时兔，至今我国很多人仍然以比利时兔称呼该兔。

### （二）品种特征和生产性能

**1. 体形外貌特征**　弗朗德兔体形大，结构匀称，骨骼粗重，背部宽平。头较粗重，公兔明显，双耳长大，耳郭较厚，有的个体有肉髯，母兔较明显。四肢粗壮有力，后躯较发达。被毛光亮，以黄褐色（黄麻色）为主，但毛色深浅有较大差异，主要受到黑色被毛纤维所占比例的影响。浅色个体被毛为黄色，深色个体接近黑色。而中间型个体呈现一系列的被毛色度。耳朵后面的脊背被毛颜色特殊，形成一个深褐色的三角区域。该品种偶有白色个体出现，红眼球，为白化基因纯合类型。除了白色个体以外，其他毛色的个体被毛纤维为复合型，即一根毛纤维颜色不一致，可分为两段、三段和四段不等。以黄褐色为例，两段毛纤维毛根为灰白色，尖部为黑色，黑色约占 2/5；三段毛纤维，毛根为灰白色，毛尖为黑色，毛尖的下部为褐色；四段毛纤维的毛根为灰白色，往上以此为黑色、褐色和黑色。一般毛根纤维直径小，毛尖直大，容易断裂；毛纤维长度为 3.6～5.5cm，平均（4.53±0.58）cm。

根据毛色分为钢灰色、黑灰色、黑色、蓝色、白色、浅黄色和浅褐色 7 个品系。美国弗朗德兔多为钢灰色，体形稍小，背偏平，成年母兔体重 5.9kg，公兔 6.4kg。英国弗朗德兔成年母兔体重 6.8kg，公兔 5.9kg。法国弗朗德兔成年母兔体重 6.8kg，公兔 7.7kg。白色弗朗德兔为白毛红眼，头耳较大，被毛浓密，富有光泽；黑色弗朗德兔眼为黑色。

**2. 生产性能**

（1）**生长发育**　弗朗德兔生长速度快，产肉性能好，肉质优良。成年体重一般在 5kg 以上，最大个体可达 8kg 以上。由于地区和兔场不同，体重和体形有较大差异，表 5－32。

表 5-32　成年弗朗德兔体尺、体重统计表

| 基点 | 性别 | 体重（g） | 体长（cm） | 胸围（cm） | 耳长（cm） | 耳宽（cm） |
|---|---|---|---|---|---|---|
| 1 | 公 | 5 200±263.23 | 49.3±1.83 | 34.0±1.86 | 14.0±0.53 | 8.0±0.37 |
|  | 母 | 5 520±272.64 | 50.1±1.12 | 33.0±2.04 | 13.40±0.75 | 7.0±0.36 |
| 2 | 公 | 5 195±259.72 | 50.6±1.20 | 35.1±2.1 | 13.8±0.48 | 7.8±0.29 |
|  | 母 | 5 270±263.45 | 50.8±1.50 | 34.9±2.3 | 14.2±0.63 | 7.2±0.36 |
| 3 | 公 | 4 745±135.83 | 49.23±1.59 | 33.06±0.66 | 13.62±0.71 | 7.64±0.38 |
|  | 母 | 4 637±173.72 | 50.10±1.43 | 32.87±0.68 | 13.85±0.74 | 7.0±0.30 |

（2）**产肉性能**　弗朗德兔生长发育速度较快，尤其是在粗放饲养条件下，表现更加突出。但是，不同地区和兔场生产性能有一定的差异（表 5-33）。30d 平均断乳体重 615.5g，90d 平均体重 2 435.57g，6 月龄平均体重 4 221.25g，90 日龄全净膛屠宰率平均为 50.15%。

表 5-33　弗朗德兔生长发育和产肉性能统计表

| 基点 | 30d 体重（g） | 90d 体重（g） | 6 月龄体重（g） | 90d 全净膛屠宰率（%） |
|---|---|---|---|---|
| 1 | 630±22.3 | 2 600.38±117.26 | 4 730±212.78 | 52.16 |
| 2 | 615±20.6 | 2 486.54±114.36 | 4 545±204.53 | 50.12 |
| 3 | 600±24.4 | 2 250.73±103.75 | 3 670±168.84 | 48.62 |
| 4 | 617±23.5 | 2 404.62±110.58 | 3 940±189.13 | 49.68 |
| 平均 | 615.5±22.45 | 2 435.57±104.16 | 4 221.25±174.26 | 50.15 |

（3）**繁殖性能**　弗朗德兔成熟较晚，毛色的遗传性能不稳定，母兔产仔数差异较大，但泌乳力较强。对几个不同的兔场进行生产统计（表 5-34），弗朗德兔的繁殖性能较高。其中胎均产活仔数 7.5 只（7.16～8.14 只），初生窝重 433.57g，出生个体重 57.83g，30d 胎均断乳仔兔 6.76 只，断乳成活率平均为 90.70%。但是由于其体形较大，不耐受频密繁殖，一般年产仔 5 胎左右。

表 5-34　弗朗德兔繁殖性能统计表

| 基点 | 胎均产活仔数（只） | 初生窝重（g） | 出生个体重（g） | 30 日龄断乳窝重（g） | 30 断乳仔兔数（只） | 断乳成活率（%） |
|---|---|---|---|---|---|---|
| 1 | 7.45±1.84 | 421.97±23.5 | 56.64±3.81 | 3 950.1±93.05 | 6.27±1.66 | 86.47 |
| 2 | 8.14±1.65 | 450.63±28.4 | 55.36±3.42 | 4 452.6±115.47 | 7.24±1.04 | 88.94 |
| 3 | 7.16±1.29 | 425.80±35.2 | 60.12±3.56 | 3 984.0±106.42 | 6.64±1.54 | 92.74 |
| 4 | 7.25±1.38 | 435.87±42.5 | 59.2±4.42 | 4 238.79±98.56 | 6.87±1.25 | 94.81 |
| 平均 | 7.5±1.43 | 433.57±31.74 | 57.83±3.47 | 4 156.37±96.45 | 6.76±1.33 | 90.70 |

## （三）饲养管理

该兔适应性强，耐粗饲。

### (四)品种的评价与利用

从对弗朗德兔的调研和性能测定可以看出，该品种目前的生产性能与引入时或与该品种的经典性能，有了较大的差异。说明由于缺乏系统选育，一味粗放饲养，使品种出现一定的退化现象。尽管如此，也没有埋没其生长速度快、适应性强、耐粗饲粗放、产肉性能较高等优点。其被毛为天然带色，与野兔毛色相仿。与白色家兔相比，其皮张制裘时不用染色，因此，不仅节约了染色费用，更主要的是避免了化学燃料染色的污染，是目前国际市场上的流行毛色之一，具有较大的发展空间。

弗朗德兔在我国农村家庭兔场具有较大的饲养量，适合粗放的饲养方式，适合中国国情，深受广大养殖者喜爱。但是，由于多年来缺乏系统选育，该品种出现较严重的退化现象。加强本品种选育，是我们今后的重点任务之一。

鉴于该品种目前出现退化、生产性能有较大幅度降低的现状，急需对该品种进行提纯复壮。在选育上应将生产性能（生长发育速度、饲料转化效率、繁殖力和产肉性能等），以及毛色的遗传一致性作为育种的重点。由于该兔属于大型肉兔，目前没有对其营养需要开展研究，国内外相关的肉兔饲养标准，主要是针对中型肉兔而设计的，其适宜的营养水平如何，适合什么样的饲料类型，尚需深入探讨。以往的试验表明，该品种是一个优良的杂交父本，不仅在以后的商品肉兔生产中大有所为，还可考虑培育新的肉兔配套系中，作为亲本的来源之一。

## 十、齐卡配套系

齐卡配套系，属肉用型配套系。

### (一)产区的自然生态条件

同哈尔滨白兔。

### (二)品种来源及分布

**1. 品种来源** 引进品种。

**2. 群体数量及分布** 齐卡巨型白兔核心群 243 只，其中公兔 40 只，母兔 203 只；齐卡新西兰白兔核心群 305 只，其中公兔 58 只，母兔 247 只；齐卡白兔核心群 155 只，其中公兔 25 只，母兔 130 只。

核心群主要是在四川省畜牧科学研究院种兔场，生产利用主要是在四川省肉兔主产区，如成都市、乐山市、眉山市、自贡市、井研县等，并推广到重庆、新疆、广东、广西、贵州、云南、陕西等部分地区。

**3. 品种形成** 齐卡配套系是由德国育种专家 Zimmerman 博士和 L. Dempsher 教授培育出来的具有世界先进水平的专门化品系，由齐卡巨型白兔（G）、齐卡新西兰白兔（N）和齐卡白兔（Z）三个肉兔专门化品系组成，1986 年四川省畜牧科学研究院引进一套原种曾祖代，是我国乃至亚洲引入的第一个肉兔配套系。

### (三) 品种特征和生产性能

**1. 体形外貌特征** 齐卡巨型白兔全身被毛长、纯白，体形长大，头部粗壮，耳宽、长，眼红色，背腰平直，臀部宽圆，前后躯发达。

齐卡新西兰白兔全身被毛纯白，头部粗短，耳宽、短，眼红色，背腰宽而平直，腹部紧凑有弹性，臀部宽圆，后躯发达，肌肉丰满。

齐卡白兔全身被毛纯白、密，头型、体躯清秀，耳宽、中等长，眼红色，背腰宽而平直，腹部紧凑有弹性，前后躯结构紧凑，四肢强健。

**2. 生产性能**

(1) **生长发育** 体尺（12月龄）、体重见表5-35。

**表5-35 齐卡配套系体重、体尺表**

| 品种 | 性别 | 体长(cm) | 胸围(cm) | 初生窝重(g) | 35日龄断奶重(g) | 3月龄重(g) | 6月龄重(g) | 8月龄重(g) | 12月龄重(g) |
|---|---|---|---|---|---|---|---|---|---|
| G | 公 | 60.4 | 35.8 | — | 970 | 2 850 | 4 680 | 4 980 | 5 670 |
| | 母 | 58.4 | 35.1 | 461.8 | 980 | 2 900 | 4 690 | 4 990 | 5 950 |
| N | 公 | 50.3 | 33.8 | — | 770 | 2 460 | 3 660 | 4 160 | 4 600 |
| | 母 | 49.9 | 33.2 | 413.7 | 790 | 2 550 | 3 740 | 4 180 | 4 660 |
| Z | 公 | 48.8 | 30.9 | — | 630 | 2 250 | 2 930 | 3 180 | 3 400 |
| | 母 | 48.3 | 30.4 | 353.3 | 650 | 2 280 | 2 970 | 3 220 | 3 450 |

(2) **产肉性能** 见表5-36。

**表5-36 齐卡配套系70日龄产肉性能表**

| 品种 | 全净膛重(g) | 半净膛(g) | 屠宰率(%) | 日增重(g) | 料肉比 |
|---|---|---|---|---|---|
| G | 1 127.5 | 1 241.7 | 50.79 | 35.6 | 3.2∶1 |
| N | 1 031.4 | 1 121.4 | 53.77 | 32.5 | 3.23∶1 |
| Z | 855.3 | 933.7 | 50.4 | 30.2 | 3.35∶1 |

(3) **繁殖性能** 见表5-37。

**表5-37 齐卡配套系繁殖性能表**

| 品种 | 性成熟期(月龄) | 适配年龄(月龄) | 妊娠期(d) | 初生窝重(g) | 21日龄窝重(g) | 断奶窝重(g) | 窝产仔数(只) | 窝产活仔数(只) | 断奶仔兔数(只) | 仔兔成活率(%) |
|---|---|---|---|---|---|---|---|---|---|---|
| G | 7 | 9 | 31.7 | 461.8 | 2 272.8 | 6 435 | 7.4 | 7.2 | 6.6 | 91.7 |
| N | 6 | 7 | 30.9 | 413.7 | 1 999.2 | 5 226 | 7.4 | 7.2 | 6.7 | 93.1 |
| Z | 4.5 | 5.5 | 30.6 | 353.3 | 1 566.0 | 4 416 | 7.5 | 7.2 | 6.9 | 95.8 |

### (四) 饲养管理

宜采用全价颗粒料为主的饲喂方式，也可采用以青饲料为主，搭配少量精料补充料的饲喂方式，定时定量，限量饲喂，日喂 2～3 次，采用开放式或封闭式兔舍、三层兔笼，单笼饲养，自由饮水，加强疫病防治。

### （五）品种的评价及利用

齐卡巨型白兔主要特点是成年兔平均体重大，生长发育快，日增重高；不足之处是饲料消耗较大，对饲养管理的要求较高，成熟较晚，配怀率不高；年产 4 胎左右，主要用作杂交父本，提高杂交后代的生长速度。

齐卡新西兰白兔，属于大型肉兔品种，具有早期生长快、繁殖力强、屠宰率高、成活率高等遗传特点。其体形外貌和生产性能基本上与美国新西兰白兔相似，但经德国齐卡（ZIKA）育种中心培育，齐卡大型新西兰白兔成年体重达到 4.5kg 左右，平均每胎产仔数 6～8 只，其体格大小和产仔数高于一般所见的新西兰白兔。齐卡新西兰白兔在齐卡肉兔配套系中是一个特殊而重要的群体，同时参与父系和母系的制种，杂交生产肉兔、商品兔。

齐卡白兔是杂交后合成的一个专门化品系，属于中型兔，抗病力强，体形相对清秀，性情活泼，适应性强，早期生长发育快，繁殖性能好，参与母系兔的育种。

齐卡配套系生产成绩在国内领先，具有生长发育快，繁殖性能好，成活率及饲料转化率高等优点，但因受我国国情（小规模饲养和散养户居多）及生产水平的限制，按标准配套模式生产商品兔的推广应用不广，但在国内肉兔的杂交育种和品种改良及商品肉兔生产中做出了重大贡献，已成为我国肉兔生产最主要的地区——四川及其周边的重庆、云南和贵州主要的种兔来源。

## 十一、伊普吕配套系

伊普吕配套系，属肉用型配套系。

### （一）产区的自然条件

同新西兰白兔。

### （二）品种来源及分布

**1. 品种来源** 伊普吕配套系是由法国克里默兄弟育种公司培育的。该配套系是多品系配套模式，共有 8 个专门化品系。我国山东伟诺集团有限公司 2005 年 5 月从法国引进 5 个系（3 个父系 GGP59、GGP79、GGP119，2 个母系 GGP22、GGP77）的曾祖代约 1 000 只。

**2. 种群数量及分布** 伊普吕配套系曾祖代引入国内后，经过几年适应性选育，已适应当地的环境。目前主要分布在山东德州和青岛地区。

**3. 配套模式** 由于该配套系是多品系配套模式，配套繁杂，在生产中应用难度较大。曾祖代引进后，经过几年的适应性选育和配合力测定，目前形成了两种三系配套模式。

模式一：

GGP59♂×GGP59♀　　GGP22×GGP77　　祖代

↓　　　　↓

GGP59♂　×　GGP22-GGP77♀　　父母代

↓

GGP59-GGP22-GGP77　　商品代

模式二：

GGP119♂×GGP119♀　　GGP22×GGP77　　祖代

↓　　　　↓

GGP119♂　×　GGP22-GGP77♀　　父母代

↓

GGP119-GGP22-GGP77　　商品代

### （三）品种特征和生产性能

**1. 体形外貌特征**　GGP59（伊普吕父系）被毛白色，眼睛红色，耳朵大且厚，体形长，臀部宽厚，大型兔。GGP119（伊普吕父系）被毛灰褐色，褐色眼睛，臀部宽厚，大型兔。GGP22（伊普吕母系）体躯被毛白色，耳、鼻端、四肢及尾部为黑褐色，随年龄、季节及营养水平变化有时可为黑灰色，俗称八点黑。GGP77（伊普吕母系）白色皮毛，眼睛红色，中型兔。

**2. 生产性能**

（1）**生长发育**　GGP59 具有理想的生长速度和体重，成年兔体重 7～8kg，77 日龄体长 51cm、体重 3～3.1kg。GGP119 具有理想的生长速度和体重，成年兔体重 8kg 以上，77d 体长 46cm、体重为 2.9～3kg。GGP2270 日龄体长 41cm，体重 2.25～2.35kg，成年兔体重 5.5kg 以上。GGP77 成年兔体重 4～5kg，70 日龄体长 38cm、体重 2.45kg。

（2）**产肉性能**　GGP59 77 日龄屠宰率为 59%～60%；GGP119 77 日龄屠宰率为 59%～60%；GGP77 70 日龄屠宰率 57%～58%。

（3）**繁殖性能**　GGP59 22 周龄性成熟，窝产活仔数 8～8.2 只，35 日龄断奶个体均重 1 200g；GGP119 22 周龄性成熟，窝产仔数 8～8.2 只，35 日龄断奶个体均重 1 100g；GGP22 21 周龄性成熟，窝产仔数 10～10.5 只；GGP77 17 周龄性成熟，窝产仔数 11～12 只。

### （四）饲养管理

伊普吕配套系适应性和抗病力较强，性情温顺，易于饲养，早期生长发育快，对饲养条件要求较高，不耐粗饲。在低水平营养条件下，难以发挥其早期生长发育快的优势，在高营养条件下有较大的生产潜力。管理要求较精细，适于集约化笼养。

### （五）品种的评价与利用

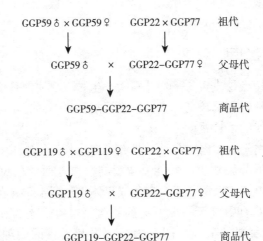

伊普吕配套系引进国内后，经过十几年的风土驯化、科学饲养，已适应我国不同区域的气候、温度、饲草等条件，生产性能得到很大程度的提高。由于配套系的保持和提高需

要完整的技术体系、足够的亲本数量和血统、良好的培育条件和过硬的育种技术，生产中易出现代系混杂现象，应引起足够重视。

伊普吕配套系的各个系具有不同的生产性能特点，在生产中可利用各个系的不同性能特点，作为育种素材，培育抗病、高繁品种。目前形成的两种三系配套模式，充分利用了父系生长速度快、屠宰率高的优势和母系繁殖性能优良、母性好的特点，商品代生产性能良好。

使用肉兔配套系进行生产，是现代集约化肉兔生产中最有优势的生产模式，但家兔生产仍是规模化养殖与农户小规模甚至分散养殖并存的现状，而配套系在后一种生产模式下很难推广应用，因此在具体生产中应区别对待。

## 十二、伊拉配套系

伊拉配套系，属肉用型配套系。

### （一）引入地的自然条件

山东省潍坊市地处山东半岛西部，地跨北纬 35°41′～37°26′，东经 108°10′～120°01′，处于北温带季风区，背陆面海，气候属暖温带季风型半湿润大陆型气候。冬冷夏热，四季分明。年平均气温 12.9℃，年平均降水量 605.8mm；无霜期 195d。饲草以农作物秸秆为主，主要有花生秧、地瓜秧、玉米秸秆等，规模生产需要从外地调入。

### （二）品种来源及分布

**1. 品种来源**　伊拉配套系是法国欧洲兔业公司在 20 世纪 70 年代末培育成的杂交配套系，它由 9 个原始品种经不同杂交组合和选育筛选出的 A、B、C、D 四个系组成，各系独具特点。2000 年 5 月 25 日山东省安丘绿洲兔业有限公司首批引进，2003 年在中华人民共和国国家工商行政管理总局注册伊拉兔商标。

**2. 种群数量及分布**　2000 年 5 月 25 日山东省安丘绿洲兔业有限公司首批引进曾祖代配套系 586 只，2006 年 6 月 15 日引进第二批曾祖代配套系 462 只，先后引进共计 1 048 只。自引入国内以来，经过近 10 年的风土驯化、科学饲养，各项技术指标有了很大程度的提高，现已遍布全国，尤以山东、四川、广西、江苏等地饲养量大，但大多饲养者不是按照配套系的生产模式进行生产，一般引进祖代或父母代后进行自繁自养。

**3. 配套模式**　由 A、B、C、D 四个不同品系杂交组和而成，其模式图为：

A♂×A♀　B♂×B♀　C♂×C♀　D♂×D♀　　曾祖代
↓　↓　↓　↓
A♂ × B♀　　C♂ × D♀　　祖代
↓　↓
AB♂ × CD♀　　父母代
↓
ABCD　　商品代

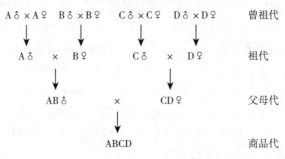

### (三) 品种特征和生产性能

**1. 体形外貌特征**

(1) 被毛特征　父系呈“八点黑”特征，母系毛纯白。商品代兔耳缘、鼻端浅灰或纯白，毛稍长，手感和回弹性好。

(2) 头颈部　父系头粗重，嘴钝圆，额宽；两耳中等长，宽厚，略向前倾或直立，耳毛较丰厚，血管不清晰；颈部粗短，颈肩结合良好，颌下肉髯不明显。母系头形清秀，耳大直立，形似柳叶，颈部稍细长，有较小的肉髯。

(3) 体躯　父系呈圆筒型，胸部宽深，背部宽平，胸肋肌肉丰满，后躯发达，臀部宽圆；母系躯体较长，骨架较大，肌肉不够丰满。

(4) 四肢　四肢稍短，健壮有力，脚底毛粗而浓密，可有效预防脚皮炎。

**2. 生产性能**

(1) 生长发育

①体长：父母代成年母兔平均体长为 (44.9±1.9) cm，成年公兔平均体长为 (46±1.8) cm。

②胸围：父母代成年母兔平均胸围为 (34.5±1.0) cm，成年公兔平均胸围为 (34.4±0.92) cm。

③体重：父母代成年母兔平均体重为 (4 266.7±418.2) g，成年母兔体重为 (4 396.7±315.9) g。

### (四) 饲养管理

伊拉配套系适应性和抗病力较强，性情温顺，易于饲养，早期生长发育快，对饲养条件要求较高，不耐粗饲。在低水平营养条件下，难以发挥其早期生长发育快的优势，在高营养条件下有较大的生产潜力。一般饲料营养含量要求为：代谢能 12.20MJ/kg、粗蛋白 18.0%、粗纤维 11.0%、钙 0.7%、磷 0.5%、蛋氨酸 0.7%。管理要求较精细，适于集约化笼养。

### (五) 品种的评价与利用

伊拉配套系是工厂化、规模化商品肉兔生产的理想品种，具有早期生长发育快、饲料报酬高、屠宰率高的性能特点。在良好的饲养管理条件下，年可繁殖 7～8 胎，胎均产仔 9 只以上，初生体重可达 60g 以上，28 日龄断奶体重 700g，70 日龄体重可达 2.52kg，饲料报酬 (2.7～2.9) ：1，半净膛屠宰率 58%～60%。适应规模化笼养，抗病力强。不耐粗饲，对饲养管理条件要求较高，在粗放的饲养条件下很难发挥其早期生长发育较快的优势。

伊拉配套系引进国内后，经过 10 年的风土驯化、科学饲养，已完全适应我国不同区域的气候、温度、饲草等条件，生产性能得到很大程度的提高。由于配套系的保持和提高需要完整的技术体系、足够的亲本数量和血统、良好的培育条件和过硬的育种技术，生产中易出现代系混杂现象，应引起足够重视。

伊拉配套系的各个系具有不同的生产性能特点，在生产中可利用各个系的不同性能特点，作为育种素材，培育抗病、高繁品种。

使用肉兔配套系进行生产是现代集约化肉兔生产中最有优势的生产模式，但家兔生产仍是规模化养殖与农户小规模甚至分散养殖并存的现状，而配套系在后一种生产模式下很难推广应用，因此在具体生产中应区别对待。

# 第六章

# 家兔的繁殖

## 第一节　公兔生殖生理

### 一、精子发生

精子发生是指精子在睾丸内形成的全过程，包括精细管上皮的生精细胞分裂、增殖、演变和向管腔释放等过程。公兔接近性成熟时，精原细胞通过有丝分裂进行增殖，然后长大成为初级精母细胞。初级精母细胞经第一次减数分裂，产生两个染色体数目减半的次级精母细胞，再经第二次减数分裂，每个次级精母细胞各产生两个精细胞。精细胞在支持细胞的顶部发生形态上急剧的变化而形成精子，精子从支持细胞的细胞质中脱出，进入精细管腔。这时的精子缺乏活动能力，不能受精。随着精细管的蠕动和收缩，精子经睾丸输出管进入附睾，在此过程中，精子完成生理成熟，获得活动能力、受精能力和受精后发育成正常胚胎的能力。精子通过附睾的时间需 8～10 d。家兔的射精量一般在 1mL 左右(0.5～2mL)，每毫升含精子 2 亿～5 亿个，公兔每天产精子个数为 1.5 亿～3 亿，与射精次数无关。附睾中存放精子的最大容量是 10 亿～20 亿个，多次射精会射出并未完全活化的精子。

成熟的精子由头部、颈部和尾部组成，尾部又可分为中段、主段和末段三部分。头部的主要成分是细胞核，其前端形成透明帽状的顶体，顶体是由高尔基复合体形成的双层薄膜囊，内含多种水解酶，如透明质酸酶、顶体酶等。顶体与受精有密切关系，如果顶体受损，精子会失去受精能力。颈部很脆弱，精子在成熟过程中稍受影响或损伤，尾部很容易在此处脱落成为无尾精子。尾部中段有线粒体形成的螺旋形结构，与精子活动有关。

### 二、性成熟

公兔的性成熟是指公兔具备稳定生产和排出能受精精子的能力。公兔性腺发育始于受精后第 16 天。出生之后，性腺的发育速度慢于身体其他部位。从出生后 5 周龄开始，性腺开始快速发育。副性腺的发育过程与性腺类似，但是发育速度更平均，而且成熟时间更晚。家兔精子发生开始于出生后第 40～50 天，在 60～70 日龄时，部分公兔开始表现出性行为，比如试图爬跨。首次交配可以发生在 100 日龄时，但是此时家兔精液中精子活力很低，或者没有精子。公兔的性成熟月龄与体形大小相关，小型兔性成熟早，中型兔次之，大型兔性成熟晚。公兔首次能够射出含有精子的精液在大约出生后 110 d，所以初次配种在 135～140 d 是最佳时间。

## 三、精液组成与变化

精液是精子和精清的混合物，精子由生精管产生，精清由附性腺和附睾在不同部位分泌。两者在射精时混合成为精液。精清中包含一些不同大小的颗粒物质，它们会影响精子穿越母兔生殖道时的运动能力。

雄性个体之间，精液参数一般有较大的差异，但是相同品系的家兔在严格按照相同的饲养程序（光照、温度、饲料）和采精频率进行饲养时，个体公兔之间的精液表现差异不大。从精液品质上看，杂合公兔比纯种兔表现更好。一般情况下，采精频率、光照、年龄、健康状况对公兔精液参数有不同程度的影响。

最新的科学研究标明，精液中含有的小颗粒物质对多种哺乳动物的生殖生理都发挥重要作用。这些小颗粒由不同的副性腺分泌，不同物种之间颗粒的化学组成差异很大，精清颗粒的大小也不相同，大颗粒可以跟精子头部一般大小，在家兔精液中最多。关于这些颗粒的作用，有不同的假说，认为它与以下过程有关：精子获能和顶体反应，精子活力，精液在母兔生殖道内的免疫反映，还有精子在母兔生殖道内的传输。

颗粒物在家兔精液中大量存在，在这些颗粒存在时，体外试验情况下，家兔精子对引起顶体反应的诱导剂极为迟钝，获能数量几乎为零。但是如果利用 Percoll 离心法将颗粒物质去掉，则抑制获能作用立刻被解除。

精清颗粒中含有大量维生素 E，占精液维生素 E 总量的 50%以上。维生素 E 的抗氧化能力可以减少精液中的自由基，增强精子对外界环境刺激的抵抗能力。

采精频率对精液参数有非常重要的影响：一周采精一回，每回采精两次（两次之间至少间隔 15 min）得到的精液无论是质量还是数量都是最好的。如果以更低的频率采集（每 14 d），会对精液产生造成抑制作用，可能原因是缺少性刺激导致雄激素分泌量下降。采精频率不仅影响精子产量，还影响精清颗粒的产生：更高的频率会降低精子和颗粒的浓度，但是精清颗粒相比精子产量更加稳定和高效。

光照时间的长短影响下丘脑-垂体性腺轴激素的分泌。相比短日照（8L：16D），16L：8D 的光照程序可以增加精子产量（质和量）。但是，光照强度对精液品质并没有明显影响。

5～28 个月龄之间的公兔精子染色体结构最稳定，6～16 个月龄家兔精子中染色质损伤最少。低于 5 月龄，高于 20 月龄，精子染色质稳定性下降。大龄公兔精子的膜稳定性较差，而且受饲料中不饱和脂肪酸含量变化影响很大。

众所周知，公兔生殖器官炎症会影响睾丸功能的发挥，并且由于抗炎因子和细胞活素的分泌，精液品质会下降。炎症引起白细胞数量增加，白细胞会增加精液中的自由基数量。如果精子发生过程中或者是射精后的精液中有大量的白细胞，会大大影响精子顶体的稳定性。

限饲会降低公兔的性欲，但是采食量的影响远没有饲料营养成分的影响重要。影响精子受精能力的因素有很多，与受胎率相关性最强的是输送精子的数量和活率。精液参数受到多方面因素的影响，比如品系、饲料、健康状态、饲养环境、季节、年龄以及采精频率等。

## 第二节　母兔生殖生理

### 一、卵子发生和卵泡发育

雌性生殖细胞的分化和成熟的过程称为卵子的发生。卵子发生包括卵原细胞的增殖、卵母细胞的生长和卵母细胞的成熟三个阶段。

#### （一）卵原细胞的增殖

卵原细胞是在胚胎期，由雌性原始生殖细胞分化而成。卵原细胞与其他细胞一样，含有高尔基体、线粒体、细胞核及1至多个核仁，通过有丝分裂形成许多卵原细胞，此期称为增殖期。卵原细胞增殖结束后，发育成初级卵母细胞，短时间内被卵泡细胞包围而形成原始卵泡。原始卵泡出现后，有的卵母细胞便开始退化，所以卵母细胞数量逐渐减少，最后能发育成熟并排出的卵子数量只有极少数。

#### （二）卵母细胞的生长及成熟

卵母细胞发育成为初级卵母细胞并形成卵泡后，卵泡细胞为卵母细胞提供营养物质，为以后的发育提供能量来源。卵泡细胞分泌的液体聚集在卵黄膜周围，形成透明带，卵母细胞此时增长迅速，约在卵泡发育开始形成空腔时达到其成熟时的大小，随后，卵母细胞不再增大，而只有卵泡增大。

#### （三）卵泡发育

卵泡经过原始卵泡、次级卵泡、生长卵泡和成熟卵泡等发育阶段达到成熟，家兔在出生前卵巢内就含有大量的原始卵泡，但出生后随着年龄的增长，数量不断减少，发育过程中多数卵泡中途闭锁死亡，只有少数卵泡才能发育成熟而排卵。

**1. 原始卵泡**　其核心为一卵母细胞，周围为一层扁平卵泡上皮细胞，无卵泡膜和卵泡腔。

**2. 初级卵泡**　由卵母细胞和周围单层柱状卵泡上皮细胞组成，无卵泡膜和卵泡腔。许多初级卵泡在发育过程中退化。

**3. 次级卵泡**　随着卵泡的生长，初级卵泡移向卵巢皮质中央，卵母细胞周围的卵泡上皮细胞增殖，由卵母细胞和卵泡细胞共同分泌出一层由黏多糖构成的透明带，聚集在颗粒细胞和卵黄膜间。

**4. 成熟卵泡**　随着卵泡的进一步发育，颗粒细胞层进一步增加，并逐渐分离，形成许多不规则的腔隙，充满卵泡液，而且越积越多，空腔越来越大，卵母细胞被挤向一边，形成半岛状突出在卵泡腔内，称卵丘，这时的卵泡扩展到整个皮质而突出在卵巢表面，为成熟卵泡。

性成熟后，母兔卵巢上会经常出现成熟卵泡、次级卵泡等在内的不同发育阶段的卵泡。成熟卵泡经过交配刺激，或者其他类似交配刺激的外源刺激，经 10～12 h，卵泡中的卵子释放出来，随后在卵泡破裂的地方形成黄体，分泌孕激素，用以维持妊娠；否则这些成熟的卵泡在雌激素与孕激素协同作用下经 10～16 d 之后则逐渐萎缩、退化，被周围组织所吸收，同时次级卵泡再次发育成熟，循环往复。研究表明：母兔卵巢内经常有一批卵泡处于发育之中，当前一批卵泡尚未完全退化后，后一批卵泡又接着发育；在前后两批卵泡发育的交替中，雌激素浓度也必然发生由高到低，由低到高的变化，但这种变化并无严格规律性。资料显示：家兔在每个发情期两侧卵巢产生的卵子数 18～20 个，数量相对稳定；但家兔每次的成熟卵泡数受环境影响极大。卵泡的发育和成熟，受到脑垂体激素的控制，凡是直接或间接影响垂体激素释放的因素，都会影响成熟卵泡数量。

## 二、性成熟、初配期及利用年限

母兔性成熟是指幼兔生长发育到一定时期，性器官发育成熟，产生成熟的卵子及相应的性激素，并表现出发情特征和性行为，具有繁殖后代的能力，此时称为性成熟。一般来说，品种间的性成熟早晚存在差异，小型品种比中型品种性成熟早，中型品种比大型品种早，而地方品种一般性成熟比较早。

### （一）初配年龄

母兔达到性成熟时，其体重只相当于成年体重的 60%左右，尚未达到体成熟。此时虽具有配种繁殖的能力，但因身体各部器官仍处于发育阶段，配种会影响母兔本身及后代的生长发育，如母兔泌乳力下降、仔兔生产发育过缓及成活率低等；实际生产中，初配期一般在性成熟之后，体成熟之前。可以按照该品种（系）达到成年体重的 80%时开始初配。根据年龄来配种，在生产发育正常的情况下，小型品种 4～5 月龄，中型品种 5～6 月龄，大型品种 6～7 月龄见表 6-1。

**表 6-1　不同品种母兔性成熟及初配的年龄**

| 品种类型 | 品种 | 母兔 | |
|---|---|---|---|
| | | 性成熟月龄 | 初配月龄 |
| 大型品种 | 弗朗德兔<br>哈白兔<br>塞北兔<br>花巨兔 | 5～6 | 6～7 |
| 中型品种 | 新西兰白兔<br>加利福尼亚兔 | 4～5 | 5～6 |
| 小型品种 | 闽西南黑兔<br>荷兰兔<br>中国白兔 | 3～4 | 4～5 |

### （二）利用年限

从初配算起，母兔可利用年限一般为2～3年。实际生产中，要根据体质、生产性能和后代生长发育情况，进行逐步选留、淘汰或者更新。若体质健壮、使用合理、母性好、产仔多且后代发育好，则母兔的配种产仔年限可以适当延长。当频密繁殖时，按照所产胎次确定淘汰时间，一般产10～12胎即要淘汰。在繁殖利用年限中，对繁殖力较差、体质下降较快的母兔要及时淘汰。

## 三、发情

### （一）发情表现

母兔性成熟后，卵巢中的卵泡迅速发育，由卵泡内膜产生的雌激素作用于大脑的性活动中枢，导致母兔出现周期性的性活动表现，称为发情；母兔从上一次发情开始到下一次发情的间隔时间，或由这一次排卵至下一次排卵的间隔时间，称为发情周期；每次发情的持续时间称为发情持续期。发情的主要表现有：

**1. 精神状态** 举动活跃、烦躁不安、爱跑跳、食欲下降、采食量减少、用前肢刨地或用后肢拍打底板、用下颌摩擦饲槽、叼草、拉毛、频频排尿。

**2. 性行为反应** 主动接近或爬跨公兔，甚至爬跨自己的仔兔或同笼母兔。当公兔追逐爬跨时，会主动伏卧在地，伸长体躯，抬起后躯，常作出愿意接受交配的姿势。

**3. 生殖道变化** 母兔不同发情时间，外阴黏膜会产生相应变化。当外阴部粉红、干燥、松软时，为发情初期，此时配种还较早；当外阴部大红、肿胀且湿润时，为发情中期（盛期），此时配种受胎率最高，产仔数较多；当外阴部紫红，皱缩时，为发情末期，此时配种已较晚，需等待下一个发情周期。

### （二）发情特点

虽然对家兔是否存在发情周期有一定争议，但一般认为家兔发情周期有其自身的特点：

**1. 发情周期不固定性** 不论是同一母兔的各个周期的长短，还是不同母兔的周期之间都存在差异，发情周期一般为7～15 d，发情持续期为1～5 d。国际上对于家兔是否存在发情周期有不同的看法。有人认为母兔不存在发情的周期性，母兔卵巢上经常存在成熟的卵泡，因此任何时候配种均可受胎；另一些人认为母兔的发情存在重复性，只要卵巢内有一批卵泡发育到成熟阶段，母兔就会出现发情症状。

**2. 发情不完全性** 母兔发情三大表现，即精神状态、性欲反应和生殖道变化，并不总在每个发情母兔身上同时出现，而只是同时出现一个或者两个方面，称为发情不完全。

**3. 发情无季节性** 一年四季均可发情、配种和产仔。一般来说，当气候较温暖及饲料较丰富时，就是母兔最好的繁殖季节。

**4. 产后发情早** 母兔分娩后第二天普遍发情，此时可行配种，产后6～12 h配种受胎率最高。

**5. 断奶后普遍发情**　仔兔断奶后一般 3 d 左右，母兔普遍发情，配种受胎率较高。

此外，地方品种发情表现比较完全，一旦发情，比较容易接受交配。而高度育成品种或大型品种，往往发情表现不完全。多种不同的因素会影响家兔的发情。

### （三）影响发情的因素

**1. 季节**　家兔一年四季均可发情，但受季节影响较大。一般来说，发情最好的季节依次为春季、秋季、夏季和冬季。

**2. 健康状况**　一般健康状况好的母兔发情好于健康状况较差的母兔。

**3. 生理阶段**　不同生理阶段，母兔的发情率存在差异。一般分娩后第 2 天及断奶 3d 左右普遍发情，而泌乳期发情率较低甚至不发情。

**4. 品种品系**　一般中小型兔发情能力要好于大型兔。

## 四、诱发排卵

家兔是刺激性排卵动物，只有经过交配刺激，或者其他类似交配刺激的外源刺激后（如采毛、抚摸臀部、刺激阴户等；或者注射激素药物），10～12 h 卵子才从卵巢中排出，这种现象称为刺激性排卵或诱发排卵。这种有条件的排卵，主要原因是母兔脑下垂体不会自发释放足够引起成熟卵泡破裂的促黄体素。排出的卵子进入输卵管后向子宫方向移动。卵子在输卵管中运行的速度一般在输卵管的前 1/3 处的膨大部运行较快，中段较慢，卵子需要经过2～2.5 d 才能到达子宫。家兔卵子保持受精能力的时间约 6 h，而卵子排出后2 h 受精能力最强，因为随着时间的延长，卵子与输卵管腺体分泌物接触而发生某些生理变化，逐渐衰老，失去受精能力。但是，家兔虽是诱发排卵，也常发生排卵不一定发情，发情不一定排卵的现象。如采用人工授精，母兔输精的理想时间，应该在诱发排卵后 2～8 h以内。

常见的诱发排卵方法包括：

**1. 生殖激素诱导排卵法**　对于已发情的母兔，由耳静脉或肌注内注射人绒毛膜促性腺激素 HCG 50IU，或促黄体素 LH50 IU，在注射后 6h 之内输精，便可达到预期的效果；对未发情的母兔，可用雌二醇、己烯雌酚等雌性激素静脉注射或肌内注射，均可起作用。也可以用孕马血清促性腺激素（PMSG）先诱导发情，每天皮下注射 120 IU，连续注射 2 d，隔 48 h 视母兔发情情况和外阴部红肿程度，再由耳静脉注射人绒毛膜促性腺激素 HCG 50IU，6 h 之内输精，也可达到效果。

**2. 公兔诱导排卵法**　即利用体格健壮、性欲旺盛、经过结扎输精管的试情公兔进行交配刺激，促使母兔排卵。这种方法，不论母兔是否发情，都相对简单，效果也较好。对于未发情的青年母兔，或发情表现不明显的母兔，可用试情公兔强迫进行交配刺激，交配后 4～6 h 内输精也有妊娠可能。

# 第三节　家兔的常规繁殖技术

## 一、发情鉴定

由于母兔具有发情周期不固定，外部可见发情特征不明显的特点，在配种之前进行发情鉴定是尤为重要的。发情鉴定可以及时发现发情母兔，正确掌握配种的时间，能够有效地防止误配、漏配，是提高受胎率的有效手段。发情鉴定的方法一般分为以下几种：

### （一）观察法

观察法是根据母兔的精神状态，行为变化来判断是否发情。如果母兔发情，一般表现为兴奋不安，食欲减退，在笼内跳动不安，有时用下巴摩擦笼具，爬跨同笼的母兔，频频排尿，愿意接受公兔追逐爬跨，有时还有衔草做窝和隔笼观望等现象。当母兔发情时，抚摸母兔时表现温顺，趴贴笼底，展开身子，翘起尾巴。检查外阴部时，母兔后脚颤，抖顺从不闹。

### （二）外阴检查法

在实际生产中，外阴检查法是最为常用，也是最准确的发情鉴定方法。将母兔取出，右手抓住母兔的两耳和颈部皮肤，左手托其臀部，使之腹部向上；食指和中指夹住母兔的尾根，拇指按压母兔的外阴往外翻，使之外阴黏膜充分暴露，观察其颜色、肿胀程度和湿润情况。我们可根据母兔外阴黏膜的颜色和湿润程度将母兔的发情阶段分为：休情期、发情初期、发情中期和发情末期。休情期母兔外阴黏膜苍白、萎缩、干燥，发情初期粉红色、肿胀、湿润，发情中期大红色、极度肿胀和湿润，发情后期呈黑紫色，肿胀逐渐减退，并变得干燥。发情中期，配种受胎率和产仔数都高。故有种说法“粉红早，黑紫迟，大红配种正当时”。在实际生产中，饲养工作人员要细心观察，认真检查。

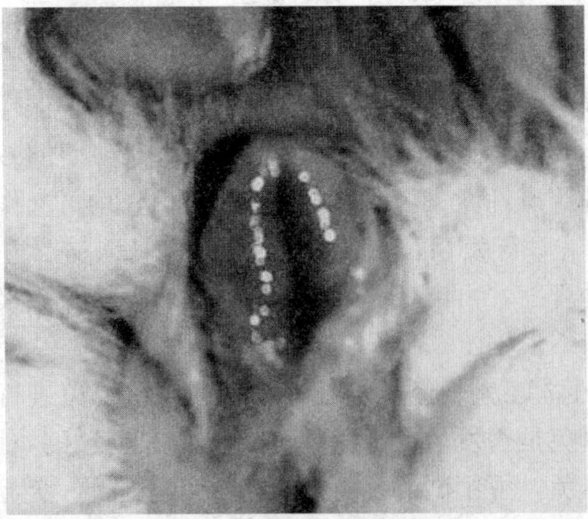

图 6-1　休情期

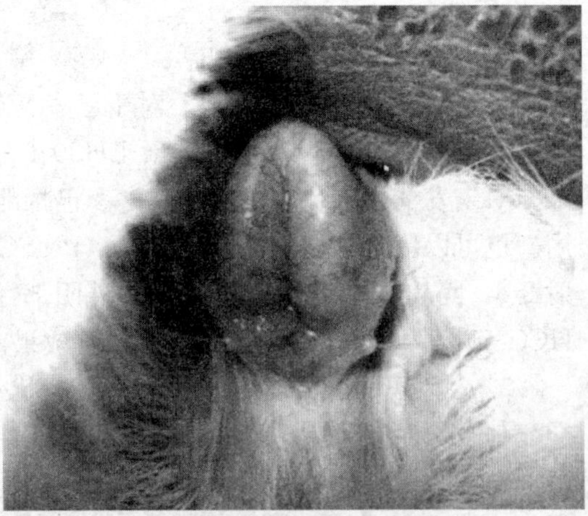

图 6-2　发情初期

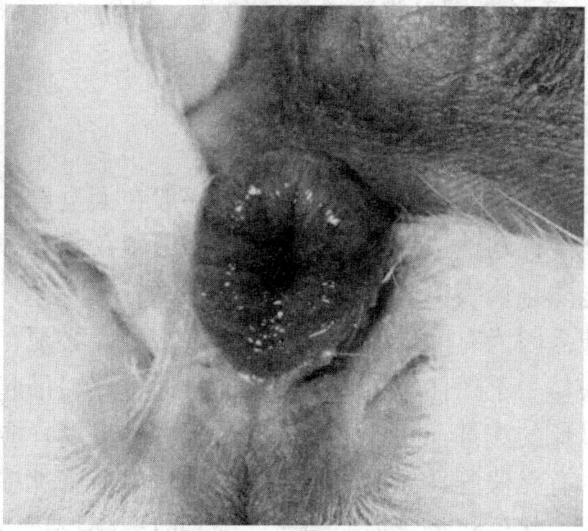

图 6-3 发情中期

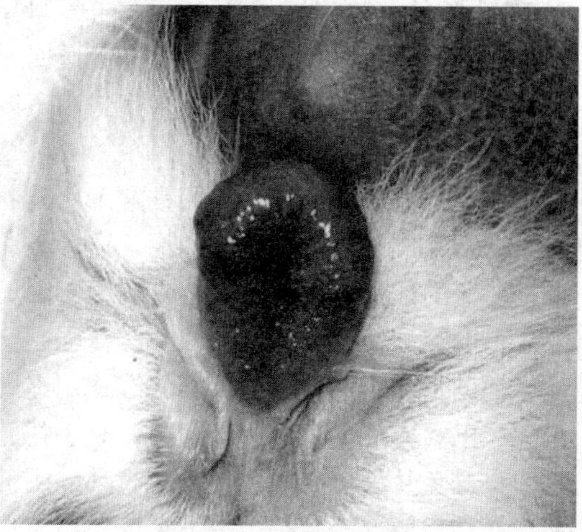

图 6-4 发情末期

### （三）公兔试情法

也可采用公兔试情法进行发情鉴定，将母兔放在公兔笼内，若主动亲近公兔，咬舔公兔，甚至爬跨公兔，则说明母兔已发情。此时将性欲强的公兔放进母兔笼中可立即交配。若是不发情的母兔放入公兔笼内则拒绝交配，跑躲甚至咬公兔，即使公兔爬跨，母兔也不翘尾，用尾巴紧紧压盖外阴，此时人为强拉母兔尾巴时，母兔会挣跑并发出怒叫。

## 二、配种技术

配种技术是家兔繁殖中最基本的技术，其目的是为了通过配种，促进母兔受胎，生产更多的后代仔兔和商品兔。配种前，应将种兔健康状况进行认真检查。凡体质瘦弱、性欲不强、患有传染性疾病和生殖系统疾病等都不能参加配种。对毛兔来说，还需剪掉公、母兔外生殖器官周期的长毛，以便配种。应清理公兔笼内的粪便、污物。具体配种时应该注意：配种的场所是在公兔笼内，必须把发情母兔放入公兔笼内，而不能把公兔放入母兔笼内，以防环境变化，分散公兔精力，延误交配效率。

配种之前必须对待配母兔进行发情鉴定，根据发情状态选择不同的配种方式。一般由于发情中期的母兔发情状态好，可采取自然配种的方式完成交配。对发情初期和发情末期的母兔，如拒绝配种的可采取人工辅助交配的配种方式。对休情期母兔，则应暂停配种，待母兔发情状态较好时再进行配种。

### （一）自然配种

将母兔轻轻地放入公兔笼内，如母兔不拒配并表示亲近配合，即可顺利进行配种。公兔追逐母兔，母兔举尾迎合，公兔将阴茎插入母兔阴道内，臀部屈弓，随射精动作发出“咕咕”尖叫声，后肢卷缩，滑下倒向一侧，数秒钟后，爬起顿足，表示顺利射精，交配完毕。配完后应立即在母兔臀部轻拍一下，母兔紧张即可将精液深深吸入，以防精液倒流，促进精卵结合受胎。最后将母兔送回原笼。

### （二）辅助交配

在现代养兔生产中，人们常常采用笼养的方式，在这个前提下，配种一般在人员看守和帮助下完成。与自然交配相比，这种方法能有计划地选种选配，避免近亲繁殖；能合理安排公兔的配种次数，延长公兔使用年限；能防止疾病传播，提高其健康水平。

辅助交配又称强制配种法，实行强制交配是因为有的母兔在配种时拒绝交配，必须在人工辅助下强制进行。强制交配方式用绳助法，一手抓住母兔耳部固定之，通过尾绳吊起母兔尾巴，露出母兔外阴部，另一只手托起母兔的腹部，迎合公兔交配。配种结束后，应立即将母兔从公兔笼内取出，检查其外阴部，有无假配。如无假配现象立即将母兔臀部提起，并在后躯部轻轻拍击一下，以防精液逆流，然后将母兔放回原笼。配种时要保持环境安静，禁止围观和大声喧哗，及时做好配种登记工作。

### （三）配种注意事项

要注意掌握配种时间和公、母兔比例，一般春、秋季在上午 10 时左右配种，夏季利用清晨傍晚，冬季利用中午暖和的时间进行。采取人工辅助交配，种兔的公、母比例以1∶（7～8）为宜。要注意合理安排公兔配种的次数，公兔长期不配或过度配种都会引起不育或少育。因公兔长期不配，会使积存在附睾中的衰老或死亡精子增加，过度配种又会使精子的生成跟不上，精液浓度低，未成熟或畸形精子增多。所以，一般合理配种的次数大致为每天 1 次，配 2 d 休息 1 d。

对长期不发情拒绝交配的母兔，可采用一定的催情方法。一种是性诱催情法。将母兔放入公兔笼内，通过追逐、爬跨等刺激后，再将母兔送回原笼。经 2～3 次后就能诱发母兔分泌性激素，促使其发情。一般采取早上催情，傍晚配种。另一种是激素催情法。母兔的发情排卵是内分泌调节的结果，使用外源性激素也能收到不错的效果。通常采用的激素有促卵泡素、人绒毛膜促性腺激素、孕马血清促性腺激素、促排卵 2 号等，按照说明应用，都能取得良好的效果。应用激素还可以对母兔的发情周期进行同期化处理，使大量母兔在短时间内集中发情，以便同期配种繁殖，也就是可以应用同期发情技术。此项技术对集约化、规模化、工厂化养兔生产及科研育种工作意义十分重大。

## 三、妊娠诊断技术

母兔在配种之后，鉴定其是否受胎的技术就称为妊娠诊断技术，是保证母兔较高繁殖性能的一项重要技术。实际生产过程中，最常用的妊娠诊断方法是摸胎检查法。

即在母兔配种之后 10～12 d，由经验丰富的人员用手触摸母兔的腹部，以鉴定母兔是否妊娠。该方法操作简单，准确率高。具体方法是，将待查母兔放置于地面或工作台上，使母兔的头部朝向检查者，一只手抓住母兔的双耳和颈部以保定好母兔，使其不要乱动；另外一只手呈八字形伸开，掌心向上伸向腹部，稍稍托起母兔但四脚不离开地面，使其腹内容物前移，五指轻轻合拢，隔着腹壁由前到后轻轻触摸腹内容物的质地、形状与大小。若感觉腹内容物柔软如棉，则表明该母兔没有妊娠；若能感觉到如花生粒大小的球形物来回滑动，不易捕捉到，且轻捏有弹性，球形物就是胎儿，表明该母兔已经妊娠。

摸胎对相关人员的技术水平有一定的要求。对于初学者来说，容易把 8～12 d 的胚胎与粪球相混淆。粪球一般为卵圆形，且质地较硬无弹性，在腹腔内部无固定的位置，并且与肠道相连；而胚胎表面光滑有弹性，位置较固定，用手触摸来回波动。其次，在检查的过程中，有一些母兔因个体的差异，胚胎数量较少，检查时要由前至后反复触摸才能检查到胚胎。另外，摸胎对母兔来说是一种应激，因此在操作的过程中，动作要轻，不要用手去捏胚胎或捏胚胎数，以免造成母兔流产或死胎。

经鉴定妊娠的母兔，要注意提高日粮中营养水平，保持环境安静，避免其受到来自于人为、环境等方面的刺激，顺利度过妊娠期，以保证其正常分娩；而对于未妊娠的母兔，则要及时进行补配，尽可能地降低母兔的空怀率，以提高母兔的繁殖力。

## 四、接产技术

母兔的分娩是一个复杂的生理过程。经过 30 d 左右的妊娠期之后，母兔就开始分娩了。在人为的辅助和照料下，母兔顺利产下仔兔的技术称为母兔的接产技术。由于个体差异，母兔的分娩一般发生在妊娠的 28～31 d，以妊娠的 29～30 d 居多。因此，整个接产过程一般持续 3～4 d。另外，由于母兔的分娩一般在夜间的居多，这也注定了我们的接产绝大多数情况下需要在夜间进行。一般情况下，母兔自身即可完成整个分娩过程，不需人工接产；但为了降低仔兔的死亡率，提高母兔的繁殖性能，需要人为地加强产前的准备和产后的护理工作。

### （一）分娩前的准备

在母兔分娩前，饲养人员应做好准备工作。一般在妊娠的 27d 开始，将消毒过的产箱放置在兔笼内，同时，里面放置一些干净的稻草、刨花、旧棉花等，把母兔捉进产箱内，让其尽早熟悉环境，防止母兔将仔兔产在产箱外。

此外，大多数母兔有拔毛筑巢动作，对于不拔毛的母兔，特别是一些初产母兔，可在分娩前人为的辅助将母兔腹部，特别是乳头周围的被毛拔掉，以诱发母兔的拉毛行为，刺激母兔的泌乳。

### （二）分娩过程

母兔分娩前，其体内的一系列生殖激素发生明显的变化。主要表现在孕激素水平明显降低，相反，雌激素水平显著上升，垂体后叶释放催产素。在母体内这些生殖激素的作用下，母兔在产前数天会出现乳房肿胀，有些可排出初乳，外阴部湿润、肿胀，腰部两侧有不同程度的凹陷，食欲减退，采食量明显下降，有些有衔草做窝动作，并且大多数的母兔有拔毛筑巢的现象。临近分娩时，在体内催产素的作用下，子宫平滑肌开始收缩，子宫颈开始扩大，且母兔表现出紧张不安。随着子宫平滑肌收缩次数和强度的逐步增加，子宫颈完全张开，开始排出羊水，此后不久，胎儿开始逐个排出体外。此时，母兔卧在产箱内，当看到母兔的臀部稍稍抬起时，则表明产下一个胎儿。每产下一个胎儿，母兔用舌舔干胎儿身上的黏液和血液，然后继续产仔。一般情况下，每 2～3 min，就产下一个胎儿，整个过程需要 15～30 min。产下的仔兔在几分钟之后就开始吮乳。由于仔兔的吮吸刺激，母兔体内的催产素进一步释放，致使母兔的分娩速度加快，分娩时间缩短。有的母兔一边分娩一边哺乳，母性较强的母兔在分娩结束后不久，已将仔兔喂饱。此时，母兔会将被毛等铺盖在小兔的身上，然后离开产箱，至此，分娩过程结束。

### （三）接产的注意事项及产后的护理

1. 在分娩的过程中，如遇到母兔将胎儿与胎衣一起吃掉的现象，要迅速分析原因，查看母兔是否受到人为、环境等因素刺激。如下次分娩时，再次出现类似的状况，则应该及时淘汰母兔，更换新种。

2. 在气温较高的季节，要注意产房的温度、湿度等因素。特别是在夏季，要及时采取降温、通风、遮阳等措施，以防止母兔中暑。

3. 及时处理难产的母兔。遇到超过 33 d 不产，或者出血较多、难产乏力的母兔，要及时肌内注射催产素，一般情况下为 3～4 IU。经过 5～15 min，胎儿一般都可产出。胎儿产出之后，护理人员要迅速辅助母兔撕破胎衣，擦干口鼻部的黏液，并轻轻按压仔兔的喉部，以引起其咳嗽反射，直到仔兔可以正常呼吸以后，放入产箱保暖。

4. 母兔的分娩一般在夜间进行。如发现白天产仔的母兔，护理人员要保持环境安静，禁止大声喧哗和无关人员的围观。

5. 产后要及时清理潮湿的垫草、死胎等，换上干净的垫草。特别是在气温较低的季节，需要在产箱底部铺上干净的垫草，同时铺上母兔产后干净的被毛，再将仔兔放置在上面，然后再盖上一层干净的绒毛或棉花，以防止所产的仔兔被冻死。

6. 产后的母兔要及时提高日粮中的营养水平，增加投料量。如有条件的话，可以在饲料中增加一些维生素等提高机体抵抗力的营养元素，使母兔体况尽快恢复，以应对哺乳期的需要。

# 第四节　家兔繁殖新技术

## 一、人工授精技术

人工授精是指使用特制的采精器将优秀种公兔的精液采集出来，经过精液品质检查评定合格后，再按一定比例用稀释液稀释处理，借助输精枪将定量稀释精液输入发情母兔生殖道内的一种人工辅助配种技术。

人工授精技术是家兔繁育生产工作中较为经济、高效的方法，适用于规模化养殖模式，与同期发情技术一起使用，大大提高了兔业的生产效率。一只公兔一次采集的精液经适当比例稀释后，可给 10～20 只发情母兔授精，一只公兔全年可负担 100～200 只母兔的配种需要。采用人工授精技术，可以充分利用优秀种公兔的潜力，大大减少了种公兔的饲养量，从而节约昂贵的饲养成本，提高兔场的经济效益。同时加快了兔群的遗传改良，精液冷藏保存后可以实行异地配种，有利于良种的推广。人工授精避免了公母兔的直接接触，可防止生殖器官疾病及其他传染病的传播，从而改善整个兔群的健康状况。

有条件的养殖场应实行人工授精技术，但这需要熟练的专业技术人员和必要的仪器设备及药品。人工授精技术包括采精前准备工作、采精、精液品质检查、精液稀释、精液保存与运输、输精等几个主要操作步骤。

### （一）采精前准备工作

**1. 采精器的准备**　兔采精普遍使用假阴道，主要由外壳、内胎和集精器三部分构成。目前无专门生产定型的兔用采精假阴道，一般用硬质橡皮管、塑料管或竹管代替，内胎可用手术用的乳胶指套或避孕套代替。

**2. 输精器的准备**　输精器的使用最好避免市面上销售的几十元或几元的产品，因为它们一般是塑料制品，容易在母兔阴道发生断裂，对母兔造成伤害，而且无法在沸水中消毒，所以有感染疾病的风险。玻璃制输精器虽标明刻度，而且不易断裂，但压力太小，不容易使用。德国进口的连续输精枪，输精深度可达 11 cm，连续输精，效率很高，建议规模化兔场使用，小型兔场则会感觉价格太贵。国产连续输精枪由塑料制成，刻度精确，压力大。输精深度可以达到 10 cm，价格便宜，一般兔场都可以承受。

**3. 器械的消毒处理**　凡是与精液或母兔内生殖道接触的器械用具必须清洗消毒。耐高温的器皿可在 106 ℃干燥箱内消毒 10 min，不耐高温的器皿用 75%酒精或 0.01%高锰酸钾消毒，然后再用无菌生理盐水冲去残余消毒液。输精管最好每兔一只，消毒后可以再次使用，以避免相互间的交叉感染。

**4. 台兔的准备**　公兔初次采精最好用健康发情的母兔作为台兔。也可在采精人员手臂上，用木板或竹条作为支架，在其上蒙一张处理过的兔皮做成假台兔。

**5. 采精公兔的训练**　对未采过精的公兔需要进行训练，使其学会爬跨。刚开始时，选择健康发情的母兔让公兔爬跨，但不让其配种，反复多次训练。待公兔学会采精时爬跨后，只要见到假台兔，便会主动去爬跨。

### （二）采精

采精时，左手抓住母兔的双耳和颈皮，使母兔后躯朝向笼内；右手握住假阴道，将假阴道置于母兔两后肢之间，假阴道开口紧贴外阴部并保持与成水平 300°角。等待公兔爬上母兔后躯并挺出阴茎后，立即将假阴道套入公兔阴茎，当公兔臀部不断抖动，向前一挺，后躯蜷缩，并向母兔一侧滑下并发出“咕咕”的叫声，表示射精结束。将母兔放开，竖直假阴道，使精液流入集精管。

公兔经过采精训练后，一般见到台兔就自行爬跨。一般先把台兔放入公兔笼内，引起公兔性欲，待公兔爬跨上台兔后，其余步骤与使用母兔采精一致，取下集精管送交检验室进行品质评定。该采精方法简单实用，只要采精人员技术熟练，将温度、压力、润滑性等条件调节合适，几秒钟便可采得精液。

### （三）精液品质检查

精液品质检查应在采精后立即进行，18～25 ℃室温条件下进行比较适宜。品质检查分为外观检查和显微检查两项。外观检查主要观察射精量、色泽浑浊度等，显微检查主要检测精子活力、精子密度与畸形率等。

**1. 外观检查** 正常公兔的精液呈乳白色或灰白色，有的略带黄色，浑浊而不透明，其颜色深浅与浑浊度原则上与精子浓度成正比，pH 在 6.8～7.3，公兔每次射精量在 0.5～1.5 mL。新鲜的精液一般无臭味，有特殊的腥味，如果混入尿液时则会有腥味；公兔生殖器有炎症出血时，精液带红色；精子过少或无精子的精液呈清水样。

**2. 显微检查** 显微检查是指用乳头吸管吸取少量精液滴在载玻片上，轻轻盖好盖玻片，置于显微镜载物台上，在 200～400 倍下观察。检测时，应把显微镜放置在局部温度 37～40 ℃的恒温台或保温箱内进行。检查主要分为以下三个方面：

（1）*密度测定* 评定精子密度时，多使用估测法，该方法简单方便，但估测者需要有一定的经验。估测法是直接观察显微镜视野中精子的稠密程度，分为“密、中、稀”三个等级。视野中精子之间相互几乎无间隙，可认定为“密”；精子间能容纳 1～2 个精子为“中”；精子间能容纳 2 个以上精子为“稀”，或精子呈零星分布。可以输精的精子密度必须达到“中”级以上，才能保证母兔的受胎率。

（2）*活力检查* 精子活力大小的鉴定是依据精子运动的三种方式所占的比例来进行的，这三种活动方式分别是直线运动、旋转运动和摇摆运动。精子活力采用“十分制”进行计分，视野中精子 100%直线运动记为活力 1.0，精子 90%呈直线运动记为活力 0.9，依次往下类推。为保证母兔受胎率，输精的常温精子活力应达到 0.6 以上，冷冻精液解冻后精子活力要在 0.3 以上。

（3）*畸形检查* 精子畸形率是指精液中畸形精子所占的比例，该指标对母兔的受胎率有直接影响。畸形精子主要有双头、双尾、大头、小尾、无头、无尾、尾部卷曲等类型。在检查之前，将精子染色、固定，然后再在 400～600 倍显微镜下观察，计算视野中畸形精子占精子总数的比例，即为畸形率。精子畸形率在 20%以下的精液方可用于人工授精。

### （四）精液稀释

公兔一次射精量仅有 0.5～1.5 mL，但精子密度很大，每毫升精液中含有 2 亿～5 亿个精子，稀释的目的在于增加精液量，扩大输精母兔数量。精液的稀释倍数一般在 1∶(3～10)。通过稀释精液可以充分发挥优良种公兔的价值，而且稀释液可缓冲精液的酸碱度，增加精子营养及生命力，延长精子寿命。

**1. 稀释液种类** 为保证精液质量，稀释液最好现用现配。常用的稀释液配制方法有如下几种：

（1）*葡萄糖卵黄稀释液* 无水葡萄糖 7.6 g 加蒸馏水至 100 mL，充分溶解，过滤，密封，煮沸 20 min 后，冷却至 25～30 ℃，再加入 1～3 mL 新鲜卵黄及青霉素、链霉素各 10 万 U，摇匀溶解，贴好标签备用。

（2）*蔗糖卵黄稀释液* 蔗糖 11 g，加蒸馏水至 100 mL。配制方法同（1）。

（3）**柠檬酸钠卵黄稀释液**　柠檬酸钠 2.9 g，加蒸馏水至 100 mL。配制方法同（1）。

（4）**柠檬酸钠葡萄糖稀释液**　柠檬酸钠 0.38 g，无水葡萄糖 4.5 g，卵黄 1～3 mL，青、链霉素各 10 万 U，加蒸馏水至 100 mL。

（5）**牛奶卵黄稀释液**　鲜牛奶或奶粉 5 g 或 10 g，加蒸馏水至 100mL。配制方法同（1）。

（6）**生理盐水稀释液**　0.9%氯化钠的无菌溶液，加入青、链霉素各 10 万 U。

**2. 稀释方法**　用吸管吸取事先预热与精液等温的稀释液（25～30 ℃）沿试管壁缓慢加入至精液中，加入后用玻璃棒轻轻搅动，使其混合均匀，避免用力摇晃。稀释后的精液应做一次镜检，一般情况下精子活力有所提高，若精子活力下降明显，说明稀释液不合适或操作不当，应尽快找出原因。通常精液以稀释 5～9 倍为宜，保证每毫升精液活力旺盛的精子数量在 1 000 万以上。

### （五）精液保存与运输

**1. 液态保存**　刚采出来新鲜精液，如果放到与精液相同温度的器皿里保存，精子存活时间只有几小时。低温保存法是在精液中添加稀释保存液，保存在冰箱或低温环境的保温瓶中。在 0～4 ℃ 的情况下保存，存活时间可达 45 h。但在降温时应以每分钟降温 0.5～1 ℃ 为宜，切不可降温过快。

**2. 精液的运输**　鲜精保存时间短，只宜作短途运输。一般只需一个广口保温瓶或大保温杯即可。随季节和气温决定是否在保温瓶（杯）中加冰块，气温高时加冰块保险。装稀释精液的容器大小视需要精液量而定，但要装满盖紧，瓶口无空间，以减少振动。容器外要裹几层纱布或毛巾，特别是加放冰块时必须这样做，这样既能保护精液瓶，也能缓冲低温直接接触容器，防止对精子的冷打击。

冻精在液氮中可长期保存，并可运输到远近各地，甚至可作国际间交流。主要需一个液氮罐，这是一种双层超真空的特殊容器。用液氮罐运冻精时应特别注意的是要防止罐子倾斜，更不能翻倒，否则罐内的液氮流出会冻伤人的手脚，所以在运输时要将罐子绑牢，固定在车、船、飞机上。如无液氮罐和液氮，只有干冰（固体二氧化碳），那么可用大容量广口瓶装八九成干冰，将冻精埋在干冰中也可，但这种办法不宜做较远距离运输。

### （六）输精

**1. 促排卵处理**　由于母兔为诱导性排卵动物，排卵发生在交配或性刺激后 10～12h，所以在给母兔人工授精之前，应先进行排卵处理。在人工授精前，对每只母兔肌内注射 0.5μg 促排 3 号刺激排卵，或者每只母兔注射绒毛膜促性腺激素（HCG）50IU、黄体素（LH）50IU 等。应在注射激素后 6h 内输精。对尚未发情的母兔可先用孕马血清促性腺激素、雌二醇等诱导发情，然后再刺激排卵。

**2. 输精方法**　人工授精需使用经过消毒的兔专用玻璃输精器或输精枪。左手抓住兔双耳和颈皮，右手将尾巴翻压在背部并抓起尾部及背部皮肉，将后躯向上头向下，腹部面向输精员固定好。输精员左手拇指在下，食指在上，按压外阴，将外阴部翻开，右手持玻璃输精器或输精枪沿阴道壁轻插入阴道内，遇到阻力时，向外抽一下，并换一个方向再向内插，插入 6～8 cm 为宜，将稀释液 0.5 mL 注入阴道子宫颈口。输精后将输精器缓缓抽出，并用力拍拍母兔臀部，以防精液逆流。采用倒提法输精效果也很好，即把母兔头颈部轻夹于两膝之间，一手抓提母兔臀和尾部，另一手持输精器输精。最好采取双人操作，一人保定母兔，另一人输精。

**3. 注意事项** 家兔人工授精成败的关键，首先是要有品质优良的精液，这除了要求对公兔的严格选择，良好的饲养管理外，还要求严格的消毒和精液的合理稀释与保存。其中，最容易犯的错误是消毒不严格，使精子受到不应有的伤害，或者造成母兔生殖道感染。所以，在整个人工授精过程各环节都必须严格消毒，而且最好采用物理消毒法，如煮沸、蒸汽、干燥和紫外线消毒等。若用化学药物如酒精等消毒时，一定要待其挥发完全后再用生理盐水反复冲洗，否则精子将被伤害。

## 二、精液冷冻技术

### （一）家兔精液冷冻的历史

可考的最早关于家兔精液冷冻在 1942 年由 Hoagland and Pincus 报道的，不同于人类精液冷冻后仍能保持较高活力，家兔精液在进行过各种各样的胞质浓缩预处理之后放入液氮冷冻，解冻后几乎找不到活精子。

1949 年发现甘油的抗冻效果之后，有很多研究者也在家兔上做了使用探索。但是不久他们就发现甘油不能够对家兔精液提供足够的保护，解冻之后活率依然非常低，而且当使用浓度超过 5%时还会产生明显的毒副作用。此后直到 20 世纪 60 年代才又出现了关于家兔精液冷冻的实验文章。主要是把当时发现的牛上获得成功的冷冻程序应用在家兔精液冷冻上。相比甘油，渗透性更强的一些抗冻剂（乙二醇或 DMSO）往往可以产生更好的效果。

### （二）稀释剂和抗冻剂

总体上看，以 Tris 为基础的稀释剂（Tris，柠檬酸和果糖或葡萄糖）是很多常用稀释剂的主要成分。实际上，当几种不同的稀释剂进行比较的时候，Tris 稀释剂的效果是最好的。

家兔精液冷冻过程中，蛋黄通常作为抗冻剂成分之一，使用浓度在 10%～20%。脱脂牛奶没有蛋黄应用的普遍，但是也比较常用，浓度一般为 8%～10%。一般来说，使用甘油作为唯一抗冻剂的冷冻效果低于使用其他抗冻剂（乙二醇，DMSO 或乙酰胺）或不使用抗冻剂冷冻鲜精的效果。因此，虽然甘油对于大部分动物来说都是很好的抗冻剂，但对于家兔它显然不是一个理想的抗冻剂，乙酰胺和 DMSO 相对于甘油是更好的选择（表 6－2）。

1980 年发现乙酰胺对于家兔精液冷冻有不错的效果，于是从那时开始，乙酰胺作为一个重要的抗冻剂被应用于家兔精液冷冻研究。很多研究表明，包含酰胺基或甲基的抗冻剂相比包含羟基的抗冻剂的冷冻效果更好。所有的被测试过的抗冻剂中（不同酰胺、醇和 DMSO），冷冻效果较好的是乳酰胺、乙酰胺或者是 1mol/L 的 DMSO。

**表 6-2　使用 DMSO 和甘油作为抗冻剂的一些稀释液的成分**

| 作　者 | 终浓度（%） | | |
|---|---|---|---|
| | 蛋黄 | DMSO | 甘油 |
| Stranzinger et al.（1971） | 13.3 | 10 | 4.8 |
| Gotze and Paufler（1976） | 10 | 7.5 | 3 |
| Rohloff and Laiblin（1976） | 20 | 5 | 1.3 |
| Weitze et al.（1976），Martín-Bilbao（1993），Polgár et al.（2004） | 11.5 | 4.5 | 1 |
| Hellemann et al.（1979a） | 17 | 2～4.5～7～9 | 0～1～3 |
| Hellemann and Gigoux（1988） | 17 | 4.5 | 0.5 |
| Samouilidis et al.（2001） | 18～19 | 2.7～2.9 | 2.7～2.9 |

大部分已开发的家兔精液冷冻稀释液都包含两种抗冻剂成分，一种是透膜性的，一种是非透膜性的。同时使用两种可溶性抗冻剂（通常是甘油和 DMSO）也比较常见。

总体来说，乙酰胺作为抗冻剂的稀释液冷冻效果好于使用 DMSO 和甘油或者是分别使用 DMSO、甘油和乙二醇的。另一方面，添加卵黄的稀释液比使用大剂量 DMSO 代替卵黄的稀释液效果要好。但是，这些不同抗冻剂之间的比较仅仅是通过冷冻后的精子质量，还没有人从精子最终的受精能力上来进行过试验。

在家兔精液冷冻过程中，抗生素也是普遍使用的。抗生素会影响结晶的温度和形成冰晶的量，而且是通过和所用稀释剂共同作用（Salvetti et al.，2006）。因此，现在还需要对不同抗生素在冷冻介质中的热力学特性进行研究。

### （三）精清的作用

虽然精清中有很多种对精子有益的成分，但是冷冻之前去掉精清对与冷冻解冻和的效果并没有不良影响。而且有报道说去掉精清精子冷冻解冻之后的精子质量可能会更高，从这些数据来看，去除精清对家兔精液冷冻应该并不会产生不良效果。

### （四）冷冻程序与冷冻容器

目前虽然有了很多关于冷冻的文章，但是关于具体的冷冻程序，我们知道的还不是很多。因为已发表的文章中都没有提供详细的抗冻剂使用种类及浓度的信息（有的只说使用抗冻剂的种类，但未提供浓度信息）。很多文章中一般也不解释原始精液稀释倍数，因此就很难确定作者使用抗冻剂的终浓度。一些文章也没有说明精液冷却的时间。有些文章说到了精子是如何被冷冻的（液氮面之上，或者是液滴冷冻），但是对于是在液氮之上多少厘米，放置多长时间并没有明确给出。同样对于解冻过程也是类似的情况，信息也不详细。所以，我们通过总结这些文章，在本文中提供一个比较普通的，具有一定指导意义的家兔精液冷冻程序供读者参考。

不同研究者使用的冷冻程序不同，但一般来讲这些程序与其他动物比如牛的精液冷冻差不多。精液一般在室温下与含有卵黄或脱脂牛奶的稀释剂按比例进行混合稀释，之后，把稀释后的精液从室温冷却至5℃。如果使用的是DMSO或乙酰胺作为单抗冻剂，就直接把冷却好的精液进行冷冻即可。如果抗冻剂中含有甘油，则在5℃时加入甘油，并在5℃进行平衡（大约30 min），平衡之后的精液进行打包冷冻。精液包装好之后，首先要在液氮蒸汽中进行冷冻（在程序化冷冻仪中，或者是在液氮表面2～10 cm），然后再投入液氮之中。

对于一些物种，精子从37 ℃降低到5℃过程中会对精子质膜造成损伤，但是，对于家兔精液，快速的冷却似乎是可行的，这可能得益于家兔精子质膜的特殊组成（高胆固醇磷脂比）。实际上，家兔精液冷却速度无论慢与快，刚冷却的精液与鲜精的受精能力没有差异。

解冻一般是在37～39 ℃的水浴中进行。使用较低温度解冻时精液品质最好。

当把在其他动物上面开发的冷冻程序应用到家兔上来的时候，一般来说程序都是按照对原始动物最优的设计来应用。应用于牛和家兔的精液冷冻程序没有大的差别，但是这个程序与公猪和公羊的精液冷冻程序差异较大。

尽管近些年来冷冻所用的容器一般都是塑料细管（0.5mL或0.25mL），但是也有人测试过其他类型的一些容器（比如玻璃安瓿，聚氯乙烯管）。

### （五）冷冻精液的受胎率和产仔率以及影响因素

目前家兔精液冷冻研究中的最大的困扰是人工授精的结果差异太大，原因就是该过程受到的影响因素很多。比如：使用的活精子数，初始精液精子密度（在固定稀释比例情况下影响较大），供体公兔（精子的抗冻性）和母兔的接受性。另外，实验农场的条件也是个重要的影响因素，因为不同农场的母兔管理水平存在差异。

一般来讲，当使用冷冻精液进行输精时比使用鲜精输精用的精子的剂量要大。这就在一定程度上限制了优秀公兔遗传性能的发挥，一只优秀公兔所能授精的母兔数量就会相应减少。并且，所有已经进行的试验中，所使用的母兔都不是很多（一般少于20只），这样计算出的受胎率也就不是很准确，差异比较大。而且不同作者使用的精液浓度差异很大，所以在不同研究中比较冷冻效果没有太大意义。有的作者是使用固定的活精子数［一般每只母兔（3～15）$\times10^6$个活精子］，有的是使用固定的总精子数［一般每只母兔（25～30）$\times10^6$个精子］，有的是使用固定的稀释比，则具体使用的精子数目的多少由于初始精液精子浓度不同而变化。

我们前面已经说过，受胎率和产仔率对于家兔来说都是很重要的繁殖指标。目前几乎没有文章研究输精的剂量量多少或者稀释比例的大小对于冷冻精液受精能力的影响。具体最佳的精子浓度可能会因使用的稀释剂和冷冻程序的不同而不同。尽管有人证明，使用$1\times10^6$浓度的精子可以达到和鲜精一样的受胎率，但是实际操作中很多人仍然选择更高浓度的精子。另外，提高输精浓度并不能补偿受胎率损失。稀释比例也对精液的受胎率没有明显影响。

冷冻精液人工授精后产仔数的多少相比受胎率更依赖于过程中使用的精子数量或稀释比例的多少（有阈值）。相比使用$10\times10^6$个精子每只母兔或稀释比例1∶10，当使用少于$1\times10^6$个精子每只母兔或者稀释比例高于1∶10时，受胎率虽然没有明显影响，但是产仔数明显减少。另外，当使用超过$10\times10^6$总精子数的剂量时，产仔数也不会增加，这可能是因为冷冻过程对家兔精液品质降低的影响是不可补偿的，可能原因是胚胎发育受阻。

有的作者报告获得的受胎率和产仔率与鲜精相似，但大部分作者报告的结果是冷冻精液受胎率（≤60%）比鲜精受胎率要差。而且当使用冷冻精液进行人工授精时，即使能够获得不错的受胎率，产仔数相对使用鲜精还是要少。

家兔冷冻精液人工授精在农场的推行取决于几个主要因素。最主要的就是这个技术的经济价值。对于农民来说，这就意味着冷冻精液的受胎率和产仔率必须接近鲜精的效果。冻精的价格不能太高，这样农民才能从中获得经济效益，而且这种技术使用起来不能太耗时。综合考虑这些因素，我们以后的研究应该：精液选择上选择优秀品系的家兔进行采精；冷冻效果的评定必须建立在体内受胎率的基础之上；降低输精剂量，提高每只公兔可以提供的总剂量。如果这些因素都能够实现，家兔的精液冷冻技术应该是一个很有前景的技术。

## 三、诱导分娩技术

诱导分娩又称引产，是指在妊娠末期的一定时间内，利用外源激素或其他措施诱导孕兔在比较合适的时间段提前分娩，并产下健康的仔兔，它是人为控制母兔分娩的繁殖新技术。其机理是通过外源因素，模拟诱发发动分娩的激素变化过程，促使母兔提前分娩。养兔实践中，约有50%的母兔在夜间分娩。若管理不当，母兔得不到及时护理，仔兔极易产在产箱外，冻死、饿死或掉到粪沟中淹死，严重影响仔兔成活率。母兔如果超过产期仍不产仔，或有食仔癖，则需要在人工监护下产仔。当在寒冷季节为防止母兔夜间产仔而造成仔兔冻死，需要调整到白天产仔，可采用诱导分娩技术。

### （一）四步法

使用适当的生物刺激方法诱发母兔分娩，可以避免使用激素的某些负面影响。

**1. 拔毛**　拔掉母兔乳头周围 2 cm 的被毛。

**2. 吮乳**　选择产后 5～8 d 的仔兔吸吮母兔 3～5 min。

**3. 按摩**　干净的温热毛巾，拧干后握于右手，在母兔腹下按摩 0.5～1 min，然后将母兔放入产箱。

**4. 观察及护理**　一般 6～12 min 母兔即可分娩，母兔分娩后对仔兔加强护理。

### （二）缩宫素法

在母兔妊娠 30d 下午 2：30，给每只母兔臀部注射 5 IU 缩宫素。

### （三）雌激素+缩宫素法

在母兔怀孕的 28 下午 2：30 给每只母兔臀部注射雌激素 0.25～0.35 mL；到母兔妊娠 30d 下午 2：30，每只再注射缩宫素 5 IU。

### （四）氯前列烯醇法

氯前列烯醇是 PGF2α 类似物，在目前常用的 PGF2α 及其类似物中，它的活性最高。

氯前列烯醇可引起强烈的溶解黄体作用，对抗孕酮从而终止妊娠，并刺激子宫平滑肌强烈收缩从而引发分娩，而且能使子宫颈松弛开放，有利于母兔子宫的净化。每只母兔注射氯前列烯醇 10～15 μg 可使母兔在 3 h 左右分娩，若配合使用少量催产素，则可使分娩过程顺利进行。

为满足当前兔场集约化生产对高效率的要求，以及减少养殖人员工作量，建议采用母兔同期发情技术，使大多数母兔在预定时间内集中分娩。需要注意的是，使用诱导分娩技术必须符合家兔自身的生理特质及内在规律，保证母兔的健康状况是其前提。使用时必须在妊娠期满或基本足月的情况下，否则强行引产就会对母兔造成难以弥补的伤害。

## 四、胚胎移植技术（ET）

胚胎移植技术（ET）多与超数排卵和人工授精技术（AI）结合使用，从而大幅提高优秀种公、母兔的繁殖利用效率，减少种公母兔饲养数量及饲养成本。目前胚胎移植技术多应用于繁殖效率低下的牛、羊的良种繁育中，而家兔胚胎移植技术虽有较多研究但很少应用于实际的生产和育种过程，因为人们觉得对于家兔这种繁殖力高、个体经济价值小的动物无进行胚胎移植的必要。但近来的研究发现，即使对于家兔这种繁殖力高、繁殖周期短的特种经济动物，在核心群选育体系中应用胚胎移植技术也是十分必要的。目前制约胚胎移植技术在家兔核心群育种体系中应用的主要限制，在于其高昂的成本和较复杂的技术难度。

胚胎移植技术的主要操作步骤如下：

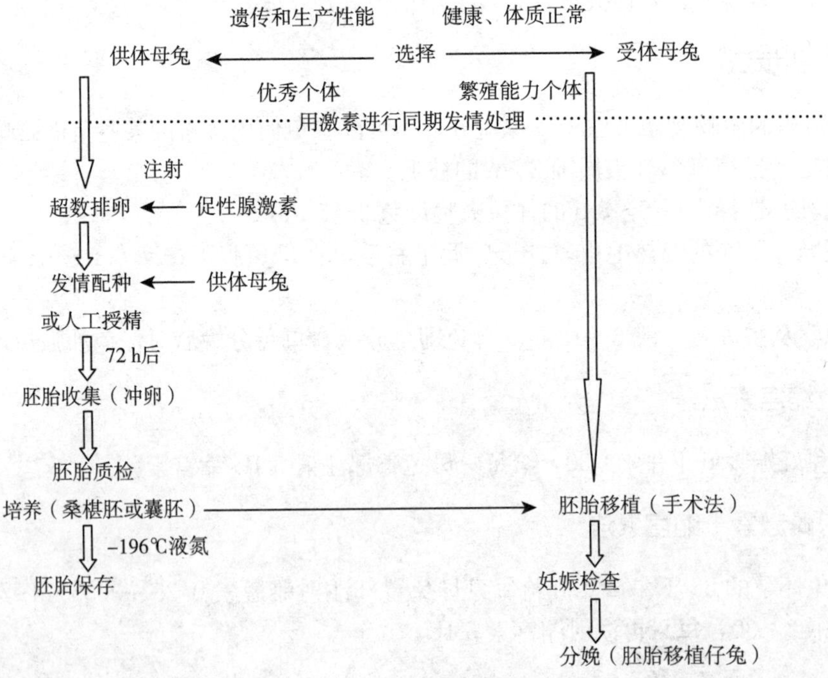


图 6-5　家兔胚胎移植流程图

### （一）供体和受体的选择及管理

**1. 供体**　选择优良纯种的健康无病、发育正常、营养较好的母兔作供体。选择健康无病、性欲旺盛、生殖器官发育良好的成年公兔作种公兔。

**2. 受体**　选择健康无病、生殖器官正常、母性好、泌乳性能好、体格较大、营养较好的成年母兔作受体。

供体和受体兔发情时间应接近或一致，饲养在光线和通风良好的兔舍内，单笼饲养，专人负责。均喂以相同的颗粒饲料，每日供给充足的青草，自由饮水。供体和受体兔均预防接种饲喂观察 20d 方用于胚胎移植。

### （二）供体超数排卵处理方法

目前用于家兔超排的激素组合主要是 FSH＋HCG 或 LH 和 PMSG＋HCG 或 LH，FSH 的超排效果较 PMSG 好。在发情早期至发情晚期超排的效果显著好于间情期。

### （三）同期发情和排卵

诱导供、受体同期发情：在供体兔超排时，受体处理方法同供体，在供体兔交配时，用灭菌玻璃棒刺激受体阴道，同时耳静脉注射 HCG 100 U。母兔的发情鉴定以阴道黏膜充血肿胀（紫红色），放在公兔笼中接受交配为。对供受体同时使用 FSH、LH 进行相同处理，可以获得较好的移植效果。

### （四）胚胎的收集

兔胚胎常用手术法收集和移植。在交配 72 h 以后，供体兔（空腹 24 h）以每千克体重 0.03 mL 的 846 合剂作肌内注射，进行全身麻醉后，保定于手术台上。常规剪毛消毒后自腹中线下 1/3 处作 2～3cm 切口，牵引出子宫、输卵管及卵巢。观察卵巢的状况并记录左右卵巢的排卵数。

常用于兔胚的冲卵液和保存液主要为 PBS、TCM－199，使用前加 10%～20%的犊牛灭活血清或灭活兔血清。

从子宫收集桑葚胚或囊胚。冲洗子宫时，先用带乳胶管的肠钳将子宫角基部阻断，用阻血镊将输卵管子宫结合部阻断，在子宫角基部插入一带乳胶管的采卵针，再用阻血镊将针头与子宫壁夹紧密闭，下端连接培养皿。然后用注射器吸取冲卵液从输卵管子宫结合部向子宫角基部快速注入数毫升冲卵液，从子宫基部采卵针头处收集冲卵液。在培养皿上贴上标签注明兔号、哪一侧子宫。

冲洗完毕后，分别缝合腹膜、肌肉、皮肤，常规消毒处理，并肌内注射青霉素和链霉素各 20 万 U。

### （五）胚胎的鉴定

在无菌室中将盛冲卵液的培养皿静置半小时后，在显微镜下寻找胚胎，将找到的胚胎用吸卵针吸取移入另一培养皿中，再用较高倍镜观察，根据透明带、胚胎细胞、发育阶段及细胞在透明带中的比例确定胚胎级别，评定胚胎是否为可用胚。

**1. 可用胚** 形态为正圆形，透明带完整，胚胎发育与配种后天数一致，卵裂球大小、色泽均匀一致、紧凑、整个胚胎透明清晰、无暗点。

**2. 不可用胚** 细胞分裂与胚胎发育天数不一致，或者细胞团内分裂球大小、色泽及致密度不一致，或有脱离的散在分裂球等。

将每只母兔左右子宫胚胎的发育阶段、质量情况（收集胚胎数、可用胚胎数）分别作记录。

### （六）胚胎的移植

受体兔（空腹 24 h）以每千克体重 0.03 mL 的 846 合剂作肌内注射进行全身麻醉后，保定于手术台上。常规剪毛消毒后自腹中线下 1/3 处作 2～3 cm 切口，牵引出子宫，输卵管及卵巢。观察卵巢的状况，将可用桑葚胚或早期囊胚移入子宫内，即先用粗针头在子宫角中部大弯处扎一小口，然后用吸卵针沿此小口将胚胎注入。左右子宫各移植数枚胚胎，移植完毕后，分别缝合腹膜、肌肉、皮肤，常规消毒处理，并肌内注射青霉素和链霉素各 20 万 U。

### （七）供体和受体的术后观察护理

对供、受体进行护理，连续 3d 注射抗生素防止感染。对供体、受体的健康状况、返情状况进行检查。对受体进行妊娠检查及妊娠确定。

## 第五节 提高兔群繁殖力

繁殖力是兔维持正常繁殖机能，生育后代的能力。但实际生产中，往往强调在规定时间内，家兔实际表现出的繁育后代的能力。繁殖力的高低直接影响兔的数量和质量，同时影响到生产的发展和企业的经济效益，除了种兔本身的能力外，外部环境的影响不可忽视。

### 一、衡量兔繁殖力的指标

在生产不同阶段，强调不同的繁殖能力，因此衡量兔繁殖力的指标不尽相同。一般常用的有：

**1. 受胎率** 指一个发情期、或一个批次、或一定时期内母兔配种受胎数占参加配种母兔数的百分率，即受胎率=（母兔配种受胎数/参加配种母兔数）×100％

**2. 产仔数** 指一只母兔一次分娩的产仔总数（包括死胎、畸胎）。性能测定或品种鉴定时以第一到第三胎的平均数计算。

**3. 产活仔数** 指一只母兔一次分娩 24h 后仍然存活的仔数。种母兔的产活仔数生产成绩以第一胎之外的连续三胎的平均数计算。

**4. 断奶成活率** 指断奶时，一窝仔兔中实际存活的仔兔数占这窝仔兔出生时中总活仔数的比率，即断奶成活率=断奶时存活的仔兔数/窝产活仔数×100%。

随着规模化生产的发展，国际上常用一个母兔笼位年提供的上市商品兔总数或一次人工授精所能获得商品兔数作为衡量兔群繁殖力的重要指标。

日常表述中常用到的正常繁殖力指标，指在正常的饲养管理和环境条件下的繁殖机能所表现出的繁殖力。如一般一年可繁殖 4～5 胎，每胎产仔 6～9 只，繁殖年限 2～3 年，现代工厂化生产，一年可繁殖 6～8 胎，但母兔仅用一年。受胎率因季节而异，春季受胎率高达 80%以上，夏季受胎率有时为 50%～60%。

## 二、影响兔群繁殖力的因素分析

### (一) 遗传因素

对于家兔而言，公兔繁殖力决定于其所产精液的数量、质量、性欲、与母畜的交配能力；母兔的繁殖力决定于性成熟的迟早，发情表现的强弱，排卵的多少，发情的次数，卵子的受精能力，哺育仔畜的能力等。所谓好种出好苗，就是要求人们根据生产上的实际需要和社会效益合理选择优良的养殖品种，科学配种用以产生优良后代，也从另一方面反映了遗传因素是改善兔群繁殖力的首要因素。

目前生产上常见的养殖品种众多，繁殖性能不一，与其本身培育过程及遗传背景密切相关，比如以产毛性能好而著称的德系长毛兔，平均每胎产仔 6 只左右；近代最著名的肉用品种之一新西兰兔每窝产仔 7～8 只，年产 5 窝以上，2 月龄体重即达 2 kg；而伊拉配套系父母代母兔，第三胎平均每胎 9～11 只，繁殖力较强。肉兔配套系之所以繁殖性能出色，除了杂交优势外，与其长期坚持不懈的繁殖性能选育和改进密不可分。

### (二) 营养因素

日粮中适当的营养水平对维持内分泌系统的正常机能是必要的，营养水平影响内分泌腺体对激素的合成和释放。日粮中营养水平不足能阻碍未成熟动物的生殖器官的正常发育，使初情期和性成熟延迟。如果对种兔进行高营养水平饲养，使公、母兔过肥，造成脂肪沉积，往往影响卵巢中卵泡的发育和排卵，也影响公兔睾丸中精子的生成，而且高水平饲养时胚胎死亡率也较高。

维生素 A 对维持母兔生殖机能及胚胎发育有重要作用，可维持上皮组织的正常功能。维生素 A 摄入不足将影响内分泌腺上皮组织的正常功能，进而导致生殖激素分泌紊乱、分泌量少甚至停止分泌，影响发情及正常受精。王连芹等（2002）和黄仁术等（2004）报道，当家兔维生素 A 缺乏时抵抗力下降，公兔睾丸发生变质性退化，精子生成停止；母兔子宫黏膜上皮病变，导致受精卵植入困难、受胎率低，易流产，还可造成胎儿发育异常或死胎及产后胎盘滞留。黄仁术等（2004）研究了维生素 A、维生素 E 对獭兔繁殖性能的影响，在配种前 3d 到妊娠第 7 天在日粮中添加维生素 A 8 mg/kg、维生素 E100 mg/kg，结果表明，试验组产活仔数提了 20.23%，育成率提高了 6.58%，增重速度提高了

7.1%。可见，维生素A对于提高家兔的繁殖性能有重要作用，维生素A缺乏可引起家兔繁殖障碍。

维生素E又名生育酚，是一种与生殖活动密切相关的维生素，具有抗氧化作用，它能够促进性腺的发育，促进受孕，提高受胎率。饲料内维生素E不足和机体内维生素E储备耗尽是不孕的主要原因。维生素E是活泼的抗氧化剂，能使蛋白质、核酸代谢正常。庞海泉等（2002）报道，维生素E能够促进垂体前叶分泌促性腺激素，维持动物的正常性周期，并增强卵巢机能，保证受精及胚胎发育的正常进行。Mahan的研究表明，在母畜妊娠期间添加维生素E可以提高窝产仔数。维生素E具有生物抗氧化作用，通过保护细胞膜及细胞器膜，维持细胞及细胞器的完整与稳定，以保证细胞的正常功能。由于幼畜抗氧化能力很低，需要通过母乳获得维生素E来增强抗氧化能力，提高免疫力。另外，维生素E还作为免疫调节物来调节细胞调节素、前列腺素、凝血素及促细胞生长素的合成。

锌（Zn）广泛存在于动物机体一切组织细胞中，为细胞生长所必需。家兔体内含锌量较高，约50 mg/kg。锌对于维持雄性动物正常的生殖活动有着十分重要的作用，睾丸的生长发育及精子的形成对锌的需要大于机体生长对锌的需要，补充锌可以增加每日精子产量，减少畸形精子比例（Underwood，1969），显著提高精液品质。林敏等（2007）指出，缺锌使公兔性腺发育成熟时间推迟，性腺萎缩及纤维化。组织学研究也表明，缺锌时精曲小管萎缩、变性，管壁变薄、塌陷、受损，生殖细胞数量减少，精子生成受阻乃至停止，睾丸间质细胞数量减少，生精上皮萎缩，垂体促性腺激素和性激素释放减少，第二性征表现不足或不表现。

硒（Se）是维持家兔正常生命活动所必需的微量元素之一。硒与维生素E一样，主要的生物学作用是抗氧化，它是谷胱甘肽过氧化物酶的必需组分。文贵辉等（2004）指出，在保护细胞膜免受损害方面，硒对维生素E起着补偿和协调作用：维生素E能通过在脂肪过氧化反应之前隔离射线而阻碍脂肪过氧化作用；而作为谷胱甘肽基础成分的硒，能把已形成的过氧化物转变成活性不大的乙醇。硒在增强机体免疫力方面的功能也正是通过抗氧化作用实现的。硒可以提高仔兔的饲料转化率，促进其生长发育，增强免疫力，提高成活率。焦镜指出，缺硒可导致母兔发情异常甚至不发情，受胎率降低，而且影响胎儿在母体内的正常发育。李克广等（2010）以50只成年獭兔作为研究对象，随机分成5个组，即在每千克饲料中分别添加0.09 mg、0.18 mg、0.36 mg、0.72 mg硒，与对照组（0 mg/kg）比较，结果表明每千克饲料中添加0.18 mg的硒对獭兔的繁殖性能影响显著，其中獭兔的受胎率、产仔数及仔兔初生重均较对照组有明显的促进作用，分别较对照组增加3.33%、13.32%、8.7%。这也与焦镜的论述“硒过量时对繁殖功能也会造成不利的影响，母畜受胎率和产仔数均下降，仔畜发育迟缓”一致。徐铭等（2004）通过向母兔日粮中添加亚硒酸钠-维生素E得出结论，正常剂量的亚硒酸钠维生素E添加剂对维持母兔子宫黏膜的正常功能，促进胚胎发育具有良好的作用，同时证明亚硒酸钠-维生素E添加剂的生物活性安全可靠，无致畸、致毒等副作用。

综上，在我们的日常生产中，设计饲料配方、制定饲喂程序时，都要考虑到家兔在不同生理时期的不同的营养需要，进行合理的饲喂，这样才能提高饲料转化率，实现饲料和品种的商业价值。在如今集约化、周期化的兔繁殖体系下，提高兔饲喂水平和饲料转化率，并与高效的繁殖模式相结合，是发展我国兔养殖业的必经之路。

### （三）环境因素

影响兔群繁殖力的环境因素主要包括温度、湿度和光照。

极端环境温度（如高温或者低温）能使动物机体产生应激状态，影响繁殖力。家兔繁殖的临界环境温度是 5～30 ℃。当环境温度低于 5 ℃时，公兔性欲降低，母兔不能正常发情，受胎率也较低。相比低温而言，家兔对高温的耐受性更差，这主要与他的生理特点有关。家兔汗腺不发达，全身覆盖浓厚的被毛，体表的散热能力差，主要通过调整呼吸来散热，体温调节能力很低。因此与其他家畜相比，兔属于不耐热的动物。生产实践证明，如果连续几天环境温度超过 30 ℃，种公兔和种母兔的繁殖力都会受到影响，公兔表现为性欲降低、精子密度减小、精子活力下降、精子畸形率提高；母兔表现为发情异常、受胎率降低、产仔数及活仔数减少。夏季气温高，容易出现上述种兔繁殖力降低的现象，在生产上称为“夏季不育”。来自实验的证据也证实高温的确会降低兔的繁殖能力。研究人员发现，公兔的性欲在 7～9 月份这段时间明显降低。高温对种公兔更为不利的影响是严重降低了精液品质。许多学者发现夏季或者人工制造的高温环境中家兔平均每次射精中总精子数和有效精子数明显降低。高温还会导致生精细胞的凋亡，这将影响未来一段时间的精液品质。因为在家兔中，一个精原细胞发育成精子需要的时间大约是 56 d，如果生精细胞凋亡严重，其 56 d之后发育成的精子数目就会减少，精液品质会较差。这就是夏季高温之后的两个月份，母兔不育或受胎率过低的原因。同样，高温也会影响繁殖母兔的受胎率和产活仔数，高温显著降低母兔的产仔成活率和仔兔的平均初生重。

在自然条件下，引起热应激的除了环境温度，还与相对湿度有关，因为在自然条件下环境温度升高会引起相对湿度的升高。1990 年研究人员根据温度和湿度的相互关系，提出通过温湿度指数（THI）来判断动物热应激的程度。而动物热应激的程度与动物的繁殖力有直接关系，动物的应激程度越大，繁殖力会降低得越严重。具体应用如公式，即：

$$THI = db℃ - [(0.31 - 0.31RH)(db℃ - 14.4)]。$$

其中：db℃＝干球温度（℃），RH＝相对湿度/100。当 $THI < 27.8$，不存在热应激；当 $27.8 < THI < 28.9$，存在轻度热应激，当 $28.9 < THI < 30.0$，存在重度热应激；当 $THI > 30.0$，存在极度热应激。举例来说，如果环境温度为 29℃，相对湿度为 70%时，THI＝27.6，家兔不存在热应激；但同样温度下，相对湿度为 95%时，THI＝28.8，家兔存在轻度热应激。这也是为什么有些兔场中会出现环境温度不到 30℃，但是家兔繁殖力仍然降低的原因。

光照主要通过影响松果腺的作用影响母畜繁殖性能。光照刺激作用于视网膜后，通过神经递质抑制松果腺合成褪黑激素，后者抑制促性腺激素的合成和释放。因此可以通过增加光照时间来提高母畜的繁殖性能。研究资料表明，在 20～24℃和全暗的环境条件下，每平方米补充 1 W、光照 2 h，母兔虽有一定的繁殖力，但受胎率很低，一次配种的受胎率只有30%左右；若光照增加到每平方米5 W、光照12 h，则一次配种受胎率可达50%左右。在相同光照强度下连续照射16 h，母兔的受胎率可达65%～70%，仔兔成活率也可明显提高。因此，增加光照强度和时间可明显提高母兔的受胎率和仔兔的成活率。法国国家农业科学院的研究表明，兔舍内每天光照14～16 h，光照每平方米不低于4 W，有利于繁殖母兔正常发情、妊娠和分娩。

### （四）管理因素

种兔配种过早，会导致种兔繁殖性能过早衰退，影响种兔的繁殖利用年限。公兔配种次数太多，会使精液变稀，精子数减少，未成熟或畸形精子增加，如公兔配种次数过少或长期不配种，会降低公兔性欲或使死亡精子数增多，影响受胎率。母兔配种过于频密，会使得母兔不能及时恢复体况，不仅影响本身的受胎率，也会影响仔兔的发育和生长。

激素制剂长期使用或不正确的使用，使卵巢等繁殖器官机能发生障碍，内分泌功能失调，繁殖器官功能减退，精子、卵子活力下降，受孕率下降或不能正常受精。

管理不当造成的许多疫病均可影响家兔的繁殖。如兔梅毒病直接可致繁殖器官炎症；巴氏杆菌病、沙门氏杆菌病（兔副伤寒）、液瘤病等疾病均可不同程度地引起子宫炎或睾丸炎；兔瘟（病毒性出血症）可使子宫充血、出血和胎儿死亡等。

## 三、提高兔群繁殖力的措施

### （一）合理的营养

科学的饲养管理是保证肉兔繁殖力的基础。种兔过肥过瘦都不利于繁殖，体况过肥会导致性欲低下，屡配不孕；机体过瘦则发情失常，配种能力差。生产中要根据种兔的品种、年龄、生理状态及生产性能等合理地配合日粮，以满足其营养。对于营养状况较差的种兔，要进行短期优饲，即在计划配种前15～20 d开始调整饲料配方，增加含蛋白质高（如鱼粉、豆粕等）的饲料比例，适当地补饲青绿多汁饲料，如胡萝卜、大麦芽、苜蓿等。如果兔群体况过肥，应提前进行限饲。

饲料能量能满足繁殖母兔需要十分重要。繁殖母兔由于妊娠和泌乳从而导致能量需求升高。在泌乳期，饲喂极易消化吸收的饲料可以增加干物质的摄入，尤其是饲喂添加了脂肪的饲料，其次是添加了高淀粉的饲料，但是母兔的体能平衡总是很难控制，无法完全通过饲料的改进来满足。事实上，饲喂高能量的饲料意味着母兔会有较高的产奶量，但无论对初产母兔还是多产母兔来说，这都会损坏她们的体况。因此，限制母兔繁殖力的因素不是产奶量，而是自由采食量：因为消化能摄入量提高，产奶量也会随之提高，从而部分地削弱了增加的消化能摄入量对体况平衡的影响。虽然母兔在妊娠后期和泌乳期需要大量的蛋白，但是增加能量摄入可以用于提高基础代谢水平，是用于产能、维持正常生命活动最经济的一种方式。

一般公兔的日粮粗蛋白含量以15%～17%为宜，泌乳母兔日粮适宜的粗蛋白水平为16%～17.5%。有学者认为，提高日粮蛋白水平可以增加产仔数和仔兔初生重，但是也有人认为家兔在空怀期和妊娠前期提高其日粮营养水平对母兔繁殖性能的提高没有明显的效果，意义不大，而在妊娠后期和哺乳期提高日粮营养水平对提高母兔泌乳力、促进仔兔生长发育有明显的效果，同时能提高断奶重和成活率。

兔饲料中最重要的必需氨基酸为蛋氨酸、半胱氨酸、赖氨酸和苏氨酸。含硫氨基酸包括蛋氨酸、半胱氨酸和胱氨酸。为了获得生长兔和非繁殖期母兔最大的生产力，需要总含硫氨基酸的最低水平为 5.4 g/kg，为获得最大的繁殖性能，总赖氨酸水平应为 6.8 g/kg。泌乳高峰期必需氨基酸摄入不足会影响仔兔断奶以及饲料利用率。

不论蛋白质还是氨基酸，都直接来源于饲料，所以在种兔繁殖期应加强营养管理，补充植物性和动物性蛋白的摄入，比如豆粕、豆科牧草、花生饼、蚕蛹、鱼粉和血粉等，以提高繁殖种兔的体况，同时有利于仔兔的生长。

此外，种兔繁殖期要保证矿物质和维生素的供给，尤其在冬春季节，青饲料不足，要补充微量元素铁、锌、铜、锰、硒和维生素 A、维生素 E 等，可在 50 kg 饲料中饲料中加 10 g 复合维生素，或给种兔喂大麦芽，连喂 15d，然后开始配种繁殖。

### （二）创造良好环境

掌握好繁殖季节，是提高繁殖力的重要环节，一般而言春秋两季是家兔繁殖的最适季节。因为温度适宜、饲料比较丰富。如果要在夏季高温季节做好繁育工作需要采取多种降温措施，减轻高温对种兔的不良影响，可有效增加母兔的年繁殖胎数，从而提高群体繁殖力。降低舍温的方法有：

**1. 注意建造兔舍时的隔热和通风设计**　夏季热量主要是通过兔舍的结构向舍内传递，因此要从材料选择、屋顶结构设计方面考虑，尽量增加热阻。屋面采取浅色，可减少太阳辐射热。兔舍应充分利用自然通风，场内建筑物之间，必须有适当的间距（不少于前排建筑物高度的 1.5～2 倍）。兔舍应多开设窗户，必要时留有通风口。

**2. 注意兔舍遮阳**　夏季遮阳可以避免太阳光直接射进舍内，防止舍内过热。常用的遮阳措施有：加宽屋檐、搭凉棚、植树、挂窗帘、窗户上设置遮阳板、在兔舍南侧种植攀缘植物（如葡萄、南瓜、丝瓜）等。但是，遮阳与采光、通风有矛盾，应全面考虑，有效处理。

**3. 兔场绿化**　种植树木、牧草和饲料作物以覆盖裸露的地面，是缓和太阳辐射、降低环境温度、净化空气、改善场区小气候的重要措施。有试验表明，树荫下的气温较其荫盖以外的环境温度约降低 4 ℃ 左右。

**4. 采用湿式或干式的降温措施**　对于已经升高了的舍内气温，这两种降温措施是必要的。湿式冷却又包括喷雾冷却和蒸发冷却两种方法。喷雾冷却法就是将低温的水在舍内呈雾状喷出，使舍内气温降低。蒸发冷却法就是使兔舍内的物体直接与冷水接触，由于该物体和水吸收了空气的热量发生水分的蒸发，使舍内温度降低。如往地面或屋顶洒水、舍内挂湿布、笼内放湿砖等都是切实可行的办法。但是，湿式冷却方式只能在兔舍内空气比较干燥时才可以运用，而且要特别强调通风，因这种方式能使舍内空气湿度提高。干式冷却是指使舍内空气经过盛冷物质如水、冰、干冰等的设备（如水管、金属箱等），达到降低气温的目的。因舍内空气和水不直接接触，所以在舍内空气湿度高时，可采用这种方式降温（周永吉，吴时英，高温对长毛兔的影响）。

**5. 保持兔舍温度** 对于密闭式种兔舍可安装风扇和空调，并定时开启。

还有其他一些缓解夏季热应激的方式，包括：给予温度低、数量充足的清洁饮水，用低温的井水，随打随饮，也是一个简而易行的好办法。配种前剪去兔体全身兔毛，饲料中加入添加剂。据报道，每 100 kg 种兔日粮中添加 10 g 维生素 C 粉，可增强繁殖用公、母兔的抗热能力，提高受胎率和增加产仔数。另据埃及有关报道，在环境温度达 37 ℃、湿度为 42% 的条件下，每千克日粮中添加 35 mg 锌，母兔受胎率提高 13.1%，窝产仔数提高 1.3 只。

冬季要避免寒冷对家兔繁殖力的不利影响。开放型兔舍要用塑料布覆盖密封，并生火炉等，以提高舍温，并采取合适的措施增加产仔箱的温度。此外还要注意补充青饲料，保证维生素供应。冬、春季节延长光照时间，每天补充光照至 16 h，有利于母兔发情，仔兔成活率也会明显提高。

### （三）保持规范技术与管理措施

根据繁殖性能的高低及生产性能的好坏，严格选取种公、母兔。就公兔而言，要选择性欲强，生殖器官发育良好，睾丸大且匀称，精液品质优良且体重适中、肥瘦适宜的青壮年兔。而母兔则选取受胎率高，母性好，泌乳性能优良，产仔数为 8～10 只且数量固定的青壮年兔。

公、母兔应保持适当的比例。一般商品兔场和农户，公母比例为 1∶（8～10），种兔场纯繁以 1∶（5～6）适宜。种兔群老年、壮年、青年兔的比例以 20∶50∶30 为宜。家兔的最佳繁殖年龄是 1～2.5 岁，1 岁之前虽已达到繁殖年龄，但在生理方面尚未完全成熟，而到 2.5 岁或 3 岁之后则已进入老年期，体弱多病，营养不良十分严重，不宜再繁殖后代。因此，不论家兔养殖规模的大小，种兔群的组成应以 1～2.5 岁壮年兔为主，生长兔作后备兔补充繁殖种兔，3 岁以上的老龄兔除个别优秀的有育种价值的以外，其余均应淘汰或做商品兔出售。此外为了提高繁殖力，还应注意对兔群年龄的选配，生产上提倡中年兔配中年兔，其次是中年配老年、中年配青年，避免青年配青年、老年配老年。

虽然家兔一年四季都可以繁殖产仔，但盛夏气候炎热，公、母兔采食量下降，且公兔性欲降低，母兔也多不愿接受交配，即使能配上，弱胎、死胎也较多，仔兔多发生"黄尿病"，不易成活。所以一般不宜在盛夏配种繁殖。但为减少"夏季不孕"现象对年产仔数的影响，提倡在立秋前 1 个月左右抢配一批兔，立秋后产仔，成活率较高。在南方地区，冬、春两季是繁殖的好季节，配种容易且仔兔成活率高，应多配、多生。适时配种，除安排好季节外，还应抓住母兔发情期内的最佳配种时间配种，以提高配怀率。此外，高温时宜早、晚配种，寒冷时宜中午配种。

种公兔利用不当可降低其繁殖力。在配种时要注意公兔的配种强度，合理安排公母兔的配种次数，一般为 1 d 配种一次，连配 2 d 后休息 1 d。应注意种兔经过夏季的休闲期而长时间不交配，可出现暂时性不育，此种情况在种兔经过 1～2 个月交配后便可消失。公兔长期不用的情况下有较多的死精及畸形精子，首次配种后要复配 2 次；如采取人工授精，第一次采得的精液要弃掉。种公兔使用次数过多，如将母兔放入公兔笼内 2～3 d 任其自由交配，过多消耗公兔的精力，造成早衰，降低受胎率、产仔率。正确的做法应该是将发情母兔放人公兔笼内让公兔交配后及时将母兔拿出。另外，种公兔睾丸对高温及其敏感，高温季节应加强对公兔的保护，防止高温刺激。

根据需要，提前安排好配种计划，并做好相应的准备工作。掌握好配种的火候，尽量做到胎胎不空。为增加进入母兔生殖道内的有效精子数，可采用重复配种或双重配种。重复配种是指第一次配种后 4 h 左右，用同一只公兔再重配一次。重复配种可增加母兔卵子的受精机会，提高受胎率和防止假孕，尤其是在使用长时间未配过种的公兔时，必须实行重复配种，因为这类公兔第一次射出的精液中，死精子较多。双重配种是指第一次配种后再用另一只公兔交配。双重配种可避免公兔原因而引起的不孕，可明显提高受胎率和产仔数。双重配种只适宜于商品兔生产，不宜用于种兔生产，以防弄混血缘。在实施中须注意，要等第一只公兔气味消失后再与另一只公兔交配，否则，因母兔身上有其他公兔的气味可能引起斗殴，不但不能顺利配种，还可能咬伤母兔。配种后及时检胎，减少空怀。种兔实行单个笼养，避免“假孕”。

频密繁殖又称“配血窝”或“血配”，即母兔在产仔当天或第二天就配种，泌乳与怀孕同时进行。采用此法，繁殖速度快，但由于哺乳和怀孕同时进行，对母兔体况损害较大，缩短种兔利用年限，自然淘汰率高，需要良好的饲养管理和营养水平。因此，采用频密繁殖生产商品兔，一定要用优质的饲料满足母兔和仔兔的营养需要，加强饲养管理，对母兔定期称重，一旦发现体重明显减轻时，就应停止血配。在生产中，应根据母兔体况、饲养条件，将频密繁殖、半频密繁殖（产后 7～14 d 配种）和延期繁殖（断奶后再配种）三种方法交替使用。

近亲繁殖易产生死胎，畸形仔兔和后代生活能力降低等问题。要建立种兔档案，做好配种繁殖记录，并做到定期更新种兔。

### （四）采取催情措施

在实际生产中遇到有些母兔长期不发情，拒绝交配而影响繁殖，除加强饲养管理外，还可采用激素、诱情等人工催情方法。激素催情可用雌二醇、孕马血清促性腺激素等诱导发情，促排卵素 3 号对促使母兔发情、排卵效果较好。对长期不发情或拒绝配种的母兔，将母兔放入公兔笼内，让其追逐、爬跨，或对阴户含水较多的母兔，采用人工按摩外阴部等方法，刺激母兔发情排卵，促使抬尾接受交配。具体方法如下：

**1. 激素催情**　孕马血清促性腺激素（PMSG）50～100IU（根据母兔体重大小确定用量），1 次肌内注射；卵泡刺激素（FSH）50IU，1 次肌内注射；促排卵激素（LH-A）5$\mu$g 或瑞塞脱 0.2 mL，1 次肌内注射，立即或 4 h 以内配种。

**2. 药物催情**　维生素 E 1～2 丸，连续 3～5 d；中药“催情散”每天 3～5 g，连续 3～5 d；中药淫羊藿，每天 5～10 g，连续 5 d。

**3. 挑逗催情**　将母兔与公兔放在一起，4～6 h 检查母兔，多数发情。

**4. 按摩催情**　用手指按摩母兔外阴部，同时抚摸腰荐部，每次 5～10 min，4～6 h 检查，多数发情。

**5. 断乳催情**　泌乳抑制卵泡发育。提前断奶，可使母兔提前发情。对于产仔数少的母兔可合并仔兔，以使母兔提前配种。

# 第七章

# 家兔的遗传与育种

## 第一节　家兔的性状遗传

家兔性状的遗传规律是家兔育种的理论基础。所谓性状是指生物体所表现的形态特征和生理特征。性状可区分为许多个单位性状，例如兔的毛色、外形和生长速度等。家兔的性状分为质量性状和数量性状两大类，质量性状和数量性状具有不同的遗传基础和遗传规律。

### 一、质量性状的遗传

所谓质量性状（qualitative traits）是指性状的变异可截然区分成若干种相对性状，并可分别以形容词描述，如兔的毛色有白色、黑色、黄色等。兔的质量性状主要包括被毛颜色、被毛形态、外形和某些生化性状如血型和血液蛋白等。

#### （一）毛色的遗传

家兔的毛色多种多样，例如，常见的安哥拉兔和日本白兔的毛色是白化类型；青紫蓝兔是胡麻色；德国花巨兔呈黑、白花斑的花色；力克斯兔更是具有白色、咖啡色、黑色、蓝色等多种毛色，兔的被毛之所以能表现出各种颜色，是因为有色素存在的缘故，这种色素物质统称为黑素。实际上黑素可以分为两类：一类为褐黑色素，它是圆形红色色素颗粒，很容易被碱性溶液所溶解；另一类称为常黑色素，它又可分为黑色和棕色两种色素类型，这些色素的可溶性要比褐黑色素小得多。试验表明，兔毛中色素的种类和多少决定着毛色的多样性，而色素的种类和多少是由各种基因所控制的，这些控制色素的基因有的是属于同一位点但作用不同的基因，有的则不属于同一个位点，也有的作用不相同的基因却产生了相似的毛色，位于不同位点的基因之间还有互作关系，同时还有修饰基因的相互存在。因此，家兔的毛色遗传很复杂，一种毛色的出现往往不是一、二对基因相互作用的结果，而是多对基因的相互作用。到目前为止，控制家兔毛色的基因已发现有 10 个系统，即 10 个位点。

**1. A 系统**　又称刺鼠毛基因系统，有 $A$、$a^t$、$a$ 3 个复等位基因。$A$ 基因为刺鼠毛基因，其作用是使单根毛纤维上出现分段着色，在毛纤维的基部和梢部颜色较深，中部颜色较浅。这种特殊的毛色类型称为刺鼠毛色型。$A$ 基因与其他基因共同作用表现野兔色、青紫蓝色、红色、蛋白石色等毛色。$a$ 基因为非刺鼠毛基因，其作用是使整根毛纤维呈现单一颜色，与其他基因共同作用表现黑色、巧克力色、蓝色等毛色。$a^t$ 基因决定黑色和黄褐色被毛的产生，背部呈黑色或褐色，眼圈褐色，腹部白色，腹部两侧及尾下呈黄褐色。这 3 个复等位基因的显性顺序是 $A>a^t>a$。

**2. b 系统**　又称褐色基因系统，有 $B$ 和 $b$ 2 个等位基因。$B$ 基因的作用是产生黑色被毛，$b$ 基因的作用是产生褐色被毛。如果 $B$ 基因与 $A$ 基因组合（$A\_B\_$），就会产生黑色—浅黄色—黑色的毛色类型，从表面看，整个被毛呈现略带黄的黑色，我们称为野灰色。如果 $b$ 基因与 $A$ 基因组合（$A\_bb$），则产生褐色—黄色—褐色的毛色类型，粗看起来呈黄棕色，我们称为黄褐色。

**3. C 系统**　又称白化基因群，在对毛色有影响的基因系统中，C 系统的等位基因最多，目前已知的有 6 个，分别是 $C$、$c^{ch3}$、$c^{ch2}$、$c^{ch1}$、$c^H$ 和 $c$ 基因。该系统中除 $C$ 基因的作用是使整体的毛色一致外，其他 5 个等位基因都不同程度地具有减少色素沉着的作用。$C$ 基因为有色毛基因，其作用是出现有色毛，但不能决定出现什么颜色，必须有其他基因的共同作用。$C$ 基因几乎与所有的有色毛的遗传有关，只有在 $C$ 基因存在的情况下，才能出现有色毛。$c^{ch}$ 基因为青紫蓝基因，$c^{ch3}$、$c^{ch2}$ 和 $c^{ch1}$ 基因均产生青紫蓝毛色（胡麻色）。其中 $c^{ch3}$ 基因产生深青紫蓝毛色，$c^{ch2}$ 基因产生浅青紫蓝毛色，$c^{ch1}$ 基因产生淡青紫蓝毛色。$c^H$ 基因是喜马拉雅白化基因，其作用是在白化毛的基础上，在身体的末端部位两耳、鼻尖、四肢下端和尾部出现有色毛，表型称喜马拉雅毛色或加州色。$c$ 基因为白化基因，其作用是限制色素的沉着，纯合时能阻碍一切色素的形成，致使家兔被毛全部表现白色，与此同时，眼球也因缺乏色素而反映出血管的红色。因此，纯合时的表型为白化兔，如白色安哥拉兔、日本白兔以及新西兰白兔等，都是具有纯合的 cc 基因型。

这 6 个复等位基因的显性顺序为 $C>c^{ch3}>c^{ch2}>c^{ch1}>c^H>c$，这种显性顺序在黑色素扩散基因 $E$ 存在的情况下，才表现得明显。

白化基因 $c$ 对 A 系统和 $v$ 系统的基因有隐性上位作用。当 $c$ 基因纯合时，能抑制 A 系统和 V 系统的基因表现，不论其处于杂合状态还是纯合状态。因此，当具有 AaCc 基因型的两种家兔横交时，由于基因重组和上位作用，会出现 9 种基因型，3 种表型（刺鼠毛色、黑色和白化类型），表型比例为 9∶3∶4。

**4. d 系统**　又称淡化基因系统，有 2 个等位基因 $D$ 和 $d$。$d$ 基因为淡化基因，具有淡化色素的作用，与其他一些毛色基因结合时，能把黑色淡化为青灰色，养兔学上称为蓝色，褐色淡化为淡紫色，养兔学上称为紫丁香色。例如当 $d$ 基因与 $a$ 基因纯合时（aadd），就会产生蓝色被毛，如美国蓝兔、英国和法国的蓝色安哥拉兔以及蓝色银狐兔等都含有 aadd 基因型。当 $d$ 基因单独存在时，家兔的被毛呈乳白色（也称蛋白石色），毛尖部为浓蓝色，中段为金黄褐色，基部为深瓦蓝色（亦称石磐蓝色），腹部毛色较浅，基部为蓝色，中段为白色或黄褐色。眼睛为蓝色或砖灰色。$D$ 基因不具备淡化色素的作用，是 $d$ 基因的显性等位基因，表型为正常毛色。

**5. E 系统**　又称黑色素扩散基因系统，有 $E^D$、$E^S$、$E$、$e^j$ 和 $e$ 5 个复等位基因。$E^D$ 基因的作用是使黑色素扩散，整个被毛呈铁灰色。弗朗德兔的铁灰色变种就携带有 $E^D$ 基因，因而表现铁灰色被毛。$E^S$ 基因的作用与 $E^D$ 基因相似，但作用较弱，产生浅铁灰色被毛。$E$ 基因为黑色素扩散基因，其作用是使黑色素在全身分布，有色毛的家兔多数具有 $E$ 基因 $e^j$ 基因的作用是使黄色被毛和黑色被毛嵌和，形成一条黑带、一条黄带的虎斑型毛色。具有这种毛色的家兔品种有海里青兔（Harlequin）。$e$ 基因是黑色素扩散基因的隐性基因，其作用是促进褐色素的形成，纯合时能抑制黑色素的形成和扩散，致使家兔的被毛表现红黄色，养兔学上称为红色。$E$ 系统这 5 个复等位基因的显性顺序为 $E^D > E^S > E > e^j > e$。

**6. En 系统** 又称显性白斑基因系统或英国花斑基因系统，有 $En$ 和 $en$ 2 个等位基因。$En$ 基因为英国花斑基因，其作用是限制色素在身体的某些部位出现，因而使携带有 $En$ 基因的家兔被毛出现花斑。即以白色毛为底色，在耳、眼圈和鼻部呈黑色，从耳后到尾根的背脊部是一条锯齿状的黑带，体侧散布着对称的黑斑。但是花斑的表现必须有 $B$、$C$、$D$、$E$ 等基因的存在，而花斑的大小和分布情况除与基因型的纯合或杂合有关外，还受修饰基因的影响。$En$ 基因纯合时，只是非常轻微地表现出一些花斑的特征，$En$ 基因杂合时，体表黑斑的数量增加，背脊部的锯齿状黑带变宽。$en$ 基因为单色基因，其作用是使全身被毛呈现同一颜色，如蓝色和黑色。该系统等位基因的显性顺序为 $En > en$。

**7. du 系统** 又称隐性白斑基因系统或荷兰花斑基因系统，有 $Du$、$du^w$、$du^d$ 3 个复等位基因。$du$ 基因为荷兰花斑基因，其作用是限制有色毛在身体的某些特定部位出现。该基因实际上是两个不同的基因，即 $du^w$、$du^d$。荷兰兔的毛色类型就由 $du$ 基因决定的。标准荷兰兔的毛色是鼻梁、前躯、后脚为白色，其他部位为黑色或其他颜色。$du$ 基因与 $En$ 基因相同，花斑的表现必须有 $B$、$C$、$D$、$E$ 等基因的存在。而白色范围的大小由 $du^w$ 和 $du^d$ 基因控制，$du^d$ 基因是将白色毛限制在最小范围，而 $du^w$ 基因是将白色毛扩大到最大范围。白色毛范围的大小还受一系列修饰基因的影响。由于这个原因，使荷兰兔的毛色变异范围很大，能从全身白色、仅眼眶周围略有黑色渐变为全身黑色、仅前肢末端白色。Du 基因的作用是不产生荷兰兔毛色，使整个被毛呈现单一毛色。du 系统这 3 个复等位基因的显性顺序为 $Du > du^w$，$Du > du^d$，$du^w$ 和 $du^d$ 基因为不完全显性关系。

**8. v 系统** 又称维也纳隐性白基因系统，有 $V$ 和 $v$ 2 个等位基因。$v$ 基因为维也纳隐性白基因，其作用是限制被毛上出现任何颜色，并且还限制了虹膜前壁的色素，使 $vv$ 基因型的个体表现为白毛蓝眼。具有这种基因型的家兔首先是在奥地利的维也纳被发现，故称维也纳白兔。维也纳白兔眼球上蓝色的表现必须有 $C$ 基因的存在，相同情形的还有白色贝韦伦兔和白色波兰兔。$V$ 基因不表现维也纳白兔特点，其作用是决定有色毛的出现，如维也纳天蓝兔。$v$ 系统等位基因的显性顺序为 $V > v$。

控制家兔被毛颜色遗传的基因均位于常染色体上，因此，不存在伴性遗传现象。现将家兔常见毛色的基因型归纳如表 7-1。

**表 7-1 不同毛色表型的基因型**

| 毛色表型 | 基因型长式 | 基因型短式 | 毛色表型 | 基因型长式 | 基因型短式 |
|---|---|---|---|---|---|
| 野兔色 | A_B_C_D_E_ | A_ | 显性白色花斑（黑白花） | aa B_ C_D_E_En_ | aa En_ |
| 红色 | A_B_C_D_ee | A_ee | 隐性白色花斑（黑白花） | aaduduB_C_D_E_ | aadudu |

（续）

| 毛色表型 | 基因型长式 | 基因型短式 | 毛色表型 | 基因型长式 | 基因型短式 |
|---|---|---|---|---|---|
| 乳白色 | A _ B _ C _ ddE _ | A _ dd | 花巨兔黑色 | aaenenBBCCDDEE | aaenen |
| 黑色 | aaB _ C _ D _ E _ | aa | 花巨兔兰色 | aaddenenBBCCEE | aaddenen |
| 蓝色 | aaddB _ C _ E _ | aadd | 青紫兰色 | A _ B _ $c^{ch}c^{ch}$D _ E _ | A _ $c^{ch}c^{ch}$ |
| 巧克力色 | aabb C _ D _ E _ | aabb | 维也纳白兔 | —CC *vv*— | CC*vv* |
| 紫丁香色 | aabbddC _ E _ | aabbdd | 喜马拉雅毛色（加州色） | aa$c^{H}c^{H}$B _ D _ E _ | aa$c^{H}c^{H}$ |
| 白化类型 | _ cc _ | cc | | | |

## （二）被毛形态特征的遗传

家兔的被毛是由分布在头部、小腿和脚的短刺毛以及躯体部分的绒毛和夹杂在绒毛之间的或披覆于绒毛之上的粗毛组成。所以，家兔的被毛变化除了因毛纤维的长度所引起外，还涉及被毛结构的变化，如绒毛的细度和光泽以及各类毛在生长发育方面的变化。常见的被毛形态（formation of hair coat）的遗传变化如下。

**1. 标准被毛与安哥拉被毛**　通常肉用型和皮肉兼用型品种的家兔的被毛都称为标准被毛。具有标准被毛的家兔体表着生长 3～3.5 cm 的绒毛，绒毛之间夹杂着大量的粗毛，它们由两型毛和枪毛组成。因为粗毛较绒毛长，披覆于绒毛之上，形成了绒毛的保护层。遗传上标准毛由 *L* 基因控制。安哥拉被毛专指安哥拉兔的被毛，是标准被毛的变型，由 *l* 基因控制。安哥拉被毛的特征是绒毛特别长，5～12 cm，粗毛较少且夹杂在绒毛中，起着隔离绒毛、防止绒毛结块的作用。*L* 基因和 *l* 基因是同一位点的 2 个等位基因，*L* 为显性基因，*l* 为隐性基因。

**2. 力克斯被毛**　力克斯兔是世界著名的皮用兔，它的毛被主要由 1.6 cm 左右的短绒毛组成，其中也夹杂着极少量的等长的粗毛。杂交试验证明，力克斯被毛受 3 个位点的基因控制，分别是 $r_1$、$r_2$ 和 $r_3$，为隐性基因，其中 $r_1$ 和 $r_2$ 位于第三条染色体的不同位点上，呈连锁关系，互换率为 17.2%；$r_3$ 位于另一条染色体上。力克斯被毛是当 *r* 基因纯合时才表现出来，即 $r_1r_1$、$r_2r_2$ 和 $r_3r_3$ 全部表现力克斯被毛。而且，不论是哪个位点的 *r* 基因纯合，都会有隐性上位作用，但这种隐性上位作用只存在于不同染色体上的位点之间。它们的显性等位基因分别是 $R_1$、$R_2$ 和 $R_3$，其作用是产生非力克斯被毛即标准被毛。

**3. 丝光毛**　从组织结构看，丝光毛的鳞片结构不明显，使之表面非常光滑，并具有丝绸一样的光泽，所以称之为丝光毛。丝光毛受 *sa* 基因的控制，当 *sa* 基因纯合时表现丝光毛。由于 *sa* 基因能使兔毛纤维缺乏髓质层，因而丝光毛比一般毛纤维要细。携带有丝光毛基因 *sa* 的家兔品种如美国亮兔，毛纤维长 2.5～3.2 cm，该基因可与各种毛色基因结合而形成若干种色泽的丝光毛。已培育成功的各种色泽的丝光毛兔有黑色丝光毛兔（sasa aa）、蓝色丝光毛兔（sasa aadd）、红色丝光毛兔（sasa ee）、加利福尼亚丝光毛兔（sasa aa$c^{H}c^{H}$）、青紫蓝丝光毛兔（sasa $c^{ch}c^{ch}$）等。*sa* 的等位显性基因是 *Sa*，其作用是使家兔产生一般光泽的被毛。

**4. 波纹毛**　这是一种波浪形的毛纤维，受 *wa* 基因控制。根据现有资料，只在力克斯

兔中发现 *wa* 基因，虽然在安哥拉兔中也有波浪形毛纤维，但是否由 *wa* 基因引起尚未证实。具有波浪形毛纤维的幼兔在换毛时脱毛非常迅速，在短时间内会变得光秃秃的，根毛不生。*Wa* 的显性基因是 *Wa*，使家兔产生正常形态的被毛。

**5. 痴毛** 是一种没有光泽的毛纤维，手感粗糙、发黏，所以称为“痴毛”。痴毛是由隐性基因 *wu* 控制，当 *wu* 基因纯合时产生痴毛。痴毛的形成是由于毛纤维的结构发生变化。正常的兔毛纤维表皮虽呈鳞片状结构，但仍比较光滑，而且鳞片层、皮质层和髓质层的细胞排列有序，界限明显。但在痴毛中这三层细胞排列不规则，特别是鳞片层细胞成团地聚集在一起，毛纤维表面结构不均匀，使局部破裂并向外翘起，所以用手摸上去有粗糙的感觉。另外，由于皮肤的异常分泌物增生而产生了发黏的感觉。在痴毛的影响下，兔的被毛经常发生缠结现象。*wu* 的显性基因 *Wu* 产生正常的兔毛。

**6. 裸体** 裸体是指兔的体躯除了在肩胛后有一簇毛外，其余部分赤裸无毛，头部只在鼻梁处和耳尖以及四脚的背面有一小簇毛。裸体兔是由隐性基因 *n* 控制，其等位显性基因 *N* 决定正常性状。裸体兔与正常兔在初生时不易区分，但半个月后正常兔已全身披有短毛，而裸体兔仍然是光秃秃的。这种兔因缺乏抗寒能力，从而生长发育迟缓。

**7. 缺毛** 缺毛兔是指缺乏生长绒毛能力的家兔。这种兔在鼻部、四肢和尾部长有正常的被毛，而整个体躯只长有枪毛。隐性基因 *f*、*ps*-1、*ps*-2 都能产生缺毛，其中最普遍的是由 *f* 基因造成的。据报道，*f* 基因还具有致死作用，并能使公兔的精子缺乏活力。

### （三）外形的遗传

家兔的外形是整体各个部位生长发育的综合，如果这些部位按比例地生长和发育，那么兔的整个外形正常，只有体形大小的变异。假如身体某些部位出现不协调地生长和发育，甚至某一部位发生缺陷，这时在外形上就会出现异常现象。无论是整体的变化还是某一部位发生的变化，都可以由遗传因素所致。因此我们分别从外形的整体变化和局部变化两个方面加以阐述。

**1. 体格大小的变化——侏儒兔** 在家兔的生长发育过程中，由于缺乏由某一基因所决定的一种重要的酶，致使其生长发育严重受阻，甚至出现畸形。这种由单个基因所引起的遗传现象是由常染色体上的单个基因控制的，垂体型侏儒兔就是如此。这种兔在初生时的体格几乎只有同窝同胞的 1/3 大，一般在出生后 48 h 内死亡，少数能活上几天，最长可达 5 周龄。垂体型侏儒是可遗传的，到目前为止已发现有 3 种基因都能决定垂体型侏儒，它们分别是 *Dw*、*nan* 和 *zw*。*Dw* 基因为半显性基因，当其纯合时就出现上述表现，而当其杂合时，杂合体（*Dw*/*dw*）的体格约为正常个体的 2/3 大。*nan* 和 *zw* 基因均为隐性致死基因，只有当其纯合时才出现上述表现，杂合体与正常个体没有明显的区别。但 *zw* 基因在力克斯兔中即使处于杂合状态有时也会使家兔畸形发育。

图 7-1 侏儒兔与正常兔比较

**2. 耳朵姿势的变化——垂耳兔** 正常的垂耳兔如波

兰兔和弗朗德兔，它们的耳朵长度与体形的大小成比例。但有些品种也不尽如此，如英系垂耳兔的耳朵特别长大，耳朵的重量也很大，与体形的大小不成比例。正常垂耳兔的遗传是由多基因控制的。异常的垂耳兔其耳朵大小正常，但是它的姿势是向下并略向前垂在头的两侧。据分析，这种异常的垂耳现象也是由多基因控制的。之所以称为异常垂耳，是因为它发生在直立耳的品种内，尽管不影响生长发育和生产性能，但不符合品种特征，因而也被育种工作者列为淘汰对象。

**3. 眼睛的变化——“牛眼”和内障**　“牛眼”又称水肿眼，顾名思义是家兔的眼睛像牛眼那样圆睁而突出。“牛眼”病是由位于常染色体上的隐性基因 *bu* 所控制，症状与维生素 A 缺乏症非常相似，因此，有人推测该病可能是由 *bu* 基因阻碍了 β-胡萝卜素向维生素 A 的转化过程所致。

患兔大概在 2～3 周龄以后，或者是眼前房变大而且有清楚的角膜，或者是出现青色的云雾状。以后，角膜变得扁平且混浊，眼球凸出，并且发生结膜炎，引起兔的视力衰退。“牛眼”可以发生在一侧，也可能两只眼睛都发生病变。患“牛眼”病的公兔还表现生殖机能降低，精液浓度显著下降，甚至没有精子。Hanna 对兔的“牛眼”病进行研究后发现，提高饲料中维生素 A 的水平，会降低“牛眼”基因的外显率。

*bu* 基因与白化基因 *c* 呈不完全连锁，所以，兔的遗传性“牛眼”病经常在白化兔中发现。在我国，日本白兔、哈白兔和安哥拉兔中都发现有较多的“牛眼”病个体。

内障兔的这种遗传性眼病有两种遗传类型，一种是由隐性基因 *cat*－1 所控制，纯合时家兔的双眼都发生内障；另一种是由 *Cat*－2 基因控制，它与 *cat*－2 基因呈半显性关系，杂合时家兔的一侧眼睛发生内障。患有这种遗传性眼病的家兔，在初生时其眼球的晶体后壁就可发现有轻微的混浊，至 5～9 周龄时晶体发展为完全混浊。

**4. 四肢的变化——遗传性短肢畸形**　有 3 种基因能导致家兔产生短肢畸形。一种是常染色体隐性基因 *ac*，由 *ac* 基因造成的短肢畸形伴有致死作用，纯合体在胎儿期或出生后不久即死亡。这种畸形兔的四肢非常短，头略呈方形，舌头伸出嘴外，胸廓短且成喇叭形，腹部膨大。另一种是常染色体隐性基因 cd，由 cd 基因造成的短肢畸形也伴有致死作用。病兔症状与前者相似，只是肌肉稍丰满些，舌头也不伸出嘴外。第三种是不完全显性基因 Da，由 Da 基因造成的短肢畸形没有致死作用，所以 Da 基因的纯合体完全有活力。病兔除四肢变短外，髋臼和股骨也发生畸形，因而严重跛行。仔兔出生 6d 左右还可发现在耳朵基部有一乳头状突起，作为显著的识别标志。

**5. 牙齿的变化——遗传性畸形**　由常染色体隐性基因 *mp* 控制。该基因使背脊骨和颅底骨特异生长，从而使下颌骨向前位移（图 7－2）。由于下颌畸形生长，上下门齿咬合错位，家兔无法采食，严重时常因饥饿导致死亡。遗传性的下颌畸形在家兔中曾多次被发现。

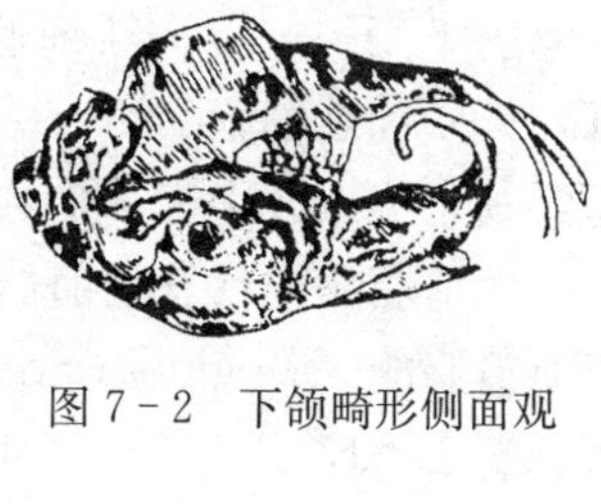

图 7－2　下颌畸形侧面观

## （四）抗病力遗传

已经证实，有些家兔对人和牛的结核杆菌具有较强的抵抗力。有人把对结核杆菌在遗传上有抗力的和易感性的家兔分为两群，同时吸入 100～

200个有毒力的结核杆菌，结果具有抗力的兔群绝大多数没有发病，而易感性强的兔群中有90%的个体在肺实质部分出现不同程度的病变。进一步的研究证实，遗传上具有抗性的兔不仅能够抑制吸入的结核杆菌的生长，而且还具有消灭它们的先天性能力。

此外，家兔对黏液瘤病毒也具有遗传上的抗性，现在，国外已通过选择使这些抗性在兔群中发展，并培育对黏液瘤病毒具有抗性的家兔新品种。

### （五）抗药力遗传

20世纪上半叶，人们发现有部分家兔的血清中含有阿托品酯酶，它能水解阿托品和一些莨菪碱。如有一种叫颠茄的植物就含有阿托品和莨菪碱，一般家畜吃了会中毒，而家兔吃了则不会中毒。研究发现，家兔血清中的阿托品酯酶是受常染色体上不完全显性基因 *As* 控制，显性纯合体（*AsAs*）含阿托品酯酶的水平最高，杂合体（*Asas*）阿托品酯酶的水平降低，而隐性纯合体（*asas*）的血清中缺少阿托品酯酶。具有 *As* 基因的纯合个体或杂合个体在大约1月龄左右发现这种酶，而且母兔的水平高于公兔。

### （六）血型和血液蛋白遗传

**1. 血型遗传** 血型是存在于红细胞膜上的抗原的个体差异，可以根据红细胞特定抗原的有无进行血型分析。血型抗原一般是共显性遗传，支配血型的基因位点并非一个，受同一基因位点决定的血型是一个系统。对家兔血型系统的研究较少，目前发现兔有4个血型系统。①$H_1 \cdot H_2$系统：$H_1$型，$H_2$型，$H_1H_2$型和O型。②K系统：$K_1$，$K_2$，$K_3$。③G·g系统：G，g，Gg。④$K_1 \cdot K_2$系统：$K_1$，$K_2$，$K_1K_2$。

**2. 血液蛋白遗传** 即血液中含有的一些酶和蛋白质，这些酶和蛋白质也是由染色体上特定位点的基因控制。研究发现，控制血液蛋白的等位基因一般呈共显性遗传。对家兔血液蛋白（Blood protein）的研究主要集中在其多态性方面。多态性指功能相同的血液蛋白质具有两种或两种以上的遗传变异体，该变异体可以作为一个遗传标记因子，来反映动物个体遗传变异的情况。家兔血液蛋白多态性的研究开始于Grunder（1965）等发现家兔红细胞酯酶表现多态性。迄今为止，已发现家兔血液蛋白多态位点达20多个，它们分别以不同的方式遗传。这项研究已在分析多态蛋白位点的连锁关系和品种遗传结构、鉴定亲缘关系、探索品种起源和分化以及与某些经济性状的相关性方面得到了应用。

红细胞酯酶（Erythrocyte esterase，Es）中已发现5个位点具有多态性，分别是红细胞酯酶1（Es-1）、红细胞酯酶2（Es-2）、红细胞酯酶3（Es-3）、红细胞酯酶5（Es-5）和红细胞酯酶x（Es-x）。Es-1和Es-3位点各有3个等位基因，控制6种表型，其余位点分别有2个共显性等位基因，控制3种表型。

血清脂酶中已发现前白蛋白血清脂酶（Prealbumin Serum esterase，Est）和β-球蛋白血清脂酶（β-globin Serum esterase）具有多态性。其中前白蛋白血清脂酶有3个位点表现多态，Est-2位点有4个等位基因，Est-1和Est-3位点分别有2个等位基因，共表现10种前白蛋白血清脂酶类型。β-球蛋白血清脂酶有3种表型，受2个共显性等位基因控制。

血液酶中还发现其他许多种酶具有多态性。如红细胞碳酸酐酶（Carbonic anhydrase，

CA)、血清碱性磷酸酶（Serum alkaline，AKP)、6-磷酸葡萄糖脱氢酶（6-phosphogluconate dehydrogenase，6-Pgd）分别有2个共显性等位基因，控制3种表型。腺嘌呤核苷脱氨酶（Ada)、硫辛酰胺脱氢酶（DIA-2）由3个共显性等位基因控制。甘露糖-6-磷酸盐异构酶（MPI）由7个共显性等位基因控制。

血清中还有其他许多蛋白具有多态性。如后白蛋白（Postalbumin，Po)、维生素 $B_{12}$ 结合蛋白（Transcolamin，TC）由2个共显性等位基因控制。血清转铁蛋白（Transferrin，Tf)、脂蛋白（Lipoprotein，Lp）由3个共显性等位基因控制。血液结合素（Haemopexin，Hx）由4个共显性等位基因控制。前转铁蛋白（Pretransferrin，Prt）由6个共显性等位基因控制。

当然，血液中也有一些酶或蛋白没有多态性，表现单态。如血清过氧化氢酶（Catalase，Cat)、血清过氧化物酶（Peroxidase，Pod)、超氧化物歧化酶（Superoxide dismustase，Sod)、血浆铜蓝蛋白（Ceruloplasmin，Cp)、腺苷酸激酶（Adenylate kinase，AK)、硫辛酰胺脱氢酶（DIA-1)、细胞色素c氧化酶（Co)、红细胞乳酸脱氢酶（LDH)、血红蛋白（Hemoglobin，Hb)、白蛋白（Albumin，Alb)。

## 二、数量性状的遗传

家兔的许多性状是数量性状，比如初生重、断奶重、平均日增重、饲料报酬、屠宰率、被毛密度、被毛细度、被毛长度、皮张面积、配种受胎率、产仔数、仔兔成活率、母兔泌乳力、血液中的一些酶和激素含量等。虽然家兔的多数数量性状都具有重大的经济意义，但是受到很多条件的限制，对其数量性状的研究还很不充分，对其了解的程度也远不如其他家畜。在此，介绍一些家兔数量性状的基本知识和目前已经了解的一些数量性状的遗传规律。

### （一）数量性状及其特点

家兔的数量性状是一些能够度量的性状，个体之间的性状差异主要表现为度量值的不同。数量性状的遗传基础是多基因效应，一个数量性状受许多个基因的控制，每个基因的作用又很微小，一个性状的表现是多个基因作用的总和。

数量性状呈连续性变异，受环境因素的影响较大，即使遗传组成相同的两个个体，处于不同的生活环境，其性状的表现往往会出现很大差异。由于数量性状显著地区别于质量性状，因而在研究方法上与质量性状有所不同，不能简单地进行孟德尔形式的遗传分析，必须以群体为对象，运用生物统计的方法来分析数量性状的遗传规律，制定相应的遗传参数。然后，通过这些遗传参数来指导育种实践，以期获得最好的选择效果。

### （二）数量性状的剖分

数量性状的度量值反映了该性状的表型，所以称为表型值（P）。表型是遗传和环境共同作用的结果。因此，表型值可剖分为基因型值（G）和环境效应值（E）两部分，用公式表示为：

$$P=G+E$$

一个个体的基因型在其生命开始（形成受精卵时）就被固定下来，只要在生命过程中不发生突变，其基因型终生不会改变。因此，个体的基因型值也会保持不变。基因型值可以根据基因的作用分成三部分：

**1. 加性效应值**（A） 遗传的总效应即基因型值，主要是众多微效基因的各个微小效应累加的结果。加性效应值能真实地遗传给后代，在育种工作中有重要意义，又称为育种值。

**2. 显性效应值**（D） 等位基因间由显性效应产生的基因型值变异。只有同一位点的基因处于杂合状态时才有显性效应值。

**3. 互作效应值**（I） 不同位点基因互作，包括上位作用所形成的一部分基因型值。

所以，基因型值又可表示为：

$$G=A+D+I$$

显性效应值和互作效应值是因两性细胞形成与结合时基因的分离、重组所产生的，不能真实地遗传给后代，在家兔育种工作中意义不大。同时，在一个纯种兔群中，由于基因型的相对纯合一致，显性值和互作值在基因型值中所占的比例很小，一般可忽略不计。

因此，在一个有 $n$ 个个体的纯种兔群里，又可以表示为：

$$\sum P=\sum G+\sum E$$

由于每个个体受到环境的影响不同，群体累计时环境效应值正负抵消，即 $\sum E=0$，因此，

$$\sum P/n=\sum G/n+0/n$$

$$\overline{P}=\overline{G}$$

即群体的平均表型值等于平均基因型值，而基因型值中的显性效应值和互作效应值又小到可以忽略不计，因此，又可以如下表示：

$$\overline{P}=\overline{A}$$

亦即一个群体的平均表型值就代表该群的平均育种值。

### （三）数量性状的遗传参数

**1. 遗传力** 遗传力是数量性状最重要也是最有实用价值的遗传参数。它是指在数量性状的表型变异中，遗传效应所占的比例。由于数量性状的表型值是由遗传因素和环境因素共同决定的，由环境决定的部分不能遗传，而在由遗传因素决定的部分中加性效应是可以真实遗传的。从育种的角度看，我们考虑的是可以遗传的部分，那么遗传力的大小就说明了某一数量性状受遗传决定的程度有多大。

就一个数量性状而言，每个个体的表型值不同，在一个兔群里，差异大小以方差（$V$）表示。表型的差异既有遗传因素造成的，也有环境因素造成的。所以，表型值方差（$V_P$）也可剖分为基因型值方差（$V_G$）和环境效应值方差（$V_E$），即：

$$V_P=V_G+V_E$$

同理，基因型值方差可以进一步剖分为加性效应值方差（$V_A$）、显性效应值方差

($V_D$) 和互作效应型值方差 ($V_I$):

$$V_G = V_A + V_D + V_I$$

所以，表型方差又可表示为：

$$V_P = V_A + V_D + V_I + V_E$$

遗传力值 ($h^2$) 是指群体某数量性状的加性值方差占表型值方差的比例：

$$h^2 = V_A / V_P$$

需要说明的是，同一性状的遗传力值在不同的兔群中不尽相同，但有其相对稳定性。遗传力的这一特性表明，尽管数量性状受环境因素的影响较大，但还是主要取决于性状本身的遗传基础。所以，遗传力值被认为是用统计方法揭示出来的数量性状的一种遗传特性。

不同性状的遗传力值不同。一般认为 $h^2 < 0.2$ 的性状称为低遗传力性状，$0.2 < h^2 < 0.4$ 的性状称为中等遗传力性状，$h^2 > 0.4$ 的性状称为高遗传力性状。遗传力高的性状，其亲代和子代的相似性较强，即亲代的生产性能高，其后代的生产性能也高。

性状遗传力的高低，反映了性状对环境影响的敏感性。一个高遗传力的性状，表明性状间差异主要由遗传造成，该性状对环境的影响相对不敏感。一个低遗传力的性状，表明性状间差异主要由环境造成，该性状对环境的影响相对比较敏感。

性状遗传力的高低决定了育种工作中应采用哪种方法对某一数量性状进行有效地选择。对于遗传力高的性状，一般采用个体表型选择就可获得较好的选择效果。对于遗传力低的性状，则适用于家系选择的方法。

遗传力值又可用估测每只种兔的个体育种值，其基本公式为：

$$A = (P - \overline{P}) \times h^2 + \overline{P}$$

其中，$A$ 是育种值，$P$ 是个体表型值，$\overline{P}$ 为该兔群平均表型值，即平均育种值。个体育种值表示每只种兔能够真实遗传于后代的生产力。现将家兔一些性状的遗传力列于表 7-2、表 7-3 和表 7-4，供家兔育种中参考。

**表 7-2 家兔部分性状的遗传力**

| 性 状 | 遗 传 力 | 测 定 者 |
|---|---|---|
| 窝活仔数 | 0.21 | Lampo 和 VenBroeck (1975) |
| | 0.30 | Rollins 等 (1963) |
| 初生重 | 0.40 | Bogdan (1970) |
| 日增重 (22～43 日龄) | 0.58 | Varela—Alvarez (1976) |
| (29～70 日龄) | 0.61 | Poujardieu 等 (1974) |
| 体重 (56 日龄) | 0.35 | Leplege (1970) |
| 窝重 (56 日龄) | 0.22 | Lukefahr 等 (1981) |
| (56 日龄，经产仔数校正) | 0.69 | Lukefahr 等 (1981) |
| 腰宽 (56 日龄) | 0.60 | Bogdan (1970) |
| 胴体重 (70 日龄) | 0.61 | Poujardieu 等 (1974) |

（续）

| 性　状 | 遗 传 力 | 测 定 者 |
|---|---|---|
| 皮张占屠体比例 | 0.60 | Fl′ak 等（1978） |
| 腿肉重 | 0.60 | Fl′ak 等（1978） |
| 肠炎和肺炎死亡（56 日龄） | 0.12 | Rollins 和 Casady（1967） |
| 存活率（56 日龄） | 0.06 | Harvey 等（1961） |

**表 7-3　家兔部分性状的遗传力**

| 性状类别 | 性状 | 遗传力 | 性状类别 | 性状 | 遗传力 |
|---|---|---|---|---|---|
| 繁殖性状 | 受胎率 | 0.05～0.15 | 生长发育性状 | 初生个体重 | 0.17～0.48 |
| | 产活仔数 | 0.02～0.63 | | 断奶个体重 | 0.007～0.78 |
| | 总产仔数 | 0.054～0.54 | | 45 日龄体重 | 0.203 |
| | 仔兔成活率 | 0.05～0.15 | | 90 日龄体重 | 0.22 |
| | 初生窝重 | 0.043～0.37 | | 6 月龄体重 | 0.267～0.66 |
| | 21 日龄窝重 | 0.001～0.31 | | 8 月龄体重 | 0.055 |
| | 断奶窝重 | 0.07～0.387 | | 6 月龄体长 | 0.38 |
| | 筑巢能力 | 0.24 | | 8 月龄体长 | 0.427 |
| 产毛性状 | 年产毛量：现场测定 | 0.295～0.60 | | 8 月龄胸围 | 0.345 |
| | 测定站测定 | 0.70 | 肥育性状 | 4～10 日龄平均日增重 | 0.91 |
| | 第一次剪毛量 | 0.20～0.90 | | 4～10 日龄平均采食量 | 0.55 |
| | 第二次剪毛量 | 0.15～0.44 | | 6～9 周龄日增重 | 0.23 |
| | 第三次剪毛量 | 0.09～0.382 | | 6～12 周龄日增重 | 0.30 |
| | 第四次剪毛量 | 0.08 | | 9～12 周龄日增重 | 0.26 |
| | 第一次剪毛后体重 | 0.47～1.0 | | 6～9 周龄饲料报酬 | 0.26 |
| | 第二次剪毛后体重 | 0.491～0.73 | | 6～12 周龄饲料报酬 | 0.35 |
| | 第三次剪毛后体重 | 0.10～0.257 | | 9～12 周龄饲料报酬 | 0.29 |
| | 第四次剪毛后体重 | 0.29 | | 胴体重 | 0.021～0.61 |
| | 产毛率 | 0.097～0.275 | | 屠宰率 | 0.002～0.70 |
| | 结块率 | 0.30 | | 屠宰后 24 h 股二头肌 pH | 0.5 |
| | 粗毛率 | 0.134～0.59 | | | |
| | 被毛密度 | 0.41 | | 达到屠宰体重的年龄 | 0.6 |
| | 毛纤维直径 | 0.42 | | | |

表 7-4　不同家兔品种主要经济性状遗传力*

| 品　种 | 性　状 | 遗传力 | 品　种 | 性　状 | 遗传力 |
|---|---|---|---|---|---|
| 塞北兔 | 初生重 | 0.18 | 新西兰白兔 | 产活仔数 | 0.329 |
| | 断奶重 | 0.24 | | 总产仔数 | 0.269 |
| | 成年体重 | 0.53 | | 初生个体重 | 0.207 |
| | 日增重 | 0.32 | | 21 日龄窝重 | 0.173 |
| | 窝产仔数 | 0.19 | | 断奶个体重 | 0.399 |
| | 泌乳力 | 0.115 | | 初生窝重 | 0.364 |
| | 成年体长 | 0.23 | | | |
| | 成年胸围 | 0.42 | | | |

* 估测方法为父系半同胞。

**2. 遗传相关**　遗传相关是数量性状的又一个遗传参数。由于遗传和环境两方面的原因，使生物的性状间存在着一定的相关关系。群体中不同数量性状的表型值之间的相关称为表型相关，由遗传造成的两性状之间的相关称为遗传相关。两个性状或多个性状之间的相关关系，常用相关系数来表示其强弱。了解遗传相关可以进行早期选种，从而加快遗传进展，缩短世代间隔。同时可以利用容易度量的性状与较难度量的性状之间的相关来对后者进行间接选择，从而提高选种的效果。

对家兔性状间遗传相关的研究相对较少，现将新西兰白兔一些性状的相关系数列于表 7-5，供参考。

表 7-5　新西兰白兔性状间的表型相关与遗传相关

| 相关性状 | 表型相关 | 遗传相关 |
|---|---|---|
| 初生重与 21 日龄个体重 | 0.149 | 0.243 |
| 初生重与断奶个体重 | −0.079 | 0.146 |
| 21 日龄体重与断奶个体重 | 0.199 | 0.230 |
| 哺乳仔数与泌乳力 | 0.138 | 0.199 |

## 第二节　性状的选择原理

选择是家畜育种中必不可少的重要工作。选择是物种起源与进化的动力和机制所在。实质上，选择是将遗传物质重新安排的重要工具，以便在世代的交替更迭中，使群体内的个体更好地适应于特定的目的，例如特定的育种目标，或是对特殊自然环境因素的适应性等。质量性状大多数是由一对或多对非等位基因所控制，对其进行选择相对容易些，而数量性状是许多微效基因所控制，对其进行选择相对较难些，且在畜禽育种中所选择的经济性状绝大多数是数量性状，因此，本节中侧重于介绍对数量性状的选择。

## 一、质量性状的选择

选择质量性状就是选择控制该质量性状的特定基因型。大多数情况下，控制质量性状不同的基因型个体均有界限分明的表型效应，因此，判别个体基因型的主要依据是其表型分类。控制质量性状的基因可能是一对或多对非等位基因，由于多对非等位基因间的作用方式不同，因此，判别其基因型的方法和难易度有所不同，除了根据现有群体的表型分析和系谱分析外，必要时还需采用测交的方式，以期基因型出现更典型的分离，然后再进一步作统计分析。

随着科学技术的发展，尤其是生化遗传学、免疫遗传学和分子遗传学技术的发展，在判别质量性状基因型方面，可望通过上述技术提高判别基因型的准确性，从而提高质量性状选择的效率。

对质量性状的选择不会产生新的基因，选择的实质是淘汰群体中的不利基因，增加群体中理想基因的频率。如设一个基因座上有两个具有显、隐性遗传关系的等位基因 $A$ 和 $a$，其中 $A$ 为理想的基因，再设初始群体均为杂合个体。

$$\begin{array}{lccc} \mathrm{P} & Aa & \times & Aa \\ & & \downarrow & \\ \mathrm{F_1} & 1/4AA & 1/2Aa & 1/4aa \end{array}$$

在子一代中淘汰所有的 $aa$ 个体，其后在群体中 $A$ 基因的频率由原先的 0.5 上升到 0.67，而 a 的频率由 0.5 下降为 0.33。由此也将使下一世代群体中 $AA$ 基因型个体的频率由 0.25 增加到 0.449。

综上所述，质量性状选择的遗传效应在于提高被选择基因的频率，减少被淘汰的基因的频率。随着有利基因频率的提高，相应地提高了群体中有利基因的纯合个体的频率。

## 二、数量性状的选择

动物育种中所重视的大多数重要经济性状都是数量性状，例如兔的产仔数、产毛量、屠宰率、增重速度、饲料转化率等。数量性状是由微效多基因控制的，每个基因作用微小，效应各异，可以累加和倍加，通过对群体进行选择，将其遗传物质重新组合，以便在世代的更替中，使群体内的个体更好地适应于特定的目标，优良性状只有通过不断的选择才能得到巩固和提高。因此选择就成为进一步改良和提高家畜生产性能的重要手段。选择差和选择反应是进行数量性状选择的基础。

### （一）选择差

选择差（S）是指中选的亲本个体平均表型值（$\overline{P}_S$）与群体平均值（$\overline{P}$）的差。

$$S = \overline{P}_S - \overline{P}$$

选择差表示的是被选留种畜所具有的表型优势。选择差的大小，主要受两个因素的影响，一是畜群的留种率（$P$），留种率是指留种个体数占原始畜群总数的百分比。一般情况下，群体的留种率越小，所选留个体的平均质量越好，选择差也就越大。二是性状的表型标准差，即性状在群体中的变异程度。在相同的留种率下，标准差大的性状，选择差也大。由于数量性状的表型值呈正态分布，群体的标准差的大小基本稳定，因此留种率的大小就决定了选择强度的高低。

由于不同性状的度量单位不同，选择差的单位也不同，它们之间的选择差不能进行相互比较，为了便于分析规律，通常将选择差标准化，变成标准化的选择差，即选择强度，选择强度通常用小写字母“*i*”表示，即：

$$i=\frac{S}{\sigma_P}$$

一般大群体的选择强度可以通过留种率查出，如表 7-6 所示。

**表 7-6　大群体选择的留种率（P）和选择强度（i）**

| P | i | P | i | P | i | P | i |
|---|---|---|---|---|---|---|---|
| 0.01 | 3.960 | 0.48 | 2.905 | 4.4 | 2.116 | 24 | 1.295 |
| 0.02 | 3.790 | 0.50 | 2.892 | 4.6 | 2.097 | 25 | 1.271 |
| 0.03 | 3.687 | | | 4.8 | 2.08 | 26 | 1.248 |
| 0.04 | 3.613 | 0.55 | 2.862 | 5.0 | 2.063 | 27 | 1.225 |
| 0.05 | 3.554 | 0.60 | 2.834 | | | 28 | 1.202 |
| 0.06 | 3.507 | 0.65 | 2.808 | 5.5 | 2.023 | 29 | 1.180 |
| 0.07 | 3.464 | 0.70 | 2.784 | 6.0 | 1.985 | 30 | 1.159 |
| 0.08 | 3.429 | 0.75 | 2.761 | 6.5 | 1.951 | 31 | 1.138 |
| 0.09 | 3.397 | 0.80 | 2.740 | 7.0 | 1.918 | 32 | 1.118 |
| 0.10 | 3.367 | 0.90 | 2.701 | 7.5 | 1.887 | 33 | 1.097 |
| | | 0.95 | 2.683 | 8.0 | 1.858 | 34 | 1.078 |
| 0.12 | 3.317 | 1.00 | 2.665 | 8.5 | 1.831 | 35 | 1.058 |
| 0.14 | 3.273 | | | 9.0 | 1.804 | 36 | 1.039 |
| 0.16 | 3.234 | 1.2 | 2.603 | 9.5 | 1.779 | 37 | 1.020 |
| 0.18 | 3.201 | 1.4 | 2.549 | 10.0 | 1.755 | 38 | 1.002 |
| 0.20 | 3.170 | 1.6 | 2.502 | 11 | 1.709 | 39 | 0.948 |
| 0.22 | 3.142 | 1.8 | 2.459 | 12 | 1.667 | 40 | 0.966 |
| 0.24 | 3.117 | 2.0 | 2.421 | | | 41 | 0.948 |
| 0.26 | 3.093 | 2.2 | 2.386 | 13 | 1.627 | 42 | 0.931 |
| 0.28 | 3.070 | 2.4 | 2.353 | 14 | 1.590 | 43 | 0.913 |
| 0.30 | 3.050 | 2.6 | 2.323 | 15 | 1.554 | 44 | 0.896 |
| 0.32 | 3.030 | 2.8 | 2.295 | 16 | 1.521 | 45 | 0.880 |
| 0.34 | 3.012 | 3.0 | 2.268 | 17 | 1.498 | 46 | 0.863 |
| 0.36 | 2.994 | 3.2 | 2.243 | 18 | 1.458 | 47 | 0.846 |
| 0.38 | 2.978 | 3.4 | 2.219 | 19 | 1.428 | 48 | 0.830 |
| 0.40 | 2.962 | 3.6 | 2.197 | 20 | 1.40 | 49 | 0.814 |
| 0.42 | 2.947 | 3.8 | 2.175 | 21 | 1.372 | 50 | 0.798 |
| 0.44 | 2.932 | 4.0 | 2.154 | 22 | 1.346 | | |
| 0.46 | 2.918 | 4.2 | 2.135 | 23 | 1.320 | | |

### (二) 选择反应

选择导致的群体平均值的变化称为选择反应（$R$），也就是中选亲本的后代与选择前亲本世代之间的平均表型值之差。代表了被选留种畜所具有的遗传优势。其计算公式为：

$$R = Sh^2$$

在遗传力相同的情况下，性状的选择差越大，选择反应也越大；选择差越小，选择反应也就越小。选择差的大小能够直接影响选择反应的大小。

由于遗传力实际上是估计育种值与真实育种值的相关系数，因此，上式也可表示为：

$$R = i \cdot \sigma_A \cdot r_{AP}$$

上式说明选择反应的大小直接与可利用的遗传变异（即加性遗传标准差）、选择强度和育种值估计的准确度三个因素成正比。选择反应的前提在于群体中存在可遗传的差异，遗传差异越大，可能获得的选择成效就越大。为了获得较大的选择反应，在制定育种措施和育种方案时，尽可能使这三个因素处于最优组合。

### (三) 选择效果的预估

选择反应与选择差的关系，即 $R = \mathrm{Sh}^2$。若以选择强度表示，即 $R = i\sigma_\mathrm{p}\mathrm{h}^2$。因此，只要知道性状的遗传力和选择差，或者知道遗传力、标准差和选择强度，都可以计算出选择反应。

在实际预估时，由于公、母个体留种率相差较大，而且每头公兔的配种数也不一样，因此，必须分别计算来自公兔和母兔个体的选择反应，然后加以平均，求出整个选择反应。

在预估来自公兔的选择反应时，由于公兔的留种率一般都较小，如果由留种率来估计选择强度，往往误差较大。因此最好直接用选择差来计算选择反应。此外，由于每只公兔的配种数不同，因而对后裔群体平均值的影响，也即对选择反应的贡献各不相同。因此，每只公兔的选择差，应分别按其预定的配种数进行加权，求平均选择差。

这样估计来的选择反应，是该性状在一个世代中的改进量。但一般制订育种计划时，往往不是以一个世代而是以一年为单位的，因此还要进一步折算成年改进量。

$$\Delta G(\text{年改进量}) = \frac{\text{选择反应}}{\text{世代间隔}} = \frac{R}{G_I}$$

选择效果的预估，可以减少制订育种目标与育种计划时的盲目性，有助于对选种进度作出比较科学的预测。但所预估的进度不可能与实际进度完全一致。由于各种原因，不可能把一个性状表型值最高部分的全部个体都选留下来，所以由留种率估算的选择强度，与实际的选择强度是不一致的，这是预估存在一定误差的主要原因。

## 三、单性状选择

### (一) 个体选择

个体选择是指根据个体的表型值所进行的选择，又称大群选择。该选择方法简单易行，一般在性状遗传力高、标准差大的情况下使用，选择非常有效，可望获得好的遗传进展。个体选择的准确性直接取决于性状遗传力的大小。

### （二）家系选择

家系选择是指根据家系的平均表型值所进行的选择。该方法一般在性状遗传力低、家系大、家系间环境差异小的情况下使用。家系选择是以整个家系为一个选择单位，只根据家系均值的大小决定家系的选留，个体值除影响家系均值外，一般不予考虑。被选中家系的全部个体都可以留种，未中选的家系不留作种用。

### （三）家系内选择

家系内选择是指根据个体表型值与家系均值的差所进行的选择。该方法一般在家系间环境差异明显、家系内环境相对稳定的情况下使用。家系内的个体差异可以比较准确地反映家系内个体间的遗传差异。从每个家系中选留表型值高的个体，不考虑家系均值的大小。个体表型值超过家系的均值越多，这个个体就越好。家系内选择实际上就是在家系内所进行的个体选择。

### （四）合并选择

合并选择是指结合个体表型值与家系均值进行选择，根据性状遗传力和家系内表型相关，分别给予这两种信息以不同的加权，合并为一个指数，借以对某性状进行选择。该方法优于上面三种方法，因为它采用遗传力来加权，能比较真实地反映遗传上的差异。

## 四、多性状选择

在育种工作中，经常需要同时选择几个性状，如兔的产仔数、泌乳力，长毛兔的采毛量、毛长等，有时还要结合生活力或外形性状进行选择。同时选择两个或更多的性状，一般有三种方法。

### （一）顺序选择法

就是对所要选择的性状，一个一个地依次改进的方法。在第一个性状达到理想的选择效果后，再开始选择另一个性状，如此顺序选择。这种选择方法的效率在相当大的程度上取决于被选择性状间的遗传相关。顺序选择法不但费时长久，而且对一些负相关的性状，有可能是一个性状的提高，又导致另一个性状的下降。

### （二）独立淘汰法

此法是对每个所要选择的性状，都制定出一个最低的中选标准。一个个体必须各方面都达到所规定的最低标准才能留种。由于独立淘汰法同时考虑了多个性状的选择，优于顺序选择法。这样做的结果往往是留下了一些各方面刚够标准的“中庸”个体，而把那些只是某个性状没有达到最低标准，其他方面都优秀的个体淘汰掉。而且同时选择的性状越多，中选的个体就越小。例如在性状间无相关的情况下，同时选择距平均数一个标准差以上的三个性状，中选的个体就只有：16%×16%×16% = 0.41%。

### （三）选择指数法

此法是把所要选择的各方面性状，按其遗传特点和经济效果综合成为一个指数，然后按指数高低进行选留。对暂时看不出经济意义而又有育种价值的性状，从长远利益考虑，也应当在指数中占有一定的比重。

一般来说，选择指数法要优于其他两种方法。据证明，指数选择造成的遗传进展（$\Delta G_3$），与独立淘汰法的遗传进展（$\Delta G_2$）和顺序选择法的遗传进展（$\Delta G_1$）相比，在选择的性状间不相关的情况下，是 $\Delta G_3 > \Delta G_2 > \Delta G_1$；在选择性状间相关的情况下，是 $\Delta G_3 \geqslant \Delta G_2 \geqslant \Delta G_1$。即指数法的选择效果，总是不低于其他两种方法，而在更多的情况是会超过它们。

## 五、间接选择

### （一）间接选择的概念

间接选择是指选择一个与期望改进的目标性状相关的辅助性状，通过对这一辅助性状的选择以期达到改进目标性状的目的。如要改良 X 性状，不直接对 X 性状进行选择，而是通过对 Y 性状的选择产生的作用来间接改良 X 性状。在此，Y 性状就是辅助性状。

间接选择主要在如下情况下采用：（1）对所要改良的 X 性状难以度量时，可通过选择 Y 性状来改良 X 性状。（2）X 性状为限性性状，辅助性状 Y 在两性都表现时，可在群体内实施间接选择。（3）利用早期表现的 Y 性状与后期表现的 X 性状的关系进行早期选择。（4）如果某性状的遗传力很低，直接选择反应不大，不妨采用间接选择。总之，间接选择主要针对直接选择在技术上有困难或间接选择反应优于直接选择的情况。

### （二）间接选择反应的预测

间接选择的效果如何，可用以下间接选择反应的公式：

$$CR_x = i_y \sqrt{h_X^2 h_Y^2} r_{A(xy)} \sigma_x$$

式中：$CR_x$ 为通过选择 Y 产生的 X 性状的进展，即间接选择反应；$i_Y$ 为 Y 性状的选择强度；$h_X^2$，$h_Y^2$ 分别为 X 和 Y 性状的遗传力；$r_{A(XY)}$ 为 X 性状与 Y 性状的遗传相关；$\sigma_X$ 为 X 性状的表型标准差。

从间接选择反应公式可见，影响选择反应的因素有直接选择性状 Y 的选择强度，两性状间的遗传相关系数，两性状的遗传力的平方根和 X 性状的表型标准差。

# 第三节 不同类型兔的选种指标

## 一、毛用兔的选种指标

### (一) 产毛量

产毛量有年产毛量和单次产毛量两种形式。年产毛量是指一只成年兔一年内产毛量的累积，包括营巢用毛。评定成年兔的产毛性能时多采用年产毛量。年产毛量又可用实际年产毛量和估测年产毛量表示。实际年产毛量为全年实际剪毛量的总和。估测年产毛量是以第三次剪毛量的4倍来计算。单次产毛量是指家兔一次的剪毛量，评定青年兔的产毛性能时多采用单次产毛量，育种上一般用育成兔一生中的第三次剪毛量。因为第三次剪毛量与年产毛量密切相关，相关系数为0.77，按此指标进行选种准确率可达80%。

对于育种核心群和商品兔场，同时还需要计算兔群的平均年产毛量，以此反映该育种群的整体质量或该兔场的整体生产水平的高低。

### (二) 产毛率

产毛率是指单位体重的产毛能力，用来说明产毛与体重的关系。通常用实际年产毛量占同年平均体重的百分率表示。也可以用育成兔一生中的第三次剪毛量与剪毛后体重的百分比来表示。产毛率一般在20%～30%。当产毛量相同而体重不同时，体重小的兔产毛效力大，被毛密度和生长速度的性能好。需要注意的是，产毛率选择的目的是希望得到体形大且毛密度和毛的生长速度性能都好的个体。如果单纯追求产毛率而忽略了体形，将导致兔群体形变小，从而导致兔群产毛量下降。

### (三) 兔毛品质

兔毛是高级纺织原料，其品质必须符合毛纺工业的需要。兔毛品质受毛纤维的长度、细度、强度、伸度、弹性、吸湿性以及粗毛率和结块率等因素的影响。其中大部分性能需要在实验室中测定，较为繁琐，因而在目前兔毛的收购标准中，只考虑长度、粗毛率和结块率三项指标。

**1. 长度** 兔毛的长度有两种表示方法，一种是自然长度，即兔毛在自然状态下的长度；另一种是伸直长度，即将单根毛纤维的自然弯曲拉直（但未延伸）时的长度。鉴定长毛兔和收购兔毛时，一般都直接从兔的体侧部测量兔毛的自然长度，测定时以细毛的主体长度为准，不计算粗毛的长度。毛纺工业上则常用伸直长度。

**2. 粗毛率** 是指1 $cm^2$ 皮肤面积上粗毛量占总毛量的百分比，品质好坏根据纺织用途而定。粗纺时粗毛率越高，则兔毛品质越好；精纺时则粗毛率越低，兔毛品质越好。

**3. 结块率** 是指一次剪毛中缠结毛的重量占总毛重的百分率，毛纤维越长，结块率越低，兔毛品质越好，纺纱性能也就越好，毛织品越光滑。通过严格的选择和淘汰可以使兔毛的结块率大大降低。据德国报道，在毛兔第一次剪毛时严格淘汰具有结块毛的个体，可以把结块率降低到 0.3%。

**4. 优质毛率** 优质毛率是指某兔所剪下的毛中特级毛（5.7cm）和一级毛（4.7cm）所占的百分比。这是近年来有人评定兔毛的品质指标。优质毛率越高，兔毛品质越好。

### （四）饲料消耗比

饲料消耗比是指统计期内每生产 1 kg 兔毛所消耗的饲料数，具有饲养成本的含义，一般水平为（55～65）：1。据德国 1984 年的测定，平均每生产 1 kg 一级毛所消耗的饲料，公兔为 69.0 kg，母兔为 63.5 kg。

## 二、肉用兔的选种指标

### （一）生长速度

家兔的生长速度可以用两种方法来表示。一种是累积生长，通常用屠宰前的体重表示，一般专门肉用品种兔多采用这种方法。但需注明屠宰日龄，以便于比较。另一种是平均日增重，通常用断奶到屠宰期间的平均日增重来表示。对中小型品种兔来讲，生长速度是指 6～13 周龄的平均日增重；对大型品种兔来讲，生长速度是指 4～10 周龄的平均日增重。

### （二）饲料消耗比

饲料消耗比是指从断奶到屠宰前每增加 1 kg 体重需要消耗的饲料数，具有饲养成本的含义。饲料消耗越少，经济效益越高。

### （三）胴体重

胴体重分全净膛重和半净膛重。全净膛重是指家兔屠宰后放血，除去头、皮、尾、前脚（腕关节以下）、后脚（跗关节以下）、内脏和腹脂后的胴体重量；半净膛重是在全净膛重的基础上保留心脏、肝脏、肾脏和腹脂的胴体重量。胴体的称重应在胴体尚未完全冷却之前进行，我国通常采用全净膛的胴体重。

### （四）屠宰率

屠宰率是指胴体重占屠宰前活重的百分率。宰前活重是指宰前停食 12 h 以上的活重。屠宰率越高，经济效益越大。良好的肉用兔屠宰率在 55%以上，胴体净肉率在 82%以上，脂肪含量低于 3%，后腿比例约占胴体的 1/3。

### （五）胴体品质

胴体品质主要通过两个性状来反映。一个性状是屠宰后 24 h 股二头肌的 pH。pH 越低，肉质越差。另一个性状是胴体脂肪含量，胴体脂肪含量越高，兔肉品质越差。

## 三、皮用兔的选种指标

### （一）皮张面积

皮张面积是指颈部中央至尾根的直线长与腰部中间宽度的乘积，用平方厘米表示。在被毛品质相同的情况下，皮张面积越大，毛皮性能越好，利用价值越高。在獭兔皮的商业分级标准中，要求甲级皮的全皮面积在 1 100 $cm^2$ 以上，乙级皮全皮面积在 935 $cm^2$ 以上，丙级皮全皮面积须在 770 $cm^2$ 以上。要达到甲级皮的规格，獭兔活重需达到2.75～3.0kg。

### （二）被毛长度

被毛长度是指剪下毛纤维的单根自然长度，以厘米为单位，精确到 0.01 cm。被毛长度是评定獭兔毛皮质量的重要指标之一，一般要求被毛长度应符合品种特征。据测定，獭兔的被毛长度是 1.77～2.11 cm。

### （三）被毛密度

被毛密度是指肩、背、臀各部位每平方厘米皮肤面积内的毛纤维根数，与毛皮的保暖性能有很大关系。被毛密度越大，毛皮品质越好。现场测定被毛密度时可采用估测的方法，逆毛方向吹开毛被，形成旋涡中心，根据旋涡中心露出皮肤的面积大小来确定其密度。以不露皮肤或露皮面积不超过 4 $mm^2$ 为极好，不超过 8 $mm^2$（约火柴头大小）为良好，不超过 12 $mm^2$（约大头针头大小）为合格。实验室测定可采用比重法。测定被毛密度，最好是在秋季换毛结束后（11～12 月份）进行。

被毛密度受遗传、营养、年龄、季节等因素的影响。不同的家兔品种被毛密度不同，同一家兔品种的不同个体被毛密度不同，同一个体不同的体表部位被毛密度也不同。据测定，普通家兔的被毛密度为 11 000～15 000 根/$cm^2$，长毛兔为 12 000～13 000 根/$cm^2$，獭兔为 16 000～38 000 根/$cm^2$，母兔被毛密度略高于公兔。从不同的体表部位看则以臀部被毛密度最大，背部次之，腹下和四肢内侧最小。营养条件越好，毛绒越丰厚，被毛密度最大。青壮年兔较老龄兔被毛密度大，冬季比夏季被毛密度大。

### （四）被毛平整度

被毛平整度是指全身的被毛长度是否一致。准确测定时可将体表分成几个部分（一般 3～4），每个部分采取 500 根毛样，分别计算枪毛突出于绒毛表面的长度，以评定不同部位被毛的平整度。生产中一般通过肉眼观察，看被毛是否有高低不平之处，是否有外露的枪毛等。

### （五）被毛细度

被毛细度指单根兔毛纤维的直径，以微米为单位，精确到 0.1$\mu$m。测定方法是在体表的代表区域（一般为背中和体侧）取样，对毛样处理后用显微镜或显微投影仪进行测定，每个毛样测量 100 根，要测定两个毛样，计算其平均值。据测定，獭兔的被毛细度为

16.0～18.0μm。

### （六）粗毛率

粗毛率是指被毛纤维中粗毛量占总毛量的百分率。具体测定方法是在体表部位取一小撮毛样，在纤维测定板上分别计数细毛和粗毛的数量，然后计算粗毛占总毛数的百分率。计数的毛纤维总数不应低于500根。不同部位被毛纤维的粗毛率不同，研究表明，腹部粗毛率最高，臀部最低，与被毛密度正好相反。

### （七）被毛色泽

对被毛色泽进行选择时，主要从两个方面考虑。一个方面看被毛的颜色是否符合品种色型，即毛色是否纯正；另一个方面看被毛是否有光泽。对被毛色泽的基本要求是符合品种色型特征、纯正而富有光泽，无杂色、色斑、色块和色带等异色毛。从目前市场收购和鞣制加工情况看，白色兔皮为最好，经鞣制加工和用现代染色技术染色，可仿制各种高级兽皮，生产各种款式的国际流行时装及室内装饰品和动物玩具等。另外，白色獭兔遗传性稳定，不会出现杂色后裔，有利于提高商品质量。

### （八）被毛弹性

被毛弹性是鉴定被毛丰厚程度的一项指标。现场鉴定时，用手逆毛方向由后向前抚摸，如果被毛立即恢复原状，说明被毛丰厚，密度较大，弹性强；如果被毛竖起，或倒向另一侧，说明绒毛不足，弹性差。

### （九）被毛附着度

被毛附着度是指被毛在皮板上的附着程度，是否容易掉毛。现场测定方法是“看”、“抖”、“抚”、“拔”。“看”是指观察皮板上是否有半脱落的绒毛，半脱落的绒毛一般比其他被毛明显长一截；“抖”是用左手抓前部，右手抓后部并抖动，看是否有抖落的毛纤维；“抚”即用手由后向前抚摸毛被，观察是否有弹出脱落的毛纤维；“拔”是用右手拇指和食指轻轻在被毛上均匀取样拔毛，观察被毛脱落情况。

# 第四节　种兔的性能测定和综合评定

## 一、家兔的性能评定

选种就是选择种兔。种兔是指那些个体品质优良，而且又能把这些优良品质很好地遗传给后代的家兔。因此种兔能有效地提高兔群的品质。种兔选择得是否确当，直接关系到育种工作的成败。所以，选种工作对育种是至关重要的。选种的关键是“准”和“早”。“准”是指按育种目标，准确地选出符合要求的种兔；“早”是指及早地选出种兔。为了准确地选择出种兔，必须根据它们的个体品质、祖先品质、同胞品质以及后代品质进行综合评定。

## （一）个体鉴定

个体鉴定是根据个体各种性能的表现情况来选择种兔的方法。根据家兔本身的质量性状或数量性状在一个兔群内个体表型值的差异，从兔群中选择优秀个体留作种用、淘汰低劣者，以期使兔群或某一品种的生产性能不断提高。如肉兔主要选择体形外貌符合品种特征和肉用体形、生长速度快、育肥时间短、产肉性能好、饲料消耗少、成活率高、繁殖力强的个体留作种用。种公兔必须要求品种纯正，健康无病、生长发育良好、体质健壮、性情活泼、睾丸发育良好、匀称，性欲强，生长受阻、单睾、隐睾或行动迟钝、性欲不强者均不能留作种用。种母兔要求奶头数在 8 个以上，发育匀称。对种母兔选择还要重点考查其繁殖性能和母性，如果连续 7 次拒绝配种或连续空怀 2～3 次，连续 4 胎产活仔数均低于 4 只的母兔应淘汰，泌乳力不高、母性不好、甚至有食仔癖的母兔不能留作种用。应选择受胎率高、产仔多、泌乳力高、仔兔成活率高、母性好的母兔留作种用。

个体选择主要适用于一些遗传力高的性状的选择。因为遗传力高的性状，兔群中个体间的表型差异，主要是遗传上的差异所造成的。因此，选择出表型好的个体，就能比较准确地选出遗传上优秀的种兔。如 70 日龄前的生长速度与断奶至宰前的饲料消耗比，这两个性状的遗传力都是 0.4，如选择上述遗传力估计值高的性状时，采用个体选择就能获得较好的选种效果，且不必花费很大的人力物力。

## （二）系谱鉴定

系谱是一种记载祖先情况的表格或图表，系谱鉴定就是根据祖先的情况来鉴定种兔。系谱的形式主要有竖式系谱和横式系谱两种。

竖式系谱：在编制时，家兔号记在上面，下面是父母（祖Ⅰ代），再向下是父母的父母（祖Ⅱ代）。每一代祖先中的公兔记在右侧，母兔记在左侧。系谱正中划出双线，右半部分为父系，左半部分为母系（表 7－7）。每只祖先的生产成绩等有关资料应扼要地记入相应的位置。

**表 7－7　竖式系谱**

<table>
<tr><td colspan="8">家兔号</td><td>当代</td></tr>
<tr><td colspan="4">母系</td><td colspan="4">父系</td><td>Ⅰ</td></tr>
<tr><td colspan="2">外祖母</td><td colspan="2">外祖父</td><td colspan="2">祖母</td><td colspan="2">祖父</td><td>Ⅱ</td></tr>
<tr><td>外祖母母亲</td><td>外祖母父亲</td><td>外祖父母亲</td><td>外祖父父亲</td><td>祖母母亲</td><td>祖母父亲</td><td>祖父母亲</td><td>祖父父亲</td><td>Ⅲ</td></tr>
</table>

横式系谱：是将种兔的号码记在系谱的左边，历代祖先顺序向右记载，越向右祖先代数越高。各代的公兔记在上方，母兔记在下方。上半部分为父系，下半部分为母系（见图 7－3）。跟竖式系谱一样，每只祖先的成绩等有关资料扼要地写在相应的位置。

系谱鉴定的目的在于通过祖先的性能表现来推测受鉴定兔在这些性能上的遗传基础，按照遗传规律，亲代（父母代）对子代品质的影响最大，其次是祖代、曾祖代，离当代越远的祖先，其遗传影响越小，因此，一般在应用系谱鉴定时，重点考虑2～3代以内的祖先。但是系谱鉴定的效果并不是太理想，这主要是由于基因的分离和自由组合，致使在估测后代的遗传基础时就不太容易了，甚至有时还会做出错误的判断。鉴于此，现在只能将系谱用作于选择断乳仔兔时的参考依据。因为仔兔在断乳时除了本身在哺乳阶段的生长发育记录外，别无其他性能的记载，为了尽可能从多方面对它进行鉴定，这时可参考它的系谱记载。系谱鉴定的重点可放在：①系谱中优良祖先的个数，尤其是指在最近几代中所出现的优良祖先的个数。因为优良祖先个数多，后代得到优良基因的机会也就多些；②祖先中是否出现过遗传性疾病或缺陷，如有这类记录者一概不留作后备种兔。

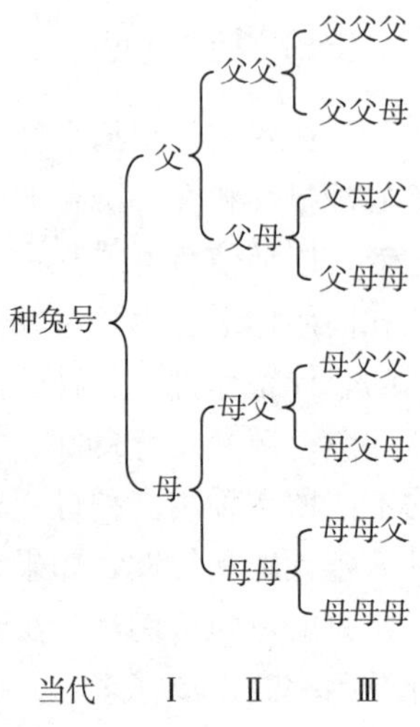


图7-3　家兔的横式系谱

## （三）同胞鉴定

同胞鉴定是根据同胞的性能来选择种兔的一种选种方法。对某些不易直接测定的性状（如屠宰率和胴体品质等）和一些限性性状（如种公兔的产仔数和泌乳性能等），可以采用同胞测定来间接选择种兔。如在判断该种兔肥育性能的遗传潜势时，一般可在它的同窝同胞中取一公一母进行育肥后屠宰测定，取其平均值来表示。对种公兔不可能测得的产仔数和泌乳性能等限性性状，也只有通过对它同窝姊妹测定的结果以判断该种公兔在这些限性性状上的遗传潜能。

根据同胞的性能判断该种兔的遗传基础，同样受基因分离和自由组合的影响而使鉴定的结果不太理想，所谓“一母生九子，九子各不同”，就是这个道理。只有当父、母双方的基因型相对较纯合的情况下，所产生的一窝仔兔在性状上的分离现象才不是太严重的。因此，在选择断乳仔兔时往往要参考它的同窝同胞的均匀度。当然，同窝同胞的均匀度不单纯是遗传上的原因，其中也包含了母兔哺育性能的问题。

## （四）后裔鉴定

后裔鉴定是指根据子代的品质来鉴定亲代遗传性能的一种选种方法。因为子代的性状表现，是由亲代所传递给子代的遗传物质和环境条件共同作用的结果，所以在一定的环境条件下，子代的表现就可以反映出亲代的遗传基础。这种鉴定种兔遗传品质的方法，是迄今为止被认为是最有效的方法。但后裔鉴定的整个程序较复杂，要求高，成本也高，世代间隔长，育种进展缓慢，因此，该方法多用于种公兔的选择。尽管后裔鉴定的效果很好，但是不是所有兔场都有条件进行。对目前尚未具备条件的兔场，建议采用这样的方式：假如，某一只公兔的大多数后代的品质是好的，可以认为这只公兔的遗传基础好，适合于种用；或者某只公兔的大多数后代的品质是好的，但是与某几只母兔交配所产下的后代却品质较差，这说明该公兔的遗传基础是好的，只是与那几只母兔间存在着不亲和性，以后必须避免它们之间的交配；如果某一只公兔的大多数后代的品质都不理想，假如没有特殊的原因，那么这只公兔不宜留作种用。

## 二、综合鉴定

种兔的个体鉴定、系谱鉴定、同胞鉴定和后裔鉴定在育种实践中是相互联系而不可分割的，只有把这几种鉴定方法融为一体，才能对种兔作出最可靠的评价。将这几种方法综合起来鉴定和选择种兔，称为综合鉴定。由于种兔的各项性状分别在特定的时期内得以表现，因而对它们的鉴定和选择必然需要分阶段进行。

### （一）肉用型种兔的综合鉴定

肉兔种兔的综合鉴定在具体运用时是分阶段进行的，大致可以分为以下几个选择阶段：

**1. 断乳阶段的选择**　刚断乳的幼兔，它的外形还没有固定，所以在个体品质上除了断乳体重外，没有其他可作借鉴的选择依据。据 Jenson（1976）的分析，幼兔的断乳体重对以后的生长速度有较大的影响（r=0.56），因而应选择断乳体重大的幼兔为宜。除此之外，还要结合系谱以及同窝同胞在生长发育上的均匀度进行选择。

**2. 3 月龄时的选择**　从断乳到 3 月龄的整个阶段内，幼兔不论在绝对生长或相对生长上速度都很快，这对肉兔尤为重要。此时，应着重鉴定 3 月龄体重和断乳至 3 月龄的日增重，并且测定同胞的肥育性能。

**3. 初配时的选择**　种兔大约在 7 月龄左右初次配种，这时肉兔的生长发育已较完善，所以可以着重于外形鉴定。同时，这时是初配，因母兔在交配时的体重与仔兔的初生窝重有很大的关系，所以在这次选择时仍要重视体重的选择。对公兔必须进行性欲和精液品质检查，严格淘汰生殖性能差的公兔。

**4. 1 岁以后的选择**　主要鉴定母兔的繁殖性能，对屡配不孕的母兔予以淘汰。母兔的初次产仔情况不能作为选种的依据，但对繁殖性能实在太差的应予以淘汰。等到母兔的第 2 胎仔兔断乳以后，根据繁殖性能的选择指数，并参考第一、二胎受胎所需的交配次数评定其繁殖性能。

**5. 根据后代品质的选择**　当种兔的后代已有生产记录时，根据它们后代的品质对种兔进行遗传性能的鉴定，即后裔鉴定。

### （二）毛用型种兔的鉴定

毛兔由于剪头刀毛的时期和养毛期等情况差异较大，致使具体的鉴定时间很难统一。这里仅介绍在 2 月龄左右剪头刀毛，养毛期为 3 个月的剪毛制度下的综合鉴定方法。

**1. 断乳阶段的选择**　鉴定的项目和要求与肉用型种兔的基本相同。

**2. 第 1 次剪毛时的选择**　2 月龄左右时的毛兔因衍生分生毛囊还未完全形成，或虽已形成但还未长出绒毛，所以这次的剪毛量较少，并且与以后的剪毛量没有多大的相关，因此不能作为选种的依据。但是如果发现头刀毛中有结块毛，并且判定不是主要由饲养管理所造成的，那就应该淘汰这只幼兔。在这次选择时还应重视后备兔的生长发育性能。

**3. 第 2 次剪毛时的选择** 这时一般在 4.5～5 月龄。二刀毛的剪毛量显著增多。据扬州大学动物科学与技术学院（原江苏农学院）研究室（1984）的分析，二刀毛与第 4 刀毛量有着较高的表型相关（$r=0.41\sim0.72$）。因此可以根据这次的剪毛量对毛兔的产毛性能进行初选。

**4. 第 3 次剪毛时的选择** 毛兔的第 3 次剪毛在 7～8 月龄，此时毛兔的生长发育已较完善，而且正当适宜于繁殖的阶段。这时选择，除了根据第 3 刀毛的情况对其产毛性能进行复选以外，还应该着重鉴定它的外形以及公兔的性欲和精液品质。

至于 1 岁以后的选择和根据后代品质的选择，其内容与肉用型种兔基本相同。

### （三）皮用型种兔的综合鉴定

**1. 断乳阶段的选择** 刚断乳的幼兔，它的外形还没有固定，所以在个体品质上除了断乳体重外，没有其他可作借鉴的选择依据。因而应选择断乳体重大的幼兔为宜。除此之外，还要配合以系谱以及同窝同胞在生长发育上的均匀度进行选择。

**2. 3 月龄时的选择** 从断乳到 3 月龄的整个阶段内，幼兔不论在绝对生长或相对生长上速度都很快，这对皮用型兔尤为重要。此时，应着重鉴定 3 月龄体重和断乳至 3 月龄的日增重。

**3. 5～6 月龄时选择** 这个时期主要是对兔皮质量进行选择，重点选择獭兔的体形、被毛密度、被毛长度、被毛细度、被毛的平整度以及粗毛率等。

**4. 初配时的选择** 种兔大约在 7 月龄左右初次配种，这时家兔的生长发育已较完善，所以可以着重于外形鉴定。同时，这时是初配，因母兔在交配时的体重与仔兔的初生窝重有很大的关系，所以在这次选择时仍要重视体重的选择。对公兔必须进行性欲和精液品质检查，严格淘汰生殖性能差的公兔。

**5. 1 岁以后的选择** 主要鉴定母兔的繁殖性能，对屡配不孕的母兔予以淘汰。母兔的初次产仔情况不能作为选种的依据，但对繁殖性能实在太差的应予以淘汰。等到母兔的第 2 胎仔兔断乳以后，根据繁殖性能的选择指数，并参考第一、二胎受胎所需的交配次数评定其繁殖性能。

**6. 根据后代品质的选择** 当种兔的后代已有生产记录时，根据它们后代的品质对种兔进行遗传性能的鉴定，即后裔鉴定。

## 第五节 家兔的选配

选配就是有意识、有计划地决定公母兔的配对，以达到培育和利用优良品种的目的。选出了优良的种兔，不一定能产生优良的后代，因为后代的优劣不仅取决于种兔的遗传特性，还取决于公母兔双方的生理状况和它们之间的亲和力，也就是说，取决于公母兔配对组合是否合适。因此，在进行家兔选种的同时，还要搞好选配。选配是选种的继续，是育种工作中的重要环节。其目的在于获得变异和巩固遗传特性，以便逐步提高兔群品质。选配主要有表型选配和亲缘选配两种。

## 一、表型选配

表型选配是根据公、母兔个体品质的表现情况进行的选配，又称为品质选配。它又可分为同型选配和异型选配两种。

### （一）同型选配

同型选配是选择某些性状相似的公、母兔进行交配，也称为同质选配。它的目的在于把这些性状在后代中得到固定。选择的双方越相似，越有可能将共同的优点遗传给后代。例如选择生长速度快的种公兔与生长速度快的种母兔交配，它们的后代才有可能保持生长速度快的特性。但同质选配的个体，只有在基因型是纯合子的情况下，才能产生相似的后代。如果交配双方的基因型都是杂合子，即使是同基因型交配，后代也可能出现分化，性状不能巩固，也不能得到大量理想个体。同型选配的优点在于：①优秀家兔的品质能在后代中得到保持和巩固，这样就有可能将个体品质转化为群体品质，使优秀个体的数量增加；②对所选性状的遗传性能能够稳定下来，使兔群逐渐趋于同质化。因此，同型选配的使用范围，只能用于优秀家兔，而不适用于一般中等品质的家兔，只适于在兔群中已有了符合理想型的种兔时使用。在采用同质选配时，必须注意不能选择具有相同缺点的公、母兔进行交配，尤其是体质外形上的缺点，否则会带来不良后果。

### （二）异型选配

异型选配是选择具有不同优良性状或同一性状但优劣程度不一致的公、母兔进行交配，又称为异质选配。其目的在于把公、母兔各自的优良品质在后代中集中起来，或以优改劣，提高后代的生产性能。如用生长发育快的公兔配产仔数高的母兔，或体形大的公兔配体形中等的母兔，以期获得生长速度快、产仔数高的后代或体形较大的后代。异型选配的优点在于：能综合双亲的优良性状，丰富后代的遗传基础；增加新的类型；能提高后代的生活力。

这里要注意，选择品质好的公兔与品质很差的母兔交配，虽然也是异型选配，但这不是我们的目的。在育种工作中，采用异型选配，其目的是在好的基础上再提高一步。

在实际育种工作中，同型选配和异型选配往往是不分开的，而且在大多数情况下，这两种选配方式是结合进行的。因为种兔间虽然有着不同的优良品质，但毕竟还有相似之处，如上述的公、母兔在体形大小上存在着差异，如果它们在生长速度上都比较迅速，那么选择这对公、母兔交配，既有异型选配的成分，也有同型选配的成分，既能使公、母兔不同的优良特性在后代中结合，又能使公、母兔相同的优良特性在后代中得到巩固。将同型选配与异型选配巧妙地结合，这是表型选配的技巧。

在进行同型选配和异型选配时，还要注意年龄选配，年龄选配是根据家兔交配双方的年龄进行选配的一种方法，它实质上也属于品质选配，因为家兔的年龄与其遗传稳定性有关，同一只家兔，随着年龄的不同所生后代的品质也往往不同。实践证明，壮年公、母兔交配所生的后代，生活力和生产力较高，遗传性能较为稳定。因此，在生产实践中，应尽量避免老配老、青配青或者老配青，而应该壮年公母兔之间相互交配，或用壮年公兔配那些老年母兔、青年母兔，对于优秀的老年公兔或准备作后裔鉴定的优秀青年公兔，应该给它们选配壮年母兔。

## 二、亲缘选配

根据公、母兔间的亲缘关系进行选配，称为亲缘选配。亲缘选配可分为亲缘选配和非亲缘选配。如交配双方无亲缘关系，称为非亲缘选配；交配双方有亲缘关系，称为亲缘选配。相互有亲缘关系的个体必定有共同祖先，离共同祖先越近的亲交后代之间的亲缘关系也越近。一般把交配双方到共同祖先的世代数在 6 代以内的种兔交配，称为近亲交配，简称近交。

近交的主要作用有：①固定优良性状。近交的基本效应是使基因纯合，因而可以利用这种方法来固定优良性状。②揭露有害基因。有害基因大多数是隐性的，在近交时，由于基因趋向纯合，有害性状就得以暴露，给生产带来损失。但是可借此时机，淘汰那些带有隐性性状的个体，使有害基因在群体中的频率大大降低或清除。③保持优良血统。任何一个祖先的血统，在非近交情况下，都有可能因世代的半化作用而逐渐冲淡。只有借助近交，才可能使优良祖先的血统长期保持较高水平而不会严重下降。因此，当兔群中出现了某些特别优秀的个体，需要尽量保持这些优秀个体的特性时，就得考虑采用近交。④提高兔群同质性。近交使基因纯合的另一结果是造成兔群的分化。n 对基因的杂合体，就会分化出 2n 种纯合体，此时结合选择，即可得到比较同质的兔群，从而达到兔群提纯的目的。

近交会产生近交衰退现象，表现为繁殖力减退，死胎和畸形增多，生活力下降，适应性变差，体质变弱，生长较慢，生产力降低。因此，应用近交要慎重，要控制近交程度。根据育种实践经验，克服近交衰退的措施主要有：①严格淘汰。所谓淘汰，就是将那些不合要求的、生产力低、体质衰弱、繁殖力差、表现出衰退迹象的近交个体从种兔群中清除出去。②加强管理。近交个体遗传性比较稳定，种用价值较高，但其生活力差，生存条件要求高。只有加强饲养管理，满足它们的要求，才可能使衰退现象得到缓解。③更新血缘。当近交程度上升到一定时，为防止不良影响的过多积累，可考虑引进一些群外的同品种但无亲缘关系的种公兔或冷冻精液来进行血缘更新。④巧用近交。近交的形式很多，可根据实际情况灵活采用。为了使优良公兔的遗传性能尽快固定下来，可采用父女、祖父与孙女这样的连续回交。相反，如为了使优良母兔的遗传性能在后代中占绝对优势，则可采用母子、祖母与孙子这样的连续回交。⑤控制近交。为了避免被迫采用近亲交配，在种兔场内必须保持有一定数量的基础群，特别是种公兔的数量。在一般规模的种兔场内种公兔至少在 10 只以上，而且应该注意这些种公兔之间应保持较远的亲缘关系。如被迫采用近交，为防止近交衰退，通常采用先慢后快的方法，即先用半同胞兄妹交配，如果效果良好，再加快近交速度。

近交使用时间的长短，取决于是否达到育种目标。一旦目标实现，应及时转为中亲交配或远交。必须强调的是，近交一般只限于培育新品种或新品系（包括近交系），商品场和繁殖场应尽量避免采用近交。近交只是一种特殊的育种手段，而不应作为育种或生产中的经常性措施。

## 第六节　家兔新品种（系）的选育

家兔新品种（系）的选育是家兔育种工作中极其重要的组成部分。新品种（系）的培育是在充分利用现有的家兔品种资源的基础上，应用遗传学和育种学的理论与技术控制和改造家兔的遗传特性，培育一些适应各地生产条件、市场和生产需求的一些家兔品种（系）。提高了家兔的生产水平，促进了我国家兔产业的可持续发展。

### 一、家兔品系的培育

#### （一）品系分类

品系是指品种内来自相同祖先的群体，该群体不但一般性状良好，而且在某一个或几个性状上表现特别优秀，它们之间既保持一定的亲缘关系，同时彼此在特性和特征上也较为相似。品系在良种选育中具有重大的意义。因为不同品种的家兔都是由若干经济性状综合作用的结果，如肉兔的生产性能主要是由日增重、屠宰率、料重比等性状共同作用的结果；除此之外，还受繁殖性能、抗逆性等因素的影响。总体而言，被选留种兔的品质是优良的，但也不可能十全十美，有的在这几个性状比较优秀，有的在其他几个性状上比较优秀，如果在品种内将上述类型中个别特别优秀的种兔迅速扩繁，使之成为一个兔群，即品系，以后通过这些具有不同优良性状的品系间杂交，就有可能在后代中集中这些优良特性，从而保持和提高了本品种的品质。另外，品系对控制品种内的亲缘交配也有很大作用，尽管在品系内的个体间往往保持一定程度的亲缘关系，但品系之间的亲缘关系一般较远，因此当品种内建立若干个品系后，可以避免被迫采用亲缘交配的现象。

品系大体可以分为5类，尽管随着育种方法和测试手段的发展，品系的界定也会不断发生改变，对于不同的畜种和在不同育种目标之下的品系，其要求也不尽相同。

**1. 地方品系**　是指由于各地生态条件和社会经济条件的差异，在同一品种内经过长期选育而形成的具有不同特点的地方类群。

**2. 单系**　是指来源于同一头系祖，并且具有与系祖相似的外貌特征和生产性能的畜群。过去习惯把这种以一头系祖发展起来的畜群称为品系，根据现代的育种观点，品系应该是一个更广泛的概念，严格地讲这种传统意义上的品系已不能代表现代品系的含义，应该称为单系。

**3. 近交系**　是指通过连续近交形成的品系，其群体的平均近交系数一般在37.5%以上，也有人主张近交系数应达到40%～50%，但近交系数的高低并不是近交建系的目的，关键在于能否在系间杂交时产生人们所期望的杂交效果。

**4. 群系**　是指由群体继代选育法建立起来的多系祖品系。

**5. 专门化品系**　是指具有某方面突出优点，并专门用于某一配套系杂交的品系，可以分为专门化父本品系和专门化母本品系。我国有人把这种品系称为配套系，实际上配套系杂交是一种交配体系，在这个体系中所利用的品系千篇一律地称为配套系是不确切的。

## （二）品系培育的方法

新品系培育的方法主要有系祖建系法、近交建系法和群体继代选育法。

**1. 系祖建系法** 作为建系的系祖必须具有独特稳定遗传的优点，同时在其他方面还要符合选育群的基本要求。因此，在采用系祖建系时，首先要在兔群中找出表型和遗传性能优良的种公兔，作为创造品系的系祖，为了能准确地选择优秀的种公兔作为系祖，最好采用后裔测定，确证它能将优良的性状稳定地传给后代，且无不良基因。系祖确定后，选择表型相似的母兔与它交配，为了迅速地把这一种公兔的优良特性在后代中巩固下来，而且又要避免发生近交衰退现象，一般可以采用中等程度（近交系数为0.031 25～0.007 8）的亲缘交配。当这一优良种公兔繁殖了大量的后代，后代中又有相当数量的个体具有该种公兔相同的特性，这时该种公兔与它的优良后代一起构成了品系。为了能使该品系持续下去，必须在它的后代内再选出性能突出的公兔，作为系祖继承者。品系繁育的基础工作仍然是严格的选种和选配，因而只有在品系内具有大量个体时才能做好这一工作。采用系祖建系法建立品系，关键问题是系祖的优良特性能不能在后代中得到固定，所以在整个过程中贯穿着后裔鉴定法，从而使这种建系法的基础比较扎实。但是由于对系祖以及系祖继承者的要求比较严格，这样，从寻找系祖起直至品系建成的整个过程中，工作难度比较大，花费的时间也比较长。

**2. 近交建系法** 选择遗传基础比较丰富、品质优良的种兔组建基础群，基础群的公兔数不宜过多，公兔之间力求是同质的并有一定的亲缘关系，最好是后裔测定证明的优秀个体。母兔数越多越好，且应来自经生产性能测定的同一家系。基础群建立之后，通过高度近交，如亲子、全同胞、半同胞交配，使优秀性状的基因迅速纯合，以达到建系目的。当出现近交衰退现象，则应暂时停止高度近交。对高度近交产生的后代进行合理地选择，选择时不宜过分强调生活力，最初几个世代以追求基因的纯合为前提，因此，不宜强化选择，仅淘汰严重衰退的个体。

近交系一般是指近交系数在37.5%以上的品系，有的国家甚至规定可达50%。因此建立近交系成本高，风险高。

**3. 群体继代选育法** 又称为系统选育法，它主要是根据表型选择来建立品系。群体继代选育法首先是组建基础群。基础群由性能优良的种公兔和种母兔所组成，这些种兔并不要求在表型上完全相同，因为由具有各种优点的种兔通过继代选育，最后有可能把这些优点集中在一起，从而形成一个高产品系。为了防止建系过程中近交程度迅速上升，基础群内必须有一定数量的公、母兔，其中公兔不少于10只，并且要求它们之间没有亲缘关系，母兔数与公兔数则保持在（5∶1）～（10∶1）为宜。

当基础群组成以后，在群体内实行随机交配法，使每只公兔与每只母兔都有交配的机会。以后在它们的后代中选出同样数量的性能优良的公、母兔，组成新的基础群，即更换一个世代。一般以原始的基础群算作零世代，以它们的后代所组成的新的基础群为一世代，以后再组成的新基础群为二世代、三世代……究竟到了哪一世代才算建成品系，这要看具体情况而定，一般经过五、六个世代即可建成。

为了加快建系的速度，缩短世代的间隔，在用群体继代选育法建立品系的过程中往往在第一、二胎时选留种兔。

用群体继代选育法建立品系的特点是速度快，而且它是依靠基础群的整体作用，不像系祖建系法中强调系祖的个体作用，因此在建系开始时，选择基础群种兔上的难度就不会像选择系祖那样大。

## 二、家兔品种的培育

新品种培育的方法主要有选择育种、杂交育种、诱变育种和转基因动物育种。

### （一）选择育种

选择育种是以一个固有品种内存在的变异为基础，通过选择和交配制度的控制，创造新的基因型，最终育成新品种。选择育种的优点在于简便、易行，其特点及要领如下：

（1）选择育种的材料来自一个固有品种内存在的变异。

（2）要有相当大的群体规模和较大的变异，一般应该用原品种中的优秀个体来组建基础群，所组建的基础群内应该包括育种目标和所有有利性状。

（3）及时发现和利用有利的变异。

（4）为选择性状的正常发育创造适当的培育条件。

### （二）杂交育种

杂交育种是指用两个或更多的家兔品种群体相互杂交，创新的变异类型，并且通过育种手段将这种变异类型固定下来的一种育种方法。其原理是不同的品种具有各自的遗传基础，通过杂交、基因重组，可将各亲本的优良基因集中在一起，同时由于基因的互作可能产生超越亲本品种性状的优良个体，并且通过选种、选配和培育等育种方法可使有利基因得到相对的纯合，从而使它们具有相当稳定的遗传能力。杂交繁育可分为三个阶段：杂交阶段、自群繁育阶段、建立品种整体结构和扩群推广阶段。

**1. 杂交阶段**　根据对新品种的要求，确定参加杂交的具体品种，并且根据在新品种中应含有各个品种的血缘比重以及育种中的其他一些具体情况，确定杂交方式。在这一阶段要注意以下几点：第一，不但要对参加杂交的品种进行选择，而且还要在这些品种中选择良好的个体参加杂交，才能使新品种的品质符合预定的要求；第二，在杂交阶段中，必须避免使用亲缘交配，以免将来为了巩固性状而需要采用亲缘交配时，增加近交衰退的可能性；第三，各品种选择一些没有亲缘关系或亲缘关系远的个体，分组进行品种间的杂交，这些杂交组合为以后建立品系奠定基础。

**2. 自群繁育阶段**　这一阶段是选择合乎理想类型的杂种相互交配，目的在巩固它们的优良品质，因此这时需要采用同型选配和亲缘选配。这一阶段需要注意的是：第一，对于究竟杂交到哪一代才能进行自群繁育，不要作过分严格的规定，一般应以杂种是否达到理想类型为准则，如果在杂种二代和三代中均有达到理想型的个体，那么也可以选择杂种二代和杂种三代自群繁育，总的目的是在兔群中固定预期的性状，增加优良的个体；第二，杂种也会出现性能不完全符合理想型的个体，对于这些个体可以用理想型的杂种进行异质选配来改良它们，而对那些性能太差的杂种兔必须淘汰；第三，为了更好巩固性状，以及避免在兔群内被迫采用亲缘交配，在这一阶段内应该开始建立品系。

**3. 建立品种整体结构和扩群推广阶段** 在这个阶段内将以前所建立的品系之间相互交配，这样既促使新品种内肉兔间的同质性，又可以在此基础上形成新的更优良的品系。与此同时，通过向有关地区推广肉兔，以便迅速增加数量。根据家兔新品种、配套系审定标准（2006）的规定，每个新品种的种群不少于2 000只，核心群母兔不少于350只，生产群母兔不少于3 000只。

哈尔滨白兔就是采用育成杂交培育而成。

### （三）诱变育种

诱变育种是用人工的方法诱使生物的生殖细胞或受精卵等发生变异，并通过育种技术将这一变异固定下来，从而培育出一个新品种。

诱变育种的要领：①首先掌握人工诱变的条件及规律，如x-射线、β-射线、γ-射线等物理因素以及氨、酚、甲醛和过氧化物等化学因素；②通过人工诱变，及时发现有利变异，并充分利用这些变异。

诱变育种是一项较新的工作，目前在植物育种方面已为人们所重视，但在动物育种上还未提到议事日程上来。

### （四）转基因动物育种

转基因动物育种就是将有关优良基因转入受精卵中，再将带有转基因的胚胎移植到另一头同期发情的雌性动物子宫内，产出优良的转基因动物，再通过常规的选种、选配可望育成带有优良基因的新品种。转基因动物育种主要技术是基因重组技术结合体外受精、胚胎移植等，可使人类根据自己的意愿设计出各种改良动物的蓝图。一旦上述设想实现，将会使动物育种产生质的飞跃。

# 第七节　杂种利用和繁育体系

## 一、杂种优势利用

杂交（Hybridization）作为畜牧生产中的一种主要方式，可以充分利用种群间的互补效应，特别是杂种优势。杂种优势（Heterosis）是生物界普遍存在的现象，其产生的机理较复杂，大多以假说的形式被提出。杂种优势的利用是提高畜牧生产水平的一个重要环节，关键在于如何对杂种优势进行准确预测并筛选出最优杂交组合，从而提高我们的畜牧生产水平。

### （一）杂种优势的概念与分类

**1. 杂种优势的概念** 杂交是指不同品种或品系间，通过不同基因型个体之间的交配而取得某些双亲基因重新组合成个体的方法，产生的后代我们称之为杂种。“杂种优势”

一词由 Shull 等 1914 年首次提出，以形容杂种与其双亲相比提高了生活力，最初的定义是指杂种群体内除加性效应外的其他任何有利效应。目前对杂种优势较为准确的定义，是指杂交所生后代的各项性能都超过双亲的现象，表现为后代的生活力、耐受力、抗病力、生长势和生产性能等方面均优于亲本纯合体，或杂种后裔某一性状的群体均值优于双亲平均值。因此，杂种优势应该相对于其亲本平均水平来衡量，是超出杂种群体加性效应的正向偏差。杂种优势的表示方式很多，现代动植物育种中多采用中亲杂种优势（H），即杂种优势等于杂种性能均值（$F_1$）和中亲均值（Mid-parent Mean，MP）之间的离差：$H=F_1-MP$。

**2. 杂种优势的分类**　根据杂种优势不同的表现水平，Nitter（1978）将其主要分成以下三类。

（1）个体杂种优势（Individual Heterosis）　指个体畜禽在生产性能、生活力等方面相对于双亲均值的提高。主要取决于杂交畜禽的基因型，二元杂交时表现为生活力提高，生长加快，死亡率降低。

（2）母体杂种优势（Maternal Heterosis）　指群体内利用杂种母畜禽代替纯种母畜禽得到的杂种优势。主要取决于母本群体的基因型，表现为性早熟，利用期限长，好饲养，但在生长和胴体性状上表现甚微。

（3）父本杂种优势（Paternal Heterosis）　指利用杂种公畜禽代替纯种公畜禽改进其后代生产性能。主要取决于父本群体的基因型，表现为性早熟，睾丸较重，射精量大，精液品质较好，性欲旺盛，配种受胎率高。

### （二）杂种优势产生的遗传机理

杂种优势是生物界普遍存在的现象，其遗传机理相当复杂，使得杂种优势理论的发展远远落后于实践中所取得的成就。杂种优势这个概念一被提出就引起了全世界许多遗传育种工作者的注意，他们不懈地探索其遗传机理，并相继发表自己的研究成果，大多以假说的形式出现，主要有以下几种。

**1. 显性学说**（Dominance Hypothesis）　Bruce 等（1910）提出的显性学说，基本观点是，杂种 F1 代集中了控制双亲有利性状的显性基因，每个基因都能产生完全显性或部分显性效应，由于双亲显性基因的互补作用，从而产生杂种优势，主要强调显性基因的有利作用。

**2. 超显性假说**（Over-dominance Hypothesis）　Shall C. H（1908）和 East E. M（1918）各自分别提出的超显性学说，基本观点是，杂种优势是由于双亲基因型的异质结合所引起的等位基因间的相互作用的结果；等位基因间没有显隐性关系；杂合等位基因相互作用大于纯合等位基因的作用；同时存在非等位基因之间互作，主要强调基因间的相互作用。

**3. 上位学说**（Epistasis Hypothesis）　Hayman 和 Mather（1955）提出的上位效应，其产生的杂种优势可分为两种类型，一种是“子一代上位”，即两个亲本品系的基因共同作用得到；另一种是“亲本上位”，即结合在亲本品系中的不同纯合子上位基因以类似显性模式传递到杂种，这种基因互作存在于亲本品系之中。该学说认为，无论是显性和超显性假说，还是对它们的检验性实验，都是基于遗传学的单基因理论，而诸如产量、成熟期之类的性状均是一系列生长及发育过程的最终产物，是许多基因共同作用的结果。因此，基因间的相互作用（上位效应）理应是杂种优势的重要遗传学基础。然而基因互作又包括加性×加性、加性×显性和显性×显性等方式，这些互作形式的相对重要性以及相互作用的生物学意义目前并不清楚。

**4. 遗传平衡学说**（Genetic Equilibrium Hypothesis） 以上三种学说在解释杂种优势产生的机理上都是不完整的，因为杂种优势往往是显性和超显性共同作用的结果。杜尔宾（1961）指出，“杂种优势不能用任何一种遗传原因解释，也不能用一种遗传因子相互影响的形式加以说明。因为这种现象是各种遗传过程相似作用的总效应，所以根据遗传因子相互影响的任何一种方式而提出的假说均不能作为杂种优势的一般理论，而仅仅是杂种优势理论的一部分”。近些年来，许多研究成果都对这一观点给予了更多的支持和佐证。

## （三）杂种优势利用方式

在杂种优势的利用中，最终商品代的整个生产过程可能涉及不同数量的层次，以及不同的种群组织方法。杂种优势利用中常用的杂交方式有简单经济杂交、三元杂交、轮回杂交、级进杂交、引入杂交、育成杂交、顶交和生产性双杂交。

**1. 简单经济杂交** 简单经济杂交又称为单杂交（图7-4），是利用两个家兔品种（品系）进行杂交，利用杂种一代（$F_1$）的杂种优势获取更多的兔肉产品。这种方法比较简单，在家兔生产中应用较广，在具体应用时大致有两种方式。一种方式是采用两个优良品种作为杂交的亲本品种，如青紫蓝兔与德国花巨兔杂交，由于亲本的性能优良，如果杂交组合选择得好，往往可以得到明显的杂种优势。另一种方式是采用我国本地品种与外来优良品种杂交。如新西兰白兔与中国白兔杂交，杂种一代的产肉量大超过了中国白兔的产肉量。

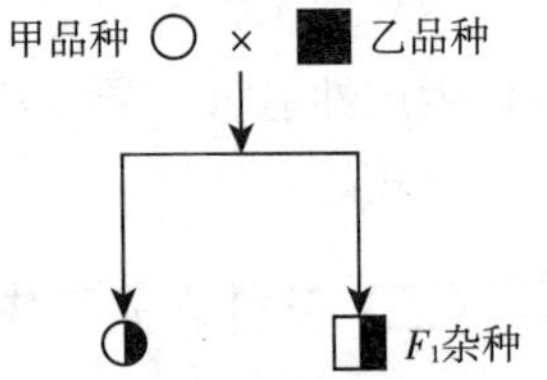


图7-4 简单经济杂交示意图

□代表父本品种；

○代表母本品种

**2. 三元杂交** 三元杂交是两个家兔品种（品系）的杂种一代和第三个家兔品种（品系）杂交，利用含有三个品种（品系）血统的多方面的杂种优势（图7-5）。杂交产生的杂种后代能兼备几个品种的特点，使它的利用价值更高，同时它的杂种优势也往往比较高，因此，一般三品种杂交的效果优于两品种杂种。

**3. 轮回杂交** 轮回杂交是两个或更多个家兔品种轮番杂交，以便充分利用在每代杂种后代中继续保持的杂种优势。杂种公兔供经济利用，杂种母兔继续繁殖，将杂种母兔交替与原来亲本品种杂交，始终使杂种母兔的基因型保持一定程度的杂合度。轮回杂交常用的是两品种轮回杂交和三品种轮回杂交（见图7-6、图7-7）。

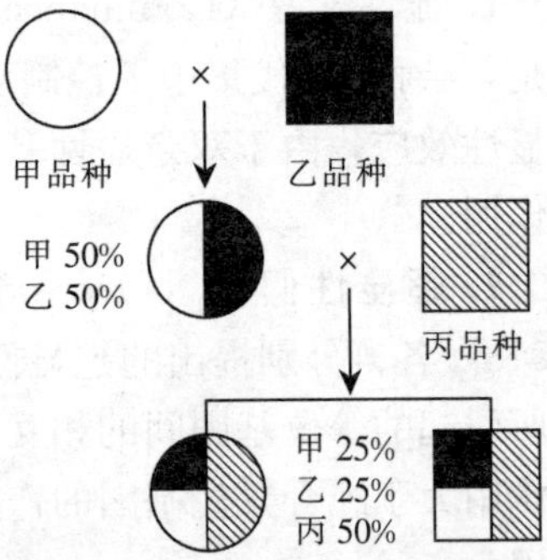


图7-5 三品种杂交示意图

黑白斜线各代表某一具体品种，但在杂种后代中则表示某品种对客观存在的影响程度

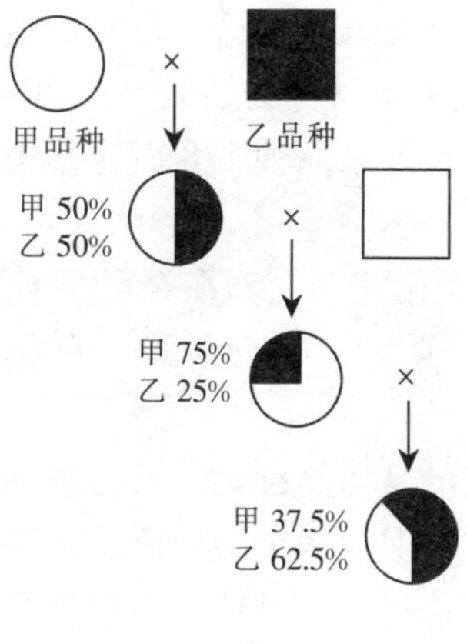


图 7-6　两品种轮回杂交示意图

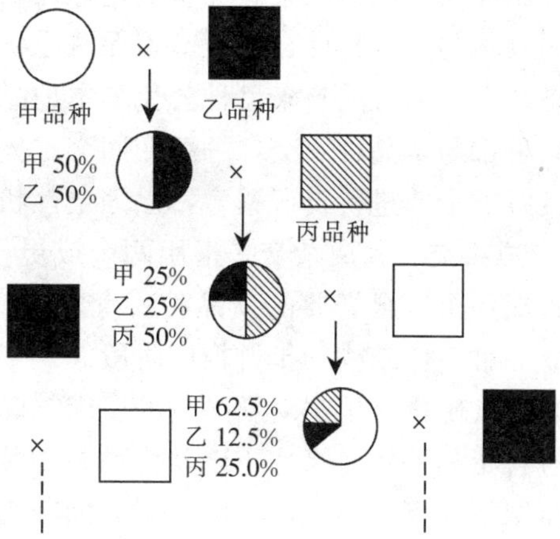


图 7-7　三品种轮回杂交示意图

**4. 级进杂交**　级进杂交又称为改良杂交、改造杂交、吸收杂交（图 7-8），是指用高产的优良品种公兔与低产品种母兔杂交，所得到的杂种后代母兔再与高产的优良品种公兔杂交。当本地品种的生产性能比较低时，必须进行彻底改良时才能应用级进杂交。

在进行级进杂交时必须注意：所谓外来优良品种并不等于该品种十全十美，而是指该品种在若干主要经济性状上性能优良，或者是针对本地品种的几个缺点方面，它的性能是优良的。一般来讲，外来品种对我国的自然条件、饲养管理条件的适应能力往往较差，在这方面却是本地品种具有优良品质。因此，在杂交时不应盲目地追求级进代数越高越好，级进代数过高，有时反而会使杂种的品质下降，所以，一般最多杂交到 3～5 代时，就能迅速而有效地改造低产品种。此时，就应该选择性能良好的个体自群繁育，并横交固定。

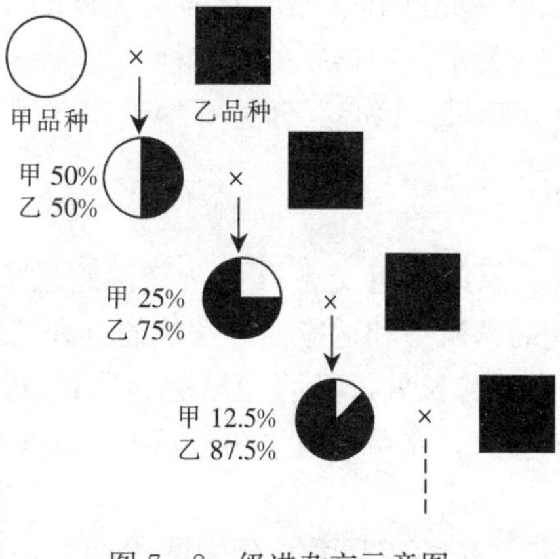


图 7-8　级进杂交示意图

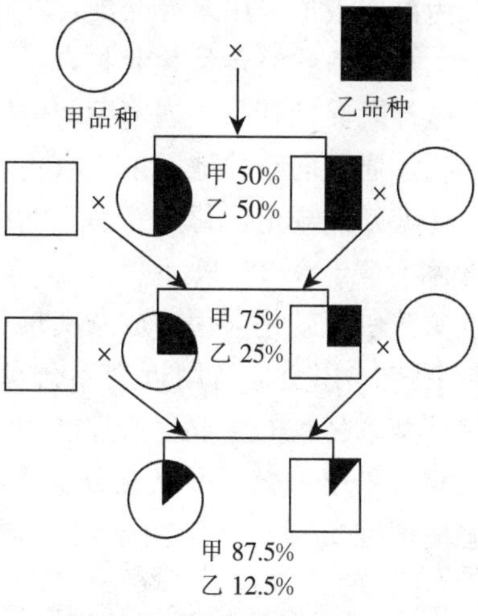


图 7-9　引入杂交示意图

**5. 引入杂交**　引入杂交就是在原有兔群的局部范围内引入不高于 1/4 的外血，以便在保持原有兔群的基础上克服个别缺点，又称为导入杂交。当某一家兔品种的品质大致已符合生产的要求，只是在某一性状上还存在着明显的缺点，为了在短期内使这一性状得到改良，而其他的品种特性、特征基本保持原状，可用引入杂交来达到这一目的。引入杂交的方法是，选择适宜的外来良种公兔与本地品种母兔杂交一次（称为引入一次外血），以后各代杂种都与本品种回交，一般在回交二代的后代（含有外来品种1/8血缘）中即可选择性能良好的个体进行自群繁育，以固定性状（图7-9）。

**6. 育成杂交** 育成杂交是指用两个或更多的家兔群体相互杂交，在杂种后代中选优固定，育成一个符合需要的新品种。育成杂交可分为三个阶段：杂交阶段、自群繁育阶段、建立品种整体结构和扩群推广阶段。

（1）**杂交阶段** 根据对新品种的要求，确定参加杂交的具体品种，并且根据在新品种中应含有各个品种的血缘比重以及育种中的其他一些具体情况，确定杂交方式。在这一阶段要注意以下几点：第一，不但要对参加杂交的品种进行选择，而且还要在这些品种中选择良好的个体参加杂交，才能使新品种的品质符合预定的要求；第二，在杂交阶段中，必须避免使用亲缘交配，以免将来为了巩固性状而需要采用亲缘交配时，增加了近交衰退的可能性；第三，各品种选择一些没有亲缘关系或亲缘关系远的个体，分组进行品种间的杂交，这些杂交组合为以后建立品系奠定基础。

（2）**自群繁育阶段** 这一阶段是选择合乎理想类型的杂种相互交配，目的在巩固它们的优良品质，因此这时需要用同型选配和亲缘选配。这一阶段需要注意的是：第一，对于究竟杂交到哪一代才能进行自群繁育，不要作过分严格的规定，一般应以杂种是否达到理想类型为准则，如果在杂种二代和三代中均有达到理想型的个体，那么也可以选择二代杂种和三代杂种自群繁育，总的目的是在兔群中固定预期的性状，增加优良的个体；第二，杂种也会出现性能不完全符合理想型的个体，对于这些个体可以用理想型的杂种进行异质选配来改良它们，而对那些性能太差的杂种兔必须淘汰；第三，为了更好巩固性状，以及避免在兔群内被迫采用亲缘交配，在这一阶段内应该开始建立品系。

（3）**建立品种整体结构和扩群推广阶段** 在这个阶段内将以前所建立的品系之间相互交配，这样既促使新品种内家兔间的同质性，又可以在此基础上形成新的更优良的品系。与此同时，通过向有关地区推广家兔，以便迅速增加数量。根据家兔新品种、配套系审定标准（2006）的规定，每个新品种的种群不少于2 000只，核心群母兔不少于350只，生产群母兔不少于3 000只。

哈尔滨白兔就是采用育成杂交培育而成。

**7. 顶交** 顶交是指用近交系公兔与没有亲缘关系的非近交系母兔杂交。通过顶交，可以将近交系公兔的主要生产性能和非近交系母兔的繁殖力和适应性等性状的有利基因结合在一起。采用顶交，可以充分发挥特定近交系公兔的长处，又因为母兔为非近交系个体，避免了近交衰退。但由于母兔群中个体差异较大，常导致生产的兔肉产品规格不一致。

**8. 生产性双杂交** 生产性双杂交是指四个种群（品种或品系）分为两组，先各自杂交，在产生杂种后杂种间再进行第二次杂交（图7-10）。现代育种常用近交系、专门化品系或合成系相互杂交。生产性双杂交是近代发展起来的一种颇为有效的杂交方法，已为世界上养兔业发达的国家所采用。随着育种工作的进展，发现要把许多优良性状集中在一个品种或品系上的难度很大，因此，纷纷研究培育具有1～2个突出的经济性状，而其他性状保持在一般水平的专门化品系。实践证明，培育专门化品系确实比培育一个全能品种或全能品系简单且省事。因专门化品系间各具特点，而且两者的差异也较大，所以在杂交组合选择得当的情况下，能达到很好的杂交效果。

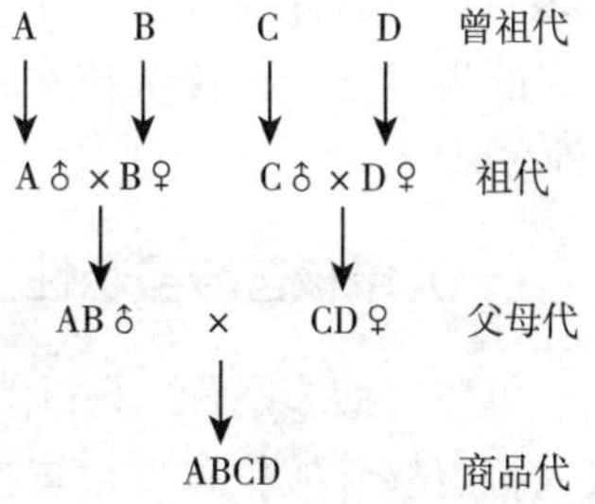


图 7-10　生产性双杂交示意图

专门化品系一般分为父系和母系，对这两者的要求各有不同。对父系的培育主要集中在选育生长速度、饲料消耗比、产肉率和胴体品质等经济性状；对母系选育则集中在产仔数、泌乳力和哺育力等繁殖性能方面。

## 二、家兔的繁育体系

要搞好家兔的繁育工作，必须建立一套完整的繁育体系。要经济有效地开展家兔繁育工作，应该对兔场有合理的分工，以后在各类兔场的紧密配合下，使家兔繁育工作有条不紊地开展起来。根据育种工作的性质和任务，可将兔场分为三类：

### （一）育种兔场

育种兔场的任务是：①负责引进种兔，并对它们进行良种繁育和本品种选育，提高它们的品质；②负责新品种培育或品种改良；③进行杂交组合试验，提出适合于本区域的经济杂交方法和参加杂交的亲本品种。

### （二）繁殖兔场

繁殖兔场的任务是从育种兔场引进种兔，进行扩大繁殖，以供给商品兔场和农民饲养，如果该地区实行三品种杂交，那么在繁殖场内先进行其中的两品种杂交，将杂种一代兔提供给商品兔场，继续进行三品种杂交。

### （三）商品兔场

它的任务是以最低的成本生产品质好、数量多的产品，因而大多进行经济杂交，利用杂种优势，同时还要向农民提供杂交效果良好的杂种一代兔。

# 第八节　生物技术在家兔选择和生产中的利用

## 一、现代分子生物技术简介

现代生物技术是在现代生命科学理论的基础上发展起来的，通过对生物体的整体、组织、细胞及分子等多个水平的组分、结构、功能及作用机理进行研究，以改造或制造出人们所期望的含有一定品质特性的生物产物；它是集分子生物学、细胞生物学、生物信息学等多门科学研究成果于一体的以生产应用为主的综合技术。目前，在动物遗传育种中应用较多的现代分子遗传学技术主要有单核苷酸多态性技术、高通量测序技术和基因芯片技术3种。

### （一）单核苷酸多态性

单核苷酸多态性（SNP）由 Lander（1996）提出，主要指在生物基因组 DNA 水平上某一特定核苷酸位置发生置换、插入、缺失等单个核苷酸的变异所引起的 DNA 序列多态性。根据 SNP 在基因组中的分布位置，可将 SNP 分为基因编码区 SNP（cSNP）、基因调控区 SNP（pSNP）和基因间随机非编码区 SNP（rSNP）三大类。根据 cSNP 在生物中对遗传性状的影响，将其分为 2 种：一种是同义 cSNP（synonymous cSNP），即变异前后该位点所编码的氨基酸序列未改变，使变异前后碱基具有相同含义；另一种是非同义 cSNP（non-synonymous cSNP），指碱基序列的改变使氨基酸发生变化，进而使蛋白质序列发生改变，最终影响蛋白质功能。非同义 cSNP 是导致生物性状改变的直接原因。在遗传性疾病和性状主效应基因研究中，位于外显子上的 cSNP 备受关注。

SNP 主要特点：一是分布广泛，多态性丰富；二是 SNP 为二态性，在基因组筛选中 SNPs 只需做＋/－的分析，利于对其进行基因分型；三是具有稳定的遗传特性。

目前，SNP 检测技术主要有 PCR－SSCP、毛细管电泳、焦磷酸测序、基因芯片和高分辨率溶解曲线技术（High Resolution Melting，HRM）。

### （二）高通量测序技术

高通量测序技术（High throughput sequencing），又称“下一代”测序技术（Next generation sequencing），是相对于传统的 Sanger 测序法速度慢、单序列而言的，以一次能并行对几十万到几百万条 DNA 分子进行序列测定和读取短片段等为标志。高通量测序技术的主要特点是测序通量高、测序时间和成本显著下降，可对一个物种的基因组和转录组进行全基因组水平分析。

高通量测序技术的核心思想是边合成（或连接）边测序，即生成新 DNA 互补链时，要么加入的 dNTP 通过酶促级联反应催化底物激发出荧光，要么直接加入被荧光标记的 dNTP 或半简并引物，在合成或连接生成互补链时，释放出荧光信号，通过捕获光信号并转化为一个测序峰值，获得互补链序列信息。高通量测序有 454、Solexa 和 SOLiD 三种方式，454 和 Solexa 应用于合成法测序原理，454 在 DNA 聚合酶、ATP 硫酸化酶、荧光素酶和双磷酸酶的作用下，将每一个 dNTP 的聚合与一次化学发光信号的释放偶联起来，通过检测化学发光信号的有无和强度，达到实时检测 DNA 序列的目的；Solexa 则将基因组 DNA 的随机片段附着到光学透明的玻璃表面，这些 DNA 片段经过延伸和桥式扩增后，在 Flow cell 上形成了数以亿计的 Cluster，每个 Cluster 是具有数千份相同模板的单分子簇，然后利用带荧光基团的四种特殊脱氧核糖核苷酸，通过可逆性终止的边合成边测序技术对待测的模板 DNA 进行测序，其核心技术体现在“DNA 簇”和“可逆性末端终止”。SOLiD 应用连接法测序原理，是基于双碱基编码原理获得 SOLiD 颜色编码序列，随后的数据分析比较原始颜色序列与转换成颜色编码的 reference 序列，把 SOLiD 颜色序列定位到 reference 上，同时校正测序错误，并可结合原始颜色序列的质量信息发现潜在 SNP 位点。

高通量测序技术在畜牧业中已有部分应用，主要包括对火鸡和大熊猫基因组的从头测序；运用基因组测序对物种进行遗传进化分析、遗传疾病分析、辅助分子育种以及表型差异分析等；运用转录组测序对转录本结构中的非转录区、内含子区、启动子区域的鉴定、可变剪切类型以及对转录水平以及全新转录区域的研究等。

### （三）基因芯片

基因芯片又被叫作 DNA 芯片、DNA 微阵列、寡核苷酸阵列，采用反向斑点杂交的基本原理，将大量含有可检测物质且人工合成的碱基序列探针分子固定于支持物上后，根据碱基互补的原理，与标记的待检测样品分子进行杂交，利用基因探针到基因混合物中识别特定基因，通过检测每个探针分子杂交信号的有无和强弱，进而获取样品分子的数量和序列信息。

基因芯片按功能分为基因表达谱芯片和 DNA 测序芯片两类。基因表达谱芯片采用不同的荧光染料对逆转录后的 cDNA 和不同处理水平的样本 mRNA 进行标记，将标记产物与表达谱芯片进行杂交，激光扫描后得到两种荧光信号。荧光信号强弱既反映了样品中与芯片上的目标基因杂交的数量，同时也反映了样品中 mRNA 的含量。通过相应计算机软件，采集两种荧光信号的强度信息数据，进行转换和分析，从而构成不同状态下细胞或组织的基因表达谱，揭示出不同生物学过程相关的重要候选基因。DNA 芯片技术（或 SNPs 基因芯片）是近年来新开发的一种 DNA 序列变异检测工具，其原理是利用目标 DNA 与支持物上所固定的密集的寡核苷酸探针阵列进行等位基因特异性反应，根据反应后信号的有无和强弱确定 SNP 位点。

## 二、生物技术在家兔生产中的应用

### （一）亲权鉴定

亲权鉴定是通过对遗传标记的检测，根据遗传规律分析，对个体之间的血缘关系进行判定的过程，目前主要应用于人类的亲子鉴定中。现代家兔生产中，为了最大限度地增加母兔的受孕机会，生产者常采用双重配种、自由交配和人工授精等方式，使得后代父亲来源不祥，造成系谱信息的错误。在家兔持续生产和选育过程中被逐级放大，造成群体的大规模近交，进而使种群退化。因此，家兔生产和育种中应用亲权鉴定技术鉴别个体身份，修正错误系谱信息有着非常重要的实际意义。

亲权鉴定的内容包括个体生母的确定、个体生父的确定、个体生父生母的确定，也包括生父、生母后代的确定，爷孙关系即隔代鉴定等。亲权鉴定的方法有表型鉴定（包括 ABO 血型、白细胞抗原、红细胞抗原、红细胞酶型、血清型等）、DNA 表达产物鉴定、染色体多态性鉴定、DNA 鉴定等。目前，普遍应用的方法是 DNA 鉴定，其可以分为：DNA 指纹技术、MYR－PCR 技术、微卫星 DNA 鉴定（STR 分型）、线粒体 DNA（mtDNA）分型、MHC 分型、性染色体鉴定，本节主要介绍其中最常用的三种方法。

**1. 亲权鉴定常用名词**

(1) 遗传标记：具有多态性的基因座。用于亲子鉴定的遗传分析系统，由一定数量的遗传标记组成，常用的有常染色体短串联重复序列（STR）、Y 染色体短串联重复序列（Y－STR）、X 染色体短串联重复序列（X－STR）。

(2) 三联体亲子鉴定：被检测公畜、子代个体生母与子代个体的亲子鉴定。

(3) 二联体亲子鉴定：被检测公畜与子代个体的亲子关系鉴定。

(4) 单亲检验：只有父母一方的二联体的亲子鉴定。

(5) 祖孙亲缘关系鉴定：通过对遗传标记的检测，根据遗传规律分析，对有争议的祖父母与孙子女血缘关系的鉴定。

(6) 等位基因频率：等位基因频率是群体遗传学的术语，用来显示一个种群中基因的多样性，或者说是基因库的丰富程度。计算公式为：某基因频率＝某基因的数目/该基因的等位基因总数×100％。

(7) 非父排除概率（*PE*）：指不是子代个体生父的公畜能被遗传标记排除的概率。它是衡量遗传标记系统在亲子鉴定中实用价值大小的客观指标。表示在所有非父被怀疑为生父的公畜中，用该标记否定父权有多大的可能性。

计算公式为：

$$PE = \sum_{i=1}^{n} P_i(1-P_i)^2$$

其中，$P_i$ 为等位基因频率，$n$ 为等位基因数

(8) 累积非父排除概率（*CPE*）：由于亲权鉴定不止使用一个基因座，有必要知道使用的全部遗传标记对于不是子代个体生父的公畜，否定父权有多大的可能性，即累积非父排除概率（*CPE*）。累积非父排除概率（*CPE*）前提条件是一个遗传标记系统独立于另一个系统。

计算公式为：$CPE=1-(1-PE_1)(1-PE_2)(1-PE_3)\cdots\cdots(1-PE_k)$

其中 $PE_k$ 为第 k 个遗传标记的 *PE* 值。检查多种遗传标记，按各种遗传标记的遗传方式求出 *PE* 值后，再按公式求出总的 *CPE* 值。

(9) 父权指数（PI）：是判断亲子关系所需的两个概率的似然比，即假设被检测公畜具有遗传表型的公畜是子代个体生物学父亲的概率（X）与随机公畜是子代个体生物学父亲的概率（Y）的比值。三联体常染色体 STR 基因座亲权指数计算公式见表 7－8，二联体常染色体 STR 基因座亲权指数计算公式见表 7－9。

(10) 累积父权指数（CPI）：多个遗传标记用于亲子鉴定时，若父权不能否定，由每一个遗传标记获得的父权指数需单独计算。设每个遗传标记的父权指数分别为 $PI_1$，$PI_2$，$PI_3\cdots PI_n$。n 个遗传标记的父权指数相乘则为累积父权指数。

**表 7－8　三联体常染色体 STR 基因座亲权指数计算公式**

| 母畜基因型 | 子代个体基因型 | 公畜（推断）基因型 | 被检公畜基因型 | PI 值计算公式 |
| --- | --- | --- | --- | --- |
| PP | PP | P | PP | 1/p |
| PP | PQ | Q | QQ | 1/q |

（续）

| 母畜基因型 | 子代个体基因型 | 公畜（推断）基因型 | 被检公畜基因型 | PI值计算公式 |
|---|---|---|---|---|
| PP | PP | P | PQ | 1/2p |
| PP | PQ | Q | QR | 1/2q |
| PP | PQ | Q | PQ | 1/2q |
| PQ | QQ | Q | QQ | 1/q |
| PQ | QR | R | RR | 1/r |
| PQ | QR | R | RS | 1/2r |
| PQ | PR | R | PR | 1/2r |
| PQ | QQ | Q | QR | 1/2q |
| PQ | PQ | P或Q | PP | 1/（p+q） |
| PQ | PQ | P或Q | QQ | 1/（p+q） |
| PQ | PQ | P或Q | PQ | 1/（p+q） |
| PQ | PQ | P或Q | PR | 1/2（p+q） |

注：p、q、r分别表示等位基因P、Q、R的分布频率。

**表7-9　二联体常染色体STR基因座亲权指数计算公式**

| 子代个体基因型 | 被检公畜基因型 | PI值计算公式 |
|---|---|---|
| PP | PP | 1/p |
| PP | PQ | 1/2p |
| PQ | PP | 1/2p |
| PQ | PQ | （p+q）/4pq |
| PQ | PR | 1/4p |

注：p、q、r分别表示等位基因P、Q、R的分布频率。

**2. 亲权鉴定的常用方法**

（1）*微卫星DNA鉴定*　微卫星DNA，又称为短串联重复序列，是均匀分布于真核生物基因组中的简单重复序列，由2～6个核苷酸的串联重复片段构成，由于重复单位的重复次数在个体间呈高度变异性并且数量丰富，在亲权鉴定中有着其他遗传标记无可比拟的优势，是目前亲权鉴定中用于检测的主流遗传标记。微卫星DNA遗传标记遵循孟德尔遗传规律，呈共显性遗传。子代成对的同源染色体中一条来自父亲，另一条来自母亲。所以，子代不可能带有双亲都没有的等位基因。双亲中的每方都必须将其所带有的一对等位基因中的一个传给子代。双亲有相同的等位基因，子代才有可能是纯合子，而双亲中的一方或双方为某个等位基因纯合子时，子代必定含有这个等位基因。因此，亲权鉴定主要是利用单基因型遗传标记来判定被检验个体间是否具有某种亲缘关系，即观察个体之间的遗传标记是否符合遗传规律。其基本原理归纳起来有两点：①在肯定子代的某个标记基因是来自生父（Biological father），而假设父亲（Alleged father）并不带有这个基因的情况下，可以排除它是孩子的父亲。由此可知，被检查的DNA分子标记个数越多，假设父亲被排除的几率越大。②在肯定子代的某些标记基因来自生父，而假定父亲也带有这些基因的情况下，不能排除它是该子代的生父，这时需要统计方法计算出它是该子代生父的概率。我们在使用多个遗传标记系统时，通常计算其累积排除概率。此外，若使用的两个或两个以上的微卫星基因座位于同一条染色体上时，还必须考虑到连锁和互换定律。

人类法医学中个人识别和亲权鉴定的研究认为，以重复单位为四核苷酸微卫星DNA基因座作为首选，且PCR扩增产物片段长度应在300 bp以下，等位基因数8～10个，杂合度应在0.7以上，个人识别能力在0.9以上，复合扩增的各基因座分别位于不同染色体上。通过检测遗传标记，能将不是生父的个体否定掉的概率称为父权排除率，又称为非父排除率。Ellegren等的研究表明，组合5个微卫星位点（每个微卫星位点有6个以上的等位基因）可使排除率达98%以上，使用10个这样的位点排除率达99.99%。国际动物遗传学会（International Society of Animal Genetics，ISAG）1996年年会推荐了几种家畜亲子鉴定中应该使用的微卫星DNA标记及其相应的信息，其中马亲权鉴定需要检测9个微卫星位点，黄牛需要12～14个位点，家犬需要23个微卫星位点，绵羊需要19个个微卫星位点，山羊需要16个微卫星位点，猪需要15个微卫星位点。

在家兔上，目前还没有广泛推荐使用的微卫星位点用于亲权鉴定的遗传标记检测。韩春梅等（2005）选用13个微卫星位点PCR扩增了30只吉戎兔的基因组DNA，发现平均等位基因数为3.46个，平均杂合度（H）为0.578，平均多态信息含量（PIC）为0.531。双亲资料未知时13个位点的累计非父排除率为93.5226%，置信度低于80%；一亲本资料已知时13个位点的累计非父排除率为99.9329%，置信度为95%。Falcón等（2011）选用16个微卫星位点扩增了来自2窝共10只侏兔的DNA，评定了侏兔的亲权模型并首次用数据记录了侏兔的多个亲权鉴定，从而揭示侏兔有着混杂的交配体系。

**（2）线粒体DNA分型** 线粒体DNA（mitochondriM DNA，mtDNA）存在于细胞质中，是唯一的核外基因组DNA。mtDNA的基因排列紧密，除与复制和转录有关的一小段区域外，其他序列无内含子和转座子，也没有基因间隔序列。2个rRNA基因紧紧相邻，22个tRNA基因位于rRNA和13个蛋白质基因之间。人类和动物的线粒体序列中都有一个具有很高的多态性，其中含有成单倍型母系遗传的区域，通常称为D-环区或控制区。mtDNA分子质量低，一般在16.0～16.5ku，不同组织细胞间具有高度的均一性。mtDNA进化速率远高于核DNA，大约是单拷贝核DNA的6～17倍，以碱基替换（转换和颠换）为主。mtDNA遵从严格的母系遗传方式，但并不排除极少的精子DNA进入卵子而发生父系渗入，引起个体内mtDNA异质性和产生双亲遗传现象的可能性。由于这些特性，mtDNA被广泛用于许多研究领域，如人类系统进化关系研究，医学遗传与亲权鉴定等法医科学方面。

在没有突变情况下，母系直系亲属间mtDNA序列完全一致，因此适用于单亲的亲子鉴定及同一认定。mtDNA具有高度异质性，它包括位点异质性和长度异质性。当两检材都出现了同样的异质型，则更加强了同一性的证据作用。研究发现，mtDNA在不同个体的D-环附近有着明显的差异。这样为来源于同一母系的直系及各旁系间的血缘关系鉴定创造了条件。由于一个细胞中可含有上千个线粒体，因而mtDNA的检测灵敏度高于核

DNA 的检测。mtDNA 特别适用于排除待检个体来源于同一母本的可能；正因为如此，mtDNA 用于亲权鉴定的适用范围也比微卫星 DNA 的适用范围小许多。在家养动物上，目前仅见徐亚欧等（2011）通过对德昌水牛进行 STR 基因座与 mtDNA D-Loop 区遗传标记检测，发现 STR 基因座与 mtDNA D-Loop 区遗传标记都可用于单亲亲权鉴定，两种方法相结合提高了亲权鉴定的稳定性、准确性、灵敏度，鉴定范围更广，样品要求更低。

（3）**SNP 标记**　虽然基于微卫星 DNA 遗传标记的亲权鉴定在过去的 20 年中被广泛使用，但随着现代分子遗传标记的发展，单核苷酸多态性（Single nucleotide polymorphisms，SNPs）具有更高的遗传多态性、含量更为丰富、突变率更低、扩增产物长度更短等特点，应用 SNP 分型进行亲权鉴定将具有明显的优越性。自 1996 年 Delahunty 等首次报道 21 个 SNPs 在美国白人人群中的分型结果并尝试进行个人识别以来，应用 SNPs 进行个体识别的研究已经进行了 10 多年，目前已经达到可以实际应用的程度，如欧洲 SNP for I D 项目组推荐的 52 个 SNPs（ID SNPs）和美国耶鲁大学遗传系 Kidd 教授研究组推荐的 92 个 ID SNPs，均可应用于实践案例分析。

然而，将 SNPs 应用于亲权鉴定的研究不如 SNPs 应用于个体识别的研究那样广泛和成熟，仅见少量文献报道。国内李璨等（2012）报道了将 96 个常染色体 SNPs 应用于人亲权鉴定的研究，结果发现当应用于亲权鉴定时，单个 SNP 的亲权排除率值一般不及单个微卫星 DNA 位点的 1/3。在排除亲权关系的案例中，就不符合孟德尔遗传规律的遗传标记个数占检测标记总数的比例而言，SNPs 系统可能不如微卫星 DNA 系统明显。由于 SNPs 的突变率极低，即使 1 个 SNP 位点不符合孟德尔遗传规律也能极大地降低累积亲权指数值，因此建议将 SNPs 应用于亲权鉴定时应对检测方法有更高的要求。国内周磊等的研究表明单个微卫星标记的推断效率一般要高于单个 SNP 标记，但当 SNP 标记达到一定数目后，其推断效率能够达到甚至超过微卫星标记的水平。在家养动物上面，Fisher 等报道，采用 40 个平均最小等位基因频率为 0.35 的 SNP 标记对新西兰奶牛群进行亲子鉴定，其排除概率能达到或超过现用的基于 14 个微卫星标记的亲子鉴定体系。Heaton 等研究表明，利用 32 个高多态 SNP 标记即能有效地实现对美国几个肉牛品种的亲子鉴定。

**3. 亲权鉴定操作规程**

（1）**样本收集**　对于三联体，采集被检测公畜、生母与子代个体的样本用于检验；对于二联体，采集被检测公畜与子代个体的样本用于检验；对于祖父母与孙的鉴定案例，则采集被检测祖父、祖母、子代个体生母与子代个体的样本用于检验。样本一般是血液，其他生物学材料如带毛囊毛发、羊水、组织块、精液等亦可作为亲权鉴定的样本。样本必须分别包装，注明编号、采样人、采样日期等，置于冰箱冷藏或冻存。采样时，需要填写采样单，写明采样日期、采样类型、被采样个体编号、性别、出生日期等。

（2）**基因组 DNA 提取与质量检测**　用于亲权鉴定的基因组 DNA 一般是从被检个体的血液或毛发中提取，提取的基因组 DNA 样本要达到一定的浓度和纯度，以满足检测需要。

（3）**遗传标记分型**　根据所使用不同的遗传标记，其分型方法会有所差异。各种分型方法均包括 PCR 扩增与扩增产物检测两个环节。选择多态性基因座（如微卫星位点、SNP、D－loop）进行 PCR 扩增，其中基因座宜符合如下要求：①经过群体遗传学调查，多态性高，非父排除率在 0.7 以上；②经过 500 次以上减数分裂的家系调查，基因座的突变率在 0.002 以下；③基因座的累积非父排除率应达到 99.95%以上。对于三联体亲权鉴定，至少检验 13 个基因座的基因型；对于二联体亲权鉴定，至少检验 15 个基因座的基因型；对于父子关系、祖孙关系、叔侄关系、兄弟关系的鉴定，除 15 个常染色体基因座外，建议在需要时增加 Y－STR 的检验；对于母子关系、同胞关系的鉴定，除 15 个常染色体基因座外，建议在需要时增加 X－STR、mtDNA 的检验，其中 mtDNA 系统可选用 D 环高变区Ⅰ、高变区Ⅱ和控制区进行序列特征分析。

建议选用国际通用的商品化试剂盒（带荧光标记的 PCR 体系）。若选用其他来源的扩增体系，须经验证、认可后方可用于日常检测。每批检验均应用标准样品（已知浓度和基因型的 control 基因组 DNA）和相应的阳性对照，同时以不含 DNA 的样本作为阴性对照。PCR 体系与温度循环参数按试剂盒的操作说明书进行。对于微卫星 DNA 位点，使用荧光分析仪，对 PCR 产物进行毛细管电泳分析，使用等位基因阶梯（Ladder）作为参照品来判别样本的基因型。对于 D－loop 序列多态性以及基因组 SNPs，常采用 Sanger 测序法进行测定，每个样本同时使用不同测序引物同时测定。

（4）*鉴定意见* 鉴定意见是依据 DNA 分型结果对是否存在亲权关系作出的判断。鉴定意见一般分“排除存在亲权关系”和“支持存在亲权关系”两种情形。

① 排除存在亲权关系。经过累计非父排除率大于 99.95%的多个基因座的检测，发现有 3 个以上的基因座不符合遗传规律，可以排除亲权关系的存在。

② 支持存在亲权关系。经过累计非父排除率大于 99.95%的多个基因座的检测，发现基因座均符合遗传规律，此时要依据亲权鉴定理论计算亲权指数 PI，然后此时必须计算 $CPI$，若 $CPI \geq 1999$，则极强力支持亲权关系的存在，若 $1999 > CPI \geq 499$，则强力支持亲权关系的存在，若 $499 > CPI \geq 100$，则中等程度支持亲权关系的存在，若 $CPI < 100$，则不能得出明确结论。

### （二）分子标记辅助选择

在经典数量遗传学中，将数量性状作为一个整体处理，对优良种畜禽的选择主要基于单一表型的直接测定值或基于多性状为基础的选择指数。然而，畜禽的许多经济性状为低遗传力的数量性状，其表型变异中非加性遗传方差和环境方差组分较大，导致基于数量遗传学理论的选择方法十分低效。随着分子生物学技术的发展，已发现控制数量性状变异的基因是较集中地分布于彼此相近的染色体区域内，在结构上形成紧密连锁的基因簇。为此，提出数量性状基因座（Quantitative Trait Locus，QTLs）的概念，即在基因组中占据一定染色体区域，控制同一性状的一组微效多基因的基因簇。在 QTL 定位基础上，提出通过标记辅助选择（Marker-Assisted Selection，MAS）策略来提高畜禽选种的准确性和效率。因此，标记辅助选择的效率在很大程度上取决于 QTL 定位的精确性，即开展 MAS 的基本前提是对 QTL 的精确定位。借助 DNA 标记进行畜禽 QTL 定位的方法主要包括候选基因分析和连锁分析两大类。

**1. 数量性状基因的定位方法**

（1）*候选基因法* 基于特定候选基因的 QTL 定位，主要是指在已知某些基因所发挥的生理功能的基础上，在该基因相邻区域内进行 QTL 定位，即从一些可能是 QTL 的基因（候选基因）进一步筛选 QTL。候选基因法的一般分析步骤包括：①候选基因的选择，可根据已有的生理、生化背景知识，直接从已知或潜在的基因系统中挑选；也可利用比较医学、比较基因组学等的研究结果，将其他物种（如人类、小鼠等）中发现的控制某些同类或相似性状的基因作为畜禽经济性状的候选基因；②候选基因目的片段的引物序列设计；③候选基因多态性的寻找，常用的方法有 PCR - SSCP、RFLP、直接测序等；④选择用于进行候选基因分析的群体，获取目标性状的表型资料，并对群体内每个个体进行基因型检测；⑤分析候选基因多态性与生产性状变异间的关联性，其中主要的分析方法主要包括混合线性模型和多重回归方法；⑥连锁关系的验证，为了排除候选基因与控制目标性状的 QTL 在分析群体中暂时处于连锁不平衡状态、或存在候选基因效应由分析群体遗传背景的互作效应引起的可能性，需要进一步证实所发现的候选基因与性状关系的真实性，排除假阳性。

候选基因法进行 QTL 定位，其研究单位是单个基因而非整个基因组，用于分析的资源群体无需进行专门的试验设计，因而操作相对较为简便，成本较低，QTL 定位的结果也便于应用。从理论上讲，如果所选择的候选基因确实是真实控制目标性状的 QTL，则得到阳性结果的可靠性很高。同时，由于所选择的候选基因事先已经被准确定位，而且其结构和功能都已较为清楚，因此采用候选基因分析法所定位的 QTL 精度较高。从这个意义上说，候选基因分析是进行 QTL 定位的最理想方法。然而，由于目前人们对畜禽大量基因的结构和功能还知之甚少，因而就不可能用候选基因分析方法找出那些生物学功能未知的 QTL。在实际分析中，由于受基因连锁或非候选基因的影响，往往很难确定候选基因本身就是影响目标性状的 QTL，使得这一方法的实际应用受到了很大的限制。

（2）**全基因组扫描** 基因组扫描（Genomic Scanning）是指在建立资源群体的基础上，利用已经构建的标记连锁图谱（Linkage Map）上的 DNA 标记信息和目标数量性状表型信息进行连锁分析、连锁不平衡分析和传递不平衡检验，以扫描到性状控制座位所在的染色体位置。由于在畜禽基因组扫描中最常用的分析方法是连锁分析，因而也称为标记—QTL 连锁分析。

基因组扫描的步骤一般包括：①进行资源群体试验设计，获得分离世代群体或系谱信息完整的分离家系。资源群体设计主要有两大类，一是基于近交系或是品系（品种）间杂交的试验设计，二是在远交群体基础上基于家系的试验设计。②选择合适标记，检测分离群体内个体各标记的基因型，进行严格的性能测定，获得个体的准确表型值。③分析 DNA 标记和数量性状之间是否存在连锁，检测 QTL 的位置，并估计相应参数。④用常规连锁分析对 QTL 定位一般只能将其定位在约 20cM 的区间内，当 QTL 粗略定位后，可在该区域内选择覆盖度更高的 DNA 标记并扩大资源群体做进一步的精细定位，将其定位于更狭小的区域，再结合候选基因法策略来寻找该性状的主基因。

只要试验设计合理，连锁图谱上的标记数目足够多，分析方法得当，且 QTL 的效应足够大，就能用基因组扫描法检测出群体中仍在分离的 QTL。同时，由于 DNA 标记可以覆盖整个基因组，使得人们可以在整个基因组范围内来搜索影响目标性状的 QTL，检测出基因组中所有（效应较大）的 QTL。但常规 QTL 定位法精确度不高，其主要影响因素有：QTL效应大小及其在染色体上的位置、目标数量性状的遗传力、标记密度及多态性、用于QTL定位的资源群体规模及其结构等。

**2. 标记辅助选择（MAS）方法**

（1）MAS的基本步骤　随着QTL定位研究的深入，发现数量性状除受微效多基因作用外，还受少数较大效应基因作用。将这些效应较大的基因在选种中加以利用，从而产生了标记辅助选择法（MAS）。由于充分利用了表型、系谱和遗传标记的信息，与只利用表型和系谱信息的常规选种方法相比，MAS具有更大的信息量和更高的可信度。MAS育种的主要环节包括：①主基因或大效应QTL连锁标记的鉴定、效应估计与验证或直接利用已得到公认的有效标记；②建立低成本、准确、高效率、操作简便的基因分型技术；③对育种基础群的主基因或紧密连锁DNA标记进行大规模的基因型检测；④根据基因型、系谱信息和目标性状表型值，进行标记辅助遗传评定；⑤规划育种方案，选种选配。目前，MAS在动物的选育中已取得一些成功的范例。猪氟烷（Halothane，HAL）基因和雌激素受体（Estrogen Receptor，ESR）基因的DNA标记检测已经在育种实践中应用。在法国、新西兰、德国等国家也已开始将一些如连锁平衡标记信息用于奶牛育种中。此外，还发现很多与肉质、生长和繁殖性状有关的基因，如促卵泡素-$\beta$亚基基因（FSH-$\beta$）、绵羊多胎基因（FecB基因）、牛双肌臀基因（MSTN基因）等。

（2）家兔选种中MAS的方法

① 直接选择。指直接根据标记基因型进行选择。直接选择只利用了标记信息，对于质量性状非常有效。但对于多数数量性状而言，由于数量性状遗传基础的复杂性，仅仅利用标记和QTL间的连锁不平衡关系来增加QTL有利基因数量，很难达到满意的选择效果。

② 合并选择。指同时利用标记信息、个体各性状的信息和系谱信息对个体进行遗传评估与选择。最为常用的合并选择方案是标记辅助BLUP方法（MBLUP），MBLUP方法是同时利用表型、系谱和QTL等位基因紧密连锁的遗传标记的信息对个体进行遗传评定，将表型信息和分子遗传标记信息有机结合起来，从分子水平对产生个体间表型差异的原因进行精细剖分。标记辅助选择方案中最为常用的基于主基因——多基因混合模型的MBLUP法。

最佳线性无偏预测（BLUP）法的基本原理就是根据我们所掌握的遗传学知识和实际生产情况，将观察值表示为对其有影响的各遗传与环境因子之和，这个表达式被称为线性模型。由于模型中有些效应是固定效应，有些是随机效应，故称为线性混合模型。

根据线性模型理论，一个线性混合模型总可以用矩阵的形式表示为：

$$y = Xb + Zu + e$$

式中：$y$是观察值向量，$b$是固定效应向量，$X$是$b$的结构矩阵，$u$是随机效应向量，$Z$是$u$的结构矩阵，$e$是随机残差向量。

基于主基因——多基因混合模型MBLUP法的一般形式则为：

$$y = Xb + Zu + Qv + e$$

式中：$y$是观察值向量，$b$是固定效应向量，$u$为随机的多基因加性效应向量，$v$为标记连锁的QTL等位基因效应向量；$e$为随机参差向量。$X$、$Z$、$Q$分别是$b$、$u$、$v$向量的关联矩阵。

因此，MBLUP 实际上是常规 BLUP 的一个扩展，同时利用表型、系谱和 QTL 等位基因紧密连锁的遗传标记的信息对个体进行遗传评定，将表型信息和分子遗传标记信息有机结合起来，从分子水平对产生个体间表型差异的原因进行精细剖分。由于利用标记信息可以较准确地估计 QTL 的育种值，总育种值估计的准确性也会有所提高，从而提高种畜遗传评定和选择的准确性。

③ 两阶段选择。指分别利用标记信息和表型信息进行选择。先利用标记信息进行选择，选择具有理想基因型的个体参加性能测定，再根据性能测定结果用 BLUP 法进行遗传评估，以达到提高选择强度和准确度、减少性能测定所需的成本和提高选择效率的目的。

④ 早期选择。指利用标记信息和系谱信息对个体进行早期选种，以达到缩短世代间隔的目的。对在成熟个体上才表现的重要性状如产量、品质、繁殖力和部分抗病性状等进行早期选择，淘汰非理想型个体，不但加快了遗传进展，而且还大大节省了饲养非理想型个体所浪费的人力、财力和物力。当然，实施早期标记辅助选择的前提是必须准确筛选到控制中晚期表现性状的主基因或与 QTL 紧密连锁的有效 DNA 标记。

⑤ 多性状选择。指通过构建含有 DNA 标记信息的多性状选择指数实现多性状选择。在常规育种中进行多性状选择面临的重要问题是畜禽许多经济性状间呈不利的负遗传相关，选择一类性状往往导致另一类性状变差，二者较难实现同时改良。利用 DNA 标记进行监测，可以准确地将二者重组个体挑选出来，从而实现不利负相关性状的同时改良。但是，并不是所有负相关性状的同时改良都能靠标记辅助选择解决。

当然，目前 MAS 在实际育种中的应用并不理想，其主要原因有：①QTL 定位与效应的估算精确度不高，并且 QTL 与分子标记的关联性因群体和世代不同而异；②动物多数经济性状为复杂的数量性状，发育过程中涉及众多基因表达与调控的影响；③基因型与环境互作。因此，要将 MAS 最终应用到实际育种中还需要做好以下几个方面的工作：建立高分辨率的分子遗传连锁图谱，加快发展高通量、低成本的标记分型技术，提高 QTL 定位准确性，研究标记辅助选择利用的经济效益，改进标记辅助选择算法等。

**3. 家兔经济性状候选基因**　迄今为止，筛选影响家兔重要经济性状的功能基因，主要采用的方法是以 SNP 分子标记为基础的候选基因研究策略。目前已筛选出显著影响家兔毛色、子宫容量、屠宰性能的候选基因。产仔数（Litter size）是家兔生产中的一个重要经济指标，Argente 等（2003）、Blasco 等（2005）通过对子宫容量分离选择试验分离出高子宫容量家系（H）和低子宫容量家系（L），并认为孕酮受体（Progesterone Receptor，PGR）、输卵管糖蛋白-1（Oviductal Glycoprotein 1，OVGP1）、组织金属蛋白酶抑制剂（Tissue Inhibitors of Metalloproteinases，TIMP-1）等主效基因影响兔子宫容量。

孕酮受体（*PGR*）存在多个 SNP 位点，启动子 2464 G>A SNP 位点可影响妊娠第 3 天的早期胚胎的存活率和发育，等位基因 *G* 在高子宫容量品系的基因频率显著高于低子宫容量品系频率。并且该 SNP 位点的 GG 基因型输卵管 *PGR-B*、*PGR-A* 的表达水平比 AA 基因型低。输卵管是分泌输卵管液（oviductal fluid）主要部位，输卵管液的主要分泌物是输卵管糖蛋白-1，是一个高分子量雌激素依赖型糖蛋白，主要由输卵管上皮细胞中合成与释放。此前研究发现家兔*OVGP*1外显子-11的SNP位点（g.12944C>G）和启动子的微卫星位点（GT)$_{11}$T（G)$_{7}$、（GT)$_{14}$（G)$_{5}$和（GT)$_{15}$T（G)$_{5}$与总产仔数、产活仔数和胚胎定植数相关。*TIMP*-1与胚胎的发育相关，Argente等研究发现在启动子区域存在1423A>G SNP位点，这一SNP并未改变转录因子结合位点。等位基因A在H家系中频率较高（0.60），而等位基因G则在L家系中频率较高（0.82）。AA基因型比GG基因型在妊娠72 h时增加了0.88枚胚胎。AA基因型在胚胎定植时比GG基因型多定植2.23枚胚胎。因此，*TIMP*-1基因是提高胚胎定植和胚胎存活率的重要候选基因。

此外，法国国家农业科学院（INRA）的研究人员采用基因组扫描结合候选基因策略，成功将影响獭兔Rex性状定位与微卫星标记INRA051和INRA086之间的0.5cm的遗传距离。通过候选基因试验进一步确定*LIPH*（Lipase Member H）基因外显子9的1362delA纯合突变是Rex表型的决定性基因型。该突变使*LIPH*基因编码区提前终止，导致LIPH蛋白缺失19个氨基酸。

### （三）分子生物技术预测杂种优势

杂种优势的利用是提高畜牧生产水平的一个重要环节，其关键是如何对杂种优势进行准确预测并筛选出最优杂交组合。在杂交育种中，杂种优势预测的传统方法是进行配合力（Combining Ability）估算和杂种遗传力（Heritability）计算，是一项费时费力的工作，严重制约了杂交利用的进度。现代杂种优势理论认为，杂种优势的大小在某种程度上受亲代的遗传基因差异大小的影响，即遗传距离。所谓的遗传距离是指利用基因频率的函数表示群体间的遗传变异。通常人们都是利用不同品种或品系的血液或畜禽的各种生理生化指标及畜禽的某些生活生产性能来衡量，从而对畜禽的遗传距离做聚类分析。Grammar等（1984）、班兆候等（1996）的研究表明，用遗传距离作为基础来预测杂种优势的方法切实可行。

**1. 基于数量性状的遗传距离与杂种优势预测** 数量性状遗传距离是根据数量遗传学观点，用多元统计分析的方法，对生物数量性状的遗传差异进行数值上的分析，以各性状的基因型值的线性组合作为新的综合指标，计算出每一亲本的各主成分值，这时对应于每一亲本都有一个主成分值作为坐标向量，而这些向量间的几何距离就称为相应亲本间的遗传距离。根据遗传距离聚类分析对亲本进行分类，可作为选配亲本和预测杂种优势的依据。利用数量性状遗传距离进行亲本选配和预测杂种优势，该方法直接着眼于动植物的各种性状，能够反映基因型整个代谢活动与环境互作的总结果。然而，遗传距离是用几何距离表示遗传差异，要求该多维空间向量应能把生物遗传基础的主要属性尽可能反映完全。

遗传距离与杂种优势预测方法的主要步骤有：①亲本和杂交群体的准备；②组织采样并测定相应的生物学性状；③计算遗传距离；④杂种优势统计分析预测。

**2. 基于同工酶的遗传距离与杂种优势预测** 同工酶普遍存在于高等动植物中，主要指那些来源相同、催化性质相同而分子结构有差异的酶蛋白分子。同工酶作为一种普遍现象受到了广泛的研究，并且应用于动植物遗传育种、起源与分类、同工优势预测及检定抗病品种和生物进化等方面。越来越多的研究人员利用同工酶（杂种酶）预测杂种优势。同工酶的产生丰富了杂种体内的酶系统，酶的质变和量变及酶活性的改变提供了杂种的生理优势，进而产生了杂种优势。但是由于同工酶标记所能检测的差异性位点较少，且受生物种类、酶的种类以及动物生长发育阶段的影响等特点，从而在杂种优势的预测上受到了一定的限制。

（1）**用于杂种优势预测同工酶的特点及分类**　利用同工酶预测杂种优势的研究大多选取酯酶和过氧化物酶。根据双亲和杂种后代的酶带之间的差异可分为 4 种类型，即无差异酶谱型、单一亲本酶谱型、杂种酶谱型和互补酶谱型。大量研究结果表明，具有杂种酶谱、互补酶谱型的组合通常属高竞争优势和有竞争优势；具无差异型酶谱的组合，一般为无优势或弱优势组合；具单一亲本酶谱的组合，不同动物优势不同，如果杂种后代的酶带较父、母本的酶带宽深，该杂种亦具有优势。

（2）**同工酶预测杂种优势的具体方法**

① 杂种群体的构建，样本的采集，以及相关生产性能测定。

② 根据各种蛋白质（酶）电泳分离和染色方法，采用聚丙烯酰胺凝胶电泳方法检测蛋白质酶的多态系统。

③ 统计分析，采用 Nei（1972）平均基因杂合度公式计算。

对于单个位点 k 的基因杂合度为：$h_k=1-\sum X_i^2$；

对于多位点 r 的基因平均杂合度：$H=\sum\limits_{k=1}^{r} h_k/r$

其中，$X_i$ 为 X 群体的样本所测得的 $k$ 位点第 $i$ 个等位基因的频率；$r$ 为多态性位点数量。

**3. 基于 DNA 分子标记的遗传距离与杂种优势预测**

自 Botstein 等（1980）首次描述限制性片段长度多态性（RFLP）作为一种分子标记后，随着分子生物技术的迅猛发展，产生了多种基于 DNA 多态性的遗传标记，如随机扩增多态性 DNA（RAPD）、扩增片段长度多态性（AFLP）以及由 RFLP 发展而来的简单重复序列（SSR）。Smith 等（1990）发现 RFLP 遗传距离与杂种优势存在高度的相关性，可用来预测杂种优势。至此，运用遗传距离结合分子标记预测杂种优势的研究进入了一个崭新的发展阶段。

（1）*RAPD 与杂种优势预测*　RAPD 是由 Willams 和 Welesh 于 1990 年同时发展起来的一种分子标记。其技术简单易行，需要的 DNA 量小，无放射性，实验设备简单，周期短，因此受到研究者的普遍欢迎。该方法最大的缺点是扩增产物的稳定性差，但规范化的分析可以提高其重复性和可比性。董在杰等（1999）从 40 个引物中筛选了 27 个引物，对兴国红鲤、德国镜鲤和苏联镜鲤进行了随机扩增多态分析，计算出兴国红鲤和苏联镜鲤遗传距离最大，推断这两个品种间的杂种优势较强，与育种实践一致。

（2）*RFLP 与杂种优势预测*　RFLP 主要是应用内切酶将基因组 DNA 在特定的酶切位点切开，然后产生可见的 DNA 片段。这些片段由于分子量不同，经电泳后在琼脂糖凝胶上分离开，转移在尼龙膜上。固定在膜上的 DNA 可与带有放射性同位素标记的探针进行分子杂交，通过放射自显影显示限制性片段的大小来检测不同遗传位点多态性。Lee 等（2002）研究发现，玉米亲本间 RFLP 遗传距离和杂种优势有着显著的正相关性。深入分析杂种优势与分子标记的关系表明，分子标记与杂种优势的相关性因遗传材料而异，在经过改良的优良种质中，两者之间高度相关，而在一些未经改良的优良种质中，相关程度偏低。

(3) AFLP与杂种优势预测　AFLP是1993年由Zabeau和Vos发明的一种新的指纹技术。该方法结合了RFLP技术和PCR技术的特点，较其他的DNA指纹技术，如RFLP、RAPD、SSR，具有检测的多态性高、对模板浓度不敏感、扩增结果稳定、不需要了解序列信息的优点。其基本原理是，将生物的DNA用一定的限制酶消化后，连接特定的人工接头，然后用特异性引物进行扩增，最后通过变性聚丙烯酰胺凝胶电泳检测扩增片段的多态性。蔡健等（2005）利用AFLP分子标记对46个水稻品种进行遗传多样性分析，表明分子标记遗传距离与杂种产量优势、$F_1$产量、特殊配合力之间都呈显著正相关。

(4) SSR与杂种优势预测　SSR作为一种高效的分子标记的手段，已经越来越被关注。大量的育种学家开始将其运用于预测畜禽群体的杂种优势。Haeringen等（1997）运用13对引物从不同家兔品种中扩增出遗传图上的13个微卫星位点，为以后利用SSR分子标记预测家兔的杂种优势奠定了基础。张英杰等（2006）研究绵羊与产肉性能相关的5个微卫星标记，发现杜泊羊与右玉本地绵羊杂交的杂种优势最大，与实际测定结果一致，表明利用微卫星DNA多态性进行品种间杂种优势预测是完全可行的。

① SSR的特点与分布。微卫星DNA（Microsatellite，DNA）又称为简单重复序列（Simple Sequence Repeats，SSR），是一种以1～6 bp的核苷酸序列（称为核心序列），如（CA）n/（GT）n、（CAC）n/（GTG）n等成串联重复散在分布于整个基因组中的高度重复序列。它是基于PCR的分子标记技术，是一种特异引物的PCR标记。SSR两侧的序列是高度保守的单拷贝序列，可以根据两侧序列设计引物进行PCR扩增，然后经测序凝胶电泳分离扩增产物，从而精确检测出特定位点微卫星DNA长度的多态性。由于微卫星的分布广且均匀，除可以反映个体的遗传相似程度，还可以反映群体之间的遗传相似程度，并可根据多个微卫星位点在不同群体中出现的等位基因频率计算杂合度、遗传距离等来预测品种（系）间的杂种优势，提高杂种优势预测的准确性和杂种优势应用的范围。

② 利用SSR预测杂种优势的具体方法。

A. 亲本与杂交后代群体生产性能的测定。

B. 基因组DNA的提取，设计合成SSR引物。

C. PCR扩增，非变性聚丙烯酰胺凝胶电泳检测产物，进行SSR标记的测定。根据不同基因片段电泳迁移率的不同，分析、判定等位基因扩增片断的大小。

D. 采用QBASIC程序计算微卫星标记的等位基因频率，有效等位基因数，多态信息含量。

a. 等位基因频率的计算：$P_i = [2\ (ii) + (ij1) + (ij2) + \cdots\cdots (ijn)]\ /2N$

其中，$P_i$：第$i$个等位基因的频率；$i$：纯合复等位基因；$ij1$，$ij2$，……$ijn$：与$i$共显性的第1到第$n$个等位基因。

b. 有效等位基因数的计算：$Ne = \sum_{i=1}^{n} Nei/n \sum_{j=1}^{n} (1/\sum_{j=1}^{m} P_{ij}^2)/n$；

其中，$P_{ij}$：第$i$座位上的第$j$个等位基因频率；$m$：第$j$个座位的等位基因数；$Nei$：第$i$座位上等位基因的有效数；$n$：所测定座位的总数。

c. 多态信息含量的计算：$PIC=1-\sum_{i=1}^{k}P_i^2-\sum_{i=1}^{k-1}\sum_{j=i+1}^{k}2P_i^2P_j^2=2\sum_{i=1}^{k-1}\sum_{j=i+1}^{k}P_iP_j(1-P_iP_j)$；其中，$k$ 为等位基因数目；$P_i$ 和 $P_j$ 分别为第 $i$ 和第 $j$ 个等位基因的频率。

E. 计算各品种间的遗传距离，采用 PHYLIP 软件，根据 Nei（1972）遗传距离（Standard Genetic Distance）公式计算出品种间的遗传距离。

$$J_x=\sum_{j=1}^{r}\sum_{i=1}^{m_j}X_{ij}^2/r, J_y=\sum_{j=1}^{r}\sum_{i=1}^{m_j}Y_{ij}^2/r;$$

$$J_{xy}=\sum_{j=1}^{r}X_i\sum_{i=1}^{mj}X_{ij}Y_{ij}/r, I=J_{xy}/(J_xJ_y)^{1/2};$$

$$Ds=-Ln(I)$$

其中，$X_{ij}$：$X$ 群体中第 $j$ 个座位上的第 $i$ 个等位基因的频率；$Y_{ij}$：$Y$ 群体中第 $j$ 个座位上的第 $i$ 个等位基因的频率；$m_j$：第 $j$ 个座位上的等位基因数；$r$：检测的座位数。

F. 采用 SPSS 或者 SAS 软件包统计分析，有关性状杂种优势的各个相关指标，包括各性状均值（M）、杂种优势值（H）和杂种优势率（H%）等。其计算公式如下：

$$H=F_1-(P_1+P_2)/2$$

$$H\%=H(P_1+P_2)/2$$

其中，$H$ 为杂种优势，H%为杂种优势率，$P_1$、$P_2$ 分别代表父本和母本纯种均值。

此外，还有一些研究人员运用线粒体混合试验法、蛋白质分子的多态性、DNA 甲基化、mRNA 差异显示等技术来预测杂种优势。但是，各种预测方法都存在着自身的一些缺陷。这就要求我们在实际应用中，取长补短，将各种方法有机地结合起来，为了使预测更准确可靠，除了注意方法的互补，还要注重分析技术的改进，发展和优化现代数量遗传学评估模型，这样才能使杂种优势预测更有效地指导生产实践。随着 DNA 检测、DNA 分子标记技术、各项高通量测序技术的不断发展以及饱和遗传图谱的不断完善，从 DNA 分子水平上研究预测杂种优势仍是今后的主要方向，搜寻和定位杂种优势 QTL 的特异性标记，减少与杂种优势 QTL 不连锁的离散性标记，避免盲目性，做到有的放矢，将是此项工作的重点。

## 第九节　家兔新品种培育实例

### 一、肉兔培育实例——塞北兔的培育

塞北兔（Saibei rabbit）是我国培育的大型皮肉兼用新品种，由河北北方学院（原张家口农业高等专科学校）用法系公羊兔（Lop france）和比利时的弗朗德巨兔（Flemish giant）经两元轮回杂交选育而成。塞北兔的选育经历了杂交创新、横交固定、选育提高三个阶段。

#### （一）杂交创新阶段

杂交创新阶段用时 3 年（1978—1980），在此阶段分别用法系公羊兔和比利时的弗朗

德巨兔作父本和母本，进行两元轮回杂交，产生新的变异类型。杂交路线如图 7－11。

这个阶段杂种后代的毛色多数为黄褐色，少数被毛呈黑褐色，也有极少量的白色被毛。体型结构介于两个亲本之间，较弗朗德巨兔肩部加宽，胸部加深，前后躯匀称，呈长方形，而较法系公羊兔皮质紧凑，腹围收拢，近似结实型的体质。耳型大都发生变异，多数一耳直立，一耳下垂，但也有少数两耳直立或两耳下垂者。

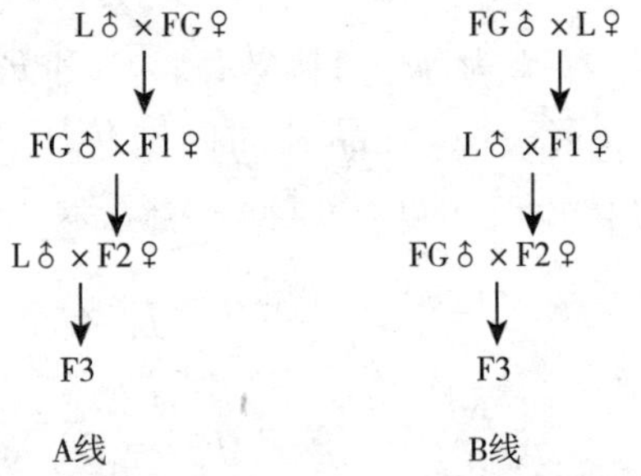


图 7－11　塞北兔两元轮回杂交示意图

## （二）选择定型阶段

选择定型阶段历时 6 年（1981—1985），此阶段由 F3 代杂种兔组成基础群进行闭锁自群繁育。在此基础上建立选育核心群，按照塞北兔育种方案的设计要求，确定兔群的外貌特征标准，制定选择程序和选择方法，测定主要经济性状，制定选择标准，对其外貌特征和主要经济性状进行选择。

**1. 外貌特征的选择**　对兔群外貌特征的基本要求为，体型为长方形，体质为结实型。全身被毛为标准型。被毛颜色全身统一，分为刺鼠毛型的黄褐色、白化型的纯白色和少量的黄色。头部中等匀称，眶弓突出，眼大微向内陷，眼周围环毛为浅黑色。下颌骨宽大，嘴方正。耳宽大，一耳直立，一耳下垂，兼有直耳和垂耳型。颈部特别是公兔颈部粗短，母兔颈下有肉髯。肩宽广，胸宽深，背腰平直，后躯宽广、丰满，肌肉和结缔组织发育良好。四肢比较粗短而健壮。塞北兔体尺体重的具体标准见表 7－10。

**表 7－10　塞北兔体尺体重标准**

| 项目 | 体重（g） | 体长（cm） | 胸围（cm） | 耳长（cm） | 耳宽（cm） |
|---|---|---|---|---|---|
| 标准 | 5 300 | 51.0 | 36.5 | 15.0 | 8.5 |
| 范围 | 5 000～6 000 | 50～53 | 35～38 | 14～16 | 8～9 |

**2. 经济性状的选择**　在塞北兔选育过程中，主要选择的经济性状有繁殖性状和产肉性状，如窝产仔数、初生个体重、泌乳力、断奶个体重、90 日龄增重、生长速度、饲料报酬、屠宰率及皮毛质量等。

在一般饲养管理条件下，塞北兔窝均产仔 7.6 只，窝均断奶成活仔兔 6.15 只，断奶成活率为 80.84%。6 周龄断奶窝重平均 4 836 g，平均断奶个体重 829.3 g。塞北兔选育的经济性状指标如表 7－11 所示。

**表 7－11　塞北兔经济性状选择标准**

| 项目 | 窝均产仔 | 个体初生重（g） | 泌乳力（g） | 6～13 周日增重（g） | 饲料报酬 | 13 周龄全净膛屠宰率（%） |
|---|---|---|---|---|---|---|
| 标准 | 7 | 65 | 1 600 | 30 | 1∶3.5 | 8.5 |
| 范围 | 6～9 | 60～70 | 1 500～2 000 | 25～35 | 1∶3～4 | 8～9 |

**3. 选择程序与选择方法**　根据已确定的塞北兔外貌特征、体重体尺指数以及各经济性状的选择标准，对各世代塞北兔进行选择，具体程序及选择方法如下：

（1）*断奶阶段*　仔兔断奶时，选择断奶体重大的仔兔留作种用，同时考虑系谱资料尤其是父母代的资料，兼顾同窝同胞在生长发育上的均匀度；一般从母兔第三胎中选择留种幼兔。

（2）*3 月龄*　除外貌特征外，重点考虑此时体重和断奶到此时期的平均日增重，并测定同胞的肥育性能，用此三项指标构成选择指数，选择指数值大的个体留种。

（3）*初次配种时*　注重外形的选择和母兔体重及公兔的能力，选择外形符合标准的公母兔留种。而母兔选择体重大者、公兔选择进行性欲旺盛和精液品质检查良好的个体，并严格淘汰繁殖性能差的公兔。

（4）*周岁时*　主要侧重母兔的繁殖性能，根据第二胎、第三胎的平均数，选择产仔数多、母性好、泌乳力高、断奶窝重大、哺乳期仔兔成活率高的母兔留种，淘汰屡配不孕的母兔。

最后，凡是被选留的个体，进入选育核心群，在核心群内按照育种方案和育种原则进行选种选配。核心群的种兔每年更新 1/3。经过本阶段 5 年和 6 个世代的闭锁繁育，塞北兔的体型外貌和生产性能基本上趋于一致。优秀的遗传变异得到积累、巩固和加强，为培育提高阶段奠定了稳固的基础。

1983 年进入选择定型阶段后期，塞北兔的体型外貌和生产性能基本定型，开始向社会推广。经过推广繁殖，兔群初具规模，到了 1985 年年底，基础母兔发展到 14 万多只。

## （三）培育提高阶段

在杂交与选择的基础上，转入培育提高阶段，此阶段历经 3 年（1986—1988）。本阶段的主要任务是进一步巩固与加强优良性状，提高塞北兔的生产性能和兔群质量。重点对生长速度、饲料报酬、屠宰率、产仔数、泌乳力、断奶窝重、体重与体尺等性状进行选择。测定塞北兔兔皮理化特性，并着手建立品系。

**1. 选育提高**　按照选择定型阶段的关于塞北兔外貌特征、体重体尺指数、经济性状的选择标准，对各世代塞北兔进行进一步的选育提高，具体程序及选择方法同选择定型阶段。在一般饲养管理条件下，选育提高阶段结束时，塞北兔各项性能指标见表 7－12。

**表 7－12　塞北兔品种性能统计表**

| 性状 | 平均数 | 性状 | 平均数 |
|---|---|---|---|
| 产仔数（只） | 7.1 ± 0.045 | 3 月龄体重（g） | 2116.5 ± 26.0 |
| 初生窝重（g） | 454 ± 35.3 | 4 月龄体重（g） | 2979 ± 55.11 |
| 个体初生重（g） | 64 ± 3.2 | 6 月龄体重（g） | 4786.5 ± 49.3 |
| 泌乳力（g） | 1828 ± 34.3 | 成年体重（g） | 5370 ± 16.0 |
| 窝重（g） | 4836 ± 888 | 体长（cm） | 51.6 ± 0.067 |
| 断奶个体重（g） | 829 ± 5.3 | 胸围（cm） | 37.6 ± 0.127 |
| 6～13 周日增重（g） | 24.4 ± 0.96 | 耳长（cm） | 15.8 ± 0.034 |
| 饲料报酬 | 1∶3.29 | 耳宽（cm） | 8.7 ± 0.032 |
| 全净膛屠宰率（%） | 52.6 ± 3.42 | | |

**2. 塞北兔兔皮理化性能测定** 为了测定塞北兔兔皮质量和理化特性，特请河北省张家口皮毛工业革制品监测站专门做了兔皮质量性状与染色的理化特性试验。送检样皮106张，均为冬季青年兔皮与成年兔皮。测定结果表明，兔皮的抗张强度、挥发物、四氯化碳萃取物、总灰分、pH、收缩温度、断裂伸长率等7个理化指标均达到产品的质量要求。

**3. 建立品种整体结构** 在选择定型和培育提高的基础上，通过品系繁育的方法，丰富品种的内部结构，提高兔群质量，增加优良个体数量，扩大推广面积，采取选、育、繁、推相结合的方法，建立品种的整体结构，全面提高塞北兔的品种质量。

培育提高阶段，在塞北兔群体中出现了不少红黄色和白色被毛的个体。根据毛色进行纯繁后发现后代没有毛色分离现象，说明红黄色和白色被毛能够稳定遗传。据此情况，将塞北兔按照毛色分为Ⅰ系（野灰色塞北兔）、Ⅱ系（白色塞北兔）、Ⅲ系（红黄色塞北兔），以现有个体组成基础群，通过群体继代选育的方法开展品系繁育，建立塞北兔Ⅰ系、Ⅱ系和Ⅲ系三个品系。

**4. 塞北兔主要性状遗传参数估计** 采用半同胞组内相关的方法重点对塞北兔窝产仔数、初生个体重、泌乳力、断奶个体重、平均日增重、成年体重、成年体长、成年胸围等性状的遗传力进行了估计。结果表明，塞北兔窝产仔数的遗传力为0.19，初生个体重的遗传力为0.18，泌乳力的遗传力为0.115，断奶个体重的遗传力为0.24，7～13周平均日增重的遗传力为0.53，成年体重的遗传力为0.32，成年体长的遗传力为0.23，成年胸围的遗传力为0.42。在此基础上，制订了包括产仔数、泌乳力、断奶个体重在内的繁殖性状的简化选择指数公式：

$$I=4.0546P_1+0.0191P_2+0.0439P_3。$$

塞北兔在培育经历了杂交、定型、选育三个育种阶段，历时10年，繁衍了12个世代。选育成功的塞北兔是一个肉皮兼用型品种。不但具有独特的表型特征，还具有个体大、生长快、繁殖力强、抗病力强、适应性强和耐粗饲等优点，颇受广大饲养者的欢迎。目前，塞北兔已分布到全国26个省（直辖市、自治区），社会饲养量已超过500万只，成为我国分布较广、群体较大的家兔品种之一。

## 二、长毛兔培育实例——皖系长毛兔的培育

### （一）一般情况

皖系长毛兔（Wan strain angora rabbit），原名皖江长毛兔，是安徽省农业科学院畜牧兽医研究所为适应国际长毛兔粗毛市场的发展需求，从1982年开始利用安徽省固镇县种兔场（农业部直属）1981年引进的高产优质德系安哥拉兔和1979年引进的早期生长发育快的新西兰白兔，在国内率先开展杂交培育粗毛型长毛兔的研究，后在“七五”至“十五”期间，与固镇县种兔场、安徽颍上县庆宝良种兔场联合，先后承担了安徽省科技厅、国家科技部和农业部有关粗毛兔育种及其配套技术研发的科技攻关项目，历经20余年的系统选育而成。

皖系长毛兔在培育过程中，从1988年到2002年曾多次通过省、部级科技成果鉴定，

2005 年 5 月通过安徽省畜禽品种审定委员会新品种审定（皖牧审 2006 新品种证字第 13 号），命名为皖江长毛兔。

2010 年 4 月，安徽省农业科学院畜牧兽医研究所，按《畜牧法》及有关法规要求以“皖江长毛兔”向国家畜禽遗传资源委员会提出畜禽新品种审定申请。

2010 年 7 月 1～2 日，国家畜禽遗传资源委员会其他畜禽专业委员会，在安徽省合肥市对安徽省农业科学院畜牧兽医研究所等单位申报的皖江长毛兔进行了品种审定。根据申报单位的育种工作汇报及育种技术资料，对核心种兔群（安徽省农业科学院畜牧兽医研究所种兔场内）进行了考察和产毛性能、成年兔体重的现场测定，认为皖江长毛兔已达到《畜禽新品种配套系审定和畜禽遗传资源鉴定技术规范》的要求。与会专家一致同意通过初审，并命名为皖系长毛兔，上报国家畜禽遗传资源委员会。

2010 年 8 月，皖系长毛兔正式通过了国家畜禽遗传资源委员会的新品种审定，2010 年 12 月 5 日，农业部正式发布新品种公告，获得畜禽新品种证书，证书号为（农 07）新品种字第 3 号。是我国第二个通过国家级审定的长毛兔培育新品种。

皖系长毛兔属中型毛用兔新品种（粗毛型），体形中等，外貌一致，年产毛量与近期引进的同类型的法系安哥拉兔接近，具有粗毛含量高、毛品质优、繁殖性能强、适应性广、遗传性能稳定等特点。

皖系长毛兔现有种群 1.75 万只，其中核心群兔 580 只（公兔 100 只，母兔 480 只）；生产群兔 10.6 万只。至 2008 年年底，累计在国内 10 多个省、自治区、直辖市中应用 230 万余只，生产性能稳定。

### （二）新品种培育

**1. 育种目标**　总体要求是体型中等，外貌一致，产毛量和粗毛率均较高，兔毛品质优，繁殖性能强，适应性广，遗传性能稳定。

具体目标：公母兔外形一致，要求耳背少毛、无毛或耳尖一撮毛；成年兔体重 4 000 g以上；8～11 月龄 91d 养毛期一次剪毛量 300 g 以上，成年兔估测年产毛量 1 200 g 以上；刀剪毛 11 月龄毛纤维粗毛率 15%以上；胎产仔数 7 只以上。

**2. 育种素材及来源**　皖系长毛兔是采用杂交育种的方法，通过德系长毛兔和新西兰白兔两品种间杂交以及近 20 年的系统选育后，成功地培育而成的粗毛型长毛兔。

育种素材：德系长毛兔、新西兰白兔。

德系安哥拉兔，1981 年 12 月由农业部资助固镇种兔场从德国引进 190 只（公兔 50 只、母兔 140 只）；耳形以“一撮毛”为主，被毛浓密有毛丛结构，成年兔体重 3 969.5 g，年产毛量 781.7 g，粗毛含量 5%～10%，胎均产仔 6～7 只。选择德系长毛兔作杂交亲本的主要目的就是利用它产毛量高，被毛密度大，毛品质优良的遗传特点。

新西兰白兔，由农业部资助经费，固镇种兔场 1979 年 2 月通过外贸部门从丹麦引进 100 只（公兔 25 只、母兔 75 只）。早期生长发育快，2 月龄体重 1.5～2 kg，被毛浓密，粗毛含量超过 20%，产仔率高，平均窝产仔 7～9 只。选择新西兰白兔作杂交亲本的主要目的就是利用它粗毛比例高的遗传特点。

**3. 技术路线** 如图 7-12。

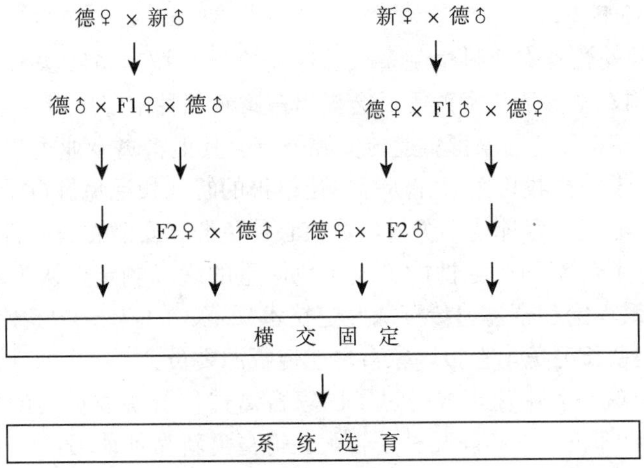


图 7-12 皖系长毛培育技术路线图

**4. 选育过程及选育方法**

(1) **饲养管理** 本项研究自 1982 年开始，先后在安徽省农业科学院畜牧兽医研究所种兔场、安徽省固镇县种兔场以及颍上庆宝良种兔场进行，整个研究阶段，粗毛兔从杂交群到选育群，均是在相同的条件下饲养管理。成年兔单笼饲养，母仔分开，定时哺乳，仔兔 42 日龄断奶，2 月龄左右分笼。成年兔基础日粮含总能 10MJ/kg 左右、粗蛋白 14%～16%、粗纤维 14%～17%，加工制成颗粒饲料，日喂料 100～150 g，另每只兔每天喂青饲料 300～500 g，自由采食，自动饮水器饮水。

兔群实行常规免疫，仔兔断奶前 1 周进行兔瘟疫苗首免，30d 后第二次加强兔瘟疫苗免疫，以后每 4～6 个月注射兔瘟疫苗 1 次；巴氏杆菌疫苗、魏氏梭菌疫苗等每 4～6 个月免疫 1 次。

严格场舍卫生消毒工作，笼舍每天定时打扫清洁，笼底板每 2 周清洗消毒 1 次，兔场每月全面消毒 1 次。

(2) **选育阶段和选育测定项目**

选育阶段：2 月龄、5 月龄、8 月龄、11 月龄。

体型外貌：体躯、头型、耳型、眼球颜色、被毛色泽。

产毛性能：2、5、8 月龄及 11 月龄产毛量、粗毛率；11 月龄毛纤维长度、细度、强度及伸度。

生长发育性能：2、5、8 月龄及 11 月龄体重、体长及胸围。

繁殖性能：母兔胎产仔数（前 3 胎平均数）、3 周龄窝重、断奶窝重。

(3) **选育过程** 选择遗传基础不同而遗传性能稳定的两个或两个以上的品种或品系，通过杂交对基因的重组，促使各亲本的优良（理想）基因集中在一起。同时，由于基因间的互作可能产生超越亲本品种性能的优良个体，并通过选种、选配等育种措施使有益基因得到相对纯合，从而使它具有稳定的遗传能力。本项研究就是根据这一基本原理，通过德系长毛兔和新西兰白兔两品种间杂交以及连续 20 余年的系统选育，成功地培育了皖系长毛兔新品种。

① 杂交创新阶段。针对德系长毛兔产毛量高、毛品质优良而粗毛比例低的特点，利用粗毛比例高的新西兰白兔进行杂交，以提高德系长毛兔的粗毛比例，并保留它的高产性状。即首先在德系长毛兔与新西兰白兔两品种间进行正、反交，然后再与德系长毛兔回交，回交后代群体中出现产毛量和粗毛率均较高的理想个体。

② 横交定型阶段。在 $F_2$ 和 $F_3$ 代中选择理想型个体组建自群繁育基础群，通过杂种间互相选配，历经了 3 个世代的横交定型，使群体中的理想性状逐渐稳定下来。

③ 扩群提高阶段。这个阶段的主要任务是大量繁殖，增加数量，提高质量。同时，实行繁育与推广相结合，积极推广优良种兔，在生产中检验其育种价值。逐步扩大品种群的数量和分布地区，使育成的品种具有广泛的适应性。

稳定和提高粗毛率（扩群提高阶段 1）：选择育种兔群中粗毛率和产毛量较高的个体，组建选育基础群，以提高和稳定粗毛率为主要目标，兼顾产毛量的提高。此阶段主要采用 5 月龄早选早配法、实验室与目测相结合的种质评定法、综合选择指数及个体与家系相结合等选种方法。历经 5 个世代的选育后，使兔群生产性能，尤其是粗毛率显著提高，并逐趋稳定。

$$8\text{月龄选择指数 } I_2=\frac{}{P_1P_1}+\frac{}{P_2P_2}+\frac{}{P_3P_3}$$

$$\text{综合选择指数 } H=\frac{0.4I_1}{\overline{I}_1}+\frac{0.3\ (I_{1父}+I_{1母})}{2\overline{I}_{1(父+母)}}+\frac{0.3\ (I_{2父}+I_{2母})}{2\overline{I}_{2(父+母)}}$$

其中，$P_1$、$P_2$、$P_3$ 分别为粗毛率、产毛量和体重（以下同）。

稳定和提高产毛量（扩群提高阶段 2）：选择育种兔群中较为优秀的个体，重建基础群，采用新的选择指数并结合约束选择指数法，突出产毛量的提高，运用阶段选择和指数同质选配法，又进行了 3 个世代的系统选育后，使兔群各项性能得到了进一步的提高和改善，尤其是产毛量提高幅度较大。

$$5\text{月龄选择指数 } I_1=\frac{0.5P_1}{\overline{P}_1}+\frac{0.3P_2}{\overline{P}_2}+\frac{0.2P}{\overline{P}_3}$$

$$8\text{月龄选择指数 } I_2=\frac{0.5P_1}{\overline{P}_1}+\frac{0.35P_2}{\overline{P}_2}+\frac{0.15P}{\overline{P}_3}$$

$$\text{综合选择指数 } H=\frac{0.3I_1}{\overline{I}_1}+\frac{0.4I_2}{\overline{I}_2}+\frac{0.3\ (I_{2父}+I_{2母})}{2\overline{I}_{2(父+母)}}$$

约束选择指数公式：

约束体重 $I = 0.3279P_1 + 0.2011P_2 - 0.05917P_3$

约束粗毛率 $I = -0.203P_1 + 0.1571P_2 + 0.01876P_3$

约束粗毛率、体重 $I = -0.1789P_1 + 0.1799P_2 - 0.04765P_3$

### （三）品种特征与性能

**1. 体型外貌**　皖系长毛兔体型外貌一致，体躯匀称、结构紧凑，体型中等。全身被毛洁白，浓密而不缠结，柔软，富有弹性和光泽，毛长 7～12cm，粗毛密布且突出于毛被。头圆、中等，两耳直立，耳尖少毛或一撮毛。眼睛红色，大而光亮。胸宽深，背腰宽而平直，臀部钝圆。腹部有弹性，不松弛。四肢强健，骨骼粗壮结实。脚尾毛丰厚。

**2. 生长发育性能** 皖系长毛兔2月龄、5月龄、8月龄、11月龄平均体重分别为1 573.8 g、3 283.2 g、4 086.5 g和4 258.2 g。11月龄胸围为33.47 cm。

2010年7月2日，国家畜禽遗传资源委员会其他畜禽专业委员会委托专家组对皖系长毛兔12月龄体重的测定结果为：公兔（n=20）（4 115±464）g、母兔（n=32）（4 000±304）g。（备注：本次性能测定养毛期为2010年4月30日至2010年7月2日，正值合肥梅雨季节，高温高湿气候因素对本次测定结果有一定的影响。）

**3. 产毛性能** 8周龄首次剪毛量96.2 g；5~8月龄91d养毛期一次剪毛量公、母兔分别为278.7 g和288.0 g，折年估测产毛量分别为1 114.9 g和1 152.1 g；8~11月龄91d养毛期一次剪毛量公、母兔分别为306.3 g和314.5 g，折年估测产毛量分别为1 225.4 g和1 258.2 g。

2010年7月2日，国家畜禽遗传资源委员会其他畜禽专业委员会委托专家组对皖系长毛兔12月龄单次剪毛量（主体养毛期62d）测定结果为：公兔（n=20）（276±36）g、母兔（n=32）（305±43）g。（备注：本次性能测定养毛期为2010年4月30日至2010年7月2日，正值合肥梅雨季节，高温高湿气候因素对本次测定结果有一定的影响。）

皖系长毛兔产毛率、松毛率分别为29.3%和97.9%。

2010年安徽省纤维检验所测定结果：11月龄公母兔粗毛率分别为16.2%和17.8%；11月龄粗毛毛纤维的平均长度为9.5 cm，平均细度为45.9μm，断裂强力为24.7cN，断裂伸长率为40.1%；细毛平均长度为6.9 cm，平均细度为15.3μm，断裂强力为4.8cN，断裂伸长率为43.0%。

**4. 繁殖性能** 皖系长毛兔平均胎产仔数7.2只，3周龄窝重2 243.7 g，断奶窝重5 027.23 g，8周龄体重1 573.81 g。

**5. 抗病力与适应性** 兔群健康、强壮，适应性及抗病能力较强，培育过程中未发生重大疾病。对不同地区的推广饲养情况进行跟踪调查以及推广场（户）反馈的信息表明，皖系长毛兔对各种气候环境条件、饲料条件均表现出良好的适应性，生产性能发挥正常。

**6. 遗传稳定性** 皖系长毛兔体型、外貌一致，体重、产毛量、粗毛率及毛纤维性能等主要生产性状变异系数均在15%以内，无明显的遗传缺陷，遗传稳定性较好。

皖系长毛兔经过20余年的系统选育后培育而成，其遗传性能稳定。运用父系半同胞组内相关估测法，对其主要数量性状进行了遗传力的分析，11月龄产毛量、粗毛率和体重的遗传力分别为0.329 6、0.212 4和0.429 3；窝产仔数、泌乳力及断奶窝仔数的遗传力分别为0.156 4、0.134 3和0.144 7。

### （四）推广利用情况

皖系长毛兔大多直接用于商品兔毛生产，尤其是长粗毛。1992—2008年，安徽省农业科学院畜牧兽医研究所累计直接向省内外长毛兔养殖场户推广皖系长毛兔3.8万余只种兔，二级繁育场推广皖系长毛兔228万只，建立专业户2 792户（户均50只以上），同期国内有10多个省（自治区、直辖市）来选购皖系长毛兔良种，1996年曾出口到朝鲜200

只种兔，社会经济效益显著。

### （五）对品种的评价与展望

皖系长毛兔是我国培育起步时间最早、选育持续时间最长、获科技成果最多的中型粗毛型长毛兔新品种。主要生产性能与近期引进的同类型的世界著名的法系安哥拉兔接近，而且适应性强更适合我国粗毛型长毛兔生产。皖系长毛兔年产毛量、粗毛率较高，毛品质优，繁殖力强，遗传性稳定，种群较大，已成为我国生产兔粗长毛产品的“当家”品种，其遗传资源具有较大的开发利用潜力。

在进一步稳定提高该品种产毛量和粗毛率的同时，探讨不同采毛方法、采毛技术对发挥皖系长毛兔遗传潜力的影响，是开展保种选育的重点。

### （六）成果的创造性、先进性

本项研究的创新之处就是突破毛兔育种常规，选用德系长毛兔和新西兰白兔两种不同类型的家兔品种做亲本，采用品种间杂交的方法，培育出新的生产类型的新品种——粗毛型长毛兔，研究结果表明此方法和路线是正确的。经过两品种间杂交和 3 个世代的横交定型以及 8 个世代的系统选育后，成功地培育了具有我国特色的综合生产性能较高的粗毛型长毛兔。该品种兔的育成，首次将毛兔育种中难以兼得的几个优良性状融为一体，打破了原有的基因组合，协调了性状间的相关关系，丰富了遗传基础，解决了毛兔育种中高产毛量和高粗毛率难以兼得的难题，真正实现了“高产优质”。

在该品种的培育过程中，根据项目的指标要求及性能的遗传规律，灵活地应用了综合选择指数法和约束选择指数法，并通过选择指数中加权系数的变化来调整阶段的主要选育目标，尤其是通过选择指数与约束选择指数的结合和交替使用，更能突出主性状的提高，加快了项目预期指标的选育速度。在选配上，以指数同质选配为主，适当结合异质选配，并避免同胞和半同胞近交，以达到优良性状的综合提高与完美结合。留种方式采用各家系等量留种法，以尽量降低近交系数的增量。

### （七）推广应用的范围、条件和前景以及存在的问题和改进意见

由于皖系长毛兔的性能优良，遗传性能稳定，该品种目前已推广到国内 10 多个省（自治区、直辖市），均能表现较好适应性和技术的应用效果。随着规模化养殖力度的加强，以及剩余劳动力和饲草饲料资源的地区差异，内地和不发达地区养兔业将进一步向纵深方向发展，优良的品种资源及其高效的配套技术将有着广阔的发展前景。

目前存在的问题是规模化养殖力度不够，各种配套措施和服务体系尚不够得力，产、供、销、加等系列措施未能形成很好的结合，因而造成兔毛市场波动较大，严重地制约着毛兔业的迅速发展。建议今后在继续重视品种选育及其配套技术研究的同时，迅速建立以生产、销售、加工为主要宗旨的生产基地和骨干企业，尤其要加强兔毛加工企业的护持和建立，以产后加工促进长毛兔的健康发展。

## 三、獭兔培育实例——四川白獭兔的培育

我国獭兔培育起步较晚，但育种进展喜人。吉戎兔（Jirong rabbit）是我国首次利用八点黑獭兔作为父系，日本大耳白兔为母系，开展杂交育种培育的第一个中型皮用兔品种，由原中国人民解放军军需大学（现吉林大学农学部）与吉林省四平市种兔场联合培育。2004 年 4 月通过国家家畜禽遗传资源管理委员会审定，命名为吉戎兔。

但真正在挖掘我国饲养的主要獭兔品系资源，四川省草原科学研究院开展了系统的研究工作，并与四川省畜牧科学研究院龙继蓉博士合作开展了 mtDNA 检测美系獭兔和德系獭兔所含单倍型类型研究，结果发现美系獭兔与德系獭兔有较大的遗传距离，并利用美系和德系獭兔开展杂交育种，于 2002 年 6 月通过了四川省畜牧食品局组织的审定，下面具体介绍四川白獭兔培育过程。

### （一）制定育种目标

经 4～5 个世代的选育，培育出遗传性状稳定，生长速度快，毛皮质量好的獭兔新品系 1 个。主要指标为 19 周龄重 2.3 kg，生皮面积 800 $cm^2$，毛丛长度 1.6～1.7 cm，毛丛根数 8 700 根/$cm^2$，抗张强度 12N/$mm^2$，撕裂强度 30N/$mm^2$，负荷伸长率 33%，收缩温度 86℃；新品系獭兔毛皮质量合格率达 95%。在标准饲养条件下，胎产仔 6.5 只，或年产仔 30 只以上，泌乳 1 350 g，13 周龄成活率 80%；在农户饲养条件下，胎产仔 5.5 只或年产仔 25 只，泌乳 1 200 g，13 周龄成活率 75%，22 周龄重 2.3 kg，达到皮的物理性能指标，合格率达到 65%。

### （二）制定育种方案

针对育种目标，根据育种单位多年来对美系白色獭兔和德系白色獭兔生产性能的测定结果，初步拟定选用德系白色獭兔 D 和美系白色獭兔 M 作基础育种素材。在对其繁殖性能、生长发育，与四川省自然条件的适应性能和毛皮质量等特点作系统研究。在此基础上选用美系白色獭兔 M 和德系白色獭兔 D 进行正、反杂交和级进杂交，自群繁育等组合试验。通过对不同组合兔的产仔数、生长发育、配种难易及毛皮品质的观测比较，最后确定杂交育种方案。

### （三）选择育种素材

**1. 育种材料的选定** 选择德系白色獭兔 D 母兔 120 只，公兔 20 只和美系白色獭兔 M 母兔 120 只，公兔 20 只作为育种素材。德系白色獭兔 D 为四川省草原科学研究院从四川省叙永县、成都市菜篮子公司、四川省内江市引进。美系白色獭兔 M 为四川省国际小母牛协会从美国引进。

**2. 血缘比例** 通过正反交和级进杂交，根据杂交后代的胎产仔数及其后代生长发育、毛皮质量和配种行为观察发现，含 50%德系兔血和 50%美系兔血的母兔，前三胎平均产仔数与含 25%德系兔血和 75%美系兔血母兔的前三胎产仔数基本一致，含 75%德系兔血

缘和25%美系兔血缘最低，而其后代13周龄活重以含75%德系兔血缘和25%美系兔血缘的母兔最高，含25%德系兔血缘和75%美系兔血缘的母兔最低；在配种行为上，含50%德系兔血缘和50%美系兔血缘的母兔，与含25%德系兔血缘和75%美系兔血缘的母兔均秉承了美系兔发情明显、配种容易、受胎率高等优点。22周龄被毛密度以含75%德系血和25%美系血的母兔最低。因此，最后确定育种基础群兔含德系獭兔血缘50%，美系獭兔血缘50%。即从D♂×M♀、M♂×D♀的后代中选择优秀的DM公母兔组成白色獭兔R新品系的选育基础群，选育基础群含20个不同亲缘关系。再从横交（DM♂×DM♀）的后代兔中，选择20只优秀公兔和100只优秀母兔组建零世代核心群，进入世代选育阶段。

### （四）确定育种方法

**1. 选育方法**　采用群体继代选育法进行选育。

**2. 测定方法**　各项指标按全国家兔育种委员会制定的《家兔常用生产性能指标名称及其计算方法标准》进行测定。用于测定的兔从选留的兔群中随机取样，不参与繁殖，公兔也不去势。

**3. 测定项目**　按《家兔新品种、配套系审定和遗传资源鉴定条件（试行）》进行测定。

**4. 选育措施**　采取加大选择与淘汰力度、稳定培育条件等措施，实行选择与培育相结合。

对产仔数、受孕率等繁殖性状，按家系进行选择，淘汰胎产仔数低的家系，公、母兔各家系均不等量留种。避免全同胞或半同胞交配。优秀个体在世代间适当重叠。

生长发育性状，实行分阶段以个体选择为主。定指标，严淘汰；要求5周龄断奶重600 g以上，13周龄重1 850 g以上，22周龄重2 900 g以上。实行断奶初选，13周龄大淘汰，初配前结合乳头数、生殖器官发育状况等进行终选，公兔留种率为20%，母兔50%。

毛皮性状，实行分阶段以个体选择为主，断奶、13周龄实行感官鉴定，22周龄采取活体取样测定其被毛密度、毛纤维细度及粗毛率。

每世代的核心群，种公兔不少于20只，种母兔不少于100只。作系统测定的兔300只以上。

白色獭兔R新品系核心群兔的饲养场地、饲养人员基本稳定。自杂交选育开始，参照美国NRC饲养标准拟定种兔、后备兔、生长兔的日粮营养标准，各世代基本不变。数据严格记录、记载，建立育种数据库，采用半同胞家系模型计算繁殖性状、生长发育性状、毛皮性状的遗传力和重复力，采用Yik$=N+Ai+Eik$模型对繁殖性能、生长发育、毛皮品质世代间选择进展进行响应分析。

### （五）培育过程

1995年提出设想，同时根据预期育种目标对拟选作育种素材的美系獭兔和德系獭兔的有关资料进行整理、分析，并着手对其主要的繁殖性能、生长发育性能、毛皮品质进行测定，进入前期准备阶段。1996年由四川省科委正式立项，开展“白色獭兔R新品系选育”研究。在充分调查和测定德系獭兔、美系獭兔的主要繁殖性能，生长发育性能的基础上，确定育种方案。紧接着在基础群中精选优秀个体，进行杂交，再在杂交一代中精选优秀个体进行横交，在横交后代中精选优秀个体组建零世代核心群进入世代选育阶段。

1997年完成了零世代的性能测定，进入一世代选育组群阶段。

1998年完成了一世代的性能测定，进入二世代选育组群阶段。

1999年完成了二世代的性能测定，进入三世代选育组群阶段。

2000年完成了三世代的性能测定，进入四世代选育组群阶段。

2001年完成了四世代的性能测定，进入五世代组群阶段。

2002年全面完成选育计划，申请白色獭兔R新品系选育兔的验收鉴定。

### （六）品种审定

由于四川白獭兔培育历史较早，当时国家尚未制定统一品种审定条件和办法，是按照四川省畜禽品种资源委员会的相关规定执行的。现品种审定按照《家兔新品种、配套系审定和遗传资源鉴定条件（试行）》、《畜禽新品种配套系审定和畜禽遗传资源鉴定办法》的有关条款要求，对獭兔新品种或配套系进行审定。

**1. 申请品种审定** 2002年4月育种单位四川省草原科学研究院向四川省人民政府畜牧行政主管部门四川省畜牧食品局申请品种审定。四川省畜牧食品局组织四川省畜禽品种资源委员会相关专家进行审定。

**2. 品种现场鉴定** 2002年4月四川省畜牧食品局组织专家到育种单位四川省草原科学研究院进行现场鉴定和性能测定，并由专家现场签字。

**3. 品种审定** 根据育种单位提供的育种报告、现场鉴定意见和法定单位性能测定依据，2002年6月9日，四川省畜牧食品局组织专家对“白色獭兔R新品系”进行审定，审定通过后，被四川省畜牧食品局命名公告为“四川白獭兔”。

**4. 品种颁证** 2002年7月由四川省畜牧食品局进行颁证。

# 第八章

# 家兔饲料资源与饲料生产

## 第一节　家兔饲料的种类及营养特点

饲料种类繁多，养分组成和营养价值各不相同。为了便于组织管理和合理地开发利用，人们对饲料进行了分类。分类方法不同，所分类包括的饲料种类也有一定差距。

习惯上按照饲料的营养价值和饲料来源分类。第一种分类将饲料分成4类，分别是粗饲料、青绿多汁饲料、精饲料和特殊饲料；第二种分类将饲料分成5类，分别是植物性饲料、动物性饲料、微生物饲料、矿物质饲料和人工合成饲料。

国际分类法将饲料分成8类，分别是青干草和稿秕饲料、青饲料、青贮饲料、能量饲料、蛋白质饲料、矿物质饲料、维生素饲料和添加剂。

我国饲料分类法将饲料分成8大类和16个亚类，8大分类和编号如下：

**1. 粗饲料**　干草（1-05-000）、农副产品（1-06-000）、粗纤维≥18%的糟渣（1-11-000）、树叶（1-02-000）、添加剂及其他（1-16-000）。

**2. 青绿饲料**　青绿饲料（2-01-000）、树叶（2-02-000）、非淀粉根茎瓜果类（2-04-000）。

**3. 青贮饲料**（3-03-000）

**4. 能量饲料**　饲料干物质中粗纤维<18%，蛋白质<20%。分为谷物类（4-07-000）、糠麸类（4-08-000）、草籽果实类（4-12-000）、淀粉质的根茎瓜果类（4-04-000）、其他（4-16-000）。

**5. 蛋白质饲料**　饲料干物质中粗纤维<18%，粗蛋白≥20%。分为豆类（5-09-000）、饼粕（5-10-000）、动物性饲料（5-13-000）、其他（5-16-000）。

**6. 矿物质饲料**（6-14-000）

**7. 维生素饲料**（7-15-000）

**8. 添加剂**（8-16-000）

针对我国家兔饲料生产和养殖实践，本节将参考我国饲料分类方法，重点介绍能量饲料、蛋白质饲料、粗饲料、青绿饲料、矿物质饲料和饲料添加剂。

### 一、能量饲料

能量饲料是指饲料干物质中粗纤维含量低于18%，同时粗蛋白质含量小于20%的一类饲料，包括谷实类、糠麸类、块根块茎类，此外，饲料工业上常用的油脂类、糖蜜类也属于能量饲料。能量饲料的优点是含能量高、消化性好，几乎可以满足任何畜禽对能量的需要。其缺点是含蛋白质低，一般粗蛋白含量均在10%左右。糠麸类蛋白质含量稍多（13%～15%），但质量差，赖氨酸、蛋氨酸和色氨酸均不足；钙含量低，磷含量虽高，但相当一部分属植酸磷形式，家兔利用率低；一般都缺乏维生素A、维生素D、维生素K、某些B族维生素等。家兔采食过多时，消化调养性差，日粮中单独用或用的比例过高时易引起一些肠胃病。

### （一）谷实类饲料

常用的有玉米、大麦、燕麦、小麦、高粱、粟谷、稻米、草籽等。谷实类饲料基本上属于禾本科植物成熟的种子。其共同特点是：一般为高能量饲料，消化能很高；无氮浸出物含量高达70%～80%，其中大部分为淀粉；而粗纤维含量通常很低，一般在5%以下，只有带颖壳的大麦、燕麦、稻谷和粟谷等可达10%左右；蛋白质含量低，其中玉米、稻谷和高粱含量较大麦、燕麦、小麦低，氨基酸组成不够平衡，赖氨酸和色氨酸的含量低，蛋氨酸不足；钙少，磷虽多但大部分以植酸磷形式存在，钙磷比例不当，家兔利用率很低；维生素 $B_1$ 和维生素E较为丰富，缺乏维生素C、维生素D、维生素 $B_2$，除黄色玉米和粟谷外一般不含胡萝卜素或含量极微；烟酸在小麦、大麦和高粱中的含量较多，燕麦、玉米中含量较少；脂肪含量为1%～6.9%，大部分存在胚中，主要是不饱和脂肪酸，容易氧化酸败。

燕麦和大麦无论适口性，还是生产效果都优于小麦和玉米。

**1. 玉米** 含能量高，适口性好，饲用价值高，在我国被称作饲料之王。玉米的粗纤维很少，仅2%。无氮浸出物高达72%，且主要是易消化的淀粉。玉米中脂肪含量为3.5%～4.5%，是小麦和大麦的2倍。玉米含有2%的亚油酸，在谷实中含量最高，亚油酸为十八碳二烯脂肪酸，它不能在动物体内合成，只能由饲料提供，是必需脂肪酸。家兔缺乏亚油酸时生长受阻，皮肤发生病变，繁殖机能受到破坏。玉米中蛋白质含量低，仅为8%～9%，且品质差，氨基酸组成不合理，缺乏赖氨酸和色氨酸等必需氨基酸，所以在配制以玉米为主体的全价配合饲料时，常与大豆饼粕和鱼粉搭配。钙、磷含量较少，磷多以植酸磷形式存在，家兔利用率很低，铁、铜、锰等含量也较其他谷实类饲料低。黄玉米中含有较高的胡萝卜素，有利于家兔的生长和繁殖，脂溶性维生素E含量较高，约20 mg/kg，几乎不含维生素D和维生素K，水溶性维生素中维生素 $B_1$ 含量较多，而维生素 $B_2$ 和烟酸含量较少，且烟酸以结合状态存在，只有破坏其结合状态后才能被利用。

新收获的玉米含水量较高，一般均在20%以上，如不能及时晾晒或烘干，极易发霉变质。玉米贮存时若水分含量高于14%、温度高、有碎玉米存在时，容易发霉变质，尤以黄曲霉、赤霉菌危害最大。霉菌毒素影响玉米营养成分，胡萝卜素损失可达98%，维生素E减少30%，特别是当侵染黄曲霉菌后所产生的黄曲霉毒素是一种致癌强毒素，应引起高度重视。

随着酿造业、制药业等工业的发展对玉米需求量的增加，给畜牧业造成巨大压力，因而，玉米价格近年来居高不下。寻找玉米的替代品成为养殖业和饲料业研究开发的重点工作之一。

**2. 高粱**　是世界四大粮食作物之一，与玉米有很高的替代性。其用量可根据二者差价及高粱中单宁含量而定。高粱的粗蛋白质含量略高于玉米，一般为9%～11%，蛋白质品质不佳，缺乏赖氨酸和色氨酸，与玉米相比，高粱的蛋白质不易消化。脂肪含量低于玉米，脂肪酸组成中饱和脂肪酸比玉米稍多一些，亚油酸含量较玉米低。淀粉含量与玉米相近，但消化率较低，有效能值低于玉米。矿物质中磷、镁、钾含量较多而钙含量少，钙磷比例不当，总磷中53%是植酸磷；铁、铜、锰含量较玉米高。维生素 $B_1$、维生素 $B_6$ 含量与玉米相同，泛酸、烟酸、生物素含量多于玉米，烟酸以结合型存在，利用率低。

高粱中含有单宁，其抗营养作用主要是苦涩味重，降低了适口性和饲用价值，与蛋白质及消化酶类结合干扰消化过程，故在家兔饲粮中含量不宜过多，以5%～15%为宜，喂量过大易引起家兔便秘。

由于高粱的产量和质量问题，多年来其种植面积在我国难有突破。加之酿造业的需要，其价格经常高于玉米，因此，其在家兔生产中的应用受到限制。

**3. 大麦**　大麦的粗蛋白质含量和质量均高于玉米，赖氨酸含量接近玉米的2倍，为谷实中含量较高者，异亮氨酸和色氨酸较玉米高，但利用率较玉米低。大麦籽实包有一层质地坚硬的颖壳，故粗纤维含量高，为玉米的2倍左右，代谢能约为玉米的89%，净能约为玉米的82%。脂肪含量为玉米的一半，饱和脂肪酸含量比玉米高。矿物质主要是钾和磷，磷中有63%为植酸磷，利用率为31%，高于玉米中磷的利用率；其次为镁、钙及少量的铁、铜、锰、锌等。大麦富含B族维生素，包括维生素 $B_1$、维生素 $B_2$、维生素 $B_6$ 和泛酸，烟酸含量较高，但利用率较低，只有10%，脂溶性维生素A、维生素D、维生素K含量低，少量的维生素E存在于大麦的胚芽中。

大麦中有抗胰蛋白酶和抗胰凝乳酶，前者含量低，后者可被胃蛋白酶分解，故对家兔影响不大。

大麦是优质的家兔饲料。但是，由于其产量较低，种植区域较小，产量有限。特别是啤酒工业的旺盛需求，使其直接作为家兔饲料的空间不大。但其生产啤酒的下脚料（如大麦皮、麦芽根、啤酒糟等）成为家兔良好的饲料。

**4. 小麦**　含能量较高，蛋白质含量也较高，为玉米含量的1.5倍，各种氨基酸的含量也高于玉米，但苏氨酸的含量按其蛋白质的组成来说明显不足。小麦脂肪含量较少，亚油酸含量比玉米低得多。钙少磷多，铁、铜、锰、锌含量比玉米多。B族维生素和维生素E含量较多，但维生素A、维生素D、维生素C、维生素K含量很少，生物素的利用率比玉米、高粱要低。

小麦主要用于人的粮食，且经济价值较高，我国一般不直接用于饲料，只将小麦制粉的副产品麸皮、次粉和筛漏用作饲料。但是，近年来在一些地方有时玉米价格高于小麦，为了降低饲料成本，可用小麦替代大部分玉米。生产中小麦添加量在15%以内没有发现不良反应。

**5. 燕麦**　粗纤维、粗蛋白含量较高，蛋白质品质不够好，淀粉含量低。B族维生素含量丰富，烟酸含量较其他谷物低，脂溶性维生素和矿物质含量均低。其生产具有明显的区域性，产量有限，成为局部地区家兔良好的饲料资源。

**6. 稻谷**（糙米） 稻谷和糙米的主要成分与营养价值分析，除稻谷含有砻糠，其粗纤维比玉米高 6.1 个百分点，其饲用价值比玉米偏低外，其他营养分及糙米的饲用价值则与国标 2 级玉米相当，且在有些成分上，如粗蛋白、微量元素含量还优于玉米。糙米的蛋白质 80%为谷蛋白，可消化蛋白多，生物学效价为禾谷类之首。因此，用糙米作能量饲料替代玉米是可行的。

在我国南方稻谷主产区，长期以来就有用糙米喂猪禽的习惯。根据国内的一些试验，用稻谷和糙米部分或全部代替玉米配制配合饲料饲养畜禽，对其生产性能无显著影响。因此，其在其在家兔生产中的应用前景乐观。

### （二）糠麸类饲料

糠麸类饲料是谷实加工的副产品，制米的副产品称为糠，制粉的副产品称为麸。糠麸类是家兔重要的能量饲料，主要有米糠、小麦麸、大麦麸、燕麦麸、玉米皮、高粱糠及谷糠等。其中以米糠和小麦麸为主。由于加工工艺不同，不同的糠麸类在其组分和营养价值方面也有很大差别。

**1. 小麦麸** 即麸皮，是小麦加工面粉的副产品，其营养成分随小麦的品种、质量、出粉率的不同而异，出粉率越高，麸皮中的胚和胚乳的成分越少，其营养价值、能值、消化率越低。小麦麸所含粗蛋白、粗纤维都很高，有效能值相对较低，含有较多的 B 族维生素如维生素 $B_1$、维生素 $B_2$、烟酸、胆碱，矿物质较丰富，钙磷比例不合适，磷多属植酸磷，约占 75%，但含植酸酶故其吸收率优于米糠。

小麦麸粗纤维含量较高，质地疏松，比重小，具有轻泻、通便的功能，也可调节饲料的养分浓度，改善饲料的物理性状。在家兔饲粮中一般用量为 10%～30%。

**2. 米糠、米糠饼**（粕） 稻谷的加工副产品称为稻糠。稻糠又分为砻糠、米糠和统糠。砻糠是粉碎了稻壳，实为秕壳，营养价值低。米糠是糙米（去壳稻米）加工成白米副产品，由种皮、糊粉层、胚及少量的胚乳组成。统糠是米糠与砻糠按一定比例混合而成（常见有“二八”或“三七”统糠）。一般每 100 kg 稻谷加工后可出大米 72 kg、砻糠 22 kg和米糠 6 kg。

米糠是家兔常用的能量饲料，分为全脂米糠和脱脂米糠，通常所说的米糠指全脂米糠。米糠粗蛋白含量比麸皮低比玉米高，品质也比玉米好，赖氨酸含量高。粗脂肪含量高，变化幅度大，有的米糠含脂率接近或高于大豆，能值位于糠麸类饲料之首，其脂肪酸的组成多为不饱和脂肪酸，油酸和亚油酸占 79.2%。B 族维生素和维生素 E 含量丰富，缺乏胡萝卜素和维生素 A、维生素 D、维生素 C。米糠中含丰富的磷、铁、锰、钾、镁，缺乏钙、铜，钙磷比例不当，磷多为植酸磷。米糠中含有胰蛋白酶抑制因子，加热可使其失活，否则，采食过多易造成蛋白质消化不良。

米糠的脂肪含量很高，且大多为不饱和脂肪酸，极易氧化酸败，也易发热、发霉，应注意防腐、防霉问题。解决的办法：一是喂新鲜的米糠；二是进行脱脂处理，制成脱脂米糠即米糠饼或米糠粕。经脱脂处理后，脂肪及脂溶性物质大部分被去除，其他成分如蛋白质、粗纤维、无氮浸出物、矿物质等未变，只是比例相对增加，但能量会降低，故脱脂米糠为低能饲料。脱脂米糠可长期保存，不必担心脂肪氧化、酸败问题，同时胰蛋白酶抑制因子也减少很多，提高了适口性和消化率。

**3. 其他糠麸类饲料**　主要有玉米糠、高粱糠、小米糠、大麦糠、黑麦糠等，这类饲料粗纤维含量很高，适合饲喂家兔。

高粱糠脂肪含量较高，粗纤维含量较低，消化能略高于其他糠麸，粗蛋白质含量10%左右。有些高粱糠单宁含量较多，适口性差，采食过多，易使家兔便秘。

玉米糠粗蛋白质含量与高粱接近，但粗纤维含量较多，能值较高粱糠低。

小米糠粗纤维含量较高，可达23%以上，而蛋白质只有7%左右，其营养价值接近粗饲料。

## （三）块根、块茎和瓜类饲料

块根、块茎和瓜类饲料包括木薯、甘薯、马铃薯、胡萝卜、饲用甜菜、芜菁甘蓝、菊芋及南瓜等。这类饲料的最大特点是水分含量高，可达70%～90%，容积大，鲜饲料所含营养成分少，消化能值低。按干物质计算，此类饲料粗纤维含量较低，无氮浸出物含量高达68%～92%，其中大多是易消化的糖和淀粉，消化能含量相当于高能量的谷实类饲料。此类饲料的蛋白质含量低，仅为玉米的一半，且品质差，其中有相当一部分属非蛋白质含氮物。一些主要矿物质和B族维生素含量较少，富含钾而缺乏钙、磷和钠，鲜甘薯和胡萝卜含胡萝卜素丰富。此类饲料鲜喂，适口性很好，容易消化，具有润便和调养作用，是家兔的良好饲料。由于我国养兔从小规模饲养逐渐过渡到规模饲养，块根类饲料的用量受到很大限制，一般作为冬季和春季的维生素补充料。由于这类饲料有的含有一定毒性，饲养中应格外注意。如：甘薯保存不当，会生芽、腐烂或出现黑斑，黑斑甘薯有毒、味苦，家兔吃后易引发喘气病、腹泻，重则致死；马铃薯含有一种配糖体叫龙葵素（茄素），是有毒物质，家兔采食过多会导致消化道疾病甚至中毒，中毒症状为呆痴、沉郁、呕吐、腹泻、皮肤溃疡等，严重者会死亡。新鲜的成熟马铃薯毒素含量不多，适口性好，但贮存不当而发芽变绿时，龙葵素会大量生成，一般在块茎青绿色皮上、芽眼及芽中最多，所以应科学保存，尽量避免发芽、变绿，对已发芽、变绿的块茎，喂前应注意除去嫩芽及发绿部分，并进行蒸煮，煮过的水不能再用。马铃薯中也含有胰蛋白酶抑制因子，妨碍蛋白质的消化；木薯块根中含氰化配糖体（氰甙），在常温下经酶水解产生具有毒性的氢氰酸，氢氰酸在皮部含量较多。一般甜味种氢氰酸含量较少，无需去毒可直接饲用，而苦味种则需脱毒处理或限量饲喂；刚从地里收获的饲用甜菜不可立即饲喂，因其中含有硝酸盐，易引起家兔腹泻，经过贮存其中大部分硝酸盐转化后则可饲用无害。

## （四）制糖副产品

糖蜜、甜菜渣等也可作为家兔饲料。糖蜜是制糖过程中的主要副产品，来自甘蔗和甜菜，其含糖量可达46%～48%，主要是果糖。干物质中粗蛋白含量，甘蔗糖蜜4%～5%，甜菜糖蜜约10%。家兔的饲料中加入糖蜜可提高饲料的适口性，改善颗粒料质量，有黏结作用，减少粉尘，并可取代饲粮中其他较昂贵的碳水化合物饲料，以供给能量。糖蜜的矿物质含量很高，主要是钾。糖蜜具有轻泻作用。甜菜糖蜜的轻泻作用大于甘蔗糖蜜，可适当增加粗纤维进行调节。加工颗粒料时最大加入量为3%～6%。由于价格因素，我国糖蜜大部分用于发酵和酿造工业生产味精和酒精，用作饲料的比例很小。

甜菜渣是甜菜制糖过程中的主要副产品，干燥后用作饲料。喂兔时适口性低于苜蓿粉。蛋白质含量较低，消化能较高。纤维成分容易消化，消化率可达70%，是家兔较好的饲料。缺点是水分含量高，不容易干燥。

## 二、蛋白质饲料

蛋白质饲料是指干物质中粗纤维含量低于18%、粗蛋白质含量等于或大于20%的饲料。与能量饲料相比，此类饲料蛋白质含量很高，且品质优良，在能量方面则差别不大。蛋白质饲料一般价格较高，供应量较少，在家兔饲粮中所占比例也较少，只作为补充蛋白质不足的饲料。蛋白质饲料一般可分为植物性蛋白质饲料、动物性蛋白质饲料、微生物蛋白质饲料、非蛋白氮饲料等。

### （一）植物性蛋白饲料

主要包括豆类籽实、饼粕、糟渣等。

**1. 豆科籽实** 富含蛋白的所有豆类籽实均可作为家兔的蛋白饲料，主要有大豆、黑豆、豇豆、豌豆等。其营养特点：粗蛋白质含量高达20%～40%，蛋白质品质好，赖氨酸较多，而蛋氨酸等含硫氨基酸相对不足，必需氨基酸中除蛋氨酸外近似动物性蛋白质。无氮浸出物明显低于能量饲料，豆类的有机物消化率为85%以上，豆类含脂肪丰富，大豆和花生的粗脂肪含量超过15%，因此能量值较高，可兼作蛋白质和能量的来源使用。豆科籽实的矿物质和维生素含量与谷实类饲料相似或略高，钙的含量稍高，但仍低于磷，维生素$B_1$与烟酸含量丰富，维生素$B_2$、胡萝卜素与维生素D缺乏。

豆科籽实含有一些抗营养因子，如胰蛋白酶抑制因子、糜蛋白酶抑制因子、血凝集素、皂素等，影响饲料的适口性、消化率及动物的一些生理过程，但经适当的热处理后，可使其失去活性，提高饲料利用率。

**2. 饼粕类** 富含脂肪的豆科籽实和油料籽实经过加温压榨或溶剂浸提取油后的副产品统称为饼粕类饲料。经压榨提油后的饼状副产品称作油饼，包括大饼和瓦片状饼；经浸提脱油后的碎片状或粗粉状副产品称为油粕。油饼、油粕是我国主要的植物蛋白质饲料，使用广泛，用量大。常见的有大豆饼粕、棉籽（仁）饼粕、菜籽饼粕、花生（仁）饼粕、芝麻饼粕、向日葵（仁）饼粕、胡麻饼粕、亚麻饼粕、玉米胚芽饼粕等。

（1）**大豆饼粕** 是家兔最常用的优质植物性蛋白饲料，适口性好，一般含粗蛋白质35%～45%，必需氨基酸含量高，组成合理。尤其赖氨酸含量高达2.4%～2.8%，是饼粕类饲料中含量最高者，另外异亮氨酸含量高达2.3%，也是饼粕类饲料中含量最高者。色氨酸和苏氨酸含量很高，分别为1.85%和1.81%，与玉米等谷实类配伍可起到互补作用。其缺点是蛋氨酸缺乏，其含量比芝麻饼、向日葵饼粕低，比棉籽饼粕、花生（仁）饼粕、胡麻饼粕高。钙含量少，磷也不多，以植酸磷为主。胆碱和烟酸含量多，胡萝卜素、维生素D、维生素$B_2$含量少。通常以大豆饼粕蛋白质含量作为衡量其他饲料蛋白质的基础。

生豆饼粕中含抗胰蛋白酶、脲酶、血凝集素等有害成分，会对家兔产生不良影响，不宜饲喂生长兔。大豆饼粕在家兔饲粮中的用量可达20%左右。

(2) **棉籽（仁）饼粕**　棉籽带壳提取油脂的饼叫棉籽饼，完全脱了壳的棉仁提取油脂后得到的饼粕叫棉仁饼粕。棉籽（仁）饼粕的营养价值因棉花品种、榨油工艺不同而变化较大。棉籽饼含粗蛋白质22%～28%，粗纤维约21%；棉仁饼含粗蛋白质34%～44%，粗纤维8%～10%。氨基酸组成特点是赖氨酸（1.3%～1.6%）不足，精氨酸（3.6%～3.8%）过高，赖氨酸：精氨酸＝100：270以上，远远超出了100：120的理想值，因此利用棉籽（仁）饼粕配制日粮时，不仅要添加赖氨酸，还要与含精氨酸含量低的原料相搭配。如饼粕类中菜籽饼粕的精氨酸含量最低，可与之搭配使用。此外，棉籽（仁）饼粕的蛋氨酸含量也低，约为0.4%，所以棉籽（仁）饼粕与菜籽饼粕搭配，不仅可使赖氨酸和精氨酸互补，而且可减少蛋氨酸的添加量。棉籽（仁）饼粕中胡萝卜素含量极少，维生素D的含量也很低，矿物质中钙少磷多，多为植酸磷。

在家兔饲养中，棉籽（仁）饼粕的用量也相当大，主要问题是它含有有毒物质棉酚，可引起家兔中毒现象，其中对繁殖功能的影响较大。在使用中一定要脱毒处理或限量使用，一般占日粮的5%左右，控制在8%以下，妊娠母兔应格外慎重。

(3) **菜籽饼粕**　粗蛋白质含量菜籽饼和菜籽粕分别为34%～39%和37.1%～41.8%。氨基酸的组成特点是蛋氨酸含量较高，约为0.7%，在饼粕类饲料中仅次于芝麻饼粕，名列第二；赖氨酸的含量也较高，为2%～2.5%，仅次于大豆饼粕，名列第二。另一特点是精氨酸含量低，是饼粕类饲料中精氨酸含量最低者，为2.32%～2.45%，赖氨酸与精氨酸之比约100：100，而棉仁饼粕中精氨酸含量高达3.6%～3.8%，赖氨酸与精氨酸之比约100：270，因此菜籽饼粕与棉籽（仁）饼粕搭配，可改变赖氨酸和精氨酸的比例关系。胡萝卜素和维生素D的含量很少，维生素$B_1$、维生素$B_2$、泛酸也较低，烟酸和胆碱的含量较高。钙磷含量都高，硒含量是常见植物性饲料中最高者，可达0.9～1.0mg/kg，所以日粮中菜籽饼粕和鱼粉占的比例大时，即使不添加亚硒酸钠，也不会出现缺硒症。

菜籽饼粕来源广，但含有芥子酸、硫葡萄糖苷、单宁、植酸等抗营养因子，大量使用会引起中毒。因此，需进行脱毒处理或限量使用，一般控制在5%以内。

(4) **花生饼粕**　饲用价值仅次于大豆饼粕，适口性好，蛋白质含量较高，一般花生饼含粗蛋白质约44%，花生粕含蛋白质约48%。氨基酸组成不合理，赖氨酸含量（1.35%）和蛋氨酸含量（0.39%）都很低，而精氨酸含量特别高，可达5.2%，是所有动植物饲料中的最高者，赖氨酸与精氨酸之比在100：380以上，饲喂时必须与精氨酸含量低的菜籽饼粕、鱼粉等搭配。B族维生素特别是烟酸、泛酸含量较高。钙、磷含量较少。

花生饼粕中含胰蛋白酶抑制因子，为生大豆的1/5，在加工制作饼粕时，如用120℃的温度加热，可破坏其中的胰蛋白酶抑制因子。另外，花生饼粕不易贮存，极易感染黄曲霉而产生黄曲霉毒素，特别是在温暖潮湿条件下，黄曲霉菌繁殖很快，且黄曲霉毒素经蒸煮不能除去，所以花生饼粕应新鲜时利用，长有黄曲霉的花生饼粕不能再使用。

(5) **向日葵（仁）饼粕**　适口性差，其营养价值取决于脱壳程度，一般榨油时脱壳不净、多少不等，完全脱壳的向日葵（仁）饼粕营养价值很高。一般去壳的向日葵粕粗蛋白含量45%左右，向日葵饼粗蛋白含量35.7%左右，带壳或部分带壳的向日葵饼含粗蛋白22.8%～32.1%。赖氨酸含量（1.1%～1.2%）低，B族维生素含量很高，位于饼粕类饲料之首；胆碱含量也较高。钙、磷含量比一般饼粕类高，锌、铁、铜含量较高。

(6) **芝麻饼粕** 适口性好，是很好的蛋白质饲料。粗蛋白质含量33%～48%，氨基酸组成最大特点是蛋氨酸含量（0.8%以上）高，位于饼粕类饲料之首；赖氨酸含量（0.93%）不足，而精氨酸含量（3.97%）很高，赖氨酸与精氨酸之比为100∶420，色氨酸含量也很高。胡萝卜素、维生素D、维生素E含量低，维生素$B_2$含量高。钙、磷含量高，但由于植酸含量高，使钙、磷、锌等的吸收受到抑制。实际生产中使用的多数为小油坊生产香油的芝麻酱渣，由于没有及时晒干容易发霉，有的因在地面晾晒而掺进大量的泥土，也有的加入一些锯末等，不仅降低了营养含量，而且容易导致疾病的发生，应格外注意。

(7) **亚麻籽饼粕** 又称胡麻饼粕，粗蛋白质含量一般为32%～36%，氨基酸组成不佳，赖氨酸（1.12%）和蛋氨酸（0.45%）含量均较低，精氨酸含量（3%）高，赖氨酸与精氨酸之比为100∶250。B族维生素含量丰富，胡萝卜素、维生素D和维生素E含量少。钙、磷含量高，硒含量也高。

亚麻籽饼粕中含有生氰糖苷，可引起氢氰酸中毒，此外还含有亚麻籽胶和抗维生素$B_6$等抗营养因子。亚麻籽饼粕适口性不好，具有轻泻作用。

**3. 糟渣类** 是禾谷类、豆类籽实和甘薯等原料在酿酒、制酱、制醋、制糖及提取淀粉过程中所残留的糟渣产品，包括酒糟、酱糟、醋糟、醪糟、粉渣等。其营养成分因原料和产品种类而差异较大。其共同特点是含水量高，不易保存，一般就地新鲜使用。干燥的糟渣有的可作蛋白质饲料或能量饲料，而有的只能作粗饲料。

(1) **酒糟与啤酒糟** 酒糟是用淀粉含量多的原料（谷物和薯类）酿酒所得糟渣副产品。其营养价值因原料和酿造方法不同而有差异。就粮食酒来说，由于酒糟中可溶性碳水化合物发酵成醇被提取，其他营养物质和蛋白质、粗脂肪、粗纤维与灰分含量相应提高，而无氮浸出物相应降低。酒糟中各类营养物质的消化率与原料相比没有差异，所以其能值下降不多，但在酿造过程中，常常加入20%～25%的稻壳作为疏松气物质以提高出酒率，从而使粗纤维含量提高，营养价值也大大降低。由于发酵B族维生素大大提高。酒糟由于含水量（70%左右）高，不耐存放，易酸败，必须进行加工贮藏后才能充分利用。酒糟喂量过多，容易引起便秘。

啤酒糟是用大麦酿造啤酒提取可溶性碳水化合物后所得的糟渣副产品，其成分除淀粉减少外与原料相似，但含量比例增加。干物质中粗蛋白质含量22%～27%，氨基酸组成与大麦相似。粗纤维含量（15%）较高，矿物质、维生素含量丰富。粗脂肪含量5%～8%，其中亚油酸占50%以上。

(2) **酱油糟和醋糟** 酱油糟是用大豆、豌豆、蚕豆、豆饼、麦麸及食盐等按一定比例配合，经曲霉菌发酵使蛋白质和淀粉分解等一系列工艺酿制成酱油后的残渣。酱油糟的营养价值因原料和加工工艺而有很大差异。一般干物质中粗蛋白质含量为20%～32%，粗纤维含量13%～19%，无氮浸出物含量低，有机物质消化率低，因此能值较低。其突出特点是灰分含量高，多半为食盐（7%）。鲜酱油糟水分含量高，易发霉变质，具有很强的特殊异味，适口性差。但经干燥后气味减弱，易于保存，可用作饲料，但使用时应测定其盐分的含量，防止中毒。

醋糟是以高粱、麦麸及米糠等为原料，经发酵酿造提取醋后的残渣。其营养价值受原料及加工方法的影响较大。粗蛋白质含量10%～20%，粗纤维含量高。其最大特点是含有大量醋酸，有酸香味，能增加动物食欲，调匀饲喂能提高饲料的适口性。但使用时应避免单一使用，最好和碱性饲料一起饲喂，以中和其中过多的醋酸。

(3) **豆腐渣和粉渣**　豆腐渣是以大豆为原料制作豆腐时所得的残渣。鲜豆腐渣水分含量高达78%～90%，干物质中蛋白质含量和粗纤维含量高，分别是21.7%和22.7%，而维生素大部分转移到豆浆中。豆腐渣中也含有胰蛋白酶抑制因子，需煮熟后使用。鲜豆腐渣经干燥、粉碎后可作配合饲料原料，但加工成本高，故多以鲜豆腐渣等直接饲喂。豆腐渣中含有可溶性糖，易引起乳酸菌发酵而带有酸味，pH一般为4.0～4.6，存放时间越长，酸度越大，且易被霉菌和腐败菌污染而变质，从而丧失其饲用价值，故用作饲料时需经过干燥处理。干物质中无氮浸出物50%～80%，粗蛋白质4%～23%，粗纤维8.7%～32%，钙、磷含量低。

粉渣是以豌豆、蚕豆、马铃薯、甘薯等为原料生产淀粉、粉丝、粉条、粉皮等食品的残渣。由于原料不同，营养成分差异也很大。鲜粉渣水分含量高，一般为80%～90%。

(4) **玉米蛋白粉、玉米麸料和玉米胚芽粉**　这些都是以玉米为原料生产淀粉时得到的副产品。

玉米蛋白粉（玉米面筋粉）是玉米淀粉厂的主要副产品之一。蛋白质含量因加工工艺不同而有很大差异，一般为35%～60%。氨基酸组成不佳，蛋氨酸含量很高，与相同蛋白质含量的鱼粉相等，而赖氨酸和色氨酸严重不足，不及相同蛋白质含量鱼粉的1/4。代谢能水平接近玉米，粗纤维含量低、易消化。矿物质含量少，钙、磷含量均低。胡萝卜素含量高，B族维生素含量少。

玉米麸料（玉米蛋白饲料）是含有玉米纤维质外皮、玉米浸渍液、玉米胚芽粉和玉米蛋白粉的混合物。一般纤维质外皮40%～60%，玉米蛋白粉15%～25%，玉米浸渍液固体物25%～40%。其蛋白质含量10%～20%，粗纤维在11%以下。

玉米胚芽饼粕是玉米胚芽脱油后所剩的残渣。粗蛋白质含量一般为15%～21%，氨基酸组成较好，赖氨酸0.7%，蛋氨酸0.3%，色氨酸含量也较高。维生素E含量丰富。适口性好，价格低廉，是较好的家兔饲料。

### (二) 动物性蛋白质饲料

动物性蛋白质饲料主要来自畜、禽、水产品等肉品加工的副产品及屠宰厂、皮革厂的废弃物和缫丝厂的蚕蛹等，是一类优质的蛋白质饲料。由于家兔是草食性动物，动物性饲料的适口性较差，加之市场上销售的动物性饲料质量差异较大，使用不当易出问题（尤其是发生魏氏梭菌病），因此，家兔日粮中动物性饲料占据很小的分量（1%～3%），多数兔场不使用动物性饲料。

**1. 鱼粉**　由于加工原料不同，鱼粉品质也有差异。鱼粉蛋白质含量高，进口鱼粉都在60%以上，有的甚至高达72%，国产鱼粉一般为45%～55%。蛋白质品质好，富含各种必需氨基酸，如赖氨酸、色氨酸、蛋氨酸、胱氨酸等，精氨酸含量相对较低，这正与大多数饲料的氨基酸组成相反。鱼粉还含有维生素A、维生素D、维生素E等，但在加工和贮存条件不良时很容易被破坏。鱼粉中钙磷含量高，且比例适宜。硒、碘、锌、铁含量也很高，并含有适量的砷。

在实际使用过程中，应注意鱼粉掺杂、掺假问题，有些生产厂家或个人为贪图暴利往往向鱼粉中掺杂各种异物，如尿素、糠麸、饼粕、血粉、羽毛粉、锯末、花生壳、砂砾等，购买时应注意检验。另外就是盐含量问题，一般要求在7%以下。鱼粉是高营养物质，含较多的脂肪，在高温、高湿条件下极易发霉腐烂、氧化酸败，所以应在干燥避光处保存，也可适当加一些抗氧化剂。

鱼粉价格较高，在家兔饲料中用量较少，可在泌乳母兔日粮中添加1%～3%。

**2. 肉粉与肉骨粉** 其营养成分含量随原料种类、品质及加工方法的不同差异较大。蛋白质含量为45%～50%，有的产品骨成分含量高，蛋白质含量只有35%左右。粗蛋白质主要来自磷脂（脑磷脂、卵磷脂等）、无机氮（尿素、肌酸等）、角质蛋白（角、蹄、毛等）、结缔组织蛋白（胶原、骨胶等）、水解蛋白及肌肉组织蛋白。其中磷脂、无机氮及角质蛋白利用价值很低，结缔组织蛋白及水解蛋白的利用率也较低，而肌肉组织蛋白的利用价值最高。通常，肉粉、肉骨粉中结缔组织蛋白较多，其构成氨基酸主要为脯氨酸、羟脯氨酸和甘氨酸，所以氨基酸组成不佳，赖氨酸含量尚可，蛋氨酸和色氨酸含量低，利用率变化大，有的产品因过度加热而无法吸收。B族维生素含量高，尤其维生素$B_{12}$含量高，烟酸、胆碱含量也较高，维生素A、维生素D因加工过程中大部分被破坏，含量较少。肉骨粉是很好的钙、磷来源，不仅含量高，而且比例适当，磷都为可利用磷。锰、铁、锌的含量也较高。

值得注意的是，以腐败的原料制作的产品品质很差，甚至有中毒的可能。生产过程中经过热处理的产品会降低适口性和消化率。贮存不当易造成脂肪氧化酸败、风味不良、质量下降。另外掺杂、掺假现象也较普遍，常掺入羽毛粉、蹄角粉、血粉及肠胃内容物等，在购买和使用时应注意检测。

肉粉、肉骨粉一般在家兔饲料中的用量可占到1%～3%。

**3. 血粉** 是动物屠宰后的废弃血液经过加工而成的一种良好的动物性蛋白质饲料。干燥方法和温度是影响血粉营养价值的主要因素，持续高温会造成大量赖氨酸变性，影响利用率。通常经瞬间干燥和喷雾干燥的质量较好，而经蒸煮干燥的质量较差。血粉的粗蛋白质含量很高，可达80%～90%，但氨基酸组成不好，赖氨酸和亮氨酸含量很高，分别为7%～8%和8%，精氨酸含量很低，所以血粉和花生饼粕、棉籽（仁）饼粕搭配可改善饲料的质量。血粉的异亮氨酸含量也少，几乎为零，另外蛋氨酸和色氨酸含量也较低。维生素、钙、磷含量较少，铁、铜、锌、硒等含量较多，其中铁含量是所有饲料中最高的。血粉具有特殊的腥味，作为家兔的饲料应进行脱腥处理。

**4. 水解羽毛粉** 是家禽屠宰后的羽毛经高压加热水解后，再经干燥粉碎而成的产品。粗蛋白质含量高达80%以上，甘氨酸、丝氨酸和异亮氨酸含量高，分别为6.3%、9.3%和5.3%，适于与异亮氨酸含量不足的原料（如血粉）配伍，胱氨酸含量高达4%，是所有饲料中含量最高者。赖氨酸和蛋氨酸含量不足，分别相当于鱼粉的25%和35%左右。维生素$B_{12}$含量高，而其他维生素含量低。钙磷含量较少。硒含量较高，仅次于鱼粉和菜籽饼粕。过去人们认为羽毛粉的生物价值低，但现已弄清，只要注意解决氨基酸平衡问题，也是一种很好的蛋白饲料。在饲粮中用量可达3%。尤其是当发生食毛症时，添加3%～5%有很好效果。

**5. 蚕蛹粉和蚕蛹粕**　蚕蛹是蚕茧制丝后的残留物，蚕蛹粉是蚕蛹经干燥粉碎后而成，蚕蛹（饼）粕是蚕蛹脱脂后的残余物。蚕蛹粉和蚕蛹粕的蛋白质含量高达54%和65%。蛋氨酸含量高达2.2%和2.9%，是所有饲料中最高者；赖氨酸含量也很高，与进口鱼粉大体相同；色氨酸含量比进口鱼粉还高，精氨酸含量低，尤其同赖氨酸含量的比值很低，很适合与其他饲料配伍。B族氨基酸尤其核黄素含量高，钙磷含量较低。蚕蛹粉和蚕蛹粕的脂肪含量高，分别为22%和10%，容易氧化酸败，并发出恶臭。

**6. 蝇蛆粉**　干物质中蛋白质含量达63.1%，含有较多的必需氨基酸，蛋氨酸含量与鱼粉相近，胱氨酸含量低。脂肪含量高达25.9%。蝇蛆粉中含几丁质、抗菌酞等免疫增强物质，可提高动物的自身免疫力。

**7. 蚯蚓粉**　粗蛋白质含量60%左右，氨基酸组成良好，苏氨酸、胱氨酸的含量高于进口鱼粉，其他氨基酸与进口鱼粉相近。添加1%～3%的蚯蚓粉，对于提高家兔的生长速度和泌乳能力有显著效果。

### （三）微生物蛋白饲料

主要单细胞蛋白质（SCP），是指一些单细胞或具有简单构造的多细胞生物的菌体蛋白，由此而形成的蛋白质较高的饲料称为单细胞蛋白质饲料。主要有以下四类：酵母类（如酿酒酵母、产朊假丝酵母、热带假丝酵母等），细菌类（如假单胞菌、芽孢杆菌等），霉菌类（如青霉、根霉、曲霉、白地霉等），微型藻类（如小球藻、螺旋藻等）。由于它们的繁殖速度非常快，比动植物快几百、几千甚至几万倍，发展前景很好。目前工业生产的单细胞蛋白饲料主要是酵母。单细胞蛋白饲料的特点是：生产原料来源广泛，可利用工农业废弃物和下脚料；适于工业化生产，不会污染环境；生产周期快，效率高；营养丰富，蛋白质含量高达40%～60%，而且品质好，氨基酸平衡，含有较高的维生素、矿物质和其他生物活性物质。

## 三、粗饲料

粗饲料指干物质中粗纤维含量超过18%的一类饲料，包括农作物的秸秆、秕壳，各种干草、干树叶等。其营养价值受收获、晾晒、运输和贮存等因素的影响。粗纤维含量高，消化能、蛋白质和维生素含量很低。灰分中硅酸盐含量较多，会妨碍其他养分的消化利用。所以粗饲料在家兔饲粮中的营养价值不是很大，主要是提供适量的粗纤维，在冬、春季节也可作为家兔的主要饲料来源。

### （一）干草和干草粉

干草是指青草或栽培青饲料在未结实以前刈割下来经日晒或人工干燥而制成的干燥饲草。制备良好的干草仍保留一定的青绿颜色，所以又称青干草。干草粉是将适时刈割的牧草经人工快速干燥后，粉碎而成的青绿色草粉。干制青饲料的目的与青贮相同，主要是为了保存青饲料的营养成分，便于随时取用，以代替青饲料，调节青饲料供给的季节性不平衡，缓解枯草季节青饲料的不足。

干草和干草粉的营养价值因干草的种类、刈割时期及晒制方法而有较大的差异。优质的干草和干草粉富含蛋白质和氨基酸，如三叶草草粉所含的赖氨酸、色氨酸、胱氨酸等比玉米高 3 倍，比大麦高 1.7 倍；粗纤维含量不超过 22%～35%；含有胡萝卜素、维生素 C、维生素 K、维生素 E 和 B 族维生素；矿物质中钙多磷少，磷不属于植酸磷，铁、铜、锰、锌等较多。在配合饲料中加入一定量的草粉，对促进家兔生长、维持健康体质和降低成本有较好的效果。

豆科牧草是品质优良的粗饲料，粗蛋白质、钙、胡萝卜素的含量都比较高，其典型代表是苜蓿。其他的豆科牧草有三叶草、红豆草、紫云英、花生、豌豆等。禾本科牧草的营养价值低于豆科牧草，粗蛋白质、维生素、矿物质含量低，禾本科牧草有羊草、冰草、黑麦草、无芒雀麦、鸡脚草、苏丹草等。豆科牧草应在盛花前期刈割，禾本科牧草应在抽穗期刈割，过早刈割则干草产量低，过晚刈割则干草品质粗老，营养价值降低。

### （二）作物秸秆和秕壳

秸秆和秕壳是农作物收获籽实后所得的副产品。脱粒后的作物茎秆和附着的干叶称为秸秆，如玉米秸、玉米芯、稻草、谷草、各种麦类秸秆、豆类和花生的秸秆等。籽实外皮、荚壳、颖壳和数量有限的破瘪谷粒等称为秕壳，如大豆荚、豌豆荚、蚕豆荚、稻壳、大麦壳、高粱壳、花生壳、棉籽壳、玉米芯、玉米包叶等。

此类饲料粗纤维含量高达 30%～50%，其中木质素比例大，一般为 6.55%～12%，所以其适口性差，消化率低，能量价值低。蛋白质的含量低，只有 2%～8%，品质也差，缺乏必需氨基酸，豆科作物较禾本科要好些。矿物质含量高，如稻草中高达 17%，其中大部分为硅酸盐。钙、磷含量低，比例也不适宜。除维生素 D 以外，其他维生素都缺乏，尤其缺乏胡萝卜素。可见作物秸秆和秕壳饲料营养价值非常低，但因家兔饲粮中需要有一定量的粗纤维，所以这类饲料作为家兔饲粮的组成部分主要是补充粗纤维。

### （三）树叶饲料

我国树木资源丰富，除少数不能饲用外，大多数树木的叶子、嫩枝和果实都可作为家兔饲料。如槐树叶、榆树叶、紫穗槐叶、洋槐叶等粗蛋白质含量较高达 15%以上，维生素、矿物质含量丰富。因含有单宁和粗纤维，不利于家兔对营养物质的消化，所以蛋白质和能量的消化利用率很低。在没有粗饲料来源时，树叶可作为饲粮的一部分。

值得一提的是松针粉在饲料中的应用。松针粉外观草绿色，具有针叶固有的气味，主要特点是富含维生素 C、维生素 E 和胡萝卜素以及 B 族维生素、钙、磷等，尽管蛋白质含量不多，但含有 17 种氨基酸，包括了动物所需的 9 种必需氨基酸，硒、锌、铁、锰含量也较高。在动物饲料中添加一定量的松针粉能促进动物健康、提高生产性能，但用量不宜过高，一般为 3%～8%。

## 四、青绿多汁饲料

青绿饲料因富含叶绿素而得名，而多汁饲料富含汁水。包括各种新鲜野草、野菜、天然牧草、栽培牧草、青饲作物、菜叶、水生饲料、幼嫩树叶、非淀粉质的块根、块茎、瓜果类等。青绿饲料的营养特点是：含水分大，一般高达60%～90%，而体积大，单位重量含养分少，营养价值低，消化能仅为1.25～2.51MJ/kg，因而单纯以青绿饲料为日粮不能满足能量需要；粗蛋白的含量较丰富，一般禾本科牧草及蔬菜类为1.5%～3%，豆科为3.2%～4.4%。按干物质计，禾本科为13%～15%，豆科为18%～24%。同时，青绿饲料的蛋白质品质较好，含必需氨基酸较全面，生物学价值高，尤其是叶片中的叶绿蛋白，对哺乳母兔特别有利。富含B族维生素，钙、磷含量丰富，比例适当，还富含铁、锰、锌、铜、硒等必需的微量元素。青绿饲料幼嫩多汁，适口性好，消化率高，还具有轻泻、保健作用，是家兔的主要饲料。

青绿饲料的种类繁多，资源丰富，适合家兔饲用的主要有栽培牧草、青饲作物、叶菜类饲料、根茎瓜果类饲料、树叶类和水生饲料。

### （一）栽培牧草

**1. 苜蓿**　有紫花苜蓿和黄花苜蓿两类，以前者分布最广，是我国目前栽培最多的牧草，它品质好，产量高。蛋白质含量高，氨基酸齐全，富含维生素和矿物质，适口性和消化率均很高，无论青饲还是制成干草均是家兔的好饲料。

**2. 三叶草**　有红三叶和白三叶两种，其养分含量与苜蓿相似。红三叶所含可消化蛋白质低于苜蓿，而所含纤维则较苜蓿略高。开花前的白三叶富含蛋白质而纤维含量低，与生长阶段相同的苜蓿比较，红三叶比较优越。

**3. 苕子**　有普通苕子和毛苕子。普通苕子营养价值较高，茎枝幼嫩，适口性好，鲜草中的蛋白质的养分含量与苜蓿、三叶草相似。用做青饲的宜在盛花期刈割，用作调制干草的宜在荚期收割。普通苕子种子大，产量高，含蛋白质30%，粉碎后可做精料用。

毛苕子茎叶较细，蛋白质和矿物质含量均较丰富，营养价值高于普通苕子，在现蕾前营养价值最高。普通苕子和毛苕子的种子中都含有配糖体，作精料用时应将籽实用温水浸泡24h再煮熟以除去有毒物质，同时避免大量、长期、连续食喂。

**4. 紫云英**　又名红花草，产量高，蛋白质含量丰富，且富含各种矿物质和维生素，鲜嫩多汁，适口性好，尤以现蕾期营养价值最高。

**5. 草木樨**　蛋白质含量低于苜蓿，现蕾期全株的蛋白质、脂肪和灰分含量最高，粗纤维较少。随着植株成长叶比例下降，蛋白质、脂肪和灰分含量逐渐减少，粗纤维含量增多，营养价值显著降低。因此，应在现蕾期或现蕾以前刈割饲喂。

**6. 沙打旺**　茎叶鲜嫩，营养丰富，蛋白质含量接近苜蓿，是家兔优良的豆科饲料。幼嫩期饲喂最好，也可制成干草粉。

**7. 黑麦草**　早期收获的黑麦草叶多茎少，质地柔嫩多汁，适口性好，营养价值高，是家兔爱食的禾本科牧草。

**8. 无芒雀麦** 叶多茎少，营养价值很高。幼嫩期干物质中所含蛋白质不亚于豆科牧草的含量。随着植株的长成营养价值显著下降。因此，要在幼嫩期刈割饲喂。

## (二) 青饲作物

常用的青饲作物有玉米、高粱、谷子、大麦、燕麦、荞麦、大豆等。一般在结籽前或结籽期刈割喂用，其特点是：产量高，幼嫩多汁，适口性好，营养价值高，适于直接饲喂和青贮。

## (三) 叶菜类饲料

常用的叶菜类饲料有苦荬菜、聚合草、甘草、牛皮菜、蕹菜、大白菜和小白菜等。这类饲料株大叶密，产量高，柔嫩多叶，适口性好，粗蛋白质含量多，粗纤维含量少，营养价值高。

## (四) 根茎瓜果类饲料

常用的根茎瓜果类饲料有甘薯、木薯、胡萝卜、甜菜、芜菁、甘蓝、萝卜、南瓜、佛手瓜等。这类作物全株都可饲用，是家兔的优质饲料。

**1. 甘薯** 是一种高产作物，干物质含量约为30%，主要含淀粉和糖分，蛋白质含量低于玉米。红色或黄色的甘薯含有大量的胡萝卜素，硫胺素与核黄素不多，缺乏钙和磷。甘薯多汁，味甜，适口性好，特别对泌乳和育肥期间的家兔有促进消化、积累脂肪和增加泌乳的效果。甘薯还是家兔冬季不可缺少的多汁料及胡萝卜素的重要来源。

甘薯如保存不当，会发芽、腐烂或出现黑斑，含毒性酮，对家兔造成危害。为便于贮运和饲喂，可将甘薯切成片，制成薯干。

**2. 马铃薯** 也是一种高产作物，干物质含量约为30%，其中80%左右是淀粉，与蛋白质饲料、谷物类饲料混喂效果好。马铃薯贮存不当发芽时，在其青绿皮上、芽眼及芽中含有龙葵素，家兔采食过多会引起肠炎，甚至中毒死亡。所以，马铃薯应注意保存，如已发芽、喂养时一定要清除皮和芽，并加以蒸煮，蒸煮用的水不能用来喂兔。

**3. 甜菜** 按其干物质糖分含量分为糖用甜菜和饲用甜菜。饲用甜菜产量高，干物质及糖含量低，分别为8%～11%和5%～11%。糖用甜菜产量低，但干物质及糖含量高。各类甜菜无氮浸出物中主要是蔗糖。饲用甜菜可直接饲喂家兔，其能量与高粱、大麦相似。糖用甜菜一般将其制糖后的甜菜渣作饲料。其粗纤维含量高，能量较低，按近能量饲料的低限。另外，在饲用甜菜时应注意，刚收获的甜菜不宜马上饲喂，否则引起下痢。平时喂量也不宜过多，否则易引起腹泻，最好与优质干草混合饲用。

**4. 胡萝卜** 也是能量饲料，但水分含量较高，容积大，含丰富的胡萝卜素，一般多作为冬季调剂饲料，对泌乳母兔、妊娠母兔及幼兔生长有很好的作用。

### （五）树叶类饲料

多种树叶均可作为家兔的饲料，常用的有：紫穗槐叶、槐树叶、洋槐叶、榆树叶、松针、果树叶、桑叶、茶树叶及药用植物如五味子和枸杞叶等。这类饲料含有较多的蛋白质与维生素，尤以嫩鲜叶最优，青嫩叶次之。

### （六）水生饲料

主要有水浮莲、水花生、绿萍等。这类饲料生长快、产量高、茎叶柔嫩，适口性好，粗纤维食量低，营养价值较高。由于水生饲料易被寄生虫感染，不耐储存，因此，在生产中很少使用水生饲料喂兔。

## 五、矿物质饲料

矿物质饲料包括工业合成的、天然的单一种矿物质饲料，多种混合的矿物质饲料，以及配合有载体的微量、常量元素的饲料。常用的有：食盐、补充钙的饲料（石粉、贝壳粉、蛋壳粉、石膏）、补充磷的饲料、补充钙磷的饲料（磷酸氢钙、骨粉），以及镁、钠、钾、氯、硫等常量元素等。

### （一）食盐

食盐含有氯和钠两种元素，它们广泛分布于家兔的所有软组织、体液和乳汁中，对调节体液的酸碱平衡，保持细胞和血液间渗透压的平衡，起到重要作用。此外，还有刺激唾液分泌和促进消化酶活性的功能。所以，食盐既是调味品，又是营养成分。它可改善饲料的适口性，增进食欲，帮助消化，提高饲料利用率。当缺乏时，会造成食欲降低，被毛粗乱，生长缓慢，出现异食癖。严重缺乏会产生被毛脱落，肌肉神经紊乱，心脏功能失常等症状。

家兔以植物性饲料为主，一般的植物性饲料中富含钾而缺少钠。在家兔饲料中补充食盐是极其重要的。一般在饲料中添加0.5%的食盐即可满足需要。添加过多会造成食盐中毒。

### （二）补充钙的饲料

**1. 石灰石粉**（$CaCO_3$）　又称石粉，为天然的碳酸钙，一般含钙35%以上，是补充钙的最廉价、最方便的矿物质饲料。天然的石灰石，只要铅、汞、砷、氟的含量不超过安全系数，都可用于饲料。家兔能忍受高钙饲料，但钙含量过高，会影响锌、锰、镁等元素的吸收。

**2. 贝壳粉**　是各种贝类外壳（蚌壳、牡蛎壳、蛤蛎壳、螺蛳壳等）经加工粉碎而成的粉状或粒状产品，含碳酸钙95%以上，钙含量不低于30%。品质好的贝壳粉，杂质少，含钙高，呈白色粉状或片状。

贝壳粉内常掺有砂石和泥土等杂质，使用时应注意检验。另外若贝肉未除尽，加之贮存不当，堆积日久易出现发霉、腐臭等情况，选购和应用时也应注意。鲜贝壳须经加热消毒处理后再使用，以免传播疾病。

**3. 蛋壳粉** 由食品加工厂或大型孵化场收集的蛋壳，经干燥（82℃以上）、灭菌、粉碎后而得的产品，是理想的钙源补充料，利用率高。无论蛋品加工后的蛋壳还是孵化出雏后的蛋壳，都残留有壳膜和一些蛋白，所以除了含30%～31%的钙以外，还含有4%～7%的蛋白质和0.09%的磷。

此外，大理石、白云石、白垩石、方解石、熟石灰、石灰水等都可作为钙源补充料，其他还有甜菜制糖的副产品滤泥也属于碳酸钙产品。这是由石灰乳清除甜菜糖汁中杂质经二氧化碳中和沉淀而成，成分中除碳酸钙外，还有少量有机酸钙盐和其他微量元素。滤泥钙源饲料尚未很好地开发利用，如果以加工甜菜量的4%计，全国每年可生产40万～50万t此类钙源饲料。

钙源补充料很便宜，但用量不能过多，否则会影响钙磷平衡，使钙和磷的消化、吸收和代谢都受到影响。微量元素预混料常常使用石粉或贝壳粉作为稀释剂或载体，使用量占配比较大，配料时应注意把其含钙量计算在内。

### （三）补充钙磷的饲料

磷的矿物质饲料有磷酸钙（磷酸二氢钙、磷酸氢钙、磷酸钙）、磷矿石、骨粉等。

**1. 磷酸钙盐** 磷酸钙盐能同时提供钙和磷。最常用的是磷酸氢钙（$CaHPO_4 \cdot 2H_2O$），可溶性比其他同类产品好，动物对其中的钙和磷的吸收利用率也高。磷酸氢钙含钙20%～23%，含磷16%～18%。

**2. 骨粉** 骨粉是同时提供磷和钙的矿物质饲料，是由动物杂骨经热压、脱脂、脱胶后干燥、粉碎制成的，由于加工方法不同，其成分含量和名称各不相同，其基本成分是磷酸钙，钙磷比为2∶1，是钙磷较平衡的矿物质饲料。骨粉中含钙30%～35%，含磷13%～15%，还有少量的镁和其他元素。骨粉中氟的含量较高，但因配合饲料中骨粉的用量有限（1%～2%），所以不致因骨粉导致氟中毒。

### （四）其他常量元素

镁、钠、钾、氯、硫等常量元素相对于食盐和钙磷来说，饲料中含量较多，一般情况下可以满足家兔的需要。当某些地区或某些家兔缺乏时，可以添加一些化合物，如：氯化钾可为家兔提供钾元素和氯元素，硫酸钾可为家兔提供钾元素和硫元素。硫酸镁、碳酸镁和氧化镁为家兔提供镁元素（表8-1）。

### （五）微量元素

主要包括铁、铜、锌、锰、硒、钴、碘，是家兔较重要的微量元素，在机体的代谢过程中，发挥重要作用。生产中多以金属元素的硫酸盐的形式补充铁、铜、锌、锰，而以亚硒酸钠、氯化钴、碘化钾补充相应的元素。由于无机微量元素的利用率和毒性等问题，近年来以有机微量元素或微量元素的络合物替代无机微量元素成为发展的趋势（表8-2）。

**表 8-1　常用矿物质饲料的元素成分含量**

| 含磷矿物质饲料 | 磷（%） | 钙（%） | 钠（%） | 氯（%） | 氟（mg/kg） |
|---|---|---|---|---|---|
| 食盐 | — | — | 39.3 | 60.7 | — |
| 石粉 | — | 37 | — | — | 5 |
| 贝壳粉 | 0.3 | 37 | — | — | — |
| 骨粉 | 14 | 34 | — | — | 3 500 |
| 磷酸二氢钠（$NaH_2PO_4$） | 25.8 | — | — | 19.5 | — |
| 磷酸氢二钠（$Na_2HPO_4$） | 21.81 | — | — | 32.38 | — |
| 磷酸氢钙（$CaHPO_4 \cdot 2H_2O$） | 18.97 | 24.32 | — | — | 816.67 |
| 磷酸氢钙［$CaHPO_4$（化学纯）］ | 22.79 | 29.46 | — | — | — |
| 过磷酸钙［$Ca(H_2PO_4)_2 \cdot H_2O$］ | 26.45 | 17.12 | — | — | — |
| 磷酸钙［$Ca_3(PO_4)_2$］ | 20 | 38.7 | — | — | — |
| 脱氟磷灰石 | 14 | 28 | — | — | — |

**表 8-2　商品微量元素盐的规格**（纯度为 100%时）　　（单位:%）

| 元素 | 化合物名称 | 化学式 | 矿物质元素含量（%） |
|---|---|---|---|
| 铁（Fe） | 7 水硫酸亚铁 | $FeSO_4 \cdot 7H_2O$ | Fe=20.1 |
| | 1 水硫酸亚铁 | $FeSO_4 \cdot H_2O$ | Fe=32.9 |
| | 碳酸亚铁 | $FeCO_3 \cdot H_2O$ | Fe=41.7 |
| 铜（Cu） | 5 水硫酸铜 | $CuSO_4 \cdot 5H_2O$ | Cu=25.5 |
| | 1 水硫酸铜 | $CuSO_4 \cdot H_2O$ | Cu=35.8 |
| | 碳酸铜 | $CuCO_3$ | Cu=51.4 |
| 锰（Mn） | 5 水硫酸锰 | $MnSO_4 \cdot 5H_2O$ | Mn=22.8 |
| | 1 水硫酸锰 | $MnSO_4 \cdot H_2O$ | Mn=32.5 |
| | 碳酸锰 | $MnCO_3$ | Mn=47.8 |
| | 氧化锰 | $MnO$ | Mn=77.4 |
| 锌（Zn） | 7 水硫酸锌 | $ZnSO_4 \cdot 7H_2O$ | Zn=22.7 |
| | 1 水硫酸锌 | $ZnSO_4 \cdot H_2O$ | Zn=36.45 |
| | 氧化锌 | $ZnO$ | Zn=80.3 |
| | 碳酸锌 | $ZnCO_3$ | Zn=52.15 |
| 硒（Se） | 亚硒酸钠 | $Na_2SeO_3$ | Se=45.6 |
| | 硒酸钠 | $Na_2SeO_4$ | Se=41.77 |
| 碘（I） | 碘化钾 | $KI$ | I=76.45 |
| | 碘酸钙 | $Ca(IO_3)$ | I=65.1 |
| 钴（Co） | 氯化钴 | $CoCl_2.6H_2O$ | Co=24.3 |

## 六、添加剂

饲料添加剂是指在家兔饲料的加工、贮存、饲喂过程中人工另加的一组物质的总称。其目的在于补充常规饲料的不足，防止和延缓饲料品质的劣化，提高饲料的适口性和利用率，预防疾病，提高家兔的生产性能，改善产品质量等。过去，农村粗放养兔，人们不重视饲料添加剂。实践表明，在饲料添加剂方面，有一份的投入，可换回10份甚至10份以上的回报。家兔快速育肥，不同于粗放饲养，必须对此倍加关注。

生产中所使用的添加剂主要有维生素添加剂、微量元素添加剂（即含硒生长素）、氨基酸添加剂（主要是赖氨酸、蛋氨酸）、抗球虫添加剂（如氯苯胍、氯羟吡啶、地克珠利等）、抑菌促生长添加剂（如杆菌肽锌等）、腐殖酸添加剂、酶制剂（如复合酶、蛋白酶、纤维酶）、诱食剂（如甜味剂）、抗氧化剂、防霉剂、中草药添加剂等。

随着科技的进步、人民生活水平的提高和环保意识的增强，绿色无公害家兔生产越来越受到重视，抗生素类添加剂相继在发达国家禁止，绿色饲料添加剂成为发展的必然。下面介绍几种常用添加剂和具有发展潜力的绿色饲料添加剂。

### （一）维生素

常用的维生素有14种。脂溶性维生素4种，分别是维生素A、维生素D、维生素E、维生素K。水溶性维生素常用的有10种，包括：维生素$B_1$（硫胺素）、维生素$B_2$（核黄素）、维生素$B_3$（泛酸）、维生素$B_4$（胆碱）、维生素$B_5$（烟酸、烟酸胺）、维生素$B_6$（吡哆醇）、维生素$B_{12}$（氰钴维生素）、叶酸、生物素及维生素C（抗坏血酸）。

一般情况下，家兔体内可以合成的维生素C，能以满足正常需要。盲肠内的微生物可以合成大多数B族维生素和维生素K等。其他维生素需要通过饲料添加。

补充维生素一般通过维生素添加剂的方式，或预混料的方式。在添加剂中，不仅有维生素等活性成分，还有载体、稀释剂、吸附剂和保护剂等。

**1. 维生素A添加剂** 维生素A又称作视黄醇或抗干眼醇，是一类具有相似结构和生物活性的高度不饱和脂肪醇，一般主要存在于动物的肝脏中，其中以鱼类肝脏中维生素A含量最高，鱼卵、全乳和蛋黄中含量也很丰富，动物性饲料鱼粉也是一种很好的来源。植物体内不含维生素A，只含有维生素A原——胡萝卜素。青绿饲料、胡萝卜、快速干燥的优质青干草等均含有丰富的维生素A原，而各类籽实及其副产品（玉米除外）、经过日晒雨淋的干草等原料中的维生素A原含量则极低。

维生素A的纯化合物极易被破坏，因此，生产中使用的维生素A多通过酯化以提高其稳定性。维生素A添加剂有维生素A醇、维生素A乙酸酯和维生素棕榈酸酯。

紫外线和氧都可以促使维生素A醋酸酯和维生素棕榈酸酯分解。湿度和温度较高时，稀有金属盐可使其分解速度加快。含有7个水的硫酸亚铁可使维生素A醋酸酯的活性损失严重。与氯化胆碱接触时，活性将受到严重损失。在pH4以下的环境中和在强碱环境中，维生素A很快分解。维生素A酯经过包被后，可使损失减少。维生素A制成微胶囊或颗粒后，活性的稳定性有了很大提高。但是，它仍然是极易受到损害的添加剂之一，在使用和储藏过程中，应特别注意。

维生素A的活性以国际单位（IU）和美国药典单位（USP）表示。其换算如下：

1国际单位（IU）维生素A＝1美国药典单位（USP）维生素A

＝0.300μg结晶维生素A（视黄醇）

＝0.344μg维生素A乙酸酯

＝0.550μg维生素A棕榈酸酯

**2. 维生素D添加剂** 维生素D又称作钙化醇，系类固醇的衍生物。自然界中维生素D以多种形式存在，作为饲料添加剂最重要的是维生素$D_2$（麦角钙化醇）和维生素$D_3$（胆钙化醇）。维生素$D_2$；呈白色至黄色结晶粉末，遇光、氧和酸迅速被破坏。维生素$D_3$和维生素$D_2$结构相似，只是少了一个甲基和一个双键，也对光、氧敏感，但性质比维生素$D_2$稳定，二者对于家兔来说利用率是相同的，因此，维生素$D_3$得到广泛应用，而维生素$D_2$仅少数国家生产。

一般维生素D主要来源于鱼肝油、肝、全脂奶、奶酪和蛋黄中，在活的植物体细胞中不含油维生素D，但含有丰富的维生素D原（麦角固醇）。经过日光或人工紫外光照射之后，可以转变成维生素D。因此，天然干草、篙秆等含有一定的维生素D。动物的皮肤均含有维生素D原（7-脱氢胆固醇），经直接的或反射的日光照射后便转化为维生素$D_3$被机体吸收。

维生素D添加剂有以下几种形式：

维生素$D_2$和维生素$D_3$的干燥粉剂，外观呈奶油色粉末，含量为50万IU/g或20万IU/g。

维生素$D_3$微粒，是饲料工业使用的主要形式。这种维生素$D_3$是以含量为130万IU/g以上的维生素$D_3$为原料，酯化后，配一定量的BHT及乙氧喹啉抗氧化剂，采用明胶和淀粉等辅料，经过喷雾法制成的微粒。产品规格有50IU/g、40IU/g和30IU/g。

维生素A/D微粒，是以维生素A乙酸醇原油与含量为130万IU/g以上的维生素$D_3$为原料，配以一定的BHT及乙氧喹啉抗氧化剂，采用明胶和淀粉等辅料，经喷雾法制成的微粒。维生素A乙酸酯与维生素$D_3$之比为5∶1.

酯化后的维生素$D_3$，又经过明胶、糖和淀粉包被，稳定性好，在常温（20～25℃）条件下，在含有其他维生素添加剂的预混料中，储存一年甚至两年，也没有什么损失。但是，如果温度为35℃，在预混料中储存24个月，活性将降低35%。

维生素D的计量单位为国际单位或国际鸡单位（ICU），与结晶维生素$D_3$的换算关系为：

1国际单位（IU）维生素D＝1国际鸡单位（ICU）维生素D

＝1美国药典单位（USP）维生素D

＝0.025μg结晶维生素$D_3$

胆钙化醇醋酸酯的活性也以0.025ug为一个国际单位，及醋酸分子量可略而不计。

**3. 维生素E添加剂** 维生素E又称生育酚，是一组有生物活性、化学结构相似的酚类化合物的总称。结构上的差异只在于甲基的数量和位置，其中以α-生育酚分布最广，效价最高。α-生育酚在无氧环境中加热至200℃仍很稳定，在100℃以下可不受无机酸的影响，碱对它也无破坏作用。但暴露于氧、紫外线、碱、铁盐和铅盐中即遭破坏。α-生育酚还具有吸收氧的能力，具有重要的抗氧化特性，常用作抗氧化剂，用以防止脂肪、维生素A等氧化分解，但能被酸败的脂肪破坏。

维生素E在动物性饲料中含量极少，仅人和牛的初乳及蛋类中有一定含量，通常主要存在于植物性饲料中，植物油尤其是小麦胚油是维生素E的丰富来源。另外，大多数青绿饲料、籽实胚芽、调制良好的青干草、谷物籽实饲料、酵母、米糠及苜蓿等均为维生素E的良好来源。动物体内不能合成维生素E，只能通过外源的供应来满足家兔生长和繁殖的需要。

维生素E不稳定，经酯化后可提高其稳定性。最常用的维生素E为乙酸酯。饲料工业中应用的维生素E商品多为DL-α-生育酚乙酸酯油剂（微绿黄色或黄色的黏稠液体）经吸附工艺制成，一般有效含量为50%，粉剂一般呈白色或浅黄色粉末，易吸潮。

维生素E的活性单位以国际单位表示，其关系如下：

1IU维生素E = 1USP维生素E

1mgDL-α-生育酚乙酸酯 = 1IU维生素E

1mgDL-α-生育酚 = 1.10IU维生素E

1mgD-α-生育酚 = 1.49IU维生素E

1mgDL-α-生育酚乙酸酯 = 1.36IU维生素E

维生素E在预混料中，5℃条件下储存24个月，仅损失2%，20～25℃条件下，损失7%，35℃条件下，损失13%。可见低温是储存的必要条件。

**4. 维生素K** 维生素K又名凝血维生素或抗出血维生素，是一种甲萘醌衍生物的总称，有多种异构体，常见的有维生素$K_1$、维生素$K_2$、维生素$K_3$和维生素$K_4$。青绿饲料中含有维生素$K_1$，为脂溶性，维生素代谢产物中的是维生素$K_2$，而维生素$K_3$和维生素$K_4$是人工合成的。饲料添加剂中常用的是维生素$K_3$，其生物学价值是维生素$K_2$的3倍，维生素$K_1$的2倍。而维生素$K_3$是水溶性的。就饲料添加剂而言，应列为水溶性维生素。

维生素K在自然界分布广泛，除了鱼粉、动物肝脏、蛋黄富含维生素K外，大多数动物性饲料中含量不多。而大多数绿色多叶植物，包括干草都含有极丰富的维生素K。但谷物饲料和块根类饲料中缺乏维生素K。各种动物的肠道内微生物均可合成维生素K，家兔的合成部位主要在盲肠。

维生素$K_3$添加剂的活性成分是甲萘醌。维生素K添加剂有如下几种：

亚硫酸氢钠甲萘醌（MSB），即维生素$K_3$，有两种规格，一种含活性成分64%，没有加稳定剂，故稳定性较差。另一种是用明胶微囊包被，稳定性好，含活性成分25%或50%。

亚硫酸氢钠甲萘醌复合物（MSBC），是甲萘醌和MSB的复合物，规格含甲萘醌30%以上，是一种晶粉状维生素$K_3$添加剂，可溶于水，水溶液pH为4.5～7，比较稳定，50℃以下对活性无影响。

亚硫酸嘧啶甲萘醌（MPB）是近年来维生素$K_3$的新产品，呈结晶性粉末，是亚硫酸甲萘醌和二甲嘧啶酚的复合体，含活性成分50%，稳定性优于MSBC，但有一定的毒性，应限量使用。

维生素 K 的活性以每千克饲料内有多少克甲萘醌计算。

1mg 维生素 $K_3$（甲萘醌）＝2mgMSB（亚硫酸氢钠甲萘醌）＝4mgMSBC（亚硫酸氢钠甲萘醌复合物）＝4.3mg MPB（亚硫酸嘧啶甲萘醌）。

甲萘醌对矿物质和水分很敏感，而 MSB 比较稳定，MSBC 比 MCB 更稳定，MPB 最稳定。

**5. B 族维生素**　家兔后肠的微生物可以合成大量的水溶性维生素，通过食粪获得，包括硫胺素（维生素 $B_1$）、吡哆醇（维生素 $B_6$）、核黄素（维生素 $B_2$）和尼克酸（维生素 pp）。青绿饲料、小麦粉、豆粕都富含维生素 B，一般情况下家兔很少发生 B 族维生素缺乏症。而家兔在快速生长期和高产母兔，需要额外添加 B 族维生素。

## （二）氨基酸

根据家兔氨基酸需要特点和饲料中氨基酸的组成情况，在养兔生产中主要使用的是蛋氨酸、赖氨酸、胱氨酸和精氨酸。从氨基酸的化学结构来看，除甘氨酸外，都存在 L-氨基酸和 D-氨基酸，用微生物发酵法生产的为 L-氨基酸，用化学合成的为 DL-氨基酸（消旋氨基酸），一般 L 型比 DL 型的效价高 1 倍，但对蛋氨酸来说两种形式效价相等。

**1. 蛋氨酸**　饲料中使用的主要有：DL-蛋氨酸、DL-蛋氨酸羟基类似物（MHA）及其钙盐。在家兔体内蛋氨酸可转化为胱氨酸，而胱氨酸不能转化为蛋氨酸。当饲粮中缺乏胱氨酸时，蛋氨酸能够满足含硫氨基酸的总需要，并能为合成胆碱提供甲基，有预防脂肪肝的作用，对缺乏蛋氨酸和胆碱的饲料添加蛋氨酸都有效。同时，蛋氨酸能促进动物毛发、蹄角的生长，并且有解毒和增强肌肉活动能力等作用。

鱼粉中蛋氨酸含量较高，植物性饲料中含量较低。其添加量与饲料的组成及饲料中蛋氨酸、胱氨酸、胆碱、钴胺素含量有关，原则上只要补充含硫氨基酸（胱＋蛋氨酸）的缺额即可。一般添加量为 0.1%。

**2. 赖氨酸**　用作添加剂的赖氨酸为 L-赖氨酸盐酸盐，商品上标明的含量为 98%，指的是 L-赖氨酸和盐酸的含量，实际上扣除盐酸后，L-赖氨酸的含量仅 78%左右，因此添加时应以 78%的含量计算。

另外，DL-赖氨酸盐酸盐价格便宜，但使用这种商品添加剂时必须搞清楚 L-赖氨酸的实际含量。因为动物体只能利用 L-赖氨酸，没有把 D-赖氨酸转化为 L-赖氨酸的酶，D-赖氨酸不能被动物体利用。

动物性饲料和大豆饼粕中富含赖氨酸。在生长家兔饲料中，赖氨酸的添加量一般占饲料的 0.1%左右。

**3. 苏氨酸**　为家兔的第三限制性氨基酸。可以调整饲料的氨基酸平衡，促进家兔生长；可改善肉质；可改善氨基酸消化率低的饲料的营养价值；可降低饲料原料成本。因此在欧盟国家（主要是德国、比利时、丹麦等）和美洲国家，已广泛地应用于饲料行业。而在我国应用并不普遍。

动物性蛋白饲料中含有较高的苏氨酸，植物性蛋白饲料、优质苜蓿等也是苏氨酸的主要来源。

苏氨酸是一种含有一个醇式羟基的脂肪族α氨基酸，可以有4种异构体，在配合饲料中加入型L-苏氨酸。根据家兔饲料中的含量决定添加量。

### (三) 益生素

有人将其译为促生素、生菌素、促菌素、活菌素等，也被称为“微生态制剂”和“饲用微生物添加剂”等，主要是通过加强肠道微生物区系的屏障功能或通过增进非特异性免疫功能，增强抗病力和体质，防止病菌感染，同时可以提高饲料利用率和生长率。因此，被视为抗生素的最佳替代品之一。

益生素的作用机理是通过下述途径在动物体内发挥其作用：第一，补充有益菌群，改善消化道菌群平衡，预防和治疗菌群失调症。家兔摄入益生素后，消化道有益菌群得到了有效补充，使有益菌在数量和作用强度上占绝对优势，这些菌群的繁殖和代谢，大大地抑制有害菌群的生长繁殖，从而保持菌群的平衡，有效地防止菌群失调病发生；第二，刺激机体免疫系统，提高机体免疫力。益生素中的有益菌均是良好的免疫激活剂，能有效地提高巨噬细胞的活性，通过产生抗体和提高噬菌作用活性刺激免疫，激发机体体液免疫和细胞免疫，使机体免疫力和抗病能力增强；第三，参与菌群生存竞争，协同机体消除毒素和代谢产物。益生素参与消化道有益菌群与致病菌之间的生存和繁殖空间竞争、时间竞争、定居部位竞争以及营养竞争，限制致病菌群的生存、繁殖。有益菌在消化道内生成致密的膜菌群，形成微生物屏障，一方面抑制消化道黏膜病原菌，中和毒性产物；另一方面防止毒素和废物的吸收；第四，改善机体代谢，补充机体营养成分，促进家兔生长。益生素的有益菌群能在消化道繁殖，能促进消化道内多种氨基酸、维生素等一系列营养成分的有效合成和吸收利用，从而促进生长发育和增重。

目前我国的益生素产品众多，剂型多样，如口服糊剂、水溶性粉剂或液剂、直接饲喂的饲料添加剂等。

笔者近年研制的生态素（益生素类产品），在家兔生产中应用，效果良好。其作用有：第一，防治家兔腹泻。以0.1%～0.2%的浓度饮水，或0.2%～0.4%直接喷洒在颗粒饲料上，可有效预防腹泻。当发生腹泻时，口服生态素，大兔2mL，小兔1mL，一天2次，1～2d即愈；第二，促进生长，提高饲料利用率；第三，净化兔舍，除臭消毒。以1%～2%浓度直接喷洒在兔舍粪沟和兔粪上，可降低臭味，由于有益菌的大量增殖，使有害微生物数量降低。

### (四) 寡糖

寡糖又称低聚糖，是指2～10个单糖以糖苷键连接的化合物的总称。这类寡糖本身不具有营养作用，但其到达消化道后段肠道后，能被其中的有益微生物利用，从而促进肠道有益菌群的增殖。因而营养界将这类寡糖归为微生态生长促进剂类饲料添加剂。目前在家兔生产中应用的寡糖主要有寡果糖和异麦芽寡糖等。研究表明，在饲料中适量添加寡糖，可以改善家兔的健康状况，防止腹泻，增强免疫功能，促进生长，提高饲料转化效率。

寡糖的作用机理，多数研究报道寡糖对动物的生产性能和健康状况的影响主要是通过调节消化道后部微生物区系来实现的。

促进机体内形成健康微生物菌相。作为肠道双歧杆菌等有益菌的增殖因子寡糖能被双歧杆菌、乳酸杆菌等有益菌利用，使有益菌大量增殖，而有害菌不能利用。有关专家认为，双歧杆菌具有以下几方面的作用：防止病原菌和腐败菌的滋生；合成B族维生素；增强机体免疫力；分解致癌物质。

间接抑制病原菌。一方面，通过竞争性排斥作用抑制病原菌。另一方面，代谢产物对病原菌的抑制作用。寡糖经有益菌发酵产生的非解离态有机酸（乳酸、醋酸、丙酸、丁酸）具有抗菌作用。大肠埃希氏菌在pH为8时最易生长，而降低pH对其生长有抑制作用。乳酸菌等有益菌分泌的细菌素具有广谱抗菌作用，乳杆菌能抑制腐败菌的生长，减少胃肠道中产胺。

直接抑制某种肠道病原微生物。在动物胃肠道内，微生物表面的糖蛋白（或菌毛）能够特异性地识别肠道黏膜上皮的寡糖受体，并与之结合。当含有寡糖的饲料进入动物体内后，胃肠道中的致病菌就会与之结合，并随粪便一道排出体外。

笔者利用寡果糖在预防断乳仔兔腹泻方面取得成功。以0.2%的浓度添加在饲料中，可有效降低由于低纤维日粮导致的幼兔腹泻，并且具有促生长作用。

### （五）大蒜素

大蒜素是近年来发展起来的一种多功能天然饲料添加剂，以其作用广泛、效果显著、无残留、无抗药性、无致变致畸致癌性、低成本等特点而倍受养殖行业的青睐。大蒜素是百合科多年生宿根草本蒜中所含的主要生物活性有效成分。作为饲料添加剂使用的大蒜素一般是由人工合成的大蒜油为原料制成的预混料，具有多种功能：

杀菌作用。大蒜素对引起动物疾病的大肠杆菌、沙门氏菌、绿脓杆菌等均有良好的抑制和杀灭作用，特别是对于消化道疾病和一般药物预防效果不显著的疾病（如病毒性疾病）都有效果，是目前广大农村为节省投资发展养殖业进行疫病防治的有效途径。

改善饲料的适口性。大蒜素特殊的气味，可起到诱食作用，对于由于适口性较差或由于添加一些预防性药物的饲料，可改善其适口性。对于提高育肥家兔的采食量，实现多吃快长有较好效果。

提高生产性能。大蒜素不仅能增加动物的采食量，而且能防治多种疾病，提高免疫机能，改善动物体内各系统组织功能，促进胃肠的蠕动和各种消化酶的分泌，提高动物对饲料的消化利用，从而使生产性能提高，降低饲料成本。

改善畜舍环境。大蒜素在酶的作用下可变成大蒜瓣素，以粪尿的形式排出，能够阻止粪便中的有害微生物和害虫的繁殖与生长，改善畜舍环境。

笔者以0.1%和0.2%的浓度在饲料中添加大蒜素，对控制断乳仔兔腹泻有良好效果。两个浓度效果接近，因而，以0.1%的添加量即可。对于预防疾病，大蒜素是较理想的抗生素替代品。但不应与益生素类产品同时使用。

### （六）甜菜碱

甜菜碱是一种季胺型生物碱，广泛存在于动植物中，尤以甜菜糖蜜中含量最高。目前养殖业中使用的甜菜碱有两种，一种是从甜菜制糖后的废糖蜜中提取的生物甜菜碱，另一种是用化学合成方法生产的盐酸甜菜碱。其主要功能如下：

第一，作为甲基供体。甜菜碱的分子式中有三个甲基，是有效的甲基供体。甜菜碱作为甲基供体，比氯化胆碱高 2.3 倍，比蛋氨酸高 3.7 倍，甜菜碱是甘氨酸内盐，属于中性物质，不破坏饲料中的维生素。

第二，抗病抗应激作用。甜菜碱具有提高生物细胞抗高温、高盐和高渗透环境的耐受力，调节细胞渗透压平衡，缓解应激反应，增强抗病力。甜菜碱有类似电解质的特征，研究表明，在消化道受病原体侵入的状态下，对猪胃肠道细胞有渗透保护作用，当仔猪因腹泻导致胃肠道失水和离子平衡失调时，甜菜碱能有效地防止水分损失，避免腹泻引起的高血钾症，以维持和稳定胃肠道环境的离子平衡，使受断奶应激的仔猪胃肠道内微生物区系中有益菌占主导地位，有害菌不会大量繁殖，保护消化道内酶的正常分泌及其活力的稳定，改善断奶仔猪消化系的生长发育状况，提高饲料消化利用率，增加采食量和日增重，显著降低腹泻，促进断奶仔猪快速生长。甜菜碱可缓解由于免疫注射给动物带来的应激，可缓解抗球虫药物对动物肠道的伤害。

第三，提高生产性能。甜菜碱能促进生长激素的分泌，促进蛋白质的合成，减少氨基酸的分解，使机体呈氮正平衡。甜菜碱可以提高肝脏和脑垂体中环磷酸腺苷的含量，从而增强脑垂体的内分泌功能，促进脑垂体细胞合成和释放生长激素、促甲状腺激素等激素，增加机体氮储留，从而促进畜禽生长。

第四，改善畜禽胴体性状。甜菜碱能够促进脂肪分解代谢，抑制脂肪沉积，促进肌肉生长和蛋白质增加，提高瘦肉率，降低背膘厚。

### （七）酶制剂

酶是动物机体合成的具有特殊功能的生物活性物质，它的主要功能是催化机体内的生化反应，促进机体的新陈代谢。其种类很多，其作用具有专一性。作为饲料添加剂的主要是蛋白酶、淀粉酶、脂肪酶、纤维素酶、植酸酶、果胶酶等，生产中使用的多为复合酶。在家兔日粮中添加酶制剂的作用和依据：

非淀粉多糖影响日粮养分消化率。水溶性非淀粉多糖在麦类饲料中含量较高，其黏度大，在消化道内吸收大量水分，导致食糜黏度增加，影响营养的消化吸收，增加腹泻率。添加饲用复合酶制剂，外源性木聚糖酶摧毁细胞壁，释放细胞内容物淀粉、蛋白质和脂肪，使之充分与消化道内源酶作用，从而提高饲料养分的消化率和吸收率，提高生产性能。

补足幼兔酶源不足。家兔自身分泌淀粉酶、蛋白酶、脂肪酶等内源性消化酶。但幼兔消化机能尚未发育健全，淀粉酶、蛋白酶、脂肪酶分泌量不足。在家兔日粮中添加复合酶制剂，可补充动物体内酶源不足，将饲料中难以消化吸收的蛋白质和淀粉等大分子化合物降解成氨基酸、肽、胨、单糖、寡糖等小分子化合物，增加饲料中的有效成分，促进营养的吸收，同时还可改变消化道内菌群分布，改善微生物发酵，可以减少由于消化不良而引起的疾病。

消除抗营养因子。大多数谷物中都含有抗营养因子，如蛋白酶抑制剂、单宁、植物凝集素、淀粉酶抑制因子、糖苷、植酸盐、生物碱和非淀粉多糖。这些抗营养因子影响了能量、蛋白质、矿物质和维生素的消化吸收，导致饲料效率下降。在饲料中添加某些微生物蛋白酶，如枯草杆菌蛋白酶可降解胰蛋白酶抑制因子和植物凝集素，消除其抗营养作用，提高饲料蛋白质的消化率和利用率。

增强免疫力。家兔日粮中蛋白质在外源蛋白酶的作用下，可能产生具有免疫活性的小肽，从而提高免疫力。

提高饲料的利用率。家兔对粗纤维在日粮中的含量很敏感，由于体内没有降解纤维素的酶，当日粮中粗纤维含量升高时，不仅加重消化道的负担，而且肠道中的副交感神经兴奋性增加，影响了大肠对粗纤维及其他营养物质的消化吸收，据报道，当粗纤维水平由12%增加到16%时，饲料转化率相应下降31.7%。当日粮中添加一定的酶制剂后，一些营养物质的消化率将得到提高。

降低粪便对环境的污染。淀粉酶、蛋白酶可促进消化大分子和难消化物质，能充分提高家兔对饲料干物质和粗蛋白的利用能力。尤其是对氮利用能力的提高，使粪便排放量减少，产生氨和硫化氢底物降低，减少对环境的污染。

近年来国内外关于酶制剂在家兔生产中的研究较多，多数效果明显。笔者将国产兔用酶制剂添加在生长獭兔日粮中，对于提高饲料利用率和生长速度，效果明显。

使用酶制剂应注意几个问题：酶制剂的种类和生产厂家较多，最好选择兔专用酶制剂，突出纤维酶和蛋白酶；酶是蛋白质，高温将破坏其结构，降低其活性，在制料时应注意；添加量很关键。添加过多和过少都是无益的，应参考前人的试验结果酌情掌握；家兔不同的生理阶段对外源酶的敏感性不同。幼兔阶段效果好，成年兔酶系统发育完善，再添加外源酶制剂效果不明显。

#### （八）中药添加剂

中药来源于天然的动物、植物或矿物质，其成分很复杂，通常含有蛋白质、氨基酸、糖类、油脂、维生素、矿物质、酶、色素、生物碱、鞣酸、黄酮、苷类等，在饲料中添加除可以补充营养外，还有促进生长、增强动物体质、提高抗病力的作用。中药是天然药物，与抗生素或化学合成药物相比，具有毒性低、无残留、副作用小，并对人类医学用药不影响等优越性。同时，中草药资源丰富、来源广、价格低廉、作用广泛，各地在实践中积累了丰富的经验，研制了很多中草药添加剂的优秀配方，有促生长的、促泌乳的、促发情的，还有抗菌消炎解毒的等。因此，开发中草药添加剂具有重大意义，潜力巨大。

## 第二节　家兔饲料中主要营养物质及其功能

### 一、饲料中主要的营养成分

家兔在维持生命活动和生产过程中，必须从饲料中摄取需要的营养物质，将其转化为自身的营养。饲料中主要的营养成分如图8-1。

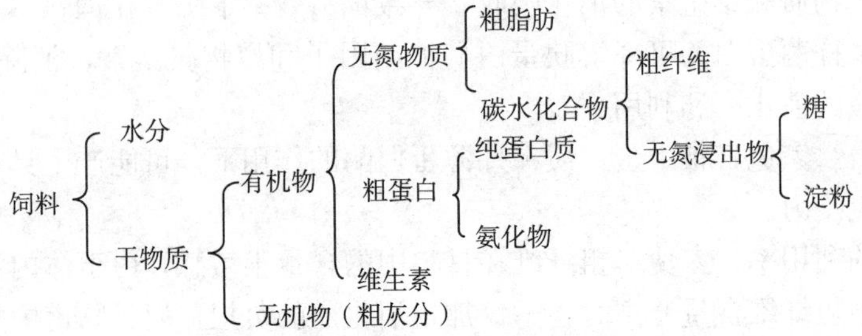


图 8-1　饲料中主要营养成分

## 二、蛋白质及其主要功能

蛋白质是由氨基酸组成的一类含氮化合物的总称，饲料中的蛋白质包括真蛋白质和非蛋白含氮化合物两部分，统称为粗蛋白质。蛋白质是兔体的重要组成成分。据分析，成年家兔体内约含18%的蛋白质，以脱脂干物质计，粗蛋白质含量为80%。

### （一）蛋白质的作用

蛋白质是家兔生命活动的基础，是构成家兔的肌肉、皮肤、内脏、血液、神经、结缔组织等的基本成分；家兔体内的酶、激素、抗体等的基本成分也是蛋白质，在体内催化、调节各种代谢反应和过程；是体组织再生、修复的必需物质；蛋白质是家兔的肉、奶、皮、毛的主要成分，如兔肉中蛋白质的含量为22.3%，兔奶中蛋白质的含量为13%～14%。

### （二）蛋白质的组成

蛋白质的基本组成单位是氨基酸。组成蛋白质的氨基酸有一些在体内能合成，且合成的数量和速度能够满足家兔的营养需要，不需要由饲料供给，这些氨基酸被称为非必需氨基酸。有一些氨基酸在家兔体内不能合成，或者合成的量不能满足家兔的营养需要，必须由饲料供给，这些氨基酸被称为必需氨基酸。家兔的必需氨基酸有精氨酸、赖氨酸、蛋氨酸、组氨酸、异亮氨酸、苯丙氨酸、苏氨酸、色氨酸、缬氨酸、亮氨酸、甘氨酸（快速生长所需）11种。

必需氨基酸和非必需氨基酸是针对饲料中的含量而言，对于家兔生理来讲并没有必需和非必需之分。非必需氨基酸在家兔的营养上也是必不可少的，均为组成家兔体内蛋白质的成分。如兔毛蛋白质中含有硫，而其大部分是以胱氨酸的形式存在。

蛋白质品质的高低取决于组成蛋白质的氨基酸的种类和数量。当蛋白质所含的必需氨基酸和非必需氨基酸的种类、数量以及必需氨基酸之间、必需氨基酸与非必需氨基酸之间比例与家兔所需要的相吻合时，该蛋白质称为理想蛋白质，其本质是氨基酸间的最佳平衡。理想蛋白质的氨基酸平衡模式最符合家兔的需要，因而能最大限度地被利用。研究表明，添加氨基酸可以提高低蛋白日粮的饲料转化率，降低死亡率。在农场条件下，一般用含粗蛋白质18%的颗粒饲料饲喂成年兔，如果氨基酸成分较为平衡，蛋白质水平可以下降到16%。面对蛋白质饲料资源紧缺的现实，研究家兔饲料蛋白质品质将有助于开辟饲料资源。

### (三) 蛋白质在家兔体内的消化代谢

饲料中的蛋白质在口腔中几乎不发生任何变化，进入胃后，在胃蛋白酶的作用下分解为较简单的胨和肽，蛋白胨和肽以及未被消化的蛋白质进入小肠。小肠是消化蛋白质的主要器官。在小肠中胰蛋白酶、糜蛋白酶、肠肽酶的作用下，最终被分解为氨基酸和小肽，被小肠黏膜吸收进入血液。未被消化的蛋白质进入大肠，由盲肠中的微生物分解为氨基酸和氨，一部分由盲肠微生物合成菌体蛋白，随软粪排出体外。软粪被家兔吞食，再经胃和小肠消化。被吞食的软粪中蛋白质总量和必需氨基酸水平较日粮高，干物质中粗蛋白质含量平均为24.4%，每日家兔可从软粪中食入2g菌体蛋白，约为每日蛋白质需要量的10%。对成年家兔营养具重要作用，是蛋白质的一个重要来源，但对仔兔则无实际意义。

家兔能有效消化、利用植物性饲料中的蛋白质，如对苜蓿草粉蛋白质的消化率达75%。

对于非蛋白氮，幼兔不能利用，成年兔的利用率也很低。日粮中过多的尿素等非蛋白氮吸收进入血液，使血液中尿素浓度增加，一方面引起中毒，另一方面机体不得不为消除过多的尿素而动员能量，造成生产性能下降。许多研究证明，当生长兔日粮中缺乏蛋白质(12.5%时)，可加入1.5%的尿素，一般认为尿素安全用量为0.75%～1.5%，同时必须加入0.2%的蛋氨酸。国外的研究证实，尿素和其他非蛋白氮不能改善低蛋白日粮的生长率。另据试验，母兔日粮中尿素含量不能超过1%，否则会影响其繁殖率。

从胃肠道中吸收进入血液的氨基酸和小肽被转运至机体的各个组织器官，合成体蛋白、乳蛋白、修补体组织或氧化供能，进入体内部贮存氨基酸，多余者在肝脏中脱氨，形成尿素经肾脏排出。

### (四) 蛋白质不足和过量对家兔的影响

蛋白质是家兔体内重要的营养物质，在家兔体内发挥着其他营养物质不可代替的营养作用。当饲料中蛋白质数量和质量适当时，可改善日粮的适口性，增加采食量，提高蛋白质的利用率。当蛋白质不足或质量差时，表现为氮的负平衡，消化道酶减少，影响整个日粮的消化和利用；血红蛋白和免疫抗体合成减少，造成贫血，抗病力下降；蛋白质合成障碍，使体重下降，生长停滞；严重者破坏生殖机能，受胎率降低，产生弱胎、死胎。据试验，当日粮粗蛋白质含量低至13%时，母兔妊娠期间增重少，甚至出现失重现象。对神经系统也有影响，引起的各方面的阻滞更是无法自行恢复。当蛋白质供应过剩和氨基酸比例不平衡时，在体内氧化产热，或转化成脂肪储存在体内，不仅造成蛋白质浪费，而且使蛋白质在胃肠道内引起细菌的腐败过程，产生大量的胺类，增加肝、肾的代谢负担。因此，在养兔生产实践中，应合理搭配家兔日粮，保障蛋白质合理的质和量的供应，同时，要防止蛋白质的不足和过剩。

## 三、碳水化合物及其主要功能

### (一) 碳水化合物组成及分类

碳水化合物由碳、氢、氧三元素组成，遵循C∶H∶O为1∶2∶1的结构规律构成基本糖单位，所含氢与氧的比例与水相同，故称为碳水化合物。碳水化合物在植物性饲料中占70%左右。家兔体内的碳水化合物的数量很少，主要以葡萄糖、糖原和乳糖的形式存在。

按常规分析法分类，碳水化合物分为无氮浸出物（可溶性碳水化合物）和粗纤维（不可溶性碳水化合物）。前者包括单糖、双糖和多糖类（淀粉）等，后者包括纤维素、半纤维素、木质素和果胶等。现代的分类法将碳水化合物分为单糖、低聚糖（寡糖）、多聚糖及其他化合物。

单糖是碳水化合物的最简单的形式，根据其碳原子的数目，分为三碳糖、四碳糖、五碳糖及六碳糖等。对动物起重要作用的主要有葡萄糖、果糖、半乳糖。

寡聚糖是2～10个单糖通过糖苷键连接起来的聚合物。其中二糖由2个糖单位组成的糖。主要包括蔗糖、乳糖、麦芽糖。三糖中棉子糖是最普遍的一种糖，由葡萄糖、果糖和半乳糖各一分子所构成。它几乎和蔗糖一样广泛存在与植物中。

多糖是由10个以上单糖组成的碳水化合物，大多数为高分子。从营养的角度，多糖分为营养性多糖（贮存性多糖）和结构性多糖（粗纤维）。

植物性饲料中的淀粉和动物体内的糖原属于营养性多糖或贮存性多糖。淀粉是植物最主要的贮备物质，主要存在于禾本科作物的籽实中，是一种重要的葡聚糖，由于其结构及葡萄糖分子聚合方式不同，可分为直链淀粉和支链淀粉两类。直链淀粉在结构上是葡萄糖残基多是以$\alpha$-1，4键连接，支链淀粉则多以$\alpha$-1，6键连接，二者的比例为15%～25%比75%～85%。淀粉在天然状态下以颗粒的形态存在，颗粒的大小和形状随植物种类不同而变化。

糖原存在于动物的肝、肌肉及其他组织中，是动物体内主要的碳水化合物贮备物质，其属于葡聚糖类，结构上与支链淀粉类似，素有“动物淀粉”之称。肌糖原一般占肌肉鲜重的0.5%～1.0%，占总糖原的80%；肝糖原占肝鲜重的2%～8%，占总糖原的15%；其他组织中糖原约占总糖原的5%。

结构性多糖即传统分类中的粗纤维，是构成植物细胞壁的基本结构，主要包括纤维素、半纤维素、木质素、果胶等。

纤维素是一种以纤维二糖（两分子葡萄糖构成）为重复单位的高聚糖。在结构上，葡萄糖残基间以$\beta$-1，4键连接，而且在其链的内部和链与链之间的氢键可延伸，其结果是形成了一个具有很大强度的纤维素结构，难于被家兔体内的酶降解。

半纤维素是植物贮备物质与支持物质的中间类型，由五碳糖和六碳糖构成的长链碳水化合物，木聚糖是半纤维素类中最丰富的一种。不溶于水，但溶于稀碱和许多有机溶剂。

果胶也属于多糖类，作为细胞间的连接物质存在于细胞间，还有一部分充满在细胞壁纤维性物质的间隙。存在于植物体内的果胶有三种形态，即原果胶、果胶和果胶酸，果实和根中含量较多。

木质素是由四种醇单体（对香豆醇、松柏醇、5-羟基松柏醇、芥子醇）形成的一种复杂酚类聚合物，而并非碳水化合物，但是它却与这类化合物以牢固的化学键紧密缔合在一起，使植物细胞壁具有化学的和生物学的抵抗力和机械力，因而对化学降解具有很大的阻力，使这些化合物无法被消化利用。

### （二）碳水化合物的功能

碳水化合物是家兔体内能量的主要来源，能提供家兔所需能量的60%～70%，每克碳水化合物在体内氧化平均产生16.74kJ的能量。碳水化合物，特别是葡萄糖是供给家兔代谢活动快速应变需能的最有效的营养素，脑神经系统、肌肉、脂肪组织、胎儿生长发育、乳腺等代谢唯一的能源。

作为家兔体内的营养贮备物质。碳水化合物除直接氧化供能外，在体内可转化成糖原和脂肪贮存。糖原的贮存部位为肝脏和肌肉，分别被称为肝糖原和肌糖原。

家兔体组织的构成物质。碳水化合物普遍存在于家兔体的各个组织中，如核糖和脱氧核糖是细胞核酸的构成物质。粘多糖参与构成结缔组织基质；糖脂是神经细胞的组成成分；碳水化合物也是某些氨基酸的合成物质和合成乳脂和乳糖的原料。

### （三）碳水化合物的消化、吸收与代谢

碳水化合物中的无氮浸出物和粗纤维在化学组成上颇为相似，均以葡萄糖为基本结构单位，但由于结构不同，它们的消化途径和代谢产物完全不同。

**1. 无氮浸出物的消化、吸收和代谢**　无氮浸出物是碳水化合物中的可溶性部分，是家兔饲料中主要的组成成分，其在兔体内的消化、吸收和代谢主要依赖胃肠道中消化酶（淀粉酶、蔗糖酶、异麦芽糖酶、麦芽糖酶、乳糖酶等）的作用。无氮浸出物中的单糖可不经消化，直接吸收后，参与体内代谢；二糖在小肠中相应酶类的作用下分解为单糖，其中麦芽糖酶可将麦芽糖水解为葡萄糖，乳糖酶及蔗糖酶分别将乳糖和蔗糖分解为半乳糖、葡萄糖和果糖。家兔与猪、禽不同之处是唾液中缺乏淀粉酶，因而在家兔口腔中很少发生酶解作用。淀粉在胃内仅受到初步的消化然后进入小肠。小肠中的十二指肠是碳水化合物消化吸收的主要部位，在十二指肠与胰液、肠液、胆汁混合后，$\alpha$-淀粉酶将淀粉及相似结构的多糖分解成麦芽糖、异麦芽糖和糊精。至此，饲料中的营养性多糖基本上都被分解为二糖，然后由肠黏膜产生的二糖酶彻底分解成单糖被吸收。在小肠中未被消化的碳水化合物进入盲肠和结肠。因其黏膜分泌物中不含消化酶，主要由微生物发酵分解，产生挥发性脂肪酸（乙酸、丙酸及丁酸）和气体。前者被机体吸收利用，相当于每日能量需要的10%～12%。后者被排出体外。

无氮浸出物被消化成单糖后经主动载体转运而被小肠吸收。无氮浸出物在家兔体内以葡萄糖的形式吸收后，一部分通过无氧酵解、有氧氧化等分解代谢，释放能量供兔体需要；一部分进入肝脏合成肝糖原暂时贮存起来，还有一部分通过血液被输送到肌肉组织中合成肌糖原，作为肌肉运动的能量。当有过多的葡萄糖时，则被送至脂肪组织及细胞中合成脂肪作为能量的贮备。哺乳兔则有一部分葡萄糖进入乳腺合成乳糖。兔以碳水化合物的

形式贮存的能量很少，贮存于肝脏和肌肉组织中的糖原是组织快速产生能量的来源，它是保持血糖恒定的主要因素。

家兔能有效地利用禾谷类饲料中的糖和淀粉，据报道，无氮浸出物在家兔体内的消化率为70%左右。但选择性较强，经研究发现，玉米的适口性和生产效果不如大麦、小麦和燕麦，可能是玉米淀粉比其他淀粉更难消化。有学者建议，如果饲料中消化能达到9.4～9.6MJ/kg，则淀粉的最大量为13.5%～18.0%，粗纤维最少为15.5%～16%。但又有人研究表明，采用含淀粉11%～12%、粗纤维16.5%～17%的饲料和含淀粉13.5%～15.5%、粗纤维15%～15.5%的饲料对比，死亡率并无区别。

**2. 粗纤维的消化、吸收和代谢** 家兔没有消化纤维素、半纤维素和其他纤维性碳水化合物的酶，对这些物质在一定程度上的利用主要是盲肠和结肠中的微生物作用，将其分解为挥发性脂肪酸和气体，其中乙酸78.2%、丙酸9.3%及丁酸12.5%。前者被机体吸收利用。后者被排出体外。

家兔在体内代谢过程中，既可利用葡萄糖供能，又可利用挥发性脂肪酸。据报道，在水解过程中，每克乙酸、丙酸、丁酸产生的热能分别为14.434kJ、19.073kJ、24.894kJ。家兔从这些脂肪酸中得到的能量可满足每日能量需要的10%～20%。

家兔是草食动物，具有利用低能饲料的生理特点，利用粗纤维的能力比猪、禽强。但由于其发达的盲肠和结肠位于消化道的末端，消化时肠道肌肉运动将纤维性组分迅速挤入结肠，未被充分消化便被排出体外，同时通过逆蠕动将非纤维性组分送入盲肠发酵，致使纤维性组分在盲肠中发酵概率降低。因此，家兔对利用粗纤维的能力不如其他草食动物，如马、牛、羊。据资料报道，家兔对粗饲料仅能消化10%～28%，对青绿饲料为30%～90%，精饲料能消化25%～80%。

有关家兔日粮中粗纤维的水平，有研究表明，为防止腹泻，日粮中至少需要6%的纤维，加上保险系数，在家兔日粮中至少采用10%的粗纤维。美国推荐量为：生长兔12%，妊娠兔10%～14%，泌乳兔10%～12%，维持14%；法国的推荐量为：生长兔15%，种兔16%；日本的推荐量为：种兔8.4%。我国试验认为，肉兔日粮中14%～16%的粗纤维水平利于正常生产。据报道，肉兔日粮中粗纤维水平低于6%时，则会引起明显的腹泻。当高于20%时，影响家兔对蛋白质等营养物质的消化，生长率显著下降。

## 四、脂肪及其主要功能

### （一）脂肪的组成及分类

脂肪是广泛存在于动植物体内的一类具有某些相同理化特性的营养物质，其共同特点是不溶于水，但溶于多种有机溶剂，营养分析中把这类物质统称为粗脂肪。根据其结构的不同被分为真脂肪和类脂肪两大类。

真脂肪即中性脂肪，是由一分子甘油和3分子脂肪酸构成的酯类化合物，故又称为甘油三酯。构成脂肪的脂肪酸自然界中约有40多种，其中绝大多数是含偶数碳原子的直链脂肪酸，包括不含双键的饱和脂肪酸和含有双键的不饱和脂肪酸。在不饱和脂肪酸中，有几种多不饱和脂肪酸在家兔的体内不能合成，必须由日粮供给，对机体正常机能和健康具有保护作用，这些脂肪酸叫必需脂肪酸。主要包括α-亚麻酸（18：3ω3）、亚油酸（18：2ω6）和花生四烯酸（20：4ω6）。

类脂肪是含磷或含糖或其他含氮的有机物质，在结构或性质上与真脂肪相近的一类化合物。主要包括磷脂、糖脂、固醇及蜡。

磷脂和甘油三酯相似，只不过其中一个脂肪酸被正磷酸和一个含氮碱基取代。它是动植物细胞的重要组成成分，在动物的各个组织器官如脑、心脏和肝脏内均含有大量的磷脂，植物的种子中含量较多。磷脂中以卵磷脂、脑磷脂和神经磷脂最为重要。

糖脂是一类含糖的脂肪，其分子中含有脂肪酸、半乳糖及神经氨基醇各一分子。主要存在于动物外周和中枢神经中，也是禾本科青草和三叶青草中脂肪的主要组成成分。

固醇是一类高分子的一元醇，不含脂肪酸，但具有和甘油三酯相同的可溶性和其他特性。在动植物界中分布很广，主要有胆固醇和麦角固醇。

蜡是由高级脂肪酸和高级一元醇所生成的酯，一般为固体，不易水解。其主要存在于植物的表面和动物的毛表面，具有一定的防水性。

### （二）脂肪的功能

脂肪是含能最高的营养素，与碳水化合物比较，每克脂肪燃烧产热量是同等重量的碳水化合物的2.25倍。正是由于脂肪可以较小的体积蕴藏较多的能量，所以它是供给家兔能量的重要来源，也是兔体内贮备能量的最佳形式。并且有大量的研究表明，有些器官利用脂肪酸作为供能的原料优先于糖类。另外，脂肪酸比其他物质氧化产生更多的代谢水，对于处于干燥环境下的家兔是有利的。

脂肪是构成家兔体组织的重要原料。家兔的各种组织器官如神经、肌肉、皮肤、血液的组成中均含有脂肪，并且主要为类脂肪，如磷脂和糖脂是细胞膜的重要组成成分；固醇是体内合成类固醇激素和前列腺素的重要物质，它们对调节家兔的生理和代谢活动起着重要作用。甘油三酯是机体的贮备脂肪，主要贮存在肠系膜、皮下组织、肾脏周围以及肌纤维之间。这种脂肪一方面在家兔需要时可被动用，参加脂肪代谢和氧化供能，另一方面有保护内脏器官、关节和皮肤的作用。

脂肪是脂溶性维生素的溶剂。饲料中的脂溶性维生素A、维生素D、维生素E、维生素K均须溶于脂肪后才能被消化、吸收和利用。试验证明，饲料中有一定量的脂肪可促进脂溶性维生素的吸收，日粮中含有3%的脂肪时，家兔能吸收胡萝卜素60%～80%，当脂肪量仅为0.07%时，只能吸收10%～20%。饲料中脂肪的缺乏，可导致脂溶性维生素的缺乏。

脂肪的“超能效应”或“超代谢效应”。含脂肪多的食糜比含脂肪少的食糜通过消化道的速度要慢得多，这就增加了其他养分被消化吸收的时间。因此家兔日粮中添加的脂肪有助于改善碳水化合物和蛋白质等养分在小肠中的消化和吸收，而碳水化合物在小肠内的消化比在大肠内的消化具有更高的利用率。因此，日粮中添加脂肪往往会获得比预期更多的能量，这种现象被称之为“超能效应”或“超代谢效应”。

脂肪热增耗低，可减少家兔的热应激。生长和泌乳动物在生产活动中要贮备和分泌相当多的脂肪，利用日粮中的脂肪进行体内脂肪的贮备和分泌要比利用碳水化合物和蛋白质产生的效率要高，这就意味着脂肪的热增耗低。对热应激较敏感的家兔来说，低热增耗对于减少热应激时非常重要的。

必需脂肪酸是细胞膜结构的重要成分，是膜上脂类转运系统的组成部分。当缺乏必需脂肪酸时，皮肤细胞对水的通透性增强，毛细血管的脆性和通透性增高，从而导致水代谢紊乱而引起水肿和皮肤病变。必需脂肪酸是体内合成重要生物活性物质（如前列腺素）的先体。前列腺素是由油酸合成，它可控制脂肪组织中甘油三酯的水解过程。必需脂肪酸缺乏时，前列腺素合成减少，脂肪组织中脂解作用加速。必需脂肪酸和蛋白质、氨基酸一样，是生长的一个限制因素，生长迅速的家兔反映更敏感。生长兔需要稳定供给必需脂肪酸才能保证细胞膜结构正常，有利于生长。日粮必需脂肪酸缺乏，导致家兔生长受阻。

### （三）脂肪的消化、吸收与代谢

脂肪的消化不只是将日粮的脂肪变成可吸收的基本单位，而且通过消化使日粮中的脂肪变成与水混合的微粒分散于水中，有利于肠绒毛膜的吸收。

日粮中的脂肪进入小肠后，与大量的胰液和胆汁混合，经肠蠕动乳化，使胰脂肪酶在脂肪和水交界面有更多接触。胰脂肪酶能将食糜中的甘油三酯分解脂肪酸和甘油。磷脂由磷脂酶水解成溶血磷酯和脂肪酸。胆固醇酯由胆固醇酯水解酶水解成脂肪酸和胆固醇。饲料中的脂肪 50%～60%在小肠中分解为甘油和脂肪酸。

日粮脂类在大肠中微生物的作用下被分解为挥发性脂肪酸。不饱和脂肪酸在微生物的作用下，变成饱和脂肪酸，胆固醇变成胆酸。

对消化脂类的吸收主要是在回肠依靠微粒途径。大部分固醇、脂溶性维生素等非极性物质，甚至部分甘油三酯都随脂类——胆盐微粒吸收。脂类水解产物通过易化扩散过程吸收（是指一些非脂溶性或脂溶性较小的小分子物质，在膜上载体蛋白和通道蛋白的帮助下，顺电—化学梯度，从高浓度一侧向低浓度一侧扩散的过程）。脂肪酸与载体蛋白形成复合物转运。

家兔能很好地利用植物性脂肪，消化率为 83.3%～90.7%。对动物性脂肪利用较差。据报道，在母兔全价颗粒料中加入 2%大豆油，可使 21 日龄仔兔窝重和饲料转化率提高，70 日龄幼兔死亡率下降 7.7%。另有研究表明，家兔日粮中添加脂肪（3%的牛油、油酸脂和豆油）可显著提高能量和脂肪的消化率，对盲肠微生物菌丛和纤维消化无副作用，而提高酸性洗涤纤维消化率（14.1%～22.2%）。

国内多数商品兔的颗粒饲料中脂肪的含量为 2%～4%。由于缺乏优质的粗饲料，饲料中的能量含量往往不足。因此，若添加一定的脂肪，会改善饲料的性能。

## 五、能量及其主要功能

### （一）能量的来源

家兔生长和维持生命活动的过程，均为物质的合成与分解的过程，其中必然发生能量的贮存、释放、转化和利用。家兔只有分解某些物质才能获得能量，同时，只有利用这些能量才能促进所需物质的合成。因此，动物的能量代谢和物质代谢是不可分割的统一过程的两个方面。

家兔所需能量来源于饲料中碳水化合物、脂肪和蛋白质三大有机物在体内进行的生物氧化。三种有机物在体外测热器中测得的能值为：碳水化合物，17.36kJ/g；脂肪，39.33kJ/g；蛋白质，23.64kJ/g。碳水化合物中的无氮浸出物是动物主要的能量来源。饲料中的脂肪和脂肪酸、蛋白质和氨基酸在体内代谢也可以提供能量，脂肪提供的能量是碳水化合物的2.25倍。但一般的饲料中脂肪的含量不如碳水化合物多。蛋白质在体内氧化不完全，部分形成尿素、尿酸随尿排出体外，其中含有能量，因此每克产热较体外少5.44kJ。蛋白质资源比较缺乏，用作能源价值昂贵，且产生过多的氨对机体有害，一般不作为能量的主要来源。另外，在绝食、高产时也可动用体内贮备的糖原、脂肪和蛋白质来供能，以缓解临时所需，维持体内的稳恒状态。但是，这种方式供能比直接用饲料供能效率要低。

## （二）能量的代谢

饲料中的能量以化学潜能的形式蕴藏在营养物质中，家兔营养物质的代谢必然伴随着能量的代谢，二者是家兔代谢的两种不同形式。饲料中的营养物质被家兔采食、消化、吸收、代谢形成产品的过程中，能量的变化形式如图8-2。

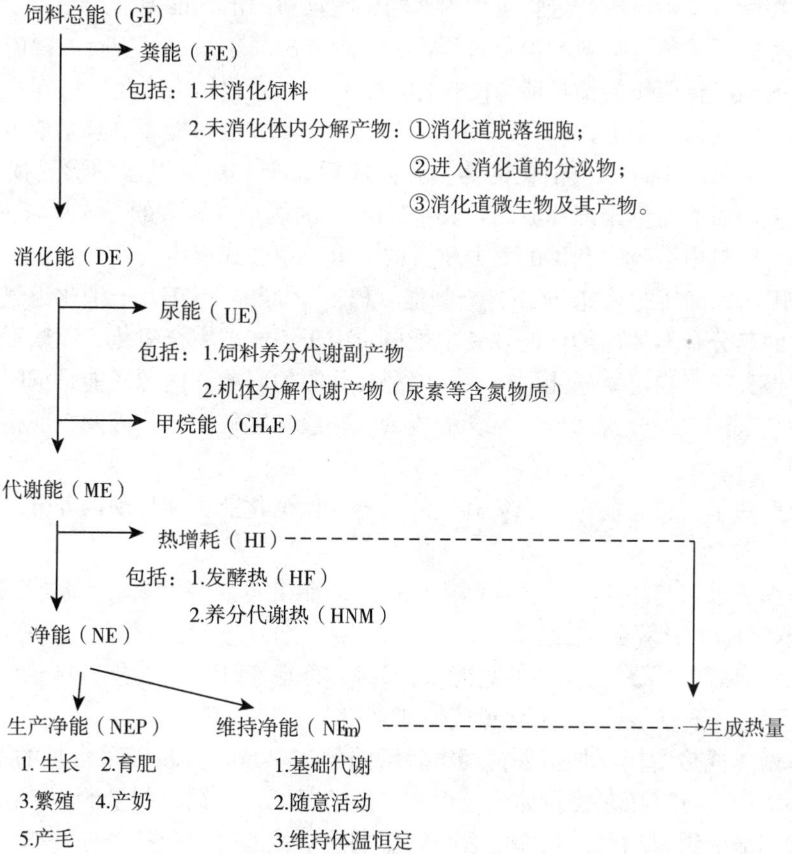


图8-2　能量在家兔体内的转化

总能指饲料中有机物质在体外完全氧化（燃烧）生成二氧化碳和水，以热的形式释放出的能量。是饲料中三大有机物质（碳水化合物、脂肪、蛋白质）含能的总和。单位饲料完全氧化所释放的能量为饲料的能值，它表明不同饲料总能含量的高低，常用千焦/克（kJ/g）或兆焦/千克（MJ/kg）表示。

饲料中所含的能量在兔的消化吸收和代谢过程中不能完全被利用，一般以粪、尿、气体及体温等形式有一定的损失。总能只表明饲料经完全燃烧后化学能转化为热能的多少，而不能说明被家兔利用的有效程度，因此，用总能来作为评定饲料能量营养价值的指标意义不大。但总能值是评定各种有效能的基础数据。

消化能是指饲料总能减去粪中损失的能量（粪能，FE）。即：

消化能（DE）＝总能（GE）－粪能（FE）

由于家兔的粪中除了未被消化的饲料，还含有微生物及其产物、肠道分泌物及脱落的细胞等，其本身也含有能量（粪代谢能，FmE），在计算消化能时未予以考虑，因此测得的消化能为表观消化能（ADE）。真消化能（TDE）应为：总能－（粪能－粪代谢能）。

真消化能测定困难，测定方法存在一定问题，它只有理论上的意义，所以一般所说的消化能都指表观消化能。

粪能损失的量与饲料类型等因素有关。凡是能影响消化率的因素均影响消化能，品种、个体、年龄、日粮组成、进食量等因素均影响饲料的消化能值。

消化能考虑了家兔对饲料的消化过程，且测定方法简单易行，现行的国内外家兔的饲养标准中一般以消化能作为衡量能量的指标。但是由于消化道内微生物的作用，饲料消化过程中生成一些气体（$CO_2$、$CH_4$、$H_2S$、$H_2$ 等），其所含的能量在吸收前被损失掉了，但数量很少，可忽略不计。被消化的养分在吸收后，有一部分以尿的形式损失掉。据测定，可消化蛋白质的能量全部释放时，其中约20%的能量以尿素的形式从尿中损失掉了。

代谢能为饲料中被吸收利用的养分所含的能量。用公式表示为：

代谢能（ME）＝饲料的总能（GE）－粪能（FE）－尿能（UE）－消化道气体能（Eg）

被吸收的养分参与体内的代谢，其中蛋白质由于不能被完全氧化，以尿素的形式排出体外。尿能损失相当稳定。尿能同样存在内源和外源的问题，内源尿能是饲喂无氮日粮时随尿排出的氮（体组织分解产生）所含的能量，一般测定较困难。因此一般指的是表观代谢能（AME）。

代谢能反映了饲料总能可供家兔利用的部分，比消化能更能反映内养分的生理氧化的实际情况。

净能是真正被家兔用于维持生命和生成产品的能量。数值上等于代谢能减去食后体增热（热增耗，HI）。计算公式为：

净能（NE）＝饲料的总能（GE）－粪能（FE）－尿能（UE）
－消化道气体能（Eg）－体增热（HI）

食后体增热或热增耗，是指采食饲料后增加的产热量。其量随采食量的增加而提高。在寒冷的环境中，可以用来维持体温，但在一般情况下，是饲料能量的一种损失。

影响代谢能的因素均可影响净能含量，影响热增耗的因素包括养分种类、日粮特点及养分的用途等。蛋白质的热增耗高于脂肪和碳水化合物，日量热增耗的高低依赖于三大有机物质的比例和日粮的平衡水平。

净能可分为维持净能（NEm）和生产净能（NEp）。维持净能（NEm）是指饲料中用于维持生命活动和逍遥运动所需要的能量，这部分能量最终以热的形式散失。生产净能（NEp）是指饲料中用于合成产品或沉积到产品中的能量。

Fekete（1987）指出，与净能和代谢能相比，家兔采用消化能最为实用，具有测定简单、易于重复、成本低、时间短等优点，因消化能与饲料实际生产能力呈强相关。因此，衡量家兔饲料营养价值和营养需要的能量指标，一般用消化能。用新西兰兔进行消化代谢试验得出日粮代谢能与消化能的关系为：　代谢能=0.93×消化能。

由饲料能量在体内的转化过程可见，饲料的能量在体内的转化要消耗一定的能量，仅粪能的消耗，成年兔占60%，幼兔占10%，真正可利用的净能不到40%。在生产中，要注意减少能量消耗，提高能量利用率。

### （三）饲料中的能量水平对家兔生产性能的影响

日粮的能量水平直接影响生产水平。实践证明，家兔能在一定能量范围内随日粮能量水平的高低调节采食量，以获得每天所需要的能量。即高能日粮采食量低，低能日粮采食量高。因此，日粮的能量水平是决定采食量的重要因素。这就要求在配合日粮时首先在满足能量需要的基础上，调整日粮中其他各种营养物质的含量，使其与能量有一适当的比例。这种日粮叫作平衡日粮。家兔采食一定的平衡日粮，既能获得所需的能量，又能摄入足够的所需要的其他营养物质，因而能发挥其最高的生产潜力，饲养效果最好。当日粮容积很大，日粮能量不足时，会导致家兔健康恶化，能量利用率降低，体脂分解多导致酮血症，体蛋白分解导致毒血症。能量水平过高会导致体内脂肪沉积过多，种兔过肥影响繁殖机能。

由于家兔的肠道容积相对较大，可接纳的饲料采食量也就大，并且高纤维低能饲料通过肠道的速度快，因此，家兔具有很好的利用低能饲料的能力。一般来说，采用颗粒饲料饲养家兔时，日粮能量不会出现缺乏，但采用天然饲料，日粮配比种类单调，容积很大时，有可能感到能量不足。要针对不同种类、不同生理状态控制合理的能量水平，保证家兔健康，提高生产性能。

## 六、矿物质及其主要功能

矿物质是一类无机的营养物质，是兔体组织成分之一，约占体重的5%。根据体内含量分为常量元素（钙、磷、钾、钠、氯、镁和硫等）和微量元素（铁、锌、铜、锰、钴、碘、钼、硒等）。

### （一）钙和磷

钙和磷是骨骼和牙齿的主要成分。钙对维持神经和肌肉兴奋性及凝血酶的形成具有重要作用。磷以磷酸根的形式参与体内代谢，在高能磷酸键中贮存能与DNA、RNA以及许多酶和辅酶的合成，在脂类代谢中起重要作用。

钙、磷主要在小肠吸收，吸收量与肠道内浓度成正比，维生素D、肠道酸性环境有利于钙磷吸收，而植物饲料中的草酸、植酸因与钙磷结合成不溶性化合物而不利于吸收。

钙、磷不足主要表现为骨骼病变。幼兔和成兔的典型症状是佝偻病和骨质疏松症。另外，家兔缺钙还会导致痉挛、母兔产后瘫痪，泌乳期跛行。缺磷主要为厌食、生长不良。一般认为日粮中钙水平1.0%～1.5%，磷的水平为0.5%～0.8%，二者比例2∶1可以保证家兔的正常需要。

家兔能忍受高钙。据报道，日粮含钙4.5%，钙磷比例12∶1时不会降低幼兔的生长速度和母兔的繁殖性能。其原因是家兔对钙的吸收代谢与其他家畜不同。家兔血钙受饲料钙水平影响较大，不被降血钙素、甲状旁腺素所调节。家兔肾脏对维持体内钙平衡起重要作用，家兔钙的代谢途径主要是尿，当喂给家兔高钙日粮时，尿钙水平提高，尿中有沉积物出现。据报道，家兔只有高钙，且钙、磷比例1∶1或以上时，才能忍受高磷（1.0%～1.5%），过多的磷由粪排出。家兔对植物性饲料中磷的利用率为50%左右，较其他家畜高。其原因是盲肠和结肠中微生物分泌的植酸酶能分解植酸盐而提高对磷的利用。

### （二）钠、氯、钾

钠和氯主要存在于细胞外液而钾则存在于细胞内。三种元素协同作用保持体内的正常渗透压和酸碱平衡。钠和氯参与水的代谢，氯在胃内呈游离状态，和氢离子结合成盐酸，可激活胃蛋白酶，保持胃液呈酸性，具有杀菌作用。氯化钠还具有调味和刺激唾液分泌的作用。

植物性饲料中含钾多，很少发生缺钾现象。据报道，生长兔日粮中钾的含量至少为0.6%，如果含量在1.0%以上，则会引起家兔的肾脏病。而钠和氯含量少且由于钠在家兔体内没有贮存能力，所以必须经常从日粮中供给。据试验，日粮中钠的含量应为0.2%，氯为0.3%。当缺乏钠和氯时，幼兔生长受阻，食欲减退，出现异食癖等。一般生产中，家兔日粮以食盐形式添加，水平以0.5%左右为宜。

家兔对钠和钾有多吃多排的特点，当限制饮水和肾功能异常时，采食过量氯化钠会引起家兔中毒。

### （三）镁

家兔体内70%的镁存在于骨骼和牙齿中。是多种酶的活化剂，在糖和蛋白质的代谢中起重要作用，能维持神经、肌肉的正常机能。家兔对镁的表观消化率为44%～75%。镁的主要排泄途径是尿，和钙相似。

家兔缺镁导致过度兴奋而痉挛，幼兔生长停滞，成兔耳朵明显苍白和毛皮粗糙。当严重缺镁（日粮中镁的含量低于57mg/kg）时，兔发生脱毛现象或“食毛癖”，提高镁的水平后这种现象可停止。日粮中严重缺镁将导致母兔的妊娠期延长，配种期严重缺镁，会使产仔数减少。据试验，肉兔日粮中含有0.25%～0.40%的镁可满足需要。一般情况下，日粮中镁的含量可以满足家兔的需要，所以补饲镁的意义不大。

### （四）硫

硫在体内主要以有机形式存在，兔毛中含量最多。硫是蛋白质代谢中含硫氨基酸的成分，在脂类代谢中是起重要作用的生物素的成分，也是碳水化合物代谢中起重要作用的硫胺素的成分，又是能量代谢中起重要作用的辅酶 A 的成分。

当家兔日粮中含硫氨基酸不足时，添加无机硫酸盐，可提高肉兔的生产性能和蛋白质的沉积。即如果在饲料中添加一定量的无机硫，则能减少家兔对含硫氨基酸的需要量。硫对兔毛皮生长有重要作用，对于毛兔，日粮中含硫氨基酸低于 0.4%时，毛的生长受到限制，当提高到 0.6%～0.7%时，可提高产毛量。

### （五）铁

铁是血红蛋白、肌红蛋白以及多种氧化酶的组成成分，与血液中氧的运输及细胞内生物氧化过程有着密切的关系。

缺铁的典型症状是贫血，表现为体重减轻，倦怠无神，黏膜苍白。但家兔的肝脏有很强的贮铁的能力。

仔兔和其他家畜一样，出生时肝脏中贮存有丰富的铁，但不久就会用尽，而且兔乳中含铁量很少，需适量补给。一般每千克日粮铁的适宜含量为 100mg 左右。

### （六）铜

铜作为酶的成分在血红素和红细胞的形成过程中起催化作用。缺铜会发生与缺铁相同的贫血症。家兔对铜的吸收仅为 5%～10%，并且肠道微生物还将其转化成不溶性的硫化铜。过量的钼也会造成铜的缺乏，故在钼的污染区，应增加铜的补饲。

仔兔出生时铜在肝脏中的贮存量也是很高的，但在出生后两周就会迅速下降，兔乳中铜的含量也很少（0.1mg/kg）。通常在家兔日粮中，铜的含量以 5～20mg/kg 为宜。如果喂给高水平的铜饲料（40～60mg/kg），虽然生长速度明显提高，但会减少盲肠壁的厚度。据报道，在苜蓿＋豆饼的基础日粮中添加 0.1%的无水硫酸铜，家兔的日增重、饲料转化率和存活率均高于未添加组，而且在气温高时添加铜后对于提高饲料利用率更为有效。但要考虑高铜会造成对环境的污染。

### （七）锌

锌作为兔体多种酶的成分而参与体内营养物质的代谢。缺锌时家兔生长受阻，被毛粗乱，脱毛，皮炎。繁殖机能障碍。据报道，母兔日粮锌的水平为 2～3mg 时，会出现严重的生殖异常现象；生长兔吃这样的日粮，2 周后生长停滞；当母兔日粮含锌 50mg 时，生长和繁殖恢复正常。

### （八）锰

锰是骨骼有机质形成过程中所必需的酶的激活剂。缺锰时，这些酶活性降低，导致骨骼发育异常，如弯腿、脆骨症、骨短粗症。锰还与胆固醇的合成有关，而胆固醇是性激素的前体，所以，缺锰影响正常的繁殖机能。有试验报道，每天喂给家兔 0.3mg 的锰，家兔骨骼发育正常，获得最快生长。每天需要 1～4mg 的锰。但每天喂给 8mg 的锰时，生长降低，这可能是锰与铁的拮抗作用造成的。

### （九）硒

硒是谷胱甘肽过氧化物酶的成分。和维生素 E 具有相似的抗氧化作用，能防止细胞线粒体的脂类氧化，保护细胞膜不受脂类代谢副产物的破坏。对生长也有刺激作用。

家兔对硒的代谢与其他动物有不同之处，对硒不敏感。表现在硒不能节约维生素 E，在保护过氧化物损害方面，更多依赖于维生素 E，而硒的作用很小；用缺硒的饲料喂其他动物，会引起肌肉营养不良，而家兔无此症状。一般认为，硒的需要量为 0.1mg/kg 饲料。

### （十）碘

碘是甲状腺素的成分，是调节基础代谢和能量代谢、生长、繁殖不可缺少的物质。家兔日粮中最适宜的碘含量为 0.2mg/kg。

缺碘具有地方性。缺碘发生代偿性甲状腺增生和肿大。在哺乳母兔日粮中添加高水平的碘（250～1 000mg/kg）就会引起仔兔的死亡或成年兔中毒。

### （十一）钴

钴是维生素 $B_{12}$ 的组成成分。家兔也和反刍动物一样，需要钴在盲肠中由微生物合成维生素 $B_{12}$。家兔对钴的利用率较高，对维生素 $B_{12}$ 的吸收也较好。仔兔每天对钴的需要量低于 0.1mg。成年兔、哺乳母兔、育肥兔日粮中经常添加钴（0.1～1.0mg/kg），可保证正常的生长和消除因维生素 $B_{12}$ 缺乏引起的症状。在实践中不易发生缺钴症。当日粮钴的水平低于 0.03mg/kg 时，会出现缺乏症。

## 七、维生素及其主要功能

维生素是一些结构和功能各不相同的有机化合物，既不是构成兔体组织的物质，也不是供能物质，但它们是维持家兔正常新陈代谢过程所必需的物质。对家兔的健康、生长和繁殖有重要作用，是其他营养物质所不能代替的。家兔对维生素的需要量虽然很少，但若缺乏将导致代谢障碍，出现相应的缺乏症。在家庭饲养条件下，家兔常喂大量青绿饲料，一般不会缺乏。在舍饲和采用配合饲料喂兔时，尤其是冬春两季枯草期，青绿饲料来源缺乏饲粮中需要补充的维生素种类及数量会大大增加。另外，在高生产性能条件下，日粮中不添加合成的维生素制剂，也会出现维生素缺乏。

### （一）脂溶性维生素

脂溶性维生素是一类只溶于脂肪的维生素。包括维生素 A、维生素 D、维生素 E、维生素 K。这些维生素在家兔体内尤其在肝脏中有一定的贮备，日粮中短时间缺乏不会造成明显的影响，而长期缺乏则会造成危害。

**1. 维生素 A**　又称抗干眼病维生素，仅存在于动物体内，植物性饲料中不含维生素A，只含有维生素 A 源——胡萝卜素，在体内可转化为具有活性的维生素 A。

维生素 A 的作用非常广泛。它是构成视觉细胞内感光物质的原料，可以保护视力；维生素 A 与粘多糖形成有关，具有维护上皮组织健康、增强抗病力的作用；维生素 A 对促进家兔生长、维护骨骼正常具有重要作用。

长期维生素 A 缺乏，幼兔生长缓慢，发育不良；视力减退，夜盲症；上皮细胞过度角化，引起干眼病、肺炎、肠炎、流产、胎儿畸形；骨骼发育异常而压迫神经，造成运动失调，家兔出现神经性跛行、痉挛、麻痹和瘫痪等 50 多种缺乏症。据报道，每千克体重每日供给 23IU 的维生素 A 可保证幼兔健康和正常生长。种兔需要 58IU。生产中，肉兔日粮中的水平要比上述最低水平高许多倍。

维生素 A 的过剩会造成危害。据报道，生长兔每日每只补加 12 000IU 的维生素 A，6 周后的增重降低。母兔每日每只口服 25 000IU 的维生素 A 与对照组相比，由于胎儿吸收，窝产仔数明显下降，死胎、胎儿脑积水、生后 1 周死亡率及哺乳阶段的死亡率均较高。在日粮中添加 30 000IU/kg 以上的维生素 A 乙酸盐即出现胎儿吸收、脑积水、异物性眼炎等中毒症状。当肝脏干物质中维生素 A 超过 3 000$\mu$g（10 000IU）/g 时，就表明母兔维生素 A 中毒。

**2. 维生素 D**　又称抗佝偻病维生素。植物性饲料和酵母中含有麦角固醇，家兔皮肤中含有 7-脱氢胆固醇，经阳光或紫外线照射分别转化为维生素 $D_2$ 和维生素 $D_3$。维生素 D 进入体内在肝脏中羟化成 25-羟维生素 D，运转至肾脏进一步羟化成具有活性的 1，25-二羟维生素 D 而发挥其生理作用。

维生素 D 的主要功能是调节钙、磷的代谢，促进钙、磷的吸收与沉积，有助于骨骼的生长。维生素 D 不足，机体钙、磷平衡受破坏，从而导致与钙、磷缺乏类似的骨骼病变。

维生素 D 能在体内合成，而在封闭兔舍的现代化养兔场，特别是毛用兔需要较高的维生素 D，需要由饲料中补充。

维生素 D 过量也会引起家兔的不良反应。据报道，每千克日粮含有 2 300IU 的维生素 D 时，血液中钙、磷水平均提高，且几周内发生软组织有钙的沉积。而当每千克日粮中含有 1 250IU 时，家兔偶尔发生肾、血管石灰性病变，10 周后才发生钙的沉积。日粮中维生素 D 含量 13 200IU/kg 是引起软组织钙化的重要因素。饲料中的维生素 D 的含量 880IU/kg 已足够，而加倍为 1 760IU 则出现有害反应。

**3. 维生素 E**　又称抗不育维生素，维持家兔正常的繁殖所必需。与微量元素硒协同作用，保护细胞膜的完整性，维持肌肉、睾丸及胎儿组织的正常机能，具有对黄曲霉毒素、亚硝基化合物的抗毒作用。

家兔对缺维生素 E 非常敏感。不足时，导致肌肉营养性障碍即骨骼肌和心肌变性，运动失调，瘫痪，还会造成脂肪肝及肝坏死。繁殖机能受损，母兔不孕，死胎和流产，初生仔兔死亡率增高，公兔精液品质下降。饲喂不饱和脂肪酸多的饲料、日粮中缺乏苜蓿草粉或患球虫病时，易出现维生素 E 缺乏，应增加供给量。每千克体重供给 1.0mg $\alpha$-生育酚可预防缺乏症。

**4. 维生素K**　与凝血有关。具有促进和调节肝脏合成凝血酶原的作用，保证血液正常凝固。

家兔肠道能合成维生素K，且合成的数量能满足生长兔的需要，种兔在繁殖时需要增加；饲料中添加抗生素、磺胺类药，可抑制肠道微生物合成维生素K需要量大大增加；某些饲料如草木樨及某些杂草含有双香豆素，阻碍维生素K的吸收利用，也需要在兔的日粮中加大添加量。日粮中维生素K缺乏时，妊娠母兔的胎盘出血，流产。日粮中2 mg/kg的维生素K可防止上述缺乏症。

### （二）水溶性维生素

水溶性维生素是一类能溶于水的维生素，包括B族维生素和维生素C。B族维生素包括维生素$B_1$（硫胺素）、维生素$B_2$（核黄素）、泛酸（维生素$B_3$）、烟酸（维生素pp、尼克酸）、维生素$B_6$（包括吡多醇、吡多醛、吡多胺）、生物素、叶酸、维生素$B_{12}$（钴胺素）、胆碱等。这些维生素理化性质和生理功能不同，分布相似，常相伴存在。以酶的辅酶或辅基的形式参与体内蛋白质和碳水化合物的代谢，对神经系统、消化系统、心脏血管的正常机能起重要作用。家兔盲肠微生物可合成大多数B族维生素，软粪中含有的B族维生素比日粮中高许多倍。在兔体合成的B族维生素中，只有维生素$B_1$、维生素$B_6$、维生素$B_{12}$不能满足家兔的需要。

**1. 维生素$B_1$**　又称硫胺素，是碳水化合物代谢过程中重要酶如脱羧酶、转酮基酶的辅酶。缺乏时，碳水化合物代谢障碍，中间产物如丙酮酸不能被氧化，积累在血液及组织中，特别是在脑和心肌中，直接影响神经系统、心脏、胃肠和肌肉组织的功能，出现神经炎、食欲减退、痉挛、运动失调、消化不良等。研究认为，肉兔日粮中最低需要量为1mg/kg。

**2. 维生素$B_6$**　又称吡多素，包括吡多醇、吡多醛和吡多胺3种。在体内以磷酸吡多醛和磷酸吡多胺的形式作为许多酶的辅酶，参与蛋白质和氨基酸的代谢。

维生素$B_6$缺乏时，家兔生长缓慢，发生皮炎、脱毛，神经系统受损，表现为运动失调，严重时痉挛。家兔的盲肠中能合成，软粪中含量比硬粪中高3～4倍，在酵母、糠麸及植物性蛋白质饲料中含量较高，一般不会发生缺乏症。生产水平高时，需要量也高，应在日粮中补充。每千克料中加入40μg维生素$B_6$可预防缺乏症。

**3. 维生素$B_{12}$**　是一种含钴的维生素，故又被称为钴胺素，是家兔代谢所必需的维生素。它在体内参与许多物质的代谢，其中最主要的是与叶酸协同参与核酸和蛋白质的合成，促进红细胞的发育和成熟，同时还能提高植物性蛋白质的利用率。

维生素$B_{12}$缺乏时，家兔生长缓慢，贫血，被毛粗乱，后肢运动失调，对母兔受胎及产后泌乳也有影响。一般植物性饲料中不含维生素$B_{12}$，家兔肠道微生物能合成，其合成量受饲料中钴含量的影响。据试验，成年兔日粮中如果有充足的钴，不需要补充$B_{12}$，但对生长的幼兔需要补充，推荐量为10μg/kg饲料。

**4. 生物素**　生物素是重要的水溶性含硫维生素，在自然界分布广泛遍存于动植物体内。在正常饲养条件下，家兔可从饲料中获得和通过食粪来补充，因此，生物素的作用并不显得重要。但在笼养时间增加，母兔年产仔数和胎次增加，幼兔生长加快以及要求较高的饲料转化率的情况下，生物素的研究就显得重要起来。

生物素是羧化和羧基转移酶系的辅助因子，而羧化和羧基转移酶在家兔的碳水化合物、脂肪酸合成、氨基酸脱氨基和核酸代谢中具有重要作用。生物素是家兔皮肤、被毛、爪、生殖系统和神经系统发育和维持健康必不可少的，生物素缺乏时会产生脱毛症、皮肤起鳞片并渗出褐色液体、舌上起横裂，后肢僵直、爪子溃烂。生物素不足和缺乏还会影响家兔的生产性能，具体体现在幼兔生长缓慢，母兔繁殖性能下降。对成年母兔补充生物素可以提高每窝的断奶仔兔数，质量提高。在兔的日粮中补充生物素，可显著降低家兔爪子溃烂的发生率，对预防兔的干爪病有良好的效果。补充生物素可显著提高家兔对铜的生物利用率，预防铜的缺乏症。生物素在家兔的免疫反应中具有重要作用，生物素缺乏家兔的免疫力下降，并易产生许多并发症。

家兔对生物素的需要量主要是通过推算所得。生长兔和哺乳兔的需要量为 0.17mg/kg，成年兔维持日粮的需要量为 0.16mg/kg。一般家兔的基础日粮可提供生物素 0.09～0.17mg/kg，但其利用率仅为 35%～50%，按上述估计的需要量并假设家兔肠道合成的生物素利用率极低，则每天每只家兔应供应 80～120mg/kg 才能满足家兔对生物素的需要。为预防家兔出现某些爪子病，每千克日粮中应添加 80μg 的生物素。毛兔生物素的补充应考虑到产毛量、毛质和预防脱毛症。最低的生物素需要量为 120μg/kg，正常产毛量时为 140μg/kg，高产毛量时为 170μg/kg。也有人提出，家兔生物素的需要量并非定值，应根据饲料供应情况、生产状况及家兔的品种来确定。

## 八、水及其主要功能

家兔体内所含的水约占其体重的 70%。水是一种重要的溶剂，营养物质的消化、吸收、运送、代谢产物的排出，均在水中进行；水是家兔体内化学反应的媒介，它不仅参加体内的水解反应，还参加氧化-还原反应、有机物的合成及细胞的呼吸过程；水的比热大，对调节体温起重要作用；水作为关节、肌肉和体腔的润滑剂，对组织器官具有保护作用。

由于水容易得到，缺水对家兔造成的损害往往被忽视。事实上，家兔缺水比缺料更难维持生命。饥饿时，家兔可消耗体内的糖原、脂肪和蛋白质来维持生命，甚至失去体重的 40%，仍可维持生命。但家兔体内损失 5%的水，就会出现严重的干渴现象，食欲丧失，消化作用减弱，抗病力下降。损失 10%的水时，引起严重的代谢紊乱，生理过程遭到破坏，如代谢产物排出困难，血液浓度和体温升高。由于缺水造成的代谢紊乱可使健康受损，生产力遭到严重破坏，仔兔生长发育迟缓，母兔泌乳量降低，兔毛生长速度下降。当家兔体内损失 20%时，可引起死亡。

家兔所需的水来源于饮用水、各种饲料中所含的水及代谢中产生的水。家兔的需水量受环境温度、生理状态、饲料特性及年龄等多种因素的影响。

环境温度对家兔的需水量有明显的影响，适宜的环境温度下，家兔饮水量一般为采食干草量的 2.0～2.25 倍。高温时，家兔的采食量下降，饮水量明显上升，低温条件下，采食量增加，水的需要量也增加，以保持消化道的正常运转（表 8－3）。

表 8-3 环境温度对家兔采食量的影响

| 环境温度（℃） | 相对湿度（%） | 采食量（g/d） | 饲料报酬 | 饮水量（g/d） | 料水比 |
|---|---|---|---|---|---|
| 5 | 80 | 184 | 5.02 | 336 | 1∶1.83 |
| 18 | 70 | 154 | 4.41 | 268 | 1∶1.74 |
| 30 | 60 | 83 | 5.22 | 448 | 1∶5.40 |

饲喂的青绿饲料中，虽然含有70%以上的水，但仍不能满足家兔机体对水的需要，每天仍需供给足量的饮水，尤其是饲喂颗粒饲料时，更需大量的饮水。饲料中蛋白质和粗纤维含量越高，需水量越大。

幼兔生长发育快，饮水量高于成年兔。母兔产后易感口渴，饮水不足宜发生残食仔兔现象。哺乳母兔和幼兔饮水量可达采食量的3～5倍。家兔不同生理状态下的饮水量见表8-4。

表 8-4 家兔不同生理状态下每天的饮水量（L/只）

| | 饮水量（L） |
|---|---|
| 妊娠初期母兔 | 0.25 |
| 妊娠后期母兔 | 0.57 |
| 种公兔 | 0.28 |
| 哺乳母兔 | 0.60 |
| 母兔+7只仔兔（6周龄） | 2.30 |
| 母兔+7只仔兔（7周龄） | 4.50 |

年龄和体重不同对家兔饮水量也有很大的影响（表8-5）。

表 8-5 不同年龄、体重生长兔的需水量

| 周龄 | 平均体重（kg） | 需水量（L/d） | 需水量（L/kg 饲料） |
|---|---|---|---|
| 9 | 1.7 | 0.21 | 2.0 |
| 11 | 2.1 | 0.23 | 2.1 |
| 13～14 | 2.5 | 0.27 | 2.1 |
| 17～18 | 3.0 | 0.31 | 2.2 |
| 23～24 | 3.8 | 0.31 | 2.2 |
| 25～26 | 3.9 | 0.34 | 2.2 |

# 第三节　我国家兔饲料业存在的问题和资源开发思路及实践

## 一、规模化是我国养兔发展的必然趋势

我国养兔从庭院散养到笼养，从零星少量饲养到规模不断扩大，从自养自食，到商品生产，从家庭副业到专业化生产，不断发展和进步。但是，由于我国幅员辽阔，兔业发展很不平衡，技术、经济和社会存在很大差异，养兔的效果及效益也相差悬殊。仅仅从养殖规模来看，一些刚刚起步的农户规模小到几只，一些龙头养殖企业规模多到几十万只，甚至年出栏几百万到上千万只，可谓百花齐放。

根据国家兔产业技术体系2012年的调查，目前我国养兔以家庭为主体，以基础母兔200～500只为主流。随着科技的进步和经济的发展，以及国人对兔及其兔产品的不断认识，养殖数量还会不断增加，养殖规模不断扩大。规模化养兔是我国兔业发展的必然趋势。这是因为：

第一，农业商品生产的发展规律。任何农业商品活动起初多为自给自足（对于养殖业来说，属于庭院经济），当有剩余产品后才出现交易，当从交易中获得效益，刺激生产的积极性，开始扩大生产规模，生产由自给自足型逐渐转化为副业生产型。当规模达到一定程度，形成专业化生产。纵观世界养兔发展史，无一例外。

第二，科技进步促进规模化养殖。当人们对于养兔认识不足，规律没有摸清的时候，盲目扩大规模只能走向失败。当科技进步给予养兔业以足够的技术支撑时，养殖规模也发展到适应当时生产力的水平。

第三，产业化发展需要规模化养殖。产业化是兔业发展的出路，而产业化是由该产业的若干环节和链条相互衔接而成，而这种衔接的理想化是无缝衔接，或有机结合。即产供销一条龙，生产有序，前后呼应。没有规模化生产，产业不能发展，也难有各链条间的无缝衔接。

第四，市场旺盛需求拉动规模化养殖。国内外消费市场的旺盛需求，是规模化养殖的最直接动力。伴随着人们对兔及兔产品的深入了解，以及兔系列产品的开发，享受兔产品的人群不断扩大，拉动家兔生产和加工业的发展。而此时大规模养殖的投资者不只是靠养兔不断积累起家的农民，更多的是其他行业的企业家或财团。

## 二、规模化养兔对饲料产业化的依赖性

我国养兔业已经步入了规模化发展的轨道。规模化与非规模化的最大区别是什么？所谓规模化，不单单是养殖规模的扩大，同时技术、设备和环境的进步和改善，要求品种的优良化、饲料的安全高效化、设备的现代化（自动化）、经营的产业化和管理的科学化。以上五化是相互联系，缺一不可。但仅仅饲料的安全和高效化而言，规模化养兔对饲料的产业化具有很强的依赖性。

第一，规模化养殖不同于小规模家庭养殖，后者主要依靠自然饲料，自产自用，不使用或很少使用现代工业化商品饲料。而规模化养殖，全部使用全价商品颗粒饲料。

第二，家兔的养殖效果，包括生长、繁殖和疾病等，与饲料质量息息相关。饲料质量出现问题，都将直接影响饲养效果。

第三，现代工业化饲料生产，包括从饲料原料生产、采购、运输、质检等前期工作，到配方设计、原料配合、颗粒饲料加工、质量检测、储存等中期工作，再到商品饲料的销售、使用、售后服务和信息反馈等后期工作，是一个系统工程。任何一个环节出现问题，都将影响整个生产流程的有序开展。

第四，我国家兔饲料生产不同于其他动物性饲料生产。其原料组成粗饲料占据40%左右。而我国粗饲料的生产很不规范，原料品种繁多，质量千差万别，营养价值高低不一，没有一种当家饲料，安全隐患较多。解决中国粗饲料产业化问题是中国家兔饲料产业化的难点和重点，也是支撑中国规模化养兔的关键和保障。

## 三、我国家兔饲料业存在的问题

### （一）饲料质量问题

从整体来说，目前我国家兔饲料业存在的问题主要是质量标准不高，安全隐患较多，市场不规范和使用效果较差等。

**1. 饲料配方** 对于普通养殖农户而言，由于专业知识技能的局限性，在饲料配方的设计方面存在诸多问题。比如，饲料配方不合理、饲料配方不稳定等。

**2. 饲料原料** 生产中所使用的原料安全隐患较多，尤其是粗饲料的霉变现象比较严重。2008—2010年，河北农业大学家兔课题组对不同饲料进行抽样测定。饲料样品除来自河北以外，涉及东北、西北、西南、华中和华南地区的十几个省份。饲料分为全价颗粒饲料、能量饲料、植物性蛋白饲料、动物性蛋白饲料、粗饲料和糟渣饲料等。共计取样238份，其中全价料52份，发酵料18份，植物蛋白料71份，动物蛋白料7份，能量饲料44份，粗饲料37份，糟渣饲料9份；春季60份，夏季58份，秋季44份，冬季76份。

取样后按照GB/T 13092—2006饲料中霉菌总数测定方法进行霉菌总数的测定。结果如表8-6。

由表8-6可见，家兔饲料在夏季和秋季霉菌污染现象比较严重，尤其是粗饲料是最危险的饲料。

**3. 加工质量** 我国除了一些大型饲料加工企业以外，一半以上为小型饲料加工企业和养殖场自己加工饲料。设备落后，原料搅拌不均匀现象普遍。特别是一些小型平模颗粒饲料机，生产饲料过程中普遍喷水，生产出的饲料再进行干燥。由于缺乏人工干燥设备，依靠露天晾晒，饲料中的有效活性物质受到严重破坏而影响饲料品质。此外，颗粒饲料在长度、直径、味道、保质期、粉尘等方面的合格率不高，同时，颗粒饲料长度大和粉尘比例大是造成饲料浪费的主要原因之一。

**表 8-6　家兔不同饲料不同季节霉菌孢子测定统计表**　　(个/g)

| 季节 | | 全价料 | 发酵料 | 植物蛋白料 | 能量饲料 | 粗饲料 | 糟渣料 | 动物蛋白料 |
|---|---|---|---|---|---|---|---|---|
| 春季 | 样本 | 10 | 6 | 19 | 12 | 7 | 4 | 2 |
| | 平均 | 150 | <100 | 10 363 | 1 700 | 28 893 | 6 867 | 400 |
| | 最高 | 500 | <100 | 29 500 | 22 000 | 47 800 | 14 900 | 500 |
| | 危险饲料 | | | 棉籽饼 | 玉米 | 花生秧 | 糖渣 | |
| 夏季 | 样本 | 7 | 5 | 19 | 12 | 11 | 3 | 1 |
| | 平均 | 1 357 | <100 | 10 073 | 52 383 | 71 700 | 95 133 | 5 000 |
| | 最高 | 7 500 | <100 | 69 200 | 155 000 | 397 500 | 175 000 | 5 000 |
| | 危险饲料 | | | 花生饼 | 麸皮 | 花生秧 | 柠檬酸渣 | |
| 秋季 | 样本 | 5 | 3 | 17 | 9 | 7 | 1 | 2 |
| | 平均 | <100 | <100 | 11 306 | 22 566 | 29 028 | 1 400 | 350 |
| | 最高 | <100 | <100 | 96 300 | 79 600 | 118 400 | 1 400 | 400 |
| | 危险饲料 | | | 豆粕 | 玉米 | 花生秧 | | |
| 冬季 | 样本 | 30 | 4 | 16 | 11 | 12 | 1 | 2 |
| | 平均 | 150 | <100 | 2 980 | 10 652 | 11 825 | 7 900 | <100 |
| | 最高 | 500 | <100 | 14 900 | 25 000 | 32 600 | | <100 |
| | 危险饲料 | | | 豆粕 | 玉米 | 花生皮 | 苹果渣 | |

资料来源：国家兔产业技术体系饲料资源开发与利用岗位 2011 年工作总结。

**4. 滥用药物和添加剂**　在一些地区或一些养殖企业，尤其是一些疾病多发的养殖企业，存在滥用药物和添加剂现象，而由此造成的中毒现象时而发生，药物残留问题严重影响食品安全。

因此，尽管我国饲料生产企业遍布大江南北，商品品牌琳琅满目，但市场上家兔商品饲料良莠不齐，名牌产品少之又少。

## （二）饲料资源缺乏

尽管我国是农业大国，作物秸秆、牧草、树叶以及农产品加工副产品数量庞大，但家兔饲料资源匮乏现象伴随着规模化养兔业的发展越来越明显。

**1. 能量饲料之王——玉米**　是我国猪、禽、牛、羊、兔等动物的主要能量饲料。酒精、制药、淀粉生产等工业用玉米的增加，对饲用玉米形成极大的竞争。如果没有国家政策的倾斜，养殖业在竞争中永远处于下风（养殖效益低于工业效益）；而种植业与其他行业的比较效益之悬殊，农民种粮积极性、种植面积和产量难以大幅度提高。

**2. 牧草之王——苜蓿**　尽管具有很高的蛋白和钙的含量，适宜的纤维，良好的使用效果。但是，生产量与需要量的巨大差距，奶牛业的旺盛需求，原料价格的暴涨，使得养兔对苜蓿望而生畏！用不起，没法用；即便勉强使用，其安全性也难以保障。

**3. 蛋白饲料之王——豆粕** 尽管蛋白含量高，氨基酸平衡，但是，近年来价格飞涨，使家兔配方的豆粕用量不得不减少，甚至弃用。而这种局面在短期内恐怕难以缓解。

**4. 蛋白料精——蛋氨酸和赖氨酸** 是家兔饲料最容易缺乏的氨基酸。尤其是蛋氨酸，价格的一涨又涨，成倍的增长，使养兔业难以承受。不知这种局面还能维持多久！

**5. 粗饲料——青干草、作物秸秆、秕壳、树叶等** 当不用它的时候，遍地都是，一旦用它，没有一种可以满足需要。其体积较大，产地分散，价值较低，搜集困难，干制麻烦、运输不便，储藏更难。作为饲料企业和大型养兔企业，我们选择哪一种粗饲料是足量的？理想的？可靠的？尤其是近年来农业机械化发展迅速，作物秸秆还田比例增大，加剧了粗饲料的匮乏程度。

**6. 其他** 维生素、微量元素等，是全价饲料不可缺少的营养性添加剂。近年来同样推波助澜，价格一涨再涨，使养殖成本的压力不断增加。

### （三）饲料价格高而不稳

近年来伴随着畜牧业的快速发展，农产品价格提升，饲料价格呈现逐年上升趋势，无形中加大了养兔的饲养成本。2012 年国家兔产业技术体系开展了全国家兔生产情况调查。全国饲料价格最低的山东、河南、山西和河北四省 2012 年家兔饲料价格如表 8－7、表 8－8。

**表 8－7 2012 年华北四省饲料平均价格情况表**

（元/kg）

| 原料（元/kg） | 河北 | 山西 | 山东 | 河南 | 平均 |
|---|---|---|---|---|---|
| 玉米 | 2.3 | 2.26 | 2.51 | 2.05 | 2.28 |
| 豆粕 | 4.17 | 4.25 | 4.53 | 4.04 | 4.25 |
| 麦麸 | 1.55 | 1.56 | 1.60 | 1.60 | 1.58 |
| 粗饲料 | 1.06 | 1.2 | 1.09 | 0.94 | 1.07 |
| 商品母兔料 | 2.32 | 2.46 | 2.36 | 2.25 | 2.33 |
| 商品生长兔 | 2.17 | 2.44 | 2.27 | 2.22 | 2.27 |
| 商品成兔料 | 2.3 | 2.36 | 2.13 | 2.30 | 2.27 |
| 自配母兔料 | 2.26 | 2.43 | 2.23 | 2.13 | 2.26 |
| 自配生长兔料 | 2.02 | 2.53 | 2.00 | 1.95 | 2.11 |
| 自配成兔料 | 2.05 | 2.50 | 2.05 | 1.99 | 2.14 |

资料来源：国家兔产业技术体系 2012 年华北区调查报告。

以上价格较 2007 年前上涨了 20%以上，与 2002 年前上涨 50%以上。因而，养殖成本也有较大幅度的提高。

**表 8-8　2012 年河北省獭兔养殖成本组成分析表**（元/只）

| 项目 | 商品兔 | 种母兔 | 种公兔 |
|---|---|---|---|
| 总费用 | 39.38 | 191.71 | 135.57 |
| 饲料费 | 25.60 | 131.09 | 97.81 |
| 防疫费 | 1.05 | 2.36 | 2.29 |
| 人工费 | 3.48 | 54.83 | 32.90 |
| 种兔均摊 | 7.00 | — | — |
| 折旧 | 2.25 | 3.43 | 2.57 |

资料来源：国家兔产业技术体系 2012 年华北区调查报告。

## 四、家兔饲料资源的开发思路及其实践

从以上情况可以看出，依靠常规饲料发展规模化养兔的道路是相当艰难的。很多人提出这样的问题：如果没有玉米、豆粕和苜蓿草，中国的兔子是否还能养？回答是肯定的。

### （一）非常规饲料的开发思路

通过开发、采集、栽培和脱毒来解决我国非常规饲料资源的开发。

**1. 开发**

（1）**工业糟渣饲料**　糖渣（甘蔗渣、甜菜渣）、果渣（苹果渣、梨渣、葡萄渣、沙棘果渣）、糟粕（白酒糟、啤酒糟、醋糟、玉米淀粉渣、红薯淀粉渣）、大麦皮、菊花粉等。这类饲料不是简单的粗饲料或蛋白饲料，其综合营养价值甚高。工厂化生产，批量大。只要及时干燥，妥善保存，质量可以保证。但是，其多为季节性生产，初级产品含水率很高，如果没有人工干燥条件和不能及时除去水分，有一定风险。

（2）**工业蛋白饲料**　葡萄饼粕、椰子粕、葵花粕、棕榈仁粕、葡萄籽、豌豆蛋白、DDGS、味精菌体蛋白、甜菜粕、米糠饼（粕）、玉米胚芽粕、玉米喷浆蛋白、玉米溶浆蛋白、红花粕、辣椒粕、菊花粕、花椒籽、麦芽根、豆腐渣、青霉素菌体蛋白、土霉素菌体蛋白、维生素 $B_{12}$ 菌体蛋白、维生素 C 渣、肉粉、酵母粉等。多为廉价的蛋白资源。

（3）**中药厂药渣饲料**　近年来，一些中药厂改进生产工艺，浓缩中药成分，生产注射剂、饮水剂和外擦剂等，将大量的中药渣抛弃，造成极大的浪费。其实，很多药渣不仅可以作为饲料开发，而且有一定的预防疾病的作用。尤其是作为出口兔肉生产或绿色兔肉生产，具有很高的开发的价值。

以上产品往往是大型养兔企业和大型饲料加工厂的主要原料来源。

**2. 采集**　农村粗饲料资源丰富，主要包括树叶类、秸秆类、秕壳类、糠麸类、野草类、中草药残余物类。

（1）**树叶类**　槐叶（刺槐、土槐、紫穗槐）、果树叶（苹果、桃、梨、杏、李、山楂）、松、柏、杨、柳、桑、榆、枸杞叶等。

（2）**秸秆类**　除了常规的秸秆以外，谷草、稻草、油葵具有一定的开发价值。尤其是

谷草，很少发霉，是过去农村喂牛和驴的主要粗饲料。笔者在一些地方调查，用来喂兔效果良好。

(3) **秕壳类** 除了花生壳被开发以外，葵花籽壳（盘）、稻壳、麦壳和谷壳也可以使用。葵花籽壳（盘）在西北地区数量巨大，使用效果良好；稻壳在南方是主产区，麦壳和谷壳主要在中西部地区。尽管它们的营养价值不高，但一般质量可以保证，适当添加是可以的。

(4) **糠麸类** 除了麦麸大量用于养兔以外，稻糠（营养差异较大，细稻糠的能量和脂肪含量很高）、小米糠（与稻糠相近）、玉米糠（玉米淀粉厂的副产品）也是值得开发的。

(5) **野草类** 农区和山区，野草资源极其丰富。秋季采集的潜力很大。比如，笔者2013年暑期到河北承德调研，遍地的青蒿草，农民用来喂兔，很少得病。一个人半天收获一车。其他地区同样有值得采集的野草。

(6) **中草药残余物** 河北安国是全国知名的药都，全县中药材种植面积1万余公顷，年产药材2 500万kg。而其淘汰的非药用部分，为可用部分的多倍；此外，河北的承德市、宁夏回族自治区、甘肃、云南、江苏、贵州、重庆等，全国17个省份批准建设“中药现代化科技产业基地”，总种植面积1万余公顷。这部分饲料质量较好，如果合理配伍，不仅提供营养，而且具有一定的药物成分，对于出口兔肉生产和绿色兔肉生产是一个极佳的机遇。

**3. 栽培** 适合栽培的地区主要是西部干旱地区，以耐干旱的豆科牧草为主，如沙打旺、苜蓿、紫穗槐和草木樨等。由于干旱少雨，草粉的质量有保证；此外，近年来兴起的沙柳、饲料桑、大叶槐等，不仅产量高，而且营养价值高，适合在北部和西部地区开展。

**4. 脱毒** 一些蛋白饲料由于含有一定的有害物质（以棉籽粕和菜籽粕为主），在饲料中受到很大的限制。它们蛋白含量较高，氨基酸比例尚可，价格低廉。如果通过科技创新，进行脱毒处理，将为我国蛋白饲料资源的开发和畜牧业的快速发展提供优质的蛋白资源。近年来笔者对棉籽粕进行了生物脱毒的初步研究，试验表明前景是乐观的！

## （二）非常规饲料的开发的实践

近年来，河北农业大学谷子林教授的课题组开展了非常规饲料资源开发利用研究，包括中草药及其下脚料的开发利用，动物粪便的资源化处理利用，作物秸秆、秕壳类的开发利用，工业副产品的开发利用，非常规蛋白饲料资源的开发利用，取得可喜进展，供大家参考：

**1. 中草药及其下脚料的开发利用**

(1) **中草药残株的开发利用** 如菊花残株、金银花修剪的枝条（忍冬藤）、黄芪残株、枸杞落叶等。这类饲料是收获药物之后的残余物，或修剪掉的残枝，营养含量较低，但干燥程度较高，基本没有受到霉菌污染，是较理想的粗饲料。根据我们试验，菊花残株在日粮中添加25%左右，黄芪残株添加20%～30%，忍冬藤添加15%左右，效果良好；枸杞落叶添加量可达到30%以上，实践中发现，以此为主要粗饲料，家兔的抗病能力明显增强。

(2) **中草药提取有效成分的残渣的利用** 如菊花粉、青蒿粉。其蛋白较高，纤维较低，带有一定的特殊气味，质量不是十分稳定，有部分霉变。根据我们的试验，一般添加量控制在10%～15%为宜。

（3）**野生草药的利用**　如青蒿。很多地区荒野自然生长很多，可以作为粗饲料大量使用，具有抗感染、预防球虫病的作用。近年来利用新鲜青蒿饲喂生长兔和种兔，效果良好。

（4）**复方中草药残渣的利用**　如藿香正气胶囊（液）残渣、清瘟败毒类药物残渣等，这类资源成分复杂。经过我们测定，其综合营养与麦麸接近。在饲料中添加5%左右替代等量麦麸，可以促进生长，提高免疫力，效果良好（表8-9）。

**表8-9　几种中草药下脚料主要营养含量**（%）

| 名称 | 产地 | 粗蛋白 | 粗纤维 | 钙 | 磷 | 赖氨酸 | 蛋+胱氨酸 |
|---|---|---|---|---|---|---|---|
| 菊花残株 | 承德隆化 | 8.8 | 49.6 | 0.8 | 0.53 | 0.45 | 0.35 |
| 菊花粉 | 河北邯郸 | 10.0 | 30.0 | 1.0 | 0.2 | 0.55 | 0.42 |
| 甜叶菊 | 江西赣州 | 18.91 | 28.46 | 1.27 | 0.09 | 0.84 | 0.44 |
| 青蒿渣 | 重庆梁平 | 21.54 | 17.31 | 1.32 | 0.32 | 0.77 | 1.39 |
| 忍冬藤 | 河北巨鹿 | 6.93 | 49.34 | 0.82 | 0.15 | 0.21 | 0.14 |
| 柑橘渣 | 四川蓬安 | 6.8 | 14.0 | 0.9 | 0.10 | 0.48 | 0.15 |
| 枸杞叶 | 河北巨鹿 | 19.6 | 20.3 | 1.4 | 0.21 | | |
| 沙棘果皮 | 河北隆化 | 10.20 | 22.0 | 1.10 | 0.07 | 0.20 | 0.15 |
| 沙棘果渣 | 河北隆化 | 22.30 | 18.5 | 0.80 | 0.12 | 0.50 | 0.30 |
| 藿香正气残渣 | 河北安国 | 13.1 | 8.5 | 1.3 | 4.8 | | |
| 清瘟败毒残渣 | 河北辛集 | 14.09 | 15.8 | 1.71 | 0.25 | | |

**2. 动物粪便的资源化处理利用**　利用生物处理的方法，对奶牛粪便、肉鸡粪便和家兔三种粪便进行厌氧发酵处理，既保持其营养不受损失，也克服其不良成分的影响。

基本做法：取当日生产的新鲜粪便，去除混杂物，水分测定，使水分含量达到55%左右，添加生物菌种（本课题组研发）0.5%，放置于密闭容器压实，厌氧培养，夏季7d，春秋14d左右。然后开启，晾晒，保存备用。对于有一定污染的动物粪便，尤其是能量和蛋白含量较低的动物粪便，最好采用好氧发酵方法（发酵菌种本课题组研发），具有发酵时间短、灭杂菌效果好、对条件要求不苛刻的特点。

由于兔粪含有的无氮浸出物较少，为了保证发酵足够的碳源，可以添加1%～3%的玉米面或麦麸。

以发酵肉鸡粪便饲料替代10%～15%的麦麸+豆粕等量混合物饲喂生长肉兔，效果良好；以15%～20%的生物兔粪饲料替代等量的玉米秸+花生秧等量混合物，效果与对照组一致；以7%的生物牛粪饲料替代等量的麦麸饲喂生长獭兔，同样取得良好效果。以上三种生物饲料，节约大量的饲料成本，并且均具有预防消化系统疾病的作用（表8-10）。

表 8-10 不同粪便发酵前后养分含量的变化（%）

| 项目 | 干物质 | 粗蛋白 | 粗脂肪 | 粗纤维 | 粗灰分 | 无氮浸出物 | 钙 | 磷 |
|---|---|---|---|---|---|---|---|---|
| 原肉鸡粪 | 90.00 | 27.10 | 2.20 | 8.80 | 8.70 | 43.20 | 1.48 | 0.71 |
| 发酵鸡粪饲料 | 90.50 | 29.20 | 2.80 | 9.60 | 10.30 | 38.40 | 1.89 | 0.74 |
| 原风干兔粪 | 92.10 | 13.50 | 2.60 | 31.3 | 7.02 | 45.09 | 1.01 | 0.88 |
| 发酵兔粪饲料 | 91.30 | 14.51 | 2.79 | 33.64 | 7.55 | 40.18 | 1.09 | 0.92 |
| 原奶牛粪 | 91.20 | 11.90 | 2.88 | 32.88 | 19.55 | 43.25 | 1.92 | 0.85 |
| 发酵牛粪饲料 | 90.65 | 12.63 | 3.01 | 35.36 | 20.39 | 38.63 | 1.94 | 0.88 |

**3. 作物秸秆、秕壳类的开发利用** 这类饲料种类繁多，近年来河北农业大学谷子林教授的课题组对玉米秸秆、花生秧、花生皮、豆秸、谷草、葵花籽壳、统糠等方面进行了一些研究，分别测定了它们的营养含量，并进行饲料营养价值的初步评价和饲料配方的设计与生产试验，取得初步成果。研究表明，在家兔饲料中的适宜添加量：玉米秸秆15%～20%，花生秧30%～40%，花生壳15%～25%，豆秸15%～25%，谷草20%～30%，葵花籽壳15%～20%，统糠15%～25%。

表 8-11 几种作物秸秆、秕壳类饲料营养含量（%）

| 名称 | 产地 | 粗蛋白 | 粗纤维 | 钙 | 磷 | 赖氨酸 | 蛋+胱氨酸 |
|---|---|---|---|---|---|---|---|
| 玉米秸秆 | 鄂尔多斯 | 5.35 | 34.73 | 0.5 | 0.08 | 0.18 | 0.14 |
| 玉米秸秆 | 河北阳原 | 6.67 | 27.00 | 0.67 | 0.23 | 0.35 | 0.18 |
| 花生秧 | 河北大名 | 12.2 | 21.8 | 2.8 | 0.1 | 0.4 | 0.27 |
| 花生秧 | 河北唐山 | 8.6 | 32.0 | 1.5 | 0.18 | 0.375 | 0.26 |
| 花生秧 | 河北新乐 | 10.33 | 25.00 | 2.0 | 0.13 | 0.39 | 0.25 |
| 花生皮 | 河北新乐（春） | 5.69 | 67.23 | 0.54 | 0.05 | 0.27 | 0.05 |
| 花生皮 | 河北大名（夏） | 8.38 | 53.86 | 0.49 | 0.05 | 0.36 | 0.25 |
| 花生皮 | 辽宁沈阳 | 8.68 | 50.91 | 0.53 | 0.10 | 0.38 | 0.15 |
| 红薯秧 | 河北曲阳 | 8.10 | 28.50 | 1.55 | 0.11 | 0.26 | 0.16 |
| 豆秸 | 辽宁沈阳 | 3.57 | 36.48 | 1.22 | 0.21 | | |
| 豆秸 | 内蒙古呼伦贝尔 | 5.64 | 47.1 | 0.42 | 0.08 | 0.23 | 0.13 |
| 谷草 | 河北阳原 | 5.34 | 31.34 | 0.65 | 0.03 | 0.16 | 0.13 |
| 谷草 | 山西忻州 | 5.32 | 35.23 | 0.23 | 0.04 | 0.12 | 0.39 |
| 葵花籽壳 | 鄂尔多斯 | 8.0 | 35.00 | 0.60 | 0.30 | 0.10 | 0.05 |
| 三七统糠 | 河北辛集 | 7.05 | 35.59 | 0.3 | 0.2 | | |

**4. 工业副产品的开发利用** 这类饲料种类繁多，如白酒糟、啤酒糟、醋糟、豆腐渣、果渣果皮果核、麦芽根、甘蔗叶、甜菜渣、甘薯渣、马铃薯渣、茶渣等。研究表明，这类

饲料营养价值较高，多有一定的特殊味道，有些搜集处理不及时有霉变的风险。正常情况，酒糟醋糟类适宜用量10%左右，控制在15%以内；果渣果皮果核适宜用量8%，控制在12%以内；麦芽根适宜用量20%，控制在25%以内；甜菜渣适宜用量20%，控制在25%以内，均可取得较理想效果（表8-12）。

**表8-12　几种工业副产品类饲料营养含量**（%）

| 名称 | 产地 | 粗蛋白 | 粗纤维 | 钙 | 磷 | 赖氨酸 | 蛋+胱氨酸 |
|---|---|---|---|---|---|---|---|
| 白酒糟 | 河北保定 | 26.3 | 7.1 | 0.20 | 0.74 | 0.59 | 0.98 |
| 啤酒糟 | 河北满城 | 18.71 | 27.90 | 0.61 | 0.52 | 0.46 | 0.53 |
| 醋糟 | 山西清徐 | 8.99 | 27.37 | 0.21 | 0.11 | 0.27 | 0.38 |
| 醋糟 | 山西太原 | 15.76 | 29.16 | 0.2 | 0.08 | 0.24 | 0.44 |
| 苹果皮 | 山东淄博 | 4.22 | 13.07 | 0.14 | 0.11 | | |
| 苹果渣 | 陕西 | 6.0 | 16.9 | 0.06 | 0.06 | 0.41 | 0.15 |
| 葡萄皮 | 河北宣化 | 15.8 | 29.87 | 0.82 | 0.20 | 0.84 | 0.34 |
| 葡萄籽 | 河北怀来 | 8.92 | 36.51 | 0.72 | 0.16 | | |
| 麦芽根 | 河北满城 | 28.3 | 12.5 | 0.22 | 0.73 | 1.30 | 0.63 |
| 甜菜渣 | 河北张北 | 8.8 | 18.2 | 0.62 | 0.09 | 0.60 | 0.01 |
| 甘薯渣 | 河北行唐 | 4.22 | 15.23 | 0.8 | 0.12 | | |
| 马铃薯渣 | 河北张北 | 4.62 | 13.56 | 0.54 | 0.14 | | |
| 茶渣 | 福建南平 | 18.0 | 28.0 | 1.0 | 0.25 | 0.70 | 0.40 |
| 豆腐渣 | 河北高碑店 | 23.5 | 14.0 | 0.41 | 0.34 | 1.54 | 0.59 |

**5. 非常规蛋白饲料资源的开发利用**　这类饲料种类很多，植物性蛋白饲料：棉粕、菜籽粕、花生粕、核桃粕、玉米蛋白、豌豆蛋白、葵花粕、棕榈仁粕、DDGS、味精菌体蛋白、玉米胚芽粕、红花粕、维生素$B_{12}$渣、维生素C渣、酵母粉等；动物性蛋白饲料：发酵血粉、羽毛粉、肉骨粉、蚕蛹粉、蝇蛆粉、蚯蚓粉等。

对于植物性蛋白饲料，一般分为两类，一类是具有一定毒性的，如棉粕、菜粕，在没有脱毒处理之前，尽量控制喂量，一般控制在5%以内；没有毒副作用的高蛋白植物性饲料，如豌豆蛋白、花生粕、核桃粕，蛋白有的超过豆粕，质量相当可观，但氨基酸平衡方面存在一定缺陷，一般控制在10%以内，不超过15%，与豆粕配合使用；而玉米蛋白、玉米胚芽粕等，蛋白含量高低不等，主要是氨基酸不平衡，一方面配合其他蛋白饲料配合，另一方面注意补充必需氨基酸；葵花粕含有较高的粗纤维，适合兔子使用，用量可以加大，但必须整体考虑营养平衡问题。

动物蛋白饲料主要考虑适口性、消化率和产品质量问题。平时一般不用，特殊情况下使用。如缺乏含硫氨基酸时，补充羽毛粉1%～2%；母兔泌乳量不足的时候，补充动物蛋白2%～3%。肉骨粉既含有蛋白，其钙磷含量较丰富，一举两得；蚕蛹粉和蝇蛆粉，是昆虫蛋白饲料，实践表明，不仅提供优质蛋白（与鱼粉相近），而且含有抗菌肽，可以增强抗病能力，效果良好。一般添加3%左右。蚯蚓粉不仅仅提供优质蛋白原，而且具有促进被毛生长、提高产奶量、通乳催乳、预防乳房炎作用，也是传统的中药，一般添加1%～3%。

## 第四节　家兔饲料添加剂

饲料添加剂是指为满足特殊需要，在饲料加工、制作、使用过程中加入饲料中的少量或微量营养性或非营养性物质。

按功能不同，饲料添加剂可分为营养性和非营养性添加剂两大类。

营养性添加剂主要包括氨基酸、维生素、矿物质三大类，添加的目的是补充配合饲料某种营养的缺陷或不足，使之达到平衡。

非营养性添加剂种类繁多，包括抗生素类、合成抗生素类、激素类、酶制剂、益生素、酸化剂、防霉剂、抗氧化剂、调味剂、着色剂、黏结剂、稀释剂等。主要是为了保证或改善饲料品质、改善和提高动物生产性能、保证动物健康、提高饲料利用率而使用。

饲料添加剂是现代饲料工业必然使用的原料，是实现养殖动物全价营养不可或缺的重要物质，是配合饲料的重要组成部分，它与能量饲料、蛋白质饲料一起构成配合饲料的三大支柱。饲料添加剂在整个配合饲料中所占比例很小，一般不超过10%，但对强化基础饲料营养价值，提高动物生产性能，保证动物健康，节省饲料成本，改善畜产品品质等方面却有着不可替代的作用的效果。

### 一、营养性添加剂

营养性添加剂主要有氨基酸类、维生素类和微量元素类添加剂三大类。

#### （一）氨基酸添加剂

氨基酸是构成蛋白质的基本单位，蛋白质营养的实质是氨基酸营养。氨基酸添加剂主要有赖氨酸添加剂、蛋氨酸添加剂、苏氨酸添加剂和色氨酸添加剂。

#### （二）微量元素类添加剂

微量元素添加剂是指用来补充动物所需、常规饲料微量营养元素不足的少量添加剂，一般需要向饲料中添加微量元素有铁、铜、锌、锰、硒、碘、钴等。微量元素添加剂主要有三种形式，第一类是无机盐，主要有硫酸盐、碳酸盐和氧化物。其中以硫酸盐形式应用最为广泛。这类原料来源广泛，价格便宜，但适口性较差，易吸水结块，影响加工、混合性能；第二类是有机酸类，如柠檬酸类、延胡索酸类等，这类适口性好，但价格较贵，吸收利用率一般，所以在饲料中使用较少；第三类是有机微量元素螯合物，即微量元素与氨基酸或蛋白质以配位键形式结合形成，这类原料吸收利用率高，稳定性强，且不会与消化道内其他物质结合而影响其他养分的吸收利用，是最有前途的一类微量元素添加剂。

### （三）维生素类添加剂

维生素是一类动物需要量极少，但在动物机体中作用很大的低分子有机物，他们既不是能量物质，也不是功能物质，在机体内主要是以辅酶或辅基的形式，参与机体新陈代谢，对维持动物健康和生长具有重要意义。

维生素添加剂主要是用来向饲料中添加的化工合成或微生物发酵生产的脂溶性和水溶性的维生素单体或稀释剂。

## 二、非营养性添加剂

非营养性添加剂（Non-nutritive additive）不是饲料内的固有营养成分，它们的共同点是从各自不同的作用提高饲料的效率。非营养性饲料添加剂种类很多，根据它们的作用，大致可归纳为生长促进剂、驱虫保健剂、饲料保存剂、其他添加剂。

### （一）生长促进剂

生长促进剂的主要作用是刺激禽畜的生长，增进禽畜的健康，改善饲料的利用效率，提高生产能力，节省饲料费用的开支。包括抗生素、酶制剂、益生素等。

**1. 抗生素**　一般是由某些微生物产生的能抑制或杀死其他微生物的代谢产物，目前有些抗生素已能够人工合成或半人工合成。

抗生素饲料添加剂在家兔饲养中应用已经有几十年了，种类繁多，常用的有金霉素、杆菌肽锌、土霉素、泰乐菌素、粘杆菌素等。主要功能是预防疾病，促进生长，提高饲料转化率，提高动物产品数量等。

抗生素使用应注意下列事项：

（1）最好选用动物专用的，吸收和残留少、不产生抗药性的品种；

（2）严格控制使用剂量，保证使用效果，防止不良副作用；

（3）抗生素的使用期限要做具体规定，大多数抗生素消失需要时间为3～5d，故一般规定在屠宰前7d停止使用。

**2. 酶制剂**　为了帮助消化机能尚未发育完全的生长幼畜提高对饲料营养物质的利用率，或辅助家畜提高对难消化饲料成分的消化，而向饲料中添加的外源性的消化酶制剂，用于饲料中的消化酶主要有蛋白酶、脂肪酶、纤维素酶、淀粉酶、果胶酶、寡聚糖酶及植酸酶等。

家兔饲料中经常使用的酶制剂主要是以纤维素酶为主的复合酶制剂。添加量一般为0.1%～1%。

**3. 益生素**　是指能够用来促进生物体微生态平衡的那些有益微生物或其发酵产物，益生素是通过促进有益菌的增长来达到抑制有害菌数量的目的。经过有益菌与有害菌竞争性抑制，将有害菌排除，同时使肠道微生态环境正常化，保证动物健康，促进营养物质消化吸收。

目前，常用的益生素菌种有：枯草芽孢杆菌、蜡样芽孢杆菌、双歧杆菌、乳酸杆菌、链球菌、酵母、霉菌等。

### （二）驱虫保健剂

驱虫保健剂是重要的饲料添加剂，主要有两类。一类是抗球虫剂，一类是驱蠕虫剂。对家兔来说，主要是应用抗球虫剂。

家兔饲料中经常添加的抗球虫药有：氯苯胍、敌菌净、磺胺氯丙嗪、球净、地克珠利、盐霉素等。

对不同的球虫药，为达到较好效果，应轮换使用，以免产生抗药性。

### （三）饲料保存剂

饲料保存剂是指抗氧化剂和防霉剂而言。禾谷籽实颗粒被粉碎以后，丧失了种皮的保护作用，暴露出来的内容物极易受到氧化作用和霉菌污染。

**1. 抗氧化剂** 抗氧化剂是指为防止饲料中脂类物质氧化酸败，从而引起饲料质量下降而向饲料中加入的延缓或防止油脂自动氧化的物质，作为饲料添加剂的抗氧化剂有天然和化学合成的两类。

在天然抗氧化剂中，维生素 E 是最重要的一种，也是目前唯一可以工业化生产的天然抗氧化剂。

化学合成的抗氧化剂，可用于饲料的有三种，他们是乙氧喹（山道喹）、二丁基羟基甲苯（BHT）、丁基羟基茴香醚（BHA）。

**2. 防霉剂** 防霉剂具有抑制微生物生长与代谢的作用，在饲料中适当添加，可以抑制霉菌的生长及其毒素的产生，并防止饲料发霉而引起的动物中毒。

在配合饲料中使用加多的防霉剂多为丙酸及其盐类，有时也可使用山梨酸及其盐类、异丁酸和其他有机酸及其盐，在饲料中一般用量为0.2%～1.0%。

### （四）其他添加剂

其他主要添加剂还有改善饲料适口性的甜味剂及饲料加工中常用的吸湿剂和黏结剂等。

**1. 甜味剂** 添加于饲料中的各种动物爱吃的甜味物质或其代用品。常用的有糖蜜、糖精等，主要应用于子兔饮水或饲料中，以增进采食。

**2. 吸湿剂** 吸湿剂主要用于添加剂预混料的生产过程，特别是维生素、微量元素等添加剂预混料，常常需要使用吸湿剂，以控制其中的水分，保证它们的有效性。常使用的吸湿剂是蛭石。蛭石的结构中有很多毛细管，可吸附相当于本身体积50%的液体。

**3. 黏结剂** 与吸湿剂一样，黏结剂也是一种为改善饲料加工性能所使用的添加剂。黏结剂主要用于颗粒饲料的生产过程中。常用的有：木质素磺酸盐、膨润土、羧甲基纤维素及其钠盐、聚甲基脲、聚丙烯酸钠、络蛋白酸钠、海藻酸钠、α-淀粉以及一些树脂类化合物等。

# 第五节　家兔饲料配方设计

## 一、全价饲料配方设计

家兔全价饲料是指由多种原料按一定比例搭配、混合均匀、可以用来直接饲喂、营养平衡的家兔日粮，应用全价饲料可以最大程度的满足家兔营养需要，提高家兔生产能力，充分利用各种饲料资源，提高饲料消化利用率，增加家兔养殖效益。

全价饲料的好坏，关键是配方设计是否合理。全价饲料配方设计方法很多，如试差法、四角法、方程法、计算机法等。作者在生产实践中依据家兔饲料特点，开发出一种改良试差法，该方法实用价值较高，且易于掌握。

**1. 原理**　根据家兔不同阶段饲养标准和可利用饲料资源，先确定饲料经粗比例，计算粗料粗营养提供量，然后依据粗料与家兔营养需要量差值，设计精饲料配方，在精饲料配方设计过程中，首先确定非常规原料和微量添加剂添加比例，然后确定大宗原料用量。

**2. 原则**　改良试差法设计兔饲料配方的原则：

（1）初拟配方时，先将粗饲料原料、矿物质、食盐及预混料的用量确定。

（2）了解原料的营养特性、有害成分及抗营养因子含量、原料适口性及其加工特性，确定原料在配方中的用量范围和可替代性。

（3）调整配方时，先以能量和蛋白质为目标进行，然后考虑矿物质和氨基酸。

（4）矿物质不足时，首先满足磷的需要，再计算钙的含量，不足的钙以高钙饲料原料补充。

（5）氨基酸不足时以合成氨基酸补充；氨基酸超出需要，如果不过高，可以不做调整。

（6）饲养标准只是参考值，不必过分拘泥，应根据实际情况具体调整确定。

（7）配方营养浓度应稍高于饲养标准，一般应高出1%～2%。

**3. 举例**　为生长育肥兔设计一个全价饲粮配方，饲料原料有干草、玉米秸、玉米、高粱、次粉、细米糠、小麦麸、豆粕、菜籽饼、骨粉、贝粉、食盐、添加剂等。

第一步：确定生长育肥兔饲养标准（表8-13）。

**表8-13　生长兔营养需要标准**

| 消化能（MJ/kg） | 粗蛋白质（%） | 粗纤维（%） | 钙（%） | 磷（%） | 赖氨酸（%） | 蛋+胱氨酸（%） |
|---|---|---|---|---|---|---|
| 10.5 | 16.0 | <12.0 | 1.2 | 0.6 | 0.8 | 0.56 |

第二步：确定饲料原料养分含量（表8-14）。

**表 8-14 现有饲料原料养分含量表**

| 饲料 | 干物质（%） | 消化能（MJ/kg） | 粗蛋白（%） | 粗纤维（%） | 钙（%） | 磷（%） | 赖氨酸（%） | 蛋+胱氨酸（%） |
|---|---|---|---|---|---|---|---|---|
| 干草 | 90.60 | 2.50 | 8.90 | 33.70 | 0.54 | 0.25 | 0.31 | 0.21 |
| 玉米秸 | 88.80 | 2.30 | 3.30 | 33.40 | 0.67 | 0.23 | 0.05 | 0.07 |
| 玉米 | 88.00 | 14.35 | 8.50 | 1.30 | 0.02 | 0.21 | 0.26 | 0.48 |
| 高粱 | 87.00 | 14.10 | 8.50 | 1.50 | 0.09 | 0.36 | 0.21 | 0.21 |
| 次粉 | 88.10 | 13.51 | 14.00 | 3.10 | 0.06 | 0.39 | 0.53 | 0.85 |
| 小麦麸 | 87.90 | 10.59 | 13.40 | 10.40 | 0.22 | 1.09 | 0.67 | 0.74 |
| 细米糠 | 89.90 | 15.69 | 14.80 | 9.50 | 0.09 | 1.74 | 0.57 | 0.47 |
| 豆粕 | 89.60 | 13.10 | 45.60 | 5.90 | 0.26 | 0.57 | 2.90 | 1.32 |
| 菜籽饼 | 91.20 | 11.59 | 37.40 | 11.70 | 0.61 | 0.95 | 1.08 | 2.18 |
| 骨粉 | | | | | 30.12 | 13.46 | | |
| 贝粉 | | | | | 37.00 | 10.15 | | |

第三步：根据经验和生长兔的生理特点，确定粗饲料和精饲料比例。按粗饲料特性，粗略确定干草、玉米秸的比例，并计算混合粗饲料所含营养成分。

家兔以草食为主，粗饲料在饲粮中一般占20%～40%。本配方设计粗、精比为2.5∶7.5。粗饲料中干草占70%，玉米秸占30%，计算粗料营养含量（表8-15）。

**表 8-15 粗饲料所含养分**

| 饲料 | 比例（%） | 消化能（MJ/kg） | 粗蛋白（%） | 粗纤维（%） | 钙（%） | 磷（%） | 赖氨酸（%） | 蛋+胱氨酸（%） |
|---|---|---|---|---|---|---|---|---|
| 干草 | 70.00 | 1.75 | 6.23 | 23.59 | 0.38 | 0.175 | 0.217 | 0.147 |
| 玉米秸 | 30.00 | 0.69 | 0.99 | 10.02 | 0.20 | 0.069 | 0.015 | 0.021 |
| 合计 | 100.00 | 2.44 | 7.22 | 33.61 | 0.58 | 0.244 | 0.232 | 0.168 |
| 25%混合粗饲料含养分 | | 0.61 | 1.81 | 8.40 | 0.15 | 0.061 | 0.058 | 0.042 |

第四步：生长育肥兔营养需要中去除25%混合粗饲料所含养分，则为精料应达到的营养水平（表8-16）。

**表 8-16 精料养分需要量**

| | 消化能（MJ/kg） | 粗蛋白（%） | 粗纤维（%） | 钙（%） | 磷（%） | 赖氨酸（%） | 蛋+胱（%） |
|---|---|---|---|---|---|---|---|
| 营养需要标准 | 10.5 | 16.00 | <12.00 | 1.20 | 0.600 | 0.800 | 0.560 |
| 25%混合粗料 | 0.61 | 1.81 | 8.40 | 0.15 | 0.061 | 0.058 | 0.042 |
| 75%混合精料 | 9.89 | 14.12 | <3.60 | 1.06 | 0.539 | 0.742 | 0.518 |
| 100%混合精料 | 13.19 | 18.93 | <4.80 | 1.41 | 0.719 | 0.988 | 0.691 |

第五步：根据经验和饲料特性，初步设计各种精饲料原料用量，计算混合精料的营养

成分。

为了减少试算次数，可采用差代法试算。在确定各种饲料原料比例时，先预留来源广、用量大、能量和蛋白质含量差异大的能量饲料和蛋白质饲料各一种，以作为后面按代数法平衡能量和蛋白质时使用方程组有正数解。

本例内饲料中玉米和豆粕营养差异大，可预留后面平衡计算能量和蛋白质用，暂不估计比例，先估计其他原料用量：次粉在颗粒饲料中起“黏结剂”作用，用量可占10%；高粱适口性差，可占5%；小麦麸富含B族维生素，且有轻泻性，用量8%适宜；细米糠富含脂肪和磷，可用9%；菜籽饼富含蛋氨酸，有毒，适口性也差，应占5%以下，并计算其能量、蛋白质与标准之差额。饲粮中原料估计及营养成分试算表见表8-17。

**表8-17 饲粮中原料估计及营养成分试算表**

| | 配比（%） | | 消化能 | 粗蛋白 | 粗纤维 | 钙 | 磷 | 赖氨酸 | 蛋+胱 |
|---|---|---|---|---|---|---|---|---|---|
| | 估算 | 最终 | （MJ/kg） | （%） | （%） | （%） | （%） | （%） | （%） |
| 100%混合精料营养标准 | | | 13.19 | 18.93 | 4.80 | 1.41 | 0.719 | 0.988 | 0.691 |
| 玉米 | 38.69 | 38.69 | 5.55 | 3.289 | 0.503 | 0.007 7 | 0.081 | 0.100 6 | 0.186 |
| 豆粕 | 20.92 | 20.92 | 2.74 | 9.54 | 1.23 | 0.054 | 0.119 | 0.607 | 0.276 |
| 次粉 | 10.0 | 10.0 | 1.35 | 1.4 | 0.31 | 0.006 | 0.039 | 0.053 | 0.085 |
| 高粱 | 5.0 | 5.0 | 0.71 | 0.43 | 0.075 | 0.004 5 | 0.018 | 0.010 5 | 0.010 5 |
| 细米糠 | 9.0 | 9.0 | 1.41 | 1.33 | 0.855 | 0.008 1 | 0.157 | 0.051 3 | 0.042 3 |
| 小麦麸 | 8.0 | 8.0 | 0.847 | 1.072 | 0.832 | 0.017 6 | 0.0872 | 0.053 6 | 0.059 2 |
| 菜籽饼 | 5.0 | 5.0 | 0.58 | 1.87 | 0.59 | 0.031 | 0.048 | 0.059 | 0.11 |
| 骨粉 | | 1.24 | | | | 0.373 | 0.167 | | |
| 贝粉 | | 2.46 | | | | 0.91 | 0.004 | | |
| 食盐 | | 0.8 | | | | | | | |
| 赖氨酸 | | 0.063 | | | | | 0.063 | | |
| 添加剂 | | 0.3 | | | | | | | |
| 合计 | | 101.473 | 4.897 | 6.102 | 2.662 | 1.35 | 0.52 | 0.29 | 0.307 |
| 与标准差 | | 1.473 | 8.293 | 12.828 | 2.138 | 0.06 | 0.199 | 0.698 | 0.384 |
| 平衡后 | | 101.473 | 13.19 | 18.93 | 4.4 | 1.41 | 0.72 | 0.998 | 0.769 |

除了玉米、豆粕外，其余饲料按比例计算结果，消化能与标准差额为8.293MJ/kg，粗蛋白质与标准差额为12.828%，必须由玉米和豆粕来配足。玉米和豆粕消化能分别为14.35MJ/kg、13.10MJ/kg，粗蛋白质含量分别为8.5%和45.6%，设玉米用量为$x$、豆粕用量为$y$，则可列出代数方程组：

$$14.35x+13.10y=8.293$$

$$8.5x+45.6y=12.828$$

解方程得：$x=0.3869=38.69\%$，$y=0.2092=20.92\%$。

玉米用量为38.96%，豆粕用量为20.92%。能量、蛋白质也就平衡了。因为前面规定了预留饲料的能量和蛋白质养分含量必须差异显著，故$x$、$y$必为正数解，只有正数解才有实际意义。如$x$、$y$出现负数解时，没有意义，必须返回并重新调整用量或品种，再按本步求解，直至$x$、$y$为正数为止。

另外，如求出预留的两种饲料用量之和大大超过或低于配比差额时，这是配料经验不足所导致的对预留外饲料用量估计不恰当造成的，也应返回重新调整后再求解预留饲料用量，直至求出的预留饲料用量之和与配比差额相差不多，一般在3%～5%以内为适宜，以便在平衡其他养分时再进行调整。

能量、蛋白质平衡后，再计算并检查其他营养成分，粗纤维为4.395%，与标准要求<4.8%相符，不必再调整。

钙含量为0.128 9%，与标准1.41%差额为1.281 1%，磷含量为0.548 8%，与标准0.719%差额为0.1702%，可用骨粉、贝粉平衡，以经验或代数方程组法计算均可。设骨粉用量为$x_1$，贝粉用量为$y_1$，列出方程组：

$$30.12x_1+37y_1=1.281\ 1$$
$$13.46x_1+0.15y_1=0.170\ 2$$

解得：$x_1=1.24\%$，$y_1=2.46\%$。

经计算骨粉用量1.24%，贝粉用量2.46%即达到钙磷平衡。经计算赖氨酸含量为0.935%，与标准0.988%差额为0.063%，添加合成赖氨酸即可，蛋氨酸+胱氨酸含量为0.769%，较标准高0.078%，可不必调整。

第六步：总配比微调与平衡。通过以上平衡计算后，饲粮基本配方的总配比为101.473%，较标准要求高1.473%。因此，对饲粮中的饲料原料用量需进行微调。调整原则是不论配比高于或低于标准，应先考虑营养少的原料增减，最后使总配比达到100%。

本例总配比高于标准1.473%，可从小麦麸用量8%减去，这样配比既达到标准，其营养成分也无明显变化，且符合标准需要量（表8-18）。

**表8-18 精料混合料配方表**

| 饲料 | 配比(%) | 消化能(MJ/kg) | 粗蛋白(%) | 粗纤维(%) | 钙(%) | 磷(%) | 赖氨酸(%) | 蛋+胱(%) |
|---|---|---|---|---|---|---|---|---|
| 玉米 | 38.69 | 5.6 | 3.29 | 0.503 | 0.0077 | 0.081 | 0.1006 | 0.186 |
| 豆粕 | 20.92 | 2.74 | 9.54 | 1.23 | 0.054 | 0.119 | 0.607 | 0.276 |
| 次粉 | 10.0 | 1.35 | 1.40 | 0.31 | 0.006 | 0.039 | 0.053 | 0.085 |
| 高粱 | 5.0 | 0.71 | 0.43 | 0.075 | 0.0045 | 0.018 | 0.0105 | 0.0105 |
| 细米糠 | 9.0 | 1.41 | 1.33 | 0.855 | 0.0081 | 0.157 | 0.0513 | 0.0423 |
| 小麦麸 | 6.527 | 0.69 | 0.88 | 0.68 | 0.0116 | 0.071 | 0.044 | 0.048 |
| 菜籽饼 | 5.0 | 0.58 | 1.87 | 0.59 | 0.031 | 0.048 | 0.059 | 0.11 |
| 骨粉 | 1.24 | | | | 0.373 | 0.167 | | |
| 贝粉 | 2.46 | | | | 0.91 | 0.004 | | |
| 食盐 | 0.8 | | | | | | | |
| 赖氨酸 | 0.063 | | | | | | 0.063 | |
| 添加剂 | 0.3 | | | | | | | |
| 小合计 | 100 | 13.08 | 18.74 | 4.24 | 1.406 | 0.7 | 0.988 | 0.758 |
| 75%混合精料所含营养成分 | | 9.83 | 14.1 | 3.2 | 1.055 | 0.53 | 0.741 | 0.569 |

第七步：将混合粗饲料25%与混合精饲料75%配合一起制成颗粒，即为生长兔用全

价颗粒饲料。

## 二、浓缩饲料配方设计

浓缩饲料又称为蛋白质补充饲料，是由蛋白质饲料、矿物质饲料及添加剂预混料配制而成的配合饲料半成品，再掺入一定比例的能量饲料（玉米、高粱、大麦等）就成为满足家兔营养需要的全价饲料。

浓缩饲料具有蛋白质含量高、营养全面、使用方便，可充分利用当地饲料资源、减少运输等优点。一般在全价配合饲料中所占的比例为20%～40%。

**1. 浓缩饲料配方设计原则**

（1）浓缩饲料和能量饲料的比例一般整数，以便应用。如浓缩饲料用量一般为20%、30%、35%或40%。

（2）能量饲料的蛋白质含量应该有一个恰当、客观的估计，一般按中等质量估算。例如，玉米蛋白含量最低的为7.3%，而最高的则可达到9.8%，一般按8%计算。

（3）对不同生长阶段家兔，应设计不同的浓缩饲料。

**2. 浓缩饲料的配方设计方法**　浓缩料配方设计方法主要有全价料抽减法和单独设计法两种，其中以单独设计法较为实用。

现举例说明浓缩饲料的配方单独设计基本步骤。

例：为生长育肥肉兔设计浓缩料，其中要求玉米∶苜蓿草粉∶麸皮∶浓缩料＝35∶40∶10∶15。

第一步：查阅肉兔饲养标准，确定肉兔营养需要（表8－19）。

**表8－19　生长肉兔营养需要标准**

| 消化能（MJ/kg） | 粗蛋白质（%） | 粗纤维（%） | 钙（%） | 磷（%） | 赖氨酸（%） | 蛋＋胱氨酸（%） |
|---|---|---|---|---|---|---|
| 10.45 | 16.0 | 14.0 | 0.5 | 0.3 | 0.6 | 0.5 |

第二步：依据原料营养价值表获得苜蓿草粉、麸皮、玉米、大麦、豆饼、鱼粉、骨粉、石粉养分含量（表8－20）。

第三步：计算玉米、麸皮和苜蓿草粉所能达到的营养水平。

**表8－20　玉米、麦麸和苜蓿草粉提供的主要营养成分**

| 成分 | 用量（%） | 提供营养成分数量 | | | | | | |
|---|---|---|---|---|---|---|---|---|
| | | 粗蛋白（%） | 消化能（MJ/kg） | 粗纤维（%） | 钙（%） | 磷（%） | 赖氨酸（%） | 蛋＋胱氨酸（%） |
| 玉米 | 35 | 3.13 | 5.62 | 1.12 | 0.01 | 0.14 | 0.08 | 0.07 |
| 麸皮 | 10 | 1.56 | 1.41 | 0.92 | 0.01 | 0.10 | 0.06 | 0.03 |
| 草粉 | 40 | 4.60 | 2.32 | 12.20 | 0.66 | 0.07 | 0.02 | 0.16 |
| 合计 | 85 | 9.29 | 9.35 | 14.24 | 0.68 | 0.31 | 0.16 | 0.26 |

（续）

| 成分 | 用量（%） | 提供营养成分数量 | | | | | | |
|---|---|---|---|---|---|---|---|---|
| | | 粗蛋白（%） | 消化能（MJ/kg） | 粗纤维（%） | 钙（%） | 磷（%） | 赖氨酸（%） | 蛋+胱氨酸（%） |
| 标准 | 100 | 16 | 10.45 | 14 | 0.5 | 0.3 | 0.6 | 0.5 |
| 相差 | －15 | －6.71 | －1.1 | 0.24 | 0.18 | 0.01 | －0.44 | －0.24 |

第四步：计算浓缩饲料应达到的营养水平（表 8－21）。

由以上计算可知，能量类饲料已能满足肉兔粗纤维、钙、磷的需要，所以对于浓缩料来讲，只需注意保证蛋白、消化能、赖氨酸、蛋氨酸、食盐需要即可。浓缩料营养成分含量按如下方法计算：

某营养素含量＝差值/浓缩料添加比例

**表 8－21　生长肉兔浓缩料所应达到的营养水平**

| 消化能（MJ/kg） | 粗蛋白（%） | 赖氨酸（%） | 蛋氨酸＋胱氨酸（%） | 食盐（%） |
|---|---|---|---|---|
| 1.1/0.15＝7.33 | 6.71/0.15＝44.73 | 0.44/0.15＝2.93 | 0.24/0.15＝1.6 | 0.3/0.15＝2 |

第五步：依据饲料原料确定浓缩料配方。原料选择依据可使用原料的种类、质量，进行饲料配合，配方设计方法与全价饲料配方方法相同。对赖氨酸、蛋氨酸不足，可使用相应的氨基酸添加剂补充（表 8－22）。

**表 8－22　生长育肥肉兔饲料配方及主要营养指标**

| | 饲料原料 | 比例（%） |
|---|---|---|
| 饲料配方 | 豆饼 | 76.9 |
| | 鱼粉 | 19.9 |
| | 食盐 | 2.0 |
| | 微量元素 | 0.2 |
| | 维生素 | 0.1 |
| | 赖氨酸 | 0.5 |
| | 蛋氨酸 | 0.4 |
| 营养含量 | 营养指标 | 含量 |
| | 消化能 | 13.5MJ/kg |
| | 粗蛋白 | 45.0% |
| | 赖氨酸 | 2.9% |
| | （蛋＋胱）氨酸 | 1.6% |
| | 食盐 | 2% |

浓缩料营养含量可完全满足要求。

## 三、预混料配方设计

预混料，又叫添加剂预混料，是一种或多种添加剂与载体或稀释剂按一定比例配制的均匀混合物。按活性成分分组成可分为微量矿物质元素预混料、维生素预混合饲料、复合预混合饲料三大类。

使用预混料的优点，一是配料速度快、精度高，混合均匀度好；二是配好的添加剂预混料能克服某些添加剂稳定性差、静电感应及吸湿结块等缺点；三是有利于标准化，对各种添加剂活性、各类药物和微量元素的使用浓度等的表示均可标准化，有利于配合饲料生产和应用。

**1. 预混料设计原则**

(1) *灵活掌握饲养标准*　不同阶段、不同品种的家兔对养分的需要量不同，同时，不同地区、不同饲养条件，家兔对微量营养成分的需要也会有所变化，所以，在进行配方设计时，饲养标准也应灵活掌握。

(2) *注意考虑各种养分间的平衡*　家兔对各种微量养分不仅有各自的需要量，而且要求各种养分之间保持平衡，只有这样才能保证各种养分充分发挥自己的作用，例如，铜对铁的吸收有促进作用，硫对铜的吸收则有拮抗作用。

(3) *经济性原则*　在进行配方设计，不仅要考虑养分的充足供应，还应该在满足营养需要的前提下，尽量节省成本，以便获得更大效益。

**2. 微量矿物元素预混合饲料配方设计**　家兔所需要的微量元素主要有铁、铜、锌、锰、碘等，在设计微量元素预混合饲料配方时，一般以饲养标准中的营养需要量为基本依据，同时考虑地区性的缺乏或过量，以及某些元素的特殊作用而适当调整饲养标准。微量元素的补充量等于需要量减去原料中的含量，这里应注意的是饲养标准中所规定的微量元素添加量都是指纯元素说的，而在生产上只能向饲料中添加各种微量元素的化合物，同一元素的不同化合物的纯元素含量、纯度不同，所以在配合微量元素预混料时，需把纯元素的添加量折算为化合物的添加量。微量元素添加剂的用量一般占全价饲料的0.1%～0.5%。

例：为育肥兔设计一个0.1%比例的微量元素添加剂预混料。

(1) 根据饲养标准确定各种微量元素的需要量。查饲养标准得知，每千克饲粮含有铁50mg、铜5.0mg、锌70mg、锰8.5mg，碘0.2mg。见表8－23中①。

(2) 查饲料成分表，或实测基础饲料中各微量元素含量。表8－23中②。

(3) 计算需添加的微量元素的量。表8－23中③。

**表8－23　各种微量元素商品原料添加量**

| 项　目 | 铁 | 铜 | 锌 | 锰 | 碘 | 合计 (mg) |
|---|---|---|---|---|---|---|
| ①饲养标准规定用量 (mg/kg) | 50 | 5.0 | 70 | 8.5 | 0.2 | |
| ②基础饲料中含量 (mg/kg) | 58 | 2.5 | 55 | 2.1 | 0.05 | |

（续）

| 项　目 | 铁 | 铜 | 锌 | 锰 | 碘 | 合计（mg） |
|---|---|---|---|---|---|---|
| ③应补加量（mg/kg） | 0 | 2.5 | 15 | 6.4 | 0.15 | |
| ④化合物中元素含量（%） | 20.1 | 25.5 | 22.7 | 32.5 | 76.4 | |
| ⑤折合化合物原料量（mg/kg） | | 9.8 | 66.1 | 19.2 | 0.196 | |
| ⑥商品原料纯度（%） | | 96 | 99 | 98 | 98 | |
| ⑦折合商品原料用量（mg/kg） | 0 | 10.2 | 66.8 | 19.6 | 0.2 | 96.8 |

（4）选用适宜的微量元素原料。各种微量元素化合物原料规格见表 8－24。

**表 8－24　微量元素添加剂原料规格**

| 元　素 | 饲料来源 | 化学式 | 元素含量（占纯化合物%） |
|---|---|---|---|
| 铜（Cu） | 五水硫酸铜 | $CuSO_4 \cdot 5H_2O$ | 25.45 |
| 铁（Fe） | 七水硫酸亚铁 | $FeSO_4 \cdot 7H_2O$ | 20.1 |
| 锌（Zn） | 七水硫酸锌 | $ZnSO_4 \cdot 7H_2O$ | 22.7 |
| 锰（Mn） | 一水硫酸锰 | $MnSO_4 \cdot H_2O$ | 32.5 |
| 碘（I） | 碘化钾 | KI | 76.44 |

（5）将应添加的微量元素折合为纯原料量。纯原料量＝补加量/化合物元素含量（%）。

（6）把纯原料量折算为商品原料量。商品原料量：纯原料量/商品原料纯度（%）。

（7）计算载体用量。由表 8－23 中⑦计算得知，每吨基础日粮中应添加商品原料 96.8g。如在使用时，要求占饲料用量的 0.1%，则载体应为 1000g－96.8g＝903.2g。

（8）列出微量元素预混料配方，见表 8－25。

**表 8－25　微量元素预混料配方**

| 品名 | 每吨预混料用量（kg） | 百分比（%） |
|---|---|---|
| 七水硫酸亚铁 | 0 | |
| 五水硫酸铜 | 10.2 | 1.02 |
| 一水硫酸锰 | 19.6 | 1.96 |
| 七水硫酸锌 | 66.8 | 6.68 |
| 碘化钾 | 0.2 | 0.02 |
| 载体 | 903.2 | 90.32 |

注：载体应选用轻质碳酸钙、膨润土等矿物质原料为宜。

在实际配制微量元素预混料过程中，一般对饲料中的微量元素含量忽略不计，这样就大大简化了计算步骤。这是因为按营养标准添加的部分再加上饲料中的含量不会超过需要的安全限度，另外，由于检测、加工、保存等原因，按标准理论数值添加，可能不会满足需要，饲料中的含量可作为保险系数。

**3. 维生素添加剂预混料**　维生素预混料的配方设计应根据家兔饲养标准进行。但饲养标准是在实验条件下测得的维持动物不发病或纠正维生素缺乏症所需要的最低需要量，它不能反映家兔正常生长发育的生理需要，故不适于在生长条件下应用。实践证明，最佳需要量常比最低需要量高出几倍。但维生素成本较高，在生产中宜本着经济合理的原则，选择饲用效果并非最佳的，但经济效果最好的配方，即在饲养标准基础上，适当增加维生素给量，以取得最佳经济效果。高出饲养标准的给量称安全系数。

**（1）设计维生素添加量时应考虑的因素**

①维生素制剂的稳定性。维生素 A、维生素 D 制剂比其他维生素易失去活性，且常用饲料原料中不含维生素 A、维生素 D，所以维生素 A、维生素 D 的添加量要比需要量高。

②常用饲料原料中维生素 $B_1$、维生素 $B_6$ 和生物素含量丰富，三者的用量可以比需要量降低一些，特别是生物素，饲料中的生物素一般含量丰富，且生物学价值较高，所以添加剂中甚至可以不加。

③在发生球虫病时，应适当提高维生素 K 的添加量，有利于凝血。

④氯化胆碱呈碱性，与其他维生素一起配合时，会影响到其他维生素效价，所以应单独添加。

⑤其他维生素可按家兔需要量添加，饲料中含量作为安全量看待。

⑥家兔的盲肠发达，内含大量微生物，可以合成部分 B 族维生素，所以 B 族维生素可适当少加。

⑦家兔饲养中，如果适当饲喂青绿饲料，可减少维生素的添加量。

**（2）维生素预混合饲料配方设计**　设计维生素预混料时，原则上可按微量元素预混料配方设计方法和步骤进行。但由于维生素类添加剂容易损失和破坏，所以添加量要在饲养标准规定值的基础上适当提高。

**例：**以生长育肥兔的维生素预混料配方为例，说明其设计方法。

（1）查饲养标准中各种维生素需要量。

（2）确定各种维生素原料和规格。

（3）在饲养标准规定量的基础上，增加 10%的保险系数。

（4）确定维生素预混料在饲粮中的添加比例。如添加量为 0.1%，计算出每吨饲料中各种维生素原料及载体的需要量，即每吨饲粮需加维生素预混料 1.0kg。配方见表 8－26。

**表 8－26　维生素预混料配方设计表**

| 维生素种类 | 饲养标准规定用量 | 加 10%保险系数后用量 | 原料规格（每克中含量） | 用量为 0.1%各原料应占得比例（%） |
|---|---|---|---|---|
| 维生素 A（IU/kg） | 10 000 | 11 000 | 500 000 | 2.2 |
| 维生素 D（IU/kg） | 900 | 990 | 500 000 | 0.198 |
| 维生素 E（IU/kg） | 4.0 | 4.4 | 499 | 0.882 |
| 维生素 K（mg/kg） | 1.0 | 1.1 | 1 000 | 0.11 |
| 烟酸（mg/kg） | 180.0 | 198.0 | 990 | 20.0 |

（续）

| 维生素种类 | 饲养标准规定用量 | 加10%保险系数后用量 | 原料规格（每克中含量） | 用量为0.1%各原料应占得比例（%） |
|---|---|---|---|---|
| 维生素 $B_6$（mg/kg） | 39.0 | 42.9 | 980 | 4.38 |
| 维生素 $B_{12}$（mg/kg） | 0.1 | 0.11 | 10 | 1.1 |
| 原料合计 | | | | 28.87 |
| 载体用量 | | | | 71.13 |

注：载体选用糠麸等有机物为宜。

**4. 复合预混料** 复合预混料是指由微量元素、维生素、氨基酸和非营养性添加剂中任何两类或两类以上的组分与载体或稀释剂按一定比例配制的均匀混合物。一般在配合饲料中添加比例为10%以内。复合预混料的应用对推广标准饲养技术，提高动物生产性能和养殖效益具有重要意义。

**（1）设计步骤**

①先确定预混料在饲料中的添加比例。

②计算每吨配合饲料中各种维生素的添加量。计算方法见“如何设计维生素预混料配方”部分。

③计算每吨配合饲料中各种微量元素的添加量。计算方法详见“如何设计微量元素预混料配方设计”部分。

④计算各种氨基酸、抗生素药物的添加量。对氨基酸的添加量确定，主要依据饲养标准对氨基酸的需要量和推荐配方各种主要原料氨基酸含量之和的差值计算；抗生素的添加量一般按该种抗生素的预防添加量添加计。

⑤添加必要的抗氧化剂、防霉剂、调味剂等添加剂成分，添加量按使用说明添加。

⑥计算以上四项之和，计算与预混料设计添加量之差，即为载体和稀释剂的添加量。

**（2）举例** 为生长兔设计1%预混料（表8-27）。

**表8-27 1%生长兔预混料各种原料添加量及比例**

| 组 分 | 添加量（g） | 比例（%） |
|---|---|---|
| 维生素预混料 | 150 | 1.5 |
| 微量元素预混料 | 1 500 | 15 |
| 氯化胆碱 | 1 000 | 10 |
| 蛋氨酸 | 600 | 6 |
| 赖氨酸 | 1 000 | 10 |
| 杆菌肽锌（有效含量：4%） | 200 | 2 |
| 抗球虫药 | 100 | 1 |
| 抗氧化药 | 150 | 1.5 |
| 载体 | 4 300 | 43 |
| 总计 | 10 000 | 100 |

# 第六节　家兔饲料的加工与调制

现代家兔生产中，通常饲喂全价配合颗粒饲料，饲料的加工和调制技术在家兔饲养中的影响也越来越大，本节将对家兔饲料的加工与调制技术进行阐述。

## 一、能量饲料的加工与调制

能量饲料是指以干物质计，粗蛋白质含量低于20%，粗纤维含量低于18%，每千克干物质含有消化能10.46MJ以上的一类饲料。这类饲料主要包括谷实类、糠麸类、脱水块根、块茎及其加工副产品，动、植物油脂以及乳清粉等饲料。为提高动物对能量饲料的消化利用率，通常也需要进行加工处理，常用的加工方法见表8-28。

**表8-28　常用饲料谷物的加工方法**

（冯定远，2012）

| 机械处理 | 热处理 | 水分之改变 | 其他 |
|---|---|---|---|
| 去壳 | 微波处理 | 麸糠浸水 | 制块 |
| 压挤 | 爆裂 | 干燥、脱水 | 液状掺用料 |
| 磨碎 | 烘烤 | 高水分谷物 | 发酵 |
| 干式滚压 | 蒸煮 | 重构谷物 | 无土栽培 |
| 蒸汽液压 | 水热炸制 | 加水饲料 | 发芽 |
| | 加压制片 | | 未处理全玉米 |
| | 蒸汽压片 | | |
| | 碎粒处理 | | |

### （一）粉碎

粉碎是饲料加工中的重要工序，粉碎的主要作用：一是可以降低饲料的颗粒大小，提高家兔胃肠对营养的消化吸收能力，提高饲料转化率；二是可以获得大小合适的颗粒，使原料混合的更均匀。在饲料生产中，需要粉碎的物料比例一般在50%～80%，粉碎工序的电耗占粉料成品加工总电耗的60%～70%，粉碎质量也是评价成品饲料质量的重要因素。

与粉碎工序相联系的工艺有三种，即一次粉碎工艺、二次粉碎工艺和闭路粉碎工艺。目前常用的粉碎方法有：击碎、磨碎、压碎和锯切碎，根据结构特征，粉碎设备分为锤片式粉碎机、对辊式粉碎机和爪式粉碎机等。

锤片式粉碎机是最常见的饲料加工设备，该设备是借助旋转的金属锤片击打待粉碎的物料并使其通过金属网筛来完成的，产品颗粒度大小可通过改变筛孔的大小来控制。

磨碎的程度应根据饲料的性质、动物种类、年龄、饲喂方式、加工费用等来确定。适宜的粉碎加工处理使得饲料表面积加大，有利于与消化液的接触，使饲料充分浸润，从而提高动物对饲料的消化率。但将谷粒磨得过细，一方面降低适口性，咀嚼不良，甚至不经咀嚼即行吞咽，造成唾液混合不良；另一方面在消化道内易形成黏稠的团状物，因而也不易被消化。相反，磨得太粗，混有的细小杂草种子极易逃脱磨碎作用，则达不到饲料粉碎的目的，家兔的饲料粉碎粒径1～2mm为宜。

压碎是将饲料通过对辊式粉碎机的两辊之间，使其受到锯切，研磨而粉碎完成的主要是用于颗粒配合饲料的颗粒破碎及原料二次粉碎工艺中使用。

### （二）简单热处理

**1. 烘烤、焙炒** 烘烤是将谷物进行火烤，使谷物直接受热产生一定程度的膨胀，从而使物料具有良好的适口性，提高淀粉的利用率。焙炒还可消灭有害细菌和虫卵，使饲料香味可口，增强了饲料的卫生性、诱引性和适口性。

**2. 微波热处理** 微波加热类似于膨化，谷物经过微波处理后饲喂动物，其消化能值、动物生长速度和饲料转化率都有显著提高。

**3. 蒸煮** 加水加热使谷物膨胀、增大、软化，成为适口性很好的产品。蒸煮或高压蒸煮可以进一步提高饲料的适口性，但禾本科籽实蒸煮后反而会降低其消化率。

## 二、蛋白质饲料的加工与调制

蛋白质饲料分为植物性蛋白质饲料和动物性蛋白质饲料，在家兔配合饲料中，蛋白质饲料以植物性蛋白质饲料原料为主，很少选用动物性蛋白质饲料。植物性蛋白质饲料主要有大豆饼（粕）、棉籽饼（粕）、菜籽饼（粕）、向日葵饼（粕）、花生饼（粕）等。

### （一）大豆饼粕的加工处理

大豆饼（粕）是以大豆为原料取油后的副产物，其加工和调制主要依据生熟程度，目前评定大豆饼粕质量的指标主要为抗胰蛋白酶活性、脲酶活性、水溶性氮指数、维生素$B_1$含量、蛋白质溶解度等。许多研究结果表明，当大豆饼粕中的脲酶活性在0.03～0.4范围内时，饲喂效果最佳。大豆饼粕最适宜的水溶性氮指数值标准不一，一般在15%～30%。日本大豆标准的水溶性氮指数小于25%。

对大豆饼粕加热程度适宜的评定，也可用饼粕的颜色来判定，正常加热时为黄褐色，加热不足或未加热，颜色较浅或灰白色，加热过度呈暗褐色。

去皮大豆粕的营养价值高于普通大豆饼（粕），主要用作猪、禽饲料，在家兔配合饲料中因成本原因很少使用。

### （二）棉籽饼粕的加工处理

棉籽饼（粕）中含有的主要抗营养因子为棉酚、环丙烯脂肪酸、单宁和植酸，尤以棉酚对家兔影响最大。研究表明，棉酚对肉兔的损伤主要在肝脏，随时间推移，肝脏出现肿大、坏死及间质增生现象，其次胃肠表现充血、黏膜脱落，肾、脾均出现不同程度的水肿、变性、坏死等症状，说明肝脏是肉兔棉酚中毒最敏感和损伤最严重的内脏器官（赵恒亮，2007）。

添加亚铁盐比如硫酸亚铁可增加动物对棉酚的耐受力，棉籽饼（粕）进行棉酚脱毒处理后，肉兔可使用10%～15%，种兔饲料中不建议使用棉籽饼（粕）以影响繁殖性能。

### （三）菜籽饼粕的加工处理

菜籽饼粕含有硫葡萄糖苷、芥子碱、植酸、单宁等多种抗营养因子，饲喂价值明显低于大豆饼粕，且易引起甲状腺肿大。菜籽饼粕可通过加热、水浸泡、醇浸提、氨碱处理、硫酸亚铁、微生物发酵等工艺进行脱毒处理，最好的办法是种植“双低”油菜。

## 三、粗饲料的加工与调制

家兔饲料中，粗饲料也是一类必须添加的物质，家兔所用的粗饲料主要有青干草、草粉和秸秕类。

### （一）青干草的加工处理

青干草加工过程中，应注意掌握以下基本原则：

（1）干燥时间短。缩短牧草干燥的时间，可以减少生理和生化作用造成的损失。

（2）牧草各部位含水量均匀。干燥末期牧草各部分的含水量应当力求均匀，以有利于牧草贮藏。

（3）防止雨淋或露水淋湿。牧草在凋萎期应当防止被雨、露水淋湿，并避免在阳光下长期暴晒。应当先在草场上使牧草凋萎，然后及时搂成草垄或小草堆进行干燥。

（4）集草、聚堆、压捆等作业，应在植物细嫩部分尚不易折断时进行。

青干草的干燥方法有自然干燥法、人工干燥法等。自然干燥法节省能源但干燥时间长、养分损失较多，人工干燥法则相反，耗能多，但干燥时间短，养分损失相对少，目前多采用连续作业的气滚筒式高温干燥机。

### （二）草粉加工及质量鉴定

加工生产草粉的生产流程一般为：刈割切短→干燥→粉碎→包装→贮运。其中，粉碎是草粉加工中的最后也是最重要的一道工序，对草粉的质量有重要影响。由于粗饲料纤维含量高，常用的粉碎设备是锤片式粉碎机，其特点是生产率高、适应性广、粉碎粒度好，既能粉碎精饲料又能粉碎粗饲料，但动力消耗大。

鉴定草粉质量时，首先应观察草粉感官性状，然后进行营养成分的分析，在此基础上最后评定草粉的质量状况。

**1. 感官鉴定**

（1）形状　有粉状、颗粒状等。

（2）色泽　暗绿色、绿色或淡绿色。

（3）气味　具有草香味，无变质、结块、发霉及异味。

（4）杂物　青草粉中不允许含有有毒有害物质，不得混入其他物质，如砂石、铁屑、塑料废品、毛团等杂物。

**2. 营养成分** 青草粉的质量与营养成分，依调制方法不同而显示出较大差异。如苜蓿草粉按调制方法，可分为日晒苜蓿草粉和烘干苜蓿草粉等。

**3. 质量等级评定** 草粉以含水量、粗蛋白质、粗纤维、粗脂肪、粗灰分及胡萝卜素的含量，作为控制质量的主要指标，按含量划分等级。

含水量一般不得超过10%，但在中国北方的雨季和南方地区，含水量往往超过10%，但不得超过13%。其他质量指标测定值均以绝干物质为基础进行计算。青草粉的种类较多，世界各国都根据不同的原料种类，制定各自的国家质量等级标准。

### （三）秸秕类饲料的加工处理

粗饲料经过适宜加工处理，可明显提高其营养价值。大量科学研究和生产实践证明，粗饲料经一般粉碎处理可提高采食最7%；加工制粒可提高采食量37%；而经化学处理可提高采食量18%～45%，提高有机物的消化率30%～50%。因此，粗饲料的合理加工处理对开发粗饲料资源具有重要的意义。目前，粗饲料加工调制的主要方法有物理、化学和生物学处理3个方面。

**1. 物理处理法** 物理处理法主要有切短、粉碎、浸泡、蒸煮和膨化、秸秆辗青、颗粒饲料、射线照射和青贮等方法。

**2. 化学处理法** 秸秆物理处理，一般只能改变其物理性质，对秸秆饲料营养价值的提高作用不大。化学处理则有较大的作用，它不仅可以提高秸秆的消化率，而且能够改进饲料的适口性，增加采食量。常用的方法有以下几种：

（1）碱化处理 碱（氢氧化钠等）化处理，即是利用碱类物质能使秸秆饲料纤维内部的氢键结合变弱，使纤维素膨胀，溶解半纤维素和一部分木质素，从而提高秸秆的消化率，改善其适口性。

在实际应用中，碱化处理主要有氢氧化钠处理和石灰水处理两种方法。

碱化处理能改善秸秆消化率，促进消化道内容物排空，所以也能提高秸秆采食量。

（2）氨化处理 即在秸秆中加入一定比例的氨水、液氨（无水氨）、尿素等，破坏木质素与纤维素之间的联系，使纤维素部分分解，细胞膨胀，结构疏松，从而提高秸秆的消化率、营养价值和适口性。

秸秆氨化的效果，主要是氨化中3种作用的结果，即碱化作用、氨化作用和中和作用。

与秸秆碱化处理相比，秸秆的氨化处理对提高秸秆消化率的效果虽然略低于碱化处理，但氨化处理能增加秸秆的非蛋白氮含量，同时氨还是一种抗霉菌的保存剂，可有效地防止秸秆在氨化期内不发霉变质。过量的氨可以散发掉，不对土壤造成污染，反而是土壤的营养成分。所以，目前氨化处理作物秸秆和低质饲料应用范围很广泛。

（3）酸化处理 利用酸类物质（如硫酸、盐酸、磷酸和甲酸等）来破坏秸秆饲料纤维物质的结构，提高动物的消化率。硫酸、盐酸多用于秸秆和木材加工副产品，磷酸和甲酸则多用于保存青贮饲料。由于此法成本较高，酸的来源不如碱和氨，所以在生产中应用较少。

(4) **氧化剂处理**　通过利用过氧化氢、二氧化硫、臭氧、亚硫酸盐和次氯酸钠等氧化剂处理秸秆，以除去秸秆中部分木质素，从而提高秸秆消化率。

据试验，用二氧化硫处理的麦秸体外消化率可提高40%，体内消化率提高19%。用碱性过氧化氢处理秸秆，可使木质素溶解50%～60%。

(5) **氨—碱复合处理**　为了改变氨化处理秸秆消化率提高幅度不如碱化处理，中国农业大学研究人员提出了尿素氨化加氢氧化钙复合处理的技术方案。试验结果表明，瘤胃尼龙袋法评定的瘤胃消化率，未处理稻草为51.0%，单用尿素或氢氧化钙处理的为60.6%或61.0%，复合处理的稻草消化率则达到71.2%；麦秸的相应值分别为38.86%、47.0%、63.3%。可见复合处理技术能显著提高秸秆消化率。

(6) **碱—酸复合处理**　为了解决碱处理后在秸秆中的残留问题，有人进行了碱—酸复合处理秸秆的尝试，其方法是将切碎的秸秆加碱放入水泥窑内压实，存放1～2d，然后再将这些秸秆放入3%的盐酸溶液中浸泡，以中和余碱，沥去多余的溶液，即可饲喂家畜。

**3. 生物处理**　利用有益的微生物（如乳酸菌、酵母菌等）和酶等，在适宜的条件下，分解秸秆中难于被家畜消化的纤维素和木质素的。常见的生物处理方法有以下3种：

(1) **自然发酵法**　亦称直接发酵法，青贮是最常见的一种。

(2) **微生物发酵法**　另加微生物发酵，即目前常称的微贮。

(3) **酶解技术**　酶通过参与有关的生化反应，降低反应所需活化能，加快其反应速度，来促进蛋白质、脂肪、淀粉和纤维素的水解，从而促进饲料营养的消化吸收，最终提高饲料利用率和促进动物生长。

用于酶解秸秆饲料的酶制剂，主要是由康氏木霉、绿氏木霉和黑曲霉等菌种产生的。如前苏联曾用果胶酶和纤维素酶，另外还加入一定量的能源物质、无机氮和各种无机盐，共同处理秸秆饲料，结果较明显地提高了饲料蛋白质含量（100 g/kg），也增加了还原糖，降低了纤维素含量。纤维素的消化率提高到79.84%～84.80%，即增加一倍多。因而提高了秸秆饲料的营养价值和饲用效果。

## 四、青绿饲料的加工与调制

青绿饲料的处理方法有切碎、打浆、浸泡等，切碎是青绿饲料最常用也最简单的方法，切碎的程度与饲料的种类及老嫩、长短不一，饲喂家兔青绿饲料很少进行物理处理，如果有草架的话，通常对青绿饲料进行简单切短，以15～20cm为宜，然后直接置入草架供家兔采食。打浆适用于各种青饲料、多汁饲料尤其是茎叶表面有钩刺或刚毛的青饲料，打成的草浆生喂、熟喂均可。浸泡适用于有苦、涩、辣或其他怪味的青饲料，通常多用冷水浸泡或热水闷泡4～6h，但浸泡时间不宜太长，否则易导致饲料腐败或变酸。

## 五、配合饲料的加工与调制

家兔作为草食动物，生长速度快，繁殖率高，体内代谢旺盛，其消化生理特点介于单胃动物和反刍动物之间，需要从饲料中获得多种多样的养分才能满足其生长需要。研究表明，家兔喜欢采食颗粒状料，不喜欢采食粉状饲料。同样的饲料配方，制成颗粒料与制成湿拌料饲喂家兔相比，家兔对颗粒饲料干物质、能量、粗蛋白、粗脂肪的消化率高，其生长速度快，消化道疾病的发生率低。

### （一）粉碎

粉碎粒度是指粉碎后物料颗粒的大小。粉碎破坏了谷物表皮的保护，增大了物料的表面积，不但增加了饲料与消化酶或微生物的接触机会，而且促进了淀粉的糊化，有利于畜禽的消化吸收。

粉碎是饲料加工生产过程中重要工序之一，粉碎质量直接影响到饲料生产的质量、产量和电耗等综合成本，同时也影响到饲料的内在品质和饲养效果。

最佳粉碎粒度应根据畜禽消化生理特点、粉碎的成本、后续加工工序和产品质量等要求来确定。我国配合饲料质量标准对产品粉碎粒度的要求以筛上物留存百分率表示，对产品检测确实方便，但很不精确，因为达到同一标准的两种饲料的几何平均粒度可能差异很大，不便于指导饲料厂家科学配置粉碎机筛片和控制粉碎粒度。Garcia 等发现，家兔饲料粉碎粒度与 0.315mm 以下的颗粒所占的比例有很大关系。孔祥浩等用锤片式粉碎机将玉米秸秆粉碎，粒度在 0.5～5mm，制成含玉米秸粉 40％的全价颗粒饲料饲养肉兔。结果发现，对肉兔的生长发育、性成熟、配种、受孕、泌乳及仔兔的成活、发育等未产生不良影响。Amici A 等用粒度小于 2～3mm 的甘蔗块配合粒度稍大的碎米、糠麸和紫花苜蓿制成颗粒料喂兔，兔的生长效率和采食量均有所提高。一定条件下，颗粒饲料的饲喂效果与粉碎细度和颗粒直径大小相关。谢晓红等报道，细颗粒料（4.0mm）更有助于提高饲料转化率，促进仔兔增重。70 日龄前一直饲喂 4.0mm 颗粒料的幼兔，其日增重和饲料转化率均明显高于一直饲喂 6.0mm 或由 4.0mm 换为直径 6.0mm 颗粒料的兔（$P<0.05$）。国外也有资料报道，3.5～4.0mm 直径的颗粒料对 70 日龄后的幼兔已无明显影响（$P>0.05$）。

Maertens 等分别对直径 2.5、3.2 和 4.8mm 的兔饲料采食量做了对比试验，试验结果表明，仔兔分别采食不同直径（2.5、3.2 和 4.8mm）的颗粒，其生长速度和饲料转化效率均没有显著差异，这与传统上认为的颗粒直径越小越利于仔兔采食的观点相矛盾。对于生长兔而言，颗粒直径保持在 4.8mm 的饲养效果最好，如果兔在断奶前同时采食不同直径（2.5mm、3.2mm 和 4.8mm）的颗粒料，直径小（2.5mm）的颗粒料偏嗜性较好，兔的生长速度也相应地降低，因此，生长育肥期兔颗粒料的直径一定要比仔兔的大，或者兔子的整个生理阶段（出生到繁殖）都采用同一直径的饲料颗粒，这样设计会获得更大的收益。

兔用饲料一般要求颗粒饲料的颗粒硬度适中，粉化率要低，减少饲料的浪费。太硬会降低产品的适口性和生产性能，太脆会提高产品粉化率，降低生产性能，增加浪费。要提高颗粒饲料的颗粒硬度，可以通过调控原料粉碎粒度的粗、中、细比例来达到提高颗粒硬度的目的。细粉中的淀粉在调质时能够充分糊化，在制粒过程中起着重要的黏结作用，将粗、中、细粒径的颗粒黏结在一起成为大颗粒，提高颗粒的硬度和降低产品粉化率。

## （二）混合

混合加工设备研究的领域主要是提高混合均匀度、缩短混合时间，提高单位时间内的产量。混合设备的形式很多，常用混合设备有卧式螺带混合机、卧式桨叶混合机、卧式双轴桨叶式混合机。

目前饲料工业中常用的螺带或桨叶式混合机均能满足兔料混合均匀度的要求。在加料的顺序上，一般是配比大的组分先加入混合机内，再将少量和微量组分后加入；在各种物料中，粒度大的先加入混合机，粒度小的后加入；比重小的物料先加入混合机，比重大的后加入。即遵循"先大后小、先轻后重、先粗后细"的原则。

兔饲料混合机应满足以下几点要求：①混合能力大（1∶100 000）；②转速低（33rpm）；③混合时间短（<180s）；④交叉污染控制在最低范围内；⑤混合机内部易清洗维护；⑥具备液体添加的能力（脂肪和油脂、氨基酸、有机酸等）；⑦混合机内部为不锈钢涂层等。

## （三）调质与制粒

调质是饲料制粒前进行水热处理，软化粉料的加工过程。调质时间和温度是影响调质效果最重要的两个因素，调质技术的发展也是紧紧围绕这两个因素进行的。

在传统的饲料厂，制粒前的调质是较难操作的环节，而且任何单一的调质时间都不可能是所有饲料的最佳调质时间，因此需要对调质时间加以变动。

由于兔有啃咬坚硬食物的特性，颗粒长度以 6～12.5mm 为宜，如果颗粒的长度过长，兔子会咬断颗粒的一侧，颗粒剩余的部分变小，兔子采食困难，造出很大的浪费。

许多因素都会影响产品的成粒性能及颗粒料的质量，特别是对于家兔饲料，因含有粗饲料，成粒影响更大。对于原料的成粒性能，可以参照 Payne 研究出的《常用饲料原料的成粒性能》表进行搭配原料，以达到营养内值和提高饲料颗粒耐久性值相对统一。该表包括 60 种常用原料的成粒性能、挤压制粒后的产量及制成颗粒的稳定性，可用以预测使用某些原料制粒可能出现的问题。

当原料的淀粉含量低或蛋白来源是豆粕时，必须经过热处理（蒸汽调质），普通的挤压处理是不可行的。蒸汽调质是兔颗粒饲料加工工艺过程中的关键工艺，调质效果直接影响颗粒的内部结构和外观质量。蒸汽质量和调质时间是影响调质效果的两个重要因素。高质量的干饱和蒸汽能够提供较多的热量来提高物料的温度，使淀粉糊化充分；调质时间越长，淀粉糊化度越高，成形后的颗粒结构越致密，硬度大、耐久度高。对兔来说，通过调节蒸汽的添加量，使调质温度保持在 75～80℃；通过改变调质器的长度、调质器桨叶的角度和转速来控制调质时间，使调质时间在 30～45s。操作条件对制粒机的产量、兔颗粒料的质量都有重要影响，操作时应注意进料均匀；蒸汽供应应充裕，按兔饲料产量的 5% 确定所需蒸汽量，并保证稳定的蒸汽压力，蒸汽机压力在 0.2MPa 左右，应采用干饱和蒸汽，避免使用湿蒸汽。兔颗粒饲料刚从制粒机脱膜时，含水量较多（140～160g/kg），温度较高，容易变形和破碎，因此需要冷却降低水分和温度，以利于储存和运输。恰当的冷却条件既能保证冷却气流与兔颗粒表面充分和均匀的接触，又能使颗粒表面汽化与水分扩散协调。一般兔颗粒料的冷却时间为5～6min，最小冷却风量为6～22 $m^3$/min，立式冷却器风速不得超过1.78m/s，卧式冷却器不超过2.95m/s；饲料从冷却器出口排出时的温度应控制在高出室温2～3℃为宜，以防止外干内湿的不良状况，造出兔饲料颗粒表面龟裂。

## 六、全价颗粒饲料的加工

### （一）配合饲料加工工艺设计

**1. 工艺设计基本原则**

（1）工艺流程和设备必须成熟、可靠、实用，并尽可能采用先进的工艺流程和设备，以提高生产效率和饲料产品质量。

（2）具有较好的适应性和灵活性，满足不同配方、不同原料和不同成品的要求。

（3）尽量选用系列化、标准化和零部件通用的设备，设备配套平衡，后道输送设备的生产能力必须比前道输送设备生产能力大5%～10%，设计的生产能力应比实际生产能力大15%～20%。

（4）设备能耗低，节约成本，劳动生产率高。

（5）合理布置设备和装置，有利于操作、维修保养和管理，减少占地面积，并考虑设备布置整齐、美观。

（6）充分考虑员工的工作条件和环境，有效降低噪声和粉尘，符合安全、卫生、环保及消防要求，确保文明生产。

（7）既要满足当前生产的需要，又应兼顾中长期发展的要求。

**2. 工艺设计依据** 全价配合饲料的设计主要依据产品类型、生产能力、饲料配方和常用原料品种及特性、原料来源和成品出厂、投资能力和员工素质。

**3. 工艺设计方法和步骤**

（1）*确定工艺流程* 根据生产规模和产品类型组织工艺流程，确定生产工艺。

（2）*计算确定工艺参数* 包括各工序的生产能力、原料及成品仓库容量和劳动力等。

（3）*选择主要设备* 饲料生产设备选择必须满足工艺要求，重视设备质量，要求设备技术先进、经济合理。

（4）*设计绘制工艺流程图* 根据选定的工艺流程和设备绘制工艺流程图。工艺流程图可人工绘制，也可采用计算机绘制。

（5）*绘制设计设备布置图* 按照选定设备的大小尺寸，在车间进行排布，确定车间等的长、宽、高和设备的平面布置方式，可采用计算机辅助设计方法绘制布置图。

（6）*编制工艺设计说明* 对工艺流程和设备的有关内容用文字进行说明。

**4. 工艺设备选择**

（1）满足工艺要求，运行安全、可靠，具有技术先进性。

（2）便于操作维修。

（3）高效、节能、环保。

**5. 工艺设备布置**

(1) 保证生产工艺流程畅通，尽量利用建筑高度使物料自流，减少提升次数。

(2) 便于安装、操作和维修，保留足够的安全走道和操作维修空间。

(3) 确保安全，楼梯、走道和操作平台必须设置安全栏杆，转动的设备部件要设防护罩，设备荷重必须计算正确。

## (二) 典型配合饲料加工工艺

配合饲料加工工艺取决于生产规模，生产能力大则工艺完整，自动化程度高；产量小则工艺相对简单，劳动强度大。根据粉碎和配料的顺序可分为先粉碎后配料加工工艺和先配料后粉碎加工工艺。先粉碎后配料加工工艺也称为美国式加工工艺，适用于谷物含量高的饲料生产，国内外饲料厂多采用这种工艺流程；先配合后粉碎工艺是将所有参与配料的各种原料按一定比例并通过配料秤称重后混合在一起，再进入粉碎机粉碎，欧洲饲料厂采用此工艺较多，国内水产饲料生产也多采用这种加工工艺。

## (三) 颗粒饲料的加工过程

**1. 原料选择**

(1) **精饲料** 常用的有玉米、麸皮、大豆饼粕、葵子饼粕、花生饼粕等。要求精料的含水量不超过安全贮藏水分，无霉变，杂质不超过 2%。发霉变质及掺假的原料坚决不用。

(2) **粗饲料** 常用的有玉米秸秆、豆秸、谷草、花生秧、干牧草、树叶等。晒制良好的粗饲料水分含量 14%～17%。玉米秸秆加工时不易颗粒化或加工出的成品硬度小，故宜与谷草、豆秸等饲料搭配使用。

**2. 原料粉碎** 在其他因素不变的情况下，原料粉碎得越细，产量越高。一般粉碎机的筛板孔径以 1～1.5mm 为宜。对于储备的粗饲料，一般应选择晴天的中午加工。

**3. 称量混合** 加工颗粒饲料，先将精料通过粉碎、称量混匀，再按精、粗料比例与粗料混合。保证混合质量的措施有：

(1) 将微量元素添加或预防用药物制成预混料。

(2) 控制搅拌时间。一般卧式带状螺旋混合机每批宜混合 2～6min，立式混合机则需混合 15～20min。

(3) 适宜的装料量。每次混合料以装至混合机容量的 60%～80%为宜。

(4) 合理的加料顺序。配比量大的先加，量少的后加；比重小的先加，比重大的后加。对于干进干出的制粒机，须在制粒前搅拌时加入一定比例的水分。

**4. 压制成形** 这一过程是将混合料经制粒机压制加工成颗粒料。颗粒料的物理性状（如长度、直径、硬度等）是颗粒料质量的重要表现。颗粒料直径、长度对家兔性能有明显影响，从平均日增重、日采食量、料肉比综合评定。

# 第九章

# 家兔的营养需要和饲养标准

## 第一节　家兔的消化生理特点

### 一、家兔对营养物质的消化特点

#### （一）消化过程

饲料进入口腔，经咀嚼和唾液湿润之后进入胃部。据测定，安静状态下，家兔每小时分泌唾液1～2 mL，唾液中含有大量的淀粉酶，pH=8.5。饲料入胃后，呈分层状态分布。兔胃内呈强酸性，胃腺分泌盐酸和胃蛋白酶，胃液的总酸度在0.18%～0.35%，pH=2.0～2.2，游离盐酸的含量为0.11%～0.27%。家兔消化液中酸的活性比其他草食性动物都高，饲料在胃中与消化液充分混合后即进入消化吸收过程。胃部收缩促使饲料继续下行，进入肠部。饲料下行的速度与饲料组成和兔只年龄有关，当饲料中纤维素含量为14.7%时，饲料通过胃、肠道需7.01 h；含纤维素29.4%时，则需6.2 h，即纤维含量高的饲料通过消化道的速度快。年幼家兔饲料通过消化道较快。

小肠是肠道的第一部分，食糜在此经消化液作用分解成分子量较小的简单营养物质，营养物质进入血液被机体吸收。饲料经过小肠之后，剩余部分到达盲肠。盲肠是一个巨大的“发酵罐”，它富含微生物，小肠残渣被微生物重新合成蛋白质及维生素等物质来。饲料中主要营养物质的消化和吸收在小肠内进行，部分纤维素在大肠内（盲肠、结肠、直肠）经微生物分解酶的作用而发酵分解成营养物质被机体吸收。大肠的作用是分解纤维素，另一个作用是生产“软粪”和“硬粪”。

#### （二）家兔对饲料的消化能力

**1. 家兔对粗蛋白质的消化能力**　家兔能充分利用饲料中的蛋白质。到目前为止，已有很多研究征明，家兔能有效地利用饲草中的蛋白质。以苜蓿草粉为例：猪对苜蓿干草粉蛋白质的消化率低于50%，而家兔约为75%，马为74%。家兔对低质量、高纤维的粗饲料特别是其中的蛋白质的利用能力，要高于其他家畜。据试验，以全株玉米制成颗粒饲料，分别饲喂马和兔，结果，对其中的粗蛋白的消化率，马为52%，兔则高达80.2%。

家兔不仅能有效地利用饲草中的蛋白质，而且在利用低质量饲草蛋白质方面的能力也是很强的。Markkar 等（1987）研究发现，兔盲肠蛋白酶的活性远远高于牛瘤胃，兔盲肠和其中的微生物都产生蛋白酶，而牛瘤胃的蛋白酶仅来自微生物。因此，家兔具有把低质饲料转化为优成肉品的巨大潜力。

**2. 家兔对粗脂肪的消化能力**　家兔对各种饲料中粗脂肪的消化率比马属动物高得多，而且家兔可以利用脂肪含量高达 20%的饲料。但据国外资料报道，若饲料中脂肪含量在 10%以内时，其采食量随脂肪含量的增加而提高；若超过 10%时，其采食量则随着脂肪含量的增加而下降。这说明家兔不适宜饲喂含脂肪过高的饲料。

**3. 家兔对能量的消化能力**　家兔对能量的消化能力低于马，且与饲料中纤维含量有关，饲料中纤维含量越高，家兔对能量的消化能力就越低（表 9－1）。

**表 9－1　家兔及马、猪对不同类型饲料的消化率（%）**

| 饲料类型 | 畜种 | 粗蛋白 | 粗脂肪 | 粗纤维* | 能量 |
|---|---|---|---|---|---|
| 苜蓿干草粉 | 兔 | 73.7 | 23.6 | 16.2 | 51.6 |
| | 马 | 74.0 | 6.4 | 34.7 | 56.9 |
| | 猪 | 50 以下 | — | — | — |
| 配合饲料 | 兔 | 73.2 | 46.0 | 18.1 | 62.0 |
| | 马 | 77.3 | 33.5 | 38.6 | 67.4 |
| 全株玉米颗粒饲料 | 兔 | 80.2 | — | 25.0 | 79.9 |
| | 马 | 53.0 | — | 47.5 | 49.3 |

注：*苜蓿干草粉中指粗纤维；全株玉米颗粒饲料中指酸性洗涤纤维。

（资料来源：杨正，现代养兔，1999 年 6 月，中国农业出版社）

**4. 家兔对粗纤维的利用能力**　过去一般认为家兔对粗纤维的消化率很高，但研究证明并非如此。实际上，家兔对粗纤维的消化利用能力很低，表 9－1 中提供的试验数据也说明了家兔对粗纤维的消化利用率比马低。在苜蓿干草粉中，兔对粗纤维的消化率相当于马的 46.7%，在配合饲料中，相当于马的 46.9%，在全株玉米颗粒饲料中，相当于马的 52.6%。

据美国 NRC 1977 年公布的材料，对饲料中粗纤维的消化率家兔为 14%，牛为 44%，马为 41%，猪为 22%，豚鼠为 33%。因此，家兔不能有效地消化与利用粗纤维。

家兔盲肠前对粗纤维的消化率为 7%～19%，中性洗涤纤维（NDF）为 5%～43%，非结构性多糖为 0～17%。近来研究发现阿拉伯糖、糖醛酸和果胶物质中典型的单体大部分在进入回肠前被消化（20%～40%）。这些结果表明总的可消化纤维（包括非淀粉多糖 NSP）的 20%～80%在盲肠前被降解。细胞壁成分是影响盲肠微生物对 NDF 降解率的主要因素。木质素和角质几乎不能被降解，纤维素和半纤维素实质上是可以降解的，但降解前分解纤维素的细菌需要一定的时间与细胞壁结合，因此消化率与木质素的含量呈负相关。而果胶、β-葡聚糖、戊聚糖和半乳聚糖则比较容易发酵（表 9－2）。

**表 9-2　日粮纤维的平均表观粪消化率（%）**

| 饲料成分 | 平均值 | 范围 |
| --- | --- | --- |
| 木质素（ADL） | 10%～15% | −13%～+50% |
| 纤维素（ADF−ADL） | 15%～18% | 4%～37% |
| 半纤维素（NDF−ADF） | 25%～35% | 11%～60% |
| 果胶（总糖醛酸） | 70%～76% | 未测出 |

（资料来源：李福昌，家兔营养，2009 年 3 月，中国农业出版社）

表 9-3 列举了几种纤维饲料的 NDF 粪消化率，其中甜菜渣的 NDF 粪消化率最高(84.5%)，这种饲料中的纤维木质化程度低并且分子较小，所以在盲肠内的发酵时间较长。相反葵籽壳的 NDF 粪消化率最低（10%），该饲料木质素含量较高（210 g/kg）并且小颗粒（<0.315 mm）比例较低。

**表 9-3　家兔对几种饲料中性洗涤纤维的消化率（%）**

| 饲料 | 消化率 |
| --- | --- |
| 脱水苜蓿 | 15%～18% |
| 脱水苜蓿 | 25.5%～40.7% |
| 干苜蓿 | 17.5%～27.6% |
| 甜菜渣 | 84.5% |
| 大豆壳 | 28.2% |
| 葵籽壳 | 10% |
| NaOH 处理后的大麦秸 | 16.7% |

（资料来源：李福昌，兔生产学，2009 年 1 月，中国农业出版社）

日粮纤维的含量对纤维的消化率没有显著影响。事实上，进入盲肠的纤维数量并不是发酵的限制性因素，因为主要考虑果胶或半纤维素等较易降解的纤维成分，而它们在盲肠内的滞留时间相对较短。消化物在盲肠内的滞留时间随纤维摄入量的减少而呈比例增加，同时补偿了进入盲肠的纤维数量有限这一缺点。总的来说，消化道近端的流通与纤维的摄入量相关。纤维摄入量的增加可以刺激其在体内的排空，这样可以增加整个消化道内的排空速率，而延长了在胃内的滞留时间和缩短了在小肠内的滞留时间。

粗纤维对家兔的饲料消化率存在负效应。纤维水平增加时，饲料消化率会下降，这主要是因为饲料中增加了纤维成分，每增加一单位的粗纤维会导致干物质消化率下降 1.2～1.5 个百分点。而 NDF 水平（包含半纤维素）对干物质消化率仅有稀释效应，每增加 10 gNDF可使干物质消化率降低 1 个百分点。其他的木质化纤维因含有酸性洗涤木质素(ADL)、苯酚化合物（如鞣酸）可降低回肠内蛋白质的利用率。

为什么家兔不能有效地利用饲料中的粗纤维呢？一般认为家兔消化道（主要是大肠）内的微生物区系不同于其他食草家畜，缺乏能大量分解纤维的微生物。同时，兔对粗纤维的消化，主要在盲肠中进行。Markkar 等（1987）对兔盲肠与牛瘤胃内容物酶活性进行了研究，发现兔盲肠纤维分解酶的活性比牛瘤胃纤维分解酶活性低得多。从家兔的消化特点看，纤维性饲料具有快速通过消化道的特点，因此，家兔能借助食物快速通过消化系统，很快排泄难以消化的纤维素，而饲料中的非纤维部分特别是蛋白质，则被迅速消化吸收。试验证明，家兔对粗纤维的利用率虽然较低，但同时却能利用苜蓿草粉中非纤维部分的75%～80%。所以，在低质高纤维粗饲料利用方面总的能力高于反刍动物。

家兔虽然不能很好地消化利用粗纤维，但饲料中的纤维性物质，具有维持兔消化道正常生理活动和防止肠炎的作用。家兔的饲料中不能缺少粗纤维，如果粗纤维含量低于正常限度，就会引起消化生理紊乱。相关研究表明，配合饲料中粗纤维低于6%～8%，就会引起腹泻。

## 二、家兔消化生理的特殊性

### （一）家兔的食性

**1. 食草性**　家兔属于单胃食草动物，以植物性饲料为主，主要采食植物的茎、叶和种子。家兔消化系统的解剖特点决定了家兔的草食性。兔的上唇纵向裂开，门齿裸露，适于采食地面的矮草，亦便于啃咬树枝、树皮和树叶；兔的门齿有6枚，呈凿形咬合，便于切断和磨碎食物；兔臼齿咀嚼面宽，且有横脊，适于研磨草料；兔的盲肠极为发达，其中含有大量微生物，起着牛羊等反刍动物瘤胃的作用。

**2. 择食性**　家兔对饲料的采食是比较挑剔的，喜欢吃植物性饲料而不喜欢吃动物性饲料。考虑营养需要并兼顾适口性，配合饲料中，动物性饲料所占的比例不能太大，一般应小于5%，并且要搅拌均匀；在饲草中，家兔喜欢吃豆科、十字花科、菊科等多叶性植物，不喜欢吃禾本科、直叶脉的植物，如稻草之类；喜欢吃植株的幼嫩部分。据报道，草地放养家兔的日增重在20 g以上，而同类草采割回来饲喂，生长速度则较慢，日增重仅为10 g左右。

家兔喜欢吃粒料，不喜欢吃粉料。相关试验证明，饲料配方相同的情况下，颗粒饲料的饲喂效果明显好于湿拌粉料。饲喂颗粒饲料，生长速度快，消化道疾病发病率降低，饲料浪费也大大减少。相关研究表明，家兔对颗粒饲料中的干物质、能量、粗蛋白质、粗脂肪的消化率都比粉料高。颗粒饲料加工过程中，由于受到高温、高压的综合作用，使淀粉糊化变形，蛋白质组织化，酶活性增强，有利于兔肠胃的吸收，可使肉兔的增长速度提高18%～20%。因此，在生产上提倡应用颗粒饲料。

家兔喜欢吃有甜味的饲料。家兔味觉发达，通过舌背上的味蕾，可以辨别饲料的味道，具有甜味的饲料适口性好，家兔喜欢采食。由此可见，喂给家兔的饲料，最好带有甜味。国外的做法是在配合饲料中添加2%～3%糖蜜饲料，国内可以利用糖厂的下脚料，或在配合饲料中添加0.02%～0.03%的糖精。

家兔喜欢采食含有植物油的饲料。植物油是一种香味剂，可以吸引兔采食，同时植物油中含有家兔需要的必需脂肪酸，有助于脂溶性维生素的补充与吸收。国外家兔生产中，一般在配合饲料中补加2%～5%的玉米油，以改善日粮的适口性，提高家兔的采食量和增重速度。

## （二）家兔消化生理的特殊性

**1. 家兔消化系统形态和机能的变化**　家兔消化系统的不同部分在成熟前生长速度不同。盲肠和结肠从3周龄到7周龄比身体其他部分发育快，肠道和胃的相对体积从3周龄到11周龄会有所减小，如果包括盲肠内容物，盲肠的快速生长更明显。盲肠及其内容物的重量在7～9周龄时达到体重最大值约为6%。盲肠内pH也受年龄的影响，从15日龄的6.8下降到50日龄的5.6。

不同消化酶的作用因年龄不同也会发生明显变化。4周龄的家兔，整个消化道内的大部分脂解作用是由胃脂肪酶引起的，而3月龄的家兔并不存在这一现象。当胃脂肪酶活性降低时，胰脂肪酶活性增加，二者均可用14d后的比活性［即单位时间内每毫克蛋白质降解底物的量（$\mu$mol）］，或总活性［即整个消化道内单位时间内降解底物的量（$\mu$mol）］表示，14d前比活性不变或略有增加。

蛋白水解活性主要发生在青年兔的胃内并且水解作用随年龄的增加而降低，而盲肠、结肠和胰脏内的蛋白水解作用增加。胰蛋白酶和胰凝乳蛋白酶的总活性分别在32日龄和21日龄后增强，然而两者的活性在1～43日龄期间减弱。

胰腺内其他主要的酶为淀粉酶。该酶的活性随年龄的变化与胰脂肪酶相似：14日龄后其比活性或总活性都增加，而1～14日龄时比活性略有下降，小肠内二糖酶的活性增强了胰腺内碳水化合物水解酶的活性。乳糖酶的活性随年龄的增加而下降，而转化酶和麦芽糖酶的活性随年龄的增加而增强。其他随家兔年龄增加而活性增强的酶是微生物产生的用于分解纤维组分的酶，纤维素酶、木聚糖酶和脲酶是由肠道内微生物区系产生的。

**2. 家兔肠道菌群对养分消化吸收的作用**　盲肠内微生物及软粪可使家兔获得额外的能量、氨基酸和维生素。成年兔盲肠内微生物主要是拟杆菌，拟杆菌群体包含$10^9$～$10^{10}$个细菌/g，其他菌属如双歧杆菌、梭菌（梭状芽孢杆菌）、链球菌属和大肠杆菌属等构成微生物群体，且含$10^{10}$～$10^{12}$个细菌/g。

Hall和Davies分别于1952年和1965年发现了家兔盲肠内分解纤维素的细菌。微生物区系的酶活性从大到小分别为：利用氨、水解蛋白和分解纤维，同时也发现了水解木聚糖、水解果胶等的活性，据估计水解木聚糖和水解果胶的细菌数分别为$10^8$～$10^9$。微生物区系的组成并不是恒定不变的，它受家兔断奶时间的影响较大，一周龄期间家兔消化系统内主要被严格厌氧微生物所占据，主要是拟杆菌；15日龄时，分解淀粉的细菌数量较稳定但大肠杆菌数减少而水解纤维素的细菌数量增加；然而乳的摄入量会拖延水解纤维素微生物的增加但并不影响大肠杆菌群体的形成。由于微生物群体随年龄而变化，挥发性脂肪酸（VFA）的产量也随年龄的增加而增加，而且家兔一开始食软粪可以检测到盲肠内细菌的出现。盲肠前微生物的出现依赖于盲肠营养，家兔食软粪后微生物数量较多而5～6 h后死亡。因此家兔的生命过程中体内微生物区系的组成并不是一成不变的。

由于微生物区系的发酵，每100 mol挥发性脂肪酸中含60～80 mol乙酸、8～20 mol丁酸和3～10 mol丙酸，但这个比例受每天的不同时间、家兔发育状态的影响，并且从

15 日龄到 25 日龄乙酸的含量增加而丙酸/丁酸比例下降。挥发性脂肪酸主要在后肠进行代谢，肝脏是丙酸和丁酸吸收代谢的主要场所，而乙酸则在胆外组织中代谢。据测定，家兔通过后肠发酵产生挥发性脂肪酸可获得维持需要 40%的能量。

**3. 盲结肠营养**（食粪性）　通常家兔排出两种粪便，一种是粒状的硬粪，量大、较干燥、表面粗糙，依草料种类而呈现深、浅不同的褐色；另一种是团状的软粪，多呈念珠状，有时达 40 粒，粪球串的长度达 40 cm，量少、质地软，表面细腻，如涂油状，通常呈黑色。软粪的排泄与昼夜节律有关，与采食和硬粪的排泄相反。盲结肠营养主要在白天发生而采食和硬粪的排泄一般在夜间进行。对成年兔自由采食条件下的粪便排泄和采食进行 24 h 观察发现大部分家兔从 08：00 到 17：00 主要是软粪排泄，并且 12：00 时达最高峰，而约 25%的家兔表现为夜间排粪。

家兔的年龄、生理状态或限饲都会改变上面的模式。泌乳母兔与上面提到的非泌乳成年母兔的排泄模式也不同，泌乳期间母兔表现为软硬粪排泄相互交替。盲结肠营养发生在 02：00～09：00 期间（占总排泄量的 40%）和 13：00～17：00（占总排泄量的 60%），在 09：00～13：00 期间不排粪。这种模式主要与母兔的母性行为有关而与其生理状态无关。以上的试验都是在自由采食条件下进行的，当改为限饲时排泄规律随之改变，但不再受日光时间长短的影响，这时，软粪的排泄时间决定于投喂饲料的时间。

家兔的食粪特性是指家兔具有采食自己部分粪便的本能行为。与其他动物的食粪癖不同，家兔的这种行为不是病理的，而是正常的生理现象，是对家兔本身有益的习性。这种行为最早于 1882 年由莫洛特（Morot）首次发现并报道，以后又有过一些研究，但直到现在仍有一些问题没有搞清。

相关研究发现，家兔饲喂后 8～12 h 开始排软粪，成年家兔每天排出软粪 50 g 左右，约占总粪量的 10%。正常情况下，家兔排出软粪时会自然弓腰用嘴从肛门处吃掉，稍加咀嚼便吞咽，所以一般情况下，人们很少发现软粪的存在，只有当家兔生病时才停止食粪。家兔出生后从一开始吃饲料就有食粪行为，而无菌兔和摘除盲肠的兔只，没有食粪行为。此外，成年兔在饲料不足时也吞食硬粪。

关于兔粪形成的机制，目前研究很多，有两种学说。一种是吸收学说，是德国人吉姆博格（Jombag）于 1973 年提出的，他认为软粪和硬粪都是盲肠内容物，其形成是由于通过盲肠的速度不同所致，当快速通过时，食糜的成分未发生变化，形成软粪；当慢速通过时，水分和营养物质被吸收，则形成硬粪。另一种是分离学说，英国人林格（Leng）1974 年提出。他认为软粪的形成是由于大结肠的逆蠕动和选择作用，在肠道中分布着许多食糜微粒，这些微粒粗细不一，粗的食糜微粒，由于大结肠的正蠕动和选择作用，进入小结肠，形成硬粪；而细的食糜微粒由于大结肠的逆蠕动或选择作用，返回盲肠，继续发酵，形成软粪。粪球表面包上一层由细菌蛋白和黏液膜组成的薄膜，防止水分、维生素的吸收。

相关研究发现，软粪和硬粪的成分相同，只是含量有差异。据测定，1 g 硬粪中有 27 亿个微生物，微生物占粪球中干物质的 56%；而 1 g 软粪中有 95.6 亿个微生物，占软粪中干物质的 81%（表 9－4）。

**表 9-4 家兔盲肠内容物、软粪和硬粪的化学组成**

| 化学成分 | 盲肠内容物 | 软粪 | 硬粪 |
|---|---|---|---|
| 干物质（g/kg） | 200 | 340 | 470 |
| 粗蛋白（g/kgDM） | 280 | 300 | 170 |
| 粗纤维（g/kgDM） | 170 | 180 | 300 |
| MgO（g/kgDM） | | 12.8 | 8.7 |
| CaO（g/kgDM） | | 13.5 | 18.0 |
| $Fe_2O_3$（g/kgDM） | | 2.6 | 2.5 |
| 无机磷（g/kgDM） | | 10.4 | 6.0 |
| 有机磷（g/kgDM） | | 5.0 | 3.5 |
| $Cl^-$（mmol/kgDM） | | 55 | 33 |
| $Na^+$（mmol/kgDM） | | 105 | 38 |
| $K^+$（mmol/kgDM） | | 260 | 84 |
| 细菌（$10^{10}$/gDM） | | 142 | 31 |
| 烟酸（mg/kg） | | 139 | 40 |
| 核黄素（mg/kg） | | 30 | 9 |
| 泛酸（mg/kg） | | 52 | 8 |
| $VB_{12}$（mg/kg） | | 3 | 1 |

（资料来源：陈桂银等，兔的食粪性及其研究进展，中国养兔杂志，2004，2：27-30）

家兔的食粪行为具有重要的生理意义：

（1）家兔通过吞食软粪得到附加的大量微生物菌体蛋白。这些蛋白质在生物学上是全价的。此外，微生物合成维生素 B 和维生素 K 并随着软粪进入家兔体内，并在小肠内被吸收。据报道，通过食粪，1 只家兔每天可以多获得 2 g 蛋白质，相当于需要量的 1/10。家兔食粪与不食粪相比，食粪兔每天可以多获得 83%的烟酸（维生素 PP）、100%的核黄素（维生素 $B_2$）、165%的泛酸（维生素 $B_3$）和 42%的维生素 $B_{12}$。家兔吞食软粪，延长了具有生物学活性的矿物质磷、钾、钠在家兔体内滞留时间。同时，在微生物酶的作用下，对饲料中的营养物质特别是纤维素进行了二次消化。

（2）家兔的食粪习性延长了饲料通过消化道的时间，提高了饲料的消化吸收效率。试验表明，早晨 8 点随饲料被家兔食入的染色微粒，食粪的情况下，基本上经过 7.3 h 排出，在下午 16 点食入的饲料，则经 13.6 h 排出；在禁止食粪的家兔，上述指标为 6.6 h 和 10.8 h。另据测定，家兔食粪与不食粪时，营养物质的总消化率分别是 64.6%和 59.5%。

（3）家兔食粪还有助于维持消化道正常微生物区系。在饲喂不足的情况下，食粪还可以减少饥饿感。在断水断料的情况下，可以延缓生命达一周。这一点对野生条件下的兔意义重大。正常情况下，禁止家兔食粪 30d，其消化器官的容积和重量均减少。

禁止家兔食粪时，营养物质的消化率降低。据试验，当家兔处于正常状态食粪时，对颗粒饲料营养物质的消化率为 64.6%，粗蛋白消化率为 66.7%，粗脂肪为 73.9%，粗纤维为15%，无氮浸出物为73.3%，灰分为57.6%；而禁止家兔食粪时，其营养物质的消化率则有所下降，营养物质为59.5%，粗蛋白为56.2%，粗脂肪为73%，粗纤维为6.3%，无氮浸出物为71.3%，灰分为51.8%。同时，禁止家兔食粪，其软粪的损失对物质代谢产生不利影响，已有相应的试验所证实，还会导致消化道内微生物区系的变化，使菌群减少，使生长家兔的增重减少，使成年家兔消瘦，妊娠母兔胎儿发育不良等。

**4. 幼兔的消化特点**　与成年兔不同，幼兔消化道发生炎症时，消化道壁的可渗透性增加，因此，幼兔患消化道疾病时，症状较为严重，并常常有中毒现象。

# 第二节　家兔的营养需要和饲养标准

## 一、家兔的营养需要特点

家兔的营养需要是科学养兔的重要环节，是合理配合家兔饲粮的依据。家兔在维持生命和生产过程中所需要的营养物质可以分为蛋白质（氨基酸或寡肽）、碳水化合物、脂肪、矿物质、维生素和水等。

### （一）能量

影响家兔能量代谢和需要的因素最重要的有：体型大小（与品种、年龄、性别有关）、生命和生产性能（如维持、生长、泌乳、妊娠）、环境（温度、湿度、空气流速）。

国内外都趋向于用消化能表示家兔的能量需要和饲料的能量价值。家兔能量的利用分为维持和生产两个部分，所以家兔的能量需要可表达为：家兔每日消化能需要量＝维持消化能需要量＋生产消化能需要量。

**1. 自由采食量和能量采食量**　家兔的能量需要常以日粮比例形式列出（如以MJ/kg饲料的形式），除此以外还可用饲料采食量或饲料的数量/质量来表示。

家兔每日能量消化量基本恒定。自由采食量与代谢体重（$LW^{0.75}$）成比例，生长家兔的自由采食量消化能为每天900～1 000 kJ/（kg·$LW^{0.75}$），每日能量消化量的调节只在日粮消化能浓度高于9～9.5 MJ/kg时起作用，在此水平以下，物理性调节为主并且还与肠填充程度有关。繁殖家兔的自由采食量研究较少，一些研究证实：在正常值10～10.5 MJ/kg以上的每日能量采食中消化能浓度的增加可使泌乳母兔的每日能量采食量增加。

**2. 维持能量需要**　同其他动物一样，家兔用于维持的能量损失与代谢体重和生理状态有关。Parigi Bini（1988）和Lebas（1989）证实，生长家兔维持的消化能需要量（DEm）可从每天381 kJ/（kg·$LW^{0.75}$）到每天552 kJ/（kg·$LW^{0.75}$）之间变化。如此大的变化是由于家兔品种和测定方法不同造成的。对于成年家兔，Parigi Bini等（1990，1991）发现DEm为每天398 kJ/（kg·$LW^{0.75}$）；对于妊娠母兔，估测的DEm从每天352 kJ/（kg·$LW^{0.75}$）（Partridge等，1986）到每天452 kJ/（kg·$LW^{0.75}$）（Fraga等，1989），而Parigi Bini等（1990，1991）给出了一个中间值，每天431 kJ/（kg·$LW^{0.75}$）；对于泌乳母兔，DEm从每天413 kJ/（kg·$LW^{0.75}$）到500 kJ/（kg·$LW^{0.75}$）（Partridge

等，1983，1986）之间变化。妊娠和泌乳母兔的DEm较大差别可归因于这些研究没有考虑到泌乳期的任何体能变化。Parigi Bini等（1991，1992）证实，初产母兔也总处于能量亏空状态，并动用体成分（蛋白质，特别是脂肪）作为能源来补偿采食能量的不足。后来的研究估测出泌乳母兔DEm=每天432 kJ/（kg·$LW^{0.75}$），妊娠同时泌乳母兔的DEm=每天468 kJ/（kg·$LW^{0.75}$）。Xiccato等（1992）证实高度频密繁殖的母兔DEm较高［每天470 kJ/（kg·$LW^{0.75}$）］。

Lebas（1989）在综述中建议非繁殖和泌乳母兔的DEm分别为每天400 kJ/（kg·$LW^{0.75}$）和460 kJ/（kg·$LW^{0.75}$），Xiccato（1996）建议非繁殖母兔的DEm为每天400 kJ/（kg·$LW^{0.75}$），妊娠或泌乳母兔的DEm为每天430 kJ/（kg·$LW^{0.75}$），妊娠同时泌乳母兔DEm为每天460 kJ/（kg·$LW^{0.75}$）。

**3. 生产能量需要** 家兔生产的能量需要又分为生长能量需要、妊娠和哺乳的能量需要、产毛的能量需要等。

（1）**生长能量需要** 当日粮可消化蛋白与可消化能比维持不变，且蛋白质所含主要氨基酸平衡时，日粮DE浓度介于11 MJ/kg和11.5 MJ/kg时可获得最大平均日增重。低于此浓度，消化能摄入量不足，兔的生长速度变慢，超过12 MJ/kg时，生长速度也下降。

兔体组织中有机物质主要是蛋白质和脂肪，所以，生长过程中兔体内能量沉积的主要形式也是蛋白质和脂肪。估测以蛋白质和脂肪沉积的DE利用效率分别为0.38～0.44和0.60～0.70，使用析因法及以上所提及的能量利用系数和DEm值，就能估测生长家兔的DE需要。生长过程中饲料消化能用于家兔生长的利用效率为0.525（De Blas等，1985）。

（2）**妊娠能量需要** 妊娠的能量需要指胎儿、子宫、胎衣等沉积的能量以及母体本身沉积的能量。妊娠母兔组织DE的利用效率估计为49%，用于胎儿生长的日粮DE利用率较低，妊娠未产母兔为31%，泌乳且妊娠母兔为27%。

Parigi-Bini等（1986）用屠宰试验测定了新西兰白兔初产母兔妊娠期间的体内组织成分变化和胎产物中沉积的营养物质。在妊娠的前20 d，平均每天沉积蛋白质0.9 g，脂肪0.46 g，能量37.66 kJ；后10d，平均每天沉积蛋白质5.4 g，脂肪2.4 g，能量213.38 kJ。母体全期平均每日沉积蛋白质1.3 g，能量66.94 kJ。可见，妊娠前期主要是母体增重沉积营养成分，胎产物的沉积量可忽略不计。妊娠后期胎儿发育迅速，营养需要量急剧上升，饲料的供应量已不能满足胎儿的需要，母体动用营养贮备以满足胎儿的生长。

（3）**哺乳能量需要** 哺乳的能量需要指母兔分泌出的乳汁中所含的能量。

哺乳的营养需要量取决于哺乳量的高低和哺乳仔兔的数量，哺乳仔兔越多，母兔的哺乳量相应会提高（Lebas，1988），当然也有一定限定。每日哺乳量乘以乳成分含量即为每日产乳的营养需要量。兔乳的含能量大约7.53 kJ/g，若每日哺乳量为200 g，每日产乳所需能量为7.53 kJ/g×200 g=1 506 kJ。

用于产奶的DE利用率，Parigi Bini等（1991，1992）对泌乳非妊娠和泌乳同时妊娠母兔的估测值为63%与Lebas（1989）所估测值相符；Partridge等（1986）建议常规日粮的DE利用率为61%～62%。泌乳母兔和泌乳同时妊娠母兔用于产乳的体贮存能的利用效率为76%。刘世民等（1989）根据对安哥拉毛兔妊娠期的屠宰试验，计算出DE用于胎儿生长的利用效率为0.278，用于母体内能量沉积的效率为0.747。与估测生长家兔相似，也可计算繁殖母兔的能量需要和体平衡。

现已证实母兔繁殖力的限制因素是采食量而不是产奶量，许多研究发现从第一次泌乳到第二次泌乳母兔饲料采食量增加10%～20%，从第二次到第三次泌乳增加7%～15%，第三次到第四次增加3%～7%，最后到达一个稳定的水平。

（4）**产毛能量需要**　据刘世民等（1989）报道，每克兔毛含能量约21.13 KJ，DE用于毛中能量沉积的效率为0.19，所以，每产1 g毛需要供应大约111.21 KJ的消化能。

## （二）蛋白质

家兔需要的蛋白质因氨基酸组成、蛋白质消化程度和采食量不同而不同，而采食量又取决于日粮中消化能的含量。因此，可消化必需氨基酸水平与日粮中消化能的关系是很重要的。有关日粮可消化蛋白/消化能的资料很有价值，又因为不同饲料的蛋白质消化率差别很大，所以用可消化蛋白来表达蛋白质的需要量显然更合适。

### 1. 蛋白质需要量

（1）**蛋白质的维持需要**　有关家兔维持氨基酸需要量的资料不多，生长兔和母兔粗蛋白维持需要量分别为2.9 g可消化粗蛋白/（kg・$LW^{0.75}$・d）和3.7 g可消化粗蛋白/（kg・$LW^{0.75}$・d）。Greppi（1984）测定了成年新西兰兔的蛋白质维持需要量，认为每天最少摄入1.02 g氮，即6.4 g粗蛋白质，即可满足成年兔的维持需要。这大约相当于每千克代谢体重2.5 g粗蛋白质；另外的两个试验测出的数值为3.7～3.8 g（De Blas，1985；Parigi-Bini，1985）。所以，肉兔蛋白质的维持需要量大约为每日8～12 g粗蛋白质。刘世民等（1990）根据氮平衡结果计算出成年毛兔每日维持粗蛋白质的需要量约为18 g，可消化粗蛋白质为12 g。

（2）**蛋白质的生长需要**　根据目前绝大多数试验结果，生长兔饲粮中比较适宜的粗蛋白质水平为15%～16%，但同时要求赖氮酸和其他几种必需氨基酸的含量满足要求。低于这个水平，兔的生长潜力便得不到最大限度发挥（表9-5）。

**表9-5　饲粮粗蛋白质水平对生长兔增重的影响**

| 饲粮粗蛋白质（%） | 日增重（g）和最适蛋白质水平（%） | 资料来源 |
|---|---|---|
| 16～20 | 日增重26.7～27.7，无组间显著差异 | Abdella等，1988 |
| 14.6～21.3 | 日增重30.8～41.3，最适水平17.3 | De Blas等，1980 |
| 14.3～21.4 | 蛋白质含量上升，日增重下降 | Carregal等，1980 |
| 12.5～19.0 | 安哥拉幼兔日增重17.6～29.9，最适水平16 | 刘世民等，1989 |
| 13～17 | 日增重24.3～29.9，最适水平15 | 李宏，1990 |
| 12.5～21.0 | 皮肉兔增重14.5～16.3，无组间显著差异 | 丁晓明等，1984 |
| 15.2～18.2 | 生长獭兔日增重19.3～22，最适水平16.5 | 李福昌等，2002 |
| 14～22 | 生长肉兔日增重26.8～34.9，最适水平16 | 李福昌等，2004，2006 |

资料来源：李福昌，家兔营养，2009年3月，中国农业出版社。

(3) *母兔的蛋白质需要* 家兔的妊娠期短，所以营养水平的变化对妊娠兔的生产性能影响并不很大。Yono（1988）等用苜蓿草粉和粗面粉配成了粗蛋白质16%的饲粮与加入豆饼、粗蛋白质含量21%的饲粮进行对比试验，根据连产5胎的资料，粗蛋白质水平对受胎率、每胎间隔时间、每窝仔兔数、窝重、平均仔兔重、死亡率、断奶前和断奶后仔兔的生产性能都没有明显的影响。但当饲粮粗蛋白质含量低至13%时，肉兔母体妊娠期间增重少，甚至出现失重现象，很明显，13%的粗蛋白水平不能满足妊娠兔对蛋白质的需要。而当饲粮粗蛋白质水平提高到17%后，死胎率有增加的趋势（李宏，1990）。同样的结果在安哥拉毛兔的试验中也得到了证实（刘世民，1990）。所以，妊娠兔对粗蛋白质的需要量并不很高，15%～16%即可满足要求。

虽然在有的试验中哺乳兔给予16%的粗蛋白质，可以获得较满意的结果，但大部分试验的结果显示出，提高粗蛋白质水平至22%仍有提高哺乳母兔哺乳量的作用。所以，哺乳母兔饲粮中的粗蛋白含量应不低于18%。

(4) *产毛的蛋白质需要* 关于产毛兔蛋白质需要量的资料极少。刘世民等（1989）的测定结果为，每克兔毛中含有0.86 g的蛋白质，可消化粗蛋白质用于产毛的效率（产毛的效率=兔毛中蛋白质÷用于产毛的可消化粗蛋白质）约为0.43，即每产1 g毛，需要2 g的可消化粗蛋白质。

**2. 家兔日粮的可消化蛋白/消化能** 如果知道家兔每天的实际采食量和蛋白质的需要量就可得出蛋白质在日粮中的含量用以日粮配合。因为从可消化能的角度来看，家兔每天摄入的能量是不变的，所以家兔的采食量可以用日粮中的能量水平来预测。因此用可消化蛋白/消化能来表达蛋白质的需要量是比较合理的。

按照可消化蛋白/消化能维持需要量接近6.8 g/MJ，表明对蛋白质而言维持能量需要高。生长的蛋白质需要较高，幼兔生后3周内体重增加6倍，在这期间仅靠哺乳来满足自身的需要（乳中蛋白质与能量之比为13～14 g/MJ）。21日龄到断奶期间要逐渐由哺乳饲料向采食饲料转变，然后体重增加的速率会降低（到8周龄时为30～45 g/d）。在许多国家，家兔体重达2.0～2.5 kg时出栏，并且用两种或三种不同的生长饲料，在后期日粮中蛋白质水平应有所下降。

哺乳母兔对蛋白质的需要量比生长兔高。因为考虑到高产母兔在泌乳期间获得高采食量有一定困难，因此可消化蛋白/消化能比生长兔要高，在11.0～12.5 g/MJ之间变化。

**3. 氨基酸需要量** 在生产中研究较多的是赖氨酸、精氨酸和含硫氨基酸（蛋氨酸和胱氨酸）。对色氨酸和苏氨酸方面的研究工作也有人开始进行。

用肉兔进行的大部分试验表明，生长兔日粮中赖氨酸和含硫氨基酸的最佳水平应为0.60%～0.85%。过量的赖氨酸供应造成的不良影响并不严重，但含硫氨基酸一旦添加过量，很容易引起生产性能下降。我国饲养长毛兔数量很多，生产对添加含硫氨基酸也非常重视，一些试验结果表明，饲粮中高赖氨酸（超过0.7%）对繁殖兔的生产性能并没有改善作用；在低蛋白质含量的饲粮中添加赖氨酸和含硫氨基酸可提高生长兔的生产性能；安哥拉毛兔饲粮中的含硫氨基酸量不宜超过0.8%。实际上，在我国的饲料条件下，常用饲料配制的毛兔饲粮中的含硫氨基酸量一般为0.4%～0.5%，为此需要常规性地添加0.2%～0.3%，现已证实了添加含硫氨基酸对提高产毛量的有效性。

现已证实，兔体内可合成精氨酸，关于精氨酸在生长兔饲粮中的适宜含量，一些试验结果表明，精氨酸含量达0.56%以上，即可获得良好的增重。

**4. 家兔对非蛋白质氮的利用**　盲肠也可利用外源非蛋白氮（尿素）来合成菌体蛋白。但在盲肠内氨的浓度是微生物生长的限制因素的条件下（如用低蛋白日粮时），供给尿素并不能达到满意的效果。兔盲肠中有水解尿素的细菌，如在家兔饲料中添加尿素，应根据兔的体重变化而逐渐增加，断奶后开始添加，每只每天0.3～0.5 g，10～20d后，每千克体重每日添加尿素2 g，但每日最大添加量不应超过5 g，应注意的是，搅拌均匀后饲喂，当天配当天喂，切忌溶于饮水中补给。

## （三）碳水化合物

饲料中的碳水化合物按营养功能分为两类：一是可被动物肠道分泌的酶水解的碳水化合物（主要是位于植物细胞内的多糖）；二是只能被微生物产生的酶水解的碳水化合物（主要是组成细胞壁的多糖）。前者又可分为单糖和寡糖（在家兔饲料中存在的水平低，低于50 g/kg），以淀粉为代表的多糖（家兔饲料中占100～250 g/kg）两大类。

**1. 淀粉**　和其他家畜一样，淀粉在家兔的消化道中也可被完全消化，因此，除在某些情况下粪中所含淀粉可达采食量的10%～12%外，一般情况下家兔粪中淀粉含量极少。淀粉的消化主要随家兔年龄和淀粉来源不同而不同。

淀粉主要在小肠中消化，但在消化道的其他部位，如胃和大肠中也可对淀粉进行降解。研究大肠中微生物群对淀粉的降解、淀粉在后肠消化的影响因素及盲结肠微生物活动都特别重要。

小肠内不消化的淀粉发酵可影响家兔盲结肠内微生物活性和稳定性，家兔发生消化道疾病时必须考虑到这一因素。成年家兔盲结肠所发酵淀粉只占采食淀粉的少部分，但淀粉发酵量的小变化却可影响纤维分解活性和常见的消化道疾病。幼兔淀粉发酵可能对纤维分解活性有所影响。断奶后家兔的死亡率随淀粉采食量升高而显著升高，这与不同纤维来源也有关。Maertens（1992）建议日粮淀粉最大量为135 g/kg（风干基础）。另一方面，日粮淀粉不影响幼兔从开始采食饲料到断奶这一段时间的死亡率。Lelkes（1987）进一步指出断奶后仔兔比断奶前易得消化道疾病，还应考虑断奶引起的生理变化。

**2. 纤维**　日粮纤维是商品兔饲粮的主要成分，用量为每千克干物质150～500 g（表9-6）。

**表9-6　生长兔全价日粮中的纤维水平**（g/kgDM）

| 纤维类型 | 水平 |
|---|---|
| 粗纤维 | 140～180 |
| 酸性洗涤纤维（ADF） | 160～210 |
| 中性洗涤纤维（NDF） | 270～420 |
| 水不溶性细胞壁（WICW） | 280～470 |
| 总日粮纤维（TDF） | 320～510 |

资料来源：De Blas和Julian Wiseman，1998，The Nutrition of The Rabbit，CABI Publishing。

## (四) 脂肪

家兔饲料中通常含有甘油三酯，动物、植物脂肪主要含有中链或长链脂肪酸（C14～C20)，其中以 C16 和 C18 脂肪酸最为常见。家兔除少量必需脂肪酸外对脂肪无特殊需要，因此在配制家兔全价饲料时，常用的原料中所含的脂类可以满足家兔的脂肪需要。另外，家兔饲养通常基于低能日粮，故日粮中不添加纯脂肪或油，日粮脂肪含量一般不超过 30～35g/kg。家兔日粮所含脂肪只有一部分属于真脂肪（甘油三酯)，其余为其他化合物，如糖脂、磷脂、蜡、类胡萝卜素、皂角苷等。除真脂肪外的脂类消化率、利用率都相当低，因此常不考虑其营养价值。

## (五) 矿物质

**1. 常量元素** 常量元素包括钙、磷、镁、钠、钾、氯、硫等，目前家兔日粮中只对钙、磷、钠的需要量作过明确的表述。

(1) 钙 家兔钙的代谢明显不同于其他家畜，钙是按精料在日粮中的比例吸收，而不是按动物代谢的需要吸收，随吸收量的增加，血液中钙的水平也提高；体内过多的钙主要由尿排出。钙的吸收不是由家兔自身准确控制的，家兔钙被机体吸收进入血液循环的效率高于猪和反刍动物，过多的血钙经肾排出体外，呈白色、黏稠、奶油样的突发性尿液，可沉积于笼底。

(2) 磷 由于兔肠中的微生物可产生植酸酶，因此植酸盐可被兔很好地利用；玉米—豆粕型日粮中 75%的磷表观消化率接近于磷酸氢钙。大部分磷通过家兔吃软粪循环利用以达到植酸磷的完全利用。

大多数畜种的钙、磷的需要量紧密联系，一般认为钙与可利用磷的比例为 1.5∶1 至 2∶1。事实上，兔在泌乳期乳钙、磷比总是维持在 2∶1。家兔钙磷的这种比例不是很重要，至少在育肥兔生产上表现不明显，生产中钙磷比为 12∶1 的日粮对生长家兔的行为也不会产生多大的危害。

日粮中钙、磷水平随家兔年龄、品种、日粮组成的不同而不同，文献推荐生长育肥兔日粮中钙添加量为每千克饲料 4～10 g，磷为 2.2～6 g。

兔乳富含钙磷，大约比牛乳要高出 3～5 倍。因此泌乳期家兔日粮比生长期和不泌乳时对钙磷的需要量要高，平均每千克饲料中钙为 4.5～6.5 g，磷为 3.5～4.5 g，一只母兔在产奶高峰期一次可排出 2 g 钙，建议母兔日粮中钙为 7.5～13.5 g，磷为 5～8 g。

根据文献记录和生产经验，全价日粮中钙磷的添加量见表 9-7。

(3) *其他矿物质元素* 目前家兔镁的代谢机理还不清楚，由钙代谢可推测过量的镁也是由尿排出的。对生长兔来讲，日粮中镁的需要量在 0.3～3 g/kg。大多数干草料中镁的真消化率和表观消化率都很高，商品兔日粮中镁的添加量还没确定。

最近的估计表明家兔每千克日粮中添加 6 g 钾可避免缺乏症，因为日粮中大多数饲料原料（豆粕、粗饲料）都富含钾，所以一般不会出现缺钾。日粮中钾的含量超过 1.0 g/kg就不会出现缺乏症。日粮中钾的含量超过 10 g/kg 时会降低饲料吸收率，另外钾过量会阻碍镁的吸收。实际生产中建议钾的添加范围在 6.5～10 g/kg。

**表 9-7　家兔对钙、磷的营养需要（g/kg 基础日粮）**

| 类　型 | | 钙 | 磷 |
|---|---|---|---|
| 繁育母兔 | 建议添加量 | 12.0 | 6.0 |
| | 商业范围 | 10.0～15.0 | 4.5～7.5 |
| 育肥兔（1～2 月龄） | 建议添加量 | 6.0 | 4.0 |
| | 商业范围 | 4.0～10.0 | 3.5～7.0 |
| 肥育兔（>2 月龄） | 建议添加量 | 4.5 | 3.2 |
| | 商业范围 | 3.0～8.0 | 3.0～6.0 |

资料来源：De Blas 和 Julian Wiseman，1998，The Nutrition of The Rabbit，CABI Publishing。

家兔营养上对钠的需要量还没有研究。在实际生产中肉仔兔和泌乳母兔需要量分别为 2.0～2.3 g/kg 和 2.2～2.5 g/kg，以氯化钠形式存在的过量的钠（氯化钠超过 15 g/kg）对家兔的生长有危害。

氯的营养需要量确定在 1.7～3.2 g/kg，过量的氯（4.7 g/kg）不会影响动物行为。对高产家兔来讲，食盐和赖氨酸的盐酸盐可作为钠和赖氨酸的原料直接或间接加到日粮中，生产实际中的日粮不可能缺乏氯，一般水平为 2.8～4.8 g/kg。

众所周知，钠离子、钾离子、氯离子之间的比例对动物的生产性能有影响，另外还对热应激的抵抗力、腿病、肾功能及分娩期对饲料的吸收有影响，但它们彼此之间的比例不同对家兔的影响还不清楚。家兔对酸尤其敏感，因此应尽量避免破坏钠、钾和氯离子之间的平衡；不然的话可能导致肾炎、繁殖功能紊乱及饲料吸收率降低等问题。

日粮中硫含量一般超过 2.0 g。尽管无机硫在后肠与微生物蛋白结合并能促进蛋白质的积累，但目前没有可利用的替代资源。

**表 9-8　集约化规模养兔常量元素的添加量（g/kg）**

| 推荐者 | 钙 | 磷 | 钠 | 氯 | 钾 |
|---|---|---|---|---|---|
| 生长育肥兔　NRC（1977） | 4.0 | 2.2 | 2.0 | 3.0 | 6.0 |
| AEC（1987） | 8.0 | 5.0 | 3.0 | — | — |
| Schlolaut（1987）[a] | 10.0 | 5.0 | — | — | 10.0 |
| Lebas（1990） | 8.0 | 5.0 | 2.0 | 3.5 | 6.0 |
| Burgi（1993） | 5.0 | 3.0 | — | — | — |
| Mateos 等（1994） | 5.5 | 3.5 | 2.5 | — | — |
| Vandelli（1995） | 4.0～8.0 | 3.0～5.0 | — | — | — |
| Maertens（1996） | 8.0 | 5.0 | — | 3.0 | — |
| Xiccato（1996）[b] | 8.0～9.0 | 5.0～6.0 | 2.0 | 3.0 | — |

（续）

| 推荐者 | 钙 | 磷 | 钠 | 氯 | 钾 |
|---|---|---|---|---|---|
| 泌乳母兔 NRC（1977） | 7.5 | 5.0 | 2.0 | 3.0 | 6.0 |
| AEC（1987） | 11.0 | 8.0 | 3.0 | — | — |
| Schlolaut（1987）[a] | 10.0 | 5.0 | — | — | 10.0 |
| Lebas（1990） | 12.0 | 7.0 | 2.0 | 3.5 | 9.0 |
| Mateos 等（1994） | 11.5 | 7.0 | — | — | — |
| Vandelli（1995） | 11～13.5 | 6.0～8.0 | — | — | — |
| Maertens（1996） | 12.0 | 5.5 | — | 3.0 | — |
| Xiccato（1996）[b] | 13～13.5 | 6.0～6.5 | 2.5 | 3.5 | — |

a. 安哥拉兔；b. 青年母兔。

资料来源：De Blas 和 Julian Wiseman，1998，The Nutrition of The Rabbit，CABI Publishing。

**2. 微量元素** 微量元素包括铁、铜、锰、锌、硒、碘、钴。家兔必需的但生产实际中不能供给的元素是钼、氟、铬。上面提到的所有这些元素一般通过预混料添加到家兔日粮中。

哺乳动物铁被输送到奶中的机理还不清楚，但母兔却能通过胎盘提供适量的铁，只要给母兔提供含适量铁的日粮，出生时仔兔体内会有大量的铁，因此仔兔不像仔猪那样靠外源性铁存活，即使兔乳中含铁量低，仔兔也不会出现缺乏症。另外，仔兔在 14 日龄开始吃料。因为饲料中的大多数成分（野生苜蓿、常量元素、微量元素、预混料）富含铁，所以兔早期生长不会出现缺铁症。最新数据表明在母兔日粮中添加 80 mg/kg 的铁使饲料中含铁总量为 129 mg/kg 时有益于母兔生产，给母兔喂添加铁的饲料会提高乳量，增加窝重。铁的建议添加量一般在 30～100 mg/kg，母兔和毛用动物需要量多（表 9－9）。在商业生产条件下，大多数预混料中又额外添加了 30～50 mg/kg，在这个水平上如果以碳酸钙和磷酸氢钙作为钙、磷的资源，日粮中铁的含量能满足动物的各种生产性能。

建议家兔铜的添加量在 5～20 mg/kg，长毛兔和繁殖母兔需要量高。由于铜广泛存在大多数干草中，同时肝也能储存铜，因此即使喂铜含量低的日粮时家兔也不会出现缺乏症；但应注意避免饲喂含硫、钼高的青贮料，因为铜钼营养拮抗，而硫能加剧这种对抗。除了重要的营养作用，铜还被广泛作为一种生长促进剂。一些报道表明饲料中硫酸铜含量在 100～400 mg/kg 可提高育肥兔的生长速度。铜的这种作用对幼兔及卫生状况差的兔舍、存在肠炎、肠毒血症疾病的兔有积极作用，但是欧洲禁用硫酸铜作为生长促进剂，美国也不允许硫酸铜在商品饲料中的高水平利用。

锰缺乏对大多数家养动物都有影响，但对家兔影响不大。家兔上公布的锰的添加量在 2.5～30 mg/kg，商品矿物质预混料中含量一般为 10～75 mg/kg，考虑到公布的添加量和锰的价格，建议最佳添加范围大为 8～15 mg/kg。

因为家兔后肠微生物能产生植酸酶，植酸盐不会影响家兔对锌的吸收，这是家兔与其他非反刍动物不同的，文献公布锌的添加量在 30～60 mg/kg。

不像其他哺乳动物，家兔几乎不依赖硒释放过氧化物酶。因此，家兔多依靠维生素 E

而很少用硒分解组织中的氧化物。当家兔获得 0.1～0.3 mg/kg 的硒时，能提高胎重和初生重，在欧洲为防止硒对母兔及育肥兔生产性能的损害，几年来禁止在预混料中添加硒，因为没有详细的指导添加量，饲料中最好添加少量的硒，以避免长期生产中可能潜在的问题。

目前还没有实验确定家兔对碘的需要量，母兔缺碘比生长育肥兔更敏感，饲料中碘的添加量为 1.1 mg/kg，实际生产中西班牙预混料添加量在 0.4～2 mg/kg。

尽管 AEC（1987）建议钴的添加量为 1.0 mg/kg，有关文献记录的需要量却为 0～0.25 mg/kg。家兔生产中即使日粮中维生素 $B_{12}$ 不足也不会出现钴缺乏症，家兔日粮中钴的含量一般规定为 0.25 mg/kg。

**表 9-9　家兔的微量元素需要量**（mg/kg）

| 元素 | | NRC (1977) | Schlolaut (1987)[a] | Labas (1990) | Mateos 等 (1994)[b] | Xiccato (1996)[c] | Maertens (1995) |
|---|---|---|---|---|---|---|---|
| 生长育肥兔 | 铜 | 3 | 20 | 15 | 5 | 10 | 10 |
| | 碘 | 0.2 | — | 0.2 | 1.1 | 0.2 | 0.2 |
| | 铁 | — | 100 | 50 | 3.5 | 50 | 50 |
| | 锰 | 8.5 | 30 | 8.5 | 25 | 5 | 8.5 |
| | 锌 | + | 40 | 25 | 60 | 25 | 25 |
| | 钴 | 0 | — | 0.1 | 0.25 | 0.1 | 0.1 |
| | 硒 | 0 | — | — | 0.01 | 0.15 | — |
| 泌乳母兔 | 铜 | 5 | 10 | 15 | 5 | 10 | 10 |
| | 碘 | 1 | — | 0.2 | 1.1 | 0.2 | 0.2 |
| | 铁 | 30 | 50 | 100 | 35 | 100 | 100 |
| | 锰 | 15 | 30 | 2.5 | 258 | 5 | 2.5 |
| | 锌 | 30 | 40 | 5.0 | 60 | 50 | 50 |
| | 钴 | 1 | — | 0.1 | 0.25 | 0.1 | 0.1 |
| | 硒 | 0.08 | — | 0 | 0.01 | 0.15 | 0 |

a. 安哥拉兔；b. 母兔和生长；c. 青年母兔

资料来源：De Blas 和 Julian Wiseman，1998，The Nutrition of The Rabbit，CABI Publishing。

## （六）维生素

对家兔而言，水溶性维生素的持续供应比脂溶性维生素显得更重要。因为家兔后肠发达，它们对脂溶性维生素的需要超过对水溶性维生素的需要量。实际生产上除了对商品兔添加 B 族维生素以外，其他维生素的需要量还没有被试验证明。

### 1. 脂溶性维生素

（1）**维生素 A**　家兔血浆中维生素 A 的水平大约为 150 μg/100mL，比其他家畜要稍高些，这个水平很不稳定，因为维生素 A 贮存在肝中，当需要时则从肝中释放出来。家兔常见的维生素 A 缺乏症有流产频繁、胎儿发育不良、产奶量下降。

母兔对维生素A过量尤其敏感，表现出类似于维生素A缺乏的中毒症状。NRC (1977) 公布的家兔日粮中维生素A的添加量16 000 IU作为安全用量的上限。对生长繁殖的母兔来说，维生素A的添加量没有明确规定，文献中规定的使用量一般为60～10 000 IU（表9－10），实际生产中，育肥兔一般为6 000 IU，繁育兔用10 000 IU。

**表9－10　家兔的维生素需要**

| 维生素 | NRC (1977) | Schlolaut (1987) a | Labas (1990) | Mateos 等 (1994) b | Xiccato (1996) c | Maertens (1995) |
|---|---|---|---|---|---|---|
| 生长育肥兔 | | | | | | |
| $V_A$（kIU） | 0.58 | 8 | 6 | 10 | 6 | 6 |
| $V_D$（kIU） | — | 1 | 1 | 1 | 1 | 0.8 |
| $V_E$（mg/kg） | 40 | 40 | 50 | 20 | 30 | 30 |
| $V_{K3}$（$\mu$g/kg） | 1 | 1 | 0 | 1 | 0 | 2 |
| 尼可酸（mg/kg） | 180 | 50 | 50 | 31 | 50 | 50 |
| 维生素 $B_6$（mg/kg） | 39 | 400 | 2 | 0.5 | 2 | 2 |
| 硫胺素（mg/kg） | — | — | 2 | 0.8 | 2 | 2 |
| 核黄素（mg/kg） | — | — | 6 | 3 | 6 | 6 |
| 叶酸（mg/kg） | — | — | 5 | 0.1 | 5 | 5 |
| 泛酸（mg/kg） | — | — | 20 | 10 | 20 | 20 |
| 胆碱（mg） | 1 200 | 1 500 | 0 | 300 | 50[d] | 50[d] |
| 生物素（$\mu$g/kg） | — | — | 200 | 10 | 200 | 200 |
| 泌乳母兔 | | | | | | |
| $V_A$（kIU） | 10 | 8 | 10 | 10 | 10 | 10 |
| VD（kIU） | 1 | 0.8 | 1 | 1 | 1 | 1 |
| VE（mg/kg） | 30 | 40 | 50 | 20e | 50 | 50 |
| $VK_3$（$\mu$g/kg） | 1 | 2 | 2 | 1 | 2 | 2 |
| 尼可酸（mg/kg） | 50 | 50 | — | 31 | 50 | — |
| 维生素 $B_6$（mg/kg） | 2 | 300 | — | 0.5 | 2 | — |
| 硫胺素（mg/kg） | 1 | — | — | 0.8 | 2 | — |
| 核黄素（mg/kg） | 3.5 | — | — | 3 | 6 | — |
| 叶酸（mg/kg） | 0.3 | — | — | 0.1 | 5 | — |
| 泛酸（mg/kg） | 10 | — | — | 10 | 20 | — |
| 胆碱（mg） | 1 000 | 1 500 | — | 300 | 100[d] | 100[d] |
| 生物素（$\mu$g/kg） | — | — | — | 10 | 200 | — |

a. 安哥拉兔；b. 母兔和生长；c. 青年母兔；d. 氯化胆碱。

资料来源：De Blas 和 Julian Wiseman，1998，The Nutrition of The Rabbit，CABI Publishing。

(2) **维生素D**　家兔对维生素D的需要量很低，不应高于1 000～1 300 IU。在实际生产中维生素D过量比缺乏更可能出现问题。

(3) **维生素E**　对育肥兔和母兔建议维生素E添加量分别为15 mg/kg和50 mg/kg，在免疫力低或球虫病感染的兔群应加大用量。最近在牛、猪、家禽和其他动物上的研究表明：动物大量食入维生素 E（大于 200 mg/kg）对屠宰后肉质有好处。含 200 mg/kg 维生素 E 的日粮喂肉兔也得到了相似的结果。

（4）**维生素 K**　瘤胃和后肠中有大量的微生物能合成大量的维生素 K，动物粪便中含有大量的维生素 K 代替物，这些代替物有的甚至是饲粮中所没有的。因此，家兔对维生素 K 可部分由食粪过程得到满足。

大多数商品兔日粮中维生素 K 的水平在 1～2 mg/kg，多数情况下，这些量足够满足家兔的营养需要。如果母兔服用治疗球虫病的药物、磺胺药和其他的抗代谢物质的药物时，母兔对维生素 K 的需要量增加。

**2. 水溶性维生素**

（1）**维生素 C**　大多数哺乳动物包括家兔，维生素 C 在肝脏中由 D-葡萄糖转化而来，因此这些动物对维生素 C 的要求不那么严格。供给一定量的维生素 C 可以降低应激带来的影响，在一些不利情况下，像酷暑、集约化生产、密度过高、运输、断奶、轻症状病时，由葡萄糖合成的抗坏血酸不能满足动物的营养需要，血浆中维生素 C 的含量减少，这时候饲料中提供抗坏血酸对动物可能有利。在热应激条件下，家兔血浆中维生素 C 含量降低。Ismail 等（1992 年）发现在高温环境下，日粮中添加维生素 C 可提高家兔的繁殖性能。家兔饲料中维生素 C 添加量为 50～100 mg/kg，维生素 C 的任何添加量必须以保护形式加到混合料中，因为抗坏血酸在潮湿环境或与氧、铜、铁和其他矿物质接触条件下，很容易被氧化破坏。

（2）**B 族维生素**　家兔后肠的微生物合成大量的水溶性维生素，通过食粪行为被利用。快速生长的肉兔和高产母兔，可能需额外添加 B 族维生素，包括硫胺素（维生素 $B_1$）、吡哆醇（维生素 $B_6$）、核黄素（维生素 $B_2$）和尼克酸（维生素 pp）。家兔日粮成分像苜蓿粉、小麦粉、豆粕都富含维生素 B，因此即使喂半纯养分日粮，家兔也很少出现典型的维生素 B 的缺乏症。

家兔对胆碱的需要量还没有报道，建议添加量在 0～1 500 mg/kg。实际生产中，预混料中胆碱的平均添加量在 0～800 mg/kg，家兔日粮中胆碱添加量在 200 mg/kg 即可满足大多数情况的需要。

母兔繁殖过程中对叶酸的需要量还没研究，事实上 NRC（1977）没考虑母兔日粮中叶酸的添加量。文献建议叶酸在日粮中添加量为 0～5 mg/kg，在没有试验证明之前，建议生长育肥兔的添加量为 0.1 mg/kg，而母兔为 1.5 mg/kg。

家兔生产中即使饲料中不添加生物素也不出现缺乏症。文献推荐的添加量在 0～200 μg/kg，日粮中添加生物素主要对幼兔更有利，建议肥育兔添加量为 10 μg/kg，而母兔、小兔则用 80 μg/kg。

家兔商品预混料维生素 $B_1$ 的含量在 0～2 mg/kg，在没有更多的数据前，硫胺素添加量在 0.6～0.8 mg/kg。

文献中建议核黄素添加量在 0～6 mg/kg，建议生长肉兔添加量为 3 mg/kg，母兔日粮添加量为 5 mg/kg。

文献中尼克酸推荐的添加量在 0～180 mg/kg。

文献中吡哆醇建议添加量为由泌乳母兔的 0 到生长育肥兔的 39 mg/kg 不等。最近的材料表明，育肥兔和母兔分别添加 0.5 mg/kg 和 1 mg/kg 较适合。

文献中泛酸的建议添加量为 0～20 mg/kg，生长兔和母兔日粮建议泛酸用量分别为 8 mg/kg 和 10 mg/kg。

家兔在钴满足需要的情况下能自己生产足够量的维生素 $B_{12}$，目前还没发现维生素 $B_{12}$ 的缺乏症状。文献建议的用量在 0～10 μg/kg，商品预混料含量在 0～15 μg/kg，根据现在的饲养条件，对生长兔和母兔建议用 9～19 μg/kg。

### （七）水

家兔的需水量受多种因素的影响，主要有环境温度、生理状态、饲料特性及年龄等。环境温度对兔的需水量有明显的影响，在高温环境中，兔的采食量下降，饮水量明显增加；在低温条件下水的消耗量也增大，部分原因是采食量上升需要更多的水保持消化道的正常运转。按重量计算，在适中温度下，水的消耗量大约是饲料采食量的 2 倍。

幼兔生长发育旺盛，饮水量要高于成年兔；妊娠母兔需水量增加，母兔在产前产后易感口渴，饮水不足易发生残食仔兔现象，应及时供给充足的饮水。家兔不同生理时期饮水量见表 9－11。

**表 9－11　家兔不同生理时期每天适宜的饮水量**（L）

| 兔　龄 | 饮水量 | 兔龄 | 饮水量 |
|---|---|---|---|
| 妊娠或妊娠初期母兔 | 0.25 | 11 周龄 | 0.23 |
| 成年公兔 | 0.28 | 13～14 周龄 | 0.27 |
| 妊娠后期母兔 | 0.57 | 17～18 周龄 | 0.31 |
| 哺乳母兔 | 0.60 | 23～24 周龄 | 0.31 |
| 9 周龄 | 0.21 | 25～26 周龄 | 0.34 |

资料来源：杨正，现代养兔，1999 年 6 月，中国农业出版社。

饲粮中粗蛋白的含量会影响家兔对水的需要量，蛋白质含量越高，需水量越大。采食含高纤维饲粮的家兔需水量比采食高能量饲粮时多，因为家兔对干物质采食量大。

水温不同，饮水量也有差异。在一定范围内，水温越高，饮水越多。

## 二、家兔的饲养标准

随着规模化高效养兔技术的推广与普及，国内外对家兔营养需要量的研究积累了大量资料，这为家兔饲料生产的标准化奠定了基础。

### （一）国外有关饲养标准

国外对家兔营养需要量研究比较多，积累了不少的数据。自 1977 年美国国家研究委员会（NRC）公布家兔饲养标准以后，德国、法国、前苏联等许多国家也相继公布了家兔饲养标准或家兔营养需要量。现列出供参考（表 9－12、表 9－13、表 9－14、表 9－15、表 9－16）。

**表 9-12 美国 NRC（1977）建议的兔的营养需要量**

| 生长阶段 | 生长 | 维持 | 妊娠 | 泌乳 |
|---|---|---|---|---|
| 消化能（MJ） | 10.46 | 8.79 | 10.46 | 10.46 |
| 总消化养分（%） | 65 | 55 | 58 | 70 |
| 粗纤维（%） | 10～12 | 14 | 10～12 | 10～12 |
| 脂肪（%） | 2 | 2 | 2 | 2 |
| 粗蛋白（%） | 16 | 12 | 15 | 17 |
| 钙（%） | 0.4 | — | 0.45 | 0.75 |
| 磷（%） | 0.22 | — | 0.37 | 0.5 |
| 镁（mg） | 300～400 | 300～400 | 300～400 | 300～400 |
| 钾（%） | 0.6 | 0.6 | 0.6 | 0.6 |
| 钠（%） | 0.2 | 0.0 | 0.2 | 0.2 |
| 氯（%） | 0.3 | 0.3 | 0.3 | 0.3 |
| 铜（mg） | 3 | 3 | 3 | 3 |
| 碘（mg） | 0.2 | 0.2 | 0.2 | 0.2 |
| 锰（mg） | 8.5 | 2.5 | 2.5 | 2.5 |
| 维生素 A（IU） | 580 | — | >1160 | — |
| 胡萝卜素（mg） | 0.83 | — | 0.83 | — |
| 维生素 E（mg） | 40 | — | 40 | 40 |
| 维生素 K（mg） | — | — | 0.2 | — |
| 烟酸（mg） | 180 | — | — | — |
| 维生素 $B_6$（mg） | 39 | — | — | — |
| 胆碱（g） | 1.2 | — | — | — |
| 赖氨酸（%） | 0.65 | — | — | — |
| 蛋＋胱氨酸（%） | 0.6 | — | — | — |
| 精氨酸（%） | 0.6 | — | — | — |
| 组氨酸（%） | 0.3 | — | — | — |
| 亮氨酸（%） | 1.1 | — | — | — |
| 异亮氨酸（%） | 0.6 | — | — | — |
| 苯丙＋酪氨酸（%） | 1.1 | — | — | — |
| 苏氨酸（%） | 0.6 | — | — | — |
| 色氨酸（%） | 0.2 | — | — | — |
| 缬氨酸（%） | 0.7 | — | — | — |

资料来源：张宏福、张子仪，动物营养参数与饲养标准，1998 年 6 月，中国农业出版社。

**表 9-13 法国 AEC（1993）建议的兔的营养需要量**

| 生长阶段 | 泌乳兔及乳兔 | 生长兔（4～11 周） |
| --- | --- | --- |
| 能量（MJ/kg） | 10.46 | 10.46～11.30 |
| 纤维（%） | 12 | 13 |
| 粗蛋白（%） | 17 | 15 |
| 赖氨酸（mg/d） | 0.75 | 0.70 |
| 蛋＋胱氨酸（mg/d） | 0.65 | 0.60 |
| 苏氨酸（mg/d） | 0.90 | 0.90 |
| 色氨酸（mg/d） | 0.65 | 0.60 |
| 精氨酸（mg/d） | 0.22 | 0.20 |
| 组氨酸（mg/d） | 0.40 | 0.30 |
| 异亮氨酸（mg/d） | 0.65 | 0.60 |
| 亮氨酸（mg/d） | 1.30 | 1.10 |
| 苯丙＋酪氨酸（mg/d） | 1.30 | 1.10 |
| 缬氨酸（mg/d） | 0.85 | 0.70 |
| 钙（g/d） | 1.10 | 0.80 |
| 有效磷（g/d） | 0.80 | 0.50 |
| 钠（g/d） | 0.30 | 0.30 |

资料来源：张宏福、张子仪，动物营养参数与饲养标准，1998 年 6 月，中国农业出版社。

**表 9-14 法国 AEC（1993）建议的兔的日粮维生素微量元素营养需要量**

| 维生素 | 需要量 | 微量元素 | 需要量 |
| --- | --- | --- | --- |
| 维生素 A（IU/kg） | 10 000 | 钴（mg/kg） | 1 |
| 维生素 $D_3$（IU/kg） | 1 000 | 铜（mg/kg） | 5 |
| 维生素 E（mg/kg） | 30 | 铁（mg/kg） | 30 |
| 维生素 $K_3$（mg/kg） | 1 | 碘（mg/kg） | 1 |
| 维生素 $B_1$（mg/kg） | 1 | 锰（mg/kg） | 15 |
| 维生素 $B_2$（mg/kg） | 3.5 | 硒（mg/kg） | 0.08 |
| 泛酸（mg/kg） | 10 | 锌（mg/kg） | 30 |
| 维生素 $B_6$（mg/kg） | 2 | | |
| 维生素 $B_{12}$（mg/kg） | 0.01 | | |
| 尼克酸（mg/kg） | 50 | | |
| 叶酸（mg/kg） | 0.3 | | |
| 胆碱（mg/kg） | 1 000 | | |

资料来源：张宏福、张子仪，动物营养参数与饲养标准，1998 年 6 月，中国农业出版社。

**表 9-15　家兔表观可消化氨基酸的需要（g/kg）**

| 氨基酸 | 繁殖母兔 | 肥育兔 | 作者 |
|---|---|---|---|
| 赖氨酸 | 6.4a | 6.0 | Taboada（1994） |
| 蛋氨酸＋半胱氨酸 | 4.9 | 4.0 | Taboada（1996） |
| 苏氨酸 | 4.4 | 4.0 | De Blas 等（1996） |

a 为达最大产奶量。5.2 g/kg 以上，繁殖性能不变。

资料来源：De Blas 和 Julian Wiseman，1998，The Nutrition of The Rabbit，CABI Publishing。

**表 9-16　Lebas（2008）推荐的家兔饲养营养推荐值**

| 生长阶段或类型（90%干物质） | | 生长兔 | | 繁殖兔（1） | | 单一饲料（2） |
|---|---|---|---|---|---|---|
| | | 18～42日龄 | 42～75日龄，80日龄 | 集约化 | 半集约化 | |
| **1组：对最高生产性能的推荐量** | | | | | | |
| 消化能 | kCal /kg | 2 400 | 2 600 | 2 700 | 2 600 | 2 400 |
| | MJ/kg | 10.0 | 10.9 | 11.30 | 10.9 | 10.0 |
| 粗蛋白（g/kg） | | 150～160 | 160～170 | 180～190 | 170～175 | 160 |
| 可消化蛋白（g/kg） | | 110～120 | 120～130 | 130～140 | 120～130 | 110～125 |
| 可消化蛋白/消化能 | g/1 000 kCal | 45 | 48 | 53～54 | 51～53 | 46 |
| | g/MJ | 10.7 | 11.5 | 12.7～13.0 | 12.0～12.7 | 11.5～12.0 |
| 脂类（k/kg） | | 20～25 | 25～40 | 40～50 | 30～40 | 20～30 |
| 赖氨酸（k/kg） | | 7.5 | 8 | 8.5 | 8.2 | 8 |
| 含硫氨基酸（蛋＋胱氨酸）（k/kg） | | 5.5 | 6 | 6.2 | 6 | 6 |
| 苏氨酸（k/kg） | | 5.6 | 5.8 | 7 | 7 | 6 |
| 色氨酸（k/kg） | | 1.2 | 1.4 | 1.5 | 1.5 | 1.4 |
| 精氨酸（k/kg） | | 8 | 9 | 8 | 8 | 8 |
| 钙（k/kg） | | 7 | 8 | 12 | 12 | 11 |
| 磷（k/kg） | | 4 | 4.5 | 6 | 6 | 5 |
| 钠（k/kg） | | 2.2 | 2.2 | 2.5 | 2.5 | 2.2 |
| 钾（k/kg） | | ＜15 | ＜20 | ＜18 | ＜18 | ＜18 |
| 氯（k/kg） | | 2.8 | 2.8 | 3.5 | 3.5 | 3 |
| 镁（k/kg） | | 3 | 3 | 4 | 3 | 3 |
| 硫（k/kg） | | 2.5 | 2.5 | 2.5 | 2.5 | 2.5 |
| 铁（mg/kg） | | 50 | 50 | 100 | 100 | 80 |
| 铜（mg/kg） | | 6 | 6 | 10 | 10 | 10 |
| 锌（mg/kg） | | 25 | 25 | 50 | 50 | 40 |
| 锰（mg/kg） | | 8 | 8 | 12 | 12 | 10 |
| 维生素 A（IU/kg） | | 6 000 | 6 000 | 10 000 | 10 000 | 10 000 |
| 维生素 D（IU/kg） | | 1 000 | 1 000 | 1 000（＜1 500） | 1 000（＜1 500） | 1 000（＜1 500） |
| 维生素 E（mg/kg） | | ≥30 | ≥30 | ≥50 | ≥50 | ≥50 |
| 维生素 K（mg/kg） | | 1 | 1 | 2 | 2 | 2 |

（续）

| 生长阶段或类型（90%干物质） | 生长兔 | | 繁殖兔（1） | | 单一饲料（2） |
|---|---|---|---|---|---|
| | 18～42日龄 | 42～75日龄，80月龄 | 集约化 | 半集约化 | |
| **2组：维持家兔最佳健康水平的推荐量** | | | | | |
| 木质纤维素（ADF） | ≥190 | ≥170 | ≥135 | ≥150 | ≥160 |
| 木质素（ADL） | ≥55 | ≥50 | ≥30 | ≥30 | ≥50 |
| 纤维素（ADF - ADL） | ≥130 | ≥110 | ≥90 | ≥90 | ≥110 |
| 木质素/纤维素 | ≥0.40 | ≥0.40 | ≥0.35 | ≥0.40 | ≥0.40 |
| 中性洗涤纤维（NDF） | ≥320 | ≥310 | ≥300 | ≥315 | ≥310 |
| 半纤维素（NDF - ADF） | ≥120 | ≥100 | ≥85 | ≥90 | ≥100 |
| （半纤维素＋果胶）/ADF | ≤1.3 | ≤1.3 | ≤1.3 | ≤1.3 | ≤1.3 |
| 淀粉（g/kg） | ≤140 | ≤200 | ≤200 | ≤200 | ≤160 |
| 维生素 C（mg/kg） | 250 | 250 | 200 | 200 | 200 |
| 维生素 $B_1$（mg/kg） | 2 | 2 | 2 | 2 | 2 |
| 维生素 $B_2$（mg/kg） | 6 | 6 | 6 | 6 | 6 |
| 尼克酸（mg/kg） | 50 | 50 | 40 | 40 | 40 |
| 泛酸（mg/kg） | 20 | 20 | 20 | 20 | 20 |
| 维生素 $B_6$（mg/kg） | 2 | 2 | 2 | 2 | 2 |
| 叶酸（mg/kg） | 5 | 5 | 5 | 5 | 5 |
| 维生素 $B_{12}$（mg/kg） | 0.01 | 0.01 | 0.01 | 0.01 | 0.01 |
| 胆碱（mg/kg） | 200 | 200 | 100 | 100 | 100 |

（1）对于母兔，半集约化生产表示平均每年生产断奶仔兔40～50只，集约化生产则代表更高的生产水平（每年每只母兔生产断奶仔兔大于50只）。

（2）单一饲料推荐量表示可应用于所有兔场中兔子的日粮。它的配制考虑了不同种类兔子的需要量。

资料来源：De Blas 和 Julian Wiseman，2010，Nutrition of The Rabbit (2th editor)，CABI Publishing。

### （二）中国家兔饲养标准

中国农业科学院兰州畜牧研究所和江苏省农业科学院饲料食品研究所研究制定出了我国安哥拉毛兔（长毛兔）饲养标准（表 9 - 17）。

**表 9 - 17　安哥拉毛用兔饲养标准**

| 生长阶段 | 生长兔 | | 妊娠母兔 | 哺乳母兔 | 产毛兔 | 种公兔 |
|---|---|---|---|---|---|---|
| | 断奶～3月龄 | 4～6月龄 | | | | |
| 消化能（MJ/kg） | 10.50 | 10.30 | 10.30 | 11.00 | 10～11.3 | 10.00 |
| 粗蛋白（%） | 16～17 | 15～16 | 16 | 18 | 15～16 | 17 |
| 可消化粗蛋白（%） | 12～13 | 10～11 | 11.5 | 13.5 | 11 | 13 |
| 粗纤维（%） | 14 | 16 | 14～15 | 12～13 | 13～17 | 16～17 |

（续）

| 生长阶段 | 生长兔 | | 妊娠母兔 | 哺乳母兔 | 产毛兔 | 种公兔 |
|---|---|---|---|---|---|---|
| | 断奶～3月龄 | 4～6月龄 | | | | |
| 粗脂肪（%） | 3 | 3 | 3 | 3 | 3 | 3 |
| 蛋能比（g/MJ） | 11.95 | 10.76 | 11.47 | 12.43 | 10.99 | 12.91 |
| 蛋氨酸+胱氨酸（%） | 0.7 | 0.7 | 0.8 | 0.8 | 0.7 | 0.7 |
| 赖氨酸（%） | 0.8 | 0.8 | 0.8 | 0.9 | 0.7 | 0.8 |
| 精氨酸（%） | 0.8 | 0.8 | 0.8 | 0.9 | 0.7 | 0.9 |
| 钙（%） | 1.0 | 1.0 | 1.0 | 1.2 | 1.0 | 1.0 |
| 磷（%） | 0.5 | 0.5 | 0.5 | 0.8 | 0.5 | 0.5 |
| 食盐（%） | 0.3 | 0.3 | 0.3 | 0.3 | 0.3 | 0.2 |
| 铜（mg/kg） | 3～5 | 10 | 10 | 10 | 20 | 10 |
| 锌（mg/kg） | 50 | 50 | 70 | 70 | 70 | 70 |
| 铁（mg/kg） | 50～100 | 50 | 50 | 50 | 50 | 50 |
| 锰（mg/kg） | 30 | 30 | 50 | 50 | 50 | 50 |
| 钴（mg/kg） | 0.1 | 0.1 | 0.1 | 0.1 | 0.1 | 0.1 |
| 维生素 A（IU） | 8 000 | 8 000 | 8 000 | 10 000 | 6 000 | 12 000 |
| 维生素 D（IU） | 900 | 900 | 900 | 1 000 | 900 | 1 000 |
| 维生素 E（mg/kg） | 50 | 50 | 60 | 60 | 50 | 60 |
| 胆碱（mg/kg） | 1 500 | 1 500 | | | 1 500 | 1 500 |
| 尼克酸（mg/kg） | 50 | 50 | | | 50 | 50 |
| 吡哆醇（mg/kg） | 400 | 400 | | | 300 | 300 |
| 生物素（mg/kg） | | | | | 25 | 20 |

资料来源：张宏福、张子仪，动物营养参数与饲养标准，1998年6月，中国农业出版社。

南京农业大学和扬州大学农学院参照国外有关饲养标准，结合我国养兔生产实际情况，制定出“我国各类家兔的建议营养供给量”和“精料补充料建议养分浓度”（表9-18，表9-19）；山东农业大学李福昌带领的研究团队，历经10多年研究，结合我国肉兔生产实际情况，制定出山东省地方标准“肉兔饲养标准”（表9-20）；河北农业大学谷子林带领的科研团队历经十余年制定了我国獭兔全价饲料营养推荐量，供养兔生产者参考。

**表9-18　建议营养供给量**（每千克风干饲料含量）

| 营养指标 | 生长兔 | | 妊娠兔 | 哺乳兔 | 成年产毛兔 | 生长肥育兔 |
|---|---|---|---|---|---|---|
| | 3～12周龄 | 12周龄后 | | | | |
| 消化能（MJ） | 12.12 | 10.45～11.29 | 10.45 | 10.87～11.29 | 10.03～10.87 | 12.12 |
| 粗蛋白质（%） | 18 | 16 | 15 | 18 | 14～16 | 16～18 |
| 粗纤维（%） | 8～10 | 10～14 | 10～14 | 10～12 | 10～14 | 8～10 |
| 粗脂肪（%） | 2～3 | 2～3 | 2～3 | 2～3 | 2～3 | 3～5 |
| 钙（%） | 0.9～1.1 | 0.5～0.7 | 0.5～0.7 | 0.8～1.1 | 0.5～0.7 | 1 |

（续）

| 营养指标 | 生长兔 | | 妊娠兔 | 哺乳兔 | 成年产毛兔 | 生长肥育兔 |
|---|---|---|---|---|---|---|
| | 3～12 周龄 | 12 周龄后 | | | | |
| 磷（%） | 0.5～0.7 | 0.3～0.5 | 0.3～0.5 | 0.5～0.8 | 0.3～0.5 | 0.5 |
| 赖氨酸（%） | 0.9～1.0 | 0.7～0.9 | 0.7～0.9 | 0.8～1.0 | 0.5～0.7 | 1.0 |
| 蛋+胱氨酸（%） | 0.7 | 0.6～0.7 | 0.6～0.7 | 0.6～0.7 | 0.6～0.7 | 0.4～0.6 |
| 精氨酸（%） | 0.8～0.9 | 0.6～0.8 | 0.6～0.8 | 0.6～0.8 | 0.6 | 0.6 |
| 食盐（%） | 0.5 | 0.5 | 0.5 | 0.5～0.7 | 0.5 | 0.5 |
| 铜（mg） | 15 | 15 | 15 | 10 | 10 | 20 |
| 铁（mg） | 100 | 50 | 50 | 100 | 50 | 100 |
| 锰（mg） | 15 | 10 | 10 | 10 | 10 | 15 |
| 锌（mg） | 70 | 40 | 40 | 40 | 40 | 40 |
| 镁（mg） | 300～400 | 300～400 | 300～400 | 300～400 | 300～400 | 300～400 |
| 碘（mg） | 0.2 | 0.2 | 0.2 | 0.2 | 0.2 | 0.2 |
| 维生素 A（KIU） | 6～10 | 6～10 | 8～10 | 8～10 | 6 | 8 |
| 维生素 D（KIU） | 1 | 1 | 1 | 1 | 1 | 1 |

资料来源：杨正，现代养兔，1999 年 6 月，中国农业出版社。

**表 9－19　精料补充料建议养分浓度**（每千克风干饲料含量）

| 营养指标 | 生长兔 | | 妊娠兔 | 哺乳兔 | 成年产毛兔 | 生长肥育兔 |
|---|---|---|---|---|---|---|
| | 3～12 周龄 | 12 周龄后 | | | | |
| 消化能（MJ） | 12.96 | 12.54 | 11.29 | 12.54 | 11.70 | 12.96 |
| 粗蛋白质（%） | 19 | 18 | 17 | 20 | 18 | 19→18 |
| 粗纤维（%） | 3～5 | 3～5 | 3～5 | 3～5 | 3～5 | 3～5 |
| 粗脂肪（%） | 6～8 | 6～8 | 8～10 | 6～8 | 7～9 | 6～8 |
| 钙（%） | 1.0～1.2 | 0.8～0.9 | 0.5～0.7 | 1.0～1.2 | 0.6～0.8 | 1.1 |
| 磷（%） | 0.6～0.8 | 0.5～0.7 | 0.4～0.6 | 0.9～1.0 | 0.5～0.7 | 0.8 |
| 赖氨酸（%） | 1.1 | 1.0 | 0.95 | 1.1 | 0.8 | 1.1 |
| 蛋+胱氨酸（%） | 0.8 | 0.8 | 0.75 | 0.8 | 0.8 | 0.7 |
| 精氨酸（%） | 1.0 | 1.0 | 1.0 | 1.0 | 1.0 | 1.0 |
| 食盐（%） | 0.5～0.6 | 0.5～0.6 | 0.5～0.6 | 0.6～0.7 | 0.5～0.6 | 0.5～0.6 |

资料来源：杨正，现代养兔，1999 年 6 月，中国农业出版社。

为达到建议营养供给量的要求，精料补充料中应添加微量元素和维生素预混料。精料补充料日喂量应根据体重和生产情况而定，50～150 g。此外每天还应喂给一定量的青绿多汁饲料或与其相当的干草。

**表 9-20 肉兔不同生理阶段饲养标准**

| 指 标 | 生长肉兔 | | 妊娠母兔 | 泌乳母兔 | 空怀母兔 | 种公兔 |
|---|---|---|---|---|---|---|
| | 断奶～2月龄 | 2月龄～出栏 | | | | |
| 消化能（MJ/kg） | 10.5 | 10.5 | 10.5 | 10.8 | 10.5 | 10.5 |
| 粗蛋白（%） | 16.0 | 16.0 | 16.5 | 17.5 | 16.0 | 16.0 |
| 总赖氨酸（%） | 0.85 | 0.75 | 0.8 | 0.85 | 0.7 | 0.7 |
| 总含硫氨基酸（%） | 0.60 | 0.55 | 0.60 | 0.65 | 0.55 | 0.55 |
| 精氨酸（%） | 0.80 | 0.80 | 0.80 | 0.90 | 0.80 | 0.80 |
| 粗纤维（%） | 14.0 | 14.0 | 13.5 | 13.5 | 14.0 | 14.0 |
| 中性洗涤纤维（NDF,%） | 30.0～33.0 | 27.0～30.0 | 27.0～30.0 | 27.0～30.0 | 30.0～33.0 | 30.0～33.0 |
| 酸性洗涤纤维（ADF,%） | 19.0～22.0 | 16.0～19.0 | 16.0～19.0 | 16.0～19.0 | 19.0～22.0 | 19.0～22.0 |
| 酸性洗涤木质素（ADL,%） | 5.5 | 5.5 | 5.0 | 5.0 | 5.5 | 5.5 |
| 淀粉（%） | ≤14 | ≤20 | ≤20 | ≤20 | ≤16 | ≤16 |
| 粗脂肪（%） | 2.0 | 3.0 | 2.5 | 2.5 | 2.5 | 2.5 |
| 钙（%） | 0.60 | 0.60 | 1.0 | 1.1 | 0.60 | 0.60 |
| 磷（%） | 0.40 | 0.40 | 0.60 | 0.60 | 0.40 | 0.40 |
| 钠（%） | 0.22 | 0.22 | 0.22 | 0.22 | 0.22 | 0.22 |
| 氯（%） | 0.25 | 0.25 | 0.25 | 0.25 | 0.25 | 0.25 |
| 钾（%） | 0.80 | 0.80 | 0.80 | 0.80 | 0.80 | 0.80 |
| 镁（%） | 0.03 | 0.03 | 0.04 | 0.04 | 0.04 | 0.04 |
| 铜（mg/kg） | 10.0 | 10.0 | 20.0 | 20.0 | 20.0 | 20.0 |
| 锌（mg/kg） | 50.0 | 50.0 | 60.0 | 60.0 | 60.0 | 60.0 |
| 铁（mg/kg） | 50.0 | 50.0 | 100.0 | 100.0 | 70.0 | 70.0 |
| 锰（mg/kg） | 8.0 | 8.0 | 10.0 | 10.0 | 10.0 | 10.0 |
| 硒（mg/kg） | 0.05 | 0.05 | 0.1 | 0.1 | 0.05 | 0.05 |
| 碘（mg/kg） | 1.0 | 1.0 | 1.1 | 1.1 | 1.0 | 1.0 |
| 钴（mg/kg） | 0.25 | 0.25 | 0.25 | 0.25 | 0.25 | 0.25 |
| 维生素 A（IU/kg） | 6 000 | 12 000 | 12 000 | 12 000 | 12 000 | 12 000 |
| 维生素 D（IU/kg） | 900 | 900 | 1 000 | 1 000 | 1 000 | 1 000 |
| 维生素 E（mg/kg） | 50.0 | 50.0 | 100.0 | 100.0 | 100.0 | 100.0 |
| 维生素 $K_3$（mg/kg） | 1.0 | 1.0 | 2.0 | 2.0 | 2.0 | 2.0 |
| 维生素 $B_1$（mg/kg） | 1.0 | 1.0 | 1.2 | 1.2 | 1.0 | 1.0 |
| 维生素 $B_2$（mg/kg） | 3.0 | 3.0 | 5.0 | 5.0 | 3.0 | 3.0 |
| 维生素 $B_6$（mg/kg） | 1.0 | 1.0 | 1.5 | 1.5 | 1.0 | 1.0 |
| 维生素 $B_{12}$（μg/kg） | 10.0 | 10.0 | 12.0 | 12.0 | 10.0 | 10.0 |
| 叶酸（mg/kg） | 0.2 | 0.2 | 1.5 | 1.5 | 0.5 | 0.5 |
| 尼克酸（mg/kg） | 30.0 | 30.0 | 50.0 | 50.0 | 30.0 | 30.0 |
| 泛酸（mg/kg） | 8.0 | 8.0 | 12.0 | 12.0 | 8.0 | 8.0 |
| 生物素（μg/kg） | 80.0 | 80.0 | 80.0 | 80.0 | 80.0 | 80.0 |
| 胆碱（mg/kg） | 100.0 | 100.0 | 200.0 | 200.0 | 100.0 | 100.0 |

资料来源：李福昌，山东省地方标准《肉兔饲养标准》，2011 年 3 月，山东省质量技术监督局。

**表 9-21 中国獭兔全价饲料营养推荐量**

| 项　目 | 1～3 月龄生长獭兔 | 4 月～出栏商品兔 | 哺乳兔 | 妊娠兔 | 维持兔 |
|---|---|---|---|---|---|
| 消化能（MJ/kg） | 10.46 | 9～10.46 | 10.46 | 9～10.46 | 9.0 |
| 粗脂肪（%） | 3 | 3 | 3 | 3 | 3 |
| 粗纤维（%） | 12～14 | 13～15 | 12～14 | 14～16 | 15～18 |
| 粗蛋白（%） | 16～17 | 15～16 | 17～18 | 15～16 | 13 |
| 赖氨酸（%） | 0.80 | 0.65 | 0.90 | 0.60 | 0.40 |
| 含硫氨基酸（%） | 0.60 | 0.60 | 0.60 | 0.50 | 0.40 |
| 钙（%） | 0.85 | 0.65 | 1.10 | 0.80 | 0.40 |
| 磷（%） | 0.40 | 0.35 | 0.70 | 0.45 | 0.30 |
| 食盐（%） | 0.3～0.5 | 0.3～0.5 | 0.3～0.5 | 0.3～0.5 | 0.3～0.5 |
| 铁（mg/kg） | 70 | 50 | 100 | 50 | 50 |
| 铜（mg/kg） | 20 | 10 | 20 | 10 | 5 |
| 锌（mg/kg） | 70 | 70 | 70 | 70 | 25 |
| 锰（mg/kg） | 10 | 4 | 10 | 4 | 2.5 |
| 钴（mg/kg） | 0.15 | 0.10 | 0.15 | 0.10 | 0.10 |
| 碘（mg/kg） | 0.20 | 0.20 | 0.20 | 0.20 | 0.10 |
| 硒（mg/kg） | 0.25 | 0.20 | 0.20 | 0.20 | 0.10 |
| 维生素 A（IU） | 10000 | 8000 | 12000 | 12000 | 5000 |
| 维生素 D（IU） | 900 | 900 | 900 | 900 | 900 |
| 维生素 E（mg/kg） | 50 | 50 | 50 | 50 | 25 |
| 维生素 K（mg/kg） | 2 | 2 | 2 | 2 | 0 |
| 硫胺素（mg/kg） | 2 | 0 | 2 | 0 | 0 |
| 核黄素（mg/kg） | 6 | 0 | 6 | 0 | 0 |
| 泛酸（mg/kg） | 50 | 20 | 50 | 20 | 0 |
| 吡哆醇（mg/kg） | 2 | 2 | 2 | 0 | 0 |
| 维生素 $B_{12}$（mg/kg） | 0.02 | 0.01 | 0.02 | 0.01 | 0 |
| 烟酸（mg/kg） | 50 | 50 | 50 | 50 | 0 |
| 胆碱（mg/kg） | 1 000 | 1 000 | 1 000 | 1 000 | 0 |
| 生物素（mg/kg） | 0.2 | 0.2 | 0.2 | 0.2 | 0 |

资料来源：谷子林主编，现代獭兔生产，河北科技出版社，2001。

应用饲养标准可最经济有效地利用饲料，需要特别指出的是，家兔营养需要量并非一成不变，由于它反映的是家兔的生理活动或生产水平与营养素供应之间的定量关系，是一个群体平均指标，特别是对日粮中养分含量的规定更依赖于畜群生产水平和饲料条件而定，所以，饲养者应注意总结生产效果，根据兔群的具体生产水平以及特定的饲养条件，及时调整营养供应量。

# 第十章

# 家兔的饲养管理

## 第一节　家兔饲养管理的一般原则

养兔要想取得较好的经济效益，就要根据家兔的生物学特点、生活习性以及不同发育阶段的生理特点，采取不同的饲养管理方式。家兔的饲养管理应遵循以下基本原则。

### 一、日粮结构类型的选择

家兔是草食动物，饲料中必须有草，这是饲养家兔的基本原则。家兔能较好地采食多种植物的茎叶、块根和果蔬等饲料，每天能采食占自身重量10%～30%的青饲料，并能利用植物中的部分粗纤维。但是，完全依靠青粗饲料并不能把兔养好，因为青粗饲料不能完全满足家兔对营养的需求，对其高产性能的发挥也不利。据测定，一只母兔每天需吃3kg鲜草或800g优质粗饲料才能产200g奶；一只体重1kg的生长兔，每天要吃700～800g的青饲料，才能满足日增重35g的营养需要。如此大量的青粗饲料，兔的消化道是容纳不下的。由此可见，要想养好兔，获得理想的饲养效果，还必须科学地利用精饲料，同时补充维生素和矿物质等营养物质，否则达不到高产的要求。

现代养兔追求的是生产效率和经济利益，必须根据家兔的消化生理、结构特点和营养需求进行日粮的搭配，目前普遍使用两种结构类型的日粮：青粗饲料＋精料补充料和全价饲料，究竟选用哪一种类型的日粮，则要根据当地的实际情况，因地制宜，科学地进行选择。

在青粗饲料丰富的季节和地区，可以选用青粗饲料＋精料补充料的日粮结构，既可以满足兔对营养的需求，又能降低饲料成本，提高经济效益。现代养兔及在青粗饲料匮乏的季节和地区，则可以选用全价颗粒饲料进行饲喂。

### 二、饲喂方法和饲喂量

家兔采食具有多餐习性，一天可采食30～40次。日采食的次数、间隔时间、采食的数量受饲料种类、给料方法及气温等因素的影响。以青饲料、干草为主的日粮，兔日采食的次数及总量，均高于颗粒料。如果日喂1次，采食量会减少，而采用自由采食的方法，日采食量可提高。

家兔的饲喂方法可分为自由采食和限制饲喂。自由采食就是让兔随便吃，但必须是全价颗粒饲料，而且粗纤维含量较高，大型兔场多采用此法，其优点是能提高采食量和日增重、缩短上市日龄，做到“傻瓜式”养兔，利于促进现代化规模化机械化自动喂料系统的推广；但其耗料量大，饲料报酬低，单位养殖利润不高。限制饲喂（定时定量），即根据不同品种、大小、体况、季节和气候条件等定时间定次数定数量进行饲喂，以养成家兔定时采食、休息和排泄的习惯，有规律地分泌消化液，促进饲料的消化吸收。相反，喂料多少不均，早迟不定，不仅会打乱兔的进食规律，造成饲料浪费，还会诱发消化系统疾病，导致胃肠炎的发生。一般要求每天饲喂2～4次，精、青粗饲料可单独交叉喂给，仔幼兔消化力弱，宜少吃多餐。夏季炎热，喂料宜在早晚进行。

一般而言，在采用青粗饲料＋精料补充料的日粮结构时，幼兔日平均饲喂青饲料250g以上，精料补充料20～75g（日喂料量为兔自身的5%左右），成年兔日平均饲喂青饲料500g以上，精料补充料50～100g，并根据自身生理状况（如妊娠、泌乳等）适当进行调整。如果饲喂全价饲料，幼兔的日平均饲喂量为75～100g（日喂料量为兔自身重的7%左右），成年兔一般日饲喂量100～150g。根据所处生理阶段和体况等进行调整。

## 三、保证饲料品质、合理调制饲料

家兔的消化道疾病约占疾病总数的半数，且多与饲料有关。有了科学的饲养标准和合理的饲料配方仅仅是完成了饲料的一半工作，更重要的一半是饲料原料的质量和饲料配合的技术。生产中，由于饲料品质问题而造成群体大面积发病和死亡的现象举不胜举，主要表现为饲料原料发霉变质，特别是粗饲料（如甘薯秧、花生秧、花生皮、草粉等）由于含水量超标在贮存过程中发霉变质，颗粒饲料在加工过程中由于加水过多没有及时干燥而发霉的事件也不鲜见。

在养兔中应注意以下草料不喂：霉烂、变质的饲料，带泥带沙的草料，带雨、露、霜的草，打过农药的草，堆积草（青草刈割之后没有及时饲喂或晾晒而堆积发热的草，大量的硝酸盐在细菌作用下还原为剧毒的亚硝酸盐），冰冻饲料和发芽的马铃薯，黑斑甘薯，生的豆类饲料（包括生豆饼、生豆渣）未经蒸煮、焙烤，牛皮菜、菠菜等不宜长期单独饲喂（因其草酸含量较高，长期大量采食，影响钙的吸收，特别是妊娠母兔、哺乳母兔更应注意）；有刺、有毒的植物和混有兔毛、粪便的饲料不喂（图10-1）。

图10-1　发霉变质的饲料，禁止饲喂
（谢晓红）

不同饲料原料具有不同的特点，在饲喂之前须按其不同特点进行适当的加工调制，以改善饲料的适口性，提高消化率。如青草和蔬菜类饲料应先剔除有毒、带刺植物，块根类饲料宜洗净、切碎或刨成细丝与精料混合喂给；配合饲料宜制成颗粒饲料饲喂。此外，还要规范饲料配合和混合搅拌程序，特别是使配合饲料中的微量成分均匀分布，预防由于混合不均匀导致的严重后果。

## 四、更换饲料逐渐过渡

频繁更换饲料是养兔的一大禁忌，这与家兔胃肠的消化生理有关。兔子是单胃草食家畜，其消化机能的正常依赖于盲肠微生物区系的平衡。当有益微生物占据主导地位时，兔子的消化机能正常，反之，有害微生物占据上风时，家兔正常的消化机能就会被打乱，出现消化不良，肠炎或腹泻，甚至导致死亡。胃肠道消化酶的分泌与饲料种类有关，而消化酶的分泌有一定的规律，盲肠微生物的种类、数量和比例也与饲料有关，特别与进入盲肠的食糜关系密切，频繁的饲料变更，使兔子不能很快适应变化了的饲料，造成消化机能紊乱，生产中这样的教训屡见不鲜。特别是容易出现在从外地引种后和季节的变更所引起饲料种类的变化时。因此，在变化饲料时，不能突然更换，要逐渐进行，例如从外地引种，要随兔带来一些原场饲喂的饲料。

更换饲料，无论是数量的增减或种类的改变，都必须坚持逐步过渡的原则。变化前应逐渐增加新换饲料的比例，原来所用的饲料量逐渐减少，每次不宜超过 1/3，一般过渡 5～7d 为宜，使兔的消化机能与新的饲料条件逐渐相适应。如果饲料突然改变，往往容易引起兔子的食欲降低或消化机能紊乱，发生腹泻、腹胀等消化道疾病或伤食，影响家兔的健康。

## 五、保证饮水供给

水是生命活动所必需，不仅是家兔机体的最大的组成成分，也是完成营养物质在体内的消化、吸收及残渣的排泄等的媒介。水还有调节体温的作用，也是治疗疾病与发挥药效的调节剂，是维持各种生理机能活动不可或缺的。美国 P. Rcheeke 教授指出，如果完全不供水，成年兔只能活 4～8d，供水充足不给料，兔可活 21～30d；前苏联专家也观察到，在禁水条件下，兔的生命平均维持 19d。由此可见，缺水比缺饲料更难维持生命。保证清洁饮水的供给，应列入日常的饲养管理操作规程。

水的来源有饮用水、饲料水和代谢水。家兔日需水量较大，尤其夜间饮水次数较多。传统养兔给人们造成兔子不饮水的习惯，是完全错误的，那是因为青绿饲料中含有的水分已经部分满足了兔对水的需求，而在实际生产中，即使只喂青绿饲料时，仍需要喂一定量的水。充足的饮水对仔兔的生长发育性能的发挥也有重要意义，四川省畜牧科学研究院对补饲阶段的仔兔进行的充足饮水（给料、奶、水）和断水（给料、奶，不喂水）的对照试验表明，饮水可以显著提高仔兔的采食量和日增重。饮水组的日采食量比断水组高 333.8%，日增重达到 31.1g，极显著地高于断水组的 9.9g（表 10－1 和表 10－2，谢晓红，1995）。

**表 10-1 饮水对仔兔补饲阶段日采食量的影响**

| 日龄 | 饮水组（g） | 对照组（g） | 饮水比对照组增加采食量（%） |
|---|---|---|---|
| 21～22 | 3.9 | 2.6 | 50.0 |
| 23～24 | 9.9 | 5.9 | 67.8 |
| 25～26 | 19.5 | 9.4 | 107.4 |
| 27～28 | 28.8 | 10.5 | 174.3 |
| 29～30 | 42.5 | 10.8 | 293.5 |
| 31～32 | 52.7 | 12.2 | 332.0 |
| 33～34 | 56.4 | 13.0 | 333.8 |

**表 10-2 饮水对仔兔生长发育的影响**

| 组别 | 21～35d | | |
|---|---|---|---|
| | 窝增重（g） | 个体增重（g） | 日增重（g） |
| 饮水组 | 2 957 | 435.5 | 31.1 |
| 对照组 | 950 | 137.9 | 9.9 |

供水不足还可引起胃肠功能降低，消化紊乱，诱发肠毒血症，食欲减退，出现肾炎，甚至母兔产后吃掉仔兔，泌乳不足。此外，供水不足还会导致兔喝尿，乱食杂物，被毛干枯、变脆、弹性差，兔毛生长缓慢，毛兔产毛量降低，公兔性欲减退，精液品质下降等。

现代养兔最好是保证自由饮水，理想的供水方式是采用全自动饮水系统。在使用时也要注意，即使是全自动饮水系统，也有可能发生堵塞或水压不足的现象，影响供水，因此一定要随时检查，定期冲洗维修，确保每只兔笼供水充足。若无条件自由饮水，则必须勤换勤添（图 10-2）。

图 10-2 保持饮水器通畅

（谢晓红）

此外，要保证饮水质量，做到不饮被粪尿、污物、农药等污染的水，不饮死塘水（不流动水源，特别是由降雨形成的死塘水，质量很难保证）、不饮冰冻水和非饮用井水（长期不用的非饮用井水的矿物质、微生物、有机质等项指标往往不合格）等，兔饮用水应符合人饮用水标准，如自来水、深井水等（图 10-3）。

图 10-3 层层过滤，保证饮水卫生

（谢晓红）

## 六、创造良好的环境条件

家兔品种多，生产特点各异，但都有共同的生物学特性，应根据其生物学特性，结合当地自然生态条件，尽量给家兔创造一个良好的环境条件，是养好兔的前提（图 10－4）。

图 10－4　良好的环境条件
（谢晓红）

**1. 保持笼舍清洁干燥**　家兔是喜清洁、爱干燥的动物，搞好兔笼兔舍的环境卫生并保持干燥尤为重要，这样可以减少病原微生物的孳生繁殖，从而起到有效防止疾病发生的作用。因此，要每天清扫笼舍，及时清除粪尿，勤换垫草；经常洗刷饲具，定期消毒。同时要避免笼舍内湿度过大，兔舍不宜经常冲洗，防止饮水器、水箱等漏水，兔舍四周排水管道畅通，防止污水积存。保持舍内干燥，并加强通风（图 10－5）。

图 10－5　勤打扫，保持兔舍清洁卫生
（谢晓红）

**2. 夏季防暑、冬季防寒**　兔的最适温度为 15～25℃，临界温度为 5～30℃，处于临界温度外时，家兔的生产性能会降低，而且持续时间越长，对兔的危害就越大。我国气候条件南北各异，应根据当地的地理环境、气候特点、兔舍构造以及兔场的经济实力等，采取各种措施或安装必要的设施设备，做好夏季防暑降温、冬季防寒保暖工作。

**3. 保持环境安静，防止兽害**　兔是胆小易惊、听觉灵敏的动物，突然的噪音可使其惊惶失措，乱窜不安，尤其在怀孕、分娩、哺乳时影响更大。应禁止在兔舍附近鸣笛、放鞭炮等，保持环境的安静。同时防止猫、狗、蛇、老鼠等对兔的侵害，并防止陌生人突然闯入兔舍。

**4. 分群分笼饲养，搞好管理** 每个养殖场、户都应按家兔的经济类型、生产方向、品种、年龄、性别、体质强弱、所处生理阶段等进行分群分笼饲养，并做好相应的管理措施。繁殖母兔应配备产仔室或产仔箱，仔兔分窝饲养；幼兔根据日龄、体重大小分群饲养；对3月龄以上的后备兔、种公兔和繁殖母兔，必须单笼饲养（图10-6、图10-7）。

图10-6　小兔分群分笼饲养

（谢晓红）

图10-7　大兔单笼饲养

（谢晓红）

## 七、严格执行防疫制度

预防疾病，是提高养兔效益的重要保证，严格防疫制度是家兔饲养管理的重要环节。与其他家畜相比，家兔的抗病能力较弱，各种不利的应激因素如引种、惊吓、饲料霉变、环境潮湿、拥挤、转群等以及病原感染都容易导致疾病的发生。任何一个兔场或养殖户，都必须牢记预防为主、治疗为辅、防重于治的基本原则，建立健全引种隔离、日常消毒、定期巡检、预防注射疫苗或预防投药、病兔隔离及加强进出兔舍人员的管理等防疫制度。此外，每天要认真观察兔的粪便、采食和饮水、精神状态等情况，做到无病早防、有病早治（图10-8）。

图10-8　日常喷雾消毒

（谢晓红）

# 第二节　不同类型家兔的饲养管理

## 一、种公兔的饲养管理

饲养种公兔的目的是配种，繁育大量优良的后代。优良的公兔对提高兔群质量具有重要作用，俗话说“母兔好好几窝；公兔好好一群”，因此，应特别重视公兔的选育、饲养和管理。

对种公兔的要求：品种特征明显，健康，体质结实，两个睾丸大而匀称，性欲旺盛，精液品质优良，配种受胎率高，后代优良，且与所配母兔无亲缘关系。

### （一）种公兔的培育

种公兔应该从优秀的父母后代中选留。其要求：体型大，生长速度快，主要经济性状优秀（如毛兔的产毛量、皮兔的被毛质量等）。母兔应该是产仔数高，母性好，且耐频密繁殖的个体。据报道，睾丸的大小与家兔的生精能力呈正相关，因此，选留睾丸大而且匀称的公兔可以提高精液的数量和品质，从而提高受胎率。公兔的性欲也可以通过选择而提高。预留公兔的选择强度一般要求在10%以内。

公兔的饲料营养要求全面，营养水平适中，切忌用低营养水平的饲粮饲养，否则易造成“草腹兔”，影响日后配种。

公兔在5月龄前的自由采食量一直都在增加。此后，采食量下降约30%或出现自然限饲。与同窝出生的限饲（自由采食量的75%）仔兔相比，自由采食不会影响公兔的性欲或精液品质。因此饲养实践中我们不提倡对公兔进行限饲。但对于体重过大的公兔采取限饲可以使公兔的成年体重减轻大约0.5 kg，这样预计对其使用寿命有利。

兔群严禁使用未经选育的公兔参加配种，以防兔群质量退化。

### （二）种公兔的饲养

营养的全面性和长期性应始终贯穿于种公兔的一生。公兔饲粮的营养价值决定着精液的数量和质量，其中能量、蛋白质、维生素、矿物质尤为重要。

公兔饲料的能量保持中等能量水平，保持在10.46MJ/kg为宜。能量过高，易造成公兔过肥，性欲减退，配种能力差；能量过低，造成公兔过瘦，精液产量少，配种能力差，效率低。

蛋白质的品质、数量影响着公兔性欲、射精量和精液品质等，因此公兔饲料中要添加动物性蛋白质饲料如鱼粉、蚕蛹粉等，粗蛋白质水平须保持在17%。

维生素与公兔配种能力和精液品质有密切关系。饲料中维生素不足，会导致后备公兔性成熟推迟，睾丸组织发育不良，严重时丧失种用能力。成年公兔精液中精子数目减少，畸形增多，受精能力降低。有试验证明，兔日粮中增加2 325IU的维生素A，0.15g维生素E，少量的维生素$B_1$、维生素$B_2$、维生素$B_6$、维生素C和叶酸，精液的数量、精子耐力均明显提高。

矿物质元素尤其是钙、磷也是公兔精液形成所必需的营养物质。缺钙时，精子发育不全，活力低，公兔四肢无力，所以饲料中要使用骨粉、贝壳粉和微量元素添加剂。

由于精子是由睾丸中的精细胞发育而成，而精细胞的发育过程需要一个较长的时期，所以营养物质的添补要及早进行，一般在配种前20d开始调整日粮。在配种期还应根据配种强度，适当添补饲料，以改善精液品质，提高受胎率。

保持种公兔七至八成膘情。种公兔日粮中能量过高，运动减少或长期不使用，均易造成过肥，配种能力随之下降或不配种，这时应根据具体情况降低饲喂量，增加运动，使膘情维持在中等水平。对于过瘦的公兔，要分析原因，进行补饲或疾病治疗。

### （三）种公兔的管理

成年公兔应单笼饲养，笼子要比母兔笼稍大，以利运动。有条件时，定期让公兔在活动场地运动 1～2h。笼门要关好，防止外逃乱配。笼底板间隙以 1.2cm 为宜。过宽，或前后宽度不一致会导致配种时公兔腿陷入缝隙中引起骨折。笼内禁止有钉子头、铁丝等锐利物，以防刺伤公兔外生殖器。产毛兔要适当缩短养毛期，毛兔被毛长度过长会使射精量减少，品质下降，畸形精子（主要是精子头部异常）比率加大。

公兔初配年龄以体重达到成年体重的 75%为宜。一般在 7～8 月龄进行第一次配种。公兔的使用年限从开始配种算起，一般为 2 年，特别优秀者可以适当延长，但最多不超过 3～4 年。

公兔的配种频度：青年公兔每天配种 1 次，连续 2d 休息 1d。初次配种公兔实行隔日配种法，也就是交配一次，休息 1d。成年公兔一天可交配 2 次，连续 2d 休息 1d。对于长期不参加配种的公兔开始配种时，头一两次交配多为无效配种，应采取双重交配。生产中存在着饲养人员对配种强的公兔过度使用的现象，久而久之会导致优秀公兔性功能衰退，有的造成不可逆衰退，应引起注意。

公兔“夏季不育”的处理方法：炎热的季节，当气温连续超过 30℃以上时，公兔睾丸萎缩，曲细精管萎缩变性，会暂时失去产生精子的能力，此时配种不易受胎，我们称之为“夏季不育”。为了防治夏季不育，可以采取以下措施：①给公兔营造一个免受高温侵袭的环境，兔舍内要加大通风量或安装空调。②使用抗热应激制剂。如每吨种兔饲粮中添 100g 维生素 C 粉，可增强繁殖用公、母兔的抗热能力，提高受胎率和增加产仔数。③选留抗热应激的公兔。可以通过精液品质检查、配种受胎率测定，选留抗热应激强的公兔留作种用。

缩短公兔“秋季不育”期的技术措施：生产中发现兔群在秋季配种受胎率不高，目前较为一致的看法是高温季节对公兔睾丸的破坏，恢复要持续 1.5～2 个月，且恢复时间的长短与高温的强度、时间呈正相关。为此宜采取以下措施缩短秋季恢复期：①适当增加公兔的饲料营养水平。如粗蛋白水平增加到 18%，维生素 E 达 60mg/kg，硒达 0.35mg/kg 和维生素 A 达 12 000IU/kg，可以明显缩短恢复期。②使用抗热应激制剂。

健康检查：经常检查公兔生殖器官，如发现密螺旋体病、疥螨、外生殖炎、毛癣菌病等疾病，应立即停止配种，隔离治疗或作淘汰处理。

## 二、空怀母兔的饲养管理

空怀母兔是指母兔从仔兔断奶到再次配种怀孕的这一段时期，又称休养期。由于哺乳期消耗了大量的养分，体质瘦弱，这个时期的主要饲养任务是恢复膘情，调整体况。管理的主要任务是防止过肥或过瘦。

### （一）空怀母兔的饲养技术

空怀母兔的膘情以达七至八成膘情为宜。过瘦的母兔，适当增加饲喂量（必要时采取近似自由采食饲喂方式），青草季节，加喂青绿饲料；冬季加喂多汁饲料，尽快恢复膘情。

集中补饲法：对以粗饲料为主的兔群，为了提高母兔的繁殖性能，以下几个时期进行适当补饲：交配前 1 周（确保其最大数量的待受精的卵子）、交配后 1 周（减少早期胚胎死亡的危险）、妊娠末期（胎儿增重的 90%发生在这个时期）和分娩后 3 周（确保母兔泌乳量，保证仔兔最佳的生长发育），每天补饲 50～100g 精料。

限食技术：兔群中过肥的母兔和公兔会严重影响繁殖，必须进行减膘。限食是最有效的方法。限制采食有以下几种形式：①减少饲料供给量。减少饲喂量或每天减少一次饲喂次数；②限制家兔饮水，从而达到限食的目的。每天只允许家兔接近饮水 10min，成年兔采食颗粒饲料降低 25%，高温情况下限食效果尤为明显。③降低饲料营养水平。

长期不发情母兔的处理：对于非器质性疾病而不发情的母兔，可采取异性诱情、人工催情或使用催情散。催情散的组成：淫羊藿 19.5%、阳起石 19%、当归 12.5%、香附 15%、益母草 19%、菟丝子 15%。每天每只 10g 拌料中，连喂 7d。

### （二）空怀母兔的管理技术

空怀母兔一般为单笼饲养。但是必须观察其发情情况，掌握好发情症状，适时配种。空怀期的长短与母兔体况的恢复快慢有关，过于消瘦的个体可以适当延长空怀期。一味追求繁殖的胎数，往往会适得其反。对于不易受胎的母兔，可以通过摸胎的方式检查子宫是否有肿块（脓肿、肿瘤），对有子宫肿块的要及时作淘汰处理。优良的品种产后恢复较快并能迅速配种受胎，对于产后长时间体况恢复不良的个体应作淘汰处理。

## 三、怀孕母兔的饲养管理

母兔自交配受胎到分娩产仔这段时间称为怀孕期。正常怀孕期 30～31d。

### （一）怀孕母兔的饲养技术

怀孕母兔的营养需要在很大程度上取决于母兔所处妊娠阶段。

**1. 怀孕前期的饲养**　母兔怀孕前期（最初的 3 周），母体器官及胎儿组织增长很慢，胎儿增重仅占整个胚胎期 10%左右，所需营养物质不多，一般这个时期采取限食方式、常规饲喂量进行，无须加强饲养。如果采食过量或体况过肥，会导致母兔在分娩时死亡率提高，而且抑制泌乳早期的自由采食量。同时要注意饲料质量，营养要均衡。妊娠前期按常规饲喂量进行。

**2. 怀孕后期的饲养**　怀孕后期（21～31d），胎儿和胎盘生长迅速，胎儿增加的重量相当于初生重的 90%，母兔需要的营养也增多，饲养水平应为空怀母兔的 1～1.5 倍。此时腹腔因胎儿的占位母兔采食量下降，因此应适当提高营养水平，这样可以弥补因采食量下降导致营养摄取量所不足。

在妊娠的最后1周，母兔动用体内储备的能量来满足胎儿生长的绝大部分能量需要。妊娠后期可以适当增加饲喂量，也可采取自由采食方式。

### （二）怀孕母兔的管理技术

**1. 保胎防流产** 流产一般发生在妊娠后15～25d，尤其以25d左右多发。引起流产的原因有多种，如惊吓、挤压、不正确的摸胎、食入霉变饲料或冰冻饲料、疾病等都可引起流产，应针对不同原因，采取相应的预防措施。

**2. 做好接产准备** 一般在产仔前3d把消毒好的产仔箱放入母兔笼内，垫上刨花或柔软垫草。母兔在产前1～2d要拉毛做窝。笔者观察：母兔拉毛、衔草做窝时间愈早，哺乳性能愈好。对于不拉毛的，在产前或产后应进行人工辅助拔毛，以刺激乳房泌乳。对几胎都不拉毛的个体应作淘汰处理。

母兔分娩多在黎明。一般产仔很顺利，每2～3min产1只，15～30min产完。个别母兔产几只后休息一会儿。有的甚至会延长至第二天再产，这种情况多数是由于产仔时受惊所致，因此产仔过程要保持安静。严寒季节要有人值班，对产到箱外的要及时保温，放到箱内。母兔产后及时取出产箱，清点产仔数，必要时称量初生窝重，剔除死胎、畸形胎、弱胎和沾有血迹的垫料。

母兔分娩后，由于失水、失血过多，精神疲惫，口渴饥饿，应准备好盐水或糖盐水，同时保持环境安静，让其休息好。

**3. 产后管理** 产后1～2d内，母兔由于食入胎儿胎盘、胎衣，消化功能较差，因此，应饲喂易消化的饲料。

母兔分娩1周内，应服用抗菌药物，可预防乳腺炎和仔兔黄尿病，促进仔兔生长发育。

诱导分娩技术：生产实践中，50%以上的母兔在夜间分娩。在冬季，尤其对那些初产和母性差的母兔，若产后得不到及时护理，仔兔易产在窝外，冻死、饿死或掉到粪板上死亡，影响仔兔成活率。采取诱导分娩技术，可让母兔定时分娩，提高仔兔成活率。具体方法是将妊娠30d以上（包括30d）的母兔，放置在桌子上或平坦处，用拇指和食指一小撮一小撮地拔下乳头周围的被毛。然后将其放到事先准备好的产箱里，让出生3～8日龄的其他窝仔兔（5～6只）吮奶3～5min，再将其放入产箱里，一般3min左右后分娩开始。

人工催产：对妊娠30d还不分娩的母兔，先用普鲁卡因注射液2ml在阴部周围注射，使产门松开，再用催产素1支（2个IU）在后腿内侧作肌肉注射，这样几分钟后即可全部产出。人工催产不同于正常分娩，母兔对产出仔兔往往不去舔食胎膜，仔兔会出现窒息性假死，如果不及时抢救，会变成死仔。因此产毕要及时清除胎膜，污毛、血毛，用垫草盖好仔兔，并给母兔喂些青绿饲料和饮水。

## 四、哺乳母兔的饲养管理

从分娩到仔兔离乳这段时间的母兔称之为哺乳母兔。

## （一）哺乳母兔的生理特点

哺乳母兔是家兔一生中代谢能力最强、营养需要量最多的一个生理阶段。母兔产仔后即开始泌乳，前 3d 泌乳量较少，为 90～125mL/d，随泌乳期的延长，泌乳量增加，第 18～21 天泌乳量达到高峰，为 280～290mL/d，21d 后缓慢下降，30d 后迅速下降。母兔的泌乳量和胎次有关，一般第一胎较少，2 胎以后渐增，3～5 胎较多，10 胎前相对稳定，12 胎后明显下降。

与其他动物乳汁相比（表 10－3），兔乳除乳糖含量不太高外，干物质、脂肪、蛋白质和灰分含量位居其他所有动物乳之首。其中干物质含量 26.4%，脂肪 12.2%，蛋白质 10.4%，乳糖 1.8%，灰分 2%，能量 7.531 MJ/kg。营养丰富的兔乳为仔兔快速生长提供丰富营养物质，同时母兔必须要从饲料中获得充足的营养物质。

**表 10－3　家兔及其他动物乳的成分及其含量**

| 种类 | 水分（%） | 脂肪（%） | 蛋白质（%） | 乳糖（%） | 灰分（%） | 能量（MJ/kg） |
|---|---|---|---|---|---|---|
| 牛乳 | 87.8 | 3.5 | 3.1 | 4.9 | 0.7 | 2.929 |
| 山羊乳 | 88.0 | 3.5 | 3.1 | 4.6 | 0.8 | 2.887 |
| 水牛乳 | 76.8 | 12.6 | 6.0 | 3.7 | 0.9 | 6.945 |
| 绵羊乳 | 78.2 | 10.4 | 6.8 | 3.7 | 0.9 | 6.276 |
| 马乳 | 89.4 | 1.6 | 2.4 | 6.1 | 0.5 | 2.218 |
| 驴乳 | 90.3 | 1.3 | 1.8 | 6.2 | 0.4 | 1.966 |
| 猪乳 | 80.4 | 7.9 | 5.9 | 4.9 | 0.9 | 5.314 |
| 兔乳 | 73.6 | 12.2 | 10.4 | 1.8 | 2.0 | 7.531 |

## （二）哺乳母兔的饲养技术

从哺乳母兔泌乳规律可知，产仔后前 3d，泌乳量较少，同时体质较弱，消化机能尚未恢复，因此饲喂量不宜太多，同时所提供的饲料要求易消化、营养丰富。

从第 3 天开始，要逐步增加饲喂量，到 18d 之后饲喂要近似自由采食。据笔者观察：家兔食饱颗粒饲料之后，具有再采食多量青绿多汁饲料的能力，因此饲喂颗粒饲料后，还可饲喂给青绿饲料（夏季）或多汁饲料（冬季），这样母兔可以分泌大量的乳汁，达到母壮仔肥的效果。

哺乳母兔饲料中粗蛋白质应达到 16%～18%，能量达到 11.7 MJ/kg，钙、磷也要达到 0.8%和 0.5%，但最近研究表明：采食过量的钙（>4%）或磷（>1.9%）会导致繁殖能力显著变化，发生多产性或增加死胎率。

初产母兔的采食能力有限，因而在泌乳期间它们体内的能量储备很容易出现大幅度降低（－20%）。因此，它们很容易由于失重过多而变得太瘦。如果不给它们休息的时间，那么较差的体况会影响到它们未来的繁殖能力，因此对初产的母兔要有一定的休产期，同时加强饲养，使体况尽快恢复。

哺乳母兔必须保证充足的清洁饮水供应。

母兔泌乳量和乳汁质量的检查：判断母兔泌乳量和乳汁质量如何，可以通过仔兔的表现而反映出来。若仔兔腹部胀圆，肤色红润光亮，安睡少动，表明母兔泌乳能力强（图 10－9）；若仔兔腹部空瘪，肤色灰暗无光，用手触摸，头向上乱抓乱爬，发出“吱吱”叫，则表明母兔无乳或有乳不哺。若无乳，可进行人工哺乳；若有乳不哺，可进行人工强制哺乳。

图 10－9　仔兔肤色红润光亮
（任克良）

人工催乳：对于乳汁少的母兔，可采取人工催乳方法，使仔兔吃足奶。①夏季可多喂蒲公英、苦荬菜等饲料，缺青季节多喂胡萝卜等多汁饲料；②饲喂煮沸后温凉的豆浆 200g，加入捣烂的大麦芽（或绿豆芽）50g、红糖 5g，混合喂饮，1 次/d。③将新鲜蚯蚓用开水泡，发白后切碎拌红糖喂兔，2 次/d，1～2 条/次。④催奶片，3～4片/d，连续 3～4d。此外，拔去乳房周围的毛，用热毛巾按摩乳房也可促进泌乳

人工辅助哺乳：对于有奶而不愿自动哺育仔兔或在巢箱内排尿、排粪或有食仔恶癖的母兔，必须实行人工辅助哺乳。方法是将母兔与仔兔隔开饲养，定时将母兔捉进巢箱内，用右手抓住母兔颈部皮肤，左手轻轻按住母兔的臀部，让仔兔吃奶（图 10－10）。如此反复数天，直至母兔习惯为止。一般每天喂乳 2 次，早晚各 1 次。

若乳汁浓稠，阻塞乳管，仔兔吸吮困难，可进行通乳。①用热毛巾（45℃）按摩乳房，10～15min/次；②将新鲜蚯蚓用开水泡，发白后切碎拌红糖喂兔。③减少或停喂混合精料，多喂多汁饲料，保证饮水。

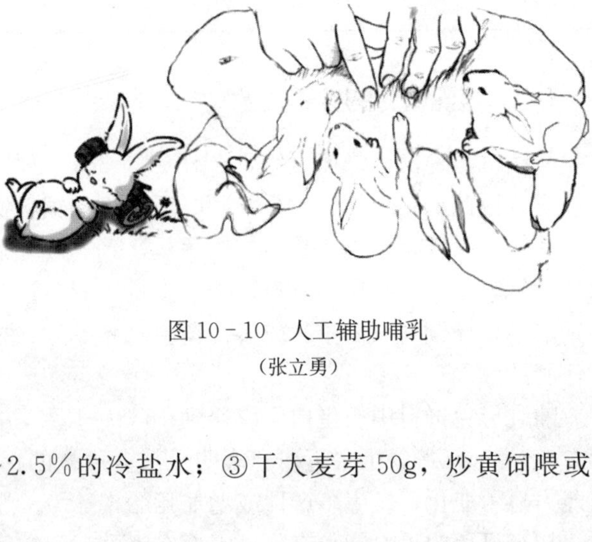

图 10－10　人工辅助哺乳
（张立勇）

如果产仔太少或全窝仔兔死亡又找不到寄养的仔兔，乳汁分泌量大，可实施收乳，具体方法：①减少或停喂精料或颗粒饲料，少喂青绿多汁饲料，多喂干草；②饮 2%～2.5%的冷盐水；③干大麦芽 50g，炒黄饲喂或煮水饮。

### （三）哺乳母兔的管理技术

这一时期管理的重要内容是确保母兔健康，预防乳房炎，让仔兔吃上奶、吃足奶。产后母兔笼内应用火焰消毒 1 次，可以烧掉飞扬的兔毛，预防毛球病的发生。

有条件的兔场采取母仔分离饲养法，以提高仔兔的成活率。母仔分离饲养法的优点是提高仔兔成活率；母兔可以休息好，有利于下次配种；可以在气温过低、过高的环境下产仔。具体方法是：待初生仔兔吃完第一次母乳后，把产箱连同仔兔一起移到温度适宜、安全的房间。以后每天早晚将产箱及仔兔放入原母兔笼，让母兔喂奶半个小时，再将仔兔搬出。注意事项：①对护仔性强或不喜欢人动仔兔的母兔，不要勉强采用此法。②产箱要有标记，防止错拿仔兔，导致母兔咬死仔兔。③放置产箱的地方要有防鼠害设施，通风良好，温度适宜。

哺乳母兔由于泌乳量较大，身体比较虚弱，尽量不要在此阶段注射疫苗。

母兔乳房炎的预防措施：泌乳期母兔十分容易患乳房炎，母兔一旦患乳房炎，轻则仔兔染黄尿病死亡，重则母兔失去种用功能。乳房炎的发生多由饲养管理不当引起，常见的原因有：①母兔奶量过多，仔兔吃不完的奶滞留乳房内所致。对此要调整饲喂方式。根据哺乳阶段、产仔数等调整饲喂量。②母兔带仔过多，母乳分泌少，仔兔吸破乳头感染细菌所致。采取寄养方式调整哺乳仔兔数。③刺、钉等锋利物刺破乳房而感染。针对以上原因，可采取寄养、催乳、清除舍内尖锐物等措施，预防乳房炎的发生。产后 3d 内，每天喂给母兔一次复方新诺明、苏打各 1 片，对预防乳房炎有明显效果。如果群体普遍发病，也可注射葡萄球疫苗，每年 2 次。

## 五、仔兔的饲养管理

出生到断奶的小兔称为仔兔。

### （一）仔兔生长发育特点

（1）仔兔出生时裸体无毛，体温调节机能还不健全，一般产后 10d 才能保持体温恒定。炎热季节巢箱内闷热特别易整窝中暑，冬季易冻死。初生仔兔最适的环境温度为30～32℃。

（2）视觉、听觉未发育完全。仔兔生后闭眼，耳孔封闭，整天吃吃奶睡觉。生后 8d 耳孔张开，11～12d 眼睛睁开。

（3）生长发育快。仔兔初生重 40～65g。在正常情况下，生后 7d 体重增加 1 倍，10d 增加 2 倍，30d 增加 10 倍，30d 后亦保持较高的生长速度。因此对营养物质要求较高。

### （二）仔兔的饲养技术

仔兔早吃奶，吃足奶，休息好是这个时期的中心工作。

分娩后前 3d 所产的奶叫做初乳。初乳营养丰富，富含蛋白质、高能量、多种维生素及镁盐等，适合仔兔生长快、消化能力弱、抗病力差的特点，并且能促进胎粪排出，所以必须让仔兔早吃奶、吃足奶。

母性强的母兔一般边产仔边哺乳，但有些母兔尤其是初产母兔产后不喂仔兔。仔兔生后 5～6h 内，一般要检查吃奶情况，对有乳不喂的要采取强哺乳措施。

在自然界，仔兔每日仅被哺乳 1 次，通常在凌晨，整个哺乳可在 3～5min 内完成，吸吮相当于自身体重30%左右的乳汁。仔兔连续2d，最多连续3d吃不到乳汁就会死亡。

仔兔3周后从母兔乳汁仅获取55%的能量，同时母兔将饲料转化为乳汁喂给仔兔，营养成分要损失20%～30%，所以3周龄开始时，给仔兔进行补料，既有必要，从经济观点来看是合算的。补饲既可满足仔兔营养需要，同时又能锻炼仔兔肠胃消化功能，使仔兔安全渡过断奶关。

补饲料的营养成分：消化能11.3～12.54MJ/kg，粗蛋白质20%，粗纤维8%～10%，加入适量酵母粉、酶制剂、生长促进剂和抗生素添加剂、抗球虫药等。补饲料的颗粒大小要适当小些或加工成膨化饲料。

补饲方法：①补饲时间：要从生活16日开始；②饲喂量从每只从4～5g/d逐渐增加到20～30g/d。每天饲喂4～5次，补饲后及时把饲槽拿走；③补料最好设置小隔栏，使仔兔能进去吃食而母兔吃不到。也可以把仔兔与母兔分笼饲养，仔兔单独补饲。国外目前多用仔兔采食与母兔相同的饲料来进行补饲。

### （三）仔兔的管理技术

初生仔兔要检查是否吃上初乳，以后每天应检查母兔哺乳情况。对于吊奶（仔兔哺乳时将乳头叼得很紧，哺乳完毕后母兔跳出产箱时有时将仔兔带出产箱外又无力叼回，称为吊奶）的要及时吧仔兔放回巢箱内。

寄养：一般情况下，母兔哺乳仔兔数应与其乳头数一致。产仔少的母兔可为产仔多的、无奶或死亡的母兔代乳，称为寄养。

两窝合并，日龄差异不要超过2～3d。具体方法是：首先将保姆兔拿出，把寄养仔兔放入窝中心，盖上兔毛、垫草，2h后将母兔放回笼内。这时应观察母兔对仔兔的态度。如发现母兔咬寄养仔兔，应迅速将寄养仔兔移开。如果母兔是初次寄养仔兔，可用石蜡油、碘洒或清凉油涂在母兔鼻端，以扰乱母兔嗅觉，使寄养成功。寄养仅适宜于商品兔生产。

目前国外工厂化商品兔场，对同期分娩的所有仔兔根据体重重新分给母兔进行哺乳，这样可以使同窝仔兔生长发育均匀，成活率提高。

适时断奶：仔兔生长到了一定日龄就应进行断奶。断奶时间：生后28～42d，断奶时间与仔兔生长发育、气候和繁殖制度相关。

断奶方法，根据仔兔生长发育情况和饲养模式可采取以下方法。①一次性断奶：全窝仔兔发育良好、整齐，母兔乳腺分泌机能急剧下降，或母兔接近临产，可采取同窝仔兔一次性全部断奶。②分批分期断奶：同窝仔兔发育不整齐，母兔体质健壮、乳汁较多时，可让健壮的仔兔先断乳，弱小者多哺乳数天，然后再离乳。对于断奶后的仔兔提倡原笼饲养方式。

原笼饲养法：即原笼原窝仔兔一起饲养，饲喂原来饲料，采取这种方法可以减少因饲料、环境、管理发生变化而引起的应激，减少消化道疾病的发生，提高成活率。

## （四）提高仔兔成活率的措施

引起仔兔伤亡的主要因素有饿死、冻死、兽害（主要鼠害等）、疾病（主要是黄尿病、脓毒败血症、支气管败血波氏杆菌病等）、被母兔残食和因管理不当从笼底板掉入粪沟致死等。因此在生产中采取相应措施，提高仔兔成活率。

**1. 加强母兔营养，提高母兔泌乳量**　让仔兔吃足奶，达到母壮仔肥。早吃奶（初乳）、吃好奶是仔兔健康生长的主要物质基础。泌乳量取决于泌乳天数、未断奶仔兔的数量、母兔的生理状态（是否受孕）和饲料的采食量，因此增加饲喂量可以提高泌乳量，仔兔体重增加，抗病力随之提高。兔群选留母兔时在注重选择母兔产仔数的同时，要选择乳头数多的个体，这样有利于提高仔兔断奶前后的成活率。根据母兔泌乳量多少、产仔数等，采取催乳、调整哺乳仔兔数，使仔兔吃足奶，增强仔兔抵抗力，提高成活率。

**2. 防寒防暑**　仔兔调节体温能力不健全，冬天容易受冻而死，因此保温防冻是仔兔管理的重点。可采取提高舍温，增加巢箱垫草（垫草要理成浅碗底状，中间深，四周高，以便仔兔集中），采用母子分离法（把巢箱放到温暖、安全的房间）等措施。受冻的仔兔离立刻放入温水中（图 10－11）。

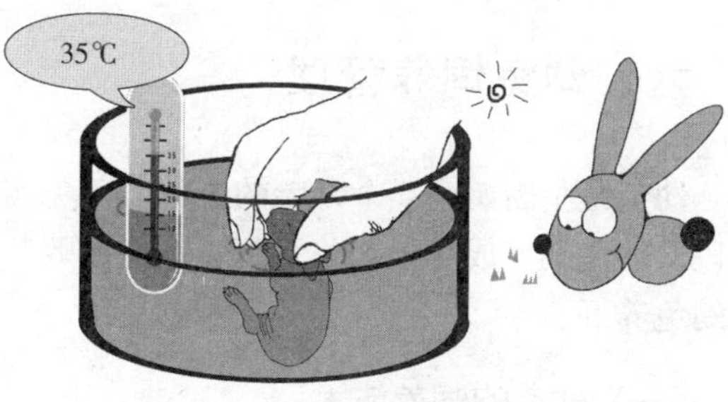


图 10－11　受冻仔兔急救措施

（张立勇）

夏天天气炎热，仔兔出生后裸体无毛，易被蚊虫叮咬，要将产箱放到安全处，外罩纱布，定时哺乳。同时应弃去产箱内过多垫草和兔毛，加强巢内通风、降温，防止过热蒸窝致死仔兔。

**3. 预防疾病**　仔兔易患黄尿病、脓毒败血症、大肠杆菌病和支气管败血波氏杆菌病（15 日龄以内）等疾病。最常见的黄尿病系由仔兔吸吮换乳腺炎母兔的乳汁所致，一般同窝全部发生或相继发生，仔兔粪稀如水，呈黄色，腥臭，患兔昏睡，全身发软，死亡率很高，有的全窝死亡。预防母兔乳房炎的发生是杜绝本病的主要措施。一旦发生本病必须对母兔和仔兔同时治疗，母兔采取肌注青霉素。仔兔口滴庆大霉素 3～5 滴，2～3 次/d。做好兔舍保温、通风可以预防支气管败血波氏杆菌病、大肠杆菌病的发生。对母兔注射大肠杆菌、波氏杆菌和葡萄球菌疫苗等，可以有效预防仔兔感染上述疾病。仔兔注射大肠杆菌、波氏杆菌疫苗效果显著。

**4. 加强管理，减少非正常致残和死亡**　仔兔易被鼠残食，因此兔场要做好灭鼠工作。可将兔舍与外界通道安装铁丝网，防止老鼠进入。仔兔也经常被母兔残食，给母兔提供均衡营养、充足饮水、保持产仔时安静，可以有效防止食仔现象发生。对有食仔恶癖的应淘汰。

垫草中混有布条、棉线，易造成仔兔窒息或残肢，应引起注意。

开眼不全的处理：仔兔在生后 12～15d 开眼，此时要逐个检查，发现开眼不全的，可用药棉蘸温开水洗去封住眼睛的黏液，帮助仔兔开眼（图 10－12），否则会形成大小眼或瞎眼。

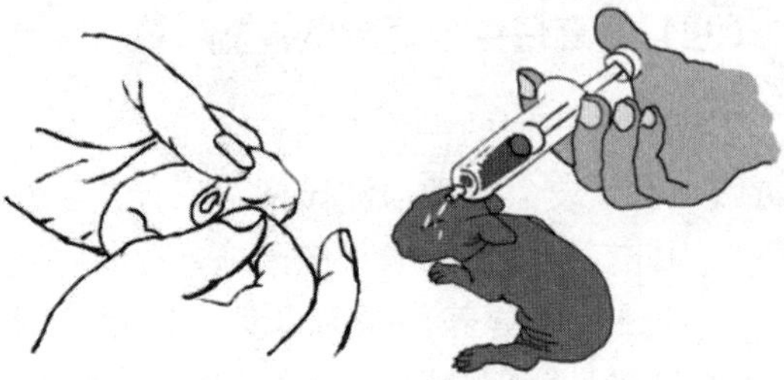

图 10-12 人工开眼

（张立勇）

母兔配种要有记录，笼门上要挂有配种标志，预产期要有值班人员看管，及时将产到箱外的仔兔放进去。吊奶兔及时放回箱内。

**5. 科学补料** 对仔兔进行科学补料，可以满足仔兔快速生长营养需求，同时刺激胃肠道的发育，使仔兔安全渡过断奶关。

**6. 适时断奶** 根据仔兔生长发育、均匀程度和繁殖制度，制定合适的断奶时间、方法。实践证明断奶后采取原笼饲养法可以减少仔兔断奶后死亡率。

## 六、幼兔饲养管理

幼兔是指断奶到3个月龄的小兔。养兔实践证明，幼兔是家兔一生中最难饲养的一个阶段。幼兔饲养成功与否关系到养兔业成败。做好幼兔饲养管理中的每个具体细节，才能把幼兔养好。

### （一）幼兔的饲养技术

幼兔具有“生长发育快、消化能力差、贪食、抗病力差”等特点。高能量、高蛋白的饲粮虽然可以提高幼兔生长速度和饲料利用率，但是健康风险增大了。近年来，法国的INRA小组已经证实了饲粮中木质素（ADL）对食糜流通速度的重要作用及其防止腹泻的保护作用，消化紊乱所导致的死亡率与他们试验饲粮中的ADL水平密切相关（r=0.99）。关系式表示如下：

死亡率（%）=15.8-1.08ADL（%）（n>2 000只兔）

以上关系式表示，饲粮中的木质素（ADL）越高，家兔因消化道疾病导致的死亡率呈现下降趋势。

因此，日粮中不仅要有一定量的粗纤维（不能低于14%），其中木质素要有一定的水平，推荐量为5%。

设计幼兔饲料配方时要兼顾生长速度和健康风险之间的关系。对于初养兔户，应以降低健康风险为主，饲料营养不宜过高；对于有经验的，可以适当提高日粮营养水平，达到提高生长速度和饲料利用率的目的。

养兔理论和实践证明，采取定时、定量和定质的饲养原则可以提高幼兔成活率。幼兔饲粮配方的改变要有一个过渡期，这一点对幼兔尤为重要。幼兔日粮中可适当添加些药物添加剂、复合酶制剂、益生元、益生素等，既可以防病又能提高日增重。

关于饲喂青饲草问题，目前主张幼兔要少喂青草或逐步增加青草饲喂量，切忌突然大量饲喂青草而引起消化道疾病。露水或水分高的青草应进行晾晒后再喂。

在缺青的冬季用多汁饲料喂幼兔，要遵循“由少逐渐增多”的原则，同时最好在中午温暖时饲喂。切忌用冰冻多汁饲料喂兔。

目前，幼兔饲养方式多数为群养或数只同笼饲养，因此必须给幼兔提供足够的采食面积（料盒长短、数量多少等），以防止个别强壮兔因采食过多饲料而引起消化道疾病。

### （二）幼兔的管理技术

**1. 过好断奶关**　幼兔发病高峰多是在断奶1周后，主要原因是断奶不当。正确的方法应当是根据仔兔发育情况、体质健壮情况，决定断奶日龄、采取一次性断奶还是分期断奶。无论采取何种断奶方式，都必须坚持“原笼饲养法”，做到饲料、环境、管理三不变。

**2. 合理分群**　原笼饲养一段时间后，依据幼兔大小、强弱开始进行分群或分笼。每笼3～5只。

**3. 注意腹部着凉**　幼兔腹部皮肤菲薄，十分容易着凉，因此，寒冷季节早晚要注意保持舍温，防止腹部受凉，以免引起腹泻或发生大肠杆菌等疾病。

**4. 长毛兔进行剪胎毛**　2月龄左右的幼兔应进行第一次剪毛（俗称剪胎毛），这样可促进幼兔新陈代谢，增加采食量，促进生长发育。

**5. 做好预防性投药**　球虫病是为害幼兔的主要疾病之一，幼兔日粮中应添加氯苯胍、地克珠利等抗球虫药物。饲料中加入一些洋葱、大蒜素等，对增强幼兔体质、预防胃肠道疾病有良好作用。

**6. 做好疫苗注射工作**　幼兔阶段须注射兔瘟、巴波二联苗，魏氏梭菌、大肠杆菌等疫苗，同时应搞好清洁卫生，保证兔舍干燥、清洁、通风。

## 七、商品肉兔的饲养管理

商品肉兔是指经短期育肥、屠宰，用于兔肉生产的家兔，主要是指肉用兔的幼兔育肥。商品肉兔增重快，饲养周期短，饲养管理的好坏，直接影响到饲料消耗、上市日龄和出栏率等，进而影响到经济效益。因此，要想搞好商品肉兔生产，需掌握好以下几个环节。

### （一）选好优良品种和杂交组合

商品肉兔生产性能表现的好坏，从根本上来说是由基因决定的。具有好的基因组合的肉兔生长速度快、上市日龄早、饲料报酬高、抗病力强，出栏率高、肉质好、效益高。目前商品肉兔生产的来源主要有三种：一是选用纯种兔后代直接进行商品肉兔生产，如直接选择新西兰兔、加利福尼亚兔、哈白兔等进行纯种繁育，后代直接用于育肥；二是简单二元杂交兔，即采用两个品种进行杂交所得的后代用于商品肉兔生产，如用新西兰♂×加利福尼亚♀、加利福尼亚兔（♂）×比利时兔（♀）、比利时兔（♂）×青紫蓝兔（♀）、塞北兔（♂）×新西兰白兔（♀）、比利时兔（♂）×太行山兔（♀）、哈白兔♂×齐兴肉兔♀等；三是直接利用肉兔配套系的商品代进行肉兔生产，如齐卡配套系、伊拉配套系、伊普吕配套系等。一般而言，培育品种比原始品种好，专门的肉用品种比皮肉或肉皮兼用品种好，二元杂交比单一品种好，配套系的本质也是杂交，但它是经过配合力测定确定的最佳杂交模式，效果优于简单二元杂交，是目前最好的商品肉兔生产方式。但由于我国配套系资源不足，良种繁育体系尚不健全，制种成本较高，饲养的集约化程度要求严格，进行大面积特别是向广大农村地区推广尚有难度，此时也可以利用配套系中的快长系与我国某些地方当家品种进行杂交生产商品兔，在短期内就能取得明显的经济效益，如齐卡巨型兔♂×新西兰白兔♀，杂交效果较好。一般情况下，最好不要采用杂交兔的后代做种兔（配套系的父母代除外），进行所谓的多品种杂交，因为这种随意的杂交组合并没有经过科学的配合力测定，生产性能的表现可能并不好，甚至低于二元杂交组合或纯种繁育兔。

### （二）降低应激，过好断奶关

商品肉兔死亡的高峰期多在断奶后两周左右，这是由于仔兔断奶后的应激反应所引起的。总的来说，仔兔断奶后需要过好“四关”：首先是断奶关，由乳料共饮变成完全采食饲料；其次是饲料关，由仔兔补饲料变成肉兔育肥料；第三是环境关，由母仔、同胞同笼到独立生活或者与同胞分开；最后是防疫关，仔兔断奶后不久要注射疫苗，这也是一个极大的应激。为获得理想的出栏率，降低死亡数，须采用各种方法降低应激，使其顺利向育肥期过渡。断奶后饲料转换要逐渐过渡，尽量降低饲料变化的应激，否则，饲料改变太快，容易出现消化道疾病。分群时最好将均匀度较好的同窝小兔放在同一笼内，以免产生孤独感、生疏感和恐惧感。如有条件可采取将小兔留在原笼饲养移走母兔。此外，可在饲料或饮水中加入抗应激添加剂，如电解多维等，以降低应激反应。

### （三）合理分群

商品肉兔育肥，无论是农村散养户或规模饲养商品兔场，都采用批量群养。若育肥幼兔的强弱参差不齐，不仅不便于管理，而且病弱兔的饲料报酬低，中途死亡淘汰损失大，增加生产成本，降低效益。所以在肉兔断奶后进入育肥期时，应按体质强弱、个体大小进行分群分笼饲养、分批育肥，对病弱仔兔可根据实际情况决定是否淘汰。切不可将体重大小和强弱差异太大的兔放在同一笼内饲养，否则会导致弱小的兔因吃不到饲料而消瘦甚至死亡，而体大健壮的兔却因为过食而引起消化道疾病，影响健康。育肥兔的饲养密度不宜太大，以每平方米10～12只为宜，夏季饲养密度宜低一些。

### （四）创造良好的环境条件

环境条件的好坏是影响商品肉兔育肥效果的重要因素。应尽量采取各种措施保持兔舍环境清洁卫生、干燥、安静无噪音、通风良好，空气清新，冬季防寒、夏季防暑，尽量使舍温维持在最适温度，育肥期降低减少光照时间，实行弱光育肥，减少活动，避免打架和咬斗，创造良好的环境条件，以利于生产潜力的最大限度发挥。

### （五）保证营养，提供优质饲料

保证商品肉兔育肥期间的营养水平，达到营养标准是肉兔育肥的前提。饲料的营养水平应与选择的饲喂方式相适应，不管是自由采食还是限制饲喂，不管是采用全价颗粒饲料，还是青饲料＋精料补充料饲喂方式，都应使商品兔吃饱、吃好，这样才能快长。除常规的营养需求外，维生素、微量元素以及氨基酸、添加剂的合理使用，对提高肉兔育肥性能也有重要作用。

由于饲料占总生产成本的70%左右，可以根据实际情况，充分利用本地饲料资源，以降低成本，提高商品肉兔生产的经济效益。对于有青饲料的兔场，特别是适度规模场和农户，可以采用“肉兔分阶段育肥法”进行商品兔的饲养，育肥前期采用全价颗粒饲料饲喂，育肥后期采用青饲料＋精料补充料的饲喂方式，以降低饲料成本。

### （六）做好疾病防控

商品兔的生产效益取决于育肥期的出栏率，死亡越少，出栏率越高，生产效益越好。因此，必须高度重视卫生防疫，做好疾病控制工作。

### （七）适时出栏

商品肉兔的出栏时间，应根据品种、季节、体重以及市场收购要求来确定，出栏时间决定于出栏体重，最终还取决于市场需求。一般而言，体重达到2～2.5kg，肥度符合要求时即可出栏，在有些地区，由于消费需求不同，有些兔甚至在体重不到2kg时即上市。商品兔上市日龄一般不应超过90d，否则增重不再明显，饲料报酬大幅度下降，得不偿失。大型兔骨骼粗大，生长速度快，但出肉率低，出栏体重可适当大一些，最好达到2.5kg时再行屠宰；中型品种骨骼细，肌肉丰满，出肉率高，出栏体重可小些，一般达到2kg体重即可上市。在商品兔出售和运输途中，要注意防止挤压、碰撞，以免造成皮下出血影响兔肉品质。

## 八、商品獭兔的饲养管理

獭兔饲养的目的除了繁育种兔外，多数是生产商品獭兔，为了提高商品獭兔的数量和被毛质量，应采取以下综合技术措施。

### （一）饲养优良品系，开展杂交，利用杂种优势生产商品兔

目前生产獭兔皮有三条途径：一是优良纯系直接育肥，即选育优良的兔群，繁殖出大量的优良后代，生产优质兔皮。纯种獭兔要求种兔的体型大、被毛质量好，繁殖性能优良。二是利用品系间杂交，生产优质獭兔皮。目前多采用美系为母本，以德系或法系为父本，进行经济杂交；或以美系为母本，先以法系为第一父本进行杂交，杂种一代的母本再与德系公兔进行杂交，三元杂交后代直接育肥，这两种方法均优于纯繁。三是饲养配套系。不过目前国内外在獭兔方面还没有成功的配套系，国内一些科研院所和大专院校正在培育配套系。如果配套系培育成功，其生产性能和经济效益会成倍增加。

## （二）提高断奶体重

加强哺乳母兔的饲养管理，调整母兔哺乳仔兔数，适时补料，使仔兔健康生长发育，提高生长速度，最终获得较高的断奶体重，次级毛囊数增加，从而提高被毛密度。这对獭兔出栏体重、被毛质量具有良好的作用。一般要求仔兔35日龄体重达600g以上（图10-13），3月龄体重达到2.25kg，即可实现5月龄有理想的皮板质量和被毛质量。

## （三）营养水平采取前高后低

合格商品獭兔不仅要有一定的体重和皮张面积，而且要求皮张质量即被毛的密度和皮板的成熟度。如果仅考虑体重和皮张面积，在良好的饲养条件下，一般3.5～4月龄即可达到一级皮的面积，但皮张厚度、韧性和强度不足，生产的皮张商用价值低。采用营养水平前高后低饲养模式，可节省饲料，降低饲养成本，而且生产的皮张质量好，皮下不会有多余的脂肪。

图10-13 獭兔仔兔

（纪东平）

营养水平前高后低饲养模式即断奶到3月龄，提高饲料营养水平，粗蛋白达17%～18%，消化能为11.3～11.72MJ/kg，目的是充分利用獭兔早期生长发育快的特点，发挥其生长的遗传潜力。据笔者试验，3月龄前采用高能量、高蛋白饲料喂兔，獭兔3月龄体重平均可达2.5kg。4月龄之后适当控制，一般有两种控制方法，一是控制质量，降低能量、蛋白质，如粗蛋白达16%，消化能为10.46MJ/kg。二是控制饲喂量，较前期降低10%～20%，而饲料配方与前期相同。据笔者试验，5月龄平均体重达3.0kg，而且皮张质量好。

断奶至出栏的日饲喂量因饲料营养水平而不同，一般断奶后第一周饲喂量较低，随之日饲喂量逐渐增加，表10-4系饲料消化能11.0 MJ/kg，粗蛋白为19%营养水平条件下推荐的日饲喂量。

**表10-4 獭兔**（断奶～出栏）**日供饲料量**（DE11.0 MJ/kg，CP19%）

| 断奶后周龄 | 日供饲料量（g） | 断奶后周龄 | 日供饲料量（g） |
|---|---|---|---|
| 第1周 | 75 | 第9周 | 110 |
| 第2周 | 100 | 第10周 | 120 |
| 第3周 | 100 | 第11周 | 130 |
| 第4周 | 120 | 第12周 | 120 |
| 第5周 | 120 | 第13周 | 125 |
| 第6周 | 120 | 第14周 | 135 |
| 第7周 | 115 | 第15周 | 135 |
| 第8周 | 110 | 第16周 | 130 |

（任克良等，2004）

对于饲养水平较低的兔群，在屠宰前进行短期肥育饲养，不仅利于迅速增膘，而且有利于提高皮张质量。

### （四）褪黑素在獭兔生产中的应用

褪黑素（MT）是由动物脑内松果腺体分泌的一种吲哚类激素，也称松果素、松果体素、褪黑激素等。化学成分为 3－N－乙酰基－5－甲氧基色胺，分子式 $C_{13}H_{16}N_2O_2$，分子量：232.28。1985 年首先在北美的毛皮养殖场应用，1998 年后，褪黑素在我国东北地区毛皮养殖业中广泛利用，其主要作用是诱导狐狸毛皮提前成熟和延迟公狐发情方面。

为了探索褪黑素在獭兔方面的应用，国内兔业界学者（秦应和，2006；谷子林，2007；任克良，2010）开展了皮下埋植褪黑素对獭兔被毛质量、免疫器官、性腺发育、血液生理生化指标等影响试验，结果表明：獭兔皮下埋植褪黑素 3.5～9mg/只，可提高被毛质量，被毛提前成熟 20d；李娜等（2010）在饲料中按 36mg/kg 添加褪黑素，可以提高被毛质量、生长速度。有关褪黑素对獭兔肉质、被毛物理特性等影响尚需作进一步的研究。

### （五）加强管理

商品獭兔管理工作应围绕如何获得优质、合格毛皮来开展。

**1. 合理分群、单笼饲养**　断奶至 2.5～3月龄的兔按大小强弱分群，每笼 3～5只（笼面积约 $0.5m^2$）。3 月龄以上兔必须单笼饲养，兔笼 $0.17m^2$ 左右，相邻两笼之间要另加隔网，以防相互吃毛（图 10－14）。

图 10－14　3 月龄以上的獭兔单笼饲养
（任克良）

**2. 保持兔舍、兔笼清洁卫生**　兔皮被尿液等污染商品价值下降，为此兔舍、兔笼应保持清洁、干燥。

**3. 公兔去势**　獭兔的性成熟在 3～4 月龄，而商品獭兔出栏期在 5 月龄以后，去势有利于保持家兔安静、生长，便于管理，为此要采取去势的方法，一般在 2.5～3月龄进行。其方法见家兔的一般管理技术。

**4. 控制光照**　研究结果表明：暗光、短光照有利于獭兔日增重和被毛质量的提高，为此，在不影响日程管理的情况下，尽量为商品獭兔提供一个弱光的环境。

**5. 兔舍、兔笼要定期消毒，经常进行健康检查**　对兔群进行经常性健康检查，及时发现和治疗严重损害兔皮质量的毛癣菌病、兔痘、兔坏死杆菌病、兔疥螨病、兔虱病、湿性皮炎和脓肿等。对于毛癣菌病及时作淘汰处理。

### （五）适时出栏、宰杀取皮

出栏时间根据季节、体重、皮毛质量等而定。正常情况下，5 月龄后体重达 2.5～3kg，被毛平整，非换毛期，即可出栏、宰杀取皮。但不同的地区、不同季节、不同品系不同的个体，尤其是不同的营养水平，被毛的脱换规律和速度不同。因此，在出栏前，一定要进行活体验毛，认真检查被毛的脱换情况，以质量为标准，时间服从质量，确定出栏时间。

生产中对于被毛质量较差的个体要缩短饲喂期，以商品肉兔出售。

## 九、产毛兔的饲养管理

产毛兔是指专门用于生产兔毛的长毛兔。产毛兔饲养管理的目的就是根据产毛兔的生理特点，通过各种技术手段的实施，最大限度地发挥其生产潜能，以获得大量优质兔毛。

### （一）饲养技术

产毛兔的营养需要主要用于自身维持需要和合成兔毛的消耗与积累。兔毛的蛋白质含量为 93%，含硫氨基酸的含量为 15%左右，因此，提供足量的蛋白质和含硫氨基酸是提高兔毛产量和质量的重要物质基础。一般产毛兔的日粮，粗蛋白含量为 17%～18%，含硫氨基酸含量为 0.6%～0.8%。

长毛兔的饲养一般采用定时定量的限饲方式，每天喂料 1～2 次。根据制定的饲养管理操作规程，每天的饲喂次数、时间及喂料量应保持相对稳定。同时也应该根据兔群情况，适当调整喂料量，兔子剪毛后的一段时间，采食量会有所增加，应适当增加投喂量，后期则相应减少。

### （二）管理技术

产毛兔的管理主要围绕提高兔毛质量来做。

**1. 适时剪胎毛** 一般长毛兔的断奶日龄为 40～45 日龄，断奶后 15～20d（约 2 月龄）进行第一次剪毛（俗称剪胎毛）。剪胎毛可促进幼兔新陈代谢，增加采食量，促进生长发育。可根据季节及气温变化，适当调整剪胎毛的时间，在寒冷季节及体质较弱的幼兔可延长，炎热夏季可提前进行。

**2. 小群笼养** 断奶后的幼兔公母分开，按体重大小、体质强弱分笼饲养，每笼 3～4 只。至 3 月龄进行单笼饲养。

**3. 提供清洁的环境** 饲养产毛兔的笼位要求宽敞、平整、通风良好。笼壁保持光滑，以防挂毛和损伤兔体。兔舍环境要保持干燥、通风良好，空气清新，减少灰尘对兔毛的污染。

**4. 定期梳毛** 梳毛是长毛兔管理中的一项经常性工作，应定期梳理，以防止兔毛缠结，提高兔毛质量，另外还可以收集脱落的兔毛，提高兔毛产量并减少环境污染。仔兔自断奶后即开始梳毛，以后每隔 10～15d 梳理一次。换毛季节可隔天梳理 1 次，以防兔毛飞扬，兔子采食引起毛球病。

**5. 定期采毛** 采毛是长毛兔饲养管理过程中的一个重要环节，科学合理的采毛技术既有利于兔毛生长，也有利于提高兔毛产量和质量。在正常的饲养管理条件下，可根据季节和生产目的适当调整养毛期。秋冬季节适当延长养毛期，春夏季节适当缩短。

一般采用的养毛期为 91d 或 73d，剪毛次数为每年 4～5 次，也可根据不同季节兔毛生长速度和市场等情况，适当调整养毛期。采毛方法一般可分为剪毛、拔毛和化学脱毛。

### （三）提高兔毛产量和质量的技术措施

**1. 选养适宜的长毛兔品系** 不同品系的长毛兔，兔毛产量和质量都有很大差异。目前，我国饲养的主要是我国培育的长毛兔新品种如浙系长毛兔、皖系长毛兔等，其兔毛产量和质量均有显著提高。首先根据市场和不同的生产目的，选择不同的优良品系（粗毛型或细毛型）。同时选择体型较大、被毛密度高的个体，以提高群体产毛量。不适合大量引进优质高产品系的地区，也可以因地制宜，用少量的优质高产长毛兔公兔做父本与当地的母兔杂交，以提高后代的产毛性能。

长毛兔产毛量的遗传力为 0.5～0.7，属高遗传力。因此，选用优良兔种留作种用，将个体品质变成群体品质，则可明显提高兔毛产量。

**2. 供给充足的营养** 营养与兔毛的产量和质量关系极为密切。全价而均衡的营养供应，尤其是足够的蛋白质和平衡的氨基酸，可促进毛囊的生长，增加兔毛的直径和密度，从而提高产毛量。据试验，日粮中的含硫氨基酸水平对产毛量有明显影响。

据试验，在长毛兔日粮中添加蛋氨酸 0.1%～0.3%，使含硫氨基酸含量达到 0.6%～0.8%，则可提高产毛量。

**3. 缩短养毛期** 据试验，兔毛生长速度以剪毛后第一个月最快，第二个月次之，第三个月减慢。养毛期由 91d 改为 61d，可使总产毛量提高 20%～25%；由 91d 改为 71d，可提高产毛量 10%～15%。

**4. 提高母兔比例** 在其他条件（品种、年龄、体重等）相同的情况下，一般母兔的产毛量高于公兔，阉割公兔的产毛量高于未阉割公兔。据试验，母兔的产毛量比公兔高 15%～20%，阉割公兔比未阉割公兔高 10%～15%。

**5. 合理利用年限** 年龄不同，兔毛产量与质量均不同。幼龄兔产毛量低，毛质较粗。随年龄的增长，兔毛的产量和质量也随之提高，1～3 岁期间，其产量和质量均达最佳水平；3 岁以上的老年兔由于代谢机能减退，兔毛产量与质量又随之下降。

**6. 采用催毛技术**

（1）饲料中加入锌、锰、钴等微量元素可提高产毛量。据报道，每千克体重每天喂 0.15mg 氧化锌和 0.4mg 硫酸锰，毛生长速度可提高 6.8%，若加入 0.1mg 氧化锌，可以提高 11.3%。

（2）据山西省农科院畜牧兽医研究所报道，在毛兔日粮中加入研制的兔宝Ⅲ号添加剂，产毛量可提高 18.6%，同时还有提高日增重、改善饲料报酬和降低发病率等作用。

（3）据报道，日粮中添加 0.03%～0.05%的稀土，不仅可提高产毛量 8.5%～9.4%，而且优质毛的比例可提高 43.44%～51.45%。

(4) 据法国研究报道，在炎热的5月份给长毛兔植入褪黑激素（38～46mg/只），可使夏季毛产量提高31%，夏季产毛量和秋季相同。

### (四) 兔绒生产技术

兔毛按纤维细度分为粗毛、细毛和两型毛。细毛也称为兔绒，是指兔毛纤维中一种柔软的绒毛，细毛纤维细度在30μm以下，7～30μm，平均细度为12～14μm，长度为5～12cm，较粗毛短。细毛纤维有明显的卷曲，但卷曲形态、数量不一。细毛纤维除了具有鳞片层、皮质层外，最大特点还有髓质层。髓腔由单层髓细胞组成。但在毛根和毛梢均无髓，髓细胞在髓腔中的排列，有连续的，也有断续的。细毛纤维表面的鳞片层小而紧，数量较多，呈环状排列，鳞片尖端有部分游离在外，因此有很高的毡合力。

兔绒纤维具有很好的理化特性，是优质的精纺原料，在毛纺工业中有很高的纺织价值。

**1. 选择饲养适宜的品种** 细毛型长毛兔适宜作兔绒生产。

**2. 拔粗留细** 适当调整养毛期，在下一个养毛期之前10～15d先将粗毛拔除，待粗毛长至与绒毛剪毛留茬高度相当时，再剪绒毛。

**3. 机械梳绒** 利用专用的梳绒机械，对经过粗捡去杂的兔毛进行加工，可去除兔毛中的杂质，分离出粗毛和两型毛，生产出符合毛纺要求的兔绒。

# 第三节 不同季节的饲养管理

家兔的生长发育与外界条件紧密相关，不同的环境条件对家兔的影响各不相同。我国的自然条件，无论是日照、雨量、气温、湿度还是饲料的品种、数量、品质等方面都有着显著的地区性和季节性特点。因此，应根据家兔的生物学特性、生活习性、季节、地区特点，充分利用有利季节增产增效，在不利季节对家兔实行保护，并酌情改变或创造一个良好的小环境，采取科学的饲养管理方法，才能确保家兔健康，并充分发挥其生产潜力，促进养兔业的持续健康发展。

## 一、春季的饲养管理

春季的特点是南方多阴雨，湿度大，适于细菌繁殖，对家兔不利。家兔经过一个冬季的饲养，体况一般都比较瘦弱，且又处于换毛期，故而是兔病的高发期，发病率和死亡率都很高，幼兔尤其如此。为此，在饲养管理上一定要做好以下几个方面的工作。

### (一) 注意天气骤变，预防倒春寒

春季日照变长，天气渐暖，但是气温不稳定，尤其是3月份，倒春寒严重，寒流、风雨不时来袭，气温忽高忽低，骤冷骤热，很容易诱发家兔患感冒、肺炎、肠炎等疾病。特

别是冬繁仔兔和刚断奶的幼兔，抗病力差，更容易发病死亡。因此更要精心管理，严加防范。早春季节气温普遍较低，以防寒保暖为主；晚春时节，气温回升较快，应注意通风换气。

### （二）加强营养，做好饲料过渡

春季日照渐长，大地回暖，青绿多汁饲料逐渐增多。家兔经过一个寒冬，一般体况较差，需要在春季补充营养；同时，春季又是家兔换毛期，脱去冬毛，长出夏毛，需要消耗较多的营养，对处于繁殖期的种兔来说，更增加了营养负担。因此，应结合春季饲料供应特点，加强家兔的营养，做好饲料的过渡。

早春时节，青黄不接，青粗饲料供应量少，可以采用全价配合饲料进行饲喂，对于小规模场或养殖户若储存有萝卜、白菜或生麦芽等，可切碎饲喂，为家兔提供一定量的维生素。随着气温的回升，各种青绿植物（包括各种野草、野菜、人工种植草、蔬菜叶等）逐渐萌芽，采集容易。充分利用青绿饲料喂兔，不仅能给兔补充大量的维生素和矿物质，有利于繁殖性能的充分发挥，还能降低饲料成本。此时青绿饲料幼嫩多汁，适口性好，家兔常常表现出贪食，但由于水分含量高，如果不控制喂量，便会出现腹泻，严重时甚至造成死亡。因此，必须控制喂量，做到干青搭配，根据粪便情况慢慢增加，逐渐过渡。实践证明，春季家兔发生饲料中毒的事件较多，尤其是霉变饲料中毒和野毒草中毒，这是由于春季随着气温渐升，雨水增多，特别是南方地区的梅雨季节，空气湿度大，而青绿饲料的含水量高，容易霉烂变质。通常情况下，不易识别的野毒草返青时间较早，容易被误采集。因此，要严格掌握供给饲料的品质，饲料中最好拌少量大蒜、洋葱等杀菌、健胃的饲料。

### （三）搞好卫生消毒，预防疾病

春季是家兔疾病的高发期，一方面是因为家兔经过一个寒冬的饲养，体质弱，抗病力差，另一方面，万物复苏，各种病原微生物繁殖，加上春季雨量多，湿度大，对病菌的繁殖更为有利，此消彼长，使得家兔更容易发病。所以，一定要把防疫工作放在首要位置：首先，注射有关的疫苗，严格执行免疫程序，兔瘟疫苗必须及时注射；其次，要有针对性地投药，预防巴氏杆菌病、肠道疾病、感冒等的发生；再者，要搞好环境卫生，保持兔笼舍干燥，通风良好，做到勤打扫、勤清理、勤洗刷、勤消毒。火焰枪消毒比较彻底，至少进行一到两次；兔舍喷雾消毒会增加空气湿度，应尽量避免，晚春时节温度较高时可以采用。

### （四）抓好春繁，做好夏季防暑准备

大量的试验结果和实践经验表明，家兔在春季的繁殖能力最强，公兔精液品质好，性欲旺盛，母兔发情明显，发情周期缩短，排卵数增多，此时配种受胎率高，产仔数多，是繁殖的黄金季节。应利用这一有利时机争取多配多繁，采用频密和半频密的繁殖方式，加大繁殖强度，连产 2～3 胎后再行调整，注意给仔兔及早补饲，增加母兔营养。在实际生产中，多数小规模养殖户由于冬季没有加温条件，特别是在较为寒冷的地区，往往停止繁殖，公兔较长时间没有配种，造成在附睾内储存的精子活力低，畸形率高，刚开始配种的

受胎率较低，为此应采取复配或者双重配种，以提高母兔的受胎率和产仔数，并在配种后9～10d及时摸胎检查，以减少空怀。

为使家兔能在夏季有较好的遮阴效果，在春季就应早做准备，特别是在那些兔舍比较简陋的兔场。可在兔舍前栽种一些藤蔓植物，如丝瓜、葡萄、吊瓜、苦瓜、眉豆、爬山虎等等，使在高温期来到时能遮挡兔舍，减少日光的直接照射，降低舍内温度。

在北方，春季温度适宜，雨量较少，多风干燥，阳光充足，比较适于家兔生长、繁殖，是饲养家兔的好季节，应抓紧时机搞好家兔的饲养与繁殖。

## 二、夏季的饲养管理

在我国，家兔主产区在夏季大都处于高温高湿的气候条件下。因家兔汗腺不发达，排汗散热的能力差，常常受炎热影响而导致食欲减退，体况消瘦，抵抗力下降，甚至中暑死亡。对繁殖母兔和小兔的威胁更大，种兔会因高温而发生不育现象。此季的家兔最难养，民间更有“寒冬易度，盛夏难养”之说，因此，夏季在饲养管理上应做好以下几项工作：

### （一）防暑降温，加强通风

防暑降温是夏季饲养家兔的重中之重，尤其是饲养长毛兔，更是如此。高温会对家兔产生诸多不利影响，故应根据各地实际条件，因地制宜采取各种措施进行防暑降温，主要措施有以下几点：

**1. 兔舍隔热** 特别是对屋顶或笼顶采取隔热措施。兔舍的墙壁应为浅色，最好为白色，这样可以减少太阳的辐射热量；外墙材料最好为空心砖，隔热效果好；屋顶可以加盖隔热层，如泡沫、编织的稻草等。

**2. 兔舍通风和降温** 兔舍应充分利用自然风，打开门窗，使空气对流；同时可在兔舍安装风扇或排气扇等，加强机械通风。在最炎热时，如果舍内的温度降不下来，可在兔舍地面泼水或放置冰砖，水分蒸发或冰砖溶解或升华时带走热量。舍内洒水会增加湿度，与此同时要加大通风力度，增强湿式冷却降温效果。有条件的可在舍内安装空调或湿帘进行降温。

**3. 兔舍遮阳** 可在兔舍周围种植藤蔓植物、植树、搭建凉棚、加宽屋檐、挂窗帘、窗外设挡阳板等避免阳光直晒。不少地区在屋顶或两侧搭建遮阳网，效果较好。

**4. 兔场绿化** 可在兔场及兔舍周围种植树木、牧草或饲料作物等，覆盖地面，可缓和太阳辐射，降低环境温度，净化空气，改善小气候。

对于长毛兔，应在酷夏到来前及时剪毛，以便散热降温，防止中暑。

### （二）降低饲养密度

降低舍内的饲养密度，就等于减少了热源，对缓和高温的不利影响有好处。群养密度不能太大，产箱内垫草不宜太多，并适当去除产箱内多余的兔毛，确保产箱内仔兔不会中暑死亡，并采用母仔分离的方法进行饲喂，既利于仔兔补饲，又利于防暑降温。

### （三）保证饮水，调整喂料时间

水的功能是任何营养物质所不能代替的，夏季水的作用更大，兔子对水的需求更多，水要清洁干净、温度低，这样有利于兔体降温。最好安装全自动饮水器，保证24h都有清洁的饮水。为提高防暑效果，可在水中加入1%～1.5%的食盐或加入十滴水、藿香正气水等。

夏季天气炎热，兔子往往食欲不振，采食量下降，机体能量摄入严重不足。此时，需要通过提高饲料的营养浓度，特别是能量水平来增加家兔能量的摄入，试验表明，在饲料中添加2%的大豆油或葡萄糖，饲料的适口性改善，采食量上升，可缓解热应激。

在饲喂上，要做到早餐早喂晚餐晚喂，中午可以加喂青绿饲料。高温条件下，饲粮中的维生素失效的速度加快，可给种兔补充一定的青饲料。

### （四）搞好卫生，做好疫病防治工作

夏季因蚊蝇孳生，病菌容易繁殖，一定要搞好笼舍、食具的清洁卫生，特别注意灭蚊灭蝇灭鼠等工作。如果个别兔子发生肠炎，污染笼底板，应及时更换、清洗和消毒。由于温度高、湿度大，饲料容易发霉变质，因此要加强饲料库房的管理，保存饲料时，应离地、干燥，防蚊虫鼠蚁。加强灭蚊灭蝇的工作，除做好一般的卫生工作外，可以喷洒长效灭蚊蝇药物或使用灭蚊灯等，也可以在饲料中添加环丙氨嗪，抑制蚊蝇的孳生。

夏季家兔应激大，免疫力下降，抗病力弱，而此时各种病原体极易滋生，尤其是真菌病、球虫病、大肠杆菌病、兔瘟、巴氏杆菌病等，因此必须严格执行日常消毒和防疫制度，消毒药品和抗球虫药物注意交叉和轮换，以免产生耐药性，严格执行免疫程序，特别注意兔瘟疫苗的注射。为降低仔幼兔感染率，在夏季球虫感染的高峰季节，给种兔投喂抗球虫药能有效降低群体暴发球虫的几率。

### （五）控制繁殖

家兔具有常年发情、四季繁殖的特点，只要环境温度得到有效控制，特别是温度控制在适宜的范围内，一年四季均可获得较好的繁殖效果。但是，我国多数兔场，尤其是农村家庭养兔，环境控制能力较差，夏季不能有效降低温度，给家兔繁殖带来极大困难。当舍温超过30℃时，会引起公兔精子数量减少、密度降低，畸形精子率升高，甚至死亡，睾丸的生精能力下降。

我国属于季风性气候，夏季炎热，在华北以南地区，有时气温高达38℃以上，如果防暑降温措施不当，很容易导致中暑，家兔在这种情况下自身生命难保，繁殖将无从谈起。因此，在无防暑降温条件的兔场，夏季要停止繁殖配种。高温对母兔整个妊娠期均有威胁，妊娠早期，即胎儿着床前后对温度敏感，高温易引起胚胎的早期死亡；妊娠后期，特别是产前一周，胎儿的发育特别快，母体代谢旺盛，营养需求量大，而高温会导致母兔的采食量降低，造成营养的负平衡和体温调节困难，不仅胎儿容易流产，有时母兔也会中暑死亡。

停繁的公母兔应降低喂料量，补充多量青草，以免过肥而影响秋季的繁殖性能。有条

件的兔场最好将场内种公兔集中到空调房内，并维持25℃以下的室温，以确保提高秋季配怀率。

## 三、秋季的饲养管理

秋季天高气爽，气候干燥，青绿多汁饲料和农副产品充足，营养丰富，应该加强饲养，抓紧繁殖。在饲养管理上重点做好以下几个方面的工作。

### （一）调整兔群

每年8月份立秋过后，要对兔群进行一次全面的清理、调整和更新，将3年以上的老龄兔，繁殖性能差、病残等无种用价值的公母兔清理出兔群，进行短期优饲后作为商品兔出售，同时将经过选择和鉴定的优秀适龄后备兔补充到种兔群中，种群的更新率一般为30%～40%。

### （二）加强换毛期营养

家兔进入成年以后，每年春季和秋季都要进行季节性换毛，秋季换毛在9～10月份。家兔换毛是一个复杂的生理过程，它受到许多因素的制约，除日照外，气候条件、温度、营养以及遗传等都对换毛时间、次数有着不同的影响。营养不良的家兔，不仅有提前换毛现象，而且换毛期拖得很长。当营养状况良好时，换毛期正常，换毛速度加快。家兔在换毛期食欲减退，消耗多，体质瘦弱，因此，要加强换毛期的营养供给，通过调整饲料配方或增加蛋白质饲料尤其是含硫氨基酸的供给，多喂易消化和维生素含量高的青绿多汁饲料，补充矿物质，以满足换毛的需要，尽量缩短换毛期。獭兔换毛期不宜宰杀取皮。

### （三）做好卫生防疫

秋季天气转凉，早晚与午间的温差大，家兔容易发生感冒、肺炎等呼吸道疾病，特别是巴氏杆菌病对兔群造成较大的威胁，严重时还会引起死亡。必须进行细心管理，做好卫生防疫。除做好日常的卫生和消毒工作外，要加强常见疾病、寄生虫病的预防投药和治疗，同时做好兔瘟、巴氏杆菌等传染病的免疫接种工作。由于8～9月份处于家兔换毛期，往往造成舍内兔毛飞扬，如不及时加以处理，不仅影响环境卫生，加剧家兔呼吸道疾病特别是鼻炎的发病率，同时还会被家兔误食而发生积累性毛球病，尤其是长毛兔。因此，除及时清扫脱落的浮毛外，还应不时用火焰枪将粘在笼上的兔毛焚烧，防止兔子舔食和起到消毒的作用。

### （四）抓好秋繁，及时贮备草料

秋季是家兔繁殖的第二个黄金季节。但是，初秋时节，家兔经过高温季节，体况较差；同时又进入第二次季节性换毛，加上夏季的持续高温对公、母兔繁殖性能的影响，特别是在长江流域及以南地区，那些没有良好的防暑降温措施的场户，普遍表现为初秋至中秋时节的受胎率低，出现“夏季不孕”现象。为提高秋季的繁殖效果，首先要对繁殖群体进行体况和健康检查，同时全群加强营养，以尽快恢复体况，改善公兔精液品质、维持母兔正常的发情周期，缩短换毛时间。其次，配种前最好对公兔进行一次精液品质检查。对精液品质差（如精子密度小、活力低、死精和畸形精子比例高等）、达不到配种要求的公兔先暂停配种，查找原因，对症治疗；对精液品质较好的公兔，则要重点使用，防止出现盲目配种造成受胎率低的现象。同时采用复配或双重配种方法，以提高母兔的受胎率。此外，还要注意预防“秋老虎”，除加强营养外，继续做好降温工作，如果没有好的降温措施，最好不要着急配种，否则容易引起母兔中暑、流产、难产或死亡。中、晚秋季节，家兔“夏季不孕”现象消失，而且温湿度也比较适宜，应抓住时机，及时给空怀母兔配种，综合运用频密和半频密繁殖方式，增加繁殖强度，提高繁殖效率。

秋季是家兔饲料丰富的季节，也是收获的最佳季节。如何把大量青绿多汁饲料和农副产品贮存起来，以备家兔越冬用，是搞好家兔生产的重要工作。对越冬草料的贮备，应充分有效地利用和挖掘当地的饲料资源，以早动手、多贮备为原则。若储备不足，冬季和早春饲料供应衔接不上，会对生产产生影响。因此，要适时收获，因地制宜，妥善储藏。立秋过后，饲草结籽，树叶开始转黄凋落，农作物相继收获，及时采收饲草饲料以备越冬和早春饲用，若采收不及时，饲草纤维化，营养价值将大大降低。在贮备草料的同时，也不要忘记在适宜种植冬、春季型牧草的地区要注意及时播种（如黑麦草等），并做好前期管理工作，以给来年提供优质青绿饲料。

## 四、冬季的饲养管理

冬季气温低、天气冷、日照时间短、青绿饲料缺乏，北方地区尤甚，给家兔的饲养管理带来一定困难，如不特别注意，不仅影响冬季家兔的生产，而且还会对来年的发展带来不利影响。因此，必须加强冬季的饲养管理，做好以下几方面的工作。

### （一）防寒保暖，保持舍温

冬季气温低，尽管成年兔对寒冷的抵抗力强，但是当温度过低时，对兔的生长、增重、繁殖和仔幼兔成活率等都有较大的影响。因此，冬季饲养管理的中心工作是防寒保暖。我国南方地区，冬季月平均气温在10℃以上，最冷的1月份月平均气温也在0℃以上，最低温度也不过零下几摄氏度，而且持续时间短。因而一般情况下，不需要特别的供暖设备，但是温度的突然下降，尤其是冷空气的突然侵袭，家兔容易感冒和拉稀，此时也要采取适当的保温措施。封闭式兔舍要关好门窗，防止贼风侵袭；半开放式和开放式兔舍则要放下卷帘或用塑料薄膜等封闭两侧，两端门上挂草帘等。仔兔可以采用保温箱、红外灯或修建仔兔保温室等进行保温。北方地区冬季寒冷，昼夜温差大，1月平均温度在0℃以下，最低气温可达零下30℃左右，因此，要在冬季养好兔，必须做好防寒保暖工作。兔舍最好采用封闭式，便于保暖和加温；除关闭门窗外，还应安装供暖设施，如暖气、远红外板、地炕等等。不管采取何种取暖方法，都要求温度比较稳定，温差范围不能过大，否则易引起家兔感冒。

### (二) 通风换气，确保空气清新

冬季为了保温，减少热量损失，门窗封闭较严，通风换气不足，导致舍内空气质量下降，污浊气体浓度过高，特别是有害气体，如硫化氢、氨气等，容易引起家兔结膜炎和呼吸道疾病如鼻炎、肺炎等，这些疾病单靠药物或疫苗是无法解决问题的，而应改善兔舍环境，解决好通风换气与保温的矛盾，既要达到通风换气的目的，又不使兔舍温度下降很多。为保证兔舍空气质量，首先要及时清除粪尿，尽量减少其在舍内滞留时间，以降低湿度，减少有害气体的产生；中午是一天中气温最高的时候，应该打开窗户或排气扇进行通风换气，将新鲜空气带进兔舍，饲养员要注意兔舍温度，如果兔舍温度下降3～4℃，就应该及时关窗或停止排风，待气温回升时再进行一次，直到兔舍空气清新。

### (三) 合理饲喂，加强管理

冬季环境气温低，家兔为维持恒定的体温，基础代谢增加，热量消耗大，不论大小兔，每天需要的营养均要高于其他季节。因此，在饲喂上，要充分考虑饲料供应的季节特点和家兔的营养需要，提高日粮的能量水平或加大喂量，一般喂料量要比平时多10%以上。冬季青绿饲料缺乏，尤其是在北方地区，容易发生维生素缺乏症，因此，饲料中应特别注意维生素及微量元素的补充。也可适量加喂胡萝卜等多汁饲料，白菜叶等水分含量高的饲料晾蔫后再喂，切记不可喂冰冻饲料。

冬季天气寒冷可刺激被毛生长，但毛兔剪毛后如果保温措施不当会引起感冒等疾病，因此，多采用拔毛的方法，拔长留短。如果剪毛，不宜在寒潮天进行，在做好保温工作的同时，可预防性投药或在饲料中添加抗应激制剂。

### (四) 抓好冬繁

冬季温度低，而且青饲料缺乏，给家兔的繁殖带来困难。如果没有保温措施，初生仔兔因体温调节系统发育不完善，在低温环境中很容易被冻死，因此成活率很低。但是，低温环境也不利于病原微生物的繁衍，有利于疫病的防治。生产实践证明，冬季只要做好防寒保暖工作，解决好青绿饲料，或在饲料中添加足量的维生素和矿物质，安排冬繁冬养是非常有利的，不仅产仔数高，而且仔幼兔发病率低，成活率高。在做好保温、营养供给、饲养管理等工作的前提下抓紧安排种兔配种，争取多繁多养，是提高母兔年繁殖率和养兔效益的重要环节。冬繁母兔不宜进行频密繁殖，断奶后配种。配种时要选择天气晴朗，温度较高的中午进行。

## 第四节　家兔的一般管理技术

### 一、捉兔方法

捕捉家兔是家兔日常生产管理中常用的管理手段，母兔的发情鉴定、妊娠检查、疾病诊断和治疗、打疫苗、打耳号等，都需要捕捉家兔。若方法不当，往往会对家兔产生意外伤害，甚至引起不必要的损失。家兔耳大竖立，位置显著，初学养殖家兔的人往往提两耳，但家兔的两耳不能承担全身重量，特别是体重较大的成年兔，提拉时必然疼痛而挣扎，这样容易造成耳根损伤，两耳垂落。捉兔时也不能倒捉后腿，否则造成脑充血甚至死亡。若捉兔腰部也会损伤内脏。体重大者若拎起一部分表皮，易使肌肉和皮层脱开。

捉兔的正确方法是先用手轻轻抚摸家兔，使其安静，用一手抓两耳与后颈相连处的颈皮，轻轻提起，另一手立即托住兔的臀部或托住后躯，使兔子的体重落在托兔的手上（图 10－15）。捉兔时动作要干净利落，一定要使兔子的四肢向外，背部对着捉兔者，这样既不伤兔子，也可避免兔子抓伤人。

图 10－15　抓兔方法
（任克良）

## 二、雌雄鉴别

初生仔兔的雌雄鉴别对生产有重要的意义，在选留仔兔时经常用到。仔兔的雌雄鉴别较易出错，因此一定要仔细。主要观察阴部孔洞形状、大小及和肛门之间距离的远近。方法是将仔兔握在手心，用手指轻轻翻开小兔阴部，凡阴部生殖孔扁而大，且与肛门距离较近者为母兔（图 10－16）；生殖孔圆而小，且与肛门距离较远者为公兔。

鉴别幼兔的雌雄时，要一手抓住兔耳朵及颈部皮肤，另一只手的食指和中指夹住尾根，同时用大拇指往前翻压开外阴。阴部呈 O 形圆锥状上举者为公兔，呈 V 形者为母兔（图 10－17、图 10－18）。

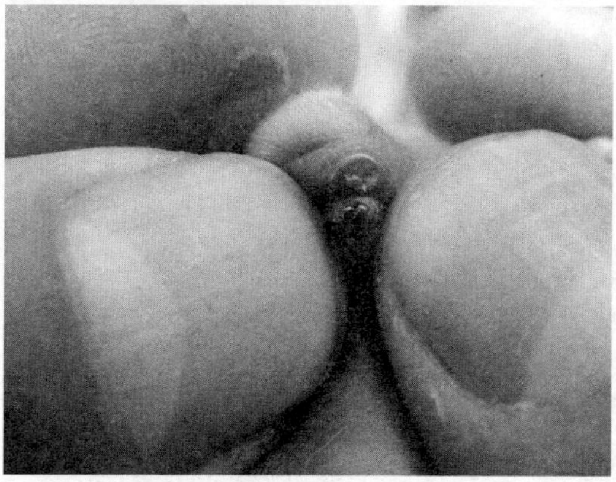

图 10－16　仔兔性别鉴定（母兔）
（任克良）

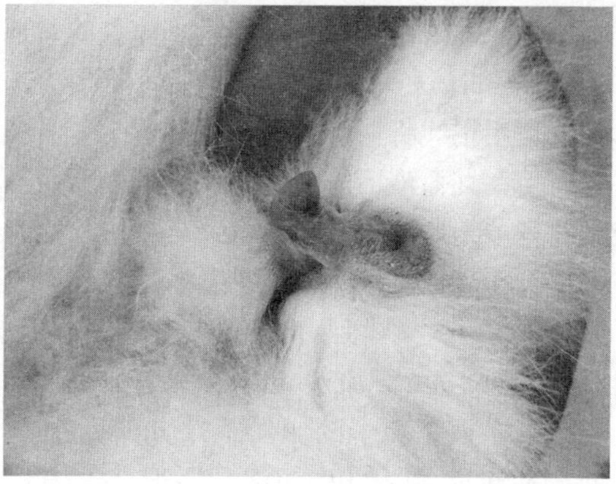

图 10－17　阴部呈 O 形圆锥状，为公兔
（任克良）

青年兔、成年兔此项鉴别比较容易，与幼兔雌雄鉴别方法相同，不过公兔可以明显看见睾丸。

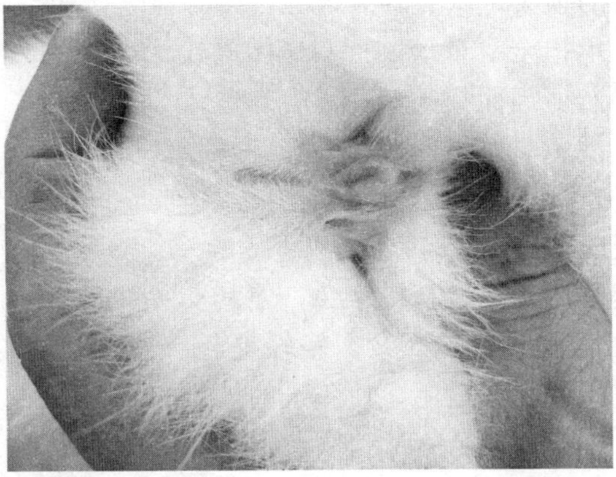

图 10-18　阴部呈 V 形为母兔
（任克良）

## 三、去势

3 月龄后的公兔开始性成熟，群养时经常会相互爬跨，影响其生长和采食，甚至造成偷配而妊娠。如果对不作种用的公兔进行去势，可使其性情温顺，便于管理，还能提高产毛量、皮板质量，改善兔肉风味。去势手术一般在 2.5～3 月龄时进行，去势的方法有以下几种。

**1. 睾丸切除法**　将待去势的公兔腹部向上，保定好四肢，用左手从腹股沟中将睾丸赶入阴囊中，并用拇指、食指和中指捏紧，不让睾丸滑动。用 2%碘酊或 75%酒精消毒后，右手持消毒过的手术刀纵向将阴囊切开约 1cm 的小口，挤出睾丸，扭断精索摘除睾丸，并将精索送回阴囊，再在切口处用碘酊或酒精消毒（图 10-19）。用同样方法，取出另一侧睾丸。操作时，应注意剥离血管，以免引起大出血。

**2. 结扎法**　将兔保定好后，将睾丸捏紧，用粗线将两侧睾丸连同阴囊分别扎紧，使睾丸血液不能流通，约 1 周后睾丸即自行萎缩脱落。

**3. 药物法**　药物去势法是用化学药物注入睾丸，破坏睾丸组织。取 10%氯化钙，每 100mL 加入 1mL 甲醛液，混合过滤后，根据兔子的年龄或睾丸的大小，每睾丸注入 1～2mL 滤液，一般 7～10d 睾丸即可萎缩，丧失配种能力。

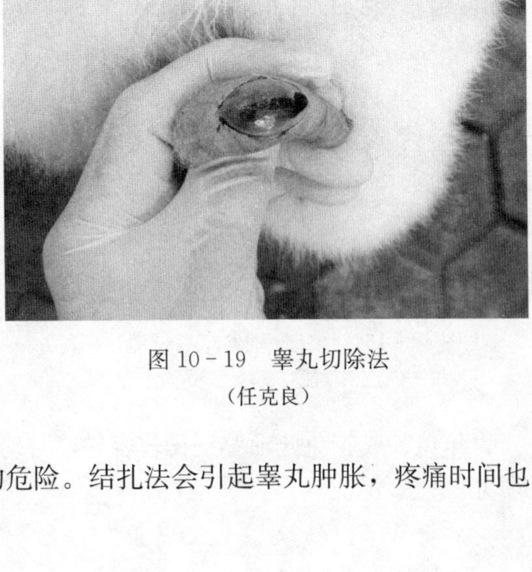

图 10-19　睾丸切除法
（任克良）

三种去势方法各有优缺点。切除法干净彻底，尽管当时疼痛剧烈，但伤口愈合比较快，缺点是需要动手术，伤口有感染的危险。结扎法会引起睾丸肿胀，疼痛时间也比较长。药物法虽然操作简单，没有感染的危险，但也会引起睾丸肿胀，兔子疼痛时间长，有时去势不彻底。由于家兔皮肤伤口愈合较快，建议采用睾丸切除法进行去势。

## 四、兔的编号方法

按照一定的规律给家兔编制耳号，对于现代化规模养殖场来说，是非常重要的日常管理工作，尤其是对于种兔场的选种育种工作尤为重要。编制种兔的耳号时应遵循一定的规律，每只兔的耳号应能尽量多地体现较多的信息，如品种或品系、性别、出生时间、个体号等。

家兔的耳号编排没有统一的规定，可根据自己场里的具体情况自行编排，一般是以4～6位数字和字母的组合。表示种兔品种或品系的号码一般放在首位，以该品种或品系的第一个英文字母或汉语拼音的第一个字母表示，如新西兰兔以N或X表示，美系兔以A或M表示，加利福尼亚兔以C或J表示等等。后面几位数字或字母可涵盖种兔出生的信息，如年月表示法或周表示法。年月表示法即表示出生的年月，一般年是用1位数，如2011年用“1”表示，2012年用“2”表示，10年1个重复；月用2位数表示，1～9月份用01～09、10～12用实际数字表示即可。周表示法即将一年分为12个周，用两位数表示。两者比较而言，周表示法只用2位数，占的耳号位空少，更方便些。对于小型兔场，可以用年月表示法，而规模较大的兔场，则要用周表示法。耳号的后几位是兔子出生的顺序编排，一般是两位，用来表示一个月或一周出生仔兔的顺序号。当然，也可根据自己场里的情况自行编排耳号。

一般地，公兔用单号，打在左耳上；母兔用双号，打在右耳上。

**1. 刺号法**　该方法是使用特制的耳号钳（图10-20），将号码刺入兔外耳上。方法是：先准备好耳号钳和碘酊、干棉球、墨汁等用品，先将编好的号码放入耳号钳的槽口内并固定好；由助手抓住兔子，一只手抓住兔颈部皮肤和一只耳朵，打耳号的耳朵露在外，另一只手抓住兔的后躯，保定好；选择兔外耳上1/3～1/2处的皮肤，避开较大的血管，用碘酊消毒内侧皮肤；用干棉球蘸墨汁涂抹耳号区域，再将兔耳朵放入耳号钳的上下卡之间，对准预打耳号的区域，快速用力按压手柄，使耳号钳的号码针尖刺透表皮，再用干棉球涂抹即可（图10-21），兔耳朵上就会留下蓝黑色永不退色的标记。

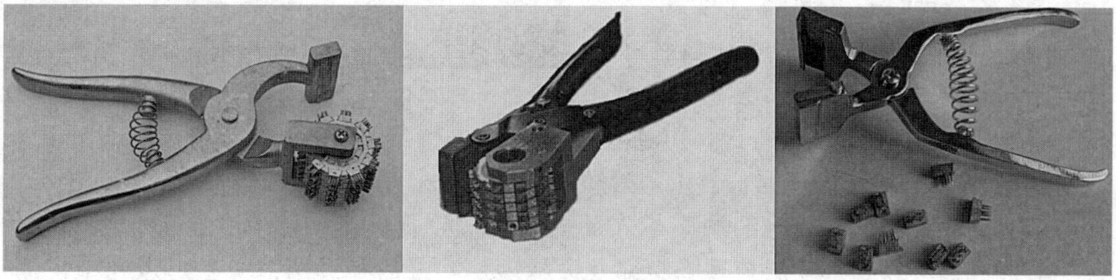

图10-20　各种类型的耳号钳

（曹　亮）

**2. 耳标法** 现在，家畜耳标已有二维耳标读号器直接与微机对接实现网络管理，不仅使用简便，而且耳标的信息承载量也大增，如企业信息、动物信息、免疫信息、管理信息等。在家兔生产中，养兔场可以根据需要编排耳标上面的编号如地区、系谱、生日、个体特征、生产性能指标等，将兔的耳号编排好，由厂家事先制好耳标，也可以买来空白的耳标，用记号笔写在耳标上。

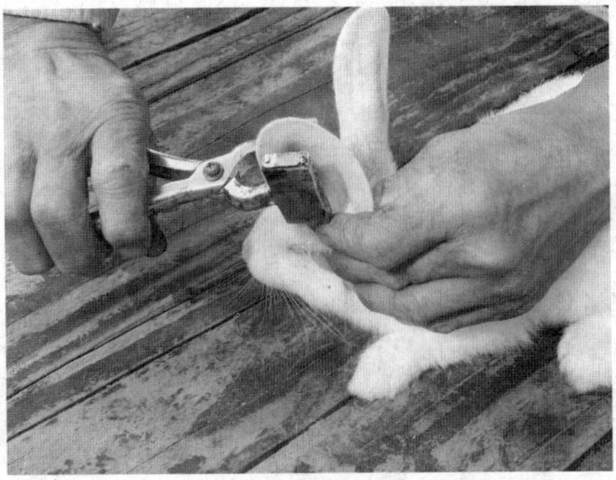

图 10-21 刺号方法
（任克良）

可以用耳标钳或徒手佩戴耳标。选择兔外耳上 1/3～1/2 处的皮肤，避开较大的血管，将主耳标和辅耳标分别卡在耳标钳上，耳标钳弹簧片弹起，使耳标头与辅标耳面的锁相对应。耳标钳卡在耳郭上，耳标头对准兔耳上的安装部位，突然用力手握钳柄，迅速放松，随即后退，耳标钳与耳标自然脱离。将主标和辅标之间的距离拉到最大，并调正主标面上的号码。徒手佩戴的方法是，消毒后耳标头对准打孔部位，双手拇指压住耳标面，双手食指和中指的指甲固定在耳郭背面（四指中间的空隙正好是耳标头穿出的部位）；突然使劲按压耳标面，耳标头即穿出耳背面；整理创口，确保创口以最小面积包围耳标颈，兔毛不留在创口内；扣上辅标，将主标和辅标之间的距离拉到最大，并调正主标面上的号码（图 10-22）。

## 五、梳毛

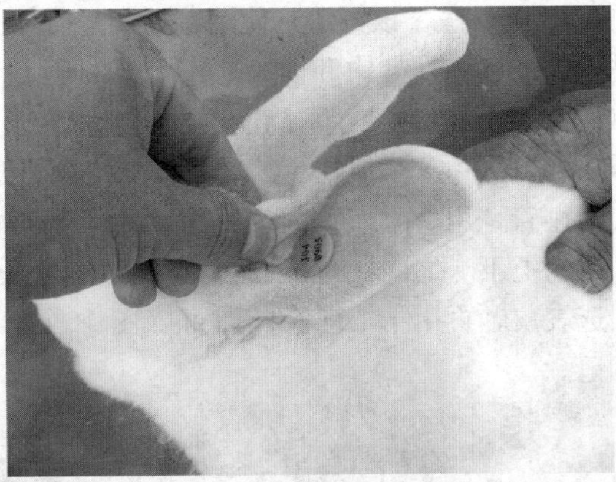

图 10-22 耳标编号的家兔
（任克良）

梳毛是长毛兔管理中的一项经常性工作，应定期梳理，以防止兔毛缠结，提高兔毛质量，同时收集脱落的兔毛，也可提高兔毛产量并减少环境污染。仔兔自断奶后即开始梳毛，以后每隔 10～15d 梳理一次。换毛季节可隔天梳理 1 次。

梳毛时一般使用木质或金属梳子，梳齿不能太稀或太密，齿端细而圆滑。梳毛时右手持梳顺毛方向插入，再逆毛方向托起梳子梳理，梳理时应注意用力均匀，防止撕裂皮肤。梳毛的顺序是先颈后及两肩，再背部、体侧、臀部、尾部及后肢，再提起两耳及颈部皮肤梳理胸腹部及大腿两侧，最后梳理头部被毛。遇到结块毛，看用手慢慢撕开再行梳理，结块严重者可剪除。

## 六、采毛方法

采毛是长毛兔饲养管理过程中的一个重要环节。采毛方法一般可分为剪毛、拔毛和化学脱毛。

### (一) 剪毛法

剪毛是目前使用最多的采毛方法。

**1. 养毛期**　生产中一般采用的养毛期为91d或73d，剪毛次数为每年4～5次，也可根据不同季节兔毛生长速度不同，适当调整养毛期。近几年由于养殖技术的提高和毛纺技术的改进，生产上多采用60d养毛期，提高了兔毛的年产量。

**2. 剪毛方法**　剪毛一般使用专门的剪刀，先在背部中线位置剪出一条中线分界线，将兔毛分向两侧，再按照体侧、臀部、颈部、颌下、腹部、四肢及头部的顺序依次剪毛。剪下的兔毛应按优质毛、脏污毛和短毛分别存放。

传统的剪毛方法是将兔子放到平地或平台上，一只手保定兔子，一只手剪毛。采用这种方法，操作人员长时间姿势单一，易疲劳且效率低，也容易伤及兔子。可以采用吊挂式剪毛法：将一根直径6cm以上的木棍或其他结实的横杆固定在高处，高度可根据操作人员的身高进行调整；再用绳子拴住待剪毛兔子的两条前腿，另一端固定在横杆上，将兔子头朝上悬挂起来，再在兔子正下方放置一大口径袋子，剪下的兔毛可直接落入其中，并能保持毛型良好（图10-23）。这种方法操作简单，工作效率高，操作人员的姿势相对舒适。但怀孕母兔，尤其是怀孕后期母兔不宜采用这种方法。

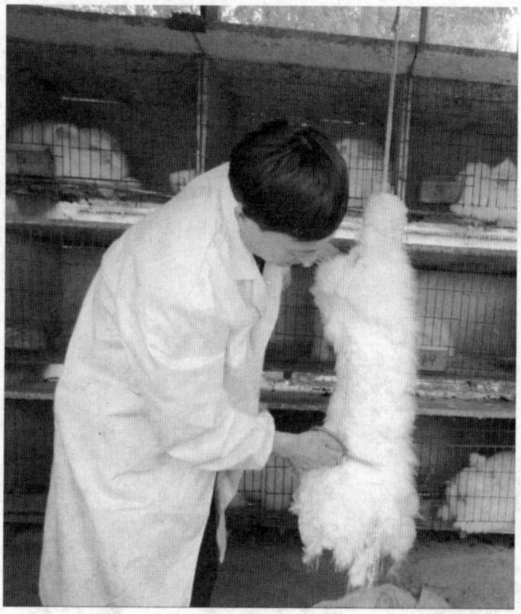

图10-23　吊挂式剪毛法
（姜文学）

由于传统剪毛方法劳动强度较大，目前正在研制专用的长毛兔电动推剪。

**3. 剪毛注意事项**

（1）剪毛时应将皮肤绷紧，剪子放平，贴紧皮肤剪，切忌提起兔毛剪，特别是皮肤皱褶处，以免剪破皮肤。

（2）防剪二刀毛（重剪毛）。如一刀剪下后留茬过高，不可修剪，以免因短毛而影响兔毛质量。

（3）剪腹部毛时要特别注意，切不可剪破母兔的乳头和公兔的阴囊，接近分娩母兔可暂不剪毛。一旦剪破皮肤，应用碘酊消毒，以防感染。

（4）冬季剪毛宜选择在晴天、无风时进行，并注意剪毛后的防寒保温，以防感冒。

### （二）拔毛法

**1. 拔毛的特点** 拔毛是一种重要的采毛方法。手拔毛较长，有利于提高优质毛比例。拔毛还可促使毛囊增粗，提高粗毛率。另外，拔毛可促进皮肤的代谢机能，促进毛囊发育，加快兔毛生长，提高产毛量。

**2. 拔毛方法** 拔毛可分为拔长留短和全部拔光两种。

（1）**拔长留短** 这种方法适合在寒冷或换毛季节采用，每隔30～40d拔毛1次。拔毛时应先用梳子梳理被毛，然后用左手固定兔子，用右手拇指、食指和中指，均匀用力拔取一小撮一小撮的长毛，切忌大撮大撮地粗暴拔毛，以防撕裂皮肤。一般先把粗毛，后拔细毛，留下短毛继续生长。

（2）**部分拔毛法** 先拔背部或一侧的兔毛，30d以后再拔其他部位或另外一侧。

**3. 注意事项**

（1）幼兔皮肤嫩薄，第一次采毛不宜采用拔毛法，否则易损伤皮肤。

（2）妊娠、哺乳母兔及配种期公兔不宜采用拔毛法，否则易引起流产、泌乳量下降及影响公兔的配种效果。

（3）对被毛密度较大的长毛兔不宜采用拔毛法。

### （三）药物脱毛

利用从法国PROVAL公司引进的Lagodendron植物脱毛剂试验表明，以每千克体重18g Lagodendron脱毛效果较好（图10－24），产毛量与拔毛相当，较剪毛产毛量高，且省时省力。两次Lagodendron脱毛以后，粗毛率提高，提粗效果较拔毛明显。使用这种药物时，有少数个体出现口腔流涎和粪便干燥的现象。使用成本较高。

图10－24 药物采毛后的兔子

（任克良）

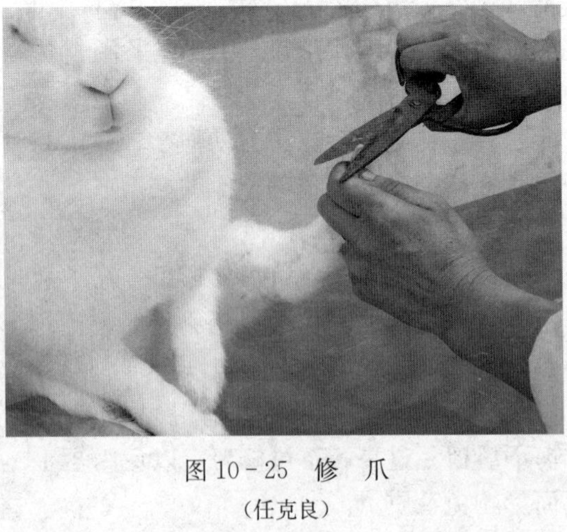

图10－25 修 爪

（任克良）

## 七、修爪技术

随着月龄的不断增加，家兔的脚爪不断生长，越来越长，出现带勾、左右弯曲，不仅影响活动，走动时极易卡在笼地板间隙内，导致爪被折断。而且由于爪部过长，脚着地的重心后移，迫使跗关节着地，引起脚皮炎，同时饲养人员抓兔时极易被利爪划伤，因此，及时给种兔修爪很有必要。在国外有专用的修爪剪刀，我国目前还没有专用工具，可用果树修剪剪刀代替。方法是：助手将兔捉起，术者左手抓住兔爪，右手持剪刀在兔爪红线外端0.5～1cm处剪断即可（图10-25）。一般种兔从1.5岁以后开始剪爪，每年修剪2～3次。

# 第五节　家兔生态放养

近年来，随着养兔业的发展和人们对生态、动物保护意识的提高，笼养兔的健康和福利问题逐渐引起了广泛关注。人们愈来愈重视食品安全，追求优质、营养和无公害的绿色食品，在纯天然、无污染的山地、丘陵、林间等放养所得的兔肉产品备受消费者青睐。生态放养兔是将传统方法和现代技术相结合，根据各地区的特点，利用果园、荒山、林地、草地等饲养肉兔，让兔自由采食野草和种植的牧草，补喂少量精料，严格限制化学药品和饲料添加剂等的使用，以提高风味和品质，生产出符合绿色食品标准的兔肉产品的一项生产技术。

家兔生态放养是一新生事物，尽管在全国一些地方有不同规模和形式的放养实例，也积累了一定的经验，但是都处在探索阶段，没有完整和完善的技术规程。

生态养兔，又称作福利养兔，目前有三种主要方式。第一种是生态栅养，即将一群肉兔放在一个适宜面积的圈舍内饲养，第二种为生态围栏放养。是将一定面积的土地，四周建立围墙，将一定的兔子（一般为育肥兔，或种兔与育肥分区）放置在其间，给兔子提供较充足的活动场地，并提供以人工饲料为主的营养补充；第三种是生态放养，是将肉兔投放山场、草地或林地等大自然环境中饲养，采食自然饲料，自由享受大自然的恩赐。特殊情况下（如冬季）可以定点定时补充一定的饲料和饮水。这种方式充分体现了动物福利，是未来的一种发展趋势。

## 一、生态栅养

栅养是指在室内或室外筑墙成圈，或以铁网栅栏围墙代替砖墙，将一定的肉兔（种兔或商品兔）放入圈舍，使其在有限的范围内自由群体活动。

圈舍围墙的高度以防止兔子逃跑为宜，过高不仅造成浪费，而且不方便管理。一般高度在100cm左右。

圈舍地面非常关键。由于兔子具有穴居性，打洞是它们的本能。为了防止随意打洞，地面要用砖石砌好，或用水泥地面。

地面平养使粪尿污染环境，沾污兔体，不利于卫生和防疫。最好在地面以上20～30cm处架起漏粪踏板，既降低每天打扫卫生的劳动强度，又便于清洁卫生。

圈舍的面积大小不一，小则1～2$m^2$，大则5～10 $m^2$不等。一般一群饲养母兔不超过10只，饲养育肥兔不超过30只为宜。群体过大，相互干扰严重，影响饲养效果。墙体要用砖石材料，而且墙基应加深，以防野兽侵袭和家兔挖洞逃走。至于兔舍大小，可根据养兔多少而定。

圈养的优点是投入较少，简便易行，兔子的活动量较大，有利于保持健康。但清理粪便需要投入较多的劳动，平时容易发生相互咬斗现象；一旦个别发病没有及时隔离，很容易全群传染。种兔群养，公兔的体力消耗严重，容易造成早衰。一旦一只患病，其他种兔通过交配而传染的可能性增加。这是一种较传统的养殖方式，适合刚刚起步的小型家庭兔场。

## 二、生态围栏放养

生态围栏放养与栅养的区别在于兔子在一个较大的场地放养，该场地周围用砖砌墙或用铁丝网做成围栏，将环境圈起来，形成独立的小的养殖环境。该养殖方式环境多与植树种草相结合，使兔子在树下和草地上生活。但是，其面积小则几百平方米，大则几公顷。里面可以建造简易房舍，以备躲避不良天气。由于兔子的饲养量远远超过养殖环境的载畜量，自然饲草难以为兔子提供，因此，该养殖方式基本依靠人工饲料。

图10-26 生态围栏放养集中补料

## 三、生态野外放养

生态野外放养是在较大的自然环境中（如山场、荒坡、草场、林地等）投放一定的家兔（以肉兔为主），让其在自然环境中自由生活，自由采食野生植物性饲料，自由结合繁衍后代。从某种角度看，生态野外放养实际上是野兔驯化的逆行，即家兔野养。

生态野外放养的优点：给家兔提供一个自由生活的自然环境，自由采食自然饲料，没有污染，生产的产品全部达到有机食品标准。不需要多少人工、饲料和器具。由于自然净化作用，不需要消毒。在没有传染性疾病发生的情况下，兔子的生存环境好，体质健康。

生态放养的缺点：需要优越的放养场地；家兔生产难以进行人工干预；由于一年四季气候变化和饲料供应的变化较大，家兔的生长发育和繁殖有明显的季节性；天敌不容易掌控，疾病不容易预防；一旦发生传染性疾病，难以迅速扑灭。商品肉兔的捕捉有一定的难度。

野外生态放养是一新生事物，没有成熟的经验和模式，正在探索。应注意以下问题：

（1）放养场地要有足够的空间、丰富的可食植物性资源、躲避环境、合格而易取的水源。

（2）由于季节的交替，在冬季和早春，气候寒冷，饲料资源匮乏期，为了提高生态放养的生产效率和经济效益，应该适当补充人工饲料。

（3）为了提供更优越生存环境，将一个生态放养场地划分若干个放养小区，每个小区 50～667$m^2$。可增设围网，也可不设。在每个小区内，建造简易棚舍，其下面人工建造地下产仔窝。在饲料缺乏季节，定时在固定棚舍下面人工补充饲料，作为自然饲料的有效补充（图 10－27、图 10－28）。

图 10－27　设置围栏（网）

图 10－28　固定补料棚

（4）放养密度适宜。要根据资源情况确定放养密度。基本原则是宁可资源有余，决不过牧。

（5）要投放健康的种兔。最初投放肉兔的月龄在三月龄以上。此时已经度过球虫病的易感期，投放前进行兔瘟疫苗加强免疫，预防疥癣病。此后在天然的生存环境下，可以抵抗一般常见疾病。

（6）育肥兔的捕捉不可使用狗和猎枪。最好是网捕或诱捕。对于捕捉的种兔和体重不足 2.25kg 的生长兔要无伤害地放回。

（7）加强看护，防止野狗闯入和飞禽的猎取，还要预防人为伤害和偷捕。

## 四、生态养兔实践

### （一）生态果园养兔技术

用果园生态条件，在果园内搭棚养兔，既经济又保持了生态平衡，但在饲养过程中，有其优势，也存在问题，应采取相应措施。

**1. 果园养兔的优势**

（1）*以园养兔，成本低*　果园修剪大量的枝条和叶子，是家兔良好的饲料。不仅提供营养，而且有预防异食癖的作物。果园的行间和株间，尤其是幼树期，可以种植各种低矮作物，尤其是豆类，其茎和叶子是良好的粗饲料，而收获的种子籽实及其加工下脚料，是优质的蛋白饲料。在果园内搭棚养兔，草料来源方便，成本低，见效快，在合理添加精料的条件下，饲养一般肉兔月平均增重在500g以上，若饲养优质良种兔则月平均增750g以上，大大地增加了果农的经济收入。

（2）*以兔促园，降低肥料成本，提高果实品质* 在果园内搭棚养兔，不仅能为果农增加直接经济收入，而且还能为果园提供优质肥料。若将兔粪收集就地堆积，用塑料薄膜或土覆盖发酵，可成为果树的优质肥料。经发酵过的兔粪可以代替部分化学肥料，能有效地防止土壤结板，促进果树生长，既环保，又降低投入，而且明显提高果实品质。

**2. 果园生态养兔技术措施和注意的问题**

（1）*避开农药喷洒期采剪果枝* 用于喂兔子的修剪果枝，要避开农药喷洒期。最好使用生物农药，或高效低毒农药，并在其安全期剪枝。敌敌畏、氧化乐果等多种有机磷农药的毒杀作用期为7d左右（遇雨季为3d左右），在7d后采剪才较安全。

（2）*采用生态模式灭虫* 果园防治病虫害，传统的做法是使用化学农药，尽管目前国家禁止剧毒农药生产和使用，但是低毒农药也存有一定毒性，在果实、叶子，甚至土壤中有一定残留，造成一定的生态问题。如果采用诱虫灯、扑食螨等器具进行防治，则更符合生态农业的要求。

（3）*储备干叶和干草* 在果子收获之后，可以适当采集一定的果叶，晒干后储存，待冬季饲用。利用空闲，收割果园的青草，及时晒干，储藏起来备用。

（4）*适当补充精料* 利用果园的生态条件进行养兔，在充分利用果园的果叶，辅助农作物及杂草作为家兔的营养来源以外，还应适当添加精料，尤其是在冬季野外可采食的牧草短缺期，更应适当补充人工配合饲料，以满足兔的正常生长需要。

**3. 果园养兔实例** 据福建钟永荣报道，福建省长汀农业服务公司根据当地人爱吃野味的习惯，在长汀各乡镇推广了一种“生态饲养”模式的养兔方法。具体做法如下：用铁丝网将果园围起来，在果园中套种串叶松香草、黑麦草、紫云英等各种饲料草，在大田里放养兔子。

由于家兔是由野生穴兔驯化而来，对于回归自然放养非常适应。经过放养，皮毛细腻柔软、有光泽，肉质鲜嫩，具有浓厚的野味。野外优良的环境，使兔子的抗病力增强，很少发生疾病，其粪便还是果树生长的优质肥料。再加上果园养兔繁殖力强，投资少、见效快，成为当地农民脱贫致富的好项目，深受养殖户的青睐。目前，长汀县仅红山乡就有几个村上百户农民在果园养兔。每只成品兔可卖40～60元，远销广东、厦门等地。许多养殖户年纯收入达3万～5万元。

### （二）林地养兔技术

**1. 林地养兔的优势** 充分利用兔粪增加地力，有利于树木的生长；兔子在林地内生活，空气好，因而体质健壮，患病率低，繁殖快，肉质好，无污染，价格比普通养殖的要高；林地发展养兔，减少了环境污染，节省开支，降低成本，见效快、风险低、管理简便，可以说实现经济效益、社会效益、生态效益的“三赢”。

**2. 林地养兔的主要措施**

（1）*重视兽害* 树林养兔，特别是山场树林养兔，野生动物较其他地方多，特别是老鹰、狐狸、蛇、老鼠等，对兔子的伤害严重。除了一般的防范措施以外，可考虑饲养和训练猎犬护兔。

(2) **谢绝参观**　林地养兔，环境幽静，对家兔的应激因素少，疾病传播的可能性也少。但要严格限制非生产人员的进入。一旦将病原菌带入林地，其根除病原菌的难度较其他地方要大得多。

(3) **林下种草**　为了给家兔提供丰富的营养，在林下植被不佳的地方，应考虑人工种植牧草，如林下草的质量较差，可考虑进行牧草更新。

(4) **注意饲养密度和小群规模**　根据林下饲草资源情况，合理安排饲养密度和小群规模。考虑林地长期循环利用，饲养密度不可太大，以防林地草场的退化。

(5) **重视体内寄生虫病的预防**　长期在林地饲养，兔群多有体内寄生虫病，应采用生态药物定期驱虫。

**3. 林地养兔实例**　据李学飞（2007）报道，山东省郯城县泉源乡集东村养殖户冷廷国，在林地内养兔，提高了林地综合利用率，取得了较好的经济效益，走出了林牧结合、生态养殖的好路子。2004年，冷廷国在泉源信用社的大力扶持下，投资20多万元，承包了泉东村2.3公顷林地，全部种上了杨树，又在林地内建起了兔舍500间，饲养起肉兔、长毛兔和獭兔等7个优良品种，年纯收入4万元。2006年，在原来的基础上，他又新建兔舍2 000间，存栏基础母兔1 000余只，仔兔2 000余只。由于林地内青草多，每只兔平均可节省饲料款1.5元，兔粪又成了林木和青草的好肥料，形成了一个良好的生态小环境。林地内养殖的兔，肉质好，无污染，出售价格每千克比市场高出0.6元，当年纯收入可达10多万元。此外，冷廷国致富不忘众乡亲，他又成立了马陵开运兔业协会，专门负责种兔供应、饲料供销、技术指导、产品回收。目前，协会已发展会员150余家，其中大型养殖户30余户，辐射和带动了周边十几个村，为“百万农户致富工程”开拓了一条增收致富的好渠道（图10-29）。

图10-29　林地养兔

# 第十一章

# 工厂化养兔

## 第一节　工厂化养兔的概念与发展

### 一、工厂化养兔的概念

工厂化养殖是一种集约化（Intensive）的高密度的封闭养殖过程，是一种实用的典型性畜牧业生产方式。最先开始工厂化养殖的是家禽养殖业，之后扩展到其他养殖业，工厂化养殖具备高效率和高效益的优点，已经成为世界通行的规模化和集约化养殖业的规范化养殖模式。工厂化养殖的核心标志是“全进全出方针（All-in all-out policy)”，所有的养殖操作都围绕“全进全出”进行。

工厂化养兔是指养兔企业进行高密度的和批次化的生产管理，并形成如工业流水线般的一定周期的批次化商品兔出栏。每次全出之后对兔舍、笼具和工器具等设备设施进行彻底的清理、清洗和消毒，减少了养殖环境中病原的数量和种类，便于卫生控制，提高了兔群的健康水平，使种兔遗传潜能的发挥不受疾病的影响。

### 二、工厂化养兔的起源

工厂化养兔 20 世纪 90 年代起源于欧洲，现在已经成为欧洲兔产业的主要生产方式。但并不是规模化养兔和集约化养兔都是工厂化养兔。工厂化养兔与传统养兔的主要区别在

**表 11-1　工厂化养兔与传统养兔比较**

| | 工厂化养兔 | 传统养兔 |
|---|---|---|
| 繁殖方式 | 控制发情，人工授精 | 自然发情，本交授精 |
| 生产安排 | 批次化生产，全进全出 | 无确定批次，连续进出 |
| 卫生管理 | 兔舍定期空舍消毒 | 兔舍很少能做到空舍消毒 |
| 转群操作 | 断奶后搬移怀孕母兔 | 断奶后搬移断奶仔兔 |
| 产品质量 | 批次出栏肉兔均匀度好 | “同批出栏”肉兔大小不均 |
| 人均劳效 | 效率 500～1000 只母兔/人* | 效率 120～200 只母兔/人 |

* 机械化喂料和机械化清粪，人均劳效可达到 1 000 只母兔左右。

于，工厂化养兔是建立在繁殖控制技术和人工授精技术基础上的全进全出的循环繁育模式，而传统养兔是建立在家兔自然发情鉴定技术的本交技术基础上的连续进出的流水繁育模式。工厂化养兔技术是一系列技术的集成，是系统工程。工厂化养兔在欧洲的法国、意大利、西班牙、葡萄牙、比利时、匈牙利，以及澳洲的澳大利亚等国家的肉兔产业中的发展比较成熟。配套系种兔取代纯种兔，饲料商业化供应，兔舍和笼具的创新和人工授精技术的广泛使用促进了欧洲工厂化养兔的发展。欧洲的工厂化养兔考核兔场的生产水平指标主要是平均每次人工授精出栏商品肉兔体重，该指标逐年刷新，2012 年在意大利和法国的平均水平达到 15kg 左右（表 11－1）。

## 三、工厂化养兔在中国的起步和发展

2001 年潘雨来和石锦良提出了养兔生产的“四同期法”，可视为中国较早的开展工厂化养兔的理论探索之一。“四同期法”是养兔生产中实现大群体同步生产的一种方法，包括同期配种、同期产仔、同期断奶和同期测定。其中，同期配种是“四同期法”的基础，其核心是人工授精技术。此方法是南京金陵种兔场技术人员在消化吸收德国先进技术的基础上，结合我国养兔实际．经过多年的研究并在实际应用中不断完善形成的。目前，该场种兔生产全面采用“四同期法”，完全实现了模式化选育和生产。主要技术工作采用每周工作制，即：周一配种，周三断奶、称重测定，周三至周五产仔、记录。

2002 年 1 月 25 日，欧盟委员会有关机构通过了全面禁止进口中国动物源性食品（Animal Derived Food）的决议，直到 2004 年欧盟才恢复从中国进口兔肉产品。欧盟的重新开关刺激了中国兔产业规模化养殖的快速发展，养兔企业陆续投资建设集约化和规模化养兔场。据中国肉类协会统计，“十一五”期间（2006—2010 年）全国兔肉产量从 54 万 t 发展到 69.2 万 t，五年增长 28.15%，年均增长 5.63%，是所有肉类增长速度最快的。但这期间中国的规模化养兔还不是真正意义上的工厂化养兔，这些“集约化、规模化”养兔企业虽然有了养殖规模，但仍是采用连续进出的传统养殖模式，养殖技术仍然是以庭院式养殖技术为主的发情鉴定和本交配种，这种规模化养兔企业的经济效益往往不如庭院式养殖农户，甚至有随着规模的扩大而养殖生产指标下降的趋势。从技术本质上分析，这些规模化养兔企业没有实施“全进全出的方针”，因不能定期彻底消毒而造成疾病损失，人均劳效差，管理费用高，所以出现了效益不如农户庭院式养殖的怪现象。所以那些规模化养兔并不是工厂化养兔，仍然是传统养兔，只不过群体大了而已。

2008 年，康大集团在引进伊拉肉兔配套系曾祖代种兔的同时引进了法国的工厂化养兔技术，康大集团首先在山东省开始了工厂化养兔的实践，在国家兔产业技术体系的技术支持下，尝试用光照控制、哺乳控制和采食控制等繁殖控制技术代替孕马血清（PMSG）开展同期发情，取得了较好效果并在全国逐步推广。从 2010 年开始，在兔业集约化程度较高的重庆市、河南省、河北省和吉林省陆续有部分养兔企业尝试应用工厂化养兔模式并取得良好效果。工厂化养兔的主要优点是批次化的生产方式便于彻底消毒，减少病死损失；批次化的生产方式还能大幅度降低劳动强度，提高人均劳效。全进全出的生产方式必将成为中国兔产业未来的主要生产方式。

## 第二节　工厂化养兔的核心技术

工厂化养兔是系统工程，是众多技术的集成，其核心技术是“繁殖控制技术”和“人工授精技术”。本节就工厂化养兔的核心技术展开讨论。

### 一、繁殖控制技术

工厂化养兔对种公兔和种母兔的生理压力都比传统养兔要大得多。繁殖控制技术主要是针对种母兔采取的一系列生产操作，目标是让种母兔同期发情。所以，繁殖控制技术泛指应用物理和生化的技术手段，促进母兔群同期发情的各项技术集成，主要包括“光照控制”、“饲喂控制”、“泌乳控制”和激素应用等。

**1. 光照控制**　2006 年谷子林教授表明，光照对家兔的性成熟和发情都有一定的影响，这种影响是通过视网膜感受光照以后调节松果体抑制褪黑素（Melatonin）的分泌，从而减少对促性腺激素释放激素（GnRH）的抑制，促进发情。在实际生产中，在人工授精之前的 6d 开始将光照时间从 12h 突然提高到 16h，持续到人工授精之后的 11d 为止。突然增加光照，在家兔身上产生有利于卵泡产生的正面应激，并因此产卵。这个光照计划有助于母兔同期发情并有较高的受胎率。

光照程序：如图 11－1 所示，从授精 11d 后到下次授精前的 6d，光照 12h，7 点至 19 点；从授精前的 6d 到授精后的 11d，16 h 光照，7 点至 23 点。密闭兔舍方便进行光照控制，对开放兔舍需要采用遮黑挡光的方式以控制自然光照的影响。光照强度在 60～90Lx（需要用光照强度测试仪实际测定），要根据笼具类型灵活掌握，与金属笼具相比，透光较差的水泥笼具需要适当增加光照强度。

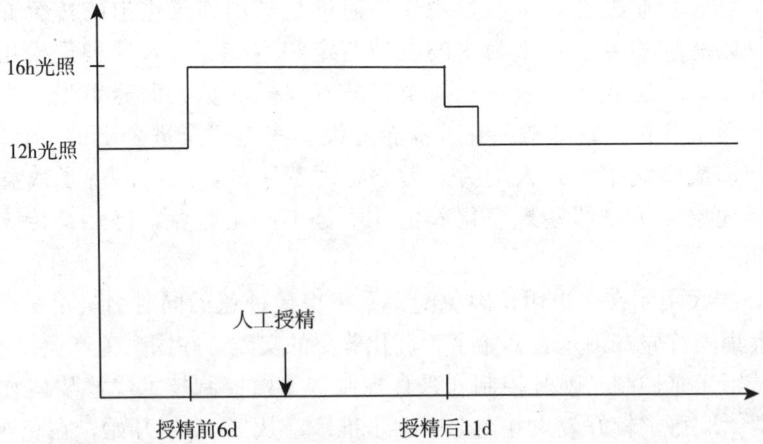


图 11－1　光照程序示意图

**2. 饲喂控制**　对后备母兔首次人工授精操作时，在人工授精的前6d开始，从限制饲喂模式转为自由采食模式，加大饲料的供给量，给所有后备母兔造成食物丰富的感觉，同样利于同期发情。对未哺乳的空怀母兔要采取限饲措施，在下一次人工授精之前的6d起再自由采食，既能控制空怀母兔过肥，也能起到促发情效果。对正在哺乳期的未怀孕母兔不能采取限制饲喂，应和其他哺乳母兔一样自由采食。对后备母兔和空怀母兔限制饲喂，范围在160～180g，也要根据饲料营养浓度和季节灵活掌握，以保持母兔最佳体况，维持生产能力为准。总之，在母兔促发情阶段和哺乳期间应采取自由采食的方式。

**3. 哺乳控制**　哺乳控制是为了增强卵巢活力以提高生殖力和繁殖力。人工授精前的哺乳程序：人工授精之前36～48h将母兔与仔兔隔离，停止哺乳，在人工授精时开始哺乳，可提高受胎率。2002年赵辉玲等研究表明，48h母仔分离能明显提高哺乳母兔的发情率和繁殖率，且对母兔和仔兔均无副作用。因此，可作为一种生物刺激技术，替代外源性激素的处理，广泛应用于哺乳母兔的同期发情。

**4. 激素应用**　在人工授精前48～50h注射25IU的孕马血清（PMSG），促进母兔发情。但是激素的质量对促发情效果影响很大，进口激素质量好但成本高，国产激素质量不稳定，很容易产生抗体，造成繁殖障碍。从康大集团的实践看来，如果光照控制和哺乳控制做得很好的话，可以达到同期发情的目的，孕马血清激素的应用可以省略，以减少因产生激素抗体对受胎率造成的负面影响。

## 二、工厂化养兔的人工授精技术要点

在本书第八章“家兔的繁殖技术”中有对人工授精技术进行详细的论述，在这里要强调的是工厂化养兔的频密繁殖生产，对种公兔的压力是比较大的。因此要做好种公兔的管理和使用计划。主要注意以下三个要点：

**1. 种公兔的科学管理与合理使用**　在人工授精的繁育模式下，种兔公母比例可以达到1∶100。实践证明5～28个月的公兔精液质量相对较好，要及时淘汰病兔。种公兔的光照时间应保持在16h，环境温度最好控制在15～20℃。采精安排要合理，每周只采精两次，每次间隔15min效果最好。

**2. 防止疾病传播**　输精接触生殖器官，操作要谨慎。拒绝为有生殖器官炎症的母兔输精，输精操作发现母兔有生殖系统炎症时要马上停止输精操作并马上换手套或洗手等，操作人员立即消毒。为防止疾病传播，每只种兔输精都应更换授精器套管。

**3. 关注输精操作技术参数**　实践表明，配套系种兔输精时授精管插入母兔阴道的深度应该在11～12cm，注射0.5mL精液后马上注射促排卵激素0.8μg/只。这与以往的教科书提供的技术参数有所不同。

**4. 重视记录和分析**　为达到最佳的经济效益，要记录每次采精后的精液评价结果，及时淘汰不合格种公兔。记录输精结果、妊娠诊断结果、产仔结果等数据，定期统计分析，淘汰不合格母兔。

# 第三节 工厂化养兔的工艺流程与主要参数

## 一、工厂化养兔的工艺流程

工厂化养兔的工艺流程概括起来就是全进全出循环繁育模式，采用繁殖控制技术和人

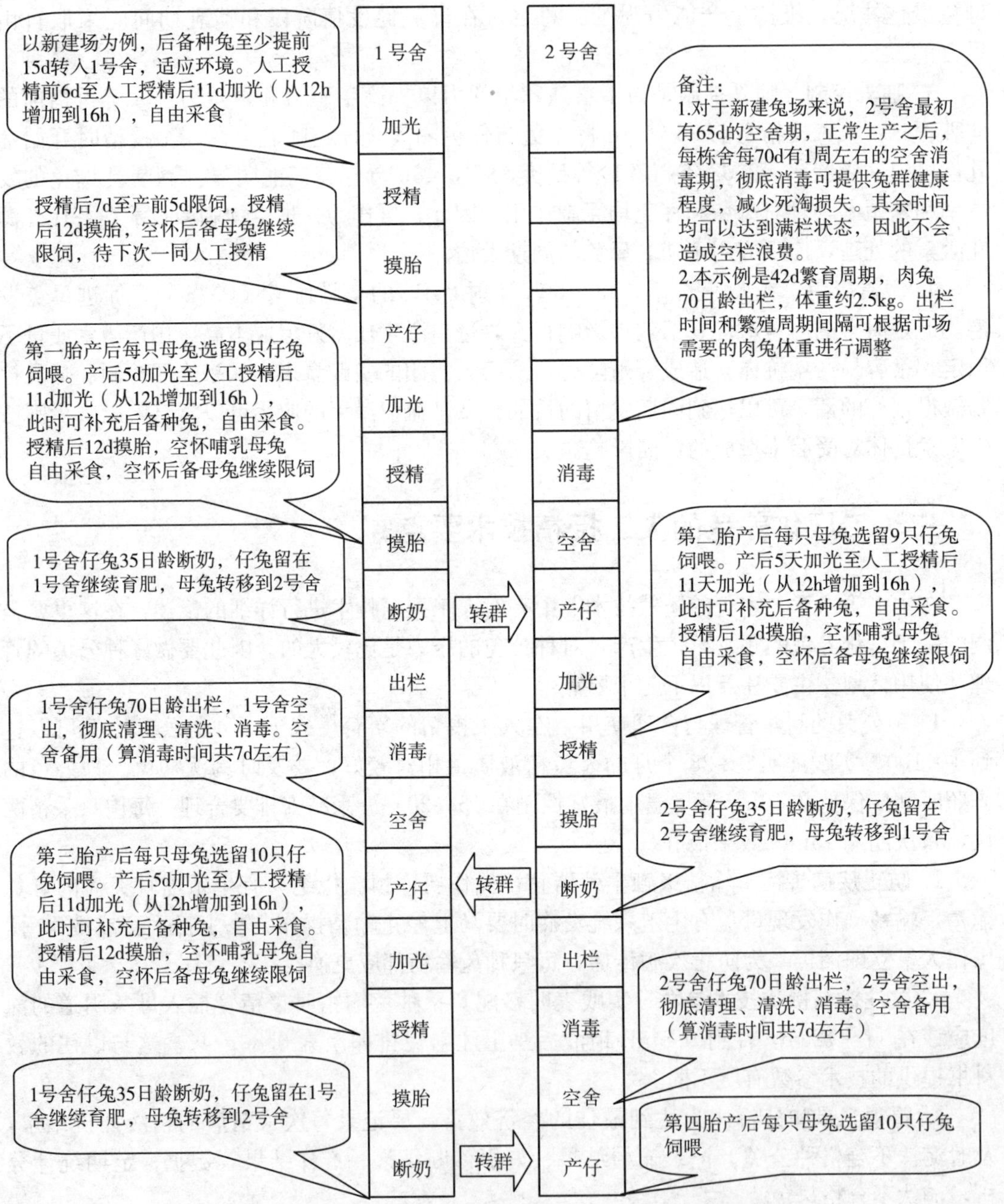


图 11－2 工厂化养兔工艺流程（仅展示 1～4 胎次，可继续循环下去）

工授精技术，批次化安排全年生产计划。国际上根据出栏商品兔体重的不同，主要有 42d 繁殖周期和 49d 繁殖周期两种生产方式，即两次人工授精之间或两次产仔之间的间隔是 42d 或 49d。要实现全进全出，需要有转舍的空间，兔舍数量是 7 的倍数或者是成对设置，所有兔舍都具备繁殖和育肥双重功能，每栋舍有相同的笼位数。笼具为上下两层，下层为繁殖笼位，在繁殖笼位外端用隔板区分出一体式产仔箱，撤掉隔板后繁殖笼位有效面积增大，上层为育肥兔笼位。

图 11-2 是以 42d 繁殖周期为例的工厂化养兔工艺流程图。以新建养兔场为例，假设将后备母兔转入 1 号兔舍，放在下层的繁殖笼位，适应环境后可进行同期发情处理，即人工授精前 6d 由 12h 光照增加到 16h 光照，由限饲转为自由采食。人工授精后 11d 内持续 16h 光照。人工授精 7d 后至产前 5d 限制饲喂。摸胎后，空怀母兔集中管理，限制饲喂。产仔前 5d 将隔板和垫料放好，由限制饲喂转为自由采食。第一批产仔，产仔后进行记录，做仔兔选留和分群工作，淘汰不合格仔兔，将体重相近的仔兔分在一窝。1 号舍母兔产后 5d 开始由 12h 光照增加到 16h，产仔后 11d 再进行人工授精，人工授精后 11d 内持续 16h 光照。人工授精 7d 后上批次空怀母兔限饲，摸胎后，新空怀母兔集中管理，限制饲喂。在仔兔断奶后，所有母兔转群到空置的 2 号兔舍，断奶仔兔留在 1 号舍原笼位育肥，一周或 10d 左右可适度分群，部分仔兔分到上层的空笼位中。转群到 2 号舍兔舍的母兔在 1 周左右开始产仔（第二批），产仔后进行记录，做仔兔选留和分群工作，淘汰不合格仔兔，将体重相近的仔兔分在一窝。2 号舍母兔产后 5d 开始由 12h 光照增加到 16h，产仔后 11d 再进行人工授精，人工授精后 11d 内持续 16h 光照。人工授精 7d 后上批次空怀母兔限饲，摸胎后，新空怀母兔集中管理，限制饲喂。1 号舍仔兔 70 日龄育肥出栏，1 号空舍进行清理、清洗、消毒后备用。2 号舍仔兔断奶，所有母兔转群到已经消毒空置的 1 号兔舍，断奶仔兔留在 2 号舍原笼位育肥，一周或 10d 左右可适度分群，部分仔兔分到上层的空笼位中。如此循环，此流程也称为全进全出 42d 循环繁育模式。

## 二、工厂化养兔的技术参数

工厂化养兔的技术参数很多，主要是通风换气、转群操作和空怀母兔的管理等。

**1. 通风换气和环境控制**　通风换气是个宝，任何药物替不了。兔舍环境要控制在家兔能够保持最佳生产状态。日常空气质量控制指标：二氧化碳（$CO_2$）浓度要小于1 000 mg/kg（0.10%），氨气（$NH_3$）浓度要小于 10mg/kg；湿度控制在 55%～75%；各生理阶段的家兔对温度控制要求不同，母兔 16～20℃，产箱内仔兔 28～30℃，生长兔 15～18℃；根据温度不同，空气流量每小时 1～8$m^3$，笼内空气流速 0.1～0.5m/s。国内养兔企业普遍存在重视温度而忽视空气质量的问题，通风不足造成的呼吸道疾病已经造成了严重的经济损失。每次全出后的彻底清理、清洗、消毒减少了兔舍中病原种类和数量，有利于提高各阶段的成活率。

**2. 转群操作和应激管理**　工厂化养兔在转群操作上与传统养兔模式有较大区别。传统养兔在仔兔断奶后采取转移仔兔的方式，这对断奶仔兔产生了“断奶应激、转群应激、分窝应激、群序斗争应激、新环境应激”等等应激的叠加，使仔兔在转群后7～10d的时间停止生长或生长缓慢，有的甚至阶段性出现体重下降，这是一种潜在的饲料浪费，可以在转群操作时避免。工厂化养兔在仔兔断奶后，将怀孕的母兔转移到已经消毒好的空兔舍，为即将出生的仔兔创造了相对卫生的环境，有助于提高仔兔的成活率。断奶仔兔在刚刚断奶时留在原地育肥，断奶两周后可以分群，两层笼具的兔舍可就近将同一窝的仔兔分在一起，避免了重新分群的应激和运输应激，减少了应激的叠加刺激，减少断奶仔兔伤亡，利于饲料的有效转化利用。

**3. 种兔更新和空怀母兔的管理** 种兔更新要在每次人工授精之前至少半个月之前进行，让后备种兔充分休息和适应环境非常重要，也就是说在人工授精前半个月以内尽量不要移动母兔。种兔更新对于保持母兔群的生产力非常重要，最佳状态是种群年龄的金字塔结构（图11-3）：0～3胎龄的种兔占种群的30%左右，4～9胎龄的种兔占50%左右，10胎龄以上的占20%左右。种兔的淘汰和更新最重要的依据是考核健康状况、繁殖能力和泌乳能力。有呼吸道疾病、传染性皮肤疾病、生殖器官炎症、乳腺疾病等均应淘汰，不明原因的过度消瘦的种兔也应该淘汰。连续三胎产活仔数少于21只的母兔和连续三胎贡献断奶仔兔少于21只的种兔要淘汰。连续2次人工授精不孕的母兔需要淘汰。

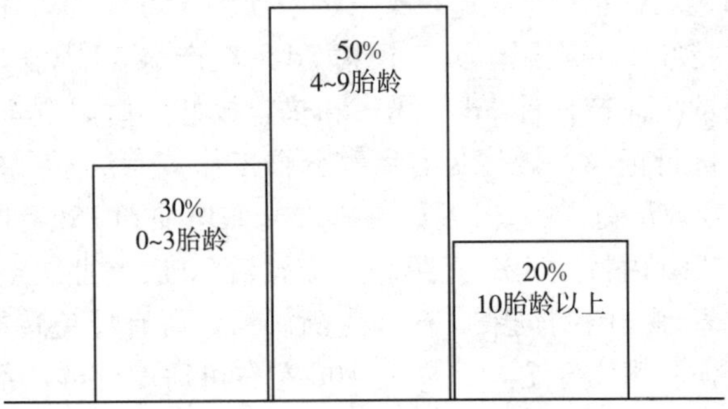


图11-3　种兔群金字塔年龄结构

每次人工授精之后都会有一定比例的母兔不能怀孕，这些空怀母兔的管理非常重要，除了前面提到的实施限饲措施外，要严格遵循两次人工授精时间不能少于21d，让黄体自然消退利于空怀母兔再怀孕。

## 三、工厂化养兔时间轴

工厂化养兔可以根据全年的生产任务设计全年的主要工作安排，可以用时间轴的表达方式指导生产操作。表11-2是模拟新建兔场2013年工厂化养兔的时间轴，是全年365d的养兔的主要工作计划安排，条件是假设2012年新建肉兔养殖场，于2013年1月1日引进17周龄后备母兔（5～12周龄供给后备种兔饲料自由采食，13～17周龄供给哺乳母兔饲料，限饲160～180g。）全年按照42d繁殖周期全进全出循环繁育模式，可人工授精9个批次，出栏7个批次的商品兔。可根据当地的疾病流行情况在其中加入免疫计划，根据产仔箱类型加入哺乳控制方案等。

**表 11－2　工厂化养兔时间轴**

| 2013 年 | | 周龄 | 星期 | 种母兔光照计划 | 生产操作（假设新建场，有两栋兔舍，两层笼具，上层为育肥笼，下层为种兔笼） |
|---|---|---|---|---|---|
| 1 月 | 1 日 | 18 | 星期四 | 12h | 整群 17～18 周龄的后备种兔于 1 月 1 日转入 1 号舍，适应环境。2 号舍空栏备用。饲喂哺乳母兔料 160～180g/只 |
| 1 月 | 10 日 | 19 | 星期四 | 16h | 1 号舍母兔加光，饲喂哺乳母兔料，自由采食 |
| 1 月 | 16 日 | | 星期三 | 16h | 1 号舍母兔第一批人工授精，饲喂哺乳母兔料，自由采食。授精 7d 之后饲喂哺乳母兔料 160～180g/只 |
| 1 月 | 27 日 | | 星期日 | 12h | 摸胎，空怀母兔集中管理，限饲 160～180g |
| 2 月 | 10 日 | | 星期日 | 12h | 怀孕母兔自由采食，安装产仔箱，添加垫料 |
| 2 月 | 14 日 | 24 | 星期四 | 12h | 初五，1 号舍母兔产仔，第一批仔兔 |
| 2 月 | 19 日 | | 星期二 | 16h | 1 号舍在繁母兔、空怀母兔和后备母兔同时加光 |
| 2 月 | 25 日 | | 星期一 | 16h | 1 号舍母兔第二批人工授精 |
| 3 月 | 7 日 | 27 | 星期四 | 16h | 撤产仔箱，准断奶料，自由采食 |
| 3 月 | 9 日 | | 星期六 | 16h | 1 号舍母兔摸胎，空怀母兔集中管理，限饲 |
| 3 月 | 20 日 | | 星期三 | 12h | 1 号舍第一批仔兔断奶，换断奶料，留原地育肥；所有母兔转群到 2 号舍 |
| 3 月 | 21 日 | 29 | 星期四 | 12h | 2 号舍安装产仔箱，添加垫料，后备母兔补栏 |
| 3 月 | 27 日 | | 星期三 | 12h | 2 号舍母兔产仔，第二批仔兔 |
| 4 月 | 1 日 | | 星期一 | 16h | 2 号舍所有母兔加光 |
| 4 月 | 7 日 | | 星期日 | 16h | 2 号舍母兔第三批人工授精 |
| 4 月 | 16 日 | | 星期二 | 16h | 2 号舍母兔撤产仔箱 |
| 4 月 | 19 日 | | 星期五 | 16h | 2 号舍母兔摸胎，空怀母兔集中管理，限饲 |
| 4 月 | 24 日 | | 星期三 | 12h | 4 月 24 日，1 号舍第一批仔兔育肥出栏，清理、清洗、消毒、空舍 |
| 5 月 | 1 日 | | 星期三 | 12h | 2 号舍第二批仔兔断奶，留在原地育肥；所有母兔转群到 1 号舍，补充后备母兔 |
| 5 月 | 2 日 | 35 | 星期四 | 12h | 1 号舍安装产仔箱，添加垫料 |
| 5 月 | 7 日 | | 星期二 | 12h | 1 号舍母兔产仔，第三批仔兔 |
| 5 月 | 12 日 | | 星期日 | 16h | 1 号舍母兔加光 |
| 5 月 | 18 日 | | 星期六 | 16h | 1 号舍母兔第四批人工授精 |
| 5 月 | 28 日 | | 星期二 | 16h | 1 号舍母兔撤产仔箱 |
| 5 月 | 30 日 | 39 | 星期四 | 16h | 1 号舍母兔第四批摸胎，空怀母兔集中管理，限制饲喂 |
| 6 月 | 5 日 | | 星期三 | 12h | 2 号舍第二批仔兔出栏，彻底清理、清洗、消毒、空舍 |
| 6 月 | 11 日 | | 星期二 | 12h | 1 号舍第三批仔兔断奶，留原地育肥；所有母兔转群到 2 号舍，后备母兔补栏 |
| 6 月 | 12 日 | | 星期三 | 12h | 2 号舍安装产仔箱，添加垫料 |

（续）

| 2013年 | | 周龄 | 星期 | 种母兔光照计划 | 生产操作（假设新建场，有两栋兔舍，两层笼具，上层为育肥笼，下层为种兔笼） |
|---|---|---|---|---|---|
| 6月 | 18日 | | 星期二 | 12h | 2号舍母兔产仔，第四批仔兔 |
| 6月 | 23日 | | 星期日 | 16h | 2号舍母兔加光 |
| 6月 | 29日 | | 星期六 | 16h | 2号舍母兔第五批人工授精 |
| 7月 | 9日 | | 星期二 | 16h | 2号舍撤产仔箱 |
| 7月 | 11日 | 45 | 星期四 | 16h | 2号舍第五批母兔摸胎，空怀母兔集中管理，限制饲喂 |
| 7月 | 16日 | | 星期二 | 12h | 1号舍第三批仔兔出栏，彻底清理、清洗、消毒、空舍 |
| 7月 | 23日 | | 星期二 | 12h | 2号舍第四批仔兔断奶，留在原地育肥；所有母兔转群到1号舍，补充后备母兔 |
| 7月 | 24日 | | 星期三 | 12h | 1号舍安装产仔箱，添加垫料 |
| 7月 | 30日 | | 星期二 | 12h | 1号舍母兔群产仔，第五批仔兔 |
| 8月 | 4日 | | 星期日 | 16h | 8月4日，1号舍母兔加光 |
| 8月 | 10日 | | 星期六 | 16h | 8月10日，1号舍第六批人工授精 |
| 8月 | 20日 | | 星期二 | 16h | 1号舍撤产仔箱 |
| 8月 | 22日 | 51 | 星期四 | 16h | 1号舍第六批摸胎，空怀母兔集中管理，限制饲喂 |
| 8月 | 27日 | | 星期二 | 12h | 2号舍第四批仔兔出栏，彻底清理、清洗、消毒、空舍 |
| 9月 | 3日 | | 星期二 | 12h | 1号舍第五批仔兔断奶，原地育肥；母兔转群到2号舍，补充后备母兔 |
| 9月 | 4日 | | 星期三 | 12h | 2号舍安装产仔箱，添加垫料 |
| 9月 | 10日 | | 星期二 | 12h | 2号舍产仔，第六批仔兔 |
| 9月 | 15日 | | 星期日 | 16h | 2号舍母兔加光 |
| 9月 | 21日 | | 星期六 | 16h | 2号舍第七批人工授精 |
| 10月 | 1日 | | 星期二 | 16h | 2号舍撤产仔箱 |
| 10月 | 2日 | | 星期三 | 16h | 1号舍限饲断奶料，2号舍自由采食准断奶料 |
| 10月 | 3日 | 57 | 星期四 | 16h | 2号舍第七批摸胎，空怀母兔集中管理，控制饲喂 |
| 10月 | 8日 | | 星期二 | 12h | 1号舍第五批仔兔出栏，彻底清理、清洗、消毒、空舍 |
| 10月 | 15日 | | 星期二 | 12h | 2号舍第六批仔兔断奶，留原地育肥；所有母兔转群到1号舍，后备母兔补栏 |
| 10月 | 16日 | | 星期三 | 12h | 1号舍安装产仔箱，添加垫料 |
| 10月 | 22日 | | 星期二 | 12h | 1号舍母兔产仔，第七批仔兔 |
| 10月 | 27日 | | 星期日 | 16h | 1号舍母兔加光 |
| 11月 | 2日 | | 星期六 | 16h | 1号舍第八批人工授精 |
| 11月 | 12日 | | 星期二 | 16h | 1号舍撤产仔箱 |
| 11月 | 14日 | 63 | 星期四 | 16h | 1号舍母兔第八批摸胎 |
| 11月 | 19日 | | 星期二 | 12h | 2号舍仔兔第六批出栏，彻底、清理、清洗、消毒、空舍 |

（续）

| 2013年 | | 周龄 | 星期 | 种母兔光照计划 | 生产操作（假设新建场，有两栋兔舍，两层笼具，上层为育肥笼，下层为种兔笼） |
|---|---|---|---|---|---|
| 11月 | 26日 | | 星期二 | 12h | 1号舍第七批仔兔断奶，原地育肥；所有母兔转群到2号舍，补充后备母兔 |
| 11月 | 27日 | | 星期三 | 12h | 2号舍安装产仔箱，添加垫料 |
| 12月 | 3日 | | 星期二 | 12h | 2号舍母兔产仔，第八批仔兔（将于2014年1月7日断奶，2月10日出栏） |
| 12月 | 8日 | | 星期日 | 16h | 2号舍母兔加光 |
| 12月 | 14日 | | 星期六 | 16h | 2号舍第九批人工授精（将2014年1月13日产仔，2月17日断奶） |
| 12月 | 24日 | | 星期二 | 16h | 2号舍撤产仔箱 |
| 12月 | 26日 | 69 | 星期四 | 16h | 2号舍第九批摸胎 |
| 12月 | 31日 | | 星期二 | 12h | 1号舍第七批仔兔出栏，彻底清理、清洗、消毒、空舍 |

# 第四节　工厂化养兔“全进全出”模式生产要点

工厂化养兔的核心是全进全出系统（All-in all-out system）。从国内外工厂化养兔的生产实践来，只有采用了全进全出方针（All-in all-out policy），实施了全进全出操作，才是工厂化养兔。

## 一、“全进全出”的关键是“全出”

要实现全进全出，首先要能做到及时全出，否则计划无法按时进行。在欧洲，工厂化养兔之所以能够快速普及，与其产业链的社会化分工相对完善有很大关系。欧洲的兔业相关企业如育种公司、种兔场、饲料公司、商品兔养殖场、屠宰加工厂、兽医服务等都是依靠订单的“契约”关系紧密联系在一起并形成联动，形成良性循环，市场波动幅度较小而且不频繁。中国兔产业市场发育不成熟，社会化分工不完善，迫使大企业搞“全产业链”。但是养兔企业还是会因市场流通渠道不畅出现“卖兔难”现象，不能及时全出，必定影响工厂化养兔的生产计划正常进行。建议养兔企业通过类似农村专业合作社的组织形式联合起来，与兔肉食品加工企业合作，通过订单形式确定“全出”计划安排，再将订单分解到全年的生产计划中。同样以订单的方式，与种兔、饲料、兽药等合作，降低生产成本。中国的农村专业合作社要向欧美的农村专业合作组织学习，采用企业化运作，聘请职业经理人为合作社效力，通过规范化管理达成最佳的经济效益。

## 二、“全进全出”需要硬件配套

工厂化养兔就是要给家兔提供舒适的生存环境以及达标的饲料和饮水。全进全出可以提高人均劳效，但前提是设备设施等硬件要配套。工欲善其事，必先利其器。硬件的投入可以减少对人工和人为的依赖，从长远角度考虑，有利于成本控制。

**1. 兔舍和环境控制设备** 兔舍的设置与传统的规模化养殖有本质区别，不用设置种兔舍、仔兔舍、育肥兔舍等，所有兔舍的设置均具备种兔繁育和商品兔育肥的功能。工厂化养兔原则上不能采取自然通风的方式，兔舍布局应利于污染空气的排放，净道与污道不能交叉等。关键要配置主动通风换气设备，采取纵向低位通风的方式通风，有条件的还可以配置湿帘降温设施和空气过滤设施，甚至采用传感器和变频器等实现环境控制的自动化，这些都是未来兔产业的发展方向。这些设施可以改善兔舍内的温度、湿度和有害气体浓度等环境指标。

**2. 笼具和产仔箱** 笼具的设计要“人性化”，便于生产操作，也要让家兔住着舒适，减少疾患发生。以欧洲的工厂化养兔实践经验，适合工厂化养兔的是单层或双层笼具，产仔箱与兔笼一体化，这种设计利于通风换气，利于生产操作，利于家兔生产和生长，利于消毒处理，撤产仔箱时会使家兔的有效利用空间出现相对的增加。三层笼具和外挂式产仔箱不适合于工厂化养兔，三层笼具对通风换气和粪便清理都存在影响，不利于环境控制。外挂式产仔箱占用储存空间，不利于消毒，增加劳动强度，撤产仔箱时家兔的有效利用空间出现绝对数的减少。虽然三层笼具在理论上可以多饲养一些家兔，但由于环境控制能力较差，家兔健康管理成本增加，家兔的遗传潜能得不到有效发挥，成活率低于双层笼具，最终经济效益并不比双层笼具多。

**3. 饮水处理设备** 饲料和饮水的重要性不言而喻。工厂化养兔的生理压力大于传统养兔，需要饲料营养的支持，水作为最重要的营养物质经常被国内养兔企业忽视。多数国内养兔企业缺少水的处理设备设施，或者设备处理能力较差，疏于维护，水质达不到饮用标准。通过对欧洲养兔企业的实地考查了解到，如果做好水的前处理，饮水线的清理可以在全进全出时彻底的消毒清理一次，平时的生产不用再清理。

**4. 粪污和病死兔处理设施** 工厂化养兔的粪污和病死兔处理对兔场本身和对周边环境都有重要影响。需要注意的是要做到粪尿分离和粪水分离，一方面便于对兔粪进行无害化处理，另一方面可以提高兔粪的商品价值。堆肥处理和沼气发酵等是常用的处理粪污方法，增加一些必要的设备设施，可以在此基础上生产高档生物肥，既减少了环境污染，又提高了经济效益。病死兔的无害化处理要注意避免对地下水和空气造成二次污染，更要禁止病死兔流到社会上。无论采用焚烧处理还是发酵处理，让这些设施正常运行以保障工厂化养兔不受自身产生的污染影响，这非常重要。

# 第五节　工厂化养兔对营养的需求和家兔补饲技术

## 一、国内外对工厂化养兔的营养补饲技术探索

工厂化养兔由于密度高，生产强度大，种兔和商品兔对营养需求高于传统养兔。中国工厂化养兔在实践过程中普遍遇到饲料营养的瓶颈，需要突破。

欧洲的工厂化养兔生产中注重能量蛋白比、纤维素组分和淀粉的控制，注重氨基酸平衡和可消化蛋白质的供给。在对欧洲的工厂化养兔企业的实地考察中发现，欧洲工厂化养兔企业应用一种每周额外补饲 40～50g 的专门饲料，在繁殖期正常供应饲料之外每周定期饲喂这种专门饲料，强化种兔的营养供应，对维持种兔拥有较高的生产水平起到了关键性作用。法国专家 Lebas F. 在 2004 年提出的营养推荐表中（表 11－3），对集约化养兔的营养做出了特别推荐，值得中国养兔企业参考。

在中国，营养补饲的理念始于给家兔补饲黄豆，增加蛋白质和脂肪的实际供给，尤其是饲料营养水平不高的情况下应用，效果较好。关于工厂化养兔条件下的营养调控，国家兔产业技术体系的岗位科学家们近年来也开始做大量的基础研究和饲喂试验，2011 年秦应和等对家兔饲料营养与繁殖的关系展开了综述研究；李福昌研究了各营养素对肉兔的生物学效应；谷子林对非常规粗饲料资源的利用展开了广泛的研究。这些工作基础对中国工厂化养兔的起步阶段起到了重要的指导作用。中国兔产业的科学家和营养专家需要进一步探索研究，设计效果更加适合于工厂化养兔的补饲产品，相信这种补饲技术对中国工厂化养兔的整体生产水平的提高将起到积极的促进作用。

## 二、国内工厂化养兔企业的营养实践

国内大型肉兔龙头企业养殖科技人员围绕工厂化养兔的“全进全出”高繁育强度下的配套系种兔的营养调控需要，做了大量的探讨与实践，以下是未公开发表的对母兔不同阶段的营养与饲喂技术要点简述：

**1. 后备期**（80 日龄至第一次配种）　这期间的营养对后面繁殖有重要作用，过肥和过瘦都不利。合理的蛋白能量配比及适当的控制饲料量是保证标准体重的关键，消化能 9.5～10.0MJ/kg，蛋白 16%较为有利；合理的纤维结构及含量是母兔肠道健康，确保持续健康繁殖的重要因素，实践表明中性洗涤纤维（NDF）40%，酸性洗涤纤维（ADF）20%，酸性洗涤木质素（ADL）＞6%对提高繁殖母兔全期的健康指数较为有利；维生素 A、维生素 D、维生素 E 等在饲料原料中缺乏并严重影响肉兔繁殖性能，其添加数量及质量都需要重视；铁、铜、锌、锰等微量元素是种母兔和种公兔不可缺少的，添加时要按照推荐量准确添加，过多过少都不利，同时要考虑有害重金属含量以免影响最终产品质量。

**2. 妊娠期**　单纯妊娠母兔的营养需要低于哺乳母兔和边妊娠边哺乳的母兔，但在生产上进入繁殖阶段的母兔往往不方便区别用料，而用同一种母兔料，通过给料量控制不同阶段的种用体况，所以第一胎配种后 2～3 周要根据体况适当控制饲喂，以防止母兔过肥

而影响繁殖性能。

**3. 空怀期** 配种后12～14d摸胎（妊娠诊断）确认未受孕而又未哺乳的母兔，其营养需要仅为维持自身繁殖体能，故需要控制给料量，具体给料量需要根据母兔体况确定，一般在160～180g较为合适。未怀孕但哺乳的母兔，要根据体况变化调控饲喂量。

**4. 哺乳期** 高频密繁殖状态下，母兔更多的生理状态是边哺乳边妊娠，这时母兔的营养要满足泌乳、妊娠和自身繁殖生理状态维持需要，蛋白质和能量需求最高，消化能要达到10.5～11.0 MJ/kg，粗蛋白质17%～18%，而且氨基酸需要平衡，确保母兔自由采食状态。

**5. 准断奶阶段** 母兔产仔21日龄之后泌乳量逐渐下降，腹中胎儿处在关键的胚胎前期，小兔采食量快速上升，并准备断奶。这时的营养需要兼顾三者，准断奶料的消化能10.0 MJ/kg，粗蛋白质16%较为适宜，蛋白质的质量很关键。适当提高纤维素的含量，尤其是木质素的含量不能低于5.5%。要确保母仔兔自由采食。准断奶料的合理使用，还可以减少断奶仔兔的换料应激，提高成活率。

**表11-3 饲养家兔的营养推荐**

（饲料为90%平均质）

| 生产阶段或类型 | | 生长兔 | | 繁殖兔[1] | | 单一饲料[2] |
|---|---|---|---|---|---|---|
| | | 18～42日龄 | 42～75，80日龄 | 集约化 | 半集约化 | |
| **1组：对最高生产性能的推荐量** | | | | | | |
| 消化能 | kCal /kg | 2 400 | 2 600 | 2 700 | 2 600 | 2 400 |
| | MJ/kg | 10.0 | 10.9 | 11.30 | 10.9 | 10.0 |
| 粗蛋白质（g/kg） | | 150～160 | 160～170 | 180～190 | 170～175 | 160 |
| 可消化蛋白质（g/kg） | | 110～120 | 120～130 | 130～140 | 120～130 | 110～125 |
| 可消化蛋白/消化能 | g/1 000 kcal | 45 | 48 | 53～54 | 51～53 | 48 |
| | g/MJ | 10.7 | 11.5 | 12.7～13.0 | 12.0～12.7 | 11.5～12.0 |
| 脂肪（g/kg） | | 20～25 | 25～40 | 40～50 | 30～40 | 20～30 |
| 氨基酸（g/kg） | | | | | | |
| 赖氨酸 | | 7.5 | 8.0 | 8.5 | 8.2 | 8.0 |
| 含硫氨基酸（蛋+胱） | | 5.5 | 6.0 | 6.2 | 6.0 | 6.0 |
| 苏氨酸 | | 5.6 | 5.8 | 7.0 | 7.0 | 6.0 |
| 色氨酸 | | 1.2 | 1.4 | 1.5 | 1.5 | 1.4 |
| 精氨酸 | | 8.0 | 9.0 | 8.0 | 8.0 | 8.0 |
| 矿物质 | | | | | | |
| 钙（g/kg） | | 7.0 | 8.0 | 12.0 | 12.0 | 11.0 |
| 磷（g/kg） | | 4.0 | 4.5 | 6.0 | 6.0 | 5.0 |
| 钠（g/kg） | | 2.2 | 2.2 | 2.5 | 2.5 | 2.2 |
| 钾（g/kg） | | ＜15 | ＜20 | ＜18 | ＜18 | ＜18 |
| 氯（g/kg） | | 2.8 | 2.8 | 3.5 | 3.5 | 3.0 |
| 镁（g/kg） | | 3.0 | 3.0 | 4.0 | 3.0 | 3.0 |
| 硫（g/kg） | | 2.5 | 2.5 | 2.5 | 2.5 | 2.5 |
| 铁（mg/kg） | | 50 | 50 | 100 | 100 | 80 |

（续）

| 生产阶段或类型 | 生长兔 | | 繁殖兔[1] | | 单一饲料[2] |
|---|---|---|---|---|---|
| | 18～42 日龄 | 42～75，80 日龄 | 集约化 | 半集约化 | |
| 铜（mg/kg） | 6 | 6 | 10 | 10 | 10 |
| 锌（mg/kg） | 25 | 25 | 50 | 50 | 40 |
| 锰（mg/kg） | 8 | 8 | 12 | 12 | 10 |
| 脂溶性维生素 | | | | | |
| 维生素 A（UI / kg） | 6 000 | 6 000 | 10 000 | 10 000 | 10 000 |
| 维生素 D（UI / kg） | 1 000 | 1 000 | 1 000（<1 500） | 1 000（<1 500） | 1 000（<1 500） |
| 维生素 E（mg / kg） | ≥30 | ≥30 | ≥50 | ≥50 | ≥50 |
| 维生素 K（mg / kg） | 1 | 1 | 2 | 2 | 2 |
| **2 组：维持最佳健康水平的推荐量** | | | | | |
| 酸性洗涤纤维（ADF）（g/kg） | ≥ 190 | ≥ 170 | ≥ 135 | ≥ 150 | ≥ 160 |
| 木质素（ADL）（g/kg） | ≥ 55 | ≥ 50 | ≥ 30 | ≥ 30 | ≥ 50 |
| 纤维素（ADF－ADL）（g/kg） | ≥ 130 | ≥ 110 | ≥ 90 | ≥ 90 | ≥ 110 |
| 木质素/纤维素比值 | ≥ 0.40 | ≥ 0.40 | ≥ 0.35 | ≥ 0.40 | ≥ 0.40 |
| 中性洗涤纤维（NDF）（g/kg） | ≥ 320 | ≥ 310 | ≥ 300 | ≥ 315 | ≥ 310 |
| 半纤维素（NDF－ADF）（g/kg） | ≥ 120 | ≥ 100 | ≥ 85 | ≥ 90 | ≥ 100 |
| （半纤维素＋果胶）/ ADF 比值 | ≤ 1.3 | ≤ 1.3 | ≤ 1.3 | ≤ 1.3 | ≤ 1.3 |
| 淀粉（g/kg） | ≤ 140 | ≤ 200 | ≤ 200 | ≤ 200 | ≤ 160 |
| 水溶性维生素 | | | | | |
| 维生素 C（mg/kg） | 250 | 250 | 200 | 200 | 200 |
| 维生素 $B_1$（mg/kg） | 2 | 2 | 2 | 2 | 2 |
| 维生素 $B_2$（mg/kg） | 6 | 6 | 6 | 6 | 6 |
| 尼克酸（维生素 PP）（mg/kg） | 50 | 50 | 40 | 40 | 40 |
| 泛酸（mg/kg） | 20 | 20 | 20 | 20 | 20 |
| 维生素 $B_6$（mg/kg） | 2 | 2 | 2 | 2 | 2 |
| 叶酸（mg/kg） | 5 | 5 | 5 | 5 | 5 |
| 维生素 $B_{12}$（mg/kg） | 0.01 | 0.01 | 0.01 | 0.01 | 0.01 |
| 胆碱（mg/kg） | 200 | 200 | 100 | 100 | 100 |

注 1：对于母兔来讲，半集约化是指种兔年提供断奶仔兔 40～50 只的生产水平，集约化是指种兔年提供断奶数超过 50 只仔兔以上的生产水平。

注 2：单一饲料饲喂方式是指在兔场中所有家兔都吃一种饲料，是一种各类别家兔营养需求的折中营养方案。

# 第十二章

# 兔群保健与疾病控制

## 第一节　兔场的生物安全体系

### 一、科学饲养管理

#### （一）科学选址、合理布局

在建场时应注意兔舍要通风良好、温度适宜、光线充足、背风向阳、地势高、安静，应位于交通方便、道路宽阔、水源充足、利于排污和进行污水净化、较为偏僻易于设防的地区，应远离主干公路、居民区和其他动物养殖场、屠宰加工厂、交易市场等，使养兔场有一个安全的生态环境。

规模兔场要分区布局，一般分成生产区、管理区、生活区、辅助区四大块。生产区是兔场的核心部分，其排列方向应面对该地区的长年风向。生产区内部应按核心群种兔舍→繁殖兔舍→幼兔舍→育成兔舍的顺序排列。管理区是办公和接待来往人员的地方，通常由办公室、接待室、陈列室和培训教室组成。其位置应尽可能靠近大门口，使对外交流更加方便，也减少对生产区的直接干扰。生活区主要包括职工宿舍、食堂等生活设施，其位置可以与生产区平行，靠近管理区，但必须在生产区的上风向。辅助区分两个小区，一区包括饲料仓库、饲料加工车间、干草库、水电房等；另一区包括兽医诊断室、病兔隔离室、死兔化尸池等。由于饲料加工有粉尘污染，兽医诊断室、病兔隔离室经常接触病原体，因此，辅助区必须设在生产区、管理区和生活区的下风向，以保证整个兔场的安全。各个功能区、各栋兔舍要有一定间隔并用防疫隔离带或围墙隔开。

#### （二）良好的饲养环境

兔舍春、夏季要能通风遮阴，以降低舍内温度，通风好可以降低中暑的发病率。冬季要能保温。最适宜养兔的温度是15～25℃，最低温度应高于0℃，最高温度不超过32℃。长时间高温，公兔性欲减退，母兔受孕率下降，秋繁时易出现种公兔不育现象。兔舍湿度应尽量保持恒定，相对湿度以40%～70%为宜。兔舍良好的通风条件不仅可以调节兔舍内温、湿度，还能排出舍内有害气体，有效地减少兔呼吸道疾病的发生。因此，在维持兔舍温、湿度的条件下，要适当加大通风，保证舍内空气新鲜。家兔胆小怕惊，突然的噪声及强光可引起妊娠母兔流产，哺乳母兔拒绝哺乳，甚至残食仔兔等严重后果，因此，应尽量避免在场内、场外发出较大噪声及强光，以免家兔受惊。兔笼应大小适宜，笼底板应平整光洁，弹性均匀，缝隙大小合适。若笼门不好或隔网间隙过大，小兔经常出笼，则易造成系谱混乱，发病率和死亡率增加；若笼底板不适宜，则脚皮炎、骨折、八字脚等发病率大大增加。总之，兔场设施、设备建设的好坏，对兔群的健康卫生影响较大，建场之初搞好基础建设非常重要。

### （三）科学配料，合理饲喂

根据家兔的生理特性，科学合理地配合好饲料，提高饲料的安全性，可以降低胃肠道疾病的发病率，提高生长速度，增强抗病能力。缺少青绿饲料时，必须在饲料中添加足够的多种维生素。饲料中要注意能量、粗蛋白、粗纤维、钙、磷、氨基酸的平衡。适当地在饲料中添加抗病健体的添加剂。在青绿饲料充裕时，应以草为主，适当补充精饲料。此外，饲料的原料必须合格，所有霉变的原料一律废弃，否则会对全群兔的健康造成危害，引起腹泻、霉菌毒素中毒等疾病。

在饲喂过程中，不同对象宜区别对待。断奶的幼兔应供给优质的易消化的饲料，且应限量饲喂，一般喂七八成饱；根据生长发育情况，逐步增加喂量。哺乳母兔一般应供给充足的全价饲料或精、青、粗饲料，特别是青绿多汁饲料，促使母兔多产奶，养好小兔，少发生乳房炎。种公兔不宜多喂，以防过肥，影响性欲。青年兔则以青、粗饲料为主，适当补充精饲料或全价饲料。

### （四）搞好清洁卫生、消毒防病

每天清扫粪尿，特别是气温较高及通风不良时，舍内粪尿易发酵产生较多的氨气等有害气体，加之灰尘较多，影响兔的健康。应将粪尿清出兔舍，堆放到远离兔舍的地方。晴好天气时，可用水适当冲洗兔笼、兔舍。经常清洗食槽、水槽，定期消毒。高温季节喂水拌料时，应防止饲料变酸，应少拌料、勤添。产仔箱每次更换后应清洗、消毒，产仔箱中的垫草也应晒干，防止霉变。

严禁外来人员随意入场。收购兔毛、兔皮、活兔的人员一律禁止进入生产区。场内人员的工作服要经常清洗消毒。不到疫区购买原辅材料、引进种兔。

根据兔场实际情况建立合理的消毒程序并严格执行。

## 二、合理的防病措施

家兔成活率是影响养兔经济效益的重要因素。提高家兔成活率的关键是解决人为因素，提高养兔技术。合理的防病措施对提高家兔成活率具有重要意义。

### （一）引种安全

引进种兔时不能只强调品种、价格等，还要特别注意对疾病的防范。在引进种兔时应特别注意原场不应有兔皮肤真菌病、兔螨病、兔沙门氏菌病等难以控制的疾病。否则，会给以后的防病治病工作带来极大的麻烦。已养兔者，在引进种兔时应将新兔隔离观察 1 个月以上，多方检查合格后方能放入大群中饲养。

在引种过程中一定要严格考察兔场所养种兔的健康状况及生物安全措施，不要引入来历不明的种兔，保障兔场安全。引种前要对引种场的信息进行充分调查研究或直接参观兔场，了解兔群健康状况，最好从一个兔场引种，以降低引种风险，切忌从集市或兔贩手中引种。

### （二）建立科学的防病程序

兔病应以防为主，特别是规模兔场。对于重大传染病必须进行免疫预防或药物预防。科学防病程序的建立在兔病防治中占有重要的地位，是保证养兔成功的关键之一。

### （三）药物预防

药物预防主要用于小兔的球虫病。从仔兔吃料开始就应在其饲料中加抗球虫药，如地克珠利等高效抗球虫药，直至80日龄或出售前一周。以喂草为主的兔场，要在饲料中适当增加抗球虫药，以满足防病的需要。

螨病发生严重的兔场，又得不到有效控制时，可在饲料中加伊维菌素粉剂，每1～2个月用药一个疗程，即2次用药，间隔7～10d，可有效降低发病率。

### （四）加强管理

从兔病病因分析方面看，除病原性因素外，对于其他病因引起的疾病，只能通过加强管理进行预防，从而实现提高成活率的目标。

**1. 环境控制** 新鲜、清洁的空气，适宜的温度、湿度是家兔正常生长繁殖的最基本的条件。因此，从兔场选址、兔舍设计时就应考虑这些问题。

**2. 饲料** 制定适合于不同生长繁殖阶段兔营养需要的标准，配制适应家兔消化生理特性的饲料，给家兔提供良好的物质基础。饲料从原料采购、加工到运输、贮藏整个过程中，都要确保质量安全。

**3. 饮水** 要提供达到人饮用水质量要求的水源。还要注意水在贮罐、饮水输送管道、饮水器连接处等环节的卫生，避免由于水长时间不流动造成的水质恶化。

**4. 喂量标准化** 除自由采食外，制定出在一定营养标准饲料的情况下，每天、每兔的喂料量及递增量。

**5. 繁殖方式** 要根据自身条件，采用配套的饲养管理技术，确定适当的繁殖方式。如哺乳母兔管理、仔兔管理、断奶兔管理等。

**6. 清洁卫生、消毒** 这些是重要的日常管理工作，做好它，防微杜渐，成效卓著。

### （五）兔病的日常处理

在做好各项工作的基础上，兔群发病率将大大下降，成活率、育成率均能达到较高的水平。但兔病还会经常发生，仅进行疫苗注射和药物预防是不够的，发现兔病并进行正确的处理，在疾病防治工作中十分重要。

**1. 及时发现，尽快处理** 每天应对每只兔检查1～2次，发现病兔随即处理。耽误时间，就会丧失治疗的机会，因此，兔发病后治疗得越早越好。

**2. 初步判断，尽快用药** 对能明确判断病因的病兔，如疥螨、脱毛癣、乳房炎等可采取针对性的治疗措施，而对于腹泻、发热、食欲差等病因不确定的病兔，应首先给予一定的药物治疗。对于腹泻病，可给予口服或注射抗菌药物，特别是幼兔拉稀发病较多，一般及早给予抗菌药配合其他药物能有较高的治愈率，而对于魏氏梭菌下痢及其他非细菌性下痢则另当别论。若病兔不下痢，仅见食欲不振或废食，应主要考虑肺部疾病或全身性疾病，肌肉注射抗菌药物，效果较显著，一般一天用药2次，连续用药3～5d。对于传染性较强的病，如螨病、脱毛癣等，若不是新引进兔，在兔群中发现个别病例症状明显，表明全群已被感染，应全群用药，控制流行，可减少发病。

**3. 病死兔应作病理剖检**　兔在死后应立即作剖检。检查病变主要在胸腔，还是腹腔。肺、肝、脾、肾、肠道等主要部位有哪些病理变化，据此作出初步判断。这样做便于积累知识和经验，对于长期从事养兔业的人来说十分重要。如遇到兔群死亡率突然增高，作病理剖检能及时作出诊断，对指导疾病的防治非常重要。

**4. 及时淘汰病残兔**　一些失去治疗价值及经济价值的兔应及时淘汰。如严重的鼻炎兔、反复下痢的兔、僵兔、畸形兔以及失去繁殖能力的兔。一些病兔虽然能存活，但久治不愈，应尽早淘汰，以避免大量散播病原菌。有的兔抵抗力下降，易染疾病。

**5. 正确处理病死兔**　所有病死兔剖检后，如不送检，应在远离兔舍处深埋或烧毁，减少病原散播，千万不能乱扔，或给犬、猫吃。

**6.** 若兔群发病死亡率突然升高，又查不出病因，没有很好的治疗办法，应尽早送新鲜病死兔到有条件的兽医部门进行诊断，以免耽误时机，造成更大损失。

## 三、兔群免疫程序（分品种）

### （一）毛兔、獭兔免疫程序

**表12-1　仔、幼兔免疫力的建立**

| 免疫日龄 | 疫苗名称 | 剂量 | 免疫途径 |
|---|---|---|---|
| 35～40日龄 | 兔病毒性出血症、多杀性巴氏杆菌病二联灭活疫苗或兔病毒性出血症（兔瘟）灭活疫苗 | 2mL | 皮下注射 |
| 60～65日龄 | 兔病毒性出血症、多杀性巴氏杆菌病、产气荚膜梭菌病三联灭活疫苗 | 2mL | 皮下注射 |

**表12-2　非繁殖青年兔、成年产毛兔免疫程序**（每年2次定期免疫，间隔6个月）

| 定期免疫 | 疫苗名称 | 剂量 | 免疫途径 |
|---|---|---|---|
| 第1次 | 兔病毒性出血症、多杀性巴氏杆菌病、产气荚膜梭菌病三联灭活疫苗 | 2mL | 皮下注射 |
| 第2次 | 兔病毒性出血症、多杀性巴氏杆菌病、产气荚膜梭菌病三联灭活疫苗 | 2mL | 皮下注射 |

**表12-3　繁殖母兔、种公兔**（每年2次定期免疫，间隔6个月）

| 定期免疫 | 疫苗名称 | 剂量 | 免疫途径 |
|---|---|---|---|
| 第1次 | 兔病毒性出血症、多杀性巴氏杆菌病、产气荚膜梭菌病三联灭活疫苗<br>兔病毒性出血症灭活疫苗 | 2mL<br>1mL | 皮下注射 |

（续）

| 定期免疫 | 疫苗名称 | 剂量 | 免疫途径 |
| --- | --- | --- | --- |
| 第1次 | 或<br>兔病毒性出血症、多杀性巴氏杆菌病二联灭活疫苗<br>兔产气荚膜梭菌病（魏氏梭菌病）灭活疫苗 | 2mL<br>2mL | 皮下注射 |
| 第2次 | 兔病毒性出血症、多杀性巴氏杆菌病、产气荚膜梭菌病三联灭活疫苗<br>兔病毒性出血症灭活疫苗 | 2mL<br>1mL | 皮下注射 |
| | 或<br>兔病毒性出血症、多杀性巴氏杆菌病二联灭活疫苗<br>兔产气荚膜梭菌病（魏氏梭菌病）灭活疫苗 | 2mL<br>2mL | 皮下注射 |

## （二）肉兔免疫程序

**表 12－4　商品肉兔**（70 日龄出栏）

| 免疫日龄 | 疫苗名称 | 剂量 | 免疫途径 |
| --- | --- | --- | --- |
| 35～40 日龄 | 兔病毒性出血症、多杀性巴氏杆菌病二联灭活疫苗<br>或兔病毒性出血症（兔瘟）灭活疫苗 | 2mL | 皮下注射 |

**表 12－5　商品肉兔**（70 日龄以上出栏）

| 免疫日龄 | 疫苗名称 | 剂量 | 免疫途径 |
| --- | --- | --- | --- |
| 35～40 日龄 | 兔病毒性出血症、多杀性巴氏杆菌病二联灭活疫苗 | 2mL | 皮下注射 |
| 60～65 日龄 | 兔病毒性出血症、多杀性巴氏杆菌病二联灭活疫苗<br>或兔病毒性出血症（兔瘟）灭活疫苗 | 1mL | 皮下注射 |

**表 12－6　繁殖母兔、种公兔**（每年 2 次定期免疫，间隔 6 个月）

| 定期免疫 | 疫苗名称 | 剂量 | 免疫途径 |
| --- | --- | --- | --- |
| 第1次 | 兔病毒性出血症灭活疫苗<br>兔病毒性出血症、多杀性巴氏杆菌病、产气荚膜梭菌病三联灭活疫苗 | 1mL<br>2mL | 皮下注射 |
| | 或<br>兔病毒性出血症、多杀性巴氏杆菌病二联灭活疫苗<br>产气荚膜梭菌病（魏氏梭菌病）灭活疫苗 | 2mL<br>2mL | 皮下注射 |
| 第2次 | 兔病毒性出血症灭活疫苗<br>兔病毒性出血症、多杀性巴氏杆菌病、产气荚膜梭菌病三联灭活疫苗 | 1mL<br>2mL | 皮下注射 |
| | 或<br>兔病毒性出血症、多杀性巴氏杆菌病二联灭活疫苗<br>产气荚膜梭菌病（魏氏梭菌病）灭活疫苗 | 2mL<br>2mL | 皮下注射 |

注：定期免疫时，各种疫苗注射间隔 5～7d。

## 四、兔场消毒程序

消毒的目的是消灭环境中的病原体，杜绝一切传染来源，阻止疫病继续蔓延的一项重要的综合性预防措施。我们应该有正确和积极的消毒观念。

### （一）消毒设施设备

门口消毒设施：场门口要建有宽度适当、长度达机动车车轮一周半的消毒池。消毒池应为防渗硬质水泥结构，深度为15cm左右，池顶可修盖遮雨棚，池四周地面应低于池沿，消毒池内的消毒液要保持有效浓度。兔舍门口设有更衣室、消毒室。

生产区门口消毒设施：生产区门口设置消毒池、消毒间，消毒池长、宽、深与本厂运输工具车辆相匹配。消毒间必须具有喷雾消毒设备或紫外线灯，室内有更衣柜、洗手池（盆），地面有消毒垫、更衣换鞋等设施，有条件的可设置沐浴室。

兔舍门口消毒设施：每栋兔舍门口设置消毒池、消毒垫及消毒盆。

### （二）消毒剂的选择

**1. 季铵盐类消毒剂**　包括癸甲溴铵（百毒杀）等，无毒性、无刺激性、气味小、无腐蚀性、性质稳定。适用于皮肤、黏膜、兔体、兔舍、用具、环境的消毒。

**2. 卤素类消毒剂**　包括碘伏（金碘、拜净）、聚维酮碘、碘化钾、次氯酸钠、次氯酸钙、氯化磷酸三钠、二氯异氰尿酸钠（优氯净）、三氯异氰尿酸等，具有广谱性，可杀灭所有类型的病原微生物。适用于环境、兔舍、用具、车辆、污水、粪便的消毒。

**3. 醛类消毒剂**　包括甲醛、戊二醛等，性质稳定、较低温仍有效。适用于空兔舍、饲料间、仓库及兔舍设备的熏蒸消毒。

**4. 过氧化物类消毒剂**　包括过氧乙酸、高锰酸钾、过氧化氢等，具有广谱、高效、无残留的特点，能杀灭细菌、真菌、病毒等。适用于兔舍带兔喷雾消毒、环境消毒等。

**5. 醇类消毒剂**　最常用为乙醇（75%酒精），它可凝固蛋白质，导致微生物死亡，属于中效消毒剂，可杀灭细菌繁殖体，破坏多数亲脂性病毒。适用于皮肤、容器、工具的消毒，也可作为其他消毒剂的溶剂，发挥增效作用。

**6. 酚类消毒剂**　包括苯酚、甲酚（来苏儿）及酚的衍生物等。该类药物性质稳定，适用于空的兔舍、车辆、排泄物的消毒。

**7. 碱类消毒剂**　包括苛性钠、苛性钾、石灰、草木灰、苏打等，对病毒、细菌的杀灭作用均较强，高浓度溶液可杀灭芽孢。适用于墙面、消毒池、贮粪场、污水池、潮湿和无阳光照射环境的消毒。有一定的刺激性及腐蚀性。

**8. 酸类消毒剂**　包括醋酸、硼酸等，毒性较低，杀菌力弱，适用于对空气消毒。

**9. 表面活性剂类消毒剂**　包括阳离子表面活性剂类，苯扎溴铵（新洁尔灭）和醋酸氯己定（洗必泰）等；阴离子表面活性剂类，如肥皂等，无毒性、无刺激性、气味小、无腐蚀性、性质稳定。适用于皮肤、黏膜、兔体等的消毒。

**10. 氨水**　市售氨水浓度为25%～28%。本品对杀灭球虫卵囊有很好的效果（注：其他消毒剂均不能有效杀灭球虫卵囊）。使用本品需兔舍能密闭。使用时将市售氨水直接倒入塑料盘中，用量为每立方米5～10mL，密闭消毒24～48h后通风，无氨味后方可进入。

### （三）消毒方法

**1. 喷雾消毒** 采用规定浓度的化学消毒剂用喷雾装置进行消毒，适用于舍内消毒、带兔消毒、环境消毒、车辆消毒。

**2. 浸泡消毒** 用有效浓度的消毒剂浸泡消毒，适用于器具消毒、洗手、浸泡工作服、胶靴等。

**3. 熏蒸消毒** 紧闭门窗，在容器内加入福尔马林、高锰酸钾或乳酸等，加热蒸发，产生气体杀死病原微生物，适用于兔舍的消毒。

**4. 紫外线消毒** 用紫外线灯照射杀灭病原微生物，适用于消毒间、更衣室的空气消毒及工作服、鞋帽等物体表面的消毒。

**5. 喷洒消毒** 喷洒消毒剂杀死病原微生物，适用于在兔舍周围环境、门口的消毒。

**6. 火焰消毒** 用酒精、汽油、柴油、液化气喷灯进行瞬间灼烧灭菌，适用于兔笼、产仔箱及耐高温器物的消毒。

**7. 煮沸消毒** 用容器煮沸消毒，适用于金属器械、玻璃用具、工作服等煮沸灭菌。

### （四）消毒制度

**1. 日常卫生** 每天坚持清扫兔舍、兔场内道路，经常清洗料槽、水槽，保证日常用具的清洁、干净。

**2. 环境消毒**

（1）消毒池的消毒液保持有效浓度，场区入口、生产区入口处的消毒池每周更换2～3次消毒液，兔舍入口处消毒池（垫）的消毒液每天更换1次。可选用碱类消毒剂、过氧化物类消毒剂等轮换使用。

（2）场区道路 地面清扫干净，用3%来苏儿或10%石灰乳洒在地面上。

（3）排污沟、下水道出口、污水池定期清除干净，并用高压水枪冲洗，每1～2周至少消毒一次。

（4）兔舍周围环境可用10%漂白粉或0.5%过氧乙酸等消毒剂，每半月喷洒消毒至少1次。春秋两季，兔舍墙壁上和固定兔笼的墙壁上涂抹10%～20%的新鲜石灰乳。

**3. 人员消毒**

（1）工作人员进入生产区须经“踩、淋、洗、换”消毒程序（踩踏消毒垫消毒，喷淋消毒液，消毒液洗手或洗澡，更换生产区工作服、胶鞋或其他专用鞋等）经过消毒通道，方可进入。进出兔舍时，双脚踏入消毒垫，并注意洗手消毒，可选用季铵盐类消毒剂（0.5%新洁尔灭）等。工作服等要经1%～2%的来苏儿洗涤后，高压或煮沸消毒20～30min后备用。

（2）禁止外来人员进入生产区，若必须进入生产区时，经批准后按消毒程序严格消毒。

（3）检查巡视兔舍的工作人员、生产区的工作人员、负责免疫工作的人员，每次工作前后，用消毒剂洗手。

（4）出售家兔应设专用通道，门口设置消毒隔离带，家兔出售过程在生产场区外完成。出生产区的兔不得再回生产区。

**4. 兔舍消毒**

（1）**新建圈舍消毒**　清扫干净、自上而下喷雾消毒。饲喂用具清洗消毒。消毒药可选用碱类、酸类或季铵盐类。

（2）**空兔舍消毒**

①先用清水或消毒药液喷洒撤空后的兔舍，然后对兔舍的地面、墙壁、兔舍内的器具进行彻底清理，清除兔舍内的污物、粪便、灰尘等。

②用高压水枪冲洗圈舍内的顶棚、墙壁、门窗、地面、走道；搬出可拆卸用具及设备，洗净、晾干、于阳光下曝晒或干燥后用消毒剂从上到下喷雾消毒，必要时用20%新鲜石灰乳涂刷墙壁。

③将已消毒好的设备及用具搬进舍内安装调试，密闭门窗后用甲醛熏蒸消毒。每立方米用浓度为35%～40%甲醛28mL，14g高锰酸钾即可，进行熏蒸，温度应保持在24℃左右，湿度控制在75%左右。操作人员要避免甲醛与皮肤接触，操作时先将高锰酸钾加入陶瓷容器，再倒入少量的水，搅拌均匀，再加入甲醛后人即离开，密闭兔舍，关闭门窗熏蒸24h后通风。

**5. 带兔消毒**

（1）家兔带兔喷雾消毒时，先将笼中的粪便清理掉，尽量清除兔笼上的兔毛、尘埃和杂物，然后用消毒药进行喷雾消毒。

（2）喷雾时按照从上到下，从左到右，从里到外的原则进行消毒。喷雾时切忌直接对兔头喷雾，应使喷头向上喷出雾粒，喷至笼中挂小水珠方可。带兔喷洒消毒时，为了减少兔的应激反应，要和兔体保持50cm以上的距离喷洒，消毒液水温也不要太低。为了增强消毒效果，喷雾时应关闭门窗。

（3）幼兔、青年兔每星期消毒1次；兔群发生疫病时可采取紧急消毒措施。

（4）带兔消毒宜在中午前后进行。冬春季节选择天气好、气温较高的中午进行。

**6. 用具消毒**

（1）**水、料槽**　将水槽、料槽从笼中拆下，对耐高温材质的水槽、料槽可以用火焰喷灯灼烧，再用清水清洗干净，对耐腐蚀性材质的（如陶瓷）可先用清水清洗干净，再放在消毒池内用一定浓度的消毒药物（如5%来苏儿、0.1%新洁尔灭、1∶200杀特灵或1∶2 000百毒杀、0.1%高锰酸钾水溶液）浸泡2h左右，然后用自来水刷洗干净，备用。

（2）**笼底板**　将笼底板从笼中拆下，用清水清洗干净，再浸泡在5%来苏儿溶液中消毒，放在阳光下曝晒2～4h后备用。

（3）**产仔箱**　将箱内垫草等杂物清理干净，清洗、晒干后用2%苛性碱喷洒，或用喷灯进行火焰消毒。

（4）**兔舍设备、工具**　各栋兔舍的设备、工具应固定，不得互相借用；兔笼和料槽、饮水器和草架也应固定；刮粪耙子、扫帚、锹、推粪车等用具，用完后及时清洗消毒，晴天放在阳光下曝晒；运输笼用完后应冲刷干净，放在阳光下曝晒2～4h后备用。

**7. 发生疫病后的消毒** 兔场发生传染病时，应迅速隔离病兔，专人饲养和治疗。对受到污染的地方和用具要进行紧急消毒：清除剩料、垫草及墙壁上的污物，采用10%～20%的石灰乳、1%～3%苛性钠溶液、5%～20%漂白粉等消毒。消毒次序是：墙壁、门窗、兔笼、食槽、地面及用具和门口地面。

**8. 粪便的消毒** 每天清理兔粪，并及时运往离兔舍较远的偏僻处，粪便堆积后，利用粪便中的微生物发酵产热，可使温度高达70℃以上，夏天1个月，冬天2个月时间，可以杀死病毒、病菌、寄生虫卵囊等病原体而达到消毒目的，同时又保持粪便的肥效。稀薄粪便可注入发酵池或沼气池。

**9. 病死兔处理及消毒** 病死兔应进行焚烧或加消毒药后深埋，无害化处理；对发病死亡兔笼具、粪便等进行及时消毒。发生疫情时，每天消毒1～2次。

### （五）消毒注意事项

1. 消毒时药物的浓度要准确，消毒方法要得当，药物用量要充足，作用时间要充分，污物清除要彻底。

2. 稀释消毒药时一般应使用自来水，药物现用现配，混合均匀，稀释好的药液不宜久贮，当日用完。

3. 消毒药定期更换，轮换使用。下列几种消毒剂不能同时混合使用。酚类、酸类消毒药不宜与碱性、脂类和皂类物质接触；酚类消毒药不宜与碘、溴、高锰酸钾、过氧化物等配伍；阳离子和阴离子表面活性剂类消毒药不可同时使用；表面活性剂不宜与碘、碘化钾和过氧化物等配伍使用。

4. 使用强酸类、强碱类及强氧化剂类消毒药消毒过的兔笼、地面、墙壁等用清水冲刷后再进兔。

5. 带兔毒消毒时不可选择熏蒸消毒；带异味的消毒剂不宜作兔体消毒或圈舍带兔消毒。

6. 挥发性的消毒药（如含氯制剂）注意保存方法、保存期。使用苛性钠、石炭酸、过氧乙酸等腐蚀性强的消毒药消毒时，注意做好人员防护。圈舍用苛性钠消毒后6～12h应用水清洗干净。

### （六）消毒记录

消毒记录应包括消毒日期、消毒场所、消毒剂名称、消毒浓度、消毒方法、消毒人员签字等内容。并将消毒记录保留2年以上。

# 第二节　兔病的诊断技术

## 一、流行病学调查

流行病学调查的目的，是为了清楚认识疫病表现，摸清传染病的病因及传播规律，有利于及时作出诊断并采取合理的防制措施，以期迅速控制传染病的流行。调查的内容主要包括：发病的时间、发病年龄、家兔的种类及饲养规模；发病的症状、程度，如发病的快慢、持续时间、发病率、死亡率；传染源、易感动物、传播媒介、传播途径、影响传染散播的因素和条件、疫区的范围；发病前后的饲料品质及饲料变更情况，及其发病与饲养管理、环境等的关系，如水源、水质，有没有受到过污染，有否饮过冷冻水，有否饲养狗和猫；药物及疫苗使用情况等。调查的主要方法包括询问调查、现场查看、实验室检查及调查数据的统计分析。

### （一）询问调查

询问的对象主要是场主、管理人员、饲养员等。询问兔子平时吃什么饲料（包括精料和青粗饲料），饲喂量，饲料有没有突然变化；以前本兔场有没有发生过类似的疾病，周围兔场有没有发生过什么病；最近有否引进过种兔，最近有没有其他人来过兔场；了解兔子发病的轻、重、缓、急，包括发病时间、发病的危害程度、病兔数量、年龄、品种等；发病前后有否用什么药物治疗过，病情有否好转等；了解疫苗注射情况、免疫程序、疫苗来源、疫苗存储情况等。

### （二）现场查看

有些情况下通过询问不一定能完全了解情况，因此需现场查看发病兔场，进行信息核实。主要观察兔场的结构布局、地形地貌、兔场的环境、卫生状况、保温隔热性能等；水源水质情况，有没有遭受过污染，有否饮过冷冻水，周围有没有化工厂；饲料储存和加工情况，有没有发霉、腐烂现象；兔场的管理情况，包括人员进出、病死兔的处理情况等。

### （三）实验室检查

实验室检查的目的是对家兔传染病进行准确诊断，发现隐性传染源，证实传播途径，传播动态，摸清兔群免疫水平和有关致病因素。如血清学调查，就是为了解某种疫病的抗体水平，从而对该病的流行动态、免疫状态等作出评估，为采取进一步的措施提供科学依据。

### （四）统计学分析

在已有调查数据的基础上，对已掌握的数据，包括发病兔、死亡兔，发病率与死亡率的变化，血清学测定结果等统计、分析整理，作出一个全面、客观、科学的兔病发生、发展的规律结论，提出预防和控制传染病的措施。

## 二、临床检查

### （一）一般检查

**1. 精神状态**　病兔精神表现是多种多样的，沉郁、低头、不动、眼神呆滞、迟钝、嗜睡、卧下不动等。

**2. 营养状况**　患慢性病的家兔往往消瘦，被毛无光、粗乱。高度消瘦而又不能恢复的称为“恶病质”。

**3. 姿势姿态** 家兔病理情况下表现异常的姿势姿态。如呼吸困难或腹痛时，时常不断起立，烦躁不安。患皮肤病时，常用爪抓痒、嘴啃或在笼上擦痒。麻痹，时常爬不起来等。

**4. 皮肤状态** 检查是否有脱毛现象，有没有发炎、皮屑，皮下是否有肿块或浮肿。皮肤肿胀主要有下列四种：

（1）气肿 皮下有气体，触诊时有声音。

（2）水肿 又叫浮肿，具有捏粉状硬度，即手指压迫后，留下压痕并能慢慢地复原。

（3）血肿 是皮下血管破裂，血液流出血管外的结果。表现为局部肿大，柔软，有波动。

（4）脓肿 主要是化脓细菌的感染或药品刺激的结果。肿胀部位大多发热、疼痛。

**5. 可视黏膜的检查** 外表可见的黏膜都叫可视黏膜，包括眼结膜、鼻腔、口腔、阴道的黏膜，但常作为诊断检查的可视黏膜是眼结膜。

（1）分泌物 俗称眼屎。分水样、黏液样、脓样等几种。凡有分泌物者，一般是有病症的表现。

（2）颜色的变化

结膜苍白：多见于长期营养不良、慢性消耗性疾病、寄生虫病等。

结膜潮红：多见于某些传染病和热性病，如中暑，脑充血等。

结膜发绀：即呈蓝紫色。发生原因，一种是血液里还原血红蛋白太多；另一种是静脉充血量大，而不易回到心脏。如肺炎、胃肠炎、败血病等。

结膜黄染：是血液中胆色素增多的表现。常见于肝片形吸虫病、豆状囊尾蚴病、十二指肠卡他和某些肝脏疾病。

肿胀：是由于发炎和淤血引起的。如眼结膜炎以及寄生虫病等致使血液变为稀薄引起。

**6. 体温、脉搏及呼吸数的检查** 对某些病的诊断是很重要的指标，是诊断疾病必不可少的检查项目。

（1）发热 体温如超过正常即为发热。家兔的正常体温是38.5～39.5℃，如低于37℃，是病兔死亡前的征兆，也可能是中毒病的象征。

（2）脉搏检查 家兔在健康状况下的脉搏，成年兔每分钟为80～100次；幼兔为120～140次；老兔为70～90次。

快脉：又叫急脉，即超出正常范围，如患某些急性热性疾病时，脉搏就会加快。

慢脉：慢脉又叫迟脉。即脉搏比正常减少，如心脏病和某些中毒性疾病时则脉搏减慢。

（3）呼吸检查 家兔正常呼吸数为每分钟40～60次，老兔呼吸次数少，幼兔次数多。呼吸数增多，多见于某些呼吸道疾病，如肺炎，出败等。呼吸数减少，多见于某些中毒病、脑病和产后瘫痪等。

## （二）系统检查

包括呼吸系统、消化系统、心血管系统、泌尿系统、神经系统等。

**1. 呼吸系统**　观察呼吸的类型，分为胸式呼吸、腹式呼吸和胸腹式呼吸。正常情况下为胸腹式呼吸。在腹胀、胃肠臌气、腹腔积液、腹膜炎的情况下为胸式呼吸。胸膜炎或胸腔积液时表现为腹式呼吸。另外，还要检查是否有呼吸困难、呼吸急促、呼吸性杂音。观察有无鼻液流出，鼻液是水样的、黏液性、化脓性，或者是出血性的。家兔正常呼吸数为每分钟 40～60 次，老兔呼吸次数少，幼兔次数多。呼吸数增多，多见于某些呼吸道疾病，如肺炎，出败等。呼吸数减少，多见于某些中毒病、脑病和产后瘫痪等。

**2. 消化系统**　主要包括口腔、咽、食管、胃、肠等。消化系统的检查主要有视诊、触诊、叩诊。首先观察有无食欲，以及饮水情况，一般情况下，发病前后会在这方面有所体现，有的呈现食欲逐渐减少的变化过程，有的骤停，食欲突然消失。仔细观察嘴唇有无流涎、破溃，以及发炎等症状；观察肛门周围有无粪便黏附，黏附粪便的性状及黏附的范围，用手挤一下肛门，看一下挤出的粪便是什么性状，成形的大颗粒状，还是小颗粒状，还是根本就不成形，来判断是否腹泻。对腹胀的兔子叩诊腹部，是臌音还是实音；摇晃兔体，是否有晃水声来判断肠道或胃内容物的性状。从前到后用手轻轻捏住腹部触诊，来判断腹腔肠胃内容物是柔软、结块，还是臌气。

粪尿检查：通过粪尿检查可发现很有价值的诊断线索。健康兔的粪便是大小基本一致的，表面光滑，无黏液，无特殊气味。如果粪便稀薄成堆、糊状或水状者，是腹泻；粪便带有黏液并呈胶冻状是黏液性肠炎的表现；粪便变细小、老鼠便、干硬，是便秘；粪便呈三角形且带有毛者为毛球病，粪便呈长条形或堆状并带有恶臭为伤食；吃什么拉什么是消化不良，等等。所以养兔者应经常注意观察兔粪便变化，以便及时发现病症，及时进行治疗。

**3. 泌尿系统**　对兔尿的观察也很重要，五颜六色的尿的变化对病的诊断也很有价值。家兔的尿与其他动物相比较有所不同，它经常含有大量碳酸钙。因为兔能有效地吸收钙，将多余的钙从尿中排出，故在兔舍或笼舍内可见到多余的钙沉积于笼内或地面。红尿在家兔常可见到，这是正常现象。当尿中出现血液或脓液时就不正常了。在一般情况下可能是尿路感染所引起的，如肾炎、输尿管炎。

**4. 神经系统**　精神兴奋和精神抑制：精神兴奋主要表现为狂躁不安，在兔笼内狂奔，嘴咬兔笼栅栏，鸣叫等，提示脑及脑膜充血、炎症，颅内压升高等指症；精神抑制主要表现为沉郁、昏睡甚至昏迷，不愿走动，呆在兔笼一角，多数病兔都表现为精神抑制的症状。如各种外源性或内源性的中毒，代谢疾病和营养障碍疾病，血液供应或成分的改变等都可引起神经症状。

共济运动失调：主要表现为走路不稳，是由于大脑等神经系统受损，导致运动肌肉不协调而产生的病态。

瘫痪：根据致病的原因可分为器质性瘫痪与机能性瘫痪。器质性瘫痪是由运动神经的器质性疾病引起的，如脊髓神经受损；机能性瘫痪，仅为机能障碍，并没有器质性病变，如体内外各种毒素引起的瘫痪。兔子常见的中毒性瘫痪，如马杜拉霉素中毒，前后四肢瘫痪，全身绵软无力；母兔产前产后瘫痪，称为妊娠综合征，好发于肥胖的母兔，以及高产的母兔。现在还有多见的是霉菌毒素中毒，伴有呼吸急促及流涎，在生产中多见。

## 三、病理剖检

### （一）剖检方法

为了便于观察整个胸腔和腹腔，兔子的解剖方法一般采取侧卧位，兔体左侧朝上，头朝解剖者的左边，置于搪瓷盘内或解剖台上。常用工具有：手术剪、普通剪刀、手术刀，带钩的长镊子和无钩的镊子各一把。第一步，剖开皮肤，用带钩的镊子从腹股沟处拣起皮肤一角，用手术刀或剪刀开始剪，把整个腹壁和胸壁的兔皮剪开，在剪皮的过程中，带钩的长镊子拉着兔皮，再用手术刀或剪刀剥离开皮与腹壁或与胸壁间的结缔组织；第二步，皮肤切开后，为了观察胸腔，应把左前脚与胸壁间肩胛骨切开，然后往左上方翻过去，甚至可以把整个左前肢剪掉，便于彻底暴露出整个胸腹部；第三步，剖开胸腔和腹腔。用带钩的镊子从腹部右下角拣起，用手术刀或剪刀小心地剪开一个小口，不要太用力，以免剪破肠道。然后剪去整个腹部的肌肉，用剪刀剪断两侧肋骨、胸骨，拿掉前胸廓，暴露出整个胸腔和腹腔，便于观察。

若要观察喉头、气管和食道，则要进一步小心剪开颈部的皮肤、肌肉和骨头。

若要观察脑内情况，则要小心去掉脑门的皮肤和头盖骨。

### （二）剖检内容

**1. 外部检查**　在剥皮之前检查尸体的外表状态。检查内容包括品种、性别、年龄、毛色、特征、体态、营养状况以及被毛、皮肤、天然孔、可视黏膜等，注意有无异常。

**2. 皮下检查**　主要检查皮下有无出血、水肿、化脓病灶、皮下组织出血性浆液性浸润、乳房和腹部皮下结缔组织、皮下脂肪、肌肉及黏膜色泽等。

**3. 上呼吸道检查**　主要检查鼻腔、喉头黏膜及气管环间是否有炎性分泌物、充血和出血。

**4. 胸腔脏器检查**　依次检查心、肺、胸膜等。主要检查胸腔积液、胸膜、肺、心包、心肌是否充血、出血、变性、坏死等。查看肺是否肿大，有无出血点、斑疹及灰白色小结节。胸腔内有无脓疱、浆液或纤维素性渗出。

**5. 腹腔脏器检查**　打开腹腔后，依次查看腹膜、肝、胆囊、胃、脾脏、肠道、胰、肠系膜、淋巴结、肾脏、膀胱和生殖器等各个器官。

主要检查腹水、纤维素性渗出、寄生虫结节，脏器色泽、质地和是否肿胀、充血、出血、化脓灶、坏死、粘连等。肝脏色泽、质地和是否肿胀、充血、出血；胆囊上有无小结节；脾是否肿大，有无灰白色结节，切开结节有无脓或干酪样物；肾是否充血、出血、肿大或萎缩；胃黏膜有无脱落，胃是否膨大、充满气体和液体；肠黏膜有无弥漫性出血、充血，黏膜下层是否水肿，十二指肠是否充满气体，空肠是否充满半透明胶样液体，回肠内容物形状，结肠是否扩张；盲肠蚓突、圆小囊、盲肠壁及内容物情况；膀胱是否扩张，积尿颜色；子宫内有无蓄脓。

## 四、实验室诊断

### （一）细菌性疾病

**1. 组织触片镜检**　取肝脏触片或心血涂片，在火焰上固定后，用姬姆萨或美蓝染色，显微镜下观察有无细菌存在。

**2. 细菌分离培养**　无菌取心血、肝脏、淋巴液、肺、肠内容物等器官的样品，选择合适培养基培养，挑取可疑的单个菌落纯化培养，再进一步做生化试验。

**3. 人工发病试验**　在分离纯化、生化试验的基础上，为了明确其致病性，进一步用实验动物进行人工发病试验，测定分离细菌的致病力。

### （二）病毒性疾病

家兔大多数病毒性疾病需通过实验室诊断，确认病毒或特异性抗体的存在后确诊。

**1. 病毒分离**　被检材料磨碎后过滤除菌，进行无菌检验后接种到本动物或实验动物，应引起相应的症状、病变。接种到细胞后应引起细胞的病变，而且继续传代后仍能保持。

**2. 病毒的检测**

包涵体检测：有些病毒感染细胞后会出现包涵体，包涵体的检查有助于病毒病的诊断，如兔患黏液瘤病时，皮肤组织出现黏液瘤细胞，其中含有胞浆包涵体，可以做组织切片或涂片检测。

红细胞凝集试验：对兔出血症最简便而又准确的诊断是凝集反应，如怀疑为兔出血症，用肝、脾等病料作红细胞凝集试验，则很快就能确诊。

血清学诊断：方法比较多，是用阳性血清来诊断病毒性感染，常用的有直接凝集试验、间接凝集试验、间接血球凝集试验、琼脂免疫扩散试验、酶联免疫吸附试验（ELISA）等。

电镜观察：取可疑病料，用10%福尔马林固定，制成超薄切片，用醋酸双氧铀和柠檬酸铅染色后电镜观察。或者将可疑病料制成悬液，差速离心处理后，用孔径75μm铜网蘸取悬浮液，用2%醋酸双氧铀负染后电镜观察是否有病毒存在。

**3. 病毒特异性抗体检测**　测定病毒特异性抗体的方法有中和试验、补反、血凝抑制试验等。

### （三）寄生虫病

**1. 虫体检查法**　对体表寄生虫，如疥螨或痒螨，可取头、耳、鼻、足等寄生部位的毛发、皮屑等，或者用刀或镊子取患部与健康交界处的病料置于载玻片上，滴上几滴10%的NaOH溶液，压上盖玻片，直接在低倍显微镜下检查。

对病死兔的虫体检查，一般可观察气管、支气管、肝管、肠腔等器官中有无活动的线虫，如有则进一步镜检鉴定其虫种；绦虫囊尾蚴常常寄生在大网膜和肠系膜上，形似去皮的葡萄，剖检时不可忽略。

**2. 虫卵检查法**

压片法检查：将疑为肝球虫的肝结节置于载玻片上，压上盖玻片，直接在低倍显微镜下检查，如为肝型球虫，则可见大量的球虫卵囊。

肠内容物检查：取小肠及盲肠的内容物直接涂片，并加少许蒸馏水，低倍显微镜下暗视野检查，小肠内容物在每视野中可见到数个卵囊，而在盲肠内容物中则可见更多的卵囊，一般情况下就此可以作出明确的诊断，因为正常情况下在小肠内是不应该存在球虫卵囊的。

粪便检查：是寄生虫病生前诊断的主要检查方法。最简便的方法是取粪便样品，置于载玻片上，加适量生理盐水后显微镜观察，对感染严重的能直接看到结果，而对感染程度较轻的，则检出率较低。

为了提高检出率，常采用更专业的方法。有水洗沉淀法和饱和盐水浮集法，前者是采用多量的粪便进行水洗，沉淀10～20min后，取沉渣涂片镜检；后者是取多量的粪便与饱和盐水混合，然后置于青霉素瓶或试管中静置10～20min后，用盖玻片蘸取液面，再置载玻片上进行镜检，观察虫卵。

## 五、送检方法

### （一）病料采取

**1. 全兔病料**　如有可能，尽量采取送完整的刚病死的兔子，数量尽量能多几只，一般要送3～5只，目的是为了能够更加全面地了解病理变化。

**2. 脏器病料**　通常根据所怀疑疾病的种类来决定采集哪些器官或组织的病料。尽量保持病料新鲜，最好在濒死时或死后数小时内采集，尽量要求减少杂菌污染，使用的用具器皿应严格消毒，根据不同的病情，采取不同部位的病料，如有可能尽量采集多一点；脏器的部位要在病变与健康交界处；各个脏器能够单独包装，并用记号笔写上脏器名称和采集日期。

### （二）病料保存和运送

**1. 全兔病料**　可以视季节情况而定，冬春季节，如果病料马上送检，可以不采取保温措施；如果夏秋季节，最好随病兔放上冰袋，以保持病兔新鲜；如果是夏天，时间许可的话，最好能把全兔冷冻，再在运送时放上冰袋，防止兔体腐败变质。

**2. 脏器病料**　如果马上送检，应采取保温措施，尽量保持病料新鲜；如果不是马上送检，则应冷冻保存，对疑为细菌性的病料，应在冰箱中冷藏保存；对疑为病毒性的病料，最好在－70℃冰箱中保存。

运送时均应使用保温瓶，并加上冰块或冰袋。

# 第三节　兔病的治疗技术

## 一、给药方法

**1. 自行采食**　此法多用于大群预防性给药或驱虫。适用于毒性小，无不良气味的药物，可依药物的稳定性和可溶性按一定比例拌入饲料或饮水中，任兔自行采食或饮用。

对于大规模养兔来说，选择给药方法最重要的是其方便性。通过拌料饲喂或者饮水给药无疑是最为方便易行的。

目前，尽管大型的兔养殖企业或者养殖合作社可以自行生产添加特定药物的兔饲料，但全国大部分的个体养殖户还是自己依据饲料配方进行饲料混合和添加预混剂或药物。通常情况下，仅用铁锹等工具无法将最终剂量为几十毫克每千克饲料的药物均匀拌入饲料中。将固体药物均匀地混入饲料中可以通过如下人工操作来实现：

首先将称量好的药物与等重量的饲料先拌匀（如果药物量很少，可以把药物与10～100倍量的饲料混匀），然后将混有药物的饲料再与等量的无药饲料拌匀。此过程通常是在大塑料布（要求洁净、不起静电）上进行——将少量无药饲料放于塑料布中心位置，然后将少量有药饲料从堆放的无药饲料顶端放下；再在料堆顶端放无药饲料、再次放拌药饲料……如此重复若干次直至将有药饲料全部拌完。然后从此堆拌药饲料堆边缘取一捧放于塑料布空白处，然后再从拌药饲料堆边缘取一捧置于被转移的小饲料堆上，如此重复直至拌药饲料被全部转移至另一位置。到此拌药饲料的体积已经增加一倍。后续则继续重复此过程，直至所有的饲料都被拌上药物，并最终再次混匀一次。此方法基本能保证药物均匀添加至粉末状饲料中。如果需要将饲料加工成颗粒料，在完成此拌药过程后方可进行。

**2. 口服**　如果需要给兔子服药丸，先尝试直接喂给它们。如果兔子不直接吃，可把药丸塞进切开的葡萄干再喂。或者将药丸碾碎，混入兔子喜欢好吃的软性食物中，兔子会自己将混有药物的食物吃掉。如果这三种方法都失败了，可将药物碾碎，混入食物并加入少量水稀释，用不带针头的注射器抽吸混合物并给兔子饲喂。

液体药物，通常采用两种方法。一是用注射器直接给兔子灌饲；二是与其他食物混合，观察兔子是否自行食用。通过注射器将药物送到兔子口内的方法如下：将兔子放在桌子或者柜台上，保定好，轻轻将注射器从门齿与臼齿间的缝隙插入口中，缓慢将液体注射进去，以保证兔子可以轻松地吞食。注射太快，兔子就会试图将大部分药物吐出来；而注射器插得太深，则可能直接将药物灌入咽部而呛着兔子。

**3. 灌服**　有特殊气味的药物或病兔已不能采食者，可用此法。把药碾细加入少量水调匀，将汤匙倒执（即让药液从柄沟流入口内）喂药，也可用去针头的注射器或滴管吸取药液，从口角徐徐灌入。

**4. 注射**　注射给药药量准、节省药物、吸收快、奏效快、安全。但必须注意药物质量及注射前对注射器、针头必须消毒，注射时注射部位也要严格消毒。给病兔注射一定要每注射一只兔更换一个针头，以免疾病的扩散传播。

皮下注射：选择颈部、肩前、腋下、股内侧或股下皮肤松弛、易移动的部位，用75%酒精棉球消毒。左手拇指、食指和中指捏起皮肤呈三角形，右手持针刺入皮下，角度稍斜，不能垂直刺入，慢慢推入药液后，左手放开皮肤，拔出针头后，用挤干的酒精棉球轻压针孔片刻。皮下注射主要用于疫苗注射，若皮下补液，每个注射点不超过5mL。

肌内注射：选择肌肉丰满的大腿外侧或内侧部位，消毒后针头刺入一定深度，回抽无回血后，缓缓注药，注射不要损伤血管、神经和骨骼。强刺激剂如氯化钙等不能肌内注射。本法一般适用于水剂、油剂和混悬剂。

静脉注射：首先将病兔用手术台或保定筒由助手确实保定好并固定头部。一般取耳外缘静脉剪毛注射，静脉不明显时，可用手指弹击耳壳数下或用酒精棉球反复涂擦刺激静脉处皮肤，直至静脉充血怒张，立即用左手拇指与无名指及小指相对，捏住耳尖部，针头沿着耳缘静脉刺入。

腹腔注射：方法是助手握住兔的后肢倒提，在最后乳头外侧先行皮肤消毒，再将针尖刺入腹腔。同时回抽活塞，如无液体、血液及肠内容物，可注入药液。若补液则应将药液加热接近体温。要注意的是：腹腔注射用的针头不宜粗、大，最好用5～6号针头；刺针不宜过深，因腹壁较薄，以免损伤内脏，进针部位是全针长的1/4～1/3为宜，最好在喂食后2～3h进行腹腔注射。

局部注射：家兔发生乳房炎时，应用局部多点封闭治疗效果较好，可以较快控制病情发展，但还需应用全身药物治疗。

## 二、常用药物、用法

**表12-7 《无公害食品 肉兔饲养兽药使用准则（NY5130—2002）》发布的兔用药物**

| 药品名称 | 作用与用途 | 用法与用量<br>（用量以有效成分计） | 休药期（d） |
|---|---|---|---|
| 注射用氨苄西林钠 | 抗生素类药，用于治疗青霉素敏感的革兰氏阳性菌和革兰氏阴性菌感染 | 皮下注射，25mg/kg（按体重），2次/d | 不少于14d |
| 注射用盐酸土霉素 | 抗生素类药，用于革兰氏阳性、阴性细菌和支原体感染 | 肌内注射，15mg/kg（按体重），2次/d | 不少于14d |
| 注射用硫酸链霉素 | 抗生素类药，用于革兰氏阴性细菌和结核杆菌感染 | 肌内注射，50mg/kg（按体重），1次/d | 不少于14d |
| 硫酸庆大霉素注射液 | 抗生素类药，用于革兰氏阳性、阴性细菌感染 | 肌内注射，4mg/kg（按体重），1次/d | 不少于14d |
| 硫酸新霉素可溶性粉 | 抗生素类药，用于革兰氏阴性菌所致的胃肠道感染 | 饮水，200～800mg/L | 不少于14d |
| 注射用硫酸庆大霉素 | 抗生素类药，用于败血症和泌尿道、呼吸道感染 | 肌内注射，一次量15mg/kg（按体重），2次/d | 不少于14d |
| 恩诺沙星注射液 | 抗菌药，用于防治兔的细菌性疾病 | 肌内注射，一次量25mg/kg（按体重），1～2次/d，连用2～3d | 不少于14d |
| 替米考星注射液 | 抗菌药，用于兔呼吸道疾病 | 皮下注射，一次量10mg/kg（按体重） | 不少于14d |
| 黄霉素预混剂 | 抗生素类药，用于促进兔生长 | 混饲，2～4g/t（按饲料） | |
| 盐酸氯苯胍片 | 抗寄生虫药，用于预防兔球虫病 | 内服，一次量10～15mg/kg（按体重） | 7d |
| 盐酸氯苯胍预混剂 | 抗寄生虫药，用于预防兔球虫病 | 混饲，100～250g/t（按饲料） | 7d |
| 拉沙洛西钠预混剂 | 抗生素类药，用于预防兔球虫病 | 混饲，113g/t（按饲料） | 不少于14d |

（续）

| 药品名称 | 作用与用途 | 用法与用量（用量以有效成分计） | 休药期（d） |
| --- | --- | --- | --- |
| 伊维菌素注射液 | 抗生素类药，对线虫、昆虫和螨均有驱杀作用，用于治疗兔胃肠道各种寄生虫病和兔螨病 | 皮下注射，200～400μg/kg（按体重） | 28d |
| 地克珠利预混剂 | 抗寄生虫药，用于预防兔球虫病 | 混饲，2～5mg/t（按饲料） | 不少于14d |

# 第四节　家兔常见病的防制技术

## 一、兔的主要传染病

### （一）兔病毒性出血症（兔瘟）

兔病毒性出血症是由兔出血症病毒引起的一种急性、烈性、高度接触性传染病，俗称“兔瘟”。主要临床特征为呼吸系统出血、肝变性、实质器官瘀血及出血性变化。本病常呈暴发性流行，发病率和病死率极高，给养兔业造成极大的经济损失。

**[病原与流行特点]** 兔出血症病毒属杯状病毒，无囊膜、球形、呈20面体对称结构，病毒颗粒直径为30～35nm，基因组为单股正链RNA，全长7 437bp。目前，HI试验、琼脂扩散试验、ELISA和中和试验证实，世界范围内的RHDV均为同一血清型。此病毒只能在兔体内复制，尚未有适宜病毒繁殖的细胞系。病毒具有凝集红细胞的能力，特别是人的O型红细胞。

病毒在氯化铯中的浮密度1.29～1.34g/m$^3$，沉降系数为85～162 S。病毒在环境中有非常强的抵抗力和稳定性，乙醚、氯仿和胰蛋白酶处理后病毒感染性并不减弱，病毒能够耐受pH 3和50℃ 1h处理。

该病自然感染只发生于兔，主要危害40日龄以上幼兔、育成兔和成年兔，40日龄以下幼兔和部分老龄兔不易感，哺乳仔兔不发病。病死兔、带毒兔及病死兔的内脏器官、肌肉、毛、血液、分泌物、排泄物是主要的传染源。带毒兔和被病毒污染的饲料、饮水、用具也是重要的传染源或传播媒介。人员来往，犬、猫、禽、野鼠也能机械传播。呼吸道、消化道、伤口和黏膜是主要的传染途径，尚未发现经胎盘垂直传播。该病一年四季均可发生，多发生于冬、春季节，夏季也不少见。在新疫区，本病的发病率和死亡率高达90%～100%，一般疫区的平均病死率为78%～85%。

**[免疫应答特点]**

母源抗体与保护率的关系：在母兔正常免疫的条件下，仔兔母源抗体与日龄呈负相关。30日龄时母源抗体水平仍较高，可以产生有效的保护作用，这也可能是断奶前仔兔RHD发生较少的原因之一；35日龄后，母源抗体不断下降，幼兔易感性增加，攻毒保护率也随之降低，必须注射疫苗，产生主动免疫。

幼兔免疫剂量与抗体产生之间的关系：研究表明，30 日龄幼兔注射 1mL 兔病毒性出血症灭活疫苗，不能产生足以抗病的有效抗体。35 日龄幼兔注射 2mL、3mL、4mL 均可在 1 周后产生较高水平的免疫抗体，可以抵抗兔瘟病的发生。有效抗体维持时间 5～7 周。因此建议幼兔 35 日龄免疫时应注射 2 头份兔瘟疫苗。

［症状］

潜伏期：自然感染一般为 48～96h，人工感染一般为 16～72h。根据症状分为最急性、急性和慢性三个型。

最急性型：常发生在非疫区或流行初期，一般在感染后 10～12h，体温升高至 41℃，稽留经 6～8h 而死，死前表现短暂的兴奋，突然倒地，划动四肢呈游泳状，继之昏迷，濒死时抽搐，角弓反张，眼球突出，典型病例可见鼻孔流出血样液体，肛门松弛，肛周有少量淡黄色黏液附着。

急性型：多在流行中期发生，病程一般 12～48h。病兔精神不振，食欲减退，渴欲增加，体温升高到 41℃以上，呼吸迫促乃至呼吸困难。死前有短期兴奋、挣扎、狂奔、咬笼架，继而前肢俯伏，后肢支起，全身颤抖，倒向一侧，四肢划动，惨叫几声而死。肛门松弛，肛周有少量淡黄色黏液附着，少数病死兔鼻孔中流出血样液体。

慢性型：多见于流行后期或疫区。病兔体温升高到 41℃左右，精神不振，食欲减退或废绝，消瘦严重，衰竭而死。少数耐过兔，则发育不良，生长迟缓。

［病理变化］

呼吸道：鼻腔、喉头和气管黏膜淤血、出血。气管和支气管内有泡沫状血液。肺有不同程度充血、瘀血、水肿，一侧或两侧有数量不等的粟粒至黄豆大的出血斑。切开肺脏流出多量红色泡沫状液体。

肝脏：瘀血、肿大、质脆，表面呈淡黄色或灰白色条纹，切面粗糙，流出多量暗红色血液。胆囊充盈，充满稀薄胆汁。胰脏有出血点。

脾脏：部分患兔脾脏淤血、肿大，呈蓝紫色。

肾脏：淤血肿大，呈暗红色，皮质部有不规则的瘀血区和灰黄色或者灰白色区，使肾脏表现呈花斑肾样，有些病例皮质有散在性针尖至粟粒大出血点。

胸腺：水肿、肿大，并有散在性针头至粟粒大出血点。

消化道：胃肠多充盈，浆膜出血。小肠黏膜充血、出血。肠系膜淋巴结水样肿大，其他淋巴结多数充血。

怀孕母兔子宫充血、淤血和出血。多数雄性病例睾丸瘀血。

脑和脑膜血管淤血。此外有些病例眼球底部常有血肿。

心脏显著扩张，内积血凝块，心壁变薄。

组织学变化：非化脓性脑炎，脑膜和皮层毛细管充血及微血栓形成。肺出血、间质性肺炎、毛细血管充血、微血栓形成。肝细胞变性、坏死。肾小球出血、肾小管上皮变性、间质水肿、毛细血管有较多的微血栓。心肌纤维变性、坏死、肌浆溶解、肌纤维断裂、消失，以及淋巴组织萎缩等。

［诊断及鉴别诊断］

**（1）诊断** 根据流行病学特点、典型的临床症状和病理变化，可作初步诊断。确诊需进行病原学检查和血清学试验。

①血清学检查。用人的红细胞（各种类型均可，O型效果最好）作血凝（HA）试验和血凝抑制（HI）试验。

HA试验和HI试验　取肝病料制成10%乳剂，高速离心后取上清液，用生理盐水配制的1%人O型红细胞进行微量血凝试验，在4℃或25℃作用1h，凝集价大于1∶160判为阳性。再用已知阳性血清做血凝抑制试验，如血凝作用被抑制，血凝抑制滴度大于1∶80为阳性，则证实病料中含有本病毒。

②病毒检查。取肝病料制成10%乳剂，超声波处理，高速离心，收集病毒，负染色后电镜观察。可发现一种直径25～35 nm、表面有短纤突的病毒颗粒。

③RT-PCR方法。无菌采集肝病料，DEPC水按1∶10加入组织中，研磨成悬液，提取病料中RHDV RNA，然后按照要求进行反转录以及PCR反应，将PCR反应产物进行琼脂糖凝胶电泳后作出结果判定，详细方法请参照《兔出血症病毒的检测RT-PCR方法》（江苏省地方标准，DB32/T1458—2009）。

另外，琼脂扩散试验、SPA协同凝集试验、荧光抗体染色、免疫酶组织化学染色、酶联免疫吸附试验、免疫电镜技术等方法也可用于本病的诊断。

(2) **兔瘟与兔巴氏杆菌病区别诊断**　兔巴氏杆菌病无明显年龄界限，多呈散发，无神经症状，肝不显著肿大，但表面上有散在灰白色坏死灶，脾肿大不显著，肾不肿大。兔巴氏杆菌病病型复杂，可表现为败血症、鼻炎、肺炎、中耳炎等，可从病料中分离出巴氏杆菌。接种小鼠可致死，红细胞凝集试验呈阴性反应。

［**防制措施**］注射疫苗是预防和控制该病的重要手段，一般幼兔35～40日龄时首次免疫注射兔瘟疫苗，每只皮下注射2mL，60～65日龄时进行第二次免疫注射，每只皮下注射1mL，此后每6个月加强免疫一次，即可达到免疫效果。繁殖母兔使用双倍量疫苗注射。紧急预防应用4～5倍剂量单苗或二联苗进行注射，或者用抗兔瘟高免血清每兔皮下注射4～6mL，7～10d后再注射疫苗。另外，加强饲养管理，坚持做好卫生防疫工作，加强检疫与隔离。

### （二）家兔传染性水疱性口炎

本病是由水疱性口炎病毒引起的一种急性传染病。其特征为口腔黏膜发生水疱和伴有大量流涎，故又称“流涎病”。具有较高的发病率和死亡率，死亡率可达50%。

［**病原与流行特点**］水疱性口炎病毒属弹状病毒科水疱性病毒属，病毒颗粒大小为(150～180)nm×(50～70)nm，病毒有两个抗原型：新泽西型和印第安纳型。家兔的水疱液、水疱皮和淋巴结中含病毒最多。常用鸡胚、原代细胞以及BHK21或MDBK细胞系培养病毒，可致鸡胚死亡，在细胞培养上迅速出现细胞病变或空斑。病毒可凝集鹅红细胞。双翅目昆虫（如蚊和白蛉）是主要虫媒。

本病主要危害3个月龄以内的幼兔，最常见是断乳后1～2周龄的仔兔，成年兔很少发生。多发生于春秋两季。传染源是病兔和带毒兔，它们不断向外界排毒，通过病兔、带毒兔口腔的分泌物或坏死黏膜向外排出病毒。本病主要经消化道感染，常因饲养管理不良、喂食霉烂饲料及口腔损伤而诱发。本病的传播方式为水平传播。主要分布于南非和美洲，中国尚未见报道。

［**症状**］本病潜伏期5～7d。发病初期唇和口腔黏膜潮红、充血。继而出现粟粒至黄豆大小不等的水疱。水疱破溃后形成溃疡，引起继发感染，并伴有恶臭。外生殖器也可见溃疡性损害。口腔中流出多量液体，唇下、颌下、颈部、胸部及前爪兔毛潮湿、结块。下颌等局部皮肤潮湿、发红、毛易脱落。因口腔炎症，吃草料时疼痛，多数减食或停食，精神沉郁，常并发消化不良和腹泻，病兔日渐消瘦。常于病后2～10d死亡，幼兔死亡率可达50%以上。

［**病理变化**］病理剖检可见兔唇、舌和口腔黏膜有糜烂和溃疡，咽和喉头部有多量泡沫样唾液，唾液腺红肿。胃内有少量黏稠液体。肠黏膜尤其是小肠黏膜，有卡他性炎症。

［**诊断及鉴别诊断**］根据口腔炎症、糜烂、流涎、溃疡等特征，可初步诊断。必要时进行病毒分离培养，接种鸡胚、组织细胞及小鼠等进行实验室诊断。

兔痘具有皮肤性丘疹、眼炎及内脏器官病变特征，可与水疱性口炎区别。另外，本病舌、唇和口腔黏膜有水疱、脓疱和溃疡面，可与化学刺激剂、有毒植物、霉菌引起兔的口炎相区别。

［**防制措施**］目前对本病尚无特效防治方法。应加强饲养管理，禁止饲喂霉烂变质的饲料。发病时，及时隔离病兔，加强消毒，防止蔓延，给予优质柔软易消化的饲料；用0.1%高锰酸钾溶液、2%明矾水、2%硼酸溶液或1%盐水清洗口腔并涂碘甘油，每兔用病毒灵1片、复合维生素B片研末加水喂服，每日2次，连用数日。并用抗菌药物防止继发感染。对健康兔可用磺胺二甲基嘧啶预防，每千克饲料拌入5g，或每千克体重0.1g口服，每日1次，连用3～5d。

### （三）轮状病毒病

本病是由轮状病毒引起的仔兔的一种肠道传染病，其特征主要表现为水样腹泻。

［**病原与流行特点**］轮状病毒属于呼肠孤病毒科，轮状病毒属。病毒直径为65 nm，双层衣壳，中央为一个电子致密的六角形核心，直径37～40 nm。兔轮状病毒对乙醚、氯仿等有抵抗能力，对酸和胰蛋白酶稳定。粪便中的病毒在18～20℃室温中7个月后仍具感染性。

该病主要发生于2～6周龄仔、幼兔，尤以4～6周龄幼兔最易感，发病率及死亡率较高。成年兔常呈隐性感染而带毒。病兔及带毒兔是主要传染源。本病的自然感染途径主要为消化道。传播方式为水平传播。新疫区兔群常呈暴发性，传播迅速。兔群一旦发病后将每年连续发生，不易根除。在地方流行的兔群中，往往发病率高，死亡率低。

［**症状**］潜伏期18～96h。患兔昏睡，减食或绝食，排出半流质或水样粪便。病兔的会阴或后肢的被毛都沾有粪便，体温不高、多数于腹泻后3d左右死亡，死亡率可达60%以上。青年兔、成年兔症状不明显，仅少数呈短暂的食欲不振和排软便。

［**病理变化**］剖检发现小肠，尤其空肠和回肠表现充血、出血，肠黏膜有大小不一的出血斑，小肠绒毛萎缩，肠上皮细胞脱落，肠壁变薄、扩张，稀粪呈黄色至黄绿色。结肠淤血，盲肠内含有多量稀薄黏液。肝脏瘀血，有的病例肺脏出血。

［**诊断及鉴别诊断**］取肠内容物或采取腹泻粪便，按照常规病毒粗提纯和电镜技术处

理样品，负染后镜检观察病毒粒子。也可进行病毒分离培养。利用酶联免疫吸附试验、免疫荧光试验、中和试验等方法可检测血清中的中和抗体及粪便中的病毒抗原。

该病易与大肠杆菌病等腹泻病相混淆。大肠杆菌引起的腹泻，常见粪便中有胶冻状黏液，便秘与腹泻交替出现。

［**防制措施**］目前尚未有预防本病的兔用商品疫苗，应加强饲养管理，坚持做好卫生防疫工作，加强检疫与隔离。发现病兔应立即停止喂奶和喂食 24h，改喂电解多维、糖类。用抗生素如庆大霉素、丁胺卡那霉素等防止继发感染，同时配合对症治疗，内服收敛止泻剂、补液防止脱水等，可减少病兔死亡。

### (四) 兔多杀性巴氏杆菌病

多杀性巴氏杆菌病是由多杀性巴氏杆菌引起的一种急性传染病，又称兔出血性败血症，该病感染后常引起大批兔发病和死亡，给养兔业造成较大的经济损失。

［**病原与流行特点**］本病病原为多杀性巴氏杆菌，革兰氏染色阴性，无芽孢短杆菌，两极染色，无鞭毛。大小为 $(1\sim1.5)\mu m\times(0.25\sim0.5)\mu m$。本菌对外界环境的抵抗力不强，在 75℃或 56℃条件下，经 45～60min 被杀灭；常用消毒药均可杀死本菌；其在尸体中可存活 3 个月左右，粪便中生存 1 个月左右。

各种年龄、品种的家兔均易感，尤以 2～6 月龄兔发病率和死亡率较高。病兔和带菌兔是主要的传染源，呼吸道和消化道是主要的传播途径，也可经皮肤黏膜的破损伤口感染。

一般情况下，病原菌寄生在家兔鼻腔黏膜和扁桃体内，成为带菌者，在各种应激因素刺激下，如过分拥挤、通风不良、空气污浊、长途运输、气候突变等或在其他致病菌的协同作用下，机体抵抗力下降，细菌毒力增强，容易发生本病。

本病一年四季均可发生，但以冬春最为多见，常呈散发或地方性流行。当暴发流行时，若不及时采取措施，常会导致全群覆没。

［**症状**］本病的潜伏期长短不一，一般从几小时至数天不等，主要取决于家兔的抵抗力、细菌的毒力、感染数量以及入侵部位等。

可分为急性型、亚急性型和慢性型三种。

急性型发病最急，病兔呈全身出血性败血症症状，往往生前未及发现任何病兆就突然死亡。

亚急性型又称地方性肺炎，主要表现为胸膜肺炎症状，病程可拖延数日甚至更长。病兔体温高达 40℃以上，食欲废绝、精神委顿、腹式呼吸，有时出现腹泻。

慢性型的症状依细菌侵入的部位不同可表现为鼻炎、中耳炎、结膜炎、生殖器官炎症和局部皮下脓肿。

患鼻炎兔鼻孔流出浆液性或白色黏液脓性分泌物，因分泌物刺激鼻黏膜，常打喷嚏。由于病兔经常用前爪擦鼻部，致使鼻孔周围被毛潮湿、缠结。有的鼻分泌物与食屑、兔毛混合结成痂，堵塞鼻孔，使患兔呼吸困难。一部分病菌在鼻腔内生长繁殖，毒力增强，侵入肺部，导致胸膜肺炎或侵入血液引起败血症死亡。

中耳炎俗称歪头病或斜颈，病菌由中耳侵入内耳，导致病兔头颈歪向一侧，运动失调，在受到外界刺激时会向一侧转圈翻滚。一般治疗无效，常可拖延数月后死亡。

结膜炎又称烂眼病，多发于青年兔和成年兔，因病菌侵入结膜囊，引起眼睑肿胀，结膜潮红，有脓性分泌物流出。患兔羞明流泪，严重时分泌物与眼周围被毛粘结成痂，糊住眼睛，有时可导致失明。

生殖器官炎症主要因配种时被病兔传染，公兔患睾丸炎，睾丸肿大；母兔患子宫炎，常自阴户流出脓性分泌物，多数丧失种用价值。

［**病理变化**］

急性型：可见各实质脏器如心、肝、脾以及淋巴结充血、出血；喉头、气管、肠道黏膜有出血点。

亚急性型：可见胸腔积液，有时有纤维素性渗出物；心脏肥大，心包积液；肺充血、出血，甚至发生实变，严重者胸腔蓄积纤维素性絮状脓液或肺部化脓。喉与气管黏膜充血、出血，气管腔中有大量红色泡沫。淋巴结肿大，出血。

慢性型：鼻炎则鼻腔内有浆液性或白色黏液脓性分泌物，鼻腔黏膜潮红、出血、水肿；鼻窦和副鼻窦黏膜充血、红肿或水肿，窦内有大量分泌物蓄积。中耳炎则一侧或两侧鼓室内有白色奶油状渗出物。结膜炎则眼睑黏膜严重充血、肿胀、变厚，流出白色黏液性或脓性眼垢，角膜混浊甚至溃烂。生殖器官炎症，公兔睾丸脓肿；母兔子宫肿大，子宫内有灰白色水样分泌物或黏稠的奶油状脓性分泌物。

［**诊断及鉴别诊断**］对该病的诊断可以采用以下几种方法。取病兔心血、肝、脾等内脏器官涂片，干燥、固定、染色后直接镜检。也可用试管法、玻片法、琼扩法、间接荧光抗体法，检查被检兔的血清是否呈阳性。也可将病料作细菌分离培养，进行生化鉴定。另外，用病料制成10%悬液，接种小鼠或家兔进行动物实验。

本病须与兔病毒性出血症、兔波氏杆菌病、兔李氏杆菌病、野兔热相区别。

与兔病毒性出血症区别，多杀性巴氏杆菌病多为散发、幼兔多发；而兔出血症则是青壮年兔及成年兔多发，哺乳仔兔不发，常呈暴发性，发病率和死亡率高。

与兔李氏杆菌病区别，死于李氏杆菌病的兔，剖检可见肾、心肌、脾有散在的针尖大的淡黄色或灰白色坏死灶，胸、腹腔有多量的渗出液。病料涂片革兰氏染色，镜检，李氏杆菌为革兰氏阳性多形态杆菌。在鲜血琼脂培养基上培养呈溶血，而巴氏杆菌无溶血现象。

与野兔热区别，死于野兔热的兔，剖检可见淋巴肿大，并有针尖大的灰白色干酪样坏死灶。脾脏肿大，深红色，切面有大小不等的灰白色坏死灶。肾和骨髓也有坏死。病料涂片镜检，病原为革兰氏阴性多形态杆菌，呈球状或长丝状。

与兔波氏杆菌病区别，波氏杆菌为革兰氏阴性、多形态小杆菌，在鲜血琼脂培养基上培养呈溶血，而巴氏杆菌无溶血现象。

［**防制措施**］加强饲养管理，控制饲养密度，兔舍及用具用3%的来苏儿或2%的火碱定期消毒；兔场要定期检疫，在兔群中要及时清理、隔离、淘汰打喷嚏、患鼻炎、中耳炎和脓性结膜炎的病兔，净化兔群；坚持自繁自养；兔场应与其他养殖场分开，严禁其他畜、禽进入，杜绝病原的传播；定期注射多杀性巴氏杆菌病灭活疫苗，一年2～3次，病情严重的兔场可以加强免疫，每次注射2倍剂量。发病后可用庆大霉素、环丙沙星、先锋

霉素V、恩诺沙星、氧氟沙星等抗生素，肌肉注射，每天2次，连用3～5d进行治疗；群体用药，可以用恩诺沙星拌料或饮水，连用几天。结膜炎型可点眼药水或敷用眼药膏。有条件的兔场，可分离病原作药敏试验后，选用高敏药物防治则效果更佳。

### （五）产气荚膜梭菌病

兔产气荚膜梭菌（A型）病，又称兔魏氏梭菌病，是由A型产气荚膜梭菌及其毒素引起的以剧烈腹泻为特征的急性、致死性肠毒血症，是一种严重危害家兔生产的传染病，其发病率、死亡率均较高。

**［病原与流行特点］** 本病病原为A型产气荚膜梭菌，革兰氏染色阳性，有荚膜，产芽孢，大小为 $(1\sim1.8)\mu m\times(4\sim10)\mu m$。该菌为条件致病菌，在厌氧条件下生长良好，在一般培养基上生长不好。菌落呈正圆形，边缘整齐，表面光滑隆起。在山羊全血琼脂板上菌落周围出现双重溶血圈，内圈为 $\beta$ 溶血，外圈为 $\alpha$ 溶血。

多呈地方性流行或散发，一年四季均可发生，以春、秋、冬3季多发。各品种、年龄的家兔均易感，尤其以断奶后的幼兔和青年兔的发病率为高，其中，膘情好、食欲旺盛的兔更易感。病兔是主要传染源。病兔排出的粪便中大量带菌，极易污染食具、饲料、饮水、笼具、兔舍和场地等，经消化道感染健康兔，在肠道中产生大量外毒素，使其中毒死亡。传播方式为水平传播。

**［症状］** 急性病例突然发作，急剧腹泻，很快死亡。有的病兔发病后精神沉郁，不食，喜饮水；粪稀呈水样，血色、黑色或褐色、有特殊腥臭味，污染后躯；外观腹部臌胀，轻摇兔身可听到“咣当咣当”的拍水声。提起患兔，粪水即从肛门流出。患病后期，可视黏膜发绀，双耳发凉，肢体无力，严重脱水。发病后最快的在几小时内死亡，多数当日或次日死亡，少数拖至一周后最终死亡。

**［病理变化］** 剖开腹腔能嗅到特殊的腥臭味。胃内充满食物，胃黏膜脱落，多处有出血斑和溃疡斑；小肠充气，肠管薄而透明；盲肠浆膜和黏膜有弥漫性充血或条纹状出血，内充满褐色内容物和酸臭气体；肝脏质脆，胆囊肿大，心脏表面血管怒张呈树枝状充血；膀胱多数积有浓茶色尿液。

**［诊断及鉴别诊断］** 根据临床症状可初步诊断本病，可通过细菌学检查、血清学诊断和动物接种试验进行确诊。

（1）**细菌学检验** 取病死兔的结肠、盲肠水样内容物涂片染色，显微镜观察，发现革兰氏阳性大杆菌，有荚膜，部分有芽孢；取结肠、盲肠水样内容物，经80℃ 10min加热后，接种于厌氧肉汤培养基中，在37℃条件下培养20h，然后在山羊血平板上厌氧培养24h，出现双重溶血圈的纯菌落，内圈为 $\beta$ 溶血，外圈为 $\alpha$ 溶血；经生化鉴定为A型产气荚膜梭菌，即可诊断。

（2）**血清学诊断** 试管凝集试验可诊断本病。

（3）**动物接种试验** 将厌氧肉汤培养物0.05～0.1mL接种小鼠，24h内死亡，接种部位组织坏死即可确诊。

兔产气荚膜梭菌病应与其他腹泻疾病相区分：轮状病毒病主要发生于4～6周龄幼兔；球虫病多发于断奶至3月龄的兔，肠内容物和一些坏死结节中含有较多的球虫卵囊；沙门氏菌病会伴有母兔流产；泰泽氏病可在受害组织细胞浆中看到毛样芽孢杆菌等。

［**防制措施**］加强卫生消毒和饲养管理，注意饲料合理搭配，特别是粗纤维一定不可缺少；搞好饮食卫生，禁喂发霉变质的饲料，特别是劣质鱼粉。定期注射家兔产气荚膜梭菌A型灭活疫苗，仔兔断乳后即可注射，以后每年注射2～3次。

如果兔群发病，可以在饲料或饮水中加恩诺沙星、土霉素等药物，紧急用药，控制发病。对于患兔，无高免血清，一般很难治愈。

### （六）支气管败血波氏杆菌病

本病是由支气管败血波氏杆菌引起的以鼻炎和肺炎为特征的一种家兔常见的传染病。

［**病原与流行特点**］支气管败血波氏杆菌为革兰氏阴性细小杆菌。有鞭毛，能运动，不形成芽孢，严格嗜氧性，多形态，由卵圆形至杆状，常呈两极染色。本菌有三个菌相，其中Ⅰ相菌致病力最强，具有荚膜（K）抗原和强坏死毒素；Ⅱ、Ⅲ相菌毒力弱。初次分离，在普通培养基上生长良好，菌落小、圆形、突起、光滑、半透明，呈乳白色；在鲜血培养基上具有溶血能力。不发酵多种糖类，不形成吲哚，不产生硫化氢，能分解尿素；能利用枸橼酸钠，V-P试验阳性。

本病传播广泛，常呈地方性流行，一般以慢性经过为多见，急性败血性死亡较少。各品种、年龄的家兔均易感。豚鼠、犬、猫、猪以及人均可感染。本病主要通过呼吸道传播。带菌兔或病兔的鼻腔分泌物中大量带菌，常可污染饲料、饮水、笼舍和空气或随着咳嗽、喷嚏飞沫传染给健康兔。本病多发于冬、春季节。

［**症状**］本病可分为鼻炎型、支气管肺炎型和败血型，其中以鼻炎型较为常见，常呈地方性流行，多与多杀性巴氏杆菌病并发。多数病例鼻腔流出浆液性或黏液脓性分泌物。发病诱因消除后，症状可很快消失。

支气管肺炎型多呈散发，由于细菌侵害支气管或肺部，引起支气管肺炎。有时鼻腔流出白色黏液脓性分泌物，后期呼吸困难，常呈犬坐式，食欲不振、日渐消瘦而死，多发生于成年兔。

败血型即为细菌侵入血液引起败血症，不加治疗，很快死亡，多发生于仔兔和青年兔。

［**病理变化**］鼻炎型病例可见鼻腔黏膜、支气管黏膜充血，并有多量黏液。肺炎型主要病变为肺部发炎、出血，可见有大小数量不等的脓疱，脓疱内积满黏稠乳白色的脓液。个别可在肝脏或肾脏表面有黄豆至蚕豆大的脓疱。

［**诊断及鉴别诊断**］波氏杆菌病病程长，久治不愈。病兔鼻腔往往有分泌物，严重的分泌物为乳白色；剖检以气管黏膜充血与出血、肺脏和胸肋膜脓疱为特征，胃及肝表面有灰白色假膜。根据流行病学、临床症状和病理变化，只能做出初步诊断。确诊需做波氏杆菌的实验室细菌学分离鉴定，可结合生化实验，波氏杆菌为呼吸型代谢，不发酵任何糖类，不分解碳水化合物，MR、VP和吲哚试验阴性，氧化酶、触酶阳性，尿酶阳性。有条件的实验室，可进行凝集实验、血清学ELISA或特异性PCR方法验证。

（1）**与巴氏杆菌病鉴别诊断**　波氏杆菌和巴氏杆菌都能引起鼻炎和肺炎。所以波氏杆菌病主要应与鼻炎肺炎型巴氏杆菌病作鉴别诊断。剖检以气管黏膜充出血、肺脏和胸肋膜脓疱为特征，胃及肝表面有灰白色假膜。巴氏杆菌病肺脏瘀血、充血、水肿，胸膜粘连及胸膜炎和胸腔积脓，肝脏有针尖状灰白色坏死灶为特征。

细菌学鉴别诊断：巴氏杆菌和波氏杆菌都是革兰氏阴性菌，形态有时相似，波氏杆菌在普通培养基及麦康凯培养基上生长良好，细菌呈多形性；而巴氏杆菌在麦康凯培养基上不生长，心血或肝触片美蓝染色，镜检可见到均匀一致的两端浓染杆菌。巴氏杆菌能发酵葡萄糖，而波氏杆菌则不能发酵葡萄糖。

（2）**与绿脓杆菌病鉴别诊断**　绿脓杆菌病与波氏杆菌病，肺和其他一些器官均可形成脓疱，但脓疱的脓汁颜色不同，绿脓杆菌病脓汁的颜色呈淡绿色或褐色，而波氏杆菌病脓汁的颜色为乳白色。另外在普通培养基上绿脓杆菌呈蓝绿色并有芳香味，而波氏杆菌则形成光滑、半透明的小菌落。

［**防制措施**］

（1）**预防**

①阴暗、潮湿、空气污秽是诱发本病及传播的重要因素，因此，应加强饲养管理，消除外界刺激因素，保持通风，减少灰尘，保持兔舍适宜的温度和湿度。

②兔舍做到定期消毒，对发生疾病的兔舍及兔笼火焰消毒效果更好。在空栏有条件的情况下，可用福尔马林熏蒸。

③波氏杆菌病一般来说病程都比较长，病兔长期流鼻液，打喷嚏，成为传染源，所以对久治不愈、体弱的兔应及时淘汰。

（2）**治疗**　有条件兔场应根据分离得到的波氏杆菌药敏试验指导用药。

①庆大霉素每千克体重3～5mg，肌内注射，每天2次，连用3～5d。

②磺胺噻唑钠0.06～0.1g溶于1 000mL水中饮服。

③硫酸卡那霉素针剂每只兔肌内注射1mL，每天2次，连用3d。

也可以用氟苯尼考、氧氟沙星、恩诺沙星等药物治疗。

### （七）葡萄球菌病

葡萄球菌病是一种家兔常见病、多发病，由金黄色葡萄球菌感染引发，本病常以不同的发病形式出现，如乳房炎、局部脓肿、脓毒败血症、黄尿病、脚皮炎等。

［**病原与流行特点**］金黄色葡萄球菌属于葡萄球菌属，无芽孢和鞭毛，大多数无荚膜，革兰氏染色阳性。葡萄球菌对外界环境因素（高温、冷冻、干燥等）的抵抗力较强。在干燥脓汁中能存活2～3个月之久，经过反复冰冻30次，仍不死亡。在60℃的湿热中，可耐受30～60min；煮沸则迅速死亡。3%～5%石炭酸在3～15min内能杀死本菌；70%～75%酒精数分钟内使本菌死亡。葡萄球菌对苯胺类染料如龙胆紫、结晶紫等都很敏感。

家兔是对金黄色葡萄球菌最敏感的动物之一，不同品种、年龄的家兔均可发病。病兔（特别是患病母兔）是主要传染源。金黄色葡萄球菌常存在于兔的鼻腔、皮肤及周围潮湿环境中，在适当条件下通过各种途径使兔感染，如通过飞沫传播，可以引起上呼吸道炎症；通过表皮或黏膜的伤口侵入时，可引起转移性脓毒血症；通过脐带感染，可引起仔兔败血症；通过母兔的乳头感染，可引起乳房炎，仔兔吸乳后引起肠炎，本病在不同的发病部位引发不同的病征。一年四季均可发病，无明显的季节性。

[症状]

(1) *脓疱* 兔体皮下、肌肉或内脏器官可形成一个或数个大小不一的脓肿。外表肿块开始较硬、红肿，局部温度升高，后逐渐柔软有波动感，局部坏死、溃疡，流出脓汁。内脏器官形成脓肿时，则影响患部器官的生理机能。

(2) *转移性脓毒血症* 脓疱溃破后，脓汁通过血液循环，细菌在血液中大量繁殖产生毒素，即形成脓毒败血症，病兔死亡迅速。

(3) *仔兔脓毒血症* 仔兔生后一周左右，在胸、腹、颈、颌下、腿内侧等部位的皮肤上出现粟粒大的乳白色脓疱，脓汁奶油状，病兔常迅速死亡。暂时未死的兔脓疱扩大，或自行溃破，生长缓慢，形成僵兔。此多因金黄色葡萄球菌通过脐带或皮肤损伤感染引起。

(4) *乳房炎* 多因产仔箱边缘过于锐利，刮伤母兔的乳头或仔兔咬伤乳头后感染金黄色葡萄球菌引起。急性弥漫性乳房炎，先由局部红肿开始，再迅速向整个乳房蔓延，红肿，局部发热，较硬，逐渐变成紫红色。患兔拒绝哺乳，后渐转为青紫色，表皮温度下降，有部分兔因败血症死亡。局部乳房炎初期乳房局部发硬、肿大、发红、表皮温度高，进而形成脓肿，脓肿成熟后，表皮破溃，流出脓汁。有时局部化脓呈树枝状延伸，手术清除脓汁较困难。

(5) *生殖器官炎症* 本病发生于各种年龄的家兔，尤其是以母兔感染率为高，妊娠母兔感染后，可引起流产。母兔的阴户周围和阴道溃烂，形成一片溃疡面，形状如花椰菜样。溃疡表面呈深红色，易出血，部分呈棕红色结痂，有少量淡黄色黏液性分泌物。有时阴户周围和阴道有大小不一的脓肿，从阴道内可挤出黄白色黏稠的脓液。患病公兔的包皮有小脓肿、溃烂或呈棕色结痂。

(6) *黄尿病* 系因仔兔吮食了患乳房炎母兔的乳汁或通过其他途径感染金黄色葡萄球菌，引起急性肠炎。患兔肛门四周及后躯被毛潮湿、发黄、腥臭，病兔体软昏睡，一般整窝发病，病程 2～3d，死亡率高。

(7) *脚皮炎* 多发于体重大的兔体。由于笼底板不平、无弹性或弹性不匀、有毛刺或铁丝、钉帽突出于外或因垫草潮湿，脚部皮肤泡软以及足底负重过大，引起足底皮肤充血、脚毛磨脱或造成伤口感染发炎形成溃疡。起初，足掌底表皮充血、红肿、脱毛、发炎，有时化脓，患兔后躯抬高，或左右两后肢不断交替负重，躁动不安，形成溃疡面后，经久不愈。严重时四肢均有发病。病兔食欲减少，日渐消瘦、死亡或转为败血症死亡。

[病理变化] 常可见皮下、肌肉、乳房、关节、心包、胸腔、腹腔、睾丸、附睾及内脏等各处有化脓病灶。大多数化脓灶均有结缔组织包裹，脓汁黏稠、乳白色呈膏状。

[诊断及鉴别诊断] 根据临床症状进行初步诊断，确诊本病须根据涂片镜检、病原菌分离。如菌落呈金黄色，在鲜血琼脂上溶血，能发酵甘露醇和凝血浆酶阳性为金黄色葡萄球菌，也可进行动物接种试验。

巴氏杆菌病、波氏杆菌病、绿脓杆菌病，肝、肺、胸腔均有脓肿和化脓性病理变化，与葡萄球菌引起的转移脓毒败血症极为相似，应注意区别诊断。

①转移脓毒败血症以皮下、肌肉脓肿或溃疡病灶为特征。

②巴氏杆菌病以肺脏出血和水肿为特征，对于胸腔积脓和脓肿，难以区别时应进行细菌培养，如细菌呈阳性葡萄串状，为葡萄球菌引起；阴性两极浓染小杆菌为巴氏杆菌

所致。

③波氏杆菌病所引起的内脏病变主要在肺和肋膜的脓疱，脓疱被结缔组织所包围，多为独立存在。

④绿脓杆菌病脓灶部位及变化与葡萄球菌很相似，但绿脓杆菌所引起的脓性病灶颜色和脓液呈黄绿色，在外观上可明显区别。

［防制措施］

(1) **预防** 平时应注意兔笼及运动场所的清洁卫生工作，防止互相咬伤、抓伤、刺伤等外伤，因此，笼子底板不能有钉子等尖刺物，防止皮肤外伤引起感染。为防止皮肤外伤，产箱应用兔毛和柔软的草垫窝。笼内兔子不能太拥挤，把好斗的兔子分开饲养，剪毛时不要剪破皮肤，一旦发现皮肤损伤，应及时用5%碘酊或紫药水涂擦，以防葡萄球菌感染。

预防乳房炎的发生应随时观察产仔母兔的泌乳情况，如乳汁过多过稠，乳房膨胀，应减少多汁饲料和精料的喂给。如产仔过多，母兔乳汁过少，仔兔吸乳时容易把乳头咬破引起细菌感染，可以采取代养的方法。根据母兔带仔数量及仔兔的大小，适时调整喂料量，保证每只仔兔都能吃饱。

对于病兔，要及时隔离、治疗，并对饲养间进行消毒。

(2) **治疗** 临床用药最好根据药敏试验科学用药。

①脓疱。初起时，可以注射抗生素，如青霉素等，当脓疱形成后，应待其成熟，在溃破前切开皮肤，挤出脓汁，用双氧水、高锰酸钾溶液清洗脓腔，挤清后，内撒消炎粉或青霉素粉。注意切口尽量放在脓疱的较低位置，便于液体排出。隔2～3d，视恢复情况，再作处理。

②乳房炎。乳房炎开始红肿可用冷敷，以减轻炎症反应。若表皮温度不高，可改为热敷。在发病区域分多点大剂量注射青霉素或庆大霉素、卡那霉素，用量一般为常规的2～3倍，一天两次，可很快控制蔓延。若表皮温度下降、变成青紫色，应用热敷加按摩，促进血液循环，同时局部和全身注射抗菌药。乳房炎形成脓肿后，按脓疱处理。

③仔兔黄尿病。将体质较好的仔兔皮下注射青霉素等抗生素，每天2次，直至康复。

④脚皮炎。消除患部污物，用消毒药水清洗，去除坏死组织及脓汁等，涂以消炎粉、青霉素粉或其他抗菌消炎软膏，用纱布将患部包扎，再用软的铝皮包扎起来，以免磨破伤口。每周换药2～3次，置于较软的笼底板上或带松土的地面上饲养，直至患部伤口愈合。被毛较长足以保护皮肤时，解除绑带，送回原笼。

### （八）兔流行性腹胀病

该病临床上多表现为腹胀，且具有一定传染性，因其病因至今不清楚，故暂定此名。俗称胀肚、大肚子病、臌胀病。

［流行特点］一年四季均可发病，秋后至次年春天发病率较高。不分品种，毛兔、獭兔、肉兔均可发病。以断奶后至4月龄兔发病为主，特别是2～3月龄兔发病率高，成年兔很少发病，断奶前兔未见发病。某个地区流行一段时间后，该病自行消失，暂时不再发生。

**[症状]** 发病初，病兔减食，精神欠佳，腹胀，怕冷，扎堆，渐至不吃料，但仍饮水，粪便起初变化不大，后粪便渐少，病后期以排黄色、白色胶冻样黏液为主，部分兔死前少量腹泻。摇动兔体，有响水声，腹部触诊，前期较软，后期较硬。发病期间体温不升高，死亡前体温下降至37℃以下。病程3～5d，发病兔绝大部分死亡，极少能康复。发病率50%～70%，死亡率90%以上，部分兔场发病死亡率高达100%。

**[病理变化]** 尸体脱水、消瘦。肺局部出血。胃臌胀，部分胃黏膜有溃疡，胃内容物稀薄。部分小肠出血、肠壁增厚、扩张。盲肠内充气，内容物较多，部分干硬成块状，如马粪，部分肠壁出血，部分肠壁水肿增厚。结肠至直肠，多数充满胶冻样黏液。肝、脾、肾等未见明显变化。

**[诊断]** 断奶至4月龄兔群体发病。发病兔开始少吃料，转而不吃料，喜饮水，腹部臌胀，摇动兔体，有响水声，粪便渐少，或带有胶冻，死亡前部分兔拉少量稀粪。剖检时见胃膨胀，部分有溃疡，胃内容物稀薄，部分盲肠内容物变干，成硬块，结肠内有较多的胶冻样黏液。依据以上病变可以初步作出临床诊断。

**[防制措施]**

治疗：对于初期发病兔，可以试用5%水溶性复方新诺明，摇匀后，每兔皮下注射1～2mL，每天2次，连用数天。

预防：复方新诺明（原药），以0.1%的比例拌料，或者以水溶性复方新诺明0.05%（以原药计算）混入饮水中，水中加糖1%～2%，喂断奶后的幼兔，连用6～7d。病情严重的兔场，隔一周重复一个疗程。

### （九）家兔皮肤真菌病

**[病原与流行特点]** 引起家兔皮肤病最常见的病原体是须发癣菌及小孢子菌等。自然感染可通过污染的土壤、饲料、饮水、用具、脱落的被毛、饲养人员等间接传染以及交配、吮乳等直接接触而传染。本病一年四季均可发生，以春季和秋季换毛季节易发，各年龄兔均可发病，以仔兔和幼兔的发病率最高，对家兔生长发育和毛皮质量产生极大影响。

**[症状]** 皮肤有不规则的小块或圆形脱毛、断毛和皮肤炎症；发生部位多在头部、口、眼周围、耳朵、四肢、颈后、胸腹部；患部皮肤表面有麸皮样外观（痂下炎症），有白色皮屑，断毛不均匀。

**[病理变化]** 兔体表真菌主要生存于皮肤角质层，一般不侵入真皮层。病变部位发炎，有痂皮，形成皮屑，脱毛。病变周围有粟粒状突起，当刮掉硬痂时，露出红色肉芽或出血。

**[诊断及鉴别诊断]** 根据流行病学和临床症状等可对兔皮肤真菌病做出初步诊断，确诊则有赖于病原真菌的培养、分离与鉴定，或采用免疫学技术检测抗原或抗体的方法。显微镜检查可用镊子或毛刷采集患部毛发置载玻片上，然后滴加10%氢氧化钾溶液，加盖玻片，显微镜下观察是否有菌丝，毛发的内、外部是否有成串的孢子，据此进行初步判定。而分子生物学方法对一些重要的皮肤真菌（如红色毛癣菌、须癣毛癣菌）还可以进行种内的分型。

（1）**与疥癣病的鉴别诊断**　疥癣病（即螨病）病原为螨虫，而皮肤真菌病的病原为须发癣菌或小孢子菌等。疥癣多寄生兔头、耳郭、足等部位，通过搔痒可延及全身。患部有炎性渗出物，受感染后出现脓性痂皮，但断毛不均匀。流行状况为接触传染面广，冬春季为多。皮肤真菌病患处主要在头部及其附近，患部有白色皮屑和炎症表现，周围有粟粒样突起，形成圆蝶形或称“钱癣”，断毛不均匀。人畜共患，幼兔为多。

（2）**与营养性脱毛的鉴别诊断**　营养性脱毛因毛囊、毛乳头营养吸收受阻，含硫氨基酸与微量元素匮乏所致。与皮肤真菌病致病原因不同。营养性脱毛的发生部位以大腿外侧、肩胛两侧及头部居多。皮肤无异常反应，根部有毛茬，一般在1cm以下，剪刀痕迹明显长不出新毛。夏秋季多见，成兔较多。皮肤真菌病患处主要在头部及其附近，患部有白色皮屑和炎症表现，周围有粟粒样突起，形成“钱癣”。

［防制措施］

（1）预防

①在有本病发生的兔场中，首先应将所有兔子逐只检查，将检出来的病兔隔离，然后将病兔宰杀或饲养在单独的兔舍里进行治疗。

②兔舍、兔笼消毒是消灭本病的关键，应将笼子上和笼子内的绒毛用火焰进行喷烧，然后清扫干净，能密闭的空兔舍，可用福尔马林熏蒸。

③本病很顽固，对那些难以治愈的病兔以扑杀处理较好。另外，人也可被感染发病，所以在与病兔接触时应作好防护工作。

④用克霉唑溶液对初生乳兔进行全身涂擦1～2次可有效防止该病的发生。

（2）治疗

①先剪去患部的毛，然后用3%来苏儿与碘酊作等量混合，每天于患部涂擦2次，连用3～4d。

②用硝酸咪康唑软膏，每日外涂2次，连用3～5d。

③用克霉唑溶液对患部进行涂擦，每天1次，连用4d。

## （十）大肠杆菌病

［病原与流行特点］大肠杆菌病是由大肠杆菌及其毒素引起的肠道传染病，死亡率高，以水样和胶冻样腹泻为特征。大肠杆菌为革兰氏阴性，无芽孢，一般具有鞭毛，常有微荚膜的直杆菌，多数致病菌株还常有与毒力相关的特殊菌毛。兔大肠杆菌病主要发生于1～4月龄的家兔，一年四季均可发生。兔场一旦发生该病后，常因场地和笼具的污染而引起大流行，造成仔兔的大批死亡。

［症状］病兔病初表现精神不振，食欲减退，随后腹泻，呈黄色至棕色。将兔体提起摇动时可听到拍水音。当粪便排空后，肛门努责并排出大量胶样黏液或细小粪便。此时病兔四肢发冷、磨牙、流泪。病兔体温一般正常，或低于正常。迅速消瘦，体重减轻。急性型病程很短，1～2d死亡，病程长者7～8d死亡。

［病理变化］胃膨大，充满多量液体和气体。十二指肠、回肠、盲肠黏膜均有不同程度的充血、出血，并充满半透明胶冻样液体，伴有气泡，有的呈红褐色粥样；有些病例肝脏、心脏有小坏死点。有些病例，盲肠内容物呈水样并有少量气体，直肠也常充满胶冻样

黏液。

[**诊断及鉴别诊断**] 根据临床症状和病理变化可做出初步诊断，确诊必须做细菌学检查。无菌采取病死兔的肝脏、脾脏、心血或胶冻进行触片涂片，革兰氏染色镜检，可见两端钝圆的革兰氏阴性杆菌，同时进行细菌分离鉴定。大肠杆菌在麦康凯培养基 37℃培养 24h，可生长出红色菌落；接种于伊红美蓝培养基 37℃培养 24h，可长出黑色带金属闪光的菌落。大肠杆菌能发酵葡萄糖、乳糖、麦芽糖和甘露醇，产酸产气，对蔗糖少量产酸，产气少。M. R 试验阳性，V-P 试验阴性。三糖铁斜面穿刺后，斜面和底面均变黄。

(1) **与魏氏梭菌病鉴别诊断** 魏氏梭菌病以剧烈水泻、粪便呈绿色伴有腥臭味、胃黏膜脱落、胃溃疡和盲肠浆膜炎为特征，而黏液性肠炎往往是腹泻与便秘交替出现，以胶冻状粪便为特点。

(2) **与球虫病的鉴别诊断** 显微镜观察小肠内容物可见球虫卵囊可确诊，小肠出血，盲肠、蚓突及圆小囊有灰白色坏死病灶，肝脏亦会出现灰白色坏死病灶，而黏液性肠炎腹泻与便秘交替出现，以胶冻状粪便为特点。

[**防制措施**]

(1) **预防**

①大肠杆菌病的病原是致病性大肠杆菌。平时应减少应激，特别是刚断奶幼兔的饲料不能突然改变。大肠杆菌可作为正常菌群存在于肠道内，当饲料突变等应激后，正常菌群的平衡失调，大肠杆菌会大量繁殖导致疾病的发生。

②加强饲养管理，提高仔幼兔的抵抗力，保证饲料质量和安全。

(2) **治疗**

①庆大霉素肌内注射，每千克体重 5～7mg，每天 2 次，连用 2～3d。

②卡那霉素肌内注射，每千克体重 10～20mg，每天 2 次，连用 2～3d。

③盐酸环丙沙星内服，每千克体重 5～8mg，肌内注射，为每千克体重 4～5mg，每天 2 次。

### (十一) 沙门氏菌病

[**病原与流行特点**] 兔沙门氏菌病又称兔副伤寒，是主要由鼠伤寒沙门氏菌、肠炎沙门氏菌引起的传染病。鼠伤寒沙门氏菌和肠炎沙门氏菌均为革兰氏阴性，有鞭毛，不形成芽孢，在培养基上生长良好，菌落圆整、光滑、凸起、湿润，半透明，肉汤培养一致混浊。

沙门氏菌病以发生败血症、急性死亡、腹泻和流产为主要特征，特别是仔兔和怀孕母兔较易发生。病兔、带菌兔和其他被感染动物的排泄物污染了饲料、饮水、垫草、用具、兔笼等，以及饲养员的直接接触，都能引起感染。发病兔场的家养、野生动物等也带菌。

[**症状**] 潜伏期 3～5d，患病幼兔主要表现为腹泻，排出有泡沫的黏液性粪便，体温升高，精神不好，厌食，消瘦，体重下降，最后呈现极度衰弱而死亡。患病母兔常从阴道内流出脓性分泌物，阴道黏膜潮红肿胀，不容易受胎。已怀孕的母兔常发生流产。流产的胎儿体弱，皮下水肿，很快死亡。也有的胎儿腐化或成木乃伊，母兔常在流产后死亡。康复的母兔不易受孕。

**[病理变化]** 病变因病程的长短而不同。突然死亡的兔呈败血症病理变化，大多数内脏器官充血，有出血斑块。胸、腹腔内有多量浆液或纤维素性渗出物。有的病例，肠黏膜充血和出血，有的肠黏膜脱落形成溃疡，肠系膜淋巴结肿胀，或有灰白色结节，圆小囊和蚓突黏膜有弥漫性灰黄色小结节，脾脏充血肿大，肝脏常有弥漫性针尖大小的坏死点，心肌上有时能见到颗粒状结节。

母兔子宫肿大，子宫壁增厚，伴有化脓性子宫炎，子宫黏膜覆盖着一层淡黄色纤维素性污秽物，并有溃疡。未流产的胎儿发育不全或死胎或成为木乃伊胎。

**[诊断及鉴别诊断]** 根据流行病学、腹泻及流产等症状及病理变化可作出初步诊断，确诊需进行细菌学检查或细菌分离培养鉴定，也可用兔耳血与沙门氏菌多价抗原进行玻片凝集试验。

(1) *与大肠杆菌病鉴别诊断* 兔副伤寒病引起腹泻的粪便为泡沫状，母兔流产，盲肠、圆小囊有粟粒状灰白色结节，肝脏亦有灰白色坏死病灶。而大肠杆菌病除特有的胶冻状黏液外，则没有这些病理变化特征。

(2) *与伪结核病鉴别诊断* 兔副伤寒病与兔伪结核病剖检时可见到盲肠蚓突、圆小囊和肝脏浆膜上有粟粒大灰白色结节，但伪结核病的结节扩散融合后可形成片状，显著肿大，呈黄白色，而蚓突呈腊肠样，质地硬，脾脏也显著肿大，结节有蚕豆大，而副伤寒病不会有，可作为鉴别的重要依据。副伤寒病母兔可发生阴道炎和子宫炎而引起流产，而伪结核病不会发生。

**[防制措施]**

(1) *预防* 加强饲养管理，搞好清洁卫生，加强消毒，开展灭鼠工作，同时做好兔舍的保暖，饲料搭配适宜，以提高兔体的抵抗力。发现病兔及时隔离治疗，对死亡兔和扑杀处理的死兔应深埋处理或烧毁。发病兔场淘汰病残、弱兔，全群用药1～2个疗程，全面消毒。

(2) *治疗*

①用氟苯尼考每千克体重20～30mg内服或20mg肌内注射，每天2次，连用3～5d。

②对急性病兔，可用5%～10%葡萄糖盐水20mL加庆大霉素4万U，缓慢静脉注射，每天1次，并用链霉素50万U肌内注射。

### (十二) 绿脓杆菌病

**[病原与流行特点]** 兔绿脓杆菌病是由绿脓假单孢杆菌引起的以出血性肠炎或肺炎为主要特征的散发性传染病。绿脓杆菌为革兰氏阴性需氧的细长杆菌，病料中呈单个、成对或成短链存在，具有鞭毛，不形成芽孢，无荚膜，形态多样，人工培养基中可呈长短不一或长丝状形态。该菌广泛存在于土壤、水和空气中，在人畜的肠道、呼吸道、皮肤上也普遍存在。患病期间动物粪便、尿液、分泌物污染饲料、饮水和用具，成为该病的传染源。各年龄兔均易感。

**[症状]** 患兔精神沉郁，蹲伏一处，眼半闭或全闭，眼窝下陷；食欲减退或废绝，呼吸困难，气喘，体温升高，排褐色带血样稀便，被毛粗乱无光泽。病兔常有创伤性化脓性炎症，皮下往往形成脓肿，鼻、眼有浆液性或脓性分泌物。

**[病理变化]** 病死兔腹部皮肤呈青紫色，皮下形成脓肿，有黄绿色或深绿色渗出物，腹腔内有黄绿色积液。胃、十二指肠和空肠黏膜出血，肠腔内充满血样液体；肝肿大，有黄绿色脓疱，有的呈大小不一的黄色坏死灶，脾肿大呈樱桃红色；肺脏发生实变并形成脓肿、出血，脓疱破溃后流出绿色脓液，肺与肋膜粘连，胸腔有黄绿色积液，气管及支气管黏膜出血。心外膜有点状出血，心包液混浊。

**[诊断及鉴别诊断]** 通过症状、病变结合病原分离鉴定进行诊断。绿脓杆菌在普通培养基上生长良好，具有生姜芳香。普通肉汤培养，黄绿色，均匀混浊。血液琼脂培养，菌落周围出现溶血环。

**[防制措施]**

(1) **预防** 加强饲养管理，消除诱发因素。清除兔笼、用具中的锐利器物，避免拥挤，防止发生外伤或咬伤，保持兔舍的清洁卫生。发生外伤时应及时处理，手术、治疗或免疫接种时应严格消毒。平时做好饮水和饲料卫生，防止水源及饲料的污染。发现病兔应隔离治疗，对污染的兔舍及用具彻底消毒，死亡兔深埋。

(2) **治疗**

①多黏菌素，每千克体重2万U，加磺胺嘧啶每千克体重0.2g，拌料饲喂，连喂3～5d。

②新霉素每千克体重2万～3万U，每天2次，连用3～4d。

③复方新诺明每千克体重0.2g，每天2次，内服。

### (十三) 克雷伯氏杆菌病

**[病原与流行特点]** 兔克雷伯氏杆菌病是由克雷伯氏菌引起的以成年兔肺炎、幼兔腹泻为特征的传染病。克雷伯氏杆菌为革兰氏染色阴性的短粗杆菌，有荚膜，不形成芽孢，无鞭毛，不运动，为兼性厌氧菌。该菌常存在于人、畜的消化道、呼吸道以及土壤、水和饲料中，当家兔机体免疫力下降、感冒和气候突然变化时，常引起家兔呼吸道、消化道、泌尿道感染，呈散发流行。不同年龄及不同品种兔均易感，但以长毛兔的感染率更高。

**[症状]** 兔克雷伯氏杆菌病临床症状主要表现为沉郁、消瘦、毛粗乱、体温升高，病初常有咳嗽，咳嗽时有白色脓性分泌物咳出，呼吸困难，打喷嚏、流水样鼻涕，严重者呼吸困难；胀气、腹泻、粪便呈褐色糊状或水样；幼兔一旦发生腹泻，极度衰弱，很快死亡；一部分妊娠母兔发生流产。

**[病理变化]** 病理变化主要表现为气管出血，气管内有少量泡沫样液体；肺充血、出血，肺表面散在少量粟粒大的深红色病变，有的出现化脓，严重时肺发生肝变，呈大理石状，质地硬，切面干燥呈紫红色。肝瘀血、肿大，有少许灰白色的坏死灶；脾脏瘀血、肿大，边缘钝圆；肾脏呈土黄色；肠道黏膜出血，以盲肠浆膜最为严重，肠腔内有大量黏稠物和气体，肠系膜淋巴结肿大。

**[诊断及鉴别诊断]** 病兔沉郁，减食，打喷嚏，流水样鼻液，呼吸急促、困难。腹胀，排黑色糊状粪，1～2d死亡。幼兔剧烈腹泻，孕兔流产，剖检后，气管有泡沫样液体，肺脏大理石样。胃肠充满气体，盲肠有黑褐色稀粪。用心血、肝脏、脑、肠内容物涂片，革兰氏染色镜检，可见革兰氏阴性粗短圆形或杆状成双或短链细菌。通过观察临床症状、病

理变化及进一步细菌培养鉴定，可确诊，但由于其常常与其他细菌混合感染，还需进行鉴别诊断。

［防制措施］

（1）**预防**　本病没有特异性预防方法，平时加强饲养管理和卫生消毒及灭鼠工作，妥善保管饲料，不用腐败或被污染的饲料喂兔。出现病兔及时隔离治疗，对死亡兔采取焚烧或深埋处理。

（2）**治疗**

①用庆大霉素肌内注射，每千克体重 3～5mg，或链霉素每千克体重 20mg，或卡那霉素每千克体重 2 万 U 肌内注射，每天 2 次，连用 3d。

②用氟苯尼考每千克体重 20mg，或氟哌酸每千克体重 10mg，或环丙沙星肌内注射，每天 2 次，连用 3d。

### （十四）泰泽氏病

［**病原与流行特点**］兔泰泽氏病是由毛样芽孢杆菌引起的一种急性传染病，以严重下痢、脱水并迅速死亡为主要特征。病原毛样芽孢杆菌为细长、多形性和非抗酸染色的革兰氏阴性杆菌，可在细胞内形成芽孢，周身有鞭毛，能运动，只能在活细胞内生长，为专营细胞内寄生菌。本病主要侵害 6～12 周龄兔，断奶前的仔兔和成年兔也可感染发病。病原通过消化道传染，应激因素及饲养管理不当等往往是本病的诱因，当机体抵抗力下降时发病，以秋末至春初多发。

［**症状**］病兔发病急，精神萎靡，拒食，严重下痢，在肛门周围和尾巴上有不同程度的粪便污染。粪便呈褐色或暗黑色水样或黏液样，全身迅速脱水，导致病兔显得虚弱、消瘦，多在发病后 24～36h 内死亡，死亡率达 90％以上。有的兔无任何症状突然死亡，少数病兔能耐过，而成为僵兔，长期食欲不良，生长停滞。

［**病理变化**］盲肠浆膜有弥漫性出血，盲肠壁增厚、水肿，黏膜水肿，可见到紫红色溃疡；盲肠黏膜广泛充血，盲肠内有水样或糊状的棕色或褐色内容物，并充满气体，结肠浆膜、黏膜弥漫性充血、出血，肠壁水肿；蚓突有粟粒大至高粱粒大黑红色坏死灶，回肠后段、结肠前段大多充血，肠腔内有多量的透明状胶样物，肠系膜淋巴结水肿。心肌有灰白色或淡黄色条纹状坏死，肝脏肿大，有大量针帽大小、灰白色或灰黄色的坏死灶，脾脏萎缩。

［**诊断及鉴别诊断**］兔泰泽氏病可根据流行病学、临床症状和特征性的盲肠、肝脏、心肌变化作出初步诊断。实验室常取病死兔的肝脏坏死组织进行涂片作进一步确诊，姬姆萨染色后镜检，在显微镜下可见肝细胞胞浆中有成束的毛样芽孢杆菌，同样盲肠黏膜涂片染色也可见到毛样芽孢。

（1）**与魏氏梭菌病、大肠杆菌病鉴别诊断**　由于泰泽氏病能引起消化道的感染，有腹泻症状，出现肠道病变，因而诊断时注意与魏氏梭菌病、大肠杆菌病等消化道疾病相区别。魏氏梭菌病主要症状为急剧腹泻，临死前水泻，粪便呈黑绿色带血液，尿液呈茶色，胃黏膜脱落，胃溃疡，出血性盲肠炎。肠内充满多量绿色粪便，有腐败气味。大肠杆菌病腹泻粪便呈黏液性，透明胶冻状，腹部膨胀，慢性腹泻与便秘交替发生，十二指肠、空肠充满泡沫状气体，结肠、直肠有大量透明黏液，胶冻状物阻塞，回肠、盲肠可出现血斑。

（2）**与绿脓杆菌病、副伤寒病、轮状病毒病鉴别诊断** 绿脓杆菌病为水样带血液腹泻，胃、十二指肠、空肠黏膜出血，内容物含有多量血液。兔副伤寒病引起腹泻的粪便为泡沫状，母兔流产，盲肠、圆小囊有粟粒状灰白色结节，肝脏亦有灰白色坏死病灶。轮状病毒病为水泻，死亡兔血液凝固不良，小肠充血或出血，蚓突和圆小囊有灰白色坏死灶。

[**防制措施**]

（1）**预防** 加强饲养管理，定期进行全面消毒，保持兔舍清洁。减少应激，发现病兔立即隔离治疗并进行全面彻底消毒，及时淘汰无治疗价值的病兔，对排泄物、污染的场地、兔舍、兔笼彻底清洗消毒，以防止病原扩散。

（2）**治疗**

①发病初期用土霉素饮水，疗效良好。

②每千克体重 40mg 金霉素，5%葡萄糖稀释后静脉注射，每天 2 次，连用 3d。

③青霉素与链霉素混合肌内注射，每天 2 次，连用 3d。

### （十五）土拉伦斯病（野兔热）

[**病原与流行特点**] 野兔热又称土拉热、土拉杆菌病，是由土拉伦斯杆菌引起的一种急性人畜共患传染病。土拉伦斯杆菌为革兰氏阴性需氧菌，在动物血液中近似球形，在培养物中呈球状、杆状、豆状、丝状和精子状等，无鞭毛，不能运动，不产生芽孢，在动物体内可形成荚膜。细菌通过排泄物、污染的饲料和饮水、用具以及节肢动物，如螨、蝇、蚊等进行传播，本病一年四季均可流行，大流行见于洪水或其他自然灾害。

[**症状**] 本病是以体温升高，脾和淋巴结肿大、粟粒状干酪样坏死为特征的传染病。潜伏期 1～9d，以 1～3d 为多。病程一般较长，体温升高 1～1.5℃，颌下、颈下、腋下和腹股沟等体表淋巴结肿大发硬甚至化脓，鼻腔黏膜发炎，鼻腔流出黏性或脓性分泌物。临床上可分为急性型和慢性型，急性型几乎不易观察到临床症状呈现而死亡；慢性型呈高度消瘦，最后因衰竭而死亡。

[**病理变化**] 急性死亡的病兔呈败血症的病理变化，表现为血凝不良，淋巴结肿大、出血、坏死，表面呈紫黑色，腹腔大量积液，胃肠出血。

病程稍长慢性型的病兔，淋巴结显著肿大，呈深红色，并有干酪样坏死，脾、肝、肾也可能肿大和出现灰白色的坏死点，并有块状的实变区。病死兔尸体极度消瘦，皮下少量脂肪呈黄色，肌肉呈煮熟状，肾苍白，表面凹凸不平。骨髓也可见有坏死灶。

[**诊断及鉴别诊断**] 根据症状、病变，以及春末夏初啮齿动物较为活跃时的发病季节，可以作出初步诊断，确诊需实验室诊断。组织器官如肝、脾等压片或固定切片，或血液涂片可以检查到细菌。采集淋巴结、肝、肾和胎盘等病灶组织进行病原分离和鉴定。血清学检查可采用试管凝集试验、酶联免疫吸附试验、土拉杆菌皮内试验。

（1）**与伪结核病鉴别诊断** 野兔热与伪结核病病理变化有的相似，所以鉴别诊断应从细菌学和病理变化特征两个方面进行。伪结核病是蚓突和圆小囊浆膜弥漫性灰白色坏死结节，蚓突变硬，呈腊肠状，脾脏有黄白色结节，面积大、突出于脏器表面。而野兔热的蚓突和圆小囊不见灰白色坏死结节，淋巴结显著肿大呈干酪样坏死，这是与伪结核病的区别所在。

(2) **与李氏杆菌病鉴别诊断** 李氏杆菌病常有神经症状，体表淋巴结无明显变化，而野兔热淋巴结肿大，呈深红色并有坏死病灶。李氏杆菌病脾脏肿大，呈深红色，亦有坏死病灶，而野兔热的脾脏不肿大。

**[防制措施]**

(1) **预防**

①本病菌主要为野生啮齿类、野兔和鸟类的致病菌，人也可被感染，所以鼠类和外寄生虫为主要传播者，因此，在兔场内要经常扑杀鼠类和节肢动物等体外寄生虫，防止野兔进入兔场。

②经常进行兔舍和笼位清洁卫生和消毒。发现病兔及时隔离治疗，对治疗无效兔扑杀处理，尸体及排泄物深埋或烧毁处理。

(2) **治疗**

①肌内注射链霉素可收到较为满意的效果，剂量为每千克体重 20mg，每天 2 次，3～5d 为一疗程。

②金霉素，每千克体重 20mg，静脉注射，每天 2 次，连用 3d。

③卡那霉素，每千克体重 10～20mg，肌内注射，每天 2 次，连用 3d。

### (十六) 坏死杆菌病

**[病原与流行特点]** 兔坏死杆菌病是由坏死杆菌引起的，该菌为革兰氏阴性严格厌氧的多形态杆菌，小者呈球杆菌，大者呈长丝状，无鞭毛和荚膜，不形成芽孢，能产生内、外毒素。血清琼脂平板上培养 48～72h，形成灰色不透明的小菌落，菌落边缘呈波状。在含血琼脂平板上，菌落周围形成 $\beta$ 溶血环。在肉汤中形成均匀一致的混浊，后期可产生特殊的臭味。

坏死杆菌广泛存在于自然界，在动物饲养场、土壤中均有存在，同时它还是健康动物的扁桃体和消化道黏膜的常在菌，呈散发性发病，主要经损伤的皮肤和黏膜（口腔）而感染，新生幼兔有时经脐带感染。坏死杆菌病一年四季均可发生，以多雨潮湿、炎热季节多发。各种年龄的兔均可发病，幼龄兔较成年兔易感性高。

**[症状]** 主要以感染部位的皮肤和皮下组织的坏死、溃疡以及脓肿为特征。患兔的唇和颌下部、口腔黏膜、颈部及四肢关节等处的皮肤和皮下组织发生坏死性炎症，形成脓肿、溃疡，并散发出恶臭气味。当细菌侵入血管后，可转移到肺、肝、心和脑等器官，形成坏死灶，有个别病例出现神经症状。患兔流涎、减食或拒食，体温升高，消瘦。

**[病理变化]** 感染部位黏膜、皮肤、肌肉坏死，淋巴结尤其是颌下淋巴结肿大，并有干酪样坏死病灶。有些病例见有皮下脓肿，坏死组织具有特殊臭味，有许多病例还可以在肝、脾、肺见有坏死灶和胸膜炎、心包炎。

**[诊断及鉴别诊断]** 根据临床症状和坏死组织特殊的臭味，可以作出初步诊断，进一步诊断可采集病料作细菌学检查，必要时可将病料研磨生理盐水稀释后，给家兔或小鼠皮下注射，如为坏死杆菌，接种部位发生坏死，并可在内脏发生坏死脓疮，可检出坏死杆菌。由于它与绿脓杆菌病、传染性口腔炎等疾病非常相似，因此必须作出鉴别诊断。

(1) **与绿脓杆菌鉴别诊断** 绿脓杆菌病主要表现为呼吸道的症状和病变，肺形成脓疱，脓疱和脓肿液呈淡绿色或褐色，具有芳香味；而坏死杆菌病形成的脓疱和脓液具有恶臭味。绿脓杆菌在普通培养基生长良好，使培养基变绿；而坏死杆菌的菌体呈丝状，细菌在普通培养基上不生长，只有在厌氧条件下及鲜血培养基上才能生长。

(2) **与传染性口腔炎鉴别诊断** 传染性口腔炎是由病毒引起的，主要侵害口腔黏膜，形成水疱、脓疱或溃疡，大量流涎，病变不侵害到实质器官和皮下；而坏死杆菌病除侵害口腔黏膜外，可造成皮下、肌肉坏死，淋巴结肿大、干酪样坏死，并能波及肝、肺、脾等器官，出现坏死病灶。

[**防制措施**]

(1) **预防**

①兔笼、地面和用具进行消毒处理。一般常用的消毒药有：5%来苏儿，5%～10%漂白粉溶液，10%～20%石灰乳等。

②兔舍空气流通，及时清理粪便，应清除兔笼的尖刺物，防止皮肤、黏膜损伤。

③兔场一旦发现本病及时处理，对死亡兔要深埋或烧毁处理。

(2) **治疗**

①局部治疗。首先彻底清除坏死灶，用1%高锰酸钾或双氧水冲洗溃疡面后，涂擦碘甘油，每天2～3次。对皮肤肿胀部位每日涂一次鱼石脂软膏；如果有脓肿则切开排脓后，用双氧水冲洗。

②全身治疗。严重时可肌内注射磺胺二甲嘧啶，每千克体重0.15～0.2g，每天2次，连用3～4d。或用青霉素每千克体重20万U注射。

### （十七）李氏杆菌病

[**病原与流行特点**] 李氏杆菌病是由李氏杆菌引起的一种散发性人畜共患传染病，又称单核白细胞增多症。李氏杆菌呈杆状或球杆状、革兰氏染色阳性、无荚膜和芽孢、有鞭毛，菌体两端钝圆，多单在，有时也排列成V形、短链。该菌为需氧或兼性厌氧，在普通培养基中可生长，但在血清或血琼脂培养基上生长更好。固体培养基上呈光滑型菌落、透明、蓝灰色，血琼脂培养基上移去菌落可见其周围狭窄的$\beta$溶血环。本病经消化道、呼吸道、眼结膜及皮肤损伤等途径感染，也有在交配时感染。李氏杆菌病多为散发，有时呈地方流行，发病率低，但致死率很高，各种动物不分年龄、品种都可感染，但仔幼兔易感性高，且多为急性。该病的潜伏期一般2～8d，或稍长。一年四季都可发生，以冬春季节多见。

[**症状**] 该病以急性败血症、慢性脑膜炎为主要特征。根据症状可分为急性、亚急性和慢性型。急性型多见于幼兔，突然发病，病兔体温可达40℃以上，精神沉郁，食欲废绝。鼻黏膜发炎，流出浆液性、黏液性、脓性分泌物，口吐白沫，背颈、四肢抽搐，低声嘶叫，几个小时或1～2d内死亡。亚急性型病兔精神不振，食欲废绝，中枢神经机能障碍，作转圈运动，头颈偏向一侧，全身震颤，运动失调。孕母兔流产，胎儿皮肤出血。一般经4～7d死亡。慢性型病兔主要表现为子宫炎，分娩前2～3d发病，拒食，流产，并从阴道内流出暗紫色的污秽液体，有的出现头颈歪斜等神经症状，流产康复后的母兔长期

不孕。

［**病理变化**］急性型或亚急性的病兔心包、腹腔有多量透明的液体，肝、脾表面和切面有散在或弥漫性针头大淡黄色或灰白色坏死点。有的病例也见于心肌和肾。淋巴结，尤其是肠系膜淋巴结肿大或水肿。

慢性型在肝表面和切面有灰白色粟粒大坏死点，心包腔、胸腔和腹腔有渗出液，心外膜有条状出血斑，脾肿大，质脆，切面突起，出血。怀孕母兔子宫内可见多量脓性渗出物，子宫内有变性的胎儿。子宫壁脆弱，易破碎，内膜充血，有粟粒大坏死灶，或有灰白色凝乳块状物。由于炎症过程的刺激而使子宫壁变厚。有神经症状的病例，有脑膜炎病变，脑膜和脑组织充血或水肿，大脑纵沟和腹侧有针尖大出血点。

［**诊断及鉴别诊断**］本病通过症状及病理变化可作出初步诊断。在本病的发展过程中，可见到病兔单核细胞显著增加，可通过血液化验提供辅助诊断。家兔用病料点眼后可出现化脓性结膜炎和角膜炎，同时通过病原菌的分离鉴定可进行确诊。也可用凝集反应或补体结合反应等血清学方法测定。但有必要与沙门氏菌病等作出鉴别诊断。

与沙门氏菌病鉴别诊断：李氏杆菌病与沙门氏菌病所引起的怀孕母兔流产，肝脏的坏死病灶等很相似，区别在于李氏杆菌病患兔有神经症状、斜颈及运动失调，虽然肝脏有坏死病灶并与沙门氏菌病相似，但胸、腹腔和心包的积液清亮。血液中单核细胞显著增加。沙门氏菌病无神经症状，但可出现腹泻，排出的粪便带有泡沫和黏液；死亡兔呈现败血症病理变化，内脏器官充血或出血。

［**防制措施**］

（1）*预防*

①李氏杆菌病感染动物比较广泛，因此要注意隔离、消毒工作。兔笼、兔舍可用3%～5%石炭酸、3%来苏儿或5%漂白粉消毒。本病也可传染给人，因此护理病兔和解剖病死兔时应注意自我保护。

②鼠可能是本病的疫源、带菌者和贮存者，所以应切实做好灭鼠工作，管理好饲料和饮水，防止被鼠粪污染。

（2）*治疗*

①对发病兔可采用磺胺嘧啶钠按每千克体重0.1～0.3g肌内注射，首次量加倍，每天早晚两次，连续治疗2～5d。

②肌内注射卡那霉素注射液，每千克体重0.2mL，每天2次，连用3d。

③庆大霉素，每千克体重1～2mg，肌内注射，每天2次。

④对有神经症状的兔，肌内注射苯巴妥钠0.1～0.3mL，连用3d。

### （十八）密螺旋体病

［**病原与流行特点**］兔密螺旋体病又称兔梅毒病，是由兔密螺旋体引起的。兔密螺旋体细而长，与人梅毒螺旋体极相似，但不感染人，抵抗力较弱，一般的消毒药品都可将其杀死，姬姆萨染色为玫瑰红色。兔密螺旋体至今尚不能用人工方法培养。

本病只发生家兔和野兔，在配种时经生殖道传染，因此发病的绝大部分都是成年兔，且育龄母兔比公兔易感，极少见于幼兔。病原随着黏膜和溃疡的分泌液排出体外，污染垫草、饲料、用具等，如有局部损伤可增加感染机会。兔群中流行本病时发病率很高，但死亡很少。家兔感染后，病原体在黏膜、皮肤及其接合部集中增殖，初期急性经过后，引起慢性炎症反应，有时见到皮肤点状溃疡。最初，通常外生殖器有病变。然后在颜面、眼睑、耳或其他部位也见到病变。病原体由体表向其他部位扩散，向淋巴结蔓延。

**[症状]** 该病是一种慢性生殖器官传染病，潜伏期1～2周，有的可长达10周。表现为生殖能力下降，患病公兔性欲减退，母兔受胎率明显下降。公兔的龟头、包皮和阴囊发红、肿胀，母兔阴唇、阴道黏膜及肛门周围的黏膜发红、肿胀，流出黏液性和脓性分泌物，伴有粟粒大小结节或水疱，由于损伤部位疼痛和痒感，病兔经常用爪抓痒，并把病菌带到鼻、眼、唇、爪等部位，使这些部位的被毛脱落，皮肤红肿，形成粟粒大的小结节及溃疡。溃疡表面流出脓性渗出物，并逐渐形成棕色痂皮。

**[病理变化]**

主要病变部位在生殖器官。在发病初期，公兔多在包皮和阴囊，母兔在阴唇等部位发生炎症，局部呈现潮红肿胀，流出黏液性分泌物，继发感染后可流出脓性分泌物。也有的在肛门出现潮红肿胀，伴有粟粒大的结节，严重时可扩展到其他部位的皮肤，使之形成丘疹和疣状物。损伤的鼻、眼、唇、爪等部位因抓痒而被毛脱落，皮肤红肿，形成结痂。剥离结痂后可露出溃疡面，湿润凹下、边缘不整齐，易出血。公兔阴囊水肿、皮肤呈糠麸状。

**[诊断及鉴别诊断]** 兔密螺旋体病的病变主要在种用公母兔的生殖器官，主要通过交配感染，一般不易引起化脓等病理变化，因此临床上诊断不难。显微镜涂片检查兔密螺旋体，可从病灶刮取病料制成涂片，用姬姆萨染色后镜检，观察到大量的病原体即可确诊。

与兔阴部炎的鉴别诊断：由于兔密螺旋体病与阴部炎均为外生殖器官出现病变，其病变极为相似，应仔细观察区别诊断。兔阴部炎是由金黄色葡萄球菌引起的，主要通过外伤感染，各种年龄兔均可能发生，阴道、阴户溃烂形成大小不一的脓疱，怀孕母兔发生流产，将病料接种培养基，可培养出金黄色葡萄球菌。

**[防制措施]**

(1) 预防

①防止本病的主要措施包括清除带菌的各种动物，消毒和清理被污染的水源、场地、饲料、兔舍、用具等，以防传染和扩散。

②交配以前认真检查公母兔，凡是患有密螺旋体病的兔不准进行交配。

③发现病兔要隔离治疗，已失去种用功能的种兔直接淘汰处理。污染的场所和用具等用2%氢氧化钠或3%来苏儿等消毒。

(2) 治疗

①肌内注射青霉素，每千克体重20万U，每天2次，连用5d。

②新胂凡纳明静脉注射，每千克体重40～60mg，用生理盐水配成5%注射液，与青霉素合用效果更好。

③患部用2%硼酸水或0.1%高锰酸钾液冲洗之后，再涂上青霉素药膏或3%碘甘油。

### （十九）附红体病

附红体病是由附红细胞体引起的人畜共患的一种传染病，以发热、贫血、黄疸、消瘦和脾脏、胆囊肿大为主要特征。

**［病原与流行特点］** 本病一年四季均可发生，但以吸血昆虫大量繁殖的夏、秋季节多见。主要通过吸血昆虫如扁虱、刺蝇、蚊、蜱等以及小型啮齿动物传播。也可经直接接触传播，如通过注射、打耳号、剪毛及人工授精等经血源传播，或经子宫感染垂直传播。

**［症状］** 病兔精神不振，食欲减退，体温升高，结膜淡黄，贫血，消瘦，全身无力，不愿活动，喜卧。呼吸加快，心力衰弱，尿黄，粪便时干时稀。有的病兔出现神经症状。

**［病理变化］** 病死兔血液稀薄，黏膜苍白，结膜黄白，腹腔积液，脾脏肿大，胆囊胀满。

**［诊断］** 采取病兔耳静脉血 1 滴，显微镜下检查，可见附红细胞体呈环形、蛇形、顿点形或杆状等，多数聚集在红细胞周围或膜上，被感染的红细胞失去球形形态，边缘不整而呈齿轮状、星芒状、不规则多边形。此外，还可应用补体结合试验、间接血凝试验、酶联免疫吸附试验与 DNA 技术进行确诊。

**［防制措施］**

（1）**预防**　加强兔群的饲养管理，搞好兔舍、用具、兔笼和环境的卫生，定期进行全面消毒，清除污水、污物及杂草，使吸血昆虫无滋生之地。引种要严格检疫，防止带入传染源。发生疫情时，隔离病兔进行治疗，无治疗价值的一律淘汰。用 0.3%过氧乙酸溶液或 2%火碱溶液进行全面消毒。未发病兔群，喂服混有四环素的饲料，并饮用含有 0.003%百毒杀的水，进行药物预防。饲养管理人员接触病兔时，注意自身防护，以免感染本病。

（2）**治疗**

四环素：每千克体重 40mg，肌内注射，每天 2 次，连用 7d。

土霉素：每千克体重 40mg，肌内注射，每天 2 次，连用 7d。

## 二、兔的常见寄生虫病

### （一）兔球虫病

**［病原与流行特点］** 兔球虫病是由寄生于兔肠道或肝脏的 11 种艾美耳科艾美耳属球虫所引起的寄生原虫病。本病以断奶前后的幼兔腹泻、消瘦甚至是死亡为主要特征，严重危害兔的健康。我国将兔球虫病列为二类动物疫病。

**表 12-8　兔艾美耳球虫虫种及寄生部位和潜伏期**

| 种　名 | 拉丁名 | 寄生部位 | 潜伏期（d） |
|---|---|---|---|
| 黄艾美耳球虫 | *E. flavescens* | 小肠和大肠 | 9 |
| 肠艾美耳球虫 | *E. intestinalis* | 小肠 | 9～10 |
| 小型艾美耳球虫 | *E. exigua* | 小肠 | 7 |

（续）

| 种 名 | 拉丁名 | 寄生部位 | 潜伏期（d） |
|---|---|---|---|
| 穿孔艾美耳球虫 | *E. perforans* | 小肠 | 5 |
| 无残艾美耳球虫 | *E. irresidua* | 小肠 | 9 |
| 中型艾美耳球虫 | *E. media* | 小肠 | 5～6 |
| 维氏艾美耳球虫 | *E. vejdovskyi* | 小肠 | 10 |
| 盲肠艾美耳球虫 | *E. coecicola* | 小肠 | 9～11 |
| 大型艾美耳球虫 | *E. magna* | 小肠 | 7 |
| 梨型艾美耳球虫 | *E. piriformis* | 结肠 | 9 |
| 斯氏艾美耳球虫 | *E. stiedai* | 肝脏，胆管 | 18 |

兔是兔球虫病的唯一自然宿主。本病全年发生，在南方早春及梅雨季节高发，北方一般在 7～8 月份，呈地方性流行。各品种的家兔对本病都易感，尤以断奶到 5 月龄的兔最易感染，成年兔因有免疫力，一般都能耐过。幼兔对球虫的抵抗力很弱，其感染率可达 100%；患病后幼兔的死亡率也很高，可达 80%左右；耐过的兔长期不能康复，生长发育受到严重影响，一般可减轻体重 12%～27%。

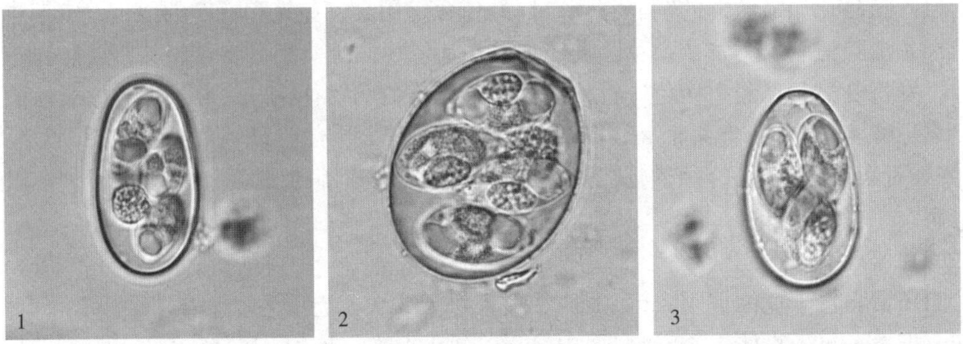


（秦梅　汪运舟　索勋　提供）　（秦梅　汪运舟　索勋　提供）　（秦梅　汪运舟　索勋　提供）

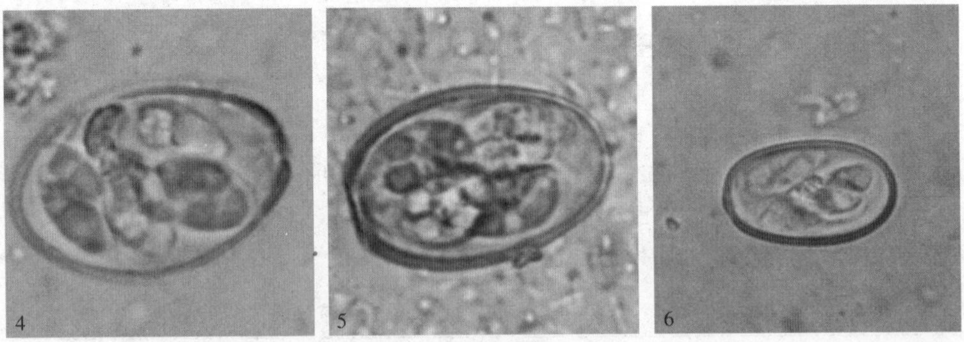


（崔平　索勋　提供）　（崔平　索勋　提供）　（崔平　索勋　提供）

图 12-1　常见兔艾美耳球虫

1. 中型艾美耳球虫　2. 大型艾美耳球虫　3. 斯氏艾美耳球虫（激光共聚焦显微镜拍摄，放大倍数 63×10）
4. 肠艾美耳球虫　5. 黄艾美耳球虫　6. 穿孔艾美耳球虫（光学显微镜拍摄，放大倍数 40×10）

图片来源：中国农业大学寄生虫学教研组

**[症状]** 本病根据发病部位可分为肝型、肠型和混合型 3 种类型。肝型球虫病的潜伏期为 18～21d，肠型球虫病的潜伏期依寄生虫种不同在 5～11d。

肠型球虫病多发生于 20～60 日龄的小兔，多表现为急性。主要表现为不同程度的腹泻，从间歇性腹泻至混有黏液的腹泻、水泻，常因脱水、中毒及继发细菌感染而死。电解质代谢紊乱也是兔球虫病死亡的重要原因，这种情况下常表现突然死亡，见不到临床症状和病理变化。

发生肝型球虫病的病兔厌食、虚弱、腹泻（尤其在病后期出现）或便秘，肝肿大，造成腹围增大和下垂，触诊肝区疼痛。口腔、眼结膜轻度黄疸，幼兔往往出现神经症状（痉挛或麻痹），除幼兔严重感染外，很少死亡。

混合型球虫病感染则表现病初食欲降低，后废绝。精神不好，时常伏卧，虚弱消瘦。眼鼻分泌物增多，唾液分泌增多。腹泻或腹泻与便秘交替出现，病兔尿频或常呈排尿姿势，腹围增大，肝区触诊疼痛。结膜苍白，有时黄染。有的病兔呈神经症状，尤其是幼兔，痉挛或麻痹，由于极度衰竭而死。多数病例则在肠炎症状之后 4～8d 死亡，死亡率可达 90%以上。

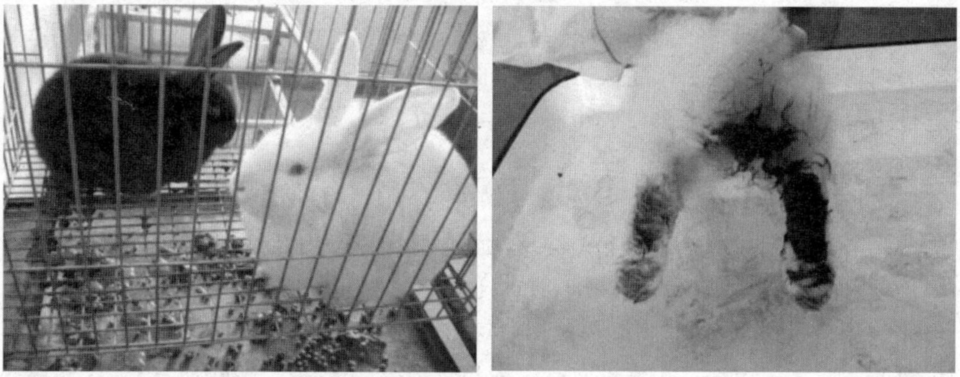

（崔平　索勋　提供）　　（崔平　索勋　提供）

图 12-2　兔球虫病临床症状

左图：病兔精神沉郁并排出稀软粪便，食欲、饮欲下降；右图：病兔腹泻后污染后肢被毛。

图片来源：中国农业大学寄生虫学教研组

**[病理变化]** 肠型球虫病患兔剖检时可见肠壁血管充血，肠黏膜充血并有点状出血。小肠内充满气体和大量黏液，有时肠黏膜覆盖有微红色黏液。慢性病例，肠黏膜呈淡灰色，肠黏膜上有许多小而硬的白色结节（内含大量卵囊），有时可见化脓性坏死灶。

肝型球虫病剖检时肝脏肿大，肝表面及实质内有白色或淡黄色粟粒大至豌豆大的结节性病灶，沿胆小管分布，取结节病灶压片镜检，可见到不同发育阶段的球虫，但在陈旧病灶，其内容物已转变成钙化物，较硬。慢性病例，胆管和小叶间部分结缔组织增生而引起肝细胞萎缩和肝体积缩小，胆囊肿大，胆汁浓稠色暗。

混合型感染则兼具上述两种特征。

**[诊断及鉴别诊断]** 由于兔球虫种类较多（11 种），其致病性也各不相同。目前的研究认为致病性较强的种为肠艾美耳球虫和黄艾美耳球虫，斯氏艾美耳球虫及其他虫种的致病性与其感染剂量相关。但根据各地报道的兔球虫病病例来看，上述描述不尽准确。因此

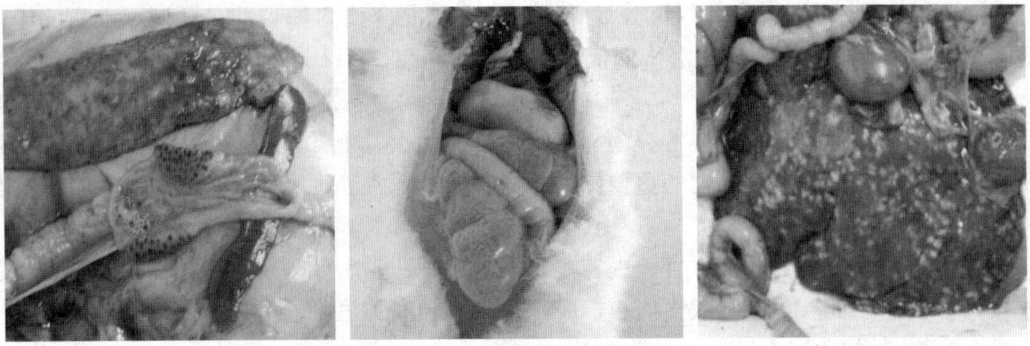

(崔平 索勋 提供)　(崔平 索勋 提供)　(崔平 索勋 提供)

图 12-3 兔球虫病剖检图

左图：肠壁血管充血，肠黏膜出血并有点状出血点；中图：小肠肠道充满气体和大量黏液；

右图：肝型球虫病肝脏表面存在大量白色或淡黄色结节性病灶。

图片来源：中国农业大学寄生虫学教研组

对于兔球虫引起的病理变化和临床症状，要进行准确诊断还有很多困难。

除了现场观察球虫病临床症状，最常用的方法是通过显微镜检查兔粪便中存在的球虫卵囊进行实验室诊断。直接涂片法和饱和盐水漂浮法是显微镜观察前样品处理的简单实用方法。

直接涂片法：滴 1 滴 50%甘油水溶液于载玻片上，取火柴头大小的新鲜兔粪便，用竹签加以涂布，并剔去粪渣，盖上盖玻片，放在显微镜下用低倍镜（10×物镜）检查。

饱和盐水漂浮法：取新鲜兔粪 5～10g 放入量杯中，先加少量饱和盐水将兔粪捣烂混匀，再加饱和盐水到 50mL。将此粪液用双层纱布过滤，滤液静置 15～30min，球虫卵囊即浮于液面，取浮液镜检。相比较而言，饱和盐水漂浮法检出率更高。

另外，还可在剖检后取病变部结节进行压片或涂片，用姬姆萨氏液染色，镜检如发现大量的裂殖体、裂殖子等各型虫体也可确诊。

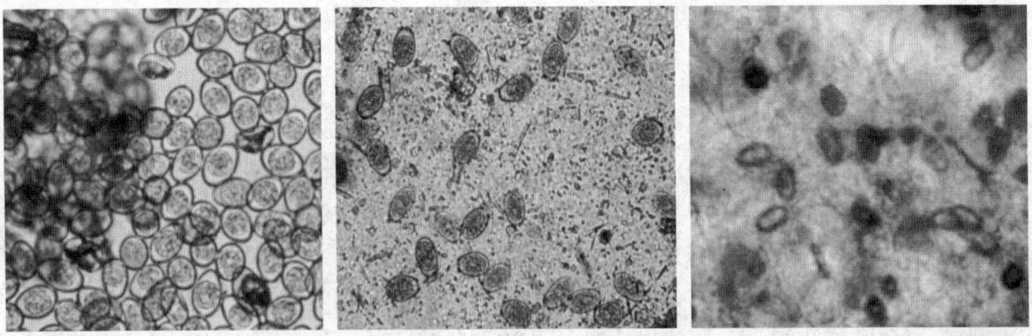

(崔平 索勋 提供)　(崔平 索勋 提供)　(崔平 索勋 提供)

图 12-4 兔球虫病检测

左图：盐水漂浮法检查到粪便中兔球虫卵囊；中图：肠道内容物抹片观察到的兔球虫卵囊；

右图：肠黏膜抹片观察到的未成熟兔球虫卵囊。

图片来源：中国农业大学寄生虫学教研组

需要着重强调的是，由于兔球虫卵囊形态学的复杂性，目前的显微镜检查很难准确鉴定兔球虫的虫种，因而检出大量的球虫卵囊并不能完全指导球虫病的治疗及预防，需结合当地养殖场的球虫病流行特点和现场发病状况进行综合判断。

近来随着分子生物学技术和免疫学的迅速发展，PCR（聚合酶链式扩增）和 ELISA（酶联免疫吸附试验）等技术也开始应用于兔球虫病的临床诊断中。近来已有科学家设计了针对 11 种兔球虫特异性基因序列（ITS1）的 PCR 引物，可从相当于 0.8～1.7 个卵囊的球虫基因组中成功进行种特异性的 PCR 扩增，从而可用于兔球虫病病原的确定及感染量的确定，这为 PCR 诊断进入现场应用提供了光明前景。但由于需要精密设备和较高的操作技术，目前这些诊断技术还没有推广到生产中。

**［防制措施］**兔球虫病的流行范围广、感染率高，因此做好群体预防是关键。首当其冲的是做好养殖场的环境卫生，尤其是及时并彻底清理兔粪便。这样的管理措施可大大减少兔可接触的球虫卵囊的数量，从而降低球虫感染及发病风险。不过需要指出的是，无论采取何种措施都不能彻底清除环境中的球虫。

目前兔球虫病的预防主要依靠使用抗球虫药物。其他国家最常使用的抗球虫药物为盐霉素（salinomycin）、氯苯胍（robenidine）、地克珠利（diclazuril）和 Lerbek（为甲基苯葵酯和氯羟吡啶的混合物）。我国目前应用最为广泛的为地克珠利，通常使用剂量为以每 100kg 饲料混合 0.1%地克珠利预混剂 100g。其他可选用的包括：①三字球虫粉（含 30%磺胺氯吡嗪钠），每千克水加 200mg 供断奶仔兔饮用，连用 30d；或是混饲，2kg/t，连用 15d；②盐酸氯苯胍预混剂（含 10%盐酸氯苯胍），每千克饲料加入 10～15g，从断奶开始连喂 45d；③盐霉素，每千克饲料添加 50mg，连续喂服；④莫能菌素，0.003%混饲；⑤球安（拉沙洛西钠预混剂，含量 15%），混饲，113g/t 饲料。

如果发生兔球虫病，需及时用抗球虫药进行治疗。常用的药物为磺胺间甲氧嘧啶及甲氧苄啶复方合剂，二者按 5：1 混合后，每 kg 饲料加 1～1.25g，连喂 3d，或在 1L 水中加入 21mg，连饮 8d。而氯苯胍和地克珠利也可用于治疗，剂量通常为预防剂量的 2～3 倍。

值得注意的是，如本章第三节所述，大部分抗球虫药都有休药期。因此肉兔养殖需参考所选择药物的休药期进行合理用药。

### （二）兔螨病

**［病原与流行特点］**兔螨病主要是由耳螨（ear mites）、毛螨（fur mites）和穴螨（burrowing mites）三大类螨虫寄生于兔体表或真皮而引起的外寄生虫病。常见的耳螨为兔痒螨（*Psoroptes cuniculi*），常见的毛螨为寄食姬螨（*Cheyletiella parasitovorax*）和囊凸牦螨（*Listrophorus gibbus*），秋季恙螨（*Trombicula autumnalis*）和鸡刺皮螨（*Dermanyssus gallinae*）是较为少见的毛螨，庭院饲养的兔偶尔感染前者，而在鸟类存在的情况下兔可能感染后者。穴螨中的兔疥螨（*Sarcoptes scabiei* var. *cuniculi*）对兔群危害最大，也最为常见，而兔背肛螨（*Notoedres cati* var. *cuniculi*）较为少见。

不同年龄的家兔都可感染本病，但幼兔比成年兔易感性强，发病严重。本病主要是通过健康兔和病兔接触而感染，也可由饲槽和其他用具而间接传播。本病多发于秋冬和早春季节，阳光不足，阴雨潮湿的气候条件最适于螨的生长繁殖。

［**症状**］兔耳螨，主要生于外耳道内，引起外耳道炎，渗出物常干燥形成黄色痂皮塞满耳道。患兔烦躁不安，不断摇头晃脑，用爪抓搔耳朵。如虫体向耳内延伸，进入内耳、脑部，则出现神经症状。

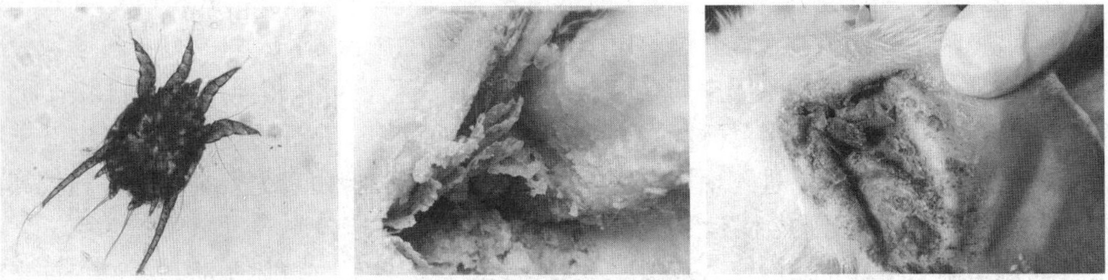

（杨光友　提供）　（杨光友　提供）　（潘保良　提供）

图 12-5　兔痒螨（左）及其引起的耳部病变（中、右）

毛螨主要寄生于背部和颈部的角质层，但其并不像疥螨一样在皮肤上挖掘隧道。感染部位可出现皮屑、脂溢性病变及瘙痒症状。其感染有时还可造成过敏性反应。

兔疥螨主要寄生于掌面、嘴、鼻周围、眼圈等少毛部位的真皮层。兔疥螨传播迅速，一旦发生感染，栖居于兔体表的若螨可很快散播至整个兔群。疥螨在皮肤表皮病变部出现灰白色痂块，从而影响采食及兔只运动，使兔极度瘦弱而死。

［**病理变化**］耳根部位发生红肿、脱皮，随后逐渐蔓延至整个外耳道，引起外耳道炎。炎性渗出物干燥后结成黄色痂，如同纸卷一样塞满耳道，使病兔耳朵下垂、发痒，不断摇头或用脚爪抓搔耳朵和头部，又可造成自伤，导致继发性细菌感染。有时病变蔓延到中耳和内耳，甚至达到脑部，引起病兔的神经症状，最后抽搐死亡。

兔疥螨病一般先在嘴、鼻孔及眼周围和脚爪部发生病变，然后向四肢、头部、腹部及其他部位扩展，使病兔产生奇痒，不停地用嘴啃咬脚部或用脚爪抓搔嘴、鼻等处，严重发痒时前后脚抓地。由于病兔搔痒引起炎症，使皮肤表面发生疱疹、出血、结痂、脱毛以及皮肤增厚变硬，形成龟裂等变化，影响采食和休息，造成病兔代谢紊乱、营养不良、贫血、消瘦甚至死亡。

［**诊断及鉴别诊断**］怀疑为痒螨病时用刀片轻轻刮取兔外耳道患部表皮的湿性或干性分泌物；而疥螨病则在皮肤患部与健康部交界处用刀片刮取痂皮，以微见出血为止。可用以下 3 种方法检出螨虫：

（1）将刮取的病料置于载玻片上，加一滴 50％甘油水溶液，放上盖玻片后用低倍显微镜可观察到虫体。

（2）将病料装入试管内，加入适量 10％氢氧化钠溶液，浸泡 1h 或煮沸数分钟，待毛、痂皮等固体物大部分溶化后，静止 20min，然后由试管底部吸取沉渣滴在玻片上，用低倍显微镜观察螨虫体。

（3）将病料放在一张黑纸上，置于阳光下或稍加热，用放大镜可看到螨虫在黑纸上爬动。

兔痒螨寄生于兔外耳道，虫体呈椭圆形，黄白色或灰白色，体长约 1mm，眼观如针尖大小，前端有椭圆形刺吸式口器，腹面有两对前肢和两对后肢，前肢较粗大，后肢细

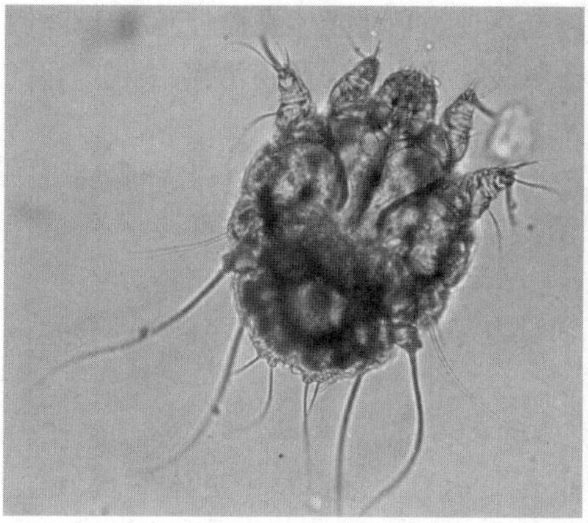

（杨光友　提供）

（杨光友　提供）

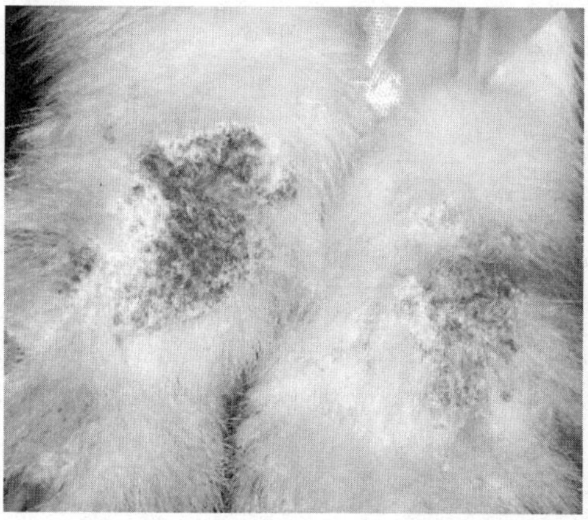

（杨光友　提供）

（杨光友　提供）

图 12－6　兔疥螨（左上）及其引起的口部及足部病变

右上：发病初期；左下：中期足部形成的痂皮；右下：晚期病变。

长，突出体缘，雄虫体后端有对尾突，其前方有两个交合吸盘。兔疥螨寄生于兔体表的皮肤上，虫体呈龟形浅黄白色，背面隆起，腹面扁平，肉眼不易认出。其前端有一圆形咀嚼型口器，腹面有对圆锥形的肢，两对后肢不突出体缘。

［防制措施］

（1）**预防**　防治螨虫病首先要做好预防。

①引种时，必须检查并隔离观察一段时间（20～30d），经检查确认无螨虫后，方可进入兔舍，建立无螨兔群。

②保持笼舍内清洁、干燥、通风。夏季应注意防潮，防止湿度过大。要勤清粪便，勤换垫草，加强饲养管理，增强兔体健康。

③注意日常消毒。兔舍、兔笼、食具应定期消毒，消毒药可用10％～20％生石灰水、三氯杀螨醇、0.05％敌百虫等杀螨剂交替使用。由于治疗螨虫的药物多数对螨虫卵无作用或作用弱，故需重复用药2～3次，每次间隔7～10d，以杀死新孵出的幼虫。

（2）**治疗**　螨病一旦在养兔场发生，防治起来极为困难，故发生螨病时的优先选择是直接淘汰病兔，对剩余兔群进行密切监测，必要时全群注射伊维菌素。监控和净化是防控兔螨感染的首选方案。对于价值较高的种兔或者宠物兔，可以考虑药物治疗。

目前治疗兔螨病最有效的药物有三种：

①伊维菌素：口服或者注射，剂量为每千克体重 400μg，连用 3 次，每次间隔 14d。

②塞拉菌素：可在患部局部使用，剂量为每千克体重 18mg，一次即可，或者 30d 后再用药一次。

③莫西克丁：其副作用似乎小于伊维菌素，剂量为每千克体重 0.5mg。

其他常用的抗螨虫药物还包括：

多拉菌素注射液（通灭）：肌内注射，每千克体重 0.3mg。

阿福丁（又称虫克星）：0.1mL，皮下注射；若使用口服剂，每千克体重 0.1g，灌服，7d 后再服 1 次。

害获灭注射液：每只 0.05～0.1mL，皮下注射。

2%碘酊 3mL，滴入病兔外耳道，再用 2%敌百虫软膏（凡士林 98g、敌百虫 2g 混匀）3g，涂抹外耳道。

20%速灭杀丁乳油：按 1 000 倍稀释，涂擦患部。

双甲脒：配制成 0.4%溶液，喷洒患处，7d 后再喷洒 1 次。

三氯杀螨醇：与植物油按 5%～10%比例混匀后，涂于患部，隔 3d 再用 1 次。

使用体外涂擦治疗方法时，为使药物与虫体充分接触，应先将患部及其周围 3～4cm 处的被毛剪掉，用温肥皂水或 0.2%的来苏儿溶液彻底刷洗患部，清除硬痂和污物后，用清水冲洗干净，然后再涂抹杀螨虫药物。另外需注意的是，治疗兔螨不宜用药浴。

### （三）兔豆状囊尾蚴

**[病原与流行特点]** 豆状囊尾蚴病是豆状带绦虫（*Taenia pisiformis*）的中绦期幼虫豆状囊尾蚴（Cysticercus）寄生于家兔等啮齿类动物的肝脏包膜、大网膜及肠系膜等处所引起的一种绦虫蚴病。豆状囊尾蚴严重感染时能引起肝脏损害，消化紊乱，甚至死亡。成虫豆状带绦虫寄生于犬、狐狸等肉食兽的小肠。犬等感染豆状带绦虫时，成熟的孕卵节片随粪便排出，节片破裂而散出的虫卵污染兔的食物、饮水及环境。当兔采食或饮水时，吞食虫卵，卵内六钩蚴孵出并钻入肠壁血管，随血流到达肝实质后逐渐移行到肝表面，最后到达大网膜、肠系膜及其他部位的浆膜发育为豆状囊尾蚴。而犬吃了含豆状囊尾蚴的兔内脏后，后者即在肠道内发育为豆状带绦虫。

由于豆状囊尾蚴病的流行需要犬等肉食动物作为终末宿主，因此在养犬的兔场若发生此病，往往造成整个养殖场的发病。

**[症状]** 轻度感染时，病兔症状不明显，仅表现为生长稍缓慢；大量感染时出现明显症状，表现为被毛粗糙无光泽、消瘦、腹胀、可视黏膜苍白、贫血、消化不良或紊乱、食欲减退、粪球小而硬，有的出现黄疸、精神萎靡、嗜睡少动、消瘦，有的发生腹泻，有的见轻度后肢瘫痪；急性发作可突然死亡。

**[病理变化]** 大网膜、肝包膜、肠系膜及直肠周围浆膜上有数量不等的豌豆大、黄豆

大甚至花生米大的囊泡，大部分囊壁很薄并透明，少部分囊壁被结缔组织包围变厚，囊内充流半透明液体，囊壁上有一小米粒大的乳白色结节。病兔肝脏肿大，腹腔积液，胃壁、肠管、腹壁等处的浆膜上附着数量不等的豆状囊尾蚴，呈水泡样。肝表面和切面有黑红、灰白色条纹状病灶（六钩蚴在肝脏中移行所致），病程较长者可转化为肝硬化。有的病例可见腹膜炎，网膜、肝脏、胃肠等发生粘连等。

［**诊断及鉴别诊断**］若在兔体剖检时发现疑似囊尾蚴的囊泡，将囊泡分离后挑破，将乳白色的结节置于两个载玻片之间，压薄在低倍镜下观察。豆状囊尾蚴的头节细小呈小球形，直径1～2mm，头节上有4个吸盘，顶突大并有小钩，小钩排列成两圈。兔的肝脏有数量不等、大小不同、形状各异的黄白色坏死灶（注意与兔肝球虫区别）。

在豆状囊尾蚴病兔的肝脏，除一般结缔组织增生的慢性炎症外，还可见到由六钩蚴引起的特异性慢性炎症，即肉芽肿。肉芽肿不一定都具有病原学的特异性，因为类似的结构甚至也见于某些其他寄生虫和异物存在的部位。

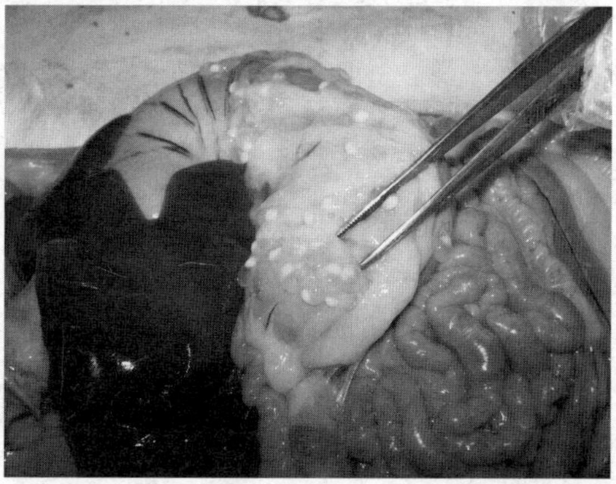

（潘保良　提供）

图12-7　寄生于兔肠系膜上的豆状囊尾蚴

［**防制措施**］由于兔豆状囊尾蚴在犬和兔两者之间完成其发育，故最重要的预防措施是管理：一是防止兔的食物及饮水被犬粪便污染，这可以通过禁止犬进入养殖场区而实现；二是在流行地区保护兔饲用牧草不被犬粪便污染；三是禁用生的或半熟的兔内脏喂犬，从而减少本病的人为传播。一旦本病发生，需将含有豆状囊尾蚴的兔内脏焚烧或深埋处理，以免被犬吞食，从而阻断该虫的生活史环节。

对于价值较高的种兔或者宠物兔，吡喹酮和丙硫咪唑对豆状囊尾蚴有一定的杀灭作用。用丙硫咪唑按每千克体重50mg，一次口服，3d为一疗程，间隔7d再次用药，共3个疗程，可杀死兔体内的豆状囊尾蚴。

### （四）栓尾线虫病

［**病原与流行特点**］兔栓尾线虫病又称兔蛲虫病，是由蛔虫目栓尾属的兔栓尾线虫（*Passalurus ambiguus*）寄生于兔的盲肠和结肠而引起的一种消化道线虫病，该病呈世界性分布。兔因食入感染性的虫卵而被感染。本病不仅影响兔的生长发育，而且严重时可致兔大批死亡，给兔业发展造成很大影响。该病虽常见，却往往被忽视，致使本病长期存在。

［**症状**］患兔精神不振，食欲减退，甚至废绝，全身消瘦，轻微腹泻，偶有便秘，并出现尾部脱毛和皮炎等症状。重症者死亡。

［**病理变化**］通常情况下，即使大量的虫体寄生也不会产生明显的临床症状，故其病理变化较为轻微。

[**诊断及鉴别诊断**] 成虫半透明状，雄虫长 4～5mm，雌虫长 9～11mm。在显微镜下可见虫体的食道有典型的蛲虫食道球。虫卵壁薄，一边较为平直，大小为（95～103）μm×43μm。

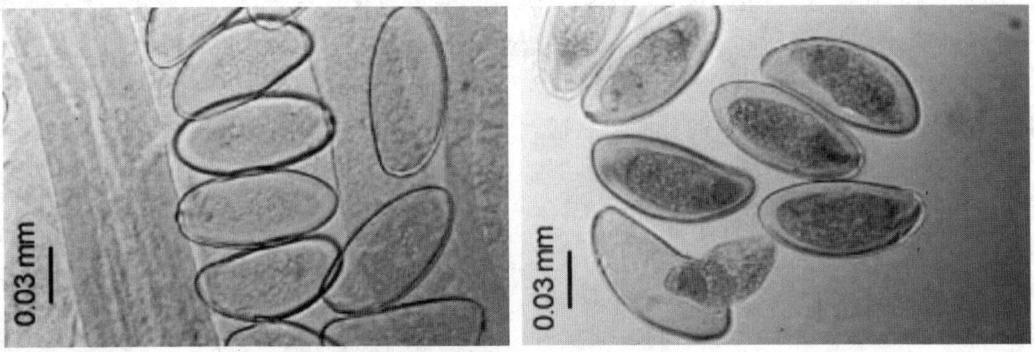


图 12－8　兔栓尾线虫虫卵

左为雌虫子宫内的未成熟虫卵，右为体外收集到的成熟虫卵。

图片来源：引自 Roberto Magalhães Pinto 等人 2004 年发表于 *Rev. Bras. Zool* 的论文

[**防制措施**] 由于兔栓尾线虫发育史为直接型，无需中间宿主参与，故本病很难根除，往往出现重复感染。芬苯达唑的治疗效果较好，剂量为每千克体重 50mg，连用 5d。

## 三、普通病

### （一）兔腹泻

家兔腹泻在兔场是比较多见的，也是多种疾病共同表现的常见症状，家兔对腹泻的耐受性较差，各种年龄的兔均可发生，但以断乳前后的幼兔发病率最高，一旦发病，常常死亡率较高。

[**病因**] 家兔腹泻多由于饲喂不洁或腐败变质的饲料、露水草和冰冻饲料，垫草潮湿，腹部受凉，或饲料不安全，或突然变换饲料，幼兔断奶过早，贪食过量饲料等引起。腹泻多见于刚断奶至 3 月龄的幼兔。幼兔刚刚断奶，消化机能尚未健全，消化道中尚未形成正常的微生物菌群，而幼兔在这个时期内要变更几种饲料类型，即由吃奶、以吃奶为主、到以吃料为主 3 个阶段。饲养管理上的变化或饲养管理失误常是引起兔消化紊乱和腹泻的主要原因，如果在这个时期里饲养不当，则容易发生腹泻。

[**症状及诊断**] 由于病因的不同，可以分为传染性腹泻和非传染性腹泻。传染性腹泻病因是病原微生物，具有传染性，病死率高。而非传染性腹泻主要是由于饲养管理等因素造成，表现为一过性，病因消除即停止腹泻，容易恢复。

这里主要描述非传染性腹泻，可分为消化不良性腹泻和胃肠炎性腹泻。消化不良性腹泻：病兔食欲减退，精神不振。排稀软便、粥样便或水样便，被毛污染，失去光泽。病程长的渐渐消瘦，虚弱无力，不愿运动。有的出现异嗜，如采食被毛或粪尿污染的垫草。有的出现轻度腹胀及腹痛。胃肠炎性腹泻：病兔食欲废绝，全身无力，精神倦怠，体温升高。腹泻严重的病兔，粪便稀薄如水，常混有血液和胶冻样黏液，有恶臭味。腹部触诊有明显的疼痛反应。由于重度腹泻，呈现脱水和衰竭状态，病兔精神沉郁，结膜暗红或发绀，呼吸促迫，常因虚脱而死亡。

［**防制措施**］

（1）*治疗*　发现病兔，应停止给料，但水照常供应。非传染性腹泻与传染性腹泻的用药和方法是不同的。对传染性腹泻或腹泻严重兔，可用广谱抗生素，如庆大霉素、卡那霉素，0.5～1mL/只，肌内注射，每日2次，连用5d。

对非传染性腹泻首先要考虑除去病因，改善饲养管理，不要用抗生素，以吸附和调理为主。

（2）**预防**　为了预防腹泻的发生，保证仔兔健康生长，平时应加强饲养管理，保持兔舍清洁、干燥，温度适宜，通风良好。给哺乳母兔以营养丰富、易消化的饲料；仔兔由哺乳为主转变为以吃饲料为主时，应逐渐变更，使其有个适应过程。应给予易消化的饲料，不喂变质、冰冻的饲料和饮水。

### （二）兔腹胀

本病又称胃肠扩张，2～4月龄的幼兔容易发生，特别是常见于饲养管理不善，经验不足的初养家兔的养兔场。

［**病因**］由于贪食过量的适口性好的饲草饲料，如玉米、小麦、黄豆等；容易发酵和膨胀的麸皮，含露水的豆科饲料，雨淋的青草以及腐烂的饲草、饲料等均易发生本病，该病也可继发于肠便秘、肠臌气、球虫病过程中。

［**症状及诊断**］常于采食后几小时发病，病初兔卧伏不动。胃部膨大，继之流涎，呼吸困难，可视黏膜潮红，甚至发绀，叩击腹部发出鼓音，同时伴有腹痛症状。眼半闭，磨牙，四肢聚于腹下，时常改变蹲伏位置。如果胃继续扩张，最后常导致窒息或胃破裂而死亡。

剖检可见胃体积显著增大且有气体，内容物酸臭，胃黏膜脱落。胃破裂者，局部有裂口，腹腔被胃内容物污染。多数病兔肠内也存在大量气体。

［**防制措施**］

（1）*治疗*　兔一旦发病要立即停食，同时灌服植物油或石蜡油10～20mL，萝卜汁10～20mL或食醋40～50mL；口服小苏打片和大黄片各1～2片；口服二甲基硅油片，每次1片，每日1次；大蒜泥6g、香醋15～30mL，1次内服。服药后使其运动，按摩腹部，必要时可皮下注射新斯的明注射液0.5mL，还可用注射器从肠管缓慢抽气。

（2）**预防**　加强饲养管理，喂料要定时定量，切忌饥饱不均。更换干、青饲草时要缓慢过渡，被雨淋和带露水草，要待晾干后再喂，禁喂腐败、冰冻饲草饲料，控制饲喂难以消化的饲料等。更换适口性好的饲料、饲草时应逐渐增加。

### （三）兔便秘

本病是由于肠内容物停滞、变干、变硬，致使排粪困难，严重时可造成肠阻塞的一种腹痛性疾病。

［病因］精、粗饲料搭配不当，精料过多、青饲料过少或长期饲喂干饲料，加之饮水不足又不及时；饲料中混有泥沙、被毛等异物、致使粪块变大；环境突然改变，运动不足，打乱正常排便习惯或继发其他疾病等多种因素均可导致便秘发生。

［症状及诊断］病兔初期排粪量减少，粪便细小而坚硬，有的呈两头尖形状；继之食欲减退或废绝，喜喝水，耳色苍白，肠音减弱或消失。有的频做排粪姿势，但无粪排出，腹部膨胀，起卧不安，触诊腹部有痛感，可摸到坚硬的粪块。剖检结肠和直肠内充满过量干硬颗粒状粪便，如果粪球干硬阻塞肠道而产生过量气体时，则可能出现腹胀。

［防制措施］

（1）**预防** 平时应该合理搭配精、粗、青绿饲料，饲喂要定时定量，防止贪食过多，供足饮水，适当增加运动，保持料槽的清洁卫生，及时清除槽内泥沙、被毛等异物。

（2）*治疗* 发病初期可适当加喂青绿多汁饲料。待粪便变软后再减少饲喂量。对发病严重的家兔要立即停食，增加饮水，用手按摩兔的腹部，同时使用药物促进胃肠蠕动，增加肠腺的分泌，以软化粪便。如可对病兔一次性灌服植物油20～25mL，用硫酸钠2～8g或人工盐10～15g，加温水适量1次灌服；石蜡油或蓖麻油10～20mL一次灌服；必要时可使用温水灌肠，促进粪便排出，操作方法是：用粗细适中的橡皮管或软塑料管，事先涂上石蜡油或植物油，缓慢插入肛门内5～8cm，灌入40～45℃的温肥皂水或2%碳酸氢钠水。亦可皮下注射硝酸毛果芸香碱（匹罗卡品）0.5～1mL，以促进肠管蠕动，排出积滞的粪便。为了防腐制酵，可内服10%鱼石脂溶液5～8mL，或5%乳酸溶液3～5mL，同时结合补液、强心等全身疗法。

### （四）兔肺炎

肺炎是肺实质的炎症，涉及一个或全部肺小叶，常见于幼兔。

［病因］肺炎在临床上以体温升高、咳嗽为特征。肺炎多发生于幼兔，多因细菌感染引起，常见的病原菌有肺炎双球菌、葡萄球菌、巴氏杆菌、波氏杆菌等。当误咽或灌药时使药液误入气管，可引起异物性肺炎。在家兔受寒感冒、鼻炎和气管炎时，病原菌则乘虚而入，继发引起肺炎。天气突然变化、兔舍潮湿、通风不良或者长途运输等都可以导致肺炎的发生。

［症状及诊断］兔精神不振，打喷嚏，食欲减退或不食，体温升高可达到40℃以上，粪便干小，流浆液、黏液或脓性鼻液，呼吸极度困难，口鼻呈青紫色，时有咳嗽，伴随呼吸发出鼻塞音和喉鸣音。听诊肺部呼吸音粗，并发出各种啰音。急性病例很快死亡。

剖检死兔，肺表面可见到大小不等、深褐色斑点状肝样病变。

［防制措施］

（1）*治疗* 病兔应隔离于温暖、通风良好的兔舍内，充足饮水。可选用卡那霉素，1～2mL/只，肌内注射，每天2次，连用3～5d。或磺胺噻唑或磺胺嘧啶注射液，成年兔2～3mL，幼兔1～2mL，肌内注射，每天1～2次，连用3～5d。

（2）**预防** 加强饲养管理。饲喂营养丰富、易消化、适口性强的饲料，增强体质和抗病能力。兔舍要向阳，通风良好，做到冬暖夏凉。防止感冒也是预防发生肺炎的关键。

### （五）兔感冒

感冒是家兔的一种常见病，又称“伤风”，是急性上呼吸道感染的总称，若治疗不及时，很容易继发支气管炎和肺炎。

［**病因**］感冒常发生于早春、晚秋季节，当家兔体质较差、抵抗力下降时，在气候突变、笼内潮湿、通风较差、日夜温差过大、特别是天气较冷时兔舍有贼风等多种原因的作用下，就会导致鼻腔黏膜发炎而引起感冒。

［**症状及诊断**］感冒是由寒冷刺激引起的，以发热和上呼吸道卡他性炎症（黏膜表层炎症）为主的一种全身性疾病，以流鼻涕、体温升高、呼吸困难为特征。患兔常用前脚擦鼻，打喷嚏、咳嗽，眼无神并且湿润。食欲减少或废绝。

诊断时应结合发病过程、发病期天气状况、是否有受寒史等进行综合判断。

［**防制措施**］

（1）*治疗*　对病兔加强护理，放到温暖的地方，给予优质饲料和温水。如果是流行性感冒，应及时隔离治疗。可选用复方氨基比林注射液，肌内注射 2mL，每天 2 次，连用 3～5d；或选用庆大霉素注射液 1～2mL，安乃近注射液 1～2mL，肌内注射，每天 2 次，连用 3～5d；也可选用柴胡注射液 1mL，庆大霉素注射液 1～2mL，肌内注射，每天 2 次，连用 3～5d。

（2）**预防**　在气候寒冷和气温骤变的季节，要加强防寒保暖工作。兔舍应保持干爽，清洁，通风良好。

### （六）兔湿性皮炎

家兔的湿性皮炎是皮肤的慢性进行性疾病，常呈散发性流行。

［**病因**］本病主要是由于下巴、颌下间隙和颈下或其他部位皮肤长期潮湿，继发性细菌感染所造成的。造成这些部位皮肤长期潮湿的主要原因有：饮水器漏水或者瓦罐、饮水盘盆中的水经常将皮肤弄湿；饲养管理不善，脏、湿的垫草长期不换或者笼里潮湿；慢性牙齿疾病，由于牙齿错位咬合不好引起多涎，以及各种原因引起的传染性和非传染性口炎也可引起流涎，造成皮肤被毛的长期潮湿。

［**症状及诊断**］任何种类的细菌都可侵入因长期潮湿而变得易感的皮肤。随着病的发展，表现出来的变化包括受害部皮肤的炎症、部分掉毛以及溃疡和坏死。病理变化主要表现为受害组织的不规则小片溃疡、凝固性坏死和脓肿。在这一过程中，受害组织的周围及其下面的皮下组织有急性和慢性炎性细胞浸润。

［**防制措施**］

（1）*治疗*　除了细菌入侵引起全身性感染之外，如进行适当治疗，预后一般良好。治疗应包括消除引起长期潮湿的原因，经常更换垫草，将瓦罐、盆盆饮水改为瓶子给水；剪除错位咬合的牙齿；及时治疗各种原因引起的口腔炎症等。剪去受害部位的被毛，皮肤涂擦消毒药。患部每天用广谱抗生素（如四环素等）油膏涂擦。如感染严重，则应使用抗生素作全身治疗。

（2）**预防**　加强饲养管理，保持兔舍及兔全身被毛干燥。

### （七）兔溃疡性脚皮炎

溃疡性脚皮炎主要以家兔后肢跖趾区跖侧面最为常见，前肢掌指区跖侧面有时也有发生。

［**病因**］本病的原因是兔脚承受重量大，脚底毛磨损，足部皮肤受损后引起感染、发炎和组织坏死。未成熟的幼兔和体型小的品种很少发生本病。笼底潮湿，尤其是笼底积有浸渍尿液、粪便，则更易发生本病，但笼底经常清洗而无积粪的也有本病发生；兔过于神经质而经常踏脚的更容易发病。笼底不光滑也是影响溃疡性脚皮炎发生的重要因素，金色葡萄球菌是侵入坏死溃疡区的主要病原菌。

［**症状及诊断**］病变部皮肤内有溃疡区，上面覆有干性痂皮。病变部大小不一致，但位置很一致，多数位于后肢跖趾区的跖侧面，偶尔位于前肢掌指区的跖侧面。与发生溃疡的上皮相邻的真皮，可能继发细菌感染，有时在覆盖溃疡区的痂皮碎片下形成脓肿。除上述病变外，严重时也可发生不吃、体重下降、弓背、走动时脚高跷等病征。如细菌侵入血流则呈现败血病症状，病兔很快死亡。病兔的体重负担经常由一条腿换成另一条腿，由后肢换成前肢。据认为，前肢之所以发病是由于体重负担由疼痛的后肢换成前肢所致。

［**防制措施**］溃疡性脚皮炎的治疗前提是把兔笼的笼底板做好，并换上清洁而干燥的软垫，能减少受害部位发生创伤的机会，从而加快痊愈过程。也可在笼内放一块休息板，以减少受害部位的创伤，但休息板阻止粪便经笼底落下，因此增加了清洁卫生工作的困难。

局部病变可按一般外科处理。用外科镊子将干燥痂皮轻轻掀下，清除坏死溃疡组织，用高锰酸钾一类消毒液冲洗，经药棉吸干后，再在局部涂上氧化锌软膏、碘软膏或0.2%的醋酸铝溶液，或青霉素粉等抗生素。如有脓肿存在，则应切开排脓，使用抗生素作全身治疗。

### （八）兔结膜炎

兔结膜炎为眼睑结膜、眼球结膜的炎症，是眼病中最多发的疾病。

［**病因**］其原因是多方面的，主要是机械性原因，如沙尘、谷皮、草屑、草籽、被毛等异物落入眼内；眼睑内翻、外翻及倒睫，眼部外伤，寄生虫病等。物理性、化学性原因，如烟、氨、沼气、石灰等的刺激，化学消毒剂及分解产物的刺激，强日光直射，紫外线的刺激，以及高温作用等。也可以是细菌感染引起，或继发于某些传染病和内科病及邻近器官或组织的炎症，如传染性鼻炎、维生素A缺乏症等。

［**症状及诊断**］黏液性结膜炎：一般症状较轻。初期结膜轻度潮红、肿胀，分泌物为浆液性且量少，随着病程的发展，分泌物变为黏液性，流出的量也增多，眼睑闭合。下眼睑及两颊皮肤由于泪水及分泌物的长期刺激而发炎，被毛脱落，皮肤也可能发炎。如治疗不及时、会发展为化脓性结膜炎。

化脓性结膜炎：一般为细菌感染所致。眼睑结膜剧烈充血和肿胀，眼睑变厚，疼痛剧烈，从眼内流出或在结膜囊内蓄积黄白色脓性分泌物，病程久者脓汁浓稠，上下眼睑充血、肿胀，常粘着在一起。炎症常侵害角膜，引起角膜混浊、溃疡．甚至穿孔而继发全眼球炎症，使家兔失明。

［防制措施］消除病因、清洗患眼。用刺激性小的微温药液，如2%～3%硼酸液，生理盐水，0.01%新洁尔灭液等，清洗患眼。清洗时水流要缓慢，不可强力冲洗，也可用棉球蘸药来回轻轻涂擦，以免损伤结膜及角膜。

消炎、镇痛：清除异物后，可用抗菌消炎药液滴眼或涂敷，如1%甲砜霉素眼药水、眼膏，0.6%黄连素眼药水，0.5%金霉素眼膏，四环素可的松眼膏，0.5%醋酸氢化可的松眼药水等。疼痛剧烈的病兔，可用1%～3%普鲁卡因溶液滴眼。分泌物多时，选用0.25%硫酸锌眼药水。对角膜混浊病兔，可涂敷1%黄氧化汞软膏。重症者可应用抗菌药。

保持兔笼兔舍的清洁，防止沙尘、污物、异物等落入眼内或防止发生眼部外伤；夏季避免强光直射；用化学消毒剂消毒时，要注意合理配制消毒剂的浓度及消毒时间；经常喂给富含维生素A的饲料，如胡萝卜、青干草、黄玉米、南瓜等，或在饲料中添加维生素A及多种维生素。

### （九）兔黄尿病

［病因］仔兔黄尿病多数是由于仔兔吮吸了患有乳房炎母兔的乳汁或经口感染金黄色葡萄球菌而引起。该病主要发生于开眼前的仔兔，往往全窝兔先后发病。

［症状及诊断］仔兔感染后，表现昏睡、肢体发凉，患病仔兔表现为下腹部呈青紫色，全身发软，后肢及肛门周围污染带有腥味的黄色粪便。发病2～3d后，仔兔陆续死亡，且死亡率极高。

［防制措施］对已发病的仔兔，皮下注射青霉素、庆大霉素、丁胺卡那霉素等，每天2次连用数天；或取白糖2～3g，用温热开水冲溶后，加入小儿安1包搅匀，用无针头注射器取此混合液滴注于患病仔兔口角内，每只仔兔每次4～5滴，每天3～4次，连用3d。

仔兔哺乳前，每只口服氯霉素滴眼液2～3滴，可有效地预防仔兔黄尿病的发生。对患病仔兔，口服庆大霉素或氯霉素注射液，每天2次，每只每次2～3滴，连服3d即可治愈。

### （十）中暑

家兔长时间处于高温环境中而发病称为中暑，又称“日射病”或“热射病”。

［病因］病兔一般有过热或曝晒史。家兔因烈日曝晒，潮湿闷热，加上汗腺不发达，体表散热慢，较易发生中暑。长毛兔发病高于皮肉兔，妊娠后期母兔更易发生。露天或半封闭式笼内饲养的家兔，因长时间受强烈阳光的直射，又缺乏饮水易造成发病。天气闷热、兔舍潮湿、通风不良、饲养密度过大等易造成中暑。长途运输时通风不良、密度过高容易发生本病。

［症状及诊断］病兔精神沉郁、无食欲，眼结膜充血、潮红，体温升高，呼吸、心跳加快。重病兔呼吸困难，黏膜发绀，体温在40℃以上；从口和鼻中流出的黏液带血；全身乏力、四肢伸展，伏卧或侧卧于笼底；四肢间歇性抖动，最后抽搐死亡。也有的兔表现兴奋，盲目奔跑而后昏倒，痉挛而亡。

临床症状结合病史进行诊断。

[防制措施]

(1) *治疗* 应立即将患兔置于荫凉、通风处，在头部放置冷水毛巾降温。也可给予十滴水 2～3 滴加温水适量灌服，或喂服人丹 2～3 粒。将风油精滴喂 1～2 滴或涂擦于患兔鼻端也有良效。施行耳静脉放血，以减轻脑部和肺部的充血，也是抢救的应急措施。

(2) *预防* 应以遮阴、通风、降温为主。炎热季节舍内通风要良好，保持空气新鲜、凉爽。高温期间应供给充足饮水，早晚多喂青绿多汁饲料，室内加强通风，或用凉水泼浇、喷雾。兔笼要宽敞，适当降低饲养密度，防止过于拥挤。夏天长途运输应夜间行车，装运密度宜低。高温季节到来前长毛兔应及时剪毛。

### (十一) 母兔乳房炎

乳房炎是产仔母兔常见的一种疾病，常发生于产后 1 周左右的哺乳母兔，轻者影响仔兔吃乳，重者造成母兔乳房坏死或发生败血症而死亡。

[病因] 产箱、兔笼的铁丝、铁钉等尖锐物损伤乳房的皮肤引起感染。有时因泌乳不足，仔兔吮乳时咬破乳头而引起感染。或因母兔分娩前后喂大量精料和青料，使乳汁分泌过多，仔兔不能将乳房中的奶汁吸完，引起乳房炎。病原菌通常为金黄色葡萄球菌，但有时则为链球菌。

[症状及诊断] 根据感染的严重程度可以分为几个型。

(1) *败血型* 初期，乳房局部红肿，增温，敏感，继则患部皮肤呈蓝紫色，并迅速蔓延至全部乳房。体温升高至 40℃以上，精神沉郁，食欲下降，饮欲增加。通常在 2～3d 内死于败血症。患病母兔如继续哺乳，则仔兔常整窝发生急性肠炎，往往造成严重死亡。

(2) *普通型* 一般仅局限于一个或数个乳房，患部红肿充血，乳头焦干，皮肤张紧发亮，触之有灼热感。病兔通常拒绝哺乳。

(3) *化脓型* 乳房炎发生后不久，在乳房附近皮下可摸到栗子样的结节，结节软化形成脓肿。患部红肿坚硬，病兔步行困难，拒绝哺乳，精神不振，食欲减退，体温可达 40℃以上。

[防制措施]

(1) *治疗* 发生乳房炎后应立即将母兔隔离治疗，仔兔给其他母兔代奶或人工喂养。病的初期可挤出乳房中的乳汁，患部用冷毛巾敷盖。如不能消散则改用硫酸镁温湿毛巾热敷，并涂以鱼石脂软膏或氧化锌软膏。已形成脓肿的必须切开排脓。为了防止发生败血症，可肌注青霉素 40 万～80 万 U，在患部分多点注射，每日两次，连用 3～5d。如治疗及时，病兔一般均能康复。

(2) *预防*

①保持兔笼、产箱的清洁卫生。消除兔笼内的尖锐物，特别是兔笼和产箱的出口处应保持平滑，以免损伤乳房及其附近皮肤。

②产前、产后适当控制喂料量，以防乳汁过多。

③检查产仔数目和哺乳情况。加强饲养管理，饲喂人员要每天仔细观察兔的情况，做到早发现、早治疗。根据哺乳母兔的泌乳能力，合理调整带仔数。

### （十二）霉菌毒素中毒

霉菌毒素中毒是指家兔采食了发霉饲料而引起的中毒性疾病。

［病因］在自然环境中，有许多霉菌（镰刀菌、黄曲霉菌、赤霉菌、白霉菌、棕霉菌、黑霉菌等）会产生大量毒素，饲料、饲草等如被污染发霉，家兔采食后就会发生中毒。常呈急性发作，其中尤以幼龄兔和老龄体弱兔发病死亡率高。

［症状及诊断］患兔精神沉郁，被毛干燥粗乱。初期食欲减退，后期废食。消化紊乱，先便秘、后拉稀，粪便中带有黏液或血液。口唇、皮肤发紫，可视黏膜黄染，流涎。常将两后肢的膝关节突出于臀部两侧，呈山字形伏卧笼内，全身衰弱，随着病情加重，出现神经症状，后肢软瘫，全身麻痹死亡。

肝脏明显肿大、表面呈淡黄色，肝实质变性，质地脆。胸膜、腹膜、肾、心肌出血。胃肠道有出血性坏死性炎症，胃与小肠充血、出血。肠黏膜容易脱落。肺充血、出血、水肿，表面有霉菌小结节。

［防制措施］平时应加强饲料保管，防止霉变。严禁用霉变饲料喂兔。

目前对本病尚无特效疗法，一般仍以对症治疗为主，可用0.1%高锰酸钾溶液或2%碳酸氢钠溶液50～100mL灌服洗胃，然后灌服5%硫酸钠溶液50mL或灌服稀糖水50mL，外加维生素C 2mL，也可试用制霉菌素、两性霉素B等抗真菌药物治疗。用10%葡萄糖50mL加维生素C 2mL静脉注射，每日1～2次，或氯化胆碱70mg、维生素$B_{12}$ 5mg、维生素C 10mg一次口服均有一定疗效。

### （十三）马杜霉素中毒

马杜霉素是聚醚类载体抗生素的成员，属于离子载体型抗球虫药。但其毒性大，安全范围窄，剂量稍大即引起中毒。

［病因］马杜霉素主要用于抗鸡球虫病，毒性较大，多数因采食以马杜霉素预防和治疗球虫病的饲料而中毒。

［症状及诊断］饲料中混入过量马杜霉素会引起兔的急性中毒，发病急，死亡快。累积性中毒时表现为拒食，精神委顿，流涎，伏卧，嗜睡，共济失调等。

肝肿大，有的约肿大1倍，质地脆弱，有的可见坏死病灶；肾肿大，皮质出血；脾肿大；胃黏膜脱落，出血；肠道广泛出血；心肌松软；肺瘀血、水肿，有的可见出血斑；气管黏膜出血，气管和支气管内有大量分泌物。

［防制措施］一旦发生中毒，立即停止饲喂含马杜霉素的词料，更换不含马杜霉素的新饲料。

治疗时，除以缓泻剂排除毒物外，要及时内服氯化钾，以调节细胞内外的离子平衡，制止细胞损伤的进一步发展。供给含有多种维生素、葡萄糖的清洁饮水，静脉注射10%维生素C注射液，每次0.5mL，与5%葡萄糖溶液同时应用。

### （十四）兔食毛癖

患兔大量吞食自身或其他兔被毛的现象称为食毛癖或食毛症，引起毛球病。

[**病因**] 兔饲料中缺少某些体内不能合成的含硫氨基酸如蛋氨酸、胱氨酸、半胱氨酸等以及微量元素和维生素时，易发生食毛癖。粗纤维摄入不足可能也是病因之一，有的兔爱食其他兔的毛，其他兔模仿，引起许多兔互相食毛。

[**症状及诊断**] 患兔表现食欲不振、伏卧、便秘、饮水增加、日渐消瘦。粪球中含较多兔毛，甚至由兔毛将粪球相连成串状，腹部触诊在胃或肠道中摸到毛球，大小不等，较硬，可轻轻捏扁。随着病程发展，患兔常因消化障碍导致衰竭，造成死亡。

病理剖检可见胃内有毛球，可根据剖检特征进行诊断。本病多发于长毛兔。

[**防制措施**]

(1) **预防** 加强饲养管理，日粮中注意补充含硫量高的动、植物蛋白质饲料如血粉、蚕蛹、大豆饼、芝麻饼、花生饼、黄豆、豌豆等，以及供给充足的粗纤维、微量元素和维生素，可防止食毛癖的发生。

(2) *治疗* 发现患兔要及时分笼饲养，以免互相啃食被毛。患兔每日喂服蛋氨酸1～2g，一周内可停止食毛癖。

发生毛球病后，早期一次内服植物油20～30mL或人工盐3～5g溶水灌服，并投予易消化的柔软饲料以泻出毛球。食欲不佳时，可喂大黄苏打片1～2片或人工盐1～2g以温水灌服。毛球较大时，预后不良。

### (十五) 流产、死产

母兔怀孕中止，排出未足月的胎儿称为流产；怀孕足月但产出已死的胎儿称为死产。

[**病原与流行特点**] 引起流产与死产的原因很多。各种机械性因素，如剧烈运动、捕捉保定方法不当、摸胎用力过大、产箱过高、洞门太小或笼舍狭小使腹部受挤压撞击等均可造成流产。强烈的噪声、突然的响声、猫犬及野生动物窜入造成惊吓，饲料营养不全，尤其是某些维生素和微量元素不足或过量，饲料中毒，生殖器官疾病，以及某些急性热性传染病和重危的内外科疾病，也可引起流产与死产。有些初产母兔在产第一窝时高度神经质，母性差，也会造成死产。另外，内服大量泻剂、利尿剂、麻醉剂等也能引起流产与死产。

[**症状及诊断**] 一般在流产与死产前无明显症状，或仅有精神、食欲的轻微变化，不易注意到，常常是在笼舍内见到母兔产出的未足月胎儿或死胎时才发现。有的怀孕15～20d，衔草拉毛，或无先兆，产出未足月的胎儿。有的比预产期提前3～5d产出死胎。有时产出一部分死胎、一部分活胎儿。产后多数体温升高，食欲不振，精神不好；有时产后无明显症状。

[**防制措施**]

(1) **预防** 为了减少死产的比例，在母兔分娩前后应保持兔舍内相对安静，谢绝参观，防止犬猫等动物进入兔舍，禁止在兔舍内大声喧哗。对第二窝仍发生死产的母兔应予以淘汰。如整个种兔群母性不好，则应考虑更新种兔。加强饲养管理，找出流产与死产的原因并加以排除。防止早配和近亲繁殖。

(2) *治疗* 对流产后的母兔，应喂给营养充足的饲料，及时用抗菌类药物口服或注射，控制炎症以防继发感染。

### （十六）妊娠毒血症

母兔妊娠毒血症是母兔在产前或产后的一种代谢性疾病。妊娠后期、产仔前期和假妊娠的母兔常患此病。

**［病原与流行特点］** 本病的发病原因有：饲料营养失调，尤其在北方的严冬季节，兔群缺乏青绿饲料，维生素、蛋白质供应不足，能量较低，饲料单一等。体内氧化不全的产物丙酮、$\beta$-羟丁酸等在体内蓄积，对机体产生损害作用，以肾脏最明显；运动过少，兔笼狭窄，兔群拥挤，通风不良，环境恶劣，均可导致内分泌机能异常而诱发本病；患生殖机能障碍疾病，如流产、死胎、吞食仔兔、遗弃仔兔、畸形仔、胎儿异常和子宫瘤等也容易发生本病；家兔品种不同也有差异，獭兔发病率高，肉兔发病率低；季节性和区域性与本病的发生也有关，东北地区比长江流域发病率高，冬春季发病率高，夏、秋季发病率低。

**［症状及诊断］** 轻症患兔无明显临床症状，主要表现为精神沉郁，不吃精饲料，只吃草、菜，喝少量水，不爱运动。重症兔精神极度委顿，拒食；运动失调，反应迟钝；粪便干、小、量少，个别病例排稀便，尿量减少；呼吸困难并带有酮味（即烂苹果味）；有的患兔临产前2～3d流产，出现惊厥和昏迷；化验可见血液中非蛋白氮含量升高，血钙减少，磷酸增多。症重者可迅速致死。

**［防制措施］** 本病最好是以预防为主。加强饲养管理，兔舍保持通风良好，改善环境卫生条件，每月对兔舍、兔笼彻底消毒，平常每天清扫。

对妊娠中后期母兔、产仔前期和假妊娠的母兔，要供给富含维生素、碳水化合物的饲料，切忌喂给腐败变质饲料，避免突然改变饲料，防止饲料单一。在青绿饲料缺乏季节，要注意给母兔添加维生素E、维生素C、复合维生素B和葡萄糖，可防止酮血症的发生和发展。一旦发病，早发现、早治疗，是减少本病死亡的必要措施。

治疗：静脉注射15%或25%葡萄糖溶液，每次15～20mL，加维生素C注射液1～2mL，每天1次，连注3d。

口服维生素C片和复合维生素B片，每次各2片，加25%葡萄糖溶液10mL，每天上、下午各1次，连服3d；或每天按说明剂量肌内注射复合维生素。

# 第十三章

# 兔产品初加工与储藏

## 第一节　兔肉及其肉制品加工

### 一、兔肉组成及食用品质

#### （一）兔肉的化学组成

兔肉与其他肉类一样，是由水、蛋白质、脂肪、碳水化合物、维生素、矿物质和酶类组成的，这些物质在肉的贮藏和加工过程中，会发生不同的物理、化学变化，影响着肉的营养价值、食用价值和风味。肉中化学成分因动物的种类、性别、年龄、营养状态及部位的不同而不同。兔肉各部位的化学成分（g）和能值（kJ）（/100g）如表 13－1 所示。

**表 13－1　兔肉各部位的化学成分**（g）**和能值**（kJ）（/100g）

| 项目 | 前　腿 | | 腰部（背长肌） | | 后　腿 | | 胴　体 | |
|---|---|---|---|---|---|---|---|---|
| | x±SD | n | x±SD | n | x±SD | N | x±SD | N |
| 水分 | 70±1.3 | 4 | 75±1.4 | 24 | 74±0.8 | 33 | 70±2.6 | 6 |
| 灰分 | — | — | 1±0.1 | 14 | 1±0.5 | 20 | 2±1.3 | 4 |
| 蛋白质 | 19±0.4 | 3 | 22±1.3 | 21 | 22±0.7 | 31 | 20±1.6 | 6 |
| 脂质 | 9±2.5 | 4 | 2±1.5 | 24 | 3±1.1 | 36 | 8±2.3 | 6 |
| 能量 | 899±47 | 2 | 603 | 2 | 658±17 | 7 | 789±11 | 7 |

兔肉以高蛋白、低脂肪、低热量而优于其他肉类。兔肉的蛋白质含量（18～24g/100g）高于其他肉类。与公牛肉（3～15g/100g）和猪肉（3～22g/100g）的脂肪相比，兔肉（0.6～14g/100g）也明显含有更少的脂肪，兔肉的热能值也较猪肉、牛肉低（表 13－2）。数据变化区间较大，这可能是因为样品本身误差所决定的，这其中包括取样的肥瘦、切割、饲养条件等因素。

**表 13－2　不同肉类的化学成分**（g）**和能值**（kJ）**变化范围**（/100g）

| 品种 | 水分 | 蛋白质 | 脂类 | 能量 |
|---|---|---|---|---|
| 兔肉 | 66.2～75.3 | 18.1～23.7 | 0.6～14.4 | 427～849 |
| 鸡肉 | 67.0～75.3 | 17.9～22.2 | 0.9～12.4 | 406～808 |

（续）

| 品种 | 水分 | 蛋白质 | 脂类 | 能量 |
| --- | --- | --- | --- | --- |
| 小牛犊肉 | 70.1～76.9 | 20.3～20.7 | 1～7 | 385～602 |
| 公牛肉 | 66.3～71.5 | 18.1～21.3 | 3.1～14.6 | 473～854 |
| 猪肉 | 60～75.3 | 17.2～19.9 | 3～22.1 | 418～1 121 |

### （二）兔肉的食用品质

兔肉的食用品质主要包括肉的色泽、气味、嫩度、pH、系水力、熟肉率、肌纤维直径等，是确定兔肉商品价值的重要指标。这些性质与肉的形态结构、动物种类、年龄、性别、肥度、部位、宰前状态等因素有关。

**1. 色泽**　肉的色泽大都为红色，其深浅程度受许多因素的影响。肉色对肉的营养价值无太大影响，但决定着肉的食用品质和商品价值，如果是微生物引起的色泽变化则影响肉的卫生质量。

（1）*影响肉色的内在因素*　动物种类、年龄、部位及日粮供应。各类动物肉的色泽有所差异，一般猪肉呈鲜红色、牛肉深红色、马肉紫红色、羊肉浅红色、兔肉粉红色。动物年龄越大肉色越深。生前活动量大的部位肉色较深。

①肌红蛋白（Mb）的含量。肌红蛋白含量高则肉色深，含量低则肉色浅。肌红蛋白的含量主要受动物种类、品种、年龄、性别、肌肉部位、运动程度及海拔高度等因素的影响。一般运动量大的部位需要的氧多，故含量高；海拔高的地区氧气少需贮存氧，所以动物肌肉中肌红蛋白含量高。动物屠宰后，肌肉在贮藏加工过程中颜色会发生各种变化。刚刚宰后的肉为深红色，经过一段时间肉色变为鲜红色，时间再长则变为褐色。这些变化是由于肌红蛋白的氧化还原反应所致。

②血红蛋白（Hb）的含量。在肉中血液残留多则血红蛋白含量亦多，肉色深。放血充分肉色正常，放血不充分或不放血（冷宰）的肉色深且暗。

（2）*影响肌肉颜色的外部因素*

①环境中氧的浓度。肌肉色素对氧的亲和力较强，氧浓度高则肉色氧化快。肉中脂肪氧化和肉的褪色是互相促进的，脂肪氧化过程中产生的一些自由基会破坏血红素，还会破坏肉中一些酶的活性，其中包括高铁肌红蛋白还原酶。酶活性的破坏，使得兔肉在贮藏过程中产生的一些高铁肌红蛋白不能及时被还原，随着高铁肌红蛋白的积累，兔肉逐渐由鲜红色变为棕褐色，这可能就是兔肉的贮藏温度越高红度越下降的原因所在。通常氧浓度高于15％时，肌红蛋白才能被氧化为高铁肌红蛋白。

②湿度。肉所在环境的湿度越大，氧化速度越慢。因在肉表面有水气层，影响氧的扩散。如果湿度低且空气流速快，则加速高铁肌红蛋白的形成。

③温度。温度影响着化学反应速度，环境温度高，会加速高铁肌红蛋白的形成。

④ pH。动物宰前糖原消耗多，宰后最终 pH 高，往往肌肉颜色变暗，组织变硬并且干燥，切面颜色发暗。

⑤微生物。微生物的生长繁殖也会改变肉表面的色泽。细菌会分解蛋白质使肉色污浊；霉菌会在肉表面形成白色、红色、绿色、黑色等色斑或发生荧光。

**2. 肉的风味**

(1) **气味** 目前，在兔肉的挥发性组成中已经鉴定了约100多种化合物，主要包括：醛类、酮类、醇类、烃类化合物，如戊醛、己醛、庚醛、辛醛、壬醛、癸醛、4-叔丁基-环己酮、1-辛烯-3-醇、1-辛醇等。研究表明，对气味的决定作用是由含硫的开链化合物，含氮、氧和硫的杂环化合物以及含有羰基的挥发性物质造成的。尽管来源于不同品种肉的很多风味挥发性物质的化学性质从定性角度来看是相似的，但它们存在着量上的差别。

兔肉自身具有腥味，即兔肉在加热后会产生一种令人嫌忌的特殊气味。不同国家、不同民族甚至不同的人对此味的敏感程度不同，因而对此味的适应性亦有所不同。我国大多数人都认为兔肉有腥味，影响了兔肉的消费。一般来说公兔腥味很重，特别是冷却后更重，母兔亦能闻出腥味，但腥味较弱。GC-MS研究初步确定中级醛类尤其己醛是兔肉风味物质的主导成分；两种卤代烷烃（1-氯十二烷和1-溴十三烷）可能是构成兔肉特殊气味的重要成分。

(2) **滋味** 滋味是由溶于水的可溶性呈味物质刺激人的舌面味觉细胞——味蕾，通过神经传导到大脑而反映出的味感。肉的鲜味（香味）由味觉和嗅觉综合决定。味觉与温度密切相关，0～10℃间可察觉，30℃时较敏锐。肉的滋味，包括有鲜味和外加的调料味。肉的鲜味成分主要有肌苷酸、氨基酸、酰胺、三甲基胺肽、有机酸等。成熟肉风味的增加主要是核苷类物质及氨基酸变化所致。脂肪交杂状态愈密风味愈好，肉中脂肪沉积对风味更有意义。

**3. 肉的嫩度**

(1) **肉的嫩度及其影响因素** 肉的嫩度（Tenderness）是肉品品质优劣的重要指标。肉的嫩度是指肉在咀嚼或切割时所需的剪切力，表明了肉在被咀嚼时柔软、多汁和容易嚼烂的程度。影响肉嫩度的因素很多，除与遗传因子有关外，主要取决于肌肉纤维的结构和粗细、结缔组织的含量及构成、热加工和肉的pH等。目前嫩度的测定包括主观评价和客观测定两种方法。主观评价是通过肉品的咀嚼性来评定肉品的嫩度；客观测定则借助仪器来测量肉品的剪切力、咬力、弹力等指标。

肉的柔软性取决于动物的种类、年龄、性别，以及肌肉组织中结缔组织的数量和结构形态。目前在兔肉嫩度方面，已开展了一定的研究，主要集中在影响兔肉嫩度因素的探讨，其中包括年龄、品种、部位、营养组成、贮藏方式、肌内脂肪含量及肌肉组织形态学结构等。兔肉的嫩度随日龄的增大而降低，且兔肉嫩度在不同部位及品种间存在显著差异。此外，肌纤维作为肌肉的基本单位，其组织学特性与肉品的嫩度密切相关，肌纤维直径越小，肉质越细嫩。

肌纤维本身的肌小节连结状态对硬度影响较大。肌节越长肉的嫩度越好。用胴体倒挂等方式来增长肌节是提高嫩度的重要方法之一；大部分肉经加热蒸煮后，肉的嫩度有很大改善，并且使肉的品质有较大变化。不同加热温度对兔肉的超微结构产生不同程度的影响。加热温度越高，肌纤维收缩越明显，即肌纤维直接越小，肌内膜和肌束膜的紧密结构也随着温度的升高而逐渐变得松散而呈现颗粒状。这些肌纤维受热收缩而导致兔肉的嫩度下降，但这些结缔组织膜的变化则导致兔肉机械强度降低，肉质变软。

另外，肉的嫩度还受 pH 的影响。pH 在 5.0～5.5 时肉的韧度最大，而偏离这个范围，则嫩度增加，这与肌肉蛋白质等电点有关；宰后鲜肉经过成熟，其肉质可变得柔软多汁，易于咀嚼消化。

（2）**肉的人工嫩化**　通过成熟可以使肉嫩化，但自然成熟对一些质地坚硬的肉往往达不到满意的嫩化效果，需要进行人工嫩化。

①酶嫩化法。肉的酶嫩化法包括内源酶激活嫩化法和外源酶嫩化法。用于肉类嫩化的外源酶主要有两类，即植物中提取的酶和微生物分泌的酶。目前用于肉类嫩化的植物性酶类主要有木瓜蛋白酶、菠萝蛋白酶、无花果蛋白酶及生姜蛋白酶等。微生物分泌的酶主要是从某些细菌、真菌的培养物中提取的酶，如蛋白酶 15、枯草杆菌蛋白酶、链霉蛋白酶和水解蛋白酶 D 等。

②电刺激嫩化法。电刺激（Electrical stimulation，ES）可用于改善肉的嫩度。是在一定的电压、电流下对胴体予以适当时间通电处理的方法。

③高压嫩化法。高压处理技术（High-pressure treatment technology）是利用帕斯卡定律，在密封的耐高压容器内，以惰性气体、水或油作为媒介对物料施加 100～1 000MPa 的压力，同时达到灭菌、物料改性和改变物料的某些理化反应速度的目的。

**4. 肉的保水性**

（1）**保水性的概念**　肉的保水性（Water Holding Capacity）即持水性、系水性，是指肉在外力作用下（如受压、加热、切碎搅拌、冻结、解冻等）保持水分的能力，或在向其中添加水分时的水合能力。保水性是肉的重要品质，保水性能的优劣与肌肉的风味、嫩度、色泽及产品出品率等存在密切关系。

（2）**影响保水性的主要因素**

①蛋白质。肉的保水性与蛋白质所带电荷数及其空间结构有直接关系。蛋白质网状结构愈疏松，分子间隙愈大，固定的水分越多。蛋白质表面所带的电荷愈多对水的吸附力愈强，同时蛋白质分子间静电斥力愈大，其结构愈松弛，保水性愈好。肌肉中蛋白质含量越高，其系水力越大。

②pH。畜禽机体宰前 pH 一般在 7.2 左右，呈中性或偏碱性。在屠宰后，其肌肉并未立即停止新陈代谢，而是糖原在缺氧条件下酵解生成乳酸，使 pH 下降。当 pH 在 5.0～5.5 左右时，接近肌球蛋白的等电点，保水性最低。pH 下降的速度和程度，对肉的加工特性存在显著影响。如果 pH 迅速下降，肉质则苍白、风味和保水性能较差，因此 pH 及其变化的测定对兔肉质量的鉴别及肉质变化的控制具有重要作用。

③金属离子。肌肉中含有多种金属元素，以结合或游离状态存在，它们在肉成熟期间会发生变化，对肉保水性有较大的影响。研究发现，$Ca^{2+}$，$Zn^{2+}$ 及 $Cu^{2}$ 可与肌动蛋白结合，对肌肉中肌动蛋白具有强烈作用。$Mg^{2+}$ 对肌动蛋白的亲和性较小，但对肌球蛋白亲和性则较强。$Fe^{2+}$ 与肉的结合极为牢固。$K^{+}$ 与肉的保水性呈负相关，而 $Na^{+}$ 则呈正相关。肉中 $K^{+}$ 与 $Na^{+}$ 的含量比 2 价金属多，但它们与肌肉蛋白的溶解性的作用比 2 价金属小。

④动物因素。兔种类、年龄、性别、饲养条件、肌肉部位及屠宰前后处理等，对肉的

保水性都有影响。兔肉的保水性最佳，其次为牛肉>猪肉>鸡肉>马肉。

⑤宰后肉的变化。保水性的变化是肌肉在成熟过程中最显著的变化之一。刚屠宰后的肉保水性很强，几十小时甚至几小时后就显著降低，然后随时间的推移而缓缓地增加。

ATP的作用：Hamm于1958年发现，畜禽宰后保水性降低的原因有2/3是ATP的分解所引起，有1/3因pH的下降所致。畜禽宰后肌糖原的含量能够反映主能量源ATP的合成情况。由于细胞的应激作用和AMP与ATP比值的增加，AMPK被磷酸化激活，并且其Thr172α亚基进行了变位。

死后僵直：当pH降至5.4～5.5时则达到了肌原纤维的主要蛋白质肌球蛋白的等电点，此时即使没有蛋白质的变性，其保水性也会降低。此外，由于ATP的丧失和肌动球蛋白的形成，使肌球蛋白和肌动蛋白间有效空隙大为减少，进而使其保水性也大为降低。而蛋白质的某种程度的变性，也是动物死后不可避免的结果。肌浆蛋白质在高温、低pH的作用下沉淀到肌原纤维蛋白质上，进一步影响了后者的保水性。

自溶期：僵直期后（1～2d)，肉的水合性慢慢升高，僵直逐渐解除。在成熟过程中，肉蛋白质连续释放$Na^{+}$、$Ca^{2+}$等到肌浆中，结果造成肌肉蛋白质净电荷的增加，使结构疏松并有助于蛋白质水合离子的形成，因而肉的保水性增加。

⑥添加剂。

食盐：一定浓度的食盐具有增加肉保水能力的作用，这主要是因为食盐能使肌原纤维发生膨胀。另外，食盐腌肉使肉的离子强度增高，肌纤维蛋白质数量增多。在这些纤维状肌肉蛋白质加热变性的情况下，将水分和脂肪包裹起来凝固，使肉的保水性提高。

磷酸盐：磷酸盐能结合肌肉蛋白质中的$Ca^{2+}$、$Mg^{2+}$，使蛋白质的羰基被解离出来。由于羰基间负电荷的相互排斥作用使蛋白质结构松弛，提高了肉的保水性。焦磷酸盐和三聚磷酸盐可将肌动球蛋白解离成肌球蛋白和肌动蛋白，使肉的保水性提高。肌球蛋白过早变性会使其保水能力降低。聚磷酸盐对肌球蛋白变性有一定的抑制作用，可使肌肉蛋白质的保水能力稳定。

## 二、兔肉的形态结构

兔肉胴体是由肌肉组织、脂肪组织、结缔组织和骨组织四部分构成的。各组织的构造、性质直接影响着肉的品质、加工用途及其商品价值，而这些构造和性质又与动物的种类、品种、年龄、性别、营养状况等有直接关系。

### （一）肌肉组织

肌肉组织是肉的主要组成部分，占胴体的50%～60%，主要化学成分是蛋白质，包括大量的肌纤维和少量的结缔组织、脂肪组织，以及血管、神经、淋巴等。肌肉内结缔组织和脂肪的含量，以及结缔组织的结构等直接决定着肉的品质。根据结构、生理作用及存在部位又可分为横纹肌（Striated muscle)、心肌（Cardiac muscle)、平滑肌（Smooth muscle）三种，其中横纹肌是肉品加工的主要对象。

**1. 横纹肌的宏观结构** 动物体中约有300多块大小不同、形状各异的肌肉，但其基本构造是相同的。动物体的肌肉都是由肌细胞平行排列组成的，每块肌肉表面都包有一层较厚的、富有弹性的结缔组织膜，称为肌外膜。肌外膜伸入肌肉内部，将一定数量的肌细胞围成束，该细胞束称为肌束，包围在肌束周围的结缔组织膜称为肌束膜。肌束膜再进入肌束内部，将肌细胞围成更小的束，该细胞束称为次级肌束，包围在次级肌束周围的结缔组织膜称为次级肌束膜。每个次级肌束中包有 50～150 根肌细胞，几十个次级肌束形成一个肌束。

肌束膜厚 2～3μm，膜上附有血管、神经、脂肪细胞，它们随膜进入肌肉内部，当营养状况良好时蓄积脂肪，在肌肉横切面上形成不规则的纹理结构，通常将这种结构称为大理石纹状结构。大理石纹能提高肉的多汁性，改善嫩度，增强风味（图 13－1）。

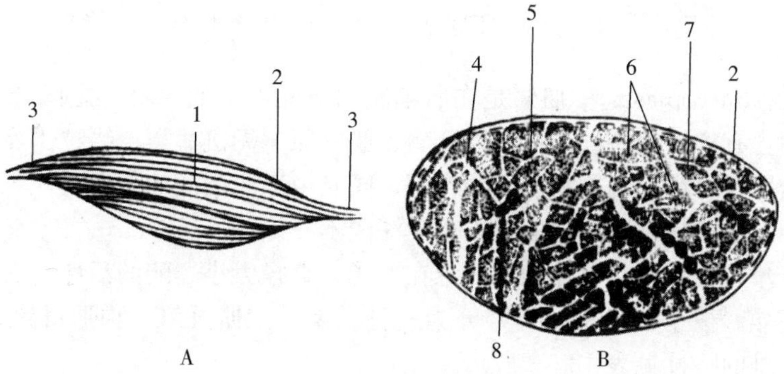


图 13－1　肌肉宏观结构图

A. 肌肉外形　B. 肌肉横断面

1. 肌腹　2. 肌外膜　3. 腱　4. 肌束膜　5. 次级肌束膜　6、7. 次级肌束　8. 血管

**2. 横纹肌的微观结构**　横纹肌由肌细胞构成。由于肌细胞细而长呈纤维状，又将其称为肌纤维（Muscle fibre）。肌细胞是多核型细胞，其直径约为 10～100μm，长度从几毫米至十几厘米。肌纤维的粗细随兔种类、年龄、营养状况、肌肉活动情况不同而有所差异。一般幼年动物的肌纤维比老年动物的细。

肌纤维不分支，中间呈圆柱状，两端逐渐变细，由肌原纤维和肌浆构成。

（1）*肌原纤维*（Myofibril）　肌原纤维是构成肌纤维的主要组成部分，是充满于肌纤维内部的长而不分支的丝状蛋白质，其直径为 0.5～2.0μm，呈细丝状。

肌原纤维上有与肌纤维相同的、等长的明暗相间的横纹。横纹上暗的部分叫暗带（dark band），呈双折光，为各向异性（anisotropic），又称 A 带。长度约 1.5μm，暗带中央有一较明的区域称为 H 区，长约 0.4μm，在 H 区的中央有一条暗线称为中膜或 M 线。明的部分称为明带（light band），呈单折光，为各向同性（isotropic），又称 I 带，长度约 0.8μm，在明带中央也有一条暗线称为间膜或 Z 线，也叫 Z 盘。相邻两个 Z 线之间的部分是一个肌节（Sarcomere），每个肌节包括中间一个完整的暗带和两边各半条明带。肌节是肌肉的收缩单位，也是肌原纤维重复构造的单位。当肌肉处于松弛状态时，一个肌节的长度约为 2.3μm。

每个肌纤维是由 1 000～2 000 根肌原纤维平行排列组成的。肌原纤维在构成肌纤维时，明带和明带对齐，暗带和暗带对齐，使肌纤维上有与肌原纤维相同的明暗带（即横纹，图 13 - 2）。

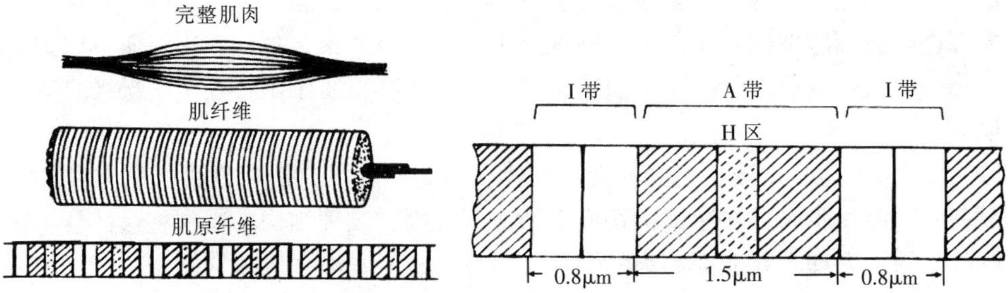


图 13 - 2　不同显微水平的肌肉组织构造

（2）**肌浆**（Sarcoplasm）　肌浆是在肌细胞内部充满于肌原纤维之间的胶体溶液，呈红色，肌浆中含有丰富的肌红蛋白，以及酶、肌糖原、无机盐类、线粒体等。肌浆在肌细胞中起着供给肌原纤维活动所需能量的作用，同时由于肌肉的功能不同，在肌浆中肌红蛋白的含量不同，从而使不同部位的肌肉色泽深浅不一。

（3）**肌纤维的类型**　动物体的肌纤维在色泽、直径大小、酶的活性、供能方式、收缩速度上存在差异。根据色泽将肌纤维分为三种类型：红肌纤维、白肌纤维、中间型肌纤维。各种肌纤维的特性见表 13 - 3 所示。

**表 13 - 3　不同类型肌纤维特性**

| 性　状 | 表　现 | | |
|---|---|---|---|
| | 红肌纤维 | 中间型肌纤维 | 白肌纤维 |
| 色泽 | 红 | 浅红 | 白 |
| 直径 | 小 | 中等 | 大 |
| 氧化酶活性 | 强 | 中等 | 弱 |
| ATP 酶和磷酸化酶活性 | 弱 | 较强 | 强 |
| 有氧氧化 | 强 | 中等 | 弱 |
| 无氧酵解 | 弱 | 中等 | 强 |
| 收缩速度及持续时间 | 慢，长 | 中等 | 快，短 |
| 肌红蛋白含量 | 高 | 较高 | 低 |
| 所构成肌肉的品质 | 好 | 差 | 差 |

## （二）脂肪组织

脂肪组织（Adipose tissue）存在于动物体的各个部位，较多存在于皮下、肾脏周围和腹腔中，在肉中的含量变化较大。兔肉中脂肪含量不到 2.1%，比猪肉、牛肉和羊肉的脂肪含量低得多，而且兔肉的脂肪中不饱和脂肪酸和磷脂含量丰富，而胆固醇含量低。兔脂肪在体内的蓄积主要是由种类、品种、年龄、性别及肥育程度决定的。

## （三）结缔组织

结缔组织（Connective tissue）是构成肌腱、筋膜、韧带及肌肉内外膜、血管、淋巴结的主要成分，一般占肌肉组织的9.0%～13.0%，分布于体内各部，起到支持、连接各器官组织和保护组织的作用。结缔组织能够使肌肉保持一定硬度，具有弹性，其含量和肉的嫩度有密切关系。

结缔组织的纤维一般分为胶原纤维、弹性纤维、网状纤维三种。

**1. 胶原纤维**　典型的胶原蛋白分子是一条呈坚韧三螺旋纤维状结构的长链，由两条$\alpha_1$肽链和一条$\alpha_2$肽链组成。螺旋结构的3条长链既可以相同，也可以不同，每条肽链以（Gly-X-Y）n的重复序列形成左手螺旋，三条肽链以右手螺旋围绕中心轴线交错缠绕形成"绳索状"的超螺旋结构，其中n为100～400，X残基多为脯氨酸，Y残基多为羟脯氨酸（HyPro）。胶原纤维在不同组织中的排列方式不同，如表13－4所示。

**表13－4　胶原纤维在不同组织中的排列**

| 组织名称 | 排列形式 |
|---|---|
| 肌腱 | 平行束 |
| 皮肤 | 多角的纤维片层 |
| 软骨 | 无规则排列 |
| 角膜 | 交叉排布的光滑片层使光的散射最小化 |

兔肉中的可溶性胶原蛋白含量较其他物种高（约达60%）。不同兔品种、生长时期、生长部位及加工条件等因素可能对兔肉肌内胶原蛋白的含量及组成造成影响。不同品种和部分兔肉胶原蛋白含量的比较如表13－5所示。

**表13－5　比利时巨兔和野兔不同部位胶原蛋白含量比较**

| 兔的品种 | 不同部位胶原蛋白含量（g/100g新鲜肌肉） | | | | | | | | | |
|---|---|---|---|---|---|---|---|---|---|---|
| | 腰肌 | 肋肌 | 颈肌 | 背最长肌 | 肱三头肌 | 股二头肌 | 半腱肌 | 心肌 | 肾肌 | 肝肌 |
| 巨兔（雄） | 4.043 | 3.046 | 3.411 | 4.278 | 4.161 | 4.277 | 4.113 | 3.843 | 3.566 | 3.420 |
| 巨兔（雌） | 4.256 | 2.530 | 2.981 | 4.153 | 4.299 | 3.877 | 4.223 | 3.906 | 3.987 | 3.956 |
| 野兔（雄） | 4.193 | 4.003 | 3.687 | 4.320 | 4.256 | 4.184 | 4.298 | 4.007 | 3.943 | 3.855 |
| 野兔（雌） | 4.193 | 4.003 | 3.687 | 4.320 | 4.256 | 4.184 | 4.298 | 4.007 | 3.943 | 3.855 |

**2. 弹性纤维**　弹性纤维（Elastic fiber）在动物体中是构成黄色结缔组织的主要成分，直径0.2～12.0μm。弹性纤维由弹性蛋白组成，约占弹性纤维固形物的75%。弹性蛋白在很多组织中与胶原蛋白共存，主要存在于项韧带、血管壁中。弹性蛋白的弹性较强，但强度不及胶原蛋白，其抗断力仅为胶原蛋白的1/10。弹性蛋白的化学性质很稳定，抗弱酸、弱碱能力强，不溶于水，在水中长时间煮制亦不能转为明胶。弹性蛋白不被胰蛋白酶、胃蛋白酶水解，但可被无花果蛋白酶、木瓜蛋白酶、菠菜蛋白酶和胰脏中的弹性蛋白

酶水解。

**3. 网状纤维** 网状纤维（Reticular fiber）在动物体内主要构成内脏的结缔组织及脏器的支架，由网状蛋白构成。网状蛋白是疏松结缔组织的主要成分，属于糖蛋白类，为非胶原蛋白。网状蛋白由糖结合黏蛋白和类黏糖蛋白构成，存在于肌束和肌肉骨膜之间，便于肌肉群的滑动。网状纤维性质稳定，耐酸、碱、酶的作用，营养价值低。

### （四）骨组织

骨组织由骨膜、骨质（分骨密质和骨松质）、骨髓构成，在动物体中起着支撑机体和保护脏器的作用。骨骼在兔胴体中所占的比例，因种类、年龄、性别、营养状况不同而有差异。兔约占 12%～15%。

## 三、兔肉营养特点及品质影响因素

《本草纲目》记载：兔肉性寒味甘、补中益气、止渴健脾、凉血解热、利大肠。联合国粮食及农业组织（FAO）数据显示，兔肉具有高蛋白（21%～23%）、高赖氨酸（占蛋白质的 9.6%）、高消化率（85%）、高烟酸（12.8mg/100g）；低脂肪（4.9%）、低胆固醇（65mg/100g）、低热量等特点。

### （一）兔肉营养特点

兔肉的营养特点可归纳为“三高三低”，“三高”指的是高蛋白、高赖氨酸、高消化率；“三低”指的是低脂肪、低胆固醇和低热量。在健康、减肥风行的时代，它的营养和保健作用满足了不同人们对于食物的特殊营养需求。

兔肉中蛋白质和灰分含量高，脂肪含量较低。兔肉中含有丰富的烟酸和必需氨基酸。兔肉的消化率高于其他肉类，易于被消化吸收。兔肉的蛋白质为优质蛋白质（完全蛋白质），不饱和脂肪酸含量高，磷脂含量高。因此，兔肉可作为老人、肥胖人群、高血压及冠心病患者理想的动物性肉类食品。兔肉与其他畜禽肉的营养成分含量及消化率比较如表 13－6 所示。

**表 13－6 兔肉与其他畜禽肉的营养成分含量及消化率比较**

| 类别 | 蛋白质（%） | 脂肪（%） | 灰分（%） | 能量（kJ/kg） | 胆固醇（mg/100g） | 赖氨酸（%） | 烟酸（%） | 消化率（%） |
|---|---|---|---|---|---|---|---|---|
| 兔肉 | 24.25 | 11.91 | 1.52 | 0.678 | 65 | 9.6 | 12.8 | 85 |
| 猪肉 | 20.08 | 26.63 | 1.10 | 1.288 | 126 | 3.7 | 4.1 | 75 |
| 鸡肉 | 19.05 | 7.80 | 0.96 | 0.519 | 60～90 | 8.4 | 5.6 | 50 |
| 牛肉 | 20.07 | 16.48 | 0.92 | 1.259 | 106 | 8.0 | 4.2 | 55 |
| 羊肉 | 16.35 | 17.98 | 1.19 | 1.100 | 70 | 8.7 | 4.8 | 68 |

注：表中赖氨酸指占氨基酸总量的百分比；因各类动物品种间差异和不同身体部分中营养成分差异较大，表中数据只表示统计结果。

**1. 兔肉的脂肪酸组成和胆固醇、磷脂的含量** 有研究者用气相色谱法分析、近红外光谱法校正，对兔子后腿肉的脂肪酸含量进行分析（表 13-7），结果表明，兔后腿肉中以棕榈酸（28.12%）、油酸（24.72%）、亚油酸（26.88%）居多，是兔肉典型的特征。其饱和脂肪酸（saturated fatty acid，SFA）、单不饱和脂肪酸（monounsaturated fatty acid，MUFA）、PUFA 含量分别为 30.26%～46.03%、20.81%～37.21%、19.34%～48.93%；并对有机系统饲养和传统饲养下的兔肉的脂肪酸含量进行了比较，认为前者有较低的 MUFA，较高的 PUFA，SFA 差异不大。

研究表明，兔胴体肌肉主要脂肪酸组成，即软脂酸、硬脂酸、油酸、亚油酸、亚麻酸和花生四烯酸的累积组成占脂质总脂肪酸的 98.34%～97.97%；高级不饱和脂肪酸的组成在 29.01%～35.64%；花生四烯酸的组成在 5.26%～11.25%；兔胴体肌肉的脂肪酸组成中，油酸和亚油酸占支配地位；兔胴体肌肉部位间，脂肪酸组成的相关性，随着肌肉解剖部位的接近越加明显。

与猪、牛、羊肉相比，兔肉脂肪中硬脂酸的比例较其他肉类低，同时含有人体不能合成的必需脂肪酸——亚油酸和 α-亚麻酸，且含量（分别为 26.88%、3.03%）均高于其他几种肉类；PUFA 与 SFA 的比值（P∶S）也是最高的（0.85），即兔肉含有较其他肉类更高比例的多不饱和脂肪酸。兔肉 n-6∶n-3 PUFA 比值为 9.7，符合联合国粮农组织和世界卫生组织（FAO/WHO）建议值（5∶1～10∶1），但与中国营养学会在 DRIs 标准中的建议值（4∶1～6∶1）相比，则较高。已有研究表明，膳食具有较低的 n-6∶n-3 值，可以降低一些在西方国家和发展中国家普遍流行的慢性病。

**表 13-7 兔肉**（后腿）**和猪肉、羊肉、牛肉**（腰部肌肉）**的脂肪酸组成**（%，占总脂肪酸）

| 项 目 | 兔肉 | | | | 猪肉 | 羊肉 | 牛肉 |
|---|---|---|---|---|---|---|---|
| | 区间 | 幅度 | 均值 | 标准偏差 | | | |
| C14∶0（肉豆蔻酸） | 1.66～3.70 | 2.04 | 2.46 | 0.32 | 1.3 | 3.3 | 2.7 |
| C16∶0（棕榈酸） | 22.85～34.76 | 11.91 | 28.12 | 3.02 | 23.2 | 22.2 | 25.0 |
| C16∶1，n-7cis（棕榈油酸） | 0.91～6.82 | 5.91 | 3.61 | 1.37 | 2.7 | 2.2 | 4.5 |
| C18∶0（硬脂酸） | 4.96～11.22 | 6.26 | 7.50 | 1.12 | 12.2 | 18.1 | 13.4 |
| C18∶1，n-9（油酸） | 18.52～30.18 | 11.66 | 24.72 | 3.16 | 32.8 | 32.5 | 36.1 |
| C18∶1，n-7（十八烯酸） | 0.96～1.73 | 0.77 | 1.28 | 0.19 | — | — | — |
| C18∶2，n-6（亚油酸） | 14.99～41.19 | 26.20 | 26.88 | 6.88 | 14.2 | 2.7 | 2.4 |
| C18∶3，n-3（α-亚麻油酸） | 1.82～4.71 | 2.89 | 3.03 | 0.74 | 0.95 | 1.37 | 0.70 |
| C20∶1（二十烯酸） | 0.00～0.66 | 0.66 | 0.37 | 0.14 | — | — | — |
| C20∶2，n-6（二十碳二烯酸） | 0.23～1.17 | 0.94 | 0.44 | 0.14 | — | — | — |
| C20∶3，n-6（花生三烯酸） | 0.00～0.97 | 0.97 | 0.26 | 0.12 | — | — | — |
| C20∶4，n-6（花生四烯酸） | 0.65～3.38 | 2.73 | 1.81 | 0.53 | — | — | — |
| SFA | 30.26～46.03 | 15.77 | 38.06 | 3.81 | — | — | — |
| MUFA | 20.81～37.21 | 16.40 | 29.53 | 4.44 | — | — | — |
| PUFA | 19.34～48.93 | 29.59 | 32.41 | 7.67 | — | — | |

（续）

| 项　目 | 兔　肉 | | | | 猪肉 | 羊肉 | 牛肉 |
|---|---|---|---|---|---|---|---|
| | 区间 | 幅度 | 均值 | 标准偏差 | | | |
| n-6 | 17.17～44.22 | 27.05 | 29.38 | 7.16 | — | — | |
| P∶S | 0.85 | 0.58 | 0.15 | 0.11 | | | 0.11 |
| n-6∶n-3 | 9.7 | 7.2 | 1.3 | 2.1 | | | 2.1 |

注：数据来源：Pla M，et al 和 Wood J D，et al；“—”表示资料中无相关数据；SFA=C14∶0+C16∶0+C18∶0；MUFA=C16∶1，n-7+C18∶1，n-9+C18∶1，n-7+C20∶1；PUFA=C18∶2，n-6+C18∶3，n-3+C20∶2，n-6+C20∶3，n-6+C20∶4，n-6；n-6=C18∶2，n-6+C20∶2，n-6+C20∶3，n-6+C20∶4，n-6；P∶S，PUFA∶SFA。

除此之外，在常见肉类中，兔肉中的胆固醇是最低的，无论是胴体（45mg/100g）还是后腿（60mg/100g），都低于猪肉、牛肉、鸡肉（表 13-8）。胆固醇不溶于水，也不溶于稀碱，不能皂化，在食品加工中几乎不会受到破坏，而在胆道中沉积后可形成胆结石，在血管壁上沉积可使动脉发生粥样硬化，是导致心脑血管系统疾病的重要原因之一。也有研究表明，较高的胆固醇摄入量会增加患胰腺癌的风险。

**表 13-8　不同肉类的胆固醇含量**（mg/100g）（平均值）

| 名称 | 兔肉 | | 猪肉 | 牛肉 | 小牛肉 | 鸡肉 |
|---|---|---|---|---|---|---|
| | 胴体 | 后腿 | | | | |
| 胆固醇 | 45 | 60 | 61 | 70 | 66 | 81 |

**2. 兔肉中的氨基酸含量**　兔肉中的蛋白质属于完全蛋白质，含有人体不能合成的 8 种必需氨基酸（essential amino acid，EAA）。从氨基酸的绝对含量来看，兔肉（79.94）优于猪肉（65.41）、羊肉（69.41）、鸡肉（胸脯为 78.69、大腿为 59.13）；从组分上来说，兔肉中的氨基酸以谷氨酸（13.25）、天冬氨酸（7.95）、亮氨酸（7.14）和赖氨酸（7.08）为主，且均高于其他肉类，以赖氨酸最为显著（除鸡胸脯肉外）；同时，兔肉的必需氨基酸含量也高于猪肉、羊肉和鸡大腿肉（表 13-9）。较高的必需氨基酸含量也解释了兔肉极佳的食用性能。关于兔肉中氨基酸分组分析的研究较少，现有的大都关于猪肉、禽肉、鱼类等其他肉类，且年份较早。

**表 13-9　兔肉、猪肉、羊肉（背长肌）和仔鸡肉中的氨基酸含量**（g/100g 干物质）

| 氨基酸 | 兔肉 | 猪肉 | 羊肉 | 仔鸡肉 | |
|---|---|---|---|---|---|
| | | | | 胸脯 | 大腿 |
| 甘氨酸 | Gly | 4.18 | 3.22 | 3.26 | 3.75 |
| 丙氨酸 | Ala | 5.47 | 4.36 | 4.45 | 4.91 |
| 缬氨酸 | Val | 4.43 | 3.61 | 3.63 | 4.58 |
| 天冬氨酸 | Asp | 7.95 | 6.50 | 6.80 | 7.90 |

（续）

| 氨基酸 | 兔肉 | 猪肉 | 羊肉 | 仔鸡肉 | |
|---|---|---|---|---|---|
| | | | | 胸脯 | 大腿 |
| 谷氨酸 | Glu | 13.25 | 11.70 | 11.69 | 11.03 |
| 丝氨酸 | Ser | 3.62 | 2.57 | 2.91 | 3.06 |
| 苏氨酸 | Thr | 3.88 | 2.90 | 3.88 | 3.66 |
| 赖氨酸 | Lys | 7.08 | 4.98 | 5.82 | 7.77 |
| 组氨酸 | His | 2.05 | 3.15 | 2.47 | 4.44 |
| 精氨酸 | Arg | 5.25 | 4.73 | 4.74 | 4.26 |
| 蛋氨酸 | Met | 2.18 | 2.13 | 2.06 | 2.08 |
| 苯丙氨酸 | Phe | 3.82 | 2.55 | 3.32 | 2.49 |
| 酪氨酸 | Tyr | 3.38 | 1.90 | 2.82 | 3.52 |
| 脯氨酸 | Pro | 2.22 | 2.69 | 2.82 | 1.98 |
| 亮氨酸 | Leu | 7.14 | 6.30 | 5.71 | 6.88 |
| 异亮氨酸 | Ile | 4.04 | 2.22 | 3.56 | 4.23 |
| 总氨基酸 | 79.94 | 65.41 | 69.41 | 78.69 | 59.13 |
| 必需氨基酸 | 35.95 | 26.97 | 30.25 | 42.54 | 30.13 |

数据来源：双金（1998）和 Strakova E，et al。

**3. 兔肉中的矿物质和维生素**　肉类是人类饮食矿物质的重要来源，微量元素的缺乏会引发一些慢性疾病。兔肉含有比其他肉类都高的 P 元素（222～234mg/100g）和 K 元素（428～431mg/100g）以及比其他肉类都低的 Na 元素（37～47mg/100g）；Fe 元素（1.1～1.3mg/100g）低于猪肉、牛肉，高于鸡肉；Se 元素（9.3～15μg/100g）与鸡肉相当，低于牛肉，高于猪肉（表 13－10）。

**表 13－10　几种肉类矿物质和维生素的含量**（/100g 可食部分）

| 项目 | 兔肉 | 猪肉 | 牛肉 | 牛犊肉 | 鸡肉 |
|---|---|---|---|---|---|
| Ca（mg） | 2.7～9.3 | 7～8 | 10～11 | 9～14 | 11～19 |
| P（mg） | 222～234 | 158～223 | 168～175 | 170～214 | 180～200 |
| K（mg） | 428～431 | 300～370 | 330～360 | 260～360 | 260～330 |
| Na（mg） | 37～47 | 59～76 | 51～89 | 83～89 | 60～89 |
| Fe（mg） | 1.1～1.3 | 1.4～1.7 | 1.8～2.3 | 0.8～2.3 | 0.6～2.0 |
| Se（μg） | 9.3～15 | 8.7 | 17 | <10 | 14.8 |
| 硫胺素（$B_1$，mg） | 0.18 | 0.38～1.12 | 0.07～0.10 | 0.06～0.15 | 0.06～0.12 |
| 核黄素（$B_2$，mg） | 0.09～0.12 | 0.10～0.18 | 0.11～0.24 | 0.14～0.26 | 0.12～0.22 |
| 烟酸（PP，mg） | 3.0～4.0 | 4.0～4.8 | 4.2～5.3 | 5.9～6.3 | 4.7～13.0 |
| 维生素 $B_6$（mg） | 0.43～0.59 | 0.50～0.62 | 0.37～0.55 | 0.49～0.65 | 0.23～0.51 |
| 钴胺素（$B_{12}$，mg） | 8.7～11.9 | 1.0 | 2.5 | 1.6 | <1.0 |

（续）

| 项目 | 兔肉 | 猪肉 | 牛肉 | 牛犊肉 | 鸡肉 |
| --- | --- | --- | --- | --- | --- |
| 叶酸（μg） | 10 | 1 | 5～24 | 14～23 | 8～14 |
| 视黄醇A（mg） | 0.16 | 0～0.11 | 0.09～0.20 | 0.12 | 0.26 |
| 维生素D（mg） | 微量 | 0.5～0.9 | 0.5～0.8 | 1.2～1.3 | 0.2～0.6 |

有研究者对兔子后腿的矿物质进行了分析，常量元素P、K、Na、Mg、Ca的平均含量分别为237、388、60、27、8.7mg/100g；微量元素Zn、Fe、Cu、Mn平均含量分别为10.9、5.56、0.78、0.33mg/kg。兔肉富含磷元素，高铜高锰，含有比其他肉类少的锌、铁。高钾低钠，这就形成了兔肉最显著的特征，非常适合高血压患者食用。另有研究发现，元素Mg、P、Sr、Cu、Zn等含量基本接近，元素Fe、Ca差异较为明显，Al、Pb、cd、Co等有害元素含量非常低，有的没有检出。维生素$B_{12}$缺乏是一个世界范围内普遍存在的问题，且它只能通过动物性食物获取。兔肉有着明显高于其他肉类的维生素$B_{12}$含量（8.7～11.9mg/100g）；兔肉中的维生素$B_1$含量（0.18mg/100g）高于牛肉、鸡肉，低于猪肉；维生素A含量（0.16mg/100g）低于鸡肉，高于猪肉、牛犊肉；烟酸含量低于其他肉类，维生素$B_2$、维生素$B_6$差异不大。

研究表明，不仅不同种类肉的微量营养素含量不同，同种动物不同部位的肉含量也不同，分析认为除马肉、鸵鸟肉外，兔肉的维生素含量是较高的。

### （二）兔肉品质的影响因素

**1. 品种、性别、年龄和体质量对兔肉品质的影响** 不同品种的肉兔，其营养品质存在一定的差异。有研究认为青紫蓝兔的肉质较新西兰兔和比利时兔优，其蛋白质含量高、脂肪含量低，且肉色深、熟肉率高；弗兰德里斯兔的脂肪含量低于新西兰白兔，且蛋白质含量、水分含量高于后者。一般认为性别对兔肉的营养品质影响不显著，但对其感官品质有较大影响，如公兔的腥味明显强于母兔。

随屠宰时的年龄或体质量不同，兔肉品质会有较大的变化。一般，随着年龄和体质量的增加，蛋白质和脂肪含量增加，水分含量减少。据报道，兔肉品质受体质量的影响比受年龄的影响还大，其中体质量增加100g，脂肪含量可增加2%～2.5%。肌肉质量也随体质量的增加而增加，这可能是肌纤维变粗大的结果。

**2. 饲养管理对兔肉品质的影响** 多年来，人们对饲养方式（包括笼饲、栅饲、放饲和洞饲等）、饲养密度、环境等因素对兔肉品质的影响进行了广泛的研究。一些研究发现，栅饲兔的水分含量低于笼饲兔，而蛋白质和脂肪含量高于后者。饲养环境如温度、湿度、光照等会影响兔的食欲、抗病能力和繁殖能力，并对肉质有一定影响。与在温度适宜的环境下饲养的兔的肉质相比，在高温环境下饲养的兔肉颜色较苍白，脂肪中饱和脂肪酸的比例较高。

同一品种肉兔在不同的营养条件下，肉质存在差异。可以通过调整日粮营养水平而在一定程度上改善肉兔的生产性能及兔肉的营养品质和嫩度。研究表明，适当提高日粮蛋白水平可以提高肉兔的生产性能及对营养物质的消化率，改善肉兔的免疫功能；添加适宜水平的锌（80mg/kg）可以提高肉兔采食量、抗氧化能力和免疫性能。

**3. 屠宰工艺对兔肉品质的影响**　宰前的运输和休息、致昏方法及宰后的冷却和排酸工艺均会对兔肉品质产生影响，国内外研究人员对此做了相关研究。关于宰前运输的研究主要包括装载方式、运输时间、季节、密度及在车厢中的位置。研究发现，匆忙批量的粗放式装载会产生更大的应激（与温和平稳的装载方式相比），但未发现对胴体品质的不良影响；随着运输时间延长，胴体质量减少，肉色更紫红、更暗；运输季节显著影响兔肉的pH、系水性和颜色，冬季的应激、活体质量损失要高于夏季；运输密度不影响兔肉品质；在车厢后上方（平均温度较高）放置的兔子，其总蛋白含量明显增加（可能是脱水的结果）；装载方式、运输时间对肉质的影响远小于季节的影响。宰前入栏休息可以解除装载、运输和卸载过程的疲劳，减小应激水平，从而有利于放血，减少动物体淤血现象，提高肉品价值。

致昏主要是让动物失去知觉、减少痛苦，同时避免动物在宰杀时挣扎而消耗过多糖原，以保证肉质。电致昏兔肉的嫩度要高于人工致昏，不同致昏电压下兔肉的最终 pH、颜色、蒸煮损失和嫩度等肉质指标存在差异。

宰后冷却和排酸成熟工艺是影响宰后兔肉品质的重要因素。有研究认为，结合考虑成本、易操作性等因素，快速冷却法为较优选择，而进一步在 1℃左右的冷却排酸，4～6d 肉质达到最佳嫩度状态。

**4. 宰后贮藏及烹调处理对兔肉品质的影响**　贮藏温度对冷却兔肉的氧化速度、颜色及嫩化作用有明显的影响，低温贮藏的兔肉经历缓慢排酸后，品质较好，货架期较长。烹调时的热处理会引起肉中维生素损失，脂肪酸含量改变，此外还会导致质量损失和质地改变。大多数研究认为，肌原纤维蛋白和结缔组织蛋白是影响加热中肉质变化的主要因素。适度烹调处理后，肌纤维收缩、变性，胶原蛋白溶解性增加，兔肉嫩度改善，蛋白质消化率提高。Combes 等研究发现，与兔肉嫩度相关的张力和总能值在 50℃时显著增加，在 60～65℃时急剧下降至最低，80～90℃时再次增加至最大，此后趋于稳定；而胶原蛋白在 77℃条件下热处理 1h 后溶解度可达 75.3%。

兔肉是高蛋白低脂肪的肉品，其胆固醇含量低，钙、磷含量高，钠含量低，为 B 族维生素的良好来源，并且易于消化吸收，具有特殊的营养价值。品种、性别、年龄和体质量以及饲养管理、屠宰工艺、宰后贮藏与烹调处理对兔肉品质有不同程度的影响。有必要进一步明确相关影响，并对产生这些影响的机理进行深入研究，从而更科学地指导肉兔育种，为肉兔屠宰加工及兔肉贮藏运销等过程中的质量控制体系的建立和完善提供理论基础。

## 四、兔肉贮藏与保鲜

### （一）兔肉的微生物学性状

在正常条件下屠宰的动物的深层组织通常是无菌的。在屠宰和加工过程中，肉的表面受到微生物的污染。肉表面的微生物只有经由循环系统或淋巴系统才能穿过肌肉组织，进入肌肉深部。当肉表面的微生物数量很多，出现明显的腐败或肌肉组织的整体性受到破坏时，表面的微生物便进入肉中。

**1. 微生物的作用机理** 动物宰后，由于血液循环停止，吞噬细胞的作用亦即停止，使得细菌繁殖和传播到整个组织。但是，动物刚宰杀后，由于肉中含有相当数量的糖原，以及动物死后糖酵解作用的加速进行，因而成熟作用首先发生。特别是糖酵解使肉的 pH 迅速从最初的 7.0～7.4 下降到 5.4～5.5。酸性对腐败菌在肉上的生长不利，从而控制了腐败的发生。

健康动物的血液和肌肉通常是无菌的，肉类的腐败实际上是由外界污染的微生物在其表面繁殖所致。表面微生物沿血管进入肉的内层，并进而伸入到肌肉组织。然而，即使在腐败程度较深时，微生物的繁殖仍局限于细胞与细胞之间的间隙内，亦即肌肉内之结缔组织间，只有到深度腐败时才到肌纤维部分。微生物繁殖和播散的速度，在 1～2 昼夜内可深入肉层 2～14cm。在适宜条件下，浸入肉中的微生物大量繁殖，以各种各样的方式对肉作用，产生许多对人体有害、甚至使人中毒的代谢产物。

微生物对脂肪可进行两类酶促反应：一是由其所分泌的脂肪酶分解脂肪，产生游离的脂肪酸和甘油。霉菌以及细菌中的假单胞菌属、无色菌属、沙门氏菌属等都是能产生脂肪分解酶的微生物；另一种则是由氧化酶通过 $\beta$-氧化作用氧化脂肪酸。这些反应的某些产物常被认为是酸败气味和滋味的来源。但是，肉和肉制品中严重的酸败问题不是由微生物所引起，而是因空气中的氧，在光线、温度以及金属离子催化下进行氧化的结果。

由于脂肪水解生成的游离脂肪酸对多种微生物具有抑制作用，因此，腐臭的肉和肉制品其微生物总数可由于酸败的加剧而减少。不饱和脂肪酸氧化时所产生的过氧化物，对微生物均有毒害，故亦呈类似的作用。

微生物对蛋白质的腐败作用是各种食品变质中最复杂的一种，这与天然蛋白质的结构非常复杂，以及腐败微生物的多样性密切相关。有些微生物如梭状芽孢菌属、变形杆菌属和假单胞菌属的某些种类，以及其他的种类，可分泌蛋白质水解酶，迅速把蛋白质水解成可溶性的多肽和氨基酸。而另一些微生物尚可分泌水解明胶和胶原的明胶酶和胶原酶，以及水解弹性蛋白质和角蛋白质的弹性蛋白酶和角蛋白酶。

**2. 鲜肉的微生物学性状** 胴体表面初始污染的微生物主要来源于动物的皮表和被毛。而皮表或被毛上的微生物又来源于土壤、水、植物以及动物粪便。胴体表面初始污染的微生物大多是革兰氏阳性嗜温微生物，主要有小球菌、葡萄球菌和芽孢杆菌。这些微生物又主要来自粪便和表皮。少部分是革兰氏阴性适冷微生物，主要来自土壤、水和植物的假单胞杆菌。也有少量来自粪便的肠道致病菌。在屠宰期间，屠宰工具、工作台和人体把细菌带给胴体。在卫生状况良好的条件下屠宰的肉，每平方厘米表面上的初始细菌数为 $10^3$～$10^5$ 个/$cm^2$，其中 1%～10%能在低温下生长。酵母菌和霉菌较少，一般很少超过 100 个/$cm^2$。动物体的清洁状况和屠宰车间卫生状况影响微生物的污染程度。季节和地理条件也影响适冷微生物数量。

**3. 冻结肉的微生物学性状** 冻结肉的细菌总数明显减少，微生物种类也发生明显变化。一般地，革兰氏阴性菌比革兰氏阳性菌对冻结致死更敏感。与食物中毒有关的梭状芽孢杆菌的营养细胞易被冻结致死，但其芽孢基本不受冻结的影响。在通风不佳的不良冻藏条件下，胴体表面会有霉菌生长，形成黑点或白点。

**4. 真空包装鲜肉的微生物学性状**　在不透氧真空包装袋内，由于肌肉和微生物需氧，$O_2$很快消耗殆尽，$CO_2$趋于增加，氧化还原电位（Eh）降低。真空包装的鲜肉贮藏于0～5℃时，微生物生长受到抑制。延迟期一般为3～5d，之后，微生物缓慢生长，直至细菌总数达到$10^6$个/g或$10^6$个/$cm^2$以上，发生腐败变质。对于不透氧真空包装膜，贮藏后期的优势菌是乳酸菌，占细菌总数的50%～90%，主要包括革兰氏阳性乳杆菌和明串珠菌。革兰氏阴性假单胞杆菌的生长受到抑制，相对数目减少。膜的透氧性增加，假单胞杆菌的生长加快。

腌肉的盐分高，室温下主要的微生物类群是微球菌。真空包装的腌肉在贮藏后期的优势菌仍然是微球菌，链球菌（如肠球菌）、乳杆菌和明串珠菌也占一定比例。

**5. 解冻肉的微生物学性状**　如上述，在正常冻结冻藏条件下，经过长期保存的冻结肉其细菌总数明显减少。换句话说，肉在解冻时的初始细菌数比其原料肉的细菌数少。在解冻期间，肉的表面很快达到解冻介质的温度。解冻形状不规则的肉时，微生物的生长依肉块部位不同而有差异，而且也取决于解冻方法、肉表面的水分活度、温度以及肉的形状和大小。

在正常解冻下，当温度达到微生物的生长要求时，由于延迟期的原因，微生物并不立即开始生长。延迟期的长短很重要，它取决于微生物本身、解冻温度和肉表面的小环境。－20℃下冻藏的肉在10℃下解冻时，适冷假单胞杆菌的延迟期为10～15h；在7℃下解冻时的延迟期为2～5d。与鲜肉相比，解冻后的肉更易腐败，应尽快加工处理。

**6. 腐败兔肉的感官特征**　新鲜肉发生腐败的外观特征主要表现为色泽、气味的恶化和表面发黏。

（1）**发黏**　微生物在肉的表面大量繁殖后，使肉体表面有黏液状物质产生，并有较强的臭味。这是微生物繁殖后分解蛋白质的产物，是肉腐败的主要标志。在流通中，当肉表面的细菌达$10^7$个/$cm^2$，就有黏液出现，并有不良的气味。从黏液中发现的细菌多数为革兰氏阴性的嗜氧性假单胞菌属（Pseudomonas）和海水无色杆菌（Achrmobacter）。这些细菌不产生色素，但能分泌细胞外蛋白水解酶，能迅速将蛋白质水解成水溶性的肽类和氨基酸。

（2）**变色**　肉类腐败时肉的表面常出现各种颜色变化。最常见的是绿色，这是由于蛋白质分解产生的硫化氢与肉中的血红蛋白结合后形成的硫化氢血红蛋白，这种化合物积蓄在肌肉和脂肪表面，使肉呈现暗绿色。另外，黏质赛氏杆菌在肉表面产生红色斑点，深蓝色假单胞杆菌能产生蓝色，黄杆菌能产生黄色。有些酵母菌能产生白色、粉红色、灰色等斑点。

（3）**霉斑**　肉体表面有霉菌生长时往往形成霉斑，特别是一些干腌肉制品，更为多见。如枝霉和刺枝霉在肉表面产生羽毛状菌丝；白色侧胞霉和白地霉产生白色霉斑；扩展青霉、草酸青霉产生绿色霉斑；腊叶芽枝霉在冷冻肉上产生黑色斑点。

（4）**变味**　肉类腐败时往往伴随一些难闻的气味，最明显的是肉类蛋白质被微生物分解产生的恶臭味。除此之外，还有乳酸菌和酵母菌的作用产生的挥发性有机酸的酸味，霉菌生长繁殖产生的霉味等。

## （二）兔肉保鲜方法

肉是易腐败食品，处理不当，就会变质。为延长肉的货架期，不仅要改善原料肉的卫生状况，而且要采取控制措施，阻止微生物生长繁殖。为达此目的，或直接改变肉的物理-化学特性（如干制、腌制），或控制肉的贮藏条件。

**1. 冷却保鲜** 冷却保鲜是常用的肉和肉制品保存方法之一。这种方法将肉品冷却到0℃左右，并在此温度下进行短期贮藏。由于冷却保存耗能少，投资较低，适宜于保存在短期内加工的肉类和不宜冻藏的肉制品。

（1）*肉的冷却* 刚屠宰完的胴体，其温度一般在38～41℃。这个温度范围正适合微生物生长繁殖和肉中酶的活性，对肉的保存很不利。肉的冷却目的就是在一定温度范围内使肉的温度迅速下降，使微生物在肉表面的生长繁殖减弱到最低程度，并在肉的表面形成一层皮膜；减弱酶的活性，延缓肉的成熟时间；减少肉内水分蒸发，延长肉的保存时间。肉的冷却是肉的冻结过程的准备阶段。在此阶段，胴体或肉逐渐成熟。冷鲜肉又叫冷却肉，吸收了鲜肉和冻肉的优点又弥补了两者的缺陷，具有味道鲜美、口感细嫩，营养价值高的优势，是发达国家肉类消费的主要保藏状态。

冷却方法有空气冷却、水冷却、冰冷却和真空冷却等。我国主要采用空气冷却法，即通过各种类型的冷却设备，使室内温度保持在0～4℃。冷却时间决定于冷却室温度、湿度和空气流速，以及胴体大小、肥度、数量、胴体初温和终温等。禽肉可采用液体冷却法，即以冷水和冷盐水为介质进行冷却，亦可采用浸泡或喷洒的方法进行冷却。此法冷却速度快，但必须进行包装，否则肉中的可溶性物质会损失。

（2）*冷却肉的贮藏* 经过冷却的肉类，一般存放在－1～1℃的冷藏间（或排酸库），一方面可以完成肉的成熟（或排酸），另一方面达到短期贮藏的目的。冷藏期间温度要保持相对稳定，以不超出上述范围为宜。进肉或出肉时温度不得超过3℃。相对湿度保持在90%左右，空气流速保持自然循环。冷却肉在贮存过程中脂肪的氧化程度直接决定着冷却肉的感官品质。脂肪氧化是肉和肉制品贮藏过程中腐败的主要原因，氧化导致风味和营养价值（主要是脂肪酸和脂溶性维生素）的严重损失。导致脂类氧化的最主要的因素是肌内多不饱和脂肪酸的水平，而相比于其他肉类，兔肉的不饱和脂肪酸含量比较高，更容易脂肪氧化。快速冷却的脂肪氧化作用显著低于常规冷却。

（3）*冷却肉的冻结* 在不同的低温条件下，兔肉的冻结程度是不同的，通常新鲜兔肉中的水分在－0.5～－1℃开始冻结、－10～－15℃时完全冻结。一般冻兔肉在冷却时，空气流速以2m/s为宜。速冻间温度应在－25℃以下，相对湿度为90%。速冻时间一般不超过72h，试测肉温达－15℃时即可转入冷藏。为加快降温，采用开箱速冻法，使原先要72h速冻压缩到36h，既节电，又可提高冻兔肉品质。

冻结速度对冻肉的质量影响很大。常用冻结时间和单位时间内形成冰层的厚度表示冻结速度。冻结速度为10cm以上/h者，称为超快速冻结，用液氮或液态$CO_2$冻结小块物品属于超快速冻结；5～10cm/h为快速冻结，用平板式冻结机或流化床冻结机可实现快速冻结；1～5cm/h为中速冻结，常见于大部分鼓风冻结装置；1cm以下/h为慢速冻结，纸箱装肉品在鼓风冻结期间多处在缓慢冻结状态。

肉类的冻结方法多采用空气冻结法、板式冻结法和浸渍冻结法。其中空气冻结法最为常用。根据空气所处的状态和流速的不同，又分为静止空气冻结法和鼓风冻结法。

①静止空气冻结法。这种冻结方法是把食品放入－10～30℃的冻结室内，利用静止冷空气进行冻结。由于冻结室内自然对流的空气流速很低（0.03～0.12m/s）和空气的导热系数小，肉类食品冻结时间一般在1～3d。因而这种方法属于缓慢冻结。当然，冻结时间与食品的类型、包装大小、堆放方式等因素有关。

②板式冻结法。这种方法是把薄片状食品（如肉排、肉饼）装盘或直接与冻结室中的金属板架接触，冻结室温度一般为－10～－30℃。由于金属板直接作为蒸发器，传递热量，冻结速度比静止空气冻结法快、传热效率高、食品干耗少。

③鼓风冻结法。工业生产上普遍使用的方法是在冻结室或隧道内安装鼓风设备，强制空气流动，加快冻结速度。鼓风冻结法常用的工艺条件是：空气流速一般为2～10m/s，冷空气温度为－25～40℃，空气相对湿度为90%左右。这是一种速冻方法，主要是利用低温和冷空气的高速流动，食品与冷空气密切接触，促使其快速散热。这种方法冻结速度快，冻结的肉类质量高。

④液体冻结法。这种方法是商业上用来冻结禽肉所常用的方法。此法热量转移速度慢于鼓风冻结法。热传导介质必须无毒，成本低，黏性低，冻结点低，热传导性能好。一般常用液氮、食盐溶液、甘油、甘油醇和丙烯醇等。食盐水常引起金属槽和设备腐蚀。

**2. 兔肉的冻藏**　冻肉冻藏的主要目的是阻止冻肉的各种变化，以达到长期贮藏的目的。冻肉品质的变化不仅与肉的状态、冻结工艺有关，与冻藏工艺也有密切的关系。温度、相对湿度和空气流速是决定贮藏期和冻肉质量的重要因素。

冻藏间的温度一般保持在－18～21℃，温度波动不超过±1℃，冻结肉的中心温度保持在－15℃以下。为减少干耗，冻结间空气相对湿度保持在95%～98%。空气流速采用自然循环即可。冻肉在冷藏室内的堆放方式也很重要。对于胴体肉，可堆叠成约3m高的肉垛，其周围空气流畅，避免胴体直接与墙壁和地面接触。对于箱装的塑料袋小包装分割肉，堆放时也要保持周围有流动的空气。因为冻藏条件、堆放方式和原料肉品质、包装方式都影响冻肉的冻藏期，很难制定准确的冻肉贮藏期。兔肉在－18～23℃，湿度90%～95%条件下可贮藏4～6个月。生产实践中要根据肉的形状、大小、包装方式、肉的质量、污染程度以及生产需要等，采取适宜的解冻方法。而且还要根据生产的需要，将肉解冻到完全解冻状态或半解冻状态。

**3. 辐射保鲜**　食品辐射保藏就是利用原子能射线的辐射能量对新鲜肉类及其制品、粮食、果蔬等进行杀菌、杀虫、抑制发芽、延迟后熟等处理，从而可以最大限地减少食品的损失，使食品在一定期限内不腐败变质，延长食品的保藏期。

食品辐射是一种冷杀菌处理方法，食品内部不会升温，所以这项技术能最大限度地减少食品的品质和风味损失，防止食品腐败变质，而达到延长保存期的目的。辐射保鲜的基本工艺流程为：前处理→包装→辐照及质量控制→检验→运输→保存。

（1）**前处理**　辐射保藏的原料肉必须新鲜、优质、卫生条件好，这是辐射保鲜的基础。辐照前对肉品进行挑选和品质检查。要求质量合格，原始含菌量、含虫量低。

（2）**包装**　屠宰后的胴体必须剔骨，去掉不可食部分，然后进行包装。包装的目的是避免辐射过程中的二次污染，便于贮藏、运输。包装可采用真空或充入氮气。包装材料可选用金属罐或塑料袋。

(3) **辐照** 常用辐射源有 $^{60}Co$、$^{137}Cs$ 和电子加速器三种，但 $^{60}Co$ 辐照源释放的 $\gamma$ 射线穿透力强，设备较简单，因而多用于肉品辐照。辐照箱的设计，根据肉品的种类、密度、包装大小、辐射剂量均匀度以及贮运销售条件来决定。在辐照方法上，为了提高辐照效果，经常使用复合处理的方法，如与红外线、微波等物理方法相结合。

(4) **辐照质量控制** 这是确保辐照加工工艺完成的不可缺少的措施。第一，根据肉品保鲜目的、$D_{10}$ 剂量、原始含菌量等确定最佳灭菌保鲜的剂量；第二，选用准确性高的剂量仪，测定辐照箱各点的剂量，从而计算其辐照均匀度（U＝Dmax/Dmin），要求均匀度U愈小愈好，但也要保证有一定的辐照产品数量；第三，为了提高辐照效率，而又不增大U，在设计辐照箱传动装置时要考虑180度转向、上下换位以及辐照箱在辐照场传动过程中尽可能地靠近辐照源；第四，制定严格的辐射操作程序，以保证肉品都能受到一定的辐照剂量。辐照处理的剂量和处理后的贮藏条件往往会直接影响其效果。辐照剂量越高，保存时间越长。

影响辐射效果的因素很多。辐照剂量起决定作用，辐照剂量大，杀菌效果好，保存时间长。此外还有原料肉的状态，化学制剂的添加及辐照后保存方法等对辐照效果都有很大影响。

辐射对蛋白质、脂肪、碳水化合物、一些微量元素和矿物质影响非常小。但是，某些维生素对辐射较敏感。一般来说，在1kGy以下，食品中的维生素损失不多；在中等剂量（1～10kGy）辐射时，若有氧气存在，某些维生素会损失。各种维生素对辐照的敏感度是不同的。对于水溶性维生素，敏感度顺序为维生素 $B_1$＞Vc＞$B_6$＞$B_2$＞$B_{12}$＞尼克酸。对于脂溶性维生素，其顺序为 $V_E$＞胡萝卜素＞$V_A$＞$V_K$＞$V_D$。由辐射引起的维生素损失量受辐射剂量、温度、氧的存在和食品类型等因素影响。采取一些保护措施，如真空包装、低温照射或贮存等，可以有效地减少损失。

**4. 肉的真空保鲜** 真空包装是指除去包装袋内的空气，经过密封，使包装袋内的食品与外界隔绝。在真空状态下，好气性微生物的生长减缓或受到抑制，减少了蛋白质的降解和脂肪的氧化酸败。目前，我国肉制品的真空包装已得到广泛应用，鲜肉真空包装则刚刚起步。真空包装是延长鲜肉货架期的有效方法之一。经过真空包装，会使乳酸菌和厌气菌增殖，使pH降低至5.6～5.8，进一步抑制了其他菌，因而延长了产品的贮存期。真空包装材料要求阻气性强、遮光性好、机械性能高。

**5. 肉的气调包装** 气调包装是指在密封性能好的材料中装入食品，然后注入特殊的气体或气体混合物（$O_2$、$N_2$、$CO_2$），密封，使食品与外界隔绝，从而抑制微生物生长，抑制酶促腐败，从而达到延长货架期的目的。气调包装可使鲜肉保持良好色泽，减少肉汁渗出。

**6. 肉的化学贮藏** 肉的化学贮藏主要是利用化学合成的防腐剂和抗氧化剂应用于鲜肉和肉制品的保鲜防腐，与其他贮藏手段相结合，发挥着重要的作用。常用的这类物质包括有机酸及其盐类（山梨酸及其钾盐、苯甲酸及其钠盐、乳酸及其钠盐、双乙酸钠、脱氢醋酸及其钠盐、对羟基苯甲酸酯类等）、脂溶性抗氧化剂（丁基羟基茴香醚BHA、二丁基羟基甲苯 BHT、特丁基对苯二酚 TBHQ、没食子酸丙酯 PG)、水溶性抗氧化剂（抗坏血酸及其盐类)。

**7. 天然物质用于肉类保鲜**　α-生育酚、茶多酚、水溶性迷迭香提取物、黄酮类物质等具有防腐和抗氧化性能的天然物质在肉类防腐保鲜方面的研究方兴未艾，代表着今后的发展方向。

乳酸链球菌素（Nisin)、溶菌酶等生物类制剂，对肉类保鲜有效果。上述这类物质与其他方法结合使用，可收到良好的防腐效果。

## 五、兔肉加工

我国兔肉产品种类多为初级加工产品和传统中式制品。大致可分为：兔肉冷冻制品：带骨兔肉、分割兔肉；兔肉熏烤制品：熏兔、烤兔（蚝香烤兔、奶香烤兔)；兔肉罐藏制品：清汤兔肉罐头、辣味兔肉罐头、腊香兔肉软罐头（蒸煮袋食品)；兔肉干制品：兔肉松（太仓式兔肉松、麻辣风味兔肉松)、兔肉干（五香兔肉干、咖喱兔肉干、麻辣兔肉干、果汁兔肉干)、兔肉脯（传统蒸制型兔肉脯、传统烧烤型兔肉脯、新型兔肉糜脯、高钙型兔肉糜脯、红枣兔肉糜脯)；兔肉酱卤制品：酱麻辣兔、甜皮兔、五香卤兔、酱焖野兔；兔肉腌腊制品：腊兔、红雪兔等；西式兔肉制品：兔肉生鲜肠、兔肉发酵肠、兔肉粉肠。

### (一) 中式肉制品加工

中式肉制品具有中国民族特色，是自我创造而形成的肉类加工制品。目前，中式肉制品主要分为腌腊制品、酱卤制品、烧烤制品、灌肠制品、烟熏制品、发酵制品、干制品、油炸制品和罐头制品等九大类 500 多个品种。其中，腌腊制品、酱卤制品、烧烤制品和干制品是中式肉制品的典型代表。

**1. 腌腊肉制品**　腌腊制品以其悠久的历史和独特的风味而成为中国传统肉制品的典型代表，在漫长的发展过程中形成了一种特殊的加工工艺和产品特性，是一种典型的半干水分食品（Intermediate Moisture Foods)，其水分活度（Aw）为 0.60～0.90，具有良好的耐贮性。

腌制是肉制品生产的一种重要的加工方法，也是肉品保藏的一种传统而古老的手段，大多数肉制品在加工时都要进行腌制。腌腊制品是以畜禽肉类为主要原料，经食盐、酱料、硝酸盐或亚硝酸盐、糖或调味香料等腌制或酱渍后，再经清洗造型、晾晒风干或烘烤干燥等工艺加工而成的一类生肉制品。在腌腊制品加工过程中，理化及微生物的共同作用直接影响着产品的色泽、风味和组织状态，各种添加剂也发挥不同的功能特性，腌腊制品的关键加工环节是腌制（或酱渍）和干燥（风干或烘烤)，它们直接关系着腌腊制品的产品特性和品质。腌腊制品加工是将腌制和干制技术有机地结合在一起，可以提高肉制品的防腐贮藏性，改善肉品风味和色泽，提高保水性能及肉制品质量。因此，腌制已成为许多肉制品加工过程中的一个重要工艺环节。

(1) **腌制的原理**

①食盐的防腐作用。腌制的主要用料是食盐，食盐虽然不能灭菌，但一定的盐液浓度

能抑制许多种腐败微生物的繁殖，因而，对腌制品有防腐作用。一般来说，盐液浓度在1%以下时，微生物的生长活动不会受到任何影响。当浓度为1%～3%时，大多数微生物就会受到暂时性抑制。当浓度达到10%～15%时，大多数微生物完全停止生长繁殖。如盐液浓度达到20%～25%时，几乎所有微生物都停止生长，但有些微生物仍能保持生命力，有的尚能生长。

②硝酸盐和亚硝酸盐的防腐作用。硝酸盐和亚硝酸盐用于腌制肉品已有数百年的历史，它们在肉品腌制过程中既具有发色的作用，又具有抑菌防腐作用，特别是对肉毒梭菌的生长繁殖具有明显的抑制作用。腌肉的pH越低，食盐含量越高，硝酸盐和亚硝酸盐对肉毒梭菌的抑制作用就越大。研究表明，要使亚硝酸盐有效地抑制肉毒梭菌，食盐的浓度必须达到3%以上。同时，其抑菌作用受pH的影响较大，在pH为6时，对细菌有显著的抑制作用，当pH为6.5时，抑菌能力有所下降，pH为7时，亚硝酸盐和硝酸盐则不起抑菌作用。

20世纪70年代以来，亚硝酸盐腌制肉品的食品安全问题已引起人们的广泛关注。一方面硝酸盐和亚硝酸盐可使肉品在色泽、风味和组织结构等方面满足消费者的感官要求，且在肉品腌制过程中能有效颉颃肉毒梭菌，抑制腐败微生物的生长繁殖，具有明显的防腐作用。另一方面，腌肉中亚硝酸盐残存超过一定量，对人体健康具有较大的危害。

③微生物发酵的防腐作用。在肉品腌制过程中，由于微生物代谢活动降低了pH和水分活度，使肉品得以保存并同时改变了原料的质地、气味、颜色和成分，并赋于产品良好的风味。肉品发酵过程中，参与发酵作用的微生物种类繁多，其中，乳酸菌是肉品发酵过程中最重要的菌种。乳酸菌能将原料中的碳水化合物分解转化为乳酸，导致产品pH下降，抑制了腐败菌和病原菌的生长。在腌制过程中，能发挥防腐功能的微生物发酵主要是乳酸发酵、轻度的酒精发酵和微弱的醋酸发酵。在正常发酵产物中最主要的是乳酸，此外有乙醇、醋酸和二氧化碳等，酸与$CO_2$可降低pH，乙醇具有防腐作用。此外，乳酸菌在代谢中会产生细菌素，可进一步抑制腐败和有害微生物的生长繁殖。

目前，在肉品发酵中，人们正探索采用人工接种方式进行多菌种混合发酵，促进有益微生物的优势生长，并系统地研究发酵过程中微生物的生长繁殖及肉品理化特性的动态变化，同时，正应用基因工程技术改造传统食品微生物，从而构建高效抗菌抑菌的食品基因工程菌满足食品发酵工业的需要。

④调味香辛料的防腐作用。许多调味香辛料具有抑菌或杀菌作用，如胡椒、花椒、生姜、丁香和茴香等均具有一定抑菌效力，有利于腌肉的防腐保质。

(2) 腌制的作用

①腌制的呈色作用。各种动物肉之所以呈红色，是因为肉质中含有呈红色的色素蛋白质。肌肉中的色素蛋白质主要是肌红蛋白（Mb）和血红蛋白（Hb）。肌肉中含肌红蛋白较多，在动物屠宰时，由于血不可能完全放尽，在毛细血管残留的血液中，仍含有相当数量的血红蛋白。肌红蛋白和血红蛋白均含有血红素，这种血红素可与一氧化氮相结合，生成亚硝基血红蛋白和亚硝基肌红蛋白，使肌肉呈玫瑰红色。肉品腌制的呈色机理是一个复杂过程，尚有许多问题不够清楚，理论解释还不够完全，但研究表明，在腌制过程中肌红蛋白在亚硝酸盐的作用下生成亚硝基肌红蛋白是腌制呈色的主要原因，亚硝基肌红蛋白是

构成腌肉颜色的主要成分，它是在腌制过程中经过复杂的化学变化而形成的。

腌制呈色的速度主要决定于腌制剂浓度、腌液扩散速度、腌制温度和发色助剂添加等因素，一般腌肉的颜色在腌制几小时内可产生。在烘烤、加热和烟熏条件下，上述反应会急剧加速。烟酰胺和异抗坏血酸钠并用可促进腌制呈色，并可防止褪色。在腌制过程中，加入食品微生物如乳酸菌等也可增强发色，从而减少硝酸盐或亚硝酸盐的用量，利用微生物发酵呈色的作用机理有待进一步研究。

②腌制的成味作用。香气和滋味是评定腌制品质量的重要指标，在腌腊制品中，虽然形成香气和滋味的风味物质含量微少，但其组成和结构却十分复杂。至今尚未全部研究清楚。

腌制品中的风味物质，有些是肉品原料和调料本身所具有的，而有些是在腌制过程中经过物理化学、生物化学变化产生和微生物发酵而形成。腌肉的特殊风味是由蛋白质的水解产物如组氨酸、谷氨酸、丙氨酸、丝氨酸、蛋氨酸等氨基酸和亚硝基肌红蛋白共同形成的。同时，腌肉中正常微生物丛的作用也参与了腌制品的主体风味。

在腌制过程中，优先增殖的微生物有乳酸杆菌属的奶酪杆菌、短小杆菌、植物乳酸菌、白念珠菌、链球菌、小球菌等，这些微生物对固定肉色和提高风味起着重要作用。

腌制产生的风味物质还不止于单纯的发酵产物，在发酵产物彼此之间，发酵产物与原料或调料之间还可能发生一些复杂反应，生成一系列呈香物质，特别是酯类化合物。如果在腌制过程中，主体香气物质没有形成或含量过低，就不能形成该产品的特殊腌制风味。

③咸味形成。经腌制加工的原料肉，由于食盐的渗透扩散作用，使肉内外含盐量均匀，咸淡一致，增进了风味。研究发现，所有与腌肉的风味有关的影响因素中最主要的是食盐，如果含盐量太高（＞6％）或太低（＜2％），其风味将不受消费者欢迎，因此，腌制时必须严格控制食盐的用量。

（3）*方法*　一般腌腊制品的腌制方法分为干腌（即盐腌）、湿腌（腌液腌制）、混合腌制和盐水注射腌制等几种方法。

①干腌法。干腌法是用食盐或食盐、硝酸盐或亚硝酸盐、糖和调味香料的混合物，均匀涂擦在肉块表面，然后置于容器中。在整个处理过程中未加入水。干腌法技术操作和设备都比较简单，在小规模腌腊制品加工厂或农村多采用这种方法。中国传统的腌腊制品如金华火腿、咸肉、腊肉、风干肉和板鸭等都采用干腌法腌制。干腌法的优点是操作简便，设备要求不高，制品较干，易于保藏，营养成分流失少，腌制时肉品蛋白质流失量为0.3％～0.5％。但缺点是腌制时用盐量难以控制，组织含盐量不均匀，产品质量不稳定，并且，大多咸度较大，失重较多，卫生状况难以控制，劳动强度较大，在一定程度上影响了该方法的工业化应用。

②湿腌法。用腌制溶液或盐溶液浸泡腌制肉品，即在容器内将肉品浸没在预先配制好的腌制液或盐溶液中，并通过扩散和水分转移，促使腌制剂渗入肉品内部，直至它的浓度和腌液浓度平衡相同为止。腌制液的组成及盐分浓度可根据产品种类、肉的等级、腌制温度、保藏条件及保质期决定。

湿腌法的优点是渗透速度快，盐水分布均匀，剂量准确，产品质量稳定，劳动强度不大，适宜于工业化生产。缺点是产品水分含量较高，肉汁流失较多，腌制原料浪费较大，虽然可重复使用腌制液，但难度较大，需确定腌制液的主要成分和有关参数。

湿腌法一般6～24h可达到腌制效果，其腌制速度受温度和腌制剂浓度的影响较大。一般腌制用的盐溶液相对密度为1.116～1.142，温度宜采用10～18℃为佳。

③混合腌制法。混合腌制法是将干腌法与湿腌法有机地结合起来，达到良好的腌制效果。混合腌制法的优点是可防止产品脱水严重，减少营养成分的损失，具有良好的保藏效果。

在采用混合腌制法腌制肉品时，要注意防止深层肉品的腐败变质，由于腌制的肉块一般较大，腌制剂向产品内渗透速度较慢，难以快速地抑制肉品中心和骨骼周围微生物的生长繁殖，因此，在混合腌制时应注意腌制温度，一般控制在15℃以下为宜。

④注射腌制法。注射腌制法是通过一定的方式，直接将腌制溶液注入肌肉中，使其快速渗入肌肉深部的一种湿腌方法。一般分为动脉注射腌制法和肌肉注射腌制法两种。

腌腊制品腌制时一般采用干腌法和湿腌法，也可采用混合腌制方法加工。但应用注射腌制法的实例较少。

**(4) 产品加工案例** 以缠丝兔加工为例。缠丝兔是四川和重庆著名的传统肉制品，其中以四川广汉的缠丝兔最为驰名。缠丝兔色泽棕红色，油润光亮，肌肉紧密，爽口化渣，风味浓郁。

①工艺流程。

选料→腌制→整形→烘烤→包装→保藏

②加工工艺。

选料：选择新鲜健康，体重为1.5～2kg的活兔，要求肌肉丰满，肥瘦适度。

腌制：每100kg鲜兔肉用食盐5～6kg，硝酸钠0.15kg，混合香料0.3kg（三奈0.05kg、八角0.1kg、茴香0.8kg、花椒0.1kg、桂皮0.1kg、草果0.1kg等），另加味精0.1kg，白糖1kg，酱油2kg，黄酒0.5kg。将混合香料加水20kg熬成汁，冷却备用。上述配料混合即成腌制液。

将兔胴体放入上述腌制液中，混合均匀，腌制1～2d，每天翻动2～3次。

整形：腌制完毕，将前腿塞入前胸，腹部抄紧，后腿拉直，然后用麻绳从颈部开始至后腿，每隔2～3cm缠丝一圈，使其呈螺旋形，全身肌肉充实绷紧。

烘烤：将缠好的兔体吊挂于烘箱或烘房中，于50～60℃烘烤12～24h，即为成品。

包装保藏：烘烤完毕，自然冷却，并用真空包装，可在室温下长期保存。

**2. 酱卤肉制品**

**(1) 加工原理** 肉经食盐、酱料（甜酱或酱油）腌制、酱渍后，再经脱水（风干、晒干、烘干或熏干等）而加工制成的生肉类制品，食用前需经煮熟或蒸熟加工。酱（封）肉类具有独特的酱香味，肉色棕红。酱卤制品主要突出调味料与香辛料及肉的本身香气，产品食之肥而不腻，瘦不塞牙。酱卤制品的调料与煮制是加工该制品的关键因素。肉品经过煮制，其结构、成分都将发生显著变化。白煮肉类可视为是酱卤肉类的未经酱制或卤制的一个特例；糟肉则是用酒糟或陈年香糟代替酱汁或卤汁的一类产品。

①调味作用。酱卤制品加工的一个重要过程是调味。根据调味料的特性和作用效果，选用优质调味料与原料肉一起加热煮制或红烧，奠定产品的咸味、鲜味和香气，同时增进

产品色泽和外观。调味是在煮制过程中完成的，调味时主要注意控制水量、盐液浓度和调料用量，使其有利于酱卤制品颜色及风味的形成。

②煮制熟化。煮制是对原料肉进行热加工的过程，加热的方式有用水、蒸气、油炸等处理，因此，煮制在酱卤制品加工中包括清煮（又叫白烧）和红烧。清煮就是在汤中不加任何调料，用清水煮制。红烧是加入了各种调料后进行煮制。无论清煮或红烧，它对形成产品的色香味形及成品化学变化都有显著的影响。煮制使肉黏着、凝固，产生与生肉不同的硬度、质感、弹力等物理变化，具有固定制品形态，使制品可以切成片状；使制品产生特有的风味和色泽，并达到熟制的目的，同时，煮制也可杀死微生物和寄生虫，提高制品的贮藏稳定性和保鲜效果。

（2）分类

①白煮肉类（Boiled meat）。原料肉经（或未经）腌制后，在水（盐水）中煮制而成的熟肉类制品。白煮肉类的主要特点是最大限度地保持了原料肉固有的色泽和风味，一般在食用时才调味。

②酱卤肉类（Stewed Meat in Seasoning）。肉在水中加食盐或酱油等调味料和香辛料一起煮制而成的一类熟肉类制品。有的酱卤肉类的原料肉在加工时，先用清水预煮，一般预煮 15～20min，然后再用酱汁或卤汁煮制成熟，某些产品在酱制或卤制后，需再经烟熏等工序。酱卤肉类的主要特点是色泽鲜艳、味美、肉嫩，具有独特的风味。产品的色泽和风味主要取决于调味料和香辛料。

③糟肉类（Meat flavoured with Fermented Rice）。原料肉经白煮后，再用“香糟”糟制的冷食熟肉类制品。其主要特点是保持原料固有的色泽和曲酒香气。

（3）工艺流程

原料验收→解冻→腌制→预煮→卤制→定型干燥→包装→杀菌→保藏

（4）加工工艺

①原料选择。原辅料主要为兔肉、水溶卤味香料（自产）、食用盐、白砂糖、味精、料酒、植物油、磷酸盐、酱油。选择新鲜或冷冻兔肉，必须是按规定屠宰合格的兔肉。

②解冻与清洗。冻兔肉需放置在干净卫生的解冻池中解冻，兔肉应完全浸没在流动的清水中，水温控制在 1～5℃，室温控制在 15℃ 以下，解冻视气温情况，必须完全解冻，要求无冻块和硬块。解冻后用自来水清洗干净。

③腌制。所有配料按比例准确称量后，溶解于水中，兔肉完全浸没于腌制水中。

④预煮。兔肉预煮后沥干，取出冷却。

⑤卤制。用腌制卤水直接卤煮，将装有兔肉的卤水烧沸约 10min，恒温煮制 30min，然后浸泡。可以让卤汁充分浸泡兔肉，卤味更浓，风味尤佳。传统的酱卤工艺，香料水需要提前煮制，该工艺简化了传统的酱卤工艺，直接使用腌制卤水卤煮，且卤香味与兔肉的结合，既去除了兔肉的腥膻味，也赋予了兔肉特色的卤香味。

⑥定型干燥。将卤熟后的兔肉放在工作台上定型和干燥。

⑦包装杀菌。将冷却后的兔肉，包装后进行杀菌，分为低温杀菌和高温杀菌，低温杀菌温度为 88℃，保温约 30min；高温杀菌温度为 121℃，保温约 15min，杀菌后及时在流动的冷水中冷却 50min 左右，中心温度达到室温以下方可出锅。

⑧检验。经过高温高压杀菌者在37℃的温度下放置10d，检查是否出现胀袋、破袋和渗漏等现象，并检测其理化指标和微生物指标，均合格后即为成品。低温杀菌者应冷藏保存。

**3. 兔肉干制品**

(1) **加工原理** 肉经腌制、洗晒（某些产品无此工序）、干燥等工艺加工而成的生肉类制品，食用前需经熟化加工。风干肉类干而耐咀嚼，回味绵长。

物料干制时选定合适的干燥温度和湿度，对于制品的质量和干制速度都有重要意义。蛋白质食品适于细菌繁殖的最低限水分是25%～30%，适于霉菌繁殖的最低限水分是15%。当空气湿度高于75%，而温度不低于10℃时，微生物仍能生长繁殖。因此，干燥选定空气温度10～12℃，相对湿度75%为好。温度过低会使干制过程缓慢。

在干燥过程中，物料中的芳香物质和挥发性呈味物质会随水分散逸到外部介质中去，同时食品组分与空气中的氧可能发生化学变化，使干制过程复杂化。因此，在设计干制条件时应注意上述特点。

利用高真空度和冷冻干燥法，不会引起生物活性物质——酶、激素、维生素、抗生素的钝化和香味物质的变化。

在兔肉制品干制过程中，可采用适宜的温度和真空度进行干制除去水分。

(2) **肉类干制的方法** 随着科学技术的进步，在不断的改进和提高，目前主要有自然干燥、加热干燥、冷冻升华干燥等。

①自然干燥。自然干燥是古老的干燥方法。自然干燥条件简单，费用低，但受自然条件的限制，温度、湿度很难控制，卫生条件差，大规模的生产很少采用，只是对某些产品的辅助工序采用，如风干香肠的干制等。

②烘炒干制。该法属于热传导干制或间接加热干燥。它是靠间壁的传导将热量传递给与间壁接触的物料。传导干燥的热源为热空气、水蒸气等，物料可以在常压或真空状态下干燥。肉松加工就是用这种方法进行干燥的。

③烘房干燥。烘房干燥属于对流热风干燥或直接加热干燥。它是以高温的热空气为热源，借对流传热将热量传递给物料，物料中的水分向热空气蒸发，热空气既是热载体又是湿载体。对流干燥多在常压下进行，因为在真空干燥情况下，由于气压相对较低热容量很小，不能直接以热空气作为热源，只能采用其他热源，比如间接加热、远红外加热等。对流干燥的空气温度、湿度容易控制，物料不致产生过热现象，但热利用率较低。大多数传统的肉干制品如肉干、肉脯、干制香肠等一般都采用该法进行干燥。热对流干燥除了使用烘房干燥外，现代肉制品加工厂也采用隧道式干燥机或烘箱进行干燥。

④冷冻升华干燥。将处于冻结状态的物料置于干燥设备容器中，密封并保持真空状态，物料中的水分从冰直接升华为蒸汽，使物料脱水干燥。冷冻升华干燥速度快、温度低，能最大限度地保持物料的成分和性质，很少发生蛋白质的变性，产品复水性好。但该法设备较复杂，投资大，使用费用高。该法一般用于脱水汤料制品、军需及特需产品的生产。

(3) **工艺流程**

原料验收→配料→卤制→烘烤→包装→保藏

(4) **加工工艺**

①原料验收。新鲜兔肉、香辛料（八角、小茴香、香叶、桂皮、辣椒和花椒等）、调

味料（盐、谷氨酸钠、白糖、食用油）等。

②配料。

五香风味：

| | | | |
|---|---|---|---|
| 兔肉 | 100kg | 食盐 | 2kg |
| 酱油 | 6kg | 白糖 | 8kg |
| 黄酒 | 1kg | 生姜 | 0.25kg |
| 香葱 | 0.25kg | 五香粉 | 0.25kg |

麻辣风味：

| | | | |
|---|---|---|---|
| 兔肉 | 100kg | 食盐 | 1.2kg |
| 酱油 | 14kg | 味精 | 0.2kg |
| 白糖 | 0.4kg | 甘草粉 | 0.36kg |
| 姜粉 | 0.2kg | 辣椒粉 | 0.4kg |

③烘烤。将沥干后的肉片或肉丁平摊在钢丝网上，放入烘房或烘箱，温度控制在50～60℃，烘烤4～8h即可。为了均匀干燥，防止烤焦，在烘烤的过程中，应及时进行翻动。

④冷却及包装。肉干烘好后，应冷却至室温，未经冷却直接进行包装，在包装容器的内面易产生蒸汽的冷凝水，使肉片表面湿度增加，不利保藏。包装应该采用真空包装，防止氧化和霉菌的生长。

**4. 兔肉烧烤制品**　烧烤制品是原料经预处理、腌制、烤制等工序加工而成的一类肉制品。烧烤制品色泽诱人、香味浓郁、咸味适中、皮脆肉嫩，是受广泛欢迎的特色肉制品。烤全兔体色黄中透红，兔头上仰呈上望之势，因此又名“望月全兔”，其造型美观，风味独特。

（1）工艺流程

原料验收→预处理→腌制→烤制→包装→保藏

（2）加工工艺

①原料选择。选用肥嫩健壮的活野兔或活家兔。

②预处理。活兔经宰杀、剥皮、去掉内脏，将白条兔清洗干净，控去水分，晾干。

③腌制液配方。以白条兔肉20kg计，大茴香20g、花椒30g、丁香10g、白芷20g、食盐400g、蜜汁适量。辅料放入锅中煮制，直至煮成卤汁。

④腌制。兔体浸入卤汁中，腌制至少24h，使料味浸透兔肉，最后将腌好的兔体捞出，晾干，整形。

⑤烤制。将整好形的兔体表面涂匀蜂蜜汁，放入烤炉中烤制，时间应视兔肉老嫩而定，待烤至黄中透红时即成。

## （二）西式肉制品加工

西式肉制品起源于欧洲，准确的应称为欧式肉制品，产品主要有肠类制品（香肠）、火腿和培根三大类。由于这些产品在北美、日本及其他西方国家广为流行，故被称为西式肉制品。

据记载，香肠起源于公元前1500年的中国和/或古代的巴比伦，距今已有3 500多年的历史。1701年，法国人曾制造了1根652m长的香肠，献给国王加冕仪式。这是历史上至今最长的香肠记录，也显示了当时肉制品加工技术的高超。

最早的火腿生产在罗马时代，据说是由法国人的祖先发明的。其加工方法是将原料盐渍 7d 后干燥 2d，再涂上油脂熏 2d，然后涂上油和醋贮藏。至今法国南部、意大利、英国的某些地方还保留着这种传统加工方法。

美国的西式肉制品主要是由哥伦布发现美洲后，欧洲移民带入的。美国是多民族国家，产品的风格和风味均发生了较大改变，但仍以欧式制品为主导。近年来，美国肉制品的生产已趋向专门化、规模化、机械化，自动化程度日益提高，规模越来越大。许多工厂已成为专门生产热狗香肠、干香肠、色拉米肠和波诺尼亚肠的专门化加工厂，日产量达 150t，成为规模化肉类加工厂的典型。

日本是个食肉历史较短的国家，大约有 100 多年的历史。1872 年在日本长崎出现的火腿，是由美国人传授的。1914 年在日本千叶县生产的德式香肠，是由第一次世界大战滞留于日本的德国战俘传授的。因此美国、英国、德国奠定了日本西式肉制品加工的基础。随着日本人习俗的欧美化，西式肉制品产量逐年增加。

西式肉制品是在 1840 年鸦片战争后传入中国的，至今已有 170 多年的历史，被中国人最先接受的是香肠制品，然后是带骨的熟火腿和肉卷等产品。

从 20 世纪 80 年代初始，全国肉类企业从德国、荷兰、丹麦、法国、意大利、瑞士、日本等国引进香肠和火腿的加工设备，使我国肉制品品种的构成发生了根本变化，西式肉制品的产量迅速增加，并涌现出了双汇集团、南京雨润集团、山东得利斯集团等大型熟肉制品加工基地，促进了我国肉制品的进步和发展。

**1. 香肠制品** 香肠是由拉丁文“Salsus”得名，意指保藏或盐腌的肉类。现泛指将肉切碎、加入其他配料，混合均匀后灌入肠衣内制成的肉制品的总称。

据考证，在 3500 年以前，中国和/或古巴比伦已开始生产和消费肠类制品。肠制品最早的记载是在公元前 9 世纪约 2800 年以前，荷马的古希腊史诗《奥得塞》中曾有描述。到中世纪，各种肠制品风靡欧洲，由于各地地理和气候条件的差异，形成各种品种。在气候温暖的意大利、西班牙南部，法国南部开始生产干制和半干制香肠，而气候比较寒冷的德国、丹麦等国家，由于保存产品比较容易，开始生产鲜肠类和熟制香肠。以后由于香料的使用，使得肠类制品的品种不断增加。

现代香肠制品的生产和消费，都有了很大发展，主要是人们对方便食品和即食食品的需求增加，许多工厂的肠制品生产已实现了高度机械化和自动化，生产出具有良好组织状态，且持水性、风味、颜色、保存期均优的产品。

**(1) 香肠制品的分类** 肉经腌制（或不腌制）、绞切、斩拌、乳化成肉馅（肉丁、肉糜或其混合物）并添加调味料、香辛料或填充料，冲入肠衣内，再经烘烤、蒸煮、烟熏、发酵、干燥等工艺（或其中几个工艺）制成的肉制品被称为香肠制品。香肠制品的种类繁多，据报道法国有 1 500 多个品种，瑞士的 Bell 色拉米工厂常年生产 750 种色拉米产品，我国各地生产的香肠品种至少也有上百种。美国香肠的分类方法是将香肠制品分为生鲜香肠、生熏肠、熟熏肠和干制、半干制香肠四大类。

①生鲜香肠（Fresh Sausage）。原料肉（主要是新鲜猪肉，有时添加适量牛肉）不经腌制，绞碎后加入香辛料和调味料冲入肠衣内而成。这类肠制品需在冷藏条件下贮存，食

用前需经加热处理，如意大利鲜香肠（Italian sausage）、德国生产的 Bratwurst 香肠等。目前国内这类香肠制品的生产量很少。

②生熏肠（Uncooked Smoked Sausage）。这类制品可以采用腌制或未经腌制的原料，加工工艺中要经过烟熏处理但不进行熟制加工，所以最终产品还是生的，消费者在食用前要进行熟制处理。

③熟熏肠（Cooked and Smoked Sausage）。经过腌制的原料肉，绞碎、斩拌后冲入肠衣中，再经熟制、烟熏处理而成。我国这种香肠的生产量最大。

④干制和半干制香肠（Dry and Semi-dry Sausage）。半干香肠最早起源于北欧，是德国发酵香肠的变种，它含有猪肉和牛肉，采用传统的熏制和蒸煮技术制成。其定义为绞碎的肉，在微生物的作用下，pH 达到 5.3 以下，在热处理和烟熏过程中（一般均经烟熏处理）除去 15%的水分，使产品中水分与蛋白质的比率不超过 3.7∶1 的肠制品。

**（2）香肠制品加工**

①工艺流程。

原料验收→配料→腌制→灌制→发酵→烘烤→熟制→烟熏→包装→保藏

②加工工艺。原料验收：生产香肠的原料范围很广，主要有猪肉和牛肉，另外羊肉、兔肉、禽肉、鱼肉及它们的内脏均可作为香肠的原料。生产香肠所用的原料肉必须是健康的，并经兽医检验确认是新鲜卫生的肉。原料肉经修正，剔去碎骨、污物、筋、腱及结缔组织膜，使其成为纯精肉，然后按肌肉组织的自然块形分开，并切成长条或肉块备用。用于生产熏煮香肠的脂肪多为皮下脂。经修整后切成 5～7cm 的长条。

腌制：腌制的目的是使原料肉呈现均匀的鲜红色；使肉含有一定量的食盐以保证产品具有适宜的咸味；同时提高制品的保水性和黏性。根据不同产品的配方将瘦肉加食盐、亚硝酸钠、混合磷酸盐等添加剂混合均匀，送入（2±2）℃的冷库内腌制 24～72h。原料肉腌制结束的标志是瘦猪肉呈现均匀鲜红色、结实而富有弹性。

绞碎：将腌制的原料兔肉通过筛孔直经为 3mm 的绞肉机绞碎。绞肉时应注意，即使从投料口将肉用力下按，从筛板流出的肉量也不会增多，而且会造成肉温上升，对肉的结着性产生不良影响。

斩拌（chopping）：斩拌操作是熏煮肠加工过程中一个非常重要的工序，斩拌操作控制的好与坏，直接与产品的品质有关。斩拌时，首先将兔肉放入斩拌机内，并均匀铺开，然后开动斩拌机，继而加入（冰）水，以利于斩拌。加（冰）水后，最初肉会失去黏性，变成分散的细粒子状，但不久黏着性就会不断增强、最终形成一个整体，然后再添加调料和香辛料。斩拌时，由于斩刀的高速旋转，肉料的升温是不可避免的，但过度升温就会产生乳浊液破坏的问题，因此斩拌过程中应添加冰屑以降温。以兔肉为原料肉时，斩拌的最终温度不应高于 12～16℃，整个斩拌操作控制在 6～8min。

灌制：灌制又称充填。是将斩好的肉馅用灌肠机充入肠衣内的操作。灌制时应做到肉馅紧密而无间隙，防止装的过紧或过松。过松会造成肠馅脱节或不饱满，在成品中有空隙或空洞。过紧则会在蒸煮时使肠衣胀破。灌制所用的肠衣包括天然动物肠衣及人造肠衣二大类，目前应用较多的是 PVDC 肠衣、尼龙肠衣、纤维素肠衣等。灌好后的香肠每隔一定的距离打结（卡）。

烘烤：烘烤是用动物肠衣灌制的香肠的必要的加工工序，传统的方法是用未完全燃烧木材的烟火来烤，目前采用烟熏炉烘烤则是由空气加热器循环的热空气烘烤的。烘烤的目的主要是使肠衣蛋白质变性凝结，增加肠衣的坚实性；烘烤时肠馅温度提高，促进发色反应。一般烘烤的温度为70℃左右，烘烤时间依香肠的直径而异，为10～60min。

熟制：目前国内应用的煮制方法有两种，一种是蒸气煮制，适于大型的肉食品厂。另一种为水浴煮制，适于中、小型肉食品厂。无论哪种煮制方法，均要求煮制温度在80～85℃，煮制结束时肠制品的中心温度大于72℃。

烟熏与冷却：烟熏主要是赋予制品以特有的烟熏风味，改善制品的色泽，并通过脱水作用和熏烟成分的杀菌作用增强制品的保藏性。烟熏的温度和时间依产品的种类、产品的直径和消费者的嗜好而定。一般烟熏温度为50～80℃，时间为10min～24h。熏制完成后，用10～15℃的喷淋冷水喷淋肠体10～20min，使肠胚温度快速降下来，然后送入0～7℃的冷库内，冷却至库温，贴标签再行包装即为成品。

**2. 火腿** 西式火腿（Western Pork Ham）因与我国传统火腿（如金华火腿）的形状、加工工艺、风味等有很大不同，习惯上称其为西式火腿。包括带骨火腿（Regular Ham）、去骨火腿（Boneless Boiled Ham）、里脊火腿（Loin Ham）、压缩火腿（Pressed Ham）等。西式火腿虽加工工艺各有不同，但其腌制都是以食盐为主要原料，而加工中其他调味料用量甚少，故又称之为盐水火腿。

西式火腿中除带骨火腿为半成品，在食用前需熟制外，其他种类的火腿均为可直接食用的熟制品。其产品色泽鲜艳、肉质细嫩、口味鲜美、出品率高，且适于大规模机械化生产，成品能完全标准化。因此，近几年西式火腿成了肉品加工业中深受欢迎的产品。

（1）**工艺流程**

原料验收→腌制→滚揉→充填→蒸煮→冷却→包装→保藏

（2）**加工工艺**

①原料肉的选择及修整。原料肉经修整，去除皮、骨、结缔组织膜、脂肪和筋、腱，使其成为纯精肉，然后按肌纤维方向将原料肉切成肉块。

②腌制。腌制剂主要组成成分包括食盐、亚硝酸钠、糖、磷酸盐、抗坏血酸钠及防腐剂、香辛调味料等。

③滚揉。将经过腌制的肌肉放置在一个旋转的鼓状容器中，或者是放置在带有垂直搅拌桨的容器内进行处理的过程称之为摔打（tumbling）或按摩（massaging）。目前国内习惯上将这一加工工序称之为滚揉和按摩。

④充填。滚揉以后的肉料，通过真空火腿压模机将肉料压入模具中成型。一般充填压模成型要抽真空，其目的在于避免肉料内有气泡，造成蒸煮时损失或产品切片时出现气孔现象。火腿压模成型，一般包括塑料膜压膜成型和人造肠衣成型二类。人造肠衣成型是将肉料用充填机灌入人造肠衣内，用手工或机器封口，再经熟制成型。塑料膜压模成型是将肉料充入塑料膜内再装入模具内，压上盖，蒸煮成型，冷却后脱膜，再包装而成。

⑤蒸煮与冷却。火腿的加热方式一般有水煮和蒸汽加热二种方式。金属模具火腿多用水煮办法加热，充入肠衣内的火腿多在全自动烟熏室内完成熟制。为了保持火腿的颜色、风味、组织形态和切片性能，火腿的熟制和热杀菌过程，一般采用低温巴氏杀菌法，即火

腿中心温度达到 68～72℃即可。若肉的卫生品质偏低时，温度可稍高以不超过 80℃为宜。

蒸煮后的火腿应立即进行冷却，采用水浴蒸煮法加热的产品，是将蒸煮篮重新吊起放置于冷却槽中用流动水冷却，冷却到中心温度 40℃以下。用全自动烟熏室进行煮制后，可用喷淋冷却水冷却，水温要求 10～12℃，冷却至产品中心温度 27℃左右，送入 0～7℃冷却间内冷却到产品中心温度至 1～7℃，再脱模进行包装即为成品。

# 第二节　兔毛的加工与储藏

## 一、兔毛的结构与性能

### （一）兔毛的结构

兔毛的结构包括形态结构、组织结构及化学结构。

**1. 兔毛的形态结构**　对一根兔毛来说，它是由毛干、毛根和毛球三部分组成，毛干是纤维露出皮肤表面的部分；毛根是纤维位于皮肤内层毛囊的部分，它实际上是毛干的延续部分；毛球是纤维的最下部分，膨大成梨形，它是纤维的生长点，由于毛球中细胞不断增殖，使兔毛不断增长。

从宏观上来看，一只毛兔身上不同部位所生长的毛丛形态不尽相同。一般从毛兔肩背部和体侧等所采的毛，毛形清晰，毛丛形态较好，其他部位如头、颈、尾部的毛长度较短，剪下的毛也较散乱。因此，标准规定在不同级别的兔毛中，兔毛的外观形态也不相同，如优级毛毛形清晰蓬松，长度长；一级兔毛毛丛清晰较蓬松；二级毛毛丛清晰程度及蓬松性较一级毛差，三级毛的毛形较混乱，基本无毛丛结构，而且还有少量的缠结毛。

**2. 兔毛的组织结构**　兔毛由鳞片层、皮质层及髓质层组成，仅有极少量的兔毛没有毛髓。

（1）*鳞片层*　兔毛的鳞片层在细毛和粗腔毛上有所不同，鳞片的形态比较复杂，少数很细的兔毛鳞片呈花盆（类似细羊毛）状叠在一起，如图 13-3 所示；大多数细毛鳞片呈锐角三角形紧紧包围在毛干上，还有的细毛其鳞片呈长斜条状，如图 13-4 所示；粗兔毛的鳞片有的类似水纹状，有的类似不规则的瓦片状，鳞片的上端大多为波浪形，如图 13-5 所示。有的兔毛，尤其是两型毛，从毛根到毛尖，鳞片形态差异很大。

兔毛鳞片形态尽管不同，但与羊毛相比，其特点是鳞片与毛干包覆较紧，鳞片尖端翘角很小。兔毛的这种鳞片特征，使兔毛具有较低的摩擦系数，手感光滑，抱合力差，光泽好等特性。

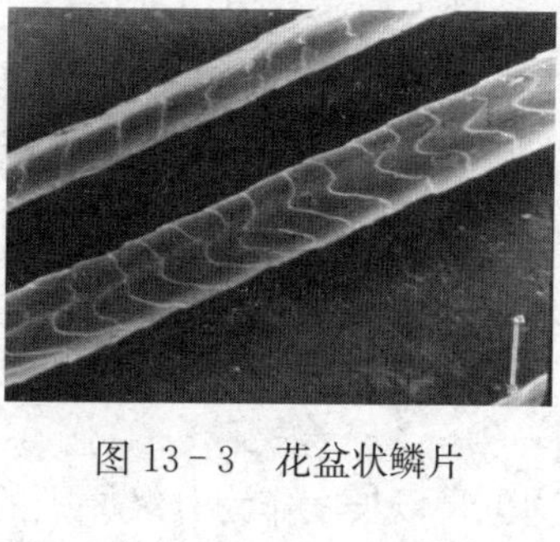

图 13-3　花盆状鳞片

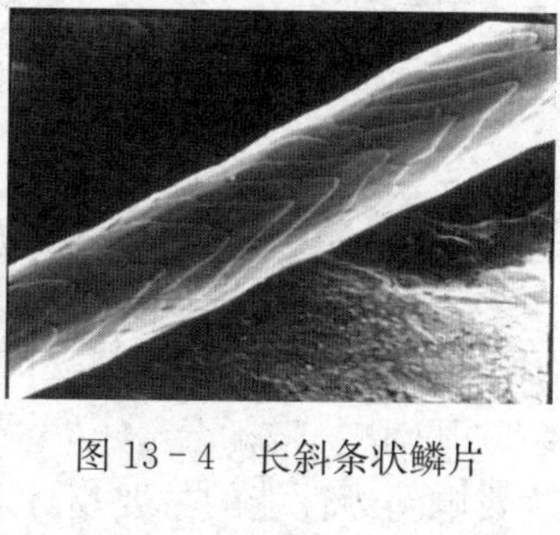

图 13-4　长斜条状鳞片

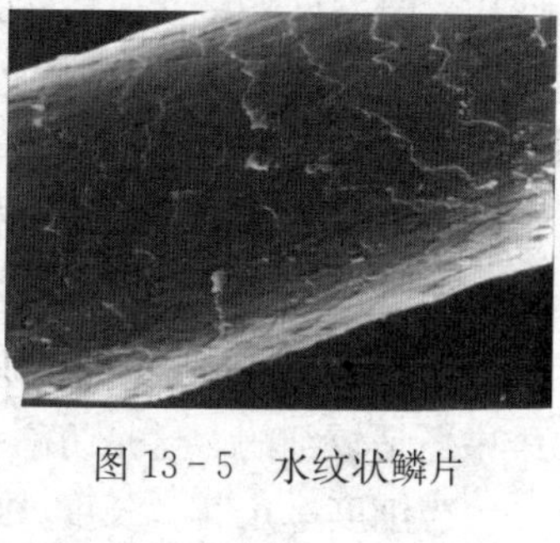

图 13-5　水纹状鳞片

(2) *皮质层* 皮质层位于鳞片下层，由纺锤细胞组成，排列紧密，是决定兔毛品质的主要部分。皮质层所占的比例比细羊毛少得多，纤维愈粗，皮质层所占的比例愈少。研究表明，兔毛正、偏皮质细胞的微结构与羊毛近似，但是兔毛的正、偏皮质细胞多呈不均匀的混杂分布，且偏皮质细胞多于正皮质细胞。兔毛的这种皮质层结构，导致兔毛的卷曲性能较差，这也是致使兔毛抱合力差、可纺性差的主要原因之一。

(3) *髓质层* 在用于纺织的所有动物纤维中，兔毛的髓质层最为发达，它直接影响了兔毛的物理机械性能。对于羊毛来说，髓质层主要出现在异质毛的粗毛中，而对兔毛来说，除了非常细的绒毛没有或只有少量点状髓质外，绝大多数兔毛都有髓质层，而且毛越粗，其髓质层越发达。显微镜下观察，很粗的兔毛几乎髓质占满整个毛腔，如图 13－6 所示。兔毛的这种髓质结构，使兔毛的密度小，保暖性好。

不同粗细兔毛的结构不同，其横截面也不相同。细兔毛为不规则的圆形，粗兔毛则呈不规则的椭圆形。兔毛越粗，毛髓列数越多，其断面形状越不规则，如图 13－7 所示。

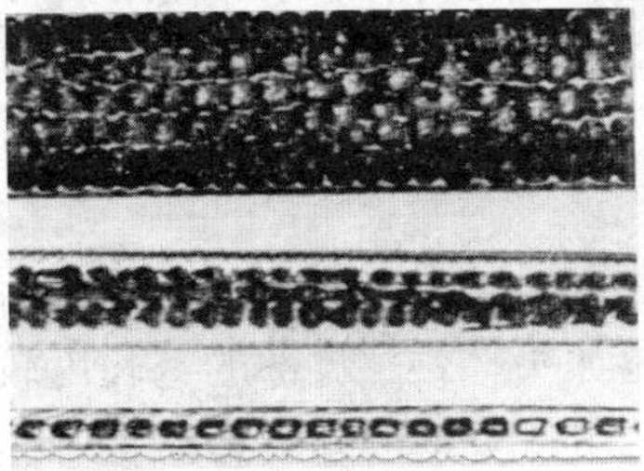

图 13－6 兔毛纵向形态

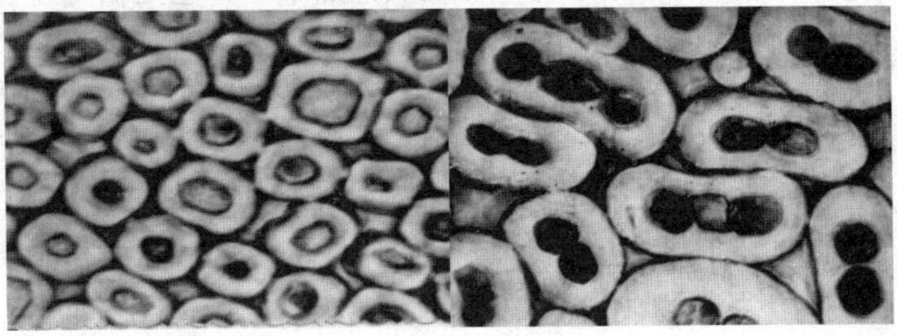

图 13－7 兔毛截面形态

**3. 兔毛的化学结构** 兔毛由角质蛋白质所组成，而角质蛋白又由 20 种左右的氨基酸组成，其主要化学成分为碳、氢、氧、氮、硫 5 种元素，而且兔毛的氨基酸成分与羊毛基本相同，只是兔毛有些氨基酸如胱氨酸、谷氨酸、甲硫氨酸、脯氨酸及氨的含量略高于羊毛，其他氨基酸低于或与羊毛接近。

## (二) 兔毛的性能

**1. 兔毛的物理机械性能** 反映兔毛的物理机械性能主要指标有细度、长度、吸湿性、卷曲性能、摩擦性能与缩绒性、机械性能、密度、静电性能、保暖性、含油脂率等。

(1) *兔毛的细度与长度* 兔毛的细度随毛兔的品种、饲养地区、饲养条件以及毛所处部位不同而异。兔毛的长度除取决于兔种、养兔条件、免龄、性别、健康状况以外，最主要的是两次剪毛的时间间隔。兔毛的细度与长度在其他性能正常情况下，是影响纺纱性能及产品品种和质量的关键因素。

细毛类毛兔纤维细度比较细，过去统货细度多在 13～14$\mu$m，目前由于改良种兔的方向多侧重于高产，所以有些细毛类兔毛统货细度已超过 15$\mu$m；大粗类兔毛统货细度多在 18$\mu$m 左右，中粗类兔毛统货细度多在 16$\mu$m 左右。但总的来说，在目前所使用的动物纤维中还是较细的，这是纺高支纱的基础。

当细度一定时，长度就成为影响纺纱性能的主要指标。这也是以长度作为分级原则的主要原因，如优级兔毛其长度不小于55.1mm，一级为45.1～55mm，二级为35.1～45mm，三级为25.1～35mm。长度越长，纺纱性能越好，纱及其制品的强力及服用性能越好。

(2) **兔毛的吸湿性能**　与羊毛相比，兔毛吸湿性强。主要原因是兔毛细度细，比表面积大，而且兔毛髓腔发达。另外，兔毛的结晶度略低于羊毛，氨基酸极性基团总量略高于羊毛，再加上兔毛的化学结构中有一些亲和力强的游离极性基团（如-OH、-COOH）。兔毛吸湿开始速度比羊毛快，但趋于吸湿平衡的时间较长，因此在兔毛的储存中要特别注意湿热天气，兔毛吸湿大，会造成兔毛霉烂现象，储存过程中要注意通风及翻垛。

(3) **兔毛的卷曲性能**　纤维的卷曲性能关系到加工过程中纤维之间的抱合力大小及产品的手感。纤维卷曲多，则加工中纤维抱合力好，易于成网成条，纺成的纱蓬松，产品手感丰满，保暖性好，这对于粗梳毛纺产品是很重要的。与羊绒相比，兔毛卷曲性能差，如表13-11所示。

**表13-11　兔毛的卷曲性能**

| 指标<br>名称 | 卷曲数<br>（个/cm） | 卷曲率<br>（%） | 卷曲弹性率<br>（%） | 残留卷曲率<br>（%） |
|---|---|---|---|---|
| 兔毛 | 2～3 | 2.6 | 45.8 | 1.2 |
| 羊绒 | 3～4 | 6.1 | 82.9 | 5.1 |

由上述指标可以看出兔毛的纺纱性能低于羊绒。

(4) **兔毛的摩擦性能与缩绒性**　凡动物纤维几乎都有鳞片，其根部紧贴毛干，尖部指向毛尖，而且都有一定的翘角，使逆、顺鳞片方向运动的摩擦系数不同。逆鳞片方向运动的摩擦系数大于顺鳞片方向运动的摩擦系数，这样在外力作用下，纤维总是保持根端向前的方向，使集合体中的纤维互相穿插勾结而产生缩绒性。顺逆鳞片摩擦系数差异越大，缩绒性能越好。

兔毛的摩擦系数比羊毛及其他几种特种动物纤维都小，所以兔毛的手感最滑，但是抱合力差，且具有一定的缩绒性。

(5) **兔毛的机械性能**　兔毛属异质毛类。所以不同粗细、不同结构的纤维其机械性能也有所不同。兔毛初始模量（弹性模量）比羊毛高，说明兔毛的刚性大，这与兔毛（尤其较粗的兔毛）髓质层发达有关；其他指标，如断裂强力、断裂强度、断裂功、屈服点负荷等皆低于羊毛。兔毛屈服点负荷低，说明其急弹性恢复差，但兔毛的缓弹性很好，这表明兔毛产品在去除外力以后，随时间的延长，变形会逐渐恢复。这种特性对生产及服用的指导作用是，在加工兔毛时，各工序之间应有存放时间，以使其变形能得到恢复；在穿着时，最好不要连续穿着时间太长，使其变形及疲劳得到恢复，以增加其耐穿性。兔毛无论断裂功及塑性变形也比羊毛差，所以其耐磨性能差。

(6) **兔毛的密度（比重）**　由于兔毛无论细毛或粗毛基本都有髓，所以其平均密度较其他动物纤维小。根据细毛、两型毛和粗毛所含毛髓的状态及数量不同，兔毛密度值波动很大。经测定，细绒毛的密度为1.31g/$cm^3$，兔毛中绝大多数为粗枪毛时的密度为1.085g/$cm^3$（兔毛是粗细混杂的），全部为粗毛的密度为0.96g/$cm^3$。经广泛采样测定，兔毛的密度范围在1.16～1.22g/cm$^3$较多。可见兔毛密度小，所以轻，在梳纺加工过程中易产生飞毛，因此在生产中一定要采取措施。

(7) **兔毛的静电性能** 与羊毛相比较，兔毛的静电现象严重，尤其在低温度、低湿度的情况下更为明显。在温度为21℃、相对湿度为65%时，兔毛的质量比电阻为$5.11\times10^{10}\Omega\cdot g/cm^2$，而羊毛为$3.66\times10^8\Omega\cdot g/cm^2$。因此，在生产中梳毛前加入抗静电性能好的和毛油，或者严格掌握兔毛上机回潮，以及车间的温湿度。

(8) **兔毛的保暖性** 由于兔毛的髓质发达，在所使用的动物纤维中．兔毛的保暖性是最好的，用保暖性测定仪测定，同等克重的织片，兔毛的保暖率为68.5%，而羊毛保暖率为63.5%。

(9) **兔毛的含油脂率** 兔毛含油脂率较低，一般在1.5%以下（多在0.85%～1.18%）。同时毛兔为舍饲，兔毛比较干净，所以在加工中不需经过洗毛工序。

**2. 兔毛的化学性能**

(1) **兔毛对酸、碱等化学药品的抵抗力** 兔毛对酸、碱的反应与羊毛近似，它相对的耐酸而不耐碱。低温下弱酸，或低温下低浓度强酸对兔毛无显著影响。

碱对兔毛的破坏作用很大，尤其是强碱，如氢氧化钠或氢氧化钾，将兔毛放入4%的氢氧化钠溶液中，经15min后即有部分溶解，煮沸5min，则全部溶解。氧化剂和还原剂对兔毛都有破坏性，且随着温度的增高及时间的延长而增强。

(2) **兔毛染色性能** 兔毛的氨基酸成分与羊毛基本相同，说明兔毛染料同于羊毛。但兔毛吸染料高，用酸性染料与羊毛同浴染色，兔毛比羊毛染色浅一倍；兔毛与羊毛在同样染色条件下兔毛染色速度略低于羊毛，平衡上色量大体相同，或大于羊毛，饱和上色量大于羊毛，但兔毛表面着色比羊毛浅，有双色感。

## 二、兔毛的分级与质量评定

兔毛的分级有优级、一级、二级、三级共4个等级之分。质量评定根据品质指标、分级方法、分级标准中的技术要求确定。

**1. 品质指标** 兔毛的品质指标，要求是“长、松、白、净”。

长指毛丛的自然长度。测定兔毛自然长度时以细毛长度为准，不计粗毛长度。兔毛纤维越长，则可纺价值越高。所以，收购兔毛时常按兔毛长度分级定价。

松指兔毛的自然松散度。人为加工的蓬松毛，毛型混乱，毛纤维鳞片层已受损伤，经贮存、运输过程中的挤压、摩擦等作用又易重新缠结。所以，收购优质兔毛不准带有缠结毛。

白指兔毛的颜色和光泽。我国规定兔毛应为纯白色。纯白色在相互对比时，其色泽也有差异，如洁白光亮者为洁白色，属最佳色泽；色白略带微黄、微红、微灰等色泽者称为较白色；次于较白色者为次白色。

净指含水、含杂。兔毛受潮容易霉烂变质，要求干燥。所含杂质要尽可能除净，其含杂限制应从严掌握，对掺杂作假者（棉花、皮块、化纤、草屑、麻丝等），应一律拒收。

**2. 分级方法** 兔毛分级，通常采取“一看、二抖、三拉、四剔、五定”方法。

一看主要指目测观察兔毛的品质指标（长、松、白，净）是否达到要求，毛型是否清晰（剪毛有明显剪口，拔毛呈束状型），有无杂质或掺假。观察兔毛的色泽及松散度，目测主体毛符合什么等级要求。

二抖主要指手感，用手抖松兔毛，检测兔毛是否干燥。掺水做潮兔毛很难弹开，手摸时有潮湿、冷涩感觉，检查有无缠结毛或其他残次毛，是否掺有白色粉状物（石粉或尿素等）。

三拉主要是拉松兔毛，确定缠结毛的缠结程度。略带缠结不呈毡状，但较轻微，稍用力即可撕开，对兔毛品质稍有影响；结块毛缠结严重，不易撕开，对兔毛品质有明显影响。

四剔主要是剔除杂质、异色毛、各种残次毛以及不符合等级要求的缠结毛和不符合长度要求的跳挡毛。

五定主要指通过上述方法，结合兔毛收购标准，合理确定等级。

**3. 分级标准**　我国现行商品兔毛的收购分级标准，已由中国纤维检验局提出，江苏省纤维检验所等单位起草研制，并于1992年11月由国家技术监督局批准发布，1993年7月1日起实施（GB/T13832—92及GB/T13835.1—9—92）。2009年9月1日修改后实施新标准（GB/T13832—2009）。

## 三、兔毛纺纱技术

### （一）兔毛分梳

所谓分梳是指对兔毛在梳松的基础上去掉其中的粗毛。分梳后的兔毛一般称分梳兔毛，俗称兔绒。

**1. 分梳原理及目前常用设备**　兔毛分梳主要是利用粗毛与细毛的特性不同，粗毛粗、硬、刚、直、抱合力差，长度较长，因此较重；而细毛细而柔软，抱合力好，长度较粗毛短，因此较轻。在高速回转具有针齿的机件上所受的离心力不同（粗毛大），以及在高速回转机件所产生气流中的沉降速度不同（粗毛大），而使粗毛与细毛分离。

目前利用分梳原理制造的分梳设备有多种，但多用于分梳羊绒。由于兔毛粗、细毛之间的重量比小，轻，强力低，分梳的难度大。多采用经过改造的盖板梳棉机进行分梳，经多道反复梳理，虽然能达到要求的含粗指标，但因梳理力太强，对兔毛纤维损伤大，分梳效率及制成率较低。当前已研究出专用兔毛分梳机。

**2. 分梳兔毛（兔绒）的品质指标**　分梳兔毛（兔绒）的品质指标主要有含粗率、纤维平均长度。由于目前尚无统一分梳标准，因客户经常需求含粗率在0.2%～0.5%，长度在30mm以上。所以各兔毛分梳厂多根据客户要求进行分梳，如浙江嵊州用白中王兔毛分梳后起名白浪牌兔绒，其质量指标如表13-12所示。

**表13-12　白浪牌兔绒质量指标**

| 平均长度（mm） | 级别 | 含粗率（%） |
|---|---|---|
| 31 | 一级 | ≤0.8 |
| 25 | 二级 | ≤1 |

好的分梳兔毛（兔绒），其质量指标中还应该有对短毛率的要求。短毛率高，会影响纺纱的制成率、纱线的条干均匀度，并造成产品易掉毛。

## （二）兔毛纺纱加工

**1. 兔毛纺纱加工系统** 目前兔毛纺纱加工系统有粗梳毛纺系统、精梳毛纺系统、半精梳毛纺系统和半精纺系统。其中以粗梳毛纺系统和半精纺系统为主。

**2. 粗梳毛纺系统**

（1）**粗梳毛纺系统加工工序及主要产品品种** 粗梳毛纺系统加工兔毛的工艺流程为：原料→和毛加油→梳毛→纺纱。纺纱机有走锭纺纱机及环锭纺纱机两种，纺兔毛纱多用走锭纺纱机。其纱线主要做针织产品或有些机织产品用合股纱织造，所以以卖纱为主的粗纺厂在纺纱机之后，还配有并纱机、捻线机及络筒机。由此可以看出，粗梳毛纺系统工艺流程短，根据产品档次的要求，高、中、低档的原料皆可使用，生产成本相对较低。

粗梳毛纺系统主要产品品种除有各种比例原料的混纺或纯纺兔毛针织衫、兔毛袜、兔毛裤、兔毛帽、兔毛围巾、披巾以外，兔毛粗纺机织产品也有多种，如兔毛呢（大衣呢、女式呢等）、兔毛毯、兔毛披巾以及其他保暖、保健用品等。

（2）**粗梳毛纺系统各工序的作用** 根据产品的需要，进厂的原料是多种多样的，既有不同级别的兔毛，又有其他动物毛及化学纤维。为了保证所作针织或机织产品的风格特征及品质要求，便于加工顺利，降低成本等，加工前都要经过配毛。

配毛是根据产品要求，将不同颜色、不同原料（混纺）或同种原料（纯纺）不同级别按比例进行搭配。配好的原料经过和毛机进行开松混合后，经管道由气流输送到毛仓，在此期间或在和毛机出口或在毛仓顶部对混料进行加油（乳化液）。因为兔毛轻、滑、抱合力差、静电大，所以和毛油的成分中除有润滑剂外，还加入抗静电剂及集束剂，另外还有水，以保证混料具有一定的回潮。经过和毛加油的混料，根据混料的成分及颜色的多少，要再经过一次或两次和毛，而后输送到毛仓中闷毛8～16h，最高可达24h，使油水分布均匀，同时符合梳毛上机回潮要求。

梳毛：梳毛由粗梳梳毛机完成。梳毛机是粗梳毛纺系统中的关键设备，对毛纱质量的影响极大。它的作用包括对混料进行定量、梳理、混合、除杂、成条。兔毛梳理机的组成有自动喂毛机（保证定时定量喂入）→预梳机（对混料进行初步梳理混合）→头道梳理机→二道梳理机→过桥机→三道梳理机→四道梳理机→成条机，其中过桥机起到输送及横向混合均匀作用；头道梳理至四道梳理机，它们的组成和作用基本相同，即逐步对纤维梳理、混合，经过这样对纤维多次梳理，使纤维得到彻底疏松和混合均匀，并使纤维得到初步的平行和顺直，而且在梳理过程中甩掉部分粗杂。第四梳理机下机毛网进入成条机，首先被割成许多小毛条，再经搓皮板给以搓捻，使其成为具有一定强度小条（亦称粗纱），卷绕到粗纱棍上。梳毛机出机小条的根数决定于梳毛机的幅宽，如国产BC272梳毛机幅宽1 550mm，出条根数为120根；意大利梳毛机幅宽为2 000mm，出条根数为192根。

梳毛机加工兔毛与加工羊毛在工艺参数选择上有所不同，由于兔毛具有质轻、抱合力差、静电大、强力低等问题，给加工带来困难，如果梳毛工艺不当，将会造成大量的落毛、飞毛，甚至不能形成小条，或者成条过程中断头多。为了保证工艺顺利进行及小毛条的质量，在梳毛工艺中应贯彻“低速度、合适的隔距、缓速比、高针号及小喂入量”的原则。只要混料处理得当，梳毛机状态正常，车间温湿度适宜，目前梳毛机加工各种比例兔毛纱（尤其兔绒纱）皆可正常生产。

纺纱：粗梳毛纺系统有环锭纺纱机及走锭纺纱机两种，目前加工羊毛全部采用环锭纺纱机，加工兔毛则基本采用走锭纺纱机。无论哪种纺纱机，它们的纺纱过程都是将梳毛下机的粗纱进行牵伸（将粗纱拉细到所需要的支数）、加捻（给纱线以强度），然后卷绕在纱管上，便于下道工序使用，只是设备的结构不同而已。

走锭纺纱机的纺纱原理与手工纺车基本相同，它的最大特点是边牵伸边加捻。所以纺的纱条干好，因纺纱张力小，使原料适应性广，对环锭纺纱机不太适应的抱合力差的兔毛原料可顺利加工；另外在纺纱过程中纱线抖动，可抖落下部分粗、杂。走锭纺纱机现在比过去虽然有了很大改进，如走锭改为走架，减轻了劳动强度，另外对过去复杂的机构改为电气控制，但仍存在占地面积大，产量比环锭低的不足，从经济上考虑没有环锭机优越。

**3. 精梳毛纺系统**

**（1）精梳毛纺系统概念**　近年来，国际市场上兔毛产品发展很快，品种繁多，采用精梳毛纺系统加工兔毛已成为可能，最细可达120Nm，产品轻薄但价格很高。精梳毛纺系统过去是为了加工羊毛而设计的，由于羊毛纤维卷曲多，为了使其达到平行顺直，所以经过的工序很多，一般分两个大工序，也是两个厂，即毛条制造厂和精梳毛纺厂，前者的产品为毛条，由净毛到成品条需经过至少七道工序；后者的产品根据需要可以是毛纱，也可以是毛织品，由毛条到毛纱（未染色单纱）称前、后纺，一般至少也要经过七道工序。目前加工兔毛，其工艺流程是在纺羊毛的流程基础上改造的。

**（2）精梳毛纺系统对兔毛原料的要求**

①长度长而均匀，20mm以下的短毛率要少，最好不超过15%；

②由于分梳后的兔毛长度受损，短毛率也高，所以用于精梳毛纺的兔毛最好是细毛类兔毛的原兔毛；

③兔毛中的含粗要低，最好在5%以下（最好剪毛前先经拔粗）。

**（3）精纺兔毛纱加工工艺流程**　纺精纺兔毛纱目前有的先在毛条制造厂做成兔毛条，然后再在精梳毛纺厂进行纺纱；在国外有的厂利用缩短的工艺流程可直接由原料加工成兔毛纱。

①兔毛条制造。兔毛制条有混梳条与纯兔毛制条两种。所用设备有进口设备及国产设备，工艺流程与羊毛制条基本相同。其工艺流程为：原料→和毛加油→梳毛→头道针梳→二道针梳→精梳→条筒针梳→末道针梳，下机为成品兔毛条。

②前、后纺。前、后纺的工艺流程为：

兔毛条 → 混条机（有多根毛条喂入） → 头道针梳机 → 二道针梳机 → 三道针梳机 → 四道针梳机 → 粗纱机 → 环锭细纱机

如果制成股线，还需经过并线机→捻线机→络筒机。

流程中由混条到粗纱习惯称为前纺，由细纱到股线习惯称为后纺。

③兔毛原料直接纺纱过程举例。兔毛原料→和毛加油→梳毛→两次针梳→精梳→五次

针梳→针圈粗纱机（搓捻）→罗拉牵伸粗纱机（搓捻）→环锭细纱机。

(4) **精梳毛纺系统流程中各工序的作用** 和毛加油、粗梳毛纺相同。

梳毛：梳毛由精纺梳毛机完成。其原理与粗梳毛纺机基本相同，但是因为后面还有多道设备也起到梳理混合均匀作用，所以设备较粗纺梳毛机简单，在工艺参数上同样贯彻“低速度、缓速比、合适的隔距、低喂入、高针号”的原则，出机为一根大毛条。

针梳：在精梳毛纺系统中无论在毛条制造或前纺中都要经过多次针梳机，它们的结构与作用基本是一样的，即通过多根毛条喂入，将纤维混合；当须条通过针板区进入前罗拉后，由于前罗拉比针板速度快，产生了牵伸作用，一方面须条变细，另一方面当须条从针板中拉出时受到针板上梳针的梳理，产生了顺直平行、消除弯钩的作用，为进入精梳机做好准备，亦称理条工程。精梳以后的针梳是为了精梳毛条均匀，亦称整条工程；在前纺中的针梳是进一步的混合毛条，也使其中的纤维进一步伸直平行。为了将纤维梳理好，针板上梳针密度逐渐加大，但喂入量逐渐减小，否则出现毛粒增多。总之，在梳理兔毛时，在针梳机上同样贯彻“低速度、轻定量、合适的隔距（决定与纤维的长度）”的原则。

精梳：精梳由精梳机完成。精梳机是毛条制造中的关键机台，它对精梳毛纱的质量和成本均有密切的关系。它的主要作用是；除去毛条中不适合纺纱要求的短纤维，较完善地清除梳毛及针梳过程产生的毛粒及其他小杂质，使纤维在梳理中得到进一步伸直平行，使混料得到进一步的混合。目前使用的精梳机为间歇式，精梳下机毛条是由精梳后的毛片搭接而成，所以需经过至少两道针梳机进行并合、牵伸、梳理，以得到均匀的成品条。

前、后纺：如前所述，前纺工艺流程与加工羊毛的工艺流程相同。国产设备及进口设备经过工艺调整皆可加工兔羊毛条。在前纺设备中除粗纱机以外，从混条至四道针梳皆用针板式牵伸机构，其目的是使纤维得到进一步的混合、伸直平行，所用设备与毛条制造接近，只是出机毛条逐渐变细，因此，针板密度逐渐加大，前隔距逐渐缩小；粗纱机有两种类型，一种为有捻粗纱机，如国产B465型粗纱机，一种为无捻（搓捻）粗纱机，如国产B471型粗纱机。进口的粗纱机也有有捻粗纱机和无捻粗纱机两种。无论哪一种，其作用都将针梳下机的毛条通过牵伸达到要求的单重，再给以加捻或搓捻，使其具有一定的强度。这两类相比较，有捻粗纱机纺纱过程中卷绕张力较大，加工兔毛纱时宜采用无捻粗纱机。但目前生产中用得较多的还是有捻粗纱机。

在后纺中，细纱机皆采用环锭细纱机，这是因为环锭机结构简单，易于调整，比走锭机占地面积小，产量较高。另外也与加工的粗纱有关，精梳毛纺粗纱中的纤维长而均匀，能够承受环锭细纱机所产生的纺纱张力。

在前、后纺加工兔毛纱时，所采取的措施同样是贯彻“低车速、小隔距、轻定量、小牵伸以及低锭速”原则。

以上是在传统精梳毛纺设备上对兔毛的加工。至于前述的由原料直接到细纱的流程，其各工序的作用与以上相同。

**4. 半精梳毛纺系统**

(1) **半精梳毛纺系统概念** 为了解决精梳毛纺系统工艺流程长的问题，国内外研究了采用半精梳毛纺系统。它的典型工艺流程是：

原料→和毛加油→梳毛→头道针梳→二道针梳→三道针梳→粗纱→细纱

这些设备幅宽大、速度高、产量高，但只适于加工长度长而均匀，含杂少的原料，如化纤、粗长羊毛等，而且纺纱支数低，主要做地毯纱，粗毛线等。这种流程不适宜加工兔毛纱。

(2) **采用的半精梳毛纺系统加工兔毛纱**　受到半精梳毛纺系统这种短流程的启发，国内外有采用缩短的精梳毛纺系统加工兔毛纱。我国某毛纺厂采用的半精梳工艺流程是：

混合加油 → 梳毛 → B303 针梳 → B306 针梳 → B306 针梳 → B423 自调匀整针梳 → B432 针梳 → 442 针梳 → B471 针圈搓捻粗纱 → B583 细纱

纺纱支数可达 36Nm 以上，它比精梳毛纺系统加工兔毛工艺流程短。但应注意由于所采用的设备及纺纱支数的不同，半精梳毛纺系统加工工艺路线也不尽相同。

**5. 半精纺系统**

(1) **半精纺系统概念**　半精纺系统实际上是棉毛结合的以棉为主的加工路线。它的工艺流程比较短，纺纱支数也较高，我国加工纯兔绒纱或混纺兔绒纱可正常生产纺到 80Nm，为制造各种轻薄产品创造了条件。

(2) **半精纺加工中采用的工艺流程**　不同厂根据本厂设备情况不同采用的流程不同，但大同小异。

以毛纺为主的工艺路线，如：

原料（单色或混色、纯纺或混纺）→ 和毛加油 → 梳毛 → 一、二、三道针梳 → 一、二道并条 → 棉纺粗纱机 → 棉纺细纱机

以棉纺为主的工艺路线，如：

铺层加油 → 给毛 → 混毛（和毛）→ 开毛 → 梳毛 → 一、二道并条机 → 棉粗纱机 → 棉细纱机

这些设备的特点是：开毛机为六滚筒爬坡式（即多辊开松机），开毛后由气流输送至梳毛机喂毛箱；梳毛机为单锡林梳理机，成条输出后进入并条机，并条机为四上四下罗拉牵伸。粗纱机为四罗拉双皮圈牵伸有捻粗纱机，下机粗纱由环锭纺纱机加工成细纱。用这种流程可以纺制 62.5tex（16Nm 以上）的兔毛混纺或纯纺纱，所用兔毛比例为 20%～100%，纱线质量符合要求。

另一种路线为：

原料 → 和毛加油 → 梳棉 → 一、二、三道并条机 → 棉纺粗纱机 → 棉纺细纱机

目前这种路线用得较多，主要纺 100%兔绒及各种比例的混纺兔绒纱。

(3) **半精纺加工应注意的问题**　以上无论哪一种以棉为主的工艺流程，棉纺设备都要结合兔毛的特点在设备及工艺以上进行改进。共同的要求是轻定量、低速度、缓速比，尽量减少加工中对纤维长度的损伤。从这点出发，流程中的梳棉机应改为梳毛机，因为梳棉机锡林与盖板之间梳理强度大，易损伤纤维，而梳毛机梳理比较缓和，可减少纤维损伤。另外在原料的选择上，所用的原料长度细度要均匀，短毛率要低，最好控制在 10%以下。但是与棉花相比，兔毛的长短不匀率还是比较大，所以对并条机、粗纱机以及细纱机的牵伸机构也需要进行适当改进，以控制好纤维运动。另外，要注意控制好车间温湿度及混料上机回潮。

## 四、兔毛产品织造技术

织物是指由纤维，或纱线，或纤维与纱线按照一定规律构成的片状（或展开后成片状）集合物。所有织物的制造过程可以统称为织造，根据产品结构和加工原理的不同，可以将形成织物的方法分为机织、针织和非织造等。

### （一）机织

**1. 机织物** 机织物就是采用相互垂直的两个系统的纱线（织物长度方向排列的纱线称为经纱，织物宽度方向排列的纱线称为纬纱），在织机上按照织物组织规律的要求相互交织形成的制品。

机织物的品种和用途极其广泛，根据所用的设备类型、原料、纱支、织物组织等的不同，可以得到各种各样不同用途、不同风格、不同组织、不同厚薄的机织物。

**2. 机织工艺** 机织，在传统意义上又称为“梭织”，是指以经纬纱按各种织物结构形成机织物的工艺过程。是纺织工业生产的重要组成部分。

**3. 机织加工工艺流程** 经纱和纬纱根据不同的织物要求，要经过不同的工序，才能最终形成符合要求的机织物。

机织工艺流程总体分为三个阶段：织前准备、织造、原布整理（白坯布）。

经纱织前准备工序有：

络筒→整经→（浆纱）→穿接经

络筒是将细纱机下机的单纱或捻线机下机的股纱经过络筒机卷绕成体积较大的筒子，便于下道工序使用。整经是根据布幅的宽窄将多个筒子上的纱线通过整经机平行卷绕在用于织机的经轴上。浆纱是为了增加纱线的强力及耐磨性以承受在织造过程中经纱开口的张力及综眼等的摩擦，通过浆纱机附以纱线浆膜；在毛纺织造准备过程中，除特殊轻薄产品外，一般不经过浆纱工序；兔毛纱虽然强力低，但目前尚未经过浆纱工序。穿接经工序是将经轴上的纱线先穿入停经片中，然后穿入综丝眼中，再穿入钢筘的筘齿中。经过织前准备工序，纱线在织机上形成织造所需要的形态。

纬纱织前准备根据使用的织机类型不同而有所区别。在有梭织机上，纬纱可以分为直接纬纱（将细纱机生产的管纱直接用作纬纱）和间接纬纱（将细纱机上落下的管纱经络筒、卷纬机卷绕形成纬纱管）。兔毛纱一般采用间接纬纱。而无梭织机卷纬形式多以大卷装的筒子参与织造。

在织机上，通过提综过程使经纱开口，通过引纬运动使纬纱穿过梭口，经过打纬过程使得经纱与纬纱相互交织，然后根据要求送出一定量的经纱，并将已经形成的织物引离织口，卷绕到布辊上。经过这一系列动作的反复进行，使经纱和纬纱相互交织，形成符合设计规格的织物。

下机坯布为半成品。对于棉纺厂来说，一般没有染整车间，坯布进入原布整理车间进行简单整理，以提高织物质量，使织物便于出售和交货。而毛纺厂多为纺织染整联合厂，织造出的坯布经过检验修补后进入染整车间。机织加工流程如图 13－8 所示。

**4. 织机的种类**　织机的分类方法多种多样，根据不同的分类方式，可将织机分为不同的种类和名称，具体来讲有：

(1) **按构成织物的纤维材料分**　棉织机、毛织机、丝织机、麻织机。

(2) **按所织织物的轻重分**　轻型织机，织造如丝织物类的轻薄型织物；中型织机，织造中等厚度的织物，如棉、亚麻、精纺毛织物；重型织机，织造厚重织物，如帆布、粗纺毛织物。

(3) **按引纬方式分**　有梭织机和无梭织机。无梭织机包括剑杆织机、片梭织机、喷气织机和喷水织机。

(4) **按开口机构分**　踏盘织机、多臂织机和提花织机。

一般来讲，兔毛产品以轻薄型居多，织造兔毛机织物所使用的织机多为毛型织机，而且在有梭织机和无梭织机上均可织造。

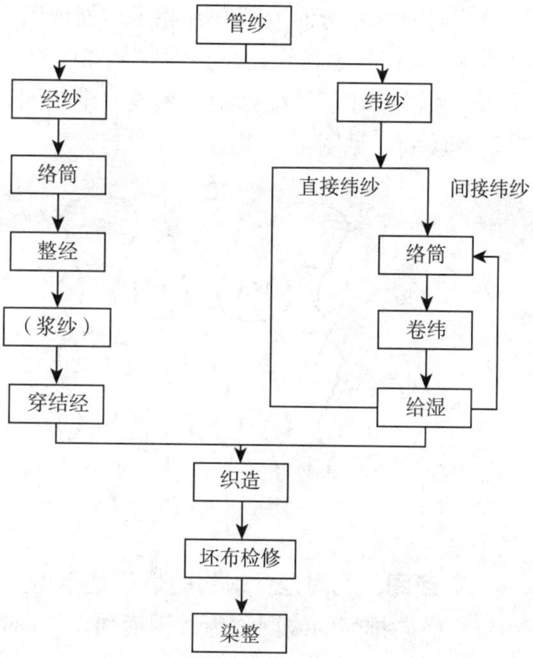


图 13-8　机织加工流程

**5. 利用机织工艺织造兔毛时应该注意的问题**　兔毛纤维强度较小，耐疲劳性差，在剧烈的机械力作用下易损伤，兔毛纱还容易掉毛。所以在机织过程中，上机张力要小，梭口要小，后梁高度要低，每筘穿入数要少，经纬纱密度要小。

**6. 机织兔毛纺织品品种**　在机织产品的开发上，兔毛可用于生产平素的面料，也可以生产提花、印花、轻薄面料，如兔毛围巾、兔毛披肩以及兔毛时装面料等。对于表面为呢面的服装面料，因为整理中是纬起毛，经纱可以采用纯羊毛纱或者兔毛、羊毛及化纤混纺纱，这样一方面可以降低原料成本，另一方面在织造中可以承受经纱开口张力，减少断头，而且经过起毛整理，尤其是短顺毛产品能呈现出兔毛产品独特的细腻表面、柔软手感、鲜艳的色泽以及柔和光泽的特点，这种面料有兔毛大衣呢、女式呢以及兔毛毛毯等。

## (二) 针织

**1. 针织物**　针织物是指由织针将纱线弯曲成线圈，并使之相互串套链接而形成的片状集合体。

织制针织物可使用的原料比较广泛，包括棉、毛、丝、麻、化纤及它们的混纺纱或交并纱等。针织物质地松软，有良好的抗皱性与透气性，较大的延伸性与弹性，适合人体各部位的外形。针织产品除主要做服用（目前兔毛针织产品较多）及装饰以外，还可用于农业、医疗卫生和国防等领域。

**2. 纬编和经编**　针织物按其加工工艺可分为纬编和经编两大类。纬编针织物是指纱线沿纬向喂入，弯曲成圈并互相串套而成的织物。即织物是由一根纱线顺序逐针形成的，见图 13－9；经编针织物是指纱线从经向喂入，弯曲成圈并互相串套而成的织物。其特点是每一根纱线在一个横列中只形成一个线圈，因此每一横列是由许多根纱线成圈并相互串套而形成的，见图 13－10。

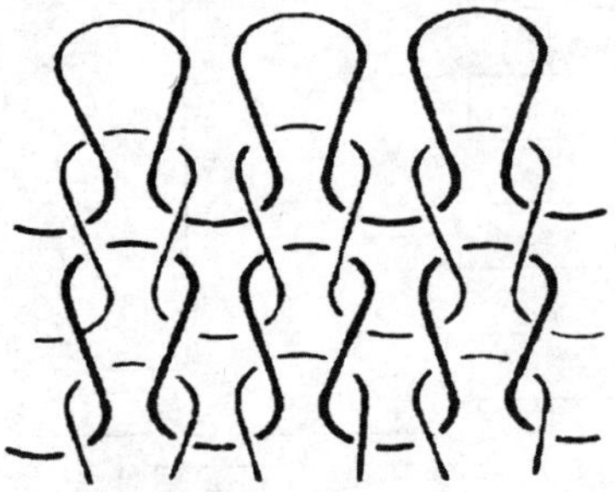

图 13－9 纬 编

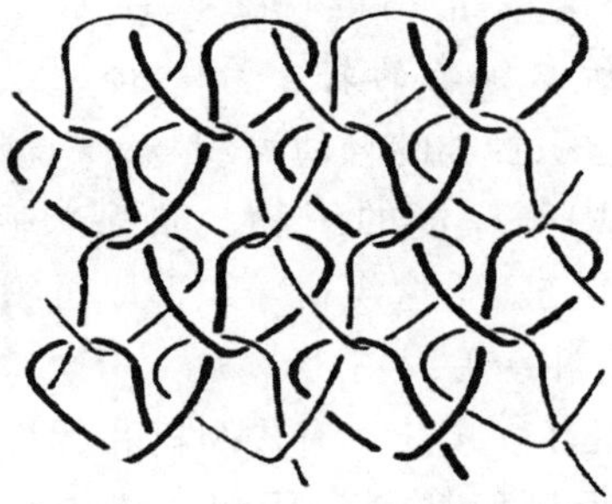

图 13－10 经 编

**3. 线圈** 线圈是针织物的最小基本单元，是识别针织物的一个重要标志。在针织物中每行横向排列的线圈称为线圈横列，纵向排列的线圈称为线圈纵行。

**4. 针织机分类** 利用织针把纱线编织成针织物的机器称为针织机。针织机按加工工艺分为：纬编机、经编机；按针床数分为：单针床针织机、双针床针织机；按针床形式分为：平型针织机（横机）、圆形针织机；按用针类型分为：钩针机、舌针机、复合针机等。

**5. 加工兔毛主要采用的针织设备品种** 从加工工艺上，兔毛针织品基本上都是纬编工艺，目前还没有采用经编机加工兔毛。又因兔毛原料的成本较高，不适宜在裁耗较大的纬编大圆机上织造，因此加工兔毛产品在纬编机中主要使用具有舌针的平型针织机，俗称横机。从 20 世纪 80 年代起，已开始使用电子提花横机，除编织素色产品外，还可编织各种花色品种。横机的编织方法有全成形和部分成型两种，目前已能织出整件组合衣坯，可以节省裁耗，减少部分接缝。

**6. 针织物的织造过程** 针织物的织造过程可以分为三个阶段。

给纱：纱线以一定的张力输送到针织机的成圈编织区域。

成圈：纱线在编织区域，按照各种不同的成圈方法，形成针织物或形成一定形状的针织品。

卷取：将针织物从成圈区域引出，或卷绕成一定形式的卷装。编制兔毛产品由于下机是单件半成品，所以没有卷取阶段。

**7. 针织用纱的基本要求** 针织用纱线必须具有一定的强度和延伸性，以便能够弯纱成圈；而且捻度均匀且偏低；条干均匀，纱疵少；抗弯刚度低，柔软性好；表面光滑，摩擦系数小。兔毛纱完全可以符合这种要求。

**8. 针织物的机号与纱支间的关系** 各种类型的针织机，均以机号来表明其针的粗细和针距的大小。机号是用针床上 25.4mm（1 in）长度内所具有的针数来表示。针织机的机号说明了针床上排针的疏密程度，机号越高，针床上规定长度内的针数越多，所用针越细，针与针之间的间距也越小。

针织机的机号在一定程度上确定了其加工纱线的细度范围。为了保证成圈顺利，针织机所能加工纱线的细度的上限（最粗），是由成圈等机件之间的间隙所决定的，而所能加工的纱线细度的下限（最细），决定于原料、纱支及织物品质的要求。

原料不同（如棉和兔毛），纱线支数相同，但纱线的直径并不同。因为棉的密度为 1.5g/$cm^3$，兔毛的密度为 1.1g/$cm^3$，而且兔毛比棉纤维长，捻度比棉纱小，所以兔毛纱比较膨松，直径偏粗。另外，也要考虑到织物品质的要求。兔毛针织产品要求手感柔软，而不烂，织物也要具有要求的强力及弹性。因此，在确定横机加工纱线细度的下限时，一定要考虑上述因素。

当原料固定，一定的设备，加工一定的品种，往往配备好不同的纱支所适合的机号（针/25.4mm），以保证加工顺利及产品质量稳定。对于加工兔毛纱，由于目前品种还比较少，在横机加工半精纺纯兔毛纱 60Nm/2 用 16 针/25.4mm；70Nm/2 用 17 针/25.4mm；80Nm/2 用 18 针/25.4mm。粗纺兔毛纱由于纱支较低，针号相应也较低，如 16Nm/1 所用针号为 10 针/25.4mm；16Nm/2 用 6～8 针/25.4mm。如果要求织物松紧有些变化，所选针密上下也可稍有波动。

**9. 针织服装的生产流程**　针织厂的生产工艺流程根据出厂产品的不同而有所不同，多数针织厂是生产服装类产品的，以兔毛针织衫为例，其基本的工艺流程如下：

织造（成型坯布）→检验→套口→缝衣→缩绒→清洗→脱水→烘干→防掉毛整理→整烫→成品检验→包装

为了色泽均匀柔和，目前兔毛产品多为原料染色。

## （三）非织造技术

**1. 非织造布概念及其特点**　非织造布也叫无纺布、不织布，简称非织布，是指不经传统的纺纱、机织或针织工艺所制成的织物。它是由纤维网借机械或化学方法构成的片状集合物。

非织造布的生产工艺流程短，生产过程便于自动化，产量远远高于机织、针织加工，而且对纤维原料的适应性强，甚至下脚料也可以作为原料，产品多种多样，几乎涵盖所有的领域和行业。

**2. 非织造布的分类**　根据不同的分类标准，非织造布可以有不同的分类。按照产品的用途分，可分为医用卫生保健材料、建筑土工材料、工业用材料、生活与家用装饰材料、农用材料以及其他领域的材料；按照产品使用时间分，可分为耐用型和用即弃型（指使用一次或几次就不再使用的产品）；按照厚度分，可分为薄型和厚型非织造布；按纤维网成型方法分，可分为湿法成网、干法成网、聚合物挤压成网，其中世界上以干法成网生产较为普遍。

**3. 兔毛在非织造布中的应用**　兔毛以轻、细、软、保暖性强、价格便宜的特点受到人们的喜爱。兔毛纤维表面特别光滑，强度较低，颜色洁白如雪，光泽晶莹透亮，柔软蓬松。利用兔毛可以生产非织保暖材料、工业造纸毛毯、高级地毯、工业毡制品，利用一些下脚料还可以生产工业呢绒、呢毡、衬垫材料等。

### (四) 兔毛纺织品开发

**1. 利用兔毛开发服用产品** 兔毛纤维可以应用在各类服装领域，如兔毛帽、兔毛衫、兔毛裤、兔毛袜、连衣裙、内衣、外衣、各种休闲装、工作装。通过功能整理，还可以制作具有特殊功能的高级服装。

**2. 兔毛在其他领域中的应用** 兔毛可以生产家用装饰织物，如挂毯、地毯等；应用在非织造技术，可以做各种保暖絮片；利用化学、物理、生物等技术进行兔毛改性，从而开发出附加值更高的各类产品。将兔毛研磨成兔毛蛋白粉末，应用在整理上，可以提高织物的舒适性能；利用废弃兔毛，可以制成环保型兔毛蛋白脱色剂，这不仅是将废弃蛋白资源进行有效利用，变废为宝，而且可减少污染，净化环境。

## 五、兔毛及产品的储运

兔毛及产品储运的关键是兔毛原料及产品的保管、储藏、包装、运输的管理。兔毛产品的储运原理与兔毛原料基本相同。

### (一) 兔毛及产品的保管

兔毛由角质蛋白组成，兔毛的最外层结构使兔毛具有缩绒性，兔毛最里面的中空髓质层能吸收水分造成兔毛霉烂变质。因此，兔毛及产品的保管要做到“四防”，即：防压、防潮、防晒和防蛀。

### (二) 兔毛的储藏

**1. 家庭兔毛存储** 由于兔毛的缩绒性和吸湿力很强，若保存不当，易结块和发黄变质。现介绍几种适用的贮存方法。

(1) **箱储** 选择干燥的箱子（纸箱、木箱均可），箱底铺一张白油光纸。若是木箱，内壁应全用白纸糊住。然后，将分级剪下的兔毛放入箱内。放20cm左右厚并轻轻压一下，但不能压紧。然后，继续放置，再压，直到把箱体装满。最后合拢箱盖保存。

如果长时间放置，还可以在上、中、下三处分别放置装有樟脑丸的纱袋，以防虫蛀。

贮存兔毛的箱子不能靠墙着地，应放在离地面60cm以上的通风干燥处，最好悬挂在梁上。

(2) **缸储** 选择清洁干燥的缸（放过咸菜的不能用），底层先放一层石灰，然后再放一块3cm厚，接近缸底大小的圆形木板，或清洁干燥的马粪纸，上面铺张白纸，然后放入兔毛。兔毛放法同箱贮一样。装好后密封缸口即可。也可将兔毛放入干燥的白布袋，再入缸内保存。

(3) **橱储** 先用干燥的棉絮在橱内打底，上面铺上白纸或被单。橱四周和中央放上樟脑丸，然后放入兔毛。上面再放几个樟脑丸袋，然后闭门保存。

此外，还可以参照以上方法，选择其他容器放置。但无论采用哪一种方法，都应该每隔一段时间（最迟不超过一个月），选择晴天，打开检查一次。如发现潮湿、霉变等，应及时采取补救措施。

**2. 兔毛仓储** 兔毛是我国重要的出口商品，其供应量占全世界兔毛的90%以上。大量出口时，由于兔毛的理化特性，决定了兔毛仓储的特点。兔毛仓库保管时要注意以下几个要点。

（1）**建立岗位责任制** 要增强保管员的责任心，做到勤查仓库，发现问题及时补救。

（2）仓库应干燥、清洁，不受阳光直射，且能封闭。

（3）垫仓的货架需离地30cm高。货架下要通风，货垛不宜过大，不宜靠墙，要留有垛距。

（4）**严格控制仓内温湿度** 温度要求在5～30℃，相对湿度在60%～70%。高温高湿季节要紧闭门窗。

（5）**药物杀虫** 仓库内要经常撒放精萘粉。成品机包兔毛时，除两头放精萘粉外，每层也要少量撒放。

（6）对于原料毛的保管，一般要做到勤翻勤晒，加强管理。由于原料毛的白布袋包装较松，很容易吸潮，所以放置时一定要选择通风良好的条件，以避免时间过久发霉、生虫。

（7）库内存货，无论是成品毛，还是原料毛，一定要做到先进先出，避免放置过久。

（8）管理人员要建好保管档案，出入库要有严格的手续。存货要有标签，并标明入库时间、等级、交货单位、验质人员姓名等。

总之，严格仓库管理是保证兔毛质量的重要环节。

### （三）兔毛及产品包装

兔毛纤维柔软细长，经多次翻动摩擦，容易沾污、染杂。因此所用包装材料应以不损害兔毛品质为原则。

**1. 布袋包装** 用布袋或麻袋装毛缝口，外用绳子捆扎，每袋装30kg，装毛应压紧。包装过松，经多次翻动容易使兔毛纤维相互摩擦而产生缠结毛。

**2. 纸箱包装** 用清洁、干燥纸箱，内衬塑料袋或防潮纸，装毛加封，外用绳子捆扎。这种包装仅适用于收购兔毛数量不多的基层收购站作短途运输。

**3. 打包包装** 采用机械打包，外用专用包装布缝口，每件重50～75kg，包上打印商品名、规格、重量、发货单位、发货时间等。这种包装适用于长途运输或出口。一般省级畜产公司将县级调运来的兔毛经过分选、拼配、开松和除杂等加工程序后进行此种打包。

对于兔毛产品采用纸箱包装。用清洁、干燥纸箱，内衬塑料袋或防潮纸，兔毛产品应单件装塑料袋或纸盒外包。放有防虫蛀的樟脑小袋，整箱封好。放置干燥通风处。防重物紧压。

### （四）兔毛及产品运输

兔毛采集或收购后应及时出售、调运，尤其是粗毛型手拔毛由于连同毛根拔出，毛根部分容易腐烂变质，所以存放时间不宜过长。

**1. 出库手续** 兔毛出库时必须按规定办理出库手续。填写各种报表和单据，以备交接、收款和结算时使用。

**2. 运输工具** 运输兔毛及其产品，无论采用何种工具，装货时必须清理干净，做到防雨、防潮，如遇拼车、拼船时，应将兔毛包放在上层，以免重物紧压。

**3. 注意事项** 兔毛出运时要防止受潮，雨雪天不要出运。严禁与有色、碎屑及流质物资一起拼车，以免兔毛受污、受损。

## 第三节 兔皮加工与贮藏

家兔皮毛绒丰足，平顺、灵活有光泽，但针毛粗、脆、易折断。家兔种类多，无论是皮板厚薄、张幅大小，还是毛被性状、毛被颜色等差异很大，多以白色为主。通常北方地区皮张张幅较大，毛绒丰厚、细密；南方产兔皮张幅略小、板薄、毛较稀疏；麻兔皮针毛粗且多。獭兔皮在毛被方面与肉兔皮差异十分明显，突出表现在绒毛细密、丰厚、平齐，针毛少且短于绒毛，已成为重要的毛皮原料皮。

### 一、生皮化学与组织结构

#### （一）化学组成

鲜兔皮的化学成分主要为水、脂肪、无机盐、蛋白质和碳水化合物等。兔皮的化学成分见表 13 - 13。

鲜兔皮的化学组成随着兔的品种、年龄、性别和生活条件的不同而不同。鲜皮中的蛋白质含量占皮重的 20%～25%，是毛皮的重要组成成分，其结构和性质极为复杂。

**表 13 - 13 鲜皮的化学组成（%）**

| | |
|---|---|
| 蛋白质 | 30～50 |
| 脂肪 | 54～75 |
| 水分 | 2～20 |
| 蛋白质 | 20～25 |
| 糖类及其他 | <2 |
| 无机盐 | 03～0.5 |

真皮的主要成分为胶原蛋白。胶原蛋白不溶于水、盐水、稀酸、稀碱和酒精，在鞣制加工过程中胶原蛋白经稀酸或其他鞣剂处理后，能保持柔软、坚韧等特性。所以，在生皮贮存期间或鞣制加工过程中，应尽可能防止胶原蛋白受损。弹性蛋白是结缔组织中的主要蛋白之一，在生物条件下具有弹性，不溶于水、稀酸及碱性溶液，但可被胰蛋白酶和饱和石灰溶液所破坏。皮加工过程中就是利用这一特性以除去弹性蛋白，以增加成品的柔软性和伸长性。

表皮和兔毛的主要成分是角蛋白，不溶于水、酸溶液，角蛋白又分为硬角蛋白和软角蛋白，其特点是含有较多的胱氨酸，碱对角蛋白有明显的溶解作用，而且角蛋白对氧化剂和还原剂很敏感，均可引起毛干降解。

鲜皮中还存在少量的白蛋白、球蛋白、黏蛋白和类蛋白等非纤维蛋白，白蛋白和球蛋白易溶于水、酸和碱溶液，遇热凝固，黏蛋白和类蛋白则不溶于水和中性盐溶液，但能溶于稀碱溶液，可被酸性蛋白酶和黏蛋白酶所分解。在兔皮加工的准备工序中必须除去这些非纤维蛋白成分，以利于胶原纤维的分散和鞣剂、加脂剂、染料等化工材料渗入皮层内。

## （二）皮板组织结构

不同的品种的兔皮虽然皮板厚薄、面积各不相同，但皮板性质差别不大。一般皮板背脊较厚，边腹较薄，家兔皮主要部位厚度为1.3～2.1mm，獭兔皮主要部位厚度为2.3～3.4mm。在显微镜下观察皮板纵断面，可以清楚看出皮板分为三层，即表皮层（上层）、真皮层（中层）、皮下组织（下层）（图13-11）。

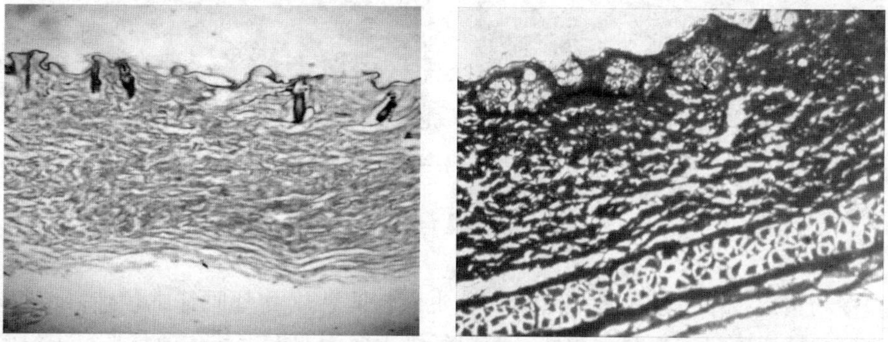

图13-11　獭兔和家兔生皮纵切面图（×40　H.E染色法）
左为家兔皮，右为獭兔皮

**1. 表皮层**　表皮层位于毛被之下，紧贴真皮之上，由不同形态的表皮细胞组成。表皮层的厚度在同一动物的不同部位存在差异。家兔颈部表皮层厚度为皮板厚度的0.3%～0.8%，背脊部为0.8%～1.2%，腹部为0.6%～1.0%。獭兔皮颈部表皮层厚度为皮板厚度的0.8%～1.6%，背脊部为1.8%～2.4%，腹部为1.4%～2.0%。

兔皮的表皮层较薄，粒面细致，毛被稠密。兔皮表皮又可细分出两层，上层为角质层，下层为黏液层（亦称生发层）。

**2. 真皮层**　真皮层介于表皮与皮下组织之间，是皮板的主要部分。兔皮皮板的主要特征都是由这层的构造来决定。真皮的质量或厚度约占皮板的90%以上。真皮又分为乳头层和网状层。

乳头层的表面呈乳头状的突起，因此被称为乳头层。网状层的胶原纤维束粗大，并紧密编织成网状。真皮层由纤维成分和非纤维成分组成。

**（1）纤维**　纤维成分由胶原纤维、弹性纤维、网状纤维组成。

①胶原纤维。胶原纤维是真皮层中的主要纤维，占全部纤维质量的95%～98%。

胶原纤维束由平行排列成行的细纤维所构成，而这种细纤维又由更小的原纤维也叫微纤维所构成，它的直径可小至几十纳米（一般为20nm）。原纤维还可拆分成更细的纤丝或称亚原纤维，直径3～5nm，再分成直径1.2～1.5nm的初原纤维。初原纤维即为胶原纤维的基本单位，是由三条α-肽链构成，为细长的棒状结构，长280nm，相对分子质量约为$3\times10^5$。胶原纤维束在真皮中相互交织成型，绵延不断，编织成一种特殊的立体网状结构，使得生皮及其制品具有较高的力学强度。胶原纤维能够成束，这是它的特性之一，如图13-12。形成如此复杂编制的胶原纤维，与兔种类、性别、年龄、饲养状况以及身体的不同部位有关。即使在同一部位，胶原纤维束的粗细度和紧密度、编织形式也不完全一样。越是靠近表皮的胶原纤维束越细小，但它延伸至粒面处，这些愈来愈细小的纤维束又紧密地编织，最后构成非常致密的粒面。

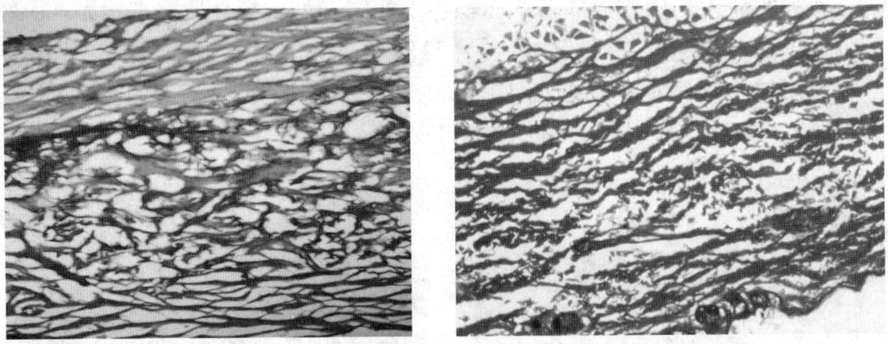

图 13-12 兔皮胶原纤维（×100 铁苏木染色法）
左为家兔皮 右为獭兔皮

家兔皮与猪皮、牛皮及羊皮等不同，乳头层与网状层的胶原纤维较细，编织较松散，乳头层与网状层之间没有明显的界线。胶原纤维走向为顺毛生长方向且平行于粒面，越是靠近粒面，纤维编织越紧实。就部位而言，颈部的胶原纤维最粗壮，编织最紧密；其次为臀背部、脊部偏薄，腹肷部纤维相对较细，编织最疏松。总体看来，家兔兔皮张幅小，皮板较扁薄，部位差较小。

獭兔皮除近表皮粒面处胶原纤维编织较为紧实外，其余部分的乳头层与网状层胶原纤维粗细相差不多，但乳头层稍紧于网状层，就部位而言，颈部胶原纤维粗壮，编织较紧密。厚度颈部最厚，臀、腹部次之，脊部最薄。

②弹性纤维。弹性纤维分布于毛囊、脂腺、血管、汗腺和竖毛肌等周围，还存在于皮下组织及靠近皮下组织的真皮中，对真皮起某种支撑作用。

家兔皮的弹性纤维在乳头层近粒面处分布较多，网状层与皮下层分布较少（见图 13-13）。弹性纤维多为交织成网，呈树枝状分散开，平行于粒面走向，多分布于乳头层的毛囊与肌肉周围。就部位而言，颈部弹性纤维最粗壮，分布较多；臀背部较粗壮；脊部次之；腹肷部较细，分布最少，这与其毛被生长状况有一定的关系。

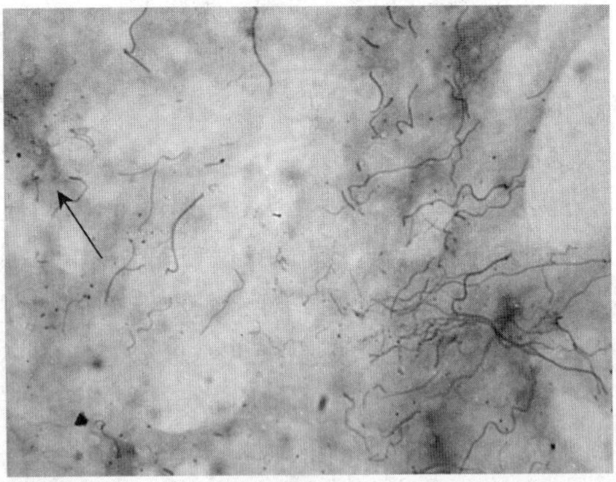

图 13-13 家兔皮中的弹性纤维（箭头所示处）
（×200 威氏染色法）

獭兔皮的弹性纤维主要分布在近表皮的乳头层中的脂腺以上的区域，在脂腺以下到网状层弹性纤维极少，但在皮下层又有少许弹性纤维，从平切片看，在脂腺以上处，弹性纤维很多，且交织成网。就部位而言，一般颈部较多、较粗，脊、臀部次之，腹部较少。

兔皮在生产加工过程中，化学作用弱，且作用时间短，从成品的组织切片观察，亦可看出弹性纤维去除不完全。但弹性纤维的存在对成品的柔软度影响不大。

③网状纤维。网状纤维有分枝也有并合，这种纤维分布在表皮和真皮交界处，形成稠密的网膜；另外还在胶原纤维的表面形成一个疏松的网套，将其束膊，增大了皮板强度。

**（2）非纤维**　非纤维成分有血管、汗腺、脂肪细胞、毛囊、肌肉、神经、纤维间质和淋巴管等。

①纤维间质。在真皮纤维间填充着一种胶状的物质，成为纤维间质。生皮干燥后，纤维间质把皮纤维紧紧地黏结起来，而使皮板变得坚硬。纤维间质的存在有碍于鞣剂和其他化学材料向皮内渗透和松散纤维，故在鞣前准备中，需将其大量除去。

②汗腺。家兔和獭兔的汗腺不发达，汗腺分泌部一般位于毛囊下方的脂肪锥中或者游离脂肪细胞之间，由于兔皮中汗腺不发达，对成品质量无影响。

③脂腺。这是一种像一簇葡萄状的小泡腺，紧贴于毛囊上，以一个细管与毛囊相通。脂腺能分泌出类脂物质，先储存在脂腺内，然后沿着导管流入毛囊，又流到皮的表面，叫做皮脂，润滑毛干和表皮。

兔皮脂腺不发达，每根针毛都有各自的脂腺。就部位而言，颈部毛较粗，所以脂腺也要大一些，脊部次之，腹部较小。獭兔皮脂腺也不发达。

④脂肪细胞。毛皮动物的脂肪细胞多呈球形或椭圆形，其内充满脂肪。它多集中于皮下组织中，但在真皮层也有游离脂肪细胞存在。脂肪细胞的大量存在严重影响皮板加工期间化学材料向皮内渗入，所以在准备工段需除净皮下组织。

兔皮的颈部及腹部像猪皮一样长有由脂肪细胞组成的脂腺锥，见图 13－14。此脂肪锥较小，但长入皮内较深，各组毛的毛根均长入脂肪锥中。颈部脂肪锥较腹部大，长入皮内较深，而脊部则无脂肪锥。在皮加工过程中，应注意加强化学脱脂，除去颈部及腹部脂肪锥内的油脂，如脱脂不净将妨碍化学药品的渗透而影响产品质量。

獭兔皮的毛根底部存在大量的脂肪细胞，如图 13－15。对獭兔而言，其毛根底部的大量脂肪细胞也形成类似猪皮的脂肪锥，在脊部这个脂肪锥细长，其高度为全皮厚的 1/3 左右，而其余部位的脂肪锥较矮小，占全皮厚的 1/5 左右，毛根长入其中。

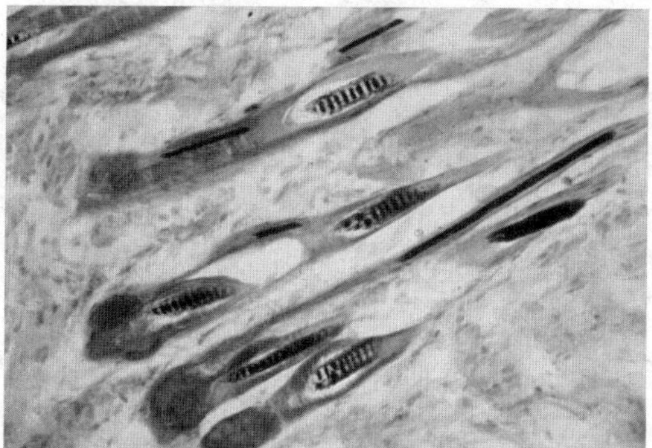

图 13－14　家兔皮脂腺

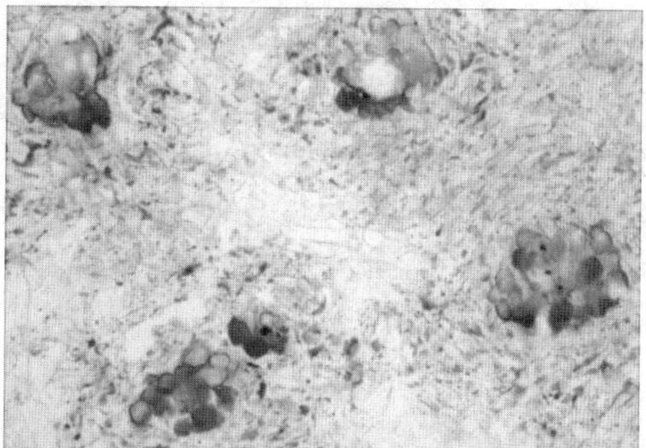

图 13－15　獭兔皮脂肪细胞

⑤肌肉组织。兔皮的竖毛肌不发达，只有针毛毛囊才有竖毛肌，而绒毛则没有。竖毛

肌一端长于针毛毛囊底部，另一端沿毛囊倾斜延伸至近粒面处。就部位而言，颈部竖毛肌较粗，脊部次之，腹部最细。从同一部位来看，成品中竖毛肌较原皮为粗，略有分散和弯曲变形，说明竖毛肌在生产过程中受到一定的作用已分散为较细的肌纤维。由于兔皮针毛较少，且竖毛肌又较细，在生产过程中又易分散为较细的肌纤维，因而对成品质量无多大影响。

獭兔皮的竖毛肌不发达，同样只有针毛周围才存在竖毛肌。

⑥毛囊。表皮层沿着真皮凹凸不平的表面在有毛生长的地方陷入真皮内形成一个管状鞘囊，称为毛鞘，它与毛袋构成毛囊，毛囊内有毛根和毛球，毛囊成倾斜状。

正如图 13-16a 所示，多根兔毛的毛干处于同一出口，但仔细观察发现，每根毛都有各自的毛囊。一般来说，毛囊出口处开口的大小决定了毛孔的形状大小、乳突的高低，而毛孔大小、乳突的高低则直接影响到家兔皮粒面的粗细程度。虽然家兔皮中多根兔毛的毛干处于同一出口，但毛孔仍旧较小，因而家兔皮的粒面较细致，这可能与家兔皮的绒毛多且细有关。此外，也有少量针毛单根生长于一个毛囊中，如图 13-16b。家兔皮的毛囊呈现出了出口处较小，上小下大的特征。为避免影响成革手感，制革生产中，毛、表皮、毛根及毛根鞘等都将被除去。獭兔绒毛成簇生长同出一个毛囊口，且细致浓密，如图 13-17。制革的脱毛、浸灰工序可以除去大部分毛、毛根及毛根鞘，脱灰、软化等后工序能进一步将其除去，但仍有不能完全除净的困难，故成革中偶有少量残存的毛根及毛根鞘，应根据实际情况适当控制各工序操作，确保成革质量。

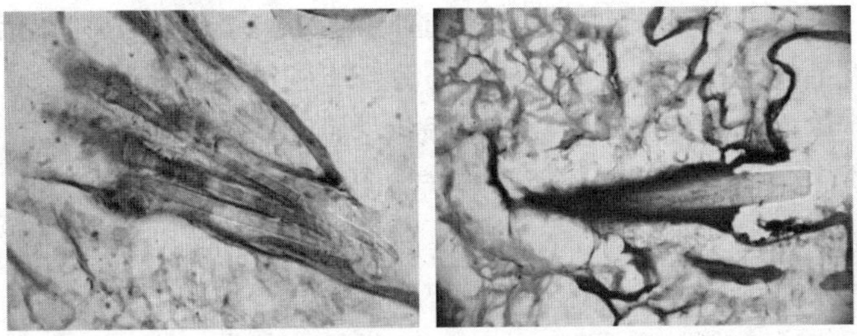

a　　b

图 13-16　家兔的毛囊结构

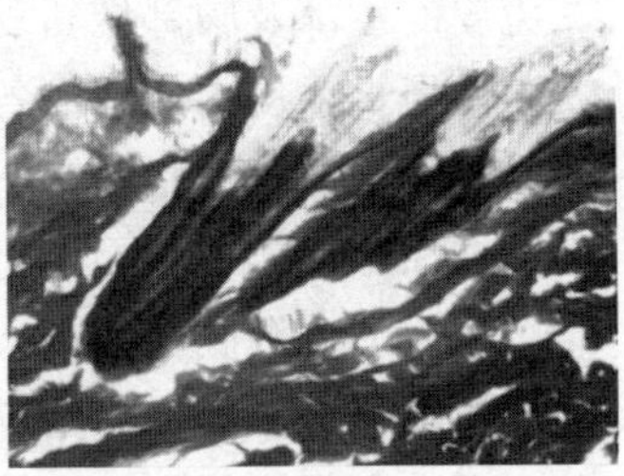

图 13-17　獭兔皮毛囊结构

⑦血管和淋巴管。真皮内有许多枝状血管，主要分布于皮下组织与真皮网状层交界处，乳头层与网状层交界处以及脂腺和汗腺的周围。皮内还有丰富的淋巴管，它们在乳头层处形成稠密扁平的淋巴毛细管网，并向深处延伸，到真皮与皮下组织之间，在这里又形成宽大的淋巴网。血管和淋巴液都容易腐败，因而易引起生皮腐烂变质及掉毛现象，故在原皮保存中要注意。

(3) ***皮下组织层***　兔皮皮板的真皮网状层下有一层横纹肌肉层，俗称油膜、脂膜或肉里，是皮腹与肌肉的联系组织，使乳头层与网状层分界明显，两层层度比约为 4：6。油膜与网状层间存在游离脂肪细胞。油膜会阻碍皮内水分的蒸发，不利于生皮的保存，还会妨碍加工过程中化学药品的渗透，在准备工段须将其除尽。

在肉里与网状层之间有许多血管，揭里后，血管黏附在油膜上，在网状层上留下深深的印痕。

### （三）毛及毛被的构造

**1. 毛的构造** 单根毛在形态构造上可以分为以下 4 个部分。

（1）**毛干** 毛干是指毛露在皮板外面的部分。

（2）**毛根** 毛根是指毛干在皮内的延续部分。

（3）**毛球** 毛球是毛最下端的膨大部分，它包围着毛乳头。毛球的基层部分在活体上是由活的表皮细胞构成。这些细胞在不断地繁殖和演变的过程中，就逐渐形成了毛根和毛干。毛根和毛干都是由逐渐角质化的不能繁殖的细胞构成。

（4）**毛乳头** 毛乳头是毛袋内凸入毛球内形成的。它在活体上是供应营养物质和毛生长的器官，在其上有密集的血管和神经末梢。随着毛球细胞的繁殖和衍生，毛球表面细胞硬化后变成鳞片层，内层细胞衍变为皮质层。附在毛乳头上端的毛球上部则皱缩干燥而形成毛髓。

兔毛分为针毛及绒毛（图 13－18），图 13－18 中 a 和 b 分别为獭兔的针毛和绒毛，c 和 d 分别为家兔的针毛和绒毛的放大图。獭兔针毛毛尖粗，毛根与绒毛的细度相近，针毛长度略短于绒毛，而家兔皮针毛上下两段较中间部分粗大，形成了其特有的哑铃形，且比绒毛略长 1/3。兔绒毛较细、软，毛杆细度较均匀，但毛尖部位极细小，呈波浪形弯曲状。通常毛被的品质主要由绒毛的数量和质量所决定。

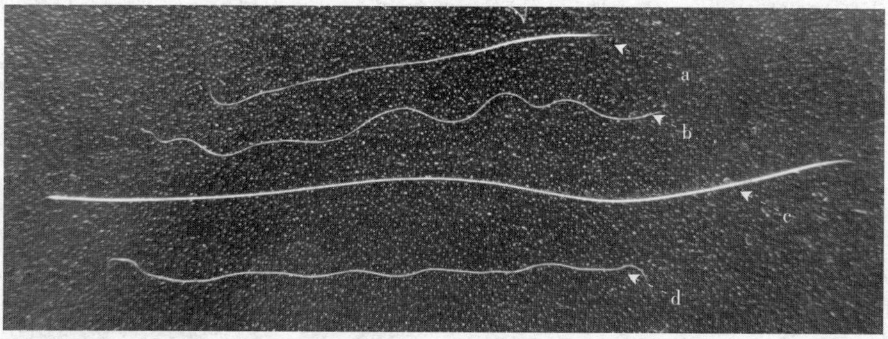


图 13－18 獭兔皮和家兔皮针毛与绒毛杆的放大图

a. 獭兔针毛 b. 獭兔绒毛 c. 家兔针毛 d. 家兔绒毛

左端为毛根部位 右端为毛尖部位

**2. 毛的组织构造** 兔毛的横切面一般为圆形或椭圆形，在电子显微镜下观测得到其一共分为三层，由里到外分别为髓质层，皮质层，鳞片层。鳞片层决定其光泽度，皮质层决定了毛的强度，毛髓层则决定毛的保暖性。

（1）**鳞片层** 毛的最外层，又称为表皮层，是片状角质细胞组织。鳞片在毛表面排列方式有两种：

环形：每个鳞片根部环绕毛干一周，鳞片自上而下彼此套在一起呈环状，如图 13－19a。针毛、绒毛的毛尖多呈这种形态。

非环形：鳞片较小，一个鳞片不能将毛干包围起来，而是以鱼鳞或竹笋壳状互相交错，包绕毛干表面排列，如图 13－19b。

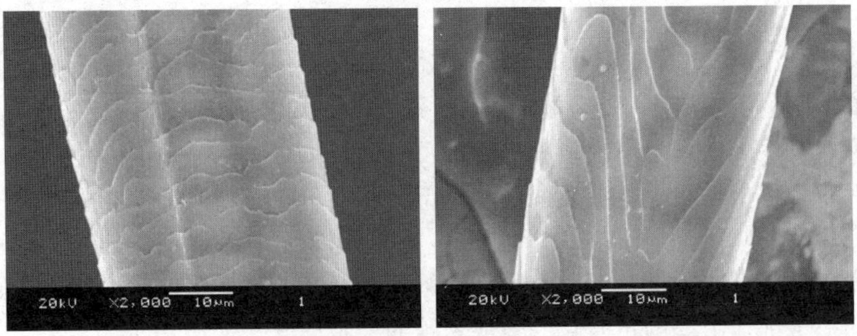


a　　　　b

图 13-19　兔毛扫描电镜图

兔皮针毛上下两段鳞片层结构差别较大，下段鳞片细、密、长，上段鳞片宽、稀、短，且相对于下段而言，更紧贴毛干，因此，越靠近针毛上部，家兔毛的光泽度越好。鳞片细胞之间以及鳞片细胞与皮质细胞之间是靠细胞膜复合物紧密地黏结在一起，这层膜结构也是鳞片层和皮质层与外界进行物质交换的主要通道。由于这种薄膜不易被各种试剂所侵蚀，故对毛起保护作用。鳞片层受到破坏直接影响到毛的光泽、毛被染色与产品质量。

（2）***皮质层***　皮质层是毛的主要组成部分，它由皮质细胞胶合构成。皮质细胞是宽3～8μm（细胞最宽处）、长80～100μm、厚1.5～4μm（最厚处）的多角形截面或纺锤状细胞。皮质细胞外面包有细胞膜，中心有细胞核残余，细胞间有一种由多肽链和其他物质组成的无定型细胞间质，起胶黏细胞的作用，它使细胞得以有限移动。从而使毛具有挠性。细胞间质为非角蛋白物质，含少量胱氨酸，易被化学药剂和酶降解。

（3）***髓质层***　髓质层也叫髓层毛髓，存在于毛的中心部分，由结构疏松、充满空气的薄壁细胞组成。髓质细胞直径1～7μm。细胞内和细胞间有空气腔。毛保暖性由这层决定。髓质层发达的毛保暖性好。自图13-20中可清楚看到兔毛的髓质层。

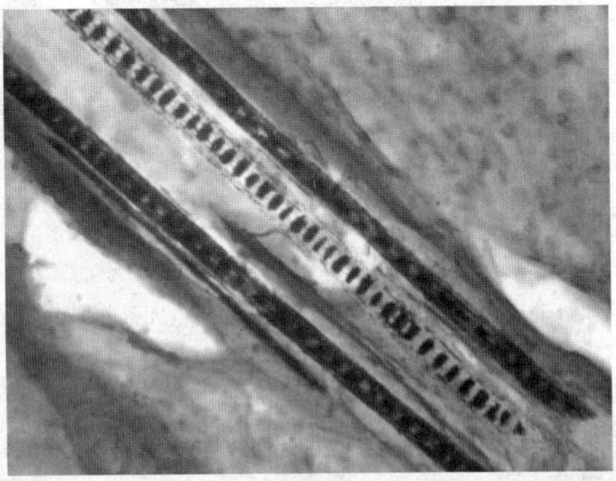

图 13-20　家兔毛髓质层

**3. 毛被组成**　家兔皮毛被中针毛较多，且长于绒毛，其中针毛又可分为两种，较长、较粗的针毛称之为粗针毛；而相对短些、细一些的针毛称之为细针毛。无论是粗针毛或细针毛，其构造和形状都是相同的，不同的仅是长短和粗细之别，故将二者统称为针毛，主要起着防湿和保护绒毛，使其不易黏结的作用，其发育好坏，直接影响毛被的美观；绒毛短、细而柔软且呈波浪形，除毛尖外其余部分上下粗细一致，主要起着帮助动物维持体温的作用，毛被的品质主要由绒毛的数量和质量决定。针毛上下两段较中间部分粗大，形成了其特有的哑铃形。绒毛较细、软，越靠近毛尖部分越细小，从毛根部至毛尖部，粗细相对均匀些。

獭兔皮的毛被组成和家兔皮的组成是一致的，都是由针毛和绒毛组成。同样，针毛起光亮作用，绒毛起保暖作用。与家兔皮不同的是，獭兔皮的绒毛较多，占95%以上，针毛含量较少，均匀分布在绒毛之间，且长度不超过绒毛，故其保暖性极好。针毛的平均细度50～52μm，绒毛平均细度为12～14μm，针、绒毛均为有髓毛，无髓毛占3%以下，针毛鳞片呈覆瓦状钝齿形，多个鳞片包围毛的一周，上、下鳞片套在一起；齿纹间接近于平行状态，基本垂直毛干主轴；细毛鳞片呈冠状圆齿状环形，一个鳞片包围毛纤维一周，上、下鳞片套在一起，鳞片齿纹间相互平行，较规则。由于獭兔皮针毛和绒毛鳞片排列形态上的特点，使之毛被更具有光滑、柔软和丝绸感，且不易结毡。

獭兔皮毛被的弹性、柔软度、保暖性与针毛和绒毛的比例及分布均匀程度密切相关。针毛太少或分布不均匀，将使整个毛被失去支撑，绒毛不挺直，打卷，弯曲，毛被表面呈波浪式不平顺，手摸绒毛即平塌，软绵绵地无反弹力；相反，如果针毛过多，绒毛不足，则表现为毛密度低，毛被孔松，欠平整，手摸毛被欠弹性和柔软性，反弹力也差，没有平滑凉爽的丝绸感，保暖性能随之下降。獭兔毛的标准长度为1.6cm左右，毛太长会使毛的回弹力下降且不美观，如果针毛突出毛被表面，则失去獭兔皮的基本特征。

## 二、鲜皮防腐与保存

毛皮原料，通常以毛被品质和皮板形态来衡量产品的商品价值，而宰杀取皮技术的好坏往往会影响到毛皮的质量和收购等级，同时也是符合动物福利的基本要求。

### （一）屠宰与取皮

**1. 宰前准备**　宰前准备包括宰前检查、检疫、宰前饲养和宰前断食，重要的是宰前限制运动，解除刺激，保证兔皮产品质量。

**2. 处死方法**　为了符合动物福利要求，在取皮前对兔子先行处死是必须的。处死的方法很多，常用的有颈部移位法、棒击法和电麻法等。

最简单而有效的处死方法是颈部移位法，术者用左手抓住兔后肢，右手捏住头部，将兔身拉直，突然用力一拉，使头部向后扭转，兔子因颈椎脱位而致死，该方法适合于家庭屠宰或集市分散屠宰；棒击法，通常用左手紧握临宰兔的两后肢，使头部下垂，用木棒或铁棒猛击其头部；使其昏厥后屠宰剥皮，此法广泛用于小型屠宰场；采用电麻法常可刺激心跳活动，缩短放血时间，提高宰杀取皮的劳动效率，适用于大型屠宰场。

为了保证兔皮质量，防止毛被玷污血迹，传统的割颈放血或杀头致死法均不宜采用。最好是致死后立即取皮，再放血的新方法。

**3. 剥皮技术**　处死后的兔子应立即剥皮。手工剥皮一般先将左后肢用绳索拴起，倒挂在柱子上，用利刀切开跗关节周周的皮肤，沿大腿内侧通过肛门平行挑开，将四周毛皮向外剥开翻转，用退套法剥下毛皮，最后抽出前肢，剪除眼睛和嘴唇周围的结缔组织和软骨。在退套剥皮时应注意不要损伤毛皮，不要挑破腿肌或撕裂胸腹肌。

### （二）兔皮防腐

动物皮毛上存在大量的细菌，而鲜皮中含有大量的蛋白质和水分，非常利于细菌的繁殖。此外动物皮板上含有多种酶，在动物死后也要分解皮蛋白，产生所谓的自溶化作用，最终使动物皮板遭到破坏，失去制革、制裘的价值。

鲜皮防腐是毛皮初步加工的关键，防腐的目的在于促使生皮造成一种不适于细菌作用的环境。目前常用的防腐方法主要有干燥法、盐腌法和盐干法等。

**1. 干燥法** 干燥法是一种最为普通的传统防腐方法，将鲜皮肉面向上平铺在地上，通过自然干燥，将皮张水分降至12%～16%，以抑制细菌繁殖，达到防腐的目的。

干燥防腐的优点是操作简单，成本低，皮板洁净，便于贮藏和运输，主要缺点是皮板僵硬，容易折裂，难于浸软，且贮藏时易受虫蚀损失。

**2. 盐腌法** 利用干燥食盐或盐水处理鲜皮，是防止生皮腐烂最常见、最可靠的方法。将兔皮从腹部剖成片皮、去头尾及四肢，鲜皮肉面向上平铺在平台上，在皮板肉面均匀抹一层盐，皮张皮板对皮板堆放，码垛到一定高度（30～40cm），堆放4～6d，滴水。用盐量一般为皮重的35%～50%，为保证毛皮品质可以添加皮重0.5%～1.0%的防腐杀虫剂。将其均匀撒/抹于皮面，然后板面对板面堆叠于平台上，垛高30～40cm，堆垛1周后应翻垛一次，使盐溶解并逐渐渗入皮内，排出血水，达到防腐的目的。

盐腌法防腐的毛皮，皮板多呈灰白色，紧实而富有弹性，湿度均匀，适于较长时间保存，不易遭受虫蚀。主要缺点是阴雨天容易回潮，用盐量较多，劳动强度较大。

或将鲜皮放入浓度为25%的盐水溶液中，浸泡16～24h，每隔8h补加一次食盐，以保持盐浓度稳定。浸泡结束后取出皮滴水24h，再用鲜皮重25%的食盐按盐腌法撒盐堆垛处理。此方法简便易行、处理即时，防腐效果优于撒盐法，但劳动强度更大，耗盐量也比较大，盐污染严重。

**3. 盐干法** 这是盐腌和干燥两种防腐法的结合，即先盐腌后干燥，使原料皮中的水分含量降至20%以下，鲜皮经盐腌，在干燥过程中盐液逐渐浓缩，细菌活动受到抑制，达到防腐的目的。

盐干皮的优点是便于贮藏和运输，保存时间长，遇潮湿天气不易迅速回潮和腐烂，是国内采用较为普遍的方法。但干燥时皮内有盐粒形成，可能降低原料皮的质量。

**4. 冷冻法** 低温可以降低或停止细菌和酶的活动。在宰杀取皮后迅速将兔皮打捆进行快速冷冻处理，以达到及时有效的防腐。该法虽运行费用较高，贮存和运输需要专用设备，但因处理及时，可有效防止掉毛，进口兔皮多采用此方法。为减少盐污染，国内已有企业采用此方法，或将收购的盐湿皮再冷冻保存。

**5. 杀菌防腐法** 把刚剥下来的鲜皮通过降温处理，清除污物后，喷洒或浸泡杀菌防腐剂，再堆垛。此方法处理后可以在常温下保存5～7d。可以选用的杀菌防腐剂有氯化苄烷胺、噻唑衍生物、次氯酸盐、硼酸、氟硅酸钠以及毛皮化料商提供的一些混合型杀菌防腐剂。

### （三）原料皮贮藏

鲜皮经过防腐处理后。可贮藏保存一定期限，因防腐处理方式的不同，对后期贮藏有不同要求，除冷冻兔皮要求在运输和贮藏期间均保持一定的冷冻温度（通常为－20℃）外，其他防腐方式处理的皮张均应保持在通风、干燥、隔热、防潮的库房内，并且堆垛应码放在木条架上，离地面 20～30cm，以利排水与通风；同时库房应有防虫、防鼠措施。

在库存期间应经常翻垛检查，一般每月检查 2～3 次。

### （四）兔皮分级标准

兔皮品质评定与分级标准，除獭兔皮已有国家标准外，家兔皮一般按商业分级标准执行。

**1. 家兔皮的商业标准**　市场上通常只分为一、二、三级和等外级。

一级皮：具有一等皮毛质，面积在 1 110$cm^2$以上。

二级皮：毛绒丰厚、平顺，面积在 800$cm^2$以上。

三级皮：毛绒略空疏、平顺，面积在 700$cm^2$以上。

等外级：毛绒空疏且有一定使用价值的兔皮。

说明：①带轻微伤残或颈部及边肷空疏的，不算缺点，伤残严重的酌情降级。②量皮方法是从颈部缺口中间至尾根量其长度，选腰间中部位置量其宽度，长宽相乘，求出面积。③长毛兔皮，毛长在 3.3cm 以上按家兔皮等外一计算，不足 3.3cm 按等外二计算。

**2. 獭兔皮的商业分级标准**　2011 年新颁布的《獭兔皮》国家标准（GB/T 26616—2011）中分为特级、一级、二级、三级和等外级。

特级：绒面平齐，密度大，毛色纯正、光亮，背腹毛一致；绒面毛长适中，有弹性；枪毛少，无缠结毛，旋毛；板质良好，无伤残。面积>1 500$cm^2$，绒长 1.6～2.0cm。

一级：绒面平齐，密度大，毛色纯正、光亮，背腹毛基本一致；绒面毛长适中，有弹性；板质良好，无伤残。面积>1 200$cm^2$，绒长 1.6～2.0cm。

二级：绒面平齐，密度较好，毛色纯正、光亮平滑，腹部绒毛略有稀疏；板质好，无伤残。面积>1 000$cm^2$，绒长 1.4～2.2cm。

三级：毛绒略有不齐，密度较好，腹部毛绒较稀疏；板质较好；次要部位 1$cm^2$ 以上伤残不超过 2 个。面积>800$cm^2$，绒长 1.4～2.2cm。

等外：不符合特级、一级、二级和三级以外的皮张。

说明：①自颈部中间至尾根测量长度，从腰中部两边缘之间量出宽度，长、宽相乘得出面积。②用嘴吹被毛，被毛呈旋涡状，不露出皮肤的为密，露出皮肤越多毛越稀。

## 三、兔皮加工技术与控制要点

兔皮加工过程是由“生皮”到“熟皮”的转变，涉及物理、化学与生物作用，其工艺流程较为复杂，但鉴于传统兔皮的加工技术和/或流通模式，习惯上将兔皮加工过程分为硝制和染色两大阶段。硝制过程是将生皮经过一系列的化学与生物处理转变为具有一定稳定性的熟皮，而染色过程是为提高兔皮产品的附加价值、满足时尚需求的后期染色与整理。事实上按一般毛皮加工原理又可分为鞣前准备、鞣制和整理三大工段。

### （一）鞣前准备

毛皮原料皮一般脏而油腻，生皮中含有各种防腐剂、可溶性蛋白、肌肉肉里、残留肉渣。对兔皮原料皮而言，可能还存在无需保留的头、尾、四肢等。这些都是毛皮加工中需要去除的东西，必须在最初各工序加以清除，否则将有碍后续加工处理。

鞣前准备主要工序有：组批、浸水、脱脂、酶软化、浸酸等工序。主要目的是：通过洗涤原料皮使其恢复至鲜皮状态；去除制裘加工无用的油脂、纤维间质；适度松散胶原纤维，为鞣制加工作准备。鞣前准备与成品品质有密切的关系，是高品质裘皮的基本保证，要充分重视。

**1. 组批** 兔皮存在面积大小、皮板厚薄、油脂含量、脱水程度、纤维组织紧密程度、毛绒长短疏密等差异。根据这些差异把性质相近的原料皮成批生产，使之得到均匀的物理机械处理和化学处理，使成品品质均匀一致。在组批过程中，同时将生产中无用的头、尾、四肢去除，减少化料的使用。

**2. 浸水**

(1) 目的 浸水是使经防腐处理的原料皮重新恢复到鲜皮状态，去除皮板上的污物和防腐剂，初步溶解皮板中的可溶性蛋白（如球蛋白、白蛋白、黏蛋白和类黏蛋白等）。此外，兔皮的皮下肌肉层（俗称肉里）发达。浸水时加入润湿剂、酸等物质，降低肌肉层与真皮层的连接，然后再人工揭里去除肌肉层，利于后续加工与处理。

(2) 控制要点 浸水过程要最大限度保持毛被优良的物性，避免使用强碱性化料对毛被的损伤，纯碱、小苏打、氨水等弱碱性物质也要慎用。勤换浸水液或添加杀菌剂，抑制细菌生长。浸水中机械作用以划动主，避免皮板折伤，毛被打结。影响浸水的主要因素有原料皮状态、浸水助剂及用量、浸水温度、机械作用强度、浸水时间等。

要求恢复至鲜皮状态，无硬心。

**3. 脱脂**

(1) 目的 皮板内油脂的存在将影响后续加工，造成化料不易透入，毛被黏结、不松散灵活、无光泽；皮板油腻、油斑、卫生性能下降；还可能易形成铬皂、铝皂、钙皂等不溶物，引起皮板色花；成品不耐贮存，随着油脂氧化，纤维强度严重下降且产生异味等。

(2) 脱脂方法 脱脂一般在浸水、揭里之后进行，兔皮主要通过化学脱脂，个别产品如毛革一体革在鞣制后还需进行二次溶剂脱脂。

化学法脱脂主要使用脱脂剂对皮内油脂进行皂化、乳化、水解加以去除。多选用非离子型脱脂剂在弱碱性条件下进行，对毛被损伤较小，且脱脂效果好。

(3) 控制要点 乳化脱脂过程中需要控制好浸液温度（35～40℃）和 pH（8.5～9.5），较高的温度和弱碱性条件下均会促进油脂的熔化与皂化；合适的脱脂剂和适当的机械作用有助于油脂的乳化与分散。添加脂肪酶或溶剂对油脂的分解除去更完全。

**4. 软化**

(1) 目的 软化是通过蛋白酶催化水解纤维间质，并分解消除黏多糖对原纤维的束缚，适度松散胶原纤维，使成品柔软、具有一定的弹性、透水透气性。

(2) 控制要点 酶是一种生物催化剂，酶的活力大小对软化起着十分重要的作用，受到温度、pH、抑制剂和激活剂等的影响。其中温度和 pH 是必须严格控制的参数，当温度超过 40℃时极易引起掉毛甚至烂皮现象，一般控制应在 35～38℃，为了安全起见，现多采用低浊（32～34℃）长时间软化；pH 的高低应适应酶的最适 pH 范围，过高过低均会降低酶的活力，影响软化效果。

软化过程一定要严格管理，勤检查，以保证产品品质。终点检查，用拇指推后肷部能够推掉绒毛，用手掌轻轻按压背脊部，针毛有轻微松动，皮板松软，无硬心。

**5. 浸酸**

(1) **目的**　一是通过降低 pH 以终止软化酶的作用，其二是改变皮板的等电点（pI），其三是进一步松散胶原纤维，提高成品的柔软性、丰满性等。浸酸在兔皮加工中占有重要地位，皮板主要通过浸酸操作分散纤维，以改善皮板的柔软性，通常分为强浸酸、弱浸酸、分步浸酸、联合浸酸、酶软化浸酸等。

(2) **控制要点**　由于皮板在酸性条件下极易出现酸膨胀现象，因此，在加酸前皮板必须先投入盐浴中划动 15min，以防止酸胀。浸酸用酸分为无机酸和有机酸，无机酸多为强酸，常用硫酸，成本低。有机酸（如甲酸、乙酸、乳酸等）浸酸，多作用于胶原纤维的侧链和黏多糖，对纤维分散好、作用温和、渗透快、溶液 pH 稳定、操作过程容易控制、成品柔软、丰满、毛被光泽良好。但是酸耗用量较大，而且浸酸时间较长，浸酸成本较高。

分步浸酸是在浸酸阶段逐步增加浸酸液中的酸浓度，相比于一次性加酸，浴液 pH 变化缓慢，皮板纤维分离更充分，蛋白质、黏多糖洗出量更多，皮板柔软丰满、延伸性好，但生产周期延长、操作繁琐。联合浸酸是采用多种酸混合同浴处理或用各种酸一次处理，浸酸后可以提高皮板的柔软度和延伸性，特别是先有机酸后无机酸处理效果更佳。软化浸酸是指软化和浸酸同浴进行，可以节约水和处理时间，效果也比较理想。

### （二）鞣制

生皮经过准备工段的各工序处理后，已除去皮内无用的组织成分，如油脂和纤维间质，毛被变得洁净，真皮胶原束得到适度分散，肽链间的交联键（氢键、盐键和共价键等）被破坏，释放出了一定量的肽链侧链活性基，皮胶原的稳定性（耐热、化学试剂、酶的稳定性）下降。鞣制就是使用化学物质能够在蛋白肽链间重新构建“交链”作用，使皮胶原纤维结构的稳定性得以大大提高，使生皮性质发生根本性改变。

通过鞣制可以：增加纤维结构的多孔性；提高胶原纤维的湿热稳定性；提高胶原纤维的耐化学性；提高毛皮皮板的抗张强度（与酸皮比较）；提高毛与皮板的结合牢度；减少胶原纤维束、纤维、原纤维间的黏合性；减少真皮在水中的膨胀性。兔皮加工中，主要以醛鞣、醛铝结合鞣为主，也有企业采用醛预鞣再用铬主鞣。铬鞣剂主要用于染色前复鞣，提高兔皮的收缩温度，保证染色的顺利进行。

**1. 铬鞣**　用铬盐鞣制毛皮，使毛皮具有很多优良的性能：收缩温度高、耐水洗、皮板柔软、弹性好、延伸性好、抗张强度高、毛与皮板结合牢固等。但毛与皮板有淡湖蓝色，可能存在微量六价铬。

铬鞣先渗透后结合，因此 pH 要求由低到高，即鞣制初期 pH2.5～3.0，鞣制后期 pH3.6～3.9，通过使用纯碱或小苏打多次缓慢提升 pH，达到鞣制均匀，避免毛板泛绿和表面过鞣。

(1) **控制要点**　铬鞣过程的关键是铬鞣剂的渗透和结合，渗透好，才能使铬盐与胶原产生良好的结合，使铬化合物在皮断面各层均匀分布与结合，获得鞣制效果和成品质量。

①pH既影响皮胶原纤维的等电点，也影响铬配合物的结构，鞣制初期pH低，利于铬的渗透，后期逐渐提高pH（3.8～4.0），促进铬与胶原纤维的结合。②铬盐碱度是决定铬配合物分子大小和收敛性的重要因素，碱度低，铬配合物分子小，渗透速度快，但不利结合，故铬鞣后期需通过提碱，促进铬的结合，提碱时必须缓慢、均匀，否则可能造成表面结合过快过多，皮板及毛颜色加深等不利影响。③提高温度会促进铬配合物的水解和配聚作用，使分子变大，增强与纤维的结合，因此鞣制末期浴温可提高到40℃，以加速鞣制。

**2. 醛鞣** 甲醛鞣制毛皮皮板和被毛色白、柔软、轻薄、得皮率高，收缩温度较高（可达80℃以上），耐水洗、耐碱、耐汗、耐氧化剂的作用。甲醛是分子最小的有机鞣剂，具有与皮蛋白质作用快，并有固定毛的作用，故在毛皮鞣制中广泛使用。但甲醛又是强致癌性物质，毛皮皮革产品中已规定了游离甲醛的限量标准，今后将会受到严格限制。

控制要点：醛鞣是醛鞣剂中的醛基与胶原中的胺基发生反应形成共价交联，鞣液的pH对鞣制反应影响较大，pH不仅影响反应速度，也决定了最终的鞣制效果。在中性或弱酸性条件下反应较温和，在碱性条件下（pH>8.0）反应较快（图13-21）。生产中鞣液pH应控制在6.5～7.5，鞣制后期逐渐将pH提高到8.0左右，pH偏低，鞣制反应不完全，鞣制效果差；pH过高时，会产生过度“交链”，皮板面积缩小，厚度增加，延伸性减少，强度下降。

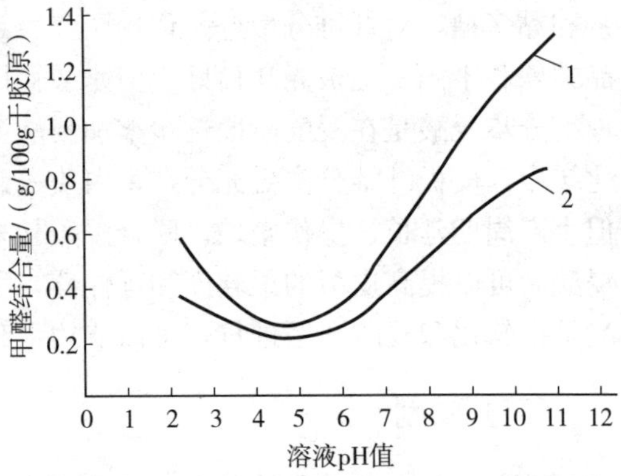

图13-21 不同pH条件下甲醛与纤维的结合
1. 皮板 2. 毛

常用的醛鞣剂有甲醛、乙醛、戊二醛、改姓戊二醛、丙烯醛等。

**3. 铝鞣** 铝鞣毛皮颜色洁白、轻柔、伸长率大，但耐水洗性差，水洗后产生退鞣而皮板变硬。铝鞣剂有铝明矾、硫酸铝、碱式氯化铝。

控制要点：铝盐的耐碱性较差，当pH接近4.0时，就会析出Al（OH）$_3$沉淀，而pH低于3.4时几乎没有鞣性，不与皮胶原发生作用，因此必须严格控制好浴液的pH。

铝鞣中加入中性盐是为了防止酸肿，但是中性盐会明显降低铝盐的结合量，原因在于胶原羧基与$Al^{3+}$之间结合不牢固，$SO_4^{2-}$要取代铝络合物内界中的胶原P—$COO^-$，降低铝盐与胶原的结合。此外，铝鞣毛皮对后续加脂剂选择需特别重视，因为铝盐易与脂肪酸作用生成不溶于水的铝皂，影响染色。

**4. 油鞣** 油鞣是使用高度不饱和天然动植物油脂（碘值140～160）鞣制皮革的方法，成品极柔软，皮板纤维孔隙率大，密度小，透气性和延伸性好，普遍用于一些细皮如水貂、狐狸皮等的鞣制。此法亦可用于价值较高的獭兔皮的鞣制，制备高价值的獭兔皮产品。

控制要点：皮板纤维松散必须充分，利于油脂的渗透；油鞣前最好经过预鞣处理（醛预鞣或铝预鞣），增加纤维的脱水性，促进油脂的渗透，但不能使用铬预鞣，因后期氧化时可能产生六价铬；预鞣后皮板内水分应控制在25%～30%；油鞣后应进行干洗除去多余的油脂。

除使用一般的踢皮油鞣制外，亦可选用高性能的加脂剂或氧化油脂进行鞣制。

**5. 结合鞣** 每种鞣剂各有其优缺点，选用两种或两种以上的鞣剂进行结合鞣制，取长补短，就有可能获得单独运用每一种鞣剂无法获得的良好性能。在兔皮鞣制中使用的结合鞣方法有：醛—铝结合鞣、铬—铝结合鞣、醛—油结合鞣、铝—油结合鞣等，目前生产中最常用的是甲醛—铝结合鞣。

## （三）染色与整理

**1. 湿整理**

（1）**复鞣** 复鞣的目的是弥补初鞣时的不足。①为满足染色对皮板稳定性的要求，必须经过铬复鞣，提高皮板的收缩温度；②提高皮板的耐化学作用稳定性和贮存稳定性；③改善皮板性能，以利于后续加工，如磨皮、染板、涂饰，通过合成鞣剂、植物鞣剂等复鞣填充，减少部位差等。

（2）**漂白与退色** 漂白是将白色被毛中的轻微色素消退以提高被毛的白度，而退色则是自然深色或杂色被毛通过化学作用，使其变成浅色或白色被毛的过程。退色后的兔皮再染成所需的各种彩色花纹，提升兔皮的经济价值，并满足时尚审美需求。

漂白与退色方法包括还原法和氧化法。还原法是采用还原剂（亚硫氢钠、保险粉、二氧化硫脲等）进行漂白，还原剂的漂白作用很微弱，仅限于提高被毛的白度；氧化法是利用氧化剂破坏赋予乞求的色素——黑色素。双氧水、过氧乙酸、高锰酸钾、过硫酸盐、过硼酸盐、重铬酸盐等氧化剂均可用于兔皮的退色，其中最常用的是双氧水，其价格低廉，使用方便，无色无味，使用过程安全，无有害气体产生，漂白退色效果好。双氧水退色又分为催化退色和非催化退色体系，前者是在催化剂的参与下实现退色，对毛的光泽和强度影响较小；后者是在碱性条件下实现退色，对毛损伤较大，且退色效果较差。

（3）**染色** 染色是毛皮整饰阶段最重要的一个工序，通过颜色，使毛皮制皮多彩绚丽，体现出高雅、华贵的自然美。同时染色扩大了毛皮的花色品种，扩展了使用范围，满足人们生活所需。另外，染色是产品深加工，可以显著提高产品价值，增加利润。

控制要点：染色是一个综合性的物理化学过程，影响染色效果的因素很多，如：染料性质、皮坯状态、染色温度、染色助剂、时间等，因此需要全面了解染色理论和染色实际操作经验。常用的染料有氧化染料、酸性染料、茜素染料、酸性媒介染料、金属络合染料、直接染料。

氧化染料又称毛皮染料，它是一种染料中间体，因为它不能使毛皮直接染色，必须经过氧化而显色。氧化染料具有染色温度低、色泽柔和自然、仿染珍稀毛皮逼真等优点，但是存在色谱不全、染色工艺复杂、颜色坚牢度不高等缺陷。酸性染料是一类结构上带有酸性基团的水溶性染料。染料品种丰富、色谱齐全、染色工艺简便、容易拼色、染色坚牢度优良等优点，是毛皮最常用的一类染料，但需高温下染色。活性染料是一种分子结构上带有活性的水溶性染料，在染料色过程中与纤维分子上的羟基或氨基作用形成共价键，因此着色牢度高，色彩鲜艳明亮。金属络合染料是染料分子中含有金属螯合结构的酸性染料，其染色均匀性好、色泽柔和、上染率高、坚牢度良好、操作方便、污染小，但染料价格较高，溶解度较差。

染色流程大致可以分为：溶解→扩散→吸附→渗透→沉积→结合。上染主要包括溶解、扩散、吸附和渗透过程，即染料溶解于水中变为溶液，又由溶液中扩散、吸附到毛皮表面，再由毛皮表面向纤维内部渗透，最后浴液中的染料与毛皮上的染料达到动态平衡。染料与毛皮结合的方式与颜料种类有差异，结合类型有范德华力、氢键、离子键、共价键、配位键等。

通过不同染色方法和整理，可以增加兔皮的花色品种，提高产品的档次和附加值，拓展兔皮的利用领域。主要的染色品种有：

①单色。染单色既是符合时尚流行色彩的要求，又是制作各种流行色的基础。兔皮被毛有绒毛和针毛之分，绒毛细软，容易上色，而针毛较粗硬，表面鳞片较致密，不易上染。目前兔皮染色多使用酸性染料，容易出现绒毛和针毛上色不一致的现象，形成俗称的“白枪”，因此染色时需加入匀染剂、提高染色温度和延长染色时间，缩小针绒毛间的上色差异，但高温长时间染色可能引起皮板脱鞣，造成缩板、变硬。

②“草上霜”效应。“草上霜”效应是使被毛呈现立体效应的基础，是最基础、最常见的一种染色效应，其基本原理是在染单色的毛尖上通过拔色，而呈现出“白霜”的效果。由于不同品种的染料与毛结合牢度差异较大，其拔色难易程度也不同，因此，染色温度、染料用量、染色时间、拔色温度、蒸汽压力和拔色时间等对拔色程度都有较大影响。

③“一毛双色”和“一毛多色”效应。是在毛的长度上分别呈不同颜色的色彩效应，一毛双色或一毛多色品种多，没有统一的染色标准或方法，可以配合使用各种方法与技巧不难实现，包括拔色、套染、印染、喷染等。

④渐变色效应。是指从皮的一个部位到另一部位被毛颜色逐渐发生变化的一种效应，其染色原理是基于对不同部位染色时间的渐变或染料浓度、配方的渐变控制来实现的。

**2. 整理** 兔裘皮后期整理，因产品不同整理差异较大，主要流程有：干燥、刷加脂、削匀、磨皮、涂饰、铲软、剪毛、烫毛、干洗、滚锯末、转笼除尘等操作，不作详述。

**3. 成品或半成品贮存** 兔裘皮或半成品（兔皮褥片）在贮存时，需要重点关注受潮和虫蛀问题。

铝鞣皮板易回潮，产生脱鞣而引起掉毛现象，皮板变硬，故要保持干燥；贮存时加杀虫剂，大垛堆放时，要定期翻垛，以排潮、散热。

成品仓库要求通风良好、干燥，避免阳光直射，最好装有空调设备。仓库温度0～10℃，相对湿度40％～60％为佳。

## 四、兔皮加工工艺

### （一）家兔皮醛—铝鞣工艺

工艺流程：

选皮组批 → 称重 → 浸水 → 微酸肿 → 消肿 → 揭里 → 复浸水 → 脱脂 → 软化浸酸 → 醛鞣 → 搭马 → 铝鞣、中和 → 削匀 → 复鞣 → 刷加脂 → 干燥 → 回潮 → 转锯末 → 转笼 → 铲里 → 整理入库

**1. 选皮组批**　盐湿皮，按原料皮路分、皮板老嫩和不同季节情况进行分路，组成生产批。

**2. 称重**　去头腿，腹部剖开，称重，作为以下工序用料依据。

**3. 浸水**　液比 20，水温 22～25℃，润湿剂 JA－80 1.0g/L，食盐 25g/L，防腐剂 42L 0.2g/L，硫酸 0.3g/L。划动 30min。

操作：以静泡为主，皮板不能露出水面。停 30min，以后每 1h 划 5min，共 4 次，静置过夜。要求皮板完全浸软，接近鲜皮状态。

**4. 微酸肿**　液比 20，常温，硫酸 0.7～0.8mL/L，亚硫酸氢钠 0.5g/L，pH＝3.8。

操作：先用硫酸调 pH 至 3.8，加食盐，化开后投皮，划动 30min，以后每小时划 5min，共 4 次，皮板略肿胀。

**5. 消肿**　液比 20，元明粉 5g/L，食盐 5g/L，划动 30min，以后每 1h 划 5min，共 3 次，过夜，要求完全消肿。

**6. 揭里**　缓慢从尾部向头部方向揭，尽量保持肉里整块揭去，要求揭里干净。

**7. 复浸水**　液比 20，常温，食盐 50g/L，JFC 0.5g/L，硫酸 0.2～0.3g/L，保险粉 1g/L，时间 24h。

操作：放水调温，加辅料，搅匀投皮，划动 30min，以后每 1h 划 5min，共 4 次，过夜。

**8. 脱脂**　液比 20，水温 35℃，浸水助剂 TS－80 0.5mL/L，脱脂剂 JA－50 0.5mL/L，纯碱 0.5～0.8g/L，调 pH 10.5 左右，时间 60min。

操作：连续划动，到规定时间后用 35℃清水冲洗干净，脱水甩干。

**9. 软化浸酸**　液比 20，温度 32～34℃，食盐 50g/L，甲酸 2.0mL/L，乳酸 1.0mL/L，pH 2.8～3.0，537 蛋白酶 5IU/mL（旧液按 3IU/mL 补加），时间 18h。

操作：先加食盐、甲酸和乳酸调 pH 至 2.8～3.0，加酸性酶调匀，投皮，4～5h 检查软化达要求，再加入硫酸 1.0mL/L 和甲酸 1.0mL/L（稀释后分 3 次加入），pH2.3～2.5，划动 30min，以后每 1h 划 5min，共 3 次，过夜。

软化检查：用拇指推后肷，能推掉绒毛，用手掌轻摩擦背脊，针毛有轻微脱，皮板松软即软化完成。

**10. 搭马**　搭马滴水 1d。

**11. 醛鞣**　液比 20，温度 32℃，食盐 50g/L，甲醛 5mL/L（以 37%的甲醛液为准），纯碱 1g/L，pH 初期 6.8，结束时达 7.5～7.8，时间 24h。

操作：将上述辅料按要求加入池中，加温溶化，划匀，投皮，连续划动 30min，以后每 2h 划动 5min，出皮前再划动 15min。鞣制 2h 后用小苏打 0.5g/L 提碱，提至 pH7.0，再过 2h 用小苏打 0.3g/L 提碱，提至 pH7.5，再过 2h 用小苏打 0.3g/L 提碱，提至 pH8.0。提碱时先将小苏打溶化开，边划动边加入，调碱后要连续划动 10min 左右。

**12. 铝鞣、中和**　液比 20，温度 35℃，铵明矾 8g/L，食盐 40g/L，铝鞣剂 2g/L，pH 初为 3.2，6h 后加小苏打 1.5g/L，结束时 pH3.7～3.8，（以 pH 计测定为准），时间 24h。

操作：下皮前加硫酸约 1.5mL/L，调 pH 至 3.2。投皮 6h，加小苏打约 1.5g/L，调 pH 至 3.7 以上，过夜。至规定时间出皮控水，静置过夜。

**13. 削匀**　要求皮板均匀，不露毛根。

**14. 复鞣** 液比 20，32℃，食盐 50g/L，甲酸 1mL/L，铬鞣剂 15～20g/L，甲酸钠 1g/L。

操作：加食盐和甲酸，调 pH 至 3.5，投皮，划动 30min，加铬鞣剂，划 30min 以后每 1h 划 5min，共 4 次，过夜，次日加甲酸钠划动 40min，分次加小苏打（每次 0.5g/L，间隔 60min）至 pH3.8，并加温至 35℃，再划动 30min，过夜。出皮甩干。

**15. 刷加脂** 加脂剂 5～15g/张，用 4 倍温水（50℃）乳化，将加脂液均匀刷于皮板，板对板静置过夜。

**16. 干燥** 自然挂晾干燥，先干燥皮板至八成干，再干燥毛被至九成干。室内烘干时，烘干室温度不得超过 45℃。

**17. 回潮** 用 35～40℃温水均匀地喷洒在皮板上，不要过干或过湿，堆放过夜后，伸展皮板呈白色为合适。

**18. 铲软** 机器拉软，要求皮板平整柔软均匀。

**19. 转锯末** 每鼓 1 500 张皮，15kg 滑石粉，10kg 锯末，转 2h。

**20. 转笼** 约 2h，除去皮上的粉尘。

**21. 整理入库**

### （二）家兔皮快速铬鞣工艺

**1. 预浸水** 液比 20，温度 22～25℃，防腐剂 Biocide 42L 0.3mL/L，HAC 润湿剂 1.5mL/L，3h。

**2. 主浸水** 液比 20，温度 22～25℃，食盐 25g/L，HAC 润湿剂 1mL/L，防腐剂 0.3g/L，浸水酶 NM 0.5g/L。静置过夜，次日揭里去肉。

**3. 脱脂** 液比 20，温度 30℃，纯碱 0.5g/L，调节 pH 至 8.0。TS－80 脱脂剂 1mL/L，ACTYZME LP 脂肪酶 0.8g/L，8h。

**4. 浸酸** 液比 20，先用 5gl/L 甲酸钠和 5g/L 食盐处理 0.5h。加入 4g/L 萘磺酸，转动 3h。加硫酸，调 pH 至 3.0，适当转动后停鼓过夜。

**5. 鞣制** 直接在浸酸液中加入 10g/L 铬粉进行鞣制，转动至铬鞣剂渗透皮板，提碱至 pH=3.8，适当转动后停鼓过夜，次日出皮。

工艺要点：酶助浸水和酶助脱脂，强化生物前处理；皮板不需软化，脱脂和浸酸工序在一天内完成；萘磺酸浸酸直接铬鞣，从而简化了加工工艺流程。与传统工艺相比，缩短 25%的加工时间，并可减少中性盐 60%以上。

基本操作同常规工艺。

### （三）獭兔皮鞣制工艺（半油鞣工艺）

工艺流程：

选皮组批 → 泡皮 → 预浸水 → 脱脂 → 主浸水 → 手工揭里 → 脱脂甩水 → 软化浸酸 → 甲醛鞣制 → 削匀 → 中和 → 水洗 → 甩水加脂 → 干燥 → 回潮 → 铲软 → 转锯末 → 转笼 → 检验整理入库

**1. 选皮组织生产批。**

**2. 泡皮**　液比 20，常温，浸水助剂 0.2mL/L，时间 4h。

操作：将皮投入划槽中浸泡，期间每隔 1h 划动 3～5min，要求皮板基本浸软，无干疤，浸水液不腐臭。

**3. 预浸水**　液比 20，常温，浸水助剂 0.2mL/L，防腐剂 0.2g/L，时间 10～12h。

操作：先用清水冲洗 1～2 次，再调水量，加料，划匀投皮。期间每隔 1h 划动 3～5min。

**4. 脱脂**　液比 20，温度 35～38℃，脱脂剂 2～3mL/L，纯碱 1g/L，连续划动 30min。

**5. 水洗**

**6. 主浸水**　液比 20，常温，采用浸硝或酶浸水。浸硝时加元明粉 40g/L，食盐 20g/L，共浸 24h；酶浸水时加食盐 25g/L，浸水酶 Elbro 100-C 或 APC 0.5g/L，浸水助剂 0.5mL/L，时间 12～16h。

操作：放水调温，加辅料，搅匀投皮，划动 3～5min，中间再划动 2～3 次，每次 3～5min。

与酶浸水相比，浸硝（即盐浸水）安全，不会引起掉毛，但消耗中性盐量大，对环境污染严重，皮板回软速度比较慢，对胶原纤维松散作用较小。酶浸水消耗中性盐量小，皮板回软速度快，对胶原纤维松散作用较强，浸水后皮板、毛被都较洁白，容易揭里去肉。采用酶浸水工艺应严格控制工艺条件，特别是酶的用量、浸水温度、浸水时间等。一般浸水都采用常温，即 20℃左右，当气温超过 25℃时，应减少酶制剂用量，缩短浸水时间。采用酶浸水时，平衡好预浸水与主浸水的关系非常重要，如果因预浸水不到位，而延长主浸水时间容易造成毛根松动、溜毛、掉毛现象。

酶浸水揭里去肉后的脱脂也应注意，脱脂时间不宜过长，一般 35℃左右，30min 即可，如果在较高温度、较高 pH 下长时间脱脂，也会引起毛根松动，这一方面是由于碱的作用，另一方面是因皮内浸水酶的作用，如果皮板油脂不大，毛被洁白干净，也可省去这次脱脂。

**7. 手工揭里、去肉**　手工揭里，从尾向头方向揭里，用力适当，不要揭破皮。对浸水不到、揭里不下的皮不要强行揭，将这部分皮挑出进行二次浸水。

**8. 削匀**　将大皮和厚皮挑出来，用圆盘削匀机削里，不要削露毛根，使整批皮厚薄一致。

**9. 二次脱脂**（油脂大的皮需进行二次脱脂）　液比 20，温度 35～37℃，毛皮脱脂剂 2mL/L，时间 30～40min。

操作同第一次脱脂，到时间用清水冲洗干净，甩干。

**10. 浸酸、软化**　液比 20，温度 35℃，元明粉 30g/L，食盐 30g/L，甲酸调 pH 至 2.5～3.0，酸性蛋白酶 SR 1～2g/L，时间 8～10h。检查方法：毛根略有松动，皮板松软有延伸性即软化完成，出皮甩水。

**11. 甲醛鞣**　液比 20，温度 35℃，食盐 50g/L，甲醛 6mL/L（以 37%的甲醛液为准），pH 开始 6.8，结束时 7.5～7.8，时间 48h。

操作：将上述辅料按要求加入池中，加温溶化，划匀，投皮连续划动15～20min，以后每2h划动3min。8h后开始用小苏打分4次提碱，每次用小苏打约0.5g/L（先溶化开，边划动边加入），分别提至pH7.0、7.5、8.0、8.3。调碱后要连续划动10min左右（若为新配甲醛鞣液，先加入1g/L纯碱调pH）。到鞣制规定时间，出皮静置8～12h，甩水。

**12. 削匀** 用圆盘削匀机削匀，使皮板厚薄均匀并符合客户要求。

**13. 水洗、中和** 液比20，温度35～38℃，硫酸铵0.5～1g/L，甲酸0.1～0.2mL/L，pH5.0～5.5（以pH计测定为准），时间4～6h。

操作：先用清水冲洗20min，再中和。

**14. 甩水、刷加脂** 刚仁公司Confat 980或鞣皮油G 150～200g/L，温度50℃，将加脂液均匀刷于皮板，板对板静置过夜。

**15. 干燥** 自然干燥，先干燥皮板至八成干，再干燥毛被至九成干。室内烘干时，烘干室温度不得超过45℃。干燥后放置2d。

**16. 回潮** 用35～40℃温水均匀地喷洒在皮板上，不要过干或过湿，堆放过夜后伸展皮板呈白色为合适。

**17. 铲软、转锯末、转笼除尘、整理** 基本操作同家兔皮。

### （四）兔皮染色工艺

**1. 染彩色工艺** 选皮铬复鞣（根据所染颜色选择合适的皮坯），称重。

（1）**铬复鞣** 采用刷铬液或浸铬液复鞣方法。刷铬液复鞣：用50℃左右的热水配制4.0%的铬粉溶液，刷于皮板，板对板静置24h以上。浸铬液复鞣：液比20，38℃，食盐60g/L，铬粉B16～20g/L，渗透剂0.5g/L，24h，间歇划动，出皮pH为3.8～4.0。要求Ts≥90℃。

（2）**水洗** 充分水洗，除去毛被及皮板上未结合的铬鞣剂。若毛被上有浮铬，脱脂时会引起$Cr(OH)_3$沉积在毛被上，致使毛被枯糙无光泽。

（3）**脱脂** 液比20，温度35～40℃，润湿剂HAC 0.5mL/L，纯碱1g/L，氨水1mL/L，食盐40～50g/L，划动30min。

（4）**冲洗** 用30～35℃温水冲洗15min，甩干。

（5）**染色** 液比20，调温至70℃，加毛皮匀染剂FP 1.2～1.5mL/L，元明粉5g/L，划匀后投皮划动20min，使浴液自然降温至60℃，加入科纳素染料$x$ g/L，保温划动20min，慢慢升温至65℃，再划动30min，加甲酸（85%）1mL/L，划动30min，取皮样甩水吹干观色，若不符合要求则调色，至符合要求后，再补加甲酸（85%）1mL/L，升温至70℃，划动1h出皮。

**2. 染黑色工艺** 选皮铬复鞣：选择适合染黑色的皮坯，称重，铬复鞣。由于染黑色需要的染色时间长，温度高，所以对皮坯要进行仔细的铬复鞣，铬鞣剂用量应适当加大，要求Ts≥100℃或耐煮沸。

（1）**水洗** 充分水洗，除去毛被及皮板上未结合的铬鞣剂。

（2）**脱脂** 液比20，温度35～40℃，润湿剂HAC 0.3mL/L，纯碱2g/L，氨水1mL/L，食盐40～50g/L，划动30min。

（3）**水洗**　用32～35℃温水漂洗15min，甩干。

（4）**染色**　液比20，调温至70℃，加匀染剂FP 0.2～0.5g/L，元明粉5g/L，划匀投皮，保温划动10min，自然降温至65℃，加科纳素染料Black-F3626 5g/L，划动30min，加甲酸（85%）1mL/L，划动90min，加甲酸（85%）1mL/L，划动30min，加科纳素Black-F3626 1g/L，划动30min，加固色增深剂FT 0.25～0.3g/L，同时升温至70℃，划动60min，加甲酸（85%）1mL/L，划动30min。充水降温至30～35℃，加洗涤剂FJ 0.5～0.7mL/L，增光剂FC 0.2～0.3mL/L，划洗45min，水洗漂清爽，出皮。

染黑色时，染料用量较大，因此匀染剂FP不能加得太多，否则，会因染料吸收太慢而导致上染率下降，延长染色时间虽可以提高上染率，但又会导致皮板脱鞣、收缩变硬。

**3. "草上霜"效应**

（1）**选皮称重**　选毛被干净洁白的皮坯，称重。

（2）**铬复鞣**　由于作草上霜要经过汽蒸拔色，高压下的蒸汽温度在110℃以上，很容易烫伤皮板，因此对皮坯要进行仔细的铬复鞣，要求Ts≥100℃或耐煮沸。

（3）**水洗**　充分水洗除去毛被和皮板上未结合的铬鞣剂。

（4）**脱脂漂洗**　液比20，温度30～32℃，甲酸0.5mL/L，润湿剂HAC 1.0～1.5mL/L，食盐40～50g/L，划洗30min，水洗至清爽，甩水。

（5）**增白染色**　液比20，温度60～65℃，元明粉5g/L，荧光增白剂B染浅色0.3～0.5g/L、中等色或深色1.0～1.5g/L、染黑色1.5～2.0g/L，毛皮匀染剂FMA 0.5mL/L，划匀投皮，划动20min，加入科纳素F46系列草上霜染料$x$ g/L，划动2h，加甲酸（85%）0.5mL/L，划动30min，再加甲酸，划动30min，使溶液pH在3.6～4.0。

（6）**洗浮色**　冲水降温至32～36℃，加润湿剂HAC 0.5～0.7mL/L，划洗5～10min，用清水冲洗清爽，出皮甩干。

（7）**干燥、转锯末**　使毛被松散平顺。

（8）**拔白**　拔色液配制：彩色毛皮拔色剂WA：甲酸：水=1：3：6，黑色毛皮拔色剂WA：甲酸：水=1：2：4。用凉水将拔色剂溶化，慢慢加甲酸，搅匀。拔色液必须现用现配。将拔色液喷或刷于毛尖，在蒸汽室内于85℃汽蒸3～5min，阳光下晾晒或干燥至干。

（9）**转锯末**　整理。

**4. "一毛双色"效应**

（1）**底绒色浅毛尖色深的"一毛双色"效应工艺**　染色-喷、刷毛尖色法。即先用酸性染料染底色（方法同染单色），干燥整理后再将毛尖染料喷或刷于毛尖层，汽蒸固色，水洗浮色，干燥整理即可。

毛尖色染液配制：稀释剂FA 200mL，甲酸10mL，毛尖固色剂FR 4mL，酒精（95%）25mL，科纳素F56系列毛尖染料$x$g。将染料加入稀释剂中，在电炉上或蒸汽浴中加热搅拌至染料完全溶解，用玻璃棒蘸染液涂在白纸上看色光，调整颜色至符合要求后加入其他辅料和助剂，搅匀后喷或刷于毛尖层，在80～85℃蒸汽房中汽蒸10～15min，出皮，干燥固色，大液比洗浮色，干燥整理。

（2）**底绒色深毛尖色浅的"一毛双色"效应工艺**　以棕底粉尖"一毛双色"效应工艺为例。染底色：液比20，温度65℃，加草上霜染料匀染剂FMA 0.5mL/L，荧光增白剂

WB 0.5g/L，元明粉 5g/L，划匀投皮划动 20min，加科纳素 F5610 0.3g/L（F5610 为耐拔色的染料，粉红色），划动 1h，加科纳素 F4629 草上霜染料 2.5g/L（F4629 可被拔色，为黄棕色），划动 1.5h，加甲酸固色，再划动 30min，浴液 pH 调至 3.6～4.0。冲洗，出皮，甩水。干燥，转锯末。色拔液配方：拔色剂 WA100g，甲酸 300mL，水 600mL。将色拔液喷于毛尖，于 85℃汽蒸 3min。晾干，转锯末整理即可。

(3) **底绒与毛尖互为逆色的“一毛双色”效应工艺** 采用“草上霜”染料染色-拔白-喷、刷染毛尖法。步骤如下：①用“草上霜”染料染好底绒色，干燥，转锯末，整理，拔白。②氧化漂洗：目的是洗去毛尖上残余的拔色剂。毛尖上若残余有拔色剂，染毛尖汽蒸时，可能引起毛尖染料被还原变色。氧化漂洗工艺实例：液比 30，常温水，加洗涤剂 HAC 0.5mL/L，双氧水 0.2～0.5mL/L，洗涤时间不超过 10min。③染毛尖色：将毛尖染色液刷或喷到毛尖被拔白的一段上，汽蒸。

(4) **“草上霜”染料染色-毛尖拔白染色同步法** 步骤是先用“草上霜”染料染底绒需要的颜色，干燥整理后进行毛尖同步拔白染色。拔白染色液分为 A、B 液。A 液：拔色剂 WA100g，水 400mL，甲酸 300mL；B 液：稀释剂 FA 200mL，科纳素 F5610 $x$g/L。将稀释剂 FA 于电炉上或蒸汽浴中加热，用其将染料溶解，冷却降温到 40℃以下，加入到 A 液中，搅匀。将拔白染色液刷或喷于毛尖，在 75～80℃，汽蒸 5～8min，出皮，干燥固色。洗浮色，干燥整理。

用家兔皮也可以制作“一毛三色”甚至“一毛四色”效应。

(5) **印花** 印花的实质是将毛被的局部作成“一毛双色”或“一毛三色”，并使其形成一定的图案。如用“草上霜”染料染底色，喷拔色液时在毛被上铺上有图案的花板，喷刷拔色液，汽蒸即产生白色霜花。

印花方法及印花液配制如下：

方法一：用“草上霜”染料染底色，通过拔色形成白色霜花。

方法二：用“草上霜”染料与不能被拔色的染料配伍染底色，通过拔色形成深色底的浅色花图案。

方法三：先将皮坯作成“草上霜”，再用毛尖染料印花。

方法四：用酸性染料染浅色底，用毛尖染料印花。

方法五：用“草上霜”染料染底色，拔色、毛尖染料染色，同步拔色印花。

拔色液配制：A 液：水 600mL，甲酸 200mL，拔色剂 100g，将拔色剂用 80℃水溶解，加入甲酸；B 液：酒精 100mL，增稠剂 14g，用酒精将增稠剂溶为糊状。最后将 B 液缓缓加入 A 液中，搅拌成均匀的胶状。该液用于方法一与方法二的印花。

印花液配制：稀释剂 FA 200mL，毛尖固定剂 FR4mL，甲酸 10mL，酒精 25mL，F56 系列的科纳素染料 $x$ g/L，增稠剂 5g/L，配制时将稀释剂加热到 85℃以上，将染料溶入搅匀，加固色剂、甲酸，搅匀，蘸液涂于白纸上，看色光，符合要求后将用酒精溶为糊状的增稠剂缓缓加入，调成均匀的胶状液。该液用于方法三与方法四的印花。

铺花板印花，去板，汽蒸，水洗干燥，整理。

**5. 微风效应工艺**

染色：液比 20，温度 65℃，加乙酸 1g/L，Parvol LTD 0.2g/L，划动 5min，加染毛

助剂 Dermagen PK 3g/L，划动 15min，加酸性毛皮染料 $x$ g/L，划动 20min，加甲酸 1g/L，划动 30min，加甲酸 1g/L，划动 30min，检查毛的颜色和 pH 应为 3.8，排水，冲洗。

# 第四节 兔副产品加工

## 一、血液的综合利用

兔血液因其营养丰富素有“液体肉”之称。首先，兔血是一种良好的蛋白质资源。从血浆蛋白质中氨基酸的组成分析，它不仅含有 8 种人体必需氨基酸和组氨酸，而且它的赖氨酸和色氨酸含量较高，可以作为蛋白质强化剂添加在各种食品中。其次，血浆中还含有多种元素，如钠、钴、锰、铜、磷、铁、钙和锌等。钴是维生素 $B_{12}$ 的原料，铁、铜、锌、锰是酶和其他活性蛋白原料。

我国兔血的利用率很低，除极少一部分以血粉形式供作饲料外，其余均以污水形式排放，不仅致使大量宝贵营养资源流失，而且造成严重的环境污染。20 世纪 90 年代以来，畜禽血液的综合利用逐渐被人们所重视，开展了综合利用科学研究。

### （一）血液的组成和理化特性

**1. 血液的组成** 血液由血浆和悬浮于血浆中的血细胞所组成。取一定量的动物屠宰时获得的新鲜血液与抗凝剂混匀后，置刻度管中，以每分钟 3 000 转的离心速度离心 30min，使血细胞下沉压紧而分层。上层浅黄色的液体为血浆，下层是深红色不透明的红细胞，中间是一薄层白的不透明的为白细胞和血小板。

血浆的主要成分是水、低分子物质和蛋白质等，主要包括：水分、蛋白质、葡萄糖、乳酸、脂类（脂肪、卵磷脂、胆固醇）、丙酮酸、非蛋白氮（尿素、尿酸、肌酐、氨）、无机盐（钠、钾、磷、铁、钙、镁、氯、硫、锰、钴、铜、锌、碘）、酶、激素、维生素以及色素等。血浆为淡黄色的液体，但不同种的畜禽血浆颜色稍有不同。犬、兔的血浆无色或略带黄色，牛、马的血浆颜色较深。血浆中含水 90%以上，低分子物质约占血浆总量的 2%，低分子物质包括多种电解质和小分子有机化合物，如营养物质、代谢产物和激素等。

**2. 血液的理化特性**

（1）*颜色* 兔血液的颜色与红细胞中血红蛋白的含量有密切的关系。动脉血液中含氧量高，呈鲜红色；静脉血中含氧量低，呈暗红色。

（2）*气味* 血液中因存在有挥发性短链脂肪酸，故带有腥味。

（3）*相对密度* 血液的相对密度取决于所含细胞的数量和血浆蛋白的浓度，血液中红细胞数量越多则全血相对密度越大，兔全血的相对密度在 1.046～1.052 范围内。

（4）*渗透压* 渗透压的高低与溶质颗粒数目的多少成正比，而与溶质的种类及颗粒的大小无关。哺乳动物血液渗透压大致一定，用冰点下降度表示。兔为 0.57，犬为 0.57，马为 0.56，牛为 0.56，猪为 0.62。

（5）*酸碱度* 动物血液的酸碱度一般是在 pH7.35～7.45 的范围内变动。

### (二)兔血加工

血液加工制品有数十种以上，广泛用于食品、医药、饲料添加剂等方面。

兔血主要产品为血粉。血粉为棕红色，含蛋白质90%以上，水分10%，是制造三层板、塑胶的胶合剂，也可用作饲料。制造血粉的关键是在50℃时迅速干燥，使蛋白质不变性。

一般采用喷雾干燥法制备，搅拌兔血过孔径0.4mm铜筛，除去血纤维，用高压泵将血浆通过喷枪喷为血雾，利用热风使血雾立即失水成血粉。

也可用磨筛法制备，搅拌血除去血纤维，倒在容器内在50℃下加温干燥失水，将血块磨为粉过筛为血粉。

## 二、骨骼的加工利用

兔的全身骨骼可分为中轴骨和附肢骨两部分。成年兔的全身骨骼约占体重的8%左右。鲜骨中含有丰富的营养物质，蛋白质含量与肉类接近，是一种优质的可溶性蛋白质，生物学效价高。鲜骨脂肪中还含有棕榈酸、硬脂酸等饱和脂肪酸与油酸、亚油酸等不饱和脂肪酸。鲜骨中钙磷含量高，此外，还含大量的复合磷脂质、神经传递物、酸性黏多糖（即硫酸软骨素）等生物活性物质和维生素等，这些营养成分对预防骨质疏松，降低血压，治疗糖尿病、贫血等疾病有重要作用。

兔骨加工制品主要有全骨产品和提取物两种：全骨产品是将鲜骨和附着其上的碎肉、结缔组织、骨髓一起粉碎利用，完整保留了鲜骨的营养物质，主要产品有骨泥（即骨糊）、骨素等。提取物利用是采用现代提取技术提取分离骨蛋白、钙磷等矿物质以及脂肪酸等制成的产品，主要产品有骨胶、骨油、软骨素、骨粉和骨灰等。

### (一)骨的结构和化学成分

骨骼包括骨组织、骨髓和骨膜，骨组织又由骨细胞、骨胶原（纤维）和基质组成。胶原呈致密的纤维状，与基质中的骨黏蛋白结合在一起。基质由有机物和无机物共同组成，有机物主要为黏多糖蛋白，称骨黏蛋白，无机物常称为骨盐，主要成分是羟基磷灰石[$Ca_3(PO_4)_2$]·$Ca(OH)_2$，此外，还含有少量的$Mg^+$、$Na^+$、$F^-$和$CO_3^{2-}$等。骨盐沉积在纤维上，使骨组织具有坚硬性。

骨骼的化学组成中主要是蛋白质、水分、无机成分及脂肪等。各种畜骨由于品种、产地和饲料的差别，略有差异。

兔软骨是一种特殊的结缔组织，也是由软骨细胞、纤维和基质构成，其基质的比例较大，含水量比畜禽其他骨骼要高。另外一个特点是它的有机物的含量远远高于无机物。

### (二)兔骨加工

**1. 骨油加工** 骨中含有大量的油脂，其含量随家畜种类和营养状态而异，大致占骨重的5%～15%。从骨头里提取出来的油脂叫骨油，用来制备高级润滑油或加工食用油脂。骨髂油脂的主要成分是甘油三酯、磷脂、游离脂肪酸等。制备方法不同，骨油的得率也有一定差异。骨油的提取方法通常有：水煮法、蒸汽法和萃取法三种。

(1) 水煮法

①骨料处理。把骨髂上的残肉或结缔组织剔除，用冷水浸泡洗去血污，滴干后用粉碎机粉碎为0.5～1.5$cm^3$大小的碎骨料，放入提取罐。

②水煮。原料骨中加入1倍量水，在80～100℃加热煮制3～6h，煮制期间应随时补充蒸发失去的水，使其浸没骨头。

③取油。受热浸出的骨油及时取出。集中后加热过滤，经除水后保存。

用水煮法提取骨油时，应注意温度与时间的控制。因为长时间高温加热，会使骨髂中的胶原纤维部分溶解，并与骨油乳化结合在一起，对骨油的质量产生影响。这种方法适合于投资规模较小的企业生产粗制骨油。

(2) 蒸汽法

①骨料处理。原料骨髂去除残肉和结缔组织，冷水浸泡，洗去大部分血污或泥沙，滴干后粉碎为碎骨料，取生产批次量放入夹层锅内。

②汽蒸。夹层锅内通入蒸汽，控制锅内温度为105～110℃，蒸制1h左右。进行二次汽蒸提取。分离合并提取得到的骨油和胶液。

③精制。将几次汽蒸得到的骨油加热，用分离性能好的油水分离器进行油水分离，除去残留的胶液，即得精制的骨油。也可用分液装置将油水相分开。

(3) 萃取法

①骨料处理。原料骨髂的基本处理方法和水煮法及蒸汽法相同，但是在粉碎后要经过干燥过程。干燥可采用不同的方法，如低温烘干、自然阴干等。因为萃取抽提骨油所选用的溶剂均为非极性溶剂如二甲苯、乙醚、汽油等，骨料含水量的多少会直接影响这些溶剂对骨油的浸出，骨料水分越少，萃取收率才越高。

②萃取。将骨料放入专用的迴流萃取装置中，按料重1～2倍量加入萃取溶剂，密封进料口，打开冷凝柱循环泵，打开蒸汽供热。控制罐内温度比萃取溶剂的沸点略高一点，提取3～5h。停止加热，冷却后放出萃取溶液。骨料重复抽提2～3次，合并萃取溶液。

③蒸馏。将萃取得到的骨油溶液放入蒸馏锅中，蒸馏去除溶剂，得到骨油产品。

**2. 骨髂明胶加工**　动物明胶用途极为广泛，目前约有几十个行业用明胶做配套原材料。如用明胶制造感光胶片、放大纸；食品行业常作为增稠剂、基质胶；医药上用来生产血浆代用品、药物赋形剂（胶囊、胶丸及栓塞）、吸收性明胶海棉；服务行业用来制作美容保温因子等。

明胶的加工工艺

①原料骨的处理。处理方法同骨油生产中的过程相同。

②脱脂。利用有机溶剂萃取的方法脱除骨料的脂肪。

③酸浸。原料骨中加入一定浓度的盐酸，以浸没骨料为原则，浸泡10～20d，至骨料完全柔软为止。浸泡期间应适当搅拌促使矿物质溶出。

④洗涤、中和。在不断搅拌下用水充分洗涤，每隔0.5～1h换水一次，原料和水的比例不少于1∶5，总共洗涤10～12h。然后用碱水或石灰水进行中和，用碱量和浓度可灵活

掌握，共需浸泡、搅拌 10～16h。中和后放去碱水，再用水洗，最终 pH 控制在 6～7 左右。

⑤水解。在水解锅内放入适量热水，将原料骨倒入锅内。注意不让其结团。缓慢加温到 50～65℃，再加入水将原料骨浸没，维持水解 4～6h 后，将胶液放出，再向锅内加入热水，温度较前次提高 5～10℃，继续水解，依此进行多次，温度也相应逐步升高，最后一次可煮沸。

⑥过滤。所得合并之胶液在 60℃左右以过滤棉、活性炭或硅藻土等做助滤剂，用板框压滤机过滤，得澄清胶液。胶液再用离心机分离，进一步除去油脂等杂质。

⑦浓缩、漂白和凝胶化。将稀胶液减压浓缩，开始温度宜控制为 65～70℃，后期应降低一些，为 60～65℃。根据胶液质量和干燥设备条件掌握浓缩的程度，一般浓缩终点的胶液干物质含量为 23%～33%。将胶液灌入金属盘或模型中冷却，至其完全凝胶化生成胶冻为止。

⑧切胶、干燥。将胶冻切成适当大小的薄片或碎块，以冷、热风干燥至胶冻水分为 10%～12%，再经粉碎即为成品。

**3. 骨粉加工** 骨粉可分为粗制骨粉、蒸制骨粉和骨渣粉等。主要根据骨上所带油脂和有机成分的含量而定。此外，根据用途，又可分为饲料用骨粉和肥料用骨粉以及食用骨粉。

（1）**粗制骨粉的加工** 利用前述水煮法生产骨油残留的骨料渣，沥尽水分，放入干燥室或干燥炉中，以 100～140℃的温度烘干 10～12h。用粉碎机粉碎，过筛即为成品。

（2）**蒸制骨粉和骨渣粉的加工** 蒸制骨粉系用前述蒸汽法提取骨油后的骨骼残渣为原料而制成。将蒸煮浸出油后的骨渣干燥粉碎，过筛后即为成品。提取骨胶后的骨骼残渣经干燥粉碎后成为骨渣粉。

**4. 软骨黏多糖的制取** 硫酸软骨素是从动物软骨中提取得到的黏多糖物质。这些黏多糖存在于蛋白多糖分子中。软骨中的黏多糖主要是硫酸软骨素 C、硫酸软骨素 A、硫酸角质素、透明质酸及少量硫酸皮肤素。硫酸软骨素在软化血管，防止动脉硬化、冠心病方面具有疗效。

**工艺流程**

动物软骨 —提取→ 提取液 —酶水解→ 水解液 —吸附→ 滤液 —沉淀→ 粗品

①原料处理。用于硫酸软骨素提取的原料软骨要新鲜，冷冻的软骨应该在深冻条件下保存。提取前应去除结缔组织，并在 80℃的水中煮泡 20min，去除脂肪及杂质，取出沥干。投料前用绞肉机绞碎，网板选 3～5mm 为宜。用 40℃的温水浸泡、搓洗，反复漂去上层结缔组织碎物，沥干水分。

②提取。绞碎软骨称重，加入 4 倍量 2%氢氧化钠进行浸泡提取，碱用量为原料量的两倍。室温下每 30min 搅拌一次。时间为 8～12h，相对密度达 1.037 时过滤。残留物研碎后继续二次提取，过滤后合并滤液。

③酶解。提取液用 1∶1 盐酸调 pH 至 8.8～9.0。水浴加热至 50℃时加入 0.4%的胰酶，在 53～56℃温度下搅拌消化 6h。水解后期取少量水解液用滤纸过滤至试管中，10mL 滤液加入 10%三氯乙酸 1～2 滴，若微显浑浊，说明消化情况良好，否则酌情增加用酶

量。另外，水解过程随时用10%氢氧化钠调整pH为8.8～9.0。

④吸附。酶解液保持温度为53～54℃，用1∶2的盐酸调pH为6.8～7.0。加入原料用量15%～20%的活性白土和0.1%的活性炭。搅拌后用10%氢氧化钠调pH为6.8～7.0，充分搅拌吸附1h。静置片刻后过滤，滤液要求澄清。清液可用10%三氯乙酸检测蛋白含量。

⑤沉淀。滤液用10%氢氧化钠调pH为6.0，并加入滤液体积1%的氯化钠，充分搅拌溶解后过滤至澄明，搅拌下加入90%的酒精，使酒精含量达75%，静置8h以上，去上清液，下部沉淀用无水乙醇洗涤两次，抽干。64℃以下烘干或者真空干燥。

**5. 骨汤产品加工**　利用骨胶原的热水解特性还可生产加工骨汤产品。骨汤实际上就是将新鲜的兔骨放在水中加热水解几个小时，形成骨胶汤和骨油的混合液（乳化液）。过滤去骨料渣。乳化液经营养成分分离、浓缩、调味、防腐等过程，制成营养性食品配料或抽出性营养调味料等骨汤系列产品。

**6. 食用骨糜及骨粉的加工**

（1）*鲜骨糜（糊）*　骨骼中富含钙和磷，可补充人们膳食中钙、磷的缺乏。近几年国内已开发生产出骨糜浆，也有人称之为骨糊，该产品可作为食品原料添加到各种制品中，强化钙磷营养。其加工工艺如下：

原料骨预处理：将新鲜的原料骨清理去除残肉和结缔组织，清水漂洗，沥干，置－15℃以下的环境中冷冻。

破骨：冷冻后的骨头投入碎骨机中，切成30～50mm的骨块。

碎骨：骨块放入绞碎机，先绞为10mm左右的骨粒，再接着绞为5mm的小骨粒。

拌水：给小骨粒中加入适量冰水，在搅拌机中拌均匀。

磨骨：在磨骨机中进行第一次粗磨，使骨磨成稍感粗糙的糊状。第二次细磨后，使骨粒平均直径达70～80μm，整个骨浆成细腻的糊状。

鲜骨糜作为强化营养添加剂可加到配料中，制成骨糜糕点、饼干、骨糜酱或羹类食品，也可配合成为营养品或保健品。

（2）*食用骨粉或骨髓粉*　国内一些企业目前还利用高科技粉碎技术加工超微细食用骨粉，这是一种富含钙、磷、铁及其他元素的食品原料，其钙磷含量的比例接近人体所需比例2∶1。该产品除了含有钙、磷等营养成分以外，还含有微量元素、氨基酸等成分。

## 三、兔副产物中提取生物活性物质

**1. 肝中提取金属硫蛋白**　金属硫蛋白（metallothionein，简称MT）是一类广泛存在于动物、植物和微生物体内的小分子蛋白质，富含半胱氨酸，可以直接参与生物体代谢，具有调节生物体内微量元素浓度以及对重金属的解毒作用，对激素调节、细胞代谢调节、细胞分化和增殖的控制、抗辐射、清除自由基都有重要作用。MT在化妆品、保健品和新医药等领域有广阔的应用前景。

（1）*MT的诱导*　给家兔皮下注射$ZnSO_4$ 4次，第1天注射60mg/只（约15mg Zn/kg），第2、4天注射90mg/只，第7天注射120mg/只，第8天处死动物取其内脏。

**(2) 金属硫蛋白的提取**

①称重。将存放于冰箱中(−4℃)的试样解冻、称重;

②组织搅碎。将试样用剪刀剪成小块后,再用捣碎机捣碎约30~50s,捣成匀浆;

③提取。加入约试样重量两倍体积的0.02mol/L Tris-HCl,用磁力搅拌器搅约30s;

④变性处理。加入等体积氯仿:乙醇(0.08:1)变性除杂蛋白,搅拌约5min;

⑤离心分享。5 000r/min 4℃离心25min,弃沉淀,取上清液;

⑥热变性。加热至75℃,热变性处理3~5min除杂蛋白;

⑦过滤。用冰块速冷后用8层纱布过滤,取清液,静置约2h;

⑧离心。8 000r/min 4℃离心25min,弃沉淀,取上清液,得到匀浆液;

⑨层析、冻干。对匀浆液进行层析,然后收集富含MT的层析液进行冻干即得MT粗品。

**(3) 金属硫蛋白的纯化** MT粗品纯度为60%~90%、MT精品≥90%,纯品含量≥95%。纯化方法是根据MT-1和MT-2所带电荷不同的性质,进行离子交换,将MT-1和MT-2分开,然后将收集MT-1和MT-2的层析液分别进行脱盐,最后收集冻干、保存。

取匀浆液直接上Sephadex G-50柱(4.5×100cm)进行分离,以0.01mol/L Tris-HCl,pH8.6缓冲液洗脱。收集含MT组分层析液,再上预先用0.01mol/L Tris-HCl,pH8.6缓冲液平衡好的DEAE-Sepharose Fast Flow(3×70cm)柱进行离子交换层析,以Tris缓冲液进行直线梯度洗脱(A液:0.01mol/L Tris-HCl,pH8.6;B液:0.25mol/L Tris-HCl,pH8.6)。分别收集含MT-1和MT-2组分,冷冻干燥浓缩成体积15~20mL,再分别上预先用0.01mol/L碳酸铵平衡好的Sephadex G-25柱(1.6×120cm)进行脱盐。所得MT-1和MT-2冷冻干燥后保存于−20℃冰箱中。

**2. 兔血中提取血红素** 血红素是一个由二价铁离子镶嵌在一个卟啉环而构成的称为卟啉的化合物,主要存在于动物的血液和肌肉中,是动物血液的天然色素,具有重要的生理功能和很高的使用价值。血红素在医药、食品、化工、保健品、建筑及化妆品行业中有广泛应用。血红素可用于制备抗癌药物等,也可直接用于临床补铁剂,治疗缺铁性贫血症。

兔血中提取血红素的方法冰醋酸法、丙酮法、鞣酸法和酶法。但常见的是前两种方法。

**(1) 冰醋酸提取法** 取新鲜动物血液,加入4%血液量的浓度为15%的柠檬酸三钠溶液以抗凝血,后经孔径137μm分子筛过滤,再以1 500r/min离心15min,取下层血细胞,按1:4.4的比例添加冰醋酸,再加1.5%血细胞量的氯化钠,经40min 105℃加热,冷却后布氏抽滤,即得含量约50%的粗血红素铁。

**(2) 丙酮提取法** 新鲜猪血中加入柠檬酸三钠抗凝血剂,经4 000r/min离心15min后,加入生理盐水洗涤,搅拌均匀,取上清液,收集下层液,如此洗涤两次即得红细胞。滤液中加4~5倍体积的含3%盐酸的丙酮溶液,用1mol/L盐酸调pH为2~3,搅拌抽提10min,然后过滤,得血红素铁。

**(3) 鞣酸法** 取新鲜血液分离出的红细胞(同丙酮提法制备红细胞方法),加水溶解后用4~5倍体积氯仿洗涤、过滤以除去纤维,滤液中加pH2~3的酸性丙酮溶液搅拌抽提，然后过滤，滤液中加5%的鞣酸，搅拌静置过夜，血红素呈针状结晶析出（包含亚铁血红素和高铁血红素），抽滤可得亚铁血红素。

**3. 肝素钠的提取**　肝素钠是一种含硫酸脂的氨基葡萄糖、艾杜糖醛酸和葡萄糖酸的生物活性物质，是一种天然抗凝血物质，它在抗凝血，促进脂蛋白酶释放和补体溶细胞体系等方面具有活性，被广泛用于治疗血栓塞、暴发性流脑、败血症、肾炎、急性心肌梗塞、动脉硬化等疾病，还具有澄清血浆脂质，降低胆固醇等作用。

肝素钠广泛存在于哺乳动物的各种器官的组织中，尤以肠黏膜中最多，有关从兔肠中提取肝素钠方法未见报道，但可参照猪小肠黏膜提取肝素钠方法，基本操作流程如下：

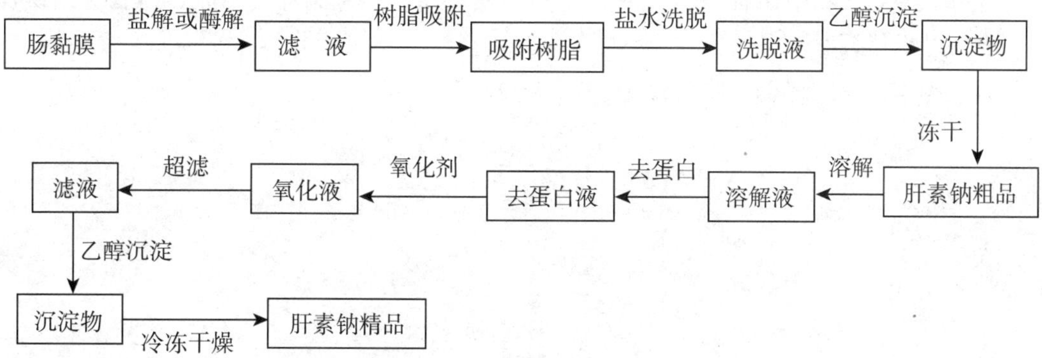


（1）**提取**　将新鲜的小肠黏膜移入水解锅中，按肠黏膜量加入4%～5%的食盐，加热搅拌，同时用30%～40%氢氧化钠溶液调节pH至9.0。待锅内温度升至50℃时停止加热，搅拌下保温3～4h。然后升温到85℃左右，这时停止搅拌，在90℃下保持15min。趁热用粗纱布过滤除去大的杂物（肠碴），最后用孔径150μm尼龙布（耐热型）过滤提取液。

或在黏膜液中加入一定量的木瓜蛋白酶（按酶与底物量比1∶500计），酶解3h，酶解液加入硫酸铵沉淀，过滤。

（2）**吸附**　将滤液移入吸附缸中，等液体温度降至55℃以下时，按原来黏膜量加入5%已处理好的D 254树脂，搅拌吸附6～8h，搅拌速度不得太快，控制在60r/min内，以使整体维持转动为宜，以防弄碎树脂，整个吸附过程中，温度应不低于45℃。吸附完成后，用尼龙布滤掉液体，收集树脂。

（3）**清洗**　把树脂倒入桶中，用清水反复洗涤，至水变清为止。

（4）**去除杂蛋白**　树脂中加入2倍量的7%精盐水，浸泡1h，期间不时搅拌，滤掉盐水，然后再加2倍量8%精盐水，浸泡1h，滤干，收集树脂。

（5）**洗脱**　把树脂移入桶中，用25%精盐水浸泡3h，用量为刚浸没树脂面，要间隙轻轻搅动，使洗脱液与树脂充分接触，以便使肝素钠被解析下来。然后过滤，收集滤液。树脂再用8%精盐水洗脱一次，方法同前，收集、合并滤液。

（6）**乙醇沉淀**　将洗脱液用孔径150μm涤纶袋过滤除去杂物，滤液移入沉淀缸中，加入浓度为85%以上的乙醇，使洗脱被中乙醇浓度达35%～40%，搅匀过夜，然后虹吸出上层乙醇清液。再加3倍量的95%乙醇在沉淀缸内再次沉淀，吸出上层乙醇清液。

(7) **脱水、干燥** 沉淀滤干或用白滤布吊干，再进一步经冷冻干燥或真空干燥，得粗品。

(8) 肝素钠粗品，用1%的盐水溶解，并用HCl调pH至3.0，加入沉淀剂，以去除蛋白杂质。

(9) **氧化** 用过氧化氢（30%）约1%在弱碱性条件下（pH=11.0）进行氧化处理2～3h。

(10) **超滤、沉淀、干燥** 氧化液经超滤、乙醇沉淀、冷冻干燥或真空干燥，制备得到肝素钠精品。

此外，兔副产物中还有很多可以利用的物质，如兔毛、兔耳、四肢、兔肾等组织部位，有待开发研究。

# 第十四章

# 家兔产业化与经营管理

## 第一节　家兔产业化的概念

### 一、产业与产业化

#### （一）产业化的概念

“产业”是指具有某种同一属性的企业或组织的集合，是居于微观经济与宏观经济之间的一个“集合概念”。在宏观经济理论和微观经济理论中，都没有给“产业”下严密的定义，在英文里，“产业（Industry）”指工业、行业，又指有组织的劳动，它与商品经济相联系，以社会化生产和现代化经营为特征，带有专业特点的较大的生产领域，是在国民经济中按照一定社会分工原则，为满足社会某种需要而划分的从事产品和劳务生产、经营的各个部门。

随着“三次产业”的划分和第三产业的兴起，产业也推而广之，泛指各种制造提供物质产品、流通手段、服务劳动等的企业或组织。生产的社会化、规模化及其在产业链中的重要性是判断一个生产经营行业是否成为产业的重要标准。因此，无论是在何种部门，自给自足的小规模生产经营的行业很难称得上真正意义上的产业，只有面向市场生产并通过市场交换，并融入国民经济循环的生产活动才能称其为产业。在市场经济条件下，合理的利润是产业发展的前提，同时，任何一个完整的产业，应该是产前、产中、产后诸环节的紧密联结，并形成合理的分工协作关系，这是产业整体性发展的必然要求。

“产业化”是从“产业”的概念发展而来的，“产业化”与“工业化”在英文都用“Industrialization”表示，因此产业化有时也作“工业化”理解。具体来讲，“产业化”是一个动态的概念，有两个层面，一方面是指某一项理论、技术发明和一个产品，经过商品化、规模化、规范化、专业化、社会化发展，形成一个新的产业的全过程；另一方面是指一个产业从低级到高级，从传统到现代的不断完善过程，前一过程表现为产业的分化，后一过程表现为产业的进化，按照事物发展的内在规律，产业的分化和进化是没有止境的。因此，从发展的角度看，产业化具有层次性和阶段性的特征。

#### （二）产业化的核心

产业化过程，是产业技术、产业结构、产业组织、产业关联、产品市场和产业政策等要素的不断优化组合，也是新的社会生产力的不断形成过程。它的内容和特征是：新产品的不断开发和利用，市场的不断拓展，商品化、社会化程度不断提高，关联产业群不断形成，生产的专业化、规模化，管理的规范化和企业化。随着产业化经营向纵深发展，原来三次产业划分不再适用于一体化的农业产业化经营系统，因为，三次产业划分仅反映国民经济部门之间横向层次结构关系，而产业化经营则纵向上改变了这种层次结构关系，使产业化过程包含了产前、产中、产后全部环节。农业产业化的实质上是指对传统农业进行技术改造，推动农业科技进步的过程。这种经营模式从整体上推进传统农业向现代农业的转变，是加速农业现代化的有效途径。

农业产业化的核心是公司化和企业化。农业公司化，即把现代企业制度引入我国传统农业，通过各种性质、各种规模的农业公司的资源配置，把农业领域内的各种生产要素有机地高效地组织起来，使传统农业具有市场化、专业化、综合化、集约化等特点，从而实现农业现代化。农业公司化是农业产业化的核心和关键，市场化、专业化等都是在公司化的基础上衍生出来的相关特征。可以说，没有农业公司化，就没有农业产业化。市场化、专业化、综合化、集约化和规范化是农业产业化的集中体现，农业生产的产业化需要一种组织来进行农业的生产，而公司的固有的这些性质决定了其成为最佳的组织形式，适应农业化的要求。因此，要实现传统农业向现代农业转变，深化农业产业链条，实现农业产业化这一任务，公司化经营是重要的形式。类似地，家兔产业化的核心也是公司化（或工厂化或企业化），从家兔的育种、养殖、销售、加工以及流通各个环节，通过公司进行组织使兔产品从兔场到餐桌实现有机连接，从而实现家兔产业的市场化、专业化及现代化。

为了推进农业产业化的快速发展，我国中央和各级地方政府都制定了相关政府扶持产业化龙头企业的发展，认定了一大批中央和各地的龙头企业。实践表明，龙头企业在带动农民就业、增收，推动产业发展方面发挥了重要的作用。

## 二、家兔产业化及其特点

### （一）家兔产业化及其构成

依照对农业产业化的理解，家兔产业化是在一定地域范围内，以兔产品的市场需求为导向，以提高整个兔产业的经济效益为中心，围绕兔业发展目标，采取有效的组织形式和运行机制，从养殖、生产、加工到产品流通各个环节相互紧密连接，实现家兔生产的标准化和专业化、服务配套社会化、管理高效企业化、经营一体化，使得产前、产中和产后形成完整而效益良好的产业链条，从而使养兔真正成为一项有竞争力的产业。家兔的产业化不仅仅是家兔的规模化和集约化生产，家兔产业化所涵盖的领域更广，是以提高效率和效益为特点，着重强调从生产到消费的整个完整产业链，其目的是为了提升整个产业的竞争力。

家兔产业作为畜牧业行业，同其他动物的生产一样，其各个环节是密切联系的系统产业，把握家兔产业化的构成，有利于家兔产业链条健康快速发展。家兔产业化的主要环节如图 14－1。

**1. 种兔繁育系统**　良种是发展现代兔产业的基础，也是转变生产方式、提升产业高度的关键环节。种兔繁育系统是由新品种引进或培育、良种扩繁、良种规模养殖等 3 个层

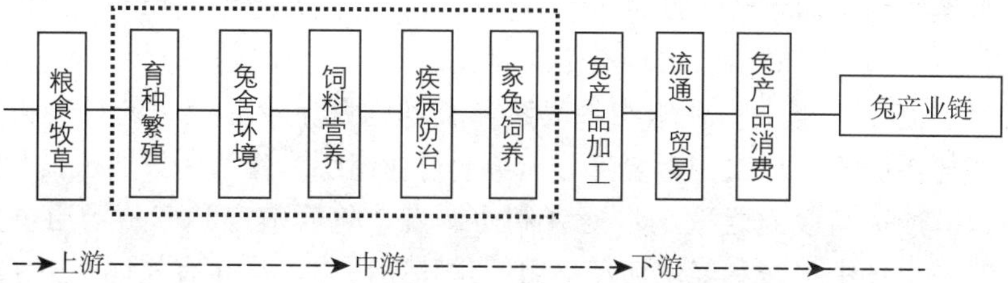


图 14-1　兔产业链示意图

次构成，种兔繁育系统建设是家兔产业化的源头工程。优质的种兔是兔业生产优质、高产、高效的重要保证。目前主要有纯种繁育体系和杂种繁育体系，纯种繁育体系主要适用于长毛兔、皮用兔和肉兔纯种的繁育，杂种繁育体系主要适用于肉兔生产，同样是由育种、扩繁和生产组成的金字塔结构。种兔问题已困扰中国兔业多年，因此，建立先进的良好的种兔繁育体系是促进我国兔产业健康快速发展的有力保证。

**2. 商品兔养殖系统**　是家兔产业化的中间环节，是农民参与和受益面最广的部分。该系统有基地化规模养殖、分散化农户适度规模养殖和工厂化集约养殖。养殖户可根据当地自然环境条件、市场需求和经济发展水平选择适当的养殖模式进行家兔养殖。商品养殖系统的构建环节涉及当地政府、龙头企业、兔业协会或兔业合作社及养殖户，是不同环节的有机组合，通过这些环节，养殖户进行良种、饲料购买，疫病防治，技术采纳，组织销售及加工等完成家兔养殖生产活动，甚至形成专业化、规模化的商品兔养殖基地。

**3. 配套技术支持及服务系统**　主要由兔产业始端到末端各环节涉及的技术或商品服务支持，比如人工授精、饲料加工、疾病防治、产品加工等。任何一个环节的配套技术及服务出现问题都会影响到整个养兔产业经济效益的实现。科技创新和新技术应用是技术和服务系统发挥作用的有力保证。兔产业技术支持及配套服务系统的主要任务和目的包括：依靠先进育种技术提高品种质量，大力研发和推广营养饲料、小环境调控和疫病防治新技术，通过科技降低生产成本、提高产品质量和养殖效益。因此，应该针对新品种培育、品系配套、产品精深加工和产品质量监控等产业化生产方面的关键技术，组织科技攻关，不断为产业生产提供技术支撑。

**4. 兔产品加工系统**　包括兔肉、兔皮和兔毛等兔主产品加工和胆、肝、血等副产品的加工。兔产品加工是兔产业发展的重要环节，深加工是兔业产业化发展的关键所在，包括兔产业在内的任何产业发展的最终落脚点就是能够为人们的衣食住行提供丰富的多样化的产品。当前我国的兔产品加工主要是初级产品加工，而且副产品的加工基本是空白。因此，兔业产品的深加工应向生产名、优、特和保健产品的方向发展，应该根据不同市场的特点和消费者消费习惯进行有针对性的兔产品加工和开发研制，以提高兔产品附加值，实现尽可能大的经济效益。

**5. 兔产品市场开发系统**　兔产品的市场容量是兔产业发展的基本依据，发展兔业首先要考虑是否有足够的市场空间与发展潜力。市场开发要充分考虑人口的地区分布、各地的地理区位和消费特点等，既要考虑市场的现实需求，也要考虑潜在需求。总之，发展兔业产业化要建立和完善兔产品市场开发系统，其中包括市场供求信息系统、销售网络系统、售后服务系统与反馈系统。通过市场开发系统，可以及时掌握兔产品的国内外市场的供求和价格信息，对开拓和占有市场有重要意义。

**6. 兔业行业组织** 兔业行业组织是联系和服务广大兔业养殖户的社会机构，是现代兔产业化构成体系中不可缺失的重要部分。兔业行业组织，作为兔产业成员利益的代言人和维护者，是其成员与政府之间的沟通者和协调者，兔养殖户和养殖场通过兔业行业组织，实现了其与市场中生产和经济活动的组织化和理性化，从而有效地克服了养殖户因个人博弈带来的弱势化和非理性化的不足。在发展兔业产业化经营中，需要制定和完善有关扶持和鼓励政策，加强对各类兔业行业组织的能力建设，以便更好地维护广大养殖户的权益，保障兔业健康、快速地发展。

### （二）家兔产业化的条件

从理论上来讲，家兔产业化要具备产业内部条件和外部环境等多方面的条件。结合西欧一些发达的养兔国家（法国、意大利、西班牙等）的实践，在其兔业产业化过程中，也显著地体现出来，同时其市场经济环境为兔业产业化创造了良好的外部条件，促进了产业化的发展。这些发达养兔国家说基本实现了产业化经营。总体看，家兔产业化应具备以下六个方面的条件。

**1. 成熟而发达的家兔育种体系** 家兔育种是兔产业化的源头，是产业化的灵魂和根本推动力，对兔产业化起到十分重要的基础作用。从发达国家的实践来看，均将家兔的育种置于首要地位，他们早已从纯种育种过渡到配套系育种，从而充分利用了来自父系和母系的优势，并在商品代体现杂交育种的优势，以提高养殖效率和效益。经过长期的发展，法国的育种公司在这方面尤其突出。目前，法国有3家主要的家兔育种公司，这些公司不仅垄断了法国国内的种兔的供应，而且在整个西欧的家兔育种市场中也占据绝对的优势。他们不仅在本国建立了强大的家兔育种和繁育中心，而且还在意大利、西班牙、匈牙利等国家建立了家兔育种的分中心，这样他们就能方便地为当地客户提供优质种兔，同时扩大了自身的影响和竞争优势。

在西欧发达养兔国家，尤其是法国、意大利和西班牙，伴随着家兔育种的集中，形成了层次分明的种兔繁育体系。也就是说，育种公司、地区繁育中心、养殖企业或养殖户分别饲养不同等级的种兔或商品兔，从曾祖代、祖代、父母代到商品代。而且饲养不同等级的家兔企业或者养殖户都能把本等级的家兔的饲养效率发挥到最好。西欧这种宝塔式的种兔繁育与饲养模式保障了种兔遗传进展的迅速扩展。也由于长期的合作机制，有效保护了各层级饲养者的经济利益，从而使得整个养殖体系能够高效运转。目前，国内在家兔育种中，还存在着层次不够分明的现象，一个企业或养殖户自繁自养，没有太明确的种兔概念，从而导致了家兔生产性能和养殖效率的低下。

**2. 规模化和标准化的养殖模式** 随着生产的发展，西欧发达的养兔国家已经完成了从农户小规模庭院式养殖向适度规模或者大规模养殖的转变，大多是家庭专业化养殖或企业化养殖，以基础母兔200只以上占绝大多数，而且这些专业养殖户把养兔作为主业来经营，多数加入了当地的养殖协会或养殖合作社，由当地养殖合作社或协会与屠宰加工企业订立合同，从而实现某种程度的订单养殖。由于普遍实现人工授精，大都实现了全进全出

（批次生产），每个批次出栏的数量和出栏兔的体重都有相应的标准，并且每个批次的产量也基本可以预期，从而使养殖户或企业能够较好地规划其预算和收益。

当然，规模化是指相对的、适度的规模，并不是越大越好，规模的要求是能够保证实行人工授精的需要，做到全进全出。这样可以大大节约劳动投入、节约成本、提高家兔繁殖率，为养殖户带来更高的收益。

**3. 高质量的饲料及相应投入品**　饲料占到整个养殖成本的70%以上，在很大程度上决定养兔的利润回报，同时，饲料质量的好坏更是直接关系到养兔的成败。在西欧养兔发达国家，饲料的生产不仅实现了商业化和专业化，而且饲料的质量有足够的保障，养殖企业只需和饲料公司订立供应合同就可以放心使用饲料公司所提供的饲料。一般情况下，饲料公司能够保质保量地按照客户的要求将饲料如期送到养殖企业手中。由于西欧地区相对优越的地理环境，特别是有成熟的产业化饲料加工企业，从而有效地保障了兔饲料中重要的粗饲料的质量。另一方面，一旦发生质量问题，也有较完善的索赔机制，使得饲料企业不敢掉以轻心，能够千方百计地确保饲料质景和自己的商业信誉。

从发达国家的实践来看，饲料主要由少数几家大的加工商供应，这既是市场竞争的结果，也从客观上保障了企业通过薄利多销维持相应的利润。我国在短期内还很难做到饲料生产和销售的集中，这是由我国农户数量大、布局分散引起的，但饲料企业的规范化生产和诚信问题则是需要进一步改进的。

**4. 精细的产品加工和分销系统**　随着技术的不断进步和生产率的不断提高，在产业发展到一定阶段后将必然进入到买方市场的阶段，因而产品的加工和市场营销将成为制约产业发展的重要因素，为此在产业发展中就需要逐步完善产品的加工和营销系统。目前，从我国人均年兔肉消费量来看，西欧发达养兔国家每年人均消费兔肉大多在3～4kg，高于世界上大多数国家兔肉的人均消费量。除了历史形成的消费习惯与偏好以外，一个很重要的原因是这些国家发达的产品加工和分销系统。在西欧国家，传统习惯上人们都很喜欢吃冰鲜兔肉，既能保证兔肉的鲜嫩，又能延长兔肉的保质期。同时，其营销系统能够根据人们的饮食偏好和消费习惯，以及社会、家庭的形态变化及时调整加工和销售策略。例如在意大利，20世纪60～70年代每个家庭的人口比较多，而且妇女婚后不工作的比例也比较高，这些家庭妇女经常去当地的自由市场购买兔肉等烹调原料，因此当时主要是以整只活兔或者屠宰加工后的带头的全净膛的胴体来供应当地市场，从80年代后期以来，随着年轻人的不断独立，每个家庭的规模越来越小，而且困于生活节奏的加快，人们用在烹调的时间也相应减少，这时兔肉的加工与销售也发生了相应的改变，整只销售大量减少，分割的比例越来越高，并有大量的半成品出现。产品的销售也由自由市场更多地转入到食品超市和杂货店，正是由于迎合了这些变化，才使得意大利的兔肉消费和产量近30年来一直在稳定上升。

**5. 科学研究和生产实践的紧密结合**　家兔的产业化离不开科技的进步，科技进步是产业化发展的根本的推动力。从发达国家的实践来看，整个产业链上的多个环节都能够很好地体现出科技与生产的紧密综合。在法国，农业科学院（INRA）作为一个公立的科研机构，有完整的与家兔生产发展相联系的养兔科学研究部门，尤其在育种、饲料与营养、疾病防治方面的研究处于领先地位。特别是在育种方面，法国农业科学院的家兔育种部门与法国主要的3个育种公司都有很紧密的科研合作，这种紧密的合作体现在企业根据市场的发展需要，由农业科学院的育种专家帮助制定育种规划，育种公司具体负责育种业务的指导。另一方面，农业科学院家兔育种部门的有些育种素材在达到一定的育种指标后，直接移交给育种公司作为他们的育种素材或者是相应的品系融合到公司的育种计划和产品系列当中。再如，家兔周期繁殖模式，实际上就是在欧盟的相关科技计划的支持下，由欧洲多个国家的养兔科学家共同研究而最终建立的一种繁殖模式，其目的是应对人们对于食品质量安全的关心和减少激素在家兔繁殖中的应用。这种繁殖模式建立后，很快推广到欧洲范围内规模化养殖场中，从而大大提高了这些兔场的繁殖效率，增强了欧洲兔业的竞争力。反过来，它又促进了家兔育种技术的进步和提高。当然，这种科研和生产的结合，要么以公益性的科研项目直接服务生产为目标，或者通过私营企业与政府科研部门订立科研合同，规定双方的权利和义务，从而保障科学研究的方向和质量，也同时保证了它的应用导向。

**6. 完善配套的社会化服务体系** 产业的发展涉及产业链各个环节，而每个环节又涉及诸多技术和经济需求。特别是小规模农户，由于其知识、技术或信息的缺乏，需要相关的社会化服务组织为其提供。这些组织，有些是政府的机构，比如畜牧推广机构；有些是主要的行业企业发起的，比如行业协会；有些是商业化的，比如信息或技术服务企业（或公司）。

虽然这些社会化服务体系不是某个产业的核心组成部分，但是这些服务和这些机构都是产业发展必不可少的，哪种服务缺乏都会大大制约产业的健康发展。因此，这些社会化服务机构看似不重要，实际上它对产业发展的贡献要远远大于其本身的重要性，其社会效益往往大于其经济效益。

### （三）家兔产业化的特点

与其他农业产业一样，家兔产业化的经营与发展具有相应特点，主要表现在以下几方面。

**1. 生产标准化** 家兔产业化的一个重要特点就是家兔生产过程的标准化。具体来说，生产过程的相关环节及所涉及的投入品都有相应的标准，而且每个阶段生产过程的结果也都要达到一定的标准。比如，在兔生产过程中，不同阶段的饲喂量、不同月龄应达到的体重、种兔的体型、毛色和生产性能等在正常的生产条件下应该达到相应的标准。兔产业标准化从某种程度上说是生产专业化的体现，同时也是专业化的升华。

**2. 布局区域化** 区域化一方面体现在资源和气候的区域性，另一方面也体现在产业的集中或集聚。从资源和气候的角度来讲，家兔养殖具有地域性。按照区域比较优势原则，进行资源要素配置，调整兔养殖结构，逐步形成与资源特点想适应的布局，实行连片养殖，将一家一户的分散种养，联合成千家万户的规模经营，创造区域的产品优势和市场优势。例如，我国家兔养殖主要集中在山东、四川、重庆、浙江等优势产区。从产业集中或集聚的角度来看，产业化发展的一个特点是各相关环节及其配套生产的相对集中，从而缩小相关环节的关联成本，形成集中或集聚优势。

**3. 产品商品化** 市场经济下，生产的目的是为了交换，只有产品销售出去了，变产品为商品，变商品为资本，才能实现盈利。只有在市场中才能实现产品自身的价值，形成产品的商品化。家兔产业存在的主要目的就是为消费者提供所需要的产品，并非是养殖户或者养殖企业自给自足，因此产品商品化是其显著特点。

**4. 服务社会化**　作为家兔产业化的各项配套服务不是零散的，而是配套的，并且在一定地域内易于取得。成熟的家兔产业涉及多种产品及技术服务，包括：种兔服务、饲料加工、人工授精、养殖技术培训等。在没有实行产业化之前，这些服务往往是零散的，或者不配套的，只有家兔所需的一系列产品和服务都能在一定范围内很方便地得到，并且有质量保证，才算实现真正的服务社会化，这也是我国家兔产业发展的最终目标。

**5. 经营一体化**　家兔产业的经营一体化主要指兔产业的育种、养殖、加工、销售等诸环节形成链条，实行农工商一体化综合经营，既发挥市场调节的作用，又发挥专业协作的作用，从而有利于扩大养殖和生产批量，提高产品质量，降低交易成本。这不仅能够从总体上提高养兔的比较效益，而且能够使参与家兔产业化经营的小农户获得应得的收益。

**6. 利益分配合理化**　产业链各环节的利益分配是整个产业能否健康发展的核心，家兔产业化的关键就在于家兔产业利益分配是否合理。在产业化经营发展水平较高的阶段，其经营体系内部，多数是以资本为纽带，以入股、入社的形式结成“利益同享，风险共担”的经济利益共同体。此外，龙头企业通过合作、订单等形式与农民连接起来，龙头企业将加工增值的利润以提高原料合同收购价格、利润返还等方式，适当让利于农户。从实践来看，合理的利润分配是家兔产业可持续发展的持续动力。

## 三、家兔产业化的意义

我国兔业发展的根本出路在于产业化，兔业产业化可以解决当前我国兔业发展过程中一些关键问题，从而保证兔产业的可持续发展。因此，家兔产业化具有非常重要的现实意义。

**1. 家兔产业化有助于小农户与大市场的有机连接**　我国是人口大国，农户数量多，规模小，家兔产品作为小宗产品，小规模生产者与大市场的连接尤其重要。对养殖户来说，遇到的最大的难题是生产与市场连接问题。产销脱节所引起的价格大起大落，严重影响养殖户的生产积极性，难以保证兔产品的有效供给。产业化经营，以龙头企业或合作社等为核心，将市场和养殖企业及养殖户紧密连接，通过需求决定和调整家兔养殖，使生产、收购、加工、贮藏、运输、销售等一系列过程环环相扣，能较好地解决小生产与大市场的矛盾，加速兔业的商品化和市场化进程。

**2. 家兔产业化有利于家兔养殖的规模化和集约化发展**　产业化的重要特点是企业化经营，而规模化是企业节约成本的必然要求。因而，产业化可以很好地促进产业向规模化、集约化升级。当前我国兔业相当大的一部分还是农民分散的小规模经营，这是实现兔业现代化的最大障碍。在专业化生产体系中，实行规模化和集约化的生产一方面可以提高生产要素利用率、降低成本，同时，在保证兔产品加工和直销厂商稳定供货的基础上，能通过专业化和标准化的生产方式保证其产品质量。除此之外，规模化的生产更加有利于先进技术和设备的推广和应用，从而加速家兔产业的现代化。

**3. 家兔产业化有利于吸引更多的资本进入兔业及相关领域** 相比工业和服务业，家兔产业化经营得到政府部门积极的政策导向，能够在税收、土地、信贷等方面得到优惠和支持，这些因素促使家兔产业日趋成为社会资金流向的关注领域。随着资金、信息和技术的进入，家兔产业化经营可逐渐壮大自身规模，完善投融资和利益分配制度，还可激活农村金融信贷市场，活跃农村经济。

**4. 家兔产业化有利于吸纳农村剩余劳动力和促进城乡一体化进程** 兔产业化以建立高效兔业技术与生产体系为核心，注重发展兔产品的深度加工，产业范围延伸到贮藏、运销等环节，家兔产业化的发展可以带动更多的农村剩余劳动力向产前、产后环节转移，形成对农村剩余劳动力很强的吸纳能力。促进农村剩余劳动力转移，增加农民收入；兔产业的规模化发展还会促使乡镇兔产品加工企业的集中布局和加工总体水平的提高，为农村经济的发展提供积累，推动小城镇的发展，进而促进城乡一体化发展。

**5. 家兔产业化可以增强家兔生产的抗风险能力** 市场是家兔产业化的“风向标”，家兔产业化经营的最基本要求是生产者能够根据市场需求安排生产规模和产品种类，适时合理调整生产时序，并通过规模化、集约化生产降低成本，增强养殖户的家兔生产资料购买和兔产品销售的议价能力，稳定养殖户收益，防止出现类似“谷贱伤农”现象的发生。同时，家兔产业化经营促进市场体系的完善，产业化经营所需的各种物资、服务、技术能够通过市场渠道进行顺畅流通，从而规避家兔生产所具有的脆弱性和敏感性，提高家兔养殖和生产的抗风险能力。

**6. 产业化有助于促进兔业科研水平的提高和技术的不断进步** 家兔产业化对家兔种质资源及育种体系、兔产品研发和加工体系、兔产品营养价值评定及利用体系、家兔科研及推广机制、兔商品生产及经营机制等方面都提出了更高的要求。在家兔产业化过程中会不断产生新的亟待解决的科研议题，对兔业科研的内容和质量提出了新的要求，并且需要随着产业的发展及时做出调整，与生产实际想结合，提高科研成果转化为生产力的效率。

## 第二节　我国家兔产业化的典型模式

### 一、我国家兔产业化实践

我国农业产业化兴起于20世纪80年代后期，在90年代得到较快发展。产业化在畜牧领域的发展主要始于肉鸡的养殖，形成了比较规范的产业化发展模式。在兔产业中，产业化发展相对滞后，但国内许多地区也都按照当地的资源及基础条件、比较优势，开展了不同程度的家兔产业化，并取得一定的成果，形成了各自的待色。主要包括以下几个方面。

**1. 规模化生产与对外贸易相综合** 该模式在山东省表现最为明显，其重要特点是以大型的食品加工企业为龙头，以自养和联合养殖为主要基础，产品销路主要为出口贸易。这一发展模式，总体来看其养殖和加工规模都比较大，如青岛康大食品有限公司、沂源海达食品有限公司，具有比较好的畜产品加工基础和经验以及雄厚的经济实力，也有一定的外贸网络，对出口产品的要求和各个环节都比较熟悉，因此从一开始这些企业的起点就比较高、规模也比较大。这些企业因为有相应的外贸出口经验，所以从开始就建立了比较完善的产业链，从养殖、加工到产品销售，每个环节都投入了相应的资金和技术。在这种产业化的实践中，还有很多当地规模化龙头企业也都起到了很好的带头作用，这种外贸出口间接提高了企业的养殖与加工的规范化水平，使产业链延长并且更加完整。而且，随着产业化进程的发展，很多企业已经开始认识到需要从源头上来提高产业化水平，因而，一些企业开始关注家兔育种，或者至少从养兔发达国家进口优良品种进行生产，为企业的规范化生产奠定了比较好的基础。

**2. 以内销带动为主促进产业化发展**　这种模式在四川省表现得最为突出。由于传统的消费习惯，四川人均兔肉消费量一直处于全国领先水平，在兔产品加工与烹调方面有优势和很好的传统，尤其是兔肉加工的花色品种多，极大地推动了兔肉在当地的消费，从而带动了当地养兔业，间接推动了产业化的发展。由于四川的气候特点，饲草虽然能常年供应，但人均粮食产量并没有太多优势，这决定了四川兔业的产业化是以加工业的发展为主来带动的，在加工当地的兔肉的同时，还调入其他地区的兔肉进行加工和消费。由于四川各地对兔肉的消费分布也比较广泛，更由于四川本身的地理特点，山区面积大、交通不便，因此养殖规模相对比较灵活，大规模化的养殖并不普遍，但是本地整个产业链很完整，而且由于内销市场比较稳定，兔肉加工品种不断推陈出新。因而，这种产业化模式下的养殖效率和效益也比较稳定。

**3. 以技术为导向，实行高投入和高产出**　从国内外产业化的实践来看，发达阶段的产业化必然是高技术、高投入、高产出和高效益（“四高”产业）。该模式在江苏和浙江两地的兔业发展中，已初步显现。江浙地区是传统的养兔地区，虽然土地资源比较紧张，劳动力价格比较高，与兔业相关的各项费用也比较高，而且气候条件并不占优势，但是当地的兔业产业化发展开创了具有特色的发展模式。他们针对本地饲养费用高的现状，充分发挥了高投入、高产出，强调了以经济效益为核心，以紧紧抓住产业化源头为特色来实现产业化。具体来说，除了在商品生产中通过科学饲养提高产品质量从而提高养殖效益外，还重点抓了家兔的育种和良种扩繁。特别是在毛兔及獭兔的育种方面，通过举办赛兔会的形式实现群选群育，实现了品种的选育和市场的紧密结合，加快了育种进程。通过商业化的种兔推广体系，迅速扩展了当地种兔的市场和影响。同时，针对当地气候特点，开发了因地制宜的兔舍建筑和笼具模式，以提高养殖劳动效率为目标，对于兔业产业化进行了很好的探索。

**4. 发展循环养兔，经济效益、社会效益和生态效益兼顾**　这一模式在多个地区得到推广，最具代表性的有山东蒙阴县长毛兔养殖和山西高平县南阳兔业的獭兔养殖。作为中国长毛兔之乡的山东省临沂市蒙阴县为革命老区，在近30年的养兔业的发展过程中，探索出了一条“长毛兔养殖和果树种植”有机结合的“兔—沼—果”模式。蒙阴县的长毛兔养殖主要为中小规模，全县55万人口，几乎家家户户养兔，长毛兔养殖总量达到约600万只，同时该县种植约6.7万 $hm^2$ 果树（主要是桃树和苹果树）。广大农民依靠人均“两亩果树、十只兔”走上了致富的道路。在庭院养殖中，实现了“长毛兔养殖-沼气池建设-桃树（苹果树）种植”相结合，兔粪通过沼气池发酵产生沼气，即解决了兔粪对环境的污染，又可将沼气用来做饭，同时沼液作为肥料施用到果树上，又大大提高了果品的质量，使“蒙阴蜜桃”这一国家地理标志产品得到更多消费者的青睐。在非庭院的养殖中，兔粪直接施用于果树，这一具有长效效果的有机肥能够保证果树在较长时期内均匀地获取到所需的营养。

综合来看，目前我国兔产业的产业化发展，在兔育种体系建设、规模化和标准化养殖、饲料及相应投入品保障、产品加工和分销系统建设、科研和实践结合、社会化服务体系建设等六大方面都具备了产业化发展的基本条件。当然，在一些方面离发达国家或产业的要求可能还有一定距离，但是随着国家兔产业技术体系在2009年的建立和发展，体系在技术研发和推广普及、产品加工和营销、市场和信息服务等方面都做出了很大的贡献，大大促进了产业的发展，也为产业未来更加健康、快速的发展提供了重要保障。

## 二、家兔产业化的典型模式

家兔在我国的养殖主要有三种类型：一是集约化规模生产模式。集约化规模养殖场，一般饲养基础母兔300只以上，年出栏商品兔万余只。二是合作组织生产模式。在农村以乡或村为单位，成立养兔合作社或养兔协会等组织，建立兔源生产基地，提高生产组织化程度。各地推广了不同形式的组织生产方式，如“企业＋园区＋农户”、“协会＋企业＋农户”、“企业＋养殖小区＋农户”、“企业＋农村专业合作社＋农户”、“联合社＋养殖场户”等多种形式。通过统一供应良种、统一供应饲料、统一技术指导、统一疫病防治、统一销售产品，带动千万农户，向集中连片大规模发展，实现农户与大市场对接，提高抵御市场风险能力，使养殖效益最大化；三是农户庭院生产模式。主要根据当地市场的需求，兔产品的销量等情况，利用自家的庭院和房前屋后空闲地建造兔舍，一般饲养基础母兔100只以内。农户庭院生产模式养兔在全国占40%～50%，也是现阶段养兔业的主要生产形式。与此同时，农户庭院养兔还探索了“养兔—种藕—养鱼—种草”、“养兔—种树—种草”、“兔—沼—菜（果）—草”等循环养殖模式，这对生态环境保护，提高养殖经济效益，起到良好的示范推动作用。

总结我国兔产业发展的实践，从产业链各环节的关系来看，可概括为如下几种主要模式。

### （一）龙头企业＋农户

“龙头企业＋农户”，就是通过产业链中的骨干企业（“龙头企业”）把一家一户分散的“小农户”联结起来。这种经营模式始于20世纪80年代，它在农民学习生产技术、规避市场风险和规模经营增收等方面发挥了积极作用。

“龙头企业＋农户”主要是企业与农户以签约形式建立互惠互利的供销关系，即具有实力的加工、销售型企业为龙头，与农户在平等、自愿、互利的基础上签订合同，明确各自的权利和义务及违约责任，通过契约机制结成利益共同体，企业向农户提供产前、产中和产后服务，按合同规定收购农户生产的产品，建立稳定供销关系的合作模式。公司和农户之间在开拓市场，打造品牌方面存在一种互动力，形成了良性循环。

国内一些大型的种兔养殖企业、兔产品加工、出口企业等都积极采取“龙头企业＋农户”形式，稳定其与农户的关系，既保证了企业的原料来源或客户群体，又在一定程度上保证了农户的利益。

当然在“龙头企业＋农户”的模式中，企业与农户之间实质上还是一种买卖关系，没有形成紧密的经济利益共同体，甚至还存在经济利益纷争。由于农户与公司之间实力悬殊，不是完全平等的市场关系，又缺少其他力量予以平衡，导致这一模式在操作过程中稍有不慎，就容易暴露出其与生俱来的缺陷，即农户在生产经营过程中没有话语权、自主意志得不到体现，农户与公司的权责不对等，签订的合同有时有失公允，甚至利益分配主要由公司决定、向公司倾斜等，这势必影响到这一模式的实际效果。

### （二）合作社＋农户

农民专业合作社是在农村家庭承包经营基础上，同类农产品的生产经营者或者同类农业生产经营服务的提供者、利用者，自愿联合、民主管理的互助性经济组织。规范的合作社一般遵循以下原则：①自愿和开放原则。所有的人在自愿的基础上入社，获得合作社的服务并对合作社承担相应的责任，同时社员退社自由；②社员民主管理原则。合作社是由社员自我管理的民主的组织，社员积极参加政策的制定。合作社成员均有同等的投票权，即一人一票；③合作社利益的分配实行惠顾原则。合作社的经营收入、财产所得或其他收入，根据社员对合作社的惠顾额按比例返还；④教育、培训和信息。合作社对内部相关人员进行培训以便使合作社有更好的发展；⑤合作社之间的协作。合作社要通过协作形成地方性的、全国性的乃至国际性的组织结构；⑥关心社区发展。合作社通过社员批准的政策为社区的发展服务。

正是由于合作社的上述原则，保证了合作社和农民（其社员）的紧密的利益关系。有些合作社还创办农产品加工等企业，使合作社更具经济实力。当然在我国，合作社的发展还处于起步阶段，2007 年颁布实施的《中华人民共和国农民专业合作社法》为未来合作社的规范化、健康发展提供了重要的保障。

近年来，我国养兔合作社逐渐发展了起来，他们在帮助养殖户统一采购原料、统一提供技术服务、统一销售兔产品等方面做出了很大的贡献。

### （三）养殖小区＋农户

“养殖小区＋农户”是为了解决一家一户分散养殖、庭院养殖传统生产方式污染环境、缺乏标准化和不利于疾病控制等问题，政府扶持一些企业建立“养殖小区”，鼓励养殖户自愿进入小区进行饲养的模式，最初是在对环境污染比较大的大牲畜（如：牛等）的养殖中推广。它是畜牧业适应新形势发展的要求和农民扩大养殖规模的新需求，也是优化、美化农村生产、生活环境的新要求。畜牧养殖小区，集规模化、集约化、标准化为一体，是畜牧业发展由分散型向规模化、由小规模向集约化、由庭院型向现代化转变的措施之一，是畜牧业生产、经营方式的一种变革。

目前，标准化、规范化养殖小区建设在其他的畜种养殖中，已经得到很好的推广，而兔产业发展中的规范化和标准化养殖小区的建设，目前还仅在一些地区（比如四川、山东、吉林等地）得到一定推广。

### （四）市场＋农户

“市场＋农户”模式的特点是以专业市场或专业交易中心为依托，与农户直接沟通，以合同形式或联合体形式等方式将农户纳入市场体系，实现产加销一体化经营，从而拓宽商品流通渠道，带动区域专业化生产，扩大生产规模，从而形成产业优势。“市场＋农户”模式是现代农业产业化的重要特征。“市场＋农户”模式随着市场范围的扩大，市场的力量超越了行政力量划定的区域，形成了区域之间的有机分工和协调。从全社会的角度而言，社会资源在市场的作用下得到了最优配置。同时，在每个区域的内部，围绕特定的农产品生产，产业内部的垂直分工不断深化，会出现专业的批发商、销售商、生产资料供应商等，使得产业链不断延长，并将各环节通过市场建立联系，通过市场的协调耦合形成一套较为完整的产业组织体系，构建起“市场＋农户”式的农业产业化模式。

在畜牧产业发展过程中，河北省沧州尚村形成了全国性的动物毛皮交易市场，围绕此市场涌现出了大量覆盖多省市的獭兔皮收购商，通过这些收购商，把农户和市场联系起来；同时，尚村市场也和当地的獭兔养殖户形成了一种稳定的“市场＋农户”的模式，通过市场带动了农户的獭兔养殖，从而使河北省在全国的獭兔养殖中居于重要的地位。

### （五）混合模式

混合模式是上述几种的不同组合，包括：公司＋合作社＋农户、市场＋合作社＋农户等，在实际中各种模式丰富多样，适应了不同地区的实践，同时大大推进了兔产业的产业化发展。从发展趋势来看，通过“合作社”形式的模式，包括“公司＋合作社＋农户”或“合作社＋农户”等，将是未来中国兔产业产业化发展的趋势。这主要是由中国分散的小规模的农户决定的，小规模的农户只有通过合作社联合起来，才能更好地适应大市场。

## 三、我国家兔产业化经营中存在的问题和对策

### （一）存在的问题

**1. 兔业产业化重要性认识不足，产业化观念淡薄** 目前养兔业在国内许多地区还主要是家庭养殖为主，形成小规模分散经营的生产格局，专业化、集约化程度不高，抵御市场风险的能力较弱，主要原因是由于相当一部分农户还存在小农观念，兔业发展前景和潜力认识不够，投入较少，因此在一定程度上制约了兔业产业化发展。

**2. 兔产品市场需求潜力没有充分发掘，限制了兔业产业化发展** 尽管兔肉质地细嫩，味道鲜美，性凉味甘，在国际和国内市场上享有盛名，被称之为“保健肉”。但是目前我国城镇居民兔肉消费普遍较少，市场潜力并未发掘，兔皮和兔毛产品需求同样较少。市场需求不足直接限制了兔业产业化发展。

**3. 兔业龙头企业整体实力不强** 经过多年的发展，兔业龙头企业虽然有所壮大，并在农业产业化中发挥着重要作用，但从总体看市场竞争力仍然较弱，主要体现在市场开拓能力不足，市场消费潜力没有得到很好的挖掘。同时，企业新技术和新产品的开发能力不足，在市场竞争中缺乏名牌优势产品。在带动作用方面，当前多数兔产品加工、销售企业

辐射面窄、带动力弱、数量少，难起“龙头”作用。兔业产业化，要求兔业产前、产中和产后有机联合，目前大量的兔产品加工、销售企业还没有或仅少量与农户建立了一体化关系，这是兔业产业化快速发展的一大制约。

**4. 促进农业产业化发展的政策法规和规划不足**　兔业作为一个小产业有其特殊性，政府还没有把推进兔业的产业化发展做出具体的制度安排。同时，也缺乏对各大区域产业发展的具体指导规划。如果全国各主要兔养殖区域仍然是仅仅进行简单的种养加转化，结果难免各区域兔业养殖结构趋同、产品结构趋同、产品单一，从而造成同类产品低层次竞争，最后是价低伤农。

**5. 产业化内部利益分配机制不完善**　畜牧业产业化的实质是使中介组织（包括龙头企业、合作社等）与农户之间建立一个比较稳定的利益关系，这是关乎产业化能否持续发展的关系。但是，当前在我国兔业产业化发展中，企业和农户之间尚未形成一个“风险共担，利益均沾”的机制。在利益分配方面，存在合同不规范、利益主体双方不守信、违约追索成本高等问题，使产业化发展受到影响。

## （二）解决对策

**1. 提高对兔业产业化重要性的认识**　首先，要正确认识兔产业的重要性，兔子虽小，但潜力巨大。兔子是草食性动物，兔肉、兔皮和兔毛等产品具有其他同类产品不可比拟的特点，最重要的是物美价廉。但是，广大消费者对兔产品的优点认识不足。政府对兔产业的贡献认识不足；其次，从兔业的产业化发展来看，由于对兔产业缺乏认识，必然影响到兔业产业化的发展。只是近年来，特别是国家兔产业技术体系建立以来，兔产业和兔业产业化发展才得到一定程度的重视。

**2. 充分挖掘兔产品市场潜力**　兔业产业化发展最终要依靠消费的拉动，充分发掘兔产品的消费市场至关重要，企业应采取多种措施，发掘兔产品市场潜力。政府要进行一定引导，通过现代媒体加强消费者对兔肉营养特性的认识，推动兔产品的市场营销活动，在兔肉的销售过程中加强兔肉烹饪技术推广，加强产品技术难题攻关等措施，为兔产业发展提供动力。

**3. 引导社会资本进入兔业产业化领域**　只有按照产业化经营的要求，扩大养殖规模、提高兔产品的附加值，提高进一步推进精深加工，优化品种品质，才能提高我国兔产品的市场竞争力。因此，当前急需重点培养和扶持一批有一定经营规模和社会影响力的兔业龙头企业。政府可以在政策上给予适当倾斜，支持其成长壮大，提高兔业产业化经营水平，同时帮助其开拓国内、国际市场，增强其市场竞争力。只有龙头企业真正地活跃起来，不断延伸产业链，兔业产业化才能真正发展起来。目前，如青岛康达等一些大中型企业已树立了很好的榜样，大大促进了我国兔业的产业化发展，政府应制定有关优惠政策，鼓励更多的企业进入农业领域，并开展兔业产业化探索。

**4. 推动兔业的标准化和规范化生产**　实现兔业产业化，必须帮助农民转变观念，改变生产方式，形成规范化养殖。全国范围内已经开始推行适度规模养殖，鼓励有条件的地区建设养殖小区。可以通过签订合同、契约、组成合伙式股份制经济组织的方法，把分散的农户组织起来，提高规模化养殖的范围和力度，扩大商品化生产规模，并采用较先进的生产和管理手段，帮助养殖户进行有计划的生产，形成各种不同的专业性产业链条，使广大分散的农民通过产业链的载体，顺畅进入市场。

## 第三节　兔场的经营管理和经济效益

### 一、经营、管理与经济效益

经营是根据企业的自身条件和所处的外部环境，对企业长期发展进行长远和全局性的规划和部署的活动。它解决的是企业的发展方向、发展战略问题，具有全局性和长远性。管理则是在特定的环境下，对企业所拥有的资源进行有效的计划、组织、领导和控制，以实现既定的组织目标的过程。

经营和管理是既联系又有区别的两个概念，从两者的区别来看：①两者的产生不同，经营是和市场相联系的，没有市场就不需要经营，而管理是和分工相联系的，没有分工就不需要管理；②两者的本质不同，经营是做决策，而管理是执行决策；③两者的性质不同，经营是战略性的涉及企业的全局和长远、涉及企业的生死存亡，而管理是战术性的，管理往往需要一些技巧；④两者的工作内容不同，经营的内容，主要是和企业外部相联系的，包括经济、社会、科技等环境，而管理的内容主要是企业内部的事情，包括企业的人、财、物等；⑤两者的主体或分工不同，经营属于企业高层的决策者的工作（比如股份公司的董事会），而管理则更多是企业中下层人员的工作，比如车间主任、班组长、企业厂长、经理（职业经理人）；⑥两者的目的不同，经营的目的主要是提高经济效益，而管理的目的则主要是为了提高工作效率。

经济效益，简单而言即投入和产出的对比，是资金占用、成本支出与有用生产成果之间的比较，追求经济效益就是要尽可能“少投入、多产出”。而效率，则是生产成果与所投入的时间对比，即在更短的时间内，生产更多的产品。

当然，经营和管理也是密切联系的，经营决定管理，而管理是为了保证经营。从企业的角度而言，经营和管理的最终目的是为了提高经济效益，即为了利润最大化。一个好的经营决策，加上一个好的管理者，这个企业必定会创造更多的利润，而一个错误的经营决策，加上一个高效率的管理者，则企业会蒙受更大的损失。

要办好兔场，离不开科学的经营与管理。养兔企业多数是中小型规模的兔场或养殖户，他们往往既是经营者又是管理者，兔场的经营和管理很难分开，特别是在出现行情波动的时候，更需要经营和管理的协同。因此，养兔企业与所有企业一样要面对企业内外部的机遇和挑战。企业对外要与政府、社区、银行、协会、合作社、屠宰加工企业、行业管理部门、市场和客户等打交道，对内要与员工沟通协调。

### 二、如何做好兔场的经营

#### （一）影响兔场经营的因素

养兔企业经营的范围很广，研究市场是最重要的内容之一。养兔企业经营要时刻关注国内外市场各相关商品的价格变动幅度和变动趋势，国家政策、疫情变化、饲料原料价格、饲料价格、肉兔价格、兔毛价格、兔皮价格、劳动力价格等变动因素对养兔企业的经济效益影响很大。

**1. 饲料等投入品的成本**　饲料成本占养兔总成本的60%～70%，饲料行情的变化对养兔企业的效益影响很大。牧草、农作物秸秆、农副产品和农产品加工下脚料是家兔饲料的主要原料，从近10年的饲料原料的价格走势来看是持续升高的。养兔企业可以趁收获季节原料集中上市价格走低的机会进行饲料原料储备。再就是尽可能选择价格比较平稳的粮油加工的副产品等饲料原料。饲料作为养兔生产中权重最大的成本构成项目，除了价格因素之外，还应当关注质量因素，在安全的前提下选购饲料。

**2. 劳动力工资**　随着劳动力的不断非农化，农村劳动力资源日益短缺，劳动力价格也逐年走高。养兔企业应从三个方面进行应对。第一，稳定老员工，避免新手造成的生产成本增加，实践证明一个熟练工人对企业生产成本的稳定起着重要作用。第二，采取工厂化的全进全出生产模式，提高劳动生产率，减轻劳动强度。第三，借鉴欧洲等发达地区和国家的经验，进行机械化和自动化改造，减少对人工的依赖。

**3. 兔产品价格**　兔产品价格是与养兔企业关系很大的市场因素。兔肉、兔皮和兔毛的供求关系影响市场行情的变化，商品兔的销售价格经常出现波动。近几年，兔肉和兔毛的价格相对比较平稳，而兔皮的价格波动幅度很大，肉兔皮在10～20元/张波动，獭兔皮有的时候是几倍的价格差异。其实，在兔产品价格走低或走高的时候，养兔企业都有改善经济效益的机会，关键看企业如何把握。养兔企业可以在兔皮价格低的时候适当存货，在价格高的时候增加销售，但其中风险需要企业经营者根据实际情况分析判断。通过市场调研，保持信息更新，是经营者日常的主要工作。

**4. 疫情等外部因素的影响**　家兔因没有严重的人畜共患病受到消费者信赖，因而会稳步发展。猪、牛、羊和家禽的疫情发生时会影响消费者对肉类品种的选择。养兔企业在疫情变化时能抓住机遇，虽然价格不会有大的波动，但销售数量的增加也会使养兔企业获得更高的经济效益。

**5. 国家政策**　国家政策对兔产业的影响较为深远。目前，国家倡导畜牧业产业结构的调整，鼓励节粮型畜牧业发展。“十一五”期间，中国兔肉产量增加了28.15%，以每年平均5.63%的速度稳步增长。2011年11月农业部颁布了《全国节粮型畜牧业发展规划2011—2020》，明确支持包括家兔在内的节粮型畜牧业，该规划必将进一步促进国内兔产业的可持续发展。然而，一些临时的或短期的政策法规可能会对养兔企业产生较大的影响，例如由于2008北京奥运会期间环保监管力度加大，河北兔皮加工企业纷纷停止生产，国内兔皮价格大幅下滑，肉兔皮每张价格从最高的15元左右降低到3元左右，有的企业迫于资金压力抛售，有的企业趁机加大收购，盈亏自有人知。

### （二）做好兔场经营工作的关键

**1. 关注宏观经济和产业走势，充分了解经营环境**　科学的经营决策的制定必须基于对经济社会等外部环境的正确认识和判断基础之上，为此需要密切关注国内外宏观经济走势和兔产业的发展趋势。宏观经济走势好，消费者对兔皮、兔毛和兔肉等产品的需求就活跃，产业发展形势就会好。另外，我国兔产品（包括兔肉、兔皮和兔毛）的外向型程度较高，特别是兔皮，因此国际市场的波动会很快传递到国内市场，经济危机以来，我国獭兔皮市场受出口萎缩等的影响，一直不景气，直到2013年度才有所恢复。另外，兔皮市场又受到整个皮草市场（包括貂皮、狐狸皮等）的影响。因此，关注宏观经济和产业走势，是养殖场能够长期健康发展的基础。

**2. 加强兔产业经济的知识学习、提高经营决策能力** 市场环境是千变万化的，不管是工厂化、规模化的大型兔场还是中小规模的兔场，都面临着市场的瞬息万变，需要随时做出相应的决策调整。为此，要求经营者具备相应的分析和决策能力，能够根据成本收益进行决策，实现利润最大化。兔产业虽然在整个畜牧业中规模不大，但其涉及的内容实际上是很多方面的。从产品角度来看，有肉兔、皮兔（獭兔）和毛兔，究竟要养哪种兔，这是决策时的首要问题。另外，从产业链环节来看，有种兔、饲料、兽药、机械、养殖技术、销售和加工等，每个环节关注不到都可能导致经营的亏损。

**3. 关注市场信息，做好科学决策** 兔产业是我国畜牧业中市场化程度较高的产业之一，对于猪、鸡和牛等，政府有不同的政策干预，而兔产业则基本没有政府的政策扶持。因而，兔场的决策完全是市场化决定，养殖什么品种、什么时候养或什么时候调整规模、养多少、卖到什么地方等，这些完全由市场决定。因而，要求养殖场（户）密切关注市场走势，根据相关信息做出生产和销售决策，否则决策将是盲目的。这些信息主要包括：兔饲料和其他投入的行情及其走势、活兔及兔产品价格及走势、兔产品加工企业的情况、兔产品的消费等。切记跟风，避免“一窝蜂上、一窝蜂下”。

**4. 结合兔场实际、制定营销战略** 现代市场经济的特点之一是需求导向性，因此需求、销售成为制约企业发展的重要环节。兔产业更是如此，因为家兔养殖具有“投资少、见效快；不争粮、不争地；周期短、易管理”等特点，家兔养殖起点低、上马快，因而只要有销路，兔的养殖可以在较短的时间内较快地发展起来。从整个产业链来看，制约中国兔产业发展的很重要的因素是加工和销售，因而兔场在创建和发展过程中，必须首先解决销售问题。这就要求兔场必须从其实际出发，制定相应的营销战略，对于规模大实力强的企业可以实行养孩子、加工和销售一体的全产业链模式，而对于小规模的养殖场，也要事先了解兔产品销售渠道，制定相应的销售策略和营销战略。

具体而言，制定营销战略，首先是进行市场考察，分析消费者的特征和市场消费的特点等；然后是进行市场细分，根据兔产品（兔肉、兔皮和兔毛）能够满足的消费者的需求特点，细分市场，再具体选择细分的市场。最后是市场定位，确定产品在客户或消费者心中达到一个什么样的位置。特别是对于规模较大的养殖场，这些都是很重要的。即使对于小规模的养殖户，明确销售渠道、稳定与客户的关系，也是属于广义的营销战略内容。

**5. 树立现代市场理念，积极实行联合** 市场经济是建立在分工的基础上的，特别是对于小规模的养殖户，由于市场信息缺乏、决策能力有限，因而通过各种形式联合经营，是短期内有效的营销方式。“广泛合作，实现多赢”应该成为现代兔场（养殖户）的经营理念，从“能人经济”走向“合作经济”。主要的联合形式包括：合作社＋农户、公司/龙头企业＋农户、公司、龙头企业＋合作社＋家庭农场，等等。小规模农户通过合作社可以与屠宰加工企业、饲料公司、兽药和疫苗供应商、笼具和工器具供应商等形成广泛的社会合作，做到互惠共赢。

农户通过与公司/龙头企业联合，避免了盲目扩大生产造成销售困难，“龙头企业”也能够保证稳定的商品兔来源，兔产品销售合同也有了保障。这种合作方式推进了工厂化养兔的实施，“龙头企业”给养兔场（户）提供技术支持和服务，养兔企业因此提高了生产效率，改善了经济效益。有的合作方式还附加了保护价收购条款，在市场行情价格高于保护价的时候收购价格随行就市，当行情价格低于保护价的时候，“龙头企业”按照保护价收购，避免养兔场（户）遭受大的经济损失。

## 三、如何进行兔场的管理

随着市场竞争的日益加剧，养兔企业也需要尽可能地按照现代企业制度进行规范管理。对人、财、物、产、供、销的管理进行职能分工，较小的企业可采取一人多职的办法降低管理费用，但要做好职位和人员的对应，减少管理漏洞。

### （一）影响兔场管理的因素

现代企业经营管理理论经常提到的管理七要素（7M）：人员（Men）、资金（Money）、方法（Method）、机器设备（Machine）、物料（Material）、市场（Market）、士气（Morale），同样适用于养兔企业，分别简述如下：

**1. 人员**　现代企业无论多么自动化，人的因素仍然是非常重要的。人员的管理如果发挥得好，人的能动性、积极性和创造性才能得到充分的发挥，员工为企业创造的财富才成为可能。人员的管理要落实在人力资源管理体系当中，建立招聘、甄别、培养、使用、升迁各环节的规范化制度。保持沟通渠道的畅通，为员工做好职业生涯规划，将员工的成长与企业的发展紧密结合在一起。管理者要关心员工的生活、学习和工作，为他们创造人性化的生活和工作环境，鼓励员工在职进修与养兔相关的专业知识。养兔企业要避免因为防疫而实施所谓的封闭式管理，一些大型养兔企业的经验教训表明，这种做法无法留住人才。可借鉴欧洲的兔场管理模式，让员工有充分的休息和娱乐时间。

养兔企业中人员的因素也是第一位的。在实施工厂化养兔的大型养兔企业，由于劳动强度大，环境相对封闭而造成人员流动性较大。新员工对业务不熟练，会对养兔企业的生产指标产生一定影响，使成本出现波动。即使一些中小养兔企业也出现了或明或暗的劳资对立的情况，企业主不能善待养殖一线员工，个别员工甚至对兔群采取不负责任的做法，使企业蒙受不应有的损失。如何改善员工生活和工作条件，稳定员工队伍，是摆在养兔企业面前的重要课题之一。实施真正的“人性化管理”，员工与企业主都进行“换位思考”，是解决人力资源问题的有效途径。在行政管理方面，发动员工积极为企业的经营管理献计献策，唤醒员工的参与意识。

**2. 资金**　在设计养兔场规模的时候，要考虑企业的现金流和融资能力，常常看到很漂亮的兔场建起来了，但现金流出现问题，生产经营出现困难。解决这一问题，可以通过与大型企业开展合作，减少付现成本。部分运行良好的兔业专业合作社与担保公司和农村金融单位合作，为养兔场（户）提供融资服务，也是值得借鉴的。做好经营管理规划，减少或杜绝赊欠也是企业自身应当注意的重要事项。不论养兔企业大小，坚持规范化的财务管理是企业基业长青的必经之路。根据经营的需要，运筹企业运营所需的资金，是财务管理的核心工作。财务部门不只是核算成本，管好资金，更要指导经营，做管理型的财务。对影响企业成本变化的诸多因素进行分析，服务于经营决策，规避经营风险。

**3. 生产技术或方法** 中国一些大型养兔场虽然规模较大，但生产方式仍然是传统的庭院式养殖方法，劳动效率低下，每个饲养员管理 100～150 只母兔，而且兔舍长期不能彻底消毒，疾病和死亡损失吞噬了兔场的利润。借鉴欧洲养兔企业的工厂化养兔方法，用全进全出循环繁育的方法养兔，可以降低劳动强度，提高劳动生产率，每个饲养员可以管理到 800～1 000 只母兔。而且成活率高，商品兔均匀度好，是值得推广的现代养兔方法。

**4. 机器设备** 国内养兔企业的机器设备主要有饲料加工设备、风机、刮粪机等，如果要提高养殖效率，减少人工成本，需要对喂料系统进行机械化和自动化改造。国内开展全进全出工厂化养兔的企业通过实践发现，如果没有自动上料设备，劳动生产率依然会较低，只能达到每个饲养员管理 400～500 只母兔，远低于欧洲工厂化养兔企业的效率。机器设备的投入虽然比较高，但根据欧洲一些发达国家的经验，养兔企业如果 5～8 年能收回投资的话，就值得投资。自动喂料设备已经在家禽养殖业普及，我国兔产业对装备重要性的认识还有待进一步提高，养兔企业的机械化和自动化必将大大推动我国兔产业实现质的飞跃。

**5. 物料采购** 养兔企业的物料包括饲料、兽药、疫苗、垫料、工器具等，对新物料使用需要有实验数据支撑，同时，控制物料投入成本是养兔企业必须面对的重要课题，毕竟这些物料成本合计占商品兔成本的 70%以上。对物料选择要以投入产出比进行核算，不见得价格低的物料就一定能降低生产成本。比如，对于饲料要比较料肉比和单价的乘积，而不仅仅是单纯比较价格。木花价格虽然高于稻草，但以木花作为出生仔兔的垫料，能显著改善仔兔成活率。另外，物料的供应要与生产计划紧密衔接，既不能断货影响生产，又不能压过多库存影响资金流动。常用物资的安全库存管理可以避免因计划不周而紧急采购造成的成本增加。另外，物料仓储要遵循“先进先出”的原则，按计划领用并合理使用。

**6. 产品销售** 对市场的把握是兔场经营管理的重要工作。对养兔企业来讲同样存在供应和销售两个市场，管理者都应充分重视。要保障信息渠道的畅通，保持对外联络，避免因信息缺乏从而影响对市场行情的判断。养兔企业如果通过兔业专业合作社或者直接与屠宰加工龙头企业或者饲料公司等展开合作，签订保护价合同，通过合同确定养兔生产和物料供应，可以避免市场波动带来的不利影响。

种兔或者商品兔这种特殊产品，如果不能及时出栏出售，这些产品还会继续消耗饲料、水电，增加人工成本等，增加死亡和淘汰成本等，会给养兔企业造成持续的经济损失。因此，养兔企业更应注重产销一体化，以销定产。一旦销售受阻，应立即寻找客户，及时处理。养兔企业要根据市场行情变化指导养殖生产，在养殖品种、出栏日龄和出栏体重上满足市场和客户的需求。

**7. 员工积极性** 员工积极性，即士气，是个体对团体感到满足，而愿意为实现组织目标而努力的一种体现。对现代养兔企业来讲，士气是员工自觉性和凝聚力的表现，士气高涨的员工团队具备克服困难的勇气，做事有耐心，愿意为企业的发展操心。工作标准不合理，工作评估不到位，缺乏工作沟通等都会严重影响士气。良好的激励机制，公平的竞争环境，奖罚分明的管理制度都可以激发员工的士气。

### （二）做好兔场管理工作的关键

如上所述，兔场管理也涉及人、财、物、产、供、销等问题，需要认真研究，科学管理。为此，需要做好以下几方面的工作。

**1. 建立和完善规章制度，做到科学管理**　完善的、严格的场纪、场规是科学管理兔场，充分调动员工积极性、创造性，提高生产效率的保证。兔场在生产经营中必须建立健全适合本场实际的管理和操作规章制度，使企业从传统的、粗放的经验型生产管理向现代化、标准化的集约型的生产管理转变，以提升企业生产经营管理水平，改善运营状态。

规章制度的制定要以人为本，同时遵循目的性、可操作性、责权明确性和系统性四个原则，使制度科学、合理、可行、有效，能涵盖生产管理和经营全过程，重点要体现出企业的经营理念、核心价值和企业文化，并与法律法规及管理部门的要求相协调。目的是确定管理规矩、保证工作质量、提高生产效率，使所有生产经营活动有据可依，避免制度空洞无味、难以执行。

大中型兔场规章制度一般包括管理和操作两个方面的内容。第一，管理方面的制度，包括有职工守则、考勤制度、财务制度、生产安全制度、仓库管理制度、考核奖惩制度、设施设备维修制度等。其中，财务管理制度，规定资金管理、报销制度、统计方法、核算办法等；绩效考核及薪酬管理制度，规定考核标准，奖惩措施，薪酬兑现方法；员工生活管理制度，规定作息时间，宿舍和食堂管理办法。第二，生产操作方面的制度，包括饲养管理操作规程、生产记录管理制度、卫生防疫制度、消毒制度、技术培训制度等。

在生产管理中要加强规章制度的落实，让制度真正成为企业前进的助推器，尤其是加强考核。根据员工实际完成情况给予劳动报酬，做到按劳分配，多劳多得，有奖有罚，充分调动员工工作的积极性，挖掘每名员工的生产潜力，压缩非生产人员，减少劳动成本的支出，提高生产水平和劳动效率，从而提高经济效益。

**2. 科学设计和维护兔场笼舍，提高劳动效率**　规章制度是兔场管理的软环境，而兔舍和兔笼是兔场管理的硬环境。目前在我国养兔还是劳动密集型产业，兔场笼舍设计是否科学合理，直接关系到员工工作效率和家兔饲养环境。兔舍间距、笼位大小和层数、粪沟样式、通风、饮水、产仔箱等设计不科学，将会造成土地资源浪费、兔舍环境不理想、员工饲喂管理和清扫操作不方便，导致固定成本投入增加、家兔疾病发生率提高、员工工作强度增加，无形中增加了生产成本支出。

据笔者2012年对江苏23个县养兔生产情况的调查，如果笼舍设计不科学，一个员工通常只能管理150只左右的种母兔；反之如实现自动饮水、自动清粪、笼位高度适中便于饲养管理，则一个员工通常可以管理250只左右的种母兔和50只后备种兔，生产效率可以提高70%～100%，这样可以大大节约员工的使用数量，从而减少饲养成本支出。

**3. 选择优良种兔，提高家兔生产率**　这主要包括两个方面，一是科学选择良种，二是合理繁殖。从科学选择良种来看，良种是现代兔业发展的核心竞争力，是家兔生产必不可少的基础条件之一。同一品种不同品质，饲养成本相差很大，产生的经济效益也不同，因此一定要注重品种和品质的选择，在生长速度快、繁殖性能好、抗病力强、饲料报酬高的前提下，獭兔注重种兔体型大小和毛皮质量，长毛兔注重产毛性能，肉兔侧重于前期生长快和屠宰率高等指标。

生产中，养殖者需要明确自身养殖的目的，选择合适的品种类型，充分了解种兔的生产性能，切记不要一味地求个体大、花色多、颜色鲜的品种。新建或需血统更新的兔场一定要到有种兔生产经营许可证资质的单位去引种，不要图价格便宜而购买劣质种兔，以免造成不必要的经济损失，同时引种时应少量引进，逐步扩群，减少引种费用；纯繁自留种兔一定要组建核心群，选优淘劣，把生产性能优异且符合品种特征的个体留作种用，扩大生产群，充分发挥良种潜能和进一步提高品种的生产性能。

从合理繁殖来看，为充分发挥种兔的种用价值，提高繁殖利用率，生产中需合理安排繁殖计划，减少无用或低性能种兔的饲养，以节约饲料、兔药疫苗支出，提高笼位实际占有率和降低人员无效劳动，达到降低生产成本的目的。为此，要做到：①依据基础母兔控制合适的种公兔群体量，减少饲养成本；②适时配种，生产中要坚持“五不配”：未到配种年龄者不配，不到配种时间不配，近亲者不配，疾病者不配，同时在无降温措施的夏季高温季节，种公兔精液质量差、母兔体况差的情况下也不要配种；③充分利用母兔繁殖周期，减少空怀时间，同时抓春繁产仔多和秋繁质量好两个季节，提高年产仔窝数；④合理更新和淘汰生产性能低下、具有遗传疾病或非种用兔，提高种兔利用率；⑤根据处于不同繁殖阶段及不同季节营养需求不同调整饲料配方，避免饲料营养不足或浪费，以控制生产成本。

**4. 加强饲料管理、降低饲料支出** 饲料是家兔生长发育的养分来源，也是生产中最大的成本支出。要降低饲料成本，可从以下几个方面进行管理：①把好采购关。生产中不管是自配饲料，还是购买商品饲料，一定要严把采购质量关，避免劣质、霉变、高残留、高毒性原料或饲料入库，以防饲料饲喂后轻者影响兔子生长，重者中毒致死造成重大损失。同时，注意采购的原料水分不能过大，以免库存时间过长霉变，同样诱发出现各种疾病；②使用全价颗粒饲料。随着养兔规模的不断壮大和劳动力的转移，原有传统以草料为主的饲喂方式已不能适应现代兔业发展的需要。现行的营养技术能根据家兔生长发育的规律和其对营养的需要进行科学配制不同阶段、不同类型的全价颗粒饲料，在生产中优于单一饲料的饲喂，且能节约人力、提高繁殖率和生长发育速度、减少疾病发生，提高产量和质量，能取得最佳的经济效益。在使用全价颗粒饲料时，要选择多种不同营养特点的饲料进行科学合理的搭配，取长补短，以满足家兔的营养需要，克服单一饲料营养不全的缺点，这是降低饲料成本的有效方法；③开发非常规饲料资源。日粮配合的原料要立足当地资源，尽量选用本地经济实惠、营养丰富、质优价廉的饲料进行配合，以减少运输消耗，降低饲料成本。同时，对于中小规模兔场可在应用颗粒饲料的基础上，种植一些青绿饲料来搭配使用，既能提高母兔的繁殖性能又能降低饲养成本；④注意细节管理。一是加强仓库管理，及时检查原料或饲料是否霉变或遭受鼠害。二是提高员工的责任心，要求饲喂中时刻注意兔子吃料情况，并根据不同季节、不同个体状况确定添加量，不可一概而论，机械执行，避免饲料浪费。三是按需取料，及时将饲喂多余的饲料回归库房，不能随意丢放。四是食槽设计安装科学合理，避免出现兔子轻易地将饲料扒出或小兔子钻进食槽中随意大小便污染饲料，造成浪费。

**5. 钻研养殖技术和方法，提高生产效率**　目前，我国家兔饲养量、出栏量、兔肉产量及兔产品出口量虽均居世界第一，但在实用技术的普及推广上明显落后于养兔发达国家，导致养殖者技术缺失，兔业生产问题不断、规模不能壮大、生产成本居高不下、经济效益明显较低。如法国、意大利、匈牙利和西班牙等欧洲养兔发达国家人工授精技术基本普及，兔浓缩料、全价颗粒料走向商品化，全自动喂料系统和自动清粪系统已在集约化生产中应用，阶段饲养和群体同步管理逐渐取代了传统饲养。据初步统计，全世界的家兔生产 60%来自于科学的饲养与管理。

作为一个养兔大国，随着产业经济的发展，一定要丢弃传统的“一把草一把料”的生产方式，要做到科学化、专业化、合理化，运用现代育种学理论加强品种选育，提供优质商品兔；运用人工授精现代繁殖技术，加快品种繁殖和良种推广；要有科学综合防治理念，确保家兔健康生长；要掌握现代营养学的知识，科学配制全价饲料，缩短饲养周期；要把建筑设计学和家兔生理学结合起来，做到兔场布局合理、兔舍兔笼设计科学，为家兔营造良好的生活环境。这样可以实现科学化生产，便于统一化管理，减少疫病的发生，提高出栏率，降低生产成本。

**6. 科学安排生产，适时适量上市**　养兔场与其他工业生产不同，其主要产品是活物，如果家兔已经养成，但是上市时间不合适（出栏时价格低），则必然导致相应损失。要么以较低的价格销售、利润会受到影响，要么继续养着，但是必然要有更多的饲料等成本支出。为此需科学安排生产。需要做好以下几方面的工作：一是加强营养调控，缩短肉兔饲养周期提早出栏，缩短獭兔适龄上市的日龄并提高优质皮上市量的比例，减少毛兔的饲养周期增加产毛量。二是当行情好时，加大繁殖，生产更多商品，以分摊相关成本。三是夏季高温季节，家兔生长发育受到一定影响，此时生长速度较慢、兔毛和皮张质量较差，商品价格也是一年中相对较低的时期，为此尽可能在此之前将商品兔出栏，降低饲养成本，提高经济效益。

**7. 调动兔场员工的积极性，加强人员管理**　成活率是饲养的关键指标，是能否有较好出栏的前提条件，生产中可从以下几个方面加强管理，达到预期目的。一是适时断奶，科学分群。不同品种、不同的营养水平要求断奶日龄不同，生产中肉兔可实行 28 日龄早期断奶，獭兔和长毛兔以 35 日龄为常见；断奶后公母分笼饲养，并随着日龄的增长，及时调整笼中兔子数量；二是做好卫生防疫工作。仔兔断奶后至 2 月龄是腹泻、腹胀、球虫病、真菌病等疫病高发阶段，此时卫生防疫工作至关重要，为此要坚持以防为主的原则，按照免疫程序对相关疫病进行及时免疫，对幼兔的球虫病要做到及早预防、足量添加、定期投药；同时注意兔舍的清洁卫生和通风换气，做到无积粪、无污物、无臭味，对兔舍、兔笼、食具定期消毒，有效降低舍内有害气体的浓度和切断疾病的传播途径，减少呼吸道疾病和真菌病等相关疾病的发生率，提高成活率和出栏率；三是保持兔舍环境的安静。家兔胆小怕惊，受到惊吓后，可能引起精神不安，食欲减退甚至死亡。最后要防止鼠、猫等兽类伤害，避免意外损失。

**8. 强化资金管理，提高资金使用效率**　兔场的资金根据使用途径不同可分为：用于兔场继续发展的事业发展基金，用于正常生产开展和周转的流动资金，用于抵抗市场变化的风险资金，用于固定资产的维修基金等。资金管理的目的是合理分配，减少不必要的支出和浪费，提高资金的利用率，降低成本，增加兔场的经济效益。

针对运行中的兔场要重点加强流动资金的管理，其重要性在于每一次周转可以产生营业收入及创造利润，是企业盈余的直接创造者，因此要加速资金的流动，减少流动资金的占用，促进兔场良性发展。

兔场的流动资金主要用于购买饲料原料、疫苗兽药费用，支付水电费、电话通讯费、工人工资福利、日常办公费、维修费、差旅费等，另外需预留一定的应急资金。对于流动资金的额度要根据具体情况决定，其原则为既要保证生产经营需要，又要不至于资金太多被闲置浪费，实现节约、合理使用，使资金利用率最大化，生产中主要考虑饲养的群体规模、雇用员工人数和产品销售资金回笼等情况而定。从目前来看，对于规模兔场一般用于购买饲料原料及疫苗兽药的资金占流动资金的75%，工人工资福利占15%左右，日常管理支出占5%，设施设备维修资金占2%，其他和应急支出占3%左右。当然，不同地区和不同规模的兔场有一定差异。

总之，兔场的经营和管理还需要在实践中不断地摸索、总结经验，才能真正提高兔场的效率和经济效益。

## 四、兔场的经济效益分析

经济效益，简单而言即投入和产出的对比，是资金占用、成本支出与有用生产成果之间的比较。养兔企业的经济效益表现为饲养家兔获得的收入（产出）减去生产投入后的收益。经济效益好，就是资金占用少，成本支出少，有用成果多。家兔产业化的不同环节经济效益有不同的实现方式，但是共同之处就是通过投入，形成产品，通过交换实现其经济价值，获得收益。

### （一）兔场的主要投入

养兔企业的投入种类较多，为了便于归类各项费用，正确计算产品成本和期间费用，进行成本管理，需要对种类繁多的费用，进行合理的分类，其中最基本的是按费用的经济内容（或性质）和经济用途分类。

**1. 按投入的经济内容分类** 养兔场生产经营过程，也是物化劳动（劳动对象和劳动手段）和活劳动的耗费过程，因而生产经营过程中发生的费用投入，按其经济内容分类，可划分为劳动对象方面的投入、劳动手段和活劳动方面的投入三大类。生产投入费用按经济内容分类，就是在这一划分的基础上，将费用划分为不同的投入要素，养兔场的费用要素有：工资及福利费、饲料费、防疫和医药费、材料费、燃料费、低值易耗品费、折旧费、利息支出、税金、水费、电费、修理费、养老保险费、失业保险费、其他支出等。将投入费用划分为若干要素进行核算，能够反映养兔企业在一个时期内发生的费用种类和数额，可用以分析养兔场各种费用的支出水平，从而为养兔场制定增收节支措施提供依据。

**2. 按投入的经济用途分类**　养兔场的投入按其经济用途不同可分为生产成本和期间费用两大类。

养兔场的生产成本按其经济用途可划分为下列成本项目：①工资福利费：指直接从事饲养工作人员的工资、奖金、津贴及工作人员的福利费；②饲料费：指饲养过程中兔只耗用的自产和外购的各种植物、矿物质、添加剂及全价料；③医药费：在饲养过程中耗用的兔药、防疫品费及检测费等；④固定资产折旧费：指能直接计入的兔舍和专用机械设备的折旧费；⑤制造费用：指兔场在生产过程中为组织和管理兔舍发生的各项间接费用及提供的劳务费。主要包括燃料费、水电费、零配件及修理费、低值易耗品摊销费、办公费、运输费和其他费用。

期间费用是指养兔场在生产经营过程中发生的，与产品生产活动没有直接联系，属于某一时期耗用的费用。这些费用容易确定其发生期间和归属期间，但不容易确定它们应归属的成本计算对象。所以期间费用不计入产品生产成本，不参与成本计算，而是按照一定期间（月份、季度或年度）进行汇总，直接计入当期损益。养兔场期间费用包括管理费用、财务费用、营业费用。①管理费用：指养兔场为组织和管理生产经营活动而发生的期间费用。主要包括宣传费、业务招待费、差旅费、养老保险费、电话费、税金、劳动保险费等；②财务费用：指兔场在筹集资金过程中发生的费用，比如利息支出、金融机构手续费等；③销售费用：指养兔场在销售过程中发生的各项费用，如展览费、广告费、检疫费、售后服务费、促销费差旅费、包装费、运输装卸费等费用。

**3. 按投入品使用的时期长短分类**　按投入品使用的时期长短划分，养兔企业的主要投入有固定投入和变动投入两大部分。固定投入是指可以在多个生产过程中使用，其价值不断损耗逐渐转移到产品中的投入。而变动投入是指在一个生产过程中一次性被消耗的投入品，其价值一次性转移到产品中去。

固定投入（固定成本），在生产实践中指购置或建造固定资产的经济活动，如：①新建、扩建、改建房屋如兔舍、库房、饲料车间、员工宿舍、办公室等（但大修理、养护、维护性质的工程投入不计入固定投入，在成本中列支）；②用于生产经营的使用一年以上的笼具、饲料机械设备、水电配套设备、工器具等；③不用于生产经营但原值 2 000 元以上，使用两年以上的也属固定投入，如价值在 2 000 元以上的电脑、复印机、打印机等办公设备。

变动投入（变动成本），是指那些成本发生额在相关范围内随着业务量的变动而呈线性变动的成本，如：①种兔、饲料、兔药、疫苗、煤炭、燃油、水电等生产资料；②饲养员工资等，有的企业将管理人员工资列入管理费用；③其他短期投入。

### （二）兔场的主要产出

家兔提供的产品包括兔肉、兔皮、兔毛、兔粪及其他下脚料，其中兔肉、兔皮、兔毛是家兔生产中重要的经济产品，其销售收入也就成为兔养殖企业的主营业务收入。而兔粪及其他下脚料等的销售收入即为副产品收入。

养兔企业的主要产出有主营业务收入、其他营业收入和补贴等。其中主营业务收入是出售种兔和商品兔的收入。其他营业收入主要指出售兔粪等下脚料或副产品的收入。补贴主要指政府的补贴收入。

### （三）兔场经济效益分析

**1. 兔场经济效益分析方法** 经济效益分析主要有三种分析方法，即因素分析方法、结构分析法和动态分析法。

（1）因素分析法 把综合性指标分解成各个因素，以确定影响经济效益的原因，这种方法称为因素分析法，其要点如下：确定某项指标是由哪几项因素构成的，各因素的排列要遵循一定顺序；确定各因素与该项指标的关系；根据分析目的对每个因素进行分析，测定某一因素对指标变动的影响方向和程度。通俗而言，因素分析法就是把影响某一项指标的几个相互联系的因素依次将其中的每一个因素作为变数，暂时把其他因素固定，逐个进行替换，以测定此因素对该项指标的影响程度。根据测定的结果，可以初步分清主要因素与次要因素，从而抓住关键性因素，有针对性地提出改善经营管理的措施。因素的排列顺序要根据因素的内在联系加以确定。

（2）结构分析法 结构分析法也称比重分析法，这种方法就是计算某项经济指标各项组成部分占总体的比重，分析其内容构成的变化，从而区分主要因素和次要因素。从结构分析中，能够掌握事物的特点和变化趋势，如按构成流动资金的各个项目占流动资金总额的比重确定流动资金的结构，然后将不同时期的资金结构相比较，观察构成比例的变化与产品积压的情况，以及产销平衡情况，为进一步挖掘资金潜力指明方向。

（3）动态分析法 动态分析法是将不同时间的同类指标的数值进行对比，计算动态相对数以分析指标发展的方向和增减速度。

**2. 兔场经济效益分析指标** 对于一般的公司而言，经济效益通常从企业的收益性、成长性、流动性、安全性及生产性来分析，这也称为经济效益的五性分析。但是在我国养兔企业主要以中小规模兔场为主，相对于现代化公司有一定的特殊性，因此对养兔企业的经济效益分析，着重关注养兔企业的收益性。养兔企业的经济效益分析，是在成本和收益核算基础上，分析养兔企业获得收益或者利润的能力。养兔企业成本核算，主要是发生在当期的各项成本的总和，是当期生产成本（工资福利费、饲料费、兽医兽药费、固定资产折旧费、制造费）以及期间费用（管理费用、财务费用、销售费用）的合计，而养兔企业的收益主要是从其主产品（兔肉、兔毛和兔皮）以及副产品（如兔粪）和其他下脚料的销售中等获得的收益的总和。

养兔企业经济效益的核算方法，根据企业的实际情况，按照年度或者产品批次进行核算，反映养兔企业经济效益水平主要有以下指标：

①利润＝总销售收入－总成本。即当期各种兔产品销售总收入与当期总成本之间的差额，反映养兔企业利润水平。利润越高，兔场经营越好。

②利润率＝销售利润/销售额。销售额指主产品和副产品等的全部销售收入。利润率是反映企业盈利能力的一项重要指标，利润率越高，兔场效益越好。

③总资产报酬率＝利润/资产总额。养兔场资产总额指其拥有或控制的全部资产，包括流动资产、长期投资、固定资产等。这一指标反映养兔企业资产获得报酬的能力，资产报酬率越高，兔场的获利能力越高，经济效益越好。

④成本利润率＝利润总额/成本费用总额。成本利润率，比资产报酬率反映的内容更全面，表明每付出一元成本可获得多少利润，体现了经营耗费所带来的经营成果。该项指标越高，利润就越大，反映兔场的经济效益越好。

**3. 开源节流、提高效益**　好的企业效益，来自于科学的经营和管理。经济效益，涉及投入和产出两个方面，因而要提高经济效益也必须从投入和产出两个角度进行严格控制和管理。

（1）正确理解成本管理　对于固定成本，在一定时期和一定业务量范围内保持不变，不受业务量增减变动的影响。这些成本在正常情况下必须按期支付，一般包括土地购置和兔场场房建造费用的摊销或土地租赁费用，笼器具等设施设备的折旧费用，兔场管理费等等。作为固定成本，只要产量不突破某一特定范围，其数量会稳定在某一既定水平上，在这一特定范围内，随着产量的增加，生产单位兔产品的固定成本会降低。

而可变成本则随着产量的增减而变化，如饲料、医药费、水电费、工资等等。由于固定成本在一定时期内不变，所以在一定时期内兔场成本的增加或减少主要在于可变成本的变化。因此，生产管理中要重点分析可变成本，着重研究如何提高其使用报酬，从而提高经济效益。固定成本一般不会变化，但并不是说就不需对其进行分析和控制。特别是固定资产，因其一次性投资较大，所以必须合理购置固定资产，并加强使用、保修和管理，并有计划地提取固定资产折旧，提高固定资产的利用效果。

（2）科学进行成本核算　成本核算，是对生产销售中所发生的费用进行记录、计算、分析和考核的会计过程。其步骤为：①明确生产中成本的构成和收入的来源；②确定核算的具体对象，一般在生产中可把家兔按年龄分为种兔、后备兔、幼兔、商品兔等群体进行独立成本核算；③根据对象明确成本开支范围和核算的具体项目，计算各部分支出的费用并把其全部归集；④计算总成本，为直接费用、间接费用之和；⑤建立明细账和计算表，分析各个项目、各个时期开支情况和变动状况。通过核算不同对象的成本支出，分析不同成本所占比例及变化情况，寻求资产和资金的最佳配置，分配好支出项目，做好相应成本的控制。对于规模化兔场，这些工作是必须严格进行的。而对于小规模农户养殖，鉴于日常记录的缺乏，多数连基本的账务都没有，为此首先要进行规范化的账务记录，然后逐步摸索哪些是必须的支出，哪些是可以压缩的成本，从而做好成本的核算和控制。

（3）杜绝浪费，勤俭办场　兔场管理涉及很多方面，包括种兔的采购、饲料和兽药的购买、笼舍笼具的建造或购买、水电等的支出、产品的销售等等，每一个环节都要树立节俭的意识，勤俭办场，杜绝浪费，节约成本。首先，制止饲料等投入的浪费，可以通过设置合理的料盒，防止家兔扒料等造成的饲料损失。据不完全统计，我国养兔企业饲料浪费的比例在1%～3%，有的甚至更高，这是一个非常惊人的数字，我国出栏兔在6亿只左右的规模，按照出栏体重2.25kg，料肉比3.5∶1，按浪费1%计算，是47 250t饲料，按照2 500元的均价计算，是1.18亿元之巨。其次，是水电浪费，饮水的跑冒滴漏，饮水器不合格造成的损失不仅是水的浪费，水是用电提取上来的，也是电的浪费。

（4）开源节流，提高效益　除了上述谈到的控制成本，进行“节流”外，兔场还要积极“开源”，即挖掘更多的收入来源。兔场的产品不只是商品兔和种兔，其他副产品（下脚料）也是很好的收入来源。比如，兔粪是优质肥料，在山东省目前兔粪价格是1$m^3$（约

200kg）60～90 元，在浙江省，价格更贵，装满饲料袋子的干兔粪能卖 15 元，大约折合 1 元/kg。据有关兔场测算，兔饲料转化为兔粪的比例约是 2.5∶1，这是相当可观的收入。死亡种兔的兔皮，目前每张价值 25 元左右，正常种兔群的死亡率是每年 40%左右，因而根据兔场规模，很容易算出如果将死亡的种兔合理处置，也可为兔场挽回一定的损失。另外，还包括装饲料的袋子等，都是兔场应该挖掘的收入来源，需要平时就要精打细算。

## 第四节　促进兔产业可持续发展的措施

兔产业是由很多的兔场组成的，产业的健康发展一方面要依赖于微观的兔场和相关饲料、加工等企业的科学经营和管理，同时也要求政府做好相应的产业规划等宏观管理工作。

### 一、实施产业规划，健全良种繁育体系

畜禽良种是畜牧业生产的基础，而我国家兔良种普及率较低与良种繁育体系的不健全有着直接的关系。目前政府在这方面重视不够、考虑不多，没有总体的规划和目标，使得家兔生产水平难以提高，良种无法完全发挥其作用。因此，从产业发展的角度，首先，应制订产业规划，把家兔良繁体系建设纳入财政预算，并根据全国家兔饲养的格局、规模和品种，因势利导，合理布局，突出特色，优化资源配置，把兔业建设成为区域经济发展的特色产业。其次，要加强政策性引导和资金支持，加大对家兔良种工程的投入，实施能繁母兔保险，培育大型种质企业，建立良种推广体系，扩大供种能力。最后，整合资金、技术、市场资源，突出培育市场竞争主体，加快品种创新，减少对国外品种的依赖性，扩大自主品种覆盖率，生产出高质量的商品兔，提高市场核心竞争力，创造良好的经济效益。

### 二、转变管理理念，树立产业化经营意识

产业化是兔业发展的方向，其核心为技术集成化、管理工厂化、生产模式化。作为兔业经营主体的投资者一定要转变观念，树立产业化经营意识，运用科学的理念、先进的技术、科学的决策、完善的制度、灵活的方法和配套的服务，摒弃小而全的经营模式，实行工厂化管理。生产中立足自身优势，面向国内外大市场，广纳人才，加大投入，将家兔的生物学特点与环境控制、饲养要求与工人的劳动强度、企业生产标准化与利润最大化有机融合于生产管理体系之中，从区域布局合理化、设施设备标准化、饲养管理科学化、产品加工多元化着手，形成专业化生产、一体化经营、社会化服务和企业化管理，全面提升生产水平，提高市场竞争能力和抗风险能力，实现兔业健康持续发展。

由国家级重点种兔场——金陵种兔在国内首创以人工授精为基础的“四同期”法（同期配种、同期产仔、同期断奶、同期测定/同期出栏），能以工厂化方式扩大或复制生产，有利于产业化推进，实现工作周期化、管理科学化、防疫简单化、任务日常化；能有效解

决现行生产模式中效率低、规模小、管理落后的难题，利于龙头企业的培育，加速“产加销”一条龙的形成，为我国现代兔产业发展提供了很好的借鉴模式。

## 三、强化技术集成推广，提高生产水平

没有高效的生产技术和集约化的生产水平，不依靠科技先行，盲目生产、粗放管理，很难生产出优质产品来满足市场。为提高养兔经济效益，一要加强兔业科技研究，围绕提高家兔生产水平和商品出栏率，重点在繁殖育种、饲料营养、饲养管理、疫病防治、笼舍设计及产品开发几方面开展工作；特别要加强真菌病和造成40～60日龄幼兔死亡率较高的腹胀拉稀等疾病的防治研究，争取找到解决的突破口，以提高家兔的出栏率，实现养殖效益的提高。二要加强实用科学养兔技术的推广和应用，尤其是人工授精、早期断奶、杂交利用、阶段育肥等方面的技术。三要加强养殖者技术服务，提高农户饲养管理水平，做到综合防治疫病，实现科学生产，增加市场竞争力。技术服务有集中培训和现场指导两种方式，如果条件允许，针对生产企业，现场指导可能更具有实际效果。

## 四、培育龙头企业，发挥示范带动效应

兔产业是一个完整的链条，为实现可持续发展，重点支持大型兔业生产企业建设，在兔场建设用地、资金、税费、技术等方面给予政策优惠，培育龙头企业，发挥示范带动效应。优先发展大型种质企业和兔产品加工业企业，实现兔业产业整体结构优化和升级，培养和塑造兔产品品牌，实施名牌战略，全面提升产品档次和市场竞争力。引导企业“强强联合”，实现优势互补、共同发展，打造行业航母，在种质生产、饲料加工、产品加工等领域培育具有创新能力、竞争能力和带动能力的龙头企业，有效壮大兔产业经济。

通过培育具有辐射带动、服务扶持、市场开拓能力的企业做龙头，把养殖生产基地、农户和市场紧密联接起来，使分散的家庭经营做到饲养有指导、生产有服务、销售有市场、价格有保护，大大提高农民的组织化程度和生产的社会化水平，增强农民抗御市场风险和自然风险的能力，使千家万户的生产经营活动通过龙头企业顺利地实现同国内外大市场的接轨，提高养殖者的经济效益。

## 五、保持适度规模，提高生产效率

目前规模化经营中存在两个误区，一是规模过小，生产形式老化，仅把家兔作为一个可有可无的副业来经营，生产中很难尽心管理，也不便整体防疫，无法形成规模效应，不能产生良好的经济效益。二是不依据自身经济能力和技术力量，寻求短期经济效益，盲目扩大规模，导致管理跟不上、疾病暴发、产品滞销，造成更为严重的损失。因此，兔场规模大小，一是要根据兔场的技术水平、疾病防治能力、管理水平和自身经济能力来决定，二是生产发展要依据市场供求关系来决定，两者必须兼顾。只有经营方向对头，规模适度，才能进行资源与生产的最佳配置，取得最佳经济效益。目前，对于农户建议饲养的基

础母兔不超过200只，年出栏商品5 000只以内；中型兔场建议饲养的基础母兔不超过1 000只，年出栏商品28 000只以内。但规模大小并非固定不变，要随着生产的发展，科技的进步，技术和管理水平的提高，服务体系的完善而不断地加以调整。

通过适度规模饲养，打造地方特色养殖，实施联合经营，扩大总体饲养规模，建立区域性的龙头企业，实现养兔产业化经营运作，增强抵御市场风险的能力。目前在生产中已探索出不少如“公司＋基地＋农户”、“公司＋农户”和“公司＋科技＋基地”等成功的模式。

## 六、创新发展模式，实施循环生产

随着养殖用地紧张、环保压力加大和饲养成本上升，兔业发展空间更加受到限制。为此，要从环境优先发展、提高土地资源利用率、降低饲养成本多方面考虑，创新兔业发展模式，转变生产方式，提高规模化养殖比重和标准化生产水平，实行农作物秸秆和粪尿等资源综合利用，实施循环农业生产经营，实现经济效益、社会效益和生态效益相互平衡的可持续发展。可在农业产业化龙头企业和农业科技示范园区先行启动，建立生态健康养殖和有机农业生产为一体的示范点，推进循环农业试点，形成一批示范企业和示范园区，探索发展循环农业的有效生产模式。

## 七、完善市场运行，提高产业竞争力

为完善兔产业化市场运行机制，提高产业竞争力，要做好以下几个方面：一是健全行业组织，加强行业管理。我国现代化养兔起步较晚，其行业管理与协调相对薄弱，缺乏必要的引导，为此当务之急是健全行业组织，配合畜牧行政主管部门，依据《中华人民共和国畜牧法》进行种兔管理，加强良种推广，制止倒种坑农现象发生；协调政府与农户、部门与部门之间的关系，发挥行业组织的桥梁和纽带作用；加快信息传播，开展技术服务。二是引导消费，扩大市场需求。加大兔产品深加工的研究和开发，生产适销对路的产品，引导市民消费，稳定国际市场，扩大国内市场，从内源性动力上减少对出口和外销的依赖。三是完善利益分配机制，实现共同富裕。龙头企业在生产经营中，必须建立约束机制，坚持互惠互利、共兴共衰的原则，真正建立起“利益均沾，风险共担”的利益共同体，无论是哪个经营环节还是何种服务，都必须按照价值规律运作，引进科学的管理机制，使各经营主体都树立一种责任意识，最大限度地调动养殖者的积极性，实现共同富裕。

# 主要参考文献

班兆候，刘若余 . 1996. 用品种遗传结构预测杂种优势的可行性研究 [J]. 中国养兔（1）：15 - 21.
鲍国连 . 2005. 兔病鉴别诊断与防治 [M]. 北京：金盾出版社 .
蔡宝祥 . 2001. 家畜传染病学 [M]. 北京：中国农业出版社 .
蔡健，兰伟 . 2005. AFLP 标记与水稻杂种产量及产量杂种优势的预测 [J]. 中国农学通报，21（4）：39 - 43.
曹利群，周立群 . 2005. 对"市场+农户"的理论研究 [J]. 中国农村观察，3：2 - 8，18.
陈宝江，谷子林 . 2011. 怎样自配兔饲料 [M]. 北京：金盾出版社 .
陈伯祥 . 1993. 肉与肉制品工艺学 [M]. 南京：江苏科学技术出版社 .
陈桂银，周韬 . 2004. 兔的食粪性及其研究进展 [J]. 中国养兔，2：27 - 30.
陈国宏，张勤 . 2009. 动物遗传原理与育种方法 [M]. 北京：中国农业出版社 .
陈丽清，韩佳冬，马良，等 . 2011. 兔肉品质及其影响因素研究进展 [J]. 食品科学（19）：298 - 301.
陈明之 . 2008. 合理补钙的研究现状 [J]. 广西轻工业，113（4）：7 - 8.
陈琼华 . 1995. 生物化学 [M]. 3 版 . 北京：人民卫生出版社 .
陈武勇，李国英 . 2001. 鞣制化学 [M]. 北京：中国轻工业出版社 .
陈赞谋，吴显华，李其谦 . 1994. 温度因子对肉用种母兔繁殖力的影响 [J]. 家畜生态，15（4）：9 - 11.
成都科技大学，等 . 1996. 制革化学及工艺学 [M]. 北京：中国轻工业出版社 .
程凤侠，张岱民，王学川 . 2005. 毛皮加工原理与技术 [M]. 北京：化学工业出版社 .
程支中 . 2003. 中国畜牧产业化经营问题研究 [D]. 成都：西南财经大学 .
程作军，罗茂琳，令狐岩芳 . 1997. 公司化：农业产业化的核心 [J]. 汉江论坛，4：57 - 59
迟玉杰，闫丽 . 1999. 实用蛋白质制备技术 [M]. 哈尔滨：哈尔滨工程大学出版社 .
党蕊叶，齐凡，赵淑琳，等 . 2012. 兔肝金属硫蛋白提取工艺研究 [J]. 西北农林学报，21（6）：22 - 25.
邓君明，张曦 . 2002. 饲料加工工艺的最新研究进展 [J]. 畜牧与兽医，34（8）：35 - 37.
董常生 . 2006. 家畜解剖学 [M]. 3 版 . 北京：中国农业出版社 .
董海英，王海滨 . 2009. 畜禽骨汤及其调味料应用开发研究进展 [J]. 肉类研究，12：76 - 80.
董玉京 . 1993. 动物性副产品的加工新技术 [M]. 北京：海洋出版社 .
董在杰，夏德全 . 1996. RAPD 技术在鱼类杂种优势研究中的应用 [J]. 中国水产科学，6（1）：37 - 40.
杜玉川 . 1993. 实用养兔大全 [M]. 北京：农业出版社 .
范光勤 . 2001. 工厂化养兔新技术 [M]. 北京：中国农业出版社 .
冯定远 . 2012. 饲料加工及检测技术 [M]. 北京：中国农业出版社 .
高雯雯 . 2009. 饲用血粉的开发利用现状 [J]. 养殖技术顾问（3）：31.
谷子林，等 . 1999. 肉兔饲养技术 [M]. 北京：中国农业出版社 .
谷子林，等 . 2006. 光照对家兔的影响及其控制 [J]. 今日畜牧兽医（2）：37.
谷子林，等 . 2010. 我国家兔非常规饲料的开发及利用 [J]. 饲料博览，213（01）：34 - 36.

谷子林，李新民．2003. 家兔标准化生产技术［M]. 北京：中国农业出版社．
谷子林，任克良．2010. 中国家兔产业化［M]. 北京：金盾出版社．
谷子林，孙惠军．2011. 肉兔日程管理及应急技巧［M]. 北京：中国农业出版社．
谷子林，薛家宾．2007. 现代养兔实用百科全书［M]. 北京：中国农业出版社．
谷子林，张宝庆．2009. 养兔手册［M]. 石家庄：河北科学技术出版社．
谷子林．2002. 家兔饲料的配制与配方［M]. 北京：中国农业出版社．
谷子林．2002. 现代獭兔生产［M]. 石家庄：河北科学技术出版社．
谷子林．2005. 我国家兔规模化养殖的难点及对策［J]. 中国农村科技（5）P32-34、（6）P33-34.
谷子林．2008. 獭兔标准化生产技术［M]. 北京：金盾出版社．
谷子林．2013. 规模化生态养兔技术［M]. 北京：中国农业大学出版社．
郭志强，谢晓红，雷岷，等．2011. 热应激环境下饲粮添加油脂对肉兔生产性能的影响［C]. //全国家兔饲料营养与安全生产学术研讨会论文集．2011. 119-122.
国家标准局．GB 16765—1997　中华人民共和国国家标准：颗粒饲料通用技术条件［S].
国家畜禽遗传资源委员会．2011. 中国畜禽遗传资源志：特种畜禽志［M]. 北京：中国农业出版社．
韩春梅，张嘉保，高庆华，等．2006. 微卫星 DNA 在吉戎兔亲子鉴定中的应用研究［J]. 遗传，27（6）：903-907.
何兆雄，唐永业，许敦复，等．1985. 动物生化制药学基础［M]. 北京：中国商业出版社．
侯明海．2001. 精细养兔［M]. 济南：山东科学技术出版社．
黄邓萍．2003. 规模化养兔新技术［M]. 成都：四川科学技术出版社．
黄仁术，凌明亮．2003. 维生素 A、E 对獭兔繁殖性能的影响［J]. 中国养兔（6）：22-23.
江燕，张力跃，杨高潮．2001. 从牛肺提取精品肝素钠工艺的研究［J]. 黄牛杂志，27（2）：7-9.
蒋挺大．2006. 胶原与胶原蛋白［M]. 北京：化学工业出版社．
焦国兴，等．饲料加工工艺对饲料营养成分和动物生产性能的影响［J]. 陕西农业科学（4）：90-94.
瞿桂香，黄耀江，董明盛．2007. 血红素制备工艺研究进展［J]. 中央民族大学学报（自然科学版），16（1）：19-22.
康文霞，等．2006. 蛋鸡及其正反杂交组合卵巢组织的基因差异显示研究［J]. 山东大学学报（理学版），41（2）：140-143.
孔保华，等．1996. 肉制品工艺学［M]. 哈尔滨：黑龙江科学技术出版社．
孔保华，罗欣，彭增起．2001. 肉品工艺学［M]. 2 版．哈尔滨：黑龙江科学技术出版社．
赖松家．2002. 养兔关键技术［M]. 成都：四川科学技术出版社．
兰亚莉，魏凤仙．2008. 兔养殖技术精编［M]. 郑州：中原农民出版社．
李宝仁．1979. 家畜组织学与胚胎学［M]. 北京：农业出版社．
李晨光，庄红，吕学举，等．2008. 动物血液血红素铁提取方法研究［J]. 食品工业科技，29（1）：308-310.
李晨光，庄红，薛培宇，等．2008. 血红素铁生物特性及其在工业中的应用研究［J]. 中国食品工业（5）：42-44.
李福昌，等．2009. 兔生产学［M]. 北京：中国农业出版社．
李福昌，等．2011. 山东省地方标准（DB37/T1835—2011），《肉兔饲养标准》［M]. 山东济南：山东省质量技术监督局．
李福昌．2008. 兔生产学［M]. 北京：中国农业出版社．
李敬玺，刘继兰，王选年，等．2007. 超氧化物歧化酶研究和应用进展［J]. 动物医学进展，28（7）：70-75.

李克广，丁原春，王文山，等.2010. 微量元素硒对獭兔繁殖性能的影响［J］. 畜牧兽医杂志，6：6－8.
李良铸，由永金，卢盛华.1990. 生化学制药学［M］. 北京：中国医药科学技术出版社.
李如治.2003. 家畜环境卫生学［M］. 3版. 北京：中国农业出版社.
李瑶，张宗才.2012. 短流程兔皮鞣制技术初探［J］. 中国养兔（3）：43－44.
李振.2004. 提高肉兔繁殖力的综合措施［J］. 四川畜牧兽医，31（11）：41－41.
李震钟.2000. 畜牧场生产工艺与畜舍设计［M］. 北京：中国农业出版社.
励建荣，宣伟，李学鹏，等.2010. 金属硫蛋白的研究进展［J］. 食品科学，31（17）：392－397.
梁小伊，黄思秀，贾伟新，等.2007. 国内外畜牧业产业化发展概况及趋势［J］. 华南农业大学学报（社科版），6：50－53.
廖隆里，陈武勇.2001. 制革工艺试验［M］. 北京：中国轻工业出版社.
廖隆里.2005. 制革化学与工艺学［M］. 北京：科学出版社.
林大光，孔佩兰.1984. 家兔的遗传与育种［M］. 南京：江苏科学技术出版社.
刘榜.2007. 家畜育种学［M］. 北京：中国农业出版社.
刘汉中，秦应和，张凯，等.2012. 我国肉兔生产现状与发展趋势［J］. 中国养兔，1：4－7.
刘继军，贾永全.2008. 畜牧场规划设计［M］. 北京：中国农业出版社.
刘静波，林松毅.2008. 功能食品学［M］. 北京：化学工业出版社.
陆承平.2008. 兽医微生物学［M］. 北京：中国农业出版社.
罗锐.1998. 饲料加工工艺中的粉碎工艺［J］. 粮食与饲料工业（10）：22.
骆鸣汉.2000. 毛皮工艺学［M］. 北京：中国轻工业出版社.
骆鸣汉.2005. 皮革工业手册：毛皮分册［M］. 北京：中国轻工业出版社.
麻名文，荆常亮，李福昌.2012. 饲粮营养水平对妊娠及泌乳獭兔繁殖性能、血清生化指标及生殖激素的影响［J］. 动物营养学报，24（2）：364－369.
马美湖.2001. 现代畜产品加工学［M］. 长沙：湖南科学技术出版社.
马新武，陈树林.2000. 肉兔生产技术手册［M］. 北京：中国农业出版社.
马仲华.2002. 家畜解剖学与组织胚胎学［M］. 3版. 北京：中国农业出版社.
毛景东，王玉忠，鲁金波.2005. 硒对布列坦尼亚兔繁殖性能的影响［J］. 内蒙古民族大学学报（自然科学版），1：88－89.
牛若峰，夏英.2000. 农业产业化经营的组织方式和运行机制［M］. 北京：北京大学出版社.
潘雨来，等.2001."四同期法"在养兔生产中的应用［J］. 中国养兔（1）：6－7.
潘雨来，宗俊贤，朱慈根，等.2011. 江苏省兔业发展状况［J］. 中国养兔，2：43－45.
彭克美.2005. 畜禽解剖学［M］. 北京：高等教育出版社.
彭星闾，等.2000. 市场与农业产业化［M］. 北京：经济管理出版社.
秦应和，等.2011. 家兔饲料营养与繁殖的关系［C］. //2011全国家兔饲料营养与安全生产学术研讨会论文集.1－9.
秦应和.2011. 家兔的起源驯化与育种［J］. 生物学通报，46（1）：9－11.
秦玉昌，李军国. 饲料加工工艺与质量控制技术研究进展［C］. 李德发. 动物营养研究进展. 北京：中国农业科学技术出版社，290－301.
青岛康大欧洲兔业育种有限公司，种兔饲养管理手册。
任大维，高继芳，肖章.2006. 现代家兔驯化史初探［J］. 21（9）：107－109.
任红媛，何泼，李红心.2007. 猪小肠黏膜中肝素钠提取与精制工艺研究［J］. 食品研究与开发，28（1）：78－81.
任克良，陈怀涛.2008. 兔病诊疗原色图谱［M］. 北京：中国农业出版社.

任克良，等．2002. 现代獭兔养殖大全［M］. 太原：山西科学技术出版社．
任克良，秦应和．2010. 轻轻松松学养兔［M］. 北京：中国农业出版社．
任克良．2006. 图说高效养兔关键技术［M］. 北京：金盾出版社．
任克良．2008. 兔场兽医师手册［M］. 北京：金盾出版社．
任克良．2012. 兔病诊断与防治原色图谱［M］. 2版．北京：金盾出版社．
商业部脏器生化制药情报中心站．1983. 动物生化制药学［M］. 北京：人民出版社．
沈霞芬．2006. 家畜组织学与胚胎学［M］. 3版．北京：中国农业出版社．
沈幼章，王启明，翟频．2006. 现代养兔实用新技术［M］. 第2版．北京：中国农业出版社．
史钧，徐汉涛．2001. 粗纤维在家兔营养中的作用［J］. 中国养兔（01）：25-26.
宋育．2000. 养兔全书［M］. 成都：四川科学技术出版社．
苏拔贤．1994. 生物化学制备技术［M］. 北京：科学出版社．
隋建棋．2009. 高压脉冲电场水解牛骨胶原蛋白及蛋白复合钙的研究［D］. 吉林大学．
孙卫青，马丽珍，王芳．2001. 骨食品开发研究前景广阔［J］. 肉类工业，1：43-44.
唐良美．2007. 养兔问答［M］. 成都：四川科学技术出版社．
陶岳荣，等．2008. 长毛兔标准化生产技术［M］. 北京：金盾出版社．
田九畴．1993. 畜禽解剖与组织胚胎学［M］. 北京：高等教育出版社．
兔出血病血凝和血凝抑制试验．中华人民共和国农业行业标准，NY/T 572—2002.
兔出血症病毒的检测RT-PCR方法．江苏省地方标准，DB32/T1458—2009.
万逐茹，等．2007. 科学养兔指南［M］. 北京：金盾出版社．
王成章，等．2003. 饲料学［M］. 北京：中国农业出版社．
王德勇．2004. 农业产业化的理论要点及其实践建议［J］. 东北农业大学学报（社会科学版），3：19-21.
王芳，薛家宾．2008. 兔病防治路路通［M］. 南京：江苏科学技术出版社．
王金玉．2000. 动物遗传育种学［M］. 南京：东南大学出版社．
王珺，贺稚非，李洪军，等．顶空固相微萃取结合GC-MS分析兔肉挥发性风味物质［J］.
王卫，张志宇，刘达玉，等．2009. 畜禽骨加工利用及其产品开发［J］. 食品科技，34（5）：154-158.
王莹，张彬，陈海燕，等．2007. 金属硫蛋白提取工藝的研究进展［J］. 养殖与饲料（7）：63-66.
王永坤．2002. 兔病诊断与防治手册［M］. 上海：上海科学技术出版社．
王玉田．2009. 动物性副产品加工利用［M］. 北京：化学工业出版社．
吴淑琴．2008. 家兔生产学［M］. 北京：中国教育文化出版社．
吴信生．2009. 肉兔健康高效养殖［M］. 北京：金盾出版社．
武力．1998. 论农业产业化的概念、内涵和形式［J］. 农村经济研究，2：16-19。
武艳军，江国永，等．2010. 珠蛋白肽对断奶后期仔猪生长性能和免疫的影响［J］. 饲料研究（2）：28-30.
肖青苗，宗留香，薛帮群，等．2011. 甲醛-铝结合鞣兔皮工艺的改良［J］. Chinese Journal of Rabbit Farming（03）：28
肖世维，林海，但卫华．2011. 四川路家兔皮的组织构造及其在加工过程中的变化［J］. 皮革科学与工程，21（4）：26-34.
谢小冬．2005. 现代生物技术概论［M］. 北京：军事医学科学出版社．
谢晓红，唐良美，等．2000. 饲喂仔幼兔适宜料型和颗粒规格的研究［J］. 四川畜牧兽医（4）：25-27.
谢晓红，唐良美，刘曼丽，等．1995. 饮水对仔兔采食量和生长发育的影响［J］. 中国养兔（06）：10-12.

邢建军，等．2001．颗粒饲料加工工艺研究进展［J］．饲料工业，22（8）：7－10．
徐桂芳．2000．中国养兔技术［M］．北京：中国农业出版社．
徐立德．2000．家兔生产学［M］．北京：中国农业出版社．
徐亚欧，孙蕊，毛亮．2011．应用STR基因座及mtDNA D－Loop区遗传标记联合进行中国德昌水牛单亲亲权鉴定［J］．黑龙江畜牧兽医（7）：1－6．
畜牧业统计年鉴（2001—2011）
薛纪莹．1998．特种动物纤维产品与加工［M］．北京：中国纺织出版社．
薛强，乔光华，樊宏霞．2011．畜牧业产业化的内涵及组织模式［J］．中国畜牧杂志，12：25－28．
薛山，贺稚非，李洪军．2013．兔肉胶原蛋白特性及评定方法研究［J］．食品工业科技，34（4）：372－377．
阎英凯，2011．肉兔工厂化养殖模式．2011全国家兔饲料营养与安全生产学术研讨会论文集，P48－54
阎英凯．2011．从养殖模式看我国兔产业的发展方向［J］．中国养兔（1）：17－21．
阎英凯．2011．肉兔工厂化养殖模式［C］//2011全国家兔饲料营养与安全生产学术研讨会论文集．48－54．
杨安峰．1979．兔的解剖［M］．北京：科学出版社．
杨佳，杨佳艺，王国栋，等．兔肉营养特点与人体健康［J］．食品工业科技，33（12）：422－426．
杨佳艺，李洪军．2010．我国兔肉加工现状分析［J］．食品科学，31（17）：429－432．
杨柳燕，肖琳．2003．环境微生物技术［M］．北京：科学出版社．
杨明．2005．新型的动物蛋白饲料资源［J］．广东饲料，14（3）：27－28．
杨迎伍，张利，李正国．2002．畜骨的营养价值、开发现状及发展前景［J］．食品科技（1）：60－61．
杨振浩，等．2001．浅析影响饲料颗粒的耐久性指数和粉化率的因素及其提高方法［J］．22（11）：4－6．
杨正．2001．塞北兔饲养技术［M］．北京：中国农业出版社．
杨正．2011．现代养兔［M］．北京：中国农业出版社．
姚泰，等．2000．生理学［M］．北京：人民卫生出版社．
叶明泉，李春侠，刘东升，等．1999．畜骨加工技术研究进展［J］．食品工业科技（1）：34－36．
于长青，张丽娜，李夫庆．2005．肉牛血红素提取工艺的研究［J］．中国农学通报，21（11）：74－77．
余红仙，李洪军，刘英．2008．兔肉生产加工现状及其发展前景探讨［J］．肉类研究（9）：69－74．
余水琴，等．2012．我国养兔业成本收益比较分析［J］．中国养兔，1：32－34．
翟频，吴信生，杨杰．2004．巧养肉兔［M］．北京：中国农业出版社．
翟频，薛家宾．2005．养兔生产关键技术速查手册［M］．南京：江苏科学技术出版社．
张宝庆．1992．长毛兔饲养与兔毛加工［M］．北京：科学普及出版社．
张宏福，张子仪．1998．动物营养参数与饲养标准［M］．北京：中国农业出版社．
张宏福．2003．饲料企业质量管理手册［M］．北京：中国农业出版社．
张克强，高怀友．2004．畜禽养殖业污染物处理与处置［M］．北京：化学工业出版社．
张守发，宋建臣．2003．肉兔无公害饲养综合技术［M］．北京：中国农业出版社．
张玉生，傅伟龙．1994．动物生理学［M］．北京：中国科学技术出版社．
张沅．2001．家畜育种学［M］．北京：中国农业出版社．
张振华，董亚芳．2002．用兔生产大全［M］．南京：江苏科学技术出版社．
赵恒亮．2007．肉兔棉酚中毒试验研究报告［J］．中国养兔（7）：11－12．
赵辉玲，等．48h母仔分离对自由哺育或控制哺育母兔性能的影响［J］．中国养兔（5）：18－21．
赵辉元．1996．家畜寄生虫与防制学［M］．长春：吉林科学技术出版社．
赵新民，周攀登，汤青云，等．2011．兔肝金属硫蛋白制备中试工艺研究［J］．广东化工，38（12）：

187 - 188.
郑超斌.2012. 现代毛皮加工技术［M］. 北京：中国轻工业出版社.
中国海关统计年鉴（2001—2011）
中国农业统计年鉴（2001—2011）
周光宏.1999. 肉品学［M］. 北京：中国农业科学技术出版社.
周磊，初芹，刘林，等.2011. 利用微卫星和 SNP 标记信息进行奶牛亲子鉴定的模拟研究［J］. 畜牧兽医学报，42（2）：169 - 176.
周良骥.2000. 发展农业产业化的实践与思考［J］. 高等农业教育（7）：86 - 88.
朱玉贤，李毅，郑晓峰.2007. 现代分子生物学［M］. 北京：高等教育出版社.
ARGENTE M J，BLASCO A，ORTEGA J A，et al. 2003. Analyses for the presence of a major gene affecting uterine capacity in unilaterally ovariectomized rabbits［J］. Genetics，163（3）：1061 - 1068.
ARGENTE M J，MERCHAN M，PEIRO R，et al. 2010. Candidate gene analysis for reproductive traits in two lines of rabbits divergently selected for uterine capacity［J］. Animal Science，88（3）：828 - 36.
BIJVOET A G，VAN HIRTUM H，KROOS M A，et al. 1999. Human acid alpha-glucosidase from rabbit milk has therapeutic effect in mice with glycogen storage disease type Ⅱ［J］. Human Molecular Genetics，8：2145 - 2153.
BLASCO A，ORTEGA J A，CLIMENT A，et al. 2005. Divergent selection for uterine capacity in rabbits. Ⅰ. Genetic parameters and response to selection［J］. Animal Science，83（10）：2297 - 2302.
BÖSZE ZS，HOUDEBINE L M. 2006. Application of rabbits in biomedical research：a review［J］. World Rabbit Science，14：1 - 14.
BOTSTEIN D，et al. 1980. Construction of a genetic linkage map in man using restriction fragment length polymorphisms［J］. American Journal of Human Genetics，32（3）：314.
BOYD I L. 1985. Effect of photoperiod and melatonin on testis development and regression in wild European rabbits（Oryctolagus cuniculus）［J］. Biology of Reproduction，33（1）：21 - 29.
BREM G，BESENFELDER U，ZINOVIEVA N，et al. 1995. Mammary gland specific expression of chymosin constructs in transgenic rabbits. Theriogenology，43：175 - 175.
BREM G，HARTL P，BESENFELDER U，et al. 1994. Expression of synthetic cDNA sequences encoding human insulin-like growth factor-1（IGF-1）in the mammary gland of transgenic rabbits［J］. Genetics，149：351 - 355.
BUELOW R，VAN SCHOOTEN W. 2006. The future of antibody therapy［J］. Genetics，4：83 - 106.
BUHLER T A，BRUYERE T，WENT D F，et al. 1990. Rabbit β - casein promoter directs secretion of human interleukin-2 into the milk of transgenic rabbits［J］. Biotechnology（NY），8：140 - 143.
BURFENING P J，ULBERG L C. 1968. Embryonic survival subsequent to culture of rabbit spermatozoa at 38 degrees and 40 degress C［J］. Reprod Fertil，15（1）：87 - 92.
CONTANTIONS G，ZARKADAS，et al. 1995. Assessment of the Protein Quality of Bone Isolates for Use an Ingredient in Meet and Poultry Products［J］. Agricultural and Food Chemistry（43）：77 - 83.
COSTAP M，REPOLHO T，CAEIRO S，et al. 2008. Modelling metallothionein induction in the liver of sparus aurata exposed to metal-contaminated sediments［J］. Ecotoxicology and Environmental Safety，71：117 - 124.
COUDERT P. DE ROCHAMBEAU H，THÉBAULT R G. 1997. The rabbit：husbandry，health and production［M］. FAO Animal Production and Health Series，no. 21.
DE BLAS，JULIAN WISEMAN. 1998. The Nutrition of The Rabbit［M］. CABI Publishing.

DE BLAS, JULIAN WISEMAN. 2010. Nutrition of The Rabbit [M]. 2nd ed. CABI Publishing.

DEPARTMENT FOR ENVIRONMENT, FOOD AND RURAL AFFAIRS (DEFRA). 1987. Codes of Recommendations for the welfare of livestock: Rabbits. URL: http: //archive. defra. gov. uk/foodfarm/farmanimal/welfare/onfarm/othersps/rabcode. htm

DIRIBARNE M, X MATA, C CHANTRY-DARMON, et al. 2011. A deletion in exon 9 of the LIPH gene is responsible for the rex hair coat phenotype in rabbits (Oryctolagus cuniculus). PLoS One, 6 (4): e19281.

DONALD J. 2000. Getting the most from evaporative cooling systems in tunnel ventilated broiler houses [J]. World Poultry, 16 (3): 34 - 39.

DUWEL D, BRECH K. 1981. Control of oxyuriasis in rabbits by fenbendazole [J]. Laboratory Animals, 15: 101 - 105.

FALCÓN W, GOLDBERG C S, WAITS L P, et al. 2011. First record of multiple paternity in the pygmy rabbit (Brachylagus idahoensis): evidence from analysis of 16 microsatellite loci [J]. Western North American Naturalist, 71 (2): 271 - 275.

FISHER P, MALTHUS B, WALKER M, et al. 2009. The number of single nucleotide polymorphisms and on-farm data required for whole-herd parentage testing in dairy cattle herds [J]. Journal of Dairy Science, 92 (1): 369 - 374.

FLATT R E, MOSES R W. 1995. Lesions of experimental cysticercosis in domestic rabbits [J]. Laboratory Animal Science, 25: 162 - 167.

FONTANESI L, SCOTTI E, COLOMBO M, et al. 2010. A composite six bp in-frame deletion in the melanocortin 1 receptor (MC1R) gene is associated with the Japanese brindling coat colour in rabbits (Oryctolagus cuniculus) [J]. BMC Genetics (11): 59.

FONTANESI L, FORESTIER L, ALLAIN D, et al. 2010. Characterization of the rabbit agouti signaling protein (ASIP) gene: transcripts and phylogenetic analyses and identification of the causative mutation of the nonagouti black coat colour [J]. Genomics, 95 (3): 166 - 175.

FONTANESI L, TAZZOLI M, BERETTI F, et al. 2006. Mutations in the melanocortin 1 receptor (MC1R) gene are associated with coat colours in the domestic rabbit (Oryctolagus cuniculus) [J]. Animal Genetics, 37 (5): 489 - 493.

GONZALEZ R R, KLUGER M J, HARDY J D. 1971. Partitional calorimetry of the New Zealand white rabbit at temperatures 5 - 35 degrees C [J]. Journal of Applied Physiology, 31 (5): 728 - 734.

HEATON M P, HARHAY G P, BENNETT G L, et al. 2002. Selection and use of SNP markers for animal identification and paternity analysis in US beef cattle [J]. Mammalian Genome, 13 (5): 272 - 281.

HOME B, SALE O. 1995. Model Code of Practice for the Welfare of Animals: Intensive Husbandry of Rabbits (Agricultural and Resource Management Council of Australia and New Zealand. Animal Health Committee) [M]. Australia: CSIRO Publishing. (available online at http: // www. publish. csiro. au)

INABA M. 2006. Bone metabolic marker recent Progress [J]. Clin Calcium, 16 (1): 74 - 80.

JAMES M J. 1992. Modern food microbiology [M]. 4th ed. New York: Van Nostrand Reinhold Co.

JENKINS J R. 2001. Skin disorders of the rabbit [J]. The Veterinary Clinics of North America Exotic Animal Practice, 4: 543 - 563.

JING F, YIN G, LIU X, et al. 2012. Large-scale survey of the prevalence of Eimeria infections in domestic rabbits in China [J]. Parasitology Research, 110: 1495 - 1500.

KEITH C. BEHNKE. 1996. Feed manufacturing technology：current issues and challenges [J]. Animal Feed Science Technology，62：49－57.

KOEATUK P A，KAVAS G. 2007. Effect of an inhibitor of nitric oxide Production on Cu，Zn-SOD and its cofactors in diabetic rats [J]. Biologic Trace Element Research，115 (1)：59－65.

LEBAS F，COUDERT P，ROUVIER R，et al. 1986. The rabbit：husbandry，health，and production [M]. Rome：Food and Agriculture organization of the United Nations.

LEEBE，LEEJH，et al. 2008. Effect of electron-beam irradiation on the antioxidant activity of Extracts from Citrus unshiu pomanees [J]. Radiation Physics and Chemistry，77：87－91.

LUIKART G，BIJU-DUVAL M P，ERTUGRUL O，et al. 1999. Power of 22 microsatellite markers in fluorescent multiplexes for parentage testing in goats (Capra hircus) [J]. Animal Genetics，30 (6)：431－438.

MARAI I F M，AYYAT M S，EL-MONEM U M A. 2001. Growth performance and reproductive traits at first parity of New Zealand White female rabbits as affected by heat stress and its alleviation under Egyptian conditions [J]. Tropical Animal Health and Production，33 (6)：451－462.

MARAI I F M，HABEEB A A M，GAD A E. 2002. Rabbits' productive，reproductive and physiological performance traits as affected by heat stress：a review [J]. Livestock Production Science，78 (2)：71－90.

MARAI I F M，RASHWAN A. 2004. Rabbits behavioral response to climatic and managerial conditions-a review [J]. Archiv fur Tierzucht，47 (5)：469－482.

MARAI I F M，AYYAT M S，ABD EL-MONEM U M. 2001. Growth performance and reproductive traits at first parity of New Zealand White female rabbits as affected by heat stress and its alleviation under Egyptian conditions [J]. Trop Anim Health Pro，33：451－462.

MARAI I F M，HABEEB A A M，GAD A E. 2003. Reproductive traits of male rabbits as affected by climatic conditions，in the subtropical environment of Egypt [J]. Animal Science，77：451－458.

MARKLUND S，ELLEGREN H，ERIKSSON S，et al. 1994. Parentage testing and linkage analysis in the horse using a set of highly polymorphic microsatellites [J]. Animal Genetics (25)：19－23.

MECCRD J M，FRIDOVICH I. 1969. Superoxide dismutase [J]. Bio Chem，244：6049－6055.

MERCHAN M，PEIRO R，ARGENTE M J，et al. 2009. Analysis of the oviductal glycoprotein 1 polymorphisms and their effects on components of litter size in rabbits [J]. Animal Genetics，40 (5)：756－758.

MOORE，LUCILE C. 2005. A house rabbit primer：understanding and caring for your companion [M]. Los Angeles：Santa Monica Press LLC.

MORISSE J P，MAURICE R. 1997. Influence of stocking density or group size on behaviour of fattening rabbits kept under intensive conditions [J]. Applied Animal Behaviour Science，54 (4)：351－357.

NALBANDOV A V. 1970. Reproductive Physiology [M]. 2nd ed. In D. B. Taraporevala，Bombay.

OLIVEIRA U C，FRAGA J S，LICOIS D，et al. 2011. Gruber A. Development of molecular assays for the identification of the 11 Eimeria species of the domestic rabbit (Oryctolagus cuniculus) [J]. Veterinary Parasitology，176 (2－3)：275－280.

PAKANDL M. 2009. Coccidia of rabbit：a review [J]. Folia Parasitological，56：153－166.

PAN B L，ZHANG Y F，SUO X，et al. 2008. Effect of subcutaneously administered diclazuril on the output of Eimeria species oocysts by experimentally infected rabbits [J]. The Veterinary Record，162：153－155.

PEI Y，WU Y，CAO J，et al. 2012. Effects of chronic heat stress on the reproductive capacity of male Rex rabbits [J]. Livestock Science，146：13 - 21.

PEIRO R，HERRLER A，SANTACREU M A，et al. 2010. Expression of progesterone receptor related to the polymorphism in the PGR gene in the rabbit reproductive tract [J]. Animal Science，88 (2)：421 - 427.

PINTO R M，GOMES D C，MENEZES R C，et al. 2004. Helminths of rabbits (Lagomorpha，Leporidae) deposited in the Helminthological Collection of the Oswaldo Cruz Institute [J]. Revista Brasileira de Zoologia (3)：599 - 604.

TAYLOR M A，COOP R L，WALL R L. 2007. Veterinary Parasitology [M]. 3rd ed. Wiley-Blackwell.

TROCINO A，XICCATO G. 2006. Animal welfare in reared rabbits：a review with emphasis on housing systems [J]. World Rabbit Science，14 (2)：77 - 93.

VAN HAERINGEN W，et al. 1997. Polymorphic microsatellite DNA markers in the rabbit (Oryctolagus cuniculus) [J]. Journal of Experimental Animal Science，38 (2)：49.

VERGA M，LUZI F，PETRACCI M，et al. 2009. Welfare aspects in rabbit rearing and transport [J]. Italian Journal of Animal Science，8 (1s)：191 - 204.

XICCATO G，TROCINO A，BOITI C. et al. 2005. Reproductive rhythm and litter weaning age as they affect rabbit doe performance and body energy balance [J]. Animal Science，81：289 - 296.

XICCATO G，TROCINO A，SARTORI A，et al. 2004. Effect of doe parity order and litter weaning age on the performance and body energy deficit of rabbit does [J]. Livestock Production Science，85：239 - 251.

YAN W，WANG W，WANG T，et al. 2013. Simultaneous identification of three highly pathogenic Eimeria species in rabbits using a multiplex PCR diagnostic assay based on ITS1 - 5. 8S rRNA-ITS2 fragments [J]. Veterinary Parasitology，193：284 - 288.

# 附录Ⅰ　2000年以来我国有关家兔获奖成果（省部级及以上）

| 获奖项目名称 | 奖项等级 | 奖项名称 | 获奖年度 | 完成单位 |
|---|---|---|---|---|
| 塞北兔耳型及被毛颜色遗传规律研究 | 三 | 河北省科技进步奖 | 2000 | 河北北方学院 |
| 獭兔品种繁育及发展研究 | 三 | 河北省科技进步奖 | 2000 | 河北农业大学 |
| 獭兔生产配套技术研究 | 二 | 河北省科技进步奖 | 2001 | 河北省畜牧兽医研究所、河北农业大学 |
| 白色獭兔R新品系选育研究 | 一 | 四川省科技进步奖 | 2002 | 四川省草原科学研究院 |
| 粗毛型粗毛兔选育提高及高效饲养模式研究 | 二 | 安徽省科学技术奖 | 2003 | 安徽省农业科学研究院 |
| 提高商品獭兔质量及产业化技术 | 一 | 河北省科技进步奖 | 2003 | 河北农业大学 |
| 旱农区草食动物（羊、兔）高效配套技术研究 | 二 | 山西省科技进步奖 | 2003 | 山西省农科院畜牧兽医研究所 |
| 肉兔规模化养殖及产业化技术研究开发 | 二 | 四川省科技进步奖 | 2003 | 四川省畜牧科学研究院 |
| 肉兔规模化养殖及产业化技术研究与开发 | 二 | 四川省科技进步奖 | 2003 | 四川省畜牧科学研究院 |
| 植酸酶在獭兔日粮中的应用研究 | 三 | 河北省科技进步奖 | 2004 | 河北农业大学 |
| 高产优质肉兔良种选育及产业化开发 | 三 | 山东省科技进步奖 | 2004 | 山东省农业科学院畜牧兽医研究所、山东农业大学 |
| 獭兔高效养殖配套技术推广 | 二 | 农业部丰收奖 | 2005 | 河北省畜牧兽医研究所、河北农业大学 |
| 长毛兔高效省力化饲养技术研究 | 三 | 浙江省科学技术奖 | 2005 | 嵊州市畜产品有限公司 |
| 四川白獭兔良种良法示范推广 | 二 | 农业部丰收奖 | 2005 | 四川省草原科学研究院 |
| 獭兔产业化技术开发研究与示范 | 三 | 四川省人民政府科技进步奖 | 2005 | 四川省草原科学研究院 |
| 优质肉兔生产配套技术推广 | 三 | 四川省科技进步奖 | 2006 | 四川省畜牧科学研究院 |
| 荥经长毛兔新品系选育研究 | 一 | 四川省科技进步奖 | 2006 | 荥经县畜牧局、四川农业大学 |
| 肉兔良种及标准化生产技术推广 | 三 | 山东省农牧渔业丰收奖 | 2006 | 山东省农业科学院 |
| 肉兔规模化养殖及产业化生产的研究 | 三 | 河南省科技进步奖 | 2007 | 河南科技大学 |
| 皮用兔饲养标准及预混料研究与应用 | 三 | 山西省科技进步奖 | 2007 | 山西省畜牧兽医研究所 |
| 嵊州白中王长毛兔新品种选育及产业化 | 二 | 浙江省科学技术奖 | 2007 | 嵊州市畜产品有限公司 |
| 肉兔优质、安全、高效产业化关键技术研究与应用 | 一 | 浙江省科学技术奖 | 2007 | 浙江省农业科学院畜牧兽医研究所 |
| 断乳仔兔低纤维型腹泻发生机制及生物调控 | 三 | 河北省科技进步奖 | 2008 | 河北农业大学 |

（续）

| 获奖项目名称 | 奖项等级 | 奖项名称 | 获奖年度 | 完成单位 |
|---|---|---|---|---|
| 兔病毒性出血症与多杀性巴氏病杆菌二联灭活疫苗研制 | 二 | 江苏省科技进步奖 | 2008 | 江苏省农业科学院 |
| 优质獭兔高效养殖技术集成与产业化示范 | 二 | 四川省科技进步奖 | 2008 | 南充市科学技术顾问团办公室、四川省草原科学研究院 |
| 獭兔新品系选育及产业化开发研究 | 三 | 农业部中华农业科技奖 | 2008 | 四川省草原科学研究院 |
| 饲粮碘水平对肉兔生产性能、生化指标及酶类基因表达的影响 | 三 | 河北省山区创业奖 | 2009 | 河北北方学院 |
| 良种肉兔规模化开发 | 三 | 山东省科技进步奖 | 2009 | 山东省畜牧总站、山东农业大学 |
| 良种肉兔及规模化、标准化生产配套技术 | 一 | 山东省农牧渔业丰收奖 | 2009 | 山东省畜牧总站、山东农业大学 |
| 山区肉兔规模化生态养殖技术研究与示范 | 三 | 河北省山区创业奖 | 2010 | 河北农业大学 |
| 肉兔饲料配合集成技术研发 | 二 | 青岛市（省级）科技进步奖 | 2010 | 青岛康大食品有限公司 |
| 商品（生长）肉兔营养需要及标准化生产技术的研究与应用 | 三 | 山东省科技进步奖 | 2010 | 山东农业大学等 |
| 家兔皮肤真菌病防控技术研究 | 三 | 四川省人民政府科技进步奖 | 2010 | 西南民族大学、四川省草原科学研究院 |
| 塞北兔品系性能比较与繁育技术 | 三 | 河北省山区创业奖 | 2011 | 河北北方学院 |
| 山区流域主要畜禽生态养殖模式及关键技术研究与集成 | 三 | 河北省山区创业奖 | 2011 | 河北农业大学 |
| 家兔生物饲料及中草药下脚料资源开发和饲料配方库建立及应用技术 | 三 | 河北省科技进步奖 | 2011 | 河北农业大学 |
| 裘皮优化加工技术开发 | 三 | 河北省科学技术奖 | 2011 | 河北华斯农业开发股份有限公司 |
| 山区生态养兔技术集成与应用 | 三 | 河北省山区创业奖 | 2012 | 河北农业大学 |
| 皮兔新品种（系）选育技术 | 二 | 河北省科技进步奖 | 2012 | 河北农业大学 |
| 獭兔集约化饲养关键技术研究与应用推广 | 二 | 山西省科技进步奖 | 2012 | 山西省农业科学院畜牧兽医研究所 |
| 浙系长毛兔新品种选育及产业化 | 一 | 浙江省科学技术奖 | 2012 | 嵊州市畜产品有限公司（第一培育单位） |
| 优质肉兔良种繁育健康养殖及加工关键技术研究与示范 | 三 | 科技进步奖 | 2012 | 重庆市畜牧技术推广总站、西南大学、重庆市畜牧科学院 |
| 獭兔优秀杂交组合筛选及提高养殖效益技术 | 三 | 河北省山区创业奖 | 2012 | 河北工程大学 |

# 附录Ⅱ　2000年以来我国出版的养兔著作一览

| 著作名称 | 主要作者 | 定价（元） | 出版单位 | 出版年月 |
|---|---|---|---|---|
| 长毛兔饲养明白书 | 杨丽萍，侯明海，张玉笙 | 3.0 | 山东科学技术出版社 | 2000年1月 |
| 獭兔养殖新技术 | 熊家军 | 15.0 | 湖北科学技术出版社 | 2000年1月 |
| 獭兔养殖图册 | 苏振渝，乔聚言，沈培军，薛家宾，等 | 8.0 | 台海出版社出版 | 2000年1月 |
| 养兔全书 | 宋育，廖德惠，唐良美，等 | 45.0 | 四川科学技术出版社 | 2000年3月 |
| 肉兔生产技术手册 | 马新武，陈树林 | 23.8 | 中国农业出版社 | 2000年9月 |
| 宠兔 | 黄向阳，江社平，译 | 9.6 | 中国农业出版社 | 2001年1月 |
| 宠物喂养与训练·兔 | 刘文丽，林子京，译 | 26 | 中国轻工业出版社 | 2001年1月 |
| 科学养兔掌中宝 | 浩瀚 | 5 | 内蒙古科学技术出版社 | 2001年3月 |
| 快速养兔 | 方玉 | 8.8 | 西藏人民出版社 | 2001年3月 |
| 养兔手册 | 张秀淑 | 10 | 内蒙古人民出版社 | 2001年3月 |
| 养兔技术 | 任家玲，任克良，等 | 7.8 | 中国农业出版社 | 2001年4月 |
| 药到兔病除 | 谢三星 | 10 | 山东科学技术出版社 | 2001年4月 |
| 中国养兔技术 | 徐桂芳 | 15 | 中国农业出版社 | 2001年5月 |
| 长毛兔高效益饲养技术（修订版） | 陶岳荣，陈立新，等 | 9.5 | 金盾出版社 | 2001年6月 |
| 实用养兔技术 | 刘国芬 | 7.0 | 金盾出版社 | 2001年6月 |
| 长毛兔饲养与疾病防治 | 韩博 | 13.8 | 中国农业出版社 | 2001年7月 |
| 肉兔高效益饲养（第三版） | 秦德元 | 5 | 湖南科学技术出版社 | 2001年7月 |
| 肉兔快速饲养与疾病防治 | 朱秀萍，杨风光，等 | 10.8 | 中国农业出版社 | 2001年7月 |
| 獭兔高效益饲养技术（修订版） | 陶岳荣，等 | 7.5 | 金盾出版社 | 2001年7月 |
| 兔病诊断与防治手册 | 任家琰，等 | 8.0 | 中国农业大学出版社 | 2001年7月 |
| 实用养兔技术图说 | 庞本，马秀芹，等 | 6 | 河南科学技术出版社 | 2001年8月 |
| 养兔高产与兔产品加工技术 | 高本刚 | 12 | 人民军医出版社 | 2001年10月 |
| 精细养兔 | 侯明海，姜文学，杨丽萍，等 | 12 | 山东科学技术出版社 | 2001年11月 |
| 塞北兔饲养技术 | 杨正 | 28 | 中国农业出版社 | 2001年11月 |
| 獭兔 | 朱槿佳 | 10 | 江苏科学技术出版社 | 2001年11月 |
| 家兔生产技术 | 王家福，朱秀英 | 15 | 云南科技出版社 | 2001年12月 |
| 良种肉兔高效生产技术 | 张恒业，张桂云，等 | 6.5 | 中原农民出版社 | 2001年12月 |
| 长毛兔高效养殖新技术 | 李福昌，朱瑞良 | 9 | 山东科学技术出版社 | 2002年1月 |
| 宠兔驯养要诀 | 杨书宏，译 | 12 | 中国农业出版社 | 2002年1月 |
| 工厂化养兔技术 | 范光勤 | 21 | 中国农业出版社 | 2002年1月 |
| 肉兔高效养殖新技术 | 王健民，秦长川 | 9 | 山东科学技术出版社 | 2002年1月 |

（续）

| 著作名称 | 主要作者 | 定价（元） | 出版单位 | 出版年月 |
|---|---|---|---|---|
| 肉兔高效益饲养技术（修订版） | 陶岳荣，陈立新，等 | 10 | 金盾出版社 | 2002年1月 |
| 獭兔 | 张明忠，任家玲，李沁 | 5.5 | 山西科学技术出版社 | 2002年1月 |
| 獭兔高效养殖新技术 | 王桂芝，娄德龙 | 9 | 山东科学技术出版社 | 2002年1月 |
| 獭兔饲养简明图说 | 周元军 | 13.5 | 中国农业出版社 | 2002年1月 |
| 獭兔养殖问答 | 张玉 | 10.8 | 中国农业出版社 | 2002年1月 |
| 兔病防治诀窍 | 张曹民，丁卫星，刘洪云 | 7.5 | 上海科学技术文献出版社 | 2002年1月 |
| 新编科学养兔手册 | 白跃宁，王克健 | 25 | 中原农民出版社 | 2002年1月 |
| 养兔法（第三版） | 徐立德，蔡流灵 | 17.5 | 中国农业出版社 | 2002年1月 |
| 怎样养兔多赚钱 | 谷子林 | 7 | 河北科学技术出版社 | 2002年1月 |
| 家兔饲料的配制与配方 | 谷子林 | 8 | 中国农业出版社 | 2002年2月 |
| 种草养兔技术 | 徐汉涛 | 15.5 | 中国农业出版社 | 2002年3月 |
| 宠兔 | 宋维平 | 18 | 科学技术文献出版社 | 2002年4月 |
| 简明养兔手册 | 王健民 | 13 | 中国农业大学出版社 | 2002年4月 |
| 兔病防治难点解答 | 梁宏德，臧为民 | 6.5 | 中原农民出版社 | 2002年4月 |
| 现代獭兔养殖大全 | 任克良 | 16 | 山西科学技术出版社 | 2002年4月 |
| 现代獭兔生产 | 谷子林 | 22 | 河北科学技术出版社 | 2002年5月 |
| 家兔配合饲料生产技术 | 任克良 | 10 | 金盾出版社 | 2002年6月 |
| 兔病防治大全 | 耿永鑫 | 15 | 中国农业出版社 | 2002年6月 |
| 兔病防治手册（第二次修订版） | 万遂如 | 8 | 金盾出版社 | 2002年6月 |
| 养兔8招 | 徐立德 | 8 | 广东科技出版社 | 2002年6月 |
| 专业户养兔指南 | 渔汛 | 10.5 | 金盾出版社 | 2002年6月 |
| 獭兔养殖大全 | 张玉，等 | 23 | 中国农业出版社 | 2002年7月 |
| 兔病诊断与防治手册 | 王永坤 | 20 | 上海科学技术出版社 | 2002年7月 |
| 养兔实用新技术 | 宋金昌 | 9.0 | 电子工业出版社 | 2002年7月 |
| 獭兔快速繁育与饲养 | 张京和 | 9 | 科学技术文献出版社 | 2002年8月 |
| 养兔生产大全 | 张振华，董亚芳 | 18 | 江苏科学技术出版社 | 2002年8月 |
| 肉兔多繁快育新技术 | 谷子林，高振华 | 13.5 | 河北科学技术出版社 | 2002年9月 |
| 肉兔养殖 | 王健国 | 9 | 中国农业科学技术出版社 | 2002年9月 |
| 兔病诊断与防治原色图谱 | 任克良 | 19.5 | 金盾出版社 | 2002年9月 |
| 野兔养殖 | 王健国 | 9 | 中国农业科学技术出版社 | 2002年9月 |
| 兔产品加工技术 | 向前 | 6.5 | 中原农民出版社 | 2002年10月 |
| 兔产品加工新技术 | 王丽哲 | 22.3 | 中国农业出版社 | 2002年10月 |
| 简明科学养兔手册 | 陈成功 | 7 | 金盾出版社 | 2002年12月 |

（续）

| 著作名称 | 主要作者 | 定价（元） | 出版单位 | 出版年月 |
| --- | --- | --- | --- | --- |
| 特种动物高效饲养与疫病监控 | 刘首选，任战军，等 | 18.5 | 中国农业大学出版社 | 2003年1月 |
| 家兔标准化生产技术 | 谷子林，李新民 | 18 | 中国农业大学出版社 | 2003年1月 |
| 家兔良种引种指导 | 陶岳荣，等 | 8 | 金盾出版社 | 2003年1月 |
| 快速养兔一招富 | 王建国 | 9 | 中国农业科学技术出版社 | 2003年1月 |
| 肉兔无公害饲养综合技术 | 张守发，宋建臣 | 15.3 | 中国农业出版社 | 2003年1月 |
| 肉兔养殖技术 | 汪志铮 | 18 | 中国农业大学出版社 | 2003年1月 |
| 兔高效饲养与疫病检控 | 牛树田，田夫林 | 13 | 中国农业大学出版社 | 2003年1月 |
| 养兔关键技术 | 赖松家 | 17 | 四川科学技术出版社 | 2003年1月 |
| 种草养兔一招富 | 王建国 | 7 | 中国农业科学技术出版社 | 2003年1月 |
| 肉兔养殖问答 | 杭苏琴 | 9.6 | 中国农业出版社 | 2003年2月 |
| 规模化养兔新技术 | 黄邓萍 | 19 | 四川科学技术出版社 | 2003年5月 |
| 特种经济动物生产学 | 余四九 | 35 | 中国农业出版社 | 2003年6月 |
| 家兔营养与饲料配制 | 臧素敏 | 11.5 | 中国农业大学出版社 | 2003年10月 |
| 彩色长毛兔养殖技术 | 刘炳仁，等 | 17 | 科学技术文献出版社 | 2003年12月 |
| 肉兔无公害高效养殖 | 陶岳荣，等 | 10 | 金盾出版社 | 2003年12月 |
| 长毛兔与獭兔 | 陈方德 | 10 | 中国农业出版社 | 2004年1月 |
| 家兔高效饲养7日通 | 谷子林 | 12 | 中国农业出版社 | 2004年1月 |
| 兔病防控与治疗技术 | 孙效彪，郑明学 | 16 | 中国农业出版社 | 2004年1月 |
| 兔病诊治彩色图说 | 陈怀涛 | | 中国农业出版社 | 2004年1月 |
| 兔病诊治关键技术一点通 | 李东江，李春，赵三元 | 12 | 河北科学技术出版社 | 2004年1月 |
| 现代养兔新技术 | 单永利，张宝庆，王双同 | 22 | 中国农业出版社 | 2004年1月 |
| 怎样养獭兔多赚钱 | 谷子林 | | 河北科技出版社 | 2004年1月 |
| 新编毛皮动物饲养技术手册 | 白跃宇，王克健 | | 中原农民出版社 | 2004年2月 |
| 肉兔科学饲养诀窍 | 刘洪云，张苏华，丁卫星 | 10 | 上海科学技术文献出版社 | 2004年3月 |
| 优质獭兔养殖手册 | 高振华，谷子林 | 29 | 河北科技出版社 | 2004年3月 |
| 犬猫兔临床诊疗操作技术手册 | 〔美〕史蒂文·E. 克罗，等，梁礼成，译 | | 中国农业出版社 | 2004年3月 |
| 养兔秘诀 | 李邦模，常福俊 | 9.5 | 广西科学技术出版社 | 2004年4月 |
| 兔出血症及其防制 | 向华，宣华 | 4.5 | 金盾出版社 | 2004年6月 |
| 养兔与疾病防治 | 王福海，彭玉芝 | 4.7 | 中国农业出版社 | 2004年6月 |
| 巧防巧治兔病 | 王传峰，赵学刚 | 3 | 中国农业出版社 | 2004年8月 |
| 巧养毛兔 | 王利红，朱淑斌，戴扬州 | 3.4 | 中国农业出版社 | 2004年8月 |
| 巧养肉兔 | 翟频，吴信生，杨杰 | 3.8 | 中国农业出版社 | 2004年8月 |

（续）

| 著作名称 | 主要作者 | 定价（元） | 出版单位 | 出版年月 |
|---|---|---|---|---|
| 巧养獭兔 | 吴信生，陈国宏 | 3.4 | 中国农业出版社 | 2004年8月 |
| 巧做兔肉制品 | 娄爱华 | 3.8 | 中国农业出版社 | 2004年8月 |
| 獭兔繁养要义 | 李春城 | 13 | 黑龙江科学技术出版社 | 2004年8月 |
| 兔场兽医 | 王子轼 | 14 | 中国农业出版社 | 2004年8月 |
| 长毛兔饲养袖珍手册 | 周建强，王永和，王春喜 | 3.3 | 江苏科学技术出版社 | 2004年10月 |
| 高效益养兔法 | 徐汉涛 | | 中国农业出版社 | 2005年1月 |
| 实用兔病临床类症鉴别 | 董彝 | 16 | 中国农业出版社 | 2005年1月 |
| 图文精解养肉兔技术 | 张恒山，等 | 6.5 | 中原农民出版社 | 2005年1月 |
| 兔病门诊实用技术 | 张桂云，等 | 10 | 河南科学技术出版社 | 2005年1月 |
| 彩色长绒兔养殖图册 | 孔凡树 | 8 | 台海出版社 | 2005年3月 |
| 獭兔高效养殖教材 | 谷子林，等 | 5 | 金盾出版社 | 2005年4月 |
| 安全优质肉兔的生产与加工 | 余锐萍 | 9.8 | 中国农业出版社 | 2005年4月 |
| 家兔标准化饲养新技术 | 于新元，等 | 2.6 | 中国农业出版社 | 2005年6月 |
| 科学养兔指南 | 孙慈云，杨修女 | 17 | 中国农业大学出版社 | 2005年6月 |
| 兔病防治关键技术 | 王丰强，等 | 3.3 | 中国农业出版社 | 2005年6月 |
| 兔病防治指南 | 晋爱兰 | 15 | 中国农业大学出版社 | 2005年7月 |
| 家兔生产学 | 吴淑琴 | | 中国教育文化出版社 | 2005年8月 |
| 优质獭兔饲养技术 | 向前 | 10 | 河南科学技术出版社 | 2005年10月 |
| 毛皮、药用动物养殖大全 | 高玉鹏，任战军 | 45 | 中国农业出版社 | 2006年1月 |
| 肉兔 | 钟艳玲，等 | 14 | 中国农大大学出版社 | 2006年1月 |
| 肉兔快养90天（第二版） | 谷子林 | 8 | 中国农业出版社 | 2006年1月 |
| 獭兔高效养殖关键技术 | 赵辉玲，等 | 8 | 中国三峡出版社 | 2006年1月 |
| 獭兔养殖新技术 | 任克良 | 9 | 山西科学技术出版社 | 2006年1月 |
| 兔病防治关键技术 | 程广和 | 8 | 中国三峡出版社 | 2006年1月 |
| 兔繁殖障碍病防关键技术 | 向前 | 6 | 中原农民出版社 | 2006年1月 |
| 无公害獭兔标准化生产 | 李福昌，张风祥 | 5.9 | 中国农业出版社 | 2006年1月 |
| 杂交肉兔高效养殖关键技术 | 李东，等 | 8 | 中国三峡出版社 | 2006年1月 |
| 毛皮与药用动物养殖大全 | 高玉鹏，任战军，等 | 39 | 中国农业出版社 | 2006年1月 |
| 兔饲养管理技术 | 白献晓，闫祥洲，等 | 3.6 | 中国农民出版社 | 2006年2月 |
| 无公害肉兔标准化生产 | 王永康 | 6.9 | 中国农业出版社 | 2006年3月 |
| 实用兔病诊疗新技术 | 胡薛英，蔡双双 | 8 | 中国农业出版社 | 2006年6月 |
| 獭兔饲养技术（第二版） | 张玉，等 | 9.3 | 中国农业出版社 | 2006年6月 |
| 图说高效养兔关键技术 | 任克良 | 14 | 金盾出版社 | 2006年6月 |
| 怎样提高养长毛兔效益 | 向前，姜继民 | 8 | 金盾出版社 | 2006年6月 |
| 家兔饲养关键技术 | 刘利春，张文丽 | 5 | 四川科学技术出版社 | 2006年8月 |

（续）

| 著作名称 | 主要作者 | 定价（元） | 出版单位 | 出版年月 |
|---|---|---|---|---|
| 兔病早防快治 | 逯忠新，等 | 8 | 中国农业科学技术出版社 | 2006年8月 |
| 家兔高效规模养殖技术 | 潘雨来 | 5 | 河海大学出版社 | 2006年9月 |
| 野兔仿野生养殖 | 王天江 | 12.0 | 科学技术文献出版社 | 2006年9月 |
| 肉兔饲养技术（第二版） | 谷子林 | 15 | 中国农业出版社 | 2006年9月 |
| 獭兔养殖疑难300问 | 谷子林 | 13.8 | 中国农业出版社 | 2006年9月 |
| 现代养兔实用新技术（第二版） | 范幼章，王启明，翟频，等 | 15 | 中国农业出版社 | 2006年9月 |
| 野兔仿生养殖 | 王天江，张森 | 12 | 科学技术文献出版社 | 2006年9月 |
| 肉兔无公害标准化养殖技术 | 谷子林 | 14 | 河北科学技术出版社 | 2006年11月 |
| 家兔饲料科学配制与应用 | 张力，陈桂银 | 8 | 金盾出版社 | 2006年12月 |
| 肉兔标准化生产技术 | 权凯，等 | 7.5 | 金盾出版社 | 2006年12月 |
| 怎样提高獭兔效益 | 谷子林，等 | 8 | 金盾出版社 | 2006年12月 |
| 怎样养兔赚钱多 | 翟频，吴信生 | 5.5 | 江苏科学技术出版社 | 2006年12月 |
| 家兔常见病诊断图谱（第二版） | 王云峰，等 | 15.0 | 中国农业出版社 | 2007年1月 |
| 现代养兔实用百科全书 | 谷子林，薛家宾 | 45 | 中国农业出版社 | 2007年1月 |
| 养兔必读 | 熊家军，梅俊，张庆德 | 12 | 湖北科学技术出版社 | 2007年1月 |
| 养兔问答（第二版） | 唐良美，谢晓红，等 |  | 四川科学技术出版社 | 2007年1月 |
| 獭兔养殖技术 | 汪志铮 |  | 中国农业大学出版社 | 2007年3月 |
| 无公害獭兔养殖 | 任克良 | 10 | 山西科学技术出版社 | 2007年3月 |
| 养兔与兔病防治 | 张宝庆 |  | 中国农业大学出版社 | 2007年5月 |
| 科学养兔图诀200例 | 李考文，等 | 10.3 | 中国农业出版社 | 2007年6月 |
| 专家指点兔、狐、貂、貉饲养 | CCTV《致富经》栏目 | 15.8 | 上海科学技术文献出版社 | 2007年7月 |
| 肉兔饲养管理与疾病防治技术问答 | 北京市科学技术协会 | 18.0 | 中国农业出版社 | 2007年9月 |
| 养兔大王谈养兔 | 聂发根 | 5 | 江西科学技术出版社 | 2007年10月 |
| 北方科学养兔 | 徐文发 | 18 | 吉林科学技术出版社 | 2007年11月 |
| 肉兔　毛兔　獭兔养殖新技术 | 农业部农民科技教育培训中心，中央农业广播电视学校组 | 6.20 | 中国农业科技出版社 | 2007年11月 |
| 肉兔健康养殖400问 | 谷子林 | 14.7 | 中国农业出版社 | 2008年1月 |
| 獭兔高效养殖与初加工技术 | 范成强，文斌，范康，等 | 10.5 | 天地出版社 | 2008年1月 |
| 兔病 | 谢仲权，李全录，曹克昌 | 35 | 中国农业出版社 | 2008年1月 |
| 兔病防治 | 梁宏德，臧为民 | 8 | 中原农民出版社 | 2008年1月 |

（续）

| 著作名称 | 主要作者 | 定价（元） | 出版单位 | 出版年月 |
|---|---|---|---|---|
| 兔病防治200问 | 朱瑞良，张兴晓 | 10.5 | 中国农业出版社 | 2008年1月 |
| 兔的常见病诊断图谱及用药指南 | 程相朝，薛帮群，汪洋 | 18.7 | 中国农业出版社 | 2008年1月 |
| 无公害肉兔安全生产手册 | 曹斌 | 17 | 中国农业出版社 | 2008年1月 |
| 养肉兔 | 张恒业，张桂云，李文刚 | 8.5 | 中原农民出版社 | 2008年1月 |
| 养獭兔 | 张花菊，白明祥，谭旭信 | 9 | 中原农民出版社 | 2008年1月 |
| 牛羊兔健康养殖技术问答 | 肖光明，江为民 | 14.5 | 湖南科学技术出版社 | 2008年2月 |
| 养长毛兔 | 陈其新，权凯 | 10.5 | 中原农民出版社 | 2008年3月 |
| 科学养兔指南 | 万遂如 | 25.0 | 金盾出版社 | 2008年4月 |
| 毛用兔高效益养殖关键技术问答 | 赵辉玲，程广龙，王云平 | 12 | 中国林业出版社 | 2008年4月 |
| 肉兔快速养殖关键技术问答 | 赵辉玲，程广龙，王云平 | 12.9 | 中国林业出版社 | 2008年4月 |
| 实用养兔 | 杨武德，谭恩惠 | 12 | 山西春秋电子音像出版社 | 2008年4月 |
| 獭兔高效益养殖关键技术问答 | 赵辉玲，朱永和，吕友保 | 12 | 中国林业出版社 | 2008年4月 |
| 兔病防治问答 | 宋传升，王会珍 | 13.5 | 化学工业出版社 | 2008年4月 |
| 兔高效养殖技术一本通 | 邢秀梅，孔红梅，荣敏 | 13 | 化学工业出版社 | 2008年4月 |
| 养兔关键技术（修订版） | 赖松家，杨光友 | 15 | 四川科技出版社 | 2008年5月 |
| 优质獭兔饲养技术（第二版） | 向前 | 15 | 河南科学技术出版社 | 2008年5月 |
| 黑龙江兔业发展史 | 蒋惠群，王维廉 | 12.6 | 哈尔滨工业大学出版社 | 2008年5月 |
| 怎样办好家庭肉兔养殖场 | 吴信生 | 12 | 科学技术文献出版 | 2008年5月 |
| 长毛兔标准化生产技术 | 陶岳荣，等 | 13 | 金盾出版社 | 2008年6月 |
| 家兔防疫员培训教材 | 任克良 | 9 | 金盾出版社 | 2008年6月 |
| 兔病防治路路通 | 王芳，薛家宾，徐为中，范志宇 | 5 | 江苏科学技术出版社 | 2008年6月 |
| 怎样办好家庭獭兔养殖场 | 吴信生 | 12 | 科学技术文献出版 | 2008年6月 |
| 兔病类症鉴别与防治 | 任克良 | 18 | 山西科学技术出版社 | 2008年7月 |
| 实验兔营养实用手册 | 金岭梅，玉米，孟新宇，赵枝新 | 15 | 中国农业科学技术出版社 | 2008年8月 |
| 兔病诊疗原色图谱 | 任克良，陈怀涛 | 38 | 中国农业出版社 | 2008年8月 |
| 家兔饲养员培训教材 | 秦应和 | 9 | 金盾出版社 | 2008年9月 |
| 新法养兔 | 渔汛 | 15 | 金盾出版社 | 2008年9月 |
| 畜禽疾病中西医综合防治——兔病 | 谢仲权 | 35.0 | 中国农业出版社 | 2008年10月 |
| 兔养殖技术精编 | 兰亚莉，魏凤仙 | 6 | 中原农民出版社 | 2008年11月 |

（续）

| 著作名称 | 主要作者 | 定价（元） | 出版单位 | 出版年月 |
|---|---|---|---|---|
| 獭兔标准化生产技术 | 谷子林 | 13 | 金盾出版社 | 2008年12月 |
| 兔场兽医师手册 | 任克良 | 45 | 金盾出版社 | 2008年12月 |
| 小型养兔场创办与经营 | 陈宏军，陈章言，柏庆荣 | 5.5 | 江苏科学技术出版社 | 2008年12月 |
| 兔生产学 | 李福昌，秦应和，吴信生，谷子林，等 | 29.5 | 中国农业出版社 | 2009年2月 |
| 实用家兔养殖技术 | 谷子林 | 17 | 金盾出版社 | 2009年3月 |
| 獭兔高效益饲养技术（第三版） | 陶岳荣，等 | 15 | 金盾出版社 | 2009年3月 |
| 养兔技术100问 | 秦应和，等 | 6 | 中国农业出版社 | 2009年3月 |
| 肉兔健康高效养殖 | 吴信生 | 12 | 金盾出版社 | 2009年3月 |
| 家兔营养 | 李福昌 | 20 | 中国农业出版社 | 2009年4月 |
| 肉兔安全高效饲养技术 | 向前 | 15 | 中原农民出版社 | 2009年5月 |
| 特种经济动物生产学 | 熊家军，鞠贵春，李和平，任战军，等 | 36 | 科学出版社 | 2009年5月 |
| 特种经济动物生产学 | 熊家军 | 35 | 科学出版社 | 2009年5月 |
| 獭兔发育与营养参数 | 李清宏 | 25 | 中国农业科学技术出版社 | 2009年6月 |
| 图说高效养獭兔关键技术 | 陈成功 | 14 | 金盾出版社 | 2009年6月 |
| 兔病鉴别诊断与防治 | 鲍国连，韦强，佟承刚，季权安，等 | 5.5 | 金盾出版社 | 2009年6月 |
| 特种动物疾病防治 | 向前 | 15 | 中原农民出版社 | 2009年7月 |
| 土法良方防治兔病 | 王祥忠 | 13.5 | 中国农业出版社 | 2009年7月 |
| 肉兔饲养与繁育技术 | 郎跃深，等 | 15 | 科技文献出版社 | 2009年8月 |
| 兔病类症鉴别诊断彩色图谱 | 程相朝，薛帮群 | 180.0 | 中国农业出版社 | 2009年8月 |
| 养兔致富综合配套新技术 | 温洪，纪东平 | 50 | 中国农业出版社 | 2009年8月 |
| 兽医全攻略——兔病 | 谢三星 | 40 | 中国农业出版社 | 2009年9月 |
| 肉兔高效益饲养技术（第三版） | 陶岳荣，等 | 15 | 金盾出版社 | 2009年10月 |
| 肉兔快速饲养与疾病防治 | 朱香萍，等 | 10.8 | 中国农业出版社 | 2009年10月 |
| 家兔健康养殖新技术 | 刘玉庆，姜文学，杨丽萍，等 | 13 | 山东科学技术出版社 | 2009年11月 |
| 兔病防控与治疗技术（第二版） | 郑明学，等 | 20 | 中国农业出版社 | 2009年11月 |
| 兔产品实用加工技术 | 向前 | 11.0 | 金盾出版社 | 2009年12月 |
| 家兔高效养殖关键技术 | 张庆德，熊家军，等 | 19 | 化学工业出版社 | 2010年1月 |
| 实用养兔手册（第二版） | 庞本，等 | 15 | 河南科学技术出版社 | 2010年1月 |

（续）

| 著作名称 | 主要作者 | 定价（元） | 出版单位 | 出版年月 |
| --- | --- | --- | --- | --- |
| 图文精讲肉兔饲养技术 | 翟频 | 5 | 江苏科学技术出版社 | 2010年1月 |
| 兔病诊疗与处方 | 钱存忠 | 13.5 | 化学工业出版社 | 2010年1月 |
| 北方养兔法 | 王维廉 | 22 | 黑龙江人民出版社 | 2010年2月 |
| 图文精讲毛兔饲养技术 | 杨杰 | 5 | 江苏科学技术出版社 | 2010年2月 |
| 怎样科学办好兔场 | 魏刚才，范国英 | 25 | 化学工业出版社 | 2010年2月 |
| 动物疾病防治图谱兔病 | 王开，李振福 | 16 | 吉林出版集团有限责任公司 | 2010年3月 |
| 动物生产流程图谱毛用兔 | 许文发 | 14 | 吉林出版集团有限责任公司 | 2010年3月 |
| 动物生产流程图谱皮肉兼用兔 | 许文发 | 14 | 吉林出版集团有限责任公司 | 2010年3月 |
| 动物生产流程图谱皮用兔 | 许文发 | 14 | 吉林出版集团有限责任公司 | 2010年3月 |
| 动物生产流程图谱肉用兔 | 许文发 | 14 | 吉林出版集团有限责任公司 | 2010年3月 |
| 家有宠物巧饲养兔 | 杨晓光 | 8 | 中国社会出版社 | 2010年3月 |
| 实用养兔技术 | 夏树立 | 7 | 天津科技翻译出版社 | 2010年3月 |
| 实用养兔技术问答 | 谷子林 | 18 | 金盾出版社 | 2010年3月 |
| 养兔技术（第二版） | 赵权 | 23.5 | 吉林科学技术出版社 | 2010年3月 |
| 中国家兔产业化 | 谷子林，任克良 | 32 | 金盾出版社 | 2010年3月 |
| 实用养兔技术（第二版） | 刘环 | 10.0 | 金盾出版社 | 2010年3月 |
| 獭兔饲养与疾病防治 | 任东波，李晓慧 | 17 | 吉林出版集团有限责任公司 | 2010年4月 |
| 养兔100个为什么 | 张生贵 | 16 | 天地出版社 | 2010年5月 |
| 兔病诊疗与处方手册 | 钱存忠 | 13.5 | 化学工业出版社 | 2010年5月 |
| 科学养兔指南（第二版） | 孙慈云，杨秀文 | 21 | 中国农业大学出版社 | 2010年6月 |
| 獭兔高效养殖技术一本通 | 邢秀梅，等 | 15 | 化学工业出版社 | 2010年6月 |
| 兔高产高效养殖技术 | 桑莲花，卜剑锋，唐式校 | 10 | 东南大学出版社 | 2010年6月 |
| 家兔健康养殖 | 刘玉庆 | 18 | 山东科学技术出版社 | 2010年8月 |
| 轻轻松松学养兔 | 任克良，秦应和 | 38 | 中国农业出版社 | 2010年8月 |
| 兔病 | 朱瑞良 | 25 | 中国农业出版社 | 2010年8月 |
| 兔健康高产养殖手册 | 张恒业，等 | 18.0 | 河南科学技术出版社 | 2010年8月 |
| 家兔生产与疾病防治 | 任文社，董仲生 | 28.8 | 中国农业出版社 | 2010年9月 |
| 獭兔养殖大全（第二版） | 张玉，常福俊，等 | 28 | 中国农业出版社 | 2010年9月 |
| 健康养兔新技术 | 谢喜平 | 9.6 | 福建科学技术出版社 | 2010年9月 |
| 家兔配合饲料生产技术（第二版） | 任克良 | 18 | 金盾出版社 | 2010年11月 |
| 兔场多发疾病防控手册 | 薛帮群，魏战勇 | 23 | 河南科学技术出版社 | 2010年12月 |
| 长毛兔日程管理及应急技巧 | 陶岳荣，陈立新，等 | 28 | 中国农业出版社 | 2011年1月 |
| 獭兔日程管理及应急技巧 | 刘汉中，余志菊，范成强 | 23.8 | 中国农业出版社 | 2011年1月 |

（续）

| 著作名称 | 主要作者 | 定价（元） | 出版单位 | 出版年月 |
|---|---|---|---|---|
| 兔病防控百问百答 | 王孝友，曹国文 | 11 | 中国农业出版社 | 2011年1月 |
| 种草养兔技术手册 | 任克良，石永红 | 14 | 金盾出版社 | 2011年1月 |
| 猪牛羊兔菜典（第3版） | 邴吉和 | 39.0 | 青岛出版社 | 2011年3月 |
| 长毛兔日程管理及应急技巧 | 陶岳荣，陈立新，等 | 28.0 | 中国农业出版社 | 2011年4月 |
| 肉兔日程管理及应急技巧 | 谷子林，孙慧军 | 30 | 中国农业出版社 | 2011年4月 |
| 建一家赚钱的兔养殖场 | 张恒业 | 10 | 河南科学技术出版社 | 2011年6月 |
| 土法良方治兔病 | 魏刚才，安志头 | 23 | 化学工业出版社 | 2011年6月 |
| 怎样自配兔饲料 | 陈宝红，谷子林 | 10 | 金盾出版社 | 2011年6月 |
| 肉兔产业先进技术全书 | 姜文学，杨丽萍，高淑霞，等 | 18 | 山东科学技术出版社 | 2011年7月 |
| 生态养兔 | 钟秀全，姜国均 | 22 | 中国农业出版社 | 2011年7月 |
| 獭兔养殖新技术 | 熊家军 | 15 | 湖北科学技术出版社 | 2011年7月 |
| 兔病防治手册（第四版） | 万遂如 | 15 | 金盾出版社 | 2011年7月 |
| 兔肉制品加工及保鲜贮运关键技术 | 王卫 | 56 | 科学出版社 | 2011年7月 |
| 肉兔、毛兔、獭兔高效养殖及疾病防治新技术 | 曾春 | 15 | 中国农业科学技术出版社 | 2011年8月 |
| 兔群发病防控技术问答 | 任东波，王开 | 13 | 山东科学技术出版社 | 2011年8月 |
| 肉兔快速饲养与疾病防治（第二版） | 李美玉，等 | 18 | 中国农业出版社 | 2011年9月 |
| 肉兔产生先进技术全书 | 姜文学，杨丽萍 | 18.0 | 山东科学技术出版社 | 2011年9月 |
| 兔病防治与饲养技术问答 | 寇宗彦 | 12 | 甘肃科学技术出版社 | 2011年9月 |
| 长毛兔高效养殖一本通 | 魏刚才，范国英 | 19.8 | 化学工业出版社 | 2011年10月 |
| 优质家兔产业化生产与经营 | 王永康，等 | 7 | 重庆出版社 | 2011年10月 |
| 兔病速诊快治技术 | 李金贵 | 18 | 化学工业出版社 | 2011年11月 |
| 现代养兔实用技术 | 欧广志，史健 | 14 | 中国农业科学技术出版社 | 2011年11月 |
| 肉兔养殖与饲草栽培加工技术 | 赵楠 | 18.0 | 化学工业出版社 | 2011年11月 |
| 兔病诊治150问 | 胡慧 | 16.0 | 金盾出版社 | 2011年12月 |
| 肉兔养殖与饲草栽培加工技术 | 赵楠，赵永斌 | 18 | 化学工业出版社 | 2012年1月 |
| 图说高效养肉兔关键技术 | 任克良 | 19 | 金盾出版社 | 2012年1月 |
| 獭兔规模化高效养殖技术 | 庞连海 | 19.8 | 化学工业出版社 | 2012年1月 |
| 养兔与兔病防治（第三版） | 臧素敏，张宝庆 | 19.0 | 中国农业大学 | 2012年1月 |

（续）

| 著作名称 | 主要作者 | 定价（元） | 出版单位 | 出版年月 |
|---|---|---|---|---|
| 养兔技术指导（第3次修订版） | 郑军 | 19.0 | 金盾出版社 | 2012年3月 |
| 新法养兔 | 渔讯 | 18.0 | 金盾出版社 | 2012年3月 |
| 现代养兔疫病防治手册 | 王守有，陈宗刚 | 19 | 科学技术文献出版社 | 2012年5月 |
| 家兔标准化生产 | 张恒业，张桂云 | 15 | 河南科学技术出版社 | 2012年6月 |
| 肉兔安全生产技术指南 | 熊家军 | 18.5 | 中国农业出版社 | 2012年6月 |
| 养兔科学安全用药指南 | 范国英，魏刚才 | 25 | 化学工业出版社 | 2012年6月 |
| 玉兔集 | 王维廉 | 13.6 | 作家出版社 | 2012年6月 |
| 獭兔安全生产技术指南 | 熊家军 | 18 | 中国农业出版社 | 2012年7月 |
| 兔安全高效生产技术 | 魏刚才，唐海蓉 | 23 | 化学工业出版社 | 2012年7月 |
| 兔病误诊误治与纠误 | 苏建青 | 25 | 化学工业出版社 | 2012年7月 |
| 种草养兔手册 | 魏刚才，杨文平 | 22 | 化学工业出版社 | 2012年7月 |
| 獭兔的标准化养殖与繁殖技术问答 | 陈宗刚，董晓光 | 18 | 科学技术文献出版社 | 2012年9月 |
| 图说家兔养殖新技术 | 段栋梁，尹子敬 | 46 | 中国农业科学技术出版社 | 2012年9月 |
| 图说兔病防治新技术 | 王彩先，张玉换 | 22.0 | 中国农业科学技术出版社 | 2012年9月 |
| 兔病诊断与防治图谱（第二版） | 任克良 | 29 | 金盾出版社 | 2012年9月 |
| 图说兔病防治技术 | 王彩先，张玉换 | 22 | 中国农业科学技术出版社 | 2012年10月 |
| 规模化生态养兔技术 | 谷子林 | 23 | 中国农业大学出版社 | 2012年12月 |
| 经济动物生产学 | 白秀娟主编，任战军等副主编 | 37 | 中国农业出版社 | 2013年1月 |
| 经济动物生产学 | 白秀娟，鞠贵春，马泽芳，任战军，等 | 37 | 中国农业出版社 | 2013年1月 |
| 兔标准化规模养殖图册 | 谢晓红，等 | 19.0 | 中国农业出版社 | 2013年1月 |
| 兔场流行病防控技术 | 刘吉山，王玉茂，张松林 | 15.5 | 金盾出版社 | 2013年1月 |
| 家兔疾病防治新技术问答 | 谷子林，陈塞娟 | | 燕山大学出版社 | 2013年5月 |
| 肉兔养殖新技术问答 | 谷子林，刘亚娟 | | 燕山大学出版社 | 2013年5月 |
| 獭兔养殖新技术问答 | 谷子林，于会民 | | 燕山大学出版社 | 2013年5月 |

# 附录Ⅲ　2000年以来我国授权的与家兔相关的专利

## 一、发明专利

| 专利名称 | 专利号或公开号 | 专利性质 | 公开时间 | 专利所有权单位或个人 |
|---|---|---|---|---|
| 一种香兔的制作方法 | CN1250620 | 发明专利 | 2000-04-19 | 黄振敏 |
| 羊、兔用免疫球蛋白注射液 | 99110862.0 | 发明专利 | 2001-01-31 | 李六金 |
| 兔毛驼绒面料及其生产工艺 | 00122380.1 | 发明专利 | 2001-02-14 | 张沂东 |
| 半精纺高比例高支兔绒纱及其加工方法 | 01104830.1 | 发明专利 | 2001-07-25 | 宁夏新羽健绒业有限公司 |
| 兔绒化纤混纺纺织品 | 01104119.6 | 发明专利 | 2001-08-15 | 张沂东 |
| 空分防疫环保型兔舍 | 00114861.3 | 发明专利 | 2001-08-22 | 程力 |
| 一种风味兔肉的加工方法 | 00108039.3 | 发明专利 | 2001-12-26 | 张振民 |
| 变性兔绒的制作法 | 00109733.4 | 发明专利 | 2002-01-16 | 河北丽华制帽集团有限公司 |
| 兔肉排及其制造方法 | 01123639.6 | 发明专利 | 2002-02-20 | 济南绿色兔业集团有限公司王玉梅 |
| 一种五香兔肉制品及其制作方法 | 00123749.7 | 发明专利 | 2002-03-27 | 陈江辉 |
| 羊绒、兔绒混合帽胎制法 | CN1380027 | 发明专利 | 2002-11-20 | 刘巨山、刘立新、刘立军 |
| 一种黑兔的培育方法 | CN1385063 | 发明专利 | 2002-12-18 | 赵继河 |
| 九刀兔的加工方法 | 02133528.1 | 发明专利 | 2003-01-15 | 四川省内江市益东兔业有限责任公司胡洪森 |
| 兔丁的加工方法 | 02133529.X | 发明专利 | 2003-01-15 | 四川省内江市益东兔业有限责任公司胡洪森 |
| 兔肉食品的卤制香料 | 02133526.5 | 发明专利 | 2003-01-15 | 四川省内江市益东兔业有限责任公司胡洪森 |
| 兔肉食品的腌制香料 | CN1390480 | 发明专利 | 2003-01-15 | 胡洪森 |
| 兔肉食品的腌制香料 | 02133527.3 | 发明专利 | 2003-01-15 | 四川省内江市益东兔业有限责任公司胡洪森 |
| 一种黑耳高产毛用型家兔培育方法 | 01115045 | 发明专利 | 2003-01-22 | 鹿忠孝、刘永波、樊新忠、张云、郝金法 |
| 一种兔毛（绒）纱 | 02135836.2 | 发明专利 | 2003-04-30 | 孔凡树 |
| 黑眼大白兔杂交品种的生产方法 | 02110199.X | 发明专利 | 2003-07-02 | 高鹏飞 |
| 高密度异养培养转基因小球藻来生产兔防御素的方法 | CN1473846 | 发明专利 | 2004-02-11 | 华东理工大学 |
| 饲养兔子的方法 | CN1477925 | 发明专利 | 2004-02-25 | 奥米加技术公司 |
| 含生物活性物质的兔皮和其用途 | CN1493302 | 发明专利 | 2004-05-05 | 威世药业（如皋）有限公司 |
| 一种獭兔饲料 | CN1505968 | 发明专利 | 2004-06-23 | 张俊海 |
| 基于野兔痘的载体疫苗 | CN1527883 | 发明专利 | 2004-09-08 | 阿克佐诺贝尔公司 |
| 利用兔卵母细胞制备体细胞胚胎 | CN1558949 | 发明专利 | 2004-12-29 | 上海第二医科大学 |

（续）

| 专利名称 | 专利号或公开号 | 专利性质 | 公开时间 | 专利所有权单位或个人 |
|---|---|---|---|---|
| 防治仔猪和兔球虫病及菌痢病联合缓释剂及其制备方法 | CN1562037 | 发明专利 | 2005-01-12 | 浙江省农业科学院 |
| 从兔圆小囊中分离提取小囊肽的方法 | CN1566153 | 发明专利 | 2005-01-19 | 佘锐萍、王可洲、马卫明、李冰玲 |
| 纯兔毛织品的定型整理工艺及其相关设备 | CN1600938 | 发明专利 | 2005-03-30 | 庄淦然 |
| 纯兔毛织品的定型整理剂、工艺及其相关设备 | CN1614137 | 发明专利 | 2005-05-11 | 庄淦然 |
| 含新型生物活性物质的兔皮和其用途 | CN1613305 | 发明专利 | 2005-05-11 | 威世药业（如皋）有限公司 |
| 一种纯天然彩色兔毛绒织品的制作方法 | CN1619035 | 发明专利 | 2005-05-25 | 巫德保、潘建忠 |
| 兔出血性疾病疫苗及抗原 | CN1630662 | 发明专利 | 2005-06-22 | 康斯乔最高科学研究公司、福特·道奇·维特林纳里亚股份有限公司 |
| 兔子的饲养方法 | CN1666603 | 发明专利 | 2005-09-14 | 黄秋容 |
| 树木兔鼠害防护及保墒装置 | CN1669401 | 发明专利 | 2005-09-21 | 李新平 |
| 兔肉营养粉及其生产方法 | CN1685982 | 发明专利 | 2005-10-26 | 罗关友 |
| 一种风兔的生产工艺 | CN1718108 | 发明专利 | 2006-01-11 | 扬州馋神食品有限公司张明海 |
| 獭兔皮仿真熊猫及其制作方法 | CN1730293 | 发明专利 | 2006-02-08 | 四川省天元兔业科技有限责任公司 |
| 无菌兔的饲料配方及灭菌方法 | CN1748551 | 发明专利 | 2006-03-22 | 中国医学科学院实验动物研究所王荫槐、涂新明、李红、秦川、寿克让、何伏秋 |
| 兔创伤性肢体深静脉血栓形成动物模型的建立方法 | CN1751742 | 发明专利 | 2006-03-29 | 昆明医学院第一附属医院 |
| 一种提高雌性长毛兔繁殖率的方法 | CN1751665 | 发明专利 | 2006-03-29 | 钱庆祥 |
| 环保型组合式养兔笼 | ZL2005200837722 | 发明专利 | 2006-05-17 | 济南一邦笼具研究所 |
| 高支精纺纯兔毛纱的生产工艺 | CN1807724 | 发明专利 | 2006-07-26 | 浙江凌龙纺织有限公司 |
| 兔病毒性出血症病毒荧光定量检测方法 | CN1811388 | 发明专利 | 2006-08-02 | 田夫林、陈静、陈书民、孙圣福、张秀娥、王贵升、马慧玲、李运兰、兰邹然、于青海、张栋 |
| 一种饲养獭兔的配合饲料 | CN1813563 | 发明专利 | 2006-08-09 | 袁锁才 |

（续）

| 专利名称 | 专利号或公开号 | 专利性质 | 公开时间 | 专利所有权单位或个人 |
|---|---|---|---|---|
| 兔单克隆抗体的人源化方法 | CN1839144 | 发明专利 | 2006-09-27 | 宜康公司 |
| 兔病毒性出血症病毒感染性 cDNA 及其制备方法及感染性 RNA | CN1844136 | 发明专利 | 2006-10-11 | 浙江省农业科学院刘光清 |
| 基于减毒的兔黏液瘤病毒的单副免疫诱导物 | CN1909923 | 发明专利 | 2007-02-07 | 巴法里安诺迪克有限公司安东·迈耶、巴巴拉·迈耶 |
| 一种兔饲料添加剂 | CN1919042 | 发明专利 | 2007-02-28 | 蒋越 |
| 一种兔饲料添加剂 | CN1919042 | 发明专利 | 2007-02-28 | 蒋越、蒋超 |
| 防治兔、鸡球虫病及鸡住白虫病缓释剂及其制备方法 | CN1923179 | 发明专利 | 2007-03-07 | 浙江省农业科学院 |
| 兔子群体化饲养的方法 | CN1926972 | 发明专利 | 2007-03-14 | 周建明 |
| 一种防治兔、鸡球虫病的中草药缓释注射剂及其制备方法 | CN1927281 | 发明专利 | 2007-03-14 | 浙江省农业科学院张雪娟、方兰勇、付媛、冯尚连、程菊芬、周永学、陈学智 |
| 獭兔种母兔专用配合饲料 | CN1943396 | 发明专利 | 2007-04-11 | 山西省农业科学院畜牧兽医研究所任克良、梁全忠、贺东昌、李燕平、黄淑芳、扆锁成、梁兴龙 |
| 獭兔专用配合饲料 | CN1943397 | 发明专利 | 2007-04-11 | 山西省农业科学院畜牧兽医研究所 |
| 獭兔专用配合饲料 | CN1943397 | 发明专利 | 2007-04-11 | 山西省农业科学院畜牧兽医研究所任克良、梁全忠、贺东昌、李燕平、黄淑芳、扆锁成、梁兴龙 |
| 一种防治兔传染性鼻炎病药物缓释剂及其制备方法 | CN1943587 | 发明专利 | 2007-04-11 | 浙江省农业科学院张雪娟、项美华、付媛、卢福庄、杨玉焕、冯尚连、程菊芬、徐海风 |
| 一种增强兔子免疫力的饲料 | CN101032300 | 发明专利 | 2007-09-12 | 费洪标 |
| 纯兔毛纱 | CN101058909 | 发明专利 | 2007-10-24 | 青岛合力纤维有限公司 |
| 纯兔毛梳理成条机 | CN101058904 | 发明专利 | 2007-10-24 | 青岛合力纤维有限公司 |
| 纯兔毛条并条机 | CN101058906 | 发明专利 | 2007-10-24 | 青岛合力纤维有限公司 |
| 一种治疗鸡、兔瘟痢的药物 | CN101069713 | 发明专利 | 2007-11-14 | 董连春 |
| 兔用浓缩饲料 | CN101077131 | 发明专利 | 2007-11-28 | 侯彦卫 |
| 防治兔球虫病中西药联合缓释注射剂及其制备方法 | CN101085076 | 发明专利 | 2007-12-12 | 浙江省农业科学院 |

（续）

| 专利名称 | 专利号或公开号 | 专利性质 | 公开时间 | 专利所有权单位或个人 |
|---|---|---|---|---|
| 一种工业化提取纯化兔肝锌金属硫蛋白的方法 | CN101085814 | 发明专利 | 2007－12－12 | 湖南麓谷生物技术有限公司 |
| 一种兔抗人T淋巴细胞免疫血清的制备方法 | CN101084923 | 发明专利 | 2007－12－12 | 岳阳博康生物技术有限公司 |
| 獭兔饲料添加剂 | CN101107972 | 发明专利 | 2008－01－23 | 赵宾阶 |
| 长毛兔饲料的制备方法 | CN101116482 | 发明专利 | 2008－02－06 | 赵宾阶 |
| 一种肉兔快速育肥添加剂 | CN101120742 | 发明专利 | 2008－02－13 | 耿瑞 |
| 一种鼠、兔捕杀方法及装置 | CN101147479 | 发明专利 | 2008－03－26 | 康强胜 |
| 兔胚胎干细胞系及其建系方法 | CN101153275 | 发明专利 | 2008－04－02 | 上海交通大学医学院附属新华医院盛慧珍 |
| 一种獭兔专用饲料 | CN101167532 | 发明专利 | 2008－04－30 | 邵长青、周洪科 |
| 一种兔用保健饲料 | CN101194677 | 发明专利 | 2008－06－11 | 余凤娣 |
| 兔病毒性出血症病毒衣壳蛋白基因重组杆状病毒及疫苗 | CN101215576 | 发明专利 | 2008－07－09 | 江苏省农业科学院王芳、薛家兵、范志宇、胡波、徐为中、张则斌、何孔旺 |
| 兔病毒性出血症病毒衣壳蛋白基因重组腺病毒及疫苗 | CN101215575 | 发明专利 | 2008－07－09 | 江苏省农业科学院 |
| 兔毛、羊绒、蚕丝三合一面料的生产方法 | CN101225568 | 发明专利 | 2008－07－23 | 张建平 |
| 一种兔抗人MK单克隆抗体及其杂交瘤细胞株和应用 | CN101255194 | 发明专利 | 2008－09－03 | 湖州市中心医院 |
| 以白花葛等中药组方与粮食混合配制的兔饲料 | CN101253950 | 发明专利 | 2008－09－03 | 福州市仓山区珍奇生物工程研究所 |
| 家兔饲料及其生产方法 | CN101258901 | 发明专利 | 2008－09－10 | 四川营山县通旺饲料科技有限公司 |
| 家兔饲料添加剂的配制方法 | CN101273759 | 发明专利 | 2008－10－01 | 韦学政 |
| 兔源IgG核酸适配子及其制备方法和应用 | CN101275138 | 发明专利 | 2008－10－01 | 国家纳米技术与工程研究院 |
| 兔用复合预混料 | CN101288441 | 发明专利 | 2008－10－22 | 贺州学院梁柏林、周民杰 |
| 防治兔球虫病中西药联合缓释剂及其制备方法 | CN101297941 | 发明专利 | 2008－11－05 | 贺州学院周民杰、梁柏林 |
| 一种天然彩色兔绒皮的新颖应用 | CN101323887 | 发明专利 | 2008－12－17 | 周恩文 |
| 一种制备新西兰兔烫伤模型的方法 | CN101344998 | 发明专利 | 2009－01－14 | 中国人民解放军第四军医大学 |
| 防皱兔绒礼帽 | CN101385580 | 发明专利 | 2009－03－18 | 刘巨山、刘立新、刘利军 |

（续）

| 专利名称 | 专利号或公开号 | 专利性质 | 公开时间 | 专利所有权单位或个人 |
| --- | --- | --- | --- | --- |
| 兔出血性疾病疫苗及抗原 | CN101385854 | 发明专利 | 2009-03-18 | 康斯乔最高科学研究公司、福特·道奇·维特林纳里亚股份有限公司、M·D·费尔南德斯、M·穆里诺、J·里韦拉托雷斯、F·罗德里格斯、J·普拉纳杜兰、J·A·加西亚阿尔瓦雷斯 |
| 鼠兔类实验动物唇形开口器 | CN101396306 | 发明专利 | 2009-04-01 | 范崇伦、徐冬梅、姚平波、郑立学、赵秀荣 |
| 一种20～60日幼龄仔兔的饲料配方 | CN101396077 | 发明专利 | 2009-04-01 | 孟现芳 |
| 一种獭兔母兔泌乳期的饲料配方 | CN101396071 | 发明专利 | 2009-04-01 | 张其权 |
| 一种獭兔生长期的饲料配方 | CN101396073 | 发明专利 | 2009-04-01 | 孟现芳 |
| 一种含中药成分的肉兔饲料配方 | CN101406255 | 发明专利 | 2009-04-15 | 吕良 |
| 一种母兔多产雌兔的方法 | CN101411316 | 发明专利 | 2009-04-22 | 赵春 |
| 羊兔毛精梳弹力面料的生产方法 | CN101418519 | 发明专利 | 2009-04-29 | 绍兴文理学院 |
| 兔毛纤维改性处理工艺 | CN101435152 | 发明专利 | 2009-05-20 | 郭筱洁 |
| 一种含有机微量元素硒的兔用预混合饲料 | CN101444259 | 发明专利 | 2009-06-03 | 徐南泽 |
| 培养转基因兔成体成纤维细胞克隆胚胎的方法 | CN101451125 | 发明专利 | 2009-06-10 | 中国农业科学院北京畜牧兽医研究所 |
| 一种肉兔全价颗粒饲料的制作方法 | CN101461469 | 发明专利 | 2009-06-24 | 赵春法、白跃宇 |
| 大兔挂式陶瓷食罐 | CN101473798 | 发明专利 | 2009-07-08 | 唐政 |
| 大兔陶瓷饮水钵 | CN101473800 | 发明专利 | 2009-07-08 | 唐政 |
| 一种预防和治疗兔子热应急的复方中草药 | CN101474360 | 发明专利 | 2009-07-08 | 西南大学 |
| 仔兔粪便收集储存盘 | CN101473795 | 发明专利 | 2009-07-08 | 唐政 |
| 仔兔饲养笼安全踏板 | CN101473796 | 发明专利 | 2009-07-08 | 唐政 |
| 仔兔陶瓷食钵 | CN101473797 | 发明专利 | 2009-07-08 | 唐政 |
| 抗兔出血症病毒VP60蛋白单克隆抗体 | CN101519447 | 发明专利 | 2009-09-02 | 江苏省农业科学院王芳、范志宇、胡波、蔡少平、徐为中、张则斌、何孔旺 |
| 一种提高兔肉 $n-3$ 多不饱和脂肪酸的草粉饲料 | CN101518300 | 发明专利 | 2009-09-02 | 福建省农业科学院农业生态研究所 |
| 卤制香兔加工方法 | CN101524162 | 发明专利 | 2009-09-09 | 沈洪丽 |
| 检测兔出血症病毒抗体的间接ELISA试剂盒 | CN101533016 | 发明专利 | 2009-09-16 | 江苏省农业科学院 |

（续）

| 专利名称 | 专利号或公开号 | 专利性质 | 公开时间 | 专利所有权单位或个人 |
|---|---|---|---|---|
| 检测兔出血症病毒抗体的间接ELISA试剂盒 | CN101533016 | 发明专利 | 2009-09-16 | 江苏省农业科学院王芳、胡波、范志宇、苏国清、蔡少平、徐为中、张则斌、薛家兵、何孔旺 |
| 獭兔泌乳母兔饲料的配制方法 | CN101564097 | 发明专利 | 2009-10-28 | 权建国 |
| 一种獭兔空怀母兔饲料的配制方法 | CN101564107 | 发明专利 | 2009-10-28 | 郑忠民 |
| 一种獭兔妊娠母兔饲料的配制方法 | CN101564109 | 发明专利 | 2009-10-28 | 王道猛 |
| 一种獭兔育肥兔饲料的配制方法 | CN101564103 | 发明专利 | 2009-10-28 | 石传龙 |
| 一种獭兔仔兔饲料的配制方法 | CN101564105 | 发明专利 | 2009-10-28 | 张和德 |
| 种獭兔妊娠母兔饲料的配制方法 | CN101564109 | 发明专利 | 2009-10-28 | 王道猛 |
| 一种血卵涡鞭虫兔抗血清及其应用 | CN101576559 | 发明专利 | 2009-11-11 | 浙江省海洋水产研究所 |
| 獭兔种母兔专用配合饲料 | ZL200610102002.7 | 发明专利 | 2009-11-04 | 任克良、梁全忠、贺东昌、李燕平、黄淑芳、锁成、梁兴龙 |
| 肉兔中草药饲料添加剂及其应用 | CN101595947 | 发明专利 | 2009-12-09 | 邹振可 |
| 獭兔皮节能环保精深加工方法 | CN101603099 | 发明专利 | 2009-12-16 | 河北肃昂裘革有限公司 |
| 一种保姆兔 | CN101601373 | 发明专利 | 2009-12-16 | 曹守江 |
| 獭兔专用配合饲料 | ZL200610102003.1 | 发明专利 | 2009-12-23 | 任克良、梁全忠、贺东昌、李燕平、黄淑芳、锁成、梁兴龙 |
| 一种兔养殖场的治污方法 | CN101606509 | 发明专利 | 2009-12-23 | 郑真珠 |
| 一种獭兔饲料 | CN101623052 | 发明专利 | 2010-01-13 | 滕文举 |
| 一种獭兔饲料 | CN101623052 | 发明专利 | 2010-01-13 | 滕文举、李金英、滕锟、滕小杰 |
| 洞穴繁殖仔兔的方法 | CN101627743 | 发明专利 | 2010-01-20 | 鲍成杰、刘文广 |
| 一种香炸兔酥肉的制作方法 | CN101637271 | 发明专利 | 2010-02-03 | 薛保和 |
| 一种獭兔饲料及其制备方法 | CN101658251 | 发明专利 | 2010-03-03 | 澧县新农农牧业发展有限公司 |
| 一种种公兔饲料配方 | CN101664115 | 发明专利 | 2010-03-10 | 傅殿忠 |
| 种公兔饲料配方 | CN101664114 | 发明专利 | 2010-03-10 | 傅殿忠 |
| 一种辉光等离子体兔绒变性处理装置 | CN101671948 | 发明专利 | 2010-03-17 | 蚌埠市东方金河毛纺有限公司 |
| 一种烤全兔的制作方法 | CN101692914A | 发明专利 | 2010-04-14 | 薛保和 |
| 一种烤兔腿的制作方法 | CN101692915A | 发明专利 | 2010-04-14 | 薛保和 |

（续）

| 专利名称 | 专利号或公开号 | 专利性质 | 公开时间 | 专利所有权单位或个人 |
|---|---|---|---|---|
| 编码兔肝细胞生长因子的 cDNA 及其表达载体和应用 | CN101701219A | 发明专利 | 2010-05-05 | 哈尔滨医科大学、中国农业科学院哈尔滨兽医研究所 |
| 兔三联灭活疫苗及其制备方法和应用 | CN101708332A | 发明专利 | 2010-05-19 | 哈药集团生物疫苗有限公司姜力、吴金、丁国杰、白同臣、马世华、曲河、甘一迪、藏玉婷、杨万秋、胡瑛瑛、崔艳丽 |
| 一种提高獭兔毛皮质量的饲料 | CN101715899A | 发明专利 | 2010-06-02 | 曹征贵 |
| 一种兔笼及其制作方法 | CN101715737A | 发明专利 | 2010-06-02 | 河南科技大学 |
| 一种兔笼及其制作方法 | N101715737A | 发明专利 | 2010-06-02 | 河南科技大学薛帮群、何万领、陶改鸣、李晓丽、陈菊娥 |
| 牛痘疫苗致炎兔皮提取物在制备急性脑血管疾病治疗药物中的用途 | CN101732348A | 发明专利 | 2010-06-16 | 威世药业（如皋）有限公司 |
| 兔病毒性出血症、多杀性巴氏杆菌病二联灭活疫苗的制法 | CN101732704A | 发明专利 | 2010-06-16 | 中牧实业股份有限公司申咏红、龚文波、孙勇、何信群、吕品、王珍芹、刘平、严石 |
| 用于治疗家兔疥螨病和兔舍环境杀螨的乳剂 | CN101732288A | 发明专利 | 2010-06-16 | 天津市畜牧兽医研究所 |
| 治疗家兔疥螨病的外用酊剂 | CN101732289A | 发明专利 | 2010-06-16 | 天津市畜牧兽医研究所 |
| 治疗家兔疥螨病的外用软膏制剂 | CN101732239A | 发明专利 | 2010-06-16 | 天津市畜牧兽医研究所 |
| 利用加拿大一枝黄花生产兔饲料的方法 | CN101744128A | 发明专利 | 2010-06-23 | 王寒春 |
| 兔颈动脉经皮动脉成形术后再狭窄模型的建立方法 | CN101743932A | 发明专利 | 2010-06-23 | 扬州大学 |
| 一种能够提高幼兔免疫力的中药 | CN101744904A | 发明专利 | 2010-06-23 | 王公瑞 |
| 一种用于提高兔毛纤维可纺性能的前处理方法 | CN101748600A | 发明专利 | 2010-06-23 | 浙江理工大学 |
| 能够提高幼兔免疫力的中药 | CN101744904A | 发明专利 | 2010-06-23 | 王公瑞 |
| 长毛兔的营养饲料 | CN101756051A | 发明专利 | 2010-06-30 | 刘运生 |
| 一种兔粮 | CN101756058A | 发明专利 | 2010-06-30 | 张文彬 |
| 一种无臊味肉兔饲养的饲料配方技术 | CN101756017A | 发明专利 | 2010-06-30 | 郑晓锋 |
| 一种兔颞下颌关节囊内粘连动物模型及其建立方法 | CN101766504A | 发明专利 | 2010-07-07 | 上海交通大学医学院附属第九人民医院 |

（续）

| 专利名称 | 专利号或公开号 | 专利性质 | 公开时间 | 专利所有权单位或个人 |
|---|---|---|---|---|
| 一种检测兔Ⅰ型胶原蛋白基因的方法及试剂盒 | CN101775438A | 发明专利 | 2010-07-14 | 中国科学院长春应用化学研究所 |
| 一种检测兔骨形态蛋白2基因的方法及试剂盒 | CN101775437A | 发明专利 | 2010-07-14 | 中国科学院长春应用化学研究所 |
| 兔用杀菌剂 | CN101785768A | 发明专利 | 2010-07-28 | 桐乡市银海兔业专业合作社 |
| 獭兔哺乳母兔专用配合饲料 | CN101803677A | 发明专利 | 2010-08-18 | 何军 |
| 用于预防家兔真菌病的药液及该药液的用法 | CN101804049A | 发明专利 | 2010-08-18 | 新昌县长毛兔研究所 |
| 兔皮仿水貂皮技术工艺 | CN101812551A | 发明专利 | 2010-08-25 | 华斯农业开发股份有限公司 |
| 毛网卷捻器 | ZL2009100701180 | 发明专利 | 2010-09-07 | 吴孔希 |
| 提高断奶仔兔成活率的饲料 | CN101836693A | 发明专利 | 2010-09-22 | 青岛康大食品有限公司管相姝 |
| 獭兔16日龄至2月龄幼兔专用配合饲料 | CN101843300A | 发明专利 | 2010-09-29 | 孙晗 |
| 提高哺乳母兔泌乳能力的饲料 | CN101849624A | 发明专利 | 2010-10-06 | 青岛康大食品有限公司 |
| 一种獭兔空怀母兔饲料 | CN101884380A | 发明专利 | 2010-11-17 | 郑忠民 |
| 一种獭兔妊娠母兔饲料 | CN101884387A | 发明专利 | 2010-11-17 | 王道猛 |
| 一种獭兔仔兔饲料 | CN101884378A | 发明专利 | 2010-11-17 | 张和德 |
| 一种獭兔育肥兔饲料 | CN101889645A | 发明专利 | 2010-11-24 | 石传龙 |
| 十二烷基苯磺酸钠在制备治疗兔疥螨病外用药物中的应用 | CN101897686A | 发明专利 | 2010-12-01 | 青岛大学医学院附属医院 |
| 一种用大米草制备的肉兔复合颗粒饲料 | CN101904459A | 发明专利 | 2010-12-08 | 福建省农业科学院畜牧兽医研究所 |
| 基于兔单克隆抗体的氯霉素残留分析酶联免疫吸附试剂盒 | CN101915840A | 发明专利 | 2010-12-15 | 浙江大学 |
| 一种獭兔饲料 | CN101912069A | 发明专利 | 2010-12-15 | 沁源县兴华牧业养殖有限公司 |
| 一种兔粪发酵养猪技术 | CN101912076A | 发明专利 | 2010-12-15 | 姜正富 |
| 一种种母獭兔用饲料 | CN101912070A | 发明专利 | 2010-12-15 | 沁源县兴华牧业养殖有限公司 |
| 一种猪瘟兔化弱毒活疫苗效力检验方法 | CN101915837A | 发明专利 | 2010-12-15 | 中国兽医药品监察所 |
| 一种仔獭兔饲料 | CN101912071A | 发明专利 | 2010-12-15 | 沁源县兴华牧业养殖有限公司 |

（续）

| 专利名称 | 专利号或公开号 | 专利性质 | 公开时间 | 专利所有权单位或个人 |
|---|---|---|---|---|
| 家兔高效率、全进全出繁育模式 | CN101919364A | 发明专利 | 2010-12-22 | 青岛康大兔业发展有限公司李明勇 |
| 清除兔笼残草的方法 | CN101926304A | 发明专利 | 2010-12-29 | 黄必录 |
| 兔用饮水吃料二合一料盒 | CN101926288A | 发明专利 | 2010-12-29 | 李洪军 |
| 一种彩色肉兔的培育方法 | CN101926306A | 发明专利 | 2010-12-29 | 青岛康大食品有限公司 |
| 一种兔饲料 | CN101926417A | 发明专利 | 2010-12-29 | 王伯正 |
| 一种兔饲料的制备方法 | CN101926416A | 发明专利 | 2010-12-29 | 王伯正 |
| 节省劳动力的卫生兔笼 | CN101933461A | 发明专利 | 2011-01-05 | 西南大学 |
| 人工育兔环保型饲养设备 | CN101933463A | 发明专利 | 2011-01-05 | 重庆阿兴记食品有限公司 |
| 一种含中药提取剩余物成分的家兔饲料及其应用 | CN101940265A | 发明专利 | 2011-01-12 | 天津市畜牧兽医研究所 |
| 一种兔用菌渣饲料及其加工方法 | CN101965918A | 发明专利 | 2011-02-09 | 山东省农业科学院土壤肥料研究所 |
| SPF 实验种兔人工繁殖技术 | CN101971788A | 发明专利 | 2011-02-16 | 青岛康大食品有限公司李明勇 |
| 促进兔子生长的药物组合物及其制备方法 | CN101972305A | 发明专利 | 2011-02-16 | 天津生机集团股份有限公司 |
| 转基因兔的生产方法 | CN101979585A | 发明专利 | 2011-02-23 | 广西大学 |
| 抗氟喹诺酮类兔单克隆抗体的制备方法及其用途 | CN101983971A | 发明专利 | 2011-03-09 | 浙江大学 |
| 抗磺胺类兔单克隆抗体的制备方法及其用途 | CN101983972A | 发明专利 | 2011-03-09 | 浙江大学 |
| 提高公兔生殖功能的抗热应激饲料添加剂 | CN101990994A | 发明专利 | 2011-03-30 | 广西大学 |
| 一种长毛兔用中草药添加剂组方 | CN101991000A | 发明专利 | 2011-03-30 | 信延勇 |
| 一种肉兔用中草药添加剂组方 | CN101991001A | 发明专利 | 2011-03-30 | 信延勇 |
| 一种兔用增重中草药添加剂组方 | CN101990998A | 发明专利 | 2011-03-30 | 信延勇 |
| 一种兔用中草药添加剂组方 | CN101990997A | 发明专利 | 2011-03-30 | 信延勇 |
| 一种兔子用复合添加剂组方 | CN101990999A | 发明专利 | 2011-03-30 | 信延勇 |
| 一种家兔右侧迷走神经-右心房离体实验模型的建立方法 | CN101999945A | 发明专利 | 2011-04-06 | 泰山医学院 |
| 獭兔泌乳母兔饲料 | CN102008018A | 发明专利 | 2011-04-13 | 权建国 |
| 冷却兔肉复合天然保鲜剂 | CN102018020A | 发明专利 | 2011-04-20 | 西南大学 |
| 一种异质动物纤维分梳机 | ZL2009100696159 | 发明专利 | 2011-05-04 | 吴孔希 |

（续）

| 专利名称 | 专利号或公开号 | 专利性质 | 公开时间 | 专利所有权单位或个人 |
|---|---|---|---|---|
| 家兔犬小孢子菌鉴定方法 | CN102094082A | 发明专利 | 2011-06-15 | 谢晶、曹冶、林毅、赵素君、廖党金、李江凌、文豪、李红 |
| 一种兔毛梳理机 | ZL2009100701195 | 发明专利 | 2011-06-15 | 吴孔希 |
| 一种兔肉冷冻保鲜的方法 | CN102090444A | 发明专利 | 2011-06-15 | 黄立强 |
| 一种兔子的饲料配方及喂养方法 | CN102090526A | 发明专利 | 2011-06-15 | 朱端武 |
| 黄色力克斯兔的培育方法 | CN102100212A | 发明专利 | 2011-06-22 | 河南科技大学 |
| 一种白色力克斯兔新品种的培育方法 | CN102100211A | 发明专利 | 2011-06-22 | 河南科技大学 |
| 一种抗CrylAc晶体蛋白兔单克隆抗体的制备方法 | CN102120770A | 发明专利 | 2011-07-13 | 浙江大学 |
| 一种抗Crylc晶体蛋白兔单克隆抗体的制备方法 | CN102120771A | 发明专利 | 2011-07-13 | 浙江大学 |
| 一种抗$\beta$-葡萄糖醛酸苷酶的兔单克隆抗体的制备方法 | CN102120769A | 发明专利 | 2011-07-13 | 浙江大学 |
| 家兔须癣毛癣菌鉴定方法 | CN102127591A | 发明专利 | 2011-07-20 | 谢晶、曹冶、林毅、赵素君、廖党金、李江凌、文豪、李红 |
| 家兔絮状表皮癣菌鉴定方法 | 201010284689 | 发明专利 | 2011-07-20 | 林毅、谢晶、曹冶、赵素君、廖党金、李江凌、文豪、李红 |
| 兔病毒性出血症病毒衣壳蛋白基因重组杆状病毒及疫苗 | ZL200810019269.9 | 发明专利 | 2011-07-20 | 江苏省农业科学院 |
| 兔头食品的加工方法 | CN102132887A | 发明专利 | 2011-07-27 | 马绍爱 |
| 蓝眼白色肉兔品种的培育方法 | CN102150643A | 发明专利 | 2011-08-17 | 河南科技大学 |
| 兔出血症病毒荧光定量RT-PCR检测方法 | CN102154512A | 发明专利 | 2011-08-17 | 中国检验检疫科学研究院 |
| 一种兔精液稀释营养粉及其制备方法 | CN102165945A | 发明专利 | 2011-08-31 | 淡瑞芳、张海容、张海涛 |
| 一种兔肝金属硫蛋白的提取方法 | CN102174103A | 发明专利 | 2011-09-07 | 陕西省动物研究所 |
| 一种工业化生产兔脑粉的加工方法 | CN102180958A | 发明专利 | 2011-09-14 | 宁波大学 |
| 一种种兔养殖的人工授精方法 | CN102204847A | 发明专利 | 2011-10-05 | 青岛康大绿宝食品有限公司 |
| 兔小肠上皮细胞系及其制备方法 | CN102212504A | 发明专利 | 2011-10-12 | 吉林农业大学 |
| 一种高效青年兔饲料 | CN102217736A | 发明专利 | 2011-10-19 | 王立鑫 |

（续）

| 专利名称 | 专利号或公开号 | 专利性质 | 公开时间 | 专利所有权单位或个人 |
| --- | --- | --- | --- | --- |
| 猪瘟兔化弱毒标记疫苗毒株的构建及疫苗的制备方法 | CN102221618A | 发明专利 | 2011－10－19 | 中国兽医药品监察所 |
| 一种兔毛织物防掉毛整理剂及整理方法 | ZL2011103209265 | 发明专利 | 2011－10－21 | 朱若英、张毅 |
| 兔用饲料制备方法 | CN102228158A | 发明专利 | 2011－11－02 | 山东伟诺集团有限公司 |
| 兔黏液瘤病毒PCR检测试剂盒及其应用 | CN102230035A | 发明专利 | 2011－11－02 | 中华人民共和国江苏出入境检验检疫局 |
| 改进饲养方法生产优质黑兔的方法 | CN102232370A | 发明专利 | 2011－11－09 | 德化县吉盛黑兔养殖有限公司 |
| 一种评定动物毛皮密度的方法 | 201010165550 | 发明专利 | 2011－11－09 | 山东农业大学、邳州市东方养殖有限公司樊新忠、乔西波、姜运良、唐辉、常仲乐、曾勇庆、谭景和、汤先伟 |
| 一种利用显微授精技术生产转基因兔的方法 | CN102242151A | 发明专利 | 2011－11－16 | 广西大学 |
| 兔因子Ⅶ的分离肽 | CN102272606A | 发明专利 | 2011－12－07 | LFB生物技术公司 |
| 新型兔笼 | CN102265789A | 发明专利 | 2011－12－07 | 德阳市金富生态农业开发有限责任公司 |
| 一种兔子的泌乳期饲料 | CN102293324A | 发明专利 | 2011－12－28 | 王本臣 |
| 一种新型塑料养兔笼底板 | CN102293161A | 发明专利 | 2011－12－28 | 李洪军 |
| 一种兔出血热病毒空衣壳抗原的制备方法 | CN102304529A | 发明专利 | 2012－01－04 | 中国农业科学院生物技术研究所 |
| 家兔精液常温保存稀释液及其制备方法 | CN102318596A | 发明专利 | 2012－01－18 | 青岛康大食品有限公司 |
| 一种灵香兔饲料及其制备方法 | CN102326702A | 发明专利 | 2012－01－25 | 颍上县润海畜禽养殖有限公司 |
| 一种用兔源细胞生产猪瘟活疫苗的方法 | CN102327610A | 发明专利 | 2012－01－25 | 南京创启生物科技有限公司 |
| 一种獭兔专用配合饲料 | CN102370065A | 发明专利 | 2012－03－14 | 上海香川饲料有限公司 |
| 一种獭兔哺乳颗粒饲料 | CN102379375A | 发明专利 | 2012－03－21 | 张城 |
| 兔波氏杆菌LAMP检测用引物组、检测试剂盒和检测方法 | CN102399890A | 发明专利 | 2012－04－04 | 浙江省农业科学院 |
| 改良挂线法家兔动脉血栓形成模型 | CN102429741A | 发明专利 | 2012－05－02 | 王东生、钟广伟、王菡 |
| 一种结核病家兔皮肤病理药物评价模型的构建方法 | CN102430119A | 发明专利 | 2012－05－02 | 兰州大学 |

（续）

| 专利名称 | 专利号或公开号 | 专利性质 | 公开时间 | 专利所有权单位或个人 |
| --- | --- | --- | --- | --- |
| 来自加州海兔的 DFP 酶 | CN102459604A | 发明专利 | 2012－05－16 | 诺维信公司 |
| 母兔哺乳期饲料添加剂 | CN102461751A | 发明专利 | 2012－05－23 | 杨宪勇 |
| 兔粪有机无机复混肥及生产方法 | CN102491817A | 发明专利 | 2012－06－13 | 邳州市东方养殖有限公司 |
| 香椿食用养生兔及其制备方法 | CN102488224A | 发明专利 | 2012－06－13 | 丁雷 |
| 一种兔粪腐殖酸生物复混肥及生产方法 | CN102491804A | 发明专利 | 2012－06－13 | 邳州市东方养殖有限公司 |
| 一种生长肉兔饲料 | CN102499329A | 发明专利 | 2012－06－20 | 西南大学 |
| 家兔中草药饲料添加剂 | CN102511682A | 发明专利 | 2012－06－27 | 张家港市金洲农业科技发展有限公司 |
| 一种可用于制革和织物改性的兔毛微纳粉体的加工方法 | CN102511945A | 发明专利 | 2012－06－27 | 武汉纺织大学 |
| 一种治疗兔皮肤真菌病的中草药物及治疗方法 | CN102526304A | 发明专利 | 2012－07－04 | 浙江省农业科学院 |
| 一种兔子专用饲料 | CN102550843A | 发明专利 | 2012－07－11 | 吉林大学 |
| 一种批量养殖獭兔的兔舍结构 | CN102577986A | 发明专利 | 2012－07－18 | 余姚市月飞兔业养殖场 |
| 一种獭兔饲料 | CN102578435A | 发明专利 | 2012－07－18 | 常熟市润丰农业有限公司 |
| 一种兔饲料添加剂 | CN102578399A | 发明专利 | 2012－07－18 | 常熟市润丰农业有限公司 |
| 一种新鲜兔肉的保存方法 | CN102578207A | 发明专利 | 2012－07－18 | 湖南津佳兔业科技食品产业有限公司 |
| 用于兔子皮肤移植后免疫状态监测的试剂及其制备方法 | CN102580119A | 发明专利 | 2012－07－18 | 南方医科大学珠江医院 |
| 一种多功能中草药兔饲料 | CN102599354A | 发明专利 | 2012－07－25 | 河南邵氏牧业发展有限公司 |
| 一种獭兔配合饲料 | CN102599383A | 发明专利 | 2012－07－25 | 常熟市润丰农业有限公司 |
| 兔源性纤维成分荧光定量 PCR 定性检测方法 | CN102634584A | 发明专利 | 2012－08－15 | 上海出入境检验检疫局工业品与原材料检测技术中心、中华人民共和国新疆出入境检验检疫局、河北出入境检验检疫局检验检疫技术中心 |
| 一种肉兔饲料与制备方法 | CN102630845A | 发明专利 | 2012－08－15 | 玉溪快大多畜牧科技有限公司 |
| 细皮毛被卷曲加工方法 | ZL200910175442.9 | 发明专利 | 2012－09－05 | 华斯农业开发股份有限公司 |
| 野兔的中草药饲料配方及其制备方法 | CN102669452A | 发明专利 | 2012－09－19 | 池州市汉东农业有限公司 |
| 野兔饲料及其制备方法 | CN102669456A | 发明专利 | 2012－09－19 | 池州市汉东农业有限公司 |

（续）

| 专利名称 | 专利号或公开号 | 专利性质 | 公开时间 | 专利所有权单位或个人 |
| --- | --- | --- | --- | --- |
| 一种适用于幼龄兔卵母细胞体外成熟培养的方法及培养液配方 | CN102676450A | 发明专利 | 2012-09-19 | 扬州大学 |
| 一种只用青干饲料饲养兔子的方法 | CN102687702A | 发明专利 | 2012-09-26 | 田勇杰 |
| 一种野兔的饲料配方及其制备方法 | CN102696894A | 发明专利 | 2012-10-03 | 池州市汉东农业有限公司 |
| 一种简便兔肝金属硫蛋白的制备方法 | CN102731648A | 发明专利 | 2012-10-17 | 党蕊叶、权清转、权启俊、蒋志武、赵淑琳 |
| 一种生产高支精梳兔绒纤维制品的方法 | CN102733029A | 发明专利 | 2012-10-17 | 朱贤康、谢建中、金光 |
| 獭兔专用配合饲料 | CN102742744A | 发明专利 | 2012-10-24 | |
| 一种草本物质在制备改善兔子免疫力的保健饲料中的应用 | CN102742730A | 发明专利 | 2012-10-24 | 宁波市鄞州浩斯瑞普生物科技有限公司 |
| 一种防治兔球虫病的中药颗粒剂及其制备方法 | CN102743536A | 发明专利 | 2012-10-24 | 刘睿芬 |
| 一种实验用兔子脊椎弯曲装置 | CN102743236A | 发明专利 | 2012-10-24 | 王卫群、李鹏峰、侯增广、张军卫、程龙、谢晓亮、边桂彬、张峰、佟丽娜、谭民、洪毅、柳会 |
| 一种羊毛兔毛混纺纱的制作工艺 | CN102747476A | 发明专利 | 2012-10-24 | |
| 一种提高獭兔毛皮质量的草粉颗粒饲料 | CN102754750A | 发明专利 | 2012-10-31 | 李达旭、白史且、张玉、鄢家俊、傅祥超、邓永昌、苏国鹏、汪平 |
| 一种兔瘟组织灭活疫苗及其制备方法 | CN102755644A | 发明专利 | 2012-10-31 | 吴红云、王卫芳、孙芳 |
| 兔出血症病毒胶体金检测试纸条 | ZL200910029628.3 | 发明专利 | 2012-11-07 | 江苏省农业科学院王芳、李超美、胡波、范志宇、蔡少平、徐为中、张则斌、何孔旺 |
| 一种少浴小浸酸的高吸收铬盐的鞣制方法 | ZL200910167809.2 | 发明专利 | 2012-11-07 | 四川大学 |
| 一种兔子饲料及其生产方法 | CN102763767A | 发明专利 | 2012-11-07 | 济南科牧饲料有限公司 |
| 一种獭兔饲养料 | CN102771636A | 发明专利 | 2012-11-14 | 权建国 |
| 一种中国白兔饲养料 | CN102771644A | 发明专利 | 2012-11-14 | 权建国 |
| 仔兔断奶后的幼兔养殖方法 | CN102783453A | 发明专利 | 2012-11-21 | 刘文广 |
| 基于纤维素的再生兔毛药物复合纤维及其制备方法 | CN102797070A | 发明专利 | 2012-11-28 | 绍兴文理学院 |

（续）

| 专利名称 | 专利号或公开号 | 专利性质 | 公开时间 | 专利所有权单位或个人 |
|---|---|---|---|---|
| 一种塑料养兔笼底板装置 | CN102792894A | 发明专利 | 2012-11-28 | 龙庆侠 |
| 一种产后白兔饲养料的配制方法 | CN102805217A | 发明专利 | 2012-12-05 | 陈学德 |
| 一种兔毛纤维增重改性处理装置及处理方法 | CN102808301A | 发明专利 | 2012-12-05 | 宁波市镇海德信兔毛加工厂 |
| 一种兔毛纤维制品改性处理装置及处理方法 | CN102808316A | 发明专利 | 2012-12-05 | 宁波市镇海德信兔毛加工厂 |
| 兔肺炎克雷伯氏菌凝集原及其应用 | CN102818891A | 发明专利 | 2012-12-12 | 重庆市畜牧科学院 BH |
| 一种哺乳獭兔食用的饲料 | CN102823737A | 发明专利 | 2012-12-19 | 朱大威 |
| 一种家兔精液稀释保存液 | CN102823580A | 发明专利 | 2012-12-19 | 四川省畜牧科学研究所 |
| 一种妊娠獭兔食用的饲料 | CN102823738A | 发明专利 | 2012-12-19 | 朱大威 |
| 一种生长獭兔食用的饲料 | CN102823739A | 发明专利 | 2012-12-19 | 朱大威 |
| 一种幼獭兔食用的饲料 | CN102823740A | 发明专利 | 2012-12-19 | 朱大威 |
| 一种种公獭兔饲料的配制方法 | CN102823741A | 发明专利 | 2012-12-20 | 朱大威 |
| 麻辣兔肉 | CN102845758A | 发明专利 | 2013-01-02 | 张红马、张志奇 |
| 苹果烤兔的制作方法 | CN102845766A | 发明专利 | 2013-01-02 | 重庆市黔江区黔双科技有限公司 |
| 提高母兔繁殖性能的复合预混料 | CN102845615A | 发明专利 | 2013-01-02 | 刁其玉、杜红芳、张卫兵 |
| 兔肉丸子 | CN102845756A | 发明专利 | 2013-01-02 | 张红马、张志奇 |
| 五香兔肉 | CN102845757A | 发明专利 | 2013-01-02 | 张红马、张志奇 |
| 兔肉嫩豌豆糯米香肠的制作方法 | CN102860503A | 发明专利 | 2013-01-09 | 李林军 |
| 羊毛兔绒大衣 | CN102864556A | 发明专利 | 2013-01-09 | 昆山市周市斐煌服饰厂 |
| 一种辣味兔肉干及其加工工艺 | CN102860525A | 发明专利 | 2013-01-09 | 邹吟寒 |
| 鹿猪牛羊马驴兔鸡的PCR鉴定用引物体系 | CN102876805A | 发明专利 | 2013-01-16 | 周翠霞、杨彦鹏、党平 |
| 兔用锅巴型保健饲料及制备方法 | CN102870962A | 发明专利 | 2013-01-16 | 任东波、肖振铎 |
| 一种肉兔育肥期精料补充料配方及其应用 | CN102870991A | 发明专利 | 2013-01-16 | 郭志强、谢晓红、雷岷、任永军、李丛艳、邝良德、郑洁、张翔宇、邓小东、杨超、李勤 |
| 一种适宜脱毒兔眼蓝莓的高效快繁技术 | CN102870680A | 发明专利 | 2013-01-16 | 刘如石 |
| 成年新西兰大白兔脑室出血模型的建立方法 | CN102885658A | 发明专利 | 2013-01-23 | 王昆 |
| 一种抹茶果仁兔肉肠 | CN102894389A | 发明专利 | 2013-01-30 | 牛岷 |

（续）

| 专利名称 | 专利号或公开号 | 专利性质 | 公开时间 | 专利所有权单位或个人 |
|---|---|---|---|---|
| 一种平菇猪皮兔肉肠 | CN102894385A | 发明专利 | 2013-01-30 | 牛岷 |
| 一种水果荞麦兔肉肠 | CN102894388A | 发明专利 | 2013-01-30 | 牛岷 |
| 一种乳酸菌的培育及其用于无公害养兔的方法 | CN102911903A | 发明专利 | 2013-02-06 | 丘佩珍 |
| 竹粉饲料及饲养兔子的方法 | CN102907584A | 发明专利 | 2013-02-06 | 左元辉、左国江、左勇、左彬 |
| 兔巴氏杆菌、兔波氏杆菌多重PCR检测用引物组和试剂盒及其检测方法 | ZL201010546995.3 | 发明专利 | 2013-02-13 | 浙江省农业科学院 |
| 一种獭兔生长兔饲料 | CN102919587A | 发明专利 | 2013-02-13 | 四川莱尔比特饲料有限公司 |
| 一种獭兔生长兔无抗饲料 | CN102919584A | 发明专利 | 2013-02-13 | 四川金富农业有限公司 |
| 一种獭兔种兔无抗饲料 | CN102919586A | 发明专利 | 2013-02-13 | 四川金富农业有限公司 |
| 一种獭兔仔兔无抗饲料 | CN102919583A | 发明专利 | 2013-02-13 | 王辉、金明昌、孙若芸、陈红、张艳、雷旭、李政、王广、林超、张柯、李虎、向小 |
| 一种兔出血症病毒“自杀性”DNA疫苗及其构建方法 | CN102935240A | 发明专利 | 2013-02-20 | 中国农业科学院上海兽医研究所 |
| 一种兔肉肠 | CN102934804A | 发明专利 | 2013-02-20 | 蒋科罡 |
| 兔出血症病毒新型亚单位疫苗及其制备方法 | CN102943087A | 发明专利 | 2013-02-27 | 中国农业科学院上海兽医研究所 |
| 仔兔养殖饲料配方 | CN102940158A | 发明专利 | 2013-02-27 | 山东新希望六和集团有限公司 |
| 獭兔毛、皮定性测定分析方法 | CN102954963A | 发明专利 | 2013-03-06 | 天津纺织工程研究院有限公司 |
| 獭兔专用新型饲料及其制备方法 | CN102948615A | 发明专利 | 2013-03-06 | 福建鑫鑫獭兔有限公司、三明温氏食品有限公司、宁化县星星獭兔养殖专业合作社 |
| 一种三月龄至出栏商品獭兔饲料及其制备方法 | CN102948628A | 发明专利 | 2013-03-06 | 申芳丽、刘贵昌 |
| 一种兔的饲喂饲料 | CN102948639A | 发明专利 | 2013-03-06 | 石台县义华灵芝兔养殖总场 |
| 一种兔粪中草药有机肥的制备方法 | CN102951938A | 发明专利 | 2013-03-06 | 临泉县翠芳养殖有限公司 |
| 一种兔粪中草药有机肥及其制备方法 | CN102951970A | 发明专利 | 2013-03-06 | 临泉县翠芳养殖有限公司 |

（续）

| 专利名称 | 专利号或公开号 | 专利性质 | 公开时间 | 专利所有权单位或个人 |
|---|---|---|---|---|
| 一种兔粪中草药有机无机肥及其制备方法 | CN102951971A | 发明专利 | 2013-03-06 | 临泉县翠芳养殖有限公司 |
| 用细胞系生产兔瘟疫苗的方法及其制品 | CN102952784A | 发明专利 | 2013-03-06 | 普莱柯生物工程股份有限公司 |
| 一种高效肉兔饲料及其生产方法 | CN102960553A | 发明专利 | 2013-03-13 | 天津天隆农业科技有限公司 |
| 治疗家兔肠炎的组合物及其制备方法 | 201210516246 | 发明专利 | 2013-03-13 | 青岛绿曼生物工程有限公司 |
| 一种獭兔种兔的饲料 | CN102972641A | 发明专利 | 2013-03-20 | 四川莱尔比特饲料有限公司 |
| 一种獭兔仔兔的饲料 | CN102972642A | 发明专利 | 2013-03-20 | 四川莱尔比特饲料有限公司 |
| 一种兔抗牛 $\alpha_s$-酪蛋白多克隆抗体的制备方法 | CN102977211A | 发明专利 | 2013-03-20 | 扬州大学 |
| 治疗家禽兔球虫病的复方蜂胶组合物及其制备方法 | CN102973828A | 发明专利 | 2013-03-20 | 青岛绿曼生物工程有限公司 |
| 治疗家兔疥螨病的复方二嗪农组合物及其制备方法 | CN102973638A | 发明专利 | 2013-03-20 | 青岛绿曼生物工程有限公司 |
| 治疗幼兔球虫病的复方磺胺喹噁啉钠组合物及其制备方法 | CN102973577A | 发明专利 | 2013-03-20 | 青岛绿曼生物工程有限公司 |
| 用于SPF后备兔71日龄至育成的饲料及其制备方法 | CN102987156A | 发明专利 | 2013-03-27 | 青岛康大食品有限公司 |
| 用于SPF生长兔36～70日龄的饲料及其制备方法 | CN102987158A | 发明专利 | 2013-03-27 | 青岛康大食品有限公司 |
| 用于SPF种母兔哺乳期的饲料及其制备方法 | CN102987157A | 发明专利 | 2013-03-27 | 青岛康大食品有限公司 |
| 用于SPF种母兔空怀期的饲料及其制备方法 | CN102987155A | 发明专利 | 2013-03-27 | 青岛康大食品有限公司 |
| 用于SPF种母兔妊娠期的饲料及其制备方法 | CN102987154A | 发明专利 | 2013-03-27 | 青岛康大食品有限公司 |
| 一种用家兔制备鸡传染性支气管炎阳性血清的方法 | CN103018436A | 发明专利 | 2013-04-03 | 山东滨州沃华生物工程有限公司 |
| 一种治疗兔腹泻的中药制剂及其制备方法 | CN103007111A | 发明专利 | 2013-04-03 | 杨高林 |
| 用于SPF种公兔配种期的饲料及其制备方法 | CN103027203A | 发明专利 | 2013-04-10 | 青岛康大食品有限公司 |
| 多种风味獭兔肉即食产品的制作方法 | CN103040015A | 发明专利 | 2013-04-17 | 杨富民、张艺馨、永登润源肉食品有限公司 |

（续）

| 专利名称 | 专利号或公开号 | 专利性质 | 公开时间 | 专利所有权单位或个人 |
|---|---|---|---|---|
| 加有松针粉、黄粉虫添加剂的兔饲料 | CN103039758A | 发明专利 | 2013-04-17 | 蒋桃林 |
| 兔毛纤维改性处理的方法 | CN103046330A | 发明专利 | 2013-04-17 | 苏州大学、宁波市镇海德信兔毛加工厂 |
| 一种家兔抗苦马豆素抗体的 ELISA 检测方法及试剂盒 | CN103048444A | 发明专利 | 2013-04-17 | 塔里木大学 |
| 一种手撕烤兔制品及其制作方法 | CN103040016A | 发明专利 | 2013-04-17 | 张恒华、湖南惠龙兔业发展有限公司 |
| 一种獭兔皮的制作方法 | CN103045768A | 发明专利 | 2013-04-17 | 张晓云 |
| 一种植物种子的用途与家兔饲料 | CN103039708A | 发明专利 | 2013-04-17 | 兰州大学 |
| 一种哺乳兔饲料及其制备方法 | CN103070308A | 发明专利 | 2013-05-01 | 李峰 |
| 一种妊娠兔饲料及其制备方法 | CN103070304A | 发明专利 | 2013-05-01 | 李峰 |
| 一种肉兔饲料及其制备方法 | CN103070306A | 发明专利 | 2013-05-01 | 李峰 |
| 一种商品兔饲料及其制备方法 | CN103070305A | 发明专利 | 2013-05-01 | 李峰 |
| 一种生长兔饲料及其制备方法 | CN103070307A | 发明专利 | 2013-05-01 | 李峰 |
| 肉兔用饲料 | CN103082118A | 发明专利 | 2013-05-08 | 南通威好饲料科技有限公司 |
| 一种肉兔用饲料 | CN103082127A | 发明专利 | 2013-05-08 | 南通威好饲料科技有限公司 |
| 一种种公兔用饲料 | CN103082119A | 发明专利 | 2013-05-08 | 南通威好饲料科技有限公司 |
| 种公兔用饲料 | CN103082108A | 发明专利 | 2013-05-08 | 南通威好饲料科技有限公司 |
| 放射性肺损伤兔阶梯模型的制备方法 | CN103100144A | 发明专利 | 2013-05-15 | 胡晓云 |
| 肉兔用饲料 | CN103099039A | 发明专利 | 2013-05-15 | 南通美龙饲料有限公司 |
| 肉兔用饲料 | CN103098991A | 发明专利 | 2013-05-15 | 南通威好饲料科技有限公司 |
| 一种肉兔用饲料 | CN103099024A | 发明专利 | 2013-05-15 | 南通美农饲料有限公司 |
| 一种种公兔用饲料 | CN103099040A | 发明专利 | 2013-05-15 | 南通美龙饲料有限公司 |
| 制备兔肉干的方法 | CN103099224A | 发明专利 | 2013-05-15 | 帅正强 |
| 种公兔用饲料 | CN103099035A | 发明专利 | 2013-05-15 | 南通美龙饲料有限公司 |
| 酱兔头的制作方法 | CN103110122A | 发明专利 | 2013-05-22 | 重庆市黔江区黔双科技有限公司 |
| 兔丁风味辣椒酱及制备方法 | CN103110089A | 发明专利 | 2013-05-22 | 刘定发 |
| 一种能够增强兔子免疫和促进兔子生长的配合饲料 | CN103110036A | 发明专利 | 2013-05-22 | 曾龙 |
| 兔出血症病毒 RT-PCR 检测方法 | CN103146842A | 发明专利 | 2013-06-12 | 中国检验检疫科学研究院 |
| 一种防治兔球虫病的药物 | CN103142766A | 发明专利 | 2013-06-12 | 河北工程大学 |
| 一种含中草药的复合型兔饲料 | CN103141684A | 发明专利 | 2013-06-12 | 魏放 |

（续）

| 专利名称 | 专利号或公开号 | 专利性质 | 公开时间 | 专利所有权单位或个人 |
|---|---|---|---|---|
| 一种肉兔配合饲料 | CN103141703A | 发明专利 | 2013-06-12 | 江苏康迪富尔饲料科技有限公司 |
| 一种兔子笼 | CN103141399A | 发明专利 | 2013-06-12 | 王一林 |

## 二、实用新型

| 专利名称 | 专利号或公开号 | 专利性质 | 公开时间 | 专利所有权单位或个人 |
|---|---|---|---|---|
| 多功能兔舍 | CN2471103 | 实用新型 | 2002-01-16 | 苏富刚 |
| 家兔用食槽 | CN2500097 | 实用新型 | 2002-07-17 | 罗华琦 |
| 一种活捉野兔的装置 | CN2509551 | 实用新型 | 2002-09-04 | 印保林 |
| 实验兔固定器 | CN2516129 | 实用新型 | 2002-10-16 | 朱燕 |
| 兔箱 | CN2569558 | 实用新型 | 2003-09-03 | 徐平、唐浩泉、顾志明 |
| 双踏式捕兔网 | CN2676635 | 实用新型 | 2005-02-09 | 孙兴全 |
| 电阻与温度关系的实验装置——会眨眼的小白兔 | CN2686012 | 实用新型 | 2005-03-16 | 庞博 |
| 纯兔毛纺纱的毛条有捻罗拉装置 | CN2716301 | 实用新型 | 2005-08-10 | 庄淦然 |
| 纯兔毛织品消毒定型柜 | CN2732793 | 实用新型 | 2005-10-12 | 庄淦然 |
| 兔中毒面罩 | CN2738830 | 实用新型 | 2005-11-09 | 丛清滋、张国柱、刘桐、薛克贤 |
| 纯兔毛织品履带式紫外线高温定型机 | CN2740638 | 实用新型 | 2005-11-16 | 庄淦然 |
| 兔隔离器（SPF兔） | CN3527366 | 实用新型 | 2006-05-10 | 徐平、唐浩泉、顾志明 |
| 环保型组合式养兔笼 | CN2779858 | 实用新型 | 2006-05-17 | 王献德 |
| 兔毛梳理成条机 | CN2780784 | 实用新型 | 2006-05-17 | 陈汝学 |
| 兔毛条并条机 | CN2780785 | 实用新型 | 2006-05-17 | 陈汝学 |
| 集聚型兔用金属丝网笼 | CN2781770 | 实用新型 | 2006-05-24 | 应承业、郝敏智 |
| 清洁式兔笼 | Zl2006200858935 | 实用新型 | 2006-06-23 | 济南一邦笼具研究所 |
| 悬挂式兔子笼装置 | CN2796366 | 实用新型 | 2006-07-19 | 张伟 |
| 瓷砖式兔笼 | CN2798575 | 实用新型 | 2006-07-26 | 刘春晓 |
| 兔隔离器 | CN2800747 | 实用新型 | 2006-08-02 | 徐平、唐浩泉、顾志明 |
| 独立送风兔子隔离笼具 | CN2810173 | 实用新型 | 2006-08-30 | 冯建洪 |
| 高原鼠兔夹 | CN2822215 | 实用新型 | 2006-10-04 | 青海江河源农牧科技发展有限公司 |
| 一种新型兔窝 | CN2891657 | 实用新型 | 2007-04-25 | 孔凡树 |
| 实验兔独立送回风净化笼 | CN2914654 | 实用新型 | 2007-06-27 | 徐平、唐浩泉、顾志明 |

（续）

| 专利名称 | 专利号或公开号 | 专利性质 | 公开时间 | 专利所有权单位或个人 |
|---|---|---|---|---|
| 清洁式兔笼 | CN2927679 | 实用新型 | 2007-08-01 | 王献德 |
| 家兔电热采精器 | CN200970280 | 实用新型 | 2007-11-07 | 任旭平 |
| 家兔自动连续饮水器 | CN200973297 | 实用新型 | 2007-11-14 | 任旭平 |
| 一种兔子饮水器 | CN201018823 | 实用新型 | 2008-02-13 | 孔凡树 |
| 一种饲养兔群的兔笼 | CN201094216 | 实用新型 | 2008-08-06 | 赵怀东 |
| 一种兔笼 | CN201119340 | 实用新型 | 2008-09-24 | 卢孔知 |
| 家兔手术台 | CN201197752 | 实用新型 | 2009-02-25 | 芦玲巧、郝刚、丰平、陈怡、胡小敏 |
| 一种果园自选食移动式兔笼 | CN201243535 | 实用新型 | 2009-05-27 | 王裕忠 |
| 兔颈动脉采血管 | CN201248710 | 实用新型 | 2009-06-03 | 高磊红 |
| 兔舍 | CN201256578 | 实用新型 | 2009-06-17 | 王彩云、尤春生、尤治忠 |
| 家兔采血给药固定装置 | CN201337531 | 实用新型 | 2009-11-04 | 王未肖、高磊红 |
| 兔子免疫专用手术台 | CN201341968 | 实用新型 | 2009-11-11 | 夏一方 |
| 兔用人工授精采精器 | CN201356674 | 实用新型 | 2009-12-09 | 潘雨来、朱满兴、张拥军、娄志荣 |
| 兔用人工授精采精器 | ZL 2009 2 0036187.5 | 实用新型 | 2009-12-09 | 潘雨来、朱满兴、张拥军、娄志荣 |
| 生态节能兔舍 | CN201360466 | 实用新型 | 2009-12-16 | 李培彦 |
| 一种新型环保生态兔舍 | CN201360465 | 实用新型 | 2009-12-16 | 李培彦 |
| 带圆环针的兔 | CN201405661 | 实用新型 | 2010-02-17 | 陶章菊 |
| 卫生高效繁育型兔舍 | CN201433578 | 实用新型 | 2010-03-31 | 李明勇、阎英凯、王洪国、冯格宝、尤启龙 |
| 家兔精子采集器 | CN201431529 | 实用新型 | 2010-03-31 | 冯格宝、李明勇、庄桂玉 |
| 家兔高效繁育笼具 | CN201430828 | 实用新型 | 2010-03-31 | 李明勇、阎英凯、庄桂玉、冯格宝、王召朋、罗洪升、李士栋、周文峰、董金贵 |
| 兔用产仔巢箱 | CN201440864U | 实用新型 | 2010-04-28 | 郭万祥 |
| 可拆卸双漏斗缩口式兔代谢粪尿分离收集装置 | CN201464239U | 实用新型 | 2010-05-12 | 马红梅、张伯礼、吴立波、万寿福、姜智浩 |
| 一种保姆兔 | CN201451016U | 实用新型 | 2010-05-12 | 曹守江 |
| 一种兔用饮水器 | CN201451015U | 实用新型 | 2010-05-12 | 王庆胜 |
| 一种高效节能型兔舍 | CN201533530U | 实用新型 | 2010-07-28 | 郑真珠 |
| 人工育兔环保型多层饲养设备 | ZL201020291990.6 | 实用新型 | 2010-08-13 | 重庆阿兴记食品有限公司（毛纵江） |
| 兔用耳标 | CN201563476U | 实用新型 | 2010-09-01 | 马广水、王家敏、韩西清 |

（续）

| 专利名称 | 专利号或公开号 | 专利性质 | 公开时间 | 专利所有权单位或个人 |
|---|---|---|---|---|
| 兔用耳标 | CN301358034S | 实用新型 | 2010-09-29 | 王家敏、孙玉峰、孙婕 |
| 幼兔喂料器 | CN201595068U | 实用新型 | 2010-10-06 | 孔德孟 |
| 一种新型兔用食盒 | CN201602042U | 实用新型 | 2010-10-13 | 顾智 |
| 一种仿生兔用地窝式产仔箱 | CN201609060U | 实用新型 | 2010-10-20 | 顾智 |
| 一种能够切换养殖空间的兔笼 | CN201624049U | 实用新型 | 2010-11-10 | 杜智恒、王宇祥、王守志 |
| 新型保温母仔产箱一体兔笼 | CN201640147U | 实用新型 | 2010-11-24 | 吴中红、田见晖、唐英、纪东平、提博宇 |
| 负压翻皮装置 | ZL200920275823.X | 实用新型 | 2010-12-01 | 华斯农业开发股份有限公司 |
| 裘皮激光雕刻装置 | ZL200920275824.4 | 实用新型 | 2010-12-01 | 华斯农业开发股份有限公司 |
| 多功能家兔手术固定装置 | CN201668530U | 实用新型 | 2010-12-15 | 徐红岩、曹吉超、马剑峰、江虹、刘萍、陈融 |
| 组合式草槽外跨兔笼 | CN201667889U | 实用新型 | 2010-12-15 | 范允新 |
| 实验兔固定器 | CN201692093U | 实用新型 | 2011-01-05 | 洪磊、雷霁霖、刘滨、孟振 |
| 环保型兔笼 | CN201690879U | 实用新型 | 2011-01-05 | 范康、陈芸莹、范成强、文斌、陈琳 |
| 环保型兔笼 | ZL201029122053.5 | 实用新型 | 2011-01-05 | 四川省草原科学研究院等 |
| 一种兔子进食量采集器 | CN201709237U | 实用新型 | 2011-01-19 | 王家敏、刘磊、毕然 |
| 可调式加固型家兔解剖台 | CN201719405U | 实用新型 | 2011-01-26 | 卢春凤、陈廷玉、杨玉、孟玲欣、王柏欣、王淑秋、刘明远、王淑香 |
| 加固型简易家兔固定箱 | CN201719404U | 实用新型 | 2011-01-26 | 卢春凤、陈廷玉、孟玲欣、商宇、王景涛、张涛、赵锦程、王淑秋 |
| 獭兔人工养殖笼节水即食即供装置 | CN201718307U | 实用新型 | 2011-01-26 | 温作金 |
| 一种多功能兔舍 | CN201718301U | 实用新型 | 2011-01-26 | 吴哲彦 |
| 獭兔母仔养殖笼 | CN201718295U | 实用新型 | 2011-01-26 | 温作金 |
| 獭兔斜顶式养殖装置 | CN201718294U | 实用新型 | 2011-01-26 | 温作金 |
| 一种多功能兔舍 | CN201718301U | 实用新型 | 2011-01-26 | 吴哲彦 |
| 一种新型兔笼 | CN201726734U | 实用新型 | 2011-02-02 | 雷旭 |
| 一种母仔兔舍 | CN201726731U | 实用新型 | 2011-02-02 | 陈清殿 |
| 兔笼粪尿分离器 | CN201733694U | 实用新型 | 2011-02-09 | 范康、范成强、陈芸莹、傅祥超、陈琳 |
| 兔笼尿粪分离器 | ZL201029122052.0 | 实用新型 | 2011-02-09 | 四川省草原科学研究院等 |
| 落粪式兔笼 | CN201742799U | 实用新型 | 2011-02-16 | 傅安静、黄名英 |
| 人工育兔环保型多层饲养设备 | CN201758652U | 实用新型 | 2011-03-16 | 毛纵江 |

（续）

| 专利名称 | 专利号或公开号 | 专利性质 | 公开时间 | 专利所有权单位或个人 |
|---|---|---|---|---|
| 一种连体式产子兔笼 | CN201789835U | 实用新型 | 2011-04-13 | 曹征贵 |
| 自动分离粪便的兔笼 | CN201805782U | 实用新型 | 2011-04-27 | 张伟峰 |
| 家兔解剖演示板 | CN201845495U | 实用新型 | 2011-05-25 | 欧叶涛、孟祥冬、孟庆媛、葛茂奎、王本柴、宋广斌、刘洋、孙权、陈乃峰 |
| 宰兔作业装置 | CN201839746U | 实用新型 | 2011-05-25 | 郑小华、陈樨、姜润博、黄爱珠 |
| 兔子产房加热器 | CN201839679U | 实用新型 | 2011-05-25 | 韩建国、薛帮群 |
| 面对面双列重叠式预制构件兔笼 | ZL201120209069.7 | 实用新型 | 2011-06-10 | 重庆市畜牧技术推广总站（王永康） |
| 背靠靠双列重叠式预制构件兔笼 | ZL120202017621.9 | 实用新型 | 2011-06-10 | 重庆市畜牧技术推广总站（王永康） |
| 自清洗养兔装置 | CN201869647U | 实用新型 | 2011-06-22 | 郑小华、陈樨、姜润博、黄爱珠 |
| 一种用于热原质检查实验的家兔固定器 | CN201888149U | 实用新型 | 2011-07-06 | 卫柱、王宇学、张林 |
| 三通道卫生高效生产型SPF级别实验兔屏障环境兔舍 | CN201894105U | 实用新型 | 2011-07-13 | 青岛康大食品有限公司李明勇 |
| 超声波毛皮湿加工装置 | ZL201120007709.6 | 实用新型 | 2011-07-27 | 四川大学 |
| 家兔用食槽 | CN201919470U | 实用新型 | 2011-08-10 | 任素芳、郭立辉、吕伟、胡晓颖 |
| 兔子饮水器 | CN201919474U | 实用新型 | 2011-08-10 | 王献德 |
| 养兔饲料自动投放装置 | CN201919472U | 实用新型 | 2011-08-10 | 王献德 |
| 外挂式兔子喂料盒 | CN201919469U | 实用新型 | 2011-08-10 | 王献德 |
| 单侧支撑式立体养兔装置 | CN201919466U | 实用新型 | 2011-08-10 | 王献德 |
| 兔粪便自动清除装置 | CN201919457U | 实用新型 | 2011-08-10 | 王献德 |
| 兔子粪便清除机 | CN201919456U | 实用新型 | 2011-08-10 | 王献德 |
| 单侧支撑式立体养兔装置 | Zl2010206552807 | 实用新型 | 2011-08-10 | 济南一邦笼具研究所 |
| 兔子粪便清除机 | Zl2010206143650 | 实用新型 | 2011-08-10 | 济南一邦笼具研究所 |
| 外挂式兔子喂料盒 | Zl2010205958033 | 实用新型 | 2011-08-10 | 济南一邦笼具研究所 |
| 养兔饲料自动投放装置 | Zl2010206755568 | 实用新型 | 2011-08-10 | 济南一邦笼具研究所 |
| 一种休息活动双用兔舍 | CN201928797U | 实用新型 | 2011-08-17 | 吴哲彦 |
| 一种上下层兔舍 | CN201928785U | 实用新型 | 2011-08-17 | 吴哲彦 |
| 一种兔舍 | CN201976563U | 实用新型 | 2011-09-21 | 吴哲彦 |
| 兔皮打捆器 | CN201980442U | 实用新型 | 2011-09-21 | 韩洋 |

（续）

| 专利名称 | 专利号或公开号 | 专利性质 | 公开时间 | 专利所有权单位或个人 |
|---|---|---|---|---|
| 镁制板新型兔笼 | CN201986506U | 实用新型 | 2011-09-28 | 邢生红 |
| 实验用兔固定器 | CN202005814U | 实用新型 | 2011-10-12 | 曹新山 |
| 实验兔清洁高效粪便处理笼具 | CN202019608U | 实用新型 | 2011-11-02 | 李明勇、李即良、尤启龙、王召朋、李世栋、侯存亮、周文峰 |
| 自流粪式仔母兔组合笼具 | CN202019607U | 实用新型 | 2011-11-02 | 顾智 |
| 兔子饮水器 | Zl201020641615x | 实用新型 | 2011-12-03 | 济南一邦笼具研究所 |
| 一种防鼠兔网 | CN202077445U | 实用新型 | 2011-12-21 | 杨永刚、吴世明、石振业、王桂琴 |
| 一种养殖兔类用的自动投料机 | CN202077468U | 实用新型 | 2011-12-21 | 谷东岑 |
| 移动式兔繁殖笼 | CN202127694U | 实用新型 | 2012-02-01 | 任旭平 |
| 地洞式仔兔繁殖箱 | CN202135557U | 实用新型 | 2012-02-08 | 鲍成杰、刘文广 |
| 面对面双列重叠式预制构件兔笼 | CN202143387U | 实用新型 | 2012-02-15 | 重庆市畜牧技术推广总站 |
| 背靠背双列重叠式预制构件兔笼 | CN202143386U | 实用新型 | 2012-02-15 | 重庆市畜牧技术推广总站 |
| 兔野外移动饲养笼 | CN202160502U | 实用新型 | 2012-03-14 | 任旭平 |
| 兔屋 | CN202179021U | 实用新型 | 2012-04-04 | 杜锦祥 |
| 一种兔用食盒 | CN202184035U | 实用新型 | 2012-04-11 | 郭亚飞 |
| 一种家兔饲喂精料供料装置 | CN202197650U | 实用新型 | 2012-04-25 | 郝长柳 |
| 一种多功能家兔笼舍草架门 | CN202197649U | 实用新型 | 2012-04-25 | 郝长柳 |
| 家兔人工授精专用输精套管 | CN202235769U | 实用新型 | 2012-05-30 | 冯格宝、李明勇、王召朋、李士栋、焦德蒙、牟特、周文峰、李吉良、张志全、李彦伟、黄金贵 |
| 实验兔耳缘静脉注射及取血用可视保温固定箱 | CN202235759U | 实用新型 | 2012-05-30 | 李莉、徐元慈、李广勇、李瑞峰、李琦琪、徐军 |
| 组合式自由兔喂料盒 | CN202232487U | 实用新型 | 2012-05-30 | 王辉、胡虎子、高沛、周兆海、高泗淑 |
| 预制双层结构清洁兔笼 | CN202262306U | 实用新型 | 2012-06-06 | 登封市明杰养殖专业合作社 |
| 家兔人工授精连续输精器 | CN202288531U | 实用新型 | 2012-07-04 | 冯格宝、李明勇、王召朋、李士栋、焦德蒙、牟特、周文峰、李吉良、张志全、李彦伟、黄金贵 |
| 一种促进家兔排卵的按摩器 | CN202288767U | 实用新型 | 2012-07-04 | 高东星 |
| 移动式仔兔保育箱 | CN202285784U | 实用新型 | 2012-07-04 | 任东波、任宇航、王洪波 |

（续）

| 专利名称 | 专利号或公开号 | 专利性质 | 公开时间 | 专利所有权单位或个人 |
|---|---|---|---|---|
| 兔舍粪尿干湿分离沟槽 | CN202285770U | 实用新型 | 2012-07-04 | 孙世坤、谢喜平、丁晓红、陈岩峰、陈冬金、桑雷 |
| 母兔产仔箱 | CN202310817U | 实用新型 | 2012-07-11 | 任东波、任宇航 |
| 多功能兔固定器 | CN202365961U | 实用新型 | 2012-08-08 | 姚嵩坡、栾海艳、杨宇、王长山、李丽、隋洪玉、杨丽杰、阮洋 |
| 带有隔音层的兔用恒温产箱 | CN202374843U | 实用新型 | 2012-08-15 | 孙吉锋、王春生、宁方勇 |
| 兔用饮用水定时定量饲喂装置 | CN202374863U | 实用新型 | 2012-08-15 | 孙吉锋、宁方勇、王春生 |
| 兔类灌胃开口器 | CN202376257U | 实用新型 | 2012-08-15 | 佳木斯大学 |
| 底层为人造纤维面料的兔毛皮 | CN202378338U | 实用新型 | 2012-08-15 | 嘉善东方染整有限公司 |
| 家兔实验解剖台 | CN202386817U | 实用新型 | 2012-08-22 | 陈洁、亢春彦 |
| 一种母子同笼兔笼门 | CN202406734U | 实用新型 | 2012-09-05 | 洪有平 |
| 板式组装兔笼的U型锁紧件 | CN202406741U | 实用新型 | 2012-09-05 | 李勤 |
| 板式组装兔笼 | CN202406742U | 实用新型 | 2012-09-05 | 李勤 |
| 板式组装兔笼的连接件 | CN202406743U | 实用新型 | 2012-09-05 | 李勤 |
| 带输液装置的家兔解剖台 | CN202409202U | 实用新型 | 2012-09-05 | 孔婷婷、石强 |
| 一种能保温的家兔固定装置 | CN202435940U | 实用新型 | 2012-09-19 | 石强 |
| 一种批量养殖獭兔的兔舍结构 | CN202444932U | 实用新型 | 2012-09-26 | 谢月飞、杨力豪、杨宏南 |
| 一种獭兔饲料生产用双向、双螺杆挤压装置 | CN202445100U | 实用新型 | 2012-09-26 | 谢月飞、杨力豪、杨宏南 |
| 一种兔笼 | CN202444933U | 实用新型 | 2012-09-26 | 卢孔知 |
| 一种多功能兔舍 | CN202456032U | 实用新型 | 2012-10-03 | 吴哲彦 |
| 家兔固定器 | CN202458773U | 实用新型 | 2012-10-03 | 王新强、邓茂林、谭鸿波、尹立华 |
| 一种多功能兔舍 | CN202456032U | 实用新型 | 2012-10-03 | 吴哲彦 |
| 家兔肛温测定装置 | CN202489063U | 实用新型 | 2012-10-17 | 王新强、邓茂林、罗成鑫、尹立华 |
| 实验兔采血给药固定器 | CN202497263U | 实用新型 | 2012-10-24 | 曹新山、翟峰、冯燕 |
| 一种兔用采精器 | CN202515830U | 实用新型 | 2012-11-07 | 唐超 |
| 一种兔笼 | CN202535858U | 实用新型 | 2012-11-21 | 吴中红、田见晖、王美芝、翁巧琴、靳薇、贾静 |
| 一种商品兔笼 | CN202535859U | 实用新型 | 2012-11-21 | 吴中红、王美芝、田见晖、靳薇、翁巧琴 |
| 三层兔窝 | CN202551837U | 实用新型 | 2012-11-28 | 杜锦祥 |
| 栅栏式兔窝 | CN202551844U | 实用新型 | 2012-11-28 | 杜锦祥 |

（续）

| 专利名称 | 专利号或公开号 | 专利性质 | 公开时间 | 专利所有权单位或个人 |
|---|---|---|---|---|
| 兔窝连接框 | CN202551843U | 实用新型 | 2012-11-28 | 杜锦祥 |
| 一种兔采血装置 | CN202568523U | 实用新型 | 2012-12-05 | 福建省农业科学院畜牧兽医研究所 |
| 家兔导尿装置 | CN202569002U | 实用新型 | 2012-12-05 | 辛晓明、李艳玲、周延萌 |
| 粪尿可分离兔笼 | CN202603346U | 实用新型 | 2012-12-19 | 康运尤 |
| 兔假阴道 | CN202605054U | 实用新型 | 2012-12-19 | 金华职业技术学院 |
| 一种多功能兔笼 | CN202617930U | 实用新型 | 2012-12-26 | 洪有平 |
| 新生仔兔保育笼 | CN202617955U | 实用新型 | 2012-12-26 | 陈金元 |
| 兔人工授精输精枪 | CN202619911U | 实用新型 | 2012-12-26 | 蒋美山 |
| 动物耳标钳 | 201220323854 | 实用新型 | 2013-01 | 河北农业大学黄玉亭、谷子林 |
| 一种自落粪式兔舍 | CN202652959U | 实用新型 | 2013-01-09 | 刘长宏 |
| 一种家兔饲养笼 | CN202680184U | 实用新型 | 2013-01-23 | 任旭平 |
| 可移动兔笼 | CN202680183U | 实用新型 | 2013-01-23 | 姜一华 |
| 一种只用青干饲料饲养的兔子用的笼子 | CN202697433U | 实用新型 | 2013-01-30 | 田勇杰 |
| 一种新型獭兔养殖笼 | CN202722211U | 实用新型 | 2013-02-13 | 王丽希、王丽平 |
| 一种干养式兔笼 | CN202738586U | 实用新型 | 2013-02-20 | 陈闻天 |
| 一种新型节水兔饮水器 | CN202759978U | 实用新型 | 2013-03-06 | 王献德 |
| 可移动多位实验兔保定架 | CN202761478U | 实用新型 | 2013-03-06 | 山东绿都生物科技有限公司 |
| 一种半自动针刺耳号钳 | ZL 201220383613.4 | 实用新型 | 2013-03-06 | 潘雨来、杨国新、朱满兴、张拥军 |
| 兔尿量计滴装置 | CN202801635U | 实用新型 | 2013-03-20 | 刘月英 |
| 家兔呼吸运动测量装置 | CN202801616U | 实用新型 | 2013-03-20 | 刘月英 |
| 一种机制水泥预制兔笼位板组件 | CN202799847U | 实用新型 | 2013-03-20 | 开县兔业协会 |
| 一种新型兔笼 | CN202819233U | 实用新型 | 2013-03-27 | 郑立、邓红雨、范佳英、刘太宇、霍文颖、李晓翠、刘长磊、席磊、陈理盾、冯广鹏、胡贵平、李梦云、李新正、肖曙光 |
| 一种兔毛修整剪刀 | CN202825871U | 实用新型 | 2013-03-27 | 张景超 |
| 兔用采精器 | CN202821712U | 实用新型 | 2013-03-27 | 郭东新、罗光彬、王忠彬 |
| 一种新型兔笼 | CN202819233U | 实用新型 | 2013-03-27 | 郑立、邓红雨、范佳英、刘太宇、霍文颖、李席磊 |
| 兔笼上的笼门结构 | CN202890145U | 实用新型 | 2013-04-24 | 钱红松 |

（续）

| 专利名称 | 专利号或公开号 | 专利性质 | 公开时间 | 专利所有权单位或个人 |
| --- | --- | --- | --- | --- |
| 一种幼兔兔笼 | CN202890155U | 实用新型 | 2013-04-24 | 罗宇歆 |
| 一种快速降低夏季兔笼内温度的装置 | CN202931897U | 实用新型 | 2013-05-15 | 潘孝青、杨杰、翟频、秦枫、李晟、邵乐、李健 |
| 一种防划耐磨保暖降温易清洗兔笼底板 | CN202931901U | 实用新型 | 2013-05-15 | 李勤、刘汉中 |
| 养殖兔子用壁挂式加热器 | CN202949822U | 实用新型 | 2013-05-29 | 唐丽新、张林媛、王喆 |
| 板式组装兔笼的L型连接件 | CN202949833U | 实用新型 | 2013-05-29 | 李勤、刘汉中 |
| 板式组装兔笼 | CN202958403U | 实用新型 | 2013-06-05 | 李勤、刘汉中 |

## 三、外观设计

| 专利名称 | 专利号或公开号 | 专利性质 | 公开时间 | 专利所有权单位或个人 |
| --- | --- | --- | --- | --- |
| 实验兔饲养笼 | CN3199365 | 外观设计 | 2001-09-05 | 朱燕 |
| 兔笼 | CN3266974 | 外观设计 | 2002-12-04 | 徐平、唐浩泉、顾志明 |
| 兔笼 | CN3266974 | 外观设计 | 2002-12-04 | 徐平、唐浩泉、顾志明 |
| 包装袋（獭兔火锅） | CN3391640 | 外观设计 | 2004-09-15 | 袁锁才 |
| 兔屋（双层） | CN3470982 | 外观设计 | 2005-08-24 | 卢孔知 |
| 兔隔离器（SPF兔） | CN3527366 | 外观设计 | 2006-05-10 | 徐平、唐浩泉、顾志明 |
| 兔羊毛大衣（千鸟格） | CN300737055 | 外观设计 | 2008-01-30 | 薄成书 |
| 兔笼（13207） | CN300791843 | 外观设计 | 2008-06-11 | 杜锦祥 |
| 包装袋（兔用中后期配合饲料） | CN300818327 | 外观设计 | 2008-08-20 | 许峰 |
| 兔笼（13206） | CN300831352 | 外观设计 | 2008-09-17 | 杜锦祥 |
| 包装盒（獭兔绒） | CN300849415 | 外观设计 | 2008-11-19 | 任宏伟 |
| 包装袋（兔用复合预混料） | CN300867314 | 外观设计 | 2008-12-31 | 龚涛 |
| 包装袋（兔老大酱卤兔腿） | CN301038484 | 外观设计 | 2009-10-14 | 程世高 |
| 包装袋（兔老大兔排） | CN301038483 | 外观设计 | 2009-10-14 | 程世高 |
| 兔绒面料 | CN301051017 | 外观设计 | 2009-11-04 | 曹敬农、陆文雅、周庆荣、刘叶红 |
| 包装袋（兔老大熏烤香兔） | CN301056428 | 外观设计 | 2009-11-11 | 程世高 |
| 兔笼门（改进型）a | CN301222400S | 外观设计 | 2010-05-19 | 新昌县南瑞实验学校 |
| 宠物食品（可食性兔窝） | CN301204690S | 外观设计 | 2010-05-19 | 陈振录 |
| 兔笼门（改进型） | CN301222400S | 外观设计 | 2010-05-19 | 蔡玮莹 |
| 包装袋（兔用中后期配合饲料） | CN301244915S | 外观设计 | 2010-06-02 | 李景景 |
| 小型哺乳动物喂奶器（保姆兔） | CN301256363S | 外观设计 | 2010-06-09 | 邓明华 |
| 裘皮女上衣（1） | ZL200930688491.3 | 外观设计 | 2010-08-04 | 华斯农业开发股份有限公司 |

（续）

| 专利名称 | 专利号或公开号 | 专利性质 | 公开时间 | 专利所有权单位或个人 |
|---|---|---|---|---|
| 裘皮女上衣（2） | ZL200930688494.7 | 外观设计 | 2010-08-04 | 华斯农业开发股份有限公司 |
| 毛皮时装（花与夜） | ZL200930688493.2 | 外观设计 | 2010-08-11 | 华斯农业开发股份有限公司 |
| 裘皮女上衣（3） | ZL200930688489.6 | 外观设计 | 2010-08-11 | 华斯农业开发股份有限公司 |
| 兔用耳标 | CN301358034S | 外观设计 | 2010-09-29 | 山东商业职业技术学院 |
| 兔舍 | ZL201030582207.7 | 外观设计 | 2010-10-29 | 重庆阿兴记食品有限公司（毛纵江） |
| 包装袋（干锅底料-兔头） | CN301529563S | 外观设计 | 2011-04-27 | 彭刚 |
| 兔舍 | CN301592192S | 外观设计 | 2011-06-22 | 重庆阿兴记食品有限公司 |
| 兔窝（DDP-1064A） | CN301666961S | 外观设计 | 2011-09-07 | 王志强 |
| 面料（兔绒大衣呢） | CN301828530S | 外观设计 | 2012-02-08 | 刘刚、周庆荣、陆文亚 |
| 兔类实验固定架 | CN301868321S | 外观设计 | 2012-03-21 | 范维林、张茹、羡丽艳、张贵祥 |
| 包装袋（香辣兔 2） | CN301958249S | 外观设计 | 2012-06-20 | 陈固 |
| 包装袋（调料-干锅兔 1） | CN302107609S | 外观设计 | 2012-10-03 | 付育奎 |
| 包装袋（兔仔型） | CN302107560S | 外观设计 | 2012-10-03 | 杨婉月 |
| 母兔育仔箱（窝） | CN302224051S | 外观设计 | 2012-12-05 | 吴殿文 |
| 兔笼（DDP-1154） | CN302334942S | 外观设计 | 2013-02-27 | 厦门大都世纪进出口有限公司王志强 |
| 兔笼（DDP-1155） | CN302334943S | 外观设计 | 2013-02-27 | 厦门大都世纪进出口有限公司王志强 |
| 兔笼（DDP-1133） | CN302364268S | 外观设计 | 2013-03-20 | 厦门大都世纪进出口有限公司王志强 |
| 兔笼（DDP-1127） | CN302364269S | 外观设计 | 2013-03-20 | 厦门大都世纪进出口有限公司王志强 |

# 附录Ⅳ　我国审定的家兔品种（遗传资源）名录

| 品种类别 | 品种名称 | 审定时间 | 证书编号 | 颁发时间 | 培育单位 | 备注 |
|---|---|---|---|---|---|---|
| 新品种 | 吉戎兔 | 2004 | （农07）新品种证字第1号 | 2004-04-10 | 解放军军需大学军事兽医系、四平市种兔场 | 中华人民共和国农业部公告第370号 |
| 遗传资源保护品种 | 四川白兔 | | | 2006-06-02 | | 中华人民共和国农业部公告第662号 |
| 遗传资源保护品种 | 福建黄兔 | | | 2006-06-02 | | 中华人民共和国农业部公告第662号 |
| 长毛兔（新品种） | 浙系长毛兔 | 2010 | （农07）新品种证字第2号 | 2010-03 | 1. 嵊州市畜产品有限公司宁波市<br>2. 巨高兔业发展有限公司<br>3. 平阳县全盛兔业有限公司 | 中华人民共和国农业部公告第1424号 |
| 遗传资源 | 九嶷山兔 | | | 2010-11-26 | 湖南省畜牧水产局 | 中华人民共和国农业部公告第1493号 |
| 遗传资源 | 闽西南黑兔 | | | 2010-11-26 | 福建省农业厅 | 中华人民共和国农业部公告第1493号 |
| 长毛兔新品种 | 皖系长毛兔 | 2010 | （农07）新品种证字第3号 | 2010-12-05 | 安徽省农业科学院、安徽省固镇县种兔场、颍上县庆宝良种兔场 | 中华人民共和国农业部公告第1493号 |
| 新配套系 | 康大1号肉兔 | 2011 | （农07）新品种证字第4号 | 2011-10-27 | 青岛康大兔业发展有限公司、山东农业大学 | 农业部公告第1662号 |
| 新配套系 | 康大2号肉兔 | 2011 | （农07）新品种证字第5号 | 2011-10-27 | 青岛康大兔业发展有限公司、山东农业大学 | 农业部公告第1662号 |
| 新配套系 | 康大3号肉兔 | 2011 | （农07）新品种证字第6号 | 2011-10-27 | 青岛康大兔业发展有限公司、山东农业大学 | 农业部公告第1662号 |

**图书在版编目（CIP）数据**

中国养兔学 / 谷子林，秦应和，任克良主编．—北京：中国农业出版社，2013.12
（现代农业科技专著大系）
ISBN 978-7-109-18586-9

Ⅰ.①中… Ⅱ.①谷…②秦…③任… Ⅲ.①兔-饲养管理 Ⅳ.①S829.1

中国版本图书馆 CIP 数据核字（2013）第 269451 号

中国农业出版社出版
（北京市朝阳区农展馆北路 2 号）
（邮政编码 100125）
责任编辑 黄向阳

北京通州皇家印刷厂印刷 新华书店北京发行所发行
2013 年 12 月第 1 版 2013 年 12 月北京第 1 次印刷

开本：787mm×1092mm 1/16 印张：44.5
字数：1 035 千字
定价：188.00 元